Müller / Vilchevskaya

Kontinuumsphysik

Wolfgang H. Müller
Elena N. Vilchevskaya

Kontinuumsphysik

Die klassischen Feldtheorien in moderner Darstellung

HANSER

Über die Autor:innen:
Prof. Dr. rer. nat. habil. Wolfgang H. Müller, Technische Universität Berlin, Deutschland
Ass. Prof. Dr. Sc. mult. Elena N. Vilchevskaya, Schweden

Print-ISBN: 978-3-446-47342-3
E-Book-ISBN: 978-3-446-47933-3

Bibliografische Information der Deutschen Nationalbibliothek:
Die Deutsche Nationalbibliothek verzeichnet diese Publikation in der Deutschen Nationalbibliografie; detaillierte bibliografische Daten sind im Internet unter http://dnb.d-nb.de abrufbar.

www.hanser-fachbuch.de
Lektorat: Dipl.-Ing. Natalia Silakova-Herzberg
Herstellung: Frauke Schafft
Coverkonzept: Marc Müller-Bremer, www.rebranding.de, München
Covergestaltung: Max Kostopoulos
Titelmotiv: © stock.adobe.com/Anastasiya
Satz: Wolfgang H. Müller
Druck: CPI Books GmbH, Leck
Printed in Germany

Vorwort

Es ist offensichtlich, dass alles Kontinuierliche teilbar sein muss in Teilbares, das unendlich teilbar ist. Wenn es nämlich in Unteilbares teilbar wäre, so hätten wir ein Unteilbares in Kontakt mit einem Unteilbarem, weil die Ränder der Dinge, die kontinuierlich miteinander sind, eins sind und in Kontakt.
Aristoteles, Physik Buch VI

Die Frage, ob die Welt in ihrer Natur diskret oder kontinuierlich ist, wurde spätestens von den griechischen Philosophen des Altertums gestellt. Beantwortet ist sie bis heute nicht. Eines ist jedoch sicher: Die kontinuumstheoretische Sichtweise in der Physik hat einen klaren mathematischen Vorteil, da man von mächtigen mathematischen Werkzeugen wie der Tensoranalysis und der Theorie partieller Differentialgleichungen Gebrauch machen kann. Typischerweise hören Studierende der (theoretischen) Physik von kontinuierlichen Feldern zum ersten Mal in einem Kurs zur Elektrodynamik. Ingenieurstudenten des Maschinenbaus und der Physikalischen Ingenieurwissenschaften hingegen begegnen diesem Konzept in Vorlesungen zur Fluidmechanik oder (allgemeiner) in der Kontinuumsmechanik. Letztere umfasst alle Aggregatzustände der Materie, fest, flüssig und gasförmig. Die Studierenden lernen hier zwischen Bilanzen der Erhaltungsgrößen wie Masse, Impuls, Drehimpuls und Energie auf der einen und den Material- bzw. Stoffgleichungen auf der anderen Seite zu unterscheiden. Erstere haben Allgemeingültigkeit, letztere können, wie der Name andeutet, nur zur Beschreibung des Verhaltens bestimmter Materialien verwendet werden. In der Tat komplettieren sie die Bilanzen der Erhaltungsgrößen, und man gelangt letztendlich zu einem System partieller Differentialgleichungen, das man (im schlimmsten Fall numerisch) unter Verwendung von Anfangs- und Randbedingungen löst. Um die Vielfalt bei Materialgleichungen zu reduzieren, verwendet man sog. Prinzipe, wie z. B. das Entropie- oder Isotropieprinzip.

In diesem Buch werden wir diesen Weg gehen: Von der Mechanik über die Thermodynamik bis hin zur Elektrodynamik soll diese Modellierungsmethode vorgestellt werden, um zu zeigen, dass sie in allen Bereichen der Physik anwendbar ist und in gleicher Weise vorgeht. Natürlich kann man hier nur einen ersten Eindruck gewinnen. Studierende sollten danach jedoch in der Lage sein, die einschlägigen Fachbücher zu lesen. Deshalb finden sich in diesem Buch auch zahlreiche Literaturhinweise und eine umfangreiche Diskussion bzw. Vergleich verschiedener Zugänge und Meinungen. Diese grau unterlegten Stellen kann man beim ersten Lesen übergehen.

Ein paar zusätzliche Bemerkungen zu den einzelnen Kapiteln. Kapitel 1 über Tensorrechnung ist so geschrieben, dass es für sich gelesen werden kann und eine erste Einführung in die Thematik bildet, auch wenn man nicht speziell Kontinuumstheorien studieren will. Die Kapitel 4 und 5 über Thermodynamik sowie Elektrodynamik sind im Geiste kontinuumsphysikalischer Begriffsbildungen verfasst. Das ist bei beiden Fächern ungewöhnlich, insbesondere wenn man vom Ingenieurwesen her kommt und Technische Thermodynamik und Theoretische Elektrotechnik gehört hat. Vorgebildete wird dieser Zugang erstaunen, und dennoch ist es nur fair, dass in diesem Buch versucht wird, an vielen Stellen eine Brücke zu von anderswo her bekannten Modellvorstellungen zu schlagen. Insbesondere bei der Elektrodynamik haben wir uns entschieden, explizit Vergleiche mit der gängigen Physikliteratur zu ziehen und darüber hinaus den historischen Kontext herausgearbeitet. Im übrigen ist es stets unser Ziel, die Lesenden an wissenschaftliche Arbeitsweisen zu gewöhnen. So werden z. B. Formeln referenziert, auf konsistente Schreibweise geachtet, und es wird erwartet, dass man auch die in diversen Sprachen verfasste, zitierte Literatur im Original konsultiert.

Viele interessante Themen werden in der Kontinuumsliteratur nur sehr stiefmütterlich behandelt. Wir haben uns daher dazu entschlossen, auch für sie hier in diesem Buch eine Lanze zu brechen und diese – natürlich immer aus unserer Sichtweise – etwas ausführlicher behandelt. Das erste Thema sind Spiegelungen und die zu ihrer Beschreibung nötigen Transformationen. Das hier präsentierte Wissen kann man dann z. B. in der Kristallphysik gebrauchen. Zweitens der Unterschied zwischen Beobachterwechsel und Koordinatentransformation, was in vielen Büchern als gleichwertig abgetan wird. In diesem Zusammenhang schlagen wir dann auch die Brücke zur d'Alembert'schen Methode des Freischnittes mit Scheinkräften. Außerdem findet sich hier ein Zugang in die Wissenschaftsphilosophie in Gestalt des Begriffes und der Existenz des Inertialsystems der Mechanik. Drittens geben wir eine unserer Meinung nach logische Einführung in die Notwendigkeit der Einführung von *zwei* Paaren für die elektromagnetischen Feldgrößen und erläutern ihren Zusammenhang. Auch hier taucht der Begriff des Inertialsystems wieder auf, jedoch in über die Mechanik hinausgehender Form in Gestalt der sogenannten Maxwell-Lorentz-Äther-Relationen.

Das Buch ist mit zahlreichen Übungsaufgaben durchsetzt. Die Endlösungen oder Hinweise zur Lösung aus der Literatur sind angegeben aber der detaillierte Lösungsweg nicht. Nur selber lösen macht schlau. Den besten Lernerfolg wird man erzielen, wenn man alle Aufgaben bearbeitet. Aber um schneller voranzukommen, genügt es in einem ersten Schritt, sich wenigstens den Sinn des Gesagten klarzumachen.

Abschließend sei darauf hingewiesen, dass wenn jemand schon „offensichtlich" sagt, und sei es Aristoteles persönlich, man davon ausgehen kann, dass es nicht offensichtlich ist. Genauso verhält es sich mit dem Begriff „Kontinuum" in der Physik und eine der ersten Aufgaben wird es sein zu klären, was man sich unter diesem Kontinuum vorzustellen hat und wo mögliche Grenzen dieser Vorstellung liegen.

Und nicht zu vergessen, wollen wir Frau Ana Stanković und Herrn Jonas Eckardt für das Schreibfehlerfinden danken.

Berlin und Göteborg im Januar 2024

Wolfgang H. Müller und Elena N. Vilchevskaya

Internetseite der Verfasser:
https://www.tu.berlin/lkm

Internetseite der Verfasser zum Grundkurs der Mechanik:
https://https://www.tu.berlin/lkm/studium-lehre/lehrveranstaltungen

Inhalt

1 Tensorrechnung

1.1 Historie und Literaturhinweise

Die historischen Vorläufer der Tensoren waren Spalten- und Zeilenvektoren, Matrizen und Systeme der linearen Algebra mit Indizes, die in Algebra, Geometrie, Oberflächentheorie, Mechanik und anderen Wissenschaftsgebieten verwendet wurden. Die zugehörigen Operationen waren sehr umständlich und erforderten schließlich die Entwicklung eines neuen abstrakten mathematischen Apparats. So präsentierte Mitte des 19. Jahrhunderts der Amerikaner Josiah Willard Gibbs eine Vektoralgebra mit Additionsoperationen, Skalar- und Vektormultiplikation und Vektoranalysis eine Theorie der Differentialrechnung mit Vektorfeldern [Gi1901]. Ungefähr zur gleichen Zeit erschien das Buch von Heaviside [He1893], in dem der Differentialoperator Nabla zum ersten Mal auftritt und wo für die abstrakte Notation ebenfalls eine Lanze gebrochen wird. Bald darauf verallgemeinerte der Italiener Gregorio Ricci-Curbastro und sein Student, der später berühmte Mathematiker Tullio Levi-Civitá, die Vektorrechnung auf Systeme mit beliebig vielen Indizes. Mitte des 20. Jahrhunderts hatte sich die Tensorrechnung zu einem effektiven mathematischen Apparat entwickelt, der in verschiedenen Bereichen der Wissenschaft weit verbreitet war: in der Mechanik, der Differentialgeometrie, der Elektrodynamik, der Relativitätstheorie und vielen anderen. Eine ausführlichere Beschreibung der Entwicklungsgeschichte des Tensorkalküls findet sich beispielsweise in den modernen Lehrbüchern [Di2013], [Zh2001].

Derzeit gibt es zwei Hauptansätze für die Darstellung der Tensortheorie: der koordinatenbasierte und der abstrakte Zugang, manchmal auch „direkte Notation“ genannt. Im Koordinatenansatz ist ein Tensor eine Matrix, deren Komponenten beim Übergang von einer Koordinatenbasis zu einer anderen nach bestimmten Formeln transformiert werden (siehe z. B. [Ra1964], [Ko1965], [Di2013], [Er2018]). Beim abstrakten Ansatz wird der Tensor als ein Element eines linearen Raums behandelt, das man durch eine spezielle Multiplikation von Vektorräumen erhält. In diesem Fall sind keine Koordinatensysteme beteiligt und die Tensoren selbst hängen nicht von der Wahl des Koordinatensystems ab.

Von der direkten Notation eines Tensors ist es einfach, zu seiner Koordinatendarstellung überzugehen, indem man eine Basis im Tensorraum einführt. Aus rein mathematischer Sicht sind also beide Ansätze gleichwertig. Dennoch ist es die Sprache der direkten Tensorrechnung, die das Wesen der grundlegenden Konzepte und Ideen der Kontinuumstheorie am besten widerspiegelt und sich daher gut für die Probleme der Elastizitätstheorie, der Dynamik starrer Körper, der Hydrodynamik, der Theorie der Plastizität, der Thermodynamik und der Elektrodynamik eignet.

Eine große Anzahl grundlegender Monographien und Lehrbücher ist der Theorie der Tensoren gewidmet (siehe z. B. [Ve1978], [Di2013], [So1951]). Ohne einen detaillierten Literaturüberblick geben zu wollen, erwähnen wir hier für Studierende die Bücher von [Po1986], [Re2008], [Zu2006], die Anfänger in die Grundlagen der Tensorrechnung einführen, das Buch von McConnell ([Mc2014]) für Anwendungen von Tensormethoden in der analytischen und der Differentialgeometrie, das aber auch für die Festkörperdynamik, die Strömungsdynamik und die elektromagnetischen Feldtheorie gut ist. Die Werke von Eremeyev und Koautoren [Le2010], [Er2018]) behandeln Tensoranwendungen in der Elastizitätstheorie und der Platten- und Schalentheorie. Besondere Erwähnung verdienen die Bücher von Lurie ([Lu2010], [Lu2012], wo in der Sprache der direkten Tensorrechnung grundlegende Definitionen und Formeln zur Tensoralgebra und der Tensoranalysis zu finden sind, die man für das Studium der Elastizitätstheorie benötigt. Das Buch von Zhilin [Zh2001] enthält eine Darstellung der Vektor- und Tensorrechnung mit Anwendungen zur Beschreibung von Körperbewegungen, der Symmetrie von Tensoren, Tensorfunktionen, der Einführung von axialen Objekten und vieles mehr. Schließlich sei noch das Buch von Palmov erwähnt [Pa2008], in dem die Grundlagen der Tensoralgebra und der Tensoranalysis in zugänglicher Form einfach und verständlich dargestellt werden. Die Zweckmäßigkeit und Kompaktheit der mithilfe der direkten Tensorkalkulation abgeleiteten Gleichungen der Mechanik werden dort demonstriert und die Invarianz der Tensorbeziehungen diskutiert.

Die Ausführungen in unserem Lehrbuch stützen sich in erster Linie auf [Lu2012], [Lu2012], [Zu2006], [Zh2001], [Pa2008]. Es werden nachfolgend die wichtigsten Aussagen der Tensoralgebra, die Theorie der Tensorfunktionen und der Tensoranalysis behandelt sowie die Theorie der Symmetrie von Tensoren und Tensorfunktionen vorgestellt. Der größte Teil des Materials in unserem Lehrbuch wird vom Standpunkt der direkten Tensorrechnung aus präsentiert, wodurch es möglich wird, die Koordinatennotation bei der Ableitung und Analyse der wichtigsten Gleichungen der Kontinuumstheorie zu vermeiden, was die Formeln in Multi-Index-Notation oft umständlich erscheinen lässt, die das Verständnis der betreffenden Phänomene erschwert. Dennoch ist die Koordinatenschreibweise manchmal bequemer, um Zwischenableitungen beim Nachweis von Tensorrelationen vorzunehmen. In diesem Fall ist es sinnvoll, das einfache kartesische Koordinatensystem zu verwenden und nach Erhalt des Endergebnisses zur invarianten Schreibweise zurückzukehren. In der letzten Phase der Problemstellung werden auch Koordinaten eingeführt, wobei die Wahl des Koordinatensystems durch die Besonderheiten eines bestimmten Problems bestimmt wird.

Bild 1.1 Pioniere der Vektor- und Tensorrechnung: Josiah Willard Gibbs (1839–1903), Oliver Heaviside (1850–1925), Gregorio Ricci-Curbastro (1853–1925), Tullio Levi-Civitá (1873–1941)

Die meisten klassischen Arbeiten zur Kontinuumsmechanik verwenden „materielle“ Koordinaten, die im Körper „eingefroren“ sind, so dass man die Änderung der inneren Geometrie des Körpers auf natürliche Weise mit seiner Verformung in Verbindung bringen kann (siehe [Er1980], [Ma1970], [Tr2004]). Diese Koordinaten führen zu einer nicht-orthogonalen Basis, die wiederum die Einführung einer reziproken Basis, kovarianter und kontravarianter Komponenten, Christoffel-Symbole usw. nach sich zieht. Die grundlegenden Konzepte und Operationen der Tensoralgebra und der Tensoranalysis in einer solchen nicht-orthogonalen Basis werden im letzten Abschnitt dieses Kapitels behandelt.

1.2 Tensoralgebra

1.2.1 Vektoren und Tensoren im dreidimensionalen Raum

1.2.1.1 Bezugsrahmen und Koordinatensysteme, polare und axiale Objekte

In der Begriffswelt der direkten Tensorrechnung ist der Begriff des Vektors und des Tensors einer beliebigen Stufe außerhalb eines *Bezugsrahmens* oder *Bezugssystems* bedeutungslos (vgl. auch Abschnitt 2.3). Dabei ist der Bezugsrahmen eher ein philosophisches Konzept, dessen Existenz nicht bewiesen, sondern nur postuliert werden kann. Einen Bezugsrahmen zu definieren, bedeutet insbesondere, ein Modell des absoluten Raums zu konstruieren, bei dem alle Punkte durch die Einführung von drei unabhängigen Richtungen und einer Längenskala im gegebenen Bezugsrahmen parametrisiert sind.

Die klassische Mechanik postuliert die Existenz einer unendlichen Anzahl gleicher Bezugsrahmen, und alle physikalischen Gesetze müssen diesbezüglich invariant sein, d. h. ihre Form bleibt beim Übergang von einem Rahmen zum anderen erhalten. Man spricht von *Forminvarianz* oder manchmal auch vom *Kovarianzprinzip*. Außerdem kann die Position eines beliebigen Punktes in einem bestimmten Bezugssystem durch ein Zahlentripel angegeben werden. Die Art und Weise, wie jeder Punkt in einem Bezugssystem in eine Eins-zu-Eins-Korrespondenz mit einem Zahlentripel gebracht wird, wird als Wahl des Koordinatensystems bezeichnet. In einem Bezugsrahmen können viele verschiedene Koordinatensystemen eingerichtet werden, die alle gleichwertig sind. Der Unterschied zwischen einem Bezugsrahmen und einem Koordinatensystem muss klar verstanden werden. Insbesondere hängen viele physikalische Größen (Geschwindigkeit, Beschleunigung, kinetische Energie usw.) von der Wahl des Bezugssystems ab, aber keine physikalische Größe hängt von der Wahl des Koordinatensystems in einem bestimmten Bezugssystem ab.

In dem gewählten Bezugssystem muss eine zusätzliche Vereinbarung darüber getroffen werden, welche Drehungen als positiv zu betrachten sind, d. h. es muss die Ausrichtung des Raums gewählt werden. Ein Bezugssystem wird *rechtsorientiert* genannt, wenn eine Drehung *gegen den Uhrzeigersinn* als positiv, und *linksorientiert*, wenn eine *Drehung im Uhrzeigersinn* als positiv angesehen wird.

Alle physischen Objekte werden hinsichtlich der Wahl der Orientierung im Bezugssystem in zwei Typen unterteilt (siehe auch Abschnitt 3.6.2). Objekte, die nicht von der Ausrichtung des Bezugssystems abhängen, werden als *polar* bezeichnet. Objekte, die mit dem Faktor -1 multipliziert werden, wenn die Ausrichtung des Bezugssystems umgekehrt wird, werden als *axial* bezeichnet. Zum Beispiel sind Temperatur, Verschiebung und Translationsgeschwindigkeit polare Objekte. Axiale Objekte beziehen sich in der Regel auf die Ausrichtung von Körpern im Raum. Typische Beispiele für axiale Objekte sind das Drehmoment, der Rotationsvektor, die Winkelgeschwindigkeit und die Winkelbeschleunigung.

Es ist zu beachten, dass die Ausrichtung des Bezugsrahmens erfolgt, bevor irgendwelche Operationen an Objekten im Rahmen durchgeführt werden, und dass keine weiteren Operationen an Objekten die ursprünglich gewählte Ausrichtung ändern. Insbesondere bleibt die Orientierung des Raums bei Spiegelungen erhalten.

1.2.1.2 Skalare oder Tensoren nullter Stufe

Definition: Ein Skalar oder Tensor nullter Stufe ist eine physikalische Größe, die von der Wahl des Koordinatensystems unabhängig ist und durch eine einzige reelle Zahl definiert wird.

Beispiele für Skalare in der Physik sind physikalische Größen wie Temperatur, Dichte, Energie, Ladung, usw. Nicht alle Zahlen können als Skalare bezeichnet werden. So sind beispielsweise Vektorkoordinaten keine Skalare, da sie von der Wahl des Koordinatensystems abhängen. Es ist zu beachten, dass skalare Größen oft gleich bleiben aber sich manchmal auch ändern können, wenn man das Bezugssystem ändert. So ändern sich Temperatur, Dichte und innere Energie nicht, wenn man in einen anderen Bezugsrahmen wechselt, während die kinetische Energie von der Wahl des Bezugsrahmens abhängt, weil sich dieser gegenüber dem ursprünglichen Rahmen mit einer anderen Geschwindigkeit bewegen kann. Skalare können Funktionen von Raumpunkten in einem Bezugssystem sein, z. B. die Temperaturverteilung in einem Körper. In diesem Fall handelt es sich um ein skalares *Feld*.

Betrachten wir die Menge der Skalare als Elemente der Menge der reellen Zahlen, also $\mathcal{T}_0 \equiv \mathbb{R}$,* auf denen die Operationen der Addition, Multiplikation und Division nach den Regeln der elementaren Arithmetik eingeführt werden. Als physikalische Größen haben Skalare Dimensionen. Nur skalare Größen desselben Typs, die dieselben Dimensionen und Einheiten haben, können direkt addiert und subtrahiert werden. Andererseits können Skalare verschiedener Dimensionen geteilt und multipliziert werden.

1.2.1.3 Der Vektorraum oder Tensoren erster Stufe

Das Grundelement des Vektorraums ist ein Vektor oder Tensor erster Stufe, der als „gerichteter Pfeil" verstanden und durch seine Länge und Richtung definiert wird. Ein Beispiel für solche Vektorgrößen in der Mechanik sind Verschiebung, Translations- und Winkelgeschwindigkeit sowie der Rotationsvektor. Wir nennen einen Nullvektor einen Vektor, dessen Länge gleich Null ist. Die Richtung des Nullvektors spielt natürlich keine Rolle.

Folgende vier Regeln werden auf der Menge der Vektoren erklärt:

1. **Vektoradditionsregel**: Sie setzt in eindeutiger Weise zwei Vektoren $\boldsymbol{a}$ und $\boldsymbol{b}$ desselben Typs mit einem dritten Vektor $\boldsymbol{c}$ desselben Typs gemäß der Parallelogramm- oder Dreiecksregel in Verbindung. Die folgenden Eigenschaften der Additionsoperation gilt es festzuhalten:

* Das Symbol $\mathcal{T}$ weißt auf Tensorraum hin, der nachfolgende Index kennzeichnet die Stufe.

- Kommutativität: $\boldsymbol{a}+\boldsymbol{b}=\boldsymbol{b}+\boldsymbol{a}$,
- Assoziativität: $(\boldsymbol{a}+\boldsymbol{b})+\boldsymbol{c}=\boldsymbol{a}+(\boldsymbol{b}+\boldsymbol{c})$,
- Existenz eines Nullvektors: $\boldsymbol{a}+\boldsymbol{0}=\boldsymbol{0}+\boldsymbol{a}=\boldsymbol{a}$,
- Existenz des Gegenvektors: $\boldsymbol{a}+(-\boldsymbol{a})=\boldsymbol{0}$.

2. Die Regel der **Multiplikation eines Vektors mit einem Skalar**: Jedem Vektor $\boldsymbol{a}$ und Skalar α kann eindeutig ein Vektor $\boldsymbol{b}=\alpha\,\boldsymbol{a}$ zugeordnet werden, der die Länge $|\alpha||\boldsymbol{a}|$ und die Richtung hat, die mit der Richtung von $\boldsymbol{a}$ übereinstimmt, wenn $\alpha>0$ und entgegengesetzt ist, wenn $\alpha<0$. Diese Vorschrift hat folgende Eigenschaften:

$$(\alpha+\beta)\boldsymbol{a}=\alpha\,\boldsymbol{a}+\beta\,\boldsymbol{a}\,,\quad \alpha(\boldsymbol{a}+\boldsymbol{b})=\alpha\,\boldsymbol{a}+\beta\,\boldsymbol{a}\,,\quad \alpha(\beta\,\boldsymbol{a})=(\alpha\,\beta)\boldsymbol{a}\,. \tag{1.1}$$

Der Vektortyp bleibt bei der Multiplikation mit einem polaren Skalar erhalten und wird bei der Multiplikation mit einem axialen Skalar umgekehrt.

Die Menge der Vektoren, für welche die beiden oben genannten Bildungsgesetze gelten, heißt *linearer Vektorraum.*

3. **Skalarmultiplikation von Vektoren**: Die Skalarmultiplikation setzt jedes Paar von Vektoren $\boldsymbol{a}$ und $\boldsymbol{b}$ zu einem Skalar $\alpha=\boldsymbol{a}\cdot\boldsymbol{b}=|\boldsymbol{a}||\boldsymbol{b}|\cos(\boldsymbol{a},\boldsymbol{b})$ in Beziehung und hat die folgenden Eigenschaften:

- Kommutativität: $\boldsymbol{a}\cdot\boldsymbol{b}=\boldsymbol{b}\cdot\boldsymbol{a}$,
- Distributivität: $(\alpha\,\boldsymbol{a}+\beta\,\boldsymbol{b})\cdot\boldsymbol{c}=\alpha(\boldsymbol{a}\cdot\boldsymbol{c})+\beta(\boldsymbol{b}\cdot\boldsymbol{c})$,
- Positivdefinitheit: $\boldsymbol{a}\cdot\boldsymbol{a}\geq 0\,,\quad \boldsymbol{a}\cdot\boldsymbol{a}=0\Leftrightarrow\boldsymbol{a}=\boldsymbol{0}$.

Das Ergebnis der Skalarmultiplikation ist ein polarer Skalar, wenn die beteiligten Vektoren den gleichen Typ haben, und ein axialer Skalar, wenn die Vektortypen unterschiedlich sind.

Die **Norm eines Vektors** ist seine Länge:

$$|\boldsymbol{a}|=(\boldsymbol{a}\cdot\boldsymbol{a})^{1/2}\,. \tag{1.2}$$

Die Menge der Vektoren, für welche die drei oben genannten Kompositionsgesetze gelten, heißt *linear normierter Raum* oder *euklidischer Raum.*

Zwei Vektoren, die nicht Null sind, werden *orthogonal* genannt, wenn ihr Skalarprodukt Null ist.

Der *Einheitsvektor* eines Vektors $\boldsymbol{a}$ zeigt dessen Richtung an und hat die Länge 1:

$$\boldsymbol{e}_a=\frac{\boldsymbol{a}}{|\boldsymbol{a}|},\ |\boldsymbol{a}|\neq 0\,. \tag{1.3}$$

Die *Projektion* eines Vektors $\boldsymbol{a}$ auf die Richtung von $\boldsymbol{b}$ ist der Vektor

$$\boldsymbol{a_b}=(\boldsymbol{a}\cdot\boldsymbol{b})\boldsymbol{e}_b\,. \tag{1.4}$$

Oft hat die Projektion eines Vektors $\boldsymbol{a}$ auf einen Vektor $\boldsymbol{b}$ die Länge

$$|\boldsymbol{a_b}|=(\boldsymbol{a}\cdot\boldsymbol{e}_b)\,. \tag{1.5}$$

4. **Vektorielle Multiplikation oder Kreuzprodukt** von Vektoren. Im Gegensatz zu den vorangegangenen Gesetzen ist dieses Bildungsgesetz nur in einem orientierten Bezugsrahmen sinnvoll. Das Vektorprodukt der Vektoren $\boldsymbol{a}$ und $\boldsymbol{b}$ ist ein Vektor $\boldsymbol{c} = \boldsymbol{a} \times \boldsymbol{b}$, dessen Länge gegeben ist durch $|\boldsymbol{a}||\boldsymbol{b}|\sin(\boldsymbol{a}, \boldsymbol{b})$ und dessen Richtung orthogonal zu der über die Vektoren $\boldsymbol{a}$ und $\boldsymbol{b}$ aufgespannten Ebene ist. Vom Ende des Vektors $\boldsymbol{c}$ aus betrachtet, entsteht dieser im rechtsorientierten Bezugssystem durch kürzeste Drehung vom ersten auf den zweiten Vektor gegen den Uhrzeigersinn, im linksorientierten Bezugssystem im Uhrzeigersinn. Der Typ des Vektors $\boldsymbol{c}$ hängt vom Typ der Vektoren $\boldsymbol{a}$ und $\boldsymbol{b}$ ab. Wenn beide Quellvektoren vom gleichen Typ sind, dann ist $\boldsymbol{c}$ ein Axialvektor. Wenn einer der Vektoren polar und der andere axial ist, dann ist der Vektor $\boldsymbol{c}$ polar.

   Eigenschaften des Vektorprodukts sind:

$$\boldsymbol{a} \times \boldsymbol{b} = -\boldsymbol{b} \times \boldsymbol{a}\,, \quad (\boldsymbol{a} + \boldsymbol{b}) \times \boldsymbol{c} = \boldsymbol{a} \times \boldsymbol{c} + \boldsymbol{b} \times \boldsymbol{c}\,. \tag{1.6}$$

Folgende Produkte dreier Vektoren werden häufig verwendet, das sog. *gemischte* (oder *Spatprodukt*), $\boldsymbol{a} \cdot (\boldsymbol{b} \times \boldsymbol{c})$, und das *doppelte Vektorprodukt*, $\boldsymbol{a} \times (\boldsymbol{b} \times \boldsymbol{c})$. Der Betrag des gemischten Produkts ist gleich dem Volumen des Parallelepipeds, das aus den gegebenen Vektoren gebildet wird. Man beachte, dass ein gemischtes Produkt ein Axialskalar ist, wenn alle Vektoren, die es enthält, vom gleichen Typ sind oder zwei von ihnen axial sind.

Erinnert sei in diesem Zusammenhang an die folgenden Identitäten:

Spat- und **doppeltes Kreuzprodukt**:

$$(\boldsymbol{a} \times \boldsymbol{b}) \cdot \boldsymbol{c} = \boldsymbol{a} \cdot (\boldsymbol{b} \times \boldsymbol{c}) = \boldsymbol{b} \cdot (\boldsymbol{c} \times \boldsymbol{a})\,; \tag{1.7}$$

dies ist sogenannte *Spatproduktsregel*, da diese Größe das Volumen des von den drei Vektoren aufgespannten Volumens bestimmt.

$$\boldsymbol{a} \times (\boldsymbol{b} \times \boldsymbol{c}) = \boldsymbol{b}(\boldsymbol{a} \cdot \boldsymbol{c}) - \boldsymbol{c}(\boldsymbol{a} \cdot \boldsymbol{b})\,; \tag{1.8}$$

dies ist die sogenannte *bakzap-Regel*, wobei sich der Name aus den Buchstaben der gewählten Vektoren erklärt.

Die eingeführte Menge gerichteter Segmente mit den obigen Bildungsgesetzen ist ein vektororientierter Raum $\mathcal{T}_1$. Schließlich ist zu beachten, dass die Divisionsoperation nicht auf einer Vektormenge definiert ist, da sie nur auf Mengen definiert werden kann, in denen es ein einziges Einheitselement gibt. Beim Vektorraum ist das nicht der Fall, da er eine unendliche Anzahl von Einheitsvektoren unterschiedlicher Richtung enthält.

Übungsaufgabe *Kreuzprodukt*

1. Zeige, dass $|\boldsymbol{a} \times \boldsymbol{b}|^2 = (\boldsymbol{a} \cdot \boldsymbol{a}) \cdot (\boldsymbol{b} \cdot \boldsymbol{b}) - (\boldsymbol{a} \cdot \boldsymbol{b})^2$.
2. Beweise, dass $\boldsymbol{a} \times (\boldsymbol{b} \times \boldsymbol{c}) + \boldsymbol{b} \times (\boldsymbol{c} \times \boldsymbol{a}) + \boldsymbol{c} \times (\boldsymbol{a} \times \boldsymbol{b}) = \boldsymbol{0}$.

1.2.1.4 Der Tensorraum oder Tensoren beliebiger Stufe

Skalare und Vektoren sind nur ein Teil der ganzen Vielfalt an Größen und Begriffen, welche die moderne Naturwissenschaft benötigt. Tensoren höherer Stufe entstehen in der Mechanik als Verallgemeinerung von Vektorräumen. Betrachten wir als Beispiel ein System, das aus drei Federn mit unterschiedlichen Federsteifigkeiten k_i besteht (Bild 1.2). Geben wir dem Mittelpunkt der Federbindung eine Verschiebung $\Delta\boldsymbol{r}$. Es liegt auf der Hand, dass die Rückstellkraft die Summe der in den Federn erzeugten elastischen Kräfte ist, $\boldsymbol{F} = F_1\boldsymbol{e}_1 + F_2\boldsymbol{e}_2 + F_3\boldsymbol{e}_3$, wobei $\boldsymbol{e}_i$ ein Einheitsvektor ist, der entlang der i-ten Feder zeigt, und die Größe der Kraft F_i proportional zur Projektion des Kopplungsmittelpunktes auf die entsprechende Einheitsrichtung ist, $F_i = -k_i\boldsymbol{e}_i \cdot \Delta\boldsymbol{r}$. Wir haben also $\boldsymbol{F} = -(k_1\boldsymbol{e}_1\boldsymbol{e}_1 + k_2\boldsymbol{e}_2\boldsymbol{e}_2 + k_3\boldsymbol{e}_3\boldsymbol{e}_3)\cdot\Delta\boldsymbol{r} = -\boldsymbol{K}\cdot\Delta\boldsymbol{r}$, wobei der Tensor $\boldsymbol{K}$, der sich aus der Summe von drei Paaren von Vektoren multipliziert mit den entsprechenden Federsteifigkeiten ergibt, als Tensorsteifigkeit des Federsystems interpretiert werden kann. Man beachte, dass in diesem Fall die soeben verwendeten Vektorpaare $\boldsymbol{e}_i\boldsymbol{e}_i$, $i = 1,2,3$ als Ganzes wirken, wobei der erste Vektor dieses Paares die Richtung der Feder und der zweite Vektor die Richtung der Kraft angibt, die beide in diesem Problem zusammenfallen. Um diesen Unterschied zu verdeutlichen, untersuchen wir, wie der Spannungszustand in einem verformbaren Körper beschrieben wird.

Bild 1.2 Steifigkeitstensor eines Federsystems

Schneiden wir den Körper gedanklich durch die Fläche ΔS in zwei Teile und betrachten einen der Teile. Bezeichnen wir mit $\boldsymbol{n}$ die äußere Normale zur Oberfläche. Auf die Fläche $\Delta\boldsymbol{f}(\boldsymbol{n})$ wirkt von der Seite des deformierten Teils eine Kraft ΔS, die von der Ausrichtung der Fläche abhängt (Bild 1.3). Der *Spannungsvektor* in einem Punkt M, der auf ein infinitesimales Flächenelement ΔS wirkt, ist der Grenzwert des Verhältnisses

$$\boldsymbol{t}(\boldsymbol{n}) = \lim_{d\to 0}\frac{\Delta\boldsymbol{f}}{\Delta S}, \tag{1.9}$$

wobei d der größte Durchmesser des Bereichs ist.

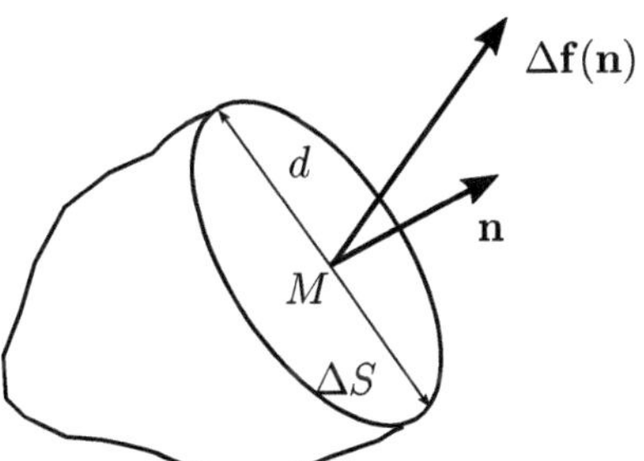

Bild 1.3 Zum Spannungstensor

Um die Spannung im Punkt M zu bestimmen, ist es also notwendig, eine orientierte Fläche zu definieren, die durch die Normale $\boldsymbol{n}$ und den auf diese Fläche wirkenden Spannungsvektor definiert ist. Der *Spannungstensor* ist also ein geordnetes Paar von Vektoren $\boldsymbol{n}$ und $\boldsymbol{t}$, von denen der erste die Fläche und der zweite die auf diese Fläche wirkende Kraft definiert. Die Reihenfolge der Faktoren ist dabei von grundlegender Bedeutung und darf – einmal festgelegt – nicht geändert werden. Man beachte in diesem Zusammenhang, dass die Paare $\boldsymbol{nt}$ und $\boldsymbol{tn}$ unterschiedlich sind. Um den Spannungszustand im Punkt M vollständig zu beschreiben, müssen die Spannungsvektoren in allen Ebenen, die durch M verlaufen, angegeben werden. Es gibt eine unendliche Anzahl solcher Ebenen. Mit einer Standardargumentation, siehe z. B. [Pa2008], kann gezeigt werden, dass der Spannungszustand an einem Punkt vollständig definiert ist, wenn eine ungeordnete Menge von drei geordneten Vektorpaaren gegeben ist.

Das formale Produkt zweier Vektoren $\boldsymbol{a}$ und $\boldsymbol{b}$, die zu der Menge $\mathscr{T}_1$ gehören, heißt *Tensormultiplikation* oder *dyadisches Produkt*. Es sei erwähnt, dass in der Literatur häufig ein spezielles Zeichen für diese Tensormultiplikation, nämlich $\boldsymbol{a} \otimes \boldsymbol{b}$, verwendet wird, das auch in diesem Lehrbuch gelegentlich zum Einsatz kommt. Der Begriff Tensormultiplikation zeigt an, dass diese Operation einige Eigenschaften einer gewöhnlichen Multiplikationsoperation hat.

Man betrachte die endliche Summe der Dyaden:

$$\boldsymbol{A} = \boldsymbol{ab} + \boldsymbol{cd} + \boldsymbol{ef} + \cdots . \tag{1.10}$$

Die Elemente von $\boldsymbol{A}$ werden als Tensoren zweiter Stufe bezeichnet, wenn folgende Äquivalenzbedingungen erfüllt sind (α ist ein Skalar):

$$\begin{aligned} &\boldsymbol{ab} + \boldsymbol{cd} = \boldsymbol{cd} + \boldsymbol{ab}\,, \quad \boldsymbol{a}(\boldsymbol{b} + \boldsymbol{c}) = \boldsymbol{ab} + \boldsymbol{ac}\,, \\ &(\boldsymbol{a} + \boldsymbol{b})\boldsymbol{c} = \boldsymbol{ac} + \boldsymbol{bc}\,, \quad (\alpha\,\boldsymbol{a})\boldsymbol{b} = \boldsymbol{a}(\alpha\,\boldsymbol{b})\,. \end{aligned} \tag{1.11}$$

Ein Tensor zweiter Stufe ist also eine ungeordnete Menge von geordneten Dyaden.

Bezeichnen wir die Menge der Tensoren zweiter Stufe, die man durch Tensorprodukt dreidimensionaler linearer Räume $\mathscr{T}_1\mathscr{T}_1$ erhält, mit $\mathscr{T}_2$. Wir führen auf der Menge $\mathscr{T}_2$ die Operationen der Addition und Multiplikation mit einer Zahl ein, so dass die Grenzen der Menge nicht überschritten werden:

$$\begin{aligned} &\boldsymbol{A} = \boldsymbol{ab} + \boldsymbol{cd}\,, \quad \boldsymbol{B} = \boldsymbol{de} + \boldsymbol{gh}\,, \\ &\boldsymbol{S} = \boldsymbol{A} + \boldsymbol{B} = \boldsymbol{ab} + \boldsymbol{cd} + \boldsymbol{de} + \boldsymbol{gh}\,, \\ &\alpha\,\boldsymbol{A} = (\alpha\,\boldsymbol{a})\boldsymbol{b} + (\alpha\,\boldsymbol{c})\boldsymbol{d} = \boldsymbol{a}(\alpha\,\boldsymbol{b}) + \boldsymbol{c}(\alpha\,\boldsymbol{d})\,. \end{aligned} \tag{1.12}$$

Eine wichtige Eigenschaft des linearen Raums ist das Vorhandensein eines Null- und eines Gegentensors:

Der *Nulltensor* der Stufe 2 ist der Tensor $\mathbf{0} = \mathbf{oo}$, der über eine Dyade zweier Nullvektoren (hier zur Unterscheidung mit $\mathbf{o}$ bezeichnet) entsteht. Wenn wir den Nullvektor in der Form $\mathbf{o} = 0\boldsymbol{a}$ darstellen, erhalten wir eine alternative Darstellung des Nulltensors:

$$\mathbf{0} = \mathbf{o}\boldsymbol{a} = \boldsymbol{a}\mathbf{o}\,. \tag{1.13}$$

Der *Gegentensor* ist derjenige Tensor, der bei Summation zu einem Nulltensor führt.

$$\mathbf{\Pi} = (-1)\boldsymbol{A}\,. \tag{1.14}$$

Tensoren noch höherer Stufe werden auf die gleiche Weise eingeführt. Wir definieren das Tensorprodukt von k Vektorräumen: $\mathscr{T}_k = \underbrace{\mathscr{T}_1\mathscr{T}_1\ldots\mathscr{T}_1}_{k}$. Wir nennen die geordnete Menge aufsteigender Tensoren k-ter Stufe auch: $\boldsymbol{ab}$-Dyade, $\boldsymbol{abc}$-Triade und $\boldsymbol{abcd}$-Tetrade.

Die Elemente der Menge $\mathscr{T}_k$, für die die entsprechenden Äquivalenzbeziehungen erfüllt sind, heißen Tensoren k-ter Stufe und werden, wenn es nicht aus dem Kontext hervorgeht, in dem Symbol ${}^k\boldsymbol{A}$ erfasst. Somit bezeichnet z. B. ${}^2\boldsymbol{A} \equiv \boldsymbol{A}$ einen Tensor zweiter Stufe.

Da der Raum der Tensoren k-ter Stufe $\mathscr{T}_k$ ein linearer Raum ist, definiert man Additions- und Multiplikationsoperationen mit einer Zahl wie folgt:

$$\alpha\left({}^k\boldsymbol{A} + {}^k\boldsymbol{B}\right) = \alpha\,{}^k\boldsymbol{A} + \alpha\,{}^k\boldsymbol{B}\,. \tag{1.15}$$

Man beachte, dass die Summe von Tensoren nur für Tensoren gleichen Ranges definiert ist.

1.2.1.5 Vektor- und Tensorbasen sowie Tensor-Koordinaten

Die Dreidimensionalität des Bezugssystems bedeutet, dass es im eingeführten Raum $\mathscr{T}_1$ Dreiergruppen linear unabhängiger Vektoren gibt, aber vier (und mehr) beliebige Vektoren erweisen sich als linear abhängig.

Definition: Jedes Triplett linear unabhängiger Vektoren wird als **Basis** bezeichnet.

Man beachte, dass alle Operationen mit Tensoren invariant sind und nicht von der gewählten Basis abhängen. Der Einfachheit halber wählen wir daher drei beliebig orientierte orthogonale Einheitsvektoren $\boldsymbol{e}_1, \boldsymbol{e}_2, \boldsymbol{e}_3$:*

$$\boldsymbol{e}_m \cdot \boldsymbol{e}_n = \delta_{mn} = \begin{cases} 1, & m = n; \\ 0, & m \neq n, \end{cases} \tag{1.16}$$

wobei δ_{mn} das sogenannte *Kroneckersymbol* ist. Eine Basis, welche die Gleichung (1.16) erfüllt, heißt *orthonormal.*

Für jeden Vektor $\boldsymbol{a}$ gibt es eine einzige Menge von Zahlen a_1, a_2, $a_3 \in \mathscr{T}_0$, die man Koordinaten des Vektors in der gewählten Basis nennt:

$$\boldsymbol{a} = a_1\boldsymbol{e}_1 + a_2\boldsymbol{e}_2 + a_3\boldsymbol{e}_3 = a_i\boldsymbol{e}_i\,, \quad a_i = \boldsymbol{a}\cdot\boldsymbol{e}_i\,. \tag{1.17}$$

Hier und im Folgenden wird nach der *Einstein'schen Summenkonvention* vorgegangen, d. h. bei zweimal wiederholten Indizes** wird automatisch von 1 bis 3 summiert.

Die skalare Multiplikation der Vektoren $\boldsymbol{a} = a_m\boldsymbol{e}_m$ und $\boldsymbol{b} = b_n\boldsymbol{e}_n$ in Koordinatenschreibweise hat die Form:

$$\boldsymbol{a}\cdot\boldsymbol{b} = a_m b_n \delta_{mn} = a_n b_n\,. \tag{1.18}$$

Wir ordnen nun die Basisvektoren so an, dass sie das rechte Tripel der Vektoren $(\boldsymbol{e}_1 \times \boldsymbol{e}_2)\cdot\boldsymbol{e}_3 = 1$ bilden und betrachten das Vektorprodukt zwischen $\boldsymbol{e}_i$ und $\boldsymbol{e}_j$,

$$\boldsymbol{e}_i \times \boldsymbol{e}_j = \epsilon_{ijk}\boldsymbol{e}_k \equiv \epsilon_{kij}\boldsymbol{e}_k\,, \tag{1.19}$$

* Die nicht-orthogonale Basis wird in Abschnitt 1.5 betrachtet.

** Für eine nicht-orthogonale Basis wird diese Regel modifiziert (siehe Abschnitt 1.5).

wobei ϵ_{ijk} das sog. *Levi-Civitá-Symbol* bezeichnet. Die Werte von ϵ_{ijk} sind gleich Null, wenn es sich wiederholende Indizes ijk gibt, gleich 1 für die Sequenz der Indizes 123 und Sequenzen, die durch zyklische Permutation daraus erhalten werden, und schließlich gleich −1, wenn diese Ordnung gebrochen ist, d. h. für Sequenzen 132, 213 und 321. Diese Regeln haben wir im letzten Schritt in Gleichung (1.19) bereits angewandt.

Multipliziert man Gleichung (1.19) skalar mit $\boldsymbol{e}_n$, erhält man eine nützliche Formel zur Bestimmung der Komponenten des Levi-Civitá-Tensors,

$$\epsilon_{ijk} = (\boldsymbol{e}_i \times \boldsymbol{e}_j)\cdot\boldsymbol{e}_k\,. \tag{1.20}$$

Betrachten wir nun die Tensormultiplikation von Vektoren. Jede Dyade $\boldsymbol{ab}$ kann in folgender Form dargestellt werden:

$$\boldsymbol{ab} = (a_m\boldsymbol{e}_m)(b_n\boldsymbol{e}_n) = a_m b_n \boldsymbol{e}_m\boldsymbol{e}_n\,. \tag{1.21}$$

Stellt man in ähnlicher Form alle im Tensorausdruck enthaltenen Dyaden dar, so erhält man, dass jeder Tensor zweiter Stufe durch folgende Erweiterung dargestellt werden kann:

$$\boldsymbol{A} = A_{ij}\boldsymbol{e}_i\boldsymbol{e}_j\,,\quad A_{mn} = \boldsymbol{e}_m\cdot\boldsymbol{A}\cdot\boldsymbol{e}_n\,. \tag{1.22}$$

Die Kombinationen $\boldsymbol{e}_m\boldsymbol{e}_n$ werden als Elemente der Tensorbasis bezeichnet, und Werte von A_{mn} sind die Tensorkoordinaten in Bezug auf die eingeführte Tensorbasis. Der Tensor des zweiten Ranges kann also als Summe von neun Dyaden dargestellt werden.

Satz: Die Dimensionalität des Raumes $\mathscr{T}_2$ ist 9, d. h. die Elemente der Tensorbasis $\boldsymbol{e}_m\boldsymbol{e}_n$ sind linear unabhängig.

Beweis: Lineare Unabhängigkeit der Tensorbasiselemente bedeutet, dass

$$\alpha_{mn}\,\boldsymbol{e}_m\boldsymbol{e}_n = \boldsymbol{0} \tag{1.23}$$

dann und nur dann möglich ist, wenn $\alpha_{mn} = 0$ gilt. Durch skalare Multiplikation der Gleichung (1.23) mit $\boldsymbol{e}_k$ erhalten wir: $\alpha_{mn}\,\boldsymbol{e}_m\delta_{nk} = \alpha_{mk}\,\boldsymbol{e}_m = \boldsymbol{0},\ k = 1, 2, 3$. Aufgrund der linearen Unabhängigkeit der Vektorbasiselemente ergibt sich also, dass $\alpha_{mn} = 0$. In einer festen Basis ist ein Tensor zweiter Stufe also vollständig durch seine Koordinatenmatrix der Ordnung 3 × 3 definiert. □

Behauptung: Jeder Tensor zweiter Stufe kann als Summe von drei Dyaden dargestellt werden.

Beweis durch Konstruktion: Wenn man die Ausdrücke in der Gleichung (1.22) zusammenfasst, erhält man

$$\boldsymbol{A} = (A_{m1}\boldsymbol{e}_m)\boldsymbol{e}_1 + (A_{m2}\boldsymbol{e}_m)\boldsymbol{e}_2 + (A_{m3}\boldsymbol{e}_m)\boldsymbol{e}_3 = \boldsymbol{a}_1\boldsymbol{e}_1 + \boldsymbol{a}_2\boldsymbol{e}_2 + \boldsymbol{a}_3\boldsymbol{e}_3\,. \;\square \tag{1.24}$$

Man beachte, dass, obwohl jede Dyade ein Tensor zweiter Stufe ist, ein beliebiger Tensor zweiter Stufe nur in Ausnahmefällen auf eine einzelne Dyade reduziert werden kann.

Ein Tensor zweiten Ranges kann in invarianter Form, als ein Element des Tensorraums: $\boldsymbol{A} \in \mathscr{T}_2$, in dyadischer Form als Summe von Dyaden, $\boldsymbol{A} = \boldsymbol{a}_m \boldsymbol{b}_m$, und in Koordinatenform durch Zerlegung über Elemente der Tensorbasis, $\boldsymbol{A} = A_{mn} \boldsymbol{e}_m \boldsymbol{e}_n$, dargestellt werden.

In Analogie zur Gleichung (1.21) kann jeder Tensor k-ter Stufe wie folgt dargestellt werden:

$$^k\boldsymbol{A} = A_{n_1 n_2 \ldots n_k} \boldsymbol{e}_{n_1} \boldsymbol{e}_{n_2} \ldots \boldsymbol{e}_{n_k} \,. \tag{1.25}$$

Die Elemente $\boldsymbol{e}_{n_1} \boldsymbol{e}_{n_2} \ldots \boldsymbol{e}_{n_k}$ bilden eine Polybasis im Raum $\mathscr{T}_k$, und die Zahlen $A_{n_i n_2 \ldots n_k}$ sind die Tensorkoordinaten k-ter Stufe in dieser Polybasis. Die Reihenfolge der Indizes der Koordinaten entspricht der Reihenfolge der Indizes der Basisvektoren in der Polybasis.

Es ist einsichtig, dass die Dimension des Raumes $\mathscr{T}_k$ zu 3^k gegeben ist. Durch Gruppierung der Terme in der Gleichung (1.25) kann gezeigt werden, dass ein Tensor k-ter Stufe als eine Summe von 3^{k-1} Dyaden k-ter Stufe dargestellt werden kann: der Tensor dritten Ranges ist eine Menge von neun Triaden, der Tensor vierten Ranges ist eine Menge von siebenundzwanzig Tetraden, usw.:

$$^k\boldsymbol{A} = \sum_{n=1}^{3^{k-1}} \boldsymbol{a}_{n_1} \boldsymbol{a}_{n_2} \ldots \boldsymbol{a}_{n_k} \,. \tag{1.26}$$

Abschließend stellen wir fest, dass ein Tensor beliebiger Stufe zwar vollständig durch seine Koordinaten in der gewählten Basis bestimmt ist, man den Tensor aber nicht mit seinen Koordinaten identifizieren sollte. Der Tensor ist ein unveränderliches Objekt, das nicht an die Wahl der Basis gebunden ist, während seine Koordinaten von der Wahl der Basis abhängen.

Übungsaufgabe *Tensoroperationen*

1. Vereinfache $A_{ij}\delta_{ik}$.
2. Zeige, dass
   (a) $\epsilon_{ijk}\epsilon_{ijl} = 2\delta_{kl}$,
   (b) $\epsilon_{ijk}\epsilon_{ijk} = 6$,
   (c) $\epsilon_{ijk}\epsilon_{jli}A_{mk} = 2A_{ml}$.

1.2.2 Operationen für Tensoren zweiter Stufe

1.2.2.1 Symmetrische und antisymmetrische Tensoren

Definition *Transponierter Tensor*: Das Symbol $\boldsymbol{A}^\top$ bezeichnet denjenigen Tensor zweiter Stufe, bei dem die Reihenfolge der Faktoren in allen Dyaden vertauscht wurde:*

$$\boldsymbol{A}^\top = (\boldsymbol{a}_m \boldsymbol{b}_m)^\top = \boldsymbol{b}_m \boldsymbol{a}_m \quad \Leftrightarrow \quad A^\top_{ij} = A_{ji} \,. \tag{1.27}$$

Offensichtlich ist $(\boldsymbol{A}^\top)^\top = \boldsymbol{A}$ für jeden Tensor zweiter Stufe.

* Für die Freunde der Indexschreibweise zeigen wir nachfolgend neben der direkten Notation auch oft den entsprechenden Indexausdruck.

Ein Tensor zweiten Ranges wird *symmetrisch* genannt, wenn $\boldsymbol{A}^{\mathsf{T}} = \boldsymbol{A}$ gilt und *antisymmetrisch*, wenn $\boldsymbol{A}^{\mathsf{T}} = -\boldsymbol{A}$ erfüllt ist.

Ein beliebiger Tensor zweiten Ranges $\boldsymbol{A}$ kann mit folgender Regel eindeutig auf einen symmetrischen Tensor $\boldsymbol{A}^{\mathrm{S}}$ abgebildet werden:

$$\boldsymbol{A}^{\mathrm{S}} = \frac{1}{2}\left(\boldsymbol{A} + \boldsymbol{A}^{\mathsf{T}}\right). \tag{1.28}$$

Der Tensor $\boldsymbol{A}^{\mathrm{S}}$ heißt der symmetrische Teil von $\boldsymbol{A}$, und die Gleichung (1.28) wird als Symmetrisierung des Tensors $\boldsymbol{A}$ bezeichnet.

In ähnlicher Weise kann ein beliebiger Tensor $\boldsymbol{A}$ eindeutig auf einen antisymmetrischen Tensor $\boldsymbol{A}^{\mathrm{A}}$ abgebildet werden:

$$\boldsymbol{A}^{\mathrm{A}} = \frac{1}{2}\left(\boldsymbol{A} - \boldsymbol{A}^{\mathsf{T}}\right). \tag{1.29}$$

Folglich lässt jeder Tensor zweiter Stufe $\boldsymbol{A}$ eine eindeutige Darstellung als Summe seiner symmetrischen $\boldsymbol{A}^{\mathrm{S}}$ und antisymmetrischen $\boldsymbol{A}^{\mathrm{A}}$ Teile zu:

$$\boldsymbol{A} = \boldsymbol{A}^{\mathrm{S}} + \boldsymbol{A}^{\mathrm{A}}. \tag{1.30}$$

Übungsaufgabe *Zerlegung in symmetrischen und antisymmetrischen Teil*

Berechne den symmetrischen und den antisymmetrischen Anteil des Tensors

$$\boldsymbol{A} = 2\boldsymbol{e}_1\boldsymbol{e}_1 - \boldsymbol{e}_1\boldsymbol{e}_2 - \boldsymbol{e}_2\boldsymbol{e}_2 + 3\boldsymbol{e}_3\boldsymbol{e}_2. \tag{1.31}$$

1.2.2.2 Tensormultiplikation

Stellen wir zunächst die Tensoren $\boldsymbol{A}$ und $\boldsymbol{B}$ in der Form $\boldsymbol{A} = \boldsymbol{a}_m\boldsymbol{b}_m$, $\boldsymbol{B} = \boldsymbol{d}_n\boldsymbol{f}_n$ dar. Diverse Operationen werden so verständlich. Im Einzelnen:

(A) Skalarmultiplikationen eines Tensors mit einem Vektor

$$\boldsymbol{A}\cdot\boldsymbol{c} = \boldsymbol{a}_m(\boldsymbol{b}_m\cdot\boldsymbol{c})\,,\ \boldsymbol{c}\cdot\boldsymbol{A} = (\boldsymbol{c}\cdot\boldsymbol{a}_m)\,\boldsymbol{b}_m \quad\Leftrightarrow\quad (\boldsymbol{A}\cdot\boldsymbol{c})_i = A_{ij}c_j\,. \tag{1.32}$$

Das Ergebnis dieser Multiplikation ist ein Vektor.

Es sei betont, dass die Multiplikation eines Tensors mit einem Vektor auf der linken und auf der rechten Seite im Allgemeinen zu unterschiedlichen Vektoren führt. Die folgende Beziehung ist gültig:

$$\boldsymbol{c}\cdot\boldsymbol{A} = (\boldsymbol{c}\cdot\boldsymbol{a}_m)\boldsymbol{b}_m = \boldsymbol{b}_m(\boldsymbol{c}\cdot\boldsymbol{a}_m) = (\boldsymbol{b}_m\,\boldsymbol{a}_m)\cdot\boldsymbol{c} = \boldsymbol{A}^{\mathsf{T}}\cdot\boldsymbol{c} \quad\Leftrightarrow\quad (\boldsymbol{c}\cdot\boldsymbol{A}) = c_jA_{ji} \equiv A^{\mathsf{T}}_{ij}c_j\,. \tag{1.33}$$

Daraus ergeben sich weitere Aussagen zu symmetrischen und antisymmetrischen Tensoren, nämlich:

Ein Tensor zweiter Stufe ist symmetrisch, wenn für jeden Vektor $\boldsymbol{x}$ die Gleichung $\boldsymbol{A}\cdot\boldsymbol{x}=\boldsymbol{x}\cdot\boldsymbol{A}$, gilt und antisymmetrisch, wenn für jeden Vektor $\boldsymbol{x}$ die Gleichung $\boldsymbol{A}\cdot\boldsymbol{x}=-\boldsymbol{x}\cdot\boldsymbol{A}$ erfüllt ist. Wenn wir diese Beziehung skalar mit $\boldsymbol{x}$ multiplizieren, erhalten wir eine wichtige Eigenschaft des antisymmetrischen Tensors: $\boldsymbol{x}\cdot\boldsymbol{A}\cdot\boldsymbol{x}=0$.

(B) Vektormultiplikationen eines Tensors mit einem Vektor

$$\boldsymbol{A}\times\boldsymbol{c}=\boldsymbol{a}_m(\boldsymbol{b}_m\times\boldsymbol{c})\,,\quad \boldsymbol{c}\times\boldsymbol{A}=(\boldsymbol{c}\times\boldsymbol{a}_m)\,\boldsymbol{b}_m \quad\Leftrightarrow\quad (\boldsymbol{A}\times\boldsymbol{c})_{ij}=\epsilon_{jkl}A_{ik}c_l\,. \tag{1.34}$$

Das Ergebnis dieser Multiplikation ist ein Tensor zweiter Stufe.

Die folgende Beziehung gilt:

$$(\boldsymbol{c}\times\boldsymbol{A})^{\mathsf{T}}=-\boldsymbol{A}^{\mathsf{T}}\times\boldsymbol{c}\,. \tag{1.35}$$

Zum Beweis berechnen wir den linken und den rechten Teil der Gleichung getrennt:

$$\begin{aligned}(\boldsymbol{c}\times\boldsymbol{A})^{\mathsf{T}}&=((\boldsymbol{c}\times\boldsymbol{a}_m)\boldsymbol{b}_m)^{\mathsf{T}}=\boldsymbol{b}_m(\boldsymbol{c}\times\boldsymbol{a}_m)\,,\\ -\boldsymbol{A}^{\mathsf{T}}\times\boldsymbol{c}&=-\boldsymbol{b}_m(\boldsymbol{a}_m\times\boldsymbol{c})=\boldsymbol{b}_m(\boldsymbol{c}\times\boldsymbol{a}_m)\,.\end{aligned} \tag{1.36}$$

(C) Tensormultiplikationen eines Tensors mit einem Vektor

$$\boldsymbol{A}\boldsymbol{c}=\boldsymbol{a}_m\boldsymbol{b}_m\boldsymbol{c}\,,\quad \boldsymbol{c}\boldsymbol{A}=\boldsymbol{c}\boldsymbol{a}_m\boldsymbol{b}_m \quad\Leftrightarrow\quad (\boldsymbol{A}\boldsymbol{c})_{ijk}=A_{ij}c_k\,,\quad (\boldsymbol{c}\boldsymbol{A})_{ijk}=c_iA_{jk}\,. \tag{1.37}$$

Das Ergebnis dieser Multiplikation sind Tensoren dritter Stufe.

(D) Innere Tensormultiplikation

$$\boldsymbol{A}\cdot\boldsymbol{B}=(\boldsymbol{a}_m\boldsymbol{b}_m)\cdot\left(\boldsymbol{d}_n\boldsymbol{f}_n\right)=(\boldsymbol{b}_m\cdot\boldsymbol{d}_n)\boldsymbol{a}_m\boldsymbol{f}_n \quad\Leftrightarrow\quad (\boldsymbol{A}\cdot\boldsymbol{B})_{ij}=A_{ik}B_{kj}\,. \tag{1.38}$$

Das Ergebnis dieser Multiplikation ist ein Tensor zweiter Stufe.

Man beachte: Im Gegensatz zur skalaren Multiplikation von Vektoren ist die innere Multiplikation von Tensoren nicht kommutativ, d. h. $\boldsymbol{A}\cdot\boldsymbol{B}\neq\boldsymbol{B}\cdot\boldsymbol{A}$, da:

$$\boldsymbol{A}\cdot\boldsymbol{B}=(\boldsymbol{b}_m\cdot\boldsymbol{d}_n)\boldsymbol{a}_m\boldsymbol{f}_n\,,\quad \boldsymbol{B}\cdot\boldsymbol{A}=(\boldsymbol{f}_n\cdot\boldsymbol{a}_m)\boldsymbol{d}_n\boldsymbol{b}_m\,. \tag{1.39}$$

Transposition bei innerer Multiplikation von Tensoren liefert:

$$\begin{aligned}(\boldsymbol{A}\cdot\boldsymbol{B})^{\mathsf{T}}&=\boldsymbol{B}^{\mathsf{T}}\cdot\boldsymbol{A}^{\mathsf{T}}\,,\\ (\boldsymbol{A}\cdot\boldsymbol{B})^{\mathsf{T}}&=\left(\boldsymbol{a}_m(\boldsymbol{b}_m\cdot\boldsymbol{d}_n)\boldsymbol{f}_n\right)^{\mathsf{T}}=\boldsymbol{f}_n(\boldsymbol{d}_n\cdot\boldsymbol{b}_m)\boldsymbol{a}_m=\boldsymbol{B}^{\mathsf{T}}\cdot\boldsymbol{A}^{\mathsf{T}}\,.\end{aligned} \tag{1.40}$$

(E) Vektorielle Tensormultiplikation

$$\boldsymbol{A}\times\boldsymbol{B}=(\boldsymbol{a}_m\boldsymbol{b}_m)\times\left(\boldsymbol{d}_n\boldsymbol{f}_n\right)=\boldsymbol{a}_m(\boldsymbol{b}_m\times\boldsymbol{d}_n)\boldsymbol{f}_n \quad\Leftrightarrow\quad (\boldsymbol{A}\times\boldsymbol{B})_{ijk}=A_{il}\epsilon_{jlm}B_{mk}\,. \tag{1.41}$$

Das Ergebnis dieser Multiplikation ist ein Tensor dritter Stufe.

(F) Tensormultiplikation eines Tensors mit einem Tensor

$$\boldsymbol{AB} = \boldsymbol{a}_m\boldsymbol{b}_m\boldsymbol{d}_n\boldsymbol{f}_n \quad \Leftrightarrow \quad (\boldsymbol{AB})_{ijkl} = A_{ij}B_{kl}\,. \tag{1.42}$$

Das Ergebnis dieser Multiplikation ist ein Tensor vierter Stufe.

(G) Inneres Skalarprodukt von Tensoren

$$\boldsymbol{A} \odot \boldsymbol{B} = (\boldsymbol{a}_m\boldsymbol{b}_m) \odot (\boldsymbol{d}_n\boldsymbol{f}_n) = (\boldsymbol{a}_m \cdot \boldsymbol{d}_n)(\boldsymbol{b}_m \cdot \boldsymbol{f}_n) \equiv \boldsymbol{A} : \boldsymbol{B}\,. \tag{1.43}$$

Das Ergebnis der Multiplikation ist ein Skalar. Wie gezeigt, wird das Skalarprodukt von Tensoren häufig auch durch zwei senkrechte Punkte $\boldsymbol{A} : \boldsymbol{B}$ bezeichnet.

Übungsaufgabe *Inneres Skalarprodukt von Tensoren indizistisch*
Erinnere, dass man kartesisch schreiben darf $\boldsymbol{A} = A_{ij}\boldsymbol{e}_i\boldsymbol{e}_j$ und $\boldsymbol{B} = B_{kl}\boldsymbol{e}_k\boldsymbol{e}_l$. Zeige damit, dass gilt:

$$\boldsymbol{A} \odot \boldsymbol{B} \equiv \boldsymbol{A} : \boldsymbol{B} = A_{ij}B_{ij}\,. \tag{1.44}$$

Man dabei spricht dabei von einem *inneren* (Doppel-) Skalarprodukt zwischen zwei Tensoren zweiter Stufe.

Das Skalarprodukt von Tensoren ist kommutativ:

$$\boldsymbol{B} \odot \boldsymbol{A} = (\boldsymbol{d}_n \cdot \boldsymbol{a}_m)(\boldsymbol{f}_n \cdot \boldsymbol{b}_m) = (\boldsymbol{a}_m \cdot \boldsymbol{d}_n)(\boldsymbol{b}_m \cdot \boldsymbol{f}_n) = \boldsymbol{A} \odot \boldsymbol{B} \tag{1.45}$$

und ist positiv definit. Die positive Definitheit eines Skalarprodukts von Tensoren lässt sich am einfachsten am Beispiel einer Dyade zeigen:

$$\boldsymbol{A} \odot \boldsymbol{A} = (\boldsymbol{ab}) \odot (\boldsymbol{ab}) = (\boldsymbol{a} \cdot \boldsymbol{a})(\boldsymbol{b} \cdot \boldsymbol{b})\,. \tag{1.46}$$

Dieser Ausdruck ist nur dann Null, wenn einer der Dyadenvektoren Null ist. In diesem Fall fällt die Dyade mit einem Nullelement des Tensorraums zusammen.

(H) Äußeres Skalarprodukt von Tensoren

$$\boldsymbol{A} \cdot\cdot\, \boldsymbol{B} = (\boldsymbol{a}_m\boldsymbol{b}_m) \cdot\cdot\, (\boldsymbol{d}_n\boldsymbol{f}_n) = (\boldsymbol{b}_m \cdot \boldsymbol{d}_n)(\boldsymbol{a}_m \cdot \boldsymbol{f}_n) = A_{ij}B_{ji}\,. \tag{1.47}$$

Das Ergebnis dieser Multiplikation ist ein Skalar. Hierbei spricht man vom äußeren (Doppel-) Skalarprodukt zweier Tensoren zweiter Stufe.

Die doppelte äußere Multiplikation ist kommutativ: $\boldsymbol{A} \cdot\cdot\, \boldsymbol{B} = \boldsymbol{B} \cdot\cdot\, \boldsymbol{A}$, was aus der Kommutativität der Skalarmultiplikation von Vektoren folgt. Aber anders als beim inneren Skalarprodukt von Tensoren kann $\boldsymbol{A} \cdot\cdot\, \boldsymbol{A} = (\boldsymbol{a} \cdot \boldsymbol{b})^2$ gleich Null sein kann, wenn die Vektoren $\boldsymbol{a}$ und $\boldsymbol{b}$ orthogonal sind.

Übungsaufgabe *Äußeres Skalarprodukt von Tensoren indizistisch*

Erinnere, dass man kartesisch schreiben darf $\boldsymbol{A} = A_{ij}\boldsymbol{e}_i\boldsymbol{e}_j$ und $\boldsymbol{B} = B_{kl}\boldsymbol{e}_k\boldsymbol{e}_l$. Zeige damit, dass gilt:

$$\boldsymbol{A}\cdot\cdot\boldsymbol{B} = A_{ij}B_{ji}\,.$$

Erläutere mögliche Gründe für die Wortwahl, also warum man von einem *äußeren* Skalarprodukt spricht.

Die doppelte innere Multiplikation von Tensoren ist mit der äußeren Multiplikation durch die folgenden Beziehungen verbunden:

$$\boldsymbol{A}\odot\boldsymbol{B} \equiv \boldsymbol{A}:\boldsymbol{B} = \boldsymbol{A}\cdot\cdot\boldsymbol{B}^\mathsf{T} = \boldsymbol{A}^\mathsf{T}\cdot\cdot\boldsymbol{B} \quad \Leftrightarrow \quad A_{ij}B_{ij} = A_{ij}B^\mathsf{T}_{ji} = A^\mathsf{T}_{ji}B_{ij}\,. \tag{1.48}$$

Es ist leicht gezeigt, dass

$$\boldsymbol{A}\cdot\cdot\boldsymbol{B} = \boldsymbol{A}^\mathsf{T}\cdot\cdot\boldsymbol{B}^\mathsf{T} = \boldsymbol{B}^\mathsf{T}\cdot\cdot\boldsymbol{A}^\mathsf{T}\,. \tag{1.49}$$

Betrachten wir nun die doppelte innere Multiplikation des symmetrischen $\boldsymbol{S}$ und des antisymmetrischen $\boldsymbol{A}$ Tensors:

$$\boldsymbol{A}\cdot\cdot\boldsymbol{S} = \boldsymbol{A}^\mathsf{T}\cdot\cdot\boldsymbol{S}^\mathsf{T} = -\boldsymbol{A}\cdot\cdot\boldsymbol{S}\,. \tag{1.50}$$

Da eine Zahl nur dann gleich ihrer Gegenzahl sein kann, wenn sie Null ist, ergibt sich die Identität

$$\boldsymbol{A}\cdot\cdot\boldsymbol{S} = 0\,. \tag{1.51}$$

Daraus folgt, dass die Tensoren in einen symmetrischen und einen antisymmetrischen Teil zerlegt werden müssen:

$$\boldsymbol{A}\cdot\cdot\boldsymbol{B} = \boldsymbol{A}^\mathrm{S}\cdot\cdot\boldsymbol{B}^\mathrm{S} + \boldsymbol{A}^\mathrm{A}\cdot\cdot\boldsymbol{B}^\mathrm{A}\,. \tag{1.52}$$

Einer der Tensoren in der äußeren Multiplikation sei das Ergebnis der inneren Multiplikation der beiden anderen Tensoren. Durch direkte Überprüfung können wir beweisen, dass die folgende Kette von Gleichungen stimmt:

$$\boldsymbol{A}\cdot\cdot(\boldsymbol{B}\cdot\boldsymbol{C}) = (\boldsymbol{A}\cdot\boldsymbol{B})\cdot\cdot\boldsymbol{C} = (\boldsymbol{C}\cdot\boldsymbol{A})\cdot\cdot\boldsymbol{B}\,. \tag{1.53}$$

Die inneren und äußeren Tensormultiplikationen können auch als alternative Schreibweise für skalare Tensormultiplikationen mit Vektoren links und rechts verwendet werden:

$$\boldsymbol{c}\cdot\boldsymbol{A}\cdot\boldsymbol{d} = \boldsymbol{A}\cdot\cdot(\boldsymbol{d}\boldsymbol{c}) = \boldsymbol{A}\odot(\boldsymbol{c}\boldsymbol{d})\,. \tag{1.54}$$

(I) Tensormultiplikation mit doppeltem Vektorprodukt

$$\begin{aligned}&\boldsymbol{A}\times\times\boldsymbol{B} = (\boldsymbol{a}_m\boldsymbol{b}_m)\times\times\left(\boldsymbol{d}_n\boldsymbol{f}_n\right) = (\boldsymbol{b}_m\times\boldsymbol{d}_n)(\boldsymbol{a}_m\times\boldsymbol{f}_n)\\ &\Leftrightarrow \quad (\boldsymbol{A}\times\times\boldsymbol{B})_{ij} = \epsilon_{iml}\epsilon_{jnk}A_{mn}B_{kl}\,.\end{aligned} \tag{1.55}$$

Das Ergebnis dieser Multiplikation ist ein Tensor zweiter Stufe. Man würde hier von einem *doppelten äußeren Vektorprodukt* sprechen.

Man beachte, dass in diesen Notationen das Ergebnis der Vektormultiplikation der nächstgelegenen Vektoren an erster Stelle steht und die entfernten Vektoren an zweiter Stelle. Die Operation der *doppelten inneren Vektormultiplikation* kann auf entsprechende Weise eingeführt werden. Wir können zum Beispiel davon ausgehen, dass sich das erste Zeichen, ähnlich wie beim inneren Skalarprodukt von Tensoren, auf die ersten Vektoren in Dyaden bezieht und das zweite auf die zweiten Vektoren:

$$\boldsymbol{A} \overset{\times}{\times} \boldsymbol{B} = (\boldsymbol{a}_m \times \boldsymbol{d}_n)(\boldsymbol{b}_m \times \boldsymbol{f}_n) \quad \Leftrightarrow \quad \left(\boldsymbol{A} \overset{\times}{\times} \boldsymbol{B}\right)_{ij} = \epsilon_{imk}\epsilon_{jnl}A_{mn}B_{kl}\,. \tag{1.56}$$

Folgende Beziehung ist leicht zu überprüfen:

$$\boldsymbol{A} \overset{\times}{\times} \boldsymbol{B} = \boldsymbol{A}^{\mathsf{T}} \times\times \boldsymbol{B}\,. \tag{1.57}$$

Ähnlich wie die doppelte innere Tensormultiplikation gibt es bei der doppelten inneren Vektormultiplikation eine alternative Form, die Multiplikation des Tensors mit einem Vektor von rechts und links zu schreiben:

$$\boldsymbol{c} \times \boldsymbol{A} \times \boldsymbol{d} = -(\boldsymbol{d}\boldsymbol{c}) \times\times \boldsymbol{A}\,. \tag{1.58}$$

Das Minuszeichen, das hier erscheint, ist auf eine Permutation der Multiplikatoren bei der Vektormultiplikation von Vektoren zurückzuführen.

Man beachte auch, dass eine ähnliche Formel wie Gleichung (1.8) gültig ist:

$$\boldsymbol{c} \times (\boldsymbol{d} \times \boldsymbol{A}) = \boldsymbol{d}(\boldsymbol{c} \cdot \boldsymbol{A}) - (\boldsymbol{d} \cdot \boldsymbol{c})\boldsymbol{A}\,. \tag{1.59}$$

Bei einer anderen Multiplikationsfolge ist das Ergebnis jedoch ein anderes:

$$(\boldsymbol{c}\times\boldsymbol{d})\times\boldsymbol{A} = \left(-\boldsymbol{a}_m\times(\boldsymbol{c}\times\boldsymbol{d})\right)\boldsymbol{b}_m = \left(-\boldsymbol{c}(\boldsymbol{d}\cdot\boldsymbol{a}_m)+\boldsymbol{d}(\boldsymbol{c}\cdot\boldsymbol{a}_m)\right)\boldsymbol{b}_m = (\boldsymbol{d}\boldsymbol{c}-\boldsymbol{c}\boldsymbol{d})\cdot\boldsymbol{A} = -2(\boldsymbol{c}\boldsymbol{d})^{\mathrm{A}}\cdot\boldsymbol{A}. \tag{1.60}$$

(J) Gemischte Tensormultiplikation:

Es gibt zwei Arten der gemischten Tensormultiplikation, die skalar-vektorartige:

$$\boldsymbol{A}\cdot\!\times \boldsymbol{B} = (\boldsymbol{a}_m\boldsymbol{b}_m)\cdot\!\times\left(\boldsymbol{d}_n\boldsymbol{f}_n\right) = (\boldsymbol{b}_m\cdot\boldsymbol{d}_n)(\boldsymbol{a}_m\times\boldsymbol{f}_n) \quad \Leftrightarrow \quad (\boldsymbol{A}\cdot\!\times \boldsymbol{B})_i = \epsilon_{ils}A_{lm}B_{ms} \tag{1.61}$$

und die vektor-skalarartige Form:

$$\boldsymbol{A}\times\!\cdot \boldsymbol{B} = (\boldsymbol{a}_m\boldsymbol{b}_m)\times\!\cdot\left(\boldsymbol{d}_n\boldsymbol{f}_n\right) = (\boldsymbol{a}_m\cdot\boldsymbol{f}_n)(\boldsymbol{b}_m\times\boldsymbol{d}_n) \quad \Leftrightarrow \quad (\boldsymbol{A}\times\!\cdot \boldsymbol{B})_i = \epsilon_{ils}A_{ml}B_{sm}. \tag{1.62}$$

In beiden Fällen ist das Ergebnis der Multiplikation ein Vektor.

Es ist einfach, Verbindungen zwischen diesen Arten von Multiplikationen herzustellen:

$$\boldsymbol{A}\cdot\!\times\boldsymbol{B} = \boldsymbol{A}^{\mathsf{T}}\times\!\cdot\boldsymbol{B}^{\mathsf{T}}\,,\ \ \boldsymbol{A}^{\mathsf{T}}\cdot\!\times\boldsymbol{B} = \boldsymbol{A}\times\!\cdot\boldsymbol{B}^{\mathsf{T}}\,,\ \ \boldsymbol{A}\cdot\!\times\boldsymbol{B}^{\mathsf{T}} = \boldsymbol{A}^{\mathsf{T}}\times\!\cdot\boldsymbol{B}\,. \tag{1.63}$$

Folgende Beziehungen gilt es zu merken:

$$\boldsymbol{c}\times\boldsymbol{A}\cdot\boldsymbol{d} = -\boldsymbol{A}\cdot\!\times(\boldsymbol{d}\boldsymbol{c}) = (\boldsymbol{d}\boldsymbol{c})\times\!\cdot\boldsymbol{A}\,,\ \ \boldsymbol{c}\cdot\boldsymbol{A}\times\boldsymbol{d} = \boldsymbol{A}\times\!\cdot(\boldsymbol{d}\boldsymbol{c}) = -(\boldsymbol{d}\boldsymbol{c})\cdot\!\times\boldsymbol{A}\,. \tag{1.64}$$

Wie bei der dualen Skalar- und Vektormultiplikation können auch hier alternative Regeln für die gemischte Tensormultiplikation eingeführt werden:

$$\begin{aligned} \boldsymbol{A} \overset{\times}{\cdot} \boldsymbol{B} &= (\boldsymbol{a}_m \boldsymbol{b}_m) \overset{\times}{\cdot} \big(\boldsymbol{d}_n \boldsymbol{f}_n\big) = (\boldsymbol{b}_m \cdot \boldsymbol{f}_n)(\boldsymbol{a}_m \times \boldsymbol{d}_n) = \boldsymbol{A} \cdot\!\times \boldsymbol{B}^{\top} , \\ \boldsymbol{A} \underset{\times}{\cdot} \boldsymbol{B} &= (\boldsymbol{a}_m \boldsymbol{b}_m) \underset{\times}{\cdot} \big(\boldsymbol{d}_n \boldsymbol{f}_n\big) = (\boldsymbol{a}_m \cdot \boldsymbol{d}_n)(\boldsymbol{b}_m \times \boldsymbol{f}_n) = \boldsymbol{A} \times\!\cdot \boldsymbol{B}^{\top} . \end{aligned} \tag{1.65}$$

Übungsaufgabe *Diverse Probleme zur Tensoralgebra*

1. Schreibe $\boldsymbol{a} \cdot \boldsymbol{A} \cdot \boldsymbol{B}^{\top} \cdot \boldsymbol{a}$ in Koordinatenform.
2. Schreibe $A_{ij} B_{ki} a_k b_j$ in absoluter Notation.
3. Sei $\boldsymbol{S}$ symmetrisch und $\boldsymbol{A}$ antisymmetrisch. Zeige, dass dann (a) $\boldsymbol{S} \cdot \boldsymbol{A} \cdot \boldsymbol{S}$ und (b) $\boldsymbol{a} \cdot \boldsymbol{A} \cdot \boldsymbol{b} = -\boldsymbol{b} \cdot \boldsymbol{A} \cdot \boldsymbol{a}$ antisymmetrisch sind.
4. Zeige, dass sich die quadratische Form $\boldsymbol{c} \cdot \boldsymbol{A} \cdot \boldsymbol{c}$ nicht ändert, wenn $\boldsymbol{A}$ mit seinem symmetrischen Anteil ersetzt wird.
5. Zeige, dass falls $\boldsymbol{A}$ and $\boldsymbol{B}$ beide symmetrisch oder antisymmetrisch sind, der Tensor $\boldsymbol{C} = \boldsymbol{A} \cdot \boldsymbol{B} - \boldsymbol{B} \cdot \boldsymbol{A}$ antisymmetrisch ist.
6. Sei $\boldsymbol{A} = \boldsymbol{e}_1 \boldsymbol{e}_1 + 2\boldsymbol{e}_2 \boldsymbol{e}_1 - \boldsymbol{e}_1 \boldsymbol{e}_3$ und $\boldsymbol{B} = 3\boldsymbol{e}_1 \boldsymbol{e}_2 + \boldsymbol{e}_2 \boldsymbol{e}_2 - \boldsymbol{e}_3 \boldsymbol{e}_2 + 2\boldsymbol{e}_3 \boldsymbol{e}_1$. Finde damit (a) $\boldsymbol{A} \cdot \boldsymbol{B}$; (b) $\boldsymbol{A} \times \boldsymbol{B}$; (c) $\boldsymbol{A} \odot \boldsymbol{B}$; (d) $\boldsymbol{A} \cdot\cdot\, \boldsymbol{B}$; (e) $\boldsymbol{A} \times\times \boldsymbol{B}$; (f) $\boldsymbol{A} \overset{\times}{\underset{\times}{}} \boldsymbol{B}$; (g) $\boldsymbol{A} \cdot\!\times \boldsymbol{B}$; (h) $\boldsymbol{A} \times\!\cdot \boldsymbol{B}$.

1.2.2.3 Der Einheitstensor und der Levi-Civitá-Tensor

Definition: Derjenige Tensor zweiter Stufe, der einer Identitätstransformation in einem euklidischen Vektorraum entspricht, heißt *Einheitstensor*.

Das bedeutet, dass für jeden Vektor $\boldsymbol{x}$ folgende Gleichung zutrifft:

$$\mathbf{1} \cdot \boldsymbol{x} = \boldsymbol{x} \cdot \mathbf{1} = \boldsymbol{x} . \tag{1.66}$$

In einer orthonormalen Basis gilt

$$\boldsymbol{x} = x_n \boldsymbol{e}_n = (\boldsymbol{x} \cdot \boldsymbol{e}_n) \boldsymbol{e}_n = \boldsymbol{x} \cdot (\boldsymbol{e}_n \boldsymbol{e}_n) = \boldsymbol{x} \cdot \mathbf{1} \tag{1.67}$$

und daher

$$\mathbf{1} = \boldsymbol{e}_n \boldsymbol{e}_n = \boldsymbol{e}_1 \boldsymbol{e}_1 + \boldsymbol{e}_2 \boldsymbol{e}_2 + \boldsymbol{e}_3 \boldsymbol{e}_3 . \tag{1.68}$$

In ähnlicher Weise überprüft man, dass

$$\mathbf{1} \cdot \boldsymbol{X} = \boldsymbol{X} \cdot \mathbf{1} = \boldsymbol{X} \tag{1.69}$$

für jeden Tensor $\boldsymbol{X}$ gilt.

Nachstehend sind grundlegende Formeln für verschiedene Arten der Multiplikation mit dem Einheitstensor zusammengefasst.

(a) $\mathbf{1} \times \boldsymbol{c} = \boldsymbol{c} \times \mathbf{1}$.

Zum **Beweis** multipliziert man die Differenz zwischen dem linken und dem rechten Teil skalar mit einem beliebigen Vektor $\boldsymbol{x}$:

$$(\mathbf{1} \times \boldsymbol{c} - \boldsymbol{c} \times \mathbf{1}) \cdot \boldsymbol{x} = \boldsymbol{e}_k (\boldsymbol{e}_k \times \boldsymbol{c}) \cdot \boldsymbol{x} - \boldsymbol{c} \times \mathbf{1} \cdot \boldsymbol{x} = (\boldsymbol{c} \times \boldsymbol{x}) \cdot \boldsymbol{e}_k \boldsymbol{e}_k - \boldsymbol{c} \times \boldsymbol{x} = \mathbf{0}. \tag{1.70}$$

Da diese Beziehung für jeden Vektor $\boldsymbol{x}$ gelten muss, sind die Vektor-Multiplikationsoperationen des Einheitstensors mit dem Vektor links und rechts kommutativ. □

(b) $(\boldsymbol{c} \times \mathbf{1})^{\mathsf{T}} = -\boldsymbol{c} \times \mathbf{1}$.

Beim **Beweis** verwenden wir die Gleichung (1.35):

$$(\boldsymbol{c} \times \mathbf{1})^{\mathsf{T}} = -\mathbf{1}^{\mathsf{T}} \times \boldsymbol{c} = -\boldsymbol{c} \times \mathbf{1}. \tag{1.71}$$

Somit ist $\boldsymbol{c} \times \mathbf{1}$ ein antisymmetrischer Tensor. □

(c) $\boldsymbol{c} \times \mathbf{1} \times \boldsymbol{d} = \boldsymbol{d}\boldsymbol{c} - (\boldsymbol{d} \cdot \boldsymbol{c})\mathbf{1}$.

Zum **Beweis** benötigen wir eine Formel, die bei der Vereinfachung von Ausdrücken im Zusammenhang mit dem doppelten Vektorprodukt nützlich ist:

$$\begin{aligned}
&\epsilon_{ijk}\epsilon_{mnk} = (\boldsymbol{e}_i \times \boldsymbol{e}_j) \cdot \boldsymbol{e}_k \boldsymbol{e}_k \cdot (\boldsymbol{e}_m \times \boldsymbol{e}_n) = (\boldsymbol{e}_i \times \boldsymbol{e}_j) \cdot (\boldsymbol{e}_m \times \boldsymbol{e}_n) \\
&= \boldsymbol{e}_m \cdot \big(\boldsymbol{e}_n \times (\boldsymbol{e}_i \times \boldsymbol{e}_j)\big) = \boldsymbol{e}_m \cdot \big(\boldsymbol{e}_i (\boldsymbol{e}_n \cdot \boldsymbol{e}_j) - \boldsymbol{e}_j (\boldsymbol{e}_n \cdot \boldsymbol{e}_i)\big) \\
&= \delta_{nj}\, \boldsymbol{e}_m \cdot \boldsymbol{e}_i - \delta_{ni}\, \boldsymbol{e}_m \cdot \boldsymbol{e}_j = \delta_{mi}\delta_{nj} - \delta_{in}\delta_{jm}.
\end{aligned} \tag{1.72}$$

In den weiteren Berechnungen verwenden wir zunächst die Darstellung des Levi-Civitá-Symbols in Gleichung (1.20) und dann die Eigenschaften des gemischten und doppelten Vektorprodukts. Der Ausdruck $\boldsymbol{c} \times \mathbf{1} \times \boldsymbol{d}$ lautet in Koordinatenform:

$$\boldsymbol{c} \times \mathbf{1} \times \boldsymbol{d} = (c_j \boldsymbol{e}_j \times \boldsymbol{e}_k)(\boldsymbol{e}_k \times d_m \boldsymbol{e}_m) = c_j d_m \epsilon_{jki} \epsilon_{kmn}\, \boldsymbol{e}_i \boldsymbol{e}_n. \tag{1.73}$$

Wir nehmen zyklische Permutationen in den Levi-Civitá-Symbolen vor und verwenden die Gleichung (1.20):

$$\begin{aligned}
&\boldsymbol{c} \times \mathbf{1} \times \boldsymbol{d} = c_j d_m\, \boldsymbol{e}_i \boldsymbol{e}_n (\delta_{mi}\delta_{nj} - \delta_{in}\delta_{jm}) \\
&= d_m \boldsymbol{e}_m\, c_j \boldsymbol{e}_j - c_j d_j\, \boldsymbol{e}_n \boldsymbol{e}_n = \boldsymbol{d}\boldsymbol{c} - (\boldsymbol{d} \cdot \boldsymbol{c})\mathbf{1},
\end{aligned} \tag{1.74}$$

was den Beweis beschließt. □

(d) $(\mathbf{1} \times \boldsymbol{c}) \cdot \boldsymbol{A} = \boldsymbol{c} \times \boldsymbol{A}$.

Zum **Beweis**:

$$(\mathbf{1} \times \boldsymbol{c}) \cdot \boldsymbol{A} = (\boldsymbol{c} \times \mathbf{1}) \cdot \boldsymbol{A} = \boldsymbol{c} \times \mathbf{1} \cdot \boldsymbol{A} = \boldsymbol{c} \times \boldsymbol{A}. \square \tag{1.75}$$

(e) $\mathbf{1} \times\times \mathbf{1} = 2\mathbf{1}$.

Zum **Beweis**:

$$\begin{aligned}\mathbf{1} \times\times \mathbf{1} &= (\boldsymbol{e}_k \times \boldsymbol{e}_s)(\boldsymbol{e}_k \times \boldsymbol{e}_s) = -\boldsymbol{e}_k \times \mathbf{1} \times \mathbf{1} \times\times \mathbf{1} = (\boldsymbol{e}_k \times \boldsymbol{e}_s)(\boldsymbol{e}_k \times \boldsymbol{e}_s) \\ &= -\boldsymbol{e}_k \times \mathbf{1} \times \boldsymbol{e}_k = -\boldsymbol{e}_k\boldsymbol{e}_k + \boldsymbol{e}_k \cdot \boldsymbol{e}_k\mathbf{1} = -\mathbf{1} + 3\mathbf{1} = 2\mathbf{1}. \square \end{aligned} \tag{1.76}$$

Übungsaufgabe *Diverse Probleme zur Tensoralgebra*

1. Zeige, dass $\mathbf{1} \cdot\cdot \mathbf{1} = 3$.
2. Beweise, dass $(\boldsymbol{a} \times \boldsymbol{b}) \times \mathbf{1} = 2(\boldsymbol{ba})^{\mathrm{A}}$ und
3. $(\boldsymbol{a} \times \mathbf{1})^2 \cdot \boldsymbol{a} = 0$ gilt.

Der *Levi-Civitá-Tensor*, ein Tensor dritter Stufe, wird durch folgende Beziehung eingeführt:

$${}^3\boldsymbol{\epsilon} = -\mathbf{1} \times \mathbf{1}\,. \tag{1.77}$$

Wir schreiben den Levi-Civitá-Tensor in einer Orthonormalbasis $\boldsymbol{e}_i$ auf:

$${}^3\boldsymbol{\epsilon} = -\boldsymbol{e}_k(\boldsymbol{e}_k \times \boldsymbol{e}_s)\boldsymbol{e}_s = -\boldsymbol{e}_k(\epsilon_{ksm}\boldsymbol{e}_m)\boldsymbol{e}_s = \epsilon_{kms}\boldsymbol{e}_k\boldsymbol{e}_m\boldsymbol{e}_s\,. \tag{1.78}$$

Die Komponenten dieses Tensors in der Basis $\boldsymbol{e}_k\boldsymbol{e}_m\boldsymbol{e}_s$ sind also Levi-Civitá-Symbole. Dieser Tensor erlaubt uns eine neue Sichtweise auf das Vektorprodukt:

$$\boldsymbol{a} \times \boldsymbol{b} = (\boldsymbol{a} \cdot \mathbf{1}) \times (\mathbf{1} \cdot \boldsymbol{b}) = \boldsymbol{a} \cdot (\mathbf{1} \times \mathbf{1}) \cdot \boldsymbol{b}\,. \tag{1.79}$$

Daraus folgt, dass

$$\boldsymbol{a} \times \boldsymbol{b} = -\boldsymbol{a} \cdot {}^3\boldsymbol{\epsilon} \cdot \boldsymbol{b}\,. \tag{1.80}$$

Der Levi-Civitá-Tensor ermöglicht es uns also, die Vektor-Multiplikation durch zwei skalare Multiplikationen zu ersetzen. Die Gleichung (1.77) kann in einer anderen Form geschrieben werden:

$$\begin{aligned}\boldsymbol{a} \times \boldsymbol{b} &= a_k\boldsymbol{e}_k \times b_m\boldsymbol{e}_m = a_k b_m \epsilon_{kms}\boldsymbol{e}_s = (\boldsymbol{a} \cdot \boldsymbol{e}_k)(\boldsymbol{b} \cdot \boldsymbol{e}_m)\epsilon_{kms}\boldsymbol{e}_s \\ &= \boldsymbol{ba} \cdot\cdot \boldsymbol{e}_k\boldsymbol{e}_m\boldsymbol{e}_s\epsilon_{kms} = \boldsymbol{ba} \cdot\cdot {}^3\boldsymbol{\epsilon}\end{aligned} \tag{1.81}$$

oder

$$\boldsymbol{a} \times \boldsymbol{b} = (\boldsymbol{ba} \cdot\cdot \boldsymbol{e}_k\boldsymbol{e}_m)\boldsymbol{e}_s\epsilon_{kms} = \epsilon_{kms}\boldsymbol{e}_s(\boldsymbol{e}_k\boldsymbol{e}_m \cdot\cdot \boldsymbol{ba}) = \epsilon_{skm}\boldsymbol{e}_s\boldsymbol{e}_k\boldsymbol{e}_m \cdot\cdot \boldsymbol{ba} = {}^3\boldsymbol{\epsilon} \cdot\cdot \boldsymbol{ba}\,. \tag{1.82}$$

Ähnliche Kombinationen sind auch mit Tensoren möglich:

$$\boldsymbol{a} \times \boldsymbol{B} = a_k B_{mn}\epsilon_{kms}\boldsymbol{e}_s\boldsymbol{e}_n = \epsilon_{kms}\boldsymbol{e}_s(\boldsymbol{a} \cdot \boldsymbol{e}_k)(\boldsymbol{e}_m \cdot \boldsymbol{B}) = -\epsilon_{smk}\boldsymbol{e}_s\boldsymbol{e}_m\boldsymbol{e}_k \cdot\cdot \boldsymbol{aB} = -{}^3\boldsymbol{\epsilon} \cdot\cdot \boldsymbol{aB}\,. \tag{1.83}$$

Übungsaufgabe *Diverse Probleme zur Tensoralgebra*

Zeige, dass

(a) ${}^3\boldsymbol{\epsilon} = \boldsymbol{e}_1\boldsymbol{e}_2\boldsymbol{e}_3 + \boldsymbol{e}_2\boldsymbol{e}_3\boldsymbol{e}_1 + \boldsymbol{e}_3\boldsymbol{e}_1\boldsymbol{e}_2 - \boldsymbol{e}_1\boldsymbol{e}_3\boldsymbol{e}_2 - \boldsymbol{e}_3\boldsymbol{e}_2\boldsymbol{e}_1 - \boldsymbol{e}_2\boldsymbol{e}_1\boldsymbol{e}_3$,

(b) ${}^3\boldsymbol{\epsilon} \cdot\cdot\cdot \boldsymbol{abc} = \boldsymbol{c} \cdot (\boldsymbol{b} \times \boldsymbol{a})$.

1.2.2.4 Die Spur eines Tensors zweiter Stufe

Definition: Die *Spur eines Tensors zweiter Stufe* $\boldsymbol{A} = \boldsymbol{a}_m \boldsymbol{b}_m$, ist ein Skalar $\operatorname{Sp} \boldsymbol{A}$, der nach der Regel berechnet wird:

$$\operatorname{Sp} \boldsymbol{A} = \boldsymbol{a}_m \cdot \boldsymbol{b}_m . \tag{1.84}$$

Es gelten folgende Regeln:

$$\operatorname{Sp}(\boldsymbol{A} + \boldsymbol{B}) = \operatorname{Sp} \boldsymbol{A} + \operatorname{Sp} \boldsymbol{B}, \qquad \operatorname{Sp}(\alpha \boldsymbol{A}) = \alpha \operatorname{Sp} \boldsymbol{A}. \tag{1.85}$$

Die Tensorspur ist also eine lineare Operation, die den Raum $\mathcal{T}_2$ in $\mathcal{T}_0$ übersetzt. Sie kann auch in invarianter Form durch eine doppelte Überschiebung mit dem Einheitstensor geschrieben werden:

$$\operatorname{Sp} \boldsymbol{A} = \boldsymbol{A} \cdot\cdot \mathbf{1} = \boldsymbol{A} \odot \mathbf{1} . \tag{1.86}$$

In der Tat ist

$$\boldsymbol{A} \cdot\cdot \mathbf{1} = \boldsymbol{a}_k \cdot \mathbf{1} \cdot \boldsymbol{b}_k = \boldsymbol{a}_k \cdot \boldsymbol{b}_k . \tag{1.87}$$

Die Koordinatendarstellung lautet:

$$\operatorname{Sp} \boldsymbol{A} = A_{mn} \boldsymbol{e}_m \boldsymbol{e}_n \cdot\cdot \boldsymbol{e}_k \boldsymbol{e}_k = A_{mn} \delta_{mk} \delta_{nk} = A_{kk} , \tag{1.88}$$

d. h. die Spur eines Tensors zweiter Stufe ist die Summe seiner Diagonalelemente.

Aus der Kommutativität des Skalarprodukts folgt, dass

$$\operatorname{Sp} \boldsymbol{A} = \operatorname{Sp} \boldsymbol{A}^{\mathsf{T}} , \ \operatorname{Sp} \boldsymbol{A}^{A} = 0 . \tag{1.89}$$

Die folgenden Formeln für die Spur des Skalarprodukts von Tensoren sind ebenfalls gültig:

$$\begin{aligned} &\operatorname{Sp}(\boldsymbol{A} \cdot \boldsymbol{B}) = \operatorname{Sp}(\boldsymbol{B} \cdot \boldsymbol{A}) = \operatorname{Sp}(\boldsymbol{A}^{\mathsf{T}} \cdot \boldsymbol{B}^{\mathsf{T}}) = \boldsymbol{A} \cdot\cdot \boldsymbol{B} = \boldsymbol{A} \odot \boldsymbol{B}^{\mathsf{T}} , \\ &\operatorname{Sp}(\boldsymbol{A} \cdot \boldsymbol{B} \cdot \boldsymbol{C}) = \boldsymbol{A} \cdot\cdot (\boldsymbol{B} \cdot \boldsymbol{C}) = (\boldsymbol{A} \cdot \boldsymbol{B}) \cdot\cdot \boldsymbol{C} = (\boldsymbol{C} \cdot \boldsymbol{A}) \cdot\cdot \boldsymbol{B} . \end{aligned} \tag{1.90}$$

Aus der Beziehung $\operatorname{Sp}(\boldsymbol{A} \cdot \boldsymbol{B}) = \boldsymbol{A} \cdot\cdot \boldsymbol{B}$ folgt, dass die Spur eines Produkts aus symmetrischem und antisymmetrischem Tensor Null ist.

Wir beschließen diesen Abschnitt mit einer Reihe von Formeln mit der Spur der Vektorprodukte von Tensor und Vektor.

Nützliche Formeln bei Spurbildungen:

(1) $\operatorname{Sp}(\boldsymbol{A} \times \boldsymbol{c}) = \operatorname{Sp}(\boldsymbol{c} \times \boldsymbol{A})$,
$\operatorname{Sp}(\boldsymbol{A} \times \boldsymbol{c}) = \operatorname{Sp}(\boldsymbol{a}_m \boldsymbol{b}_m \times \boldsymbol{c}) = \boldsymbol{a}_m \cdot (\boldsymbol{b}_m \times \boldsymbol{c}) = \boldsymbol{b}_m \cdot (\boldsymbol{c} \times \boldsymbol{a}_m)$,
$\operatorname{Sp}(\boldsymbol{c} \times \boldsymbol{A}) = (\boldsymbol{c} \times \boldsymbol{a}_m) \cdot \boldsymbol{b}_m = \boldsymbol{b}_m \cdot (\boldsymbol{c} \times \boldsymbol{a}_m)$.

(2) $\operatorname{Sp}(\boldsymbol{a} \times \mathbf{1} \times \boldsymbol{b}) = \operatorname{Sp}(\boldsymbol{b}\boldsymbol{a} - (\boldsymbol{b} \cdot \boldsymbol{a})\mathbf{1}) = \boldsymbol{b} \cdot \boldsymbol{a} - 3\boldsymbol{b} \cdot \boldsymbol{a} = -2\boldsymbol{b} \cdot \boldsymbol{a}$.

(3) $\operatorname{Sp}(\boldsymbol{a} \times (\boldsymbol{b} \times \boldsymbol{C})) = \operatorname{Sp}(\boldsymbol{b}(\boldsymbol{a} \cdot \boldsymbol{C}) - \boldsymbol{C}(\boldsymbol{a} \cdot \boldsymbol{b})) = \boldsymbol{a} \cdot \boldsymbol{C} \cdot \boldsymbol{b} - \boldsymbol{a} \cdot \boldsymbol{b} \operatorname{Sp} \boldsymbol{C}$.

Übungsaufgabe *Diverse Aufgaben zur Tensoralgebra*

1. Schreibe Sp $(\boldsymbol{B}\cdot\boldsymbol{A}\cdot\boldsymbol{ab})$ in Koordinatenform.
2. Berechne Sp $\boldsymbol{A}$, falls $\boldsymbol{A} = 3\boldsymbol{e}_1\boldsymbol{e}_1 - \boldsymbol{e}_1\boldsymbol{e}_2 - \boldsymbol{e}_2\boldsymbol{e}_2 + 4\boldsymbol{e}_2\boldsymbol{e}_3$ gilt.
3. Zeige, dass Sp $(\boldsymbol{1} \times\times \boldsymbol{A}) = 2$Sp $\boldsymbol{A}$.

1.2.2.5 Vektorinvariante und assoziierter Vektor

Definition: Die *Vektorinvariante des Tensors* zweiter Stufe $\boldsymbol{A}$, manchmal auch das *Gibbs'sche Kreuz* genannt, ist der nach folgender Regel berechnete Vektor $\boldsymbol{A}_\times$:

$$\boldsymbol{A}_\times = \boldsymbol{a}_m \times \boldsymbol{b}_m \quad \text{wobei} \quad \boldsymbol{A} = \boldsymbol{a}_m \otimes \boldsymbol{b}_m\,. \tag{1.91}$$

Die Dyade $\otimes$ wird also sozusagen durch $\times$ ersetzt.

Die Vektorinvariante ist, wie die Spur, eine lineare Operation:

$$(\boldsymbol{A}+\boldsymbol{B})_\times = \boldsymbol{A}_\times + \boldsymbol{B}_\times\,, \quad (\alpha\,\boldsymbol{A})_\times = \alpha\,\boldsymbol{A}_\times\,. \tag{1.92}$$

Aus der Eigenschaft der Vektormultiplikation folgt, dass die Vektorinvariante des symmetrischen Tensors Null ist, d. h. $\boldsymbol{A}_\times = \left(\boldsymbol{A}^{\mathrm{A}}\right)_\times$.

Um eine invariante Form der Vektorinvariante zu erhalten, schreiben wir die folgende Gleichungskette (vgl. Gleichung (1.62)):

$$\boldsymbol{A}_\times = \boldsymbol{a}_m \times \boldsymbol{b}_m = (\boldsymbol{a}_m \cdot \boldsymbol{1}) \times \boldsymbol{b}_m = \boldsymbol{1} \times\cdot \boldsymbol{b}_m\boldsymbol{a}_m = \boldsymbol{1} \times\cdot \boldsymbol{A}^{\mathrm{T}} = -\boldsymbol{1} \times\cdot \boldsymbol{A}\,, \tag{1.93}$$

wobei $\boldsymbol{A}$ ein antisymmetrischer Tensor ist. In einer anderen Form gilt:

$$\boldsymbol{A}_\times = \boldsymbol{a}_m \times (\boldsymbol{1}\cdot\boldsymbol{b}_m) = \boldsymbol{b}_m\boldsymbol{a}_m \times\cdot \boldsymbol{1} = -\boldsymbol{A} \times\cdot \boldsymbol{1}\,. \tag{1.94}$$

Mithilfe der Gleichung (1.61) können wir andere Darstellungen der Vektorinvariante erhalten:

$$\boldsymbol{A}_\times = \boldsymbol{A} \cdot\times \boldsymbol{1} = \boldsymbol{1} \cdot\times \boldsymbol{A}\,. \tag{1.95}$$

Die Vektorinvariante kann auch mithilfe des Levi-Civitá-Tensors geschrieben werden (beachte die Wirkung von $\odot$ nach Gleichung (1.44)):

$$\boldsymbol{A}_\times = {}^3\boldsymbol{\epsilon} \odot \boldsymbol{A} \equiv {}^3\boldsymbol{\epsilon} : \boldsymbol{A} \tag{1.96}$$

oder schließlich auch in Indexschreibweise:

$$\boldsymbol{A}_\times = A_{mn}\boldsymbol{e}_m \times \boldsymbol{e}_n \quad \Leftrightarrow \quad (\boldsymbol{A}_\times)_k = \epsilon_{kmn}A_{mn}\,. \tag{1.97}$$

Weitere häufig vorkommende Formeln für die Vektorinvariante des Vektortensors und der Vektormultiplikation lauten:

Nützliche Formeln für Ausdrücke unter Verwendung der Vektorinvariante:

(1) $(\boldsymbol{c} \times \mathbf{1})_\times = (\boldsymbol{c} \times \boldsymbol{e}_k) \times \boldsymbol{e}_k = -(\boldsymbol{c}\boldsymbol{e}_k \cdot \boldsymbol{e}_k - \boldsymbol{e}_k\boldsymbol{c} \cdot \boldsymbol{e}_k) = -3\boldsymbol{c} + \boldsymbol{c} = -2\boldsymbol{c}$,

(2) $(\boldsymbol{c} \times \boldsymbol{A})_\times = -\boldsymbol{b}_m \times (\boldsymbol{c} \times \boldsymbol{a}_m) = -\boldsymbol{c}\,(\boldsymbol{a}_m \cdot \boldsymbol{b}_m) + \boldsymbol{a}_m(\boldsymbol{b}_m \cdot \boldsymbol{c}) = -\boldsymbol{c}\,\mathrm{Sp}\,\boldsymbol{A} + \boldsymbol{A} \cdot \boldsymbol{c}$.

Satz: Für jeden *antisymmetrischen* Tensor $\boldsymbol{A}$ gibt es einen Vektor $\boldsymbol{\omega}$, so dass der Tensor $\boldsymbol{A}$ in folgender Form dargestellt werden kann

$$\boldsymbol{A} = \boldsymbol{\omega} \times \mathbf{1} = \mathbf{1} \times \boldsymbol{\omega} \quad \Leftrightarrow \quad A_{ij} = -\epsilon_{ijk}\omega_k\,, \tag{1.98}$$

wobei der Vektor $\boldsymbol{\omega}$ der sogenannte *assoziierte Vektor des Tensors* $\boldsymbol{A}$ genannt wird. Assoziiert heißt er deshalb, weil er genauso viel Information enthält wie der Tensor. Indizistisch gesprochen hat nämlich ein Vektor im Raum drei Komponenten und eine antisymmetrische Matrix auch.

Beweis: Für einen beliebigen Vektor $\boldsymbol{x}$ und einen antisymmetrischen Tensor $\boldsymbol{A}$ gilt: $\boldsymbol{x} \cdot \boldsymbol{A} \cdot \boldsymbol{x} = 0$. Bezeichnet man $\boldsymbol{x} \cdot \boldsymbol{A} = \boldsymbol{y}$, so erhält man aus der Beziehung $\boldsymbol{y} \cdot \boldsymbol{x} = 0$, dass $\boldsymbol{y} = \boldsymbol{x} \times \boldsymbol{\omega}$ ist, wobei der Vektor $\boldsymbol{\omega}$ beliebig ist. Somit folgt: $\boldsymbol{x} \cdot \boldsymbol{A} = \boldsymbol{x} \times \boldsymbol{\omega}$.

Nimmt man für $\boldsymbol{x}$ die Basisvektoren und summiert die resultierenden Ausdrücke, so erhält man Gleichung (1.98). □

Um den assoziierten Vektor durch den Anfangstensor $\boldsymbol{A}$ zu finden, berechnen wir die Vektorinvarianten aus beiden Teilen der Gleichung (1.98)

$$\boldsymbol{A}_\times = (\boldsymbol{\omega} \times \mathbf{1})_\times = -2\boldsymbol{\omega}\,. \tag{1.99}$$

Daraus folgt, dass

$$\boldsymbol{\omega} = -\frac{1}{2}\boldsymbol{A}_\times = \frac{1}{2}\boldsymbol{A} \times \cdot \mathbf{1} = -\frac{1}{2}\,{}^3\boldsymbol{\epsilon} \odot \boldsymbol{A} \equiv -\frac{1}{2}\,{}^3\boldsymbol{\epsilon} : \boldsymbol{A} \quad \Leftrightarrow \quad \omega_m = -\frac{1}{2}\epsilon_{mkl}A_{kl}\,. \tag{1.100}$$

Oder:

$$(A_\times)_i = \epsilon_{ijk}A_{jk}\,. \tag{1.101}$$

Diese Formeln stellen Beziehungen zwischen der Vektorinvariante eines Tensors und seinem assoziierten Vektor dar. Wir fassen die beiden Ergebnisse gerne auch in direkter Notation so geschrieben zusammen:

$$\boldsymbol{A} = -\frac{1}{2}\boldsymbol{A}_\times \times \mathbf{1} = -\frac{1}{2}\mathbf{1} \times \boldsymbol{A}_\times \quad . \tag{1.102}$$

Übungsaufgabe *Diverse Aufgaben zu Vektorinvarianten*

1. Berechne die Vektorinvariante
   (a) eines symmetrischen Tensors sowie von (b) $\boldsymbol{ab} - \boldsymbol{ba}$.
2. Berechne den assoziierten Vektor zu $\boldsymbol{A} = \boldsymbol{e}_1\boldsymbol{e}_3 - 3\boldsymbol{e}_2\boldsymbol{e}_3 + \boldsymbol{e}_3\boldsymbol{e}_3$.
3. Zeige, dass, falls $\boldsymbol{A}$ und $\boldsymbol{B}$ symmetrisch sind, gilt $(\boldsymbol{B} \cdot \boldsymbol{A})_\times + (\boldsymbol{A} \cdot \boldsymbol{B})_\times = \mathbf{0}$.

1.2.2.6 Lineare Zuordnungen

Die alternative Darstellung eines Tensors zweiten Ranges als ungeordnete Summe von Dyaden interpretiert den Tensor zweiter Stufe als linearen Operator im euklidischen Vektorraum.

Wir betrachten eine Vektorfunktion des Vektorarguments $\boldsymbol{y} = \boldsymbol{f}(\boldsymbol{x})$, die $\mathscr{T}_1 \rightarrow \mathscr{T}_1$ abbildet. Ein Ausdruck wird als linear bezeichnet, wenn

$$\boldsymbol{f}(\alpha\,\boldsymbol{x} + \beta\,\boldsymbol{y}) = \alpha\,\boldsymbol{f}(\boldsymbol{x}) + \beta\,\boldsymbol{f}(\boldsymbol{y}), \tag{1.103}$$

wobei α und β Zahlen bezeichnen.

Satz: Eine beliebige lineare Abbildung kann dargestellt werden als

$$\boldsymbol{y} = \boldsymbol{A} \cdot \boldsymbol{x}, \tag{1.104}$$

wobei $\boldsymbol{A}$ ein Tensor zweiten Ranges ist, genannt *linearer Abbildungstensor.*

Beweis: Betrachten wir die lineare Abbildung $\boldsymbol{y} = \boldsymbol{f}(\boldsymbol{x})$ in der Basis $\boldsymbol{e}_k$:

$$\begin{aligned} \boldsymbol{y} &= \boldsymbol{f}(x_k \boldsymbol{e}_k) = \boldsymbol{f}(\boldsymbol{e}_k) x_k = \boldsymbol{f}(\boldsymbol{e}_k)\boldsymbol{e}_k \cdot \boldsymbol{x} = \boldsymbol{A} \cdot \boldsymbol{x}, \\ \boldsymbol{A} &= \boldsymbol{f}(\boldsymbol{e}_k)\boldsymbol{e}_k = \boldsymbol{f}(\boldsymbol{e}_1)\boldsymbol{e}_1 + \boldsymbol{f}(\boldsymbol{e}_2)\boldsymbol{e}_2 + \boldsymbol{f}(\boldsymbol{e}_3)\boldsymbol{e}_3. \end{aligned} \tag{1.105}$$

Da $\boldsymbol{A}$ die Summe von drei Dyaden ist, handelt es sich um einen Tensor zweiten Ranges. □

Der Tensor einer linearen Abbildung ist vollständig definiert, wenn seine Werte auf drei linear unabhängigen Vektoren, wie den Basisvektoren $\boldsymbol{e}_k$, gegeben sind: $\boldsymbol{y}_k = \boldsymbol{A} \cdot \boldsymbol{e}_k$, $(k = 1, 2, 3)$. Multipliziert man beide Teile dieser Gleichheit tensoriell mit $\boldsymbol{e}_k$ und summiert alle drei resultierenden Beziehungen, so erhält man $\boldsymbol{y}_k \boldsymbol{e}_k = \boldsymbol{A} \cdot \boldsymbol{e}_k \boldsymbol{e}_k = \boldsymbol{A}$.

Damit die lineare Abbildung in Gleichung (1.104) eindeutig umkehrbar ist, ist es notwendig und hinreichend, dass der Tensor der linearen Abbildung eindeutig definiert ist, d. h. die Vektoren $\boldsymbol{y}_k$ müssen linear unabhängig sein. Mit anderen Worten: Der lineare Operator $\boldsymbol{A}$ muss den Raum $\mathscr{T}_1$ in einen dreidimensionalen Vektorraum abbilden.

1.2.2.7 Determinante eines Tensors

Sei $\boldsymbol{a}_1$, $\boldsymbol{a}_2$, $\boldsymbol{a}_3$ ein linear unabhängiges Triplett von Vektoren. Wir bezeichnen die linearen Abbildungen der ursprünglichen Vektoren mit $\boldsymbol{a}'_k = \boldsymbol{A} \cdot \boldsymbol{a}_k$.

Die lineare Unabhängigkeit der Ausgangsvektoren ist gleichbedeutend mit der Bedingung $(\boldsymbol{a}_1 \times \boldsymbol{a}_2) \cdot \boldsymbol{a}_3 \neq 0$.

Definition: Die *Determinante eines Tensors* ist gegeben durch

$$\det \boldsymbol{A} = \frac{(\boldsymbol{a}'_1 \times \boldsymbol{a}'_2) \cdot \boldsymbol{a}'_3}{(\boldsymbol{a}_1 \times \boldsymbol{a}_2) \cdot \boldsymbol{a}_3}. \tag{1.106}$$

Die Definition in Gleichung (1.106) hat eine einfache geometrische Bedeutung. Wenn man bedenkt, dass das gemischte Produkt mit genauem Vorzeichen dem aktuellen Volumen des Parallelepipeds V entspricht, das auf den multiplizierten Vektoren aufgebaut ist, schließt man, dass die Determinante des Tensors $\det \boldsymbol{A} = \pm V'/V$ das Verhältnis der Volumina des deformierten (V') und des ursprünglichen Parallelepipeds definiert.

Eine verschwindende Determinante bedeutet, dass der lineare Abbildungstensor $\boldsymbol{A}$ die Dimensionalität des Raumes $\mathscr{T}_1$ verringert, indem er sozusagen jeden Vektor von $\mathscr{T}_1$ auf eine Ebene oder eine Linie verschiebt.

Definition: Ein Tensor zweiten Ranges, dessen Determinante gleich Null ist, heißt *singulär* oder *entartet.*

Es ist wichtig zu realisieren, dass der Wert der Determinante nicht von der Wahl der Ausgangsvektoren abhängt. In der Tat, für beliebige linear unabhängige Vektoren $\boldsymbol{a}$, $\boldsymbol{b}$ und $\boldsymbol{c}$ gilt

$$(\boldsymbol{a}' \times \boldsymbol{b}') \cdot \boldsymbol{c}' = (A_{mn} a_n \boldsymbol{e}_m \times A_{kl} b_l \boldsymbol{e}_k) \cdot A_{pt} c_t \boldsymbol{e}_p = A_{mn} A_{kl} A_{pt} a_n b_l c_t \epsilon_{mkp} . \tag{1.107}$$

Sei

$$\begin{aligned} &A_{m1} A_{k2} A_{p3}\, \varepsilon_{mkp} = A_{11}(A_{22}A_{33} - A_{32}A_{23}) + A_{21}(A_{32}A_{13} - A_{12}A_{33}) + \\ &A_{31}(A_{12}A_{23} - A_{23}A_{13}) = \det(A_{ij}) , \\ &A_{mn} A_{kl} A_{pt} \epsilon_{mkp} = \det(A_{ij}) \epsilon_{nlt} . \end{aligned} \tag{1.108}$$

Daher folgt

$$\det \boldsymbol{A} = \frac{\det(A_{ij}) a_n b_l c_t \epsilon_{nlt}}{(\boldsymbol{a} \times \boldsymbol{b}) \cdot \boldsymbol{c}} = \det(A_{ij}) . \tag{1.109}$$

Die durch die Gleichung (1.106) eingeführte Tensordeterminante fällt also mit der Determinante der Tensorkoordinatenmatrix in einer orthonormierten Basis zusammen.

Übungsaufgabe *Determinante in Indexform*

Man zeige auf der Grundlage der Definition (1.106), dass man in Indexform schreiben kann:

$$\det \boldsymbol{A} = \frac{1}{6} \epsilon_{ijk} \epsilon_{lmn} A_{il} A_{jm} A_{kn} . \tag{1.110}$$

Als **Eigenschaften der Determinante** seien notiert:

(1) $\det \mathbf{1} = 1$,

(2) $\det(\alpha \boldsymbol{A}) = \dfrac{\big(\alpha(\boldsymbol{A} \cdot \boldsymbol{a}_1) \times \alpha(\boldsymbol{A} \cdot \boldsymbol{a}_2)\big) \cdot \alpha(\boldsymbol{A} \cdot \boldsymbol{a}_3)}{(\boldsymbol{a}_1 \times \boldsymbol{a}_2) \cdot \boldsymbol{a}_3} = \alpha^3 \det \boldsymbol{A}$,

(3) $\det \boldsymbol{A}^{\mathsf{T}} = \det \boldsymbol{A}$,

(4) $\det(\boldsymbol{B} \cdot \boldsymbol{A}) = \det(\boldsymbol{B}) \det(\boldsymbol{A})$.

Beweis der letzten Aussage: Bezeichne $\boldsymbol{a}''_k = \boldsymbol{B} \cdot \boldsymbol{a}'_k = \boldsymbol{B} \cdot \boldsymbol{A} \cdot \boldsymbol{a}_k$, dann ist

$$\det(\boldsymbol{B} \cdot \boldsymbol{A}) = \frac{(\boldsymbol{a}''_1 \times \boldsymbol{a}''_2) \cdot \boldsymbol{a}''_3}{(\boldsymbol{a}_1 \times \boldsymbol{a}_2) \cdot \boldsymbol{a}_3} .$$

Multiplizieren und dividieren wir dieses Verhältnis mit $\left(\boldsymbol{a}_1' \times \boldsymbol{a}_2'\right) \cdot \boldsymbol{a}_3'$, so ergibt sich:

$$\det(\boldsymbol{B} \cdot \boldsymbol{A}) = \frac{\left(\boldsymbol{a}_1'' \times \boldsymbol{a}_2''\right) \cdot \boldsymbol{a}_3''}{\left(\boldsymbol{a}_1' \times \boldsymbol{a}_2'\right) \cdot \boldsymbol{a}_3'} \cdot \frac{\left(\boldsymbol{a}_1' \times \boldsymbol{a}_2'\right) \cdot \boldsymbol{a}_3'}{(\boldsymbol{a}_1 \times \boldsymbol{a}_2) \cdot \boldsymbol{a}_3} = \det(\boldsymbol{B}) \det(\boldsymbol{A}). \square$$

Nachstehend sind ein paar andere nützliche Identitäten notiert, die mit der Determinante eines Tensors zusammenhängen:

Weitere Determinantenregeln:

(1) Durch Multiplikation von Gleichung (1.106) mit $(\boldsymbol{a}_1 \times \boldsymbol{a}_2) \cdot \boldsymbol{a}_3$ und unter Berücksichtigung der Beliebigkeit des Vektors $\boldsymbol{a}_3$ erhalten wir

$$(\boldsymbol{A} \cdot \boldsymbol{a}_1) \times (\boldsymbol{A} \cdot \boldsymbol{a}_2) = (\det \boldsymbol{A}) \boldsymbol{A}^{-\mathrm{T}} \cdot (\boldsymbol{a}_1 \times \boldsymbol{a}_2). \tag{1.111}$$

(2) $(\boldsymbol{A} \cdot \boldsymbol{B} \cdot \boldsymbol{A}^{\mathrm{T}})_\times = (\det \boldsymbol{A}) \boldsymbol{A}^{-\mathrm{T}} \cdot \boldsymbol{B}_\times$.

Zum **Beweis** schreiben wir die linke Seite der Gleichung wie folgt um:

$$\begin{aligned}\left((\boldsymbol{A} \cdot \boldsymbol{c}_k)(\boldsymbol{d}_k \cdot \boldsymbol{A}^{\mathrm{T}})\right)_\times &= ((\boldsymbol{A} \cdot \boldsymbol{c}_k)(\boldsymbol{A} \cdot \boldsymbol{d}_k))_\times \\ &= (\boldsymbol{A} \cdot \boldsymbol{c}_k) \times (\boldsymbol{A} \cdot \boldsymbol{d}_k) = (\det \boldsymbol{A}) \boldsymbol{A}^{-\mathrm{T}} \cdot (\boldsymbol{c}_k \times \boldsymbol{d}_k) = (\det \boldsymbol{A}) \boldsymbol{A}^{-\mathrm{T}} \cdot \boldsymbol{B}_\times. \square\end{aligned}$$

Übungsaufgabe *Determinante*

Berechne $\det\left(\alpha \mathbf{1} + \beta \boldsymbol{e}_1 \boldsymbol{e}_2\right)$.

1.2.2.8 Inverser Tensor und Cayley-Hamilton-Theorem

Ist der Tensor $\boldsymbol{A}$ nicht-singulär, dann gibt es nur einen *inversen Tensor* $\boldsymbol{A}^{-1}$, der folgende Gleichung erfüllt

$$\boldsymbol{A} \cdot \boldsymbol{A}^{-1} = \mathbf{1}. \tag{1.112}$$

Wir zeigen, dass der ursprüngliche und der inverse Tensor permutiert werden können, in dem Sinne, dass $\boldsymbol{A} \cdot \boldsymbol{A}^{-1} = \boldsymbol{A}^{-1} \cdot \boldsymbol{A} = \mathbf{1}$. Dazu betrachtet man einen Tensor $\boldsymbol{B}$, so dass $\boldsymbol{B} \cdot \boldsymbol{A} = \mathbf{1}$. Multiplizieren wir diese Gleichung mit $\boldsymbol{A}^{-1}$ von rechts:

$$\boldsymbol{B} \cdot \boldsymbol{A} \cdot \boldsymbol{A}^{-1} = \boldsymbol{A}^{-1} \Rightarrow \boldsymbol{B} \cdot \mathbf{1} = \boldsymbol{B} = \boldsymbol{A}^{-1}. \tag{1.113}$$

Wenn man den inversen Tensor der linearen Abbildung kennt, ist es einfach, die inverse Abbildung zu finden:

$$\boldsymbol{y} = \boldsymbol{A} \cdot \boldsymbol{x} \Rightarrow \boldsymbol{x} = \boldsymbol{A}^{-1} \cdot \boldsymbol{y}. \tag{1.114}$$

Eigenschaften des inversen Tensors sind:

(1) $\det \boldsymbol{A}^{-1} = 1/\det \boldsymbol{A}$.

Zum **Beweis** berechnen wir die Determinante von Gleichung (1.112):

$$\det \boldsymbol{A} \det(\boldsymbol{A}^{-1}) = 1. \square$$

(2) $(\boldsymbol{A} \cdot \boldsymbol{B})^{-1} = \boldsymbol{B}^{-1} \cdot \boldsymbol{A}^{-1}$.

Der **Beweis** wird durch direkte Überprüfung erbracht.

(3) $\boldsymbol{A}^{\mathsf{T}} \cdot \left(\boldsymbol{A}^{-1}\right)^{\mathsf{T}} = \left(\boldsymbol{A}^{-1} \cdot \boldsymbol{A}\right)^{\mathsf{T}} = \mathbf{1}$.

Übungsaufgabe *Inverse*

Vereinfache $\boldsymbol{A} \cdot \boldsymbol{B} \cdot\cdot\, \boldsymbol{A}^{-1}$.

Die Berechnung des inversen Tensors kann auf verschiedene Weise erfolgen. Eine davon basiert auf dem *Cayley-Hamilton-Theorem*, dessen Beweis in Matrixschreibweise z. B. in [Ga1959] angegeben ist, und das wir nachstehend diskutieren.

Bild 1.4 Pioniere der höheren linearen Algebra und Quaternionentheorie (ein Vorläufer moderner Tensorrechnung): Arthur Cayley (1821–1895) und William Rowan Hamilton (1805–1865)

Satz: *Cayley-Hamilton-Theorem*

Ein beliebiger Tensor $\boldsymbol{A}$ zweiter Stufe erfüllt die Gleichung

$$-\boldsymbol{A}^3 + I_1(\boldsymbol{A})\boldsymbol{A}^2 - I_2(\boldsymbol{A})\boldsymbol{A} + I_3(\boldsymbol{A})\mathbf{1} = \mathbf{0}, \tag{1.115}$$

wobei die Größe $\boldsymbol{A}^n$ definiert ist als n-fache Multiplikation des Tensors $\boldsymbol{A}$ mit sich selbst:

$$\boldsymbol{A}^n = \underbrace{\boldsymbol{A} \cdot \boldsymbol{A} \cdot \cdots \cdot \boldsymbol{A}}_{n}. \tag{1.116}$$

Ähnlich verhält es sich bei negativen Potenzen:

$$\boldsymbol{A}^{-n} = \underbrace{\boldsymbol{A}^{-1} \cdot \boldsymbol{A}^{-1} \cdot \cdots \cdot \boldsymbol{A}^{-1}}_{n}. \tag{1.117}$$

Die Funktionen I_1, I_2 und I_3, die Teil der Beziehung Gleichung (1.115) sind, werden *Hauptinvarianten* des Tensors genannt und sind durch folgende Beziehungen definiert:

$$I_1(\boldsymbol{A}) = \operatorname{Sp} \boldsymbol{A}, \quad I_2(\boldsymbol{A}) = \frac{1}{2}\left((\operatorname{Sp} \boldsymbol{A})^2 - \operatorname{Sp} \boldsymbol{A}^2\right), \quad I_3(\boldsymbol{A}) = \det \boldsymbol{A}. \tag{1.118}$$

Der inverse Tensor ergibt sich nun einfach aus der Multiplikation von Gleichung (1.115) mit $\boldsymbol{A}^{-1}$:

$$\boldsymbol{A}^{-1} = \frac{1}{I_3(\boldsymbol{A})}\left(\boldsymbol{A}^2 - I_1(\boldsymbol{A})\boldsymbol{A} + I_2(\boldsymbol{A})\mathbf{1}\right). \tag{1.119}$$

Übungsaufgabe *Invariante*

Finde die Hauptinvarianten von $\boldsymbol{A}^{-1}$, wobei $\boldsymbol{A} = \alpha\mathbf{1} + \beta\boldsymbol{ee}$ und $\boldsymbol{e}$ ein Einheitsvektor ist. Zeige ferner, dass man in Index schreiben kann:

$$\left(\boldsymbol{A}^{-1}\right)_{ij} = \frac{1}{2\det\boldsymbol{A}}\epsilon_{jlm}\epsilon_{ikn}A_{lk}A_{mn}. \tag{1.120}$$

Durch Berechnung der Spur dieses Ausdrucks erhält man die Beziehung zwischen der ersten Invariante des inversen Tensors und den Invarianten des ursprünglichen Tensors:

$$I_1(\boldsymbol{A}^{-1}) = \frac{1}{I_3(\boldsymbol{A})}\left(I_1(\boldsymbol{A}^2) - I_1^2(\boldsymbol{A}) + 3I_2(\boldsymbol{A})\right) = \frac{I_2(\boldsymbol{A})}{I_3(\boldsymbol{A})}. \tag{1.121}$$

Die Cayley-Hamilton-Identität kann auch verwendet werden, um die Determinante des Tensors zu bestimmen. Dazu berechnen wir die Spur des linken und rechten Teils der Gleichung (1.115):

$$\operatorname{Sp}\boldsymbol{A}^3 = I_1\operatorname{Sp}\boldsymbol{A}^2 - I_2\operatorname{Sp}\boldsymbol{A} + 3I_3. \tag{1.122}$$

Angesichts der Beziehungen in Gleichung (1.118) erhalten wir den Ausdruck für die Determinante des Tensors:

$$\det\boldsymbol{A} = \frac{1}{6}\left(\operatorname{Sp}^3\boldsymbol{A} - 3\operatorname{Sp}\boldsymbol{A}\operatorname{Sp}\boldsymbol{A}^2 + 2\operatorname{Sp}\boldsymbol{A}^3\right). \tag{1.123}$$

Mithilfe der Cayley-Hamilton-Formel kann jede natürliche Potenz eines Tensors zweiten Ranges als quadratisches Trinom eines Tensors mit Koeffizienten dargestellt werden, die Polynome von Hauptinvarianten sind. Die vierte Potenz des Tensors erhält man, indem man Gleichung (1.115) mit $\boldsymbol{A}$ multipliziert und dann die dritten Potenz des Tensors aus dem Ergebnis eliminiert:

$$\boldsymbol{A}^4 = (I_1^2 - I_2)\boldsymbol{A}^3 + (I_3 - I_1I_2)\boldsymbol{A} + I_1I_3\mathbf{1}. \tag{1.124}$$

Das gleiche Verfahren kann für jeden ganzzahligen Potenz des Tensors durchgeführt werden:

$$\boldsymbol{A}^n = \alpha_2\boldsymbol{A}^2 + \alpha_1\boldsymbol{A} + \alpha_0\mathbf{1}, \quad \alpha_i = \alpha_i(I_1, I_2, I_3). \tag{1.125}$$

1.2.2.9 Norm eines Tensors zweiter Stufe sowie Tensorreihen

Definition: Als *Tensornorm* wird die Quadratwurzel aus der skalaren Multiplikation des Tensors mit sich selbst verstanden: $\|\boldsymbol{A}\| = (\boldsymbol{A} \odot \boldsymbol{A})^{1/2} \equiv (\boldsymbol{A} : \boldsymbol{A})^{1/2}$.

Es lässt sich leicht überprüfen, dass die so eingeführte Norm alle notwendigen **Eigenschaften** erfüllt, nämlich:

(1) $\|\boldsymbol{A}\| > 0$ für jeden Tensor $\boldsymbol{A} \neq \boldsymbol{0}$,

(2) $\|\boldsymbol{A}\| = 0$ nur, wenn $\boldsymbol{A} = \boldsymbol{0}$,

(3) $\|\alpha\, \boldsymbol{A}\| = |\,\alpha\,| \|\boldsymbol{A}\|$ für jedes reelle α,

(4) $\|\boldsymbol{A} + \boldsymbol{B}\| = \|\boldsymbol{A}\| + \|\boldsymbol{B}\|$.

Es sei auf zwei weitere wichtige Eigenschaften der eingeführten Norm hingewiesen. Für beliebige Tensoren zweiter Stufe $\boldsymbol{A}$ und $\boldsymbol{B}$ und den Vektor $\boldsymbol{x}$ gelten die folgenden Beziehungen:

(1) $\|\boldsymbol{A} \cdot \boldsymbol{x}\| \le \|\boldsymbol{A}\| \|\boldsymbol{x}\|$,

(2) $\|\boldsymbol{A} \cdot \boldsymbol{B}\| \le \|\boldsymbol{A}\| \|\boldsymbol{B}\|$.

Die letztgenannte Ungleichheit bedeutet auch, dass gilt

$$\|\boldsymbol{A}^k\| \le \|\boldsymbol{A}\|^k . \tag{1.126}$$

Letztere Eigenschaft erlaubt es uns, die Einführung verschiedener Tensorfunktionen als Verallgemeinerung elementarer Funktionsdarstellungen in Form von *Reihen* zu rechtfertigen. Eine Exponentialfunktion kann zum Beispiel als unendliche Summe geschrieben werden:

$$e^x = 1 + \frac{x}{1!} + \frac{x^2}{2!} + \frac{x^3}{3!} + \cdots . \tag{1.127}$$

Definition: Die *Exponentialfunktion eines Tensors* oder das *Tensorexponential* ist gegeben durch

$$e^{\boldsymbol{A}} = \boldsymbol{1} + \frac{\boldsymbol{A}}{1!} + \frac{\boldsymbol{A}^2}{2!} + \frac{\boldsymbol{A}^3}{3!} + \cdots . \tag{1.128}$$

Nach Gleichung (1.126) konvergiert die Reihe auf der rechten Seite für jeden Tensor $\boldsymbol{A}$.

Man beachte, dass trotz der Ähnlichkeit der Definitionen die Eigenschaften der gewöhnlichen Exponentialfunktion und der Exponentialfunktion eines Tensors unterschiedlich sind. Insbesondere die Regel $e^{x+y} = e^x\, e^y$ gilt im allgemeinen Fall nicht für das Tensorexponential, was auf die Nicht-Kommutativität der internen Multiplikation von Tensoren zurückzuführen ist, da

$$e^{\boldsymbol{A}+\boldsymbol{B}} = e^{\boldsymbol{B}+\boldsymbol{A}}, \quad \text{sondern} \quad e^{\boldsymbol{A}}\, e^{\boldsymbol{B}} \neq e^{\boldsymbol{B}}\, e^{\boldsymbol{A}} . \tag{1.129}$$

Die Beziehung $e^{\boldsymbol{A}+\boldsymbol{B}} = e^{\boldsymbol{A}}\, e^{\boldsymbol{B}}$ ist nur gültig, wenn die Tensoren $\boldsymbol{A}$ und $\boldsymbol{B}$ kommutativ sind, d. h. $\boldsymbol{A} \cdot \boldsymbol{B} = \boldsymbol{B} \cdot \boldsymbol{A}$.

Ähnlich wie das Tensorexponential können auch andere Tensorfunktionen auf der Grundlage der Taylorreihenentwicklung einer Funktion eingeführt werden: $\sin \boldsymbol{A}$, $\ln \boldsymbol{A}$, usw.

Eine Besonderheit von Tensorreihen ist, dass sie immer auf folgende Form reduziert werden können:

$$f(\boldsymbol{A}) = \alpha_0 \mathbf{1} + \alpha_1 \boldsymbol{A} + \alpha_2 \boldsymbol{A}^2, \ \alpha_i = \alpha_i(I_1, I_2, I_3), \tag{1.130}$$

indem man nacheinander mithilfe des Cayley-Hamilton-Theorems diejenigen Potenzen eliminiert, die höher als die zweite sind.

1.2.3 Orthogonale Drehungen

Definition: Eine *orthogonale Drehung* ist eine lineare Abbildung, die das Skalarprodukt von Vektoren bewahrt, d. h.

$$\boldsymbol{f}(\boldsymbol{a}) \cdot \boldsymbol{f}(\boldsymbol{b}) = \boldsymbol{a} \cdot \boldsymbol{b} . \tag{1.131}$$

Diese Zuordnung ändert die Längen der Vektoren nicht und erhält die Winkel zwischen ihnen.

Die orthogonale Abbildung sei durch den Tensor $\boldsymbol{Q}$ beschrieben. Wir untersuchen, welche Bedingungen für den Tensor $\boldsymbol{Q}$ erfüllt sein müssen, damit die entsprechende lineare Abbildung orthogonal ist:

$$(\boldsymbol{Q} \cdot \boldsymbol{a}) \cdot (\boldsymbol{Q} \cdot \boldsymbol{b}) = \boldsymbol{a} \cdot \boldsymbol{Q}^\mathsf{T} \cdot \boldsymbol{Q} \cdot b = \boldsymbol{a} \cdot \boldsymbol{b} . \tag{1.132}$$

Das heißt, der Tensor $\boldsymbol{Q}$ muss folgende Bedingung erfüllen

$$\boldsymbol{Q}^\mathsf{T} \cdot \boldsymbol{Q} = \mathbf{1} . \tag{1.133}$$

Definition: Ein *orthogonaler Tensor* ist ein Tensor zweiten Ranges, der die Bedingung in Gleichung (1.133) erfüllt.

Der transponierte orthogonale Tensor fällt also mit seiner Inversen $\boldsymbol{Q}^{-1} = \boldsymbol{Q}^\mathsf{T}$ zusammen. Da der transponierte Tensor immer existiert, ist jeder orthogonale Tensor nicht entartet und somit invertierbar.

Übungsaufgabe *Orthogonale Tensoren*

1. Zeige, dass falls $\boldsymbol{Q}$ orthogonal ist, das auch für $\boldsymbol{Q}^n$ gilt, für jede positive ganze Zahl n.
2. Zeige, dass die folgenden Tensoren orthogonal sind:
   (a) $\boldsymbol{Q} = \boldsymbol{e}_1\boldsymbol{e}_2 - \boldsymbol{e}_2\boldsymbol{e}_1 + \boldsymbol{e}_3\boldsymbol{e}_3$,
   (b) $\boldsymbol{Q} = \frac{1}{4+a^2}\left(\left(1-a^2\right)\mathbf{1} + 2\boldsymbol{a}\boldsymbol{a} - 4\mathbf{1} \times \boldsymbol{a}\right)$,
   (c) $\boldsymbol{Q} = (\mathbf{1} - \boldsymbol{A}) \cdot (\mathbf{1} + \boldsymbol{A})^{-1}$.
3. Zeige, dass $(\boldsymbol{Q} - \mathbf{1}) \cdot\cdot (\boldsymbol{Q}^\mathsf{T} - \mathbf{1}) = 6 - 2\,\mathrm{Sp}\,\boldsymbol{Q}$.

Berechnen wir die Determinante des orthogonalen Tensors:

$$\det(\boldsymbol{Q}^{\mathsf{T}} \cdot \boldsymbol{Q}) = (\det \boldsymbol{Q})^2 = \det \mathbf{1} = 1 \Rightarrow \det \boldsymbol{Q} = \pm 1\,. \tag{1.134}$$

Orthogonale Tensoren mit einer Determinante gleich $+1$ werden *eigentliche Drehungen* genannt, orthogonale Tensoren mit einer Determinante gleich -1 heißen *Drehspiegelungen.* Nach der Gleichung (1.106) übersetzen die „wahren orthogonalen Tensoren", also die eigentlichen Drehungen, ohne die Vektorlängen und Winkel zwischen ihnen zu ändern, ein rechthändiges Triplett von Vektoren nach rechts und ein linkshändiges nach links, d. h. sie drehen das ursprüngliche Triplett von Vektoren als starres Ganzes. Der eigentliche orthogonale Tensor wird daher oft auch als *Rotationstensor* $\boldsymbol{P}$ bezeichnet ([Zh2001], Abschnitt 5.13). Ein Drehspiegelungstensor hingegen transformiert ein rechthändiges Tripel von Vektoren in ein linkshändiges und umgekehrt. Dann können die ursprünglichen und die transformierten Vektortripel nicht allein durch Drehungen angeglichen werden, sondern es ist eine zusätzliche Operation – die Spiegelung – nötig, die durch den Tensor $-\mathbf{1}$ definiert ist. Somit kann jeder „nicht-eigentliche" orthogonale Tensor $\boldsymbol{Q}$ als Überlagerung eines wahren Rotationstensors und einer Spiegelung dargestellt werden:

$$\boldsymbol{Q} = -\mathbf{1} \cdot \boldsymbol{P}\,. \tag{1.135}$$

Die Menge der orthogonalen Tensoren bildet eine *Gruppe.* Zu dieser Menge gehört der Einheitstensor, und für jedes Element der Gruppe existiert ein einziger inverser Tensor. Die Menge der orthogonalen Tensoren ist unter der skalaren Multiplikationsoperation geschlossen, da die Orthogonalität der Tensoren $\boldsymbol{Q}_1$ und $\boldsymbol{Q}_2$ impliziert, dass der Tensor $\boldsymbol{Q}_3 = \boldsymbol{Q}_1 \cdot \boldsymbol{Q}_2$ orthogonal ist. In der Tat gilt:

$$\boldsymbol{Q}_3 \cdot \boldsymbol{Q}_3^{\mathsf{T}} = (\boldsymbol{Q}_1 \cdot \boldsymbol{Q}_2) \cdot (\boldsymbol{Q}_1 \cdot \boldsymbol{Q}_2)^{\mathsf{T}} = \boldsymbol{Q}_1 \cdot \boldsymbol{Q}_2 \cdot \boldsymbol{Q}_2^{\mathsf{T}} \cdot \boldsymbol{Q}_1^{\mathsf{T}} = \boldsymbol{Q}_1 \cdot \mathbf{1} \cdot \boldsymbol{Q}_1^{\mathsf{T}} = \mathbf{1}\,. \tag{1.136}$$

Die Menge aller orthogonalen Tensoren wird als *vollständige orthogonale Gruppe* bezeichnet. Die Menge der eigentlichen Drehtensoren ist eine Untergruppe der vollständigen orthogonalen Gruppe.

Aus der Definition der orthogonalen Abbildung folgt, dass sie eine orthonormale Basis $\boldsymbol{e}_k$ in eine orthonormale Basis $\boldsymbol{e}'_k$ überführt. Wenn beide Basen bekannt sind, kann der orthogonale Tensor, der eine in die andere transformiert, in folgender Form geschrieben werden

$$\boldsymbol{Q} = \boldsymbol{e}'_k \boldsymbol{e}_k = \boldsymbol{e}'_1 \boldsymbol{e}_1 + \boldsymbol{e}'_2 \boldsymbol{e}_2 + \boldsymbol{e}'_3 \boldsymbol{e}_3\,. \tag{1.137}$$

Nachstehend sind diverse **Formeln mit dem orthogonalen Tensor** zusammengestellt.

Die erste Formel folgt aus der Gleichung (1.111), da $\boldsymbol{Q}^{-\mathsf{T}} = \boldsymbol{Q}$:

$$(\boldsymbol{Q} \cdot \boldsymbol{a}) \times (\boldsymbol{Q} \cdot \boldsymbol{b}) = (\det \boldsymbol{Q}) \boldsymbol{Q} \cdot (\boldsymbol{a} \times \boldsymbol{b})\,. \tag{1.138}$$

Die zweite Formel lautet:

$$\boldsymbol{Q} \cdot (\boldsymbol{a} \times \boldsymbol{Q}^{\mathsf{T}}) = \boldsymbol{Q} \cdot (\boldsymbol{a} \times \mathbf{1}) \cdot \boldsymbol{Q}^{\mathsf{T}} = \det \boldsymbol{Q} (\boldsymbol{Q} \cdot \boldsymbol{a}) \times \mathbf{1}\,. \tag{1.139}$$

Zum Beweis schreiben wir die Gleichung (1.138) um:

$$\big((\boldsymbol{Q} \cdot \boldsymbol{a}) \times \mathbf{1}\big) \cdot \boldsymbol{Q} \cdot \boldsymbol{b} = (\det \boldsymbol{Q}) \boldsymbol{Q} \cdot (\boldsymbol{a} \times \mathbf{1}) \cdot \boldsymbol{b}\,.$$

Aufgrund der Willkürlichkeit des Vektors $\boldsymbol{b}$ erhalten wir die Gleichung

$$\det \boldsymbol{Q}\big((\boldsymbol{Q} \cdot \boldsymbol{a}) \times \mathbf{1}\big) \cdot \boldsymbol{Q} = \boldsymbol{Q} \cdot (\boldsymbol{a} \times \mathbf{1}) .$$

Daraus folgt nach Multiplikation beider Teile der Gleichung von rechts mit $\boldsymbol{Q}^\top$ die Gleichung (1.139). □

Die dritte Formel lautet:

$$(\boldsymbol{Q} \times \boldsymbol{a}) \cdot \boldsymbol{Q}^\top = \boldsymbol{Q} \cdot (\mathbf{1} \times \boldsymbol{a}) \cdot \boldsymbol{Q}^\top = \det \boldsymbol{Q}(\boldsymbol{Q} \cdot \boldsymbol{a}) \times \mathbf{1} . \tag{1.140}$$

Sie wird analog bewiesen.

Zur Herleitung der vierten Formel wird die Gleichung (1.121) verwendet:

$$\operatorname{Sp} \boldsymbol{Q} = \operatorname{Sp} \boldsymbol{Q}^\top = \operatorname{Sp} \boldsymbol{Q}^{-1} = \frac{I_2(\boldsymbol{Q})}{I_3(\boldsymbol{Q})} = \pm I_2(\boldsymbol{Q}) . \tag{1.141}$$

1.2.3.1 Der Rotationstensor

Betrachten wir zunächst die Wirkung des *Rotations-* oder *Drehtensors* $\boldsymbol{P}$, geschrieben in Form der ursprünglichen und der gedrehten Basis gemäß Gleichung (1.137), auf den Vektor $\boldsymbol{a}$:

$$\boldsymbol{a}' = \boldsymbol{P} \cdot \boldsymbol{a} = (\boldsymbol{e}'_k \boldsymbol{e}_k) \cdot (\boldsymbol{e}_m a_m) = a_m \boldsymbol{e}'_m . \tag{1.142}$$

Aus Gleichung (1.142) geht hervor, dass die Koordinaten des Vektors $\boldsymbol{a}'$ in der neuen Basis die gleichen Werte haben wie die Koordinaten des ursprünglichen Vektors in der alten Basis, d. h. die Vektorlänge hat sich nicht geändert. Der Vektor $\boldsymbol{a}'$ wird als gedrehter Vektor bezeichnet.

In Analogie zu diesem Ergebnis wird die Drehung eines Tensors zweiter Stufe durch folgende Beziehung definiert:

$$\begin{aligned} \boldsymbol{A}' = \boldsymbol{a}'\boldsymbol{b}' + \cdots + \boldsymbol{c}'\boldsymbol{d}' &= (\boldsymbol{P} \cdot \boldsymbol{a})(\boldsymbol{P} \cdot \boldsymbol{b}) + \cdots + (\boldsymbol{P} \cdot \boldsymbol{c})(\boldsymbol{P} \cdot \boldsymbol{d}) \\ &= \boldsymbol{P} \cdot (\boldsymbol{ab} + \cdots + \boldsymbol{cd}) \cdot \boldsymbol{P}^\top = \boldsymbol{P} \cdot \boldsymbol{A} \cdot \boldsymbol{P}^\top \end{aligned} \tag{1.143}$$

oder

$$\boldsymbol{A}' = (\boldsymbol{e}'_k \boldsymbol{e}_k) \cdot (A_{mn} \boldsymbol{e}_m \boldsymbol{e}_n) \cdot (\boldsymbol{e}'_s \boldsymbol{e}_s)^\top = A_{ks} \boldsymbol{e}'_k \boldsymbol{e}'_s . \tag{1.144}$$

Der Begriff „gedrehter Tensor" kann auch auf Tensoren höheren Ranges ausgedehnt werden:

$$\boldsymbol{A}' = \boldsymbol{a}' \ldots \boldsymbol{b}' + \cdots + \boldsymbol{c}' \ldots \boldsymbol{d}' = (\boldsymbol{P} \cdot \boldsymbol{a}) \ldots (\boldsymbol{P} \cdot \boldsymbol{b}) + \cdots + (\boldsymbol{P} \cdot \boldsymbol{c}) \ldots (\boldsymbol{P} \cdot \boldsymbol{d}) . \tag{1.145}$$

Das folgende Theorem führt auf eine invariante, d. h. nicht von der Wahl der Basis abhängige Form der Rotationstensor-Notation.

Satz: *Euler-Rodrigues-Formel* [Zh2001]

Ein beliebiger Rotationstensor $\boldsymbol{P}$, der sich von $\mathbf{1}$ unterscheidet, lässt eine einzige Darstellung zu:

$$\boldsymbol{P} = (1 - \cos\theta)\boldsymbol{mm} + \cos\theta\, \mathbf{1} + \sin\theta\, \boldsymbol{m} \times \mathbf{1} , \quad -\pi < \theta < \pi , \tag{1.146}$$

Bild 1.5 Mathematische Beschreibung von Drehungen: Leonhard Euler (1707–1783) und Olinde Rodrigues (1795–1851)

wobei der Einheitsvektor $\boldsymbol{m}$ ein fester Vektor des Tensors $\boldsymbol{P}$ ist und eine Gerade im Raum definiert, die Rotationsachse genannt wird; θ wird als Rotationswinkel bezeichnet und gilt als positiv, wenn die Rotation vom Ende des Vektors $\boldsymbol{m}$ aus gesehen gegen den Uhrzeigersinn erfolgt.

Wir beginnen den **Beweis** des Theorems, indem wir die Existenz eines einzigen stationären Vektors für jeden Rotationstensor nachweisen. Ein fester Vektor ist ein Vektor, der seine Richtung beibehält, wenn der Raum der Vektoren gedreht wird:

$$\boldsymbol{P}\cdot\boldsymbol{m}=\boldsymbol{m} \quad \text{oder} \quad (\boldsymbol{P}-\boldsymbol{1})\cdot\boldsymbol{m}=\boldsymbol{0}. \tag{1.147}$$

Der Vektor $\boldsymbol{m}$ ist also eine Lösung eines Systems homogener linearer Gleichungen. Die Bedingung für die Existenz einer nichttrivialen Lösung ist, dass die Determinante des Systems Null ist: $\det(\boldsymbol{P}-\boldsymbol{E})=0$. Um diese Bedingung zu überprüfen, führen wir folgende Transformation durch:

$$\det(\boldsymbol{P}-\boldsymbol{1})=\det\big(\boldsymbol{P}\cdot(\boldsymbol{1}-\boldsymbol{P}^{\mathsf{T}})\big)=\det(\boldsymbol{E}-\boldsymbol{P}^{\mathsf{T}})=\det(-\boldsymbol{E}\cdot(\boldsymbol{P}-\boldsymbol{1}))=-\det(\boldsymbol{P}-\boldsymbol{1}),$$

was nur möglich ist, wenn $\det(\boldsymbol{P}-\boldsymbol{1})=0$, und somit ein fester Vektor existiert.

Aus Gleichung (1.147) folgt, dass, wenn $\boldsymbol{m}$ eine Lösung der Gleichung ist, der Gegenvektor $-\boldsymbol{m}$ ebenfalls Gleichung (1.147) erfüllt. Beide Vektoren entsprechen jedoch der gleichen Linie im Raum – der Rotationsachse. Wir wollen nun zeigen, dass jeder Drehtensor $\boldsymbol{P}$ außer $\boldsymbol{1}$ einer einzigen Drehachse entspricht. Angenommen es existieren zwei Vektoren $\boldsymbol{m}$ und $\boldsymbol{m}_1$, die unterschiedliche Richtungen haben und die Gleichung (1.147) erfüllen. Dann ist der Vektor $\boldsymbol{m}_2=\boldsymbol{m}\times\boldsymbol{m}_1$ ebenfalls ein fester Vektor. In der Tat, nach der Gleichung (1.138) gilt

$$(\boldsymbol{P}\cdot\boldsymbol{m})\times(\boldsymbol{P}\cdot\boldsymbol{m}_1)=\boldsymbol{P}\cdot(\boldsymbol{m}\times\boldsymbol{m}_1), \quad (\det\boldsymbol{P}=1).$$

Da $\boldsymbol{m}$ und $\boldsymbol{m}_1$ feste Vektoren sind, folgt daraus:

$$\boldsymbol{m}\times\boldsymbol{m}_1=\boldsymbol{P}\cdot(\boldsymbol{m}\times\boldsymbol{m}_1).$$

In ähnlicher Weise kann gezeigt werden, dass der Vektor $\boldsymbol{m}_3=\boldsymbol{m}_1\times\boldsymbol{m}_2$ auch ein fester Vektor für $\boldsymbol{P}$ ist. Das Vektortripel $\boldsymbol{m}_k$ bildet eine orthonormierte Basis, die erhalten bleibt, wenn der Tensor $\boldsymbol{P}$ entsprechend gedreht wird ($\boldsymbol{m}'_k=\boldsymbol{m}_k$). Dann ist der Rotationstensor gemäß Gleichung (1.137) gleich dem Einheitstensor:

$$\boldsymbol{P}=\boldsymbol{m}'_k\boldsymbol{m}_k=\boldsymbol{m}_k\boldsymbol{m}_k=\boldsymbol{1},$$

d. h. der Rotationstensor kann nur dann mehr als einen festen Vektor haben, wenn es keine Rotation gibt.

Der Tensor $\boldsymbol{P}$ hat also einen festen Vektor $\boldsymbol{m}$. Wählen wir ihn als einen der Basisvektoren ($\boldsymbol{e}_1, \boldsymbol{e}_2, \boldsymbol{e}_3 = \boldsymbol{m}$). Dann kann der Rotationstensor in folgender Form geschrieben werden:

$$\boldsymbol{P} = \boldsymbol{e}_1'\boldsymbol{e}_1 + \boldsymbol{e}_2'\boldsymbol{e}_2 + \boldsymbol{mm}, \tag{1.148}$$

wobei die Vektoren $\boldsymbol{e}_1, \boldsymbol{e}_2$ und $\boldsymbol{e}_1', \boldsymbol{e}_2'$ in der gleichen Ebene liegen, da sie orthogonal zum gleichen Vektor $\boldsymbol{m}$ sind (Bild 1.6). Wir bezeichnen mit θ den *Drehwinkel* zwischen den Vektoren $\boldsymbol{e}_1$ und $\boldsymbol{e}_1'$ und schreiben die Erweiterung der Vektoren der gedrehten Basis auf die ursprüngliche:

$$\boldsymbol{e}_1' = \cos\theta\, \boldsymbol{e}_1 + \sin\theta\, \boldsymbol{e}_2\,, \quad \boldsymbol{e}_2' = -\sin\theta\, \boldsymbol{e}_1 + \cos\theta\, \boldsymbol{e}_2\,, \quad -\pi < \theta < \pi\,.$$

Positive Werte von θ entsprechen vom Ende des Vektors $\boldsymbol{m}$ aus gesehen einer Drehung gegen den Uhrzeigersinn. Die Ersetzung von $\boldsymbol{m}$ durch $-\boldsymbol{m}$ hat die Ersetzung von θ durch $-\theta$ zur Folge.

Setzt man die Ausdrücke für $\boldsymbol{e}_1', \boldsymbol{e}_2'$ in Gleichung (1.148) ein, addiert und subtrahiert $\cos\theta\, \boldsymbol{mm}$ und gruppiert die Terme um, so erhält man die Euler-Rodrigues-Darstellung:

$$\begin{aligned}\boldsymbol{P} &= \boldsymbol{mm} + \cos\theta\,(\boldsymbol{e}_1\boldsymbol{e}_1 + \boldsymbol{e}_2\boldsymbol{e}_2) + \sin\theta\,(\boldsymbol{e}_2\boldsymbol{e}_1 - \boldsymbol{e}_1\boldsymbol{e}_2) \pm \cos\theta\, \boldsymbol{mm}\\ &= (1-\cos\theta)\boldsymbol{mm} + \cos\theta\, \mathbf{1} + \sin\theta\, \boldsymbol{m}\times\mathbf{1}\,.\end{aligned}$$

Dabei wurde berücksichtigt, dass $\mathbf{1} = \boldsymbol{e}_1\boldsymbol{e}_1 + \boldsymbol{e}_2\boldsymbol{e}_2 + \boldsymbol{mm}$ und somit $\boldsymbol{m}\times\mathbf{1} = \boldsymbol{e}_2\boldsymbol{e}_1 - \boldsymbol{e}_1\boldsymbol{e}_2$. Man beachte, dass die Wahl der entgegengesetzten Richtung für den festen Vektor den Ausdruck für den Rotationstensor nicht ändert, da sich das Vorzeichen von θ in diesem Fall auch ändert. □

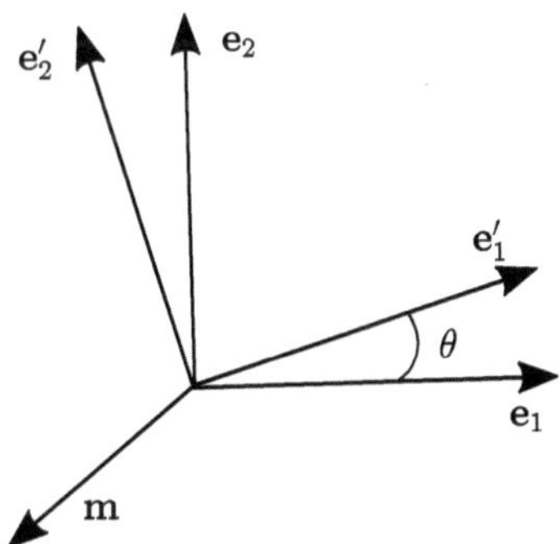

Bild 1.6 Ursprüngliche und gedrehte Basis

Betrachten wir nun die Wirkung des Rotationstensors Gleichung (1.146) auf den Vektor $\boldsymbol{a}$. Nehmen wir zunächst an, der Vektor $\boldsymbol{a}$ stehe senkrecht auf $\boldsymbol{m}$. Dann ist

$$\boldsymbol{a}' = \boldsymbol{P}\cdot\boldsymbol{a} = \cos\theta\, \boldsymbol{a} + \sin\theta\, \boldsymbol{m}\times\boldsymbol{a}\,. \tag{1.149}$$

Diese Situation ist auf der linken Seite von Bild 1.7 dargestellt.

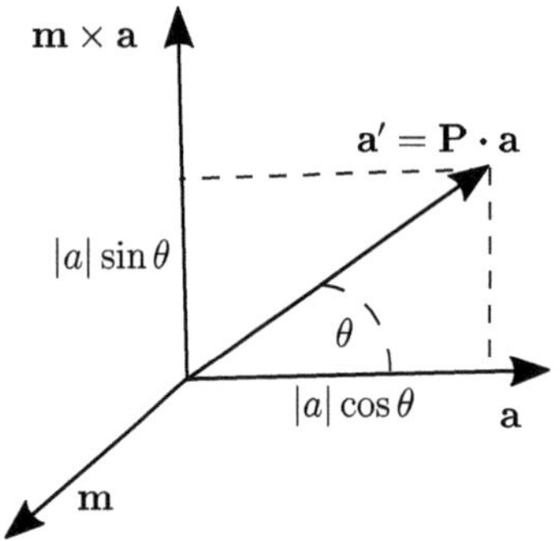

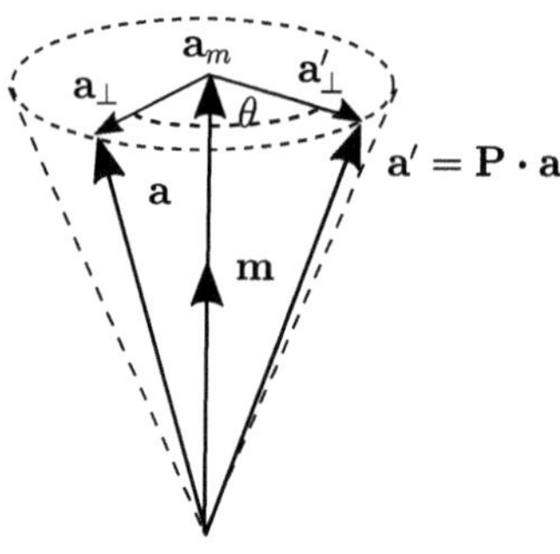

Bild 1.7 Drehen des Vektors $\boldsymbol{a}$ um die Achse $\boldsymbol{m}$

Der beliebige Vektor $\boldsymbol{a}$ wird in zwei Komponenten zerlegt, die entlang der Drehachse $\boldsymbol{a}_m$ gerichtet sind und in der dazu orthogonalen Ebene $\boldsymbol{a}_\perp$ liegen, wie im rechten Teil von Bild 1.7 gezeigt. Bei der Drehung um den Vektor $\boldsymbol{m}$ ändert sich die Komponente $\boldsymbol{a}_m$ nicht, aber $\boldsymbol{a}_\perp$ dreht sich um einen Winkel θ in der Ebene senkrecht zu $\boldsymbol{m}$. Man beachte, dass θ der Winkel zwischen den Vektoren $\boldsymbol{a}_\perp$ und $\boldsymbol{a}'_\perp$ ist, nicht zwischen den ursprünglichen und den gedrehten Vektoren.

Übungsaufgabe *Drehungen*

Drehe den Vektor $\boldsymbol{a} = 2\boldsymbol{e}_2 + \boldsymbol{e}_3$ um

(a) den Einheitsvektor $\boldsymbol{e}_1$ um den Winkel $\theta = \pi/6$;

(b) den Vektor $\boldsymbol{b} = \boldsymbol{e}_1 + \boldsymbol{e}_2$ um $\pi/2$. Weise nach, dass $|\boldsymbol{a}'| = |\boldsymbol{a}|$ gilt.

Der Satz von Euler-Rodrigues gibt eine einfache Möglichkeit, den Drehwinkel θ und den festen Vektor $\boldsymbol{m}$ aus dem bekannten Drehungstensor zu bestimmen. Dazu berechnen wir die Spur- und Vektorinvariante aus der Darstellung nach Gleichung (1.146):

$$\operatorname{Sp}\boldsymbol{P} = 1 + 2\cos\theta\,, \quad \boldsymbol{P}_\times = -2\sin\theta\,\boldsymbol{m}\,. \tag{1.150}$$

Die erste Gleichung bestimmt den Drehwinkel, und die zweite Gleichung bestimmt die Drehachse, wenn der Drehwinkel bekannt ist.

Übungsaufgabe *Drehungen*

Finde die Rotationsachse und den Rotationswinkel für

(a) $\boldsymbol{P} = \frac{1}{2}(\boldsymbol{1} + \boldsymbol{e}_3\boldsymbol{e}_3) + \frac{\sqrt{3}}{2}(\boldsymbol{e}_2\boldsymbol{e}_1 - \boldsymbol{e}_1\boldsymbol{e}_2)$,

(b) $\boldsymbol{P} = \frac{2+\sqrt{2}}{4}(\boldsymbol{1} - \boldsymbol{e}_1\boldsymbol{e}_2 - \boldsymbol{e}_2\boldsymbol{e}_1) - \frac{2-\sqrt{2}}{4}\boldsymbol{e}_3\boldsymbol{e}_3 + \frac{1}{2}(\boldsymbol{e}_3\boldsymbol{e}_2 - \boldsymbol{e}_2\boldsymbol{e}_3 + \boldsymbol{e}_3\boldsymbol{e}_1 - \boldsymbol{e}_1\boldsymbol{e}_3)$.

Man beachte auch, dass das Theorem von Euler und Rodrigues impliziert, dass der Rotationstensor vollständig definiert ist, wenn drei unabhängige skalare Größen – der Rotationswinkel und zwei Winkel, die die Richtung $\boldsymbol{m}$ in Bezug auf eine gewählte Basis ($|\boldsymbol{m}| = 1$) bestimmen – gegeben sind, was einer einwertigen Vektordefinition entspricht. Eine Drehung im Raum kann also durch einen axialen Rotationsvektor beschrieben werden

$$\boldsymbol{\theta} = \theta\, \boldsymbol{m}. \tag{1.151}$$

Dieser Vektor ist axial, weil die Drehung gegen den Uhrzeigersinn, vom Ende von $\boldsymbol{m}$ aus gesehen, im rechtsorientierten Bezugssystem positiven Werten von θ und im linksorientierten Bezugssystem negativen Werten entspricht.

Wenn man Gleichung (1.151) nach Vektor $\boldsymbol{m}$ auflöst und ihn in die Euler-Rodrigues-Darstellung einsetzt, erhält man die Darstellung des Rotationstensors durch $\boldsymbol{\theta}$:

$$\boldsymbol{P}(\boldsymbol{\theta}) = \frac{1-\cos\theta}{\theta^2}\boldsymbol{\theta}\boldsymbol{\theta} + \cos\theta\, \mathbf{1} + \frac{\sin\theta}{\theta}\boldsymbol{\theta}\times\mathbf{1}. \tag{1.152}$$

Wir untersuchen, wie der Rotationstensor $\boldsymbol{P}(\boldsymbol{\theta})$ auf den Vektor $\boldsymbol{a}$ wirkt:

$$\boldsymbol{a}' = \boldsymbol{P}(\boldsymbol{\theta})\cdot\boldsymbol{a} = \frac{1-\cos\theta}{\theta^2}\boldsymbol{\theta}(\boldsymbol{\theta}\cdot\boldsymbol{a}) + \cos\theta\, \boldsymbol{a} + \frac{\sin\theta}{\theta}\boldsymbol{\theta}\times\boldsymbol{a}. \tag{1.153}$$

Da

$$\boldsymbol{\theta}\times(\boldsymbol{\theta}\times\boldsymbol{a}) = \boldsymbol{\theta}(\boldsymbol{\theta}\cdot\boldsymbol{a}) - \theta^2\,\boldsymbol{a}, \tag{1.154}$$

kann der Ausdruck für den gedrehten Vektor vereinfacht werden:

$$\boldsymbol{a}' = \boldsymbol{a} + \frac{1-\cos\theta}{\theta^2}\boldsymbol{\theta}\times(\boldsymbol{\theta}\times\boldsymbol{a}) + \frac{\sin\theta}{\theta}\boldsymbol{\theta}\times\boldsymbol{a}. \tag{1.155}$$

In Anwendungen ist auch die Darstellung der Rotation durch den *logarithmischen Rotationstensor* üblich:

$$\boldsymbol{R} = \boldsymbol{\theta}\times\mathbf{1} = \mathbf{1}\times\boldsymbol{\theta}. \tag{1.156}$$

Übungsaufgabe *Rotationstensor*

Zeige durch Nachrechnen in indizistischer Schreibweise, dass $\boldsymbol{R}$ in der Tat ein Tensor 2. Stufe ist und dass beim Tauschen der Positionen im Kreuzprodukt der Gleichung (1.156) *kein* Vorzeichenwechsel stattfindet, so wie das in einem Kreuzprodukt zwischen zwei Vektoren ja der Fall wäre.

Den Grund für die interessante Bezeichnung dieses Tensors werden wir gleich in einem Satz erörtern. An dieser Stelle sei erst einmal Folgendes gesagt: Wie aus seiner Definition hervorgeht, ist der logarithmische Rotationstensor ein antisymmetrischer Tensor, und sein Quadrat wird durch den Rotationsvektor ausgedrückt:

$$\boldsymbol{R}^2 = (\boldsymbol{\theta}\times\mathbf{1})\cdot(\boldsymbol{\theta}\times\mathbf{1}) = \boldsymbol{\theta}\times\mathbf{1}\times\boldsymbol{\theta} = \boldsymbol{\theta}\boldsymbol{\theta} - \theta^2\,\mathbf{1}. \tag{1.157}$$

Wenn man $\boldsymbol{\theta}\boldsymbol{\theta} = \boldsymbol{R}^2 + \theta^2\,\mathbf{1}$ hiermit ausdrückt und diesen Ausdruck in Gleichung (1.152) einsetzt, erhält man die Darstellung des Rotationstensors durch den logarithmischen Rotationstensor:

$$\boldsymbol{P}(\boldsymbol{R}) = \mathbf{1} + \frac{\sin\theta}{\theta}\boldsymbol{R} + \frac{1-\cos\theta}{\theta^2}\boldsymbol{R}^2. \tag{1.158}$$

Die Norm des logarithmischen Rotationstensors charakterisiert die Größe der Rotation. In der Tat gilt:

$$\|\boldsymbol{R}\| = \sqrt{\boldsymbol{R} \odot \boldsymbol{R}} = \sqrt{\boldsymbol{R} \cdot\cdot\, \boldsymbol{R}^{\mathsf{T}}} = \sqrt{-\mathrm{Sp}\,(\boldsymbol{R}^2)} = \sqrt{2}\,|\boldsymbol{\theta}|\,. \tag{1.159}$$

Man beachte, dass die Norm des Rotationstensors konstant ist:

$$\|\boldsymbol{P}\| = \sqrt{\mathrm{Sp}\,(\boldsymbol{P} \cdot \boldsymbol{P}^{\mathsf{T}})} = \sqrt{\mathrm{Sp}\,\mathbf{1}} = \sqrt{3} \tag{1.160}$$

und nichts mit dem Ausmaß der Rotation zu schaffen hat.

Satz über den logarithmischen Drehtensor [Zh2001]

Der Rotationstensor ist das Tensorexponential des logarithmischen Rotationstensors, was dann auch dessen Namen erklärt.

Beweis: Wir unterteilen die Darstellung des Tensorexponentials Gleichung (1.128) in Summen von ungeraden und geraden Potenzen von $\boldsymbol{R}$:

$$e^{\boldsymbol{R}} = \sum_{k=0}^{\infty} \frac{1}{k!} \boldsymbol{R}^k = \mathbf{1} + \sum_{k=0}^{\infty} \frac{1}{(2k+1)!} \boldsymbol{R}^{2k+1} + \sum_{k=1}^{\infty} \frac{1}{(2k)!} \boldsymbol{R}^{2k}$$

und berechnen die jeweiligen Potenzen $\boldsymbol{R}^k$. Da aus der Gleichung (1.156) folgt, dass $\boldsymbol{R} \cdot \boldsymbol{\theta} = \mathbf{0}$, können wir die folgenden Gleichungen schreiben:

$$\boldsymbol{R}^2 = \boldsymbol{\theta\theta} - \theta^2\,\mathbf{1}\,,\ \boldsymbol{R}^3 = \boldsymbol{R}^2 \cdot \boldsymbol{R} = (\boldsymbol{\theta\theta} - \theta^2\,\mathbf{1}) \cdot \boldsymbol{R} = -\theta^2\,\boldsymbol{R}\,,$$
$$\boldsymbol{R}^4 = \boldsymbol{R}^3 \cdot \boldsymbol{R} = -\theta^2\,\boldsymbol{R}\,,\ \boldsymbol{R}^5 = \boldsymbol{R}^3 \cdot \boldsymbol{R}^2 = \theta^4\,\boldsymbol{R}\,,\ \text{u.s.w.}$$

Daher folgt:

$$\boldsymbol{R}^{2k+1} = (-\theta^2)^k\,\boldsymbol{R},\ \boldsymbol{R}^{2k} = (-\theta^2)^{k-1}\,\boldsymbol{R}^2\,.$$

Setzt man diese Ausdrücke in den Tensorexponenten ein und berücksichtigt die bekannten Potenzreihenentwicklungen

$$\frac{\sin\theta}{\theta} = \sum_{k=0}^{\infty} \frac{(-\theta^2)^k}{(2k+1)!}\,,\quad \frac{1-\cos\theta}{\theta^2} = \sum_{k=1}^{\infty} \frac{(-\theta^2)^{k-1}}{(2k)!}\,,$$

so sehen wir, dass

$$e^{\boldsymbol{R}} = \mathbf{1} + \frac{\sin\theta}{\theta}\boldsymbol{R} + \frac{1-\cos\theta}{\theta^2}\boldsymbol{R}^2 = \boldsymbol{P}(\boldsymbol{R}).\ \square \tag{1.161}$$

In Anwendungen gibt es oft Fälle, in denen der Rotationsvektor klein ist, $|\theta| \ll 1$, und ebenfalls die Norm $\boldsymbol{R}$, so dass nur der lineare Term in der Expansion des Tensorexponentials übrig bleiben kann:

$$\boldsymbol{P} = \mathbf{1} + \boldsymbol{R} = \mathbf{1} + \boldsymbol{\theta} \times \mathbf{1}\,. \tag{1.162}$$

Da für kleine Drehungen $\cos\theta$ annähernd 1 und $\sin\theta$ annähernd θ gilt, vereinfacht sich auch der Ausdruck für den gedrehten Vektor

$$\boldsymbol{a}' = \boldsymbol{P} \cdot \boldsymbol{a} = \boldsymbol{a} + \boldsymbol{\theta} \times \boldsymbol{a}\,. \tag{1.163}$$

1.2.3.2 Projektoren und Spiegelungstensoren

Definition: Der Tensor $\mathbf{\Pi}$, der als linearer Operator im Vektorraum betrachtet wird, heißt *Projektor*, wenn folgende Bedingungen erfüllt sind:

$$\mathbf{\Pi} = \mathbf{\Pi}^{\mathrm{T}}, \ \mathbf{\Pi} \cdot \mathbf{\Pi} = \mathbf{\Pi}. \tag{1.164}$$

Beispiele für Projektoren sind folgende Tensoren:

$$\boldsymbol{nn}, \ \boldsymbol{mm} + \boldsymbol{nn}, \tag{1.165}$$

wobei $\boldsymbol{n}$ und $\boldsymbol{m}$ orthogonale Einheitsvektoren sind.

Im ersten Fall ist das Ergebnis solcher linearer Operatoren auf einem beliebigen Vektor $\boldsymbol{a}$ die Projektion des Vektors auf die auf den Vektor $\boldsymbol{n}$ gestreckte Linie. Im zweiten Fall ist die Projektion von $\boldsymbol{a}$ auf die durch die Vektoren $\boldsymbol{n}$ und $\boldsymbol{m}$ aufgespannte Ebene.

Die Projektion des Vektors $\boldsymbol{a}$ auf die Ebene senkrecht zum Vektor $\boldsymbol{n}$ ist das Ergebnis der Einwirkung des Tensors der Form auf den Vektor $\boldsymbol{a}$ $\mathbf{\Pi} = \mathbf{1} - \boldsymbol{nn}$ (Bild 1.8):

$$\mathbf{\Pi} \cdot \boldsymbol{a} = \boldsymbol{a} - |\boldsymbol{a}_n| \boldsymbol{n} = \boldsymbol{a} - \boldsymbol{a}_n = \tilde{\boldsymbol{a}}. \tag{1.166}$$

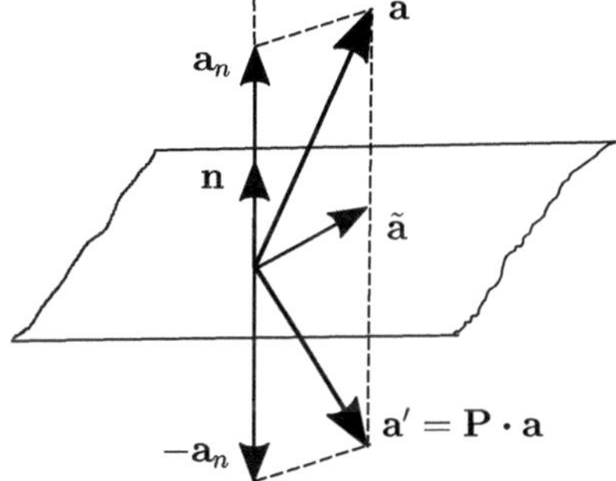

Bild 1.8 Spiegelung des Vektors $\boldsymbol{a}$ an der Ebene und seine Projektion auf diese Ebene

Definition: Der *Reflexions-* oder *Spiegelungstensor* aus der Ebene senkrecht zum Vektor $\boldsymbol{n}$ ist der Tensor

$$\boldsymbol{Q} = \mathbf{1} - 2\boldsymbol{nn}. \tag{1.167}$$

Als Ergebnis dieses Tensors, der auf den Vektor $\boldsymbol{a}$ wirkt, erhält man:

$$\boldsymbol{Q} \cdot \boldsymbol{a} = \boldsymbol{a} - 2\boldsymbol{a}_n = \tilde{\boldsymbol{a}} + \boldsymbol{a}_n - 2\boldsymbol{a}_n = \tilde{\boldsymbol{a}} - \boldsymbol{a}_n \tag{1.168}$$

Die Projektionen des Quell- und des reflektierten Vektors auf diese Ebene fallen zusammen, und die Projektionen dieser Vektoren auf den Vektor $\boldsymbol{n}$ sind vom Betrag gleich und entgegengesetzt gerichtet (Bild 1.8). Der Spiegelungstensor $\boldsymbol{Q}$ stellt einen uneigentlichen orthogonalen Tensor dar.

Übungsaufgabe *Projektionen und Reflexionen*

Finde die Projektion und die Reflexion des Vektors $\boldsymbol{a} = \boldsymbol{e}_1 + 2\boldsymbol{e}_2 - \boldsymbol{e}_3$ auf und von der Ebene

(a) xy,

(b) mit der Normale $\frac{1}{\sqrt{2}}(\boldsymbol{e}_1 + \boldsymbol{e}_2)$.

1.2.3.3 Anschauliches zu Spiegelungen, polaren und axialen Vektoren

Nun da wir den Spiegelungstensor kennen, ist es an der Zeit, die Begriffe polarer und axialer Vektor näher zu erläutern und zwar möglichst anschaulich. Es sei jedoch vorab erwähnt, dass das Phänomen der Axialität nicht auf Vektoren (also Tensoren 1. Stufe) beschränkt ist, sondern auch bei Tensoren *höherer* Stufe auftritt aber witzigerweise auch bei *niedrigeren*, also bei Skalaren. Dazu mehr in diesem mathematischen Kapitel in Abschnitt 1.2.5.2 und auch im physikalischen Teil im Abschnitt 3.6.2, wo die Problematik des Beobachterwechsels noch hinzukommt.

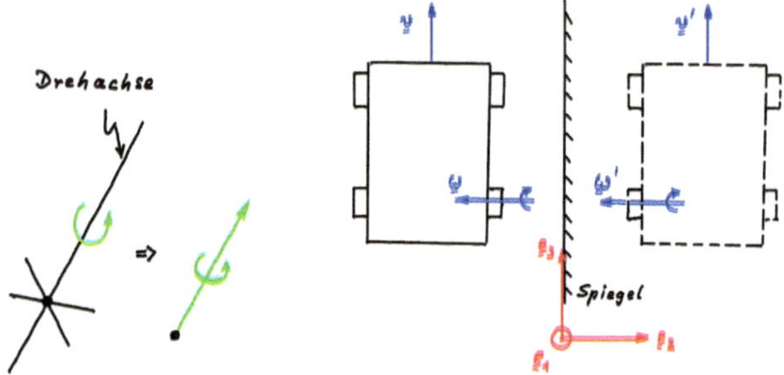

Bild 1.9 Polare und axiale Vektoren

Die Vektoren aus der Schule sind meistens sehr einfach: Sie haben einen Fußpunkt, von dem ein in eine Raumrichtung zeigender Pfeil startet. Es gibt aber Situationen, wo diese zwei Angaben nicht reichen. Bei gewissen Vektoren muss man zur vollständigen Charakterisierung noch eine Drehrichtung um die Pfeilachse angeben: Bild 1.9, links. Diese zusätzliche Charakteristik macht einen *axialen* Vektor im Unterschied zu den ordinären *polaren* Vektoren aus. Das wäre eigentlich überhaupt kein Problem, ja man müsste es eigentlich gar nicht erwähnen, wenn es nicht das Phänomen der Spiegelung gebe. Denn mit Spiegeln haben axiale Größen so ihre Probleme.

Betrachten wir nun Bild 1.9, rechts und dort speziell das Auto links vor dem Spiegel, das „nach oben" fährt. Sein Geschwindigkeitsvektor $\boldsymbol{v} = v\boldsymbol{e}_3$ zeigt wie gezeichnet. Der Winkelgeschwindigkeitsvektor seines rechten Hinterrads zeigt nach links $\boldsymbol{\omega} = -\omega\boldsymbol{e}_2$. Wir haben für die Normale des Spiegels $\boldsymbol{n} = -\boldsymbol{e}_2$ zu schreiben. Der Spiegelungstensor ist also gegeben durch

$$\boldsymbol{Q} = \boldsymbol{e}_k \otimes \boldsymbol{e}_k - 2\boldsymbol{n} \otimes \boldsymbol{n} = \boldsymbol{e}_1 \otimes \boldsymbol{e}_1 - \boldsymbol{e}_2 \otimes \boldsymbol{e}_2 + \boldsymbol{e}_3 \otimes \boldsymbol{e}_3\,. \tag{1.169}$$

Der *vor dem Spiegel* stehende Beobachter setzt sich nun zum Ziel, die von ihm beobachteten Geschwindigkeiten des Autospiegelbilds zu berechnen. Also wendet er $\boldsymbol{Q}$ auf $\boldsymbol{v}$ an und erhält völlig korrekt $\boldsymbol{v}' = \boldsymbol{Q} \cdot \boldsymbol{v} = v\boldsymbol{e}_3$, denn auch das Spiegelbild fährt nach oben. Nun versucht er dasselbe bei $\boldsymbol{\omega}$ und erhält das falsche Ergebnis $\boldsymbol{Q} \cdot \boldsymbol{\omega} = +\omega\boldsymbol{e}_2$, denn ganz klar muss sich auch das Rad im Spiegel so drehen, dass das Autospiegelbild nach oben fährt. Und das bedeutet, dass $-\omega\boldsymbol{e}_2$ herauskommen muss. Wie lässt sich das alles bewerkstelligen? Wir müssen die Determinante des Spiegelungstensors mit ins Spiel bringen, so dass die Rechenregel lautet:

$$\boldsymbol{a}' = \det{}^p \boldsymbol{Q}\boldsymbol{Q} \cdot \boldsymbol{a}\,. \tag{1.170}$$

Für einen polaren Vektor $\boldsymbol{a}$ ist $p = 0$ und für einen axialen ist $p = 1$, wobei die Determinante eines Spiegelungstensors gleich -1 ist. Diese Formel gilt übrigens auch für Drehungen der Basis $\boldsymbol{e}_i$, $i = 1,2,3$, nur ist dann $\det \boldsymbol{Q} = 1$, und das ganze Problem der Vorzeichenwechsel stellt sich nicht.

Übungsaufgabe *Spiegelungen: das nach links fahrende Auto*

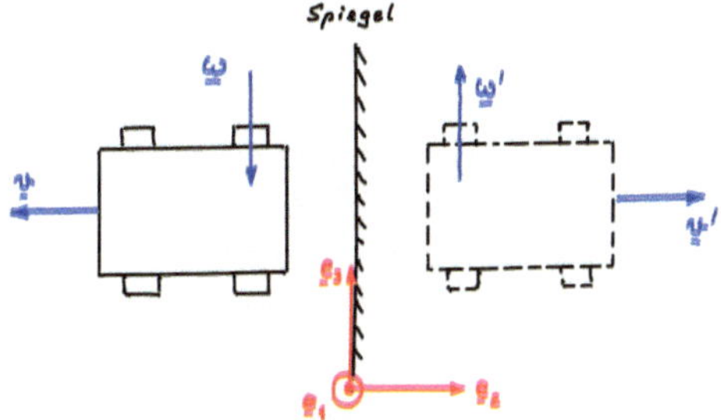

Bild 1.10 Nach links fahrendes Auto im Spiegel

Studiere nun die Situation aus Bild 1.10: Das Auto fährt jetzt nach links. Zeige mit der Rechenregel (1.170), dass für den vor dem Spiegel stehenden Beobachter für die von ihm im Spiegel wahrgenommenen Geschwindigkeiten gilt:

$$\boldsymbol{v} = -v\boldsymbol{e}_2\,,\ \boldsymbol{\omega} = -\omega\boldsymbol{e}_3 \quad \Rightarrow \quad \boldsymbol{v}' = +v\boldsymbol{e}_2\,,\ \boldsymbol{\omega}' = +\omega\boldsymbol{e}_3\,. \tag{1.171}$$

Nun kommen wir zum Kreuzprodukt. Auch ihm sind axiale Eigenschaften inne. Wir studieren zunächst das Kreuzprodukt zwischen zwei *polaren* Vektoren $\boldsymbol{a}$ und $\boldsymbol{b}$, so dass $\boldsymbol{c} = \boldsymbol{a} \times \boldsymbol{b}$. Man mag hierbei an den Momentenvektor $\boldsymbol{M}$ denken, der sich aus Hebelvektor $\boldsymbol{x}$ und Kraftvektor $\boldsymbol{F}$ bildet: $\boldsymbol{M} = \boldsymbol{x} \times \boldsymbol{F}$. Sowohl $\boldsymbol{a}$ und $\boldsymbol{b}$ haben „ganz normale" Spiegelbilder, aber $\boldsymbol{c}$ ist *konstruiert*, in dem Sinne, dass sich seine Richtung durch Drehung von $\boldsymbol{a}$ auf $\boldsymbol{b}$ *mit der rechten Hand* ergibt. Das ist in Bild 1.11 zu sehen.

Unsere *Konvention* wollen wir bei der Beschreibung der Spiegelbilder *vor dem Spiegel stehend* beibehalten: Wir sehen die Spiegelbilder von $\boldsymbol{a}$ und $\boldsymbol{b}$ wie gezeichnet und drehen in Gedanken wieder mit der rechten Hand nun $\boldsymbol{a}'$ auf $\boldsymbol{b}'$. Dann zeigt der Daumen unserer rechten Hand nach unten, d. h. $\boldsymbol{c}'$ ist gegenüber $\boldsymbol{c}$ geflippt, so wie das schon beim Winkelgeschwindigkeitsvektor in Bild 1.10 geschah. Also schließen wir, dass ein aus zwei polaren Vektoren per Kreuzprodukt gebildeter Vektor axialen Charakter hat. Wir schreiben für die in Bild 1.11 dargestellten Vektoren

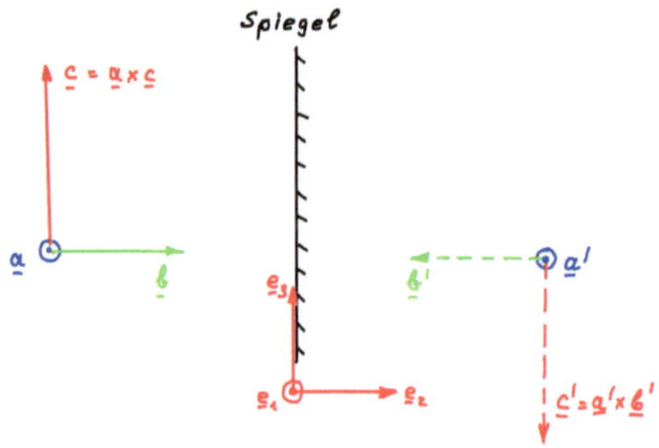

Bild 1.11 Kreuzprodukt im Spiegel

unter Verwendung von Gleichung (1.169):

$$\begin{aligned} &\boldsymbol{a} = a\boldsymbol{e}_1\,, \ \boldsymbol{b} = b\boldsymbol{e}_2\,, \ \boldsymbol{c} = \boldsymbol{a}\times\boldsymbol{b} = ab\boldsymbol{e}_3 \quad \Rightarrow \\ &\boldsymbol{a}' = \boldsymbol{Q}\cdot\boldsymbol{a} = a\boldsymbol{e}_1\,, \ \boldsymbol{b}' = \boldsymbol{Q}\cdot\boldsymbol{b} = -b\boldsymbol{e}_2\,, \ \boldsymbol{c}' = \boldsymbol{a}'\times\boldsymbol{b}' = -ab\boldsymbol{e}_3 \equiv \det\boldsymbol{Q}\,\boldsymbol{Q}\cdot\boldsymbol{c}\,. \end{aligned} \tag{1.172}$$

Es ist in diesem Zusammenhang leicht möglich, Irrwege zu beschreiten und auch Fehler zu machen:

- Man könnte auf die Idee kommen, sich vor dem Spiegel stehend als Linkshänder zu betätigen. Dann würde bei Drehung mit der linken Hand von $\boldsymbol{a}$ auf $\boldsymbol{b}$ der Daumen, welcher die Richtung von $\boldsymbol{c}$ angibt, nach unten weisen. Dies sähe genauso aus, wie das soeben ermittelte Spiegelbild $\boldsymbol{c}'$. Es ist es aber nicht! Alles was wir gemacht haben, ist die Konvention zu ändern. Das ist möglich aber verwirrend. Täten wir es, so müssten wir vor dem Spiegel stehend dann auch weiter mit der linken Hand arbeiten und $\boldsymbol{a}'$ auf $\boldsymbol{b}'$ drehen. Dieses $\boldsymbol{c}'$ würde nach oben zeigen. Genauso, wie es einem Engländer zwar möglich ist, in Frankreich auf der linken Straßenseite zu fahren, ist ein solches Vorgehen nicht ungefährlich! Wir müssen die Konvention achten.
- Gerne versetzt man sich in Gedanken in den Kopf des Beobachters, den man im Spiegel sieht, überlegt darauf, welche Hand seine linke und welche seine rechte ist, und fängt dann an, in Gedanken Kreuzprodukte zu erdrehen. Davor muss man sich hüten! Wir stehen und bleiben vor dem Spiegel und sind weder Alice hinter den Spiegeln noch die Seele im Bildnis des Dorian Gray.
- Was passiert, wenn die Ausgangsvektoren $\boldsymbol{a}$ und $\boldsymbol{b}$ (teilweise) nicht polaren Charakter haben? So ein Fall liegt vor im Falle des Lorentzkraftanteils $\boldsymbol{v}\times\boldsymbol{B}$ aus Abschnitt 5.4.2: Die Geschwindigkeit $\boldsymbol{v}$ ist polar, das Magnetfeld $\boldsymbol{B}$ axial. Dann ist aufgrund der Operation × der Vektor $\boldsymbol{v}\times\boldsymbol{B}$ wieder polar, und das ist gut so, denn Kräfte sollen normalen, polaren Charakter haben. Zweimal axial hebt sich also auf, u.s.w.

1.2.4 Zerlegung von Tensoren zweiter Stufe

1.2.4.1 Spektrale Zerlegung eines Tensors

Die Wirkung eines Tensors auf einen Vektor führt zu einer Drehung des ursprünglichen Vektors und zu einer Änderung seiner Länge. Für jeden Tensor zweiten Ranges gibt es jedoch Vektoren, deren Tensorwirkung sich nur auf eine Änderung ihrer Länge reduziert, d. h.

$$\boldsymbol{A}\cdot\boldsymbol{e} = \lambda\,\boldsymbol{e}\,. \tag{1.173}$$

Solche Vektoren nennt man *Eigenvektoren* des $\boldsymbol{A}$-Tensors, und die Zahlen λ heißen *Eigenwerte* des $\boldsymbol{A}$-Tensors. Da zusammen mit dem Vektor $\boldsymbol{e}$ jeder Vektor $\alpha\,\boldsymbol{e}$ die Gleichung (1.173) erfüllt, kann man mit Sicherheit davon ausgehen, dass $\boldsymbol{e}$ ein Einheitsvektor ist.

Ersetzt man den Vektor $\boldsymbol{e}$ durch den Ausdruck $\mathbf{1}\cdot\mathbf{1}$ und verschiebt ihn auf die linke Seite der Gleichung, erhält man die Beziehung

$$(\boldsymbol{A}-\lambda\,\mathbf{1})\cdot\boldsymbol{e}=\mathbf{0}\,. \tag{1.174}$$

Wir erhalten also ein homogenes System linearer Gleichungen, das nur dann eine nichttriviale Lösung hat, wenn seine Determinante Null ist, d. h. $\det(\boldsymbol{A}-\lambda\,\mathbf{1})=0$.

Diese Gleichung wird als *charakteristische Gleichung* des $\boldsymbol{A}$-Tensors bezeichnet. In ausgeschriebener Form ist dies eine Gleichung dritten Grades in Bezug auf die Unbekannte λ:

$$-\lambda^3+I_1\,\lambda^2-I_2\,\lambda+I_3=0\,, \tag{1.175}$$

wobei I_i die *Hauptinvarianten des Tensors* $\boldsymbol{A}$ sind, definiert durch die Beziehungen in Gleichung (1.118). Die Berechnung der Koeffizienten der Gleichung (1.175) ist z. B. in [Pa2008] angegeben.

Wie jede Gleichung dritten Grades hat die Gleichung (1.175) drei Wurzeln λ_k, die auch die *Hauptwerte* des Tensors $\boldsymbol{A}$ genannt werden. Jeder Hauptwert entspricht seiner *Hauptrichtung* $\boldsymbol{e}_k$, die durch die Gleichung (1.174) definiert ist.

Satz: Die Eigenwerte des symmetrischen Tensors sind reell, und die Eigenvektoren, die den verschiedenen Eigenwerten entsprechen, sind orthogonal.

Beweis: Wir beweisen den ersten Teil des Satzes durch gegenteilige Annahme: Angenommen, die Gleichung (1.175) hat eine reelle und zwei komplex konjugierte Wurzeln: λ_1 und $\lambda_2=\bar{\lambda}_1$. Sie entsprechen den komplex konjugierten Eigenvektoren: $\boldsymbol{e}_1$ und $\boldsymbol{e}_2=\bar{\boldsymbol{e}}_1$. Multiplizieren wir nun beide Teile der Gleichung $\boldsymbol{A}\cdot\boldsymbol{e}_1=\lambda_1\,\boldsymbol{e}_1$ skalar mit $\bar{\boldsymbol{e}}_1$:

$$\lambda_1=\frac{(\boldsymbol{A}\cdot\boldsymbol{e}_1)\cdot\bar{\boldsymbol{e}}_1}{\boldsymbol{e}_1\cdot\bar{\boldsymbol{e}}_1}\,. \tag{1.176}$$

Der Nenner dieses Ausdrucks $\boldsymbol{e}_1\cdot\bar{\boldsymbol{e}}_1=|\boldsymbol{e}|^2$ ist positiv. Für den reellen symmetrischen Tensor $\boldsymbol{A}$ gilt die folgende Gleichungskette:

$$(\boldsymbol{A}\cdot\boldsymbol{e}_1)\cdot\bar{\boldsymbol{e}}_1=\overline{\overline{(\boldsymbol{A}\cdot\boldsymbol{e}_1)}\cdot\boldsymbol{e}_1}=\overline{\boldsymbol{e}_1\cdot\overline{(\boldsymbol{A}\cdot\boldsymbol{e}_1)}}=\overline{(\boldsymbol{A}\cdot\boldsymbol{e}_1)\cdot\bar{\boldsymbol{e}}_1}\,, \tag{1.177}$$

womit

$$(\boldsymbol{A}\cdot\boldsymbol{x})\cdot\overline{\boldsymbol{y}}=\boldsymbol{x}\cdot\overline{(\boldsymbol{A}\cdot\boldsymbol{y})}\,. \tag{1.178}$$

Daraus ergibt sich, dass $\lambda_1=\bar{\lambda}_1$, d. h. λ_1 ist eine reelle Zahl. Folglich sind alle Eigenwerte und Eigenvektoren des symmetrischen Tensors reell.

Um den zweiten Teil des Satzes zu beweisen, betrachtet man zwei verschiedene Eigenwerte $\lambda_m\neq\lambda_n$ und ihre entsprechenden Eigenvektoren:

$$\boldsymbol{A}\cdot\boldsymbol{e}_m=\lambda_m\,\boldsymbol{e}_m\,,\quad \boldsymbol{A}\cdot\boldsymbol{e}_n=\lambda_n\,\boldsymbol{e}_n\,. \tag{1.179}$$

Multipliziert man die erste der Gleichungen skalar mit $\boldsymbol{e}_n$, die zweite mit $\boldsymbol{e}_m$ und subtrahiert die eine von der anderen, so erhält man

$$(\lambda_m - \lambda_n)\boldsymbol{e}_m \cdot \boldsymbol{e}_n = \boldsymbol{e}_n \cdot \boldsymbol{A} \cdot \boldsymbol{e}_m - \boldsymbol{e}_m \cdot \boldsymbol{A} \cdot \boldsymbol{e}_n = 0\,. \tag{1.180}$$

Daraus folgt,

$$\boldsymbol{e}_m \cdot \boldsymbol{e}_n = 0\,, \tag{1.181}$$

d. h. die Richtungen $\boldsymbol{e}_m$ und $\boldsymbol{e}_n$ sind orthogonal. □

Aus der Gleichung (1.181) ergibt sich auch eine weitere Eigenschaft von Eigenvektoren, die verschiedenen Eigenzahlen entsprechen, die sogenannte *verallgemeinerte Orthogonalität*:

$$\boldsymbol{e}_m \cdot \boldsymbol{A} \cdot \boldsymbol{e}_n = 0\,. \tag{1.182}$$

Wenn also alle Eigenwerte verschieden sind, bilden die Eigenvektoren eine orthonormierte Basis, die als *Eigensystemsbasis* bezeichnet wird. Schreiben wir die Koordinatendarstellung des Tensors $\boldsymbol{A}$ in dieser Basis: $\boldsymbol{A} = A_{mn}\boldsymbol{e}_m\boldsymbol{e}_n$. Da $\boldsymbol{e}_n$ ein Eigenvektor ist, ist $\boldsymbol{A} \cdot \boldsymbol{e}_n = \lambda_n \boldsymbol{e}_n$ und damit,

$$A_{mn} = \boldsymbol{e}_m \cdot \boldsymbol{A} \cdot \boldsymbol{e}_n = \lambda_n \boldsymbol{e}_m \cdot \boldsymbol{e}_n = \lambda_n \delta_{mn}\,. \tag{1.183}$$

Das heißt, die Koordinaten des Tensors $\boldsymbol{A}$ im Eigensystem sind nur für Dyaden mit denselben Indizes ungleich Null, und die dyadische Darstellung des Tensors wird als Trinom geschrieben:

$$\boldsymbol{A} = \lambda_1 \boldsymbol{e}_1\boldsymbol{e}_1 + \lambda_2 \boldsymbol{e}_2\boldsymbol{e}_2 + \lambda_3 \boldsymbol{e}_3\boldsymbol{e}_3\,. \tag{1.184}$$

Diese Form wird als *Spektraldarstellung eines symmetrischen Tensors* bezeichnet.

Sind zwei Eigenwerte gleich ($\lambda_1 = \lambda_2 = \lambda \neq \lambda_3$), so ist jeder zu $\boldsymbol{e}_3$ orthogonale Vektor ein Eigenvektor von $\boldsymbol{A}$. Die Menge dieser Vektoren bildet eine Ebene orthogonal zu $\boldsymbol{e}_3$. Dann können wir als Eigenvektoren $\boldsymbol{e}_1$ und $\boldsymbol{e}_2$ ein beliebiges Paar von orthogonalen Vektoren aus dieser Menge wählen. Die Gleichung (1.184) für einen symmetrischen Tensor mit gepaarten Eigenwerten hat die Form

$$\boldsymbol{A} = \lambda_3 \boldsymbol{e}_3\boldsymbol{e}_3 + \lambda(\mathbf{1} - \boldsymbol{e}_3\boldsymbol{e}_3)\,. \tag{1.185}$$

Wenn alle drei Eigenzahlen gleich sind $\lambda_1 = \lambda_2 = \lambda_3 = \lambda$, dann ist $\boldsymbol{A} = \lambda\,\mathbf{1}$ und jeder Vektor ist ein Eigenvektor des Tensors $\boldsymbol{A}$.

Übungsaufgabe *Eigenwerte*

1. Zeige, dass ein nicht notwendigerweise symmetrischer Tensor zweiter Ordnung mit drei verschiedenen Eigenwerten nicht mehr als einen linear unabhängigen, zu jedem Eigenvektor korrespondierenden Eigenwert haben kann.
2. Finde die Eigenwerte und Eigenvektoren von $\boldsymbol{A} = 2\,(\boldsymbol{e}_1\boldsymbol{e}_2 + \boldsymbol{e}_2\boldsymbol{e}_1) + \boldsymbol{e}_3\boldsymbol{e}_3$.

Behauptung: Bei jeder orthogonalen Abbildung bleiben die Eigenwerte des Tensors erhalten und die Hauptachsen werden gedreht/gespiegelt. Wir zeigen nachfolgend, dass $\boldsymbol{e}'_k = \boldsymbol{Q}\cdot\boldsymbol{e}_k$ Eigenvektoren des Tensors $\boldsymbol{A}' = \boldsymbol{Q}\cdot\boldsymbol{A}\cdot\boldsymbol{Q}^{\mathrm{T}}$ sind. Unter der Voraussetzung, dass $\boldsymbol{A}\cdot\boldsymbol{e}_k = \lambda_k\,\boldsymbol{e}_k$ (nicht summiert über k), erhalten wir nämlich

$$\begin{aligned}\boldsymbol{A}'\cdot\boldsymbol{e}'_k &= \left(\boldsymbol{Q}\cdot\boldsymbol{A}\cdot\boldsymbol{Q}^{\mathrm{T}}\right)\cdot(\boldsymbol{Q}\cdot\boldsymbol{e}_k) = \boldsymbol{Q}\cdot\boldsymbol{A}\cdot\boldsymbol{Q}^{\mathrm{T}}\cdot\boldsymbol{Q}\cdot\boldsymbol{e}_k \\ &= \boldsymbol{Q}\cdot(\boldsymbol{A}\cdot\boldsymbol{e}_k) = \boldsymbol{Q}\cdot(\lambda_k\,\boldsymbol{e}_k) = \lambda_k\,(\boldsymbol{Q}\cdot\boldsymbol{e}_k) = \lambda_k\,\boldsymbol{e}'_k\,. \end{aligned} \tag{1.186}$$

In der Theorie der nicht-linearen Elastizität ist die Umkehrung weit verbreitet: Zwei symmetrische Tensoren mit denselben Eigenwerten unterscheiden sich nur durch Rotation.

Die spektrale Zerlegung macht es einfach, Potenzen des Tensors, also $\boldsymbol{A}^n$ für ganzzahlige n, zu berechnen:

$$\boldsymbol{A}^2 = \sum_{i=1}^{3}\lambda_i\,\boldsymbol{e}_i\boldsymbol{e}_i\cdot\sum_{j=1}^{3}\lambda_j\,\boldsymbol{e}_j\boldsymbol{e}_j = \sum_{i,j=1}^{3}\lambda_i\,\lambda_j\,\boldsymbol{e}_i\boldsymbol{e}_i\,\delta_{ij} = \sum_{i=1}^{3}\lambda_i^2\,\boldsymbol{e}_i\boldsymbol{e}_i\,. \tag{1.187}$$

In ähnlicher Weise wird gezeigt, dass

$$\boldsymbol{A}^n = \sum_{i=1}^{3}\lambda_i^n\,\boldsymbol{e}_i\boldsymbol{e}_i\,,\quad \boldsymbol{A}^{-n} = \sum_{i=1}^{3}\frac{1}{\lambda_i^n}\,\boldsymbol{e}_i\boldsymbol{e}_i\,. \tag{1.188}$$

Schließlich wollen wir die Darstellung der Hauptinvarianten des Tensors durch seine Eigenwerte aufschreiben:

$$\begin{aligned} I_1(\boldsymbol{A}) &= \mathrm{Sp}\,\boldsymbol{A} = \sum_{i=1}^{3}\lambda_i\,\boldsymbol{e}_i\cdot\boldsymbol{e}_i = \lambda_1+\lambda_2+\lambda_3\,, \\ I_2(\boldsymbol{A}) &= \frac{1}{2}\left(\mathrm{Sp}^2\boldsymbol{A}-\mathrm{Sp}\,\boldsymbol{A}^2\right) = \frac{1}{2}\left((\lambda_1+\lambda_2+\lambda_3)^2-\lambda_1^2-\lambda_2^2-\lambda_3^2\right) = \lambda_1\,\lambda_2+\lambda_1\,\lambda_3+\lambda_2\,\lambda_3\,, \\ I_3(\boldsymbol{A}) &= \det\boldsymbol{A} = \lambda_1\,\lambda_2\,\lambda_3\,. \end{aligned} \tag{1.189}$$

1.2.4.2 Zerlegung eines Tensors in Kugel- und Deviatoranteil

Der Tensor $\boldsymbol{A}$ sei symmetrisch. Wir verwenden die spektrale Zerlegung des Tensors $\boldsymbol{A}$ und schreiben seine doppelte Faltung mit einem beliebigen Vektor $\boldsymbol{x}$:

$$\boldsymbol{x}\cdot\boldsymbol{A}\cdot\boldsymbol{x} = \lambda_m\,x_m^2\,, \tag{1.190}$$

wobei x_m die Projektionen von $\boldsymbol{x}$ auf die Hauptachsen des Tensors $\boldsymbol{A}$ sind. Betrachten wir nun im dreidimensionalen Raum die Fläche zweiter Ordnung

$$\lambda_m\,x_m^2 = \pm 1\,. \tag{1.191}$$

Wenn die Eigenwerte λ_m unterschiedliche Vorzeichen haben, dann beschreibt die Gleichung (1.191) ein Paar konjugierter Hyperboloide. Wenn die Vorzeichen der Eigenzahlen gleich sind, dann definiert Gleichung (1.191) die Oberfläche des Ellipsoids. In diesem Fall entspricht der Tensor mit zwei gleichen Eigenwerten einem Rotationsellipsoid und beim dreifachen Eigenwert einer Kugel. Die letzte Eigenschaft erklärt die folgende

Definition: Einen Tensor der Form $\lambda\,\mathbf{1}$ nennt man einen *Kugeltensor*.

Jeder Tensor $\boldsymbol{A}$ kann durch folgende Regel eindeutig auf einen Kugeltensor $\boldsymbol{A}_\mathrm{K}$ abgebildet werden:

$$A_\mathrm{K} = \frac{1}{3}\,\mathrm{Sp}\,\boldsymbol{A}\,\mathbf{1}\,. \tag{1.192}$$

Definition: Der *Deviator* eines Tensors ist die Differenz zwischen dem Tensor und seinem Kugelanteil. So kann ein beliebiger Tensor durch Aufspaltung in einen Kugel- und einen Deviatoranteil dargestellt werden:

$$\boldsymbol{A} = \frac{1}{3} I_1(\boldsymbol{A})\,\mathbf{1} + \mathrm{dev}\,\boldsymbol{A}\,. \tag{1.193}$$

Anhand der Spektralentwicklung des Deviators lässt sich zeigen, dass seine Hauptachsen und die des ursprünglichen Tensors zusammenfallen und dass die Eigenwerte des Deviators durch die Eigenwerte des ursprünglichen Tensors ausgedrückt werden:

$$d_k = \lambda_k - \frac{I_1(\boldsymbol{A})}{3}\,. \tag{1.194}$$

Berechnen wir nun die wichtigsten Invarianten des Deviators:

$$\begin{aligned}
I_1(\mathrm{dev}\,\boldsymbol{A}) &= \mathbf{1}\cdot\cdot\,\mathrm{dev}\,\boldsymbol{A} = \mathbf{1}\cdot\cdot\left(\boldsymbol{A} - \frac{I_1}{3}\mathbf{1}\right) = I_1(\boldsymbol{A}) - I_1(\boldsymbol{A}) = 0\,,\\
I_2(\mathrm{dev}\,\boldsymbol{A}) &= \frac{1}{2}\left(I_1^2(\mathrm{dev}\,\boldsymbol{A}) - I_1((\mathrm{dev}\,\boldsymbol{A})^2)\right) = -\frac{1}{2}\,\mathrm{dev}\,\boldsymbol{A}\cdot\cdot\,\mathrm{dev}\,\boldsymbol{A}\\
&= -\frac{1}{2}\left(d_1^2 + d_2^2 + d_3^2\right) = -\frac{1}{6}\left((\lambda_1-\lambda_2)^2 + (\lambda_2-\lambda_3)^2 + (\lambda_3-\lambda_1)^2\right) \le 0\,,\\
I_3(\mathrm{dev}\,\boldsymbol{A}) &= d_1 d_2 d_3\,.
\end{aligned} \tag{1.195}$$

Die Gleichung der ersten Invariante mit Null ist ein charakteristisches Merkmal des Deviators, woraus folgt, dass der Deviator des Deviators gleich dem Deviator selbst ist. Da außerdem die erste Invariante des antisymmetrischen Tensors Null ist, verliert die Betrachtung seines Deviators ihre Bedeutung:

$$\mathrm{dev}\,\boldsymbol{A} = \boldsymbol{A}\,,\ \ (\boldsymbol{A}^\mathrm{T} = -\boldsymbol{A})\,. \tag{1.196}$$

Angewandt auf den Deviator hat das Cayley-Hamilton-Theorem die Form:

$$(\mathrm{dev}\,\boldsymbol{A})^3 + I_2(\mathrm{dev}\,\boldsymbol{A})\,\mathrm{dev}\,\boldsymbol{A} - I_3(\mathrm{dev}\,\boldsymbol{A})\boldsymbol{E} = \mathbf{0}\,, \tag{1.197}$$

woraus folgt, dass

$$I_3(\mathrm{dev}\,\boldsymbol{A}) = \frac{1}{3} I_1\big((\mathrm{dev}\,\boldsymbol{A})^3\big)\,. \tag{1.198}$$

Wir schließen diesen Abschnitt mit einer weiteren nützlichen Formel für die doppelte Überschiebung von Tensoren:

$$\boldsymbol{A}\cdot\cdot\boldsymbol{B} = \frac{1}{3} I_1(\boldsymbol{A}) I_1(\boldsymbol{B}) + \mathrm{dev}(\boldsymbol{A})\cdot\cdot\,\mathrm{dev}(\boldsymbol{B})\,. \tag{1.199}$$

Übungsaufgabe *Kugel- und Deviatoranteil*

1. Beweise die obige Formel.
2. Finde die Kugel- und Deviatoranteile der folgenden Tensoren (a) $\boldsymbol{A} = \alpha\,(\mathbf{1} + \boldsymbol{e}_1\boldsymbol{e}_1) + (\alpha+\beta)\boldsymbol{e}_1\boldsymbol{e}_2$, (b) $\boldsymbol{a}\boldsymbol{a}$.

1.2.4.3 Polare Zerlegung

Definition: Ein symmetrischer Tensor zweiter Stufe heißt **positiv definit**, wenn für einen beliebigen Vektor $\boldsymbol{e} \neq \mathbf{0}$ folgende Ungleichung gilt: $\boldsymbol{a}\cdot\boldsymbol{A}\cdot\boldsymbol{a} > 0$.

Mithilfe der spektralen Zerlegung des Tensors lässt sich zeigen, dass der symmetrische Tensor $\boldsymbol{A}$ nur dann positiv definiert ist, wenn seine Eigenwerte positiv sind:

$$\boldsymbol{a}\cdot\boldsymbol{A}\cdot\boldsymbol{a} = \boldsymbol{a}\cdot\left(\sum_{k=1}^{3}\lambda_k\,\boldsymbol{e}_k\boldsymbol{e}_k\right)\cdot\boldsymbol{a} = a_k^2\,\lambda_k\,. \tag{1.200}$$

Für einen positiv definierten Tensor ist es möglich, die gebrochenen Potenzen des Tensors zu bestimmen:

$$\boldsymbol{A}^\alpha = \lambda_1^\alpha\,\boldsymbol{m}_1\boldsymbol{m}_1 + \lambda_2^\alpha\,\boldsymbol{m}_2\boldsymbol{m}_2 + \lambda_3^\alpha\,\boldsymbol{m}_3\boldsymbol{m}_3\,. \tag{1.201}$$

Man beachte, dass die Operationen des Erhöhens auf eine gebrochene Potenz und des Ziehens einer Quadratwurzel nicht äquivalent sind. Eine Wurzel eines Tensors ist eine der Lösungen der quadratischen Gleichung $\boldsymbol{X}^2 = \boldsymbol{A}$. Wenn der Tensor $\boldsymbol{A}$ symmetrisch und positiv definit ist, dann besitzt er die Form

$$\boldsymbol{X} = \pm\lambda_1^\alpha\,\boldsymbol{m}_1\boldsymbol{m}_1 \pm \lambda_2^\alpha\,\boldsymbol{m}_2\boldsymbol{m}_2 \pm \lambda_3^\alpha\,\boldsymbol{m}_3\boldsymbol{m}_3 \tag{1.202}$$

und wird eine Lösung für jede Kombination von Zeichen sein, und nur in einem Fall wird er positiv definit.

Behauptung: Wenn der Tensor $\boldsymbol{A}$ nicht-singulär ist, dann ist der Tensor $\boldsymbol{A}\cdot\boldsymbol{A}^\mathsf{T}$ symmetrisch und positiv definiert.

Beweis: Die Symmetrie ergibt sich aus der Gleichung

$$\left(\boldsymbol{A}\cdot\boldsymbol{A}^\mathsf{T}\right)^\mathsf{T} = \left(\boldsymbol{A}^\mathsf{T}\right)^\mathsf{T}\cdot\boldsymbol{A}^\mathsf{T} = \boldsymbol{A}\cdot\boldsymbol{A}^\mathsf{T}\,. \tag{1.203}$$

Wir beginnen den Beweis der positiven Bestimmtheit mit der Bestimmung der Eigenwerte des Tensors $\boldsymbol{A}\cdot\boldsymbol{A}^\mathsf{T}$:

$$\left(\boldsymbol{A}\cdot\boldsymbol{A}^\mathsf{T}\right)\cdot\boldsymbol{x} = \lambda\,\boldsymbol{x}\,.$$

Nun drücken wir λ durch Skalarmultiplikation mit $\boldsymbol{x}$ auf der linken Seite aus

$$\lambda = \frac{\boldsymbol{x}\cdot\left(\boldsymbol{A}\cdot\boldsymbol{A}^\mathsf{T}\right)\cdot\boldsymbol{x}}{|\boldsymbol{x}|^2}\,.$$

Der Zähler dieses Ausdrucks ist positiv, weil

$$\boldsymbol{x}\cdot\left(\boldsymbol{A}\cdot\boldsymbol{A}^{\mathsf{T}}\right)\cdot\boldsymbol{x}=(\boldsymbol{x}\cdot\boldsymbol{A})\cdot\left(\boldsymbol{A}^{\mathsf{T}}\cdot\boldsymbol{x}\right)=(\boldsymbol{x}\cdot\boldsymbol{A})\cdot(\boldsymbol{x}\cdot\boldsymbol{A})=|\boldsymbol{x}\cdot\boldsymbol{A}|^2\,.$$

Daher sind alle Eigenwerte des Tensors $\boldsymbol{A}\cdot\boldsymbol{A}^{\mathsf{T}}$ positiv, was bedeutet, dass der Tensor $\boldsymbol{A}\cdot\boldsymbol{A}^{\mathsf{T}}$ positiv definit ist. □

Für nicht entartete asymmetrische Tensoren wird häufig der folgende Satz verwendet.

Satz *Polares Zerlegungstheorem*: Jeder nicht entartete Tensor zweiter Stufe $\boldsymbol{A}$ lässt sich eindeutig als Produkt eines positiv-definiten symmetrischen Tensors und eines orthogonalen Tensors darstellen. Diese Darstellung kann als *linke polare Zerlegung* geschrieben werden:

$$\boldsymbol{A}=\boldsymbol{V}\cdot\boldsymbol{Q}\,, \tag{1.204}$$

oder als rechte:

$$\boldsymbol{A}=\boldsymbol{Q}\cdot\boldsymbol{U}\,. \tag{1.205}$$

Beweis: Da der Tensor $\boldsymbol{A}\cdot\boldsymbol{A}^{\mathsf{T}}$ symmetrisch ist, bilden seine Eigenvektoren eine Orthonormalbasis:

$$\boldsymbol{A}\cdot\boldsymbol{A}^{\mathsf{T}}=\lambda_1\,\boldsymbol{e}_1\boldsymbol{e}_1+\lambda_2\,\boldsymbol{e}_2\boldsymbol{e}_2+\lambda_3\,\boldsymbol{e}_3\boldsymbol{e}_3\,.$$

Aus der positiven Bestimmtheit von $\boldsymbol{A}\cdot\boldsymbol{A}^{\mathsf{T}}$ folgt, dass wir folgenden Tensor einführen können:

$$\boldsymbol{V}=\left(\boldsymbol{A}\cdot\boldsymbol{A}^{\mathsf{T}}\right)^{1/2}=\lambda_1^{1/2}\,\boldsymbol{e}_1\boldsymbol{e}_1+\lambda_2^{1/2}\,\boldsymbol{e}_2\boldsymbol{e}_2+\lambda_3^{1/2}\,\boldsymbol{e}_3\boldsymbol{e}_3\,.$$

Es ist einfach, die Inverse für den $\boldsymbol{V}$-Tensor zu finden:

$$\boldsymbol{V}^{-1}=\frac{1}{\lambda_1^{1/2}}\boldsymbol{e}_1\boldsymbol{e}_1+\frac{1}{\lambda_2^{1/2}}\boldsymbol{e}_2\boldsymbol{e}_2+\frac{1}{\lambda_3^{1/2}}\boldsymbol{e}_3\boldsymbol{e}_3\,.$$

Der Tensor $\boldsymbol{Q}$ wird durch folgende Formel gefunden

$$\boldsymbol{Q}=\boldsymbol{V}^{-1}\cdot\boldsymbol{A}\,.$$

Prüfen wir, ob der so konstruierte Tensor $\boldsymbol{Q}$ tatsächlich ein orthogonaler Tensor ist:

$$\boldsymbol{Q}\cdot\boldsymbol{Q}^{\mathsf{T}}=(\boldsymbol{V}^{-1}\cdot\boldsymbol{A})\cdot(\boldsymbol{A}^{\mathsf{T}}\cdot\boldsymbol{V}^{-\mathsf{T}})=\boldsymbol{V}^{-1}\cdot(\boldsymbol{A}\cdot\boldsymbol{A}^{\mathsf{T}})\cdot\boldsymbol{V}^{-1}=\boldsymbol{V}^{-1}\cdot\boldsymbol{V}^2\cdot\boldsymbol{V}^{-1}=\boldsymbol{1}\,.$$

Zeigen wir nun die Eindeutigkeit einer solchen Darstellung. Sei $\boldsymbol{A}=\boldsymbol{V}'\cdot\boldsymbol{Q}'$ eine weitere linkspolare Zerlegung des Tensors $\boldsymbol{A}$. Wir berechnen

$$\boldsymbol{A}\cdot\boldsymbol{A}^{\mathsf{T}}=\boldsymbol{V}'\cdot\boldsymbol{Q}'\cdot(\boldsymbol{V}'\cdot\boldsymbol{Q}')^{\mathsf{T}}=\boldsymbol{V}'\cdot\boldsymbol{Q}'\cdot\boldsymbol{Q}'^{\mathsf{T}}\cdot\boldsymbol{V}'=\boldsymbol{V}'^2\,.$$

Das heißt, der Tensor $\boldsymbol{V}'$ ist eine positiv-definite Wurzel des Tensors $\boldsymbol{A}\cdot\boldsymbol{A}^{\mathsf{T}}$. Aber eine solche Wurzel ist eindeutig. Also gilt $\boldsymbol{V}'=\boldsymbol{V}$. Daraus folgt

$$\boldsymbol{Q}'=\boldsymbol{V}'^{-1}\cdot\boldsymbol{A}=\boldsymbol{Q}\,.$$

Um die rechte Polarentwicklung zu erhalten, wenden wir die linke Polarzerlegung auf den $\boldsymbol{A}^\top$-Tensor an: $\boldsymbol{A}^\top = \boldsymbol{U}\cdot\boldsymbol{Q}_u$, wo $\boldsymbol{U} = (\boldsymbol{A}^\top\cdot\boldsymbol{A})^{1/2}$. Wir transponieren diese Beziehung unter Berücksichtigung der Tatsache, dass $\boldsymbol{U}$ ein symmetrischer positiver definiter Tensor ist, und erhalten

$$\boldsymbol{A} = \boldsymbol{Q}_u^\top\cdot\boldsymbol{U} = \boldsymbol{Q}_u^\top\cdot\boldsymbol{U}\cdot\left(\boldsymbol{Q}_u\cdot\boldsymbol{Q}_u^\top\right) = \left(\boldsymbol{Q}_u^\top\cdot\boldsymbol{U}\cdot\boldsymbol{Q}_u\right)\cdot\boldsymbol{Q}_u^\top. \tag{1.206}$$

Der Tensor $\boldsymbol{Q}_u^\top\cdot\boldsymbol{U}\cdot\boldsymbol{Q}_u$ ist ebenfalls symmetrisch und positiv definit, da

$$\left(\boldsymbol{Q}_u^\top\cdot\boldsymbol{U}\cdot\boldsymbol{Q}_u\right)^\top = \boldsymbol{Q}_u^\top\cdot\boldsymbol{U}^\top\cdot\boldsymbol{Q}_u = \boldsymbol{Q}_u^\top\cdot\boldsymbol{U}\cdot\boldsymbol{Q}_u,$$
$$\boldsymbol{a}\cdot\boldsymbol{Q}_u^\top\cdot\boldsymbol{U}\cdot\boldsymbol{Q}_u\cdot\boldsymbol{a} = \boldsymbol{a}'\cdot\boldsymbol{U}\cdot\boldsymbol{a}' \geq 0\,,\quad \boldsymbol{a}' = \boldsymbol{Q}_u\cdot\boldsymbol{a} = \boldsymbol{a}\cdot\boldsymbol{Q}_u^\top.$$

Die Gleichung (1.206) ist also die linke Polarentwicklung des $\boldsymbol{A}$-Tensors. Aufgrund der Eindeutigkeit einer solchen Darstellung finden wir:

$$\boldsymbol{Q}_u^\top = \boldsymbol{Q}\,,\quad \boldsymbol{V} = \boldsymbol{Q}_u^\top\cdot\boldsymbol{U}\cdot\boldsymbol{Q}_u = \boldsymbol{Q}\cdot\boldsymbol{U}\cdot\boldsymbol{Q}\,,\quad \boldsymbol{U} = \boldsymbol{Q}^\top\cdot\boldsymbol{V}\cdot\boldsymbol{Q}.$$

Aus der letzten Gleichung folgt:

$$\boldsymbol{U} = \lambda_1^{1/2}\,\boldsymbol{e}_1'\boldsymbol{e}_1' + \lambda_2^{1/2}\,\boldsymbol{e}_2'\boldsymbol{e}_2' + \lambda_3^{1/2}\,\boldsymbol{e}_3'\boldsymbol{e}_3'\,,\quad \boldsymbol{e}_i' = \boldsymbol{Q}\cdot\boldsymbol{e}_i\,,$$

d. h. die Eigenwerte der Tensoren $\boldsymbol{U}$ und $\boldsymbol{V}$ sind gleich, und die Eigenvektoren sind um den Rotationstensor $\boldsymbol{Q}$ gegeneinander gedreht. □

Für den Fall, dass $\boldsymbol{A}$ ein symmetrischer Tensor ist, gilt

$$\boldsymbol{V} = \boldsymbol{U} = (\boldsymbol{A}\cdot\boldsymbol{A})^{1/2} = |\lambda_1^A|\boldsymbol{e}_1^A\boldsymbol{e}_1^A + |\lambda_2^A|\boldsymbol{e}_2^A\boldsymbol{e}_2^A + |\lambda_3^A|\boldsymbol{e}_3^A\boldsymbol{e}_3^A\,, \tag{1.207}$$

wobei λ_i^A und $\boldsymbol{e}_i^A$ Eigenwerte und Eigenvektoren des Tensors $\boldsymbol{A}$ sind. Somit fallen die Tensoren $\boldsymbol{U}$ und $\boldsymbol{V}$ mit $\boldsymbol{A}$ zusammen, wenn er positiv definit ist. Wiederum,

$$\boldsymbol{Q} = \boldsymbol{V}^{-1}\cdot\boldsymbol{A} = \sum_{k=1}^{3}\frac{1}{|\lambda_k^A|}\boldsymbol{e}_k^A\boldsymbol{e}_k^A\cdot\sum_{s=1}^{3}\lambda_s^A\boldsymbol{e}_s^A\boldsymbol{e}_s^A = \sum_{k=1}^{3}\operatorname{sign}(\lambda_k)\boldsymbol{e}_k^A\boldsymbol{e}_k^A. \tag{1.208}$$

Übungsaufgabe *Polare Zerlegung*

1. Verwende das polare Zerlegungstheorem, um zu zeigen, dass ein nicht-singulärer Tensor $\boldsymbol{A}$ die Einheitskugel in ein Ellipsoid transformiert.
2. Finde die linke und die rechte polare Zerlegung der Tensoren
   (a) $\boldsymbol{aa}+\boldsymbol{bb}+\boldsymbol{cc}$, wobei $\boldsymbol{a}$, $\boldsymbol{b}$ und $\boldsymbol{c}$ zueinander orthogonal sind;
   (b) $\alpha\mathbf{1}+\beta\boldsymbol{e}_1\boldsymbol{e}_1+\gamma\boldsymbol{e}_2\boldsymbol{e}_2$;
   (c) $\mathbf{1}+\alpha\boldsymbol{e}_1\boldsymbol{e}_2$.
3. Nehme an, dass die polare Zerlegung für den Tensor $\boldsymbol{X}$ bekannt ist. Finde die polare Zerlegung von
   (a) $\boldsymbol{P} = \alpha\boldsymbol{X}$;
   (b) $\boldsymbol{P} = -\boldsymbol{X}^{-\top}$.

1.2.5 Tensoren höherer Stufe

1.2.5.1 Grundlegende Tensoroperationen

In diesem Abschnitt stellen wir einige wichtige Regeln zusammen.

(1) Tensormultiplikation

Im Gegensatz zum Addieren von Tensoren wird diese Operation mit beliebigen Tensoren durchgeführt, die nicht unbedingt denselben Rang haben:

$$\begin{aligned}&{}^k\boldsymbol{A} = A_{n_1\ldots n_k}\boldsymbol{e}_{n_1}\ldots\boldsymbol{e}_{n_k} \in \mathcal{T}_k\,, \quad {}^p\boldsymbol{B} = B_{m_1\ldots m_p}\boldsymbol{e}_{m_1}\ldots\boldsymbol{e}_{m_p} \in \mathcal{T}_p\,,\\ &{}^k\boldsymbol{A}\,{}^p\boldsymbol{B} = A_{n_1\ldots n_k}B_{m_1\ldots m_p}\boldsymbol{e}_{n_1}\ldots\boldsymbol{e}_{n_k}\boldsymbol{e}_{m_1}\ldots\boldsymbol{e}_{m_p} \in \mathcal{T}_{k+p}\,.\end{aligned} \tag{1.209}$$

Das Tensorprodukt beliebig vieler Tensoren ist assoziativ

$$({}^k\boldsymbol{A}\,{}^p\boldsymbol{B})\,{}^q\boldsymbol{C} = {}^k\boldsymbol{A}\,({}^p\boldsymbol{B}\,{}^q\boldsymbol{C})\,. \tag{1.210}$$

(2) Das Skalarprodukt ist nur für Tensoren gleicher Stufe definiert. Das Ergebnis des Skalarprodukts ist ein Skalar.

$$\begin{aligned}{}^k\boldsymbol{A}\odot{}^k\boldsymbol{B} &= \sum_{n=1}^{3^{k-1}}\boldsymbol{a}_{n_1}\boldsymbol{a}_{n_2}\ldots\boldsymbol{a}_{n_k}\odot\sum_{m=1}^{3^{k-1}}\boldsymbol{b}_{m_1}\boldsymbol{b}_{m_2}\ldots\boldsymbol{b}_{m_k}\\ &= \sum_{m,n=1}^{3^{k-1}}(\boldsymbol{a}_{n_1}\cdot\boldsymbol{b}_{m_1})(\boldsymbol{a}_{n_2}\cdot\boldsymbol{b}_{m_2})\ldots(\boldsymbol{a}_{n_k}\cdot\boldsymbol{b}_{m_k})\,.\end{aligned} \tag{1.211}$$

(3) Eine *Permutation* $T_{(i,j)}$ ist eine lineare Funktion, die $\mathcal{T}_k$ zu $\mathcal{T}_k$ nimmt und aus einer gegenseitigen Permutation in jedem k-ten von Vektoren, die auf den i-ten und j-ten Stellen stehen oder, was dasselbe ist, in der Permutation des i-ten und j-ten Basisvektors in der Polybasis des $\boldsymbol{A}$-Tensor:

$${}^k\boldsymbol{A}^{\mathsf{T}i,j} = \left(\sum_{n=1}^{3^{k-1}}\boldsymbol{a}_{n_1}\boldsymbol{a}_{n_2}\ldots\boldsymbol{a}_{n_i}\ldots\boldsymbol{a}_{n_j}\ldots\boldsymbol{a}_{n_k}\right)^{\mathsf{T}}_{(i,j)} = \left(\sum_{n=1}^{3^{k-1}}\boldsymbol{a}_{n_1}\boldsymbol{a}_{n_2}\ldots\boldsymbol{a}_{n_j}\ldots\boldsymbol{a}_{n_i}\ldots\boldsymbol{a}_{n_k}\right). \tag{1.212}$$

Man beachte, dass für Tensoren zweiter Ordnung nur eine Permutation möglich ist, nämlich die Transposition des Tensors.

(4) Eine *Konvolution* $\operatorname{Sp}_{i,j}$ ist eine lineare Funktion, die den Rang eines Tensors um 2 erniedrigt und aus der skalaren Multiplikation der Vektoren an der i-ten und j-ten Stelle besteht in jeder k-Stelle:

$$\begin{aligned}\operatorname{Sp}_{i,j}({}^k\boldsymbol{A}) &= \operatorname{Sp}_{i,j}\left(\sum_{n=1}^{3^{k-1}}\boldsymbol{a}_{n_1}\ldots\boldsymbol{a}_{n_i}\ldots\boldsymbol{a}_{n_j}\ldots\boldsymbol{a}_{n_k}\right)\\ &= \sum_{n=1}^{3^{k-1}}(\boldsymbol{a}_{n_i}\cdot\boldsymbol{a}_{n_j})\boldsymbol{a}_{n_1}\ldots\boldsymbol{a}_{n_{i-1}}\boldsymbol{a}_{n_{i+1}}\ldots\boldsymbol{a}_{n_{j-1}}\boldsymbol{a}_{n_{j+1}}\ldots\boldsymbol{a}_{n_k}\,.\end{aligned} \tag{1.213}$$

(5) Innere Multiplikation mit einem Vektor erniedrigt den Rang des Tensors um eins und besteht in einer skalaren Multiplikation des Vektors mit dem m-ten Vektor in jeder k-Anzeige:

$${}^k\boldsymbol{A}\overset{m}{\cdot}\boldsymbol{c} = \left(A_{n_1\ldots n_k}\boldsymbol{e}_{n_1}\ldots\boldsymbol{e}_{n_m}\ldots\boldsymbol{e}_{n_k}\right)\overset{m}{\cdot}\boldsymbol{c} = = A_{n_1\ldots n_k}(\boldsymbol{e}_{n_m}\cdot\boldsymbol{c})\boldsymbol{e}_{n_1}\ldots\boldsymbol{e}_{n_{m-1}}\boldsymbol{e}_{n_{m+1}}\ldots\boldsymbol{e}_{n_k}\,. \tag{1.214}$$

Wird ein Vektor mit dem ersten oder letzten Basisvektor multipliziert, entfällt der Index über dem Skalarmultiplikationszeichen:

$$ {}^k\boldsymbol{A}\overset{k}{\cdot}\boldsymbol{c} = {}^k\boldsymbol{A}\cdot\boldsymbol{c}\,, \quad {}^k\boldsymbol{A}\overset{1}{\cdot}\boldsymbol{c} = \boldsymbol{c}\cdot{}^k\boldsymbol{A}\,. \tag{1.215} $$

(6) Innere Multiplikation von Tensoren:

$$ \begin{aligned} {}^k\boldsymbol{A}\overset{s}{\underset{q}{\cdot}}{}^p\boldsymbol{B} &= \left(A_{n_1\dots n_k}\boldsymbol{e}_{n_1}\dots\boldsymbol{e}_{n_s}\dots\boldsymbol{e}_{n_k}\right)\overset{s}{\underset{q}{\cdot}}\left(B_{m_1\dots m_p}\boldsymbol{e}_{m_1}\dots\boldsymbol{e}_{m_q}\dots\boldsymbol{e}_{m_p}\right) \\ &= A_{n_1\dots n_k}B_{m_1\dots m_p}(\boldsymbol{e}_{n_s}\cdot\boldsymbol{e}_{m_q})\boldsymbol{e}_{n_1}\dots\boldsymbol{e}_{n_{s-1}}\boldsymbol{e}_{n_{s+1}}\dots\boldsymbol{e}_{n_k}\boldsymbol{e}_{m_1}\dots\boldsymbol{e}_{n_{m-1}}\boldsymbol{e}_{n_{m+1}}\dots\boldsymbol{e}_{m_p}\,. \end{aligned} \tag{1.216} $$

Bei dieser Operation wird der s-te Basisvektor der Polybasis ${}^k\boldsymbol{A}$ $(1 \le s \le k)$ mit dem q-ten Basisvektor der Polybasis ${}^p\boldsymbol{B}$ $(1 \le q \le p)$ skalar multipliziert. Das heißt, der obere Index bezieht sich auf den ersten Faktor und der untere Index auf den zweiten Faktor. Wenn benachbarte Basisvektoren in ${}^k\boldsymbol{A}$ und ${}^p\boldsymbol{B}$ (letzter Vektor in ${}^k\boldsymbol{A}$ und erster Vektor in ${}^p\boldsymbol{B}$) multipliziert werden, dann werden keine Indizes über das Skalarmultiplikationszeichen gesetzt:

$$ {}^k\boldsymbol{A}\overset{k}{\underset{1}{\cdot}}{}^p\boldsymbol{B} \equiv {}^k\boldsymbol{A}\cdot{}^p\boldsymbol{B}\,. \tag{1.217} $$

Das Ergebnis der inneren Multiplikation von Tensoren ist ein Tensor vom Rang $k+p-2$.

In ähnlicher Weise können auch mehrfache innere Multiplikationen von Tensoren eingeführt werden. Zum Beispiel die m-fache Multiplikation:

$$ {}^k\boldsymbol{A}\overset{s_1}{\underset{q_1}{\cdot}}\cdots\overset{s_m}{\underset{q_m}{\cdot}}{}^p\boldsymbol{B}\,, \quad m \le k\,, \quad m \le p\,. \tag{1.218} $$

Werden die benachbarten Vektoren in ${}^k\boldsymbol{A}$ und ${}^p\boldsymbol{B}$ nacheinander multipliziert, entfallen die Indizes über dem Skalarmultiplikationszeichen:

$$ {}^k\boldsymbol{A}\overset{k-m}{\underset{m}{\cdot}}\cdots\overset{k}{\underset{1}{\cdot}}{}^p\boldsymbol{B} \equiv {}^k\boldsymbol{A}\underbrace{\cdot\cdot\cdots\cdot}_{m}{}^p\boldsymbol{B}\,. \tag{1.219} $$

Das Ergebnis der Multiplikation ist ein Tensor vom Rang $k+p-2m$.

Die in der Praxis am häufigsten vorkommenden doppelten Skalarmultiplikationen sind ${}^k\boldsymbol{A}\cdot\cdot\,{}^p\boldsymbol{B}$ und ${}^k\boldsymbol{A} : {}^p\boldsymbol{B}$, wobei sich die Operation : auf das Skalarprodukt von Tensoren zweiten Ranges bezieht

$$ {}^k\boldsymbol{A} : {}^p\boldsymbol{B} = {}^{k-2}\boldsymbol{A}_1(\boldsymbol{A}_2 : \boldsymbol{B}_2)\,{}^{p-2}\boldsymbol{B}_1\,, \tag{1.220} $$

oder in Koordinatenform

$$ {}^k\boldsymbol{A} : {}^p\boldsymbol{B} = A_{n_1\dots n_k}B_{m_1\dots m_p}(\boldsymbol{e}_{n_{k-1}}\cdot\boldsymbol{e}_{m_1})(\boldsymbol{e}_{n_k}\cdot\boldsymbol{e}_{m_2})\boldsymbol{e}_{n_1}\dots\boldsymbol{e}_{n_{k-2}}\boldsymbol{e}_{m_3}\dots\boldsymbol{e}_{m_p}\,. \tag{1.221} $$

Die vollständige Multiplikation ist die Operation der aufeinanderfolgenden skalaren Multiplikation der letzten Basisvektoren in ${}^k\boldsymbol{A}$ und ${}^p\boldsymbol{B}$ $(k \ge p)$, bis alle Vektoren im Tensor ${}^p\boldsymbol{B}$ erschöpft sind. In Koordinatenform:

$$ {}^k\boldsymbol{A} : {}^p\boldsymbol{B} = A_{n_1\dots n_k}B_{m_1\dots m_p}(\boldsymbol{e}_{n_{k-1}}\cdot\boldsymbol{e}_{m_1})(\boldsymbol{e}_{n_k}\cdot\boldsymbol{e}_{m_2})\boldsymbol{e}_{n_1}\dots\boldsymbol{e}_{n_{k-2}}\boldsymbol{e}_{m_3}\dots\boldsymbol{e}_{m_p}\,. \tag{1.222} $$

(7) Bei der vollständigen Multiplikation werden sukzessiv skalare Multiplikationen der Basisvektoren in ${}^k\boldsymbol{A}$ und ${}^p\boldsymbol{B}$ $(k \ge p)$ durchgeführt, bis alle Vektoren im ${}^p\boldsymbol{B}$ erschöpft sind. In Koordinatenform ergibt sich:

$$ \begin{aligned} {}^k\boldsymbol{A}\,\bar{\odot}\,{}^p\boldsymbol{B} &= A_{n_1\dots n_k}\boldsymbol{e}_{n_1}\dots\boldsymbol{e}_{n_k}\,\bar{\odot}\,B_{m_1\dots m_p}\boldsymbol{e}_{m_1}\dots\boldsymbol{e}_{m_p} \\ &= A_{n_1\dots n_k}B_{m_1\dots m_p}\underbrace{(\boldsymbol{e}_{n_{k-p+1}}\cdot\boldsymbol{e}_{m_1})\dots(\boldsymbol{e}_{n_k}\cdot\boldsymbol{e}_{m_p})}_{p}\boldsymbol{e}_{n_1}\dots\boldsymbol{e}_{n_{k-p}}\,. \end{aligned} \tag{1.223} $$

(8) Vektorielle Tensormultiplikation:

$$^{k}\boldsymbol{A} \times {}^{p}\boldsymbol{B} = A_{n_1 \dots n_k} B_{m_1 \dots m_p} \boldsymbol{e}_{n_1} \dots (\boldsymbol{e}_{n_k} \times \boldsymbol{e}_{m_1}) \dots \boldsymbol{e}_{m_p} \,. \tag{1.224}$$

Das Ergebnis der Operation ist ein Tensor vom Rang $k + p - 1$.

Ähnlich wie bei der internen Multiplikation können auch interne Vektor- und Mehrfachvektor-Multiplikationen von Tensoren höheren Ranges eingeführt werden, werden aber in der Praxis sehr selten verwendet.

Übungsaufgabe *Operationen mit Tensoren höherer Stufe*

Gegeben sei $^{3}\boldsymbol{A} = \boldsymbol{abc}$ und $^{3}\boldsymbol{B} = \boldsymbol{def}$. Berechne

(a) $^{3}\boldsymbol{A} \odot {}^{3}\boldsymbol{B}$;

(b) $\left({}^{3}\boldsymbol{A}{}^{3}\boldsymbol{B}\right)^{T_{2,5}}$;

(c) $\mathrm{Sp}_{2,6}\left({}^{3}\boldsymbol{A}{}^{3}\boldsymbol{B}\right)$;

(d) $^{3}\boldsymbol{A} \overset{1}{\underset{2}{:}} {}^{3}\boldsymbol{B}$.

1.2.5.2 Symmetrie von Tensoren und isotrope Tensoren

Ändert sich der Tensor infolge einer Permutation $T_{(i,j)}$ nicht, so heißt der Tensor symmetrisch bezüglich der Indizes (i, j). Diese Art der Symmetrie wird *innere Symmetrie* von Tensoren genannt.

Die Symmetrie des Rang-k-Tensors in Bezug auf ein Indexpaar ergibt 3^{k-1}-Beziehungen zwischen seinen Koordinaten und reduziert die Anzahl unabhängiger Koordinaten auf $2 \cdot 3^{k-1}$. Symmetrie in zwei Indexpaaren ergibt $5 \cdot 3^{k-2}$ Beziehungen zwischen seinen Koordinaten und reduziert die Anzahl unabhängiger Koordinaten auf $4 \cdot 3^{k-2}$.

Die *externe Symmetrie* eines Tensors ist seine Eigenschaft, sich unter einigen orthogonalen Transformationen nicht zu ändern. Klassische Symmetrietheorien sind jedoch nur auf polare (euklidische) Vektoren und Tensoren ([Zu2006], [Ni2007]) anwendbar. Die Anwendung klassischer Ansätze auf axiale Objekte führt zu fehlerhaften Ergebnissen. Deshalb wurde von Zhilin der folgende Begriff der orthogonalen Transformation ([Zh1982], [Zh2012]) vorgeschlagen:

Definition: Eine *orthogonale Transformation* eines Rang-k-Tensors ist eine Transformation $\mathcal{T}_k \to \mathcal{T}_k$, die nach folgender Regel durchgeführt wird:

$$^{k}\boldsymbol{A}' = (\det \boldsymbol{Q})^{\alpha} A_{n_1 \dots n_k} (\boldsymbol{Q} \cdot \boldsymbol{e}_{n_1}) \dots (\boldsymbol{Q} \cdot \boldsymbol{e}_{n_k}) \,, \tag{1.225}$$

wobei $\alpha = 0$ für polare Objekte und $\alpha = 1$ für axiale Objekte gilt. Insbesondere hat man für einen Skalar, einen Vektor und einen Tensor zweiter Ordnung zu schreiben:

$$\begin{aligned} a' &= (\det \boldsymbol{Q})^{\alpha}\, a \,, \quad \boldsymbol{a}' = (\det \boldsymbol{Q})^{\alpha}\, \boldsymbol{Q} \cdot \boldsymbol{a} \,, \\ \boldsymbol{A}' &= (\det \boldsymbol{Q})^{\alpha}\, (\boldsymbol{Q} \cdot \boldsymbol{a}_k)(\boldsymbol{Q} \cdot \boldsymbol{b}_k) = (\det \boldsymbol{Q})^{\alpha}\, \boldsymbol{Q} \cdot (\boldsymbol{a}_k \boldsymbol{b}_k) \cdot \boldsymbol{Q}^{\mathsf{T}} = (\det \boldsymbol{Q})^{\alpha}\, \boldsymbol{Q} \cdot \boldsymbol{A} \cdot \boldsymbol{Q}^{\mathsf{T}} \,. \end{aligned} \tag{1.226}$$

Die vorgeschlagene Definition der orthogonalen Transformation stimmt mit der klassischen Definition für polare Objekte überein und erlaubt eine natürliche Erweiterung auf axiale Objekte.

Wir betrachten die Orthogonaltransformation des Skalarprodukts aus Winkelgeschwindigkeit (axialer Vektor mit $\alpha = 1$) und Translationsgeschwindigkeit (polarer Vektor mit $\alpha = 0$). Ihr Skalarprodukt ist ein axialer Skalar, also $\alpha = 1$, dann

$$a' = \boldsymbol{\omega}' \cdot \boldsymbol{v}' = (\det \boldsymbol{Q})\,(\boldsymbol{Q} \cdot \boldsymbol{\omega}) \cdot (\boldsymbol{Q} \cdot \boldsymbol{v}) = (\det \boldsymbol{Q})\,\boldsymbol{\omega} \cdot \boldsymbol{Q}^{\mathsf{T}} \cdot \boldsymbol{Q} \cdot \boldsymbol{v} = (\det \boldsymbol{Q})\,\boldsymbol{\omega} \cdot \boldsymbol{v} = (\det \boldsymbol{Q})\,a\,. \quad (1.227)$$

Dies führt zur Definition von Gleichung (1.226) als einem axialen Skalar.

Für die orthogonale Transformation des Vektorprodukts zweier Polarvektoren kommen wir zur Definition von Gleichung (1.226) für den Achsenvektor

$$\boldsymbol{c}' = \boldsymbol{a}' \times \boldsymbol{b}' = (\boldsymbol{Q} \cdot \boldsymbol{a}) \times (\boldsymbol{Q} \cdot \boldsymbol{b}) = (\det \boldsymbol{Q})\,\boldsymbol{Q} \cdot (\boldsymbol{a} \times \boldsymbol{b}) = (\det \boldsymbol{Q})\,\boldsymbol{Q} \cdot \boldsymbol{c}\,, \quad (1.228)$$

wobei die Gleichung (1.138) verwendet wurde.

Die Definition von Gleichung (1.225) für Tensoren beliebigen Ranges kann auf ähnliche Weise erklärt werden. Die vorgeschlagene erweiterte Behandlung der orthogonalen Transformation, die es ermöglicht, die Symmetrietheorie auf natürliche Weise auf axiale Objekte auszudehnen, ist von grundlegender Bedeutung für die Konstruktion von Modellen verschiedener multipolarer Medien, nämlich beim Coserrat-Medium, beim Kelvin-Medium, der Stabtheorie, der Platten- und Schalentheorie – und auch für die Konstruktion von Modellen piezoelastischer, magnetoelastischer und anderer Medien, in denen Rotationsfreiheitsgrade berücksichtigt werden.

Definition: Die *Symmetriegruppe* ist die Menge der orthogonalen Tensoren $\boldsymbol{Q}$, für die die orthogonale Transformation des Objekts mit dem ursprünglichen Objekt übereinstimmt.

Man beachte, dass die Symmetriegruppe eines beliebigen Tensors nicht leer ist: Sie enthält immer den Einheitstensor $\mathbf{1}$, der der Identitätstransformation entspricht.

Die Symmetriegruppe des Polarskalars fällt mit der vollständigen orthogonalen Gruppe zusammen ($a' = \mathbf{1} \cdot a,\ \forall \boldsymbol{Q}$), und die Symmetriegruppe des Axialskalars ist die eigentliche orthogonale Gruppe ($a' = (\det \boldsymbol{Q})\,a$, d. h. $a' = a$, wenn $\det \boldsymbol{Q} = \mathbf{1}$).

Die Symmetriegruppe des Polarvektors $\boldsymbol{a}$ besteht aus Rotationstensoren um $\boldsymbol{a}$:

$$\boldsymbol{a}' = \left(\frac{1 - \cos\theta}{a^2}\,\boldsymbol{a}\boldsymbol{a} + \cos\theta\,\mathbf{1} + \frac{\sin\theta}{|\boldsymbol{a}|}\,\boldsymbol{a} \times \mathbf{1} \right) \cdot \boldsymbol{a} = \boldsymbol{a} + \frac{\sin\theta}{|\boldsymbol{a}|}\,\boldsymbol{a} \times \boldsymbol{a} = \boldsymbol{a} \quad (1.229)$$

und Reflexionen von Ebenen, die durch $\boldsymbol{a}$ verlaufen,

$$\boldsymbol{a}' = (-1)^0\,(\mathbf{1} - 2\boldsymbol{n}\boldsymbol{n}) \cdot \boldsymbol{a} = \boldsymbol{a} \qquad (\boldsymbol{n} \cdot \boldsymbol{a} = 0)\,. \quad (1.230)$$

Für einen axialen Vektor besteht die Symmetriegruppe aus den Tensoren der Drehung um $\boldsymbol{a}$ und der Spiegelung an Ebenen, die orthogonal zu $\boldsymbol{a}$ liegen:

$$\boldsymbol{a}' = (-1)\left(\mathbf{1} - \frac{2}{|\boldsymbol{a}|^2}\,\boldsymbol{a}\boldsymbol{a} \right) \cdot \boldsymbol{a} = \boldsymbol{a}\,. \quad (1.231)$$

Geometrisch gesehen ist es offensichtlich, dass es keine anderen orthogonalen Transformationen gibt, die den Ausgangsvektor erhalten.

Die Symmetriegruppe des symmetrischen Polartensors zweiten Ranges, dessen Eigenwerte alle verschieden sind, stimmt mit der Ellipsoid-Koinzidenzgruppe überein: Drehungen um jede der Eigenachsen dieses Tensors um π, Spiegelungen von Ebenen orthogonal zu den Eigenvektoren, Inversion und die Identitätstransformation, d. h. acht Vorzeichenkombinationen in $\boldsymbol{Q}$:

$$\boldsymbol{Q} = \pm \boldsymbol{e}_1 \boldsymbol{e}_1 \pm \boldsymbol{e}_2 \boldsymbol{e}_2 \pm \boldsymbol{e}_3 \boldsymbol{e}_3 \,, \tag{1.232}$$

wobei $\boldsymbol{e}_k$ die Eigenvektoren des betreffenden Tensors sind.

Ein Tensor mit einem zweifachen Eigenwert entspricht einer Rotationsfläche. Folglich erweitert sich die Symmetriegruppe eines solchen Tensors durch beliebige Drehungen um die Symmetrieachse. Solche Tensoren werden als *transversal-isotrop* bezeichnet. Im Falle des kugelförmigen Polartensors fällt die Symmetriegruppe mit der gesamten orthogonalen Gruppe zusammen.

Man beachte, dass der Unterschied zwischen polaren und axialen Objekten nur bei der Betrachtung von Reflexionen auftritt. In diesem Fall haben die polaren und axialen Tensoren zweiten Ranges, die die gleichen Spiegelsymmetrieelemente haben, eine unterschiedliche Struktur. Der Spiegelungstensor aus einer orthogonalen $\boldsymbol{e}_1$-Ebene soll beispielsweise zu den Symmetriegruppen beider Tensoren gehören. Dann sollte der Polartensor die folgende Form haben:

$$\boldsymbol{A} = A_{11} \boldsymbol{e}_1 \boldsymbol{e}_1 + A_{22} \boldsymbol{e}_2 \boldsymbol{e}_2 + A_{33} \boldsymbol{e}_3 \boldsymbol{e}_3 + A_{23} \boldsymbol{e}_2 \boldsymbol{e}_3 + A_{32} \boldsymbol{e}_3 \boldsymbol{e}_2 \,, \tag{1.233}$$

wobei A_{mn} polare Skalare sind. Der axiale Tensor mit dieser Symmetrie hat die Form:

$$\boldsymbol{B} = B_{12} \boldsymbol{e}_1 \boldsymbol{e}_2 + B_{13} \boldsymbol{e}_1 \boldsymbol{e}_3 + B_{21} \boldsymbol{e}_2 \boldsymbol{e}_1 + B_{31} \boldsymbol{e}_3 \boldsymbol{e}_1 \,, \tag{1.234}$$

wobei B_{mn} Axialskalare sind.

Definition: Wenn die Symmetriegruppe eines Tensors beliebigen Ranges mit einer vollständigen orthogonalen Gruppe übereinstimmt, dann wird ein solcher Tensor *isotrop* genannt.

Der einzige isotrope Vektor ist der Nullvektor. Es gibt keine axial isotropen Skalare oder axial isotrope Tensoren zweiten Ranges. Ein Beispiel für einen polaren isotropen Tensor zweiten Ranges ist der Kugeltensor $\lambda \mathbf{1}$, wobei λ ein polarer Skalar ist. In der Tat gilt hier:

$$\boldsymbol{Q} \cdot (\lambda \mathbf{1}) \cdot \boldsymbol{Q}^{\mathsf{T}} = \lambda \boldsymbol{Q} \cdot \mathbf{1} \cdot \boldsymbol{Q}^{\mathsf{T}} = \lambda \boldsymbol{Q} \cdot \boldsymbol{Q}^{\mathsf{T}} = \lambda \mathbf{1}, \ \forall \boldsymbol{Q}. \tag{1.235}$$

Der einzige isotrope Tensor vom Rang 3 ist der axiale Levi-Civitá-Tensor. Da ${}^3\boldsymbol{L} = -\boldsymbol{e}_k(\boldsymbol{e}_k \times \boldsymbol{e}_s)\boldsymbol{e}_s$, erhalten wir mit Gleichung (1.138)

$$\begin{aligned} & -\lambda(\det \boldsymbol{Q})(\boldsymbol{Q} \cdot \boldsymbol{e}_k)\boldsymbol{Q} \cdot (\boldsymbol{e}_k \times \boldsymbol{e}_s)(\boldsymbol{e}_s \cdot \boldsymbol{Q}^{\mathsf{T}}) \\ & \quad = -\lambda(\det \boldsymbol{Q})^2(\boldsymbol{Q} \cdot \boldsymbol{e}_k)(\boldsymbol{e}_k \cdot \boldsymbol{Q}^{\mathsf{T}}) \times (\boldsymbol{Q} \cdot \boldsymbol{e}_s)(\boldsymbol{e}_s \cdot \boldsymbol{Q}^{\mathsf{T}}) = -\lambda \, \mathbf{1} \times \mathbf{1}, \ \forall \boldsymbol{Q}. \end{aligned} \tag{1.236}$$

Man beachte, dass in der allgemein anerkannten Definition der orthogonalen Transformation der Levi-Civitá-Tensor nicht isotrop ist, weil seine Symmetriegruppe nur mit der eigentlichen orthogonalen Gruppe übereinstimmt, d. h. seine Koordinaten ändern sich nicht bei beliebigen Drehungen und ändern das Vorzeichen bei Spiegelungen.

Behauptung (ohne Beweis): Jede Permutation eines isotropen Tensors ist auch ein isotroper Tensor. Es lässt sich zeigen, dass jeder isotrope Tensor geraden Ranges $2k$ eine Linearkombination von Permutationen des Tensors $\underbrace{\mathbf{11}\ldots\mathbf{1}}_{k}$ ist. Es gibt also drei Arten isotroper Tensoren vierten Ranges:

$$ {}^4\boldsymbol{I}_1 = \mathbf{11} = \boldsymbol{e}_k\boldsymbol{e}_k\boldsymbol{e}_s\boldsymbol{e}_s\,, \quad {}^4\boldsymbol{I}_2 = \boldsymbol{e}_k\mathbf{1}\boldsymbol{e}_k = \boldsymbol{e}_k\boldsymbol{e}_s\boldsymbol{e}_s\boldsymbol{e}_k\,, \quad {}^4\boldsymbol{I}_3 = \boldsymbol{e}_k\boldsymbol{e}_s\boldsymbol{e}_k\boldsymbol{e}_s\,. \tag{1.237} $$

Somit kann jeder isotrope Tensor vom Rang vier als Linearkombination geschrieben werden [Je1931]:

$$ {}^4\boldsymbol{A} = \alpha\,{}^4\boldsymbol{I}_1 + \beta\,{}^4\boldsymbol{I}_2 + \gamma\,{}^4\boldsymbol{I}_3\,. \tag{1.238} $$

Da isotrope Tensoren der Form Gleichung (1.238) weit verbreitet sind, um isotrope Materialien zu beschreiben, notieren wir insbesondere das Ergebnis einer doppelten Überschiebung dieser Tensoren mit einem beliebigen Tensor zweiten Ranges $\boldsymbol{A}$

$$ \begin{aligned} \boldsymbol{A}\cdot\cdot\,{}^4\boldsymbol{I}_1 &= {}^4\boldsymbol{I}_1\cdot\cdot\,\boldsymbol{A} = \mathbf{1}\,\boldsymbol{e}_k\boldsymbol{e}_k\cdot\cdot\,A_{mn}\boldsymbol{e}_m\boldsymbol{e}_n = (\mathrm{Sp}\,\boldsymbol{A})\,\mathbf{1}\,,\\ \boldsymbol{A}\cdot\cdot\,{}^4\boldsymbol{I}_2 &= {}^4\boldsymbol{I}_2\cdot\cdot\,\boldsymbol{A} = \boldsymbol{e}_k\boldsymbol{e}_s\boldsymbol{e}_s\boldsymbol{e}_k\cdot\cdot\,A_{mn}\boldsymbol{e}_m\boldsymbol{e}_n = A_{mn}\boldsymbol{e}_m\boldsymbol{e}_n = \boldsymbol{A}\,,\\ \boldsymbol{A}\cdot\cdot\,{}^4\boldsymbol{I}_3 &= {}^4\boldsymbol{I}_3\cdot\cdot\,\boldsymbol{A} = \boldsymbol{e}_k\boldsymbol{e}_s\boldsymbol{e}_k\boldsymbol{e}_s\cdot\cdot\,A_{mn}\boldsymbol{e}_m\boldsymbol{e}_n = A_{mn}\boldsymbol{e}_n\boldsymbol{e}_m = \boldsymbol{A}^{\mathsf{T}}\,. \end{aligned} \tag{1.239} $$

Daher hebt die doppelte Überschiebung mit $\frac{1}{2}({}^4\boldsymbol{I}_2+{}^4\boldsymbol{I}_3)$ den symmetrischen und mit $\frac{1}{2}({}^4\boldsymbol{I}_2-{}^4\boldsymbol{I}_3)$ den antisymmetrischen Teil des $\boldsymbol{A}$-Tensors hervor. Wir erhalten:

$$ \left(\lambda\,{}^4\boldsymbol{I}_1 + \frac{2\mu}{2}\,({}^4\boldsymbol{I}_2+{}^4\boldsymbol{I}_3) + \frac{\nu}{2}\,({}^4\boldsymbol{I}_2-{}^4\boldsymbol{I}_3)\right)\cdot\cdot\,\boldsymbol{A} = \lambda\,I_1(\boldsymbol{A})\mathbf{1} + 2\mu\,\boldsymbol{A}^S + \nu\,\boldsymbol{A}^A\,. \tag{1.240} $$

Zum Beispiel ist der Tensor

$$ {}^4\boldsymbol{C} = \lambda\,{}^4\boldsymbol{I}_1 + 2\mu\,{}^4\boldsymbol{E}; \quad {}^4\boldsymbol{E} = \frac{1}{2}\,({}^4\boldsymbol{I}_2+{}^4\boldsymbol{I}_3) \tag{1.241} $$

der *Elastizitätsmodultensor* (auch *Steifigkeitstensor* genannt, vgl. auch Abschnitt 4.3.1.4) eines isotropen Materials.

Die folgenden Beziehungen sind ebenfalls gültig und nützlich zu kennen:

$$ \begin{aligned} &{}^4\boldsymbol{I}_1\cdot\boldsymbol{A} = \mathbf{1}\boldsymbol{A}\,, \quad \boldsymbol{A}\cdot{}^4\boldsymbol{I}_1 = \boldsymbol{A}\mathbf{1}\,, \quad {}^4\boldsymbol{I}_2\cdot\boldsymbol{A} = \boldsymbol{A}\cdot{}^4\boldsymbol{I}_2\,,\\ &\left({}^4\boldsymbol{I}_1\cdot\cdot\,\boldsymbol{A}\right)\cdot\boldsymbol{B} = I_1(\boldsymbol{A})\boldsymbol{B}\,, \quad {}^4\boldsymbol{I}_1\cdot\cdot\,(\boldsymbol{A}\cdot\boldsymbol{B}) = I_1(\boldsymbol{A}\cdot\boldsymbol{B})\mathbf{1}\,,\\ &\left({}^4\boldsymbol{I}_2\cdot\cdot\,\boldsymbol{A}\right)\cdot\boldsymbol{B} = \boldsymbol{A}\cdot\boldsymbol{B}\,, \quad {}^4\boldsymbol{I}_2\cdot\cdot\,(\boldsymbol{A}\cdot\boldsymbol{B}) = \boldsymbol{A}\cdot\boldsymbol{B}\,,\\ &\left({}^4\boldsymbol{I}_3\cdot\cdot\,\boldsymbol{A}\right)\cdot\boldsymbol{B} = \boldsymbol{A}^{\mathsf{T}}\cdot\boldsymbol{B}\,, \quad {}^4\boldsymbol{I}_3\cdot\cdot\,(\boldsymbol{A}\cdot\boldsymbol{B}) = \boldsymbol{B}^{\mathsf{T}}\cdot\boldsymbol{A}^{\mathsf{T}}\,. \end{aligned} \tag{1.242} $$

Übungsaufgabe *Operationen mit Tensoren höherer Stufe*

Beweise die vorstehenden Identitäten.

1.2.5.3 Tensoren vierter Stufe und spezielle Tensorbasen

In Anwendungen in der Mechanik werden die Tensoren vierten Ranges oft als lineare Abbildungen betrachtet, die den Raum $\mathcal{T}_2$ in $\mathcal{T}_2$ abbilden. So verbinden beispielsweise die Tensoren für Steifigkeit ${}^4\boldsymbol{C}$ (siehe auch Abschnitt 4.3.1.4) und Biegsamkeit ${}^4\boldsymbol{S}$ die Tensoren für Spannung $\boldsymbol{\sigma}$ und Dehnung $\boldsymbol{\varepsilon}$: $\boldsymbol{\sigma} = {}^4\boldsymbol{C} : \boldsymbol{\varepsilon}$, $\boldsymbol{\varepsilon} = {}^4\boldsymbol{S} : \boldsymbol{\sigma}$.

In der klassischen Kontinuumsmechanik sind Spannungs- und Dehnungstensoren symmetrische Tensoren. Daher haben die meisten in mechanischen Anwendungen vorkommenden Tensoren vierter Stufe entsprechende Arten innerer Symmetrie:

$${}^4\boldsymbol{A}^{\mathsf{T}}_{(1,2)} = {}^4\boldsymbol{A}^{\mathsf{T}}_{(3,4)} = {}^4\boldsymbol{A}. \tag{1.243}$$

Somit sind die doppelten Skalarmultiplikationen ${}^4\boldsymbol{A} \cdot\cdot {}^4\boldsymbol{B}$ und ${}^4\boldsymbol{A} : {}^4\boldsymbol{B}$ äquivalent.

Die Operation des Vertauschens der ersten und zweiten Dyade ${}^4\boldsymbol{A}^{\mathsf{T}}_{((1,2),(3,4))}$ wird oft als Transposition des Tensors vierter Stufe bezeichnet. In Koordinatenschreibweise entspricht dies der Permutation des ersten und zweiten Indexpaares: ${}^4\boldsymbol{A}^{\mathsf{T}} = A_{mnij}\boldsymbol{e}_i\boldsymbol{e}_j\boldsymbol{e}_m\boldsymbol{e}_n$.

Wenn die Bedingung ${}^4\boldsymbol{A}^{\mathsf{T}} = {}^4\boldsymbol{A}$ erfüllt ist, dann heißt ein solcher Tensor symmetrisch. Wenn ${}^4\boldsymbol{A}^{\mathsf{T}} = -{}^4\boldsymbol{A}$, dann ist der Tensor antisymmetrisch.

Der Einheitstensor der vierten Stufe ${}^4\mathbf{1}$ ist definiert durch die Beziehung:

$${}^4\mathbf{1} = \frac{1}{2}\left({}^4\boldsymbol{I}_2 + {}^4\boldsymbol{I}_3\right) = \frac{1}{2}\left(\boldsymbol{e}_k\boldsymbol{e}_s\boldsymbol{e}_s\boldsymbol{e}_k + \boldsymbol{e}_k\boldsymbol{e}_s\boldsymbol{e}_k\boldsymbol{e}_s\right). \tag{1.244}$$

Für einen Tensor vierten Ranges, der die Gleichung (1.243) erfüllt, gilt also

$${}^4\mathbf{1} \cdot\cdot {}^4\boldsymbol{A} = {}^4\boldsymbol{A} \cdot\cdot {}^4\mathbf{1} = {}^4\boldsymbol{E} : {}^4\boldsymbol{A} = {}^4\boldsymbol{A} : {}^4\mathbf{1} = {}^4\boldsymbol{A}. \tag{1.245}$$

Für einen Tensor zweiter Ordnung $\boldsymbol{A}$ fungiert der Tensor ${}^4\mathbf{1}$ als Identitätstensor, wenn der Tensor $\boldsymbol{A}$ symmetrisch ist:

$${}^4\mathbf{1} \cdot\cdot \boldsymbol{A} = \boldsymbol{A} \cdot\cdot {}^4\boldsymbol{E} = {}^4\mathbf{1} : \boldsymbol{A} = \boldsymbol{A} : {}^4\mathbf{1} = \boldsymbol{A}. \tag{1.246}$$

Bei einem antisymmetrischen Tensor $\boldsymbol{A}$ hebt der Tensor ${}^4\mathbf{1}$ seinen symmetrischen Teil hervor.

Ein Tensor ${}^4\boldsymbol{A}$ heißt *invertierbar*, falls es ${}^4\boldsymbol{A}^{-1}$ gibt, so dass:

$${}^4\boldsymbol{A}^{-1} : {}^4\boldsymbol{A} = {}^4\boldsymbol{A} : {}^4\boldsymbol{A}^{-1} = {}^4\mathbf{1}. \tag{1.247}$$

Isotrope Tensoren

Man betrachte den linearen Raum isotroper Tensoren vierter Stufe. Die Basis dieses Raums besteht aus zwei Elementen ${}^4\boldsymbol{I}_1$ und $\frac{1}{2}({}^4\boldsymbol{I}_2 + {}^4\boldsymbol{I}_3)$. Für Operationen mit Tensoren aus diesem Raum ist es zweckmäßig, die folgende Basis zu verwenden:

$${}^4\mathbf{1}_1 = \frac{1}{3}\,{}^4\boldsymbol{I}_1\,, \quad {}^4\mathbf{1}_2 = {}^4\mathbf{1} - {}^4\mathbf{1}_1\,. \tag{1.248}$$

Das Ergebnis der doppelten Überschiebung dieser Tensoren mit dem Tensor zweiter Ordnung ist jeweils der sphärische Anteil und der Deviator des Tensors:

$${}^4\mathbf{1}_1 : \boldsymbol{A} = \frac{1}{3}\mathbf{1}(\mathbf{1} : \boldsymbol{A}) = \frac{1}{3}\operatorname{Sp}\boldsymbol{A}\,\mathbf{1}\,, \quad {}^4\mathbf{1}_2 : \boldsymbol{A} = \left({}^4\mathbf{1} - {}^4\mathbf{1}_1\right) : \boldsymbol{A} = \boldsymbol{A} - \boldsymbol{A}_b = \operatorname{dev}\boldsymbol{A}. \tag{1.249}$$

Die Tensoren vierter Stufe ${}^4\mathbf{1}_1$ und ${}^4\mathbf{1}_2$ haben zwei wichtige **Eigenschaften**.

1. Orthogonalität: ${}^4\mathbf{1}_1 : {}^4\mathbf{1}_2 = {}^4\mathbf{1}_2 : {}^4\mathbf{1}_1 = \mathbf{0}$.
2. Idempotenz: ${}^4\mathbf{1}_1 : {}^4\mathbf{1}_1 = {}^4\mathbf{1}_1\,,\ {}^4\mathbf{1}_2 : {}^4\mathbf{1}_2 = {}^4\mathbf{1}_2$.

Diese Eigenschaften erleichtern die Multiplikation und Inversion isotroper Tensoren vierter Ordnung erheblich. Stellen wir die Tensoren ${}^4\boldsymbol{A}$ und ${}^4\boldsymbol{B}$ als Linearkombinationen dar:

$$ {}^4\boldsymbol{A} = a_1\,{}^4\mathbf{1}_1 + a_2\,{}^4\mathbf{1}_2\,, \quad {}^4\boldsymbol{B} = b_1\,{}^4\mathbf{1}_1 + b_2\,{}^4\mathbf{1}_2\,, \tag{1.250} $$

wobei a_i und b_i skalare Koeffizienten sind. Dann ist das Ergebnis der doppelten Skalarmultiplikation dieser Tensoren der Tensor

$$ \boldsymbol{A} : \boldsymbol{B} = a_1 b_1\,{}^4\mathbf{1}_1 + a_2 b_2\,{}^4\mathbf{1}_2\,, \tag{1.251} $$

und der inverse Tensor wird durch eine einfache Formel berechnet

$$ \boldsymbol{A}^{-1} = \frac{1}{a_1}\,{}^4\mathbf{1}_1 + \frac{1}{a_2}\,{}^4\mathbf{1}_2\,. \tag{1.252} $$

Transversal isotrope Tensoren

Ein *transversal isotroper Tensor* vom Rang vier ist ein Tensor, zu dessen Symmetriegruppe der Rotationstensor $\boldsymbol{Q}(\theta\,\boldsymbol{m})$ gehört, wobei der Einheitsvektor $\boldsymbol{m}$ Symmetrieachse heißt. Für den Polartensor gehören auch Reflexionen der Ebene orthogonal zu $\boldsymbol{m}$ und Ebenen, die durch $\boldsymbol{m}$ gehen, zur Symmetriegruppe.

Die *Tensorbasis für transversal isotrope Tensoren* besteht aus den folgenden sechs Elementen ([Ka2008], [Ka2018]):

$$ \begin{aligned} &{}^4\boldsymbol{T}_1 = \boldsymbol{\theta\theta}\,,\ {}^4\boldsymbol{T}_2 = \frac{1}{2}\Big((\boldsymbol{\theta\theta})^{\mathsf{T}}_{(1,4)} + (\boldsymbol{\theta\theta})^{\mathsf{T}}_{(2,3)} - \boldsymbol{\theta\theta}\Big),\ {}^4\boldsymbol{T}_3 = \boldsymbol{\theta mm}\,,\ {}^4\boldsymbol{T}_4 = \boldsymbol{mm\theta}\,,\\ &{}^4\boldsymbol{T}_5 = \frac{1}{4}\Big(\boldsymbol{m\theta m} + (\boldsymbol{m\theta m})^{\mathsf{T}}_{(1,2)(3,4)} + (\boldsymbol{\theta mm})^{\mathsf{T}}_{(1,4)} + (\boldsymbol{\theta mm})^{\mathsf{T}}_{(2,3)}\Big),\ {}^4\boldsymbol{T}_6 = \boldsymbol{mmmm}\,, \end{aligned} \tag{1.253} $$

wobei $\boldsymbol{\theta} = \boldsymbol{E} - \boldsymbol{mm}$ eine Projektion auf eine Ebene orthogonal zu $\boldsymbol{m}$ ist.

Diese Tensoren bilden eine geschlossene Algebra unter der Operation der doppelten Skalarmultiplikation. Im folgenden ist das „Einmaleins" der Basistensoren dargestellt:

	${}^4\boldsymbol{T}_1$	${}^4\boldsymbol{T}_2$	${}^4\boldsymbol{T}_3$	${}^4\boldsymbol{T}_4$	${}^4\boldsymbol{T}_5$	${}^4\boldsymbol{T}_6$
${}^4\boldsymbol{T}_1$	$2\,{}^4\boldsymbol{T}_1$	$\mathbf{0}$	$2\,{}^4\boldsymbol{T}_3$	$\mathbf{0}$	$\mathbf{0}$	$\mathbf{0}$
${}^4\boldsymbol{T}_2$	$\mathbf{0}$	${}^4\boldsymbol{T}_2$	$\mathbf{0}$	$\mathbf{0}$	$\mathbf{0}$	$\mathbf{0}$
${}^4\boldsymbol{T}_3$	$\mathbf{0}$	$\mathbf{0}$	$\mathbf{0}$	${}^4\boldsymbol{T}_1$	$\mathbf{0}$	${}^4\boldsymbol{T}_3$
${}^4\boldsymbol{T}_4$	$2\,{}^4\boldsymbol{T}_4$	$\mathbf{0}$	$2\,{}^4\boldsymbol{T}_6$	$\mathbf{0}$	$\mathbf{0}$	$\mathbf{0}$
${}^4\boldsymbol{T}_5$	$\mathbf{0}$	$\mathbf{0}$	$\mathbf{0}$	$\mathbf{0}$	${}^4\boldsymbol{T}_5/2$	$\mathbf{0}$
${}^4\boldsymbol{T}_6$	$\mathbf{0}$	$\mathbf{0}$	$\mathbf{0}$	$\boldsymbol{T}_4$	$\mathbf{0}$	${}^4\boldsymbol{T}_6$

Man beachte, dass die Operation der Multiplikation im Allgemeinen nicht kommutativ ist:

$$ {}^4\boldsymbol{T}_i : {}^4\boldsymbol{T}_j \neq {}^4\boldsymbol{T}_j : {}^4\boldsymbol{T}_i\,. \tag{1.254} $$

Beachte außerdem: In der Tabelle werden die Tensoren in der linken Spalte mit den Tensoren in der oberen Reihe multipliziert.

Jeder transversal isotrope Tensor vierter Stufe kann nach Elementen der Basis gemäß Gleichung (1.253) entwickelt werden:

$$^4\boldsymbol{A} = \sum_{i=1}^{6} a_i \, {}^4\boldsymbol{T}_i \,. \tag{1.255}$$

Dann ist der inverse Tensor durch folgende Beziehung definiert:

$$\boldsymbol{A}^{-1} = \frac{a_6}{2\Delta}{}^4\boldsymbol{T}_1 + \frac{1}{a_2}{}^4\boldsymbol{T}_2 - \frac{a_3}{\Delta}{}^4\boldsymbol{T}_3 - \frac{a_4}{\Delta}{}^4\boldsymbol{T}_4 + \frac{4}{a_5}{}^4\boldsymbol{T}_5 + \frac{2a_1}{\Delta}{}^4\boldsymbol{T}_6 \,, \tag{1.256}$$

wobei $\Delta = 2(a_1 a_6 - a_3 a_4)$.

Zum Abschluss des Abschnitts präsentieren wir die Darstellung der isotropen Tensoren $^4\boldsymbol{1}$ und $^4\boldsymbol{I}_1$ in transversal isotroper Basis:

$$\begin{aligned} ^4\boldsymbol{1} &= \frac{1}{2}(\boldsymbol{e}_k \boldsymbol{1} \boldsymbol{e}_k + \boldsymbol{e}_k \boldsymbol{e}_s \boldsymbol{e}_k \boldsymbol{e}_s) = \frac{1}{2}{}^4\boldsymbol{T}_1 + {}^4\boldsymbol{T}_2 + 2\,{}^4\boldsymbol{T}_5 + {}^4\boldsymbol{T}_6 \,, \\ ^4\boldsymbol{I}_1 &= \boldsymbol{1}\boldsymbol{1} = {}^4\boldsymbol{T}_1 + {}^4\boldsymbol{T}_3 + 2\,{}^4\boldsymbol{T}_4 + {}^4\boldsymbol{T}_6 \,. \end{aligned} \tag{1.257}$$

Übungsaufgabe *Operationen mit Tensoren höherer Stufe*

1. Zeige, dass gilt:

$$\begin{aligned} ^4\boldsymbol{A} : {}^4\boldsymbol{B} &= (2a_1 b_1 + a_3 b_4)\,{}^4\boldsymbol{T}_1 + a_2 b_2\,{}^4\boldsymbol{T}_2 + (2a_1 b_3 + a_3 b_6)\,{}^4\boldsymbol{T}_3 \\ &+ (2a_4 b_1 + a_6 b_4)\,{}^4\boldsymbol{T}_4 + \frac{1}{2} a_5 b_5\,{}^4\boldsymbol{T}_5 + (a_6 b_6 + 2a_4 b_3)\,{}^4\boldsymbol{T}_6 \,. \end{aligned} \tag{1.258}$$

2. Berechne $^4\boldsymbol{A}^{-1}$, wobei $^4\boldsymbol{A} = 4\,{}^4\boldsymbol{T}_1 + {}^4\boldsymbol{T}_2 - 2\,{}^4\boldsymbol{T}_3 - 2\,{}^4\boldsymbol{T}_4 + {}^4\boldsymbol{T}_5 + 3\,{}^4\boldsymbol{T}_6$.

1.3 Tensorfunktionen

1.3.1 Einleitende Bemerkungen

Definition: Eine **Tensorfunktion** $^p\boldsymbol{Y} = f(^m\boldsymbol{X}_1, {}^n\boldsymbol{X}_2, \ldots)$ ist eine Abbildung, die mehreren unterschiedlichen Tensoren verschiedener Stufe einen sogenannten *Rangtensor* der Stufe p zuordnet.

Folgende **Beispiele** für Tensorfunktionen dienen der Erläuterung:

1. $^p\boldsymbol{Y} = f(\boldsymbol{x}, {}^k\boldsymbol{X}) = \boldsymbol{x} \cdot {}^k\boldsymbol{X} \,, \quad p = k-1;$
2. $y = f(\boldsymbol{X}) = \boldsymbol{1} \cdot\cdot\, \boldsymbol{X} \,, \quad p = 0;$
3. $^p\boldsymbol{Y} = f(^m\boldsymbol{X}_1, {}^n\boldsymbol{X}_2) = {}^m\boldsymbol{X}_1\,{}^n\boldsymbol{X}_2 \,, \quad p = m+n;$
4. $^p\boldsymbol{Y} = f(^k\boldsymbol{X}) = {}^k\boldsymbol{X} \cdot {}^k\boldsymbol{X} \,, \quad p = 2k-2.$

Je nach Wert von p unterscheidet man zwischen einer *skalaren Funktion* ($p = 0$), einer *Vektorfunktion* ($p = 1$) und *Tensorfunktionen* ($p > 1$).

Definition: Eine Funktion heißt *linear*, wenn für beliebige Tensoren ${}^m\boldsymbol{X}_1$ und ${}^n\boldsymbol{X}_2$ und Skalare α, β folgende Beziehung gilt:

$$f(\alpha\,{}^m\boldsymbol{X}_1 + \beta\,{}^n\boldsymbol{X}_2) = \alpha\, f({}^m\boldsymbol{X}_1) + \beta\, f({}^n\boldsymbol{X}_2)\,. \tag{1.259}$$

Satz: Für eine skalare lineare Funktion des Tensorarguments $f(\boldsymbol{X})$ gibt es einen eindeutigen Tensor $\boldsymbol{C}$, so dass für alle $\boldsymbol{X}$ die Funktion $f(\boldsymbol{X})$ wie folgt dargestellt werden kann:

$$f(\boldsymbol{X}) = \boldsymbol{C}\cdot\cdot\,\boldsymbol{X}^\mathsf{T} = \boldsymbol{C}\odot\boldsymbol{X} \equiv \boldsymbol{C}:\boldsymbol{X} \quad\Leftrightarrow\quad f(\boldsymbol{X}) = C_{ij}X_{ij}\,. \tag{1.260}$$

Beweis: Schreiben wir die Koordinatendarstellung des Tensors als $\boldsymbol{X} = X_{ks}\boldsymbol{e}_k\boldsymbol{e}_s$. Dann folgt aufgrund von Linearität

$$\begin{aligned} f(\boldsymbol{X}) &= X_{ks} f(\boldsymbol{e}_k\boldsymbol{e}_s) = f(\boldsymbol{e}_k\boldsymbol{e}_s)\,\delta_{km}\,\delta_{sn}\,X_{mn} = f(\boldsymbol{e}_k\boldsymbol{e}_s)(\boldsymbol{e}_k\cdot\boldsymbol{e}_m)(\boldsymbol{e}_s\cdot\boldsymbol{e}_n)X_{mn} \\ &= f(\boldsymbol{e}_k\boldsymbol{e}_s)\boldsymbol{e}_k\boldsymbol{e}_s\cdot\cdot\,\boldsymbol{e}_n\boldsymbol{e}_m X_{mn} = \boldsymbol{C}\cdot\cdot\,\boldsymbol{X}^\mathsf{T}\,. \end{aligned}$$

Nehmen wir nun an, dass es zwei Tensoren $\boldsymbol{C}_1$ und $\boldsymbol{C}_2$ gibt, so dass $\boldsymbol{C}_1\cdot\cdot\,\boldsymbol{X}^\mathsf{T} = \boldsymbol{C}_2\cdot\cdot\,\boldsymbol{X}^\mathsf{T}$, also $(\boldsymbol{C}_1 - \boldsymbol{C}_2)\cdot\cdot\,\boldsymbol{X}^\mathsf{T} = 0$. Daraus folgt, dass $\boldsymbol{C}_1 = \boldsymbol{C}_2$. □

Ähnliche Darstellungen existieren auch für beliebige lineare Tensorfunktionen eines Tensorarguments. Insbesondere für eine lineare Tensorfunktion $\boldsymbol{F}(\boldsymbol{X})$, die $\mathscr{T}_2$ bis $\mathscr{T}_2$ nimmt, gibt es einen eindeutigen Tensor vierter Stufe ${}^4\boldsymbol{C} = \boldsymbol{F}(\boldsymbol{e}_m\boldsymbol{e}_n)\boldsymbol{e}_m\boldsymbol{e}_n$ so dass

$$\boldsymbol{F}(\boldsymbol{X}) = {}^4\boldsymbol{C}\cdot\cdot\,\boldsymbol{X}^\mathsf{T}\,. \tag{1.261}$$

Der Beweis ist ähnlich wie zuvor.

Übungsaufgabe *Darstellungen*

Verifiziere die nachstehenden Darstellungen für $\boldsymbol{F}(\boldsymbol{X}) = {}^4\boldsymbol{C}\cdot\cdot\,\boldsymbol{X}^\mathsf{T}$:

(a) $\boldsymbol{F}(\boldsymbol{X}) = \boldsymbol{X}$ und ${}^4\boldsymbol{C} = {}^4\boldsymbol{1}_3$;

(b) $\boldsymbol{F}(\boldsymbol{X}) = \boldsymbol{X}^T$ und ${}^4\boldsymbol{C} = {}^4\boldsymbol{1}_2$;

(c) $\boldsymbol{F}(\boldsymbol{X}) = (\mathrm{Sp}\,\boldsymbol{X})\boldsymbol{1}$ und ${}^4\boldsymbol{C} = {}^4\boldsymbol{1}_1$.

1.3.2 Isotrope Funktionen und Invarianten von Tensorsystemen

Definition: Die Menge der orthogonalen Tensoren $\boldsymbol{Q}$, für die der Wert der Funktion auf den orthogonalen Transformationen der Argumente mit der orthogonalen Transformation der Funktion übereinstimmt, heißt *Symmetriegruppe der Tensorfunktion* ${}^p\boldsymbol{Y}' = f({}^k\boldsymbol{X}')$.

Eine Tensorfunktion, deren Symmetriegruppe mit der vollen Orthogonalgruppe zusammenfällt, heißt *isotrope Funktion*.

Beispiele für isotrope Funktionen sind:

1. $f(\boldsymbol{x}_1, \boldsymbol{x}_2) = \boldsymbol{x}_1 \cdot \boldsymbol{x}_2$. Nehmen wir an, dass $\boldsymbol{x}_1$ ein Polarvektor und $\boldsymbol{x}_2$ ein Axialvektor ist. Dann ist $f(\boldsymbol{x}_1, \boldsymbol{x}_2)$ ein axialer Skalar:

$$f(\boldsymbol{Q}\cdot\boldsymbol{x}_1, (\det\boldsymbol{Q})\,\boldsymbol{Q}\cdot\boldsymbol{x}_2) = (\det\boldsymbol{Q})\,\boldsymbol{x}_1\cdot\boldsymbol{Q}^{\mathsf{T}}\cdot\boldsymbol{Q}\cdot\boldsymbol{x}_2 = (\det\boldsymbol{Q})\,\boldsymbol{x}_1\cdot\boldsymbol{x}_2\,. \tag{1.262}$$

2. $f(\boldsymbol{X}_1, \boldsymbol{X}_2) = \boldsymbol{X}_1 \cdot \boldsymbol{X}_2$, ($\boldsymbol{X}_i$ ist polar):

$$f(\boldsymbol{Q}\cdot\boldsymbol{X}_1\cdot\boldsymbol{Q}^{\mathsf{T}}, \boldsymbol{Q}\cdot\boldsymbol{X}_2\cdot\boldsymbol{Q}^{\mathsf{T}}) = \boldsymbol{Q}\cdot\boldsymbol{X}_1\cdot\boldsymbol{Q}^{\mathsf{T}}\cdot\boldsymbol{Q}\cdot\boldsymbol{X}_2\cdot\boldsymbol{Q}^{\mathsf{T}} = \boldsymbol{Q}\cdot\boldsymbol{X}_1\cdot\boldsymbol{X}_2\cdot\boldsymbol{Q}^{\mathsf{T}}\,. \tag{1.263}$$

3. $f(\boldsymbol{X}) = \operatorname{Sp}\boldsymbol{X}$, ($\boldsymbol{X}$ ist polar):

$$f(\boldsymbol{Q}\cdot\boldsymbol{X}\cdot\boldsymbol{Q}^{\mathsf{T}}) = \boldsymbol{1}\cdot\cdot(\boldsymbol{Q}\cdot\boldsymbol{X}\cdot\boldsymbol{Q}^{\mathsf{T}}) = \boldsymbol{Q}\cdot\cdot\boldsymbol{X}\cdot\boldsymbol{Q}^{\mathsf{T}} = \boldsymbol{Q}^{\mathsf{T}}\cdot\boldsymbol{Q}\cdot\cdot\boldsymbol{X} = \boldsymbol{1}\cdot\cdot\boldsymbol{X} = \operatorname{Sp}\boldsymbol{X}\,. \tag{1.264}$$

Es gelten die folgenden **Sätze über isotrope Tensorfunktionen**, deren Beweise beispielsweise in [Zu2006] zu finden sind.

1. Wenn die Tensorfunktion $\boldsymbol{Y} = f(\boldsymbol{X})$, deren Argument und Wert symmetrische Tensoren sind, isotrop ist, dann fallen die Hauptachsen der Tensoren $\boldsymbol{Y}$ und $\boldsymbol{X}$ zusammen.
2. Eine isotrope Tensorfunktion $\boldsymbol{Y} = f(\boldsymbol{X})$, deren Argument und Wert symmetrische Tensoren zweiter Stufe sind, lässt sich darstellen als

$$\boldsymbol{Y} = f_0\boldsymbol{E} + f_1\boldsymbol{X} + f_2\boldsymbol{X}^2\,, \tag{1.265}$$

wobei f_0, f_1, f_2 Funktionen der Hauptinvarianten des Tensors $\boldsymbol{X}$ sind.

Satz: Eine lineare skalare Funktion $f(\boldsymbol{X}) = \boldsymbol{C}\cdot\cdot\boldsymbol{X}^{\mathsf{T}}$ ist genau dann isotrop, wenn $\boldsymbol{C}$ ein isotroper Tensor ist, d. h. $\boldsymbol{C} = \lambda\boldsymbol{E}$.

Beweis: Wenn $f(\boldsymbol{X})$ isotrop ist, dann ist die Bedingung $\boldsymbol{C}\cdot\cdot\boldsymbol{X}^{\mathsf{T}} = \boldsymbol{C}\cdot\cdot(\boldsymbol{Q}\cdot\boldsymbol{X}\cdot\boldsymbol{Q}^{\mathsf{T}})^{\mathsf{T}}$ für jedes orthogonale $\boldsymbol{Q}$ gegeben.

Da $\boldsymbol{A}\cdot\cdot\boldsymbol{B}^{\mathsf{T}} = \operatorname{Sp}(\boldsymbol{A}\cdot\boldsymbol{B}^{\mathsf{T}})$, können wir schreiben

$$\boldsymbol{C}\cdot\cdot\left(\boldsymbol{Q}\cdot\boldsymbol{X}\cdot\boldsymbol{Q}^{\mathsf{T}}\right)^{\mathsf{T}} = \operatorname{Sp}(\boldsymbol{C}\cdot\boldsymbol{Q}\cdot\boldsymbol{X}^{\mathsf{T}}\cdot\boldsymbol{Q}^{\mathsf{T}}) = \operatorname{Sp}(\boldsymbol{Q}^{\mathsf{T}}\cdot\boldsymbol{C}\cdot\boldsymbol{Q}\cdot\boldsymbol{X}^{\mathsf{T}}) = (\boldsymbol{Q}^{\mathsf{T}}\cdot\boldsymbol{C}\cdot\boldsymbol{Q})\cdot\cdot\boldsymbol{X}^{\mathsf{T}}\,.$$

Daher wird die Isotropiebedingung nur erfüllt, wenn $\boldsymbol{C} = \boldsymbol{Q}^{\mathsf{T}}\cdot\boldsymbol{C}\cdot\boldsymbol{Q}$, d. h. $\boldsymbol{C}$ ist ein isotroper Tensor. □

Der einzige isotrope Tensor zweiter Stufe ist der Kugeltensor. Wir zeigen, dass die Funktion $f(\boldsymbol{X}) = \lambda\boldsymbol{1}\cdot\cdot\boldsymbol{X}^{\mathsf{T}} = \lambda\operatorname{Sp}\boldsymbol{X}$ isotrop ist. In der Tat ist

$$\operatorname{Sp}(\boldsymbol{Q}\cdot\boldsymbol{X}\cdot\boldsymbol{Q}^{\mathsf{T}}) = (\boldsymbol{Q}^{\mathsf{T}}\cdot\boldsymbol{Q})\cdot\cdot\boldsymbol{X} = \boldsymbol{1}\cdot\cdot\boldsymbol{X} = \operatorname{Sp}\boldsymbol{X}\,. \tag{1.266}$$

Auf ähnliche Weise wird bewiesen, dass die lineare Tensorfunktion $\boldsymbol{F}(\boldsymbol{X}) = {}^4\boldsymbol{C}\cdot\cdot\boldsymbol{X}^T$ nur dann isotrop ist, wenn ${}^4\boldsymbol{C}$ ein isotroper Tensor in der Form von Gleichung (1.237) ist. Somit sollte eine isotrope lineare Tensorfunktion zweiter Stufe folgende Form haben

$$\boldsymbol{F}(\boldsymbol{X}) = \alpha(\operatorname{Sp}\boldsymbol{X})\,\mathbf{1} + \beta\,\boldsymbol{X} + \gamma\,\boldsymbol{X}^{\mathsf{T}}\,. \tag{1.267}$$

Definition: Jede isotrope skalarwertige Funktion eines beliebigen Tensors heißt *Invariante* dieses Tensors.

Die Invariante eines Vektors kann nur von seinem Betrag abhängen, da bei orthogonalen Transformationen die Länge des Vektors erhalten bleibt und die seine Richtung charakterisierenden Winkel sich unabhängig voneinander ändern und beliebige Werte annehmen.

Die Invarianten des Tensors zweiten Ranges sind insbesondere seine Eigenwerte $\lambda = f(\boldsymbol{A})$. Tatsächlich erfüllen die Eigenwerte des Tensors $\boldsymbol{A}' = \boldsymbol{Q}\cdot\boldsymbol{A}\cdot\boldsymbol{Q}^{\mathsf{T}}$ die charakteristische Gleichung:

$$\det(\boldsymbol{Q}\cdot\boldsymbol{A}\cdot\boldsymbol{Q}^{\mathsf{T}} - \lambda\,\mathbf{1}) = 0\,. \tag{1.268}$$

Die folgende Gleichungskette zeigt, dass die Eigenwerte $\boldsymbol{A}$ und $\boldsymbol{A}'$ dieselbe Gleichung erfüllen und somit zusammenfallen.

$$\begin{aligned}&\det(\boldsymbol{Q}\cdot\boldsymbol{A}\cdot\boldsymbol{Q}^{\mathsf{T}} - \lambda\,\mathbf{1}) = \det(\boldsymbol{Q}\cdot\boldsymbol{A}\cdot\boldsymbol{Q}^{\mathsf{T}} - \lambda\,\boldsymbol{Q}\cdot\mathbf{1}\cdot\boldsymbol{Q}^{\mathsf{T}})\\ &= \det(\boldsymbol{Q}\cdot(\boldsymbol{A}-\lambda\,\mathbf{1})\cdot\boldsymbol{Q}^{\mathsf{T}}) = (\det\boldsymbol{Q})^2\det(\boldsymbol{A}-\lambda\,\mathbf{1}) = \det(\boldsymbol{A}-\lambda\,\mathbf{1})\,.\end{aligned} \tag{1.269}$$

Übungsaufgabe *Isotrope Funktionen*

Zeige, dass $I_1(\boldsymbol{A})$, $I_2(\boldsymbol{A})$ und $I_3(\boldsymbol{A})$ isotrope Funktionen von $\boldsymbol{A}$ sind.

Es ist möglich, eine Reihe von Funktionen zu konstruieren, die Kombinationen von Eigenwerten eines Tensors sind, die seine Invarianten sein werden (z. B. $\operatorname{Sp}\boldsymbol{A}$, $\operatorname{Sp}\boldsymbol{A}^n$, $\det\boldsymbol{A}$), aber nicht alle diese Funktionen sind funktional unabhängig. Es lässt sich zeigen, dass ein symmetrischer Tensor zweiter Stufe höchstens drei unabhängige Invarianten hat. Alle anderen Invarianten können durch die gewählten unabhängigen Invarianten ausgedrückt werden. Die an der Cayley-Hamilton-Identität beteiligten Invarianten $I_1(\boldsymbol{A})$, $I_2(\boldsymbol{A})$ und $I_3(\boldsymbol{A})$ werden gewöhnlich *Hauptinvarianten* eines Tensors genannt. Im allgemeinen Fall, wie unten gezeigt wird, hat der Tensor zweiter Stufe (nicht symmetrisch) sechs unabhängige Invarianten.

Es kann gezeigt werden, dass jede isotrope Skalarfunktion des Tensors zweiter Stufe eine Funktion ihrer Invarianten ist (see [Lu2012], [Og1997], [Tr2004]).

Definition: Eine isotrope Skalarfunktion mehrerer Tensorargumente $f = f({}^{m}\boldsymbol{X}_1, {}^{n}\boldsymbol{X}_2, \ldots)$ heißt *gemeinsame Invariante dieser Tensoren.*

Behauptung (ohne Beweis): Eine isotrope skalarwertige Funktion mehrerer Argumente ist eine Funktion von gemeinsamen Invarianten dieser Argumente. In diesem Fall ist das Auffinden der Anzahl von *unabhängigen* gemeinsamen Invarianten und ihre Bestimmung, insbesondere bei Vorhandensein von axialen Argumenten, ein separates Problem. Eine ausführliche Diskussion dieser Aufgabe findet sich in [Zh2012].

Nachfolgend beschreiben wir kurz die wesentlichen Bestimmungen zur Bestimmung der Anzahl unabhängiger Invarianten.

Als Funktionsargumente sei eine endliche Menge von Vektoren und Tensoren zweiter Ordnung gegeben:

$$\boldsymbol{a}_1, \boldsymbol{a}_2, \ldots, \boldsymbol{a}_m\,, \ \boldsymbol{A}_1, \boldsymbol{A}_2, \ldots, \boldsymbol{A}_n\,. \tag{1.270}$$

Da jeder Tensor in symmetrische und antisymmetrische Teile zerlegt werden kann und der antisymmetrische Tensor wiederum eindeutig durch den assoziierten Vektor bestimmt ist, beachte man, dass die Tensoren in der Gleichung (1.270) als symmetrisch betrachtet werden können.

Die Dimension N der Basis gemeinsamer Invarianten des Systems in Gleichung (1.270) wird durch die Anzahl der Größen bestimmt, deren Spezifikation dieses System bis auf eine Rotation im Raum festlegt. Nehmen wir beispielsweise die Eigenwerte des Tensors $\boldsymbol{A}_1$ als verschieden an. Dann ist die Anzahl der unabhängigen gemeinsamen Invarianten gleich $N = 3m+3n+3(n-1)$, wobei $3n$ die Anzahl der im Tensorsystem enthaltenen Invarianten ist. $3m$ ist die Anzahl der Koordinaten der Vektoren $\boldsymbol{a}_i$ in der Eigenbasis $\boldsymbol{A}_1$. $3(n-1)$ ist die Anzahl der Winkel, welche die Eigenvektoren der Tensoren $\boldsymbol{A}_2, \ldots, \boldsymbol{A}_n$ in Bezug auf das Tripel der Eigenvektoren $\boldsymbol{A}_1$ fixieren.

Es besteht ein Zusammenhang zwischen der Anzahl unabhängiger gemeinsamer Invarianten und der Anzahl der Koordinaten aller Objekte auf beliebiger Basis N_*, ausgedrückt durch die Formel $N = N_* - 3$; $(N_* > 3)$. Der Fall $N_* = 3$ entspricht einem Satz von Argumenten, die aus einem einzelnen Vektor bestehen. In diesem Fall ist, wie bereits erwähnt, $N = 1$.

1.3.3 Differentialoperationen

1.3.3.1 Differentiation von Tensoren nach einem skalaren Argument

Die *Ableitung eines Tensors* nach einem skalaren Argument erfolgt nach der üblichen Leibniz'schen Regel zur Ableitung eines Produkts

$$\frac{\mathrm{d}\boldsymbol{A}(t)}{\mathrm{d}t} = \dot{\boldsymbol{A}} = (\boldsymbol{a}_k(t)\boldsymbol{b}_k(t))^{\cdot} = \dot{\boldsymbol{a}}_k(t)\boldsymbol{b}_k(t) + \boldsymbol{a}_k(t)\dot{\boldsymbol{b}}_k(t)\,. \tag{1.271}$$

Offensichtlich sind die Operationen Differentiation und Transposition kommutativ, d. h.

$$\frac{\mathrm{d}}{\mathrm{d}t}\boldsymbol{A}^{\mathsf{T}} = \left(\frac{\mathrm{d}}{\mathrm{d}t}\boldsymbol{A}\right)^{\mathsf{T}}\,. \tag{1.272}$$

Die Definition der Ableitung eines Tensors nach dem Skalarargument in Gleichung (1.271) impliziert die üblichen Regeln zum Differenzieren einer Summe und Multiplizieren mit einer Zahl

$$\frac{\mathrm{d}}{\mathrm{d}t}(\boldsymbol{A}+\boldsymbol{B}) = \frac{\mathrm{d}}{\mathrm{d}t}\boldsymbol{A} + \frac{\mathrm{d}}{\mathrm{d}t}\boldsymbol{B}\,,\ \frac{\mathrm{d}}{\mathrm{d}t}(\alpha\,\boldsymbol{A}) = \alpha\,\frac{\mathrm{d}}{\mathrm{d}t}\boldsymbol{A}. \tag{1.273}$$

Betrachten wir nun die *Ableitung eines Tensorprodukts*:

$$\begin{aligned}(\boldsymbol{A}\cdot\boldsymbol{B})^{\cdot} &= (\boldsymbol{a}_k(\boldsymbol{b}_k\cdot\boldsymbol{c}_m)\boldsymbol{d}_m)^{\cdot}\\ &= \left(\dot{\boldsymbol{a}}_k\boldsymbol{b}_k + \boldsymbol{a}_k\dot{\boldsymbol{b}}_k\right)\cdot\boldsymbol{c}_m\boldsymbol{d}_m + \boldsymbol{a}_k\boldsymbol{b}_k\cdot\left(\dot{\boldsymbol{c}}_m\boldsymbol{d}_m + \boldsymbol{c}_m\dot{\boldsymbol{d}}_m\right) = \dot{\boldsymbol{A}}\cdot\boldsymbol{B} + \boldsymbol{A}\cdot\dot{\boldsymbol{B}}\,.\end{aligned} \tag{1.274}$$

Ähnlich gilt bei *Vektormultiplikation*:

$$(\boldsymbol{A} \times \boldsymbol{B})^{\cdot} = \dot{\boldsymbol{A}} \times \boldsymbol{B} + \boldsymbol{A} \times \dot{\boldsymbol{B}}. \tag{1.275}$$

Die Regeln zum Differenzieren eines Tensors in Bezug auf ein skalares Argument sind also ziemlicher Standard.

Als **Beispiel** untersuchen wir die Ableitung des Rotationstensors.

Wir differenzieren die Identität $\boldsymbol{P}(t) \cdot \boldsymbol{P}^{\mathsf{T}}(t) = \mathbf{1}$, wobei wir berücksichtigen, dass $\mathbf{1}$ ein konstanter Tensor ist:

$$\dot{\boldsymbol{P}}(t) \cdot \boldsymbol{P}^{\mathsf{T}}(t) + \boldsymbol{P}(t) \cdot \left(\boldsymbol{P}^{\mathsf{T}}(t)\right)^{\cdot} = \mathbf{0}. \tag{1.276}$$

Mit

$$\boldsymbol{P}(t) \cdot \left(\boldsymbol{P}^{\mathsf{T}}(t)\right)^{\cdot} = \boldsymbol{P}(t) \cdot \dot{\boldsymbol{P}}^{\mathsf{T}}(t) = \left(\dot{\boldsymbol{P}}(t) \cdot \boldsymbol{P}^{\mathsf{T}}(t)\right)^{\mathsf{T}} \tag{1.277}$$

folgt aus der Gleichung (1.276), dass $\boldsymbol{S}(t) = \dot{\boldsymbol{P}}(t) \cdot \boldsymbol{P}^{\mathsf{T}}(t)$ ein antisymmetrischer Tensor ist. Der $\boldsymbol{S}$-Tensor wird oft als *linker Spintensor* oder einfach als *Spintensor* bezeichnet.

Wie jeder antisymmetrische Tensor gibt es auch zum Spintensor einen assoziierten Vektor:

$$\boldsymbol{S}(t) = \boldsymbol{\omega}(t) \times \mathbf{1}. \tag{1.278}$$

Dieser Vektor $\boldsymbol{\omega}(t)$ heißt *Winkelgeschwindigkeitsvektor* zum Rotationstensor $\boldsymbol{P}(t)$.

Man beachte, dass man einen weiteren antisymmetrischen Tensor erhält, wenn man den Einheitstensor als $\mathbf{1} = \boldsymbol{P}^{\mathsf{T}}(t) \cdot \boldsymbol{P}(t)$ darstellt:

$$\boldsymbol{S}_{\mathrm{r}}(t) = \boldsymbol{P}^{\mathsf{T}}(t) \cdot \dot{\boldsymbol{P}}(t) = \boldsymbol{\Omega}(t) \times \mathbf{1} = \mathbf{1} \times \boldsymbol{\Omega}(t). \tag{1.279}$$

Man nennt ihn *rechten Spintensor** und der dazugehörige Vektor $\boldsymbol{\Omega}(t)$ heißt *rechter Winkelgeschwindigkeitsvektor*. Ziel ist es nun, eine Verbindung zwischen den Tensoren $\boldsymbol{S}$ und $\boldsymbol{S}_{\mathrm{r}}$ zu finden. Um diesen Zusammenhang aufzudecken, multiplizieren wir den skalaren Ausdruck für den Spintensor von links und rechts mit $\mathbf{1} = \boldsymbol{P}(t) \cdot \boldsymbol{P}^{\mathsf{T}}(t)$:

$$\begin{aligned} \boldsymbol{S}(t) &= \left(\boldsymbol{P}(t) \cdot \boldsymbol{P}^{\mathsf{T}}(t)\right) \cdot \dot{\boldsymbol{P}}(t) \cdot \boldsymbol{P}^{\mathsf{T}}(t) \cdot \left(\boldsymbol{P}(t) \cdot \boldsymbol{P}^{\mathsf{T}}(t)\right) \\ &= \boldsymbol{P}(t) \cdot \left(\boldsymbol{P}^{\mathsf{T}}(t) \cdot \dot{\boldsymbol{P}}(t)\right) \cdot \mathbf{1} \cdot \boldsymbol{P}^{\mathsf{T}}(t) = \boldsymbol{P}(t) \cdot \boldsymbol{S}_{r}(t) \cdot \boldsymbol{P}^{\mathsf{T}}(t). \end{aligned} \tag{1.280}$$

Der linke und der rechte Tensor können sich also nur in der Rotation unterscheiden. Die gleiche einfache Beziehung besteht zwischen Winkelgeschwindigkeiten. Aus der Beziehung zwischen den Spintensoren folgt

$$\boldsymbol{\omega}(t) \times \boldsymbol{P} = \boldsymbol{P}(t) \cdot (\boldsymbol{\Omega}(t) \times \boldsymbol{P}) \cdot \boldsymbol{P}^{\mathsf{T}}(t). \tag{1.281}$$

Unter Berücksichtigung der für jeden orthogonalen Tensor gültigen Identität,

$$\boldsymbol{Q} \cdot (\mathbf{1} \times \boldsymbol{a}) \cdot \boldsymbol{Q}^{\mathsf{T}} = \det \boldsymbol{Q}(\boldsymbol{Q} \cdot \boldsymbol{a}) \times \mathbf{1}, \tag{1.282}$$

* Daher bezeichnet man $\boldsymbol{S}$ auch als linken Spintensor. Er ist in der Tat der verbreiterte.

bekommen wir

$$\boldsymbol{\omega}(t) = \boldsymbol{P}(t) \cdot \boldsymbol{\Omega}(t)\,. \tag{1.283}$$

Durch Skalarmultiplikation von Gleichung (1.278) von rechts mit $\boldsymbol{P}$ erhalten wir einen Ausdruck, der die Änderung des Rotationstensors mit der Winkelgeschwindigkeit und mit dem Rotationstensor selbst in Beziehung setzt:

$$\dot{\boldsymbol{P}}(t) = \boldsymbol{\omega}(t) \times \boldsymbol{P}(t)\,. \tag{1.284}$$

Diese Beziehung wird auch *Poissongleichung* genannt.

Die Darstellung in Gleichung (1.278) ermöglicht auch die Bestimmung der Winkelgeschwindigkeit aus dem bekannten Rotationstensor. Ersetzen wir in Gleichung (1.278) den expliziten Ausdruck für den Spintensor und berechnen die Vektorinvariante beider Seiten:

$$\left(\dot{\boldsymbol{P}}(t) \cdot \boldsymbol{P}^{\mathsf{T}}(t)\right)_{\times} = (\boldsymbol{\omega}(t) \times \boldsymbol{P}(t))_{\times} = -2\boldsymbol{\omega}\,. \tag{1.285}$$

Somit wird die Winkelgeschwindigkeit aus folgender Beziehung bestimmbar

$$\boldsymbol{\omega} = -\frac{1}{2}\left(\dot{\boldsymbol{P}}(t) \cdot \boldsymbol{P}^{\mathsf{T}}(t)\right)_{\times}\,. \tag{1.286}$$

Analog gilt für die rechte Winkelgeschwindigkeit:

$$\dot{\boldsymbol{P}}(t) = \boldsymbol{P}(t) \times \boldsymbol{\Omega}(t)\,, \quad \boldsymbol{\Omega} = -\frac{1}{2}\left(\boldsymbol{P}^{\mathsf{T}}(t) \cdot \dot{\boldsymbol{P}}(t)\right)_{\times}\,. \tag{1.287}$$

Erinnern wir uns an die Darstellung des Rotationstensors in Bezug auf die ursprüngliche (Referenz) und rotierte (aktuelle) Basis $\boldsymbol{P} = \boldsymbol{e}'_k \boldsymbol{e}_k$, so sehen wir, dass $\boldsymbol{\Omega}(t)$ in der Referenzkonfiguration und $\boldsymbol{\omega}(t)$ in der aktuellen Konfiguration geschrieben ist.

1.3.3.2 Differentiation einer skalarwertigen Funktion

Die aus der Analysis bekannte Definition der Ableitung als Grenze des Verhältnisses des Zuwachses einer Funktion zum Zuwachs des Arguments kann nicht auf die Funktion eines Tensorarguments verallgemeinert werden. Daher geht man bei der Bestimmung der Ableitung einer Funktion nach einem Tensor von der Definition der Ableitung als lineare Komponente ihres Gesamtinkrements aus. Die skalare Funktion des Tensorarguments $f(\boldsymbol{X})$ ist eine Funktion der neun Koordinaten des Tensors $\boldsymbol{X}$. Nach Definition der Ableitung einer Funktion mehrerer Variablen schreiben wir das Differential der Funktion

$$\mathrm{d}f(X_{mn}) = \frac{\partial f}{\partial X_{mn}}\,\mathrm{d}X_{mn} = \frac{\partial f}{\partial X_{ks}}\,\boldsymbol{e}_k\boldsymbol{e}_s \cdot\cdot\, \boldsymbol{e}_n\boldsymbol{e}_m\,\mathrm{d}X_{mn} = \boldsymbol{f}'_{\boldsymbol{X}} \cdot\cdot\, \mathrm{d}\boldsymbol{X}^{\mathsf{T}} = \boldsymbol{f}'_{\boldsymbol{X}} \odot \mathrm{d}\boldsymbol{X}\,. \tag{1.288}$$

Wenn wir $\mathrm{d}\boldsymbol{X}$ als Inkrement des Tensorarguments betrachten, nennen wir den linearen Teil des Differentials

$$\boldsymbol{f}'_{\boldsymbol{X}} = \frac{\partial f}{\partial X_{ks}}\,\boldsymbol{e}_k\boldsymbol{e}_s \tag{1.289}$$

die Ableitung des Skalars in Bezug auf das Tensorargument.

Man beachte, dass die Darstellung in Gleichung (1.289) nur gültig ist, wenn die Koordinaten des X_{mn}-Tensors unabhängig sind. Wenn beispielsweise $\boldsymbol{X}$ ein symmetrischer Tensor zweiter

Stufe ist, dann hängt die Funktion f nicht mehr von neun, sondern nur noch von sechs unabhängigen Argumenten ab. In diesem Fall stellen wir die Koordinaten der Funktion in der Form $f(X_{mn}) = f\left(1/2\,(X_{mn} + X_{nm})\right)$ dar, und nach dem Differenzieren in Bezug auf jede der neun Komponenten berücksichtigen wir, dass $X_{mn} = X_{nm}$. Als Ergebnis erhalten wir

$$\frac{\partial f}{\partial \boldsymbol{X}} = \frac{1}{2}\frac{\partial f}{\partial X_{mn}}(\boldsymbol{e}_m\boldsymbol{e}_n + \boldsymbol{e}_n\boldsymbol{e}_m)\,. \tag{1.290}$$

Daher ist die Ableitung einer Funktion in Bezug auf einen symmetrischen Tensor ein symmetrischer Tensor. Das ist beispielsweise in Abschnitt 4.3.2.2 beachtet worden, ohne es zu betonen.

Der Ausdruck in Gleichung (1.289) repräsentiert die Ableitung nach einem Tensorargument in orthogonaler Basis. Für eine invariante Darstellung der Ableitung führen wir das Gateaux-Differential (oder das schwache Differential) ein:

$$\mathrm{d}f = \frac{\partial}{\partial \varepsilon} f(\boldsymbol{X} + \varepsilon\,\mathrm{d}\boldsymbol{X})\bigg|_{\varepsilon\to 0} = \lim_{\varepsilon\to 0}\frac{f(\boldsymbol{X}+\varepsilon\,\mathrm{d}\boldsymbol{X}) - f(\boldsymbol{X})}{\varepsilon} = \boldsymbol{f}'_{\boldsymbol{X}} \cdot\cdot\, \mathrm{d}\boldsymbol{X}^{\mathsf{T}} = \boldsymbol{f}'_{\boldsymbol{X}} \odot \mathrm{d}\boldsymbol{X}\,. \tag{1.291}$$

Definition: Wenn es einen Tensor zweiter Ordnung $\boldsymbol{f}'_{\boldsymbol{X}}$ gibt, so dass die Relation in Gleichung (1.291) für jeden (nicht unbedingt unendlich kleinen) Tensor $\mathrm{d}\boldsymbol{X}$ gilt, dann heißt der Tensor $\boldsymbol{f}'_{\boldsymbol{X}}$ *Ableitung der Skalarfunktion nach dem Tensorargument.*

Wenn der Tensor $\boldsymbol{X}$ ein symmetrischer Tensor ist, dann muss diese Definition modifiziert werden: Die Ableitung einer Skalarfunktion nach dem Tensorargument heißt ein *symmetrischer* Tensor zweiter Stufe, der Gleichung (1.291) erfüllt. Die Forderung, dass die Ableitung symmetrisch ist, ist notwendig, da sonst $\boldsymbol{f}'_{\boldsymbol{X}}$ mehrdeutig definiert wird. Denn wenn $\boldsymbol{X}$ symmetrisch ist, dann muss auch $\mathrm{d}\boldsymbol{X}$ ein symmetrischer Tensor zweiter Stufe sein. Da das Skalarprodukt eines symmetrischen und eines antisymmetrischen Tensors gleich Null ist, gilt die Beziehung Gleichung (1.291), wenn ein beliebiger antisymmetrischer Tensor zu $\boldsymbol{f}'_{\boldsymbol{X}}$ hinzugefügt wird.

Betrachten wir zum Beispiel die lineare Funktion $f(\boldsymbol{X}) = \boldsymbol{C} \cdot\cdot\, \boldsymbol{X}^{\mathsf{T}}$. Durch die Definition von $\boldsymbol{f}'_{\boldsymbol{X}} \cdot\cdot\, \mathrm{d}\boldsymbol{X}^{\mathsf{T}} = \boldsymbol{C} \cdot\cdot\, \mathrm{d}\boldsymbol{X}^{\mathsf{T}}$ könnte man annehmen, dass die Ableitung von $\boldsymbol{f}'_{\boldsymbol{X}}$ gleich $\boldsymbol{C}$ sein sollte. Aber im Fall eines symmetrischen Tensors $\boldsymbol{X}$ bedeutet die Forderung, dass die Ableitung symmetrisch sein muss, dass

$$\boldsymbol{f}'_{\boldsymbol{X}} = \frac{1}{2}\left(\boldsymbol{C} + \boldsymbol{C}^{\mathsf{T}}\right). \tag{1.292}$$

Betrachten wir nun ein etwas komplexeres Beispiel. Sei $f(\boldsymbol{X}) = \boldsymbol{X} \cdot\cdot\, {}^4\boldsymbol{C} \cdot\cdot\, \boldsymbol{X}$. Dann ist das Differenzial

$$\begin{aligned}\mathrm{d}f &= \frac{\partial}{\partial \varepsilon}\left((\boldsymbol{X}+\varepsilon\,\mathrm{d}\boldsymbol{X}) \cdot\cdot\, {}^4\boldsymbol{C} \cdot\cdot\, (\boldsymbol{X}+\varepsilon\,\mathrm{d}\boldsymbol{X})\right)\bigg|_{\varepsilon\to 0} = \boldsymbol{X} \cdot\cdot\, {}^4\boldsymbol{C} \cdot\cdot\, \mathrm{d}\boldsymbol{X} + \mathrm{d}\boldsymbol{X} \cdot\cdot\, {}^4\boldsymbol{C} \cdot\cdot\, \boldsymbol{X} \\ &= \left(\boldsymbol{X} \cdot\cdot\, {}^4\boldsymbol{C}\right)^{\mathsf{T}} \cdot\cdot\, \mathrm{d}\boldsymbol{X}^{\mathsf{T}} + \left({}^4\boldsymbol{C} \cdot\cdot\, \boldsymbol{X}\right)^{\mathsf{T}} \cdot\cdot\, \mathrm{d}\boldsymbol{X}^{\mathsf{T}}\,.\end{aligned} \tag{1.293}$$

Folglich ist

$$\boldsymbol{f}'_{\boldsymbol{X}} = \boldsymbol{X} \cdot\cdot\, {}^4\boldsymbol{C}^{\mathsf{T}}_{(3,4)} + {}^4\boldsymbol{C}^{\mathsf{T}}_{(1,2)} \cdot\cdot\, \boldsymbol{X}\,. \tag{1.294}$$

Da $\boldsymbol{X}^{\mathsf{T}} = \boldsymbol{X}$ folgt

$$\boldsymbol{f}'_{\boldsymbol{X}} = \frac{1}{2}\left(\boldsymbol{X} \cdot\cdot \left({}^4\boldsymbol{C}^{\mathsf{T}}_{(3,4)} + {}^4\boldsymbol{C}\right) + \left({}^4\boldsymbol{C}^{\mathsf{T}}_{(1,2)} + {}^4\boldsymbol{C}\right) \cdot\cdot \boldsymbol{X}\right). \tag{1.295}$$

Man beachte, dass wenn man $\boldsymbol{X}$ in der ursprünglichen Definition durch $\boldsymbol{X}^{\mathsf{T}}$ ersetzt, sich ergibt

$$\mathrm{d}f = \boldsymbol{f}'_{\boldsymbol{X}} \cdot\cdot \mathrm{d}\boldsymbol{X}^{\mathsf{T}} = \boldsymbol{f}'_{\boldsymbol{X}^{\mathsf{T}}} \cdot\cdot \mathrm{d}\boldsymbol{X} = \left(\boldsymbol{f}'_{\boldsymbol{X}^{\mathsf{T}}}\right)^{\mathsf{T}} \cdot\cdot \mathrm{d}\boldsymbol{X}^{\mathsf{T}}. \tag{1.296}$$

Daraus ergibt sich

$$\left(\boldsymbol{f}'_{\boldsymbol{X}^{\mathsf{T}}}\right)^{\mathsf{T}} = \boldsymbol{f}'_{\boldsymbol{X}}. \tag{1.297}$$

Wenn $\boldsymbol{X}$ symmetrisch ist, dann impliziert dies auch, dass die Ableitung der Funktion in Bezug auf das symmetrische Argument symmetrisch ist.

Als **Beispiel** bestimmen wir die Ableitung der Funktion $f(\boldsymbol{X}) = \boldsymbol{X} \cdot\cdot \boldsymbol{X}$ auf zwei Arten.

1. Koordinatendarstellung: $\boldsymbol{X} \cdot\cdot \boldsymbol{X} = X_{km} X_{mk}$,

$$\boldsymbol{f}'_{\boldsymbol{X}} = \frac{\partial X_{km} X_{mk}}{\partial X_{ij}} \boldsymbol{e}_i \boldsymbol{e}_j = \left(X_{mk}\delta_{ki}\delta_{mj} + X_{km}\delta_{mi}\delta_{kj}\right)\boldsymbol{e}_i\boldsymbol{e}_j = 2X_{km}\boldsymbol{e}_m\boldsymbol{e}_k = 2\boldsymbol{X}^{\mathsf{T}}. \tag{1.298}$$

2. Invariante Formulierung:

$$\begin{aligned}\boldsymbol{f}'_{\boldsymbol{X}} \cdot\cdot \mathrm{d}\boldsymbol{X}^{\mathsf{T}} &= \left.\frac{\partial(\boldsymbol{X} + \varepsilon\,\mathrm{d}\boldsymbol{X}) \cdot\cdot (\boldsymbol{X} + \varepsilon\,\mathrm{d}\boldsymbol{X})}{\partial \varepsilon}\right|_{\varepsilon \to 0} = \boldsymbol{X} \cdot\cdot \mathrm{d}\boldsymbol{X} + \mathrm{d}\boldsymbol{X} \cdot\cdot \boldsymbol{X} \\ &= 2\boldsymbol{X} \cdot\cdot \mathrm{d}\boldsymbol{X} = 2\boldsymbol{X}^{\mathsf{T}} \cdot\cdot \mathrm{d}\boldsymbol{X}^{\mathsf{T}},\end{aligned} \tag{1.299}$$

womit folgt:

$$\frac{\mathrm{d}(\boldsymbol{X} \cdot\cdot \boldsymbol{X})}{\mathrm{d}\boldsymbol{X}} = 2\boldsymbol{X}^{\mathsf{T}}. \tag{1.300}$$

Für eine skalare Funktion eines Tensorarguments gelten die formalen Regeln zur Ableitung von Summe und Produkt:

$$\frac{\mathrm{d}(\phi + \varphi)}{\mathrm{d}\boldsymbol{X}} = \frac{\mathrm{d}\phi}{\mathrm{d}\boldsymbol{X}} + \frac{\partial \varphi}{\mathrm{d}\boldsymbol{X}}, \quad \frac{\mathrm{d}(\phi\varphi)}{\mathrm{d}\boldsymbol{X}} = \varphi\frac{\mathrm{d}\phi}{\mathrm{d}\boldsymbol{X}} + \phi\frac{\mathrm{d}\varphi}{\mathrm{d}\boldsymbol{X}}. \tag{1.301}$$

Als **Beispiel** finden wir nun die Ableitungen der Hauptinvarianten des Tensors zweiter Stufe unter Verwendung der invarianten Darstellung und unter Berücksichtigung der Beziehungen in Gleichung (1.301) und Gleichung (1.300).

1. Erste Invariante $f(\boldsymbol{X}) = \mathbf{1} \cdot\cdot \boldsymbol{X}$:

$$\boldsymbol{f}'_{\boldsymbol{X}} \cdot\cdot \mathrm{d}\boldsymbol{X}^{\mathsf{T}} = \left.\frac{\partial \mathbf{1} \cdot\cdot (\boldsymbol{X} + \varepsilon\,\mathrm{d}\boldsymbol{X})}{\partial \varepsilon}\right|_{\varepsilon \to 0} = \mathbf{1} \cdot\cdot \mathrm{d}\boldsymbol{X} = \mathbf{1} \cdot\cdot \mathrm{d}\boldsymbol{X}^{\mathsf{T}} \quad \frac{\partial I_1}{\partial \boldsymbol{X}} = \mathbf{1}. \tag{1.302}$$

2. Zweite Invariante $f(\boldsymbol{X}) = \frac{1}{2}\left(\mathrm{Sp}^2\boldsymbol{X} - \mathrm{Sp}\,\boldsymbol{X}^2\right)$:

$$\boldsymbol{f}'_{\boldsymbol{X}} = \frac{1}{2}\left(2\,\mathrm{Sp}\,\boldsymbol{X}\,(\mathrm{Sp}\,\boldsymbol{X})'_{\boldsymbol{X}} - (\boldsymbol{X}\cdot\cdot\boldsymbol{X})'_{\boldsymbol{X}}\right) = \mathrm{Sp}\,\boldsymbol{X}\,\mathbf{1} - \boldsymbol{X}^{\mathsf{T}}\,. \tag{1.303}$$

3. Dritte Invariante $f(\boldsymbol{X}) = \frac{1}{3}\left(\mathrm{Sp}\,\boldsymbol{X}^3 - I_1\mathrm{Sp}\,\boldsymbol{X}^2 + I_2\mathrm{Sp}\,\boldsymbol{X}\right)$: Ähnlich wie in Gleichung (1.300) finden wir

$$\begin{aligned}(\mathrm{Sp}\,\boldsymbol{X}^3)'_{\boldsymbol{X}} &= (\boldsymbol{E}\cdot\cdot\boldsymbol{X}^3)'_{\boldsymbol{X}} = 3\,(\boldsymbol{X}^2)^{\mathsf{T}}\,;\\ \boldsymbol{f}'_{\boldsymbol{X}} &= \frac{1}{3}\left(3\,(\boldsymbol{X}^2)^{\mathsf{T}} - 2I_1\boldsymbol{X}^{\mathsf{T}} - \mathrm{Sp}\,\boldsymbol{X}^2\boldsymbol{E} + I_2\mathbf{1} + \mathrm{Sp}\,\boldsymbol{X}\left(\mathrm{Sp}\,\boldsymbol{X}\mathbf{1} - \boldsymbol{X}^{\mathsf{T}}\right)\right)\\ &= \left(\boldsymbol{X}^2 - I_1\boldsymbol{X} + I_2\mathbf{1}\right)^{\mathsf{T}}\,.\end{aligned} \tag{1.304}$$

Unter Verwendung des Cayley-Hamilton-Theorems erhalten wir schließlich

$$\frac{\mathrm{d}I_3}{\mathrm{d}\boldsymbol{X}} = I_3\boldsymbol{X}^{-\mathsf{T}}\,. \tag{1.305}$$

Wie bereits erwähnt, ist jede skalarwertige isotrope Funktion eines symmetrischen Tensorarguments eine Funktion der Hauptinvarianten ihres Arguments $f(\boldsymbol{X}) = f(I_1, I_2, I_3)$.

Somit schreibt man die Ableitung der isotropen Funktion f nach $\boldsymbol{X}$ in folgender Form:

$$\frac{\partial f}{\partial \boldsymbol{X}} = \frac{\partial f}{\partial I_1}\frac{\partial I_1}{\partial \boldsymbol{X}} + \frac{\partial f}{\partial I_2}\frac{\partial I_2}{\partial \boldsymbol{X}} + \frac{\partial f}{\partial I_3}\frac{\partial I_3}{\partial \boldsymbol{X}} = \left(\frac{\partial f}{\partial I_1} + I_1\frac{\partial f}{\partial I_2}\right)\mathbf{1} - \frac{\partial f}{\partial I_2}\boldsymbol{X} + I_3\frac{\partial f}{\partial I_3}\boldsymbol{X}^{-1}. \tag{1.306}$$

Übungsaufgabe *Ableitungen von Funktionen*

Finde $\boldsymbol{f}'_{\boldsymbol{X}}$, falls $f(\boldsymbol{X})$ gegeben ist durch

(a) $\boldsymbol{X}^{\mathsf{T}}\cdot\cdot\boldsymbol{X}$;

(b) $\det(\boldsymbol{A}\cdot\boldsymbol{X})$;

(c) $\boldsymbol{a}\cdot\boldsymbol{X}\cdot\boldsymbol{b}$.

Weitere **Beispiele** umfassen:

(a) *Ableitung von* $f(\boldsymbol{X}\cdot\boldsymbol{X}^{\mathsf{T}})$

Führen wir die Notation $\boldsymbol{X}\cdot\boldsymbol{X}^{\mathsf{T}} = \boldsymbol{Y}$ ein. Da $\boldsymbol{Y}$ ein symmetrischer Tensor ist, sind auch $\mathrm{d}\boldsymbol{Y}$ und $\boldsymbol{f}'_{\boldsymbol{Y}}$ symmetrisch: $\mathrm{d}\boldsymbol{Y} = \mathrm{d}\boldsymbol{X}\cdot\boldsymbol{X}^{\mathsf{T}} + \boldsymbol{X}\cdot\mathrm{d}\boldsymbol{X}^{\mathsf{T}}$. Betrachten wir nun $f(\boldsymbol{X}\cdot\boldsymbol{X}^{\mathsf{T}})$ als Funktion des symmetrischen Tensors $\boldsymbol{Y}$, so können wir schreiben

$$\begin{aligned}\mathrm{d}f(\boldsymbol{Y}) &= \boldsymbol{f}'_{\boldsymbol{Y}}\cdot\cdot\boldsymbol{Y}^{\mathsf{T}} = \boldsymbol{f}'_{\boldsymbol{Y}}\cdot\cdot\left(\mathrm{d}\boldsymbol{X}\cdot\boldsymbol{X}^{\mathsf{T}}\right) + \boldsymbol{f}'_{\boldsymbol{Y}}\cdot\cdot\left(\boldsymbol{X}\cdot\mathrm{d}\boldsymbol{X}^{\mathsf{T}}\right)\\ &= (\boldsymbol{f}'_{\boldsymbol{Y}}\cdot\boldsymbol{X})\cdot\cdot\,\mathrm{d}\boldsymbol{X}^{\mathsf{T}} + (\boldsymbol{X}^{\mathsf{T}}\cdot\boldsymbol{f}'_{\boldsymbol{Y}})\cdot\cdot\,\mathrm{d}\boldsymbol{X}\\ &= (\boldsymbol{f}'_{\boldsymbol{Y}}\cdot\boldsymbol{X})\cdot\cdot\,\mathrm{d}\boldsymbol{X}^{\mathsf{T}} + ((\boldsymbol{f}'_{\boldsymbol{Y}})^{\mathsf{T}}\cdot\boldsymbol{X})\cdot\cdot\,\mathrm{d}\boldsymbol{X}^{\mathsf{T}} = 2(\boldsymbol{f}'_{\boldsymbol{Y}}\cdot\boldsymbol{X})\cdot\cdot\,\mathrm{d}\boldsymbol{X}^{\mathsf{T}}\,.\end{aligned} \tag{1.307}$$

Folglich ist $\boldsymbol{f}'_{\boldsymbol{X}} = 2\boldsymbol{f}'_{\boldsymbol{X}\cdot\boldsymbol{X}^\mathsf{T}} \cdot \boldsymbol{X}$. Zum Beispiel ist die Ableitung der Funktion $f(\boldsymbol{X}) = I_1(\boldsymbol{X}\cdot\boldsymbol{X}^\mathsf{T})$ gegeben durch

$$\boldsymbol{f}'_{\boldsymbol{X}} = 2\frac{\mathrm{d}I_1(\boldsymbol{X}\cdot\boldsymbol{X}^\mathsf{T})}{\mathrm{d}(\boldsymbol{X}\cdot\boldsymbol{X}^\mathsf{T})} \cdot \boldsymbol{X} = 2\mathbf{1}\cdot\boldsymbol{X} = 2\boldsymbol{X}\,. \tag{1.308}$$

(b) *Formel für die inverse Tensorableitung* $\boldsymbol{f}'_{\boldsymbol{X}^{-1}}$ mit $\boldsymbol{f}'_{\boldsymbol{X}}$

Aus der Definition des inversen Tensors $\boldsymbol{X}\cdot\boldsymbol{X}^{-1} = \mathbf{1}$ ergibt sich, dass

$$\mathrm{d}\boldsymbol{X}\cdot\boldsymbol{X}^{-1} + \boldsymbol{X}\cdot\mathrm{d}(\boldsymbol{X}^{-1}) = \mathbf{0}\,, \tag{1.309}$$

woher folgt

$$\mathrm{d}(\boldsymbol{X}^{-1}) = -\boldsymbol{X}^{-1}\cdot\mathrm{d}\boldsymbol{X}\cdot\boldsymbol{X}^{-1} \quad\rightarrow\quad (\mathrm{d}(\boldsymbol{X}^{-1}))^\mathsf{T} = -\boldsymbol{X}^{-\mathsf{T}}\cdot\mathrm{d}\boldsymbol{X}^\mathsf{T}\cdot\boldsymbol{X}^{-\mathsf{T}}\,. \tag{1.310}$$

Dann ist

$$\begin{aligned}\mathrm{d}f &= \boldsymbol{f}'_{\boldsymbol{X}} \cdot\cdot\, \boldsymbol{X}^\mathsf{T} = \boldsymbol{f}'_{\boldsymbol{X}^{-1}} \cdot\cdot \left(\mathrm{d}\boldsymbol{X}^{-1}\right)^\mathsf{T} = -\boldsymbol{f}'_{\boldsymbol{X}^{-1}} \cdot\cdot \left(\boldsymbol{X}^{-\mathsf{T}}\cdot\mathrm{d}\boldsymbol{X}^\mathsf{T}\cdot\boldsymbol{X}^{-\mathsf{T}}\right)\\ &= -\boldsymbol{X}^{-\mathsf{T}}\cdot\boldsymbol{f}'_{\boldsymbol{X}^{-1}}\cdot\boldsymbol{X}^{-\mathsf{T}} \cdot\cdot\, \mathrm{d}\boldsymbol{X}^\mathsf{T}\,.\end{aligned} \tag{1.311}$$

Auf diese Weise entsteht

$$\boldsymbol{f}'_{\boldsymbol{X}} = -\boldsymbol{X}^{-\mathsf{T}}\cdot\boldsymbol{f}'_{\boldsymbol{X}^{-1}}\cdot\boldsymbol{X}^{-\mathsf{T}} \tag{1.312}$$

und folglich

$$\boldsymbol{f}'_{\boldsymbol{X}^{-1}} = -\boldsymbol{X}^\mathsf{T}\cdot\boldsymbol{f}'_{\boldsymbol{X}}\cdot\boldsymbol{X}^\mathsf{T}\,. \tag{1.313}$$

Wenn wir zum Beispiel die Funktion $f(\boldsymbol{X}) = I_1(\boldsymbol{X}^2)$ betrachten, dann ist

$$\boldsymbol{f}'_{\boldsymbol{X}} = \left(I_1(\boldsymbol{X}^2)\right)_{\boldsymbol{X}} = (\boldsymbol{X}\cdot\cdot\,\boldsymbol{X})_{\boldsymbol{X}} = 2\boldsymbol{X}^\mathsf{T}\,. \tag{1.314}$$

Und somit ist

$$\boldsymbol{f}'_{\boldsymbol{X}^{-1}} = -\boldsymbol{X}^\mathsf{T}\cdot 2\boldsymbol{X}^\mathsf{T}\cdot\boldsymbol{X}^\mathsf{T} = -2\left(\boldsymbol{X}^\mathsf{T}\right)^3\,. \tag{1.315}$$

(c) *Partielle Ableitung einer Skalarfunktion mit mehreren Tensorargumenten*

Die Funktionsargumente seien n Tensoren zweiter Ordnung $\boldsymbol{X}_i$ $i = 1,\ldots,n$. Die partielle Ableitung der Funktion f nach dem Argument $\boldsymbol{X}_i$ wird mit $\partial f/\partial\boldsymbol{X}_i$ bezeichnet und ist für einen beliebigen Tensor 2. Stufe $\mathrm{d}\boldsymbol{X}$ durch folgende Relation definiert

$$\frac{\partial f}{\partial\boldsymbol{X}_i} \cdot\cdot\, \mathrm{d}\boldsymbol{X}^\mathsf{T} = \frac{\partial}{\partial\varepsilon} f\left(\boldsymbol{X}_i,\ldots,\boldsymbol{X}_i + \varepsilon\,\mathrm{d}\boldsymbol{X},\ldots,\boldsymbol{X}_n\right)\Big|_{\varepsilon\to 0} \tag{1.316}$$

für einen beliebigen Tensor zweiten Ranges $\mathrm{d}\boldsymbol{X}$.

1.3.3.3 Ableitung einer Skalarfunktion nach einem Tensorargument

Ähnlich wie bei der Ableitung einer skalaren Funktion für die Funktion ${}^p\boldsymbol{Y} = \boldsymbol{F}({}^k\boldsymbol{X})$, die von $\mathscr{T}_k$ nach $\mathscr{T}_p$ abbildet, definieren wir die Ableitung ${}^{p+k}\boldsymbol{F}'_{\boldsymbol{X}}$ als Spezialfall der Gateaux-Ableitung

$$ {}^{p+k}\boldsymbol{F}'_{\boldsymbol{X}} \odot {}^k\mathrm{d}\boldsymbol{X} = \frac{\partial}{\partial\varepsilon}\boldsymbol{F}\big({}^k\boldsymbol{X}+\varepsilon\,{}^k\mathrm{d}\boldsymbol{X}\big)\Big|_{\varepsilon\to 0} = \lim_{\varepsilon\to 0}\frac{\boldsymbol{F}\big({}^k\boldsymbol{X}+\varepsilon\,{}^k\mathrm{d}\boldsymbol{X}\big)-\boldsymbol{F}\big({}^k\boldsymbol{X}\big)}{\varepsilon} \tag{1.317}$$

für beliebiges ${}^k\mathrm{d}\boldsymbol{X}$.

Nachdem wir eine orthonormale Basis e_k festgelegt haben, können wir die Koordinatendarstellung der Funktion und ihres Arguments aufschreiben:

$$ {}^k\boldsymbol{X} = X_{n_1 n_2 \dots n_k}\boldsymbol{e}_{n_1}\boldsymbol{e}_{n_2}\dots\boldsymbol{e}_{n_k}\,, \quad {}^p\boldsymbol{Y} = Y_{m_1 m_2 \dots m_p}\boldsymbol{e}_{m_1}\boldsymbol{e}_{m_2}\dots\boldsymbol{e}_{m_p}\,, \tag{1.318}$$

wobei die Koordinaten des Tensors ${}^p\boldsymbol{Y}$ Funktionen der Koordinaten sind:

$$ {}^p\boldsymbol{X}:\ Y_{m_1 m_2 \dots m_p} = F_{m_1 m_2 \dots m_p}(X_{n_1 n_2 \dots n_k})\,. \tag{1.319}$$

Setzen wir die Koordinatendarstellung der Funktion in die rechte Seite der Gleichung (1.317) ein, erhalten wir

$$ \frac{\partial}{\partial\varepsilon}F_{m_1 m_2 \dots m_p}(X_{n_1 n_2 \dots n_k}+\varepsilon\, dX_{n_1 n_2 \dots n_k})\boldsymbol{e}_{m_1}\boldsymbol{e}_{m_2}\dots\boldsymbol{e}_{m_p}\Big|_{\varepsilon\to 0} = \frac{\partial F_{m_1 m_2 \dots m_p}}{\partial X_{n_1 n_2 \dots n_k}}\boldsymbol{e}_{m_1}\boldsymbol{e}_{m_2}\dots\boldsymbol{e}_{m_p}\,. \tag{1.320}$$

Daraus folgt, dass der Tensor ${}^{p+k}\boldsymbol{F}'_{\boldsymbol{X}}$ die folgende Form hat

$$ {}^{p+k}\boldsymbol{F}'_{\boldsymbol{X}} = \frac{\partial F_{m_1 m_2 \dots m_p}}{\partial X_{n_1 n_2 \dots n_k}}\underbrace{\boldsymbol{e}_{m_1}\boldsymbol{e}_{m_2}\dots\boldsymbol{e}_{m_p}\boldsymbol{e}_{n_1}\boldsymbol{e}_{n_2}\dots\boldsymbol{e}_{n_k}}_{p+k}\,. \tag{1.321}$$

Insbesondere gilt für Tensoren zweiter Stufe

$$ \boldsymbol{F}'_{\boldsymbol{X}} = \frac{\partial\boldsymbol{F}}{\partial\boldsymbol{X}} = \frac{\partial F_{ks}}{\partial X_{mn}}\boldsymbol{e}_k\boldsymbol{e}_s\boldsymbol{e}_m\boldsymbol{e}_n\,. \tag{1.322}$$

Bei einem symmetrischen Argument wird die Ableitung bis auf eine beliebige antisymmetrische Komponente bestimmt. Deshalb nehmen wir zur Eindeutigkeit an, dass dieser antisymmetrische Anteil Null ist. Insbesondere für Tensoren zweiter Ordnung gilt

$$ \boldsymbol{F}'_{\boldsymbol{X}} = \frac{1}{2}\frac{\partial F_{ks}}{\partial X_{mn}}\boldsymbol{e}_k\boldsymbol{e}_s(\boldsymbol{e}_m\boldsymbol{e}_n+\boldsymbol{e}_n\boldsymbol{e}_m)\,. \tag{1.323}$$

Betrachten wir ein paar **Beispiele**.

1. $\boldsymbol{F}(\boldsymbol{X}) = \boldsymbol{X}$,

$$ \boldsymbol{F}'_{\boldsymbol{X}}\cdot\cdot\,\mathrm{d}\boldsymbol{X}^{\mathsf{T}} = \frac{\partial}{\partial\varepsilon}(\boldsymbol{X}+\varepsilon\,\mathrm{d}\boldsymbol{X})\Big|_{\varepsilon\to 0} = \mathrm{d}\boldsymbol{X} = {}^4\boldsymbol{I}_3\cdot\cdot\,\mathrm{d}\boldsymbol{X}^{\mathsf{T}}\,, \tag{1.324}$$

folglich ist

$$ \frac{\mathrm{d}\boldsymbol{X}}{\mathrm{d}\boldsymbol{X}} = {}^4\boldsymbol{I}_3\,. \tag{1.325}$$

2. $\boldsymbol{F}(\boldsymbol{X}) = \boldsymbol{X}^{\mathsf{T}} = X_{mn}\boldsymbol{e}_n\boldsymbol{e}_m$,

$$\boldsymbol{F}'_{\boldsymbol{X}} = \frac{\partial X_{mn}}{\partial X_{ij}}\boldsymbol{e}_n\boldsymbol{e}_m\boldsymbol{e}_i\boldsymbol{e}_j = \delta_{mi}\delta_{nj}\boldsymbol{e}_n\boldsymbol{e}_m\boldsymbol{e}_i\boldsymbol{e}_j = \boldsymbol{e}_n\boldsymbol{e}_m\boldsymbol{e}_m\boldsymbol{e}_n = {}^4\boldsymbol{I}_2. \tag{1.326}$$

3. $\boldsymbol{F}(\boldsymbol{X}) = \boldsymbol{X}$, wobei $\boldsymbol{X}$ ein symmetrischer Tensor sei. Dann ist

$$\boldsymbol{F}'_{\boldsymbol{X}} = \left({}^4\boldsymbol{I}_3\right)^s_{(3,4)} = \frac{1}{2}\left(\boldsymbol{e}_m\boldsymbol{e}_n\boldsymbol{e}_m\boldsymbol{e}_n + \boldsymbol{e}_m\boldsymbol{e}_n\boldsymbol{e}_n\boldsymbol{e}_m\right) = \frac{1}{2}\left({}^4\boldsymbol{I}_3 + {}^4\boldsymbol{I}_2\right). \tag{1.327}$$

Übungsaufgabe *Ableitungen von Funktionen*

Finde $\boldsymbol{F}'_{\boldsymbol{X}}$, falls

(a) $\boldsymbol{F}(\boldsymbol{X}) = {}^4\boldsymbol{C}\cdot\cdot\,\boldsymbol{X}^{\mathsf{T}}$;

(b) $\boldsymbol{F}(\boldsymbol{X}) = {}^4\boldsymbol{C}\cdot\cdot\,\boldsymbol{X}$, wobei $\boldsymbol{X}$ ein symmetrischer Tensor ist;

(c) $\boldsymbol{F}(\boldsymbol{X}) = (\boldsymbol{X}\cdot\boldsymbol{A})^{\mathsf{T}}$;

(d) $\mathrm{Sp}\,(\boldsymbol{A}\cdot\boldsymbol{X})\,\boldsymbol{1}$.

Satz: *Die Ableitung des Produkts eines Skalars nach einem Tensor*

Gesucht ist das Differential von $f(\boldsymbol{X})\boldsymbol{F}(\boldsymbol{X})$:

$$\mathrm{d}(f\boldsymbol{F}) = \boldsymbol{F}\,\mathrm{d}f + f\,\mathrm{d}\boldsymbol{F} = (\boldsymbol{F}f'_{\boldsymbol{X}} + f\boldsymbol{F}'_{\boldsymbol{X}})\cdot\cdot\,\mathrm{d}\boldsymbol{X}^{\mathsf{T}}. \tag{1.328}$$

Folglich:

$$\left(f\boldsymbol{F}\right)'_{\boldsymbol{X}} = \boldsymbol{F}f'_{\boldsymbol{X}} + f\boldsymbol{F}'_{\boldsymbol{X}}.\quad\square \tag{1.329}$$

Zum Beispiel

$$\frac{\mathrm{d}I_1(\boldsymbol{X})\boldsymbol{X}}{\mathrm{d}\boldsymbol{X}} = \boldsymbol{X}\frac{\mathrm{d}I_1(\boldsymbol{X})}{\mathrm{d}\boldsymbol{X}} + I_1(\boldsymbol{X})\frac{\mathrm{d}\boldsymbol{X}}{\mathrm{d}\boldsymbol{X}} = \boldsymbol{X}\boldsymbol{1} + I_1(\boldsymbol{X})\,{}^4\boldsymbol{I}_3. \tag{1.330}$$

Übungsaufgabe *Ableitungen von Funktionen*

Differenziere die folgenden tensorwertigen Funktionen

(a) $\boldsymbol{F}(\boldsymbol{X}) = \det\boldsymbol{X}\,\boldsymbol{X}^{\mathsf{T}}$,

(b) $\boldsymbol{F}(\boldsymbol{X}) = \boldsymbol{X}\cdot\boldsymbol{A}\,\mathrm{Sp}\,(\boldsymbol{X})$

nach $\boldsymbol{X}$.

Satz: *Ableitung eines Produkts von Tensoren*

$$\mathrm{d}(\boldsymbol{F}_1\cdot\boldsymbol{F}_2) = \mathrm{d}\boldsymbol{F}_1\cdot\boldsymbol{F}_2 + \boldsymbol{F}_1\cdot\mathrm{d}\boldsymbol{F}_2 = \left(\boldsymbol{F}'_{1\boldsymbol{X}}\cdot\cdot\,\mathrm{d}\boldsymbol{X}^{\mathsf{T}}\right)\cdot\boldsymbol{F}_2 + \boldsymbol{F}_1\cdot\left(\boldsymbol{F}'_{2\boldsymbol{X}}\cdot\cdot\,\mathrm{d}\boldsymbol{X}^{\mathsf{T}}\right). \tag{1.331}$$

Mithilfe von Gleichung (1.239) stellen wir $\mathrm{d}\boldsymbol{X}^{\mathsf{T}}$ folgendermaßen da:

$$\mathrm{d}\boldsymbol{X}^{\mathsf{T}} = {}^4\boldsymbol{I}_2\cdot\cdot\,\mathrm{d}\boldsymbol{X}^{\mathsf{T}} = \boldsymbol{e}_k\boldsymbol{e}_m\boldsymbol{e}_m\boldsymbol{e}_k\cdot\cdot\,\mathrm{d}\boldsymbol{X}^{\mathsf{T}}, \tag{1.332}$$

wodurch $\mathrm{d}\boldsymbol{X}^{\mathsf{T}}$ im ersten Term nach rechts verschoben werden kann:

$$\left(\boldsymbol{F}'_{1\boldsymbol{X}} \cdot\cdot \mathrm{d}\boldsymbol{X}^{\mathsf{T}}\right) \cdot \boldsymbol{F}_2 = (\boldsymbol{F}'_{1\boldsymbol{X}} \cdot\cdot \boldsymbol{e}_k \boldsymbol{e}_m) \cdot \boldsymbol{F}_2 (\boldsymbol{e}_m \boldsymbol{e}_k \cdot\cdot \mathrm{d}\boldsymbol{X}^{\mathsf{T}}) . \tag{1.333}$$

Letztendlich folgt

$$\frac{\mathrm{d}(\boldsymbol{F}_1 \cdot \boldsymbol{F}_2)}{\mathrm{d}\boldsymbol{X}} = (\boldsymbol{F}'_{1\boldsymbol{X}} \cdot\cdot \boldsymbol{e}_k \boldsymbol{e}_m) \cdot \boldsymbol{F}_2 \, \boldsymbol{e}_m \boldsymbol{e}_k + \boldsymbol{F}_1 \cdot \boldsymbol{F}'_{2\boldsymbol{X}} . \tag{1.334}$$

Beispiele:

1. $(\boldsymbol{A} \cdot \boldsymbol{X})'_{\boldsymbol{X}} = \boldsymbol{A} \cdot {}^4\boldsymbol{I}_3$,
2. $(\boldsymbol{X} \cdot \boldsymbol{A})'_{\boldsymbol{X}} = \boldsymbol{e}_m \boldsymbol{e}_k \cdot \boldsymbol{A} \boldsymbol{e}_m \boldsymbol{e}_k$,
3. $(\boldsymbol{X} \cdot \boldsymbol{X})'_{\boldsymbol{X}} = {}^4\boldsymbol{I}_3 \cdot\cdot \boldsymbol{e}_k \boldsymbol{e}_m \cdot \boldsymbol{X} \boldsymbol{e}_m \boldsymbol{e}_k + \boldsymbol{X} \cdot {}^4\boldsymbol{I}_3 =$
$\boldsymbol{e}_m \boldsymbol{e}_k \cdot \boldsymbol{X} \boldsymbol{e}_m \boldsymbol{e}_k + \boldsymbol{X} \cdot \boldsymbol{e}_m \boldsymbol{e}_k \boldsymbol{e}_m \boldsymbol{e}_k = (\boldsymbol{e}_m \boldsymbol{e}_k \cdot \boldsymbol{X} + \boldsymbol{X} \cdot \boldsymbol{e}_m \boldsymbol{e}_k)\, \boldsymbol{e}_m \boldsymbol{e}_k$.

Satz: *Ableitung des inversen Tensors*

Wir bilden folgende Formelkette:

$$\boldsymbol{1}'_{\boldsymbol{X}} = \boldsymbol{0} = \left(\boldsymbol{X} \cdot \boldsymbol{X}^{-1}\right)'_{\boldsymbol{X}} = {}^4\boldsymbol{I}_3 \cdot\cdot \boldsymbol{e}_k \boldsymbol{e}_m \cdot \boldsymbol{X}^{-1} \boldsymbol{e}_m \boldsymbol{e}_k + \boldsymbol{X} \cdot \left(\boldsymbol{X}^{-1}\right)'_{\boldsymbol{X}} , \tag{1.335}$$

woraus wir finden

$$\left(\boldsymbol{X}^{-1}\right)'_{\boldsymbol{X}} = -\boldsymbol{X}^{-1} \cdot \boldsymbol{e}_m \boldsymbol{e}_k \cdot \boldsymbol{X}^{-1} \boldsymbol{e}_m \boldsymbol{e}_k . \tag{1.336}$$

Satz: *Variablensubstitution*

Der Tensor $\boldsymbol{Z}$ soll vom Tensor $\boldsymbol{Y}$ abhängen, der wiederum vom Tensor $\boldsymbol{X}$ abhängt. Dann kann das Differential $\boldsymbol{Z}$ in Bezug auf die Inkremente der Tensoren $\boldsymbol{Z}$ und $\boldsymbol{X}$ wie folgt geschrieben werden:

$$\mathrm{d}\boldsymbol{Z} = \boldsymbol{Z}'_{\boldsymbol{X}} \cdot\cdot \mathrm{d}\boldsymbol{X}^{\mathsf{T}} = \boldsymbol{Z}'_{\boldsymbol{Y}} \cdot\cdot \mathrm{d}\boldsymbol{Y}^{\mathsf{T}} . \tag{1.337}$$

Das Differential $\boldsymbol{Y}$ kann nun geschrieben werden als

$$\mathrm{d}\boldsymbol{Y} = \boldsymbol{Y}'_{\boldsymbol{X}} \cdot\cdot \mathrm{d}\boldsymbol{X}^{\mathsf{T}} , \quad \mathrm{d}\boldsymbol{Y}^{\mathsf{T}} = {}^4\boldsymbol{I}_3 \cdot\cdot \mathrm{d}\boldsymbol{Y} = {}^4\boldsymbol{I}_3 \cdot\cdot \boldsymbol{Y}'_{\boldsymbol{X}} \cdot\cdot \mathrm{d}\boldsymbol{X}^{\mathsf{T}} . \tag{1.338}$$

Wenn wir $\mathrm{d}\boldsymbol{Y}^{\mathsf{T}}$ in Gleichung (1.337) einsetzen und die Faktoren von $\mathrm{d}\boldsymbol{X}^{\mathsf{T}}$ gleichsetzen, finden wir:

$$\boldsymbol{Z}'_{\boldsymbol{X}} = \boldsymbol{Z}'_{\boldsymbol{Y}} \cdot\cdot {}^4\boldsymbol{I}_3 \cdot\cdot \boldsymbol{Y}'_{\boldsymbol{X}} = \left(\boldsymbol{Z}'_{\boldsymbol{Y}}\right)^{\mathsf{T}}_{(34)} \cdot\cdot \boldsymbol{Y}'_{\boldsymbol{X}} = \boldsymbol{Z}'_{\boldsymbol{Y}} \cdot\cdot \left(\boldsymbol{Y}'_{\boldsymbol{X}}\right)^{\mathsf{T}}_{(12)} . \tag{1.339}$$

Wir bedenken, dass $\left({}^4\boldsymbol{A}\right)^{\mathsf{T}}_{mn}$ die Permutation von Vektoren im Tensorprodukt an den Positionen m und n bezeichnet.

Für eine skalare Funktion $f(\boldsymbol{Y}(\boldsymbol{X}))$ gilt speziell:

$$f'_{\boldsymbol{X}} = f'_{\boldsymbol{Y}} \cdot\cdot {}^4\boldsymbol{I}_3 \cdot\cdot \boldsymbol{Y}'_{\boldsymbol{X}} = \left(f'_{\boldsymbol{Y}}\right)^{\mathsf{T}} \cdot\cdot \boldsymbol{Y}'_{\boldsymbol{X}} . \tag{1.340}$$

1.4 Tensorfelder

1.4.1 Krummlinige orthogonale Koordinaten

Im dreidimensionalen euklidischen Raum ist die Position des Punktes M durch den Ortsvektor $\boldsymbol{x}$ gegeben. *Ein Tensorfeld* ist eine Abbildung, die jedem Punkt im Raum $M(\boldsymbol{x})$ und jedem Zeitpunkt einen bestimmten Tensor beliebigen Ranges ${}^p\boldsymbol{F} = {}^p\boldsymbol{F}(\boldsymbol{x}, t)$ zuordnet. Beispiele für Tensorfelder sind das Temperaturfeld (Skalarfeld), das Geschwindigkeitsfeld (Vektorfeld), das Feld der mechanischen Spannungen (Tensorfeld zweiter Stufe) und so weiter. Ein Tensorfeld heißt stetig (oder differenzierbar), wenn die Koordinaten ${}^p\boldsymbol{F} = {}^p\boldsymbol{F}(\boldsymbol{x}, t)$ stetige (oder differenzierbare) Funktionen des Ortsvektors und der Zeit sind. Wenn der Tensor nur von $\boldsymbol{x}$ abhängt, dann heißt dieses Feld *stationär.*

Im gewählten Koordinatensystem wird der Ortsvektor durch drei Zahlen bestimmt, die als Punktkoordinaten bezeichnet werden. Die am häufigsten verwendeten sind rechteckige (kartesische), zylindrische und sphärische Koordinatensysteme. Ein wichtiger Unterschied zwischen dem kartesischen Koordinatensystem und den anderen besteht darin, dass seine Basisvektoren für alle Punkte im Raum gleich sind, während sich in krummlinigen Koordinatensystemen die Basisvektoren von Punkt zu Punkt ändern. Um das kartesische Koordinatensystem von allen anderen zu unterscheiden, bezeichnen wir seine Basisvektoren mit $\boldsymbol{i}_1, \boldsymbol{i}_2, \boldsymbol{i}_3$. Dementsprechend ist der Ortsvektor in einem rechtwinkligen orthogonalen Koordinatensystem durch folgende Darstellung gegeben $\boldsymbol{x} = x_k \boldsymbol{i}_k$.

Die Verbindung von kartesischen Koordinaten mit krummlinigen ist durch drei Relationen gegeben

$$x_i = x_i(q_1, q_2, q_3)\,, \quad i = 1, 2, 3\,. \tag{1.341}$$

Wir nehmen weiter an, dass diese Funktionen stetig und eindeutig sind und stetige partielle Ableitungen bis einschließlich dritter Ordnung haben. Dann lässt sich der Ortsvektor des Punktes M als Funktion krummliniger Koordinaten darstellen:

$$\boldsymbol{x} = \boldsymbol{x}(q_1, q_2, q_3)\,. \tag{1.342}$$

Damit die Gleichung (1.342) eindeutig ist, ist es notwendig, dass die krummlinigen Koordinaten q_k eindeutig aus der Gleichung (1.341) bestimmt sind. Die Bedingung für die Lösbarkeit des Systems in Gleichung (1.341), ist die Nichtentartung der Transformation, was äquivalent zu der Forderung ist, dass die Jacobimatrix nicht verschwindet

$$J = \left| \frac{\partial x_j}{\partial q_i} \right| \neq 0\,. \tag{1.343}$$

Wenn wir zwei beliebige krummlinige Koordinaten festlegen, dann beschreibt das Ende des Ortsvektors Gleichung (1.342) eine Kurve im Raum, die der sich ändernden Koordinate q_k entspricht (Bild 1.12). Das Verschieben des Punktes M von der Position $\boldsymbol{x}(q_1, q_2, q_3)$ entlang der Koordinatenlinie, zum Beispiel q_1, entspricht dem Inkrement des Ortsvektors

$$\Delta\boldsymbol{x} = \boldsymbol{x}(q_1 + \Delta q_1, q_2, q_3) - \boldsymbol{x}(q_1, q_2, q_3)\,, \tag{1.344}$$

das entlang der Sehne gerichtet ist (Bild 1.12). Je kleiner das Koordinateninkrement, desto näher liegt $\Delta\boldsymbol{x}$ an der Tangente der Koordinatengeraden. Somit finden sich die Tangentenvektoren an die Koordinatengeraden als Grenzwert des Verhältnisses $\Delta\boldsymbol{x}/\Delta q_k$ bei $\Delta q_k \to 0$:

$$\boldsymbol{x}_k = \frac{\partial \boldsymbol{x}}{\partial q_k}, \quad |\boldsymbol{x}_k| = H_k = \sqrt{\left(\frac{\partial x_1}{\partial q_k}\right)^2 + \left(\frac{\partial x_2}{\partial q_k}\right)^2 + \left(\frac{\partial x_3}{\partial q_k}\right)^2}. \tag{1.345}$$

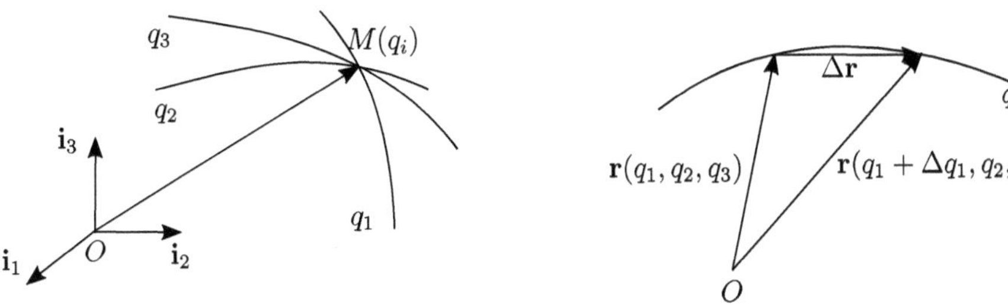

Bild 1.12 Krummlinige Koordinaten

Die Längen dieser Vektoren H_k heißen *Lamékoeffizienten*. Die Einheitsvektortriade

$$\boldsymbol{e}_k = \frac{1}{H_k}\boldsymbol{x}_k, \tag{1.346}$$

welche tangential zu den Koordinatenlinien liegt und so gerichtet ist, dass q_k ansteigt, ist eine Vektorbasis im gewählten System krummliniger Koordinaten (in diesem Ausdruck erfolgt keine Summierung über k). Für ein orthogonales krummliniges Koordinatensystem gelten die Bedingungen $\boldsymbol{e}_s \cdot \boldsymbol{e}_k = \delta_{sk}$. Solche Koordinatensysteme werden in diesem Abschnitt betrachtet. Man beachte, dass im Gegensatz zu kartesischen Koordinaten die orthonormale Basis $\boldsymbol{e}_k$ für krummlinige Koordinaten q_k nicht konstant ist, sondern von Punkt zu Punkt variiert.

Um die geometrische Bedeutung der Lamékoeffizienten zu verstehen, berücksichtigen wir den Vektor $\mathrm{d}\boldsymbol{x}$, der den Übergang von einem gegebenen Punkt zu einem unendlich nahen Punkt bestimmt:

$$\mathrm{d}\boldsymbol{x} = \frac{\partial \boldsymbol{x}}{\partial q_k}\,\mathrm{d}q_k = \boldsymbol{x}_k\,\mathrm{d}q_k = \sum_{k=1}^{3} H_k \boldsymbol{e}_k\,\mathrm{d}q_k. \tag{1.347}$$

Das Quadrat der Länge dieses Vektors ist

$$\mathrm{d}s^2 = \mathrm{d}\boldsymbol{x}\cdot\mathrm{d}\boldsymbol{x} = \frac{\partial \boldsymbol{x}}{\partial q_n}\,\mathrm{d}q_n \cdot \frac{\partial \boldsymbol{x}}{\partial q_m}\,\mathrm{d}q_m = \mathrm{d}q_m\,\mathrm{d}q_n \boldsymbol{x}_n\cdot\boldsymbol{x}_m = \left(\mathrm{d}q_n\right)^2 H_n^2. \tag{1.348}$$

Somit ist der Lamékoeffizient die Proportionalitätskonstante zwischen dem Inkrement einer Koordinate und dem Inkrement der Bogenlänge der dieser Koordinate entsprechenden Linie.

Das Volumenelement in orthogonalen krummlinigen Koordinaten ist gegeben durch

$$\mathrm{d}V = \mathrm{d}x_1\,\mathrm{d}x_2\,\mathrm{d}x_3 = \boldsymbol{x}_1\,\mathrm{d}q_1\cdot(\boldsymbol{x}_2\,\mathrm{d}q_2 \times \boldsymbol{x}_3\,\mathrm{d}q_3) = H_1 H_2 H_3\,\mathrm{d}q_1\,\mathrm{d}q_2\,\mathrm{d}q_3 = J\,\mathrm{d}q_1\,\mathrm{d}q_2\,\mathrm{d}q_3. \tag{1.349}$$

Im kartesischen Koordinatensystem verlaufen die Koordinatengeraden parallel zu den Koordinatenachsen. Vektoren, die sie berühren, werden durch die Gleichung (1.345) definiert: $\boldsymbol{x}_k = \partial\boldsymbol{x}/\partial x_k = \boldsymbol{i}_k$. Daraus ergeben sich unter Berücksichtigung der Gleichung (1.346) die Lamékoeffizienten und Basisvektoren: $H_k = 1$, $\boldsymbol{e}_k = \boldsymbol{i}_k$.

1.4.2 Hamiltons Nabla-Operator

Da $\boldsymbol{e}_k$ eine Orthonormalbasis ist, kann man aus der Gleichung (1.345) einen Ausdruck für das Inkrement der $\mathrm{d}q_k$-Koordinate erhalten (nicht über k summieren):

$$\mathrm{d}q_k = \frac{1}{H_k}\boldsymbol{e}_k \cdot \mathrm{d}\boldsymbol{x}. \tag{1.350}$$

Betrachten wir nun das Skalarfeld $f(\boldsymbol{x}) = f(q_1, q_2, q_3)$ als Funktion krummliniger Koordinaten und schreiben sein Differential auf:

$$\mathrm{d}f = \frac{\partial f}{\partial q_k}\,\mathrm{d}q_k = \sum_{k=1}^{3} \frac{1}{H_k}\boldsymbol{e}_k \frac{\partial f}{\partial q_k} \cdot \mathrm{d}\boldsymbol{x}. \tag{1.351}$$

Es wird ein symbolischer Vektor eingeführt

$$\nabla = \sum_{k=1}^{3} \boldsymbol{e}_k \frac{1}{H_k}\frac{\partial}{\partial q_k} = \sum_{k=1}^{3} \frac{\boldsymbol{x}_k}{H_k^2}\frac{\partial}{\partial q_k}, \tag{1.352}$$

und als *Hamilton's Nabla-Operator* bezeichnet wird. Damit kann Gleichung (1.351) umgeschrieben werden als

$$\mathrm{d}f = (\nabla f) \cdot \mathrm{d}\boldsymbol{x}, \tag{1.353}$$

wobei der Vektor $\nabla f = \operatorname{grad} f$ der Gradient von f ist. Die Gleichung (1.353) sagt aus, dass der lineare Anteil des Feldzuwachses durch den Gradienten ausgedrückt wird, wenn man sich von einem Punkt zum nächsten bewegt.

Im kartesischen Koordinatensystem hat der Nabla-Operator die einfachste Form

$$\nabla = \boldsymbol{i}_k \frac{\partial}{\partial x_k}. \tag{1.354}$$

Obiges kann auf einen Vektor angewendet werden:

$$\mathrm{d}\boldsymbol{f} = \frac{\partial \boldsymbol{f}}{\partial q_k}\,\mathrm{d}q_k = \sum_{k=1}^{3} \frac{\partial \boldsymbol{f}}{\partial q_k}\frac{1}{H_k}\boldsymbol{e}_k \cdot \mathrm{d}\boldsymbol{x} = \boldsymbol{f}\nabla \cdot \mathrm{d}\boldsymbol{x} = (\nabla \boldsymbol{f})^{\mathsf{T}} \cdot \mathrm{d}\boldsymbol{x}. \tag{1.355}$$

Der Tensor zweiter Stufe $\nabla \boldsymbol{f}$ heißt Vektorgradient. Zu beachten ist, dass in der ausländischen Literatur es teils andere Definitionen gibt. Zum Beispiel ist in [Tr1991] der Gradient $(\nabla \boldsymbol{f})^{\mathsf{T}}$. $(\nabla \boldsymbol{f})^{\mathsf{T}}$ heißt auch die Ableitung des Vektors $\boldsymbol{f}$ in Richtung von $\boldsymbol{x}$ (sogenannter *Rechtsgradient*, siehe auch beispielsweise Abschnitte 3.5.1 und 3.5.4.):

$$\frac{\mathrm{d}\boldsymbol{f}}{\mathrm{d}\boldsymbol{x}} = (\nabla \otimes \boldsymbol{f})^{\mathsf{T}} \equiv \boldsymbol{f} \otimes \nabla. \tag{1.356}$$

Das Ergebnis der Anwendung der Gradientenoperation auf das Tensorfeld ${}^{p}\boldsymbol{F}$ ist ein Tensor, dessen Stufe um eins größer ist als die Stufe des ursprünglichen Tensors.

Es ist wichtig zu beachten, dass die Anwendung des Nabla-Operators auf ein in krummlinigen Koordinaten gegebenes Tensorfeld durch die Notwendigkeit erschwert wird, die Änderung der Basisvektoren zu berücksichtigen, deren Richtung sich von Punkt zu Punkt ändert. Somit wird die Operation des Gradienten des Tensorfeldes ${}^{p}\boldsymbol{F}$ im krummlinigen Koordinatensystem geschrieben als

$$\nabla\,{}^{p}\boldsymbol{F} = \sum_{k=1}^{3} \frac{\boldsymbol{e}_k}{H_k} \frac{\partial F_{n_1\dots n_p} \boldsymbol{e}_{n_1} \dots \boldsymbol{e}_{n_p}}{\partial q_k}$$
$$= \sum_{k=1}^{3} \frac{\boldsymbol{e}_k}{H_k} \left(\frac{\partial F_{n_1\dots n_p}}{\partial q_k} \boldsymbol{e}_{n_1} \dots \boldsymbol{e}_{n_p} + F_{n_1\dots n_p} \frac{\partial \boldsymbol{e}_{n_1}}{\partial q_k} \boldsymbol{e}_{n_2} \dots \boldsymbol{e}_{n_p} + \dots + F_{n_1\dots n_p} \boldsymbol{e}_{n_1} \dots \boldsymbol{e}_{n_{p-1}} \frac{\partial \boldsymbol{e}_{n_p}}{\partial q_k} \right). \tag{1.357}$$

Hierin erschienen Ableitungen nach den Orten, nämlich $\boldsymbol{e}_s$ nach q_k. Ihre Werte können durch direkte Berechnung oder durch kinematische Interpretation gefunden werden, die als *Methode des bewegten Dreibeins* [Lu2010] bekannt ist.

So wie die Dyade $\boldsymbol{ab}$ mit dem Skalar $\boldsymbol{a}\cdot\boldsymbol{b}$ und dem Vektor $\boldsymbol{a}\times\boldsymbol{b}$ assoziiert werden kann, definiert der Tensor $\nabla\boldsymbol{f}$ den Skalar

$$\nabla\cdot\boldsymbol{f} = \sum_{k=1}^{3} \boldsymbol{e}_k \cdot \frac{1}{H_k} \frac{\partial}{\partial q_k} (f_m \boldsymbol{e}_m) = \sum_{k=1}^{3} \frac{1}{H_k} \left(\frac{\partial f_k}{\partial q_k} + f_m \boldsymbol{e}_k \cdot \frac{\partial \boldsymbol{e}_m}{\partial q_k} \right) = \operatorname{div}\boldsymbol{f}\,, \tag{1.358}$$

genannt die *Divergenz des Vektors* und der Vektor

$$\nabla\times\boldsymbol{f} = \sum_{k=1}^{3} \frac{1}{H_k} \boldsymbol{e}_k \times \frac{\partial \boldsymbol{f}}{\partial q_k} = \sum_{k=1}^{3} \frac{1}{H_k^2} \boldsymbol{x}_k \times \frac{\partial \boldsymbol{f}}{\partial q_k} = \operatorname{rot}\boldsymbol{f}\,, \tag{1.359}$$

wird *Rotation des Vektors* (oder auch Rotor) genannt.

Im kartesischen Koordinatensystem haben die Divergenz und der Rotor des Vektors die Form

$$\operatorname{div}\boldsymbol{f} = \frac{\partial f_i}{\partial x_i}\,, \quad \operatorname{rot}\boldsymbol{f} = \boldsymbol{i}_i \times \boldsymbol{i}_j \frac{\partial f_j}{\partial x_i} = \varepsilon_{ijk} \frac{\partial f_j}{\partial x_i} \boldsymbol{i}_k\,. \tag{1.360}$$

Der Vektor $\boldsymbol{\omega} = \frac{1}{2}\operatorname{rot}\boldsymbol{f}$ heißt *Wirbelvektor* von $\boldsymbol{f}$. Ein Vektorfeld, dessen Rotation gleich Null ist, heißt *rotationsfrei* oder *Potentialfeld.* Ein Vektorfeld, dessen Divergenz Null ist heißt *solenoidales Vektorfeld solenoidal.*

Der Wirbelvektor $\boldsymbol{\omega}$ ist der zum antisymmetrischen Tensor $\boldsymbol{\Omega}$ (nicht zu verwechseln mit dem gleichen Symbol in Gleichung (1.279)) assoziierte Vektor:

$$\boldsymbol{\Omega} = \boldsymbol{1}\times\boldsymbol{\omega} = \frac{1}{2}\boldsymbol{e}_n\boldsymbol{e}_n \times \sum_{k=1}^{3} \left(\frac{1}{H_k^2} \boldsymbol{r}_k \times \frac{\partial \boldsymbol{f}}{\partial q_k} \right) = \frac{1}{2} \sum_{k=1}^{3} \frac{1}{H_k^2} \boldsymbol{e}_n \left(\left(\boldsymbol{e}_n \cdot \frac{\partial \boldsymbol{f}}{\partial q_k} \right) \boldsymbol{x}_k - (\boldsymbol{e}_n \cdot \boldsymbol{x}_k) \frac{\partial \boldsymbol{f}}{\partial q_k} \right)$$
$$= \frac{1}{2} \sum_{k=1}^{3} \frac{1}{H_k^2} \left(\frac{\partial \boldsymbol{f}}{\partial q_k} \boldsymbol{x}_k - \boldsymbol{x}_k \frac{\partial \boldsymbol{f}}{\partial q_k} \right) = \frac{1}{2} \left((\nabla\boldsymbol{f})^{\mathrm{T}} - \nabla\boldsymbol{f} \right) = -\left(\nabla\boldsymbol{f}\right)^{A}, \tag{1.361}$$

und wird manchmal auch auch *Spintensor* genannt. Man beachte, dass in kontinuumsmechanischen Anwendungen die für das Geschwindigkeitsfeld geschriebene Gleichung (1.361) und der mit dem Rotationstensor verbundene und durch den Ausdruck Gleichung (1.278) definierte Spintensor der Beschreibung verschiedener Prozesse entsprechen. Bei der Beschreibung der Erdbewegung beispielsweise charakterisiert z. B. der Spintensor in Gleichung (1.278) die Rotation der Erde um ihre Achse, während der antisymmetrische Teil des Geschwindigkeitsgradienten mit der Rotation der Erde um die Sonne zusammenhängt.

Ebenso ist die Divergenz des Tensorfeldes ${}^p\boldsymbol{F}$ das Ergebnis des Skalarprodukts des Nabla-Operators und des Tensorfeldes

$$\nabla \cdot {}^p\boldsymbol{F} = \boldsymbol{e}_k \cdot \frac{1}{H_k} \frac{\partial\, {}^p\boldsymbol{F}}{\partial q_k}\,. \tag{1.362}$$

Die Divergenzoperation senkt die Stufe des Tensorfeldes um eins.

Die linke Vektormultiplikation des Nabla-Operators mit ${}^p\boldsymbol{F}$ führt zu einem Tensor gleicher Stufe, der Rotation des Tensorfeldes

$$\nabla \times {}^p\boldsymbol{F} = \boldsymbol{e}_k \times \frac{1}{H_k} \frac{\partial\, {}^p\boldsymbol{F}}{\partial q_k}\,. \tag{1.363}$$

Da jeder antisymmetrische Tensor $\boldsymbol{A}^{\mathrm{A}}$ durch den zugeordneten Vektor $\boldsymbol{A}^{\mathrm{A}} = \mathbf{1} \times \boldsymbol{\omega}$ ausdrückbar ist, gelten die folgenden Beziehungen:

$$\begin{aligned}
\nabla \cdot \boldsymbol{A}^{\mathrm{A}} &= \boldsymbol{e}_k \cdot \mathbf{1} \times \boldsymbol{e}_s \frac{1}{H_k} \frac{\partial \omega_s}{\partial q_k} = \boldsymbol{e}_k \times \frac{1}{H_k} \frac{\partial \boldsymbol{\omega}}{\partial q_k} = \nabla \times \boldsymbol{\omega}\,,\\
\nabla \times \boldsymbol{A}^{\mathrm{A}} &= \nabla \times (\boldsymbol{\omega} \times \mathbf{1}) = \boldsymbol{e}_k \times (\boldsymbol{e}_s \times \boldsymbol{e}_m)\boldsymbol{e}_m \frac{1}{H_k} \frac{\partial \omega_s}{\partial q_k} = (\boldsymbol{e}_s \delta_{km} - \boldsymbol{e}_m \delta_{ks})\boldsymbol{e}_m \frac{1}{H_k} \frac{\partial \omega_s}{\partial q_k}\\
&= \boldsymbol{e}_s \boldsymbol{e}_k \frac{1}{H_k} \frac{\partial \omega_s}{\partial q_k} - \mathbf{1} \frac{1}{H_k} \frac{\partial \omega_k}{\partial q_k} = \boldsymbol{\omega}\nabla - \mathbf{1}(\nabla \cdot \boldsymbol{\omega})\,.
\end{aligned} \tag{1.364}$$

Daraus folgt, dass

$$I_1\left(\nabla \times \boldsymbol{A}^{\mathrm{A}}\right) = -2\nabla \cdot \boldsymbol{\omega}\,, \quad I_1\left(\nabla \times \boldsymbol{A}^{\mathrm{S}}\right) = 0\,. \tag{1.365}$$

Als **Beispiele** betrachten wir die Anwendung der eingeführten Operationen auf den Ortsvektor und seinen Betrag.

1. Gradient des Ortsvektors:

$$\nabla \boldsymbol{x} = \sum_{k=1}^{3} \frac{1}{H_k} \boldsymbol{e}_k \frac{\partial \boldsymbol{x}}{\partial q_k} = \sum_{k=1}^{3} \frac{1}{H_k} \boldsymbol{e}_k \boldsymbol{x}_k = \boldsymbol{e}_k \boldsymbol{e}_k = \mathbf{1}\,. \tag{1.366}$$

2. Divergenz des Ortsvektors:

$$\nabla \cdot \boldsymbol{x} = \boldsymbol{e}_k \cdot \boldsymbol{e}_k = 3\,. \tag{1.367}$$

3. Rotor des Ortsvektors:

$$\nabla \times \boldsymbol{x} = \boldsymbol{e}_k \times \boldsymbol{e}_k = 0\,. \tag{1.368}$$

4. Gradient des Betrages des Ortsvektors:

$$\nabla|\boldsymbol{x}| = \nabla|\boldsymbol{x}| = \boldsymbol{e}_k \frac{\partial \sqrt{x_1^2 + x_2^2 + x_3^2}}{\partial x_k} = \boldsymbol{e}_k \frac{2x_k}{2\sqrt{x_1^2 + x_2^2 + x_3^2}} = \frac{\boldsymbol{x}}{|\boldsymbol{x}|}\,. \tag{1.369}$$

Es ist wichtig zu beachten, dass diese Formel, obwohl sie im kartesischen Koordinatensystem erhalten wurde, auf jede Basis zutrifft, da das Endergebnis der Berechnungen in direkter Notation dargestellt wird.

5. Gradient einer Potenzfunktion des Abstandes:

$$\nabla\left(|\boldsymbol{x}|^n\right) = n|\boldsymbol{x}|^{n-1}\nabla|\boldsymbol{x}| = n|\boldsymbol{x}|^{n-1}\frac{\boldsymbol{x}}{|\boldsymbol{x}|} = n|\boldsymbol{x}|^{n-2}\boldsymbol{x}\,. \tag{1.370}$$

6. Divergenz einer Dyade von Ortsvektoren:

$$\nabla\cdot(\boldsymbol{x}\boldsymbol{x}) = (\nabla\cdot\boldsymbol{x})\boldsymbol{x} + \boldsymbol{x}\cdot(\nabla\boldsymbol{x}) = 3\boldsymbol{x} + \boldsymbol{x}\cdot\mathbf{1} = 4\boldsymbol{x}\,. \tag{1.371}$$

7. Die Divergenz von n Ortsvektoren:

$$\begin{aligned}\nabla\cdot(\underbrace{\boldsymbol{x}\boldsymbol{x}\ldots\boldsymbol{x}}_{n}) &= (\nabla\cdot\boldsymbol{x})\underbrace{\boldsymbol{x}\boldsymbol{x}\ldots\boldsymbol{x}}_{n-1} + \boldsymbol{x}(\boldsymbol{x}\nabla)\cdot\underbrace{\boldsymbol{x}\boldsymbol{x}\ldots\boldsymbol{x}}_{n-2} + \cdots + \underbrace{\boldsymbol{x}\boldsymbol{x}\ldots\boldsymbol{x}}_{n-2}(\boldsymbol{x}\nabla)\cdot\boldsymbol{x}\\ &= 3\underbrace{\boldsymbol{x}\boldsymbol{x}\ldots\boldsymbol{x}}_{n} + (n-1)\underbrace{\boldsymbol{x}\boldsymbol{x}\ldots\boldsymbol{x}}_{n} = (n+2)\underbrace{\boldsymbol{x}\boldsymbol{x}\ldots\boldsymbol{x}}_{n}\,.\end{aligned} \tag{1.372}$$

1.4.3 Differentialoperationen an einem Produkt

Diverse **Regeln** gilt es bei der Anwendung des Nabla-Operators zu beachten.

1. Die bekannte Regel zum Ableiten eines Produkts lässt sich direkt auf den Gradienten von Skalaren anwenden:

$$\nabla(\varphi\phi) = \phi\nabla\varphi + \varphi\nabla\phi\,. \tag{1.373}$$

2. Die Gradienten des Produkts eines Skalars, eines Vektors und eines Tensors werden ähnlich berechnet:

$$\nabla(\varphi\boldsymbol{f}) = (\nabla\varphi)\boldsymbol{f} + \varphi(\nabla\boldsymbol{f})\,,\quad \nabla(\varphi\boldsymbol{F}) = (\nabla\varphi)\boldsymbol{F} + \varphi(\nabla\boldsymbol{F})\,. \tag{1.374}$$

3. Der Gradient eines Skalarprodukts von Vektoren lautet:

$$\nabla(\boldsymbol{f}\cdot\boldsymbol{g}) = (\nabla\boldsymbol{f})\cdot\boldsymbol{g} + (\nabla\boldsymbol{g})\cdot\boldsymbol{f}\,. \tag{1.375}$$

4. Die Divergenz eines Produkts zwischen einem Skalar und einem Vektor ist:

$$\nabla\cdot(\varphi\boldsymbol{f}) = (\nabla\varphi)\cdot\boldsymbol{f} + \varphi(\nabla\cdot\boldsymbol{f})\,. \tag{1.376}$$

5. Der Rotor des Produktes zwischen Skalar und Vektor:

$$\nabla\times(\varphi\boldsymbol{f}) = (\nabla\varphi)\times\boldsymbol{f} + \varphi(\nabla\times\boldsymbol{f})\,. \tag{1.377}$$

6. Die Divergenz des Vektorprodukts zweier Vektoren:

$$\nabla\cdot(\boldsymbol{f}\times\boldsymbol{g}) = \boldsymbol{g}\cdot(\nabla\times\boldsymbol{f}) - \boldsymbol{f}\cdot(\nabla\times\boldsymbol{g})\,. \tag{1.378}$$

7. Der Rotor des Vektorprodukts zweier Vektoren:

$$\nabla\times(\boldsymbol{f}\times\boldsymbol{g}) = (\boldsymbol{f}\nabla)\cdot\boldsymbol{g} - \boldsymbol{g}(\nabla\cdot\boldsymbol{f}) + \boldsymbol{f}(\nabla\cdot\boldsymbol{g}) - (\boldsymbol{g}\nabla)\cdot\boldsymbol{f}\,. \tag{1.379}$$

Es ist zu beachten, dass zuerst die Operation der Differentiation in Klammern durchgeführt wird und danach die Skalarmultiplikation mit dem entsprechenden Vektor.

8. Divergenz der Dyade:

$$\nabla \cdot (\boldsymbol{f}\boldsymbol{g}) = (\nabla \cdot \boldsymbol{f})\boldsymbol{g} + \boldsymbol{f} \cdot (\boldsymbol{g}\nabla) . \tag{1.380}$$

9. Rotor einer Dyade:

$$\nabla \times (\boldsymbol{f}\boldsymbol{g}) = (\nabla \times \boldsymbol{f})\boldsymbol{g} - \boldsymbol{f} \times (\nabla \boldsymbol{g}) . \tag{1.381}$$

10. Gradient der Skalarmultiplikation eines Tensors mit einem Vektor:

$$\nabla(\boldsymbol{F} \cdot \boldsymbol{f}) = (\nabla \boldsymbol{F}) \cdot \boldsymbol{f} + (\nabla \boldsymbol{f}) \cdot \boldsymbol{F}^{\mathsf{T}} . \tag{1.382}$$

11. Divergenz der Skalarmultiplikation eines Tensors mit einem Vektor:

$$\nabla \cdot (\boldsymbol{F} \cdot \boldsymbol{f}) = (\nabla \cdot \boldsymbol{F}) \cdot \boldsymbol{f} + \boldsymbol{F} \cdot\cdot (\boldsymbol{f}\nabla) = (\nabla \cdot \boldsymbol{F}) \cdot \boldsymbol{f} + \boldsymbol{F} \odot (\nabla \boldsymbol{f}) . \tag{1.383}$$

12. Divergenz des Vektorprodukts zwischen einem Tensor und dem Ortsvektor:

$$\nabla \cdot (\boldsymbol{x} \times \boldsymbol{F}) = -\boldsymbol{x} \cdot (\nabla \times \boldsymbol{F}) , \quad \nabla \cdot (\boldsymbol{F} \times \boldsymbol{x}) = (\nabla \cdot \boldsymbol{F}) \times \boldsymbol{x} + 2\boldsymbol{\omega} , \tag{1.384}$$

wobei $\boldsymbol{\omega}$ der assoziierte Vektor des antisymmetrischen Teils des Tensors $\boldsymbol{F}$ ist.

13. Rotation des Vektorprodukts eines Tensors und dem Ortsvektor:

$$\nabla \times (\boldsymbol{F} \times \boldsymbol{x}) = (\nabla \times \boldsymbol{F}) \times \boldsymbol{x} + \boldsymbol{F}^{\mathsf{T}} - \operatorname{Sp} \boldsymbol{F}\, \mathbf{1} . \tag{1.385}$$

14. Divergenz des Skalarprodukts zwischen Tensoren:

$$\nabla \cdot (\boldsymbol{F} \cdot \boldsymbol{\Phi}) = (\nabla \cdot \boldsymbol{F}) \cdot \boldsymbol{\Phi} + \boldsymbol{F}^{\mathsf{T}} \cdot\cdot (\nabla \boldsymbol{\Phi}) = (\nabla \cdot \boldsymbol{F}) \cdot \boldsymbol{\Phi} + \boldsymbol{F} \odot (\nabla \boldsymbol{\Phi}) . \tag{1.386}$$

Es sei betont, dass, da alle Formeln in diesem Abschnitt in invarianter Form dargestellt werden, sie in jedem Koordinatensystem gültig sind, nicht nur im orthogonalen.

Übungsaufgabe *Ableitungen von Feldern*

Es bezeichnen $\boldsymbol{f}$ and $\boldsymbol{g}$ Vektorfelder, $\boldsymbol{F}$ ein Tensorfeld zweiter Ordnung, $\boldsymbol{a}$, $\boldsymbol{b}$ beliebige konstante Vektoren und x den Betrag des Ortsvektors.

1. Zeige, dass:
   (a) $\boldsymbol{g} \cdot \nabla \boldsymbol{g} = \frac{1}{2} \nabla (\boldsymbol{g} \cdot \boldsymbol{g}) + (\nabla \times \boldsymbol{g}) \times \boldsymbol{g}$;
   (b) $\nabla \times (\boldsymbol{f} \times \boldsymbol{x}) = \boldsymbol{x} \cdot \nabla \boldsymbol{f} - \boldsymbol{x}(\nabla \cdot \boldsymbol{f}) + 2\boldsymbol{f}$;
   (c) $\nabla \cdot ((\mathbf{1} \times \boldsymbol{g}) \times \boldsymbol{x}) = 2\boldsymbol{g} + (\nabla \times \boldsymbol{g}) \times \boldsymbol{x}$;
   (d) $(\nabla \boldsymbol{g})_{\times} = \nabla \times \boldsymbol{g}$;
   (e) $\operatorname{Sp} (\nabla \times (\mathbf{1} \times \boldsymbol{f})) = -2\nabla \boldsymbol{f}$;
   (f) $\nabla \times (\mathbf{1} \times \boldsymbol{f}) = (\nabla \boldsymbol{f})^{\mathsf{T}} - (\nabla \cdot \boldsymbol{f}) \mathbf{1}$;
   (g) $(\nabla \times \boldsymbol{F})_{\times} = \nabla \cdot (\boldsymbol{F}^{\mathsf{T}} - (\operatorname{Sp} \boldsymbol{F}) \mathbf{1})$;
   (e) $\nabla (x (\boldsymbol{a} \times \boldsymbol{x})) = 0$;

(f) $\nabla\cdot(\boldsymbol{F}\times\boldsymbol{x}) = (\nabla\cdot\boldsymbol{F})\times\boldsymbol{x}+2\boldsymbol{\omega}$, wobei $\boldsymbol{\omega}$ den assoziierten Vektor bezeichnet;

(g) $\nabla\times(x\boldsymbol{a}) = \frac{1}{x}\boldsymbol{x}\times\boldsymbol{a}$;

(h) $\nabla\times((\boldsymbol{x}\cdot\boldsymbol{a})\,\boldsymbol{b}) = \boldsymbol{a}\times\boldsymbol{b}$.

2. Finde

(a) $\nabla(x^n\boldsymbol{x})$;

(b) $\nabla\cdot((\boldsymbol{x}\times\boldsymbol{a})\times\boldsymbol{x})$;

(c) $\nabla\cdot(\boldsymbol{a}\times(\boldsymbol{x}\times\boldsymbol{b}))$;

(d) $\nabla\cdot((\boldsymbol{x}\times\boldsymbol{a})\times(\boldsymbol{x}\times\boldsymbol{b}))$;

(e) $\nabla\cdot(\mathbf{1}\boldsymbol{x})$;

(f) $\nabla\cdot(\boldsymbol{x}\mathbf{1})$;

(g) $\nabla\times(\boldsymbol{x}\cdot\boldsymbol{a}\boldsymbol{x})$;

(e) $\nabla\times(\boldsymbol{F}\times\boldsymbol{r})$;

(f) $\nabla(\boldsymbol{x}\cdot\boldsymbol{A}\cdot\boldsymbol{x})$.

1.4.4 Zweite Ableitungen

Nochmaliges Differenzieren des Vektors ∇f führt zu einem symmetrischen Tensor zweiter Stufe

$$\nabla\nabla f = \sum_{m,n=1}^{3}\frac{1}{H_m H_n}\boldsymbol{e}_m\boldsymbol{e}_n\frac{\partial^2 f}{\partial q_m\partial q_n}. \tag{1.387}$$

Die Spur dieses Tensors heißt der *Laplace-Operator* eines Skalars und das Skalarprodukt der Nabla-Operatoren $\nabla\cdot\nabla = \nabla^2 = \Delta$ ebenso.

Im kartesischen Koordinatensystem hat der Laplace-Operator die einfachste Form

$$\nabla^2 = \left(\boldsymbol{i}_k\frac{\partial}{\partial x_k}\right)\cdot\left(\boldsymbol{i}_s\frac{\partial}{\partial x_s}\right) = \frac{\partial^2}{\partial x_1^2}+\frac{\partial^2}{\partial x_2^2}+\frac{\partial^2}{\partial x_3^2}. \tag{1.388}$$

Offensichtlich ist die Vektorinvariante von $\nabla\nabla f$ gleich Null

$$\nabla\times\nabla f = \operatorname{rot}\operatorname{grad} f = 0. \tag{1.389}$$

Daraus folgt, dass jedes rotorfreie oder Potentialfeld als Gradient einer Skalarfunktion dargestellt werden kann.

Man beachte, dass der Laplace-Operator keine lineare Operation ist. Insbesondere, wird Laplace-Operator des Produkts eines Skalars und eines Vektors wie folgt berechnet:

$$\nabla^2(\varphi\boldsymbol{f}) = \nabla\cdot\nabla(\varphi\boldsymbol{f}) = \nabla\cdot((\nabla\varphi)\boldsymbol{f}+\varphi(\nabla\boldsymbol{f})) \;=\varphi\nabla^2\boldsymbol{f}+\boldsymbol{f}\nabla^2\varphi+2(\nabla\varphi)\cdot(\nabla\boldsymbol{f}). \tag{1.390}$$

Rechenregeln

Der Tensor dritter Stufe $\nabla\nabla\boldsymbol{f}$ lässt die folgenden Kontraktionen zu:

1. Laplace-Operator eines Vektors:

$$\nabla\cdot\nabla\boldsymbol{f}=\nabla^2\boldsymbol{f}=\sum_{k=1}^{3}\frac{\partial^2\boldsymbol{f}}{\partial x_k^2}. \tag{1.391}$$

2. Gradient der Divergenz:

$$\nabla(\nabla\cdot\boldsymbol{f})=\boldsymbol{i}_m\frac{\partial^2 f_n}{\partial x_m\partial x_n}. \tag{1.392}$$

3. Rotation der Rotation:

$$\nabla\times(\nabla\times\boldsymbol{f})=\nabla(\nabla\cdot\boldsymbol{f})-\nabla^2\boldsymbol{f}. \tag{1.393}$$

4. Rotation des Gradienten:

$$\nabla\times(\nabla\boldsymbol{f})=\boldsymbol{0}. \tag{1.394}$$

5. Gradientenrotor:

$$\nabla(\nabla\times\boldsymbol{f})=\frac{\partial}{\partial x_m}\boldsymbol{i}_m\boldsymbol{i}_n\times\frac{\partial f_k\boldsymbol{e}_k}{\partial x_n}=\varepsilon_{nks}\,\boldsymbol{i}_m\boldsymbol{i}_s\frac{\partial^2 f_k}{\partial x_m\partial x_n}. \tag{1.395}$$

Man beachte, dass die Spur dieses Tensors $\nabla\cdot(\nabla\times\boldsymbol{f})=0$ ist, d. h. es ist ein antisymmetrischer Tensor. Dies impliziert auch, dass, wenn ein Vektorfeld der Rotor eines Feldes ist, dieses Feld solenoid ist. Das Wort *solenoid* bedeutet nämlich, dass diese Vektorgröße aus dem Rotor eines Vektorfeldes stammt.

Rechenregeln Beim Tensor vierter Ordnung $\nabla\nabla\boldsymbol{F}$ sind folgende Kontraktionen möglich:

1. $\operatorname{div}\operatorname{div}\boldsymbol{F}=\nabla\cdot(\nabla\cdot\boldsymbol{F})=\boldsymbol{i}_k\cdot(\boldsymbol{i}_s\cdot\boldsymbol{i}_m)\,\boldsymbol{i}_n\dfrac{\partial^2 F_{mn}}{\partial x_k\partial x_s}=\dfrac{\partial^2 F_{mn}}{\partial x_n\partial x_m}$.
2. $\nabla\cdot\nabla\boldsymbol{F}=\nabla^2\boldsymbol{F}=\sum_{k=1}^{3}\dfrac{\partial^2\boldsymbol{F}}{\partial x_k^2}$.
3. $\nabla\times(\nabla\boldsymbol{F})=\boldsymbol{0}$.
4. $\nabla\cdot(\nabla\times\boldsymbol{F})=\boldsymbol{0}$.
5. $\nabla\times(\nabla\times\boldsymbol{F})=\nabla(\nabla\cdot\boldsymbol{F})-\nabla\cdot(\nabla\boldsymbol{F})$.

Übungsaufgabe *Rechenübungen mit dem Nabla-Operator*

1. Zeige, dass
   (a) $\nabla\cdot\left((\nabla\boldsymbol{g})^{\mathsf{T}}-(\nabla\cdot\boldsymbol{g})\,\boldsymbol{1}\right)=0$;
   (b) $\nabla\times(\nabla\times\boldsymbol{F})^{\mathsf{T}}$ ist ein symmetrischer Tensor, falls $\boldsymbol{F}$ symmetrisch ist.
2. Berechne
   (a) $\nabla\cdot(\nabla\cdot(\boldsymbol{x}\boldsymbol{x}))$;

(b) $\nabla^2 x^n$;

(c) $\nabla\nabla\,(\boldsymbol{x}\cdot\boldsymbol{A}\cdot\boldsymbol{x})$;

(d) $\nabla^2\,(\boldsymbol{x}\cdot\boldsymbol{A}\cdot\boldsymbol{x})$.

1.4.5 Orthogonale Koordinatensysteme

1.4.5.1 Zylinderkoordinaten

Radius, Azimutalwinkel und Höhe werden als krummlinige Koordinaten angenommen (Bild 1.13):

$$q_1 = \rho\,,\quad q_2 = \varphi\,,\quad q_3 = z\,,\quad 0 < \rho < \infty\,,\quad 0 \leq \varphi \leq 2\pi\,,\quad -\infty < z < \infty\,. \tag{1.396}$$

Die Koordinatenlinien sind radial gerichtete Strahlen, Kreise und Geraden parallel zur $\boldsymbol{i}_3$-Achse.

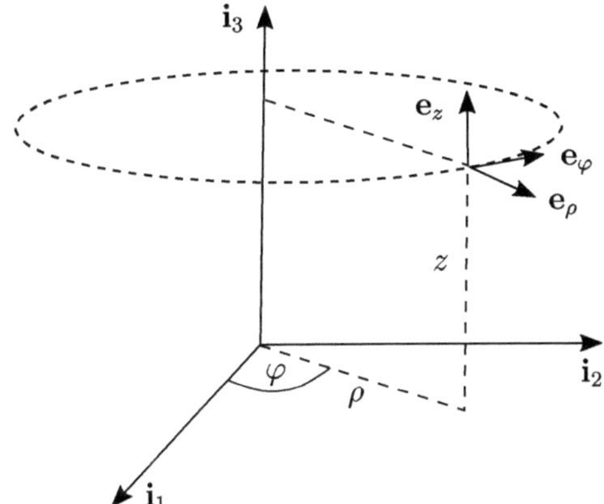

Bild 1.13 Zylinderkoordinaten

Der Ortsvektor eines Punktes ist durch folgenden Ausdruck gegeben

$$\boldsymbol{x} = \rho\cos\varphi\,\boldsymbol{i}_1 + \rho\sin\varphi\,\boldsymbol{i}_2 + z\boldsymbol{i}_3\,. \tag{1.397}$$

Daraus folgt, dass die Tangentenvektoren und Lamékoeffizienten folgende Form haben

$$\begin{aligned}
\boldsymbol{x}_1 &= \frac{\partial \boldsymbol{x}}{\partial \rho} = \cos\varphi\,\boldsymbol{i}_1 + \sin\varphi\,\boldsymbol{i}_2 = \boldsymbol{e}_\rho\,,\quad H_1 = |\boldsymbol{x}_1| = 1\,,\\
\boldsymbol{x}_2 &= \frac{\partial \boldsymbol{x}}{\partial \varphi} = -\rho\sin\varphi\,\boldsymbol{i}_1 + \rho\cos\varphi\,\boldsymbol{i}_2 = \rho\,\boldsymbol{e}_\varphi\,,\quad H_2 = |\boldsymbol{x}_2| = \rho\,,\\
\boldsymbol{x}_3 &= \frac{\partial \boldsymbol{x}}{\partial z} = \boldsymbol{i}_3 = \boldsymbol{e}_z\,,\quad H_3 = |\boldsymbol{x}_3| = 1\,.
\end{aligned} \tag{1.398}$$

Es ist leicht zu überprüfen, dass die Vektoren $\boldsymbol{x}_k$ orthogonal zueinander sind.

Die Basisvektoren $\boldsymbol{e}_1 = \boldsymbol{e}_\rho$, $\boldsymbol{e}_2 = \boldsymbol{e}_\varphi$ und $\boldsymbol{e}_3 = \boldsymbol{z}$ zeigen in Richtung der Radien von Kreisen, bzw. tangieren die Kreise und die Achsen konzentrischer Zylindern (siehe Bild 1.13).

Der Jacobideterminante der Koordinaten lautet

$$J = \begin{vmatrix} \dfrac{\partial(\rho\cos\varphi)}{\partial\rho} & \dfrac{\partial(\rho\cos\varphi)}{\partial\varphi} & \dfrac{\partial(\rho\cos\varphi)}{\partial z} \\ \dfrac{\partial(\rho\sin\varphi)}{\partial\rho} & \dfrac{\partial(\rho\sin\varphi)}{\partial\varphi} & \dfrac{\partial(\rho\sin\varphi)}{\partial z} \\ \dfrac{\partial z}{\partial\rho} & \dfrac{\partial z}{\partial\varphi} & \dfrac{\partial z}{\partial z} \end{vmatrix} = \begin{vmatrix} \cos\varphi & -\rho\sin\varphi & 0 \\ \sin\varphi & \rho\cos\varphi & 0 \\ 0 & 0 & 1 \end{vmatrix} = \rho\,. \tag{1.399}$$

Der Ortsvektor in einem zylindrischen Koordinatensystem wird in folgender Form geschrieben

$$\boldsymbol{x} = \rho\,\boldsymbol{e}_\rho + z\boldsymbol{e}_z\,. \tag{1.400}$$

Der Nabla-Operator in zylindrischen Koordinaten lautet

$$\nabla = \boldsymbol{e}_\rho \frac{\partial}{\partial\rho} + \boldsymbol{e}_\varphi \frac{1}{\rho}\frac{\partial}{\partial\varphi} + \boldsymbol{e}_z \frac{\partial}{\partial z}\,. \tag{1.401}$$

Ortsableitungen in Zylinderkoordinaten

Da $\boldsymbol{e}_z$ ein konstanter Vektor ist, sind alle Ableitungen dieses Vektors gleich Null. Außerdem hängen die Vektoren $\boldsymbol{e}_\rho$ und $\boldsymbol{e}_\varphi$ nicht von ρ und z ab, und daher verschwinden auch diese Ableitungen. Die Tatsache, dass die Ableitungen aller Basisvektoren nach ρ und z gleich Null sind, bedeutet, dass sich das Dreibein der Basisvektoren nicht ändert, wenn man sich entlang der entsprechenden Koordinatenlinien bewegt.

Die restlichen Ableitungsformeln erhält man durch eine einfache Rechnung:

$$\frac{\partial\boldsymbol{e}_\rho}{\partial\varphi} = -\sin\varphi\,\boldsymbol{i}_1 + \cos\varphi\,\boldsymbol{i}_2 = \boldsymbol{e}_\varphi\,,\quad \frac{\partial\boldsymbol{e}_\varphi}{\partial\varphi} = -\cos\varphi\,\boldsymbol{i}_1 - \sin\varphi\,\boldsymbol{i}_2 = -\boldsymbol{e}_\rho\,. \tag{1.402}$$

Unter Verwendung der erhaltenen Ableitungsformeln berechnen wir den Laplace-Operator in Zylinderkoordinaten. Erinnert sei an eine wichtige Regel für den Nabla-Operator: Zuerst müssen die Basisvektoren differenziert und erst danach multipliziert werden:

$$\begin{aligned} \nabla^2 &= \left(\boldsymbol{e}_\rho \frac{\partial}{\partial\rho} + \boldsymbol{e}_\varphi \frac{1}{\rho}\frac{\partial}{\partial\varphi} + \boldsymbol{e}_z \frac{\partial}{\partial z}\right)\cdot\left(\boldsymbol{e}_\rho \frac{\partial}{\partial\rho} + \boldsymbol{e}_\varphi \frac{1}{\rho}\frac{\partial}{\partial\varphi} + \boldsymbol{e}_z \frac{\partial}{\partial z}\right) \\ &= \frac{\partial^2}{\partial\rho^2} + \frac{1}{\rho^2}\frac{\partial^2}{\partial\varphi^2} + \frac{\partial^2}{\partial z^2} + \frac{1}{\rho}\boldsymbol{e}_\varphi\cdot\left(\boldsymbol{e}_\varphi \frac{\partial}{\partial\rho} - \boldsymbol{e}_\rho \frac{1}{\rho}\frac{\partial}{\partial\varphi}\right) \\ &= \frac{\partial^2}{\partial\rho^2} + \frac{1}{\rho}\frac{\partial}{\partial\rho} + \frac{1}{\rho^2}\frac{\partial^2}{\partial\varphi^2} + \frac{\partial^2}{\partial z^2} = \frac{1}{\rho}\frac{\partial}{\partial\rho}\left(\rho\frac{\partial}{\partial\rho}\right) + \frac{1}{\rho^2}\frac{\partial^2}{\partial\varphi^2} + \frac{\partial^2}{\partial z^2}\,. \end{aligned} \tag{1.403}$$

Als **Beispiel** werden wir den Gradienten, die Divergenz und den Rotor der folgenden Funktion berechnen:

$$\boldsymbol{f} = h(\rho)\boldsymbol{e}_\rho + g(\varphi)\boldsymbol{e}_\varphi + f(\rho, z)\boldsymbol{e}_z\,. \tag{1.404}$$

Es resultiert:

1. $\nabla\boldsymbol{f} = h'_\rho\boldsymbol{e}_\rho\boldsymbol{e}_\rho + f'_\rho\boldsymbol{e}_\rho\boldsymbol{e}_z + \frac{1}{\rho}\left((h + g'_\varphi)\boldsymbol{e}_\varphi\boldsymbol{e}_\varphi - g\boldsymbol{e}_\varphi\boldsymbol{e}_\rho\right) + f'_z\boldsymbol{e}_z\boldsymbol{e}_z\,,$

2. $\nabla\cdot\boldsymbol{f} = h'_\rho + \frac{1}{\rho}(h + g'_\varphi) + f'_z\,,$

2. $\nabla\times\boldsymbol{f} = -f'_\rho\boldsymbol{e}_\varphi + \frac{g}{\rho}\boldsymbol{e}_z.$

Übungsaufgabe *Rechenübungen mit dem Nabla-Operator*

1. Berechne
   (a) $\nabla(\rho\, \boldsymbol{e}_z \times \boldsymbol{e}_\rho)$;
   (b) $\nabla \boldsymbol{f}$ und $\nabla^2 \boldsymbol{f}$ von $\boldsymbol{f} = z \cos\varphi\, \boldsymbol{e}_\rho$;
   (c) $\operatorname{div} \boldsymbol{F}$ und $\operatorname{rot} \boldsymbol{F}$, falls $\boldsymbol{F} = \rho\, \boldsymbol{e}_\rho \boldsymbol{e}_\rho$.
2. Es bezeichnen f, g, h beliebige stetige Funktionen. Berechne die Divergenz der Tensoren $\boldsymbol{F}$ aus den folgenden Gleichungen
   (a) $\boldsymbol{F} = f(\rho)\boldsymbol{e}_\rho \boldsymbol{e}_\rho + g(\rho)\boldsymbol{e}_\varphi \boldsymbol{e}_\varphi + h(z)\boldsymbol{e}_z \boldsymbol{e}_z$;
   (b) $\boldsymbol{F} = f(\rho)\boldsymbol{e}_\rho \boldsymbol{e}_\varphi + g(\rho)\boldsymbol{e}_\varphi \boldsymbol{e}_\rho + h(\rho)\boldsymbol{e}_\rho \boldsymbol{e}_z$.

1.4.5.2 Kugelkoordinaten

Der Kugelradius, der Polar- und der Azimuthalwinkel stellen ebenfalls krummlinige Koordinaten dar (Bild 1.14):

$$q_1 = R\,, \quad q_2 = \theta\,, \quad q_3 = \varphi;\; 0 < R < \infty\,, \quad 0 < \theta < \pi\,, \quad 0 \leq \varphi \leq 2\pi\,, \tag{1.405}$$

wobei die Koordinatenlinien Radien (Linie R), Meridiane (Linien θ) und Parallelen (Linie φ) sind.

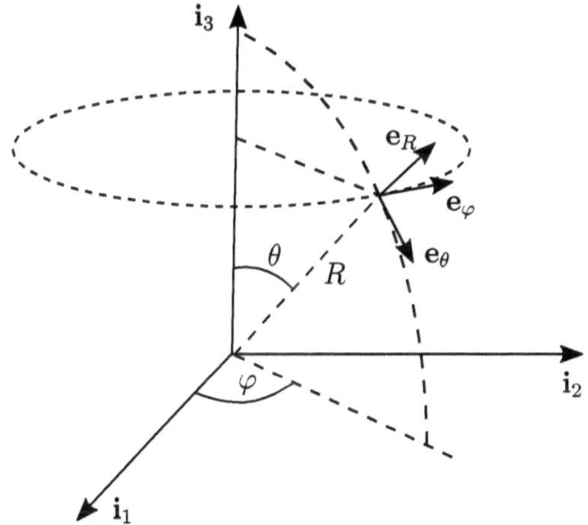

Bild 1.14 Kugelkoordinaten

Die Formeln zur Koordinatentransformation lauten:

$$x = R \sin\theta \cos\varphi\,, \quad y = R \sin\theta \sin\varphi\,, \quad z = R\cos\theta \tag{1.406}$$

und die Jacobideterminante für Kugelkoordinaten ist $J = R^2 \sin\theta$. Für die Vektoren, welche die Koordinatenlinien tangieren, gilt:

$$\begin{aligned}
\boldsymbol{x}_1 &= \frac{\partial \boldsymbol{x}}{\partial R} = \sin\theta \cos\varphi\; \boldsymbol{i}_1 + \sin\theta \sin\varphi\; \boldsymbol{i}_2 + \cos\theta\; \boldsymbol{i}_3\,, \\
\boldsymbol{x}_2 &= \frac{\partial \boldsymbol{x}}{\partial \theta} = R\cos\theta \cos\varphi\; \boldsymbol{i}_1 + R\cos\theta \sin\varphi\; \boldsymbol{i}_2 - R\sin\theta\; \boldsymbol{i}_3\,, \\
\boldsymbol{x}_3 &= \frac{\partial \boldsymbol{x}}{\partial \varphi} = -R\sin\theta \sin\varphi\; \boldsymbol{i}_1 + R\sin\theta \cos\varphi\; \boldsymbol{i}_2\,.
\end{aligned} \tag{1.407}$$

Die Lamékoeffizienten sind

$$H_1 = H_R = 1\,,\;\; H_2 = H_\theta = R\,,\;\; H_3 = H_\varphi = R\sin\theta\,. \tag{1.408}$$

Daher hat der Nabla-Operator im sphärischen Koordinatensystem folgende Form:

$$\nabla = \boldsymbol{e}_R \frac{\partial}{\partial R} + \boldsymbol{e}_\theta \frac{1}{R}\frac{\partial}{\partial\theta} + \boldsymbol{e}_\varphi \frac{1}{R\sin\theta}\frac{\partial}{\partial\varphi}\,, \tag{1.409}$$

wobei die Basisvektoren durch folgende Relationen definiert sind:

$$\begin{aligned} \boldsymbol{e}_R &= \sin\theta\cos\varphi\;\boldsymbol{i}_1 + \sin\theta\sin\varphi\;\boldsymbol{i}_2 + \cos\theta\;\boldsymbol{i}_3\,,\\ \boldsymbol{e}_\theta &= \cos\theta\cos\varphi\;\boldsymbol{i}_1 + \cos\theta\sin\varphi\;\boldsymbol{i}_2 - \sin\theta\;\boldsymbol{i}_3\,,\\ \boldsymbol{e}_\varphi &= -\sin\varphi\;\boldsymbol{i}_1 + \cos\varphi\;\boldsymbol{i}_2\,. \end{aligned} \tag{1.410}$$

Ortsableitungen in Kugelkoordinaten

Zunächst stellen wir fest, dass alle Basisvektoren nicht von R abhängen, d. h. alle Ableitungen nach dem Radius sind gleich Null. Da $\boldsymbol{e}_\varphi$ nur von φ abhängt, ist $\partial\boldsymbol{e}_\varphi/\partial\theta = 0$.

Um die Ableitungsrelationen für $\boldsymbol{e}_R$ zu finden, nutzen wir die Tatsache, dass der Ortsvektor im Kugelkoordinatensystem eine extrem einfache Form hat, nämlich

$$\boldsymbol{x} = R\,\boldsymbol{e}_R \tag{1.411}$$

und verwenden die Identität $\nabla\boldsymbol{x} = \mathbf{1}$. Wir erhalten:

$$\begin{aligned} \boldsymbol{e}_R\boldsymbol{e}_R + \boldsymbol{e}_\theta\boldsymbol{e}_\theta + \boldsymbol{e}_\varphi\boldsymbol{e}_\varphi &= \left(\boldsymbol{e}_R \frac{\partial}{\partial R} + \boldsymbol{e}_\theta \frac{1}{R}\frac{\partial}{\partial\theta} + \boldsymbol{e}_\varphi \frac{1}{R\sin\theta}\frac{\partial}{\partial\varphi}\right)(R\,\boldsymbol{e}_R)\\ &= \boldsymbol{e}_R\boldsymbol{e}_R + R\,\boldsymbol{e}_R\frac{\partial\boldsymbol{e}_R}{\partial R} + \boldsymbol{e}_\theta\frac{\partial\boldsymbol{e}_R}{\partial\theta} + \boldsymbol{e}_\varphi\frac{1}{\sin\theta}\frac{\partial\boldsymbol{e}_R}{\partial\varphi}\,. \end{aligned} \tag{1.412}$$

Wenn wir also die linke und den rechte Seite vergleichen, finden wir:

$$\frac{\partial\boldsymbol{e}_R}{\partial R} = 0\,,\;\; \frac{\partial\boldsymbol{e}_R}{\partial\theta} = \boldsymbol{e}_\theta\,,\;\; \frac{\partial\boldsymbol{e}_R}{\partial\varphi} = \sin\theta\;\boldsymbol{e}_\varphi\,. \tag{1.413}$$

Differenzieren wir jetzt $\boldsymbol{e}_\theta$ nach θ und φ:

$$\begin{aligned} \frac{\partial\boldsymbol{e}_\theta}{\partial\theta} &= -\sin\theta\cos\varphi\;\boldsymbol{i}_1 - \sin\theta\sin\varphi\;\boldsymbol{i}_2 - \cos\theta\;\boldsymbol{i}_3 = -\boldsymbol{e}_R\,,\\ \frac{\partial\boldsymbol{e}_\theta}{\partial\varphi} &= -\cos\theta\sin\varphi\;\boldsymbol{i}_1 + \cos\theta\cos\varphi\;\boldsymbol{i}_2 = \cos\theta\;\boldsymbol{e}_\varphi\,. \end{aligned} \tag{1.414}$$

Es bleibt, $\partial\boldsymbol{e}_\varphi/\partial\varphi$ zu finden. Man beachte, dass die einfache Differentiation von $\partial\boldsymbol{e}_\varphi/\partial\varphi = -\cos\varphi\;\boldsymbol{i}_1 - \sin\varphi\;\boldsymbol{i}_2$ nicht zu dem gewünschten Ergebnis führt, da dieser Vektor in der Basisdarstellung des kartesischen Koordinatensystems geschrieben wird. Man betrachtet daher die Ebene $\varphi = \text{const}$ und stellet auf ihr die Basisvektoren des sphärischen und des zylindrischen Koordinatensystems dar (Bild 1.15).

Der Vektor $\boldsymbol{e}_\varphi$ fällt in beiden Koordinatensystemen zusammen und ist von uns aus gesehen senkrecht auf die betrachtete Ebene gerichtet. Man erinnere sich, dass für ein zylindrisches Koordinatensystem $\partial\boldsymbol{e}_\varphi/\partial\varphi = -\boldsymbol{e}_\rho$ gilt. Durch Darstellung von $\boldsymbol{e}_\rho$ in den Basisvektoren des sphärischen Koordinatensystems erhalten wir

$$\frac{\partial\boldsymbol{e}_\varphi}{\partial\varphi} = -\sin\theta\;\boldsymbol{e}_R - \cos\theta\;\boldsymbol{e}_\theta\,. \tag{1.415}$$

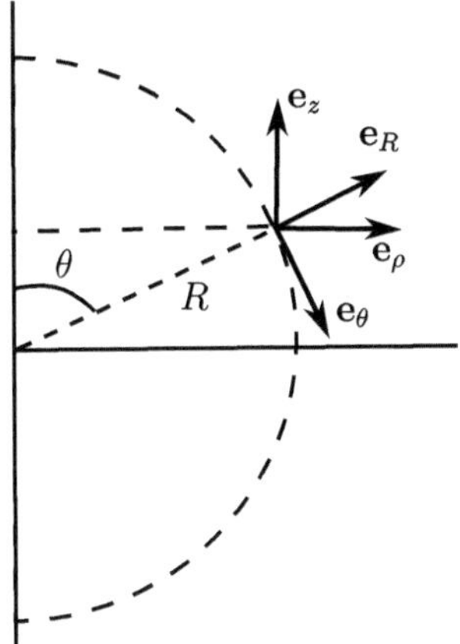

Bild 1.15 Sphärische und zylindrische Koordinatensysteme

Schließlich gewinnt man:

$$\frac{\partial \boldsymbol{e}_R}{\partial R} = 0\,, \quad \frac{\partial \boldsymbol{e}_R}{\partial \theta} = \boldsymbol{e}_\theta\,, \quad \frac{\partial \boldsymbol{e}_R}{\partial \varphi} = \sin\theta\, \boldsymbol{e}_\varphi\,,$$

$$\frac{\partial \boldsymbol{e}_\theta}{\partial R} = 0\,, \quad \frac{\partial \boldsymbol{e}_\theta}{\partial \theta} = -\boldsymbol{e}_R\,, \quad \frac{\partial \boldsymbol{e}_\theta}{\partial \varphi} = \cos\theta\, \boldsymbol{e}_\varphi\,, \tag{1.416}$$

$$\frac{\partial \boldsymbol{e}_\varphi}{\partial R} = 0\,, \quad \frac{\partial \boldsymbol{e}_\varphi}{\partial \theta} = 0\,, \quad \frac{\partial \boldsymbol{e}_\varphi}{\partial \varphi} = -\sin\theta\, \boldsymbol{e}_R - \cos\theta\, \boldsymbol{e}_\theta\,.$$

Der Laplace-Operator in Kugelkoordinaten wird in folgender Form geschrieben:

$$\nabla^2 = \frac{1}{R^2}\left(\frac{\partial}{\partial R}\left(R^2\frac{\partial}{\partial R}\right) + \frac{1}{\sin\theta}\frac{\partial}{\partial\theta}\left(\sin\theta\frac{\partial}{\partial\theta}\right) + \frac{1}{\sin^2\theta}\frac{\partial^2}{\partial\varphi^2}\right). \tag{1.417}$$

Abschließend werden die allgemeinen Ausdrücke für die Divergenz und die Rotation des Vektorfeldes $= f_R\, \boldsymbol{e}_r + f_\theta\, \boldsymbol{e}_\theta + f_\varphi\, \boldsymbol{e}_\varphi$ in Kugelkoordinaten angegeben [Er2018]:

$$\nabla \cdot \boldsymbol{f} = \frac{1}{R^2}\frac{\partial}{\partial R}\left(R^2 f_R\right) + \frac{1}{R\sin\theta}\frac{\partial}{\partial\theta}\left(\sin\theta\, f_\theta\right) + \frac{1}{R\sin\theta}\frac{\partial f_\varphi}{\partial\varphi}\,, \tag{1.418}$$

$$\nabla \times \boldsymbol{f} = \frac{1}{R\sin\theta}\left(\frac{\partial}{\partial\theta}(\sin\theta\, f_\varphi) - \frac{\partial f_\theta}{\partial\varphi}\right)\boldsymbol{e}_R + \frac{1}{R\sin\theta}\left(\frac{\partial f_R}{\partial\varphi} - \sin\theta\,\frac{\partial(R f_\varphi)}{\partial R}\right)\boldsymbol{e}_\theta + \frac{1}{R}\left(\frac{\partial(R f_\varphi)}{\partial R} - \frac{\partial f_R}{\partial\theta}\right)\boldsymbol{e}_\varphi\,.$$

Übungsaufgabe *Rechenübungen mit dem Nabla-Operator*

Berechne $\mathrm{div}\,\boldsymbol{F}$ und $\mathrm{rot}\,\boldsymbol{F}$, wobei $\boldsymbol{F} = f(R)\boldsymbol{e}_\varphi \boldsymbol{e}_R$.

Übungsaufgabe *Diverse Koordinatensysteme*

Im Folgenden sind die Beziehungen diverser Koordinatensysteme zu den kartesischen Koordinaten x_1, x_2, x_3 gegeben. Zeige, dass in allen Fällen die Koordinaten orthogonal sind und bestimme die Lamékoeffizienten. a soll ein positiver Parameter sein.

(a) Elliptische Zylinderkoordinaten σ, τ, z:

$$x_1 = a\sigma\tau\,, \quad x_2 = \pm a\sqrt{\left(\sigma^2 - 1\right)\left(1 - \tau^2\right)}\,, \quad x_3 = z\,, \tag{1.419}$$

wobei $\sigma \geq 1$ und $|\tau| \leq 1$.

(b) Parabolische Koordinaten σ, τ, φ:

$$x_1 = \sigma\tau\cos\varphi\,, \qquad x_2 = \sigma\tau\sin\varphi\,, \qquad x_3 = \frac{1}{2}\left(\tau^2 - \sigma^2\right) \tag{1.420}$$

(c) Bipolare zylindrische Koordinaten σ, τ, z:

$$x_1 = \frac{a\sinh\tau}{\cosh\tau - \cos\sigma}\,, \quad x_2 = \frac{a\sin\sigma}{\cosh\tau - \cos\sigma}\,, \quad x_3 = z\,. \tag{1.421}$$

(d) Bipolare Koordinaten σ, τ, φ:

$$x_1 = \frac{a\sin\sigma\cos\varphi}{\cosh\tau - \cos\sigma}\,, \quad x_2 = \frac{a\sin\sigma\sin\varphi}{\cosh\tau - \cos\sigma}\,, \quad x_3 = \frac{a\sinh\tau}{\cosh\tau - \cos\sigma}\,, \tag{1.422}$$

wobei $0 \leq \sigma \leq \pi$ und $0 \leq \varphi \leq 2\pi$.

(e) Toruskoordinaten σ, τ, φ:

$$x_1 = \frac{a\sinh\tau\cos\varphi}{\cosh\tau - \cos\sigma}\,, \quad x_2 = \frac{a\sinh\tau\sin\varphi}{\cosh\tau - \cos\sigma}\,, \quad x_3 = \frac{a\sin\sigma}{\cosh\tau - \cos\sigma}\,, \tag{1.423}$$

wobei $-\pi \leq \sigma \leq \pi$ und $0 \leq \varphi \leq 2\pi$.

1.4.6 Integralausdrücke

Es sei eine stetige Skalarfunktion mit kartesischen Koordinaten $f(x_1, x_2, x_3)$ im Volumen V gegeben. Wir betrachten das Integral dieser Funktion über das Volumen. Beim Übergang zu krummlinigen Koordinaten wird unter Berücksichtigung der Volumenänderungsbeziehung nach Gleichung (1.349) das Integral der Funktion über das Volumen geschrieben als

$$\int_V f(x_1, x_2\, x_3)\,\mathrm{d}x_1\,\mathrm{d}x_2\,\mathrm{d}x_3 = \int_V f(q_1, q_2\, q_3) J\,\mathrm{d}q_1\,\mathrm{d}q_2\,\mathrm{d}q_3\,, \tag{1.424}$$

wobei J die Jacobideterminante der Koordinatentransformation ist.

1.4.6.1 Umwandlung eines Volumenintegrals in ein Oberflächenintegral

Für zwei stetig differenzierbare Funktionen $f(x_1, x_2, x_3)$ und $g(x_1, x_2, x_3)$, die in einem Volumen V definiert sind, das durch eine Fläche S mit einer äußeren Normalen $\boldsymbol{n}$ begrenzt ist, gibt es eine bekannte Formel für die *partielle Integration nach Gauß-Ostrogradski*:

$$\int_V \frac{\partial f}{\partial x_k} g\,\mathrm{d}x_1\,\mathrm{d}x_2\,\mathrm{d}x_3 = -\int_V \frac{\partial g}{\partial x_k} f\,\mathrm{d}x_1\,\mathrm{d}x_2\,\mathrm{d}x_3 + \int_S f g n_k\,\mathrm{d}S\,, \tag{1.425}$$

wobei $\mathrm{d}S$ das Oberflächenelement zu S und $n_k = \boldsymbol{n} \cdot \boldsymbol{e}_k$ die Projektion der Normalen auf die entsprechende Achse bezeichnet. Für den Spezialfall $g = 1$ erhalten wir eine Formel, die das Volumenintegral in ein Oberflächenintegral umwandelt:

$$\int_V \frac{\partial f}{\partial x_k} \,\mathrm{d}V = \int_S f n_k \,\mathrm{d}S\,. \tag{1.426}$$

Mithilfe dieser Beziehung erhalten wir ähnliche Formeln, die häufig in Mechanikanwendungen mit dem Nabla-Operator verwendet werden.

Betrachten wir zunächst das Volumenintegral des Gradienten einer Skalarfunktion

$$\int_V \nabla f \,\mathrm{d}V = \int_V \boldsymbol{i}_k \frac{\partial f}{\partial x_k} \,\mathrm{d}x_1 \,\mathrm{d}x_2 \,\mathrm{d}x_3 = \int_S \boldsymbol{i}_k f n_k \,\mathrm{d}S = \int_S f \boldsymbol{n} \,\mathrm{d}S\,. \tag{1.427}$$

Bild 1.16 Pioniere der Integralsätze: Carl Friedrich Gauß (1777–1855), Michail Wassiljewitsch Ostrogradski (1801–1861) und George Gabriel Stokes (1819–1903)

Da der linke und der rechte Teil dieser Formel in invarianter Form geschrieben sind, ist diese Formel in jedem Koordinatensystem anwendbar, vorausgesetzt, dass $\mathrm{d}V = J \,\mathrm{d}q_1 \,\mathrm{d}q_2 \,\mathrm{d}q_3$.

Für die Tensorfunktion ${}^p\boldsymbol{F}$ hat man zu schreiben:

$$\begin{aligned}\int_V \nabla\, {}^p\boldsymbol{F} \,\mathrm{d}V &= \boldsymbol{i}_k \int_V \frac{\partial F_{n_1 \ldots n_p}}{\partial x_k} \,\mathrm{d}x_1 \,\mathrm{d}x_2 \,\mathrm{d}x_3\, \boldsymbol{e}_{n_1} \ldots \boldsymbol{e}_{n_p} \\ &= \boldsymbol{i}_k \int_S F_{n_1 \ldots n_p} n_k \,\mathrm{d}S\, \boldsymbol{e}_{n_1} \ldots \boldsymbol{e}_{n_p} = \int_S \boldsymbol{n}\, {}^p\boldsymbol{F} \,\mathrm{d}S\,.\end{aligned} \tag{1.428}$$

Durch Überschiebung bzgl. der ersten beiden Indizes $\mathrm{Sp}_{(1,2)}$ erhalten wir das *Divergenztheorem*

$$\int_V \nabla \cdot {}^p\boldsymbol{F} \,\mathrm{d}V = \int_S \boldsymbol{n} \cdot {}^p\boldsymbol{F} \,\mathrm{d}S\,. \tag{1.429}$$

Ähnliches gilt für die Vektormultiplikation

$$\int_V \nabla \times {}^p\boldsymbol{F} \,\mathrm{d}V = \int_S \boldsymbol{n} \times {}^p\boldsymbol{F} \,\mathrm{d}S\,. \tag{1.430}$$

Die Struktur der obigen Formeln ist offensichtlich: Der Nabla-Operator im Volumenintegral wird durch den Normalenvektor im Oberflächenintegral ersetzt.

Übungsaufgabe *Volumen und Oberflächen*

1. Zeige, dass

$$\int_S \boldsymbol{n}\boldsymbol{x}\,\mathrm{d}S = V\mathbf{1}\,, \tag{1.431}$$

wobei V das Volumen des durch die Oberfläche S berandeten Gebiets ist.

2. Zeige, dass das Volumen V des durch die Oberfläche S berandeten Körpers gegeben ist durch:

$$V = \frac{1}{3}\int_S \boldsymbol{n}\cdot\boldsymbol{x}\,\mathrm{d}S\,, \qquad V = \frac{1}{6}\int_S \boldsymbol{n}\cdot\nabla x^2\,\mathrm{d}S\,. \tag{1.432}$$

3. Zeige, dass für eine geschlossene Oberfläche S gilt

$$\int_S \boldsymbol{n}\,\mathrm{d}S = \mathbf{0}\,. \tag{1.433}$$

4. Zeige, dass

$$\int_V \nabla^2 \boldsymbol{A}\,\mathrm{d}V = \int_S \boldsymbol{n}\cdot\nabla\boldsymbol{A}\,\mathrm{d}S\,. \tag{1.434}$$

1.4.6.2 Stokes'scher Satz

Es sei eine Vektorfunktion $\boldsymbol{f}$ in einem bestimmten Bereich des Raums gegeben. Das Linienintegral des Vektors auf der Kurve L

$$\int_L \boldsymbol{f}\cdot\mathrm{d}\boldsymbol{x} \tag{1.435}$$

heißt *Zirkulation des Vektors* entlang dieser Kurve. Im allgemeinen Fall hängt dieses Integral von der Verbindungsstrecke zwischen den Extrempunkten der Kurve M_0 und M_1 ab. Im Falle eines Potentialfeldes $\boldsymbol{f} = \nabla\varphi$ ist die Zirkulation des Vektors jedoch unabhängig von der Wahl von L und ist gleich der Differenz der Funktionswerte φ an den Endpunkten. In der Tat gilt:

$$\int_L \boldsymbol{f}\cdot d\boldsymbol{x} = \int_{M_0}^{M_1} \nabla\varphi\cdot\mathrm{d}\boldsymbol{x} = \int_{M_0}^{M_1} \mathrm{d}\varphi = \varphi(M_1) - \varphi(M_0)\,. \tag{1.436}$$

In ähnlicher Weise wird gezeigt, dass die Bedingung für ein wegunabhängiges Integral

$$\int_L \mathrm{d}\boldsymbol{x}\cdot\boldsymbol{F} = \int_L \boldsymbol{F}^{\mathsf{T}}\cdot\mathrm{d}\boldsymbol{x} \tag{1.437}$$

gleichwertig ist zu

$$\nabla\times\boldsymbol{F} = 0\,,\ \ \boldsymbol{F} = \nabla\boldsymbol{f}\,. \tag{1.438}$$

Die Bedingung für Integrierbarkeit ist also der Potentialcharakter des Feldes.

Nach dem Stokes-Theorem ist der Umlauf eines Vektors auf einer geschlossenen Kontur gleich dem Rotorfluss dieses Vektors durch eine beliebige Fläche, die vollständig im Definitionsbereich des Vektors liegt und auf dieser Kontur ruht:

$$\oint \boldsymbol{f}\cdot\mathrm{d}\boldsymbol{x} = \int_S \boldsymbol{n}\cdot(\nabla\times\boldsymbol{f})\,\mathrm{d}S\,, \tag{1.439}$$

wobei $\boldsymbol{n}$ die äußere Normale zu S ist.

Um die Stokes-Formel auf ein Tensorfeld zu verallgemeinern, schreibt man Gleichung (1.439) um in

$$\oint \mathrm{d}\boldsymbol{x} \cdot \boldsymbol{f} = \int_S (\boldsymbol{n} \times \nabla) \cdot \boldsymbol{f} \, \mathrm{d}S, \tag{1.440}$$

so dass

$$\oint \mathrm{d}\boldsymbol{x} \cdot \boldsymbol{F} = \left(\oint \mathrm{d}\boldsymbol{x} \cdot \boldsymbol{f}_k \right) \boldsymbol{i}_k = \int_S (\boldsymbol{n} \times \nabla) \cdot \boldsymbol{f}_k \, \mathrm{d}S \, \boldsymbol{i}_k = \int_S (\boldsymbol{n} \times \nabla) \cdot \boldsymbol{F} \, \mathrm{d}S, \tag{1.441}$$

oder

$$\oint \boldsymbol{F}^\mathsf{T} \cdot \mathrm{d}\boldsymbol{x} = \int_S (\boldsymbol{n} \times \nabla) \cdot \boldsymbol{F}^\mathsf{T} \, \mathrm{d}S. \tag{1.442}$$

Bei der Herleitung der Formel wird berücksichtigt, dass die Vektoren $\boldsymbol{i}_k$ konstant sind und daher herausgenommen oder unter das Integralzeichen gestellt werden können.

1.5 Nicht-orthogonale Koordinatensysteme

1.5.1 Haupt- und reziproke Basis

Der Begriff der *Basis* wurde in Abschnitt 1.2.1.5 eingeführt, wobei drei zueinander orthogonale Einheitsvektoren als Basis betrachtet wurden. Nun wählen wir drei beliebige (nicht notwendigerweise auf Eins normierte) nicht-ebene Vektoren $\boldsymbol{e}_n$ als Basis. Nicht-Koplanarität bedeutet, dass das Volumen des auf diesen Vektoren aufgebauten Parallelepipeds nicht Null ist: $V = \boldsymbol{e}_1 \cdot (\boldsymbol{e}_2 \times \boldsymbol{e}_3) \neq 0$. Dabei ist die Nummerierung der Vektoren so gewählt, dass sie ein rechtsorientiertes Triplett $V > 0$ bilden. Diese drei Vektoren bilden also die Basis.

Jeder Vektor $\boldsymbol{a}$ kann durch seine Zerlegung in die Grundbasis dargestellt werden. In einer orthonormierten Basis werden die Koordinaten eines Vektors durch skalare Multiplikation des Vektors mit der entsprechenden Basisachse ermittelt. Bei einer nicht-orthogonalen Basis funktioniert diese Methode nicht, da das Skalarprodukt der verschiedenen Basisvektoren nicht Null ist. Daher führen wir *reziproke Basis* $\boldsymbol{e}^m$ durch folgende Regel ein:

$$\boldsymbol{e}^m \cdot \boldsymbol{e}_n = \delta^m_n = \begin{cases} 1, & m = n; \\ 0, & m \neq n. \end{cases} \tag{1.443}$$

Um eine reziproke Basis aus der Hauptbasis zu konstruieren, ist zu berücksichtigen, dass jeder der Vektoren der reziproken Basis orthogonal zu Vektoren der Hauptbasis ist, deren Indizes sich von ihnen unterscheiden. Zum Beispiel ist $\boldsymbol{e}^1$ orthogonal zu $\boldsymbol{e}_2$ und $\boldsymbol{e}_3$. Es kann also als Vektorprodukt dieser Vektoren dargestellt werden:

$$\boldsymbol{e}^1 = \alpha(\boldsymbol{e}_2 \times \boldsymbol{e}_3). \tag{1.444}$$

Um den Proportionalitätsfaktor α zu ermitteln, verwenden wir die Normierungsbedingung

$$1 = \boldsymbol{e}^3 \cdot \boldsymbol{e}_3 = \alpha(\boldsymbol{e}_2 \times \boldsymbol{e}_3) \cdot \boldsymbol{e}_3 = \alpha V \quad \Rightarrow \quad \alpha = \frac{1}{V}. \tag{1.445}$$

Und analog

$$e^2 = \frac{1}{V} e_3 \times e_1 \,, \; e^3 = \frac{1}{V} e_1 \times e_2 \,. \tag{1.446}$$

Bei der Bildung einer gemeinsamen Basis zu e^k kehren wir zur ursprünglichen Basis zurück

$$e_1 = \frac{1}{v} e^2 \times e^3 \,, \; e_2 = \frac{1}{v} e^3 \times e^1 \,, \; e_3 = \frac{1}{v} e^1 \times e^2 \,, \tag{1.447}$$

wobei v das Volumen des Parallelepipeds ist, das aus den Vektoren der gemeinsamen Basis gebildet wird.

Wir schreiben die folgende Gleichungskette:

$$e_1 = \frac{1}{v} e^2 \times e^3 = \frac{1}{vV} e^2 \times (e_1 \times e_2) = \frac{1}{vV} \big(e_1 (e^2 \cdot e_2) - e^2 (e^2 \cdot e_1)\big) = \frac{1}{vV} e_1 \,. \tag{1.448}$$

Daraus folgt, dass die Volumina der Parallelepipede, die auf den Vektoren der Haupt- und der gemeinsamen Basis aufgebaut sind, reziprok sind: $v = 1/V$.

Die Zerlegung des Vektors a in dieser und der reziproken Basis kann wie folgt geschrieben werden

$$a = a^1 e_1 + a^2 e_2 + a^3 e_3 = a_1 e^1 + a_2 e^2 + a_3 e^3 \,, \tag{1.449}$$

oder in abgekürzter Form:

$$a = a^k e_k = a_k e^k \,, \tag{1.450}$$

wobei k ein Dummyindex ist. Man beachte, dass in den früheren Notationen bei der Verwendung der orthonormierten Basis keine Notwendigkeit bestand, die oberen und unteren Indizes zu unterscheiden, und dass die Summierung mit jedem sich wiederholenden Index durchgeführt wurde. In der nicht-orthogonalen Basis muss diese Regel abgeändert werden: Die Summierung erfolgt durch stumme Indizes unterschiedlicher Höhe, und freie Indizes haben die gleiche Position im linken und rechten Teil der Formel. Bei einem Index, der sich unten oder oben zweimal wiederholt, wird keine Summierung durchgeführt.

Aus Gleichung (1.450) und Gleichung (1.443) ergeben sich die Regeln für die Berechnung von Vektorkoordinaten in verschiedenen Basen:

$$a \cdot e^m = a^k e_k \cdot e^m = a^k \delta_k^m = a^m \,, \; a \cdot e_m = a_k e^k \cdot e_m = a_k \delta_m^k = a_m \,. \tag{1.451}$$

Ein Beispiel für Haupt- und reziproke Basen und die entsprechenden Koordinaten ist in Bild 1.17 dargestellt. Es wird angenommen, dass der Vektor e_3 orthogonal zu der in der Abbildung dargestellten Ebene ist.

1.5.1.1 Basistransformationen

Zusammen mit der Hauptbasis e_n führen wir eine neue Basis $e_{m'}$ ein, die durch lineare Beziehungen mit den Vektoren der ursprünglichen Basis in Beziehung steht

$$e_{m'} = A^n_{m'} e_n \,, \; A^n_{m'} = e_{m'} \cdot e^n \,. \tag{1.452}$$

Die inverse Transformation wird wie folgt beschrieben

$$e_n = A^{m'}_n e_{m'} \,, \; A^{m'}_n = e_n \cdot e^{m'} \,. \tag{1.453}$$

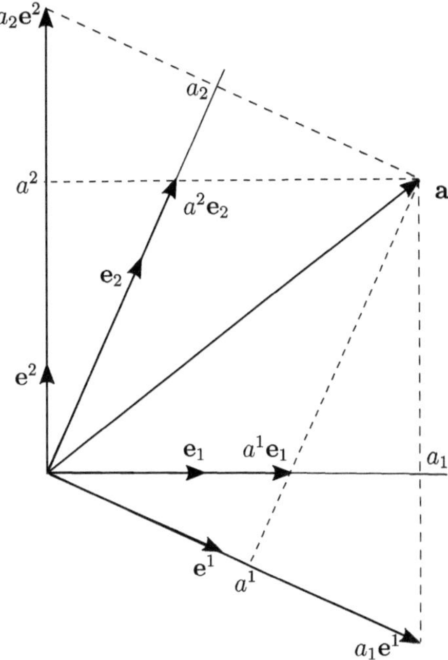

Bild 1.17 Zerlegung eines Vektors bzgl. Haupt- und reziproker Basis

Deshalb

$$\boldsymbol{e}_n = A_n^{m'}\,\boldsymbol{e}_{m'} = A_n^{m'}\,A_{m'}^k\,\boldsymbol{e}_k\,,\quad A_n^{m'}\,A_{m'}^k = \delta_n^k\,. \tag{1.454}$$

Wir überlegen, wie sich die Vektorkoordinaten ändern, wenn die Basis geändert wird. Zerlegen wir den Vektor in gegenseitige Basen:

$$\boldsymbol{a} = a_n\boldsymbol{e}^n = a_{m'}\boldsymbol{e}^{m'}\,,\quad a_{m'} = \boldsymbol{a}\cdot\boldsymbol{e}_{m'} = a_n\boldsymbol{e}^n\cdot\boldsymbol{e}_{m'} = A_{m'}^n\,a_n\,. \tag{1.455}$$

Der Vergleich mit der Gleichung (1.452) zeigt, dass die Vektorkoordinaten in der gemeinsamen Basis nach der gleichen Regel transformiert werden wie die Basisvektoren, so dass sie als *kovariante Koordinaten* bezeichnet werden.

Zerlegen wir nun den Vektor in den Grundbasen

$$\boldsymbol{a} = a^n\boldsymbol{e}_n = a^{m'}\boldsymbol{e}_{m'}\,,\quad a^{m'} = \boldsymbol{a}\cdot\boldsymbol{e}^{m'} = a^n\boldsymbol{e}_n\cdot\boldsymbol{e}^{m'} = A_n^{m'}\,a^n\,, \tag{1.456}$$

d. h. wenn die Basis geändert wird, ändern sich die Vektorkoordinaten in der Basis nach einer Regel, die derjenigen der Basistransformation entgegengesetzt ist. Daher werden sie als *kontravariante Koordinaten* bezeichnet.

1.5.1.2 Metrik

Wir führen die Skalarprodukte der Haupt- und Kehrwertbasisvektoren ein:

$$\boldsymbol{e}_m\cdot\boldsymbol{e}_n = g_{mn}\,,\quad \boldsymbol{e}^m\cdot\boldsymbol{e}^n = g^{mn} \tag{1.457}$$

und schreiben verschiedene Darstellungen des Skalarprodukts von Vektoren auf:

$$\begin{aligned}
\boldsymbol{a}\cdot\boldsymbol{b} &= a^m\boldsymbol{e}_m\cdot b^n\boldsymbol{e}_n = a^m b^n g_{mn}\,,\\
\boldsymbol{a}\cdot\boldsymbol{b} &= a_m\boldsymbol{e}^m\cdot b_n\boldsymbol{e}^n = a_m b_n g^{mn}\,,\\
\boldsymbol{a}\cdot\boldsymbol{b} &= a^m\boldsymbol{e}_m\cdot b_n\boldsymbol{e}^n = a^m b^n\,\delta_m^n = a^m b_n\,.
\end{aligned} \tag{1.458}$$

Die Matrix g_{mn}, die es erlaubt, die Skalarprodukte von Vektoren mit ihren Koordinaten in einer gegebenen Basis und damit die Vektorlängen und Winkel zwischen ihnen zu berechnen, heißt *Metrik oder Fundamentalmatrix.*

Betrachten wir nun die Zerlegung der Vektoren der Fundamentalbasis in die reziproke Basis

$$\boldsymbol{e}_n = e_{nm}\boldsymbol{e}^m = (\boldsymbol{e}_n \cdot \boldsymbol{e}_m)\boldsymbol{e}^m = g_{nm}\boldsymbol{e}^m\,, \quad n = 1, 2, 3\,. \tag{1.459}$$

Die Elemente der Fundamentalmatrix g_{mn} sind also die Expansionskoeffizienten der Hauptbasisvektoren über die gegenseitigen Basisvektoren. Die Elemente von g^{mn} sind die Expansionskoeffizienten der gegenseitigen Basisvektoren auf der Ausgangsbasis:

$$\boldsymbol{e}^n = e^{nm}\boldsymbol{e}_m = (\boldsymbol{e}^n \cdot \boldsymbol{e}^m)\boldsymbol{e}_m = g^{nm}\boldsymbol{e}_m\,, \qquad n = 1, 2, 3\,. \tag{1.460}$$

Es ist leicht zu zeigen, dass die Matrizen g_{mn} und g^{mn} zueinander invers sind. In der Tat gilt

$$\delta_m^n = \boldsymbol{e}_m \cdot \boldsymbol{e}^n = g_{mk}\boldsymbol{e}^k \cdot g^{ns}\boldsymbol{e}_s = g_{mk}g^{ns}\delta_s^k = g_{mk}g^{nk}\,. \tag{1.461}$$

Unter Verwendung der bekannten Darstellung eines gemischten Produkts durch die Determinante einer Matrix können wir schreiben

$$[\boldsymbol{a}\cdot(\boldsymbol{b}\times\boldsymbol{c})]\,[\boldsymbol{u}\cdot(\boldsymbol{v}\times\boldsymbol{w})] = \begin{vmatrix} a_1 & a_2 & a_3 \\ b_1 & b_2 & b_3 \\ c_1 & c_2 & c_3 \end{vmatrix}\begin{vmatrix} u_1 & v_1 & w_1 \\ u_2 & v_2 & w_2 \\ u_3 & v_3 & w_3 \end{vmatrix} = \begin{vmatrix} \boldsymbol{a}\cdot\boldsymbol{u} & \boldsymbol{a}\cdot\boldsymbol{v} & \boldsymbol{a}\cdot\boldsymbol{w} \\ \boldsymbol{b}\cdot\boldsymbol{u} & \boldsymbol{b}\cdot\boldsymbol{v} & \boldsymbol{b}\cdot\boldsymbol{w} \\ \boldsymbol{c}\cdot\boldsymbol{u} & \boldsymbol{c}\cdot\boldsymbol{v} & \boldsymbol{c}\cdot\boldsymbol{w} \end{vmatrix}\,. \tag{1.462}$$

Das Quadrat des Volumens des Parallelepipeds, das aus den Vektoren der Ausgangsbasis gebildet wird, ist also gleich der Determinante der Fundamentalmatrix q_{mn}:

$$V^2 = (\boldsymbol{e}_1\cdot(\boldsymbol{e}_2\times\boldsymbol{e}_3))^2 = \begin{vmatrix} \boldsymbol{e}_1\cdot\boldsymbol{e}_1 & \boldsymbol{e}_1\cdot\boldsymbol{e}_2 & \boldsymbol{e}_1\cdot\boldsymbol{e}_3 \\ \boldsymbol{e}_2\cdot\boldsymbol{e}_1 & \boldsymbol{e}_2\cdot\boldsymbol{e}_2 & \boldsymbol{e}_2\cdot\boldsymbol{e}_3 \\ \boldsymbol{e}_3\cdot\boldsymbol{e}_1 & \boldsymbol{e}_3\cdot\boldsymbol{e}_2 & \boldsymbol{e}_3\cdot\boldsymbol{e}_3 \end{vmatrix} = |g_{mn}| = g\,. \tag{1.463}$$

Analoges gilt für die reziproke Basis:

$$|g^{mn}| = \left(\boldsymbol{e}^1\cdot(\boldsymbol{e}^2\times\boldsymbol{e}^3)\right)^2 = v^2 = \frac{1}{V^2} = \frac{1}{g}\,. \tag{1.464}$$

Man beachte, dass die Determinante der Grundmatrix von der Wahl der Basis abhängt und daher kein Skalar ist.

Die Matrizen g_{mn} und g^{mn} werden häufig zum *Erhöhen* und *Senken* von Indizes verwendet. Wir schreiben die Zerlegung des Vektors in die Haupt- und Kehrwertbasis und verwenden die Ausdrücke aus Gleichung (1.459) und Gleichung (1.460):

$$\begin{aligned} &\boldsymbol{a} = a^n\boldsymbol{e}_n = a^n g_{mn}\boldsymbol{e}^m = a_m\boldsymbol{e}^m\,, \; a_m = a^n g_{mn}\,, \\ &\boldsymbol{a} = a_n\boldsymbol{e}^n = a_n g^{mn}\boldsymbol{e}_m = a^m\boldsymbol{e}_m\,, \; a^m = a_n g^{mn}\,. \end{aligned} \tag{1.465}$$

Betrachten wir nun die Darstellung des Tensors zweiten Ranges in verschiedenen Basen. Unter Verwendung der verschiedenen Darstellungen der Vektoren, die in der Dyade enthalten sind, können wir schreiben:

$$\begin{aligned} &\boldsymbol{A} = A^{mn}\boldsymbol{e}_m\boldsymbol{e}_n\,, \; A^{mn} = a^m b^n = \boldsymbol{e}^m\cdot\boldsymbol{A}\cdot\boldsymbol{e}^n\,, \; \boldsymbol{A} = A_{mn}\boldsymbol{e}^m\boldsymbol{e}^n\,, \; A_{mn} = a_m b_n = \boldsymbol{e}_m\cdot\boldsymbol{A}\cdot\boldsymbol{e}_n\,, \\ &\boldsymbol{A} = A^m_{\cdot n}\boldsymbol{e}_m\boldsymbol{e}^n\,, \; A^m_{\cdot n} = a^m b_n = \boldsymbol{e}^m\cdot\boldsymbol{A}\cdot\boldsymbol{e}_n\,, \; \boldsymbol{A} = A^{\cdot n}_m\boldsymbol{e}^m\boldsymbol{e}_n\,, \; A^{\cdot n}_m = a_m b^n = \boldsymbol{e}_m\cdot\boldsymbol{A}\cdot\boldsymbol{e}^n\,. \end{aligned} \tag{1.466}$$

Die Koordinaten A^{mn} und A_{mn} werden *kontravariante* bzw. *kovariante* Tensorkoordinaten genannt, $A^{m}_{\cdot n}$ und $A^{\cdot n}_{m}$ heißen *gemischte* Koordinaten. Die Reihenfolge der Koordinatenindizes entspricht der Reihenfolge der Vektoren in der Dyade, so dass gemischte Koordinaten einen Punkt vor dem zweiten Index haben, um die Reihenfolge der Indizes zu verdeutlichen.

Es ist einfach, Verbindungen zwischen verschiedenen Koordinaten herzustellen

$$A^{mn} = g^{nk} A^{m}_{\cdot k} = g^{mk} A^{\cdot n}_{k} = g^{mk} g^{ns} A_{ks}\,, \qquad A_{mn} = g_{nk} A^{\cdot k}_{m} = g_{mk} A^{k}_{\cdot n} = g_{mk} g_{ns} A^{ks}\,, \quad (1.467)$$

entsprechend den Regeln für das Anheben und Absenken von Indizes.

Um einen Einheitstensor einzuführen, ersetzt man in der Entwicklung des Vektors $\boldsymbol{a}$ in der Haupt- und Kehrwertbasis seine Koordinatendarstellungen

$$\boldsymbol{a} = a^m \boldsymbol{e}_m = \boldsymbol{a} \cdot \boldsymbol{e}^m \boldsymbol{e}_m\,, \quad \boldsymbol{a} = a_m \boldsymbol{e}^m = \boldsymbol{a} \cdot \boldsymbol{e}_m \boldsymbol{e}^m\,. \quad (1.468)$$

Der Einheitstensor kann also in der Form

$$\mathbf{1} = \boldsymbol{e}^m \boldsymbol{e}_m \quad \text{oder} \quad \mathbf{1} = \boldsymbol{e}_m \boldsymbol{e}^m \quad (1.469)$$

geschrieben werden. Wir wollen zeigen, dass diese Darstellungen äquivalent sind:

$$\mathbf{1} = \boldsymbol{e}_m \boldsymbol{e}^m = g_{mk} \boldsymbol{e}^k \boldsymbol{e}^m = g_{mk} \boldsymbol{e}^k g^{mn} \boldsymbol{e}_n = \delta^n_k\, \boldsymbol{e}^k \boldsymbol{e}_n = \boldsymbol{e}^n \boldsymbol{e}_n\,. \quad (1.470)$$

Aus den Beziehungen

$$\mathbf{1} = g_{mk} \boldsymbol{e}^k \boldsymbol{e}^m = g^{mk} \boldsymbol{e}_k \boldsymbol{e}_m \quad (1.471)$$

folgt, dass g_{mn} die kovarianten und g^{mn} die kontravariante Koordinaten des Einheitstensors sind. Im Gegensatz zum Fall der orthogonalen Basis sind die Zahlen g_{mn} und g^{mn} bei $m \neq n$ nicht immer gleich Null und charakterisieren den Winkel zwischen den Basisvektoren $\boldsymbol{e}_m$ und $\boldsymbol{e}_n$. Für $m = n$ sind die Zahlen gleich dem Quadrat der Länge des entsprechenden Basisvektors. Zusammen mit den Beziehungen aus Gleichung (1.458) kann man so den Einheitstensor *metrischen Tensor* nennen.

Man beachte auch, dass in der gemischten Basis die Koordinaten des Einheitstensors mit den Koordinaten des Einheitstensors in der orthonormierten Basis übereinstimmen:

$$g^{m}_{\cdot n} = g^{\cdot m}_{n} = \delta^m_n\,. \quad (1.472)$$

1.5.2 Vektorprodukt und Tensordeterminante

Im Vektorprodukt $\boldsymbol{c} = \boldsymbol{a} \times \boldsymbol{b}$ zerlegen wir die Vektoren $\boldsymbol{a} = a^m \boldsymbol{e}_m$ und $\boldsymbol{b} = b^n \boldsymbol{e}_n$ in eine Hauptbasis, und $\boldsymbol{c}$ in eine gemeinsame Basis:

$$\boldsymbol{c} = c_k \boldsymbol{e}^k = a^m b^n (\boldsymbol{e}_m \times \boldsymbol{e}_n)\,. \quad (1.473)$$

Daraus folgt, dass die kovarianten Koordinaten des Vektors $\boldsymbol{c}$ wie folgt ausgedrückt werden:

$$c_k = a^m b^n (\boldsymbol{e}_m \times \boldsymbol{e}_n) \cdot \boldsymbol{e}_k\,. \quad (1.474)$$

Wir führen folgende Größen ein:*

$$e_{mnk} = (\boldsymbol{e}_m \times \boldsymbol{e}_n) \cdot \boldsymbol{e}_k = \begin{cases} +V, & (m,\, n,\, k) \text{ gerade Vertauschung } (1,2,3)\,; \\ -V, & (m,\, n,\, k) \text{ ungerade Vertauschung } (1,2,3)\,; \\ 0, & \text{zwei oder mehr Zeichen gleich}\,, \end{cases} \tag{1.475}$$

oder

$$e_{mnk} = \sqrt{g}\,\epsilon_{mnk}\,. \tag{1.476}$$

Ähnliches gilt für die reziproke Basis:

$$e^{mnk} = \frac{1}{\sqrt{g}}\epsilon^{mnk}\,. \tag{1.477}$$

Das Vektorprodukt der Basisvektoren kann also wie folgt geschrieben werden

$$\boldsymbol{e}_m \times \boldsymbol{e}_n = e^{mnk}\boldsymbol{e}_k,\; \boldsymbol{e}^m \times \boldsymbol{e}^n = e_{mnk}\boldsymbol{e}^k\,. \tag{1.478}$$

Das Verhältnis aus Gleichung (1.462) erlaubt die Darstellung von $e_{mnk}e^{pst}$ als

$$\begin{aligned} e_{mnk}e^{pst} &= [\boldsymbol{e}_m \cdot (\boldsymbol{e}_n \times \boldsymbol{e}_k)]\left[\boldsymbol{e}^p \cdot (\boldsymbol{e}^s \times \boldsymbol{e}^t)\right] \\ &= \begin{vmatrix} \boldsymbol{e}_m \cdot \boldsymbol{e}^p & \boldsymbol{e}_m \cdot \boldsymbol{e}^s & \boldsymbol{e}_m \cdot \boldsymbol{e}^t \\ \boldsymbol{e}_n \cdot \boldsymbol{e}^p & \boldsymbol{e}_n \cdot \boldsymbol{e}^s & \boldsymbol{e}_n \cdot \boldsymbol{e}^t \\ \boldsymbol{e}_k \cdot \boldsymbol{e}^p & \boldsymbol{e}_k \cdot \boldsymbol{e}^s & \boldsymbol{e}_k \cdot \boldsymbol{e}^t \end{vmatrix} = \begin{vmatrix} \delta^p_m & \delta^s_m & \delta^t_m \\ \delta^p_n & \delta^s_n & \delta^t_n \\ \delta^p_k & \delta^s_k & \delta^t_k \end{vmatrix}\,. \end{aligned} \tag{1.479}$$

Somit folgt

$$e_{mnk}e^{psk} = \begin{vmatrix} \delta^p_m & \delta^s_m & 0 \\ \delta^p_n & \delta^s_n & 0 \\ 0 & 0 & 1 \end{vmatrix} = \delta^p_m\delta^s_n - \delta^p_n\delta^s_m\,,\; e_{mnk}e^{mns} = 2\delta^s_k\,,\; e_{mnk}e^{mnk} = 6\,. \tag{1.480}$$

Übungsaufgabe *Ko- und kontravariante Basen*

1. Leite die Gleichungen $\boldsymbol{e}^k = \frac{1}{2}e^{kmn}(\boldsymbol{e}_m \times \boldsymbol{e}_n)$ und $\boldsymbol{e}_k = \frac{1}{2}e_{kmn}(\boldsymbol{e}^m \times \boldsymbol{e}^n)$ her.
2. Zeige, dass $\boldsymbol{e}_k \times \boldsymbol{e}^k = \boldsymbol{0}$.

Da die Determinante des Tensors eine invariante Eigenschaft ist, muss sie unabhängig von der Wahl der Basis sein. In der nicht-orthogonalen Basis ist die Determinante des Tensors die Determinante der Matrix seiner gemischten Komponenten. Um sicherzustellen, dass $|A^{m}_{\cdot n}|$ unabhängig von den Basisvektoren ist, berechnet man die Determinante nach Gleichung (1.106).

Da das Skalarprodukt des Tensors auf dem Vektor definiert ist als

$$\boldsymbol{A} \cdot \boldsymbol{a} = A^{mn}\boldsymbol{e}_m\boldsymbol{e}_n \cdot a_s\boldsymbol{e}^s = A^{mn}a_n\boldsymbol{e}_m\,, \tag{1.481}$$

* Oft als Levi-Civitá-Symbole bezeichnet.

folgt

$$(\boldsymbol{a}' \times \boldsymbol{b}') \cdot \boldsymbol{c}' = A^{mn} A^{ks} A^{pt} a_n b_s c_t (\boldsymbol{e}_m \times \boldsymbol{e}_k) \cdot \boldsymbol{e}_p = \sqrt{g} A^{mn} A^{ks} A^{pt} \epsilon_{mkp} a_n b_s c_t$$
$$= \det(A^{lr}) \sqrt{g} \epsilon^{nst} a_n b_s c_t = \det(A^{lr}) g (\boldsymbol{a} \times \boldsymbol{b}) \cdot \boldsymbol{c}$$
$$= \det(A^{lr} g_{rs}) (\boldsymbol{a} \times \boldsymbol{b}) \cdot \boldsymbol{c} = \det(A^{l}_{.s}) (\boldsymbol{a} \times \boldsymbol{b}) \cdot \boldsymbol{c} \,. \tag{1.482}$$

Die hier verwendete Formel lautet

$$A^{nm} A^{ks} A^{pt} \epsilon_{nkp} = \det(A^{lr}) \epsilon^{mst} \tag{1.483}$$

und die Regel der Multiplikation von Determinanten wurde beachtet. Wir erhalten also

$$\det \boldsymbol{A} = \det(A^{m}_{.n}) = g \det A^{mn} = \det(A_{sn} g^{sm}) = \frac{1}{g} \det A_{sn} \,. \tag{1.484}$$

Übungsaufgabe *Determinante von ko-/kontravariant indizierten Tensoren*

Bestätige, dass $\det\left(A_{n}^{\cdot m}\right) = \det\left(A^{i}_{\cdot j}\right)$.

1.5.3 Kovariante Differentiation

1.5.3.1 Der Nabla-Operator in nicht-orthogonaler Basis

Wir betrachten den Ortsvektor als Funktion nicht-orthogonaler Koordinaten, $\boldsymbol{x} = \boldsymbol{x}(q^1, q^2, q^3)$. Die lokale Ausgangsvektorbasis ist durch ein Triplett von Vektoren definiert

$$\boldsymbol{x}_i = \frac{\partial \boldsymbol{x}}{\partial q^i} \,, \quad i = 1, 2, 3 \,, \tag{1.485}$$

durch die der infinitesimale Vektor $\mathrm{d}\boldsymbol{x}$ ausgedrückt werden kann:

$$\mathrm{d}\boldsymbol{x} = \frac{\partial \boldsymbol{x}}{\partial q^i} \mathrm{d}q^i = \boldsymbol{x}_i \, \mathrm{d}q^i \,. \tag{1.486}$$

Man beachte, dass der Index „i“ im Nenner an der unteren Stelle steht, d. h. die „i“ werden von 1 bis 3 summiert.

Die Einführung einer gemeinsamen Basis $\boldsymbol{x}^i$ für jeden Punkt des Raums als Lösung von neun Gleichungen

$$\boldsymbol{x}^m \cdot \boldsymbol{x}_n = \delta^m_n = \begin{cases} 1, & m = n \,, \\ 0, & m \neq n \,, \end{cases} \tag{1.487}$$

ergibt

$$\mathrm{d}q^i = \boldsymbol{x}^i \cdot \mathrm{d}\boldsymbol{x} = \mathrm{d}\boldsymbol{x} \cdot \boldsymbol{x}^i \,. \tag{1.488}$$

Das Differential der Skalarfunktion $f(q^1, q^2, q^3)$ wird also dargestellt als

$$\mathrm{d}f(q^1, q^2, q^3) = \frac{\partial f(q^1, q^2, q^3)}{\partial q^i} \mathrm{d}q^i = \boldsymbol{x}^i \frac{\partial f(q^1, q^2, q^3)}{\partial q^i} \cdot \mathrm{d}\boldsymbol{x} = \nabla f \cdot \mathrm{d}\boldsymbol{x} \,, \tag{1.489}$$

wobei der symbolische Vektor ∇ in eine reziproke Basis zerlegt wird:

$$\nabla = \boldsymbol{x}^i \frac{\partial}{\partial q^i} = \nabla_i \boldsymbol{x}^i \,. \tag{1.490}$$

1.5.3.2 Ableitungen von Basisvektoren und Christoffelsymbole

Wir betrachten die Ableitung einer Vektorfunktion $\boldsymbol{f}(q^1, q^2, q^3)$ nach krummlinigen Koordinaten:

$$\nabla_j \boldsymbol{f}(q^1, q^2, q^3) = \frac{\partial f^i(q^1, q^2, q^3)\boldsymbol{x}_i}{\partial q^j} = \frac{\partial f^i(q^1, q^2, q^3)}{\partial q^j}\boldsymbol{x}_i + f^i(q^1, q^2, q^3)\frac{\partial \boldsymbol{x}_i}{\partial q^j}. \quad (1.491)$$

Der erste Term ist analog zur Ableitung im kartesischen Koordinatensystem, wo die Basisvektoren konstant sind und nur die Koordinaten der Funktion differenziert werden müssen. Der zweite Term spiegelt die Tatsache wider, dass die Basisvektoren der nicht-orthogonalen Basis sich von Punkt zu Punkt ändern, da sie Funktionen der krummlinigen Koordinaten sind. Die Durchführung von Differentialoperationen in gekrümmten Koordinaten erfordert daher die Bestimmung der Ableitungen der Basisvektoren über diese Koordinaten.

Wir führen die folgende Notation ein:

$$\boldsymbol{x}_{ij} = \frac{\partial \boldsymbol{x}_i}{\partial q^j} = \frac{\partial^2 \boldsymbol{x}}{\partial q^j \partial q^i} = \frac{\partial \boldsymbol{x}_j}{\partial q^i} = \boldsymbol{x}_{ji}. \quad (1.492)$$

Die Vektoren $\boldsymbol{x}_{ij}$ können durch ihre Basisvektorzerlegung dargestellt werden

$$\frac{\partial \boldsymbol{x}_i}{\partial q^j} = \Gamma^k_{ij}\boldsymbol{x}_k, \quad (1.493)$$

wobei die Expansionskoeffizienten Γ^k_{ij} als *Christoffelsymbole zweiter Art* bezeichnet werden. Eine weitere häufig verwendete Notation für Christoffelsymbole ist:

$$\Gamma^k_{ij} = \begin{Bmatrix} k \\ ij \end{Bmatrix} \quad (1.494)$$

Aus den Beziehungen Gleichung (1.492) ergibt sich, dass die Christoffel-Symbole bzgl. der unteren Indizes symmetrisch sind, $\Gamma^k_{ij} = \Gamma^k_{ji}$, so dass ihre Gesamtzahl 18 beträgt. Durch skalare Multiplikation von Gleichung (1.493) mit dem entsprechenden Vektor der gemeinsamen Basis ergibt sich

$$\Gamma^k_{ij} = \frac{\partial \boldsymbol{x}_i}{\partial q^j} \cdot \boldsymbol{x}^k. \quad (1.495)$$

Wenn man den Ausdruck für die Ableitung der Basisvektoren durch Christoffelsymbole ersetzt, erhält man schließlich die kovariante Ableitung einer Vektorfunktion, die wie folgt dargestellt wird

$$\nabla_j \boldsymbol{f} = \frac{\partial f^i}{\partial q^j}\boldsymbol{x}_i + f^i\Gamma^k_{ij}\boldsymbol{x}_k = \left(\frac{\partial f^i}{\partial q^j} + f^k\Gamma^i_{kj}\right)\boldsymbol{x}_i \quad (1.496)$$

Der Ausdruck in Klammern heißt *kovariante Ableitung der gegenläufigen Koordinate* und wird mit $\nabla_j f^i$ bezeichnet. Bei der kovarianten (oder absoluten) Differentiation werden Änderungen sowohl der Größen selbst als auch der Koordinatenbasis, zu der sie gehören, berücksichtigt.

Übungsaufgabe *Christoffelsymbole*

Wieviele unterschiedliche Christoffelsymbole Γ_{ij}^{k} gibt es in drei Dimensionen?

Beim kovarianten Differenzieren werden die formalen Regeln der Summen- und Produktdifferenzierung beibehalten:

$$\nabla_j(a_m + b_n) = \nabla_j a_m + \nabla_j b_m\,, \quad \nabla_j(a_m b_n) = (\nabla_j a_m) b_n + a_m(\nabla_j b_n)\,. \tag{1.497}$$

Aufgrund der Definition des Nabla-Operators in Gleichung (1.490) ergibt sich

$$\nabla \boldsymbol{f} = \boldsymbol{x}^j \frac{\partial \boldsymbol{f}}{\partial q^j} = \boldsymbol{x}^j \boldsymbol{x}_i \nabla_j f^i\,, \tag{1.498}$$

d. h. $\nabla_j f^i$ sind gemischte Vektorgradientenkoordinaten.

Um die Christoffelsymbole zweiter Art zu berechnen, müssen wir ihre Beziehung zur Grundmatrix finden. Wir haben

$$\boldsymbol{x}_{ij} \cdot \boldsymbol{x}_m = \frac{\partial \boldsymbol{x}_i}{\partial q^j} \cdot \boldsymbol{x}_m = \Gamma_{ij}^{k} \boldsymbol{x}_m \cdot \boldsymbol{x}_m = \Gamma_{ij}^{k} g_{km}\,. \tag{1.499}$$

Die linke Seite dieses Ausdrucks kann durch die Ableitungen der Elemente der Grundmatrix dargestellt werden. In der Tat gilt

$$\begin{aligned}
\frac{\partial g_{im}}{\partial q^j} &= \frac{\partial}{\partial q^j}(\boldsymbol{x}_i \cdot \boldsymbol{x}_m) = \boldsymbol{x}_{ij} \cdot \boldsymbol{x}_m + \boldsymbol{x}_i \cdot \boldsymbol{x}_{im}\,,\\
\frac{\partial g_{jm}}{\partial q^i} &= \frac{\partial}{\partial q^i}\left(\boldsymbol{x}_j \cdot \boldsymbol{x}_m\right) = \boldsymbol{x}_{ij} \cdot \boldsymbol{x}_m + \boldsymbol{x}_j \cdot \boldsymbol{x}_{im}\,,\\
\frac{\partial g_{ij}}{\partial q^m} &= \frac{\partial}{\partial q^m}\left(\boldsymbol{x}_i \cdot \boldsymbol{x}_j\right) = \boldsymbol{x}_{im} \cdot \boldsymbol{x}_j + \boldsymbol{x}_i \cdot \boldsymbol{x}_{jm}\,.
\end{aligned} \tag{1.500}$$

Somit folgt

$$\boldsymbol{x}_{ij} \cdot \boldsymbol{x}_m = \frac{1}{2}\left(\frac{\partial g_{im}}{\partial q^j} + \frac{\partial g_{jm}}{\partial q^i} - \frac{\partial g_{ij}}{\partial q^m}\right) = \Gamma_{ijm}\,. \tag{1.501}$$

Die Ausdrücke Γ_{ijm} werden *Christoffelsymbole erster Art* genannt und oft auch $\Gamma_{ijm} = [ij, m]$ geschrieben. Aus der Symmetrie der Christoffelsymbole der zweiten Art folgt, dass $\Gamma_{ijm} = \Gamma_{jim}$.

Somit ist

$$\Gamma_{ij}^{k} g_{km} = \Gamma_{ijm}\,, \tag{1.502}$$

woraus folgt, dass

$$\Gamma_{ijm} g^{mn} = \Gamma_{ij}^{k} g_{km} g^{mn} = \Gamma_{ij}^{k} \delta_k^n = \Gamma_{ij}^{n}\,. \tag{1.503}$$

Als Beispiel soll die Steigung einer Vektorfunktion in einem zylindrischen Koordinatensystem bestimmt werden. Wir beginnen mit der Berechnung konkreter Christoffelsymbole.

In Abschnitt 1.4.5.1 haben wir festgestellt, dass die Basisvektoren im zylindrischen Koordinatensystem die folgende Form haben

$$\boldsymbol{x}_1 = \cos\varphi\,\boldsymbol{i}_1 + \sin\varphi\,\boldsymbol{i}_2\,,\ \boldsymbol{x}_2 = -\rho\sin\varphi\,\boldsymbol{i}_1 + \rho\cos\varphi\,\boldsymbol{i}_2\,,\ \boldsymbol{x}_3 = \boldsymbol{i}_3\,; V = (\boldsymbol{x}_1\times\boldsymbol{x}_2)\cdot\boldsymbol{x}_3 = \rho\,. \quad (1.504)$$

Wir bauen eine gemeinsame Basis auf:

$$\begin{aligned}
\boldsymbol{x}^1 &= \frac{1}{\rho}\boldsymbol{x}_2\times\boldsymbol{x}_3 = \cos\varphi\,\boldsymbol{i}_1 + \sin\varphi\,\boldsymbol{i}_2 = \boldsymbol{x}_1\,,\\
\boldsymbol{x}^2 &= \frac{1}{\rho}\boldsymbol{x}_3\times\boldsymbol{x}_1 = \frac{1}{\rho}\left(-\sin\varphi\,\boldsymbol{i}_1 + \cos\varphi\,\boldsymbol{i}_2\right) = \frac{1}{\rho}\boldsymbol{x}_2\,,\\
\boldsymbol{x}^3 &= \frac{1}{\rho}\boldsymbol{x}_1\times\boldsymbol{x}_2 = \left(\cos^2\varphi + \sin^2\varphi\right)\boldsymbol{i}_3 = \boldsymbol{x}_3
\end{aligned} \quad (1.505)$$

und die entsprechenden Fundamentalmatrizen

$$g_{km} = \begin{pmatrix} 1 & 0 & 0\\ 0 & \rho^2 & 0\\ 0 & 0 & 1\end{pmatrix},\ g^{km} = \begin{pmatrix} 1 & 0 & 0\\ 0 & \dfrac{1}{\rho^2} & 0\\ 0 & 0 & 1\end{pmatrix}. \quad (1.506)$$

Die einzige von Null verschiedene Ableitung der Elemente g_{km} in Bezug auf krummlinige Koordinaten ist

$$\frac{\partial g_{22}}{\partial\rho} = 2\rho\,. \quad (1.507)$$

Von Null verschiedene Christoffelsymbole der ersten Art sind also:

$$\Gamma_{221} = -\rho\,,\ \Gamma_{122} = \Gamma_{212} = \rho\,. \quad (1.508)$$

Die Christoffelsymbole der zweiten Art, die nicht Null sind, sind somit:

$$\begin{aligned}
\Gamma_{22}^{k} &= \Gamma_{221}g^{1k} \quad \Rightarrow \quad \Gamma_{22}^{1} = \Gamma_{221}g^{11} = -\rho\,,\ \Gamma_{22}^{2} = \Gamma_{22}^{3} = 0\,,\\
\Gamma_{12}^{k} &= \Gamma_{122}g^{2k} \quad \Rightarrow \quad \Gamma_{12}^{1} = \Gamma_{12}^{3} = 0\,,\ \Gamma_{12}^{2} = \Gamma_{21}^{2} = \Gamma_{212}g^{22} = \frac{1}{\rho}\,.
\end{aligned} \quad (1.509)$$

Somit sind die kovarianten Ableitungen der gegenläufigen Koordinaten im zylindrischen Koordinatensystem

$$\begin{aligned}
\nabla_1 f^1 &= \frac{\partial f^1}{\partial\rho}\,,\ \nabla_1 f^2 = \frac{\partial f^2}{\partial\rho} + \frac{1}{\rho}f^2\,,\ \nabla_1 f^3 = \frac{\partial f^3}{\partial\rho}\,,\\
\nabla_2 f^1 &= \frac{\partial f^1}{\partial\varphi} - \rho f^2\,,\ \nabla_2 f^2 = \frac{\partial f^2}{\partial\varphi} + \frac{1}{\rho}f^1\,,\ \nabla_2 f^3 = \frac{\partial f^3}{\partial\varphi}\,,\\
\nabla_3 f^1 &= \frac{\partial f^1}{\partial z}\,,\ \nabla_3 f^2 = \frac{\partial f^2}{\partial z}\,,\ \nabla_3 f^3 = \frac{\partial f^3}{\partial z}\,.
\end{aligned} \quad (1.510)$$

Finden wir zum Beispiel den Gradienten der Funktion $\boldsymbol{f} = \rho^2\boldsymbol{x}_1 + \cos\varphi\,\boldsymbol{x}_2 + \rho z\boldsymbol{x}_3$. Die kovarianten Ableitungen sind gleich:

$$\begin{aligned}
\frac{\partial\boldsymbol{f}}{\partial\rho} &= 2\rho\,\boldsymbol{x}_1 + z\boldsymbol{x}_3 + f^2\Gamma_{12}^{2}\boldsymbol{x}_2 = 2\rho\,\boldsymbol{x}_1 + z\boldsymbol{x}_3 + \frac{1}{\rho}\cos\varphi\,\boldsymbol{x}_2\,,\\
\frac{\partial\boldsymbol{f}}{\partial\varphi} &= -\sin\varphi\,\boldsymbol{x}_2 + f^2\Gamma_{22}^{1}\boldsymbol{x}_1 + f^1\Gamma_{21}^{2}\boldsymbol{x}_2 = -\sin\varphi\,\boldsymbol{x}_2 - \frac{\cos\varphi}{\rho}\boldsymbol{x}_1 + \rho\,\boldsymbol{x}_2\,,\ \frac{\partial\boldsymbol{f}}{\partial z} = \rho\,\boldsymbol{x}_3\,.
\end{aligned} \quad (1.511)$$

Das Endergebnis lautet:

$$\begin{aligned}\nabla \boldsymbol{f} &= 2\rho\boldsymbol{x}^1\boldsymbol{x}_1 + z\boldsymbol{x}^1\boldsymbol{x}_3 + \frac{1}{\rho}\cos\varphi\,\boldsymbol{x}^1\boldsymbol{x}_2 + (\rho-\sin\varphi)\boldsymbol{x}^2\boldsymbol{x}_2 - \frac{\cos\varphi}{\rho}\boldsymbol{x}^2\boldsymbol{x}_1 + \rho\,\boldsymbol{x}^3\boldsymbol{x}_3\\ &= 2\rho\,\boldsymbol{x}_1\boldsymbol{x}_1 + z\boldsymbol{x}_1\boldsymbol{x}_3 + \frac{1}{\rho}\cos\varphi\,\boldsymbol{x}_1\boldsymbol{x}_2 + (1-\frac{\sin\varphi}{\rho})\boldsymbol{x}_2\boldsymbol{x}_2 - \frac{\cos\varphi}{\rho^2}\boldsymbol{x}_2\boldsymbol{x}_1 + \rho\,\boldsymbol{x}_3\boldsymbol{x}_3\,.\end{aligned} \tag{1.512}$$

Berechnen wir nun die Ableitungen der gegenseitigen Basisvektoren. Wir gehen von folgender Beziehung aus

$$0 = \frac{\partial}{\partial q^j}\delta^i_m = \frac{\partial}{\partial q^j}(\boldsymbol{x}_i\cdot\boldsymbol{x}_m) = \frac{\partial \boldsymbol{x}^i}{\partial q^j}\cdot\boldsymbol{x}_m + \boldsymbol{x}^i\cdot\frac{\partial \boldsymbol{x}_m}{\partial q^j} = \frac{\partial \boldsymbol{x}^i}{\partial q^j}\cdot\boldsymbol{x}_m + \boldsymbol{x}^i\cdot\Gamma^k_{mj}\boldsymbol{x}_k\,. \tag{1.513}$$

Daraus folgt, dass

$$\frac{\partial \boldsymbol{x}^i}{\partial q^j}\cdot\boldsymbol{x}_m = -\Gamma^k_{mj}\delta^i_k = -\Gamma^i_{mj}\,, \tag{1.514}$$

und schließlich

$$\frac{\partial \boldsymbol{x}^i}{\partial q^j} = -\Gamma^i_{mj}\boldsymbol{x}^m\,. \tag{1.515}$$

Eine Funktionszerlegung in eine reziproke Basis führt also zu der Beziehung

$$\nabla_j(f_i\boldsymbol{x}^i) = \left(\frac{\partial f_i}{\partial q^j} - f_k\Gamma^k_{ij}\right)\boldsymbol{x}^i\,. \tag{1.516}$$

Der Ausdruck in Klammern ist die *kovariante Ableitung der kovarianten Koordinate.*

Der Gradient des Vektors kann auch in folgender Form geschrieben werden

$$\nabla\boldsymbol{f} = \boldsymbol{x}^j\frac{\partial\boldsymbol{f}}{\partial q^j} = \boldsymbol{x}^j\boldsymbol{x}^i\nabla_j f_i\,, \tag{1.517}$$

wobei $\nabla_j f^i$ die kovarianten Komponenten von $\nabla\boldsymbol{f}$ sind.

1.5.3.3 Umwandlung der Christoffelsymbole

Wir stellen uns die Frage, wie sich Christoffel-Symbole verändern, wenn das Koordinatensystem ersetzt wird. Führen wir ein neues krummliniges Koordinatensystem $\tilde{q}^k$ ein, das sich auf die alte Übergangsmatrix bezieht:

$$\tilde{q}^k = A^k_n q^n\,,\; q^n = \tilde{A}^n_i\tilde{q}^i\,. \tag{1.518}$$

Die Basisvektoren transformieren sich nach einem ähnlichen Gesetz:

$$\begin{aligned}\tilde{\boldsymbol{x}}_i &= \frac{\partial\boldsymbol{x}}{\partial\tilde{q}^i} = \frac{\partial\boldsymbol{x}}{\partial q^n}\frac{\partial q^n}{\partial\tilde{q}^i} = \tilde{A}^n_i\boldsymbol{x}_n\,,\; \tilde{A}^n_i = \tilde{\boldsymbol{x}}_i\cdot\boldsymbol{x}^n\,,\\ \boldsymbol{x}_n &= \frac{\partial\boldsymbol{x}}{\partial q^i} = \frac{\partial\boldsymbol{x}}{\partial\tilde{q}^m}\frac{\partial\tilde{q}^m}{\partial q^i} = A^m_n\tilde{\boldsymbol{x}}_m\,,\; A^m_n = \boldsymbol{x}_n\cdot\tilde{\boldsymbol{x}}^m\,.\end{aligned} \tag{1.519}$$

Wir schreiben die Gleichung (1.493) im neuen Koordinatensystem auf:

$$\begin{aligned}\tilde{\Gamma}_{ij}^{m}\tilde{\boldsymbol{x}}_m = \tilde{\boldsymbol{x}}_{ij} = \frac{\partial \tilde{\boldsymbol{x}}_i}{\partial \tilde{q}^j} = \frac{\partial \tilde{\boldsymbol{x}}_i}{\partial q^k}\frac{\partial q^k}{\partial \tilde{q}^j} = \tilde{A}_j^k \frac{\partial}{\partial q^k}(\tilde{A}_i^n \boldsymbol{x}_n) \\ = \tilde{A}_j^k\left(\frac{\partial \tilde{A}_i^n}{\partial q^k}\boldsymbol{x}_n + \tilde{A}_i^n\frac{\partial \boldsymbol{x}_n}{\partial q^k}\right) = \tilde{A}_j^k\frac{\partial \tilde{A}_i^n}{\partial q^k}\boldsymbol{x}_n + \tilde{A}_j^k\tilde{A}_i^n\Gamma_{nk}^{s}\boldsymbol{x}_s \\ = \tilde{A}_j^k\frac{\partial \tilde{A}_i^n}{\partial q^k}A_i^m\tilde{\boldsymbol{x}}_m + \tilde{A}_j^k\tilde{A}_i^n A_s^m\Gamma_{nk}^{s}\tilde{\boldsymbol{x}}_m\,.\end{aligned} \tag{1.520}$$

Schließlich erhalten wir

$$\tilde{\Gamma}_{ij}^{m} = \tilde{A}_j^k\frac{\partial \tilde{A}_i^n}{\partial q^k}A_i^m + \tilde{A}_j^k\tilde{A}_i^n A_s^m\Gamma_{nk}^{s}\,. \tag{1.521}$$

Der zweite Term entspricht der Transformation der Koordinaten des Tensors dritten Ranges, wenn die Basis ersetzt wird. Das Vorhandensein des zusätzlichen ersten Terms bedeutet, dass die Christoffelsymbole trotz des Vorhandenseins von drei Indizes in der Notation nicht die Koordinaten des Tensors des dritten Ranges sind. Dies spiegelt die Tatsache wider, dass die Christoffelsymbole nicht nur von den Basisvektoren abhängen, sondern auch von deren „Änderungsgeschwindigkeit" von Punkt zu Punkt.

1.5.3.4 Kovariante Differentiation eines Tensors zweiter Stufe

Die in Gleichung (1.496) eingeführte Differentiation einer Vektorfunktion lässt sich leicht auf Tensoren beliebigen Stufe verallgemeinern. Insbesondere werden die kovarianten Ableitungen eines Tensors zweiter Stufe in der Grundbasis in folgender Form geschrieben:

$$\begin{aligned}\frac{\partial \boldsymbol{F}}{\partial q^k} = \frac{\partial(F^{ij}\boldsymbol{x}_i\boldsymbol{x}_j)}{\partial q^k} = \frac{\partial F^{ij}}{\partial q^k}\boldsymbol{x}_i\boldsymbol{x}_j + F^{ij}\left(\Gamma_{ik}^{m}\boldsymbol{x}_m\boldsymbol{x}_j + \Gamma_{jk}^{m}\boldsymbol{x}_i\boldsymbol{x}_m\right) \\ = \left(\frac{\partial F^{ij}}{\partial q^k} + \Gamma_{mk}^{i}F^{mj} + \Gamma_{mk}^{j}F^{im}\right)\boldsymbol{x}_i\boldsymbol{x}_j\,.\end{aligned} \tag{1.522}$$

Gleiches gilt für reziproke und gemischte Basen:

$$\begin{aligned}\frac{\partial \boldsymbol{F}}{\partial q^k} = \frac{\partial(F_{ij}\boldsymbol{x}^i\boldsymbol{x}^j)}{\partial q^k} = \left(\frac{\partial F_{ij}}{\partial q^k} - \Gamma_{ik}^{m}F_{mj} - \Gamma_{jk}^{m}F_{im}\right)\boldsymbol{x}^i\boldsymbol{x}^j\,, \\ \frac{\partial \boldsymbol{F}}{\partial q^k} = \frac{\partial(F_{\cdot j}^{i}\boldsymbol{x}_i\boldsymbol{x}^j)}{\partial q^k} = \left(\frac{\partial F_{\cdot j}^{i}}{\partial q^k} + \Gamma_{mk}^{i}F_{\cdot j}^{m} - \Gamma_{jk}^{m}F_{\cdot m}^{i}\right)\boldsymbol{x}_i\boldsymbol{x}^j\,, \\ \frac{\partial \boldsymbol{F}}{\partial q^k} = \frac{\partial(F_{i}^{\cdot j}\boldsymbol{x}^i\boldsymbol{x}_j)}{\partial q^k} = \left(\frac{\partial F_{i}^{\cdot j}}{\partial q^k} - \Gamma_{ik}^{m}F_{m}^{\cdot j} + \Gamma_{mk}^{j}F_{i}^{\cdot m}\right)\boldsymbol{x}^i\boldsymbol{x}_j\,.\end{aligned} \tag{1.523}$$

Man beachte, dass die kovariante Ableitung der Koordinaten des metrischen Tensors Null ist. In der Tat ist

$$\frac{\partial \boldsymbol{g}}{\partial q^j} = \frac{\partial(\boldsymbol{x}^i\boldsymbol{x}_i)}{\partial q^j} = -\Gamma_{jk}^{i}\boldsymbol{x}^k\boldsymbol{x}_i + \Gamma_{ij}^{k}\boldsymbol{x}^i\boldsymbol{x}_k = -\Gamma_{jk}^{i}\boldsymbol{x}^k\boldsymbol{x}_i + \Gamma_{jk}^{i}\boldsymbol{x}^k\boldsymbol{x}_i = 0\,, \tag{1.524}$$

was natürlich ist, da der metrische Tensor in der nicht-orthogonalen Basis als Einheitstensor wirkt, dessen Ableitung Null ist: $\nabla\mathbf{1} = \mathbf{0}$. Bei der kovarianten Differentiation spielen die Komponenten des metrischen Tensors also die Rolle von Konstanten, d. h. sie können über das Symbol ∇_j hinaus eingegeben und mitgeführt werden:

$$\nabla_j g^{mn} a_n = g^{mn} \nabla_j a_n\,, \quad \nabla_j g_{mn} a^n = g_{mn} \nabla_j a^n\,. \tag{1.525}$$

1.5.3.5 Differentialoperationen in krummlinigen Koordinaten

Formelsammlung

Wir stellen im Folgenden verschiedene Differentialoperationen auf Vektor- und Tensorfeldern zusammen.

1. *Divergenz eines Vektorfeldes*:

$$\nabla\cdot\boldsymbol{f} = \boldsymbol{x}^i \cdot \frac{\partial \boldsymbol{f}}{\partial q^i} = \boldsymbol{x}^i \cdot \boldsymbol{x}^j \nabla_i f_j = g^{ij}\nabla_i f_j = \nabla_i g^{ij} f_i = \nabla_i f^i = \frac{\partial f^i}{\partial q^i} + \Gamma^i_{in} f^n\,. \tag{1.526}$$

Um diesen Ausdruck zu vereinfachen, benötigen wir Γ^i_{in}. Wir beginnen mit der Differentiation von $\sqrt{g}$. Es gilt die folgende Gleichungskette:

$$\begin{aligned}
\frac{\partial\sqrt{g}}{\partial q^n} &= \frac{\partial}{\partial q^n}\left[\boldsymbol{x}_1\cdot(\boldsymbol{x}_2\times\boldsymbol{x}_3)\right] \\
&= \frac{\partial \boldsymbol{x}_1}{\partial q^n}\cdot(\boldsymbol{x}_2\times\boldsymbol{x}_3) + \boldsymbol{x}_1\cdot\left(\frac{\partial \boldsymbol{x}_2}{\partial q^n}\times\boldsymbol{x}_3\right) + \boldsymbol{x}_1\cdot\left(\boldsymbol{x}_2\times\frac{\partial \boldsymbol{x}_3}{\partial q^n}\right) \\
&= \frac{\partial \boldsymbol{x}_1}{\partial q^n}\cdot(\boldsymbol{x}_2\times\boldsymbol{x}_3) + \frac{\partial \boldsymbol{x}_2}{\partial q^n}\cdot(\boldsymbol{x}_3\times\boldsymbol{x}_1) + \frac{\partial \boldsymbol{x}_3}{\partial q^n}\cdot(\boldsymbol{x}_1\times\boldsymbol{x}_2) \\
&= \boldsymbol{x}_{1n}\cdot(\boldsymbol{x}_2\times\boldsymbol{x}_3) + \boldsymbol{x}_{2j}\cdot(\boldsymbol{x}_3\times\boldsymbol{x}_1) + \boldsymbol{x}_{3n}\cdot(\boldsymbol{x}_1\times\boldsymbol{x}_2) \\
&= \Gamma^i_{1n}\boldsymbol{x}_i\cdot(\boldsymbol{x}_2\times\boldsymbol{x}_3) + \Gamma^i_{2n}\boldsymbol{x}_i\cdot(\boldsymbol{x}_3\times\boldsymbol{x}_1) + \Gamma^i_{3n}\boldsymbol{x}_i\cdot(\boldsymbol{x}_1\times\boldsymbol{x}_2) \\
&= \left(\Gamma^i_{1n} + \Gamma^i_{2n} + \Gamma^i_{3n}\right)\sqrt{g} = \sqrt{g}\,\Gamma^i_{in}\,.
\end{aligned} \tag{1.527}$$

Folglich

$$\Gamma^i_{in} = \frac{1}{\sqrt{g}}\frac{\partial\sqrt{g}}{\partial q^n}\,. \tag{1.528}$$

Schließlich erhalten wir

$$\nabla\cdot\boldsymbol{f} = \frac{\partial f^i}{\partial q^i} + \frac{1}{\sqrt{g}}\frac{\partial\sqrt{g}}{\partial q^n} f^n = \frac{1}{\sqrt{g}}\frac{\partial}{\partial q^n}(\sqrt{g} f^n)\,. \tag{1.529}$$

Im kartesischen Koordinatensystem ist $\sqrt{g} = 1$ und der Ausdruck für die Vektordivergenz wird zu Gleichung (1.360).

2. *Rotation eines Vektors*:

Wir schreiben

$$\nabla\times\boldsymbol{f} = \boldsymbol{x}^j \times \frac{\partial \boldsymbol{f}}{\partial q^j} = \boldsymbol{x}^j \times \boldsymbol{x}^i \nabla_j f_i = e^{jik}\boldsymbol{x}_k \nabla_j f_i = e^{jik}\boldsymbol{x}_k\left(\frac{\partial f_i}{\partial q^j} - \Gamma^n_{ji} f_n\right)\,. \tag{1.530}$$

In Anbetracht der Symmetrie der Christoffel-Symbole auf den unteren Indizes und durch eine Substitution für den stummen Index können wir schreiben

$$e^{ijk}\Gamma^n_{ji} = e^{ijk}\Gamma^n_{ij} = e^{jik}\Gamma^n_{ij} = -e^{ijk}\Gamma^n_{ij} \quad \to \quad e^{ijk}\Gamma^n_{ji} = 0\,. \tag{1.531}$$

Es folgt schließlich

$$\nabla \times \boldsymbol{f} = e^{jik}\frac{\partial f_i}{\partial q^j}\boldsymbol{x}_k\,. \tag{1.532}$$

3. *Divergenz eines Tensors zweiter Stufe:*
   Wir haben

$$\nabla\cdot\boldsymbol{F} = \boldsymbol{x}^i\cdot\frac{\partial \boldsymbol{F}}{\partial q^i} = \boldsymbol{x}^i\cdot\boldsymbol{x}_k\boldsymbol{x}_j\nabla_i F^{kj} = \boldsymbol{x}_j\nabla_j F^{ij} = \boldsymbol{x}_j\left(\frac{\partial F^{ij}}{\partial q^i} + \Gamma^i_{ik}F^{kj} + \Gamma^j_{ik}F^{ik}\right). \tag{1.533}$$

   Mithilfe von

$$\Gamma^i_{ik} = \frac{1}{\sqrt{g}}\frac{\partial\sqrt{g}}{\partial q^k}\,,\quad \boldsymbol{x}_j\Gamma^j_{ik} = \frac{\partial \boldsymbol{x}_k}{\partial q^i}\,, \tag{1.534}$$

   wird der Ausdruck für die Divergenz vereinfacht:

$$\begin{aligned}\nabla\cdot\boldsymbol{F} &= \boldsymbol{x}_j\frac{\partial F^{ij}}{\partial q^i} + \boldsymbol{x}_j\frac{1}{\sqrt{g}}\frac{\partial\sqrt{g}}{\partial q^k} + \frac{\partial \boldsymbol{x}_k}{\partial q^i}F^{ik} \\ &= \frac{\partial}{\partial q^i}(F^{ij}\boldsymbol{x}_j) + \boldsymbol{x}_j\frac{1}{\sqrt{g}}\frac{\partial\sqrt{g}}{\partial q^k} = \frac{1}{\sqrt{g}}\frac{\partial}{\partial q^k}(\sqrt{g}F^{ij}\boldsymbol{x}_j)\,.\end{aligned} \tag{1.535}$$

4. *Rotation eines Tensors zweiter Stufe:*
   Wir haben:

$$\begin{aligned}\nabla\times\boldsymbol{F} &= \boldsymbol{x}^i\times\frac{\partial \boldsymbol{F}}{\partial q^i} = \boldsymbol{x}^i\times\boldsymbol{x}^k\boldsymbol{x}^j\nabla_i F_{kj} = e^{ikn}\boldsymbol{x}_n\boldsymbol{x}^j\nabla_i F_{kj} \\ &= e^{ikn}\boldsymbol{x}_n\boldsymbol{x}^j\left(\frac{\partial F_{kj}}{\partial q^i} - \Gamma^m_{ik}F_{mj} - \Gamma^m_{ij}F_{im}\right).\end{aligned} \tag{1.536}$$

   Da gilt

$$e^{ikn}\Gamma^m_{ik} = 0\,,\quad -\boldsymbol{x}^j\,\Gamma^m_{ij} = \frac{\partial \boldsymbol{x}^m}{\partial q^i}\,, \tag{1.537}$$

   folgt

$$\nabla\times\boldsymbol{F} = e^{ikn}\boldsymbol{x}_n\left(\boldsymbol{x}^j\frac{\partial F_{kj}}{\partial q^i} + \frac{\partial \boldsymbol{x}^m}{\partial q^i}F_{im}\right) = e^{ikn}\boldsymbol{x}_n\frac{\partial}{\partial q^i}\left(F_{kj}\boldsymbol{x}^j\right). \tag{1.538}$$

5. *Laplace-Operator:*
   Wir berechnen zunächst $\nabla\nabla f$:

$$\nabla\nabla = \boldsymbol{x}^i\frac{\partial}{\partial q^i}\left(\boldsymbol{x}^j\frac{\partial f}{\partial q^j}\right) = \boldsymbol{x}^i\boldsymbol{x}^j\left(\frac{\partial^2 f}{\partial q^i\partial q^j} - \Gamma^k_{ij}\frac{\partial f}{\partial q^k}\right). \tag{1.539}$$

   Daraus folgt

$$\nabla^2 = \boldsymbol{x}^i\cdot\boldsymbol{x}^j\left(\frac{\partial^2 f}{\partial q^i\partial q^j} - \Gamma^k_{ij}\frac{\partial f}{\partial q^k}\right) = g^{ij}\left(\frac{\partial^2 f}{\partial q^i\partial q^j} - \Gamma^k_{ij}\frac{\partial f}{\partial q^k}\right). \tag{1.540}$$

Ausdrücke für Differentialoperationen zweiter Ordnung auf Vektoren und Tensoren sind sehr umständlich und werden hier nicht angegeben.

Literatur

[Di2013] Y.I. Dimitrienko. *Tensor analysis and nonlinear tensor functions.* Springer Science & Business Media, 2013.

[Er2018] V.A. Eremeyev, M.J. Cloud, L.P. Lebedev. *Applications of tensor analysis in continuum mechanics.* World Scientific, 2018.

[Er1980] A.C. Eringen. *Mechanics of Continua.* Robert E. Krieger Publishing Company, Huntington, New York, 1980.

[Ga1959] F.R. Gantmacher. *The Theory of Matrices, Volume One.* Chelsea Publishing Company, New York, N.Y., 1959.

[Gi1901] J.W. Gibbs, E.B. Wilson. *Vector Analysis: A Textbook for the Use of Students of Mathematics and Physics, Founded Upon the Lectures of J. Willard Gibbs.* Yale University Press, 1901.

[He1893] O. Heaviside. *Electromagnetic Theory. Volume I.* "The Electrician" Printing and Publishing Company Limited, 1893.

[Je1931] H. Jeffreys. *Cartesian Tensors.* At the University Press, Cambridge, 1931.

[Ka2018] M. Kachanov, I. Sevostianov. *Micromechanics of Materials, with Applications.* Springer International Publishing AG, 2018

[Ka2008] S.K. Kanaun, V.M. Levin. *Self-Consistent Methods for Composites.* Springer, Dordrecht, 2008.

[Ko1965] N.E. Kotschin. *Vektorrechnung und Anfänge der Tensorrechnung (in Russ.).* Nauka, 1965.

[Le2010] L.P. Lebedev, M.J. Cloud, V.A. Eremeyev. *Applications of tensor analysis in mechanics.* World Scientific, 2010.

[Lu2010] A.I. Lurie. *Theory of elasticity.* Springer Science & Business Media, 2010.

[Lu2012] A.I. Lurie. *Non-linear theory of elasticity.* Elsevier, 2012.

[Ma1970] G. Mase. *Schaum's outline of continuum mechanics.* McGraw Hill Professional, 1970.

[Mc2014] A.J. McConnell. *Applications of tensor analysis.* Courier Corporation, 2014.

[Ni2007] M.U. Nikabadse. *Einige Fragen zur Tensorrechnung. Teil II (in Russ.).* Lomonossov Universität Moskau, 2007.

[Og1997] R.W. Ogden. *Non-linear Elastic Deformations.* Dover, New York, 1997.

[Pa2008] W.A. Palmov. *Elemente der Tensoralgebra und Tensoranalysis (in Russ.).* Verlag der SPbSTU, St. Petersburg, 2008.

[Po1986] B.E. Pobedria. *Vorlesungen über Tensoranalysis (in Russ.).* Verlag der MGU Moskau, 1986.

[Ra1964] P.K. Raschewski. *Riemannsche Geometrie und Tensoranalysis (in Russ.).* Nauka, 1964.

[Re2008] W.G. Retschkaloff. *Vektor- und Tensoralgebra für zukünftige Physiker und Techniker (in Russ.).* IIUMZ „Ausbildung", 2008.

[So1951] I.S. Sokolnikoff. *Tensor Analysis Theory and Applications.* John Wiley & Sons, 1951.

[Tr1991] C. Truesdell. *A first course in rational cotinuum mechanics.* Boston Academic Press, 1991.

[Tr2004] C.A. Truesdell, W. Noll. *The non-linear field theories of mechanics.* Springer, Berlin, Heidelberg, 2004.

[Ve1978] I.N. Vekua. *Principles of Tensor Analysis and Theory of Covariants.* Nauka, 1978.

[Zh1982] P.A. Zhilin. *Grundgleichungen der nichtklassischen Schalentheorie (in Russ.).* Verlag der Polytechnischen Universität St. Petersburg, 1982.

[Zh2001] P.A. Zhilin. *Vektoren und Tensoren zweiter Stufe im dreidimensionalen Raum (in Russ.).* Nestor, St. Petersburg, 2001.

[Zh2012] P.A. Zhilin. *Rationale Mechanik kontinuierlicher Medien (in Russ.).* Verlag der Polytechnischen Universität St. Petersburg, 2012.

[Zu2006] L.M. Zubov, M.I. Karjakin. *Tensorrechnung (in Russ.).* Universitätsbuch, 2006.

2 Grundbegriffe

2.1 Mathematische Beschreibung von Feldgrößen

2.1.1 Die Kontinuumshypothese

Der große Vorteil von Kontinuumstheorien besteht darin, dass die mächtigen mathematischen Werkzeuge der Vektor- und Tensoranalysis von Feldern angewendet werden können: Man kann die Felder der Kontinuumsphysik nach Ort und Zeit differenzieren, so wie dies im Abschnitt 1.4 erläutert wurde. Wir werden in den folgenden Kapiteln zeigen, dass sich Feldgleichungen für die interessierenden Feldgrößen formulieren lassen. Das sind partielle Differentialgleichungen in Ort und Zeit, für welche die Mathematiker den Ingenieuren Lösungsmethoden bereitstellen. All' dies ist nur möglich, wenn die interessierenden physikalischen Feldgrößen als kontinuierliche Größen aufgefasst werden.

Aber entspricht das der Realität? Die Antwort ist ein klares Nein, denn es handelt sich um ein Modell der Wirklichkeit! Dennoch ist die kontinuumstheoretische Modellierung nützlich, und im nachfolgenden Block werden dafür Gründe angegeben und Überzeugungsarbeit geleistet. Wir holen uns dabei Hilfe aus der Literatur, denn wir sind beileibe nicht die Ersten, die sich an einer kontinuierlichen Beschreibung von Naturphänomenen versuchen.

Literaturvergleich

Wir starten mit einigen Zitaten aus der „Bibel der Kontinuumstheorie“ dem Handbuch von Truesdell und Toupin [TT1960]. In der Einleitung wird zunächst darauf hingewiesen, dass Materie körnig sei, und das Ziel darin bestehen könnte, bei den physikalischen Gesetzen der Teilchen zu starten, um daraus die Gesetze scheinbar kontinuierlicher Körper zu erarbeiten: „Thus in the physics of today, corpuscles are supreme. It might seem mandatory, when we are to deal with extended matter and electricity, that we begin with the laws governing the elementary particles and derive from them, as mere corollaries, the laws governing apparently continuous bodies.“

Allerdings schließen die Autoren dies dann sofort dreifach wieder aus: „A. The laws of the elementary particles are not yet fuily established. ...“, „B. The mathematical difficulties are at present insuperable. ...“, und „C. In such special cases as have actually been treated, the mathematical „approximation“ committed in order to get to an answer are so drastic that the results obtained are not fair trials of what the basic laws may imply. ...“ In Fußnoten findet man danach außerdem folgende Statements: „The formal „derivations“ of the field equations from the mass-point equations of mechanics given in many textbooks are illusory, such a derivation being impossible without added assumptions which are rendered superfluous by a direct approach to the continuum. ...“ und „That is, only the general equations expressing the balance of mass, momentum, and energy in the continuous field have been derived. There is no indication that any special theory of continuous bodies, such as the theory of perfect fluids, is consistent with statistical mechanics. In fact, a simple field theory seems to emerge only in approximation, and from a simple molecular picture an extremely complicated field theory results. Also, the exact agreement does not extend to thermodynamics, which from the statistical standpoint appears to be only an approximate theory. ...“

Die Autoren dieses Lehrbuches sind diesbezüglich jedoch weniger pessimistisch. Wir glauben, dass es manchmal durchaus sinnvoll ist, von mikroskopischen Argumenten zu starten, um die ansonsten vollständig phänomenologische Kontinuumstheorie abzurunden und besser zu verstehen. Dieser Standpunkt wird auch von Autoren moderner Lehrbücher geteilt, insbesondere von solchen, die in der Molekulardynamik oder der Mikromechanik arbeiten.

In [Rap2022] lesen wir zum Beispiel: „In most cases in fluid mechanics, the smallest entity considered is a control volume of suitable size (usually in the range of several μm edge length). This control volume contains a significant number of individual atoms and thus averages all effects exerted by the individual atoms. Usually this averaging results in a significantly more predictable behavior. In this case, we treat the fluid as being a continuous piece of matter, which is why this approach is referred to as the continuum approach or the continuum hypothesis. This continuum can be treated as having average values for velocity, acceleration, entropy, or enthalpy. However, these are averaged values, so they are discontinuous when looking at the atomic scale. On the experimental scale, observing the effects in a continuum gives rise to more steady experimental data. If the resolution is increased, the measurements will become less steady as the effects of the individual atoms become more and more pronounced. The continuum hypothesis is applicable for most applications in classical macro- and microfluidic applications as the size of the control volumes can be chosen sufficiently big to contain at least some 10 000 atoms. In this case, the statistical variations are roughly in the range of 0.1 %.“

Die letzte Aussage ist bemerkenswert, denn oft hört man, dass der „Kontinuumspunkt“ oder besser gesagt das *repräsentative Volumenelement* noch Myriaden an atomaren Einheiten enthalten muss.

Und die Autoren in [Kac2018] schreiben am Anfang des 2. Kapitels: „In heterogeneous materials, physical fields–stresses, strains, temperature–are variable at the microscale. The effective properties interrelate volume averages of these fields. In the context of the elastic properties, this means relations between average stresses and average strains; in the context of thermal conductivity–relations between average temperature gradient and average heat flux; similar definitions apply to other physical properties. The effective properties (such as Young's modulus or conductivity) are the constants used in engineering calculations and measured in usual macroscopic tests. ... It is assumed that there exists a representative volume element (RVE) that constitutes a sufficiently large, statistically representative pattern of the microstructure. On the other hand, this volume must not be overly large so that variations of the

> macroscopic fields–the ones that would have existed in a homogeneous material under the same loading conditions–are negligible on the scale of RVE. It is assumed that it is possible to satisfy both requirements so that the concept of RVE is meaningful."

Wir formulieren somit die *Kontinuumshypothese*: In der Kontinuumstheorie wird postuliert, dass der Durchschnittswert jeder physikalischen Eigenschaft innerhalb des repräsentativen Volumenelements gegen eine Grenze tendiert, wenn sich die Größe des Volumens der Null nähert, vorausgesetzt, dass die Grenze erreicht wird, bevor die molekulare oder atomare Struktur der Materie ihr Erreichen verhindert.

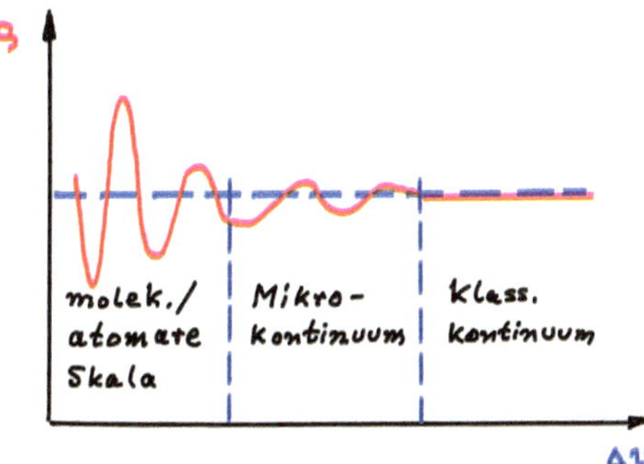

Bild 2.1 Zum Begriff der Kontinuumshypothese

Das ist in Bild 2.1 am Beispiel der Massendichte veranschaulicht.* Man sieht, dass wenn das repräsentative Volumenelement Δv eine gewisse Größe unterschreitet, die Anzahl darin enthaltener Partikel und deren Masse nicht mehr ausreicht, d. h. eben nicht mehr repräsentativ ist, um Feldgrößen eindeutig zu definieren. Bildet man z. B. den Quotienten zwischen Masse und Volumen, um eine Massendichte ρ zu berechnen, so ergeben sich starke Schwankungen im Feld der Massendichte. Das Kontinuumskonzept verliert seinen Sinn. Das Bild zeigt auch einen Zwischenbereich – das *Mikrokontinuum*. Um diesen Bereich zu modellieren, hilft man sich mit kontinuumstheoretischen Tricks. Zum Beispiel berücksichtigt man im repräsentativen Volumenelement nicht nur das Feld selbst, sondern auch die Nachbarschaft in Form von Gradienten. Man nennt dies *Gradiententheorien*. Oder aber man weist der Materie im repräsentativen Volumenelement weitere Eigenschaften zu. Man spricht von zusätzlichen *inneren Freiheitsgraden*. Ein Beispiel hierfür sind die sogenannten *polaren Medien*, wo innerer Rotation, bekannt als Spin, neben der sichtbaren translativen Geschwindigkeit Rechnung getragen wird. Letzteres wird in den folgenden Kapiteln ansatzweise behandelt.

Zum Abschluss noch eine Bemerkung: Manche physikalische Eigenschaften wie etwa die Masse oder Ladung sind unmittelbar an Teilchen gebunden. Somit macht es Sinn, dass genügend viele Teilchen im repräsentativen Volumenelement vorhanden sein müssen, um Felder wie die Massen- und Ladungsdichte als schwankungsfreie Größen einführen zu können. Wie aber ist es um die elektromagnetischen Felder und das Gravitationsfeld bestellt? In der klassischen Physik sind dies Eigenschaften des Raumes und der Zeit, die wir uns beide als kontinuierlich und von Materie unabhängige Konzepte vorstellen. Somit scheinen sie Kontinuumsfelder im

* Die Abbildung ist [Mau2013], Fig. 2.1.1, nachempfunden.

Sinne eines mathematischen Punktes zu sein. Aber auch das stellt die moderne Physik z. B. in Form der Quantenelektrodynamik in Frage. Diese ist aber nicht Gegenstand dieses Buches.

2.1.2 Raum, Zeit und Beobachter – Teil I

Die Formulierung kontinuumsphysikalischer Theorien geschieht in „Raum und Zeit“ und dazu muss man erst einmal erklären, was man darunter zu verstehen hat und was nicht. Das berührt die Grundlagen westlicher Philosophie, und man muss sich als Naturwissenschaftler hüten, hier nicht ins Schwafeln und Fabulieren zu verfallen, was trotzdem oft geschieht. Irgendwo muss man bei den nun zu diskutierenden Begriffen jedoch den Pflock einschlagen und seinen Claim abstecken, und es wird immer jemanden geben, der sagt, es war zuerst das Huhn und nicht das Ei! In diese Gefahr begeben wir uns nun und sehen dem Stirnrunzeln der Kollegenschaft gelassen entgegen.

Vielleicht sollte man in diesem Zusammenhang noch ein Zitat aus Truesdell's Buch [Tru1991], S. 29ff, auf sich wirken lassen, um den Zweck dieses Buchabschnitts zu begreifen: „The event world [also Zeit und Raum, bescheiden ausgedrückt] is the blank canvas on which pictures of nature may be painted, the quarry for blocks from which statues of nature may be carved. This canvas, this quarry, must be chosen by the artist before he sets to work. It lays limitations upon his art, but it by no means determines the images he will fashion. Various kinds of mechanics rest upon use of different event-worlds. For example, the event-worlds for relativity and for the mechanics of oriented materials differ from the event-world we use in this book.“

Angesichts der Mehrdeutigkeit möglicher Interpretationen beginnen wir mit einer formalen Einführung des physikalischen Konzepts, das als *Bezugssystem* (*frame of reference*) bezeichnet wird. Einer seiner Aspekte betrifft die Fähigkeit, den dreidimensionalen Raum zu vermessen. Somit starten wir mit der

Definition I: Wir stellen uns in einem beliebigen Punkt O des dreidimensionalen euklidischen Raums, dem *Ursprung*, drei starr verbundene, Zeiger („Pfeile“) $\boldsymbol{e}_1$, $\boldsymbol{e}_2$ und $\boldsymbol{e}_3$ vor. Der Einfachheit halber soll es sich um ein orthogonales Dreibein aus Einheitszeigern handeln. Die Menge $\{O, \boldsymbol{e}_i\}, i = 1,2,3$ wird als *Rahmen* (*frame*) bezeichnet.

Diese aus Zhilin's Buch [Zhi2001], Abschnitt 3.1, sinngemäß erstellte Definition bedarf einiger Erläuterungen:

- Zhilin spricht im russischen Original bei $\{O, \boldsymbol{e}_i\}, i = 1,2,3$ vom einem „reper“, was schwer zu übersetzen ist, wenn man sich nicht auf das französische Mathematikschule von Cartan beruft, in welcher *repère de reférénce* soviel wie Bezugsrahmen bedeutet. Den Begriff *Dreibein* nennt man im Englischen *tripod.* Nur meinen wir damit nicht den Standfuß, auf den man einen Theodoliten zur Feldvermessung stellt, sondern vielmehr drei nicht in einer Ebene oder womöglich sogar parallel liegende Richtungsweiser, um den dreidimensionalen Raum zu erfassen und zu vermessen.
- Zhilin stellt sich die drei Zeiger des Dreibeins als ausfahrbare Messlatten (er spricht von Teleskopen) in drei unabhängige Raumrichtungen vor.
- Im Prinzip kann jede Messlatte einen anderen Maßstab haben. Praktisch wäre das natürlich nicht. Darum sind es hier Einheitszeiger, jeder etwa 1 m lang.

- Die drei Zeiger müssen nicht orthogonal sein, nur wäre auch das unpraktisch, wie wir noch sehen werden.
- Man ist sicher versucht, die Zeiger $\{\boldsymbol{e}_i\}, i = 1,2,3$ als kartesische Einheitsvektoren zu begreifen. Das ist aber gefährlich. Sie sind eine Vorstufe für Vektoren, wie wir weiter unten erläutern. Vektoren (und Tensoren) selbst müssen erst noch eingeführt und erfassbar gemacht werden. Dazu brauchen wir Koordinatensysteme.

Offenbar kann durch geeignete Erweiterung dieser Zeiger der Rahmen verwendet werden, um den Abstand und die Richtung jedes Ortes im Raum in Bezug auf O zu quantifizieren. In diesem Zusammenhang sollte klar sein, dass ein Rahmen nicht nur ein mathematisches Konstrukt ist. Er ist „real“ in dem Sinne, dass er von uns verlangt, Maßstäbe zu definieren und herzustellen und drei verschiedene Orientierungen in unserer physischen Welt zu überwachen.

Auf das Dreibein legen wir nun starr verbunden unsere allererste Vektorbasis, kartesisch orthonormal, die wir der Einfachheit halber auch mit $\{\boldsymbol{e}_i\}, i = 1,2,3$ bezeichnen. Anders als das Dreibein, das ja Maßstäbe mit Richtungen darstellte, haben diese drei *Basisvektoren* keine Einheit. Sie dienen dazu, physikalische Objekte im dreidimensionalen Raum, die Felder, zu erfassen und rechenbar zu machen. Den ersten Vektor, den wir mit ihnen aufbauen, ist der Ortsvektor in der

Definition II: Ein *Bezugsraum* (englisch *body of reference*) wird durch einen Rahmen definiert, zu dem eine (kontinuierliche) Menge von Punkten im Raum hinzugefügt wurde, wobei eine starre Körperbewegung aller Punkte zusammen mit dem Rahmen zulässig ist. Die Position der Punkte wird relativ zum Rahmen etikettiert, indem man das *Referenzkoordinatensystem* x_1, x_2, x_3 mit dem Ursprung O im Zusammenhang mit dem Ortsvektor, $\boldsymbol{x}$:

$$\boldsymbol{x} = x_1\boldsymbol{e}_1 + x_2\boldsymbol{e}_2 + x_3\boldsymbol{e}_3 = x_i\boldsymbol{e}_i\,, \quad -\infty < (x_1, x_2, x_3) < +\infty \tag{2.1}$$

einführt, wobei die Summationskonvention verwendet wurde.

Man beachte:

- Der Ortsvektor $\boldsymbol{x}$ zu einem Raumpunkt ist ein reales physikalisches Objekt, allerdings wird es erst greifbar, nachdem wir den Rahmen eingeführt haben. Von Raum ohne einem Rahmen zu sprechen, ist sinnlos.
- Der Ortsvektor $\boldsymbol{x}$ hat eine Abstandslänge in Bezug auf O, die wir (etwa) in Metern angeben. Diese Länge wird aus den Koordinaten x_i, $i = 1,2,3$ berechenbar. Jede von ihnen trägt eine Einheit, nämlich Meter.
- Jetzt erst zeigt sich der Vorteil der Orthonormalität der Zeiger, respektive der auf sie aufgesetzten, orthogonalen Einheitsvektorbasis: Möchte man die Länge $|\boldsymbol{x}|$ ermitteln, so geht man über das Skalarprodukt $\sqrt{\boldsymbol{x}\cdot\boldsymbol{x}}$, und für orthonormale Vektoren kann man dann einfach $\sqrt{x_i x_i}$ (Pythagoras in 3D) auswerten. Allerdings erfordern im Prinzip viele in diesem Buch dargestellten Beziehungen keine Orthonormalität.
- Der Hinweis auf die Starrkörperbewegung zielt darauf ab, dass die Position der Punkte gegenüber dem Rahmen immer gleich bleibt: Die hinzugefügten Punkte sind gegenüber dem Rahmen fixiert. Wenn sich der Rahmen bewegt, bewegen sich die Punkte mit ihm. Sie sind nur fest mit dem Rahmen verbunden und nicht mit irgendeinem „absoluten Raum“.

Der Rahmen und das Referenzkoordinatensystem bestimmen den Bezugsraum. Sie sind „unveränderlich“. Dies soll bedeuten, dass sie nach ihrer Einführung nicht mehr geändert werden können, da dies sonst zu einem anderen Bezugsrahmen führen würde. Um jedoch quantitativ Bewegungen beschreiben zu können, müssen wir Entfernung *und* Zeit messen können. Daher wird auch eine „Uhr“ zur Messung der Zeit t benötigt, wobei $-\infty < t < +\infty$ ist. Die bringt uns zu

Definition III: Ein Bezugsraum mit einer „Uhr“ wird *Bezugssystem* genannt, im Englischen auch *Frame of Reference* oder FoR.

Man beachte nochmals, dass ein Bezugssystem viel mehr als ein mathematisches Konstrukt ist. Aufgrund der Anforderung, Entfernungen in drei unabhängigen Richtungen und entsprechende Längen sowie Zeit zu messen, ist Physik im Spiel. Über die Bewegung des Bezugskörpers selbst kann man nichts sagen, da dieser für sich allein steht. Es ist möglich, Bewegungen anderer Körper *relativ* zum Referenzkörper zu beobachten und zu quantifizieren. Alle physikalischen Eigenschaften, die Bewegung beschreiben, wie zum Beispiel die Geschwindigkeit, werden in Bezug auf das Bezugssystem gemessen und haben ohne dieses keine Bedeutung. Somit kommen wir zu

Definition IV: Die Fähigkeit, in einem Bezugssystem drei unabhängige Raumrichtungen zu bestimmen und zu vermessen sowie die Zeit zu erfassen, wird als *Beobachter* (*observer*) bezeichnet.

In der klassischen Physik gibt es einen besonderen Beobachter, für den die Gesetze der Mechanik, vornehmlich der Impulssatz, also *die zeitliche Änderung des Impulses ist gleich der Summe aller wirkenden Kräfte*, besonders einfach werden – der *Galilei'sche Inertialbeobachter*. Ist nämlich der Körper kräftefrei, so gilt für einen von diesem Inertialsystemsbeobachter aus betrachteten Massenpunkt, respektive den Schwerpunkt $\boldsymbol{x}$ eines ausgedehnten Körpers der Masse m:

$$m\ddot{\boldsymbol{x}} = \boldsymbol{0} \quad \Rightarrow \quad \boldsymbol{v}(t) = \boldsymbol{v}_0 \quad \Rightarrow \quad \boldsymbol{x}(t) = \boldsymbol{v}_0 t + \boldsymbol{x}_0 \,. \tag{2.2}$$

Es bezeichnen darin $\boldsymbol{v}_0$ und $\boldsymbol{x}_0$ Anfangsgeschwindigkeit und Anfangsort, also Konstanten. Mithin fliegt der Schwerpunkt des kräftefreien Körpers entlang einer geraden Linie (in der Richtung von $\boldsymbol{v}_0$) und legt in gleichen Zeitintervallen gleiche Distanzen zurück. Diese Gleichung definiert den Inertialbeobachter: Ein einmal angestuppster kräftefreier Körper bewegt sich *geradlinig-gleichförmig*. Newton selbst war dieses Faktum so wichtig, dass er es sein erstes Gesetz nannte.* Und in der Tat, dieses so scheinbar triviale Resultat setzt die Möglichkeit einer vollständigen Kräftefreiheit in einem speziellen Bezugssystem, dem *Newton'schen Inertialsystem* voraus. Und dieses System muss man erst einmal finden! Man mag fragen, ob es physikalisch realisierbar ist? Die Antwort ist wieder einmal, dass es sich um eine „primitive Größe“ handelt, deren Existenz nicht in Frage gestellt wird, jedenfalls so lange nicht, wie man auf keine Widersprüche daraus folgender Prognosen für physikalische Körper stößt. Und das wird in der Elektrodynamik der Fall sein (siehe Abschnitt 5.4.3)!

* Der Impulssatz war sein zweites Gesetz.

Es stellt sich abschließend in diesem Abschnitt folgende Fragen:

- Oben wurde als „Mutter aller Koordinatensysteme" eines Beobachters die Orthonormalbasis $\{\boldsymbol{e}_i\}, i = 1,2,3$ eingeführt, nämlich auf die feststehenden Zeiger aufgesetzt. Damit ist diese unbeweglich und somit zeitunabhängig für den Beobachter. Kann der Beobachter nun andere Basen/Koordinatensysteme, möglicherweise zeitabhängige, verwenden? Wie verändern sich dabei die von ihm aufgestellten Gleichungen? Beeinflusst ein Koordinatensystemswechsel die Naturgesetze? Um Antworten zu finden, gehen wir induktiv vor und erörtern in Abschnitt 2.3.1 ein einfaches Pendelbeispiel.
- Was ist genau der Unterschied zwischen einem Wechsel des Koordinatensystems (bei einem Beobachter) und einem Wechsel zwischen verschiedenen Beobachtern? Warum ist das von Vorteil, möglicherweise von Nachteil? Auch das werden wir erst am Pendelbeispiel lernen und dann in Abschnitt 2.4 verallgemeinern.

In den nächsten Abschnitten bereiten wir jedoch erst einmal den Boden für die mathematische Beschreibung von Feldern. Unglücklicherweise gibt es einen Zoo von Möglichkeiten, deren Vor- und Nachteile sowie Eigentümlichkeiten man kennen muss.

2.1.3 Räumliche oder Euler'sche Beschreibungsweise

Um die in in der Fluidmechanik meist favorisierte *räumliche Beschreibung von Kontinua* (auch *spatial description* genannt) zu erklären, argumentieren wir wie folgt:

Es wird eingangs ein *Inertialbeobachter* eingeführt, der aus seiner ihm eigenen Ruhe den Raum in kontinuierlicher Weise erfasst, indem er ein dreidimensionales Gitter einführt, so wie in Bild 2.2 angedeutet. Dieses Gitter bewegt und verändert sich zunächst einmal nicht. Das Gitterraster muss auch nicht orthogonal sein. Es wurde in der Abbildung nur der Bequemlichkeit halber so gezeichnet. Wichtig ist, dass Gitterzellen entstehen und dass man diese im Prinzip so klein machen kann, wie man möchte, denn vom physikalischen Raum erwarten wir ideale Kontinuität und haben damit die Möglichkeit, ihn beliebig fein aufzuteilen, jedenfalls im Prinzip, von mathematischer Sicht aus.

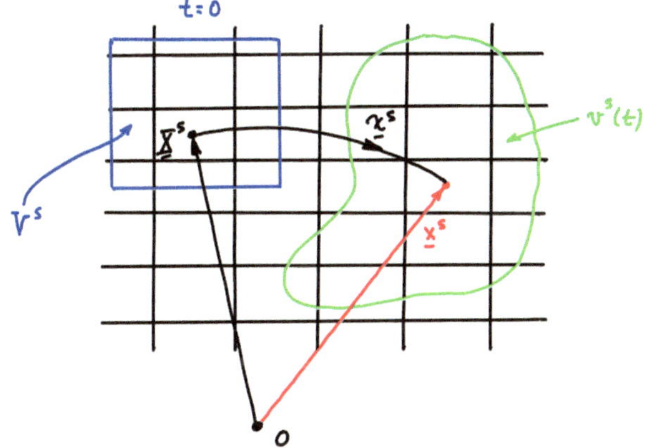

Bild 2.2 Das Konzept der räumlichen Beschreibung und der offenen Kontrollvolumen

Die Phrase „im Prinzip" bedarf jedoch auch von physikalischer Warte einer Erklärung: Es soll Kontinuumstheorie für Materie betrieben werden. Materie besteht aus atomaren oder molekularen Einheiten. Um physikalische Eigenschaften auf Kontinuumsebene, die immer eine makroskopische Sichtweise in Form von Feldgrößen einbringt, zu erfassen, ist es, wie in Abschnitt 2.1 erläutert wurde, nötig, über diese Einheiten zu mitteln. Man spricht von *Homogenisierung*. Damit bei dieser Mittelung statistische Schwankungen keine Rolle spielen, bedarf es innerhalb einer Gitterzelle, durch die potenziell Materie fließt, genügend vieler Materieeinheiten. Das widerspricht aber der mathematischen Sichtweise, wonach die Gitterzellen beliebig klein werden können. Wieviele Einheiten man in einem konkreten Fall innerhalb der Gitterzelle braucht, ist daher stets Gegenstand der Diskussion, sobald man eine kontinuumstheoretische Modellierung der Welt vornimmt. Anders ausgedrückt: Die Gitterzelle muss ein repräsentatives Volumenelement sein, wie es in Abschnitt 2.1 erläutert wurde und das z. B. in [Kac2018] in großer Breite diskutiert wird.

An dieser Stelle sei nochmals betont: Der kontinuumstheoretische Zugang über Felder hat im Gegensatz zu einer diskreten, atomaren, auch *molekulardynamisch* genannten Betrachtungsweise den Vorteil, dass man all' die mächtigen mathematischen Werkzeuge der Analysis verwenden kann. Außerdem muss man sich über Wechselwirkungen zwischen den Einheiten keine Gedanken machen. Diese verstecken sich in den Materialansätzen, von denen noch die Rede sein wird.

Der Beobachter verfügt außerdem über eine Uhr, um seine aktuelle Zeit t zu messen. Die Raumpunkte sind kontinuierlich verteilt, völlig immateriell und werden durch Vektoren $\boldsymbol{x}^{\mathrm{s}}$ identifiziert.* Der von diesem Vektor adressierte Raumpunkt wird manchmal als *Beobachtungspunkt* (oder als *observational point*) bezeichnet [Iva2016]. Wo jedoch soll $\boldsymbol{x}^{\mathrm{s}}$ in Bezug auf eine Gitterzelle genau liegen? Wie gezeichnet ist es denkbar, dass er im geometrische Zentrum einer *einzelnen* Gitterzelle liegt, also zu dieser Gitterzelle allein gehört. Es wäre aber auch denkbar, ihn in einen Knotenpunkt des Netzes zu legen. Dann gehört er augenscheinlich mehreren Zellen an. Allerdings ist zu beachten, dass wir im Sinne der Analysis im Hinterkopf haben, die Zellengröße gegen Null zu schicken. Damit verwischen sich die Unterschiede wieder. Man beachte in diesem Zusammenhang aber auch die Kontinuumshypothese, die in Abschnitt 2.1 erläutert wurde. All das wird darüber hinaus in [Iva2016] problematisiert.

Zum aktuellen Zeitpunkt t betrachtet der Beobachter ein nicht-materielles Volumen $v^{\mathrm{s}}(t)$, das eine bestimmte Menge von Raumpunkten $\boldsymbol{x}^{\mathrm{s}}$ und somit Gitterzellen umfasst. Dieses Volumen und die eingeschlossenen Beobachtungspunkte gehören zur sogenannten *aktuellen Platzierung* (oder *current placement*). Das Adjektiv „nicht-materiell" weist darauf hin, dass dieses Volumen „offen" ist, in dem Sinne, dass die Materie es unbeeinflusst durchströmen kann. Es wird auch als *Kontrollvolumen* bezeichnet. Man beachte außerdem die Zeitabhängigkeit im Symbol $v^{\mathrm{s}}(t)$. Damit wird angedeutet, dass der Beobachter in jedem Zeitpunkt das Kontrollvolumen kontinuierlich stetig ändern, also bewegen kann.

Somit betrachtet der Beobachter zu verschiedenen Zeitpunkten unterschiedliche Mengen von Raumpunkten, weshalb das Kontrollvolumen auch als „beliebig bewegt" bezeichnet wird. Konkret wird zum Zeitpunkt $t = 0$ eine Menge von Punkten $\boldsymbol{X}^{\mathrm{s}}$ innerhalb der Raumregion V^{s} betrachtet. Im Sinne der Kontinuumsmechanik bezeichnen wir dieses Volumen als *Referenzvolumen* und die Raumpunkte $\boldsymbol{X}^{\mathrm{s}}$ als die Beobachtungspunkte der *Referenzplatzierung* (oder

* Der Index s am Symbol soll auf „spatial" = „räumlich" hinweisen.

reference placement). Es sei darauf hingewiesen, dass V^{S} und auch $\boldsymbol{X}^{\mathrm{S}}$ per Definition nicht zeitabhängig sind.

Wir verlangen nun, dass die Beobachtungspunkte der aktuellen und der Referenzplatzierung durch eine bijektive Abbildung miteinander verbunden sind,

$$\boldsymbol{x}^{\mathrm{S}} = \boldsymbol{\chi}^{\mathrm{S}}\left(\boldsymbol{X}^{\mathrm{S}}, t\right) . \tag{2.3}$$

Es muss jedoch darauf hingewiesen werden, dass $\boldsymbol{X}^{\mathrm{S}}$ nicht physisch auf $\boldsymbol{x}^{\mathrm{S}}$ „transportiert“ wird, sondern die Punkte nur auf abstrakte, mathematische Weise bijektiv miteinander koppeln. In diesem Sinne ist die Bezeichnung „Bewegung“ für $\boldsymbol{\chi}^{\mathrm{S}}$ irreführend und quasi ein Hirngespinst, wenn auch ein nützliches, wie wir jetzt zeigen werden.

Wir können dieser Bewegung eine *Abbildungsgeschwindigkeit* [Mue1983] zuordnen, nämlich

$$\boldsymbol{v}^{\mathrm{S}} = \left.\frac{\partial \boldsymbol{\chi}^{\mathrm{S}}\left(\boldsymbol{X}^{\mathrm{S}}, t\right)}{\partial t}\right|_{\boldsymbol{X}^{\mathrm{S}}} , \tag{2.4}$$

die vollkommen immateriell, also rein mathematisch zu verstehen ist. Außerdem ist es möglich, wenn wir wollen, die Kettenregel auch auf $\boldsymbol{\chi}^{\mathrm{S}}$ anzuwenden und ein Gesamtzeitdifferential (die *totale Zeitableitung der Bewegung*) zu finden:

$$\frac{\mathrm{d}\boldsymbol{\chi}^{\mathrm{S}}}{\mathrm{d}t} = \left.\frac{\partial \boldsymbol{\chi}^{\mathrm{S}}\left(\boldsymbol{X}^{\mathrm{S}}, t\right)}{\partial \boldsymbol{X}^{\mathrm{S}}}\right|_{t} \cdot \frac{\mathrm{d}\boldsymbol{X}^{\mathrm{S}}}{\mathrm{d}t} + \left.\frac{\partial \boldsymbol{\chi}^{\mathrm{S}}\left(\boldsymbol{X}^{\mathrm{S}}, t\right)}{\partial t}\right|_{\boldsymbol{X}^{\mathrm{S}}} \equiv \boldsymbol{v}^{\mathrm{S}} . \tag{2.5}$$

Dies gilt, da die zeitliche Ableitung von $\boldsymbol{X}^{\mathrm{S}}$ im ersten Term verschwinden muss, denn $\boldsymbol{X}^{\mathrm{S}}$ ist ja nicht zeitabhängig. Man beachte, dass die Abbildungsgeschwindigkeit eine aktuelle Eigenschaft des Gitters (nicht der zum Zeitpunkt t also dem (immateriellen) Punkt $\boldsymbol{x}^{\mathrm{S}}$ zugeordnet ist. Oft ist sie Null, nämlich dann, wenn sich das Gitter gar nicht bewegt und der Beobachter die Situation immer mit derselben Menge an Gitterpunkten untersucht. Das hatten wir eingangs der begrifflichen Einfachheit halber angenommen. Es sind verschiedene Schreibweisen möglich, um diese Tatsache auszudrücken, wobei Funktionswerte und Funktionen durch Querstriche und Hüte sorgfältig unterschieden werden, z. B.:

$$\boldsymbol{v}^{\mathrm{S}} = \overline{\boldsymbol{v}}^{\mathrm{S}}\left(\boldsymbol{x}^{\mathrm{S}}, t\right) \equiv \overline{\boldsymbol{v}}^{\mathrm{S}}\left(\boldsymbol{\chi}^{\mathrm{S}}\left(\boldsymbol{X}^{\mathrm{S}}, t\right), t\right) = \hat{\boldsymbol{v}}^{\mathrm{S}}\left(\boldsymbol{X}^{\mathrm{S}}, t\right) . \tag{2.6}$$

Den Querstrich verwenden wir also, wenn wir die Abbildungsgeschwindigkeit als Funktion der aktuell betrachteten Punkte $\boldsymbol{x}^{\mathrm{S}}$ schreiben wollen, den Hut hingegen, wenn es darum geht, die Abbildungsgeschwindigkeit aus den Referenzpunkten $\boldsymbol{X}^{\mathrm{S}}$ zu ermitteln. Wenn man so will, ist die Bewegungsfunktion $\boldsymbol{\chi}^{\mathrm{S}}$ eine Hutfunktion. Nur haben wir das nicht so geschrieben, da das Symbol $\boldsymbol{\chi}^{\mathrm{S}}$ sie ja bereits eindeutig identifiziert. Ein $\hat{\boldsymbol{\chi}}^{\mathrm{S}}\left(\boldsymbol{x}^{\mathrm{S}}, t\right)$ wäre doppelt gemoppelt.

Felder, sowohl materielle als auch immaterielle, die physikalische Eigenschaften charakterisieren, existieren in Raum und Zeit, und sind zunächst für ein Inertialsystem erklärt. Unsere Diskussion beginnt mit *volumetrischen Feldern* ψ der Dimension physikalische Eigenschaft pro Länge^3 ≡ pro Volumen, die skalar, vektoriell oder tensoriell sein können. Konkrete physikalische Beispiele hierfür sind die Massendichte (skalar) ρ mit der Dimension Masse pro Volumen, die lineare Impulsdichte $\rho\boldsymbol{v}$ (vektoriell, wobei $\boldsymbol{v}$ das Feld des Materiegeschwindigkeitsvektors mit der Dimension Länge pro Zeit bezeichnet) mit der Dimension Massenimpuls pro Volumen oder die innere Energiedichte ρu (skalar) mit der Dimension Energie pro Volumen. Ein Beispiel eines *axialen* mechanischen volumetrischen Tensorfeldes 1. Ordnung ist die Spindichte $\rho\boldsymbol{s}$ mit der Einheit Drehimpuls pro Volumen. Aber es gibt auch nicht-mechanische volumetrische Felder wie die Ladungsdichte q mit der Dimension elektrische Ladung pro Volumen (skalar). Die genannten volumetrischen Felder sind allesamt materieller Natur. Als nicht-materielles, volumetrisches Feld könnte man mit einem Korn Salz die aus der Quantenmechanik bekannte Schrödinger'sche Aufenthaltswahrscheinlichkeitsdichtefunktion ansehen. Quantenfelder sind aber nicht Gegenstand dieses Buches.

Wir erinnern an die oben erläuterten Funktionsbezeichnungen mit Querstrichen und Hüten in räumlicher Darstellung und schreiben $\psi = \overline{\psi}(\chi^{\mathrm{s}}(\boldsymbol{X}^{\mathrm{s}}, t), t) \equiv \hat{\psi}(\boldsymbol{X}^{\mathrm{s}}, t)$, oder auch kurz $\psi = \overline{\psi}(\boldsymbol{x}^{\mathrm{s}}, t)$.* Damit geben wir an, dass die physikalische Eigenschaft ψ nun zum Zeitpunkt t an der räumlichen Gitterstelle $\boldsymbol{x}^{\mathrm{s}}$ betrachtet wird, die auf $\boldsymbol{X}^{\mathrm{s}}$ abbildbar ist. Wir verfolgen nicht die Eigenschaft, wie konzentrieren auf die Gitterzelle. Wir nennen dies die *räumliche Beschreibung* der Feldeigenschaft (oder auch *spatial description of fields*).

An dieser Stelle sei vermerkt, dass in der Literatur sowohl die „gitterbasierte" Beschreibung aus Bild 2.2 als auch die soeben eingeführte räumliche Feldbeschreibung (manchmal) als *Euler'sche Sichtweise des Kontinuums* bezeichnet wird. Das führt jedoch manchmal zu Verwechslungen mit einer speziellen Art der Felddarstellung mithilfe *materieller* Punkte, die auch das Adjektiv eulersch trägt. Wir werden in Abschnitt 2.1.6 im Detail darauf zurückkommen. Schon jetzt sei jedoch gesagt, dass es unter anderem nötig sein wird, zu klären, welches Volumenelement wir eigentlich meinen, wenn wir von „Feldgröße = physikalische Eigenschaft pro Volumeneinheit" sprechen.

2.1.4 Transporttheoreme volumetrischer Feldgrößen in räumlicher Darstellung

Wir betrachten nun wieder das offene Kontrollvolumen $v^{\mathrm{s}}(t)$, das zur Zeit t eine bestimmte kontinuierliche Punktmenge $\boldsymbol{x}^{\mathrm{s}}$ einschließt, und das sich verändert, wenn sich die Zeit ändert. Auf dieser Punktmenge ist die als *additiv* vorausgesetzte Feldeigenschaft ψ definiert. Folglich können wir Volumenintegrale der Form $\int_{v^{\mathrm{s}}(t)} \overline{\psi}(\boldsymbol{x}^{\mathrm{s}}, t)\,\mathrm{d}v^{\mathrm{s}}$ betrachten und fragen, wie die zeitliche Ableitung dieser Größe mit der Integration ausgetauscht werden kann. Diese Operation ist zweifach, weil sich die Grenzen des Integrals ändern und weil der Integrand zeitabhängig ist. Ausgehend von Gleichung (2.3) folgen wir den Konzepten, die üblicherweise auf die Bewegung von Materialteilchen angewandt werden, und definieren einen *Deformationsgradienten*:

$$\boldsymbol{F}^{\mathrm{s}} \equiv \hat{\boldsymbol{F}}^{\mathrm{s}}(\boldsymbol{X}^{\mathrm{s}}, t) = \frac{\partial \chi^{\mathrm{s}}(\boldsymbol{X}^{\mathrm{s}}, t)}{\partial \boldsymbol{X}^{\mathrm{s}}}\,, \quad J^{\mathrm{s}} \equiv \hat{J}^{\mathrm{s}}(\boldsymbol{X}^{\mathrm{s}}, t) = \det \boldsymbol{F}^{\mathrm{s}} \quad \Rightarrow \quad \mathrm{d}v^{\mathrm{s}} = J^{\mathrm{s}}\,\mathrm{d}V^{\mathrm{s}}\,, \tag{2.7}$$

wobei $\mathrm{d}V^{\mathrm{s}}$ das Volumenelement in der Referenzkonfiguration ist. Damit erhalten wir *Nansons 1. Formel*:

$$\frac{\mathrm{d}}{\mathrm{d}t}\left(\mathrm{d}v^{\mathrm{s}}\right) = \nabla^{\mathrm{s}} \cdot \overline{\boldsymbol{v}}^{\mathrm{s}}(\boldsymbol{x}^{\mathrm{s}}, t)\,\mathrm{d}v^{\mathrm{s}}\,. \tag{2.8}$$

Übungsaufgabe *Nansons 1. Formel für Volumina*

Suche im Internet den Begriff Nansonformel. Studiere das Wiki bzw. generell Literatur zur Kontinuumsmechanik zu diesem Thema. Beachte, dass in der Literatur (z. B.

* Erinnert sei daran, dass $\partial \boldsymbol{x}^{\mathrm{s}}/\partial t = \boldsymbol{0}$ ist, weil Raum und Zeit unabhängig sind.

[Mue1985], S. 32ff) oft davon ausgegangen wird, dass die infinitesimalen Volumina in der aktuellen bzw. in der Referenzkonfiguration, $\mathrm{d}v$ und $\mathrm{d}V$, mit einem sich hinsichtlich seines Volumens verändernden materiellen Teilchen (siehe Abschnitt 2.1.6) assoziiert werden. Das ist aber nicht zwingend, sondern die Beziehung zwischen beiden Größen ist rein geometrischer, man könnte sagen kinematischer Natur und hat nichts mit Materie zu schaffen. Zeige also in einem ersten Schritt mit dem dort Gelernten die Gültigkeit von

$$\mathrm{d}v^{\mathrm{s}} = J^{\mathrm{s}}\,\mathrm{d}V^{\mathrm{s}}\,, \quad J^{\mathrm{s}} = \det \boldsymbol{F}^{\mathrm{s}}\,. \tag{2.9}$$

J^{s} nennt man auch die *Jacobideterminante* des (räumlichen) Deformationsgradienten, oder kurz *Jacobian.*

Zeige danach in einem zweiten Schritt mit $\overline{J}^{\mathrm{s}}(\boldsymbol{x}^{\mathrm{s}}, t) \equiv \overline{J}^{\mathrm{s}}(\boldsymbol{\chi}^{\mathrm{s}}(\boldsymbol{X}^{\mathrm{s}}, t), t)$ und Gleichung (2.4) die Gültigkeit von

$$\frac{\mathrm{d}\overline{J}^{\mathrm{s}}(\boldsymbol{x}^{\mathrm{s}}, t)}{\mathrm{d}t} = \nabla^{\mathrm{s}} \cdot \overline{\boldsymbol{v}}^{\mathrm{s}}(\boldsymbol{x}^{\mathrm{s}}, t)\overline{J}^{\mathrm{s}}(\boldsymbol{x}^{\mathrm{s}}, t)\,, \tag{2.10}$$

erläutere die Bedeutung von ∇^{s} und beweise schließlich die *Nansons 1. Formel für Volumina* aus Gleichung (2.8).

Bild 2.3 Pioniere der Kontinuumstheorie I: Leonard Euler (1707–1783), Osborne Reynolds (1842–1912), Edward J. Nanson (1850–1936)

Dann ergibt die zeitliche Differentiation des Volumenintegrals:

$$\frac{\mathrm{d}}{\mathrm{d}t} \int\limits_{v^{\mathrm{s}}(t)} \overline{\psi}(\boldsymbol{x}^{\mathrm{s}}, t)\,\mathrm{d}v^{\mathrm{s}} = \int\limits_{v^{\mathrm{s}}(t)} \left(\frac{\partial \psi}{\partial t} + \boldsymbol{v}^{\mathrm{s}} \cdot \nabla^{\mathrm{s}}\psi + \psi\nabla^{\mathrm{s}} \cdot \boldsymbol{v}^{\mathrm{s}}\right)\mathrm{d}v^{\mathrm{s}} \equiv \int\limits_{v^{\mathrm{s}}(t)} \left(\frac{\partial \psi}{\partial t} + \nabla^{\mathrm{s}} \cdot \left(\psi \boldsymbol{v}^{\mathrm{s}}\right)\right)\mathrm{d}v^{\mathrm{s}}\,. \tag{2.11}$$

Dies ist das *Transporttheorem für volumetrische Größen* in räumlicher Beschreibung. Man beachte, dass alle Felder unter den Integralen in Termen von räumlichen Variablen $\boldsymbol{x}^{\mathrm{s}}$ und t geschrieben werden. Wir haben nicht alle Symbole mit Balken versehen und auch nicht die Argumente in Klammern hinzugefügt, damit das Ergebnis nicht allzu unhandlich aussieht, aber wir erwarten, dass der Leser sich jedes Mal daran erinnert, wenn diese nach dem Fluidmechaniker Reynolds benannte Transportgleichung in *räumlicher* Darstellung angewendet wird.

Übungsaufgabe *Das Reynolds'sche Transportheorem in räumlicher Schreibweise*

Die einzelnen Umformungen in Gleichung (2.11) sollen nachvollzogen werden. Bilde dazu in einem ersten Schritt mithilfe von Gleichung (2.9) die Integration über $v^s(t)$ auf das *zeitunabhängige* Gebiet V^s ab. Ziehe dann die Differentiation nach der Zeit unter das Integral und differenziere gemäß der Produktregel. Erläutere, warum für die Zeitableitung von $\overline{\psi}(\boldsymbol{x}^s, t)$ (der erste zu differenzierende Term) gilt:

$$\frac{\mathrm{d}\overline{\psi}^s(\boldsymbol{x}^s,t)}{\mathrm{d}t} = \left.\frac{\partial\overline{\psi}\big(\boldsymbol{\chi}^s(\boldsymbol{X}^s,t),t\big)}{\partial\boldsymbol{\chi}^s}\right|_t \cdot \frac{\mathrm{d}\boldsymbol{\chi}^s}{\mathrm{d}t} + \left.\frac{\partial\overline{\psi}\big(\boldsymbol{\chi}^s(\boldsymbol{X}^s,t),t\big)}{\partial t}\right|_{\boldsymbol{\chi}^s} \equiv \nabla^s\psi\cdot\boldsymbol{v}^s + \frac{\partial\psi}{\partial t}, \qquad (2.12)$$

wobei im letzten Schritt eine Kurzschreibweise verwendet wurde (ohne Querstriche und Argumente), die es zu erläutern gilt.

Verwende für die Differentiation von J^s (der zweite Term der Produktregel) nun die Gleichung (2.10) und verknüpfe beide Teile, um Gleichung (2.11) zu erhalten.

Eine letzte Bemerkung: Wir setzen das ursprünglich auf dem Rand ∂v^s definierte Abbildungsgeschwindigkeitsfeld $\boldsymbol{v}^s$ ja als in das Gebiet v^s stetig fortgesetzt voraus. Wenn es also innerhalb von $v^s(t)$ keine Unstetigkeiten gibt, kann der Satz von Gauß nach Gleichung (1.426) angewendet werden,

$$\frac{\mathrm{d}}{\mathrm{d}t}\int\limits_{v^s(t)} \overline{\psi}(\boldsymbol{x}^s,t)\,\mathrm{d}v^s = \int\limits_{v^s(t)} \frac{\partial\psi}{\partial t}\mathrm{d}v^s + \oint\limits_{\partial v^s(t)} \psi\,\boldsymbol{v}^s\cdot\boldsymbol{n}^s\,\mathrm{d}a^s, \qquad (2.13)$$

wobei $\boldsymbol{n}^s$ die Außennormale zum Oberflächenelement $\mathrm{d}\boldsymbol{a}^s$ ist, alles in räumlicher Notation.

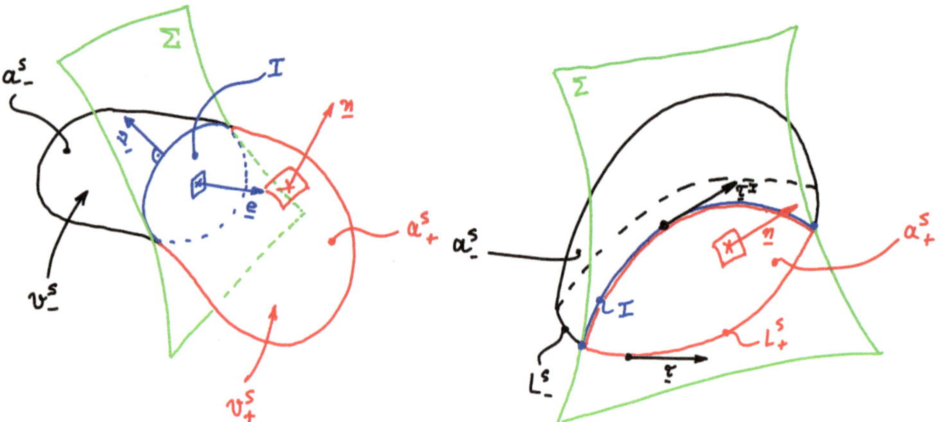

Bild 2.4 Singuläre Flächen

Wir wenden uns nun der Frage zu, was man in den Gleichungen ändern muss, wenn die Felder im betrachteten Gebiet $v^s(t)$ nicht stetig sind, sondern Sprünge aufweisen. Dies ist nicht selten der Fall. So gibt es etwa *Schockfronten*, die durch den Raum und durch die dort vorhandene Materie laufen können oder *Grenzflächen* in der Materie, wie etwa bei zwei unterschiedlichen Materialien, die miteinander verschweißt sind. Ein konkretes Beispiel hierfür sind *Ver-*

dichtungsstöße, die man in der *Gasdynamik* untersucht, und die z. B. beim Überschallflug katastrophale Folgen haben können. Man denke an die Sorge der ersten Überschallpiloten beim Durchbrechen der Schallmauer ihr Flugzeug über Gebühr zu belasten und abzustürzen.

Betrachten wir daher die links in Bild 2.4 dargestellte Situation: Eine solche singuläre Front Σ durchläuft das Volumen $v^{\mathrm{s}}(t)$ und zerschneidet es in zwei Teile, die mit $v^{\mathrm{s}}_{\pm}(t)$ bezeichnet werden. Die Front bewegt sich mit ihrem eigenen Geschwindigkeitsfeld $\boldsymbol{w}^{\mathrm{I}} = \boldsymbol{w}^{\mathrm{I}}(\boldsymbol{x}^{\mathrm{s}}, t)$, das ebenfalls in Raumkoordinaten von einem Inertialbeobachter aus gesehen beschrieben wird. Die entsprechenden offenen Flächen sind durch $a^{\mathrm{s}}_{\pm}(t)$ gegeben. Um die Oberfläche eines jeden Teilvolumens zu schließen, muss die Schnittfläche $I(t)$ hinzugefügt werden: $\partial v^{\mathrm{s}}_{\pm} = a^{\mathrm{s}}_{\pm} \cup I$. Die Außennormale von $I(t)$ für $\partial v^{\mathrm{s}}_{\pm}$ ist $\mp \boldsymbol{e}^{\mathrm{s}}$, wie in der Abbildung angegeben. Bevor wir die Gleichung (2.13) an diese neue Situation anpassen, halten wir fest, dass das Gauß'sche Divergenztheorem im Falle einer Unstetigkeit erweitert werden muss. Für ein beliebiges Vektorfeld $\boldsymbol{a}$ gilt

$$\int\limits_{v^{\mathrm{s}}_{\pm}(t)} \nabla^{\mathrm{s}} \cdot \boldsymbol{a} \, \mathrm{d}v^{\mathrm{s}} = \oint\limits_{\partial v^{\mathrm{s}}_{\pm}(t)} \boldsymbol{a} \cdot \boldsymbol{n}^{\mathrm{s}} \, \mathrm{d}a^{\mathrm{s}} = \int\limits_{a^{\mathrm{s}}_{\pm}(t)} \boldsymbol{a} \cdot \boldsymbol{n}^{\mathrm{s}} \, \mathrm{d}a^{\mathrm{s}} \mp \int\limits_{I(t)} \boldsymbol{a} \cdot \boldsymbol{e}^{\mathrm{s}} \, \mathrm{d}a^{\mathrm{s}}$$

$$\Rightarrow \int\limits_{v^{\mathrm{s}}_{+} \cup v^{\mathrm{s}}_{-}} \nabla^{\mathrm{s}} \cdot \boldsymbol{a} \, \mathrm{d}v^{\mathrm{s}} = \int\limits_{a^{\mathrm{s}}_{+} \cup a^{\mathrm{s}}_{-}} \boldsymbol{a} \cdot \boldsymbol{n}^{\mathrm{s}} \, \mathrm{d}a^{\mathrm{s}} - \int\limits_{I(t)} [\![\boldsymbol{a}]\!] \cdot \boldsymbol{e}^{\mathrm{s}} \, \mathrm{d}a^{\mathrm{s}} . \quad (2.14)$$

Hierin wurde die sogenannte *Sprung* der Feldgröße $\boldsymbol{a}$ definiert, denn in Gleichung $(2.14)_1$ ist das Integral über $I(t)$ einmal als rechtsseitiger (Plus) und einmal als linksseitiger (Minus) Grenzwert zu verstehen:

$$[\![\boldsymbol{a}]\!] = \boldsymbol{a}^{+} - \boldsymbol{a}^{-} . \quad (2.15)$$

Betonen wir nochmals das Geschwindigkeitsfeld am Schockfrontrand $I(t)$ der Kontrollvolumina, das mit dem Buchstaben $\boldsymbol{w}^{\mathrm{I}}$ bezeichnet wurde. Dann kann Gleichung (2.13) in den beiden Regionen $v^{\mathrm{s}}_{\pm}$ wie folgt verwendet werden:

$$\begin{aligned} \frac{\mathrm{d}}{\mathrm{d}t} \int\limits_{v^{\mathrm{s}}_{\pm}(t)} \psi \, \mathrm{d}v^{\mathrm{s}} &= \int\limits_{v^{\mathrm{s}}_{\pm}(t)} \frac{\partial \psi}{\partial t} \mathrm{d}v^{\mathrm{s}} + \oint\limits_{\partial v^{\mathrm{s}}_{\pm}(t)} \psi \, \boldsymbol{v}^{\mathrm{s}} \cdot \boldsymbol{n} \, \mathrm{d}a^{\mathrm{s}} \\ &= \int\limits_{v^{\mathrm{s}}_{\pm}(t)} \frac{\partial \psi}{\partial t} \mathrm{d}v^{\mathrm{s}} + \int\limits_{a^{\mathrm{s}}_{\pm}(t)} \psi \, \boldsymbol{v}^{\mathrm{s}} \cdot \boldsymbol{n} \, \mathrm{d}a^{\mathrm{s}} \mp \int\limits_{I(t)} \psi^{\pm} \, \boldsymbol{w}^{\mathrm{I}} \cdot \boldsymbol{e} \, \mathrm{d}a^{\mathrm{s}} . \end{aligned} \quad (2.16)$$

Nun wenden wir Gleichung (2.14) an, indem wir $\boldsymbol{a} \to \psi \boldsymbol{v}^{\mathrm{s}}$ wählen und erhalten:

$$\begin{aligned} \frac{\mathrm{d}}{\mathrm{d}t} \int\limits_{v^{\mathrm{s}}_{+} \cup v^{\mathrm{s}}_{-}} \psi \, \mathrm{d}v^{\mathrm{s}} &= \int\limits_{v^{\mathrm{s}}_{+} \cup v^{\mathrm{s}}_{-}} \frac{\partial \psi}{\partial t} \mathrm{d}v^{\mathrm{s}} + \int\limits_{a^{\mathrm{s}}_{+} \cup a^{\mathrm{s}}_{-}} \psi \, \boldsymbol{v}^{\mathrm{s}} \cdot \boldsymbol{n} \, \mathrm{d}a^{\mathrm{s}} - \int\limits_{I(t)} [\![\psi]\!] \boldsymbol{w}^{\mathrm{I}} \cdot \boldsymbol{e} \, \mathrm{d}a^{\mathrm{s}} \\ &= \int\limits_{v^{\mathrm{s}}_{+} \cup v^{\mathrm{s}}_{-}} \left[\frac{\partial \psi}{\partial t} + \nabla^{\mathrm{s}} \cdot \left(\psi \boldsymbol{v}^{\mathrm{s}} \right) \right] \mathrm{d}v^{\mathrm{s}} + \int\limits_{I(t)} [\![\psi \left(\boldsymbol{v}^{\mathrm{s}} - \boldsymbol{w}^{\mathrm{I}} \right)]\!] \cdot \boldsymbol{e} \, \mathrm{d}a^{\mathrm{s}} . \end{aligned} \quad (2.17)$$

Dazu noch Folgendes: Der Term $\boldsymbol{v}^{\mathrm{s}} - \boldsymbol{w}^{\mathrm{I}}$ kann aus den Sprungklammern genommen werden, denn er ist nicht an eine Seite gebunden. Im Abschnitt 2.1.6 werden wir jedoch eine Zuordnung auf eine materielle singuläre Fläche vornehmen, und dann ist es günstig, ihn innerhalb der Klammer zu haben.

Zum Abschluss noch ein paar wichtige Bemerkungen: Aus der räumlichen Integraldarstellung $\Psi = \int_{v^{\mathrm{s}}(t)} \overline{\psi}(\boldsymbol{x}^{\mathrm{s}}, t)\, \mathrm{d}v^{\mathrm{s}}$ geht hervor, dass die Dimension des Feldes $\psi = \overline{\psi}(\boldsymbol{x}^{\mathrm{s}}, t)$ durch die Dimension der physikalischen Quantität Ψ pro Volumen gegeben ist. Aber wie würde man den dazugehörigen Zahlenwert im Prinzip ermitteln? Dazu müsste man, wie bereits mehrfach betont, auf Mikroebene runtergehen, die physikalische Eigenschaft also für jede der konstituierenden Elementareinheiten* innerhalb des offenen Volumenelementes $\mathrm{d}v^{\mathrm{s}}$ ermitteln, addieren und dann durch das Volumen von $\mathrm{d}v^{\mathrm{s}}$ teilen. Fluktuationen dürfen bei dieser „Homogenisierung" keine Rolle spielen. Mit anderen Worten, es müssen sich in $\mathrm{d}v^{\mathrm{s}}$ genügend atomare Einheiten befinden. Anders ausgedrückt: Auch $\mathrm{d}v^{\mathrm{s}}$ muss ein repräsentatives Volumenelement sein, das in Abschnitt 2.1 erstmalig erwähnt wurde.

Aber: Ist $\mathrm{d}v^{\mathrm{s}}$ notwendigerweise mit einer der in Bild 2.2 gezeigten Gitterzellen identisch? Die Antwort ist Nein! Beide sind zwar offene, repräsentative Volumenelemente, die denselben Punkt $\boldsymbol{x}^{\mathrm{s}}$ umfassen, aber die Form von $\mathrm{d}v^{\mathrm{s}}$ muss keinesfalls quaderförmig sein. Sie verändert sich letztendlich nach Maßgabe der Abbildung aus Gleichung (2.3) und der Abbildungsgeschwindigkeit in Gleichung (2.4).

2.1.5 Transporttheoreme für Flussfeldgrößen in räumlicher Darstellung

In der Elektrodynamik gewinnen Flussdichten eine ganz besondere Bedeutung. Dabei geht es um Vektorfelder, die gerichtet durch Flächen treten und die dimensionsmäßig eine physikalische Größe pro Flächeneinheit beinhalten. Ein Beispiel ist das Magnetfeld $\boldsymbol{B}$, das man dimensionsmäßig als Arbeit pro elektrischer Ladung pro Fläche oder auch als Anzahl von Magnetfeldlinien einer gewisser „Stärke" pro Fläche auffassen kann. Ein weiteres Beispiel ist die Polarisation $\boldsymbol{P}$ auf der Oberfläche polarisierbarer Materie, welche die Anzahl dort vorhandener, gerichteter elektrischer Dipole einer gewissen elektrischen Ladungsstärke pro Fläche angibt. Schließlich ist darauf hinzuweisen, dass das Magnetfeld $\boldsymbol{B}$ eines der prominentesten Beispiele einer Vektorflussdichte ist, die keinen „Transport mithilfe von Materie" benötigt und die Verwendung einer räumlichen Beschreibung erfordert.

Wir betrachten also eine solche vektorielle Flussdichte in der räumlichen Beschreibung $\boldsymbol{\gamma} = \overline{\boldsymbol{\gamma}}(\boldsymbol{x}^{\mathrm{s}}, t)$ und eine offene Kontrollfläche** $a^{\mathrm{s}}(t)$, die eine Menge räumlicher Punkte $\boldsymbol{x}^{\mathrm{s}}$ umfasst, so dass der zugehörige Fluss durch die Oberfläche durch

$$\Gamma(t) = \int_{a^{\mathrm{s}}(t)} \overline{\boldsymbol{\gamma}}(\boldsymbol{x}^{\mathrm{s}}, t) \cdot \overline{\boldsymbol{n}}^{\mathrm{s}}(\boldsymbol{x}^{\mathrm{s}}, t)\, \mathrm{d}a^{\mathrm{s}} \tag{2.18}$$

gegeben ist. $\boldsymbol{n}^{\mathrm{s}}$ ist die Auswärtsnormale auf dieser Fläche, auch in räumlicher Beschreibung. Wir fragen nach der zeitlichen Ableitung des Flusses, der doppelt zeitabhängig ist, nämlich aufgrund der zeitabhängigen Grenzen des Integrals und des zeitabhängigen Integranden. Um die

* Man mag ruhig an Atome oder Moleküle denken.

** Man beachte, dass die Oberfläche $\partial v^{\mathrm{s}}(t)$ die *geschlossene* Oberfläche zu einem *offenen* Kontrollvolumen $v^{\mathrm{s}}(t)$ ist. Mit anderen Worten: Es ist für den Durchgang von Materie „offen". Das Adjektiv „offen" für die Fläche $a^{\mathrm{s}}(t)$ bezieht sich darauf, dass es sich nicht um eine geschlossene Fläche im mathematischen Sinne handelt, und darüber hinaus ist sie auch „offen" für den Durchgang von materiellen Teilchen.

zeitliche Differentiation mit der Integration zu vertauschen, benötigen wir *Nansons 2. Formel für Oberflächenelemente* in räumlicher Beschreibung. Startpunkt sind die Gleichungen

$$\boldsymbol{n}^{\mathrm{s}}\,\mathrm{d}a^{\mathrm{s}} = J^{\mathrm{s}}\left(\boldsymbol{F}^{\mathrm{s}}\right)^{-\mathsf{T}}\cdot\boldsymbol{N}^{\mathrm{s}}\,\mathrm{d}A^{\mathrm{s}}\,,\quad \frac{\partial \boldsymbol{F}^{\mathrm{s}}}{\partial t} = \left(\nabla^{\mathrm{s}}\boldsymbol{v}^{\mathrm{s}}\right)^{\mathsf{T}}\cdot\boldsymbol{F}^{\mathrm{s}}\,, \tag{2.19}$$

wobei $\boldsymbol{N}^{\mathrm{s}}$ die Normale des Flächenelements $\mathrm{d}A^{\mathrm{s}}$ in der Bezugskonfiguration ist. Damit erhalten wir *Nansons 2. Formel*:

$$\frac{\mathrm{d}}{\mathrm{d}t}\left(\boldsymbol{n}^{\mathrm{s}}\,\mathrm{d}a^{\mathrm{s}}\right) = \left(-\left(\nabla^{\mathrm{s}}\boldsymbol{v}^{\mathrm{s}}\right)^{\mathsf{T}} + \nabla^{\mathrm{s}}\cdot\boldsymbol{v}^{\mathrm{s}}\mathbf{1}\right)\cdot\boldsymbol{n}^{\mathrm{s}}\,\mathrm{d}a^{\mathrm{s}} \quad\Leftrightarrow\quad \frac{\mathrm{d}}{\mathrm{d}t}\left(n_i^{\mathrm{s}}\,\mathrm{d}a^{\mathrm{s}}\right) = \left(-\frac{\partial \overline{v}_i^{\mathrm{s}}}{\partial x_j^{\mathrm{s}}} + \frac{\partial \overline{v}_k^{\mathrm{s}}}{\partial x_k^{\mathrm{s}}}\delta_{ij}\right) n_j^{\mathrm{s}}\,\mathrm{d}a^{\mathrm{s}}. \tag{2.20}$$

Übungsaufgabe *Nansons 2. Formel für Flächen*

Suche nochmals im Internet die Begriffe Nansonformel für Flächen. Studiere das Wiki bzw. auch [Mue1985], § 2.1.1.6. Beachte, dass in der Literatur oft davon ausgegangen wird, dass die infinitesimalen, gerichteten Flächenelemente in der aktuellen bzw. in der Referenzkonfiguration, $\boldsymbol{n}\,\mathrm{d}a$ und $\boldsymbol{N}\,\mathrm{d}A$, als materielle Oberflächen (siehe Abschnitt 2.1.6) angesehen werden. Das ist aber wie schon bei den Volumina nicht zwingend, sondern die Beziehung zwischen beiden Größen ist rein kinematischer Natur. Zeige in einem ersten Schritt, dass sich mithilfe des Deformationsgradienten $\boldsymbol{F}^{\mathrm{s}}$ aus Gleichung $(2.7)_1$ schreiben lässt:

$$\boldsymbol{n}^{\mathrm{s}}\,\mathrm{d}a^{\mathrm{s}} = J^{\mathrm{s}}\left(\boldsymbol{F}^{\mathrm{s}}\right)^{-\mathsf{T}}\cdot\boldsymbol{N}^{\mathrm{s}}\,\mathrm{d}A^{\mathrm{s}} \quad\Leftrightarrow\quad n_i^{\mathrm{s}}\,\mathrm{d}a^{\mathrm{s}} = J^{\mathrm{s}}\left(\boldsymbol{F}^{\mathrm{s}}\right)_{ji}^{-1} N_j^{\mathrm{s}}\,\mathrm{d}A^{\mathrm{s}}. \tag{2.21}$$

Zeige danach in einem zweiten Schritt die Gültigkeit von

$$\frac{\partial \boldsymbol{F}^{\mathrm{s}}}{\partial t} = \left(\nabla^{\mathrm{s}}\boldsymbol{v}^{\mathrm{s}}\right)^{\mathsf{T}}\cdot\boldsymbol{F}^{\mathrm{s}} \quad\Leftrightarrow\quad \frac{\partial F_{ij}^{\mathrm{s}}}{\partial t} = F_{kj}^{\mathrm{s}}\frac{\partial v_i^{\mathrm{s}}}{\partial x_k^{\mathrm{s}}}\,, \tag{2.22}$$

erläutere nochmals die Bedeutung von ∇^{s}, verwende das Ergebnis, um eine ähnliche Formel für die Zeitableitung von $\left(\boldsymbol{F}^{\mathrm{s}}\right)^{-\mathsf{T}}$ abzuleiten und beweise schließlich *Nansons 2. Formel für Flächen* aus Gleichung (2.20).

Setzt man im Ausdruck für den Fluss durch $a^{\mathrm{s}}(t)$ Gleichung (2.21) ein und führt alle Zeitableitungen durch, so entsteht:

$$\frac{\mathrm{d}}{\mathrm{d}t}\int\limits_{a^{\mathrm{s}}(t)} \boldsymbol{\gamma}\cdot\boldsymbol{n}^{\mathrm{s}}\,\mathrm{d}a^{\mathrm{s}} = \int\limits_{a^{\mathrm{s}}(t)} \left(\frac{\partial \boldsymbol{\gamma}}{\partial t} + \boldsymbol{v}^{\mathrm{s}}\cdot\nabla^{\mathrm{s}}\boldsymbol{\gamma} + \boldsymbol{\gamma}\nabla^{\mathrm{s}}\cdot\boldsymbol{v}^{\mathrm{s}} - \boldsymbol{\gamma}\cdot\nabla^{\mathrm{s}}\boldsymbol{v}^{\mathrm{s}}\right)\cdot\boldsymbol{n}^{\mathrm{s}}\,\mathrm{d}a^{\mathrm{s}}. \tag{2.23}$$

Übungsaufgabe *Transporttheorem für offene Flächen in räumlicher Schreibweise*

Die einzelnen Umformungen in Gleichung (2.23) sollen nachvollzogen werden. Bilde dazu in einem ersten Schritt mithilfe von Gleichung (2.9) die Integration über $a^{\mathrm{s}}(t)$

auf das *zeitunabhängige* Gebiet A^{s} ab. Ziehe dann die Diffentiation nach der Zeit unter das Integral und differenziere gemäß der Produktregel. Erläutere, warum für die Zeitableitung von $\overline{\boldsymbol{\gamma}}(\boldsymbol{x}^{\mathrm{s}}, t)$ (der erste zu differenzierende Term) gilt:

$$\frac{\mathrm{d}\overline{\boldsymbol{\gamma}}^{\mathrm{s}}(\boldsymbol{x}^{\mathrm{s}}, t)}{\mathrm{d}t} = \left.\frac{\partial\overline{\boldsymbol{\gamma}}\big(\boldsymbol{\chi}^{\mathrm{s}}(\boldsymbol{X}^{\mathrm{s}}, t), t\big)}{\partial\boldsymbol{\chi}^{\mathrm{s}}}\right|_t \cdot \frac{\mathrm{d}\boldsymbol{\chi}^{\mathrm{s}}}{\mathrm{d}t} + \left.\frac{\partial\overline{\boldsymbol{\gamma}}\big(\boldsymbol{\chi}^{\mathrm{s}}(\boldsymbol{X}^{\mathrm{s}}, t), t\big)}{\partial t}\right|_{\boldsymbol{\chi}^{\mathrm{s}}} \equiv \nabla^{\mathrm{s}}\boldsymbol{\gamma}\cdot\boldsymbol{v}^{\mathrm{s}} + \frac{\partial\boldsymbol{\gamma}}{\partial t}, \tag{2.24}$$

wobei im letzten Schritt eine Kurzschreibweise verwendet wurde (ohne Querstriche und Argumente), die es zu erläutern gilt.

Verwende für die Differentiation des Oberflächenlementes (der zweite Term der Produktregel) nun die Gleichung (2.20) und verknüpfe beide Teile, um Gleichung (2.23) zu erhalten.

Nun gilt die folgende Identität:

$$\nabla^{\mathrm{s}} \times \left(\boldsymbol{\gamma} \times \boldsymbol{v}^{\mathrm{s}}\right) = \boldsymbol{v}^{\mathrm{s}} \cdot \nabla^{\mathrm{s}}\boldsymbol{\gamma} + \boldsymbol{\gamma}\nabla^{\mathrm{s}} \cdot \boldsymbol{v}^{\mathrm{s}} - \boldsymbol{\gamma} \cdot \nabla^{\mathrm{s}}\boldsymbol{v}^{\mathrm{s}} - \boldsymbol{v}^{\mathrm{s}}\nabla^{\mathrm{s}} \cdot \boldsymbol{\gamma}\,. \tag{2.25}$$

Übungsaufgabe *Bakzap-Regel mit Nabla-Operator*

Erläutere mithilfe von Gleichung (1.8) die Gültigkeit von Gleichung (2.25). Warum gibt es auf einmal vier Terme?

Wenn es auf der offenen Fläche keine Unstetigkeiten gibt, kann der Integralsatz von Stokes angewendet werden, um Folgendes zu erhalten

$$\frac{\mathrm{d}}{\mathrm{d}t}\int\limits_{a^{\mathrm{s}}(t)} \boldsymbol{\gamma}\cdot\boldsymbol{n}^{\mathrm{s}}\,\mathrm{d}a^{\mathrm{s}} = \int\limits_{a^{\mathrm{s}}(t)} \left(\frac{\partial\boldsymbol{\gamma}}{\partial t} + \boldsymbol{v}^{\mathrm{s}}\nabla^{\mathrm{s}}\cdot\boldsymbol{\gamma}\right)\cdot\boldsymbol{n}^{\mathrm{s}}\,\mathrm{d}a^{\mathrm{s}} + \oint\limits_{\partial a^{\mathrm{s}}(t)} \left(\boldsymbol{\gamma}\times\boldsymbol{v}^{\mathrm{s}}\right)\cdot\boldsymbol{\tau}^{\mathrm{s}}\,\mathrm{d}l^{\mathrm{s}}, \tag{2.26}$$

wobei $\tau^{\mathrm{s}} = \overline{\tau}^{\mathrm{s}}(\boldsymbol{x}^{\mathrm{s}}, t)$ die Tangente an den geschlossenen Umfangskreis $\partial a^{\mathrm{s}}(t)$ mit dem Linienelement $\mathrm{d}l^{\mathrm{s}}$ in der Raumbeschreibung ist. Dies ist der Transportsatz für offene nicht-materielle Kontrollflächen in räumlicher Beschreibung.

Als Erweiterung betrachten wir nun die rechts in Bild 2.4 gezeigte Situation, in der die „Schockfront" Σ durch die offene Fläche $a^{\mathrm{s}}(t)$ verläuft und sie in zwei Teile zerschneidet, bezeichnet mit $a^{\mathrm{s}}_{\pm}(t)$. Die entsprechenden offenen Linien sind durch $L^{\mathrm{s}}_{\pm}(t)$ gegeben. Um die Linien jeder Teilfläche zu schließen, muss die Schnittlinie $I(t)$ hinzugefügt werden: $\partial a^{\mathrm{s}}_{\pm} = L^{\mathrm{s}}_{\pm} \cup I$. Der Tangente an $I(t)$ in $\partial a^{\mathrm{s}}_{\pm}$ ist $\mp\boldsymbol{\tau}^{\mathrm{I}} = \pm\boldsymbol{\tau}$.

Um Gleichung (2.33) auf die neue Situation zu verallgemeinern, betrachten wir zunächst ein verallgemeinertes Stokes-Theorem. Für ein beliebiges Vektorfeld $\boldsymbol{a}$ schreiben wir in Analogie zu Gleichung (2.14):

$$\int\limits_{a^{\mathrm{s}}_{+}\cup a^{\mathrm{s}}_{-}} \left(\nabla^{\mathrm{s}}\times\boldsymbol{a}\right)\cdot\boldsymbol{n}^{\mathrm{s}}\,\mathrm{d}a^{\mathrm{s}} = \int\limits_{L^{\mathrm{s}}_{+}\cup L^{\mathrm{s}}_{-}} \boldsymbol{a}\cdot\boldsymbol{\tau}^{\mathrm{s}}\,\mathrm{d}l^{\mathrm{s}} - \int\limits_{I(t)} [\![\boldsymbol{a}]\!]\cdot\boldsymbol{\tau}^{\mathrm{s}}\,\mathrm{d}l^{\mathrm{s}}. \tag{2.27}$$

Außerdem kann, ähnlich wie bei Gleichung (2.17), das Oberflächentransporttheorem aus Gleichung (2.26) wie folgt verallgemeinert werden:

$$\frac{\mathrm{d}}{\mathrm{d}t}\int_{a_+^{\mathrm{s}}\cup a_-^{\mathrm{s}}} \boldsymbol{\gamma}\cdot\boldsymbol{n}^{\mathrm{s}}\,\mathrm{d}a^{\mathrm{s}} = \int_{a_+^{\mathrm{s}}\cup a_-^{\mathrm{s}}} \left(\frac{\partial\boldsymbol{\gamma}}{\partial t} + \boldsymbol{v}^{\mathrm{s}}\nabla^{\mathrm{s}}\cdot\boldsymbol{\gamma}\right)\cdot\boldsymbol{n}^{\mathrm{s}}\,\mathrm{d}a^{\mathrm{s}}$$
$$+ \int_{L_+^{\mathrm{s}}\cup L_-^{\mathrm{s}}} \left(\boldsymbol{\gamma}\times\boldsymbol{v}^{\mathrm{s}}\right)\cdot\boldsymbol{\tau}^{\mathrm{s}}\,\mathrm{d}l^{\mathrm{s}} - \int_{I(t)} \left([\![\boldsymbol{\gamma}]\!]\times\boldsymbol{w}^{\mathrm{I}}\right)\cdot\boldsymbol{\tau}^{\mathrm{I}}\,\mathrm{d}l^{\mathrm{s}}\,. \quad (2.28)$$

2.1.6 Materielle oder Lagrange'sche Beschreibungsweise

Wenn das Kontrollvolumen aus Bild 2.2 so gewählt wird, dass es sich mit der Materie bewegt, und wenn die materiellen Punkte der Materie eine physikalische Eigenschaft ψ tragen, können Transportgleichungen in der sogenannten *materiellen oder Lagrange'schen Beschreibungsweise* formal aus den obigen Beziehungen wie folgt gewonnen werden: Wir ordnen dem *materiellen Volumen* das Symbol $v^{\mathrm{s}}(t) \to v(t)$ zu. Die fiktive Abbildung in Gleichung (2.3) wird durch die Abbildung von *materiellen Punkten* oder *Teilchen*, $\boldsymbol{\chi}$, ersetzt, was zur Geschwindigkeit $\boldsymbol{v}$ der materiellen Teilchen führt, die beide nicht länger fiktive Feldgrößen sind:

$$\boldsymbol{x} = \boldsymbol{\chi}(\boldsymbol{X},t) \quad\Rightarrow\quad \boldsymbol{v} = \left.\frac{\partial\boldsymbol{\chi}(\boldsymbol{X},t)}{\partial t}\right|_{\boldsymbol{X}}. \quad (2.29)$$

Nochmals: Sowohl materielle Teilchen als auch die materielle Geschwindigkeit $\boldsymbol{v}$ sind im Gegensatz zur Gitterzelle und zur Abbildungsgeschwindigkeit $\boldsymbol{v}^{\mathrm{s}}$ höchst reale Objekte. Aber genau wie eine Gitterzelle muss ein materielles Teilchen immer aus hinreichend vielen atomaren/molekularen Einheiten bestehen, so dass Schwankungen keine Rolle spielen, wenn man die Eigenschaften dieser Einheiten (etwa ihre Masse) homogenisiert, um auf Kontinuumsebene (also zum Beispiel zum Feld der Massendichte) zu gelangen.

Bild 2.5 Pioniere der Kontinuumstheorie II: Joseph-Louis Lagrange (1736–1813), Clifford Ambrose Truesdell (1919–2000)

Wie steht es aber um chemische Reaktionen? Natürlich dürfen sich die molekularen Einheiten in der Gitterzelle chemisch umwandeln. Das macht gedanklich überhaupt keine Probleme.

Beim materiellen Teilchen ist das jedoch nicht ganz unproblematisch, denn dann ändert es sich zwar nicht seine Gesamtmasse aber der Anteil der einzelnen chemischen Konstituenten. Das führt uns bereits auf das Thema Mischungstheorien, das in diesem Buch nicht behandelt wird. Soviel sei jedoch gesagt: Eine Mischungstheorie für Fluide und Gase existiert auch in materieller Beschreibung.

Man muss also festhalten, dass ein materielles Teilchen nicht dadurch definiert ist, dass es immer aus denselben Elementareinheiten auf Mikroebene zusammengesetzt ist, lediglich die Masse $\mathrm{d}m$ im aktuellen Volumen $\mathrm{d}v$ des materiellen Teilchens bleibt gleich.

Es sei noch auf einen weiteren wichtigen Unterschied zwischen dem Mikroaufbau einer Gitterzelle und dem beim materiellen Teilchen hingewiesen. Letztere sind *nicht* zum Austausch von Materie mit anderen materiellen Teilchen fähig, sonst könnten sie ja nicht ihre Masse $\mathrm{d}m$ halten. Bei der Gitterzelle jedoch kann Materie aus anderen Gitterzellen „wandern". Die Gitterzelle ist in diesem Sinne „offen", das materielle Teilchen nicht. Um auf chemische Prozesse zurückzukommen, die innerhalb einer Gitterzelle und innerhalb eines materiellen Teilchens stattfinden können: Bei der Gitterzelle können die dafür nötigen Reaktanden aus anderen Gitterzellen stammen, beim materiellen Teilchen hingegen muss das „richtige Reaktionsgemisch" innerhalb des Teilchens bereits vorliegen. Wie kann es dann aber sein, dass das Endergebnis für die lokal umgewandelte Materie in beiden Fällen dasselbe ist? Das liegt daran, dass beide, die Gitterzelle aber auch das materielle Teilchen, die in Abschnitt 2.1 erläuterte Kontinuumshypothese erfüllen, also repräsentative Volumenelemente sind. Übrigens verhält sich das „fiktive Volumenelement" $\mathrm{d}v^{\mathrm{s}}$ der räumlichen Schreibweise genauso wie die Gitterzelle: Es ist wie sein großer Bruder v^{s} offen und kann Materie austauschen, und es ist außerdem repräsentativ. Es ist aktuell dem Raumpunkt $\boldsymbol{x}^{\mathrm{s}}$ zugeordnet, genauso wie die Gitterzelle und wenn es Materie enthält, weil die Materie darüber gerade hinwegläuft, so sitzt an diesem Punkt zur alternativen physikalischen Beschreibung das materielle Volumenelement. Es ist dann also gerade $\boldsymbol{x}^{\mathrm{s}} \equiv \boldsymbol{x}$.

Nach diesen umfangreichen Erläuterungen notieren wir nun sofort die Nanson Formeln für Volumina in materieller Schreibweise, indem wir in Gleichung (2.10) und Gleichung (2.8) den Index s zur Kennzeichnung der räumlichen Beschreibungsweise weglassen, so dass wird:

$$\mathrm{d}v = J\mathrm{d}V\,,\ J = \det\boldsymbol{F}\,,\ \boldsymbol{F} \equiv \tilde{\boldsymbol{F}}(\boldsymbol{X},t) = \frac{\partial\boldsymbol{\chi}(\boldsymbol{X},t)}{\partial\boldsymbol{X}}\,,\ \frac{\mathrm{d}J}{\mathrm{d}t} = J\nabla\cdot\boldsymbol{v}\,,\ \frac{\mathrm{d}}{\mathrm{d}t}(\mathrm{d}v) = \nabla\cdot\boldsymbol{v}\,\mathrm{d}v\,. \tag{2.30}$$

Die von den materiellen Teilchen transportierte physikalische Eigenschaft kann nun mathematisch durch funktionale Abhängigkeiten wie folgt charakterisiert werden: $\psi = \tilde{\psi}(\boldsymbol{X},t)$, was als *Lagrange'sche Beschreibung* bekannt ist, oder $\psi = \breve{\psi}(\boldsymbol{\chi}(\boldsymbol{X},t),t)$, und $\psi = \breve{\psi}(\boldsymbol{x},t)$, kurz auch *Euler'sche materielle Beschreibung* genannt. Man beachte die Verwendung von Tilden und des Bogens, um die Unterschiede der verschiedenen Funktionen hervorzuheben. Weil die Symbole so ähnlich aussehen, wird die letzte Schreibweise oft mit der räumlichen Beschreibung von Feldern, $\psi = \overline{\psi}(\boldsymbol{x}^{\mathrm{s}},t)$, die wir als die wahre Euler'sche Gitternetzbeschreibung kennengelernt haben, verwechselt und nicht klar unterschieden. Nun wird Gleichung (2.11) ersetzt durch

$$\frac{\mathrm{d}}{\mathrm{d}t}\int\limits_{v(t)} \breve{\psi}(\boldsymbol{x},t)\,\mathrm{d}v = \int\limits_{v(t)} \left(\frac{\partial\psi}{\partial t} + \nabla\cdot(\psi\boldsymbol{v})\right)\mathrm{d}v \equiv \int\limits_{v(t)} \frac{\partial\psi}{\partial t}\,\mathrm{d}v + \oint\limits_{\partial v(t)} \psi\,\boldsymbol{v}\cdot\boldsymbol{n}\,\mathrm{d}a\,, \tag{2.31}$$

wobei sich der Nabla-Operator ∇ auf Gradienten zwischen materiellen Punkten bezieht und die Gleichheit nur dann gilt, wenn es innerhalb von $v(t)$ keine Unstetigkeiten gibt. In Analogie zu Gleichung (2.11) und Gleichung (2.13) weisen wir darauf hin, dass alle Felder unter den Integralen in Form von materiellen Variablen $\big(\boldsymbol{\chi}(\boldsymbol{X},t),t\big)^*$ geschrieben werden. Wir verzichten lediglich darauf, allen Symbolen und der Abhängigkeit von den Variablen einen Bogen voranzustellen, um die Gleichungen nicht allzu kompliziert aussehen zu lassen.

In diesem Zusammenhang ist noch eine Bemerkung zur materiellen Geschwindigkeit in Gleichung $(2.29)_2$ angebracht. In dieser Gleichung ist sie offenbar in Lagrange'scher Darstellung als Funktion der Lagrange'schen Koordinaten $\boldsymbol{v} = \tilde{\boldsymbol{v}}(\boldsymbol{X},t)$ geschrieben. Möglich ist es natürlich auch, die Schreibweise in Euler'schen materiellen Koordinaten $\boldsymbol{v} = \breve{\boldsymbol{v}}\big(\tilde{\boldsymbol{x}}(\boldsymbol{\chi},t),t\big) \equiv \breve{\boldsymbol{v}}(\boldsymbol{x},t)$ oder selbstverständlich auch in Euler'schen Gitterkoordinaten $\boldsymbol{v} = \overline{\boldsymbol{v}}\big(\boldsymbol{\chi}^{\mathrm{S}}(\boldsymbol{X}^{\mathrm{S}},t),t\big) \equiv \overline{\boldsymbol{v}}(\boldsymbol{x}^{\mathrm{S}},t)$ zu nehmen. Auch in räumlicher Darstellung gibt es nämlich die materielle Geschwindigkeit der durch das Gitter fließenden Materie. Schließlich ginge auch noch in räumlicher Darstellung $\boldsymbol{v} = \hat{\boldsymbol{v}}(\boldsymbol{X}^{\mathrm{S}},t)$.

Liegt der Fall vor, dass das materielle Volumen von einer singulären Fläche durchquert wird, ist in Analogie zu Gleichung (2.17) zu schreiben:

$$\begin{aligned}\frac{\mathrm{d}}{\mathrm{d}t}\int\limits_{v_+\cup v_-}\psi\,\mathrm{d}v &= \int\limits_{v_+\cup v_-}\frac{\partial\psi}{\partial t}\mathrm{d}v + \int\limits_{a_+\cup a_-}\psi\,\boldsymbol{v}\cdot\boldsymbol{n}\,\mathrm{d}a - \int\limits_{I(t)}[\![\psi]\!]\boldsymbol{w}^{\mathrm{I}}\cdot\boldsymbol{e}\,\mathrm{d}a\\ &= \int\limits_{v_+\cup v_-}\left[\frac{\partial\psi}{\partial t}+\nabla\cdot(\psi\boldsymbol{v})\right]\mathrm{d}v + \int\limits_{I(t)}[\![\psi(\boldsymbol{v}-\boldsymbol{w}^{\mathrm{I}})]\!]\cdot\boldsymbol{e}\,\mathrm{d}a. \end{aligned} \tag{2.32}$$

Man beachte, der letzte Term fällt raus, wenn die singuläre Fläche materiell ist, so dass gilt $\boldsymbol{w}^{\mathrm{I}} \equiv \boldsymbol{v}$.

In völliger Analogie zu Gleichung (2.31) ist es auch möglich, eine materielle offene Fläche $a(t)$ und eine materielle Flussdichte $\boldsymbol{\gamma} = \breve{\boldsymbol{\gamma}}(\boldsymbol{x},t)$ zu betrachten, die den Punkten einer regulären materiellen offenen Fläche zugeordnet ist, so dass:

$$\frac{\mathrm{d}}{\mathrm{d}t}\int\limits_{a(t)}\boldsymbol{\gamma}\cdot\boldsymbol{n}\,\mathrm{d}a = \int\limits_{a(t)}\left(\frac{\partial\boldsymbol{\gamma}}{\partial t}+\boldsymbol{v}\nabla\cdot\boldsymbol{\gamma}\right)\cdot\boldsymbol{n}\,\mathrm{d}a + \int\limits_{\partial a(t)}(\boldsymbol{\gamma}\times\boldsymbol{v})\cdot\boldsymbol{\tau}\,\mathrm{d}l. \tag{2.33}$$

Für den Fall mit einer die materielle offene Fläche durchquerenden singulären Linie, was sich auf ersterer in einer singulären Linie manifestiert, findet man aus Gleichung (2.28):

$$\begin{aligned}\frac{\mathrm{d}}{\mathrm{d}t}\int\limits_{a_+\cup a_-}\boldsymbol{\gamma}\cdot\boldsymbol{n}\,\mathrm{d}a &= \int\limits_{a_+\cup a_-}\left(\frac{\partial\boldsymbol{\gamma}}{\partial t}+\boldsymbol{v}\nabla\cdot\boldsymbol{\gamma}\right)\cdot\boldsymbol{n}\,\mathrm{d}a\\ &\quad+\int\limits_{L_+\cup L_-}(\boldsymbol{\gamma}\times\boldsymbol{v})\cdot\boldsymbol{\tau}\,\mathrm{d}l - \int\limits_{I(t)}\big([\![\boldsymbol{\gamma}]\!]\times\boldsymbol{w}^{\mathrm{I}}\big)\cdot\boldsymbol{\tau}^{\mathrm{I}}\mathrm{d}l. \end{aligned} \tag{2.34}$$

Wieder haben wir die Funktionswerte in der Symbolik gewählt und darauf verzichtet, Argumente und Bogen bei den zugehörigen Funktionen anzugeben.

* Wir könnten natürlich auch sagen „in Euler'scher materieller Darstellung" also eben in den Variablen $\big(\boldsymbol{x}(\boldsymbol{\chi},t),t\big)$, laufen dann aber Gefahr, dass dies mit der räumlichen Gitterdarstellung in Euler'schen Koordinaten $(\boldsymbol{x}^{\mathrm{S}},t)$ verwechselt wird.

2.2 Allgemeine Bilanzgleichungen

Die Erfahrung lehrt, dass sich physikalische Größen, die über einem Raumbereich definiert sind und die sich zeitlich ändern, steuern lassen. Man spricht von der Bilanz der betreffenden physikalischen Größe. Beispiele hierfür sind die Masse, der Impuls, die Energie aber auch der magnetische Fluss oder das Potential der elektrischen Ladung. Allen diesen Gleichungen ist dieselbe Form gemeinsam. Aus diesem Grunde werden wir in den folgenden Abschnitten diese allgemeine Struktur diskutieren und in den darauffolgenden Kapiteln auf die Bedürfnisse der Mechanik der Thermodynamik und der Elektrodynamik spezialisieren.

2.2.1 Bilanzen volumetrischer Feldgrößen – globale Formulierung

Wir beginnen mit der räumlichen Formulierung: Eine allgemeine globale Bilanz für eine volumetrische (pro m^3) Größe ψ innerhalb eines (offenen) Kontrollvolumens v^{s}, das sich (gedacht) frei im Raum bewegen kann, wobei alle Feldgrößen in räumlicher Form geschrieben werden, lautet:

$$\frac{\mathrm{d}}{\mathrm{d}t}\int\limits_{v^{\mathrm{s}}(t)} \overline{\psi}(\boldsymbol{x}^{\mathrm{s}},t)\,\mathrm{d}v^{\mathrm{s}} = -\oint\limits_{\partial v^{\mathrm{s}}(t)} \overline{\boldsymbol{\phi}}(\boldsymbol{x}^{\mathrm{s}},t)\cdot\overline{\boldsymbol{n}}^{\mathrm{s}}(\boldsymbol{x}^{\mathrm{s}},t)\,\mathrm{d}a^{\mathrm{s}} + \int\limits_{v^{\mathrm{s}}(t)} \left[\overline{s}(\boldsymbol{x}^{\mathrm{s}},t)+\overline{p}(\boldsymbol{x}^{\mathrm{s}},t)\right]\mathrm{d}v^{\mathrm{s}}\,. \qquad (2.35)$$

Um den räumlichen Charakter zu betonen, haben wir den Index s hinzugefügt und die Euler'schen Gitterkoordinaten $\boldsymbol{x}^{\mathrm{s}}$ als Argumente eingetragen. Außerdem gehen wir im Moment davon aus, dass keinerlei singuläre Flächen das Volumen durchziehen. Diesen Fall handeln wir gesondert in Abschnitt 2.2.3 ab.

Ein Beispiel für ψ ist die Massendichte ρ, die Impulsdichte $\rho\boldsymbol{v}$, die innere Energiedichte ρu oder die Ladungsdichte q. Der Fluss von ψ wird in einen nicht-konvektiven und einen konvektiven Teil additiv aufgeteilt:

$$\boldsymbol{\phi} = \boldsymbol{\varphi} + \rho\psi\left(\boldsymbol{v}^{\mathrm{s}} - \boldsymbol{v}\right). \qquad (2.36)$$

Man beachte, dass ψ eine an die Materie gekoppelte Größe ist und mit der materiellen Geschwindigkeit $\boldsymbol{v}$ über die Volumengrenze ∂v^{s}, die sich mit $\boldsymbol{v}^{\mathrm{s}}$ bewegt, transportiert werden kann. Dies ist ein *konvektiver Transport,* wie man sagt. Allerdings entscheidet die Relativgeschwindigkeit $\boldsymbol{v}^{\mathrm{s}} - \boldsymbol{v}$ in Verbindung mit dem Skalarprodukt zur Normale $\boldsymbol{n}^{\mathrm{s}}$ darüber, wieviel wirklich durch die Oberfläche in den Kontrollbereich gelangt. Diese Art von Fluss ist sozusagen makroskopisch „sichtbar".

Das ist beim nicht-konvektiven Fluss $\boldsymbol{\varphi}$ nicht so. Beispiele hierfür sind der Kraftfluss durch die Oberfläche, der sich im Spannungsvektor $\boldsymbol{t}$ manifestiert, oder der Wärmestromvektor $\boldsymbol{q}$.

Beachten wir Gleichung (2.13), so können wir Gleichung (2.35) nunmehr auch so schreiben:

$$\int\limits_{v^{\mathrm{s}}(t)} \frac{\partial\psi}{\partial t}\,\mathrm{d}v^{\mathrm{s}} + \oint\limits_{\partial v^{\mathrm{s}}(t)} \psi\boldsymbol{v}\cdot\boldsymbol{n}^{\mathrm{s}}\,\mathrm{d}a^{\mathrm{s}} = -\oint\limits_{\partial v^{\mathrm{s}}(t)} \boldsymbol{\varphi}\cdot\boldsymbol{n}^{\mathrm{s}}\,\mathrm{d}a^{\mathrm{s}} + \int\limits_{v^{\mathrm{s}}(t)} (s+p)\,\mathrm{d}v^{\mathrm{s}}\,. \qquad (2.37)$$

Oder mit dem Gauß'schen Satz in Gleichung (1.426) auch so:

$$\int\limits_{v^{\mathrm{s}}(t)} \left(\frac{\partial\psi}{\partial t} + \nabla^{\mathrm{s}}\cdot(\psi\boldsymbol{v}+\boldsymbol{\varphi})\right)\mathrm{d}v^{\mathrm{s}} = \int\limits_{v^{\mathrm{s}}(t)} (s+p)\,\mathrm{d}v^{\mathrm{s}}\,. \qquad (2.38)$$

Zufuhren (supplies) s und Produktionen p wurden oben als Volumengrößen eingeführt. Dabei lassen sich die Zufuhren (im Prinzip) vom Beobachter steuern. Ein Beispiel hierfür ist die Gravitationskraftsdichte $\rho\boldsymbol{g}$.

Demgegenüber sind Produktionen systemimmanent und führen ein nicht steuerbares Eigendasein. Ein Beispiel hierfür ist der Reibungsverlust $\boldsymbol{\sigma}^{\mathrm{d}} : (\nabla \otimes \boldsymbol{v})$ *, wobei $\boldsymbol{\sigma}^{\mathrm{d}}$ der dissipative Teil des Cauchy-Spannungstensors ist.

Um es zu vertiefen: Der Unterschied zwischen Zufuhren s und Produktionen p besteht darin, dass die Zufuhren zumindest im Prinzip kontrollierbar sind und „abgeschaltet" werden können, während die Produktionen dem System und dem physikalischen Prozess, den es durchläuft, inhärent sind. Sie entwickeln sich von selbst und entziehen sich unserer Kontrolle. Es ist oft üblich zu sagen, dass eine physikalische Größe eine *Erhaltungsgröße* darstellt, wenn der Produktionsterm p verschwindet. Im letzteren Fall bezeichnen wir das entsprechende Gleichgewicht als *Erhaltungssatz.* Von manchen Autoren wird dieser Begriff allerdings enger gefasst und durch stärkere Anforderungen reglementiert. Es sei zunächst darauf hingewiesen, dass auch der Oberflächenfluss $\boldsymbol{\phi}$ den Charakter einer kontrollierbaren Zufuhrgröße hat: Den konvektiven Anteil beherrschen wir: Wir schalten ihn aus, indem wir ein materielles Volumen betrachten, so dass $\boldsymbol{v}^{\mathrm{s}} = \boldsymbol{v}$ gilt. Und den nicht-konvektiven Teil können wir im Falle des Wärmeflusses etwa dadurch kontrollieren, dass wir die Oberfläche adiabat isolieren oder im Falle des Spannungsvektors die Oberfläche nicht belasten. Wenn wir jetzt noch sagen, dass wir gegen Volumenzufuhren s abschotten (etwa weit weg von gravitierenden Massen uns befinden), so folgt aus Gleichung (2.35) durch Integration, dass die gesamte Größe

$$\Psi = \int_{v(t)} \breve{\psi}(\boldsymbol{x}, t)\, \mathrm{d}v = \mathrm{const.}_t \tag{2.39}$$

sich zeitlich nicht ändert. Man beachte, dass der Index s weggelassen wurde, da wir jetzt aus genannten Gründen ein materielles Volumen betrachten *müssen.*

Im gleichen Zusammenhang sei auch noch die Bilanzgleichung für ein materielles Volumen in Euler'scher materieller Schreibweise nachgetragen:

$$\frac{\mathrm{d}}{\mathrm{d}t} \int_{v(t)} \breve{\psi}(\boldsymbol{x}, t)\, \mathrm{d}v = - \oint_{\partial v(t)} \breve{\boldsymbol{\varphi}}(\boldsymbol{x}, t) \cdot \breve{\boldsymbol{n}}(\boldsymbol{x}, t)\, \mathrm{d}a + \int_{v(t)} \left[\breve{s}(\boldsymbol{x}, t) + \breve{p}(\boldsymbol{x}, t)\right] \mathrm{d}v\,. \tag{2.40}$$

Man beachte auch die neuen Funktionssymbole bei den verschiedenen Dichten. Mit Gleichung (2.31) lässt sich stattdessen auch schreiben:

$$\int_{v(t)} \frac{\partial \psi}{\partial t}\, \mathrm{d}v + \oint_{\partial v(t)} \psi\, \boldsymbol{v} \cdot \boldsymbol{n}\, \mathrm{d}a = - \oint_{\partial v(t)} \boldsymbol{\varphi} \cdot \boldsymbol{n}\, \mathrm{d}a + \int_{v(t)} (s + p)\, \mathrm{d}v \tag{2.41}$$

oder

$$\int_{v(t)} \left(\frac{\partial \psi}{\partial t} + \nabla \cdot (\psi \boldsymbol{v} + \boldsymbol{\varphi})\right) \mathrm{d}v = \int_{v(t)} (s + p)\, \mathrm{d}v\,. \tag{2.42}$$

* In Indexschreibweise: $\sigma^{\mathrm{d}}_{ij} \frac{\partial v_i}{\partial x_j}$.

Übungsaufgabe *Unterschiede in den volumetrischen Bilanzen*
Erläutere und diskutiere die Unterschiede zwischen Gleichung (2.37) und Gleichung (2.41) sowie Gleichung (2.38) und Gleichung (2.42).

2.2.2 Bilanzen für Flußfeldgrößen – globale Formulierung

Die allgemeine Form einer globalen Bilanz für einen Vektorfluss $\boldsymbol{\gamma}$ durch eine offene, nicht notwendigerweise materielle Oberfläche $a(t)$ in räumlicher Beschreibung lautet:

$$\frac{\mathrm{d}}{\mathrm{d}t}\int\limits_{a^{\mathrm{s}}(t)} \overline{\boldsymbol{\gamma}}(\boldsymbol{x}^{\mathrm{s}},t)\cdot\overline{\boldsymbol{n}}^{\mathrm{s}}(\boldsymbol{x}^{\mathrm{s}},t)\,\mathrm{d}a^{\mathrm{s}} = -\oint\limits_{\partial a^{\mathrm{s}}(t)} \overline{\boldsymbol{\phi}}(\boldsymbol{x}^{\mathrm{s}},t)\cdot\overline{\boldsymbol{\tau}}^{\mathrm{s}}(\boldsymbol{x}^{\mathrm{s}},t)\,\mathrm{d}l + \int\limits_{a^{\mathrm{s}}(t)} \left[\overline{\boldsymbol{s}}(\boldsymbol{x}^{\mathrm{s}},t)+\overline{\boldsymbol{p}}(\boldsymbol{x}^{\mathrm{s}},t)\right]\cdot\overline{\boldsymbol{n}}^{\mathrm{s}}(\boldsymbol{x}^{\mathrm{s}},t)\,\mathrm{d}a^{\mathrm{s}}. \tag{2.43}$$

Wir bezeichnen $\boldsymbol{\phi}$ als den Fluss entlang des Umfangs von $a(t)$. Er kann sowohl konvektive als auch nicht-konvektive Anteile enthalten. $\boldsymbol{s}$ ist die Zufuhr von $\boldsymbol{\gamma}$ durch die Oberfläche, und $\boldsymbol{p}$ wird als seine Produktion bezeichnet. Man beachte die Analogie zu Bilanzen für volumetrische Größen Gleichung (2.35).

Für eine materielle offene Fläche ohne Singularitäten müssen wir schreiben:

$$\frac{\mathrm{d}}{\mathrm{d}t}\int\limits_{a(t)} \check{\boldsymbol{\gamma}}(\boldsymbol{x},t)\cdot\check{\boldsymbol{n}}(\boldsymbol{x},t)\,\mathrm{d}a = -\oint\limits_{\partial a(t)} \check{\boldsymbol{\phi}}(\boldsymbol{x},t)\cdot\check{\boldsymbol{\tau}}(\boldsymbol{x},t)\,\mathrm{d}l + \int\limits_{a(t)} \left[\check{\boldsymbol{s}}(\boldsymbol{x},t)+\check{\boldsymbol{p}}(\boldsymbol{x},t)\right]\cdot\check{\boldsymbol{n}}(\boldsymbol{x},t)\,\mathrm{d}a. \tag{2.44}$$

Den singulären Fall behandeln wir in Abschnitt 2.2.3.

2.2.3 Bilanzen für Volumen und offene Flächen im singulären Fall

Der Zweck dieses Abschnitts besteht darin, lokale Bilanzen in regulären und in singulären Punkten aufzustellen. Wir beginnen unsere Diskussion für den Fall von Kontrollvolumina, die von einer Diskontinuitätsfläche Σ durchquert werden, wie in Bild 2.4 (links) gezeigt, was zu einer Schnittmenge $\mathrm{I}(t)$, der sogenannten *singulären Fläche* (das Zeichen I soll auf „singular interface" hindeuten), führt. Die volumetrische Bilanz Gleichung (2.35) muss verallgemeinert werden, um mit dieser Situation fertig zu werden. In der Tat ist eine sehr allgemeine Form für eine solche Bilanz die folgende:

$$\frac{\mathrm{d}}{\mathrm{d}t}\int\limits_{v_+^{\mathrm{s}}\cup v_-^{\mathrm{s}}} \psi\,\mathrm{d}v^{\mathrm{s}} + \frac{\mathrm{d}}{\mathrm{d}t}\int\limits_{\mathrm{I}(t)} \psi^{\mathrm{I}(t)}\,\mathrm{d}a^{\mathrm{s}} = -\int\limits_{a_+^{\mathrm{s}}\cup a_-^{\mathrm{s}}} \boldsymbol{\phi}\cdot\boldsymbol{n}\,\mathrm{d}a^{\mathrm{s}} - \oint\limits_{\partial\mathrm{I}(t)} \boldsymbol{\phi}^{\mathrm{I}(t)}\cdot\boldsymbol{\nu}\,\mathrm{d}l^{\mathrm{s}} + \int\limits_{v_+^{\mathrm{s}}\cup v_-^{\mathrm{s}}} (s+p)\,\mathrm{d}v^{\mathrm{s}} + \int\limits_{\mathrm{I}(t)} (s^{\mathrm{I}}+p^{\mathrm{I}})\,\mathrm{d}a^{\mathrm{s}}, \tag{2.45}$$

wobei $\boldsymbol{\nu}$ die Außennormale der Peripherie des Schnittpunktes zwischen dem Volumen und der singulären Fläche ist (siehe Bild 2.4, links).

Man beachte, dass eine zu bilanzierende physikalische Größe, ψ oder ψ^{I}, sowohl für die Volumina $v^{\mathrm{s}}_{\pm}(t)$ als auch für die singuläre Grenzfläche $I(t)$ definiert ist. Sie kann sich durch Flüsse (mit konvektivem und nicht-konvektivem Anteil) über die Peripherie, $\boldsymbol{\phi}$ und $\boldsymbol{\phi}^{\mathrm{I}}$, sowie durch Zufuhr und Produktion innerhalb des Volumens bzw. innerhalb der Grenzfläche, s, p und s^{I}, p^{I}, ändern. Alle mit I gekennzeichneten Größen deuten an, dass die singuläre Fläche, obwohl sie keine Dicke hat, ein „Eigenleben" aufweist, jedenfalls soweit unsere Modellvorstellung.

Wendet man nun das Transporttheorem Gleichung (2.17) auf den ersten Term auf der linken Seite an und zerlegt den Gesamtfluss additiv in einen nicht-konvektiven und einen konvektiven Teil $\boldsymbol{\phi} = \boldsymbol{\varphi} + \psi(\boldsymbol{v}^{\mathrm{s}} - \boldsymbol{v})$), so erhält man:

$$\begin{aligned}
&\int\limits_{v^{\mathrm{s}}_{+}\cup v^{\mathrm{s}}_{-}} \frac{\partial\psi}{\partial t}\,\mathrm{d}v^{\mathrm{s}} + \int\limits_{a^{\mathrm{s}}_{+}\cup a^{\mathrm{s}}_{-}} \psi\,\boldsymbol{v}\cdot\boldsymbol{n}\,\mathrm{d}a^{\mathrm{s}} - \int\limits_{\mathrm{I}(t)} [\![\psi]\!]\,\boldsymbol{w}^{\mathrm{I}}\cdot\boldsymbol{e}\,\mathrm{d}a^{\mathrm{s}} + \frac{\mathrm{d}}{\mathrm{d}t}\int\limits_{\mathrm{I}(t)} \psi^{\mathrm{I}}\,\mathrm{d}a^{\mathrm{s}} \\
&\quad = -\int\limits_{a^{\mathrm{s}}_{+}\cup a^{\mathrm{s}}_{-}} \boldsymbol{\varphi}\cdot\boldsymbol{n}\,\mathrm{d}a^{\mathrm{s}} - \oint\limits_{\partial\mathrm{I}(t)} \boldsymbol{\varphi}^{\mathrm{I}}\cdot\boldsymbol{\nu}\,\mathrm{d}l^{\mathrm{s}} + \int\limits_{v^{\mathrm{s}}_{+}\cup v^{\mathrm{s}}_{-}} (s+p)\,\mathrm{d}v^{\mathrm{s}} + \int\limits_{\mathrm{I}(t)} (s^{\mathrm{I}}+p^{\mathrm{I}})\,\mathrm{d}a^{\mathrm{s}}\,, \qquad (2.46)
\end{aligned}$$

wobei $\boldsymbol{e}$ die Normale auf dem Schnittpunkt zwischen dem Volumen und der singulären Oberfläche ist, die von der „−" in die „+" Region zeigt (siehe Bild 2.4, links).

Natürlich ist die singuläre Oberfläche ein idealisierendes Modell für viele verschiedene physikalische Situationen. Sie kann zum Beispiel die Kontakt- oder Verbindungszone zwischen zwei Materialien unterschiedlicher Art sein. Oder sie kann eine Stoßwelle sein, die sich durch den Raum bewegt. Sie kann also materiell oder immateriell sein, aber in allen Fällen wird sie als ein mathematisches Objekt ohne Dicke idealisiert. Dennoch wird die physikalische Einheit, die sie beschreiben soll, im allgemeinen Eigenschaften haben, und aus diesem Grund werden, wie bereits gesagt, Grenzflächenfelder in die allgemeine Bilanz eingeführt, wie die Grenzflächen-Flächendichte ψ^{I}, der gesamte Grenzflächen-Linienfluss $\boldsymbol{\varphi}^{\mathrm{I}}$ mit der nach außen gerichteten Normalen $\boldsymbol{\nu}$, und die flächenhaften Versorgungs- und Produktionsdichten s^{I} bzw. p^{I}.

Es sei daran erinnert, dass Gleichung (2.46) zur Herleitung von Ausdrücken in regulären und singulären Punkten des Kontinuums, den sogenannten *lokalen Bilanzen*, verwendet werden kann. Wir konzentrieren uns zunächst auf einen regulären Punkt innerhalb der Regionen $v^{\mathrm{s}}_{\pm}$. Dann sind nur die volumenbezogenen Terme in Gleichung (2.46) relevant, und wir erhalten nach Anwendung des erweiterten Divergenzsatzes von Gauß in Gleichung (2.14) auf den Flussterm $\boldsymbol{\varphi}$ die allgemeine lokale Bilanz in regulären Punkten:

$$\frac{\partial\psi}{\partial t} + \nabla^{\mathrm{s}}\cdot(\psi\boldsymbol{v} + \boldsymbol{\varphi}) = s + p\,. \qquad (2.47)$$

Es ist zu beachten, dass diese Gleichung in *räumlicher Beschreibung* geschrieben ist. Möchte man die entsprechende lokale Bilanz in der *materiellen Beschreibung* erhalten, müssen alle Felder in der Euler'schen Beschreibung ausgedrückt werden und der Index „s" auf dem Nabla-Operator muss entfernt werden. Die Bilanz sieht dann im Wesentlichen gleich aus, aber ihre unterschiedliche Bedeutung ist ohne weitere Erklärung nicht offensichtlich:

$$\frac{\partial\psi}{\partial t} + \nabla\cdot(\psi\boldsymbol{v} + \boldsymbol{\varphi}) = s + p\,. \qquad (2.48)$$

Man beachte auch, dass Gleichung (2.47) die Abbildungsgeschwindigkeit $\boldsymbol{v}^{\mathrm{s}}$ nicht mehr enthält. Das ist vernünftig, denn auf lokaler Ebene macht diese Größe keinen Sinn.

Übungsaufgabe *Räumliche und materielle Schreibweise der Bilanz in regulären Punkten*

Verwende in Gleichung (2.47) und Gleichung (2.48) die richtigen Funktionssymbole mit zugehörigen Argumenten in Euler'scher Gitternotation bzw. in Euler'scher materieller Schreibweise. Diskutiere auch die Möglichkeit einer Umschreibung auf die Referenzgrößen $\boldsymbol{X}^{\mathrm{s}}$ bzw. $\boldsymbol{X}$. Studiere in diesem Zusammenhang insbesondere die Ausführungen in [Gre2003] Abschnitt 2.1.3 und erläutere, warum es sinnvoll ist, auch lokal reguläre Bilanzen in der Referenzkonfiguration, also in Lagrange'scher Schreibweise, zu formulieren.

Wenn wir nun ein Gegenstück der Gleichung (2.47) oder Gleichung (2.48) für einen Punkt auf der singulären Oberfläche erhalten wollen, muss das berühmte *Truesdell'sche Pillendosen-Argument*, angewendet werden. Die allgemeine Idee dieses Verfahrens wird in [Liu2002], S. 35, kurz und bündig erläutert: Es wird ein Punkt auf der singulären Oberfläche mit einer Pillendose umgeben, so dass der Boden auf der − und der Deckel auf der + Seite zu liegen kommt. Dann drückt man zuerst die Höhe der Dose auf Null und zieht danach die Deckel auf den Punkt der singulären Fläche zusammen. Wenn man annimmt, dass die volumetrischen Dichten während dieses Grenzprozesses *nicht unbeschränkt anwachsen*, dann sind in Gleichung (2.46) somit nur noch oberflächenbezogene Terme relevant. Die Behandlung der Zeitableitung der Grenzflächendichte ψ_{I} und die Umwandlung des Linienintegrals in Gleichung (2.17) in ein Oberflächenintegral wird in [Mue1985] auf S. 52 in Indexform erläutert. Aus Gründen der Übersichtlichkeit werden wir diese Terme in unserer Darstellung jedoch vernachlässigen. Dann lautet das lokale Gleichgewicht in singulären Punkten:

$$[\![\boldsymbol{\varphi} + \psi\left(\boldsymbol{v} - \boldsymbol{w}^{\mathrm{I}}\right)]\!] \cdot \boldsymbol{e} = s^{\mathrm{I}} + p^{\mathrm{I}} . \tag{2.49}$$

Es gelten ähnliche Bemerkungen wie im Zusammenhang mit dem Gleichgewicht in regulären Punkten Gleichung (2.47): Diese Gleichung ist so gemeint, wie sie in räumlicher Form geschrieben ist. In der materiellen Beschreibung sieht sie jedoch genau so aus und diesmal lässt nicht einmal ein Nabla-Operator einen Unterschied vermuten. Auch hier ist zu beachten, dass die Abbildungsgeschwindigkeit $\boldsymbol{v}^{\mathrm{s}}$ nicht vorkommt. Es sollte auch erwähnt werden, dass der Zweck von „Sprungbedingungen“, wie Gleichung (2.49), die korrekte Auswertung von Rand- und Übergangsbedingungen in Anfangs-Randwertproblemen ermöglichen.

Ein Nachtrag zu der Annahme des Verschwindens der volumetrischen Beiträge, s und p beim Zustandekommen der Sprungbedingung Gleichung (2.49): Diese ist nämlich nicht unproblematisch! Man bedenke in diesem Zusammenhang, dass die singuläre Fläche ein Modell für sehr „dünne“ Gebiete respektive Strukturen ist, an deren linken und rechten Grenzen sich die Feldgrößen sehr deutlich unterscheiden. Aber, die Kontinuumstheorien sind mächtig, und obwohl eine Stoßfront in Ihrer Dicke im Extremfall nur mehrere freie Weglängen umfassen kann, ist es denkbar, diesen Bereich auch kontinuumstheoretisch mit Gleichung (2.47) oder Gleichung (2.48) d. h. als reguläres Gebiet zu untersuchen. Man scheut i. a. jedoch den Aufwand bei der Lösung dieses Anfangs-Randwertproblems in jetzt drei miteinander verbundenen Gebieten, $v^{\pm}$ und I, wobei letzteres jetzt quasi aufgelöst und von seinem singulären Charakter befreit wurde. Nach Lösung des Problems kann man selbstverständlich die nun als Funktion der Primärfelder bekannten volumetrischen Produktionen p und s berechnen, und außerdem kennt man jetzt den Gesamtfluss $\boldsymbol{\varphi} + \psi\left(\boldsymbol{v} - \boldsymbol{w}^{\mathrm{I}}\right)$ links und rechts vom sich feldmäßig stark verändernden Gebiet. Offenbar ist dann im Vergleich mit Gleichung (2.49):

$$s^{\mathrm{I}} = \lim_{d\to 0} \int_{x_-}^{x^+} s\,\mathrm{d}x\,,\ p^{\mathrm{I}} = \lim_{d\to 0} \int_{x_-}^{x^+} p\,\mathrm{d}x\,,\ d = x_+ - x_-\,, \tag{2.50}$$

wobei zuerst über die Dickenkoordinate x integriert und man dann die Dicke d des dünnen Gebietes gegen Null schickt. Dies gibt zur Befürchtung Anlass, dass der Limes nicht existiert, weil die volumetrischen Dichten (insbesondere die nicht kontrollierbare Produktionsdichte) während des Grenzprozesses unbeschränkt wachsen. Betrachtet man also lediglich Bilanzen für Erhaltungsgrößen, wo per Definition $p = 0$ gilt, so ist dieser Einwand belanglos. Dies ist bei Masse, Impuls, Gesamtdrehimpuls und Gesamtenergie der Fall, aber nicht bei der Entropie. Wir werden in Abschnitt 4.3.3.3 darauf zurückkommen.

Betrachten wir nun eine die allgemeine Bilanz für eine vektorielle Flussgröße $\boldsymbol{\gamma}$ durch eine offene Fläche, die von einer singulären Fläche Σ durchquert wird, so dass sich eine singuläre Linie $I(t)$ ergibt, wie in Bild 2.4 (rechts) dargestellt, zunächst in räumlicher Beschreibung:

$$\frac{\mathrm{d}}{\mathrm{d}t} \int_{a_+^{\mathrm{s}} \cup a_-^{\mathrm{s}}} \boldsymbol{\gamma}\cdot\boldsymbol{n}^{\mathrm{s}}\,\mathrm{d}a^{\mathrm{s}} = -\int_{L_+^{\mathrm{s}} \cup L_-^{\mathrm{s}}} \boldsymbol{\phi}\cdot\boldsymbol{\tau}^{\mathrm{s}}\,\mathrm{d}l^{\mathrm{s}} + \int_{a_+^{\mathrm{s}} \cup a_-^{\mathrm{s}}} (\boldsymbol{s}+\boldsymbol{p})\cdot\boldsymbol{n}^{\mathrm{s}}\,\mathrm{d}a^{\mathrm{s}} + \oint_{\mathrm{I}(t)} \left(\boldsymbol{s}^{\mathrm{I}}+\boldsymbol{p}^{\mathrm{I}}\right)\cdot\boldsymbol{v}^{\mathrm{s}}\,\mathrm{d}l^{\mathrm{s}}\,. \tag{2.51}$$

Die Symbole $\boldsymbol{s}$, $\boldsymbol{p}$ und $\boldsymbol{s}^{\mathrm{I}}$, $\boldsymbol{p}^{\mathrm{I}}$ bezeichnen Lieferungen und Produktionen der Flächen $a_\pm^{\mathrm{s}}(t)$ bzw. der singulären Linie $\mathrm{I}(t)$. Der Gesamtfluss kann additiv in einen nicht-konvektiven und einen konvektiven Teil $\boldsymbol{\phi} = \boldsymbol{\varphi} + \boldsymbol{\gamma}\times\left(\boldsymbol{v}-\boldsymbol{v}^{\mathrm{s}}\right)$ zerlegt werden. In Kombination mit dem Transporttheorem Gleichung (2.28) erlaubt uns dies, Gleichung (2.51) wie folgt umzuschreiben:

$$\begin{aligned} &\int_{a_+^{\mathrm{s}} \cup a_-^{\mathrm{s}}} \left(\frac{\partial\boldsymbol{\gamma}}{\partial t} + \boldsymbol{v}\nabla^{\mathrm{s}}\cdot\boldsymbol{\gamma}\right)\cdot\boldsymbol{n}\,\mathrm{d}a^{\mathrm{s}} + \int_{L_+^{\mathrm{s}} \cup L_-^{\mathrm{s}}} (\boldsymbol{\gamma}\times\boldsymbol{v})\cdot\boldsymbol{\tau}^{\mathrm{s}}\,\mathrm{d}l^{\mathrm{s}} - \int_{\mathrm{I}(t)} \left([\![\boldsymbol{\gamma}]\!]\times\boldsymbol{w}^{\mathrm{I}}\right)\cdot\boldsymbol{\tau}^{\mathrm{I,s}}\,\mathrm{d}l^{\mathrm{s}} \\ &\qquad = -\int_{L_+^{\mathrm{s}} \cup L_-^{\mathrm{s}}} \boldsymbol{\varphi}\cdot\boldsymbol{\tau}\,\mathrm{d}l^{\mathrm{s}} + \int_{a_+^{\mathrm{s}} \cup a_-^{\mathrm{s}}} [\boldsymbol{s}+\boldsymbol{p}]\cdot\boldsymbol{n}^{\mathrm{s}}\,\mathrm{d}a^{\mathrm{s}} + \int_{\partial\mathrm{I}(t)} \left[\boldsymbol{s}^{\mathrm{I}}+\boldsymbol{p}^{\mathrm{I}}\right]\cdot\boldsymbol{v}^{\mathrm{s}}\,\mathrm{d}l^{\mathrm{s}}\,. \end{aligned} \tag{2.52}$$

Zunächst konzentrieren wir uns auf reguläre Oberflächenpunkte auf $a_\pm^{\mathrm{s}}$. Dann bleiben in Gleichung (2.52) nur oberflächenbezogene Terme erhalten. Und wenn man das verallgemeinerte Stokes-Theorem Gleichung (2.27) berücksichtigt, erhält man bei räumlicher Schreibweise:

$$\frac{\partial\boldsymbol{\gamma}}{\partial t} + \boldsymbol{v}\,\nabla^{\mathrm{s}}\cdot\boldsymbol{\gamma} + \nabla^{\mathrm{s}}\times\left(\boldsymbol{\gamma}\times\boldsymbol{v}+\boldsymbol{\varphi}\right) = \boldsymbol{s}+\boldsymbol{p} \tag{2.53}$$

und bei materieller:

$$\frac{\partial\boldsymbol{\gamma}}{\partial t} + \boldsymbol{v}\,\nabla\cdot\boldsymbol{\gamma} + \nabla\times\left(\boldsymbol{\gamma}\times\boldsymbol{v}+\boldsymbol{\varphi}\right) = \boldsymbol{s}+\boldsymbol{p}\,. \tag{2.54}$$

Dabei wurde wieder darauf verzichtet, Funktionen mit den jeweiligen Argumenten aufzuschreiben, und bis auf das Nabla-Symbol sehen beide Gleichungen ganz ähnlich aus.

Um das lokale Gleichgewicht in einem singulären Punkt auf der Schnittlinie $\mathrm{I}(t)$ zu erhalten, wird die Pillbox, die zu Gleichung (2.49) führt, durch eine geschlossene Schlinge ersetzt, die den Schnittpunkt von $a^{\mathrm{I}}_{\pm}$ umschließt. Das Verfahren ist in Jackson [Jac1999], S. 17, dargestellt, wo es als „Stokesian loop" bezeichnet wird. Offensichtlich werden in Gleichung (2.52) nur Linienintegrale überleben und das Endergebnis lautet (siehe auch [Ric2019]):

$$\boldsymbol{n} \times [\![\boldsymbol{\varphi}]\!] + \boldsymbol{n} \cdot [\![\boldsymbol{\gamma} \otimes \boldsymbol{w}^{\mathrm{I}} - \boldsymbol{w}^{\mathrm{I}} \otimes \boldsymbol{\gamma}]\!] = \boldsymbol{s}^{\mathrm{I}} + \boldsymbol{p}^{\mathrm{I}} . \tag{2.55}$$

2.2.4 Materielle Zeitableitung

Wenden wir in Gleichung (2.47) die Produktregel an, um zu finden:

$$\frac{\partial \psi}{\partial t} + \boldsymbol{v} \cdot \nabla^{\mathrm{S}} \psi + \psi \nabla^{\mathrm{S}} \cdot \boldsymbol{v} + \nabla^{\mathrm{S}} \cdot \boldsymbol{\varphi} = s + p . \tag{2.56}$$

Die ersten beiden Terme fassen wir in der sogenannten *materiellen Zeitableitung einer Feldgröße* in räumlicher Formulierung zusammen ([Iva2016]):

$$\frac{\delta \psi}{\delta t} = \frac{\partial \psi}{\partial t} + \boldsymbol{v} \cdot \nabla^{\mathrm{S}} \psi \equiv \frac{\mathrm{d} \psi}{\mathrm{d} t} + \left(\boldsymbol{v} - \boldsymbol{v}^{\mathrm{S}}\right) \cdot \nabla^{\mathrm{S}} \psi . \tag{2.57}$$

Hierbei haben wir in einem zweiten Schritt einen Kunstgriff getan, die Kettenregel verwendet und mithilfe der Gleichung (2.5) „erweitert", wobei

$$\frac{\mathrm{d} \psi}{\mathrm{d} t} = \frac{\partial \psi}{\partial t} + \nabla^{\mathrm{S}}(\psi) \cdot \boldsymbol{v}^{\mathrm{S}} \quad \Leftrightarrow \quad \frac{\mathrm{d} \psi}{\mathrm{d} t} = \frac{\partial \psi}{\partial t} + \frac{\partial \psi}{\partial x^{\mathrm{S}}_i} v^{\mathrm{S}}_i . \tag{2.58}$$

die *totale Zeitableitung des Feldes in Euler'schen Gitterkoordinaten* ist.

Letzteres macht in räumlicher Schreibweise Sinn, da dort die Abbildungsgeschwindigkeit $\boldsymbol{v}^{\mathrm{S}}$ ihren rechtmäßigen Platz hat. In der Euler'schen materiellen Darstellung hingegen kann man die materielle Zeitableitung nur so schreiben:

$$\frac{\delta \psi}{\delta t} = \frac{\partial \psi}{\partial t} + \boldsymbol{v} \cdot \nabla \psi \equiv \frac{\mathrm{d} \psi}{\mathrm{d} t} , \tag{2.59}$$

denn im Falle der materiellen Beschreibung ist die materielle Zeitableitung gleich der *totalen Ableitung in Euler'schen materiellen Koordinaten*:

$$\frac{\mathrm{d} \psi}{\mathrm{d} t} \equiv \frac{\mathrm{d} \breve{\psi}(\boldsymbol{x}, t)}{\mathrm{d} t} = \frac{\mathrm{d} \breve{\psi}\left(\boldsymbol{\chi}(\boldsymbol{X}, t), t\right)}{\mathrm{d} t} = \nabla \psi \cdot \frac{\mathrm{d} \boldsymbol{\chi}(\boldsymbol{X}, t)}{\mathrm{d} t} + \frac{\partial \psi}{\partial t} = \nabla \psi \cdot \boldsymbol{v} + \frac{\partial \psi}{\partial t} . \tag{2.60}$$

Daher wird in vielen Büchern zur Kontinuumsmechanik der Ausdruck totale und materielle Zeitableitung synonym gebraucht. Man beachte, dass dies in der räumlichen Beschreibung anders ist, Gleichung (2.58). Manchmal nennt man die materielle Zeitableitung auch *substantielle Zeitableitung*, meist in der fluidmechanischen Literatur, wo die Euler'sche Gitterbeschreibung gepflegt wird. Dafür wird dann meistens nicht der Zusammenhang nach Gleichung (2.58) erwähnt, und der Begriff einer totalen Zeitableitung gar nicht verwendet. Anstelle von $\delta/\delta t$ wird oft auch $\mathrm{D}/\mathrm{D}t$ geschrieben.

Wir erwähnen außerdem, dass in materiell-Lagrange'scher Darstellung über die Referenzkonfiguration $\boldsymbol{X}$ des materiellen Teilchens gemäß der Ausführungen in Abschnitt 2.1.6 gilt:

$$\frac{\delta \psi}{\delta t} = \frac{\partial \tilde{\psi}(\boldsymbol{X}, t)}{\partial t} . \tag{2.61}$$

Mithin hat man alternativ zu Gleichung (2.47) und Gleichung (2.48):

$$\frac{\delta\psi}{\delta t}+\psi\nabla^{s}\cdot\boldsymbol{v}+\nabla^{s}\cdot\boldsymbol{\varphi}=s+p\,,\quad \frac{\delta\psi}{\delta t}+\psi\nabla\cdot\boldsymbol{v}+\nabla\cdot\boldsymbol{\varphi}=s+p\,, \tag{2.62}$$

wobei wieder darauf verzichtet wurde, die jeweiligen Funktionen mit ihren Argumenten aufzuschreiben.

Was die globalen Transporttheoreme angeht, so können wir dieses Ergebnis wie folgt verwenden. Erstens für die räumliche Formulierung mit und ohne singuläre Fläche nach Gleichung (2.11) und Gleichung (2.17) (will man das Ergebnis für den Fall ohne singuläre Fläche wissen, so setze man $v_+^s \cup v_-^s \to v^s(t)$ und lasse das Integral über $\mathrm{I}(t)$ weg):

$$\frac{\mathrm{d}}{\mathrm{d}t}\int\limits_{v_+^s\cup v_-^s}\psi\,\mathrm{d}v^s=\int\limits_{v_+^s\cup v_-^s}\left(\frac{\delta\psi}{\delta t}+(\boldsymbol{v}^s-\boldsymbol{v})\cdot\nabla^s\psi+\psi\nabla^s\cdot\boldsymbol{v}\right)\mathrm{d}v^s+\int\limits_{\mathrm{I}(t)}[\![\psi(\boldsymbol{v}^s-\boldsymbol{w}^{\mathrm{I}})]\!]\cdot\boldsymbol{e}\,\mathrm{d}a^s; \tag{2.63}$$

und zweitens für die materielle Formulierung mit und ohne (man setze $v_+ \cup v_- \to v(t)$ und lasse das Integral über $\mathrm{I}(t)$ weg) singuläre Fläche nach Gleichung (2.31) und Gleichung (2.32):

$$\frac{\mathrm{d}}{\mathrm{d}t}\int\limits_{v_+\cup v_-}\psi\,\mathrm{d}v=\int\limits_{v_+\cup v_-}\left(\frac{\delta\psi}{\delta t}+\psi\nabla\cdot\boldsymbol{v}\right)\mathrm{d}v+\int\limits_{\mathrm{I}(t)}[\![\psi(\boldsymbol{v}-\boldsymbol{w}^{\mathrm{I}})]\!]\cdot\boldsymbol{e}\,\mathrm{d}a. \tag{2.64}$$

2.3 Raum, Zeit und Beobachter – Teil II

Es ist ein erklärter, quasi demokratischer Wunsch in der Physik, dass ihre Grundgleichungen *beobachterunabhängig* sind. Sie müssen so formuliert werden können, dass sie für jedermann gleich aussehen, unabhängig davon, wie sich der betreffende Beobachter „bewegt". Will man es genderneutral formulieren, so kann man sagen, dass in jedem *Bezugssystem* die Gesetze der Physik die gleiche Form haben. Man spricht dann auch von *Forminvarianz* der Naturgesetze.

Schon diese Flucht in Worte zeigt, dass man vorab klar definieren muss, was man unter Beobachter und Bezugssystem eigentlich meint, aber das ist im Abschnitt 2.1.2 bereits geschehen. Es liegt uns nun daran, herauszufinden, ob gewisse Gleichungen der (Kontinuums-) Physik dem Wunsch nach Forminvarianz genügen oder nicht. Auch müssen wir vorab klären, was Forminvarianz denn eigentlich sein soll.

Im Übrigen sei darauf hingewiesen, dass das komplexe Thema Beobachter- und Koordinatensystemswechsel bei den Lesenden viel Geduld und Aufmerksamkeit erfordert, und dass sich die Autoren voll bewusst sind, was sie ihnen jetzt abverlangen.

2.3.1 Das mathematische Pendel: eine Fundgrube zur Klärung der Begriffe Beobachter- und Koordinatenwechsel

Wir haben in Abschnitt 2.1.2 den Begriff des Beobachters eingeführt und auch den Begriff des Koordinatensystems. Wir wollen nun zwischen Bezugssystemen bzw. Beobachtern wechseln. Das wird oft mit Koordinatentransformationen verwechselt. Um beides klar auseinanderzuhalten, studieren wir nachfolgend ein einfaches mechanisches Beispiel. Wir betrachten das in

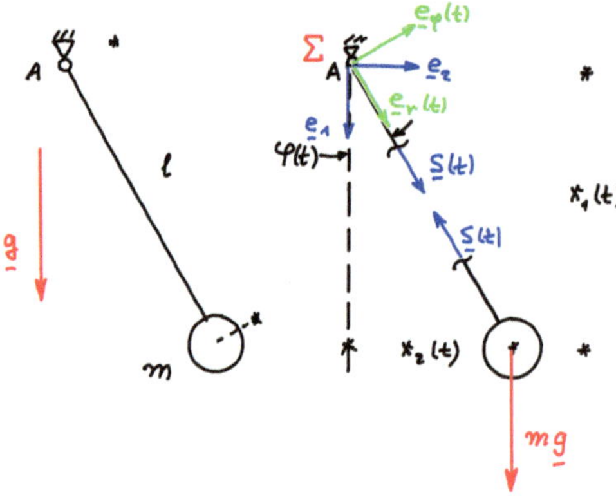

Bild 2.6 Mathematisches Pendel

Bild 2.6 links dargestellte Situation: Ein Massenpunkt m ist über eine starre Stange der Länge l und vernachlässigbarer Masse mit einem Gelenk A verbunden. Die Schwerkraft $\boldsymbol{g}$ wirkt wie gezeichnet. Das Massenpunktspendel beginnt zu schwingen.

Ziel ist zunächst das Aufstellen der Bewegungsgleichungen: Damit werden alle relevanten Kräfte berechnet und die Bewegung selbst als Funktion der Anfangsbedingungen erfasst. Um dieses Programm abzuarbeiten, werden wir verschiedene Beobachter wählen, zuerst den Inertialbeobachter und danach diverse Nichtinertialbeobachter.

2.3.2 Lösung im Inertialsystem und Koordinatensystemswechsel

In den in der Abbildung gezeigten Punkt A setzen wir einen *Inertialbeobachter* Σ. Das ist eigentlich ein Phantasiebegriff. Nochmals sei darauf hingewiesen, dass dieser Beobachter absolut ruht. Wir stellen uns somit wieder auf den arroganten Standpunkt, dass absolute Ruhe eine primitive Größe ist, die man nicht weiter erklären muss. Der Inertialbeobachter schneidet den Massenpunkt frei, wie in Bild 2.6 rechts gezeichnet. Dazu trägt er eine Stabkraft $\boldsymbol{S}$ und die Gewichtskraft $m\boldsymbol{g}$ an. Die Stabkraft $\boldsymbol{S}$ zeigt in Achsrichtung* des Stabes, Querlasten gibt es nicht. Man beachte, die Stabkraft ist eine im Material wirkende innere Kraft – im Gegensatz zur extern aufgeprägten Gewichtskraft – und wird erst im Freischnitt sichtbar.

Der Inertialbeobachter glaubt an die Newton'sche Grundgleichung (die ursprünglich für ein Inertialsystem formuliert und experimentell abgesichert wurde) und schreibt:**

$$m\ddot{\boldsymbol{x}} = \boldsymbol{S} + m\boldsymbol{g}\,. \tag{2.65}$$

Nun wählt er ein feststehendes Koordinatensystem, gegeben durch die Einheitsvektoren $\boldsymbol{e}_i, i = 1,2$, wie gezeichnet.*** Es gilt $\boldsymbol{x}(t) = x_1(t)\boldsymbol{e}_1 + x_2(t)\boldsymbol{e}_2$, $\boldsymbol{S}(t) = -S_1(t)\boldsymbol{e}_1 - S_2(t)\boldsymbol{e}_2$, $m\boldsymbol{g} = mg\boldsymbol{e}_1$, wobei ab sofort Größen, die in Bezug auf den Beobachter und die jeweils von ihm gewählten

* Der Stab ist eine massenlos idealisierte Pendelstütze. Man darf sich auch einen Bindfaden vorstellen, muss dann aber den maximal zulässigen Ausschlagswinkel im Auge behalten, da Bindfäden nicht auf Druck belastbar sind.

** Man beachte, dass wir in dieser Gleichung noch nicht explizit Zeitabhängigkeiten an die Vektoren schreiben, das kommt etwas später, wenn die Koordinatensysteme eingeführt werden.

*** Sie entsprechen der im Abschnitt 2.1.2 erwähnten „Mutter aller Koordinatensysteme", die auf die ursprünglichen Zeiger gesetzt wurde, allerdings in 2D.

Basisvektoren, resp. Koordinatensysteme zeitabhängig sind, als solche explizit gekennzeichnet werden. Somit findet man:

$$\boldsymbol{e}_1: \quad m\ddot{x}_1(t) = -S_1(t) + mg\,, \quad \boldsymbol{e}_2: \quad m\ddot{x}_2(t) = -S_2(t)\,. \tag{2.66}$$

In diesen Gleichungen gibt es vier Unbekannte, nämlich $x_1(t)$, $x_2(t)$, $S_1(t)$, $S_2(t)$. Da jedoch die Stange starr ist und die Reaktionskraft $\boldsymbol{S}$ in Achsenrichtung zeigen muss, gilt folgende Nebenbedingung (Ähnlichkeitsbeziehung, die aus Bild 2.6 ersichtlich wird):

$$S_1(t) = \frac{S(t)}{l}x_1(t)\,, \quad S_2(t) = \frac{S(t)}{l}x_2(t)\,. \tag{2.67}$$

Damit verbleiben nurmehr drei Unbekannte, nämlich $x_1(t)$, $x_2(t)$ und der (zeitabhängige) Betrag der Stabkraft $S(t)$. Aber es gibt noch eine Nebenbedingung, denn die Stange hat eine konstante Länge:

$$x_1^2(t) + x_2^2(t) = l^2 \tag{2.68}$$

oder alternativ kann man für die Stabkraft eine analoge Beziehung aufschreiben:

$$S_1^2(t) + S_2^2(t) = S(t)^2 \tag{2.69}$$

Damit hat man drei Gleichungen, zwei Differentialgleichungen zweiter Ordnung in der Zeit, die man noch um jeweils zwei Anfangsbedingungen ergänzt (nämlich $x_i(t=0) = x_{0i}$ und $\dot{x}_i(t=0) = v_{0i}$, $i = 1,2$), und eine algebraische Nebenbedingung (2.68), die man nach der Zeit differenzieren kann. Das Problem wird so gekoppelt nicht-linear, und man muss es numerisch lösen. Man beachte, dass *beide* Koordinaten zeitabhängig sind.

Als Alternative zur Beschreibung im kartesischen Koordinatensystem verwendet der Inertialbeobachter nun für ihn *zeitabhängige* Polareinheitsvektoren $\boldsymbol{e}_r(t)$ und $\boldsymbol{e}_\varphi(t)$ und wechselt von seinen Koordinaten $x_1(t)$ und $x_2(t)$ auf $r(t)$ und $\varphi(t)$, wobei die neuen Koordinaten wieder beide zeitabhängig sind. Immer noch gilt Newton (2.65), wobei diesmal aber*

$$\boldsymbol{x}(t) = l\boldsymbol{e}_r(t)\,, \; \boldsymbol{S}(t) = -S(t)\boldsymbol{e}_r(t)\,, \; m\boldsymbol{g} = mg\cos\varphi(t)\boldsymbol{e}_r(t) - mg\sin\varphi(t)\boldsymbol{e}_\varphi(t)\,. \tag{2.70}$$

Außerdem gilt $\dot{\boldsymbol{e}}_r(t) = \dot{\varphi}(t)\boldsymbol{e}_\varphi(t)$ und $\dot{\boldsymbol{e}}_\varphi(t) = -\dot{\varphi}(t)\boldsymbol{e}_r(t)$. Also folgt:**

$$\dot{\boldsymbol{x}}(t) = l\dot{\varphi}(t)\boldsymbol{e}_\varphi(t) \quad \Rightarrow \quad \ddot{\boldsymbol{x}}(t) = -l\dot{\varphi}^2(t)\boldsymbol{e}_r(t) + l\ddot{\varphi}(t)\boldsymbol{e}_\varphi(t) \tag{2.71}$$

und

$$\boldsymbol{e}_r(t): \quad -ml\dot{\varphi}^2(t) = -S(t) + mg\cos\varphi(t)\,, \quad \boldsymbol{e}_\varphi(t): \quad ml\ddot{\varphi}(t) = -mg\sin\varphi(t)\,. \tag{2.72}$$

* Man beachte, dass wir in der folgenden Gleichung nicht $\boldsymbol{g}(t)$ schreiben, sondern nur $\boldsymbol{g}$. Für den Inertialbeobachter Σ ist die Erdbeschleunigung fest und nicht zeitabhängig. Auf der rechten Seite der Gleichung stehen zwar zeitabhängige Vektoren $\boldsymbol{e}_r(t)$ und $\boldsymbol{e}_\varphi(t)$ aber auch der zeitabhängige Winkel $\varphi(t)$, und diese drei stellen in jedem Zeitpunkt denselben für Σ feststehenden Vektor der Gravitation dar. Demgegenüber ist die Stabkraft $\boldsymbol{S}(t)$ für Σ zeitabhängig und auch als solches gekennzeichnet.

** Den Beschleunigungsanteil $-l\dot{\varphi}(t)^2\boldsymbol{e}_r(t)$ nennt man auch *Zentripetalbeschleunigung*. Denkt man sie sich mit der Masse m multipliziert, so sieht sie (bis auf das Vorzeichen) aus wie die weiter unten eingeführte Zentrifugalkraft $\boldsymbol{F}_z(t) = ml\dot{\varphi}(t)^2\boldsymbol{e}_r(t)$. Wohlgemerkt, sie sieht nur so aus. Sie gehört zum Inertialbeobachter und erzeugt *keine* Trägheitskraft, denn sie stammt aus der Impulsänderung. Die Zentrifugalkraft $\boldsymbol{F}_z$ hingegen ist eine Kraft, die eigentlich zum Freischnitt des Nichtinertialsystembeobachters gehört. Nur dieser hat wirklich das Recht von Schein- oder Trägheitskräften zu sprechen.

Der Vorteil ist, dass man hier nur zwei Unbekannte hat, nämlich $\varphi(t)$ und $S(t)$. Wir schreiben:

$$\ddot{\varphi}(t) = -\omega^2 \sin\varphi(t)\,,\ \omega^2 = \frac{g}{l}\,,\ S(t) = ml\dot{\varphi}^2(t) + mg\cos\varphi(t)\,. \tag{2.73}$$

Die erste (Differential-) Gleichung ist von der dritten Beziehung vollständig entkoppelt. Löst man sie, so kann man durch Einsetzen der Lösung für $\varphi(t)$ die Stabkraft $S(t)$ berechnen. Also ergänzen wir um zwei Anfangsbedingungen $\varphi(t=0) = \varphi_0$ und $\dot{\varphi}(t=0) = \omega_0$ und finden für kleine Auslenkungen:*

$$\begin{aligned} \varphi(t) &= \varphi_0 \cos(\omega t) + \frac{\omega_0}{\omega}\sin(\omega t)\,, \\ S(t) &= mg\left[1 + \varphi_0^2\left(1 - \tfrac{3}{2}\cos^2(\omega t)\right) - 3\varphi_0\frac{\omega_0}{\omega}\sin(\omega t)\cos(\omega t) + \frac{\omega_0^2}{\omega^2}\left(1 - \tfrac{3}{2}\sin^2(\omega t)\right)\right]\,. \end{aligned} \tag{2.74}$$

Man beachte, mit dem Übergang von $(\boldsymbol{e}_1, \boldsymbol{e}_2)$ nach $(\boldsymbol{e}_r(t), \boldsymbol{e}_\varphi(t))$ hat der Inertialbeobachter eine (zeitabhängige) *Koordinatentransformation* durchgeführt. Dies war *keine* Beobachtertransformation. Alles geschah unter der Ägide des einen Inertialbeobachters.

Ferner lässt sich Gleichung (2.72) aus den Beziehungen für das ruhende Koordinatensystem $(\boldsymbol{e}_1, \boldsymbol{e}_2)$ herleiten, wenn man nur beachtet, dass gilt:

$$\frac{x_1(t)}{l} = \cos\varphi(t)\,,\ \frac{x_2(t)}{l} = \sin\varphi(t)\,. \tag{2.75}$$

Beide Formulierungen sind völlig äquivalent.

Übungsaufgabe *Pendelproblem vom Standpunkt des Inertialsystems*

Beweise die Äquivalenz der soeben geschilderten Koordinatensystemswahlen. Zeige außerdem die Gültigkeit von Gleichung (2.74) und versuche Dich an einer Verallgemeinerung auf große Pendelausschläge.

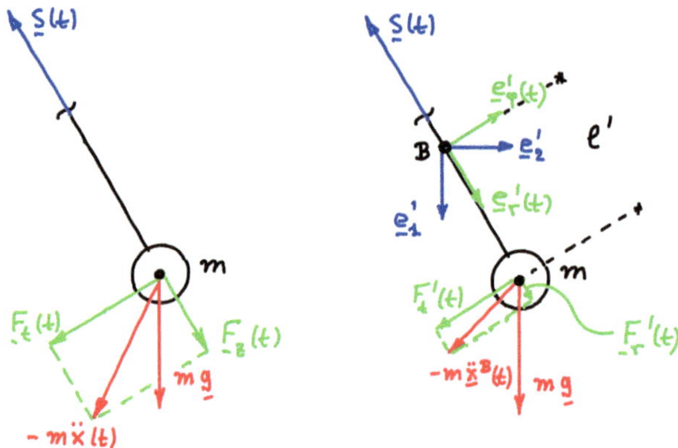

Bild 2.7 Pendelbewegung vom Inertialsystem aus berechnet

* Diese Beschränkung kann man fallen lassen ([Mue2019], S. 495ff). Allerdings kommen dann elliptische Integrale ins Spiel, welche die Lösung unübersichtlich machen. Für die weitere Argumentation ist eine solche Darstellung unnötig.

In Vorbereitung auf den nächsten Abschnitt sollen noch der Begriff *Trägheitskraft* und das *Prinzip von d'Alembert* besprochen werden und zwar in einer Version, wie man sie oft in Lehrbüchern findet:

Niemand wird bezweifeln, dass es sich beim beschriebenen Pendelproblem um einen dynamischen Vorgang handelt. Die Kräfte auf der rechten Seite von Gleichung (2.65) sind *nicht* im Gleichgewicht, sondern sind für die Initiierung einer Bewegung $\boldsymbol{x}(t)$ (linke Seite) verantwortlich. Das ist jedoch nur eine Sichtweise. Man könnte ja auch schreiben:*

$$\boldsymbol{S}(t) + m\boldsymbol{g} - m\ddot{\boldsymbol{x}}(t) = \boldsymbol{0}\,. \tag{2.76}$$

Diese Gleichung sieht aus wie eine Beziehung aus der Statik, wenn man $-m\ddot{\boldsymbol{x}}(t)$ als eine *Kraft* interpretiert. Man nennt sie *d'Alembert'sche Trägheitskraft* oder *Scheinkraft*.** Nota bene: Für Newton ist das keine Kraft, sondern die (negative) zeitliche Änderung des Impulses. Aber für Monsieur Jean-Baptiste le Rond d'Alembert ist es sehr wohl eine Kraft. Er würde auch vorschlagen, den Freischnitt so wie in Bild 2.7 links zu zeichnen: Zu $m\boldsymbol{g}$ und $\boldsymbol{S}(t)$ wird zusätzlich $-m\ddot{\boldsymbol{x}}(t)$ eingetragen und Kräftegleichgewicht wie in der Statik studiert.

Das ist eine neue Philosophie, und da man sich von der Statik unterscheiden will, denn augenscheinlich gibt es ja einen Bewegungsvorgang, spricht man auch von einem *dynamischen Gleichgewicht der Kräfte*. Das auf den ersten Blick irrwitzig anmutende Hinzufügen der d'Alembert'schen Trägheitskraft im Freischnitt mit ihrem negativen Vorzeichen, also irgendwie entgegen der Bewegung gerichtet, wird seine tiefsinnige Bedeutung erst im nächsten Abschnitt erfahren, wenn wir über mitbewegte Beobachter reden. An dieser Stelle handelt es sich beim d'Alembertverfahren um eine *formale* Umformung, deren Vorteil, wenn man ehrlich ist, sich nicht erschließt.

Abschließend halten wir jedoch fest, dass für die d'Alembert'sche Trägheitskraft $-m\ddot{\boldsymbol{x}}(t)$ im vorliegenden Beispiel gilt:

$$-m\ddot{\boldsymbol{x}}(t) = \boldsymbol{F}_{\mathrm{z}}(t) + \boldsymbol{F}_{\mathrm{t}}(t)\,,\quad \boldsymbol{F}_{\mathrm{z}}(t) = ml\dot{\varphi}^2(t)\boldsymbol{e}_r(t)\,,\quad \boldsymbol{F}_{\mathrm{t}}(t) = -ml\ddot{\varphi}(t)\boldsymbol{e}_{\varphi}(t)\,. \tag{2.77}$$

Man nennt $\boldsymbol{F}_{\mathrm{z}}(t)$ *Zentrifugal-* und $\boldsymbol{F}_{\mathrm{t}}(t)$ *Tangential-* oder *Eulerkraft*.

Bevor wir zur Bewegungsbeschreibung im Nichtinertialsystem kommen, soll noch ein letzter Koordinatenssystemswechsel durch den Inertialsystemsbeobachter durchgeführt werden: Bild 2.7 rechts. Es wird hierzu ein Punkt B auf dem freigeschnittenen Stabende gewählt und dorthinein die Koordinatensysteme $\boldsymbol{e}'_1$ und $\boldsymbol{e}'_2$ bzw. $\boldsymbol{e}'_r(t)$ und $\boldsymbol{e}'_{\varphi}(t)$ gesetzt. Dabei soll $\boldsymbol{e}'_1$ immer in Richtung der Gravitation zeigen. Wenn man so will, sind die rechtwinkeligen Basisvektoren $\boldsymbol{e}'_1$ und $\boldsymbol{e}'_2$ in ein Gelenk in B gehängt, wohingegen $\boldsymbol{e}'_r(t)$ und $\boldsymbol{e}'_{\varphi}(t)$ am Stabende fest montiert wurden. In der Tat sind $\boldsymbol{e}'_1$ und $\boldsymbol{e}'_2$ gleichwertig zu $\boldsymbol{e}_1$ und $\boldsymbol{e}_2$ und $\boldsymbol{e}'_r(t)$ und $\boldsymbol{e}'_{\varphi}(t)$ gleichwertig zu $\boldsymbol{e}_r(t)$ und $\boldsymbol{e}_{\varphi}(t)$, nur stellt sich der Inertialsystemsbeobachter Σ jetzt das Ziel, die Bewegung der Masse m vom Punkte B aus zu erfassen. Er muss also *vorgeben*, wie sich der Punkt B in Bezug auf A bewegt, so dass die Bewegung der Basisvektoren $\boldsymbol{e}'_1$ und $\boldsymbol{e}'_2$ bzw. $\boldsymbol{e}'_r(t)$ und $\boldsymbol{e}'_{\varphi}(t)$ festliegt. Das muss so sein, ansonsten macht dieser (bewegte) Koordinatensystemswechsel keinen Sinn: Die zugehörige Kinematik muss bekannt sein! Die Bewegung von B ist dabei gegeben durch:

$$\boldsymbol{x}^{\mathrm{B}}(t) = (l-l')\cos\varphi(t)\boldsymbol{e}_1 + (l-l')\sin\varphi(t)\boldsymbol{e}_2(t) \equiv (l-l')\cos\varphi(t)\boldsymbol{e}'_1 + (l-l')\sin\varphi(t)\boldsymbol{e}'_2 \tag{2.78}$$

* Die Zeitabhängigkeiten sind in Bezug auf die ursprünglichen Basisvektoren des Inertialbeobachters also auf $\boldsymbol{e}_1$ und $\boldsymbol{e}_2$ zu verstehen.

** Schlampige Mechaniker nennen manchmal auch $m\ddot{\boldsymbol{x}}$ (ohne Minuszeichen) eine Trägheitskraft.

oder

$$\boldsymbol{x}^{\mathrm{B}}(t) = (l - l')\boldsymbol{e}_r(t) \equiv (l - l')\boldsymbol{e}'_r(t) \quad \text{wobei} \quad \boldsymbol{e}'_r(t) = \cos\varphi(t)\boldsymbol{e}'_1 + \sin\varphi(t)\boldsymbol{e}'_2\,, \tag{2.79}$$

wobei für $\varphi(t)$ die Lösung aus Gleichung $(2.74)_1$ zu verwenden ist. Aus offensichtlichem Grund spricht man in diesem Zusammenhang auch von einer *geführten Bewegung*. Man beachte, dass:

$$\dot{\boldsymbol{e}}'_r(t) = \dot{\varphi}(t)\boldsymbol{e}'_\varphi(t)\,,\ \dot{\boldsymbol{e}}'_\varphi(t) = -\dot{\varphi}(t)\boldsymbol{e}'_r(t) \quad \Rightarrow \quad \ddot{\boldsymbol{x}}^{\mathrm{B}}(t) = -(l-l')\dot{\varphi}^2(t)\boldsymbol{e}'_r(t) + (l-l')\ddot{\varphi}(t)\boldsymbol{e}'_\varphi(t)\,. \tag{2.80}$$

Weiterhin gilt:

$$\boldsymbol{x}(t) = \boldsymbol{x}^{\mathrm{B}}(t) + \boldsymbol{x}'(t)\,,\ \boldsymbol{x}'(t) = l'\boldsymbol{e}'_r(t) \quad \Rightarrow \quad m\ddot{\boldsymbol{x}}'(t) = -m\ddot{\boldsymbol{x}}^{\mathrm{B}}(t) + \boldsymbol{S}(t) + m\boldsymbol{g}\,. \tag{2.81}$$

Dabei wurde von Gleichung (2.65) Gebrauch gemacht. Alles muss nun in $\boldsymbol{e}'_1$ und $\boldsymbol{e}'_2$ bzw. in $\boldsymbol{e}'_r(t)$ und $\boldsymbol{e}'_\varphi(t)$ ausgedrückt werden, denn die Bewegung soll ja vom Punkte B aus erfasst werden. Für die noch nicht derart dargestellten Größen schreiben wir:

$$\ddot{\boldsymbol{x}}'(t) = -l'\dot{\varphi}^2(t)\boldsymbol{e}'_r(t) + l'\ddot{\varphi}(t)\boldsymbol{e}'_\varphi(t)\,,\ \boldsymbol{S}(t) = -S(t)\boldsymbol{e}'_r(t)\,,\ m\boldsymbol{g} = mg\boldsymbol{e}'_1 \tag{2.82}$$

oder aufgrund von $\boldsymbol{e}'_1 = \cos\varphi(t)\boldsymbol{e}'_r(t) - \cos\varphi(t)\boldsymbol{e}'_\varphi(t)$ auch

$$m\boldsymbol{g} = mg\cos\varphi(t)\boldsymbol{e}'_r(t) - mg\sin\varphi(t)\boldsymbol{e}'_\varphi(t)\,. \tag{2.83}$$

Somit also:

$$\begin{aligned} \boldsymbol{e}'_r(t):&\quad -ml'\dot{\varphi}^2(t) = m(l - l')\dot{\varphi}^2(t) - S(t) + mg\cos\varphi(t)\,,\\ \boldsymbol{e}'_\varphi(t):&\quad ml'\ddot{\varphi}(t) = -m(l - l')\ddot{\varphi}(t) - mg\sin\varphi(t)\,. \end{aligned} \tag{2.84}$$

De facto erhält der Inertialbeobachter also wieder die bereits bekannten Beziehungen (2.72), auch wenn er vom Punkte B aus arbeitet. Alles andere wäre seltsam, denn die Wahl des Koordinatensystems darf das Endergebnis nicht beeinflussen. Man beachte, dass die Gleichung $(2.81)_2$ auf dem rechts in Bild 2.7 eingezeichneten Freischnitt des unteren Stabes beruht. Sie ist eine Art Mix aus Newton und d'Alembert, denn mit etwas gutem Willen mag man $-m\ddot{\boldsymbol{x}}^{\mathrm{B}}(t)$ als d'Alembert'sche Trägheitskraft deuten. Wenn man will, kann man auch noch in einen Zentrifugal- und Tangentialanteil aufspalten:

$$-m\ddot{\boldsymbol{x}}^{\mathrm{B}}(t) = \boldsymbol{F}'_{\mathrm{z}}(t) + \boldsymbol{F}'_{\mathrm{t}}(t) \quad \text{mit} \quad \boldsymbol{F}'_{\mathrm{z}}(t) = m(l-l')\dot{\varphi}^2(t)\boldsymbol{e}'_r(t)\,,\ \boldsymbol{F}'_{\mathrm{t}}(t) = -m(l-l')\ddot{\varphi}(t)\boldsymbol{e}'_\varphi(t)\,. \tag{2.85}$$

Beide sind im Freischnitt eingezeichnet, und sie werden uns noch im nächsten Abschnitt nützlich sein.

2.3.3 Bezugssystemswechsel

Nun betrachten wir den Freischnitt in Bild 2.8. Wir setzen einen *mitbewegten* Beobachter Σ' auf einen Punkt B des freigeschnittenen Pendelstücks. Wenn man mag, darf man sich ein masseloses Männchen vorstellen, das den (starren) Stab umklammert. Das ist natürlich mit einem Korn Salz zu versehen, denn der Beobachter ist ein mathematisches Punktobjekt, aber zur Veranschaulichung ist es dienlich.

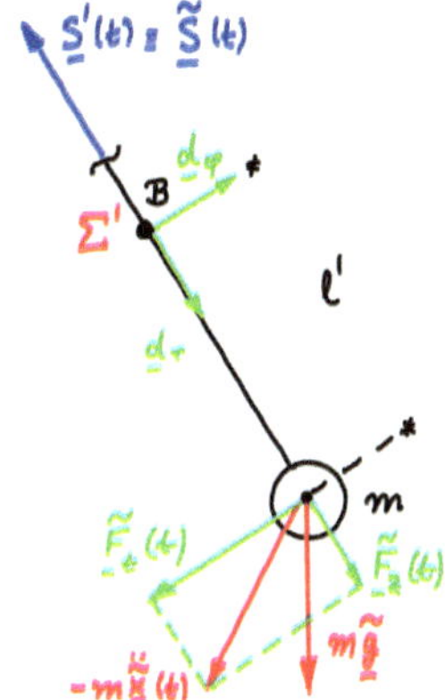

Bild 2.8 Pendelbewegung vom Nichtinertialsystem gesehen

Dieser mitbewegte Beobachter glaubt natürlich nicht, dass er sich bewegt und die Punktmasse m ist relativ zu ihm ebenfalls in Ruhe, denn sie hat für ihn immer denselben Abstand l'. Für ihn bewegt sich die Welt unter ihm durch: Schwingt das Pendel vom Inertialsystemsbeobachter aus gesehen nach rechts, so meint der mitbewegte Beobachter, alles bewegt sich unter ihm nach links und umgekehrt. Wir nennen ihn den *Nichtinertialsystemsbeobachter*, und ehrlicherweise müsste man zugeben: Es gibt eigentlich nur Nichtinertialsystemsbeobachter, denn der Zustand absoluter Ruhe ist reine Phantasie und wird durch die Realität nicht untermauert. Die Situation ist ein wenig so wie vor Kopernikus: Sonne, Mond und Sterne bewegen sich doch bestimmt um uns – die ruhende Erde im Schoße des Schöpfers – herum. Es kann ja gar nicht anders sein, denn schließlich sind wir Erdmenschen ja vom Allerhöchsten ausersehen, den Kosmos zu beherrschen, und selbstverständlich ruhen wir im Mittelpunkt, was denn sonst? Vanitas vanitatum et omnia vanitas!

Der Nichtinertialsystemsbeobachter wählt auch ein Koordinatensystem, gegeben durch die Einheitsvektoren $\boldsymbol{d}_r$ und $\boldsymbol{d}_\varphi$ wie gezeichnet.* Wichtig ist zu realisieren, dass diese beiden Einheitsvektoren *zeitunabhängig* sind. Genau genommen bezieht sich das auf die Uhr des Nichtinertialsystemsbeobachter, aber das Fass, wonach es keine Newton'sche Weltzeit gibt, genauso wie Newtons absolut ruhender Raum eine Illusion ist, werden wir an dieser Stelle nicht anzapfen. Die Zeit ist hier bei allen Beobachtern gleich, $t = t'$.

An dieser Stelle sollte man spätestens begreifen, dass es sich hier um eine völlig andere Situation und Sichtweise als in Bild 2.6 und 2.7 (beide Male rechts) handelt: Die Vektoren $\boldsymbol{e}_r(t)$ und $\boldsymbol{e}_\varphi(t)$ bzw. ihre Äquivalente $\boldsymbol{e}'_r(t)$ und $\boldsymbol{e}'_\varphi(t)$ waren *zeitabhängig*!**

Der Abstandsvektor vom Sitz B des Beobachters Σ' bis zum Massenpunkt ist gegeben durch $\tilde{x}' = l'\boldsymbol{d}_r$. Und dieser Abstandsvektor ändert sich nicht (starrer Stabanteil l' und „ruhender" Einheitsvektor $\boldsymbol{d}_r$)! Er ist vom Standpunkt des mitbewegten Beobachters *nicht* zeitabhängig. Also ist auch seine zweite Zeitableitung Null, und mithin verschwindet auch die linke Seite $m\ddot{\tilde{x}}'$ der Newton'schen Grundgleichung, an die der Nichtinertialsystemsbeobachter natürlich glaubt, wieso auch nicht?

* In Abschnitt 2.4 werden wir sie aus Gründen der Summenkonvention $\boldsymbol{d}_1$ und $\boldsymbol{d}_2$ nennen. Ein dritter Basisvektor $\boldsymbol{d}_3$ weist dann senkrecht aus der Zeichenebene hinaus.

** eigentlich in Bezug auf die Uhr und Zeit des Inertialbeobachters Σ

Warum wurde auf diesen Vektor eine Tilde gesetzt? Die Antwort ist wie folgt: In Gleichung $(2.81)_2$ trat bereits der (zeitabhängige) Inertialsystemsvektor $\boldsymbol{x}'(t)$ auf. $\tilde{\boldsymbol{x}}'$ ist das sogenannte *Bild*, das sich der Beobachter Σ' von ihm macht. Wir wollen folgendes vereinbaren: Wann immer Σ' Bilder von Objekten des Beobachters Σ erzeugt, setzen wir über das Symbol eine Tilde.* Wir hätten also schreiben können $\boldsymbol{d}_r = \tilde{\boldsymbol{e}}'_r$ und $\boldsymbol{d}_\varphi = \tilde{\boldsymbol{e}}'_\varphi$. Allerdings wird man bei zu vielen Tildegrößen und Strichen in einer Gleichung leicht meschugge, und daher haben wir für die initialen Basisvektoren des Nichtinertialbeobachters neue Symbole spendiert, eben $\boldsymbol{d}_r$ und $\boldsymbol{d}_\varphi$.**

Nun schauen wir uns die Kräfte, also die rechte Seite der Newton'schen Grundgleichung genauer an. Selbstverständlich trägt Σ' vom freigeschnittenen Stabende eine (von ihm wegweisende) Stabkraft $\boldsymbol{S}'(t) = -S'(t)\boldsymbol{d}_r$ an, und wieder notieren wir akribisch alle Zeitabhängigkeiten und kennzeichnen sie explizit als solche. Man beachte, dass $\boldsymbol{S}'(t)$ das Bild der Inertialsystemskraft $\boldsymbol{S}(t)$ ist. Somit gilt $\boldsymbol{S}'(t) = \tilde{\boldsymbol{S}}(t)$, und das zeigt, dass Bilder nicht immer zeitunabhängig sind.

Bild 2.9 Freunde der Trägheit: Jean-Baptiste le Rond d'Alembert (1717–1783), Ernst Waldfried Josef Wenzel Mach (1838–1916), Albert Einstein (1879–1955)

Da der mitbewegte Beobachter glaubt, sich nicht zu bewegen und die Masse m, die er sieht, ebenfalls nicht, muss er annehmen, dass er ein *statisches* Problem untersucht, und er formuliert ein Kräftegleichgewicht dergestalt, dass

$$\boldsymbol{0} = \boldsymbol{S}'(t) + \boldsymbol{F}'_m(t)\,. \tag{2.86}$$

$\boldsymbol{F}'_m(t)$ ist eine auf die Masse m wirkende Kraft. Aber wie groß ist diese? Offenbar ist sie gleich $-\boldsymbol{S}'(t)$, und der derzeit einzige Weg, sie wirklich zu quantifizieren, ist eine instantan reagierende Hooke'sche Feder in den Stab zu integrieren und sie dadurch zu bestimmen, dass man mit der Feder den Betrag $S'(t)$ kontinuierlich in der Zeit misst (die Richtung der Kraft kennt man ja).

Der Nichtinertialsystemsbeobachter könnte die Kraft $\boldsymbol{F}'_m(t)$ aber auch anders interpretieren, nämlich als „Gravitationskraft“, denn irgendetwas zieht an der Masse, so wie die Erde an uns zieht. Diese „Gravitation“ jedoch erscheint dem Beobachter Σ' sehr seltsam. Er weiß nämlich, dass die Gravitation auf der Erde zwar je nach Koordinatensystem unterschiedlich geneigt sein

* Diese Tilde darf nicht mit der Kennzeichnung von Feldern in Lagrange'scher Schreibweise – etwa $\rho = \tilde{\rho}(\boldsymbol{X}, t)$ – aus Abschnitt 2.1.6 verwechselt werden.

** Auch diese sind auf die Zeiger des Inertialbeobachters draufgesetzt, vgl. hierzu Abschnitt 2.1.2.

kann, aber ihr Betrag g ist immer konstant. Der Betrag von $\boldsymbol{F}'_m(t)$ – also $S'(t)$ – ist es nicht, er ändert sich zeitlich.

Nun bittet Σ' den Inertialsystemsbeobachter Σ um Hilfe. Er soll ihm sagen, wie sich die Gravitationskraft der Erde auf die Masse m nach Betrag und Richtung verhält. Dessen Antwort lautet (vgl. Gleichung (2.70)$_3$) $m\boldsymbol{g} = mg\cos\varphi(t)\boldsymbol{e}_r(t) - mg\sin\varphi(t)\boldsymbol{e}_\varphi(t)$. Davon macht sich Σ' ein *Bild* und schreibt:

$$m\tilde{\boldsymbol{g}}(t) = mg\cos\varphi(t)\boldsymbol{d}_r - mg\sin\varphi(t)\boldsymbol{d}_\varphi\,. \tag{2.87}$$

Man beachte, dass wir $\tilde{\boldsymbol{g}}(t)$ geschrieben haben, denn für Σ' zeigt die Gravitation dauernd in eine andere Richtung. An dieser Stelle sollte man nochmals genauer erklären, wie man sich ein Bild eines Vektors bei Beobachterwechsel $\Sigma \to \Sigma'$ macht:

Goldene Regel beim Beobachterwechsel

Um einen Vektor des Beobachters Σ für den Beobachter Σ' „sichtbar“ zu machen, d. h. sein *Bild* zu erzeugen, behalte man die Komponenten des Vektors aus der Σ-Darstellung bei, aber drehe die Basisvektoren $\boldsymbol{d}_i$ von Σ' auf die Basisvektoren $\boldsymbol{e}_i$ von Σ.

Diese goldene Regel werden wir weiter unten untermauern. An dieser Stelle genügt es zu sagen, dass eine Drehung der Basis im vorliegenden Fall entfällt, da $\boldsymbol{e}_r(t)$ und $\boldsymbol{e}_\varphi(t)$ in die Richtung von $\boldsymbol{d}_r$ und $\boldsymbol{d}_\varphi$ zeigen.*

Es zeigt sich jedoch, dass $m\tilde{\boldsymbol{g}}(t)$ nicht ausreicht, um für den Beobachter Σ' seine Stabkraft $\boldsymbol{S}'(t)$ im Kräftegleichgewicht zu halten. „Ganz klar!“, sagt der Inertialbeobachter Σ, „Du musst noch die d'Alembert'sche Trägheitskraft $-m\ddot{\boldsymbol{x}}(t)$ auf $-m\ddot{\tilde{\boldsymbol{x}}}(t)$ abbilden, um Deine „Gravitation“ vollständig zu erfassen!“** Somit schreibt Σ' (vgl. Gleichung (2.77)) sein Kräftegleichgewicht wie folgt:

$$\boldsymbol{0} = \tilde{\boldsymbol{S}}(t) + m\tilde{\boldsymbol{g}}(t) + \tilde{\boldsymbol{F}}_\mathrm{Z}(t) + \tilde{\boldsymbol{F}}_\mathrm{t}(t) \quad \text{mit} \quad \tilde{\boldsymbol{F}}_\mathrm{Z}(t) = ml\dot{\varphi}^2(t)\boldsymbol{d}_r\,,\; \tilde{\boldsymbol{F}}_\mathrm{t}(t) = -ml\ddot{\varphi}(t)\boldsymbol{d}_\varphi\,. \tag{2.88}$$

Zerlegung in Komponenten ergibt:

$$\boldsymbol{d}_r: \quad -\tilde{S}(t) + ml\dot{\varphi}^2(t) + mg\cos\varphi(t) = 0\,,\; \boldsymbol{d}_\varphi: \quad -ml\ddot{\varphi}(t) - mg\sin\varphi(t) = 0\,. \tag{2.89}$$

Wir fassen zusammen: Für den mitbewegten Nichtinertialsystemsbeobachter Σ' ist die Vektorsumme aller Kräfte gleich Null, wenn er zum Bild der wahren, eingeprägten Gravitationskraft und seiner Freischnittkraft (Stabkraft) noch die Bilder der *Trägheitskräfte* – auch *Scheinkräfte****** (*fictitious forces*) genannt – an den Freischnitt zeichnet: Bild 2.8.

* Ganz eifrige Kopernikaner werden bemerken, dass an die Masse m und auch an g kein Strich oder Tilde gesetzt wurden. Aber die Masse und der Betrag der Schwerkraft sind in der klassischen Physik für alle Beobachter gleich. $\varphi(t)$ trägt auch keinen Strich bzw. Tilde. Das ist ein wenig schlampig, denn es handelt sich um den Bildwinkel $\tilde{\varphi}(t)$, wie er sich für den Nichtinertialbeobachter aus $\varphi(t)$ ergibt, der ihn ja gegen das Lot der Außenwelt messen muss. Es gilt aber $\varphi(t) = \varphi'(t') = \tilde{\varphi}(t')$ mit $t = t'$.

** Der Kontinuumsmechaniker würde bei Trägheitskräften einfach von Volumenkräften reden, aber Gravitation klingt viel aufregender, wie auch Ernst Mach dachte. Wir empfehlen, diesen Herrn zu googeln und nach seinem Prinzip Ausschau zu halten, mit dem er die Existenz der Trägheitskräfte aus der Gravitationswirkung der fernen Massen im Universum *begründet*.

*** Das Adjektiv „Schein“ ist auch irreführend. Diese Kräfte sind real, wie jedes Autounfallopfer nur allzu gerne bezeugen wird!

Erst jetzt hat der Nichtinertialbeobachter Σ' sein Ziel erreicht, denn die Stabkraft $\boldsymbol{S}'(t)$ durch Messung zu bestimmen, war nur eine gedankliche Krücke, um die Eigentümlichkeiten des Beobachterwechsels zu ergründen. Das wahre Ziel aller Beobachter besteht darin, Bewegung und Kräfte aus Gleichungen unter Beteiligung möglichst weniger (Mess-) Parameter (hier g und l, resp. l') *vorherzusagen.*

Formal ergeben sich also genau dieselben Differentialgleichungen (vgl. Gleichung (2.72)) – und damit dieselbe Lösung – wie beim Inertialbeobachter, wenn wir noch sagen, dass $\tilde{S}(t) = S(t)$, die Stabkraft also bezugssystemsunabhängig *dieselbe* Funktion ist. Wie sollte es auch anders sein, möchte man denken: Die Stabkraft ist von der Stabmaterie zu halten, und das Material weiß nichts von Beobachtern.

In der Tat ist diese Erkenntnis ein Abklatsch des *Prinzips der materiellen Objektivität,* wie es von Truesdell ausgesprochen wurde, denn die Stabkraft führt zu mechanischen Spannungen im Stab, und Spannungen sind euklidisch objektive Tensoren 2. Stufe mit vom Beobachter unabhängiger Materialfunktionsabhängigkeit oder simpel gesagt beobachterunabhängige Größen, wie wir im Abschnitt 3.6 lernen werden.

Es sei aber auch darauf hingewiesen, dass die Gleichheit $\tilde{S}(t) = S(t)$ sich einfach ergibt, wenn wir für das Bild von $\boldsymbol{S}(t) = S(t)\boldsymbol{e}_r(t)$ nach der goldenen Regel schreiben:

$$\tilde{\boldsymbol{S}}(t) = S(t)\boldsymbol{d}_r\,. \tag{2.90}$$

An dieser Stelle sind weitere Bemerkungen nötig:

- Im gewählten Beispiel zeigte sich das d'Alembertprinzip in seiner ganzen Tiefe: Der mitbewegte Beobachter konnte die Differentialgleichungen der (relativen) Bewegung nur gewinnen, indem er Bilder der d'Alembert'schen Trägheitskräfte in seine Analyse mit aufnahm. Und diese war im Sinne statischen Kräftegleichgewichts, so wie es das d'Alembertprinzip erstrebt. Allerdings war $\ddot{\boldsymbol{x}}'$ nur deshalb Null, weil wir den Stab als starr angenommen haben. Wäre an seiner Stelle eine radial geführte Hooke'sche Feder angebracht gewesen oder wäre er aus einem leicht deformierbaren Material gemacht (nahezu masseloses Gummiband), so hätte der Inertialbeobachter einen Beitrag $\ddot{r}'(t)\boldsymbol{d}_r \neq \boldsymbol{0}$ zu berücksichtigen, wobei $r'(t)$ die Rolle von l' einnimmt, nämlich den dann zeitlich veränderlichen Abstand vom Sitz B des Beobachters Σ' bis hin zum Massenpunkt m. Auch die Bilder der d'Alembert'schen Trägheitskräfte müsste man abändern und sogar ergänzen.
- Und schon wäre das d'Alembert'sche Prinzip in der einfachen von *Starrkörper*dynamikern geliebten Form perdu: die Summe *aller* Kräfte wäre nicht mehr Null. Aber eine Hooke'sche Feder ist eben strenggenommen kein Starrkörper und ein Gummiband schon gar nicht.
- Aber so schnell geben d'Alembert-Afficionados nicht auf! Sie wissen, dass – eine radiale Führung vorausgesetzt – für den deformierbaren Stab im Inertialsystem $\boldsymbol{x}(t) = r(t)\boldsymbol{e}_r(t)$ zu schreiben ist. Dabei ist $r(t)$ der zeitlich veränderliche Abstand von A zu m. In 2D folgt dann $\ddot{\boldsymbol{x}}(t) = \big(\ddot{r}(t) - r(t)\dot{\varphi}^2(t)\big)\boldsymbol{e}_r(t) + \big(2\dot{r}(t)\dot{\varphi}(t) + r(t)\ddot{\varphi}(t)\big)\boldsymbol{e}_\varphi(t)$. Nun kommt das erweiterte d'Alembertprinzip in 2D: Im Freischnitt des Inertialbeobachters werden neben $\boldsymbol{F}_r(t) = mr(t)\dot{\varphi}^2(t)\boldsymbol{e}_r$ und $\boldsymbol{F}_t(t) = -mr(t)\ddot{\varphi}(t)\boldsymbol{e}_\varphi$* zusätzlich noch eingezeichnet: $-m\ddot{r}(t)\boldsymbol{e}_r$ – die *Trägheitskraft der relativen Translation* – und $-2m\dot{r}(t)\dot{\varphi}(t)\boldsymbol{e}_\varphi$ – die Trägheitskraft nach *Coriolis.* Und dann herrscht doch wieder dynamisches Gleichgewicht: Die Summe *aller* Kräfte ist Null und die Dynamik wurde quasi auf den Fall der Statik reduziert.

* Man beachte, dass in beiden Trägheitskräften $r(t)$ anstelle von l steht wie noch in Gleichung (2.77).

- Der Nichtinertialbeobachter muss in diesem Fall $\tilde{\boldsymbol{F}}_r(t) = mr(t)\dot{\varphi}^2(t)\boldsymbol{d}_r$ und $\tilde{\boldsymbol{F}}_t(t) = -mr(t)\ddot{\varphi}(t)\boldsymbol{d}_\varphi$ einzeichnen, wobei er bereits berücksichtigt hat, dass $\tilde{r}(t) = r(t)$ gilt. Und zusätzlich kommen folgende zwei Bildkräfte hinzu: $-m\ddot{r}(t)\boldsymbol{d}_r$ und $-2m\dot{r}(t)\dot{\varphi}(t)\boldsymbol{d}_\varphi$. Aber Achtung: Das ist nur dann so, wenn Σ' den Punkt B in den Schwerpunkt, also in das Zentrum der Punktmasse m, setzt.

Übungsaufgabe *Bonusfrage*

Zeige, dass im Falle zeitveränderlichen $r(t)$'s in dimensionsloser Schreibweise gilt:

$$\begin{aligned}
&\overset{\circ\circ}{x}(\tilde{t}) - x(\tilde{t})\overset{\circ}{\varphi}{}^2(\tilde{t}) = -\alpha\left(x(\tilde{t}) - 1\right) + \cos\varphi(\tilde{t}), \\
&2\overset{\circ}{x}(\tilde{t})\overset{\circ}{\varphi}(\tilde{t}) + x(\tilde{t})\overset{\circ\circ}{\varphi}(\tilde{t}) = -\sin\varphi(\tilde{t}), \\
&\tilde{t} = \omega\, t,\ \omega^2 = \frac{g}{l},\ x(t) = \frac{r(t)}{l},\ S(t) = c\big(r(t) - l\big),\ \alpha = \frac{c/m}{\omega^2}.
\end{aligned} \tag{2.91}$$

Der Kreis indiziert Differentiation nach der dimensionslosen Zeit $\tilde{t}$. Außerdem wurde, wie man an der Federsteifigkeit c sieht, der vormals starre Stab durch eine masselose Hooke'sche Feder ersetzt.

Löse das gekoppelte System numerisch wie beispielhaft in Bild 2.10 gezeigt, diskutiere das Ergebnis und studiere die Wirkung des positiven Parameters α. Mit welchem α gelingt der Übergang zum starren Stab?

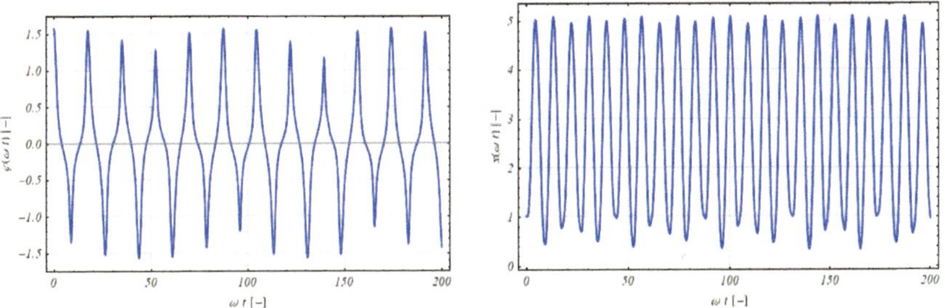

Bild 2.10 Numerische Lösung des Systems aus Gleichung (2.91) mit $\alpha = 0.6$, $x(0) = 1$, $\varphi(0) = \frac{\pi}{2}$, $\dot{x}(0) = \dot{\varphi}(0) = 0$

Wie muss man argumentieren, wenn Σ' darauf besteht, B nicht in m zu setzen?

- Es ist angebracht zu sagen, dass die d'Alembert-Dynamiker nie vom Bezugssystemswechsel reden, sondern einfach ohne Erklärung schreiben:

$$m\boldsymbol{a} = \sum_i \boldsymbol{F}_i \quad \Rightarrow \quad \sum_i \boldsymbol{F}_i - m\boldsymbol{a} = \boldsymbol{0}, \tag{2.92}$$

und das ist eine Trivialität, auch wenn man $-m\boldsymbol{a}$ Trägheitskraft nennt. Der tiefere Sinn dieser Umformung erschließt sich nur dann, wenn eine Transformation auf einen mitbewegten Beobachter durchgeführt wird, der im Spezialfall starrer Anbindung das Recht hat, zu behaupten, im statischen Gleichgewicht zu sein: Gleichung (2.86) und (2.88). Und das sollte hier einmal klar herausgestellt werden, denn sonst wird d'Alembert unter Beachtung aller Trägheitskräfte und Vorzeichen ewig weiter im Grabe rotieren! Und wie die Erweiterung in der klassischen *dreidimensionalen* Mechanik und bei kontinuierlich deformierbaren Materie geht, das werden wir noch sehen.

- Aus dem Gesagten ergibt sich gefühlsmäßig, dass Trägheit und Gravitation wesensgleich sind. Einen Vorschlag zu ihrer Vereinigung lieferte Albert Einstein im Rahmen seiner Allgemeinen Relativitätstheorie der Gravitation.

Übungsaufgabe *Der freie Fall*

Untersuche zuerst den freien Fall vom Standpunkt des Inertialsystemsbeobachter Σ (vgl. Bild 2.11, links). Leite die folgende (Bewegungs-) Vektorgleichungen

$$m\ddot{\boldsymbol{x}} = m\boldsymbol{g}\,,\quad \boldsymbol{x} = x_1(t)\boldsymbol{e}_1\,,\quad \boldsymbol{g} = g\boldsymbol{e}_1 \tag{2.93}$$

sowie die Lösungen

$$\dot{x}_1(t) = gt + v_{1,0}\,,\quad x_1(t) = \frac{g}{2}t^2 + v_{1,0}t + x_{1,0} \tag{2.94}$$

her.

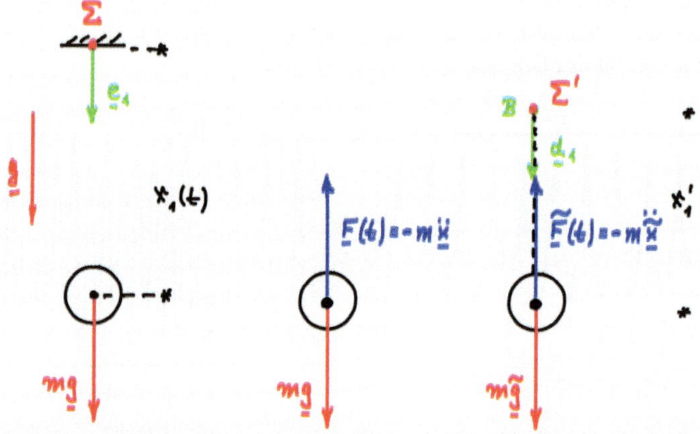

Bild 2.11 Freier Fall

Erläutere nun den Freischnitt nach d'Alembert im Inertialsystem (Bild 2.11, Mitte) und begründe die Vektorbeziehungen

$$m\boldsymbol{g} + \boldsymbol{F}(t) = \boldsymbol{0}\,,\quad \boldsymbol{F}(t) = -m\ddot{\boldsymbol{x}}(t) \equiv -m\ddot{x}_1(t)\boldsymbol{e}_1\,. \tag{2.95}$$

Studiere schließlich den freien Fall vom Standpunkt des mitbewegten Beobachters Σ' in Bild 2.11 (rechts). Beachte, dass dieser im festen Abstand x_1' in einem fiktiven Punkt B „angebracht" ist (an einer gestrichelt dargestellten, masselosen Stange) und mitfällt, so dass $\boldsymbol{x}' = x_1'\boldsymbol{d}_1$ gilt. Erläutere, dass der Nichtinertialsystemsbeobachter glauben muss, dass er völlig kräftefrei ist, d. h. (ohne Bilder der Gewichtskraft und der d'Alembertkräfte) gilt:

$$m\ddot{\boldsymbol{x}}' = \boldsymbol{0} \quad \Rightarrow \quad \boldsymbol{0} = \boldsymbol{0}\,, \tag{2.96}$$

die Newton'sche Gleichung für den mitbewegten Beobachter also eine (triviale) Identität ist. Zusatzfrage: Stünde der mitbewegte Beobachter auf einer Waage, was würde diese anzeigen?
Erkläre nun die Bilder der Trägheits- und der Gewichtskraft in Bild 2.11 (rechts) und weise mit der goldenen Regel nach, dass:

$$\tilde{\boldsymbol{F}} = -m\ddot{x}_1(t)\boldsymbol{d}_1\,, \quad m\tilde{\boldsymbol{g}} = g\boldsymbol{d}_1\,. \tag{2.97}$$

Begründe, dass der Zustand „gefühlter Ruhe" des bewegten Beobachters auch durch das d'Alembert'sche Kräftegleichgewicht $m\tilde{\boldsymbol{g}} + \tilde{\boldsymbol{F}} = \boldsymbol{0}$ beschreibbar ist. Zeige damit, dass auch der mitbewegte Beobachter die Bewegungsgleichung $\ddot{x}_1(t) = g$ erhält.

2.3.4 Koordinaten- und Beobachterwechsel im Nichtinertialsystem

Im Folgenden werden zwei Transformationen im Nichtinertialsystem aus Abschnitt 2.3.3 durchgeführt, ein Koordinatenwechsel in Bezug auf den alten Inertialbeobachter Σ' sowie eine völlige Beobachterneudefinition im Nichtinertialsystem mit einem Beobachter Σ''. In Bild 2.12 ist der Freischnitt für den ersten Fall links zu sehen: Der an den starren Stab gefesselte Beobachter Σ' wechselt von der für ihn ruhenden Basis $\boldsymbol{d}_r, \boldsymbol{d}_\varphi$ (siehe Bild 2.8) auf eine sich gegenüber ihm im Uhrzeigersinn drehende Basis $\boldsymbol{d}_1(t), \boldsymbol{d}_2(t)$, wenn wir annehmen, dass das Pendel (im Inertialsystem gesehen) nach rechts schwingt. Die Bewegung dieser neuen zeitabhängigen Basis sei dergestalt, dass $\boldsymbol{d}_1(t)$ stets in Richtung des Bildes der Gravitationskraft $m\tilde{\boldsymbol{g}}(t)$ zeigt, also gilt:

$$m\tilde{\boldsymbol{g}}(t) = mg\boldsymbol{d}_1(t)\,. \tag{2.98}$$

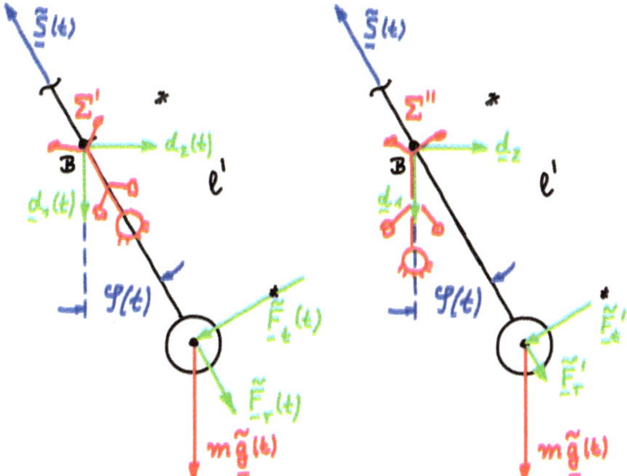

Bild 2.12 Koordinaten- und Beobachterwechsel (Strichmännchen) im Nichtinertialsystem

Man beachte, dass $\boldsymbol{d}_1(t), \boldsymbol{d}_2(t)$ zu jedem Zeitpunkt mit der Inertialsystemsbasis $\boldsymbol{e}_1, \boldsymbol{e}_2$ (siehe Bild 2.6) übereinstimmt. Für den Nichtinertialsystemsbeobachter sind es *zeitabhängige* Bilder:

$\boldsymbol{d}_1(t) = \tilde{\boldsymbol{e}}_1(t)$ und $\boldsymbol{d}_2(t) = \tilde{\boldsymbol{e}}_2(t)$. Zum tieferen Verständnis: Für den Inertialsystemsbeobachter sind $\tilde{\boldsymbol{d}}_1$ und $\tilde{\boldsymbol{d}}_2$ die Bilder zu $\tilde{\boldsymbol{e}}_1$ und $\tilde{\boldsymbol{e}}_2$. *Beide* Sets sind für ihn jedoch *zeitunabhängig*.

Der Nichtinertialsystemsbeobachter notiert einen Mix aus Newton und d'Alembert mithilfe von Bildkräften:

$$m\ddot{\tilde{\boldsymbol{x}}}'(t) = \tilde{\boldsymbol{S}}(t) + m\tilde{\boldsymbol{g}}(t) + \tilde{\boldsymbol{F}}_\mathrm{t}(t) + \tilde{\boldsymbol{F}}_\mathrm{z}(t)\,. \tag{2.99}$$

Man beachte, dass im Unterschied zu Gleichung (2.88) auf der linken Seite die Beschleunigung $\ddot{\tilde{\boldsymbol{x}}}'(t)$ notiert wurde.* Sie ist zunächst einmal hinzuschreiben, da im Koordinatensystem $\boldsymbol{d}_1(t), \boldsymbol{d}_2(t)$ gilt:

$$\tilde{\boldsymbol{x}}'(t) = l'\cos\varphi(t)\boldsymbol{d}_1(t) + l'\sin\varphi(t)\boldsymbol{d}_2(t)\,. \tag{2.100}$$

Differenziert man dies zweimal nach der Zeit, so treten neben Zeitableitungen von $\varphi(t)$ auch Zeitableitungen $\dot{\boldsymbol{d}}_1(t)$ und $\dot{\boldsymbol{d}}_2(t)$ auf. Allerdings gilt auch:

$$\begin{aligned}\boldsymbol{d}_1(t) = \cos\varphi(t)\boldsymbol{d}_r - \sin\varphi(t)\boldsymbol{d}_\varphi\,,\quad \boldsymbol{d}_2(t) = \sin\varphi(t)\boldsymbol{d}_r + \cos\varphi(t)\boldsymbol{d}_\varphi \\ \Rightarrow\quad \dot{\boldsymbol{d}}_1(t) = -\dot{\varphi}(t)\boldsymbol{d}_2(t)\,,\quad \dot{\boldsymbol{d}}_2(t) = \dot{\varphi}(t)\boldsymbol{d}_1(t)\,.\end{aligned} \tag{2.101}$$

Berücksichtigt man dies bei der Berechnung von $\ddot{\tilde{\boldsymbol{x}}}'(t)$, so ergibt sich $\ddot{\tilde{\boldsymbol{x}}}'(t) \equiv \boldsymbol{0}$.

Übungsaufgabe *Die verschwindende Impulsänderung im Nichtinertialsystem*

Man zeige die Gültigkeit der letzten Aussage und beweise auf dem Weg dahin Gleichung (2.101).

Das Verschwinden dieser Beschleunigung war voraussehbar, denn schließlich bewegt sich der an den Stab gefesselte Beobachter Σ' nicht auf m zu oder weg (festes l'). Man könnte sogar sagen, die „Bewegung" $\tilde{\boldsymbol{x}}'(t)$ aufgrund des Koordinatensystemswechsels ist nur scheinbar.

Nun notieren wir noch für die Bildkräfte:

$$\begin{aligned}\tilde{\boldsymbol{S}}(t) &= -S(t)\cos\varphi(t)\boldsymbol{d}_1(t) - S(t)\sin\varphi(t)\boldsymbol{d}_2(t)\,,\\ \tilde{\boldsymbol{F}}_\mathrm{t}(t) &= ml\ddot{\varphi}(t)\sin\varphi(t)\boldsymbol{d}_1(t) - ml\ddot{\varphi}(t)\cos\varphi(t)\boldsymbol{d}_2(t)\,,\\ \tilde{\boldsymbol{F}}_\mathrm{z}(t) &= ml\dot{\varphi}^2(t)\cos\varphi(t)\boldsymbol{d}_1(t) + ml\dot{\varphi}^2(t)\sin\varphi(t)\boldsymbol{d}_2(t)\,.\end{aligned} \tag{2.102}$$

Die Differentialgleichungen aus Gleichung (2.89) bleiben bei diesem Koordinatensystemswechsel im Nichtinertialsystem also bestehen, so wie erwartet.

Nun wird noch eine *Beobachterneudefinition* im Nichtinertialsystem durchgeführt, was wir vom Vorherigen sorgsam unterscheiden müssen: Von $\boldsymbol{d}_r$ und $\boldsymbol{d}_\varphi$ (aus Bild 2.8) wechseln wir zu $\boldsymbol{d}_1$ und $\boldsymbol{d}_2$, wie rechts in Bild 2.12 gezeichnet, und diesmal schnallen wir den neuen Beobachter Σ'' auf $\boldsymbol{d}_1$ fest, was die *Zeitunabhängigkeit* dieser beiden neuen Basisvektoren erklärt. Mithin bewegt sich diesmal der starre Stab und die Masse m für den Beobachter Σ''. Wir haben somit

$$\begin{aligned}&\tilde{\boldsymbol{x}}'(t) = l'\cos\varphi(t)\boldsymbol{d}_1 + l'\sin\varphi(t)\boldsymbol{d}_2\\ &\quad\Rightarrow\quad \ddot{\tilde{\boldsymbol{x}}}'(t) = -l'\dot{\varphi}^2(t)\left(\cos\varphi(t)\boldsymbol{d}_1 + \sin\varphi(t)\boldsymbol{d}_2\right) + l'\ddot{\varphi}(t)\left(-\sin\varphi(t)\boldsymbol{d}_1 + \cos\varphi(t)\boldsymbol{d}_2\right).\end{aligned} \tag{2.103}$$

* Die Tilde ist hinzuschreiben, da es sich bei dem Vektor um das Bild des in Gleichung (2.81) im Inertialsystem bereits erklärten Vektors $\boldsymbol{x}'(t)$ handelt.

Von der in Σ'' ruhenden Basis $\boldsymbol{d}_1$ und $\boldsymbol{d}_2$ aus gesehen, besteht folgende Zeitabhängigkeit:

$$\boldsymbol{d}_r(t) = \cos\varphi(t)\boldsymbol{d}_1 + \sin\varphi(t)\boldsymbol{d}_2\,,\quad \boldsymbol{d}_\varphi(t) = -\sin\varphi(t)\boldsymbol{d}_1 + \cos\varphi(t)\boldsymbol{d}_2\,, \tag{2.104}$$

und wir erhalten:

$$\ddot{\boldsymbol{x}}'(t) = -l'\dot{\varphi}^2(t)\boldsymbol{d}_r(t) + l'\ddot{\varphi}(t)\boldsymbol{d}_\varphi(t)\,. \tag{2.105}$$

Dies ist das Bild des in Gleichung (2.82) für das Inertialsystem berechneten Vektors $\ddot{\boldsymbol{x}}'(t)$. Wir beachten den Freischnitt in Bild 2.12 rechts und schreiben für die Bildkräfte

$$\begin{aligned}&\tilde{\boldsymbol{S}}(t) = -S(t)\boldsymbol{d}_r(t)\,,\quad m\tilde{\boldsymbol{g}} = mg\boldsymbol{d}_1 \equiv mg\big(\cos\varphi(t)\boldsymbol{d}_r(t) - \sin\varphi(t)\boldsymbol{d}_\varphi(t)\big)\,,\\ &\tilde{\boldsymbol{F}}'_{\mathrm{t}}(t) = -m(l-l')\ddot{\varphi}(t)\boldsymbol{d}_\varphi(t)\,,\quad \tilde{\boldsymbol{F}}'_{\mathrm{z}}(t) = m(l-l')\dot{\varphi}^2(t)\boldsymbol{d}_r(t)\end{aligned} \tag{2.106}$$

und für die Bewegungsgleichung

$$m\ddot{\tilde{\boldsymbol{x}}}'(t) = \tilde{\boldsymbol{S}}(t) + m\tilde{\boldsymbol{g}} + \tilde{\boldsymbol{F}}'_{\mathrm{t}}(t) + \tilde{\boldsymbol{F}}'_{\mathrm{z}}(t)\,, \tag{2.107}$$

was wieder in den Differentialgleichungen (2.72) resultiert.

Nach diesen vielen Beispielen sind wir soweit, uns an den allgemeinen 3D-Fall zu wagen.

2.4 Die euklidische Beobachtertransformation

2.4.1 Begriffliches

In der klassischen Physik ist die sogenannte *euklidische Transformation* der allgemeinste Beobachterwechsel: Zwei Beobachter Σ und Σ' begutachten physikalische Felder in einem Aufpunkt P. Sie verfügen beide über Maßstäbe und Zeiger in 3D und damit in Bezug auf sich selbst zeitunabhängige Vektorbasen $\boldsymbol{e}_i$ bzw. $\boldsymbol{d}_k$, $i,k \in \{1,2,3\}$. Die Basisvektoren beider Beobachter sind gegeneinander verdreht, und jedes Set müsste im Prinzip nicht orthonormiert sein. Definieren wir mit ihrer Hilfe für den jeweiligen Beobachter Vektor- und Tensorfelder, so wollen wir Orthonormalität im Folgenden aber annehmen, um einfacher rechnen zu können. Zusammengefasst, beide Basisvektorsets sind gegeneinander gedreht und eingangs nur dem jeweiligen Beobachter bekannt und jeweils für ihn relevant, was letztlich ihre „Verschiedenheit“ ausmacht. Die Uhren beider Beobachter jedoch sind *gleich* und messen dieselbe Zeit t: Bild 2.13.

In der Abbildung scheint sich im Punkt P Materie zu befinden, was durch die *Kontinuumskartoffel* angedeutet wurde. Das muss aber nicht sein, denn wie wir im Kapitel 5 sehen werden, gibt es auch physikalische Felder, die nicht an Materie gebunden sind und sich im Aufpunkt P befinden können.

Dem Beobachter Σ ist der Aufpunktsvektor $\boldsymbol{x}(t)$ eigen (blaue Farbe), dem Beobachter Σ' hingegen die beiden (roten) Vektoren $\boldsymbol{x}'(t)$ und $\boldsymbol{b}(t)$. Ersterer ist für Σ' der Aufpunktsvektor und letzterer der Distanzvektor zum Ursprung von Σ, auch *Boostabstand* genannt. Alle diese Größen sind zeitabhängig.

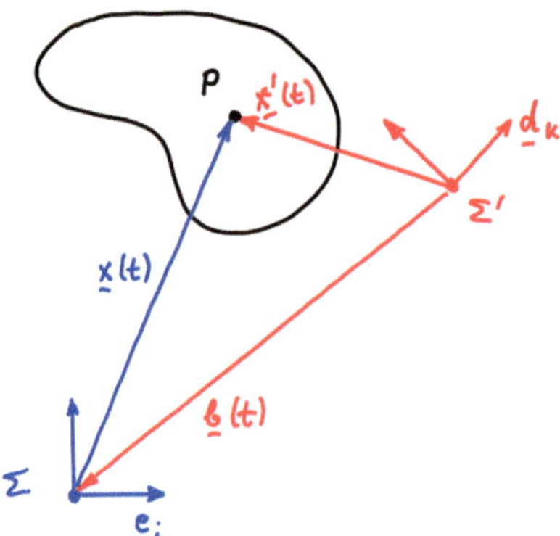

Bild 2.13 Zur euklidischen Transformation

Wir wollen aber *Beobachtertransformationen* untersuchen, und dazu ist es nötig, dass sich beide Beobachter Bilder von den jeweils dem anderen Beobachter eigenen Größen machen. Also führt der Beobachter Σ die Bilder $\tilde{\boldsymbol{x}}'(t)$ und $\tilde{\boldsymbol{b}}(t)$ und der Beobachter Σ′ das Bild $\tilde{\boldsymbol{x}}(t)$ ein.* Danach schreibt ein jeder für sich:

$$\Sigma: \ \tilde{\boldsymbol{x}}'(t) = \boldsymbol{x}(t) + \tilde{\boldsymbol{b}}(t) \quad \text{und} \quad \Sigma': \ \boldsymbol{x}'(t) = \tilde{\boldsymbol{x}}(t) + \boldsymbol{b}(t)\,. \tag{2.108}$$

Diese Beziehungen nennen wir *euklidische Transformationen in Vektorform.* Beide Gleichungen ähneln einander und müssen in Beziehung zueinander stehen aber wie? Das wird im nächsten Abschnitt untersucht.

2.4.2 Beobachter- vs. Koordinatenwechsel

Wir starten mit unserer Analyse beim Beobachter **Σ**, d. h. mit Gleichung $(2.108)_1$. Zunächst eine Bemerkung hinsichtlich seines Status: Vielleicht ist man versucht, ihn als Inertialbeobachter herauszuheben. Das ist aber weder nötig, noch gerechtfertigt. Die Gleichung $(2.108)_1$ macht über die Natur des Beobachters keine Aussage. Beide Beobachter sind gleichberechtigt.** Nun gilt es in Bezug auf die Komponentendarstellung des Aufpunktvektors $\boldsymbol{x}(t)$ festzuhalten, dass es für den Beobachter Σ unstrittig ist, dass:

$$\boldsymbol{x}(t) = x_k(t)\boldsymbol{e}_k\,. \tag{2.109}$$

Wie aber soll er mit $\tilde{\boldsymbol{x}}'(t)$ und $\tilde{\boldsymbol{b}}(t)$ verfahren? Σ argumentiert folgendermaßen: Hinsichtlich der Basis $\boldsymbol{d}_k$ stellt er in einem ersten Schritt fest, dass diese sich für ihn bewegen. Er macht sich hiervon *zeitabhängige* Bilder $\tilde{\boldsymbol{d}}_k(t)$. Vom Beobachter Σ′ erhält er außerdem die Information, dass (für Σ′) gilt $\boldsymbol{x}'(t) = x'_k(t)\boldsymbol{d}_k$. Also behält Σ die Komponenten $x'_k(t)$ bei und notiert $\tilde{\boldsymbol{x}}'(t) = x'_k(t)\tilde{\boldsymbol{d}}_k(t)$. Ebenso gilt für ihn $\tilde{\boldsymbol{b}}(t) = b_k(t)\tilde{\boldsymbol{d}}_k(t)$.

Um eine Darstellung in den ihm eigenen Basis $\boldsymbol{e}_k$ zu erhalten, benutzt Σ in einem zweiten Schritt einen (zeitabhängigen) *Drehtensor* $\boldsymbol{Q}(t)$ dergestalt, dass:

$$\boldsymbol{e}_k = \boldsymbol{Q}(t)\cdot\tilde{\boldsymbol{d}}_k(t) \quad \Rightarrow \quad \tilde{\boldsymbol{d}}_k(t) = \boldsymbol{Q}^{\mathsf{T}}(t)\cdot\boldsymbol{e}_k\,, \tag{2.110}$$

* Diese Tilde darf nicht mit der Kennzeichnung von Feldern in Lagrange'scher Schreibweise – etwa $\rho = \tilde{\rho}(\boldsymbol{X}, t)$ – aus Abschnitt 2.1.6 verwechselt werden.

** Das ist *ein* Aspekt des *Prinzips der Relativität.* Ein anderer besteht darin, dass die Naturgesetze für beide Beobachter *dieselbe Form* haben sollen, was die Gleichwertigkeit beider Beobachter nochmals unterstreicht.

denn für einen Drehtensor gelten ja Orthogonalitätsrelation der Form:

$$\boldsymbol{Q}(t) \cdot \boldsymbol{Q}^{\mathsf{T}}(t) = \mathbf{1} = \boldsymbol{Q}^{\mathsf{T}}(t) \cdot \boldsymbol{Q}(t) \,. \tag{2.111}$$

Bemerkungen:

- Man sollte Gleichung (2.110) als *Operatorgleichung* verstehen: Der Operator $\boldsymbol{Q}(t)$ (Drehtensor) dreht das (zeitabhängige) Basisbild $\tilde{\boldsymbol{d}}_k(t)$ des Beobachters Σ auf die ihm eigene Basis $\boldsymbol{e}_k$. Die Inverse des Operators (also der transponierte Drehtensor $\boldsymbol{Q}^{\mathsf{T}}(t)$) dreht die Basis $\boldsymbol{e}_k$ auf die Basisbilder $\tilde{\boldsymbol{d}}_k(t)$. Die Vorstellung eines Operators ist in [Mue2021], Abschnitt 3.4.2 im Detail erklärt.
- Gleichung $(2.110)_2$ ist leichter zu akzeptieren als $(2.110)_1$, denn hier wirkt eine zeitabhängige Drehung auf ein zeitunabhängiges Objekt und resultiert in etwas zeitabhängigem.
- In jedem Fall kommt man so zu einer Begründung der goldenen Regel des Beobachterwechsels hinter Gleichung (2.87). Man beachte, dass man damals genauer hätte sagen müssen, dass die Bilder $\tilde{\boldsymbol{d}}_k(t)$ auf die Basis $\boldsymbol{e}_k$ zu drehen sind.
- Außerdem gilt es zu realisieren, dass $\boldsymbol{Q}(t)$ ein Objekt des Beobachters Σ ist.

Mithin schreibt sich für Σ Gleichung $(2.108)_1$:

$$x'_k(t)\boldsymbol{Q}^{\mathsf{T}}(t) \cdot \boldsymbol{e}_k = x_k(t)\boldsymbol{e}_k + b_k(t)\boldsymbol{Q}^{\mathsf{T}}(t) \cdot \boldsymbol{e}_k \,. \tag{2.112}$$

Bevor wir sie weiter analysieren, nehmen wir uns die Zeit für diverse Zusatzformeln:

Hilfsformeln für Drehungen I

Mit Hinblick auf Gleichung (2.110) gilt:

$$\boldsymbol{Q}(t) = \boldsymbol{e}_m \otimes \tilde{\boldsymbol{d}}_m(t) \quad \Leftrightarrow \quad \boldsymbol{Q}^{\mathsf{T}}(t) = \tilde{\boldsymbol{d}}_m(t) \otimes \boldsymbol{e}_m \,. \tag{2.113}$$

Die Komponentendarstellung für das dem Beobachter Σ eigene Objekt $\boldsymbol{Q}(t)$ lautet in dessen Basis $\boldsymbol{e}_i$:

$$\begin{aligned} \boldsymbol{Q}(t) = Q_{ij}(t)\boldsymbol{e}_i \otimes \boldsymbol{e}_j \quad &\Rightarrow \quad Q_{ij}(t) = \boldsymbol{e}_i \cdot \boldsymbol{Q}(t) \cdot \boldsymbol{e}_j \,, \\ \boldsymbol{Q}^{\mathsf{T}}(t) = Q_{ij}(t)\boldsymbol{e}_j \otimes \boldsymbol{e}_i \quad &\Rightarrow \quad Q_{ji}(t) = \boldsymbol{e}_i \cdot \boldsymbol{Q}^{\mathsf{T}}(t) \cdot \boldsymbol{e}_j \,. \end{aligned} \tag{2.114}$$

Damit schreiben sich die Orthonormalitätsrelationen aus (2.111) in Komponenten:

$$Q_{ik}(t)Q_{jk}(t) = \delta_{ij} = Q_{ki}(t)Q_{kj}(t) \,. \tag{2.115}$$

Also multiplizieren wir Gleichung (2.112) skalar von links mit $\boldsymbol{e}_i\cdot$ unter Beachtung der soeben zusammengestellten Resultate:

$$\begin{aligned} &x'_k(t)\boldsymbol{e}_i \cdot \boldsymbol{Q}^{\mathsf{T}}(t) \cdot \boldsymbol{e}_k = x_k(t)\delta_{ik} + b_k(t)\boldsymbol{e}_i \cdot \boldsymbol{Q}^{\mathsf{T}}(t) \cdot \boldsymbol{e}_k \\ &\qquad \Rightarrow \quad x_i(t) = Q_{ki}(t)\left[x'_k(t) - b_k(t)\right] \quad \Leftrightarrow \quad x'_i(t) = Q_{ij}(t)x_j(t) + b_i(t) \,. \end{aligned} \tag{2.116}$$

Man beachte, die letzte Beziehung ist *keine* (zeitabhängige) Koordinatentransformation innerhalb Σ. Vielmehr werden in ihr Σ'-Komponenten – nämlich $x'_i(t)$ und $b_i(t)$ – mit Σ-Komponenten – eben $x_i(t)$ – über eine in Σ definierte Drehung $Q_{ij}(t)$ in Verbindung gebracht. Sie stellt einen in Komponenten geschriebenen Beobachterwechsel dar und wird von den

Indizisten oft als *euklidische Transformation* bezeichnet (vgl. [Mue1985], Abschnitt 2.1.2.1)! Leider sieht sie wie eine Koordinatentransformation aus, und das gibt oft Anlass zu einem langen Gelehrtenstreit.

Übungsaufgabe *Beweise der Hilfsformeln I*

Verifiziere die Aussagen in Gleichung (2.113) bis Gleichung (2.116).

Übungsaufgabe *Ortstransformationen für das Pendel (Beobachter Σ)*

Erinnere an die Bezeichnungen in den Bild 2.6 und 2.8. Zeige mit Gleichung (2.110), dass

$$\boldsymbol{Q}(t) = Q_{ij}(t)\boldsymbol{e}_i \otimes \boldsymbol{e}_j \,, \; Q_{ij} = \begin{bmatrix} \cos\varphi(t) & \sin\varphi(t) & 0 \\ -\sin\varphi(t) & \cos\varphi(t) & 0 \\ 0 & 0 & 1 \end{bmatrix}_{ij} . \tag{2.117}$$

Beweise damit, dass

$$\tilde{\boldsymbol{d}}_1 = \cos\varphi(t)\boldsymbol{e}_1 + \sin\varphi(t)\boldsymbol{e}_2 \,, \; \tilde{\boldsymbol{d}}_2 = -\sin\varphi(t)\boldsymbol{e}_1 + \cos\varphi(t)\boldsymbol{e}_2 \,. \tag{2.118}$$

Zeige, dass sich Gleichung (2.112) daher so schreibt:

$$l'\left(\cos\varphi(t)\boldsymbol{e}_1 + \sin\varphi(t)\boldsymbol{e}_2\right) = x_1\boldsymbol{e}_1 + x_2\boldsymbol{e}_2 - \left(l - l'\right)\left(\cos\varphi(t)\boldsymbol{e}_1 + \sin\varphi(t)\boldsymbol{e}_2\right) \tag{2.119}$$

und folgere daraus, dass Gleichung (2.75) gilt.

Nun wenden wir uns der für Σ' relevanten Beziehung Gleichung $(2.108)_2$ zu. Dieser Beobachter schreibt sofort:

$$\boldsymbol{x}'(t) = x'_k(t)\boldsymbol{d}_k \,, \; \boldsymbol{b}(t) = b_k(t)\boldsymbol{d}_k \,. \tag{2.120}$$

In Bezug auf den noch fehlenden Vektor erhält er vom Beobachter Σ die Information, dass $\boldsymbol{x}(t) = x_j(t)\boldsymbol{e}_j$ gilt. Davon erzeugt Σ' das Bild $\tilde{\boldsymbol{x}}(t) = x_j(t)\tilde{\boldsymbol{e}}_j(t)$, so dass aus Gleichung $(2.108)_2$ wird:

$$x'_k(t)\boldsymbol{d}_k = x_j(t)\tilde{\boldsymbol{e}}_j(t) + b_k(t)\boldsymbol{d}_k \equiv x_j(t)\boldsymbol{Q}'^{\mathsf{T}}(t)\cdot\boldsymbol{d}_j + b_k(t)\boldsymbol{d}_k \,, \tag{2.121}$$

denn es gilt:

$$\boldsymbol{d}_k = \boldsymbol{Q}'(t)\cdot\tilde{\boldsymbol{e}}_k(t) \quad \Leftrightarrow \quad \tilde{\boldsymbol{e}}_k(t) = \boldsymbol{Q}'^{\mathsf{T}}(t)\cdot\boldsymbol{d}_k \,, \tag{2.122}$$

da für den in Σ' erklärten Drehtensor $\boldsymbol{Q}'(t)$ folgende Orthogonalitätsrelation gelten:

$$\boldsymbol{Q}'(t)\cdot\boldsymbol{Q}'^{\mathsf{T}}(t) = \boldsymbol{1} = \boldsymbol{Q}'^{\mathsf{T}}(t)\cdot\boldsymbol{Q}'(t) \,. \tag{2.123}$$

Hier sollte man Gleichung (2.122) ebenfalls als Operatorgleichung verstehen: Der Operator $\boldsymbol{Q}'(t)$ (Drehtensor) dreht das (zeitabhängige) Basisbild $\tilde{\boldsymbol{e}}_k(t)$ des Beobachters Σ' auf die ihm eigene Basis $\boldsymbol{d}_k$. Die Inverse des Operators (also der transponierte Drehtensor $\boldsymbol{Q}'^{\top}(t)$) dreht die Basis $\boldsymbol{d}_k$ auf die Basisbilder $\tilde{\boldsymbol{e}}_k(t)$. Und selbstverständlich ist $\boldsymbol{Q}'(t)$ ein dem Beobachter Σ' eigenes Objekt.

Ferner gelten folgende weitere Zusatzformeln:

Hilfsformeln für Drehungen II

Mit Hinblick auf Gleichung (2.122) gilt:

$$\boldsymbol{Q}'(t) = \boldsymbol{d}_m \otimes \tilde{\boldsymbol{e}}_m(t) \quad \Leftrightarrow \quad \boldsymbol{Q}'^{\top}(t) = \tilde{\boldsymbol{e}}_m(t) \otimes \boldsymbol{d}_m \,. \tag{2.124}$$

Die Komponentendarstellung für das dem Beobachter Σ' eigene Objekt $\boldsymbol{Q}'(t)$ lautet in dessen Basis $\boldsymbol{d}_i$:

$$\begin{aligned} \boldsymbol{Q}'(t) &= Q'_{ij}(t)\boldsymbol{d}_i \otimes \boldsymbol{d}_j \quad &\Rightarrow \quad Q'_{ij}(t) &= \boldsymbol{d}_i \cdot \boldsymbol{Q}'(t) \cdot \boldsymbol{d}_j \,, \\ \boldsymbol{Q}'^{\top}(t) &= Q'_{ij}(t)\boldsymbol{d}_j \otimes \boldsymbol{d}_i \quad &\Rightarrow \quad Q'_{ji}(t) &= \boldsymbol{d}_i \cdot \boldsymbol{Q}'^{\top}(t) \cdot \boldsymbol{d}_j \,. \end{aligned} \tag{2.125}$$

Damit schreiben sich die Orthonormalitätsrelationen aus (2.123) in Komponenten:

$$Q'_{ik}(t)Q'_{jk}(t) = \delta_{ij} = Q'_{ki}(t)Q'_{kj}(t) \,. \tag{2.126}$$

Also multiplizieren wir Gleichung (2.121) skalar von links mit $\boldsymbol{d}_i\cdot$:

$$x'_k(t)\delta_{ik} = x_j(t)\boldsymbol{d}_i \cdot \boldsymbol{Q}'^{\top}(t) \cdot \boldsymbol{d}_j + b_k(t)\delta_{ik} \quad \Rightarrow \quad x'_i(t) = Q'_{ji}(t)x_j(t) + b_i(t) \,. \tag{2.127}$$

Im Vergleich mit Gleichung (2.116) stellen wir fest, dass hinsichtlich der Komponenten

$$Q'_{ji}(t) = Q_{ij}(t) \tag{2.128}$$

gelten muss.

Übungsaufgabe *Beweise der Hilfsformeln II*

Verifiziere die Aussagen in Gleichung (2.124) bis Gleichung (2.128). Interpretiere Gleichung (2.128) als Invarianz der Winkel $\alpha_{ij}(t)$ zwischen eigener und Bildbasis, jeweils gesehen von beiden Beobachtern. Zeige dazu, dass:

$$\Sigma: \ \cos\alpha_{ij}(t) = \tilde{\boldsymbol{d}}_i(t) \cdot \boldsymbol{e}_j = Q_{ij}(t) \,, \ \Sigma': \ \cos\alpha_{ij}(t) = d_i \cdot \tilde{\boldsymbol{e}}_j(t) = Q'_{ji}(t) \,. \tag{2.129}$$

Übungsaufgabe *Ortstransformationen für das Pendel (Beobachter Σ')*

Erinnere an die Bezeichnungen in den Bild 2.6 und 2.8. Zeige mit Gleichung (2.122), dass

$$\boldsymbol{Q}'(t) = Q'_{ij}(t)\boldsymbol{d}_i \otimes \boldsymbol{d}_j \,, \ Q'_{ij}(t) = \begin{bmatrix} \cos\varphi(t) & -\sin\varphi(t) & 0 \\ \sin\varphi(t) & \cos\varphi(t) & 0 \\ 0 & 0 & 1 \end{bmatrix}_{ij} \,. \tag{2.130}$$

Beweise damit, dass

$$\tilde{\boldsymbol{e}}_1 = \cos\varphi(t)\boldsymbol{d}_1 - \sin\varphi(t)\boldsymbol{d}_2 \,, \ \tilde{\boldsymbol{e}}_2 = \sin\varphi(t)\boldsymbol{d}_1 + \cos\varphi(t)\boldsymbol{d}_2 \,. \tag{2.131}$$

Zeige, dass sich Gleichung (2.112) daher so schreibt:

$$l'\boldsymbol{d}_1 = l\cos^2\varphi(t)\boldsymbol{d}_1 - l\sin\varphi(t)\cos\varphi(t) + l\sin^2\varphi(t)\boldsymbol{d}_1 + l\sin^2\varphi(t)\boldsymbol{d}_1 - \left(l - l'\right)\boldsymbol{d}_1 \quad (2.132)$$

und folgere daraus, dass der Ortszusammenhang für Σ' identisch erfüllt ist.

Wie schon bei Gleichung (2.116) handelt es sich auch bei Gleichung $(2.127)_2$ um keine (zeitabhängige) Koordinatentransformation innerhalb Σ'. Vielmehr werden in ihr Σ'-Komponenten – nämlich $x'_i(t)$ und $b_i(t)$ – mit Σ-Komponenten – eben $x_i(t)$ – über eine in Σ' definierte Drehung $Q'_{ji}(t)$ in Verbindung gebracht. Sie stellt einen in Komponenten geschriebenen Beobachterwechsel dar.

Abschließend wollen wir noch die Bilder zu den Drehtensoren $\boldsymbol{Q}(t)$ und $\boldsymbol{Q}'(t)$ einführen und ihre Eigenschaften erläutern. Wir nennen sie $\tilde{\boldsymbol{Q}}(t)$ und $\tilde{\boldsymbol{Q}}'(t)$. Das erste Objekt gehört zum Beobachter Σ', das zweite zu Σ. Sie haben folgende „Drehaufgaben“:

$$\begin{aligned} \Sigma': &\quad \tilde{e}_k(t) = \tilde{\boldsymbol{Q}}(t)\cdot\boldsymbol{d}_k \quad \Leftrightarrow \quad \boldsymbol{d}_k = \tilde{\boldsymbol{Q}}^{\mathsf{T}}(t)\cdot\tilde{e}_k(t), \\ \Sigma: &\quad \tilde{d}_k(t) = \tilde{\boldsymbol{Q}}'(t)\cdot\boldsymbol{e}_k \quad \Leftrightarrow \quad \boldsymbol{e}_k = \tilde{\boldsymbol{Q}}'^{\mathsf{T}}(t)\cdot\tilde{d}_k(t). \end{aligned} \quad (2.133)$$

Im Vergleich mit Gleichung $(2.122)_2$ und Gleichung $(2.110)_2$ erkennt man, dass:

$$\Sigma': \quad \tilde{\boldsymbol{Q}}(t) = \boldsymbol{Q}'^{\mathsf{T}}(t), \quad \Sigma: \quad \tilde{\boldsymbol{Q}}'(t) = \boldsymbol{Q}^{\mathsf{T}}(t). \quad (2.134)$$

2.4.3 Geschwindigkeit bei Beobachterwechsel

Salopp gesagt erhält man „Geschwindigkeiten“ des Punktes P, indem man die euklidischen Transformationen in Vektorform (2.108) oder die Gleichungen in Komponentenform $(2.116)_3$ bzw. $(2.127)_2$ nach der Zeit differenziert. Die Interpretation dieser Geschwindigkeiten ist allerdings ein Kapitel für sich, dem wir uns nun zuwenden. Wir beginnen diesmal mit dem Beobachter Σ' und differenzieren Gleichung $(2.108)_2$ nach der Zeit, was wir mit einem Punkt über den jeweils zeitabhängigen Größen ausdrücken:

$$\begin{aligned} &x'_k(t)\boldsymbol{d}_k = x_k(t)\boldsymbol{Q}'^{\mathsf{T}}(t)\cdot\boldsymbol{d}_k + b_k(t)\boldsymbol{d}_k \\ &\quad\Rightarrow \quad \dot{x}'_k(t)\boldsymbol{d}_k = \dot{x}_k(t)\boldsymbol{Q}'^{\mathsf{T}}(t)\cdot\boldsymbol{d}_k + \dot{\boldsymbol{Q}}'^{\mathsf{T}}(t)\cdot\boldsymbol{Q}'(t)\cdot\left[x_k(t)\boldsymbol{Q}'^{\mathsf{T}}(t)\cdot\boldsymbol{d}_k\right] + \dot{b}_k(t)\boldsymbol{d}_k. \end{aligned} \quad (2.135)$$

Man beachte, dass wir in der letzten Gleichung im zweiten Term nach dem Gleichheitszeichen eine geschickte $\mathbf{1} = \boldsymbol{Q}'(t)\cdot\boldsymbol{Q}'^{\mathsf{T}}(t)$ eingefügt haben, was aufgrund von Gleichung $(2.123)_1$ möglich ist. Wir definieren nun den *rechten Winkelgeschwindigkeitstensor* $\boldsymbol{\Omega}^{\mathrm{r}\prime}(t)$ des Beobachters Σ':*

$$\boldsymbol{\Omega}^{\mathrm{r}\prime}(t) = \boldsymbol{Q}'^{\mathsf{T}}(t)\cdot\dot{\boldsymbol{Q}}'(t) \equiv \boldsymbol{\omega}^{\mathrm{r}\prime}(t)\times\mathbf{1} = \mathbf{1}\times\boldsymbol{\omega}^{\mathrm{r}\prime}(t). \quad (2.136)$$

* Die Unterscheidung zwischen einem rechten und einem linken Winkelgeschwindigkeitstensor (siehe Gleichung (2.154)) stammt von Zhilin [Zhi2015], S. 123 ff. Wir mutmaßen, dass sich das Adjektiv „rechts“ oder „links“ auf die Stellung des nach der Zeit abgeleiteten Drehtensors im jeweils definierenden Ausdruck bezieht. Das ist im Buch nicht erläutert. Man beachte in diesem Zusammenhang auch die Ausführungen im Tensorkapitel um Gleichung (1.276) und diskutiere die Unterschiede, insbesondere im Hinblick auf die damals verwendeten Begriffe Referenz- und aktuelle Konfiguration.

Er ist antisymmetrisch $\boldsymbol{\Omega}^{\mathrm{r}\prime}(t) = -\boldsymbol{\Omega}^{\mathrm{r}\prime\mathsf{T}}(t)$, weswegen wir ihn nach dem Äquivalenzzeichen durch den (anschaulicheren) *rechten Winkelgeschwindigkeitsvektor* $\boldsymbol{\omega}^{\mathrm{r}\prime}(t)$ des Beobachters Σ' aufgrund der Gleichung (1.98) ersetzen konnten.

Übungsaufgabe *Winkelgeschwindigkeitstensor und Poissonrelation*

Verifiziere die Antisymmetrie von $\boldsymbol{\Omega}^{\mathrm{r}\prime}(t)$ durch Differentiation der Orthogonalitätsrelation aus Gleichung (2.111) nach der Zeit. Beweise außerdem mit Gleichung (2.136) die sogenannte *Poissonrelation*:

$$\frac{\mathrm{d}\boldsymbol{Q}'(t)}{\mathrm{d}t} = \boldsymbol{Q}'(t) \times \boldsymbol{\omega}^{\mathrm{r}\prime}(t) \,. \tag{2.137}$$

Da $\dot{\boldsymbol{Q}}'^{\mathsf{T}}(t) \cdot \boldsymbol{Q}'(t) = -\boldsymbol{\Omega}^{\mathrm{r}\prime}$ und $x_k(t)\boldsymbol{Q}'^{\mathsf{T}}(t) \cdot \boldsymbol{d}_k = \left[x'_k(t) - b_k(t)\right] \boldsymbol{d}_k$ schreiben wir die Gleichung $(2.135)_2$ nun so:

$$\Sigma': \quad \boldsymbol{v}'(t) = \tilde{\boldsymbol{v}}(t) - \boldsymbol{\Omega}^{\mathrm{r}\prime}(t) \cdot \left[\boldsymbol{x}'(t) - \boldsymbol{b}(t)\right] + \boldsymbol{V}(t) \equiv \tilde{\boldsymbol{v}}(t) - \boldsymbol{\omega}^{\mathrm{r}\prime}(t) \times \left[\boldsymbol{x}'(t) - \boldsymbol{b}(t)\right] + \boldsymbol{V}(t) \,. \tag{2.138}$$

Darin bezeichnen:

- $\boldsymbol{v}'(t) = \dot{x}'_k(t)\boldsymbol{d}_k$: die Geschwindigkeit des Punktes P von Σ' aus gesehen;
- $\tilde{\boldsymbol{v}}(t) = \dot{x}_k(t)\boldsymbol{Q}'^{\mathsf{T}}(t) \cdot \boldsymbol{d}_k$: das Bild der Geschwindigkeit des Punktes P von Σ aus gesehen;
- $-\boldsymbol{\Omega}^{\mathrm{r}\prime}(t) \cdot \times \left[\boldsymbol{x}'(t) - \boldsymbol{b}(t)\right] = -\boldsymbol{\Omega}^{\mathrm{r}\prime} \cdot \left[x'_k(t) - b_k(t)\right] \cdot \boldsymbol{d}_k = -\boldsymbol{\omega}^{\mathrm{r}\prime} \times \left[x'_k(t) - b_k(t)\right] \cdot \boldsymbol{d}_k$: die Drehgeschwindigkeit des Bildes des Aufpunktsvektors $\boldsymbol{x}(t)$ von Σ, denn es gilt ja für Σ' die Beziehung $\boldsymbol{x}'(t) - \boldsymbol{b}(t) = \tilde{\boldsymbol{x}}(t)$;
- $\boldsymbol{V}(t) = \dot{b}_k(t)\boldsymbol{d}_k$: die Boostgeschwindigkeit, mit der sich der Ursprung von Σ für Σ' translatorisch bewegt.

Übungsaufgabe *Geschwindigkeitstransformationen für das Pendel (Beobachter Σ')*

Erinnere erneut an die Problemstellung aus Bild 2.6 und 2.8. Begründe, dass

$$\boldsymbol{v}'(t) = \boldsymbol{0}\,, \quad -\boldsymbol{\Omega}^{\mathrm{r}\prime}(t) \cdot \left[\boldsymbol{x}'(t) - \boldsymbol{b}(t)\right] = -l\dot{\varphi}(t)\boldsymbol{d}_2\,, \quad \boldsymbol{V}(t) = \boldsymbol{0}\,. \tag{2.139}$$

Benutze beim Beweis, dass

$$\boldsymbol{\Omega}^{\mathrm{r}\prime}(t) = \Omega^{\mathrm{r}\prime}_{ij}(t)\boldsymbol{d}_i \otimes \boldsymbol{d}_j\,, \quad \Omega^{\mathrm{r}\prime}_{ij}(t) = \begin{bmatrix} 0 & -\dot{\varphi}(t) & 0 \\ \dot{\varphi}(t) & 0 & 0 \\ 0 & 0 & 0 \end{bmatrix}_{ij}, \tag{2.140}$$

was zuvor bewiesen werden muss. Folgere mit Gleichung (2.138), dass:

$$\tilde{\boldsymbol{v}}(t) = l\dot{\varphi}(t)\boldsymbol{d}_2 \tag{2.141}$$

und damit, dass

$$\boldsymbol{v}(t) = l\dot{\varphi}(t)\boldsymbol{e}_{\varphi}(t)\,, \tag{2.142}$$

d. h. das Ergebnis aus Gleichung $(2.71)_1$. Zeige schließlich noch mit Gleichung (1.99), dass:

$$\boldsymbol{\Omega}^{\mathrm{r}\prime}_{\times}(t) = -2\boldsymbol{\omega}^{\mathrm{r}\prime}(t) \quad \Rightarrow \quad \boldsymbol{\omega}^{\mathrm{r}\prime}(t) = \dot{\varphi}(t)\boldsymbol{d}_3\,. \tag{2.143}$$

Wir kommen nun zum Beobachter Σ und differenzieren Gleichung $(2.108)_1$ nach der Zeit:

$$\begin{aligned} & x'_k(t)\boldsymbol{Q}^\top(t)\cdot\boldsymbol{e}_k = x_k(t)\boldsymbol{e}_k + b_k(t)\boldsymbol{Q}^\top(t)\cdot\boldsymbol{e}_k \\ & \quad\Rightarrow\quad \dot{x}'_k(t)\boldsymbol{Q}^\top(t)\cdot\boldsymbol{e}_k + x'_k(t)\dot{\boldsymbol{Q}}^\top(t)\cdot\boldsymbol{e}_k = \dot{x}_k(t)\boldsymbol{e}_k + \dot{b}_k(t)\boldsymbol{Q}^\top(t)\cdot\boldsymbol{e}_k + b_k(t)\dot{\boldsymbol{Q}}^\top(t)\cdot\boldsymbol{e}_k\,. \end{aligned} \tag{2.144}$$

Nun definieren wir den rechten Winkelgeschwindigkeitstensor $\boldsymbol{\Omega}^\mathrm{r}(t)$ des Beobachters Σ:

$$\boldsymbol{\Omega}^\mathrm{r}(t) = \boldsymbol{Q}^\top(t)\cdot\dot{\boldsymbol{Q}}(t) \equiv \boldsymbol{\omega}^\mathrm{r}(t)\times\boldsymbol{1} = \boldsymbol{1}\times\boldsymbol{\omega}^\mathrm{r}(t)\,. \tag{2.145}$$

Auch er ist antisymmetrisch $\boldsymbol{\Omega}^\mathrm{r}(t) = -\boldsymbol{\Omega}^{\mathrm{r}\,\top}(t)$, und darum konnte er nach dem Äquivalenzzeichen durch den (anschaulicheren) rechten Winkelgeschwindigkeitsvektor $\boldsymbol{\omega}^\mathrm{r}(t)$ des Beobachters Σ ersetzt werden. Damit gilt die Poissonrelation:

$$\frac{\mathrm{d}\boldsymbol{Q}(t)}{\mathrm{d}t} = \boldsymbol{Q}(t)\times\boldsymbol{\omega}^\mathrm{r}(t)\,. \tag{2.146}$$

Somit erhalten wir aus Gleichung $(2.144)_2$ für die Geschwindigkeiten in vektorieller Form, wie sie vom Beobachter Σ wahrgenommen werden:

$$\Sigma:\quad \tilde{\boldsymbol{v}}'(t) = \boldsymbol{v}(t) + \boldsymbol{\Omega}^\mathrm{r}(t)\cdot\left[\tilde{\boldsymbol{x}}'(t) - \tilde{\boldsymbol{b}}(t)\right] + \tilde{\boldsymbol{V}}(t) \equiv \boldsymbol{v}(t) + \boldsymbol{\omega}^\mathrm{r}(t)\times\left[\tilde{\boldsymbol{x}}'(t) - \tilde{\boldsymbol{b}}(t)\right] + \tilde{\boldsymbol{V}}(t)\,. \tag{2.147}$$

Darin bezeichnen:

- $\tilde{\boldsymbol{v}}'(t) = \dot{x}'_k(t)\boldsymbol{Q}^\top(t)\boldsymbol{e}_k$: das Bild der Geschwindigkeit des Punktes P von Σ' aus gesehen; wäre Σ ein Inertialsystem, so könnte man sie auch *Relativgeschwindigkeit* nennen;
- $\boldsymbol{v}(t) = \dot{x}_k(t)\boldsymbol{e}_k$: die Geschwindigkeit des Punktes P von Σ aus gesehen; wäre Σ ein Inertialsystem, so könnte man sie auch *Absolutgeschwindigkeit* nennen;
- $\boldsymbol{\Omega}^\mathrm{r}(t)\cdot\left[\tilde{\boldsymbol{x}}'(t) - \tilde{\boldsymbol{b}}(t)\right] = \boldsymbol{\Omega}^\mathrm{r}(t)\cdot\left[x'_k(t) - b_k(t)\right]\boldsymbol{Q}^\top(t)\cdot\boldsymbol{e}_k$ bzw. $\boldsymbol{\omega}^\mathrm{r}(t)\times\left[\tilde{\boldsymbol{x}}'(t) - \tilde{\boldsymbol{b}}(t)\right] = \boldsymbol{\omega}^\mathrm{r}\times\left[x'_k(t) - b_k(t)\right]\boldsymbol{Q}^\top(t)\cdot\boldsymbol{e}_k$: die Drehgeschwindigkeit des Bildes des Differenzvektors $\boldsymbol{x}'(t) - \boldsymbol{b}(t)$ von Σ';
- $\tilde{\boldsymbol{V}}(t) = \dot{b}_k(t)\boldsymbol{Q}^\top(t)\cdot\boldsymbol{e}_k$: das Bild der Boostgeschwindigkeit des Beobachters Σ';
- die Kombination $\boldsymbol{\omega}^\mathrm{r}\times\left[\tilde{\boldsymbol{x}}'(t) - \tilde{\boldsymbol{b}}(t)\right] + \tilde{\boldsymbol{V}}(t)$ heißt in deutschen Lehrbüchern auch *Führungsgeschwindigkeit*, siehe [Gro1989], Abschnitt 6.1.

Übungsaufgabe *Geschwindigkeitstransformationen für das Pendel (Beobachter Σ)*

Erinnere erneut an die Problemstellung aus Bild 2.6 und 2.8. Begründe mit Gleichung (2.117), dass

$$\boldsymbol{\Omega}^\mathrm{r}(t) = \Omega^\mathrm{r}_{ij}(t)\boldsymbol{e}_i\otimes\boldsymbol{e}_j\,,\ \Omega^\mathrm{r}_{ij}(t) = \begin{bmatrix} 0 & \dot{\varphi}(t) & 0 \\ -\dot{\varphi}(t) & 0 & 0 \\ 0 & 0 & 0 \end{bmatrix}_{ij}\,, \tag{2.148}$$

Begründe damit, dass vom Standpunkt des Beobachters Σ gilt:

$$\begin{aligned} & \tilde{\boldsymbol{v}}'(t) = \boldsymbol{0}\,,\ \boldsymbol{\Omega}^\mathrm{r}(t)\cdot\left[\tilde{\boldsymbol{x}}'(t) - \tilde{\boldsymbol{b}}(t)\right] = l\dot{\varphi}(t)\left(\sin\varphi(t)\boldsymbol{e}_1 - \cos\varphi(t)\boldsymbol{e}_2\right) \equiv -l\dot{\varphi}(t)\boldsymbol{e}_\varphi(t)\,, \\ & \tilde{\boldsymbol{V}}(t) = \boldsymbol{0}\,. \end{aligned} \tag{2.149}$$

Benutze nun Gleichung (2.147) und diskutiere das Ergebnis

$$\boldsymbol{v}(t) = l\dot{\varphi}(t)\boldsymbol{e}_{\varphi}(t) \tag{2.150}$$

im Vergleich mit Gleichung (2.71). Zeige schließlich noch mit Gleichung (1.99), dass:

$$\boldsymbol{\Omega}^{\mathrm{r}}_{\times}(t) = -2\boldsymbol{\omega}^{\mathrm{r}}(t) \quad \Rightarrow \quad \boldsymbol{\omega}^{\mathrm{r}}(t) = -\dot{\varphi}(t)\boldsymbol{e}_3\,. \tag{2.151}$$

Man beachte die Vorzeichenwechsel bei folgender Korrespondenz (*nicht* Gleichheit) der Winkelgeschwindigkeitstensoren und -vektoren:

$$\boldsymbol{\Omega}^{\mathrm{r}}(t) \mathrel{\hat{=}} -\boldsymbol{\Omega}^{\mathrm{r}\prime}(t)\,,\ \boldsymbol{\omega}^{\mathrm{r}}(t) \mathrel{\hat{=}} -\boldsymbol{\omega}^{\mathrm{r}\prime}(t)\,. \tag{2.152}$$

Das macht Sinn, da die Drehrichtung sich bei Beobachterwechsel umkehrt.

Unser nächstes Ziel besteht darin, die Beziehungen für die Geschwindigkeiten indizistisch zu schreiben. Wir beginnen bei Gleichung (2.147) für Σ, die wir etwas umformen:

$$\begin{aligned} v'_k(t)\boldsymbol{Q}^{\mathsf{T}}(t)\cdot\boldsymbol{e}_k &= v_k(t)\boldsymbol{e}_k + \boldsymbol{Q}^{\mathsf{T}}(t)\cdot\dot{\boldsymbol{Q}}(t)\cdot\boldsymbol{Q}^{\mathsf{T}}(t)\cdot\left[x'_k(t) - b_k(t)\right]\boldsymbol{e}_k + \dot{b}_k(t)\boldsymbol{Q}^{\mathsf{T}}\cdot\boldsymbol{e}_k \\ \Rightarrow \quad v'_k(t)\boldsymbol{e}_k &= v_k(t)\boldsymbol{Q}(t)\cdot\boldsymbol{e}_k + \boldsymbol{\Omega}^{\ell}\cdot\left[x'_k(t) - b_k(t)\right]\boldsymbol{e}_k + \dot{b}_k(t)\boldsymbol{e}_k \end{aligned} \tag{2.153}$$

mit dem *linken Winkelgeschwindigkeitstensor**

$$\boldsymbol{\Omega}^{\ell}(t) = \dot{\boldsymbol{Q}}(t)\cdot\boldsymbol{Q}^{\mathsf{T}}(t) \equiv \mathbf{1}\times\boldsymbol{\omega}^{\ell}(t) = \boldsymbol{\omega}^{\ell}(t)\times\mathbf{1}\,. \tag{2.154}$$

Da auch $\boldsymbol{\Omega}^{\ell}(t)$ antisymmetrisch ist, konnte der *linke Winkelgeschwindigkeitsvektor* eingeführt werden und die Poissonrelation lautet:

$$\frac{\mathrm{d}\boldsymbol{Q}(t)}{\mathrm{d}t} = \boldsymbol{\omega}^{\ell}(t)\times\boldsymbol{Q}(t)\,. \tag{2.155}$$

Übungsaufgabe *Linker Winkelgeschwindigkeitstensor und Poissonrelation*

Beweise die Antisymmetrie von $\boldsymbol{\Omega}^{\ell}$ und die Poissonrelation (2.155).

Übungsaufgabe *Linker Winkelgeschwindigkeitstensor bei ebenem Pendelproblem*

Zeige, dass für den in Bild 2.6 und 2.8 dargestellten, ebenen Fall gilt:

$$\boldsymbol{\Omega}^{\ell}(t) = \Omega^{\ell}_{ij}(t)\boldsymbol{e}_i\otimes\boldsymbol{e}_j\,,\ \Omega^{\ell}_{ij}(t) = \begin{bmatrix} 0 & \dot{\varphi}(t) & 0 \\ -\dot{\varphi}(t) & 0 & 0 \\ 0 & 0 & 0 \end{bmatrix}_{ij}\,. \tag{2.156}$$

Vergleiche mit Gleichung (2.140). Zeige, dass allgemein gilt:

$$\boldsymbol{\Omega}^{\ell}(t) = \boldsymbol{Q}\cdot\boldsymbol{\Omega}^{\mathrm{r}}(t)\cdot\boldsymbol{Q}^{\mathsf{T}}\,. \tag{2.157}$$

Ist Gleichheit zwischen $\boldsymbol{\Omega}^{\mathrm{r}}(t)$ und $\boldsymbol{\Omega}^{\ell}(t)$ stets zu erwarten?

* Dieser wird meist in der Kontinuumsliteratur verwendet (z. B. [Gre2003], S. 35), wobei die Unterscheidung zwischen links und rechts gar nicht gemacht wird.

Nachdem man noch einen Einheitstensor einfügt, d. h. in Gleichung (2.153) schreibt $\boldsymbol{\Omega}^{\ell}\cdot \rightarrow \boldsymbol{\Omega}^{\ell}\cdot \boldsymbol{e}_l \otimes \boldsymbol{e}_l \cdot$ und mit $\boldsymbol{e}_i\cdot$ skalar multipliziert, entsteht:

$$v_i'(t) = Q_{ik} v_k(t) + \Omega^{\ell}_{ik}\left[x_k'(t) - b_k(t)\right] + V_i(t)\,,\quad \Omega^{\ell}_{ik} = \dot{Q}_{im} Q_{km}\,,\quad V_i = \dot{b}_i\,. \tag{2.158}$$

Diese Art der Darstellung findet man in vielen Lehrbüchern, in denen die Indexschreibweise betont wird ([Mue1973], [Mue1985], S. 38, [Gre2003], S. 35). Aus der Herleitung wird klar, dass es sich hierbei nicht um eine Koordinatentransformation, sondern um einen echten Beobachterwechsel bei der Geschwindigkeitstransformation handelt.

Übungsaufgabe *Euklidische Transformation für die Geschwindigkeiten*

Zeige, dass die für den Beobachter geltende Beziehung (2.138) ebenso auf Gleichung (2.158) führt.

Es ist interessant zu bemerken, dass:

$$\boldsymbol{\omega}^{\mathrm{r}}(t) = \boldsymbol{\omega}^{\ell}(t)\cdot \boldsymbol{Q}(t) \tag{2.159}$$

linker und rechter Winkelgeschwindigkeitsvektor also in eigentümlicher Weise über die Drehung verbunden sind. Dass dem so ist, liegt daran, dass $\boldsymbol{Q}$ ein Drehtensor ist, dessen Inverse die Transponierte und dessen Determinante gleich +1 ist (echte Drehung), so dass gilt:

$$Q_{ji} = \frac{1}{2}\epsilon_{jrs}\epsilon_{iuv} Q_{ru} Q_{sv}\,. \tag{2.160}$$

Übungsaufgabe *Beziehung zwischen rechtem und linkem Winkelgeschwindigkeitsvektor*

Erinnere an Gleichung (1.120), wonach für die Komponenten der Inversen eines Tensors $\boldsymbol{A}$ zweiter Stufe allgemein gilt:

$$A^{-1}_{ij} = \frac{1}{\det \boldsymbol{A}}\frac{1}{2}\epsilon_{jrs}\epsilon_{iuv} A_{ru} A_{sv}\,. \tag{2.161}$$

Spezialisiere das auf den Fall eines Drehtensors und erläutere Gleichung (2.160). Gehe mit diesem Wissen in die beiden Poissonrelationen (2.146) und (2.155) und beweise die Gültigkeit von Gleichung (2.159).

Bislang haben wir von „Geschwindigkeiten" des Punktes P aus Bild 2.13 geredet, so wie sie von den beiden Beobachtern Σ und Σ′ begriffen und zueinander in Beziehung gebracht werden können. Es ging also unspezifisch um geometrische Lagen und die Schnelle ihrer Positionsänderung in der Zeit. Nach den Ausführungen im Abschnitt 2.1.3 kann es sich bei P dabei einerseits um einen relativ abstrakten Raumpunkt handeln. Wir können die euklidische Transformation (2.108) also durchaus im Sinne einer räumlichen Beschreibung nach Gleichung (2.3) begreifen:

$$\Sigma:\ \tilde{\boldsymbol{\chi}}'^{\mathrm{s}}(\boldsymbol{X}^{\mathrm{s}},t) = \boldsymbol{\chi}^{\mathrm{s}}(\boldsymbol{X}^{\mathrm{s}},t) + \hat{\tilde{\boldsymbol{b}}}^{\mathrm{s}}(\boldsymbol{X}^{\mathrm{s}},t) \quad \text{und} \quad \Sigma':\ \boldsymbol{\chi}'^{\mathrm{s}}(\boldsymbol{X}^{\mathrm{s}},t) = \tilde{\boldsymbol{\chi}}^{\mathrm{s}}(\boldsymbol{X}^{\mathrm{s}},t) + \hat{\boldsymbol{b}}^{\mathrm{s}}(\boldsymbol{X}^{\mathrm{s}},t)\,. \tag{2.162}$$

Man sieht, dass sich die Bezeichnungen etwas sperrig gestalten, denn es kommen neben der Tilde noch ein Hut zur Identifikation von Funktionen in räumlicher Darstellung hinzu. Die Zeitableitungen dieser Ausdrücke führen dann auf Abbildungsgeschwindigkeiten, wie in Gleichung (2.4) erläutert. Diese kennzeichnen die Bewegung der jeweiligen Netze beider Beobachter, die voneinander unabhängig wählbar sind. Mithin sind die euklidischen Transformationen im Falle räumlicher Punktabbildung i. W. von mathematischem Interesse.

Das ist anders, wenn wir euklidische Transformationen der materiellen Geschwindigkeit untersuchen, also uns unter dem Punkt P sich bewegende Materie vorstellen, etwa ein materielles Teilchen. Die zugehörigen Geschwindigkeiten sind von physikalischer Bedeutung, Hier greifen die Erläuterungen zu Abschnitt 2.1.6 und für die euklidische Transformation (2.108) muss man in aller Ausführlichkeit folgendermaßen schreiben:

$$\Sigma: \; \tilde{\boldsymbol{\chi}}'(\boldsymbol{X},t) = \boldsymbol{\chi}(\boldsymbol{X},t) + \tilde{\tilde{\boldsymbol{b}}}(\boldsymbol{X}^{\mathrm{S}},t) \quad \text{und} \quad \Sigma': \; \boldsymbol{\chi}'(\boldsymbol{X}^{\mathrm{S}},t) = \tilde{\boldsymbol{\chi}}(\boldsymbol{X}^{\mathrm{S}},t) + \tilde{\boldsymbol{b}}(\boldsymbol{X},t)\,. \tag{2.163}$$

Bei den Bezeichnungen ist zu beachten, dass gewisse Tilden die Funktionsabhängigkeit in materieller Schreibweise in Bezug auf die Referenzkonfiguration und andere Tilden (mangels Symbolen) Bilder für den jeweiligen Beobachter bezeichnen. Das erklärt auch die seltsam aussehende Doppeltilde.

Die materielle Geschwindigkeit kommt in der Impulsbilanz vor, so etwa in Gleichung (3.46), genauer gesagt: Es erscheint deren materielle Zeitableitung (also die Beschleunigung) auf der linken Seite der Newton'schen Bewegungsgleichung, die zunächst einmal nur im Inertialsystem etabliert wurde. Wir werden uns mithilfe der euklidischen Transformationen und ihrer Zeitableitungen die Frage stellen, wie die entsprechende Bewegungsgleichung im Nichtinertialsystem aussieht. Dazu werden wir uns aus dem Inertialsystem in das Nichtinertialsystem transformieren, also einen Beobachterwechsel vornehmen. In Vorbereitung dessen untersuchen wir im nächsten Abschnitt das Transformationsverhalten der Beschleunigungen.

2.4.4 Beschleunigung bei Beobachterwechsel

Wir beginnen beim Beobachter Σ' und differenzieren Gleichung (2.138) nach der Zeit. Das Resultat lautet:

$$\begin{aligned}\Sigma': \quad \boldsymbol{a}'(t) = \tilde{\boldsymbol{a}}(t) - \dot{\boldsymbol{\Omega}}^{\mathrm{r}\prime}(t)\cdot\left[\boldsymbol{x}'(t)-\boldsymbol{b}(t)\right] - 2\boldsymbol{\Omega}^{\mathrm{r}\prime}(t)\cdot\left[\boldsymbol{v}'(t)-\boldsymbol{V}(t)\right] \\ - \boldsymbol{\Omega}^{\mathrm{r}\prime}(t)\cdot\boldsymbol{\Omega}^{\mathrm{r}\prime}(t)\cdot\left[\boldsymbol{x}'(t)-\boldsymbol{b}(t)\right] + \boldsymbol{A}(t)\,.\end{aligned} \tag{2.164}$$

oder mit rechten Winkelgeschwindigkeitsvektoren geschrieben:

$$\begin{aligned}\Sigma': \quad \boldsymbol{a}'(t) = \tilde{\boldsymbol{a}}(t) - \dot{\boldsymbol{\omega}}^{\mathrm{r}\prime}(t)\times\left[\boldsymbol{x}'(t)-\boldsymbol{b}(t)\right] - 2\boldsymbol{\omega}^{\mathrm{r}\prime}(t)\times\left[\boldsymbol{v}'(t)-\boldsymbol{V}(t)\right] \\ - \boldsymbol{\omega}^{\mathrm{r}\prime}(t)\times\boldsymbol{\omega}^{\mathrm{r}\prime}(t)\times\left[\boldsymbol{x}'(t)-\boldsymbol{b}(t)\right] + \boldsymbol{A}(t)\,.\end{aligned} \tag{2.165}$$

Darin bezeichnen:

- $\boldsymbol{a}'(t) = \dot{v}'_k(t)\boldsymbol{d}_k$: die Beschleunigung des Punktes P von Σ' aus gesehen;
- $\tilde{\boldsymbol{a}}(t) = \dot{v}_k(t)\tilde{\boldsymbol{e}}_k(t)$: das Bild der Beschleunigung des Punktes P von Σ aus gesehen;
- $-\dot{\boldsymbol{\Omega}}^{\mathrm{r}\prime}(t)\cdot\left[\boldsymbol{x}'(t)-\boldsymbol{b}(t)\right] \equiv -\dot{\boldsymbol{\omega}}^{\mathrm{r}\prime}(t)\times\left[\boldsymbol{x}'(t)-\boldsymbol{b}(t)\right]$: die Drehbeschleunigung des Bildes des Aufpunktsvektors $\boldsymbol{x}(t)$ von Σ, auch als *Eulerbeschleunigung* bekannt, denn es gilt ja für Σ': $\boldsymbol{x}'(t)-\boldsymbol{b}(t) = \tilde{\boldsymbol{x}}(t)$;

- $-2\boldsymbol{\Omega}^{\mathrm{r}\prime}(t)\cdot\left[\boldsymbol{v}'(t)-\boldsymbol{V}(t)\right]\equiv-2\boldsymbol{\omega}^{\mathrm{r}\prime}(t)\times\left[\boldsymbol{v}'(t)-\boldsymbol{V}(t)\right]$: die *Coriolisbeschleunigung*;
- $-\boldsymbol{\Omega}^{\mathrm{r}\prime}(t)\cdot\boldsymbol{\Omega}^{\mathrm{r}\prime}(t)\cdot\left[\boldsymbol{x}'(t)-\boldsymbol{b}(t)\right]\equiv\boldsymbol{\omega}^{\mathrm{r}\prime}(t)\times\boldsymbol{\omega}^{\mathrm{r}\prime}(t)\times\left[\boldsymbol{x}'(t)-\boldsymbol{b}(t)\right]$: die *Zentrifugalbeschleunigung*;
- $\boldsymbol{A}(t)=\ddot{b}_k(t)\boldsymbol{d}_k$: die *Boostbeschleunigung*, mit der sich der Ursprung von Σ für Σ' translatorisch bewegt.

Übungsaufgabe *Beschleunigungstransformationen für das Pendel (Beobachter Σ')*
Erinnere erneut an die Problemstellung aus Bild 2.6 und 2.8. Zeige, dass

$$\begin{aligned}&\boldsymbol{a}'(t)=\boldsymbol{0},\ -\dot{\boldsymbol{\Omega}}^{\mathrm{r}\prime}(t)\cdot\left[\boldsymbol{x}'(t)-\boldsymbol{b}(t)\right]=-l\ddot{\varphi}(t)\boldsymbol{d}_2,\ -2\boldsymbol{\Omega}^{\mathrm{r}\prime}(t)\cdot\left[\boldsymbol{v}'(t)-\boldsymbol{V}(t)\right]=\boldsymbol{0},\\&-\boldsymbol{\Omega}^{\mathrm{r}\prime}(t)\cdot\boldsymbol{\Omega}^{\mathrm{r}\prime}(t)\cdot\left[\boldsymbol{x}'(t)-\boldsymbol{b}(t)\right]=l\dot{\varphi}^2(t)\boldsymbol{d}_1,\ \boldsymbol{A}(t)=\boldsymbol{0}.\end{aligned}\tag{2.166}$$

Folgere mit Gleichung (2.138), dass:

$$-\tilde{\boldsymbol{a}}(t)=-l\ddot{\varphi}(t)\boldsymbol{d}_2+l\dot{\varphi}^2(t)\boldsymbol{d}_1.\tag{2.167}$$

Diskutiere das Ergebnis im Zusammenhang mit der Zerlegung der d'Alembert'schen Trägheitskraft in Bild 2.8.

Nun analysieren wir die Beschleunigungen vom Beobachter Σ aus gesehen, d. h. wir differenzieren Gleichung (2.147) nach der Zeit, um folgendes zu finden:

$$\begin{aligned}\Sigma:\quad\tilde{\boldsymbol{a}}'(t)=\boldsymbol{a}(t)+\dot{\boldsymbol{\Omega}}^{\mathrm{r}}(t)\cdot\left[\tilde{\boldsymbol{x}}'(t)-\tilde{\boldsymbol{b}}(t)\right]+2\boldsymbol{\Omega}^{\mathrm{r}}(t)\cdot\left[\tilde{\boldsymbol{v}}'(t)-\tilde{\boldsymbol{V}}(t)\right]\\-\boldsymbol{\Omega}^{\mathrm{r}}(t)\cdot\boldsymbol{\Omega}^{\mathrm{r}}(t)\cdot\left[\tilde{\boldsymbol{x}}'(t)-\tilde{\boldsymbol{b}}(t)\right]+\tilde{\boldsymbol{A}}(t)\end{aligned}\tag{2.168}$$

oder mit dem rechten Winkelgeschwindigkeitsvektor des Beobachters Σ geschrieben:

$$\begin{aligned}\Sigma:\quad\tilde{\boldsymbol{a}}'(t)=\boldsymbol{a}(t)+\dot{\boldsymbol{\omega}}^{\mathrm{r}}(t)\times\left[\tilde{\boldsymbol{x}}'(t)-\tilde{\boldsymbol{b}}(t)\right]+2\boldsymbol{\omega}^{\mathrm{r}}(t)\times\left[\tilde{\boldsymbol{v}}'(t)-\tilde{\boldsymbol{V}}(t)\right]\\-\boldsymbol{\omega}^{\mathrm{r}}(t)\times\boldsymbol{\omega}^{\mathrm{r}}(t)\times\left[\tilde{\boldsymbol{x}}'(t)-\tilde{\boldsymbol{b}}(t)\right]+\tilde{\boldsymbol{A}}(t).\end{aligned}\tag{2.169}$$

Darin bezeichnen:

- $\tilde{\boldsymbol{a}}'(t)=\dot{v}'_k(t)\tilde{\boldsymbol{d}}_k(t)$: das Bild der Beschleunigung des Punktes P von Σ' aus gesehen; wäre Σ ein Inertialsystem, so könnte man sie auch *Relativbeschleunigung* nennen;
- $\boldsymbol{a}(t)=\dot{v}_k(t)\boldsymbol{e}_k$: die Beschleunigung des Punktes P von Σ aus gesehen; wäre Σ ein Inertialsystem, so könnte man sie auch *Absolutbeschleunigung* nennen;
- $\dot{\boldsymbol{\Omega}}^{\mathrm{r}}(t)\cdot\left[\tilde{\boldsymbol{x}}'(t)-\tilde{\boldsymbol{b}}(t)\right]\equiv\dot{\boldsymbol{\omega}}'^{\mathrm{r}}(t)\times\left[\tilde{\boldsymbol{x}}'(t)-\tilde{\boldsymbol{b}}(t)\right]$: die Drehbeschleunigung des Aufpunktsvektors $\boldsymbol{x}(t)$ von Σ, denn es gilt ja für Σ: $\tilde{\boldsymbol{x}}'(t)-\tilde{\boldsymbol{b}}(t)=\boldsymbol{x}(t)$, eben die *Eulerbeschleunigung*;
- $2\boldsymbol{\Omega}^{\mathrm{r}}(t)\cdot\left[\tilde{\boldsymbol{v}}'(t)-\tilde{\boldsymbol{V}}(t)\right]\equiv2\boldsymbol{\omega}^{\mathrm{r}}(t)\times\left[\tilde{\boldsymbol{v}}'(t)-\tilde{\boldsymbol{V}}(t)\right]$: nämlich die *Coriolisbeschleunigung*;
- $-\boldsymbol{\Omega}^{\mathrm{r}}(t)\cdot\boldsymbol{\Omega}^{\mathrm{r}}(t)\cdot\left[\tilde{\boldsymbol{x}}'(t)-\tilde{\boldsymbol{b}}(t)\right]\equiv-\boldsymbol{\omega}^{\mathrm{r}}(t)\times\boldsymbol{\omega}^{\mathrm{r}}(t)\times\left[\tilde{\boldsymbol{x}}'(t)-\tilde{\boldsymbol{b}}(t)\right]$: die *Zentrifugalbeschleunigung*;
- $\tilde{\boldsymbol{A}}(t)=\ddot{b}_k(t)\tilde{\boldsymbol{d}}_k(t)$: das Bild der Boostbeschleunigung, mit der sich der Ursprung von Σ für Σ' translatorisch bewegt;
- die Kombination $\dot{\boldsymbol{\omega}}'^{\mathrm{r}}(t)\times\left[\tilde{\boldsymbol{x}}'(t)-\tilde{\boldsymbol{b}}(t)\right]-\boldsymbol{\omega}^{\mathrm{r}}(t)\times\boldsymbol{\omega}^{\mathrm{r}}(t)\times\left[\tilde{\boldsymbol{x}}'(t)-\tilde{\boldsymbol{b}}(t)\right]+\tilde{\boldsymbol{A}}(t)$ nennt man in der deutschen Literatur auch *Führungsbeschleunigung*, siehe [Gro1989], Abschnitt 6.1.

Übungsaufgabe *Beschleunigungstransformationen für das Pendel (Beobachter Σ)*
Zeige, dass für das Pendelproblem aus Bild 2.6 und 2.8 vom Standpunkt des Beobachters Σ gilt.

$$\begin{aligned}
&\tilde{\boldsymbol{a}}'(t) = \mathbf{0}\,,\quad \tilde{\boldsymbol{A}}(t) = \mathbf{0}\,,\\
&\dot{\boldsymbol{\Omega}}^{\mathrm{r}}(t)\cdot\left[\tilde{\boldsymbol{x}}'(t) - \tilde{\boldsymbol{b}}(t)\right] = l\ddot{\varphi}(t)\left(\sin\varphi(t)\boldsymbol{e}_1 - \cos\varphi(t)\boldsymbol{e}_2\right) = -l\ddot{\varphi}(t)\boldsymbol{e}_\varphi(t)\,,\\
&2\boldsymbol{\Omega}^{\mathrm{r}}(t)\cdot\left[\tilde{\boldsymbol{v}}'(t) - \tilde{\boldsymbol{V}}(t)\right] = \mathbf{0}\,,\\
&-\boldsymbol{\Omega}^{\mathrm{r}}(t)\cdot\boldsymbol{\Omega}^{\mathrm{r}}(t)\cdot\left[\tilde{\boldsymbol{x}}'(t) - \tilde{\boldsymbol{b}}(t)\right] = l\dot{\varphi}^2(t)l\left(\cos\varphi(t)\boldsymbol{e}_1 + \sin\varphi(t)\boldsymbol{e}_2\right) = \dot{\varphi}^2(t)\boldsymbol{e}_r(t)\,.
\end{aligned} \tag{2.170}$$

Folgere mit Gleichung (2.168), dass:

$$\boldsymbol{a}(t) = l\ddot{\varphi}(t)\boldsymbol{e}_\varphi(t) - l\dot{\varphi}^2(t)\boldsymbol{e}_r(t)\,. \tag{2.171}$$

Diskutiere das Ergebnis im Zusammenhang mit Gleichung $(2.71)_2$.

Abschließend soll noch die Komponentendarstellung für die Beschleunigungen hergeleitet werden. Hierzu gibt es zwei Möglichkeiten. Wir könnten etwa die Vektordarstellungen (2.168) oder (2.164) mit geeigneten Basisvektoren skalar multiplizieren, den linken Winkelgeschwindigkeitstensor einarbeiten und so die Komponenten Schritt um Schritt erhalten. Oder aber man startet bei den Komponentendarstellungen für die Geschwindigkeiten (2.158) und differenziert diese nach der Zeit. Das Einarbeiten des linken Winkelgeschwindigkeitstensors erübrigt sich dann. Das Endergebnis lautet:

$$\begin{aligned}
a_i'(t) = Q_{ik}a_k(t) + \dot{\Omega}^\ell_{ik}\left[x_k'(t) - b_k(t)\right] + 2\Omega^\ell_{ik}\left[v_k'(t) - V_k(t)\right]\\
-\Omega^\ell_{il}\Omega^\ell_{lk}\left[x_k'(t) - b_k(t)\right] + A_i(t)\,,\quad A_i(t) = \ddot{b}_i(t)\,.
\end{aligned} \tag{2.172}$$

Die Bezeichnungen der einzelnen Beschleunigungen sind genauso, wie bereits oben angegeben.

Übungsaufgabe *Komponentendarstellung für die Beschleunigungen*
Man zeige die Gültigkeit von Gleichung (2.172) auf beide vorgeschlagene Weisen.

Literatur

[Gre2003] R. Greve. *Kontinuumsmechanik – Ein Grundkurs für Ingenieure und Physiker.* Springer, Berlin, Heidelberg, 2003.

[Gro1989] D. Gross, W. Hauger, W. Schnell. *Technische Mechanik, Band 3: Kinetik, 8., erweiterte Auflage* Springer, Berlin, Heidelberg, New York, 1989.

[Iva2016] E. A. Ivanova, E. N. Vilchevskaya. *Micropolar continuum in spatial description.* Continuum Mechanics and Thermodynamics, 28(6), S. 1759–1780, 2016.

[Iva2016] E. A. Ivanova, E. Vilchevskaya, W. H. Müller. *Time derivatives in material and spatial description ?- What are the differences and why do they concern us?* in Advanced Methods of Mechanics for Materials and Structures. Vol. 60. Springer, S. 3–28, 2016.

[Jac1999] J. D. Jackson. *Classical electrodynamics 3rd edn.* John Wiley & Sons, New York, 1999.

[Kac2018] M. Kachanov, I. Sevostianov. *Micromechanics of materials, with applications (Vol. 249).* Springer, Cham, 2018.

[Liu2002] I.-S. Liu. *Continuum mechanics.* Springer, 2002.

[Mau2013] G. A. Maugin, *Continuum mechanics of electromagnetic solids.* Elsevier, 2013.

[Mue1973] I. Müller, *Thermodynamik: die Grundlagen d. Materialtheorie.* Bertelsmann-Universitätsverlag, 1973.

[Mue1983] W. H. Müller, W. Muschik. *Bilanzgleichungen offener mehrkomponentiger Systeme. I. Massen- und Impulsbilanzen,* J. Non-Equilib. Thermodyn., 8, S. 29–46, 1983.

[Mue1985] I. Müller, *Thermodynamics.* Pitman, Boston·London·Melbourne, 1985.

[Mue2019] W. H. Müller, F. Ferber. *Technische Mechanik für Ingenieure, 5., überarbeitete Auflage.* Carl Hanser Verlag GmbH Co KG, 2019.

[Mue2021] W. H. Müller, S. Glane, Sebastian, W. Rickert. *Technische Mechanik für Technomathematik und Physikalische Ingenieurwissenschaft.* Carl Hanser Verlag GmbH Co. KG, 2021.

[Rap2022] B. E. Rapp, *Microfluidics: modeling, mechanics and mathematics.* Elsevier, Oxford, Cambridge, 2022.

[Ric2019] W. Rickert, W. H. Müller. *Review of Rational Electrodynamics: Deformation and Force Models for Polarizable and Magnetizable Matter* in International Conference on Applications of Mathematics and Informatics in Natural Sciences and Engineering. Springer, S. 245–280, 2019.

[Tru1991] C. Truesdell, *A first course in rational continuum mechanics, 2nd edn. corr., rev., and augmented version.* Academic Press, Inc. Boston, 1991.

[TT1960] C. Truesdell, R. Toupin, *The Classical Field Theories.* Springer Heidelberg, 1960.

[Zhi2001] P. A. Zhilin. *Vektoren und Tensoren zweiter Stufe im dreidimensionalen Raum (in Russ.).* Verlag der St. Petersburger Polytechnischen Universität, 2001.

[Zhi2015] P. A. Zhilin. *Dynamik des starren Körpers (in Russ.).* Verlag der St. Petersburger Polytechnischen Universität, 2015.

3 Mechanik

3.1 Zielsetzung der Kontinuumsmechanik

In diesem Buch wird Mechanik für ein *deformierbares Kontinuum* gelehrt. An gegebener Stelle wird die Verbindung zum Modell *Starrkörper* hergestellt, jedoch primär ist es erlaubt, dass sich das betrachtete, aus Materie bestehende Raumgebiet verformt. Außerdem sollen alle drei Aggregatzustände der Materie erlaubt sein, fest, flüssig und gasförmig. Die beiden letzteren sind normalerweise das Thema der *Fluidmechanik*, das erste der sogenannten *Festkörpermechanik*. Die Kontinuumstheorie jedoch lässt es zu, alle in einem Rahmen einheitlich zu präsentieren, was einen großen Vorteil dieses rationalen Zugangs mit sich bringt.

Wir formulieren somit das *Ziel* der Kontinuumsmechanik*, das darin besteht, das Skalarfeld der Massendichte ρ und das Vektorfeld der Geschwindigkeit der Materie $\boldsymbol{v}$ in allen Punkten des Raumes und zu allen Zeiten zu bestimmen. Das sind also insgesamt im dreidimensionalen Raum vier Unbekannte, und die Aufgabe besteht darin, dafür vier Gleichungen aufzustellen, die nurmehr diese Primärfelder (bzw. auch zugehörige Ableitungen in Ort und Zeit) enthalten. Diese *Feldgleichungen der Kontinuumsmechanik* beruhen, wie wir sehen werden, auf den *Bilanzen für Masse und Impuls* zuzüglich *Materialgleichungen für den Spannungstensor*. Letztere haben eine unterschiedliche Form, je nachdem ob Gase, Fluide oder Festkörper behandelt werden.

Im vorangegangenen Kapitel haben wir gelernt, dass Felder unterschiedlich beschrieben werden können. Es ist möglich, die Felder der Dichte und der Materiegeschwindigkeit in räumlicher Schreibweise auf dem Euler'schen Gitter zu beschreiben, also als $\rho = \overline{\rho}(\boldsymbol{x}^{\mathrm{s}}, t)$ und $\boldsymbol{v} = \overline{\boldsymbol{v}}(\boldsymbol{x}^{\mathrm{s}}, t)$. Diese Art der Darstellung ist in der Fliudmechanik besonders verbreitet, da dort durch die „fiktiven" Gitterzellen stets neue Materie durchströmt. Die Beschreibung in Euler'schen materiellen Koordinaten, also $\rho = \breve{\rho}(\boldsymbol{x}, t)$ und $\boldsymbol{v} = \breve{\boldsymbol{v}}(\boldsymbol{x}, t)$, bietet sich für Festkörper an, da bei diesen typischerweise die Materie während des Deformationsprozesses erhalten bleibt. Wie sich zeigen wird, ist es jedoch mathematisch opportun, nicht die aktuelle Lage, sondern die Referenzlage zur Beschreibung heranzuziehen, also in Lagrange materieller Darstellung zu schreiben $\rho = \tilde{\rho}(\boldsymbol{X}, t)$ und $\boldsymbol{v} = \tilde{\boldsymbol{v}}(\boldsymbol{X}, t)$, es sei denn, man beschränkt sich auf kleine Deformationen, wie in der *linearen Elastizitätstheorie* üblich. Dort ist der Unterschied in beiden Konfigurationen von „höherer Ordnung". Auch das werden wir sehen.

Wir werden auch lernen, dass es manchmal geschickter ist, global zu argumentieren, um zu einer Lösung zu gelangen, also für ein makroskopisches räumliches oder materielles System $v(t)$ bzw. $v^{\mathrm{s}}(t)$. Eine Lösung in der lokalen Formulierung jedoch hat ihre Vorteile, da dann

* Genauer gesagt ist dies das Ziel der klassischen Kontinuumsmechanik. Wir werden später in Abschnitt 3.2.6.6 erweiterte Kontinuumstheorien kennenlernen. Hier kommen neue Ziele für die Mechanik hinzu, z. B. die Bestimmung des Spinfeldes.

das mathematisch mächtige Werkzeug der Theorie partieller Differentialgleichungen genutzt werden kann. Wie das genau geht, wird ebenso nachstehend gezeigt, zumindest ansatzweise.

3.2 Bilanzen der Kontinuumsmechanik

3.2.1 Massenbilanz

Die Masse ist primär eine Volumengröße. Wir beziehen uns daher auf die allgemeinen globalen Bilanzen in Gleichung (2.35) und Gleichung (2.40), zunächst ohne singuläre Fläche. Es gilt nun bei der Masse mit $\psi = \rho$ (Massendichte in $\mathrm{kg/m^3}$) folgendes festzuhalten:

- Masse ist eine *Erhaltungsgröße*. Daher gilt $p = 0$.
- Masse kann *nur konvektiv* transportiert werden. Infolgedessen ist $\boldsymbol{\varphi} = \mathbf{0}$ und daher $\boldsymbol{\phi} = \boldsymbol{\rho}\left(\boldsymbol{v} - \boldsymbol{v}^{\mathrm{s}}\right)$.
- Masse kann nicht im Volumen zugeführt werden, also gilt $s = 0$.

Es resultiert in globaler Form für ein offenes Volumina $v^{\mathrm{s}}(t)$ in Euler'scher räumlicher Beschreibung:

$$\frac{\mathrm{d}}{\mathrm{d}t} \int\limits_{v^{\mathrm{s}}(t)} \overline{\rho}(\boldsymbol{x}^{\mathrm{s}}, t)\, \mathrm{d}v^{\mathrm{s}} = - \oint\limits_{\partial v^{\mathrm{s}}(t)} \overline{\rho}(\boldsymbol{x}^{\mathrm{s}}, t)\left(\overline{\boldsymbol{v}}(\boldsymbol{x}^{\mathrm{s}}, t) - \overline{\boldsymbol{v}}^{\mathrm{s}}(\boldsymbol{x}^{\mathrm{s}}, t)\right) \cdot \overline{\boldsymbol{n}}^{\mathrm{s}}(\boldsymbol{x}^{\mathrm{s}}, t)\, \mathrm{d}a, \tag{3.1}$$

wobei alle Funktionssymbole und Argumente aufgeführt wurden. Alternativ können wir mit Gleichung (2.37) schreiben:

$$\int\limits_{v^{\mathrm{s}}(t)} \frac{\partial \rho}{\partial t}\, \mathrm{d}v^{\mathrm{s}} + \oint\limits_{\partial v^{\mathrm{s}}(t)} \rho \boldsymbol{v} \cdot \boldsymbol{n}^{\mathrm{s}}\, \mathrm{d}a^{\mathrm{s}} = 0. \tag{3.2}$$

Oder mit Gleichung (2.38) auch so:

$$\int\limits_{v^{\mathrm{s}}(t)} \left(\frac{\partial \rho}{\partial t} + \nabla^{\mathrm{s}} \cdot (\rho \boldsymbol{v})\right) \mathrm{d}v^{\mathrm{s}} = 0. \tag{3.3}$$

Für ein materielles Volumen $v(t)$ in Euler'scher materieller Beschreibung haben wir:

$$\frac{\mathrm{d}}{\mathrm{d}t} \int\limits_{v(t)} \breve{\rho}(\boldsymbol{x}, t)\, \mathrm{d}v = 0. \tag{3.4}$$

Mit Gleichung (2.41) und Gleichung (2.42) schreiben wir dafür alternativ:

$$\int\limits_{v(t)} \frac{\partial \rho}{\partial t} \mathrm{d}v + \oint\limits_{\partial v(t)} \rho\, \boldsymbol{v} \cdot \boldsymbol{n}\, \mathrm{d}a = 0, \quad \int\limits_{v(t)} \left(\frac{\partial \rho}{\partial t} + \nabla \cdot (\rho \boldsymbol{v})\right) \mathrm{d}v = 0. \tag{3.5}$$

Die lokalen Massenbilanzen in regulären Punkten lauten nach Gleichung (2.47) und Gleichung (2.48):

$$\begin{aligned} &\frac{\partial \rho}{\partial t} + \nabla^{\mathrm{s}} \cdot (\rho \boldsymbol{v}) = 0 \quad \Leftrightarrow \quad \frac{\partial \rho}{\partial t} + \frac{\partial}{\partial x_i^{\mathrm{s}}}(\rho v_i) = 0, \\ &\frac{\partial \rho}{\partial t} + \nabla \cdot (\rho \boldsymbol{v}) = 0 \quad \Leftrightarrow \quad \frac{\partial \rho}{\partial t} + \frac{\partial}{\partial x_i}(\rho v_i) = 0. \end{aligned} \tag{3.6}$$

oder für räumliche und materielle Darstellung nach Gleichung (2.62):*

$$\frac{\delta\rho}{\delta t} = -\rho\nabla^{\mathrm{s}}\cdot\boldsymbol{v}\,,\quad \frac{\delta\rho}{\delta t} = -\rho\nabla\cdot\boldsymbol{v} \;\Leftrightarrow\; \frac{\mathrm{d}\rho}{\mathrm{d}t} = -\rho\nabla\cdot\boldsymbol{v}\,. \tag{3.7}$$

Diese Gleichungen kann man umschreiben:

$$\nabla^{(\mathrm{s})}\cdot\boldsymbol{v} = -\frac{1}{\rho}\frac{\delta\rho}{\delta t} \;\Leftrightarrow\; \mathrm{div}^{(\mathrm{s})}\,\boldsymbol{v} = -\frac{1}{\rho}\frac{\delta\rho}{\delta t}\,,\quad \nabla\cdot\boldsymbol{v} = -\frac{1}{\rho}\frac{\mathrm{d}\rho}{\mathrm{d}t} \;\Leftrightarrow\; \mathrm{div}\,\boldsymbol{v} = -\frac{1}{\rho}\frac{\mathrm{d}\rho}{\mathrm{d}t}\,, \tag{3.8}$$

wobei das Kürzel (s) am Nabla-Operator darauf hinweisen soll, dass wir im räumlichen Fall den Gradienten zwischen Gitterzellen die Ortsableitung angibt, und im materiellen Fall ist es der Gradient zwischen benachbarten Teilchen. Ist die Materie *inkompressibel*, $\rho = \rho_0$ =const., so verschwindet die Quellstärke:

$$\nabla^{(\mathrm{s})}\cdot\boldsymbol{v} = 0\,,\quad \boldsymbol{v} = 0\,. \tag{3.9}$$

Man nennt die Operation *Divergenz* div auch die *Quellstärke*, und man kann sagen, die Quelle (Ursache) für materielle Bewegung ist eine sich zeitlich ändernde Massendichte, also eine Verdünnung oder Verdichtung der Materie. Das ist die anschauliche Bedeutung dieser auch *Kontinuitätsgleichung* genannten Beziehung.

Es fehlen noch die Bilanzen in Punkten einer singulären Fläche, also die Sprungbilanzen der Masse nach Gleichung (2.49):

$$[\![\rho\left(\boldsymbol{v}-\boldsymbol{w}^{\mathrm{I}}\right)]\!]\cdot\boldsymbol{e} = 0\,, \tag{3.10}$$

denn es gibt keine Flächenzufuhr und Flächenproduktion an Masse: $s^{\mathrm{I}} = 0$, $p^{\mathrm{I}} = 0$.

Übungsaufgabe *Interpretationen der Sprungbilanz der Masse*

Diskutiere verschiedene Aspekte der Gleichung (3.10). Erinnere dabei, dass Ausdrücke der Form Massendichte × Geschwindigkeit als Massendurchsatz pro Flächeneinheit in $\frac{\mathrm{kg}}{\mathrm{s}}/\mathrm{m}^2$ interpretierbar sind.

(a) Man setze die Geschwindigkeit der singulären Fläche gleich Null und zeige, dass der Strom an Masse durch die singuläre Fläche stetig ist.

(b) Man belasse die Geschwindigkeit der singulären Fläche und erläutere, warum die die Relativgeschwindigkeit über den effektiven Massendurchsatz entscheidet.

Beispiel: *Die Rohrströmung*

Um zu sehen, wie man diese verschiedenen Gleichungen bei konkreten Problemen anwendet, betrachten wir zunächst Bild 3.1, wo eine *stationäre* Strömung durch ein i. W. beliebig geformtes Rohr zu sehen ist. Der Massenstrom soll analysiert werden. Offenbar ist das Rohr ein offenes globales System v^{s}, das sich nicht bewegt. Also haben wir $\boldsymbol{v}^{\mathrm{s}} = \mathbf{0}$. Wie in der Abbildung gezeigt, legen wir die Grenzen des Bereichs ∂v^{s} *außen* um das Rohr herum. Das ist sinnvoll, da wir uns so keine Gedanken um

* Man erinnere, dass die substantielle Zeitableitung in materieller Darstellung mit der totalen Zeitableitung identisch ist, Gleichung (2.59).

die Geschwindigkeitsverteilung an der Mantelinnenwand zu machen brauchen. Der Eingangsstutzen hat die Fläche A_l und der Ausgangsstutzen A_r. Dann sind nur die Dichten und Geschwindigkeiten dort von Belang. Für eine Analyse des Massenstromes wählen wir Gleichung (3.1):

$$\frac{\mathrm{d}m}{\mathrm{d}t} = +\overline{\rho|\boldsymbol{v}\cdot\boldsymbol{n}|}|_l A_l - \overline{\rho|\boldsymbol{v}\cdot\boldsymbol{n}|}|_r A_r\,, \quad m = \int_{v^{\mathrm{s}}} \overline{\rho}(\boldsymbol{x}^{\mathrm{s}}, t)\,\mathrm{d}v^{\mathrm{s}}\,. \tag{3.11}$$

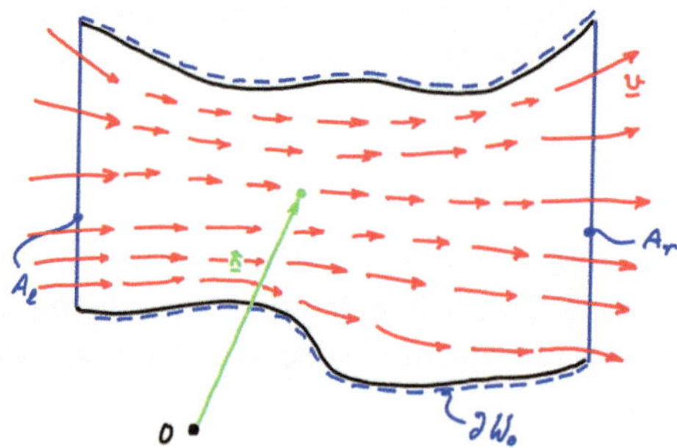

Bild 3.1 Strömung durch ein Rohr

Dabei wurde der Mittelwertsatz der Integralrechnung am linken und am rechten Stutzen eingesetzt (man beachte die Überstriche). Außerdem wurde der Anschauung entnommen, dass am linken Stutzen Geschwindigkeiten und Normale i. W. entgegengesetzt gerichtet sind, das Skalarprodukt also negativ wird und umgekehrt. Unser Ergebnis sagt aus, dass ein Verlust / Gewinn in Masse auftreten kann, gegeben durch die Differenz von Massenstrom links und Massenstrom rechts. Geschehen könnte das durch Verdichtung und Verdünnung im Inneren. Die Bedingung der Stationarität konnte nicht ausgenutzt werden.

Das ist im Fall von Gleichung $(3.5)_1$ ganz anders. Hier müssen wir aufgrund der Stationarität folgern, dass sich die Massendichte am festen Ort nicht ändert, also gilt $\partial\rho/\partial t|_{\boldsymbol{x}^{\mathrm{s}}} = 0$. Damit verschwindet das Volumenintegral und mit dem Mittelwertsatz folgt diesmal:

$$\overline{\rho|\boldsymbol{v}\cdot\boldsymbol{n}|}\Big|_l A_l = \overline{\rho|\boldsymbol{v}\cdot\boldsymbol{n}|}\Big|_r A_r \quad \Leftrightarrow \quad \dot{m}|_l = \dot{m}|_r\,. \tag{3.12}$$

Die Massenströme (man beachte den Punkt, der hier nicht die Bedeutung eines Differentials hat, sondern lediglich ein „kg pro Zeiteinheit“ andeutet), sind also gleich. Was links einströmt, muss rechts ausströmen.

Eine Bemerkung ist angebracht. Wir hätten auch annehmen können, dass die strömende Materie inkompressibel ist, also $\rho = \rho_0 = \text{const}$. Dann ist $\partial\rho/\partial t|_{\boldsymbol{x}^{\mathrm{s}}}$ ebenso Null und anstelle von Gleichung (3.12) können wir schreiben:

$$\overline{|\boldsymbol{v}\cdot\boldsymbol{n}|}\Big|_l A_l = \overline{|\boldsymbol{v}\cdot\boldsymbol{n}|}\Big|_r A_r \quad \Leftrightarrow \quad \dot{V}|_l = \dot{V}|_r\,, \tag{3.13}$$

d. h. der Volumendurchsatz $\dot{V}$ ist stetig.

Beispiel: *Das materielle Teilchen und seine Massendichte*

Als weiteres Beispiel zur Massenbilanz betrachten wir ein materielle Teilchen auf seinem Weg durch den Raum. Es soll untersucht werden, wie sich seine Dichte ρ_0 aus der Referenzkonfiguration in den aktuellen Dichtewert ρ wandelt. Da wir direkt nach der Zeit integrieren wollen, ist Gleichung $(3.7)_2$ die beste Wahl für eine Analyse, denn sie enthält ein einfach integrables Zeitdifferential. Gleichung $(3.7)_1$ ist ungeeignet, da wir mit ihr nicht ein materielles Teilchen beschreiben, sondern lediglich wie sich der Dichtewert in einem sich möglicherweise willkürlich bewegenden RVE ändert. Dieses wird laufend von neuer Materie durchflossen, und darum geht es uns hier nicht. Gleichung (3.6) schließlich ist eine partielle Differentialgleichung. Sie ist zuständig, wenn wir ein (global gestelltes) Anfangs-Randwertproblem in einem Gebiet numerisch lösen wollen, wofür wir auf dem Rand des Gebietes Randbedingungen vorzuschreiben haben und außerdem Anfangsbedingungen für das Massen- und Geschwindigkeitsfeld im gesamten Gebiet zu formulieren sind. Also mit der lokalen Gleichung $(2.30)_4$ oder Gleichung $(2.30)_5$ im materiellen Punkt:

$$\frac{\mathrm{d}\rho}{\rho} = -\nabla\cdot\boldsymbol{v}\,\mathrm{d}t = -\frac{\mathrm{d}J}{J} \quad\Leftrightarrow\quad \frac{\mathrm{d}\rho}{\rho} = -\nabla\cdot\boldsymbol{v}\,\mathrm{d}t = -\frac{\mathrm{d}(\mathrm{d}v)}{\mathrm{d}v}\,. \tag{3.14}$$

Damit sind wir sofort in der Lage zu integrieren und zwar von der Referenzlage (mit 0 bezeichnet, wobei $J_0 = 0$) bis zur aktuellen Position:

$$\rho = \frac{\rho_0}{J} \quad\Leftrightarrow\quad \frac{\rho}{\rho_0} = \frac{\mathrm{d}V}{\mathrm{d}v}\,. \tag{3.15}$$

Dieses Ergebnis kann man jedoch auch „ingenieurmässig“ herleiten, indem man sich erinnert, dass die Massendichte nichts anderes als ein kleines Stück Materie $\mathrm{d}m$ pro einem kleinen Volumen ist. Die Masse in einem materiellen Volumenelement bleibt aber erhalten, $\mathrm{d}m = \mathrm{d}m_0$ und für die Volumenelemente zwischen Anfangs- und aktueller Konfiguration hatten wir ja bereits Gleichung $(2.30)_1$ etabliert. Somit entsteht:

$$\rho \equiv \frac{\mathrm{d}m}{\mathrm{d}v} = \frac{\mathrm{d}m_0}{J\,\mathrm{d}V_0} \equiv \frac{\rho_0}{J}\,. \tag{3.16}$$

Wir erkennen so, dass Gleichung $(3.15)_2$ nichts anderes aussagt als $\mathrm{d}m = \mathrm{d}m_0$.

Mithin sind wir versucht, festzustellen, dass das eingangs formulierte Ziel der Kontinuumsmechanik für den Fall der Massendichte im Falle materieller Beschreibung erreicht ist. Das ist allerdings nur scheinbar. In der Tat, Gleichung (3.15) gibt an, wie sich das ursprüngliche Dichtefeld ρ_0, das keineswegs über dem materiellen Volumen der Referenzkonfiguration V_0 konstant zu sein braucht, in Ort und Zeit weiterentwickelt. Allerdings muss man dazu den Deformationsgradienten kennen, genauer gesagt seine Determinante J. Wenn man so will, verläuft die Deformation der materiellen Punkte ja mit einer gewissen Geschwindigkeit, und für die Bestimmung der Geschwindigkeit ist die Impulsbilanz zuständig und eine zugehörige Lösung wird gebraucht.

Was man jedoch sagen kann, ist folgendes: In materieller Schreibweise entkoppelt das Problem der Bestimmung des Dichtefeldes ρ von der Bestimmung der Geschwindigkeit $\boldsymbol{v}$. Gleichung (3.15) ist die Lösung für das aktuelle Dichtefeld, in die man bei materieller Beschreibung „nur noch“ die Deformation einzusetzen hat. In räumlicher Schreibweise ist diese Entkopplungsmöglichkeit nicht vorhanden, wie die folgende Übung zeigen wird.

Die Definition der Massendichte Gleichung (3.16) erlaubt in Kombination mit der Massenbilanz Gleichung $(3.7)_2$ noch eine weitere interessante Interpretation. Durch Einsetzen und Ausführen der Zeitdifferentiation entsteht zunächst:

$$\frac{1}{\mathrm{d}v}\frac{\mathrm{d}(\mathrm{d}m)}{\mathrm{d}t} - \frac{\mathrm{d}m}{(\mathrm{d}v)^2}\frac{\mathrm{d}(\mathrm{d}v)}{\mathrm{d}t} = -\rho\nabla\cdot\boldsymbol{v}\,. \tag{3.17}$$

Nun beachten wir die Nansonformel für materielle Volumenelemente Gleichung $(2.30)_5$ und formen weiter um:

$$\frac{1}{\mathrm{d}v}\frac{\mathrm{d}(\mathrm{d}m)}{\mathrm{d}t} - \frac{\rho}{\mathrm{d}v}\nabla\cdot\boldsymbol{v}\,\mathrm{d}v = -\rho\nabla\cdot\boldsymbol{v} \quad\Rightarrow\quad \mathrm{d}(\mathrm{d}m) = 0\,. \tag{3.18}$$

Das bedeutet nichts anderes als dass es sich bei $\mathrm{d}v$ um ein materielles Volumenelement handelt: Seine Masse kann sich nicht ändern.

Übungsaufgabe *Integration der lokalen Massenbilanz in räumlicher Schreibweise*

Starte mit der folgenden Definition für die Massendichte in einem räumlichen Volumenelement $\mathrm{d}v^{\mathrm{s}}$:

$$\rho \equiv \frac{\mathrm{d}m}{\mathrm{d}v^{\mathrm{s}}}\,. \tag{3.19}$$

Verwende die globale Massenbilanz in räumlicher Schreibweise aus Gleichung (3.1) und wende sie auf das Massenelement $\mathrm{d}m$ im offenen Volumenelement $\mathrm{d}v^{\mathrm{s}}$ an.

$$\frac{\mathrm{d}(\mathrm{d}m)}{\mathrm{d}t} = -\nabla^{\mathrm{s}}\cdot\Big(\rho\left(\boldsymbol{v}-\boldsymbol{v}^{\mathrm{s}}\right)\Big)\mathrm{d}v^{\mathrm{s}}\,, \tag{3.20}$$

wobei man den Gauß'schen Satz und den Mittelwertsatz der Integralrechnung bemühen muss. Diskutiere die Unterschiede dieses Ergebnisses zu der Formulierung Gleichung (3.18) für ein materielles Teilchen und erläutere, dass sich die Masse in einer Gitterzelle sehr wohl ändern kann. Erläutere außerdem, dass selbst wenn man die Abbildungsgeschwindigkeit gleich Null setzt, eine weitere Integration dieser Gleichung unmöglich ist, es sei denn, man kennt die materielle Geschwindigkeit $\boldsymbol{v}$, etwa aus einer Lösung der Impulsbilanz.

Studiere nun die Gleichung (3.7) und zeige, dass dann mit der Definition der materiellen Ableitung in räumlicher Schreibweise Gleichung (2.57) folgt:

$$\frac{\mathrm{d}\frac{\mathrm{d}m}{\mathrm{d}v^{\mathrm{s}}}}{\mathrm{d}t} + \left(\boldsymbol{v}-\boldsymbol{v}^{\mathrm{s}}\right)\cdot\nabla^{\mathrm{s}}\rho = -\rho\nabla^{\mathrm{s}}\cdot\boldsymbol{v}\,. \tag{3.21}$$

Leite den ersten Term mit der Kettenregel ab, verwende Gleichung (3.20) sowie die erste Nanson-Gleichung (2.8) und stelle fest, dass daraus die Identität 0 = 0 folgt. Beachte, dass dieses Ergebnis eigentlich nicht verwunderlich ist, denn wir haben eigentlich nur die lokale Massenbilanz in sich selbst eingesetzt. Der Lerneffekt besteht aber immerhin darin, sich mit den diversen Gleichungen vertraut zu machen.

Studiere schließlich noch die mit der materiellen Zeitableitung in räumlicher Schreibweise geschriebene Massenbilanz Gleichung (3.7). Verwende zur Umschreibung der rechten Seite die Definition aus Gleichung (2.57) mit $\psi = \mathrm{d}v^{\mathrm{s}}$ und zeige, dass

$$\frac{1}{\rho}\frac{\delta\rho}{\delta t} = -\frac{1}{\mathrm{d}v^{\mathrm{s}}}\frac{\delta(\mathrm{d}v^{\mathrm{s}})}{\delta t} + \frac{1}{\mathrm{d}v^{\mathrm{s}}}\left(\boldsymbol{v} - \boldsymbol{v}^{\mathrm{s}}\right)\cdot\nabla^{\mathrm{s}}(\mathrm{d}v^{\mathrm{s}})\,. \tag{3.22}$$

Vergleiche dieses Resultat mit Gleichung $(3.14)_2$ und erläutere, woran die Zeitintegration scheitert.

In Zusammenhang mit der Massenbilanz ist noch eine Bemerkung zum Transporttheorem bei materiellen Volumina angesagt. Man stelle sich vor, dass man anstelle der Volumendichte ψ auf der linken Seite von Gleichung (2.40) die auf die Masseneinheit bezogene *spezifische* (d. h. pro kg) Größe ϕ verwendet, wobei ausführlich geschrieben gelten soll:

$$\breve{\psi}(\boldsymbol{x},t) = \breve{\rho}(\boldsymbol{x},t)\breve{\phi}(\boldsymbol{x},t)\,. \tag{3.23}$$

Nun ist ja $\mathrm{d}m = \rho\,\mathrm{d}v$ und so kann man bei einem materiellen Volumen $v(t)$ mit zeitlich konstanter Masse m das Integral aus Gleichung (2.40) wie folgt auf zeitunabhängige Integralgrenzen umparametrisieren und die Zeitableitung ohne Probleme unter das Integral ziehen:

$$\frac{\mathrm{d}}{\mathrm{d}t}\int\limits_{v(t)}\rho\phi\,\mathrm{d}v = \frac{\mathrm{d}}{\mathrm{d}t}\int\limits_{m}\phi\,\mathrm{d}m = \int\limits_{m}\frac{\mathrm{d}\phi}{\mathrm{d}t}\,\mathrm{d}m = \int\limits_{v(t)}\rho\frac{\mathrm{d}\phi}{\mathrm{d}t}\,\mathrm{d}v \equiv \int\limits_{v(t)}\rho\frac{\delta\phi}{\delta t}\,\mathrm{d}v\,, \tag{3.24}$$

letzteres aufgrund der Ausführungen im Zusammenhang mit Gleichung (2.59). Hierin sind alle Felder materiell in Euler'scher Schreibweise ausgedrückt, also bei Angabe der Orts-/Zeitfunktion mit ˘ zu versehen. Man würde nach Runterbrechen der Gleichung (3.24) auf das materielle Volumenelement $\mathrm{d}v$ in regulären Punkten anstelle der lokalen Bilanz Gleichung (2.48) erhalten:

$$\rho\frac{\mathrm{d}\phi}{\mathrm{d}t} = -\nabla\cdot\boldsymbol{\varphi} + s + p\,, \tag{3.25}$$

wobei auch wieder alle Felder in materieller Form ausgedrückt zu denken sind. Diese Form einer lokalen Bilanz können wir bei allen Bilanzen außer der Massenbilanz nutzbringend anwenden. Man hätte natürlich auch die ψ-Terme in der materiell ausgewerteten Gleichung (2.48) mit Hilfe der Produktregel und unter Beachtung der Massenbilanz in der Form Gleichung (3.6) bearbeiten können:

$$\frac{\partial\psi}{\partial t} + \nabla\cdot(\psi\boldsymbol{v}) = \frac{\partial(\rho\phi)}{\partial t} + \nabla\cdot(\rho\phi\boldsymbol{v}) = \left(\frac{\partial\rho}{\partial t} + \nabla\cdot(\rho\boldsymbol{v})\right)\phi + \rho\left(\frac{\partial\phi}{\partial t} + \boldsymbol{v}\cdot\nabla\phi\right) = \rho\frac{\mathrm{d}\phi}{\mathrm{d}t} \tag{3.26}$$

und dasselbe Ergebnis erhalten. In der Tat ist das der einzige Weg, um zu zeigen, dass in räumlicher Darstellung für Gleichung (2.47) eine ähnliche Formel gilt. Die Gleichungskette ist dieselbe, nur muss man diesmal alle Felder sich räumlich geschrieben denken:

$$\begin{aligned}\frac{\partial(\rho\phi)}{\partial t} + \nabla^{\mathrm{s}}\cdot(\rho\phi\boldsymbol{v}) &= \left(\frac{\partial\rho}{\partial t} + \nabla^{\mathrm{s}}\cdot(\rho\boldsymbol{v})\right)\phi + \rho\left(\frac{\partial\phi}{\partial t} + \boldsymbol{v}\cdot\nabla^{\mathrm{s}}\phi\right)\\ &= \rho\left(\frac{\partial\phi}{\partial t} + \boldsymbol{v}^{\mathrm{s}}\cdot\nabla^{\mathrm{s}}\phi + (\boldsymbol{v}-\boldsymbol{v}^{\mathrm{s}})\cdot\nabla^{\mathrm{s}}\phi\right) = \rho\frac{\delta\phi}{\delta t}\,,\end{aligned} \tag{3.27}$$

wobei die Definition der δ-Ableitung aus Gleichung (2.57) verwendet wurde. Mithin ist es in räumlicher Darstellung lokal auch erlaubt zu schreiben:

$$\rho \frac{\delta \phi}{\delta t} = -\nabla^{\mathrm{s}} \cdot \boldsymbol{\varphi} + s + p \,. \tag{3.28}$$

Dabei ist ϕ die zu ψ gehörige spezifische Feldgröße, aber alles in räumlicher Darstellung ausgedrückt.

Kann man die Gleichung (3.25) oder Gleichung (3.28) auf den Fall der Massendichte anwenden? Die Antwort ist nein, denn die Massendichte ρ hat kein zugeordnetes spezifisches Feld.

3.2.2 Teilchenzahlbilanz

Die Teilchenzahlbilanz ist in einem gewissen Sinne eine „Verwandte" der Massenbilanz. Unter speziellen, jetzt zu klärenden Umständen sind beide äquivalent.

Um diesen wichtigen Unterschied herauszuarbeiten, formulieren wir die Teilchenzahlbilanz zunächst für materielle Volumina in Euler'scher materieller Schreibweise. Dazu definieren wir die Teilchenzahldichte $n = \breve{n}(\boldsymbol{x}, t)$ in Analogie zu Gleichung (3.19):

$$n \equiv \frac{\mathrm{d}N}{\mathrm{d}v} \,. \tag{3.29}$$

Dabei ist $\mathrm{d}v$ ein materielles Volumenelement. Masse kann es nicht verlieren, die Teilchenzahl $\mathrm{d}N$ darin jedoch kann sich ändern, aber nicht dadurch, dass Teilchen hinein- oder hinausströmen, sondern vielmehr deshalb, weil in $\mathrm{d}v$ chemische Reaktionen stattfinden können oder weil mechanische Zerkleinerungs- oder Vergröberungsprozesse am Werk sind, die die Anzahl $\mathrm{d}N$ elementarer Einheiten ändern. Würden wir ein offenes Volumenelement $\mathrm{d}v^{\mathrm{s}}$ studieren, so käme hierzu noch ein konvektiver Teilchentransport hinzu. In jedem Fall ist die Teilchenzahl im Gegensatz zur Masse in einem materiellen Volumen nicht erhalten. Es gibt eine (positive oder negative) Produktion, die wir durch eine Produktionsdichte $\tau = \breve{\tau}(\boldsymbol{x}, t)$ erfassen. In Analogie und doch auch im Unterschied zu Gleichung (3.4) und Gleichung (3.1) lauten die Teilchenzahlbilanzen

$$\frac{\mathrm{d}}{\mathrm{d}t} \int_{v(t)} \breve{n}(\boldsymbol{x}, t)\, \mathrm{d}v = \int_{v(t)} \breve{\tau}(\boldsymbol{x}, t)\, \mathrm{d}v \,, \tag{3.30}$$

bzw.

$$\frac{\mathrm{d}}{\mathrm{d}t} \int_{v^{\mathrm{s}}(t)} \overline{n}(\boldsymbol{x}^{\mathrm{s}}, t)\, \mathrm{d}v^{\mathrm{s}} = - \oint_{\partial v^{\mathrm{s}}(t)} \overline{n}(\boldsymbol{x}^{\mathrm{s}}, t) \left(\overline{\boldsymbol{v}}(\boldsymbol{x}^{\mathrm{s}}, t) - \overline{\boldsymbol{v}}^{\mathrm{s}}(\boldsymbol{x}^{\mathrm{s}}, t) \right) \cdot \overline{\boldsymbol{n}}^{\mathrm{s}}(\boldsymbol{x}^{\mathrm{s}}, t)\, \mathrm{d}a + \int_{v^{\mathrm{s}}(t)} \overline{\tau}(\boldsymbol{x}^{\mathrm{s}}, t)\, \mathrm{d}v^{\mathrm{s}} \,. \tag{3.31}$$

Mit dem Transporttheorem Gleichung (2.16) erhalten wir somit lokale Bilanzen in regulären und singulären Punkten (vgl. Gleichung (2.62) und Gleichung (2.49)):

$$\frac{\delta n}{\delta t} + n \nabla^{\mathrm{s}} \cdot \boldsymbol{v} = \tau \,, \quad \frac{\delta n}{\delta t} + n \nabla \cdot \boldsymbol{v} = \tau \,, \tag{3.32}$$

und

$$[\![n \left(\boldsymbol{v} - \boldsymbol{w}^{\mathrm{I}} \right)]\!] \cdot \boldsymbol{e} = \tau^{\mathrm{I}} \,. \tag{3.33}$$

τ^{I} bezeichnet eine möglicherweise existente Teilchenzahlproduktion auf der singulären Fläche und die materiellen Zeitableitungen δ sind in Gleichung (2.57) und Gleichung (2.59) erklärt. Ferner, da es sich bei der Teilchenzahlbilanz nicht um einen Erhaltungssatz handelt, sind die im Zusammenhang mit Gleichung (2.50) gemachten Bemerkungen zu beachten.

Übungsaufgabe *Lokale Teilchenzahlbilanzen*

Leite Gleichung (3.32) und Gleichung (3.33) im Detail aus Gleichung (3.31) her.

Nun soll noch genauer darauf eingegangen werden, wie die Massen- und die Teilchenzahldichte miteinander zusammenhängen. Dies bringt uns in die Anfangsgründe der Mischungstheorie. Wir stellen uns vor, dass wir die im Volumenelement (etwa in $\mathrm{d}v^{\mathrm{s}}$) befindlichen elementaren Einheiten unterscheiden und in Sorten α unterteilen können. Der reale Unterschied könnte eine Größenklasse sein (das wird oft in der Theorie granularer Medien so gesehen) oder ihr chemischer Aufbau (das wird in der Chemie reagierender Stoffe angenommen). Wir schreiben:

$$\mathrm{d}N = \sum_{\alpha} \mathrm{d}N_{\alpha} \quad \Rightarrow \quad n = \sum_{\alpha} n_{\alpha}\,, \tag{3.34}$$

letzteres wenn wir auf das Volumenelement beziehen. Hier haben wir außerdem angenommen, dass die Klassen diskret abzählbar sind. Das muss nicht so sein, und bei einer kontinuierlichen Klassenverteilung müssen wir dann die Summen durch Integrale ersetzen.

Nehmen wir nun ferner an, dass die Klasse α mit der (konstanten) Masse m_{α} beaufschlagt ist. Dann gilt:

$$\rho = \sum_{\alpha} m_{\alpha} n_{\alpha}\,. \tag{3.35}$$

Wenn wir möchten, können wir auch eine *Partialmassendichte* $\rho_{\alpha} = m_{\alpha} n_{\alpha}$ mit *Partialteilchenzahldichten* n_{α} definieren und erhalten:

$$\rho = \sum_{\alpha} \rho_{\alpha}\,. \tag{3.36}$$

Dies bringt uns auf die Idee, die Massendichte ρ und die Teilchenzahldichte n über eine „durchschnittliche Teilchenmasse“ m zu verknüpfen, nämlich über $\rho = m\, n$ und wir finden mit Gleichung $(3.34)_2$:

$$m = \frac{\sum_{\alpha} m_{\alpha} n_{\alpha}}{\sum_{\alpha} n_{\alpha}}\,. \tag{3.37}$$

Man beachte, dass für den Fall, dass alle m_{α} gleich sind, auch m konstant ist, ansonsten handelte es sich um eine Feldfunktion, etwa in Euler'scher materieller Schreibweise $m = \check{m}(\boldsymbol{x}, t)$.

Wir erinnern nun an die Gleichung (3.23), setzen $n = \rho m^{-1}$ und finden über Gleichung (3.23) mit Gleichung (3.30):

$$-\int_{v(t)} n \frac{\mathrm{d}\ln m}{\mathrm{d}t}\,\mathrm{d}v = \int_{v(t)} \tau\,\mathrm{d}v\,. \tag{3.38}$$

Die Lokalisierung in regulären Punkten bringt somit:

$$\frac{\mathrm{d}\ln m}{\mathrm{d}t} = -\frac{\tau}{n} \quad \Rightarrow \quad m = \check{m}(\boldsymbol{x}, t) = \check{m}(\boldsymbol{x}, 0)\exp\left(-\int\limits_{t'=0}^{t'=t} \frac{\tau}{n}\,\mathrm{d}t'\right). \tag{3.39}$$

Diese Gleichung erlaubt es uns, zu berechnen, wie sich die mittlere Teilchenmasse m in einem materiellen Punkt $\boldsymbol{x}$ ändert, wenn man die Produktionsdichte τ und die zeitliche Entwickung der Teilchenzahldichte n kennt. Letztere jedoch muss erst mit Gleichung (3.32) berechnet werden, wenn man zuvor für τ einen materialabhängigen Ansatz gemacht hat.

Übungsaufgabe *Mittlere Teilchenmasse*

Verifiziere zunächst Gleichung (3.39). Nehme nun an, dass die Produktion direkt proportional zur aktuell vorliegenden Teilchenzahldichte ist:

$$\tau = \lambda\, n\,, \;\; \lambda > 0\,. \tag{3.40}$$

Begründe diesen Ansatz über eine Internetrecherche zum Thema *exponentielles Wachstum.* Löse nun Gleichung (3.39) und zeige, dass:

$$m = \check{m}(\boldsymbol{x}, 0)\exp(-\lambda t)\,. \tag{3.41}$$

Interpretiere das Resultat im Sinne eines Zerkleinerungsprozesses.

Abschließend sei darauf hingewiesen, dass die Teilchenzahlbilanz und auch die Teilchenzahldichte noch eine besondere Rolle in Verbindung mit der in Kapitel 4 vorzustellenden Auswertung des Entropieprinzips und dem Begriff *chemisches Potential* spielt, was in diesem Buch aber nicht vertieft wird.

3.2.3 Impulsbilanz

Wir beginnen mit der Definition des *Gesamtimpulses* in einem kontinuierlich mit Materie angefüllten, offenen Gebiet $v^{\mathrm{s}}(t)$ in räumlicher Beschreibung:

$$\boldsymbol{P}(t) = \int\limits_{v^{\mathrm{s}}(t)} \rho \boldsymbol{v}\,\mathrm{d}v^{\mathrm{s}}\,. \tag{3.42}$$

Im Gegensatz zur Masse m ist dies eine vektorielle Größe. Das wird den Tensorgrad auf der rechten Seite der *Impulsbilanz* beeinflussen. Nun gilt es in Bezug auf die allgemeinen Beziehungen Gleichung (2.35) und Gleichung (2.40) (zunächst ohne singuläre Fläche) beim Gesamtimpuls mit $\psi \to \rho\boldsymbol{v}$ Folgendes festzuhalten:

- Der Impuls ist eine *Erhaltungsgröße.* Daher ist $p \to \boldsymbol{0}$.
- Im Gegensatz zur Masse kann Impuls sowohl konvektiv als auch nicht-konvektiv über die Systemgrenze $\partial v^{\mathrm{s}}(t)$ bzw. $\partial v(t)$ transportiert werden. Dafür ist die sogenannte Traktion $\boldsymbol{t}$ also die Kraftbelegung an der Körperoberfläche ∂v^{s} verantwortlich. Mit dem *Satz von Cauchy*

(*Cauchy'sches Tetraederargument*) ersetzen wir den Spannungsvektor $\boldsymbol{t}$ durch den Spannungstensor $\boldsymbol{\sigma}$:

$$\boldsymbol{t} = \boldsymbol{n}^{\mathrm{S}} \cdot \boldsymbol{\sigma} \tag{3.43}$$

und können darüber hinaus folgende Zuordnung zum Spannungstensor treffen: $-\boldsymbol{\varphi} \to \boldsymbol{\sigma}$. Der Satz von Cauchy wird hier nicht noch einmal bewiesen. Hierzu sei auf [Mue2021] Abschnitt 2.3.2 verwiesen. Wir schreiben $\boldsymbol{\phi} \to \left(\boldsymbol{v} - \boldsymbol{v}^{\mathrm{S}}\right) \otimes \rho \boldsymbol{v} - \boldsymbol{\sigma}$.

- Impulszufuhr im Volumen ist ebenfalls möglich, im Englischen auch *body force* genannt. Hierfür ist eine spezifische Kraftdichte $\boldsymbol{f}$ mit der Einheit $\mathrm{m/s^2}$, zuständig: $s \to \rho \boldsymbol{f}$. Beispiele hierfür sind die Gravitations- und die Lorentzkraftdichte.

Es resultiert gemäß der allgemeinen Formen aus Gleichung (2.35) und Gleichung (2.40) der Impulssatz in globaler Form für offene und für materielle Volumina $v^{\mathrm{S}}(t)$ bzw. $v(t)$ in räumlicher oder materieller Beschreibung:

$$\begin{aligned} \frac{\mathrm{d}}{\mathrm{d}t} \int\limits_{v^{\mathrm{S}}(t)} \rho\, \boldsymbol{v}\, \mathrm{d}v^{\mathrm{S}} &= - \oint\limits_{\partial v^{\mathrm{S}}(t)} \boldsymbol{n}^{\mathrm{S}} \cdot \left((\boldsymbol{v} - \boldsymbol{v}^{\mathrm{S}}) \otimes \rho\, \boldsymbol{v} - \boldsymbol{\sigma} \right) \mathrm{d}a^{\mathrm{S}} + \int\limits_{v^{\mathrm{S}}(t)} \rho \boldsymbol{f}\, \mathrm{d}v^{\mathrm{S}}, \\ \frac{\mathrm{d}}{\mathrm{d}t} \int\limits_{v(t)} \rho \boldsymbol{v}\, \mathrm{d}v &= \oint\limits_{\partial v(t)} \boldsymbol{n} \cdot \boldsymbol{\sigma}\, \mathrm{d}a + \int\limits_{v(t)} \rho \boldsymbol{f}\, \mathrm{d}v. \end{aligned} \tag{3.44}$$

Man denke bitte daran, dass man in der ersten Gleichung die Felder in räumlicher Darstellung als Funktion von $(\boldsymbol{x}^{\mathrm{S}}, t)$ und in der zweiten Gleichung z. B. in Euler'scher materieller Darstellung $(\boldsymbol{x}, t)$ einzusetzen hat. Außerdem ist eine Bemerkung angebracht, warum wir im Oberflächenintegral in Gleichung (3.44) den Normalenvektor mit dem Skalarprodukt voran, vor den Spannungstensor gestellt haben: In Abschnitt 1.4.6.1 wurde der Linksgradient favorisiert, d. h. nach Anwendung des Gauß'schen Integralsatzes wollen wir $\nabla \cdot \boldsymbol{\sigma}$ und nicht $\boldsymbol{\sigma} \cdot \nabla$ schreiben. Es gibt aber durchaus Lehrbücher, wo von dieser Regel abgewichen wird. Der Nabla-Operator wirkt dann sozusagen „rückwärts“, also von rechts.

Die lokalen Gleichungen lauten generisch nach Gleichung (2.47), Gleichung (2.48), Gleichung (2.62):

$$\begin{aligned} \frac{\partial \rho \boldsymbol{v}}{\partial t} + \nabla^{\mathrm{S}} \cdot (\rho \boldsymbol{v} \otimes \boldsymbol{v} - \boldsymbol{\sigma}) = \rho \boldsymbol{f} \quad &\Leftrightarrow \quad \rho \left(\frac{\partial \boldsymbol{v}}{\partial t} + \boldsymbol{v} \cdot \nabla^{\mathrm{S}} \otimes \boldsymbol{v} \right) = \nabla^{\mathrm{S}} \cdot \boldsymbol{\sigma} + \rho \boldsymbol{f}, \\ \frac{\partial \rho \boldsymbol{v}}{\partial t} + \nabla \cdot (\rho \boldsymbol{v} \otimes \boldsymbol{v} - \boldsymbol{\sigma}) = \rho \boldsymbol{f} \quad &\Leftrightarrow \quad \rho \left(\frac{\partial \boldsymbol{v}}{\partial t} + \boldsymbol{v} \cdot \nabla \otimes \boldsymbol{v} \right) = \nabla \cdot \boldsymbol{\sigma} + \rho \boldsymbol{f}. \end{aligned} \tag{3.45}$$

oder nach Bereinigung durch die Massenbilanz nach Gleichung (3.28) und Gleichung (3.25), nach der Zuweisung $\phi \to \boldsymbol{v}$ und bei Verwendung materieller Zeitableitungen:

$$\rho \frac{\delta \boldsymbol{v}}{\delta t} = \nabla^{\mathrm{S}} \cdot \boldsymbol{\sigma} + \rho \boldsymbol{f}, \quad \rho \frac{\delta \boldsymbol{v}}{\delta t} = \nabla \cdot \boldsymbol{\sigma} + \rho \boldsymbol{f} \quad \Leftrightarrow \quad \rho \frac{\mathrm{d} \boldsymbol{v}}{\mathrm{d}t} = \nabla \cdot \boldsymbol{\sigma} + \rho \boldsymbol{f}, \tag{3.46}$$

wobei wir die Feldcharakterisierung in Bezug auf räumliche oder materielle Darstellung jetzt weggelassen haben. Ferner sieht man an den beiden letzten Beziehungen, dass die materielle Geschwindigkeit $\boldsymbol{v}$ die spezifische Impulsdichte ist.

Abschließend sei gesagt, dass die in diesem Abschnitt vorgestellten Impulsbilanzen nichts anderes sind als die kontinuumstheoretischen Verallgemeinerungen der *Newton'schen Lex Secunda*, also Newtons Lehrsatz *Impulsänderung ist gleich Kraft.*

Nun zu den Sprungbilanzen für den Impuls in Punkten einer singulären Fläche. Nach Gleichung (2.49) folgt mit den obigen Zuweisungen für den Impuls:

$$\boldsymbol{e} \cdot [\![\boldsymbol{\sigma} + \rho \boldsymbol{v} \otimes (\boldsymbol{v} - \boldsymbol{w}^{\mathrm{I}})]\!] = \boldsymbol{0}, \tag{3.47}$$

denn wenn wir der singulären Fläche ein Gewicht absprechen, gibt es keine Flächenzufuhr und es gibt keine Flächenproduktion an Impuls, da es sich um eine Erhaltungsgröße handelt: $\boldsymbol{s}^{\mathrm{I}} = \boldsymbol{0}$, $\boldsymbol{p}^{\mathrm{I}} = \boldsymbol{0}$.

Übungsaufgabe *Alternativschreibweise der Sprungbilanz für den Impuls*

Verwende die Sprungbilanz der Masse in Gleichung (3.10), um zu zeigen, dass sich Gleichung (3.47) auch so schreiben lässt:

$$\boldsymbol{e} \cdot [\![\boldsymbol{\sigma} + \rho (\boldsymbol{v} - \boldsymbol{w}^{\mathrm{I}}) \otimes (\boldsymbol{v} - \boldsymbol{w}^{\mathrm{I}})]\!] = \boldsymbol{0}. \tag{3.48}$$

Übungsaufgabe *Sprungbilanz für den Impuls in der Statik*

Verwende Gleichung (3.47) und die Definition des Spannungsvektors in Gleichung (3.43), um zu zeigen, dass in der Statik der Kraftfluss durch eine singuläre Fläche stetig ist:

$$[\![\boldsymbol{t}]\!] = \boldsymbol{0}. \tag{3.49}$$

Gebe technische Beispiele, wo diese Gleichung wichtig ist, Stichworte Kesselwand oder Presspassung.

Wenn man so will, sind wir mit Gleichung (3.45) und Gleichung (3.46) dem Ziel der Kontinuumsmechanik ein Stück näher gerückt. Dies sind nämlich die erforderlichen partiellen Differentialgleichungen für das Geschwindigkeitsfeld*, wenn man die rechten Seiten mit den Primärfeldern Dichte und Geschwindigkeit in Verbindung setzt. Im Falle von $\boldsymbol{f}$ können wir im Falle des Erdnahfeldes einfach setzen $\boldsymbol{f} = \boldsymbol{g}$ mit der konstanten Erdschwere $g = 9.81\,\frac{\mathrm{m}}{\mathrm{s}^2}$. Aber wie ist es beim Spannungstensor $\boldsymbol{\sigma}$? Dieser hängt in materialabhängiger Weise mit den Primärfeldern (und ihren Zeit- und Ortsableitungen) zusammen. Es ist Aufgabe der Thermodynamik, diese Abhängigkeiten möglichst zu reduzieren. Wir werden darauf in Kapitel 4 zurückkommen. In diesem Kapitel werden wir weiter unten jedoch schon einmal ein paar wichtige Materialgesetze für den Spannungstensor angeben und sie empirisch motivieren.

Zuvor ist die allgemeine Impulsbilanz jedoch noch der Startpunkt für zwei weitere wichtige Bilanzen der Mechanik, nämlich der Bilanz für die kinetische Energie und die Bilanz für den Drehimpuls. Diesen Aspekten wenden wir und nun zu.

* oder in der Festkörpermechanik besser gesagt für das Verschiebungsfeld $\boldsymbol{u}$ mit $\boldsymbol{v} = \dot{\boldsymbol{u}}$

3.2.4 Bilanz der kinetischen Energie

Wir starten mit der lokalen Impulsbilanz Gleichung (3.46) in regulären Punkten (und zwar der Einfachheit halber mit der Gleichung für materielle Volumenelemente) und multiplizieren skalar mit $\boldsymbol{v}$:

$$\rho \frac{\delta \boldsymbol{v}}{\delta t} \cdot \boldsymbol{v} = (\nabla \cdot \boldsymbol{\sigma}) \cdot \boldsymbol{v} + \rho \boldsymbol{f} \cdot \boldsymbol{v} . \tag{3.50}$$

Nun wird $\cdot \boldsymbol{v}$ unter die materielle Zeitableitung sowie unter die Divergenz gezogen, wobei im letzteren Fall ein Korrekturterm hinzugefügt werden muss. Man erhält:

$$\rho \frac{\delta v^2/2}{\delta t} = \nabla \cdot (\boldsymbol{\sigma} \cdot \boldsymbol{v}) + \rho \boldsymbol{f} \cdot \boldsymbol{v} - \boldsymbol{\sigma} : (\nabla \otimes \boldsymbol{v}) . \tag{3.51}$$

Dabei ist der Doppelpunkt wie in Gleichung (1.43) erklärt zu verstehen, also in Indexschreibweise $-\sigma_{ji} \frac{\partial v_i}{\partial x_j}$. Diese *lokale Bilanz der kinetischen Energie* in regulären Punkten wird nun über ein geschlossenes, also hinsichtlich seiner Masse unveränderliches Volumen $v(t)$ integriert und das Transporttheorem in der Form Gleichung (3.24) sowie der Gauß'sche Satz Gleichung (1.426) beachtet. Es entsteht die Bilanz der kinetischen Energie in globaler Form:

$$\frac{\mathrm{d}}{\mathrm{d}t} \int\limits_{v(t)} \rho \frac{\boldsymbol{v}^2}{2} \mathrm{d}v = \oint\limits_{\partial v(t)} \boldsymbol{n} \cdot (\boldsymbol{\sigma} \cdot \boldsymbol{v}) \mathrm{d}a + \int\limits_{v(t)} \rho \boldsymbol{f} \cdot \boldsymbol{v} \mathrm{d}v - \int\limits_{v(t)} \boldsymbol{\sigma} : (\nabla \otimes \boldsymbol{v}) \mathrm{d}v . \tag{3.52}$$

Diese Gleichung ist es wert, interpretiert zu werden:

- Der erste Ausdruck vor dem Gleichheitszeichen umfasst die zeitliche Änderung der gesamten kinetischen Energie des deformierbaren Körpers:

$$E^{\mathrm{kin}} = \int\limits_{v(t)} \rho \frac{\boldsymbol{v}^2}{2} \mathrm{d}v . \tag{3.53}$$

- Die kinetische Energie ist aufgrund der makroskopischen Bewegung $\boldsymbol{v}$ der Teilchen eine direkt „sichtbare" Energiegröße.
- Die ersten beiden Terme auf der rechten Seite des Gleichheitszeichens sind bei Beachtung des Cauchy'schen Satzes Gleichung (3.43)als Leistungen der Oberflächentraktion $\boldsymbol{t} = \boldsymbol{n} \cdot \boldsymbol{\sigma}$ und der Volumenkraft (Gravitation) $\boldsymbol{f}$ zu interpretieren:

$$P^{\boldsymbol{t}} = \oint\limits_{\partial v(t)} \boldsymbol{t} \cdot \boldsymbol{v} \mathrm{d}a , \; P^{\boldsymbol{f}} = \int\limits_{v(t)} \rho \boldsymbol{f} \cdot \boldsymbol{v} \mathrm{d}v . \tag{3.54}$$

  Man spricht in diesem Zusammenhang von *Zufuhren der kinetischen Energie.* Diese sind im Prinzip von uns *kontrollierbar*: Wir greifen einfach nicht mit Kräften an der Oberfläche an, und wir befinden uns fern jeder Gravitationsquelle. Letzteres ist im Prinzip im Weltraum realisierbar.
- Der letzte Term nach dem Gleichheitszeichen ist, wie wir in Abschnitt 4.3.4.2 im Detail diskutieren, teilweise *dissipativer* Natur und baut kinetische Energie ab (negatives Vorzeichen):

$$P^{\mathrm{diss}} = - \int\limits_{v(t)} \boldsymbol{\sigma} : (\nabla \otimes \boldsymbol{v}) \mathrm{d}v \equiv - \int\limits_{v(t)} \sigma_{ij} \frac{\partial v_j}{\partial x_i} \mathrm{d}v . \tag{3.55}$$

Er ist ein Produktionsterm (manchmal aufgrund des negativen Vorzeichens auch „Sinkterm" genannt), dessen zeitliche Entwicklung im Körperinneren wir nicht kontrollieren können. Er ist im Gegensatz zu den beiden vorherigen Termen aufgrund des Spannungstensors im Körperinneren *materialabhängig.*

- Mithin ist im Sinne der im Zusammenhang mit Gleichung (2.35) etablierten Nomenklatur die kinetische Energie *keine Erhaltungsgröße.*

Der Begriff der Energie ist jedoch zu wichtig, als dass man sich damit bescheiden könnte, sie nicht als Erhaltungsgröße zu sehen. Aus diesem Grunde muss man fragen, wohin der dissipative Energieanteil Gleichung (3.55) fließt. Die Antwort ist einfach: Die kinetische Energie verwandelt sich in *Wärmeenergie* und geht damit der kinetischen Energie „verloren". Wie schon aus Gründen der Anschaulichkeit gesagt, ist die kinetische Energie etwas, das sich makroskopisch äußert und das man quasi sehen kann. Beim Wärmeenergieinhalt hingegen geht das nicht. Man braucht Thermometer, um diese *innere Energie* zu erfassen. Im Grunde muss man sich von der makroskopischen Kontinuumsperspektive zurückziehen und auf die mikroskopische (atomare) Ebene begeben. Innere Energie manifestiert sich nämlich einerseits in der ungeregelten Bewegung (also mikroskopischer kinetischer Energie) der die Materie konstituierenden Korpuskeln (Atome, Moleküle), die sich nähern oder entfernen, was andererseits mit einer Änderung der mikroskopischen potentiellen Energie einhergeht.

Mithin brauchen wir eine Kontinuumsfeldgröße, die diese mikroskopischen Gegebenheiten berücksichtigt. Das ist die bereits erwähnte (spezifische) innere Energie u in Einheiten J pro kg. Sie ist materialabhängig (wie der Spannungstensor), da die atomaren Potentiale davon abhängen, welche Art von Partikeln miteinander wechselwirken. In Kapitel 4 besprechen wir weitere Details.

Übungsaufgabe *Bilanz der kinetischen Energie für offene Volumina*

Erläutere, wie die Gleichungen dieses Abschnitts abzuändern sind, um den Fall eines offenen Volumens in räumlicher Darstellung zu erfassen.

3.2.5 Bilanz des Drehimpulses (moment of momentum)

Wieder starten mit der lokalen Impulsbilanz aus Gleichung (3.46) in regulären Punkten. Diesmal wird sie jedoch auf beiden Seiten mit $\boldsymbol{x}\times$ multipliziert:

$$\rho\boldsymbol{x}\times\frac{\delta\boldsymbol{v}}{\delta t}=\boldsymbol{x}\times(\nabla\cdot\boldsymbol{\sigma})+\rho\boldsymbol{x}\times\boldsymbol{f}\,. \tag{3.56}$$

Da $\frac{\delta\boldsymbol{x}}{\delta t}\equiv\boldsymbol{v}$ ist, kann man $\boldsymbol{x}\times$ ohne weiteres unter die materielle Zeitableitung ziehen und erhält so die materielle Zeitableitung des spezifischen Drehimpulses $\delta(\boldsymbol{x}\times\boldsymbol{v})$:

$$\rho\boldsymbol{x}\times\frac{\delta\boldsymbol{v}}{\delta t}\equiv\rho\frac{\delta(\boldsymbol{x}\times\boldsymbol{v})}{\delta t}\,. \tag{3.57}$$

Das $\boldsymbol{x}\times$ kann im ersten Term der rechten Seite auch unter die Divergenz gezogen werden, nur muss man wieder korrigieren:

$$\boldsymbol{x}\times(\nabla\cdot\boldsymbol{\sigma})\equiv-\nabla\cdot(\boldsymbol{\sigma}\times\boldsymbol{x})-\boldsymbol{\sigma}_{\times}\,. \tag{3.58}$$

Darin ist $\boldsymbol{\sigma}_{\times} \equiv {}^3\boldsymbol{\epsilon} : \boldsymbol{\sigma}$ die aus Gleichung (1.91) bzw. Gleichung (1.96) bekannte Vektorinvariante des Spannungstensors.

Also gilt:

$$\rho \frac{\delta(\boldsymbol{x} \times \boldsymbol{v})}{\delta t} = -\nabla \cdot (\boldsymbol{\sigma} \times \boldsymbol{x}) + \rho \boldsymbol{x} \times \boldsymbol{f} - \boldsymbol{\sigma}_{\times} . \tag{3.59}$$

Übungsaufgabe *Vektorinvariante des Spannungstensors*

Man beweise die Umformung aus Gleichung (3.58) einmal im absoluten Tensorkalkül und einmal indizistisch.

Diese *lokale Bilanz des spezifischen Drehimpulses* in regulären Punkten wird nun über ein geschlossenes, also hinsichtlich seiner Masse unveränderliches Volumen $v(t)$ integriert und das Transporttheorem in der Form der Gleichung (3.24) sowie der Gauß'sche Satz aus Gleichung (1.426) beachtet. Es entsteht die Bilanz des Drehimpulses in globaler Form:

$$\frac{\mathrm{d}}{\mathrm{d}t} \int\limits_{v(t)} \rho \boldsymbol{x} \times \boldsymbol{v} \,\mathrm{d}v = - \oint\limits_{\partial v(t)} \boldsymbol{n} \cdot (\boldsymbol{\sigma} \times \boldsymbol{x}) \,\mathrm{d}a + \int\limits_{v(t)} \rho \boldsymbol{x} \times \boldsymbol{f} \,\mathrm{d}v - \int\limits_{v(t)} \boldsymbol{\sigma}_{\times} \,\mathrm{d}v . \tag{3.60}$$

Diese Gleichung ist es wert, interpretiert zu werden:

- Der erste Ausdruck vor dem Gleichheitszeichen umfasst die zeitliche Änderung des *Drehimpulses* des deformierbaren Körpers:

$$\boldsymbol{L}^{o} = \int\limits_{v(t)} \boldsymbol{x} \times (\rho \boldsymbol{v}) \,\mathrm{d}v . \tag{3.61}$$

  Man beachte, dass der Drehimpuls auf den Ursprung o (eines ruhenden Inertialsystems) bezogen ist, von dem aus der Vektor $\boldsymbol{x}$ zum sich mit der Geschwindigkeit $\boldsymbol{v}$ bewegenden Materiepunkt startet.

- Der Drehimpuls ist aufgrund der makroskopischen Bewegung $\boldsymbol{v}$ der Teilchen eine makroskopisch „sichtbare“ physikalische Größe.

- Die ersten beiden Terme auf der rechten Seite des Gleichheitszeichens sind bei Beachtung des Cauchy'schen Satzes Gleichung (3.43) als Moment der Oberflächentraktion $\boldsymbol{t} = \boldsymbol{n} \cdot \boldsymbol{\sigma}$ und Moment der spezifischen Volumenkraft (Gravitation) $\rho \boldsymbol{f}$ zu interpretieren:

$$\boldsymbol{M}^{\boldsymbol{t},o} = \oint\limits_{\partial v(t)} \boldsymbol{x} \times \boldsymbol{t} \,\mathrm{d}a , \quad \boldsymbol{M}^{\boldsymbol{f},o} = \int\limits_{v(t)} \boldsymbol{x} \times (\rho \boldsymbol{f}) \,\mathrm{d}v . \tag{3.62}$$

  Man spricht in diesem Zusammenhang von *Zufuhren des Drehimpulses.* Diese sind im Prinzip von uns *kontrollierbar*: Wir greifen einfach nicht mit Kräften an der Oberfläche an, und wir befinden uns fern jeder Gravitationsquelle. Letzteres ist im Prinzip im Weltraum realisierbar.

- Der letzte Term nach dem Gleichheitszeichen ist ein *Produktionsterm* und verringert den Drehimpuls (negatives Vorzeichen):

$$\boldsymbol{P} = - \int\limits_{v(t)} \boldsymbol{\sigma}_{\times} \,\mathrm{d}v . \tag{3.63}$$

Er ist deshalb ein Produktionsterm, da wir die zeitliche Entwicklung des Spannungstensors im Körperinneren nicht kontrollieren können. Man erinnere sich daran, dass die Vektorinvariante eines symmetrischen Tensors verschwindet (vgl. Abschnitt 1.2.2.5), und somit verschwindet er, falls der Spannungstensor *symmetrisch* sein sollte, was wir nicht unbedingt annehmen wollen. In der Tat wird in manchen Lehrbüchern aber gesagt, dass der Drehimpulses eine Erhaltungsgröße sei und somit die Symmetrie des Spannungstensors notwendigerweise folgt (etwa [Gre2003], S. 74ff). Das jedoch ist weniger als eine Halbwahrheit, die wir weiter unten quantitativ richtig stellen werden.

- Mithin ist im Sinne der im Zusammenhang mit Gleichung (2.35) etablierten Nomenklatur der Drehimpuls *keine Erhaltungsgröße.* Wie die Energie wird aber auch der Drehimpuls in der Physik gemeinhin als eine Erhaltungsgröße begriffen und dabei hat eine Produktion nicht aufzutreten. Sie muss also intern an das Kontinuum weitergegeben werden. In der Tat gibt es auf Kontinuumsebene einen solchen *inneren Drehimpuls.* Dieses Feld nennt man den *Spin.* Man kann ihn mikroskopisch verstehen: Die das repräsentative Volumenelement konstituierenden Einheiten sind eben keine Punktmassen. Sie können drehen und Drehimpuls tragen. Bei einer geeigneten Mittelung/Homogenisierung ergibt das genau das besagte Spinfeld.
- Zusammengefasst ist die Situation beim Drehimpuls analog zur kinetischen Energie. Beiden Kontinuumsbilanzen fehlt etwas, um Erhaltungssätze zu werden. Bei der kinetischen Energie führt dieses „Etwas" in die Thermodynamik, weswegen wir die Diskussion darüber einem separaten Kapitel anvertrauen. Beim Drehimpuls ist die Sache „mechanischer", und deshalb besprechen wir den Spin schon in diesem Kapitel.

Literaturvergleich

Es sei angemerkt, dass die in diesem Buch verfolgte Idee, die Bilanz der kinetischen Energie und des Drehimpulses aus der Impulsbilanz quasi herzuleiten, nicht allgemein in der Literatur üblich ist, geschweige denn goutiert wird. In der Tat wird dieser Weg auch in [Mue1973] und [Mue1985], Abschnitt 3.2.1.5, beschritten, und beide Bilanzen werden dort ausdrücklich als „corollaries of the balance of momentum" bezeichnet.

Aber die Mechanikcommunity sieht es anders. Traditionell wird hier vom 1. (= Gleichung (3.44) oder Gleichung (3.46)) und vom 2. (= Gleichung (3.60) oder Gleichung (3.59)) Euler'schen Gesetz (manchmal auch von den Cauchy'schen Gesetzen) geredet, die beide einen voneinander *unabhängigen* Status haben und nicht voneinander hergeleitet werden können (siehe z. B. [TT1960], Section 196, [Tru2009], Abschnitte 2.5/2.7, oder [Ere2013], Abschnitt 3.2.

In der Tat, postuliert man die Gültigkeit des globalen zweiten Euler'schen Gesetzes Gleichung (3.58) ohne den Produktionsterm, so lässt sich bei ihrer Lokalisierung und nachfolgender Verwendung der lokalen Impulsbilanz Gleichung (3.46) auf die Symmetrie des Spannungstensors schließen, siehe etwa [Liu2002], Abschnitt 2.3.3. Man sollte gerechterweise feststellen, dass auf S. 42ff dieses Buches darauf hingewiesen, dass nur spinlose materielle Teilchen betrachtet werden. Trotzdem wird von Eulers 1. und 2. Gesetz geredet und so bei unvorsichtigem Lesen der Anschein der Unabhängigkeit für diesen Fall erweckt.

Die Konfusion entsteht eben dadurch, dass man sich oft nicht getraut, den Spin als ein unabhängiges kontinuumsmechanisches Feld zu benennen, das dann in Kombination mit $\boldsymbol{x} \times \rho \boldsymbol{v}$ zum Gesamtdrehimpuls (angular momentum) wird. Der dazu gehörige Erhaltungssatz hat dann in der Tat einen von der Impulserhaltung unabhängigen Status.

Die Möglichkeit der „Herleitung" der Drehimpulsbilanz aus dem Impulssatz ohne Produktionsterm steht und fällt mit der Annahme radialer Wechselwirkung zwischen den Teilchen. Diese Thematik wird in [Sed1971], Section 3.3, und in [Mue2021], Abschnitt 3.4.7, vertieft. Eine vorzügliche, historisch fundierte Zusammenfassung zu dem Problemkreis Drehimpuls findet man in [Tru1964].

Seltsamerweise wird der Bilanz der kinetischen Energie, in der die gleiche Problematik wie in der Drehimpulsbilanz schlummert, durch die Mechaniker eine solche Aufmerksamkeit nicht zuteil. Das mag daran liegen, dass man zur Bereinigung der Energieproduktion definitiv das Gebiet der Mechanik verlassen und zur inneren Energie, also zum 1. Hauptsatz der Thermodynamik, übergehen muss. Diesen Nimbus hat der Drehimpuls und auch der Spin nicht. Hier glaubt man fest auf mechanischem Boden zu stehen.

3.2.6 Bilanz des Gesamtdrehimpulses (angular momentum)

3.2.6.1 Vorbemerkungen

Im Englischen ist die Terminologie einfach: Das Kreuzprodukt zwischen Ortsvektor (= moment) $\boldsymbol{x}$ und dem Impulsbeitrag (= momentum) $\rho \boldsymbol{v}$, der sich in Gleichung (3.60) zeigt, erklärt, warum man dort die Größe $\int_{v(t)} \boldsymbol{x} \times \rho \boldsymbol{v} \, \mathrm{d}v$ als *moment of momentum* bezeichnet. Im Deutschen ist das nicht so. Man könnte vielleicht vom *Bahndrehimpuls* (wegen des Ortsvektors $\boldsymbol{x}$) oder vom *Drall* reden, aber wirklich nachgedacht wird über die richtige Begriffsfindung oft nicht.

In der Tat wird das Wort Drall oder der Begriff *Drallsatz* in der Technischen Mechanik zur Bezeichnung des Kreuzproduktsdrehimpulses gerne verwendet, insbesondere in der Starrkörperdynamik. Aber schon beim Starrkörper wird bei genauerem Durchdenken die Schwammigkeit des Begriffes schnell offenbar: Ein starrer Körper der Masse m hat einen festen Schwerpunkt S, der sich auf einer Bahn bewegt. Dazu gehört der Bahndrehimpuls $\boldsymbol{x}^{\mathrm{S}} \times (m\boldsymbol{v}^{\mathrm{S}})$. Zusätzlich bewegen sich die Masseteilchen $\mathrm{d}m$ des Starrkörpers um die mit der Winkelgeschwindigkeit $\boldsymbol{\omega}$ rotierende momentane Drehachse. Dazu gehört auch ein Drehimpuls, der ebenfalls aus einem Kreuzprodukt berechenbar ist und der sich auf eine momentane Kreisbahn bezieht, also auch irgendwie ein Bahndrehimpuls ist. Aber er ist dem starren Körper sozusagen „eigen" und diesen Eigenanteil zum Gesamtdrehimpuls sollte man vom Bahndrehimpuls des Schwerpunktes unterscheiden und daher *Spin* nennen.

Bei weiterer Verallgemeinerung ist also Vorsicht geboten: Der *Gesamtdrehimpuls* eines kontinuierlichen, nun *deformierbaren* Körpers ist *zweierlei*. Zum äußerlich sozusagen „sichtbaren" Bahndrehimpuls eines materiellen Teilchens kommt prinzipiell ein innerer, makroskopisch nicht sichtbarer Drehimpuls hinzu, der eben erwähnte *Spin*. Wie muss man sich den beim deformierbaren Kontinuum vorstellen? Man denke z. B. an Flüssigkeiten, wie sie in Displays eingesetzt werden. Hier befinden sich Kristalle in einer Trägersubstanz, die durch äußere elektromagnetische Felder zur Drehen oder zum Ausrichten gebracht werden können. Sie drehen sich auf Mikroebene, was auf der Makroskala unsichtbar bleibt, aber der Effekt wird im Kollektiv sichtbar und manifestiert sich in einer Wirkung am Bildschirm. Wieder muss man hier in Gedanken homogenisieren: Das einzelne Drehmoment eines Kristalls wird durch Mittelung im repräsentativen Volumenelement auf Kontinuumsebene zum *lokalen* Spin erhoben.

Indem wir innere Drehfreiheitsgrade des Kontinuums berücksichtigen, verlassen wir klassische, durch einen linearen Impuls und symmetrischen Spannungstensor beschreibbare Materialien. Wir begeben wir uns hier in das Gebiet der *polaren Medien*, die ihren Namen der elektrischen Polarität verdanken, das sie auf atomar-molekularer Ebene aufweisen. Die zugehörige Kontinuumsbeschreibung läuft unter dem Namen *erweiterte Kontinuumsmechanik* und tritt auch unter dem Namen *Cosserat-* oder *mikropolare Kontinua* auf. Auch nennt man „traditionelle" Kontinua mit symmetrischem Spannungstensor *Cauchy-* oder *Boltzmannkontinua*, um sie hiervon zu unterscheiden.

Die Erweiterung besteht also darin, dass der Spannungstensor nicht länger als symmetrisch vorausgesetzt wird und viele neue Feldgrößen auf den Plan treten, wie wir im Folgenden sehen werden.

3.2.6.2 Die Begriffe des verallgemeinerten linearen Impulses und des Spins

Das Problem ist, den inneren Drehfreiheitsgrad mathematisch sauber zu erfassen. Eine Zugangsmöglichkeit besteht darin, die kinetische Energie eines Materieelements zu verallgemeinern. Wir *postulieren* daher, dass die spezifische kinetische Energie gegeben ist durch:

$$e^{\mathrm{kin}} = \tfrac{1}{2}\boldsymbol{v}\cdot\mathbf{1}\cdot\boldsymbol{v} + \boldsymbol{v}\cdot\boldsymbol{B}\cdot\boldsymbol{\omega} + \tfrac{1}{2}\boldsymbol{\omega}\cdot\boldsymbol{J}\cdot\boldsymbol{\omega}\,. \tag{3.64}$$

Der erste Term ist der *translatorische* Teil der spezifischen kinetischen Energie (in SI-Einheiten in $\mathrm{J/kg} = \mathrm{m^2/s^2}$) in Form der translatorischen Geschwindigkeit $\boldsymbol{v}$. Multiplizieren wir ihn mit der „translatorischen Trägheit" der materiellen Punkte, die sich im traditionellen Kontinuumsfeld der Massendichte ρ manifestiert, erhalten wir die translatorische kinetische Energie dieses materiellen Punktes pro Volumeneinheit. Andererseits ist „rotative Trägheit" im dritten Term enthalten, und zwar in Form des symmetrischen Mikroträgheitstensors $\boldsymbol{J}$ (in SI-Einheiten in m^2). Dieser Tensor ist ein Abkömmling des aus der Starrkörperdynamik bekannten Massenträgheitstensors. Wie dieser ist $\boldsymbol{J}$ ein symmetrischer Tensor 2. Stufe und lässt sich im Hauptachsensystem mit reellen Eigenwerten diagonalisieren. Somit lässt sich das nicht-klassische Kontinuumsfeld $\boldsymbol{J}$ mathematisch lokal an einer Triade aus drei Orientierungsvektoren, den sogenannten *Direktoren*, ausrichten. Ursprünglich war der Begriff *mikropolare Materialien*, auf nicht verformbare Direktoren beschränkt ([Eri1976], S. 33). Daher war $\boldsymbol{J}$ „starr" in dem Sinne, dass das materiellen Teilchen nur Drehungen eines (lokalen) starren Körpers durchlaufen konnte. Diese Terminologie wurde später gelockert und eine Verformung der Direktoren zugelassen, die zu sogenannten *mikromorphen Kontinua*, führte (siehe [Eri1999], Kapitel 7, [Eri2001], Kapitel 17).

In diesem Buch wird mikropolarer Materie im Prinzip eine nicht starre Mikroträgheit zugestanden, ohne dass wir das bis ins Letzte ausnutzen werden. Damit könnten die Materialpunkte im Hinblick auf diese Mikroträgheit *mikrostrukturelle Veränderungen* (weitere Begriffsklärung s. u.) erfahren, wie z. B. in [Iva2016] im Detail erläutert werden. Darüber hinaus sprechen wir bei der lokalen „Rotationsgeschwindigkeit" im dritten Term von Gleichung (3.64) als dem *Mikrowinkelgeschwindigkeitsfeld* $\boldsymbol{\omega}$. Letzteres wird auch als *Mikrorotationsvektorfeld* bezeichnet (siehe [Eri1999], S. 26). Wenn keine Verwechslungsgefahr mit anderen Rotationsgeschwindigkeiten besteht, dann werden wir kurz auch vom *Winkelgeschwindigkeitsfeld* oder sogar vom *Winkelgeschwindigkeitsvektor* reden.

In diesem Zusammenhang ist eine Bemerkung sehr wichtig: Das Mikrowinkelgeschwindigkeitsfeld $\boldsymbol{\omega}$ ist auf Kontinuumsebene (wie auch die innere Energie im Gegensatz zur kinetischen Energie) nicht sichtbar, etwa in Gestalt eines „Wirbels“, wie man vielleicht glauben könnte. Die aus der Fluidmechanik bekannten, sichtbaren Wirbel werden durch die *Wirbelstärke* oder *vorticity* als antisymmetrischer Geschwindigkeitsgradient $\boldsymbol{w}$ erfasst:

$$\boldsymbol{w} = \frac{1}{2}(\boldsymbol{v} \otimes \nabla - \nabla \otimes \boldsymbol{v}) \quad \Leftrightarrow \quad w_{ij} = \frac{1}{2}\left(\frac{\partial v_i}{\partial x_j} - \frac{\partial v_j}{\partial x_i}\right). \tag{3.65}$$

In Gleichung (1.100) wurde darauf hingewiesen, dass man jedem antisymmetrischen Tensor 2. Stufe über Bildung der Vektorinvarianten auch einen Vektor zuweisen kann. Also auch hier:

$$\hat{\boldsymbol{w}} = -\frac{1}{4}(\boldsymbol{v} \times \nabla - \nabla \times \boldsymbol{v}) \equiv \frac{1}{2}\nabla \times \boldsymbol{v} \quad \Leftrightarrow \quad \hat{w}_i = \frac{1}{2}\epsilon_{ijk}\frac{\partial v_k}{\partial x_j}. \tag{3.66}$$

Diese Größe entspricht dem Winkelgeschwindigkeitsvektor $\boldsymbol{\omega}$, wie wir ihn aus der Starrkörpermechanik kennen. Dummerweise verwendet man dort für ihn dasselbe Symbol wie hier für das Mikrorotationsfeld, was physikalisch etwas völlig anderes ist. Den Winkelgeschwindigkeitsvektor des Starrkörpers können wir „sehen“, denn er manifestiert sich in der makroskopischen Bewegung $\boldsymbol{v}$. Und um es nochmals festzustellen: Das Mikrorotationsfeld hingegen ist unsichtbar. Es stammt anschaulich gesprochen aus der Rotation der atomar-molekularen Einheiten, welche das Kontinuumsteilchen aufbauen. Wir untersuchen nun den Zusammenhang zur Starrkörperrotation in einer Übungsaufgabe.

Übungsaufgabe *Starrkörperrotation, Wirbelgeschwindigkeits- und Winkelgeschwindigkeitsvektor*

Wir betrachten das an der Nabe aufgehängte, linksdrehende Holzrad in Bild 3.2, das wir als Starrkörper modellieren. Studiere die Ausführungen zum Thema rollendes Rad in [Mue2021], S. 256ff, und erläutere, dass in Polarkoordinaten gilt:

$$\boldsymbol{v}(t) = \omega_0(t) r \boldsymbol{e}_\varphi(t), \quad \omega_0(t) = \frac{v_0}{R}. \tag{3.67}$$

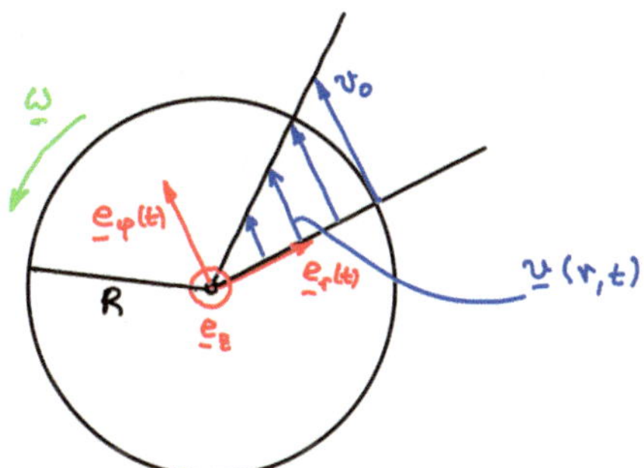

Bild 3.2 Ein an der Nabe aufgehängtes, rotierendes Holzrad (Starrkörper)

Erinnere an den Nabla-Operator in Zylinderkoordinaten und zeige, dass für den Rotor des Geschwindigkeitsfeldes $\boldsymbol{v}$ allgemein gilt:

$$\nabla \times \boldsymbol{v} = \left(\frac{1}{r}\frac{\partial v_z}{\partial \varphi} - \frac{\partial v_\varphi}{\partial z}\right)\boldsymbol{e}_r + \left(\frac{1}{r}\frac{\partial v_r}{\partial z} - \frac{\partial v_z}{\partial r}\right)\boldsymbol{e}_\varphi + \frac{1}{r}\left(\frac{\partial}{\partial r}\left[r\, v_\varphi\right] - \frac{\partial v_r}{\partial \varphi}\right)\boldsymbol{e}_z . \tag{3.68}$$

Zeige, dass dann:

$$\hat{\boldsymbol{w}}(t) = \omega_0(t)\boldsymbol{e}_z \equiv \boldsymbol{\omega}(t) . \tag{3.69}$$

Dieses wurde in Gleichung (1.100) antizipiert, wobei die dort verwendeten Symbole rein mathematische Bedeutung hatten.

Übungsaufgabe *Der Massenträgheitstensor des starren Körpers*

Rekapituliere den Lehrstoff über Starrkörpermechanik (z. B. in Abschnitt 3.4 aus [Mue2021]). Erläutere die Definitionsgleichung für den *Massenträgheitstensor*

$$\boldsymbol{J}^{(A)} = \int\limits_V \rho(\boldsymbol{x}^P)\left(\boldsymbol{x}^{AP}\cdot\boldsymbol{x}^{AP}\boldsymbol{1} - \boldsymbol{x}^{AP}\otimes\boldsymbol{x}^{AP}\right)\mathrm{d}V , \tag{3.70}$$

wobei $\boldsymbol{x}^A$ den Ortsvektor zum Aufpunkt A des Starrkörpers und P einen beliebigen Starrkörperpunkt (Integrationsvariable) bezeichnen. Beachte seine SI-Einheit $\mathrm{kg\,m^2}$. Zeige, dass die kinetische Energie des Starrkörpers der Gesamtmasse m gegeben ist durch:

$$E^{\text{kin}} = \tfrac{1}{2}m\left(\boldsymbol{v}^A\right)^2 + \boldsymbol{v}^A\cdot\boldsymbol{B}^{(A)}\cdot\boldsymbol{\omega} + \tfrac{1}{2}\boldsymbol{\omega}\cdot\boldsymbol{J}^{(A)}\cdot\boldsymbol{\omega} , \tag{3.71}$$

wobei der sogenannte *Koppeltensor* wie folgt definiert ist ($\boldsymbol{x}^{\mathrm{S}}$ ist der Ortsvektor zum Schwerpunkt des Starrkörpers):

$$\boldsymbol{B}^{(A)} = m\left(\boldsymbol{x}^A - \boldsymbol{x}^{\mathrm{S}}\right)\times\boldsymbol{1} . \tag{3.72}$$

Man zeige, dass dieser Tensor schiefsymmetrisch ist. Erläutere ferner, warum es für einen Starrkörper nur eine Winkelgeschwindigkeit $\boldsymbol{\omega}$ gibt. Zeige, dass für die materielle Zeitableitung des Massenträgheitstensors gilt:

$$\frac{\delta\boldsymbol{J}^{(A)}}{\delta t} \equiv \frac{\mathrm{d}\boldsymbol{J}^{(A)}}{\mathrm{d}t} = \boldsymbol{\omega}\times\boldsymbol{J}^{(A)} - \boldsymbol{J}^{(A)}\times\boldsymbol{\omega} . \tag{3.73}$$

Tipp: Beachte die Hinweise zu Beispiel 3.5 in [Mue2021].

Wie ändern sich die Ergebnisse, wenn man den Aufpunkt A in den Schwerpunkt S legt?

Der Ausdruck in der Mitte von Gleichung (3.64) ist ein Term, der translatorische und rotatorische kinetische Energie *koppelt.* Ursprünglich ist er auch aus der Starrkörperdynamik motiviert, siehe Gleichung (3.72). Die verbindende Größe ist ein weiteres, nicht standardmäßiges Kontinuumsfeld, der spezifische Kopplungstensor $\boldsymbol{B}$. In der Starrkörperdynamik wird er analog als schiefsymmetrischer Tensor eingeführt. Für den Fall eines starren Körpers verschwindet der Kopplungstensor, wenn der Massenschwerpunkt als Bezugspunkt gewählt wird. Wenn jedoch darauf bestanden wird, dass ein dreigliedriger Ausdruck für die kinetische Energie für einen materiellen Punkt eines verformbaren verallgemeinerten Kontinuums gültig bleibt, kann $\boldsymbol{B}$ als zusätzlicher Freiheitsgrad verwendet werden. Dann ist es auch nicht mehr erforderlich, dass es sich wie bei einem starren Körper um einen schiefsymmetrischen Tensor handelt. Wie wir im Beispielabschnitt 3.2.6.8 sehen werden, ermöglicht ein solches allgemeineres Kopplungstensorfeld $\boldsymbol{B}$ die Beschreibung helixartiger Bewegungen für Teilchen frei von Kräften und Momenten, insbesondere frei von Kräften vom Lorentztyp. Dies wurde in [Zhi2015], Abschnitt 3.2 demonstriert. Wir werden in Abschnitt 3.2.6.8 in einem Beispiel darauf zurückkommen.

Sobald man den Ausdruck Gleichung (3.64) für die spezifische kinetische Energie akzeptiert, kann er verwendet werden, um zwei kinematische Größen, nämlich den *spezifischen verallgemeinerten linearen Impuls* $\boldsymbol{p}$ und den *dynamischen Spin* $\boldsymbol{s}$, wie folgt zu definieren:

$$\boldsymbol{p} := \frac{\partial e_{\text{kin}}}{\partial \boldsymbol{v}} = \boldsymbol{v} + \boldsymbol{B} \cdot \boldsymbol{\omega}\,, \quad \boldsymbol{s} := \frac{\partial e_{\text{kin}}}{\partial \boldsymbol{\omega}} = \boldsymbol{v} \cdot \boldsymbol{B} + \boldsymbol{J} \cdot \boldsymbol{\omega}\,. \tag{3.74}$$

Die Verallgemeinerung des „normalen“ spezifischen linearen Impulses $\rho\boldsymbol{v}$ besteht darin, dass der Koppeltensor einen Zusatzbeitrag liefert. Ferner bedarf der Begriff des dynamischen Spins einer weiteren Erläuterung. Bei Sedov [Sed1971] finden wir auf S. 153 eine intuitive Interpretation dieser neuen Größe, die unsere früheren Bemerkungen unterstreicht, auch wenn der Prozess der Homogenisierung von der Mikro- zur Kontinuumsebene etwas unklar bleibt: „Consider a system, consisting of a nucleus and, revolving about it, an electron, i.e., an atom. The electron revolves in its orbit with a velocity of the order of the speed of light. Therefore, regardless of the small size of the atom, the system nucleus-electron possesses a significant intrinsic angular momentum. The angular momentum, arising from the revolution of the electron in an orbit, is known as orbital angular momentum. Moreover, the electron, and likewise the nucleus, have an intrinsic angular momentum, namely a spin, the origin of which cannot be explained by the introduction of corresponding mechanical motion. In general, all atoms have, generally speaking, intrinsic angular momentum $\boldsymbol{k}$. However, in many cases, the random motion of the atoms causes the sum of these angular momenta over all atoms to vanish. On the other hand, however, the motion of the elementary particles may be ordered, for instance, by applying a magnetic field. Then the sum of the internal momenta of all atoms will differ from zero. In this case, the sum $K' = \int_V \boldsymbol{k}\rho\,\mathrm{d}\tau$ of the intrinsic angular momenta must appear in the expression for the angular momentum of a macroscopic particle of a continuous medium.“

Wir werden im Folgenden ausführlich erläutern, dass die Beschreibung der Bewegung solcher verallgemeinerter oder mikropolarer Materialien auf zwei unabhängigen *Erhaltungssätzen* basiert, (a) dem Gleichgewicht für den spezifischen verallgemeinerten linearen Impuls, $\boldsymbol{p}$, und (b) der Bilanz für den spezifischen Gesamtdrehimpuls, $\boldsymbol{x} \times \boldsymbol{p} + \boldsymbol{s}$. Und diese stellen wir nun einzeln vor.

Übungsaufgabe *Transporttheoreme und räumliche Beschreibung*

Bei aufmerksamen Lesen wird man feststellen, dass in diesem Abschnitt des Lehrbuches über allgemeine Kontinua der Begriff des materiellen Teilchens oft verwendet wird. Das ist aus didaktischen Gründen geschehen, um die Bedeutung der Materie hervorzuheben,denn in der Tat, die Verallgemeinerung des Drehimpulses bei generalisierten Kontinua ist letztlich an die rotative Bewegung von Masse gebunden, wenn auch auf unterschiedlichen Skalen.*

Das heißt aber nicht, dass man unbedingt eine materielle Schreibweise wählen muss. Gerade bei fluiden generalisierten Kontinua ist die in Abschnitt 2.1.3 erläuterte räumliche Beschreibungsweise angebrachter.

Die Aufgabe besteht daher erstens daraus, in den folgenden Abschnitten sich bei der Verwendung des Symbols für die materielle Zeitableitung $\delta/\delta t$ zu vergegenwärtigen, dass diese sowohl in materieller (wie im folgenden suggeriert) als auch in räumlicher Schreibweise verstanden werden kann.

Außerdem wird nachstehend diverse Male eine lokal reguläre Form über ein materielles Volumen $v(t)$ integriert werden. Wie ändern sich die Resultate, wenn man ein offenes Volumen $v^{\mathrm{s}}(t)$ in räumlicher Beschreibung verwenden möchte? Suche im Buch außerdem diejenigen Stellen, an denen das jeweils relevante Transporttheorem erläutert wird und vollziehe alle Umformungen nach.

3.2.6.3 Die Bilanz des verallgemeinerten linearen Impuls

Für ein verallgemeinertes mikropolares Kontinuum lautet die *Impulserhaltung* in globaler Form:

$$\frac{\mathrm{d}}{\mathrm{d}t}\int_{v(t)} \rho \boldsymbol{p}\,\mathrm{d}v = \oint_{\partial v(t)} \boldsymbol{n}\cdot\boldsymbol{\sigma}\,\mathrm{d}a + \int_{v(t)} \rho \boldsymbol{f}\,\mathrm{d}v. \tag{3.75}$$

Dies ist die Verallgemeinerung von Newtons Lex Secunda für polare Medien. Die lokalen Varianten in regulären und singulären Punkten lauten:

$$\rho\frac{\delta \boldsymbol{p}}{\delta t} = \nabla\cdot\boldsymbol{\sigma} + \rho\boldsymbol{f}\,,\quad \boldsymbol{e}\cdot[\![(\boldsymbol{v}-\boldsymbol{w}^{\mathrm{I}})\otimes\rho\,\boldsymbol{p}-\boldsymbol{\sigma}]\!] = \boldsymbol{0}. \tag{3.76}$$

Diese Gleichungen gelten unter gewissen Voraussetzungen: Für den Mikroträgheitstensor $\boldsymbol{J}$ würde man eine der Gleichung (3.73) vollkommen analoge Beziehung erwarten.** Das ist aber nur dann der Fall, wenn man keine mikrostrukturellen Änderungen untersuchen möchte. Ein Beispiel dafür sind Zerkleinerungsvorgänge, wo der Mikroträgheitstensor während des Mahlvorganges *abnimmt*. Diesen Schwund muss man in Form einer negativen Produktion $\boldsymbol{\chi}_J$ erfassen und schreiben:

$$\frac{\delta \boldsymbol{J}}{\delta t} = \boldsymbol{\omega}\times\boldsymbol{J} - \boldsymbol{J}\times\boldsymbol{\omega} + \boldsymbol{\chi}_J\,. \tag{3.77}$$

Ähnliches gilt für den Koppeltensor $\boldsymbol{B}$:

$$\frac{\delta \boldsymbol{B}}{\delta t} = \boldsymbol{\omega}\times\boldsymbol{B} - \boldsymbol{B}\times\boldsymbol{\omega} + \boldsymbol{\chi}_B\,, \tag{3.78}$$

wobei $\boldsymbol{\chi}_B$ dessen Produktion bezeichnet.

* Obwohl im obigen Zitat von Sedov, welches das Wesen des Spinfeldes erläutert, man quantenmechanische Argumente heraushören mag, sei darauf hingewiesen, dass gerade der Spin von Elementarteilchen nicht auf einer Bewegung von Untermassen in diesen Teilchen selbst zu beruhen scheint und mit einem Korn Salz „eine von Masse unabhängige Existenzberechtigung" haben könnte.

** Wie der Beweis in [Mue2021] zeigt, ist diese Beziehung im Grunde eine Identität.

Wie in [Iva2016] erläutert, muss man dann in Gleichung (3.76) die spezifische Volumenkraft $\boldsymbol{f}$ durch $\boldsymbol{f}+\boldsymbol{\chi}_B$ ersetzen. Dann ist der verallgemeinerte Impuls aber *keine* Erhaltungsgröße mehr. In diesem Buch wird diese Problematik aber nicht detailliert, sondern auf die Fachliteratur verwiesen. [Iva2016] ist dabei ein guter Ausgangspunkt.

3.2.6.4 Die Bilanz des Gesamtdrehimpulses

Die Gesamtdrehimpulserhaltung für ein verallgemeinertes mikropolares Kontinuum lautet in globaler Form:

$$\frac{\mathrm{d}}{\mathrm{d}t}\int_{v(t)} \rho\left(\boldsymbol{x}\times\boldsymbol{p}+\boldsymbol{s}\right)\mathrm{d}v = \oint_{\partial v(t)} \boldsymbol{n}\cdot\left(-\boldsymbol{\sigma}\times\boldsymbol{x}+\boldsymbol{\mu}\right)\mathrm{d}a + \int_{v(t)} \rho\left(\boldsymbol{x}\times\boldsymbol{f}+\boldsymbol{m}\right)\mathrm{d}v\,. \tag{3.79}$$

$\boldsymbol{x}$ ist die (aktuelle) Position des materiellen Teilchens, $\boldsymbol{\mu}$ ist der sogenannte *Momentenspannungstensor* und $\boldsymbol{m}$ bezeichnet die sogenannte *spezifische freie Momentendichte.* Man beachte, dass der gesamte spezifische Drehimpuls die Summe des durch $\boldsymbol{x}\times\boldsymbol{p}=\boldsymbol{x}\times(\boldsymbol{v}+\boldsymbol{B}\cdot\boldsymbol{\omega})$ gegebenen spezifischen Impulsmoments und des spezifischen dynamischen Spins $\boldsymbol{s}$ aus Gleichung $(3.74)_2$ ist. Dies ist der Gesamtdrehimpuls eines materiellen Mikropolarpunkts. Will man außerdem noch Strukturumwandlungen beschreiben, so muss man in Gleichung (3.79) $\boldsymbol{f}$ durch $\boldsymbol{f}+\boldsymbol{\chi}_B\cdot\boldsymbol{\omega}$ ersetzen und zu $\boldsymbol{m}$ noch $\boldsymbol{v}\cdot\boldsymbol{\chi}_B+\boldsymbol{\chi}_J\cdot\boldsymbol{\omega}$ addieren. Dann ist aber auch der Gesamtdrehimpuls keine Erhaltungsgröße mehr.

Man könnte sagen, dass Gleichung (3.79) die Verallgemeinerung des Drallsatzes der Starrkörperdynamik (vgl. z. B. [Mue2021]) auf verallgemeinerte mikropolare Medien darstellt. Aus der globalen Gleichung lassen sich leicht die lokalen Gleichungen in regulären und singulären Punkten erhalten:

$$\begin{aligned} &\rho\frac{\delta}{\delta t}\left(\boldsymbol{x}\times\boldsymbol{p}+\boldsymbol{s}\right)=\nabla\cdot\left(-\boldsymbol{\sigma}\times\boldsymbol{x}+\boldsymbol{\mu}\right)+\rho\left(\boldsymbol{x}\times\boldsymbol{f}+\boldsymbol{m}\right),\\ &\boldsymbol{e}\cdot[\![(\boldsymbol{v}-\boldsymbol{w})\otimes\rho(\boldsymbol{x}\times\boldsymbol{p}+\boldsymbol{s})+\boldsymbol{\sigma}\times\boldsymbol{x}-\boldsymbol{\mu}]\!]=\boldsymbol{0}\,. \end{aligned} \tag{3.80}$$

Um Mikrostrukturänderungen zu erfassen, müssen hierin, wie vorhin gesagt, $\boldsymbol{f}$ und $\boldsymbol{m}$ ersetzt werden, und das gilt auch für die beiden folgenden Abschnitte.

3.2.6.5 Die Bilanz des Bahndrehimpulses

Da der Impuls in Gleichung $(3.74)_1$ verallgemeinert wurde, ändert sich auch Gleichung (3.59) für den Bahndrehimpuls. Kreuzproduktsbildung mit dem Ortsvektor in Gleichung (3.76) führt, bei Vernachlässigung von Produktionstermen $\boldsymbol{\chi}_B$ auf

$$\begin{aligned} &\rho\frac{\delta}{\delta t}\left(\boldsymbol{x}\times\boldsymbol{p}\right)=-\nabla\cdot(\boldsymbol{\sigma}\times\boldsymbol{x})-\boldsymbol{\sigma}_\times+\rho\left(\boldsymbol{x}\times\boldsymbol{f}+\boldsymbol{v}\times\boldsymbol{B}\cdot\boldsymbol{\omega}\right),\\ &\boldsymbol{e}\cdot[\![(\boldsymbol{v}-\boldsymbol{w}^{\mathrm{I}})\otimes\rho\boldsymbol{x}\times\boldsymbol{p}+\boldsymbol{\sigma}\times\boldsymbol{x}]\!]=\boldsymbol{0}\,. \end{aligned} \tag{3.81}$$

Offenbar ist der Bahndrehimpuls jetzt durch weitere Produktionsterme als $\boldsymbol{\sigma}_\times$ als Nichterhaltungsgröße gekennzeichnet. Durch Integration über ein Volumen erhält man die globale Bilanz:

$$\frac{\mathrm{d}}{\mathrm{d}t}\int_{v(t)} \rho\boldsymbol{x}\times\boldsymbol{p}\,\mathrm{d}v = -\oint_{\partial v(t)} \boldsymbol{n}\cdot\boldsymbol{\sigma}\times\boldsymbol{x}\,\mathrm{d}a + \int_{v(t)} \left[-\boldsymbol{\sigma}_\times+\rho\left(\boldsymbol{x}\times\boldsymbol{f}+\boldsymbol{v}\times\boldsymbol{B}\cdot\boldsymbol{\omega}\right)\right]\mathrm{d}v\,. \tag{3.82}$$

3.2.6.6 Die Bilanz des dynamischen Spins

Wir subtrahieren nun die lokale Bilanz für den Bahndrehimpuls aus Gleichung (3.81) von der Gesamtdrehimpulsbilanz Gleichung (3.80) und erhalten die lokalen Bilanzen für den Spin (ohne Produktionen $\boldsymbol{\chi}_J$ und $\boldsymbol{\chi}_B$):

$$\rho \frac{\delta \boldsymbol{s}}{\delta t} = \nabla \cdot \boldsymbol{\mu} + \boldsymbol{\sigma}_\times + \rho\big(\boldsymbol{m} - \boldsymbol{v} \times \boldsymbol{B} \cdot \boldsymbol{\omega}\big), \quad \boldsymbol{e} \cdot [\![(\boldsymbol{v} - \boldsymbol{w}^{\mathrm{I}}) \otimes \rho \boldsymbol{s} - \boldsymbol{\mu}]\!] = \boldsymbol{0}. \tag{3.83}$$

Wie zu erwarten, ist auch der Spin keine Erhaltungsgröße.

Durch Integration über das Volumen resultiert die globale Bilanz:

$$\frac{\mathrm{d}}{\mathrm{d}t} \int\limits_{v(t)} \rho \boldsymbol{s} \, \mathrm{d}v = \oint\limits_{\partial v(t)} \boldsymbol{n} \cdot \boldsymbol{\mu} \, \mathrm{d}a + \int\limits_{v(t)} \big[\boldsymbol{\sigma}_\times + \rho\big(\boldsymbol{m} + \boldsymbol{v} \cdot \boldsymbol{\chi}_B - \boldsymbol{v} \times \boldsymbol{B} \cdot \boldsymbol{\omega}\big)\big] \, \mathrm{d}v. \tag{3.84}$$

Noch ein Wort zum spezifischen Spin $\boldsymbol{s}$. Er ist gegeben durch das Produkt aus Mikroträgheitstensor $\boldsymbol{J}$ und Mikrowinkelgeschwindigkeit $\boldsymbol{\omega}$, $\boldsymbol{s} = \boldsymbol{J} \cdot \boldsymbol{\omega}$. Im Gegensatz zur auf Kontinuumsebene aufgrund ihres Bezugs zur materiellen Geschwindigkeit $\boldsymbol{v}$ sichtbaren Wirbelstärke aus Gleichung (3.65) ist $\boldsymbol{\omega}$ wie bereits betont nicht sichtbar. Die Situation ist eben genauso wie bei der spezifischen kinetischen Energie $\frac{v^2}{2}$ und der inneren Energie u (vgl. Abschnitt 4.1.1). Außerdem charakterisiert $\boldsymbol{J}$ die Trägkeit eines materiellen Teilchens gegen Rotation $\boldsymbol{\omega}$ auf Kontinuumsebene. Im Prinzip ist $\boldsymbol{J}$ durch Homogenisierung der Trägheitstensoren der das Kontinuumsteilchen konstituierenden Elementarbausteine berechenbar, genauso wie sich die Massendichte ρ aus einer Homogenisierung der zugehörigen Massen herleitet. Man erinnere in diesem Zusammenhang, dass ρ der Trägheitswiderstand gegen Änderungen der translativen Bewegung $\boldsymbol{v}$ ist.

3.2.6.7 Die Bilanz der kinetischen Energie für mikropolare Kontinua

Da wir den linearen Impuls in Gleichung $(3.74)_1$ verallgemeinert haben, ändert sich auch die Gleichung (3.51) für die Bilanz der kinetischen Energie. Indem man analog wie seinerzeit skalar mit $\boldsymbol{p}$ multipliziert, entsteht:

$$\begin{aligned} \rho \frac{\delta e_{\text{kin}}}{\delta t} &= \nabla \cdot \big(\boldsymbol{\sigma} \cdot \boldsymbol{v} + \boldsymbol{\mu} \cdot \boldsymbol{\omega}\big) - \boldsymbol{\sigma} : (\nabla \otimes \boldsymbol{v} + \boldsymbol{1} \times \boldsymbol{\omega}) - \boldsymbol{\mu} : \nabla \otimes \boldsymbol{\omega} \\ &\quad + \rho\big(\boldsymbol{f} \cdot \boldsymbol{v} + \boldsymbol{m} \cdot \boldsymbol{\omega} + \boldsymbol{v} \cdot \boldsymbol{\chi}_B \cdot \boldsymbol{\omega} + \tfrac{1}{2} \boldsymbol{\omega} \cdot \boldsymbol{\chi}_J \cdot \boldsymbol{\omega}\big), \\ \boldsymbol{e} \cdot &\Big[\!\!\Big[\big(\boldsymbol{v} - \boldsymbol{w}^{\mathrm{I}}\big) \rho e_{\text{kin}} - \boldsymbol{\sigma} \cdot \boldsymbol{v} - \boldsymbol{\mu} \cdot \boldsymbol{\omega} \Big]\!\!\Big] = 0, \end{aligned} \tag{3.85}$$

oder in globaler Form nach Integration über das Volumen:

$$\begin{aligned} \frac{\mathrm{d}}{\mathrm{d}t} \int\limits_{v(t)} \rho e_{\text{kin}} \, \mathrm{d}v &= \oint\limits_{\partial v(t)} \boldsymbol{n} \cdot (\boldsymbol{\sigma} \cdot \boldsymbol{v} + \boldsymbol{\mu} \cdot \boldsymbol{\omega}) \, \mathrm{d}a - \int\limits_{v(t)} \big(\boldsymbol{\sigma} : (\nabla \otimes \boldsymbol{v} + \boldsymbol{1} \times \boldsymbol{\omega}) + \boldsymbol{\mu} : \nabla \otimes \boldsymbol{\omega}\big) \, \mathrm{d}v \\ &\quad + \int\limits_{v(t)} \rho\big(\boldsymbol{f} \cdot \boldsymbol{v} + \boldsymbol{m} \cdot \boldsymbol{\omega} + \boldsymbol{v} \cdot \boldsymbol{\chi}_B \cdot \boldsymbol{\omega} + \tfrac{1}{2} \boldsymbol{\omega} \cdot \boldsymbol{\chi}_J \cdot \boldsymbol{\omega}\big) \, \mathrm{d}v, \end{aligned} \tag{3.86}$$

Dies wird im Kapitel 4 Konsequenzen bei der Gesamtenergiebilanz und der Bilanz der inneren Energie für polare Medien haben. Bleibt herauszuheben, dass die kinetische Energie *nicht* erhalten ist, selbst wenn man die Produktionsterme $\boldsymbol{\chi}_B$ und $\boldsymbol{\chi}_J$ nicht in Rechnung stellt. Das liegt an den (negativen) Dissipationstermen des Spannungs- und des Momentenspannungstensor.

3.2.6.8 Ein Beispiel zu den Möglichkeiten des Koppeltensors B und des Mikroträgheitstensors J

Abschnitt 3.2 in [Zhi2015] präsentiert eine äußerst interessante Anwendung des Kopplungstensors $\boldsymbol{B}$ aus Gleichung (3.64). Die für das Kontinuum gültige Impulsbilanz (3.75) sowie die Gesamtdrehimpulsbilanz (3.79) werden auf den Fall eines Punktteilchens an der Stelle $\boldsymbol{x}_0$, mit Massendichte $\rho = m\delta(\boldsymbol{x} - \boldsymbol{x}_0)$ und Rotationsträgheit $\boldsymbol{J}$ spezialisiert. Da dies nicht das normale Punktteilchen ist, das wir in der Mechanik gewohnt sind, nennt Zhilin dieses Gebilde einen *Körperpunkt*, um zu betonen, dass es auch Rotationseigenschaften aufweisen kann. Der Einfachheit halber wird angenommen, dass der Kopplungstensor $\boldsymbol{B}$ ebenso isotrop ist wie die Mikroträgheit $\boldsymbol{J}$:

$$\boldsymbol{B} = B\mathbf{1}\,, \quad \boldsymbol{J} = J\mathbf{1}\,, \tag{3.87}$$

wobei B und J Konstanten sind. Als Anfangsbedingungen werden dem Körperpunkt eine konstante Translationsgeschwindigkeit $\boldsymbol{v}_0$ und eine konstante Winkelgeschwindigkeit $\boldsymbol{\omega}_0$ zugewiesen. Es gibt keine äußeren Kräfte und Momente, keinen Spannungstensor und keinen Momentenspannungstensor. Daher bleiben Linear- und Drehimpuls erhalten, wobei die rechten Seiten der Gleichung (3.75) und Gleichung (3.79) vollständig verschwinden. Nach dem Entkoppeln und Lösen der restlichen gewöhnlichen Differentialgleichungen entwickelt sich die Winkelgeschwindigkeit gemäß:

$$\boldsymbol{\omega}(t) = [1 - \cos(\alpha t)]\, \boldsymbol{n} \cdot \boldsymbol{\omega}_0 \boldsymbol{n} + \cos(\alpha t)\, \boldsymbol{\omega}_0 + \sin(\alpha t)\, \boldsymbol{n} \times \boldsymbol{\omega}_0\,, \tag{3.88}$$

wobei

$$\alpha = \frac{Ba}{B^2 - J} \quad \text{and} \quad \boldsymbol{v}_0 + B\boldsymbol{\omega}_0 = \boldsymbol{a} = a\boldsymbol{n}\,, \tag{3.89}$$

$\boldsymbol{n}$ ist ein die Richtung anzeigender Einheitsvektor.

Die Translationsgeschwindigkeit und der Weg des Teilchens sind gegeben durch

$$\boldsymbol{v}(t) = \boldsymbol{v}_0 + B\big[\,(1 - \cos(\alpha t))\,(\mathbf{1} - \boldsymbol{n} \otimes \boldsymbol{n}) - \sin(\alpha t)\, \boldsymbol{n} \times \mathbf{1}\big] \cdot \boldsymbol{\omega}_0 \tag{3.90}$$

und

$$\boldsymbol{x}(t) = \boldsymbol{x}_0 + \boldsymbol{v}_0 t + B\left[\big(t - \tfrac{1}{\alpha}\sin(\alpha t)\big)\,(\mathbf{1} - \boldsymbol{n} \otimes \boldsymbol{n}) - \tfrac{1}{\alpha}\big(1 - \cos(\alpha t)\big)\boldsymbol{n} \times \mathbf{1}\right] \cdot \boldsymbol{\omega}_0\,. \tag{3.91}$$

Die ersten beiden Terme auf der rechten Seite sind das klassische Ergebnis nach der klassischen Newton'schen Mechanik (siehe z. B. [Mue2021], S. 230): Jeder Körper verharrt in seinem Ruhezustand oder seiner gleichförmigen Bewegung entlang einer geraden Linie, es sei denn, er wird durch auf ihn ausgeübte Kräfte gezwungen, diesen Zustand zu ändern. Die Terme in der zweiten Zeile zeigen nun deutlich den Unterschied zwischen einer klassischen und einer erweiterten Mechanik. Letzterer verfügt über die Möglichkeit eines Drehimpulsgleichgewichts inklusive dynamischem Spin und einer Kopplung zwischen translatorischen und Winkelgeschwindigkeitsanteilen in der kinetischen Energie: Der Massenpunkt bewegt sich auf einer *gekrümmten Bahn*. Man beachte, dass alle diese Unterschiede zur klassischen Sichtweise aber nur dann auftreten, wenn wir zulassen, dass der Kopplungskoeffizient $\boldsymbol{B}$ von Null verschieden ist und eine Mikroträgheit $\boldsymbol{J}$ auftritt.

Übungsaufgabe *Geradlinig gleichförmige oder helixartige Bewegung bei Kräfte- und Momentenfreiheit?*

Zeige in einem ersten Schritt, dass für ein kräfte- und momentenfreies Punktteilchen die Gleichung (3.75)) und die Gleichung (3.79)) folgende Form annehmen:

$$m\frac{\delta}{\delta t}(\boldsymbol{v}+\boldsymbol{B}\boldsymbol{\omega})=\boldsymbol{0}, \quad m\frac{\delta}{\delta t}(\boldsymbol{J}\boldsymbol{\omega}+\boldsymbol{B}\boldsymbol{v})=-m\boldsymbol{B}\boldsymbol{v}\times\boldsymbol{\omega}. \tag{3.92}$$

Löse unter den eingangs zu diesem Abschnitt genannten Anfangsvorgaben Gleichung $(3.92)_1$ und zeige, dass gilt:

$$\boldsymbol{v}=\boldsymbol{B}(\boldsymbol{\omega}_0-\boldsymbol{\omega})+\boldsymbol{v}_0. \tag{3.93}$$

Zeige damit, dass:

$$\frac{\delta\boldsymbol{\omega}}{\delta t}=\frac{\alpha}{a}\boldsymbol{a}\times\boldsymbol{\omega}, \quad \boldsymbol{a}=\boldsymbol{v}_0+\boldsymbol{B}\boldsymbol{\omega}_0, \quad a=|\boldsymbol{a}|, \quad \alpha=\frac{Ba}{B^2-J}. \tag{3.94}$$

Löse diese Vektordifferentialgleichung mit Hilfe des Ansatzes $\boldsymbol{\omega}=\boldsymbol{\Omega}\exp(\lambda t)$. $\boldsymbol{\Omega}$ ist dabei eine unbekannte Amplitude, die genau wie λ bestimmt werden muss.

Abschließend sind mehrere Kommentare angebracht:

- Man kann mit Fug und Recht sagen, dass man sich seit langer Zeit an das Modellierungskonzept gewöhnt haben, wonach ein Massenpunkt eine translatorische Trägheit m besitzt, und wir stellen dies nicht mehr in Frage. Man muss sich jedoch die Frage stellen, wie es anschaulich möglich ist, dass ein Massen*punkt* Rotationsträgheit in Bezug auf $\boldsymbol{J}$ und $\boldsymbol{B}$ oder genauer gesagt in Form von kinetischen Energien $\boldsymbol{v}\cdot\boldsymbol{B}\cdot\boldsymbol{\omega}$ und $\frac{1}{2}\boldsymbol{\omega}\cdot\boldsymbol{J}\cdot\boldsymbol{\omega}$ besitzen kann.
- Aus der Elektrodynamik ist bekannt, dass sich ein geladenes Punktteilchen, das sich mit der Geschwindigkeit v bewegt, entlang einer Schraubenlinie bewegt, wenn es der Lorentzkraft $q(\boldsymbol{E}+\boldsymbol{v}\times\boldsymbol{B})$* ausgesetzt wird. Aus diesem Grund bezeichnet Zhilin in [Zhi2015], S. 73, $\boldsymbol{B}$ auch als elektrische Ladung q: „… der Parameter q definiert eine bestimmte neue Eigenschaft des Teilchens, die wir auf Probe Ladung nennen werden."
- Ist die Vorstellung eines elektrisch geladenen Punktteilchens durch Experimente untermauert? Was ein Elektron betrifft, wird aufgrund der aktuellen experimentellen Genauigkeit davon ausgegangen, dass seine Größe kleiner als 10^{19} m sein muss. Es kann daher als die ultimative Darstellung eines geladenen Punktteilchens in der Realität angesehen werden. In der Terminologie der klassischen Physik trägt dieses Objekt tatsächlich Masse, elektrische Ladung und darüber hinaus einen intrinsischen Quantenspin. Natürlich wollen wir nicht so weit gehen und sagen, dass sich ein freies Elektron gemäß der oben dargestellten Theorie prädiktiv entlang einer Helix bewegt. Die vorgestellte Analyse liefert allenfalls ein mechanisches Analogon zur Ladung im Sinne des $\boldsymbol{B}$-Tensors. Allerdings sind mechanische Analogien (siehe auch Abschnitt 5.7) wichtig, weil wir leichter wissen, wie wir uns verbessern und mit ihnen umgehen können.
- Das Beispiel hat zwei Aspekte. Erstens gibt es den Kopplungstensor $\boldsymbol{B}$, der einen zusätzlichen Freiheitsgrad darstellt. Ursprünglich stammt er aus der Starrkörperdynamik, dort

* $\boldsymbol{B}$ ist hier das Magnetfeld, siehe Gleichung (5.68).

handelt es sich jedoch um einen antisymmetrischen Tensor, der verschwindet, wenn Pol *A* und Massenschwerpunkt S zusammenfallen. Hier handelt es sich jedoch um eine völlig neue unabhängige Variable. Zweitens zeigt das Beispiel auch die Bedeutung eines völlig unabhängigen Gleichgewichts des dynamischen Spins, der dann an den Translationsimpuls gekoppelt ist. Unter Abwesenheit von Kräften und Momenten bietet es unerwarteterweise die Möglichkeit, eine gekrümmte Bewegung vorherzusagen, was sonst nur durch die Verwendung des Konzepts einer Lorentzkraft möglich wäre, die auf ein sich bewegendes geladenes Teilchen wirkt. Etwas mutiger könnten wir mit Zhilin sagen: „Ein Elektron verhält sich, als wäre es ein Körperpunkt."

- Wie in [Mue2021], S. 242ff, erläutert, wurden von Euler 2×3 Gleichgewichtsgleichungen der Bewegung vorgestellt, drei für den linearen Impuls und drei für das Impulsmoment (nicht für den Gesamtdrehimpuls). Euler tat dies aus praktischen Gründen, nämlich um die Dynamik dreidimensionaler starrer Körper zu untersuchen. Sicherlich hat Euler keine Massenpunkte untersucht, die Rotationsträgheit tragen. Diese Idee ist neu und soll es uns ermöglichen, Materialien mit höheren inneren Freiheitsgraden zu modellieren. Das bedeutet aber auch, dass wir stets eine physikalisch basierte Erklärung anstreben und eine oberflächliche Anwendung formaler Mathematik vermeiden müssen.

3.3 Materialgleichungen einfacher Kontinua

3.3.1 Der linear-elastische Hooke'sche Festkörper

Wir nehmen Bezug auf Abschnitt 2.1.6 und untersuchen im Folgenden die Deformation eines materiellen Teilchens in materieller Schreibweise. Dazu führen wir zuerst den *Verschiebungsvektor* $\boldsymbol{u}$ wie folgt ein:

$$\boldsymbol{u} = \tilde{\boldsymbol{u}}(\boldsymbol{X}, t) = \tilde{\boldsymbol{x}}(\boldsymbol{X}, t) - \boldsymbol{X} \,. \tag{3.95}$$

Genau wie $\boldsymbol{x}$ ist er in der in Abschnitt 2.1.6 erklärten *Lagrange'schen Darstellung* eine Funktion des Teilchens in der Referenzkonfiguration, also von $\boldsymbol{X}$, und der Zeit t.

Nehmen wir zunächst an, dass alle Teilchen dieselbe Verschiebung erfahren (sogenannte *Starrkörpertranslation*), so hat man den Körper überhaupt nicht deformiert, sondern lediglich im Raum translativ verschoben. Das erzeugt im Körper *keine* mechanischen Spannungen. Dasselbe gilt für Drehungen aller materiellen Punkte des Körpers um denselben Winkel in Bezug auf einen raumfesten Bezugspunkt (sogenannte *Starrkörperrotationen*). Wir schließen somit, dass es, um den Körper wirklich zu deformieren und damit Spannungen zu erzeugen, nötig ist, benachbarten materiellen Punkten unterschiedliche Verschiebungen zu geben. Man braucht dafür also *Verschiebungsgradienten.*

Die zugehörige Feldgröße, die dies in größter Allgemeinheit zu beschreiben gestattet, ist der in Gleichung (2.30) bereits eingeführte *Deformationsgradient.* Der Deformationsgradient ist also das Verformungsmaß bei beliebig großen Deformationen und kann im Allgemeinen weit von $1 \hat{=} 100\,\%$ entfernt sein. Im Speziellen interessieren manchmal aber auch kleine Deformationen, und dann ist er nahe an der 1, und die Verschiebungsgradienten sind klein. Auf diesen Fall spezialisieren wir nun. Anders ausgedrückt: Für uns ist in diesem Kapitel $\frac{\partial u_i}{\partial X_j}$ eine kleine

Größe, die wir in Gleichungen nur bis zu linearen Termen berücksichtigen. Dann jedoch ist es äquivalent hierfür $\frac{\partial u_i}{\partial x_j} \Leftrightarrow \boldsymbol{u} \otimes \nabla$ zu schreiben. In Abschnitt 4.3.4.2 werden wir später auch große Deformationen untersuchen.

Übungsaufgabe *Kleine Deformationen*

Beweise die Gleichwertigkeit von $\frac{\partial u_i}{\partial X_j}$ und $\frac{\partial u_i}{\partial x_j}$ bei kleinen Deformationen.

Tipp: Studiere Abschnitt 2.4 in [Mue2021].

Die Komponenten des Spannungstensors sind symmetrisch. Um sie im Rahmen einer Theorie kleiner Verformungen mit Dehnungen in Verbindungen zu bringen, macht es Sinn, aus $\boldsymbol{u} \otimes \nabla$ ein *symmetrisches* Verformungsmaß zu generieren, nämlich den sogenannten *linearen Dehnungstensor*:

$$\begin{aligned} \boldsymbol{\varepsilon} &= \tfrac{1}{2}\left(\nabla \otimes \boldsymbol{u} + \boldsymbol{u} \otimes \nabla\right) \quad \Leftrightarrow \quad \varepsilon_{ij} = \frac{1}{2}\left(\frac{\partial u_i}{\partial x_j} + \frac{\partial u_i}{\partial x_j}\right) \quad \text{oder räumlich} \\ \boldsymbol{\varepsilon} &= \tfrac{1}{2}\left(\nabla^{\mathrm{s}} \otimes \boldsymbol{u} + \boldsymbol{u} \otimes \nabla^{\mathrm{s}}\right) \quad \Leftrightarrow \quad \varepsilon_{ij} = \frac{1}{2}\left(\frac{\partial u_i}{\partial x_j^{\mathrm{s}}} + \frac{\partial u_j}{\partial x_i^{\mathrm{s}}}\right). \end{aligned} \tag{3.96}$$

Offenbar gilt:

$$\boldsymbol{\varepsilon} = \boldsymbol{\varepsilon}^{\mathsf{T}}. \tag{3.97}$$

Einige Bemerkungen:

- In Analogie zum Spannungstensor nennt man die drei Diagonalkomponenten des Dehnungstensors *Normaldehnungen* $\varepsilon_{\underline{ii}}$, $i = 1,2,3$ und die drei unabhängigen Nebendiagonalkomponenten *Scherdehnungen* $\varepsilon_{ij} = \varepsilon_{ji}$, $i, j = 1,2,3$, $i \neq j$.
- Hinsichtlich der Vorzeichen der Dehnungskomponenten gibt es keine Einschränkungen. Sie können positiv oder negativ sein. Positive Normaldehnungen bringt man mit *Ausdehnung*, negative mit *Kompression* in Verbindung.
- Offenbar sind die Komponenten des Dehnungstensors $\boldsymbol{\varepsilon}$ dimensionslos. Da es sich per Voraussetzung um Zahlen handeln muss, die betragsmäßig klein gegen Eins sind, werden sie manchmal mit dem Faktor 100 multipliziert und dann mit der Quasieinheit Prozent versehen. Dieser in der Werkstofftechnik durchaus üblichen Verfahrensweise sollte man sich aber in mathematischen Rechnungen nicht anschließen.
- Aufgrund seiner Symmetrie ist es möglich, im ebenen Fall den linearen Dehnungstensor auch durch einen Mohr'schen Kreis zu deuten. Es sind dann einfach die Spannungstensorkomponenten durch Dehnungskomponenten zu ersetzen: $\sigma_{ij} \to \varepsilon_{ij}$, $i, j \in (1,2)$.

Die Gleichung (3.96) steht eigentlich für die *Gesamtdehnung* oder die *totalen Dehnungen*. Dehnungen bestehen nämlich aus verschiedenen Anteilen. Dabei sind zu nennen: die reversible instantane (oder zeitunabhängige) elastische Dehnung $\boldsymbol{\varepsilon}^{\mathrm{el}}$; die viskoelastische (oder irreversible, da zeitabhängige) Dehnung $\boldsymbol{\varepsilon}^{\mathrm{vi}}$; die thermische Dehnung $\boldsymbol{\varepsilon}^{\mathrm{th}}$; die instantane (zeitunabhängige) plastische Dehnung $\boldsymbol{\varepsilon}^{\mathrm{pl}}$; die Kriechdehnung (oder zeitabhängige plastische Dehnung) $\boldsymbol{\varepsilon}^{\mathrm{cr}}$, und möglicherweise die Dehnung aufgrund von Phasenumwandlungen $\boldsymbol{\varepsilon}^{\mathrm{ph}}$, u.s.w. Sie addieren sich alle zur Gesamtdehnung:

$$\boldsymbol{\varepsilon} = \boldsymbol{\varepsilon}^{\mathrm{el}} + \boldsymbol{\varepsilon}^{\mathrm{vi}} + \boldsymbol{\varepsilon}^{\mathrm{th}} + \boldsymbol{\varepsilon}^{\mathrm{pl}} + \boldsymbol{\varepsilon}^{\mathrm{cr}} + \boldsymbol{\varepsilon}^{\mathrm{ph}} + \cdots. \tag{3.98}$$

Dies ist die sogenannte *additive Dekomposition* des linearen Dehnungstensors. Jede der rechts stehenden, für sich genommen jeweils auch kleinen Dehnungen muss in *materialabhängiger* Weise detailliert werden. Man spricht von *Materialgesetzen* oder auch von *constitutive relations*.

Dieser hier zum ersten Mal auftretende Begriff verdient eine besondere Erläuterung. Man muss nämlich zwischen Naturgesetzen und Materialgesetzen strikt unterscheiden. Naturgesetze, also z. B. die Massen- oder Impulserhaltung, gelten für alle Materialien, Gase, Flüssigkeiten und Festkörper. Materialgesetze hingegen sind spezifisch auf Werkstoffe zugeschnitten und in diesem Sinne nicht allgemeingültig. Schließlich sei noch angemerkt, dass jeder der in Gleichung (3.98) rechts aufgeführten Dehnungstensoren symmetrisch ist.

Zu diesem Zeitpunkt interessieren allerdings nur zwei der genannten, materialabhängigen Dehnungen, nämlich die elastische und die thermische. Für alle anderen sei auf [Hau2013] verwiesen, wie auch hinsichtlich der nötigen Verallgemeinerung auf große Deformationen und die damit verbundene Abänderung des additiven Ansatzes auf einen multiplikativen unter Verwendung des Deformationsgradienten.

Das Materialgesetz nach Duhamel-Neumann mit *linearem thermischen Dehnungstensor* wird im Folgenden ausgeführt. Bei typischen Werkstoffen des Maschinenbaus kann man schreiben:

$$\boldsymbol{\varepsilon}^{\text{th}} = \boldsymbol{\alpha}(T - T_{\text{R}}) = \alpha \mathbf{1}(T - T_{\text{R}}) \,. \tag{3.99}$$

Es bezeichnen T die aktuelle Temperatur, T_{R} die *Referenztemperatur*, die den Ausgangszustand kennzeichnet, bei dem noch keine Deformation aufgrund von Temperaturänderung eingetreten ist, und $\boldsymbol{\alpha}$ ist ein Tensor 2. Ordnung, der sich bei *anisotropen* Materialien aus den thermischen Ausdehnungskoeffizienten in den verschiedenen Raumrichtungen zusammensetzt. Bei *isotropen* Materialien, wo die thermische Ausdehnung unabhängig von der Raumrichtung ist, ist dieser Tensor proportional zum Einheitstensor $\mathbf{1}$. In diesem Fall ist die thermische Ausdehnung durch einen einzigen Materialkoeffizienten bestimmt, nämlich den *linearen thermischen Ausdehnungskoeffizienten* α, auch CTE = *Coefficient of Thermal Expansion* genannt.

Im Hooke'schen Gesetz werden nun sie Spannungen $\boldsymbol{\sigma}$ in linearer Weise mit den *elastischen* Dehnungen $\boldsymbol{\varepsilon}^{\text{el}}$ verknüpft. Fordert man darüber hinaus noch, dass das linear-elastische Material auch *isotrop* ist, gilt:

$$\boldsymbol{\sigma} = \lambda \,\text{Sp}\,\boldsymbol{\varepsilon}^{\text{el}} \mathbf{1} + 2\mu \boldsymbol{\varepsilon}^{\text{el}} \quad \Leftrightarrow \quad \sigma_{ij} = \lambda \varepsilon^{\text{el}}_{kk} \delta_{ij} + 2\mu \varepsilon^{\text{el}}_{ij} \,. \tag{3.100}$$

Das ist das Hooke'sche Gesetz für linear deformierende isotrope Festkörper. Man nennt λ und μ auch die beiden *Lamé'schen Elastizitätskonstanten*. Aus Gleichung (3.98) schließen wir, dass bei (ausschließlicher) Berücksichtigung der thermischen Dehnung gilt:

$$\begin{aligned} &\boldsymbol{\sigma} = \lambda \,\text{Sp}\,\boldsymbol{\varepsilon} \mathbf{1} + 2\mu \boldsymbol{\varepsilon} - (3\lambda + 2\mu)\alpha(T - T_{\text{r}})\mathbf{1} \\ &\qquad \Leftrightarrow \quad \sigma_{ij} = \lambda \varepsilon_{kk} \delta_{ij} + 2\mu \varepsilon_{ij} - (3\lambda + 2\mu)\alpha(T - T_{\text{r}})\delta_{ij} \,. \end{aligned} \tag{3.101}$$

Man kennt diese Beziehung auch unter dem Namen *Hooke'sches Gesetz mit Duhamel-Neumann'scher Erweiterung*, was auf den Term thermischer Dehnungen hinweist. Für die totale Dehnung ist dabei der kinematische Zusammenhang nach Gleichung (3.96) einzusetzen. In diesem Zusammenhang sollte man vermerken, dass eine Berechnung in materieller Darstellung bei Festkörperproblemen vorzuziehen ist. Man sieht das bereits sehr deutlich daran, dass die Verschiebung $\boldsymbol{u}$ ursprünglich in Bezug auf die Referenzplazierung $\boldsymbol{X}$ in materieller Schreibweise definiert ist, Gleichung (3.95). Das heißt aber nicht, dass das Arbeiten in räumlicher Darstellung prinzipiell verboten ist, es ist nur äußerst unzweckmäßig. Wir werden das in nachstehendem Beispiel realisieren. Wie die Verschiebung in räumlicher Darstellung zu verstehen ist, wird in [Iva2016] erklärt. Merke außerdem, dass eine solche Gleichung für $\boldsymbol{\varepsilon}^{\text{el}}$ nicht gilt.

Wir werden das Hooke'sche Gesetz mit thermischer Erweiterung in Abschnitt 4.3.2.2 vom Standpunkt der Materialtheorie untersuchen und „beweisen". Zum Thema *anisotrope* linear-elastische Materialien sei auf [Mue2021] Abschnitt 2.5, verwiesen, wo die beiden letzten Gleichungen etwas anders hergeleitet werden.

3.3.2 Das Navier-Stokes-Fourier-Fluid

Wir beginnen mit der reibungsfreien Flüssigkeit. Dieses einfachste Modell nennt man auch das *Eulerfluid.* Es sei vermerkt, dass es sich nicht unbedingt um eine Flüssigkeit handeln muss. Der nun zu diskutierende Ansatz für den Spannungstensor ist auch für eine (reibungsfrei idealisierte) Gasströmung verwendbar. Für den Spannungstensor wird angesetzt:

$$\boldsymbol{\sigma} = -p(\rho, T)\mathbf{1} \quad \Leftrightarrow \quad \sigma_{ij} = -p(\rho, T)\delta_{ij}\,. \tag{3.102}$$

Der Spannungszustand ist also isotrop, d. h. in alle Richtungen gleich. Es handelt sich um einen reinen *Druckzustand.* Mit dem Wort Druck muss man aber vorsichtig umgehen. Es ist nicht der Druck gemeint, den von außen über einen Kolben oder von externen Pumpen auf das Fluid ausgeübt wird. Vielmehr handelt es sich um den Respons des Materials auf eine solche Randbedingung. Im Kapitel über Thermodynamik werden wir dieser *reversiblen* Materialantwort wieder begegnen, wobei dort von vornherein die Betonung auf Materialtheorie gelegt wird, vgl. etwa Gleichung (4.14), Gleichung (4.131) oder Gleichung $(4.151)_3$.

Die Materialfunktion $p(\rho, T)$ nennt man auch die *thermische Zustandsgleichung* für die betreffende Substanz. Wie angedeutet ist sie von der lokalen Dichte ρ und der lokalen Temperatur T abhängig. Man spricht von der *Hypothese vom lokalen Gleichgewicht.* Das besagt Folgendes: In der Schulphysik betrachtet man ausschließlich homogene Gas- und Flüssigkeitssysteme, also z. B. ein Gas in einem Zylinder abgeschlossen über einen Kolben. Den Kolben bewegt man langsam, man sagt *quasistatisch.* Dann kann man davon ausgehen, dass sich der Druckzustand $p(\rho, T)$ in allen materiellen Teilchen des Gases im Zylinder den gleichen Wert hat. Bewegt man schnell, so ist das natürlich nicht länger der Fall. Es werden im Zylinder von Punkt zu Punkt verschiedene Dichte- und Temperaturwerte vorliegen. Man geht aber hier davon aus, dass zur Beschreibung des lokalen Druckzustandes die Angabe der lokalen Werte dieser beiden Gleichgewichtsvariablen ausreichend sind. Man braucht die Umgebung nicht zu berücksichtigen, etwa in Form von Gradienten der Dichte, der Temperatur oder der Geschwindigkeit (siehe den Nichtgleichgewichtsdruck π in Gleichung (4.34), der als Volumenviskosität bekannt ist). Dieser Hypothese werden wir im Kapitel über Thermodynamik wiederbegegnen, z. B. in Gleichung (4.17).

Die thermische Zustandsgleichung eines realen Stoffes muss man experimentell bestimmen. Das ist eine Aufgabe der Thermodynamik, und in der Tat findet man in Lehrbüchern lange Tabellen von Messwerten, z. B. für die realen Gase, wie Sauerstoff und Stickstoff oder auch für Wasser, Substanzen also, die im Kraftmaschinenbau wichtig sind.

Es gibt aber eine idealisierte Substanz, für die ein analytischer Zusammenhang für die thermische Zustandsgleichung bekannt ist, das sogenannte *ideale Gas*, im Englischen entweder *ideal gas* oder *perfect gas relation* genannt:

$$p(\rho, T) = \rho \frac{R}{M} T. \tag{3.103}$$

Es bezeichnen $R = 8{,}314 \times 10^3 \frac{\mathrm{J}}{\mathrm{kgK}}$ die sogenannte ideale Gaskonstante und M das (hier dimensionslos erfasste) Molekulargewicht der betreffenden Substanz, die durch die ideale Gasgleichung näherungsweise beschrieben werden soll, also z. B. $M = 44$ für CO_2. An dieser Stelle sei jedoch bemerkt, dass es viele Varianten der idealen Gasgleichung gibt, je nachdem in welchem Untergebiet der Physik oder Chemie man arbeitet. Das hier ist die Version, die in der Kontinuumsmechanik am nützlichsten ist. Für andere Versionen siehe Abschnitt 4.4.2 in [Mue2021].

Das *Navier-Stokes-Materialgesetz* baut auf der Gleichung (3.102) des Eulerfluids für den Spannungstensor auf und ergänzt sie um *Reibungsterme*. In der Welt der Gase und Flüssigkeiten entsteht Reibung dadurch, dass Fluidschichten aufeinander abgleiten. Eine räumlich konstante materielle Geschwindigkeit $\boldsymbol{v}$ würde einen solchen Effekt nicht liefern. Es braucht also *Geschwindigkeitsgradienten* $\nabla \otimes \boldsymbol{v}$, um Flüssigkeitsreibung zu generieren. Solche Gradienten gehen mit Vorfaktoren versehen – den sogenannten *Viskositätskoeffizienten* λ und μ – in den Spannungstensor ein. Wir schreiben:

$$\boldsymbol{\sigma} = -p\mathbf{1} + \lambda \,\mathrm{Sp}\,\boldsymbol{d}\mathbf{1} + 2\mu\boldsymbol{d} \quad \Leftrightarrow \quad \sigma_{ij} = -p\delta_{ij} + \lambda d_{kk}\delta_{ij} + 2\mu d_{ij}, \tag{3.104}$$

mit dem *symmetrischen Geschwindigkeitsgradienten* (da der Spannungstensor symmetrisch sein soll):

$$\begin{aligned} \boldsymbol{d} &= \frac{1}{2}(\nabla \otimes \boldsymbol{v} + \boldsymbol{v} \otimes \nabla) \quad \Leftrightarrow \quad d_{ij} = \frac{1}{2}\left(\frac{\partial v_i}{\partial x_j} + \frac{\partial v_j}{\partial x_i}\right), \quad \text{oder räumlich} \\ \boldsymbol{d} &= \frac{1}{2}(\nabla^{\mathrm{s}} \otimes \boldsymbol{v} + \boldsymbol{v} \otimes \nabla^{\mathrm{s}}) \quad \Leftrightarrow \quad d_{ij} = \frac{1}{2}\left(\frac{\partial v_i}{\partial x_j^{\mathrm{s}}} + \frac{\partial v_j}{\partial x_i^{\mathrm{s}}}\right). \end{aligned} \tag{3.105}$$

Gerade bei Flüssigkeitsproblemen ist die räumliche Darstellung vorzuziehen. Das werden wir in den nachstehenden Bespielen sehen. Wie die thermische Zustandsgleichung/der Druck p dürfen auch λ und μ von der Dichte ρ und der Temperatur T abhängen. In der Form Gleichung (3.104) ähnelt diese manchmal auch *Navier-Stokes-Gesetz* genannte Materialgleichung sehr dem Hooke'schen Gesetz in Gleichung (3.101): An die Stelle des (elastischen Teils des) Verschiebungsgradienten $\varepsilon^{\mathrm{el}}$ tritt die Größe $\boldsymbol{d}$. Sogar die Koeffizienten λ, μ heißen gleich, haben aber eine andere Einheit. Diese Ähnlichkeit ist darin begründet, dass beide Gesetze die einfachsten *linearen* Abhängigkeiten in sich vereinen, die man bei einem elastischen Festkörper und einer viskosen Flüssigkeit erwartet. Sie sind aber grundverschieden, wenn es um Dissipation und Irreversibilität geht. Elastische Spannungs-Dehnungs-Prozesse sind reversibel, und bei Entlastung verbleibt keine Restdehnung. Die Strömungen viskoser Flüssigkeiten hingegen haben einen ausgesprochen dissipativen Charakter und produzieren Entropie. Wir werden das im Thermodynamikkapitel genauer untersuchen und teilweise das (lineare) Navier-Stokes-Gesetz verallgemeinern: Gleichung (4.29), Gleichung $(4.52)_2$, Gleichung (4.133) und Gleichung $(4.151)_3$ in Verbindung mit Gleichung (4.153).

Ein Wort zur thermischen Zustandsgleichung $p(\rho, T)$. Man könnte bei der Beschreibung von Gasströmungen in guter Näherung die Gleichung (3.103) des idealen Gases nehmen. Ideal bedeutet nämlich *nicht*, dass keine Reibung auftreten darf. Atomar gesprochen heißt ideal vielmehr, dass die Stöße zwischen den Gaspartikeln „hart“ sein müssen, d. h. das Wechselwirkungspotential zwischen ihnen wirkt nur, wenn sie sich im Punkt treffen, und wenn die Teilchen einen Abstand haben, spüren sie sich nicht. Zur Reibung wird nicht Stellung genommen.

Es ist sinnvoll, den Tensor $\boldsymbol{d}$ in seine mit dem Einheitstensor versehene Spur (den sogenannten isotropen, also *Kugelanteil* $\boldsymbol{d}^{\mathrm{s}}$) und seinen spurfreien Anteil (den sogenannten *Deviator* $\boldsymbol{d}^{\mathrm{d}}$) wie in Gleichung (1.193) mathematisch erläutert zu zerlegen: e

$$\boldsymbol{d} = \boldsymbol{d}^{\mathrm{s}} + \boldsymbol{d}^{\mathrm{d}} \text{ mit } \boldsymbol{d}^{\mathrm{s}} = \tfrac{1}{3}\,\mathrm{Sp}\,\boldsymbol{d}\mathbf{1}\,,\ \boldsymbol{d}^{\mathrm{d}} = \boldsymbol{d} - \tfrac{1}{3}\,\mathrm{Sp}\,\boldsymbol{d}\mathbf{1}$$
$$\Leftrightarrow \quad d_{ij} = d^{\mathrm{s}}_{ij} + d^{\mathrm{d}}_{ij} \text{ mit } d^{\mathrm{s}}_{ij} = \tfrac{1}{3} d_{kk}\delta_{ij}\,,\ d^{\mathrm{d}}_{ij} = d_{ij} - \tfrac{1}{3} d_{kk}\delta_{ij}\,. \tag{3.106}$$

- Spur und Deviator sind die beiden sogenannten *irreduziblen* Anteile eines Tensors. Damit bringt man ihre Unabhängigkeit zum Ausdruck, denn sie stehen aufeinander senkrecht, da das doppelte Skalarprodukt zwischen ihnen verschwindet, $\boldsymbol{d}^{\mathrm{s}} : \boldsymbol{d}^{\mathrm{d}} = 0$, wie man durch Nachrechnen bestätigt.
- Auch die Spurfreiheit ist schnell überprüft: $\mathrm{Sp}\,\boldsymbol{d}^{\mathrm{d}} = 0$.
- Man kann auch sagen, dass der isotrope Anteil $\boldsymbol{d}^{\mathrm{s}}$ „volumetrischer Natur“ ist (wir haben das im Zusammenhang mit Gleichung (3.16) gesehen, der Index s weißt auf „spherical“ = Kugelanteil hin), der deviatorische Anteil hingegen „Gestaltänderungen“, also etwa Scherungen, erfasst.

Damit kann man das Navier-Stokes-Gesetz auch so schreiben:

$$\boldsymbol{\sigma} = -p\mathbf{1} + \mu_{\mathrm{V}}\boldsymbol{d}^{\mathrm{s}} + 2\mu\boldsymbol{d}^{\mathrm{d}} \quad \Leftrightarrow \quad \sigma_{ij} = -p\delta_{ij} + \mu_{\mathrm{V}} d^{\mathrm{s}}_{kk}\delta_{ij} + 2\mu d^{\mathrm{d}}_{ij}\,,\ \mu_{\mathrm{V}} = \lambda + \tfrac{2}{3}\mu\,. \tag{3.107}$$

Nun wird es klar, warum man den Koeffizienten μ auch *Scherviskosität* nennt. Der Koeffizient μ_{V} heißt entsprechend *Volumenviskosität.* Er spielt oft keine Rolle, da man Flüssigkeiten als inkompressibel (ρ =const.) idealisiert, und dann ist wegen Gleichung (3.8) $\mathrm{Sp}\,\boldsymbol{d}$ (also $\boldsymbol{d}^{\mathrm{s}}$) gleich Null.

Es sei nochmal darauf hingewiesen, dass wir im Thermodynamikkapitel dem Navier-Stokes-Gesetz in der hier gezeigten Form mehrfach begegnen werden, es quasi *ableiten* und in einen allgemeineren Kontext stellen werden. Die entsprechenden Gleichungen wurden bereits genannt.

3.4 Feldgleichungen der klassischen Kontinuumsmechanik

3.4.1 Vorbemerkungen

In Abschnitt 3.1 wurde der Begriff *Feldgleichungen* für Kontinua bereits für den Fall der klassischen Kontinuumsmechanik erläutert. Feldgleichungen allgemein beruhen auf den Bilanzen für Masse, Impuls, Spin und innerer Energie. In diesen kommen Materialgleichungen für den Spannungstensor, den Momentenspannungstensor und den Wärmefluss vor, und diese sind noch nicht *explizit* durch Primärvariable ausgedrückt. Primärvariable der klassischen Kontinuumsmechanik sind die Masse und die Geschwindigkeit (respektive Verschiebungsvektor bei Festkörpern). Bei der generalisierten Mechanik kommt der Spin, also das Produkt aus Mikroträgheitstensor und Winkelgeschwindigkeitsfeld und bei der Kontinuumsthermodynamik dann noch mindestens ein Temperaturfeld hinzu. Um die genannten Größen durch Primärvariable auszudrücken, benötigen wir dann die Materialgleichungen, die nach Einsetzen in die Bilanzen dieselben zu Feldgleichungen machen und ein Anfangs-Randwertproblem partieller Differentialgleichungen erzeugen. Dies ist ein weiter Weg, denn auch die Lösung der Feldgleichungen ist nicht einfach.

In diesem Abschnitt fokussieren wir auf das klassische Boltzmannkontinuum der Mechanik, präsentieren die Feldgleichungen für isotrope Hooke'sche Festkörper sowie Euler'sche und Navier-Stokes-Fluide und diskutieren dann Fälle, die eine geschlossene Lösung erlauben.

3.4.2 Die Navier-Lamé'schen partiellen Differentialgleichungen

Wir werden das Hooke'sche Gesetz Gleichung (3.101) in die Impulsbilanz nach Gleichung $(3.46)_2$ einsetzen. Störend ist, dass darin nicht die Verschiebung $\boldsymbol{u}$, sondern die Geschwindigkeit $\boldsymbol{v}$ im Massenträgheitsterm auf der linken Seite auftritt. Es ist zu berücksichtigen, dass es sich beim Geschwindigkeitsfeld eines linear-elastischen Körpers kleiner Verformungen um *kleine* zeitliche Änderungen des Verschiebungsfeldes handelt. Wir identifizieren also die Geschwindigkeit $\boldsymbol{v}$ mit der materiellen Zeitableitung der Verschiebung und vernachlässigen Terme höherer Ordnung in zeitlichen und örtlichen Ableitungen dieser Größe wie folgt:

$$\boldsymbol{v} = \frac{\mathrm{d}\boldsymbol{u}}{\mathrm{d}t} = \frac{\partial \boldsymbol{u}}{\partial t} + \frac{\mathrm{d}\boldsymbol{u}}{\mathrm{d}t}\cdot\nabla\otimes\boldsymbol{u} \approx \frac{\partial \boldsymbol{u}}{\partial t} \quad \Leftrightarrow \quad \boldsymbol{v} = \frac{\mathrm{d}u_i}{\mathrm{d}t} = \frac{\partial u_i}{\partial t} + \frac{\mathrm{d}u_j}{\mathrm{d}t}\frac{\partial u_i}{\partial x_j} \approx \frac{\partial u_i}{\partial t}\,. \tag{3.108}$$

Also ergibt sich für die Beschleunigung, respektive die Massenträgheitskraftdichte:

$$\rho\frac{\mathrm{d}\boldsymbol{v}}{\mathrm{d}t} \approx \rho_0\frac{\partial^2\boldsymbol{u}}{\partial t^2} \quad \Leftrightarrow \quad \rho\frac{\mathrm{d}v_i}{\mathrm{d}t} \approx \rho_0\frac{\partial^2 u_i}{\partial t^2}\,. \tag{3.109}$$

Dabei haben wir außerdem Gebrauch von der Beziehung Gleichung (3.16) für die Massendichte gemacht und entsprechend linearisiert, d. h. den Term $\mathrm{Sp}\boldsymbol{\varepsilon} = \nabla\cdot\boldsymbol{u}$ weggelassen. Dasselbe geschieht übrigens auch beim Volumenkraftterm in Gleichung (3.46), so dass entsteht:

$$\rho_0\frac{\partial^2\boldsymbol{u}}{\partial t^2} = (\lambda+\mu)\nabla\nabla\cdot\boldsymbol{u} + \mu\Delta\boldsymbol{u} + \rho_0\boldsymbol{f} \quad \Leftrightarrow \quad \rho_0\frac{\partial^2 u_i}{\partial t^2} = (\lambda+\mu)\frac{\partial^2 u_j}{\partial x_i\partial x_j} + \mu\frac{\partial^2 u_i}{\partial x_j\partial x_j} + \rho_0 f_i\,. \tag{3.110}$$

Die Näherung der Massendichte als Referenzmassendichte ρ_0 wird in der technischen Kontinuumsschwingungsmechanik oft kritiklos übernommen, als für Festkörper unwichtig bezeichnet und mit der geometrischen Linearität der Theorie begründet, siehe etwa [Wau2008], S. 14 und 16.

3.4.3 Beispiel zu Navier-Lamé-Gleichungen

Man betrachte die in Bild 3.3 gezeigte, homogene (Dichte ρ_0), unter der Wirkung der Gravitation $\boldsymbol{f} = g\boldsymbol{e}_3$ stehende, linear-elastische Schicht der Dicke h. In $\boldsymbol{e}_2$- und $\boldsymbol{e}_3$-Richtung ist die Schicht sehr weit ausgedehnt und ein statischer Zustand ist eingetreten, so dass es Sinn macht, zur Lösung der Gleichung (3.110) den folgenden *semiinversen Ansatz* zu wählen:

$$u_1 = u_1(x_1)\,,\quad u_2 = 0\,,\quad u_3 = u_3(x_1)\,. \tag{3.111}$$

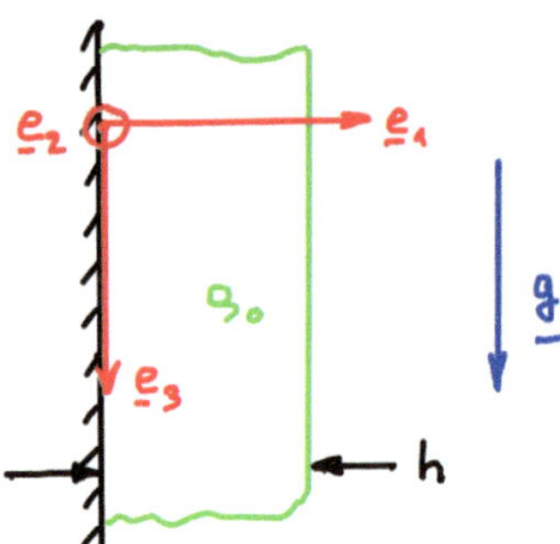

Bild 3.3 Scherung einer linear-elastischen Schicht unter Gravitation

Damit liefert das Hooke'sche Gesetz aus Gleichung (3.101):

$$\sigma_{11} = (\lambda + \mu)\frac{\mathrm{d}u_1}{\mathrm{d}x_1}\,,\ \sigma_{22} = \sigma_{33} = \lambda\frac{\mathrm{d}u_1}{\mathrm{d}x_1}\,,\ \sigma_{12} = \sigma_{23} = 0\,,\ \sigma_{13} = \mu\frac{\mathrm{d}u_3}{\mathrm{d}x_1}\,. \tag{3.112}$$

Aus der Cauchy-Bedingung der Gleichung (3.43) folgt für die freie Oberfläche bei $x_1 = h$ mit $\boldsymbol{n} = \boldsymbol{e}_1$ für die Traktion respektive die Spannungen dort (*Neumann'sche Randbedingung*):

$$t_1|_{x_1=h} = \sigma_{11}|_{x_1=h} = 0\,,\ t_2|_{x_1=h} = \sigma_{12}|_{x_1=h} = 0\,,\ t_3|_{x_1=h} = \sigma_{13}|_{x_1=h} = 0\,. \tag{3.113}$$

Die Impulsbilanz aus Gleichung (3.45) liefert unter Beachtung von Gleichung (3.112):

$$\frac{\mathrm{d}\sigma_{11}}{\mathrm{d}x_1} = 0\,,\ \frac{\mathrm{d}\sigma_{13}}{\mathrm{d}x_1} = -\rho_0 g\,. \tag{3.114}$$

Damit ist σ_{11} eine Konstante, und die muss wegen Gleichung $(3.112)_1$ verschwinden. Also verschwinden *alle* Normalspannungen. Ebenso folgt dann, dass $u_1(x_1)$ höchstens eine Konstante sein kann. Und diese verschwindet ebenfalls, da bei $x_1 = 0$ eine feste Einspannung vorliegt. Also ist $u_1 \equiv 0$. Einsetzen von Gleichung $(3.112)_3$ in Gleichung $(3.114)_2$ und Integration führt auf

$$u_3 = -\frac{\rho_0 g}{2\mu}x_1^2 + Ax_1 + B\,. \tag{3.115}$$

Die beiden Integrationskonstanten A und B lassen sich mit Gleichung $(3.113)_3$ und der *Dirichletbedingung*

$$u_3|_{x_1=0} = 0 \tag{3.116}$$

bestimmen, und das Endergebnis lautet:

$$u_3 = \frac{\rho_0 g h^2}{\mu}\frac{x_1}{h}\left(1 - \frac{x_1}{2h}\right)\,,\ \sigma_{13} = \rho_0 g(h - x_1)\,. \tag{3.117}$$

Es liegt also eine reine Scherung vor und das Verschiebungsmaximum liegt bei $x^1 = h$, was man vielleicht vermutet hätte.

Ein paar Worte noch zur Berechnungsmethode. Es wurde eigentlich in *materiellen* Koordinaten $\boldsymbol{X}$ gearbeitet, wobei in der linearen Elastizitätstheorie, wie in Abschnitt 3.3.1 erläutert, Ableitungen nach $\boldsymbol{X}$ durch Ableitungen nach $\boldsymbol{x}$ ersetzt werden können. Die Verschiebungsfunktion $\boldsymbol{u}$ gibt an, um wieviel sich ein materielles Teilchen des Festkörpers sich gegenüber der belastungsfreien Konfiguration verschoben hat. Im vorliegenden Fall sind diese Verschiebungen außerdem noch extrem klein. Man sieht das am Vorfaktor in Gleichung $(3.117)_1$, der für typische Werkstoffe des Maschinenbaus aufgrund der Größe ihres Schermoduls für ein h im cm-Bereich weit unterhalb von mm liegt. Alternativ kann man mit Gleichung $(3.117)_2$ schließen, dass die Spannungen aufgrund der Gravitation im Bereich von 10^4 Pa liegen, was gegenüber typischen Schermodulwerten fast nichts ist.

3.4.4 Bewegungsgleichungen für ein reibungsfreies Fluid (Eulerfall)

Setzt man Gleichung (3.102) in die lokale Impulsbilanz aus Gleichung (3.45) ein, so ergibt sich die Feldgleichung für das Geschwindigkeitsfeld $\boldsymbol{v}$ des reibungsfreien Fluids bei Wahl einer räumlichen Beschreibung:

$$\rho \frac{\partial \boldsymbol{v}}{\partial t} + \rho \boldsymbol{v} \cdot \nabla^{\mathrm{s}} \boldsymbol{v} = -\nabla^{\mathrm{s}} p + \rho \boldsymbol{f} \quad \Leftrightarrow \quad \rho \frac{\partial v_i}{\partial t} + \rho v_j \frac{\partial v_i}{\partial x_j^{\mathrm{s}}} = -\frac{\partial p}{\partial x_i^{\mathrm{s}}} + \rho f_i \,. \tag{3.118}$$

Die Gleichung in materieller Darstellung folgt ggf. aus Gleichung $(3.46)_2$. Wir untersuchen den Druckgradienten mit der Kettenregel, wobei wir zuvor die Dichte ρ durch das spezifische Volumen $v = 1/\rho$ teilweise ersetzen:

$$\frac{\partial p}{\partial x_i^{\mathrm{s}}} = \frac{v}{\kappa_T} \frac{\partial \rho}{\partial x_i^{\mathrm{s}}} + \frac{\partial p}{\partial T} \frac{\partial T}{\partial x_i^{\mathrm{s}}} \,, \qquad \kappa_T = -\frac{1}{v} \frac{\partial v}{\partial p} \,. \tag{3.119}$$

Man nennt den Beiwert κ_T die *isotherme Kompressibilität* des Gases/der Flüssigkeit. Wie wir in Gleichung (4.104) lernen werden, ist diese Kenngröße stets positiv. Für das ideale Gas findet man mit Gleichung (3.103):

$$\kappa_T = \frac{1}{p} = \frac{1}{\rho \frac{R}{M} T} \,. \tag{3.120}$$

Wir halten fest: Die Gleichung (3.118) ist erst dann eine wahre Feldgleichung für die Geschwindigkeit $\boldsymbol{v}$, wenn man erstens das Dichte- und zweitens das Temperaturfeld kennt. Ersteres bestimmt sich aus der Massenbilanz Gleichung (3.6), die aufgrund des Auftretens von $\boldsymbol{v}$ mit Gleichung (3.118) gekoppelt gelöst werden muss, Letztere aus dem 1. Hauptsatz der Thermodynamik, oder besser gesagt aus der Wärmeleitungsgleichung, die im Thermodynamikkapitel erwähnt wird (siehe die Fußnote und weitere Erläuterungen nach Gleichung (4.184)). In jedem Fall liegt ein gekoppeltes Problem vor.

3.4.5 Beispiel zum reibungsfreien Eulerfluid

In diesem Abschnitt sollen Sie bewusst aufs Glatteis geführt werden, also aufgepasst!

Wir betrachten den in Bild 3.4 gezeigten Kanal der Weite D_0, in dem sich ein eingangs nicht notwendigerweise inkompressibles Eulerfluid befindet, das unter der Wirkung der Schwerkraft nach unten fällt. In $\boldsymbol{e}_2$- und $\boldsymbol{e}_3$-Richtung ist der Kanal unendlich ausgedehnt, ein Druckgradient in $\boldsymbol{e}_3$-Richtung wird nicht angelegt, jedenfalls soll es dafür keine Pumpe geben, und die Bewegung beruht allein auf der Schwerkraft $\boldsymbol{g}$.

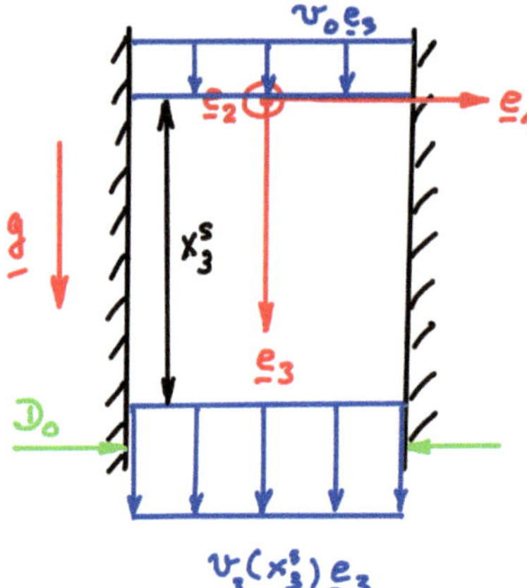

Bild 3.4 Kanalströmung unter Gravitation

Zur Lösung der Euler'schen Differentialgleichungen (3.118) wählen wir den folgenden *semiinversen Ansatz*:

$$v_1 = 0\,,\quad v_2 = 0\,,\quad v_3 = v_3(x_1^{\mathrm{s}})\,. \tag{3.121}$$

Der Ansatz erscheint logisch: Da Reibungsfreiheit vorausgesetzt wurde, dienen die Kanalwände lediglich zur Führung. Ein Haften findet dort nicht statt, und die Bewegung dieser zweidimensionalen Situation (ebenes Problem*) sollte daher rein eindimensional sein, d. h. es gibt kein v_1. Es soll außerdem vorausgesetzt werden, dass die Bewegung bei $x_3^{\mathrm{s}} = 0$ mit v_0 beginnt, also gilt

$$v_3|_{x_3^{\mathrm{s}}=0} = v_0\,. \tag{3.122}$$

Es wird also zusätzlich angenommen, dass ein Reservoir bei $x_3^{\mathrm{s}} = 0$ kontinuierlich Masse zur Verfügung stellt, so dass sich letztlich ein stationärer Zustand im halbunendlichen Gebiet $x_3^{\mathrm{s}} \in [0,\infty)$ ausbilden kann.

Aus Gleichung (3.118) folgt so:

$$v_3\frac{\mathrm{d}v_3}{\mathrm{d}x_3^{\mathrm{s}}} = g \quad\Rightarrow\quad v_3 = \sqrt{2gx_3^{\mathrm{s}} + A}\,, \tag{3.123}$$

wenn wir *annehmen*, dass es keinen Druckgradienten gibt, was aufgrund fehlender Pumpe nachvollziehbar scheint. Die Integrationskonstante A ergibt sich aus den Randbedingung (3.122), und das Endergebnis lautet:

$$v_3 = \sqrt{v_0^2 + 2gx_3^{\mathrm{s}}}\,. \tag{3.124}$$

Diese Gleichung muss man folgendermaßen lesen: Man wähle eine feste Position x_3^{s}. Diesen Ort passieren laufend neue Materieteilchen, und wenn sie dort durchlaufen, besitzen sie die Geschwindigkeit v_3, die sie durch Verlust an potentieller Energie gegenüber der Position $x_3 = 0$ verlustfrei erreicht haben (Umwandlung von potentieller in kinetische Energie). In der Tat ist

* Daher gibt es kein v_2. Der Kanal wird sozusagen unendlich tief angenommen.

das dieselbe Lösung, die man für einen frei fallenden Massenpunkt erhält, und das scheint auf den ersten Blick plausibel. Man beachte, dass sich – wie die Masse beim Massenpunkt – während der Analyse die Massendichte ρ herauskürzt. Es scheint also, dass es unnötig ist, anzunehmen, dass das Fluid inkompressibel ist. Das Ganze steht und fällt aber mit der Annahme, dass $\frac{\mathrm{d}p}{\mathrm{d}x_3^\mathrm{s}} = 0$ gilt, also kein Druckgradient existiert.

Daher noch ein paar Worte zum Druck: Die $\boldsymbol{e}_1$ und $\boldsymbol{e}_2$ Komponenten von Gleichung (3.123) würden aufgrund des Ansatzes (3.121) zunächst einmal liefern, dass $p = p(x_3^\mathrm{s})$ gilt. Also könnte noch ein Druckgradient in $\boldsymbol{e}_3$ existieren. Man könnte auf die Idee kommen, dass der Druck an einer beliebigen Stelle x_3^s immer noch der Druck an der Unterseite der Flüssigkeit des Reservoirs ist, denn die Flüssigkeit fällt ja frei nach unten, und das Gewicht der darüber liegenden Flüssigkeitssäule drückt *nicht* auf diese Stelle.

Man sollte aber auch mit Gleichung (3.119) argumentieren: Die Temperatur kann sich während des Falls wegen fehlender innerer Reibung nicht ändern, also fällt der zweite Term weg. Ferner liefert die Massenbilanz in der Form Gleichung $(3.6)_1$ bei Beachtung des Ansatzes (3.121) für den Massenstrom pro Durchtrittsfläche, dass $\rho v_3 = \text{const.}$* entlang x_3^s, d. h. wenn sich die Geschwindigkeit bei zunehmender Falltiefe erhöht, dann muss sich die Dichte verringern, und es muss aufgrund des ersten Terms ein Druckgradient entstehen. Die Annahme der Inkompressibiltät – also konstante Dichte – hätte dann sofort zur Folge, dass sich die Geschwindigkeit nicht ändern darf, und das steht im Widerspruch zum Ergebnis (3.124).

Die Problematik mit dem Druckgradienten löst sich auch nicht auf, wenn wir Zuflucht in der materiellen Beschreibung suchen. Nach Gleichung (3.126) folgt bei Betrachtung zweier übereinander in der Höhe 0 und $\boldsymbol{x}_3^\mathrm{s}$ liegender Ortspunkte (mit $\varphi(\boldsymbol{x}) = -gx_3$):

$$\frac{v_3^2}{2} + \frac{p(x_3)}{\rho_0} - gx_3 = \frac{v_0^2}{2} + \frac{p(0)}{\rho_0} \quad \Rightarrow \quad v_3 = \sqrt{v_0^2 + 2\left(gx_3 - \frac{p(x_3) - p(0)}{\rho_0}\right)}. \tag{3.125}$$

In dieser Lösung finden wir also ebenfalls einen Druckgradienten in Form einer Druckdifferenz. Wie groß ist diese? In einer solchen Situation denken Hydromechaniker gerne an die *hydrostatische Gleichung,* wonach der Druck mit zunehmender Wassertiefe zunimmt, $p(x_3) = p(0) + \rho_0 g x_3$. Würden wir das annehmen, so folgt $v_3 = v_0$, und das kann aus physikalischen Gründen nicht stimmen, wie jede Dusche lehrt.

Übungsaufgabe *Bernoulli'sche Stromfadengleichung*

Starte von der Bewegungsgleichung für ein Eulerfluid in materieller Schreibweise:

$$\rho\frac{\partial \boldsymbol{v}}{\partial t} + \rho\boldsymbol{v}\cdot\nabla\boldsymbol{v} = -\nabla^\mathrm{s} p + \rho\boldsymbol{f} \quad \Leftrightarrow \quad \rho\frac{\partial v_i}{\partial t} + \rho v_j\frac{\partial v_i}{\partial x_j} = -\frac{\partial p}{\partial x_i} + \rho f_i\,. \tag{3.126}$$

Setze an:

- Das materielle Teilchen ist inkompressibel, $\rho = \rho_0$.
- Das Gravitationsfeld ist ein Potentialfeld $\boldsymbol{f} = -\nabla\varphi(\boldsymbol{x})$.
- Die Bewegung ist stationär.

* Eine Beziehung dieser Art ist auch schon im Zusammenhang mit dem Kanal variabler Weite aus Bild 3.1 in Gleichung (3.12) aufgetreten.

Zeige, dass dann längs der Bewegungslinie $\boldsymbol{x} = \tilde{\boldsymbol{x}}(\boldsymbol{X}, t)$ (genannt *Stromlinie* des materiellen Teilchens) des materiellen Teilchens $\boldsymbol{X}$ gilt:

$$\frac{\boldsymbol{v}^2}{2} + \frac{p(\boldsymbol{x})}{\rho_0} + \varphi(\boldsymbol{x}) = \text{const}|_{\boldsymbol{x}}\,. \tag{3.127}$$

Man nennt diese Beziehung auch die *Bernoulligleichung*. Erläutere, warum die Fluidmechaniker dies als Energiegleichung bezeichnen.

Tipp: Studiere Abschnitt 4.6.3 in [Mue2019].

Was ist hier los? Die Antwort ist einfach: Der so plausibel erscheinende semiinverse Ansatz (3.121) ist *falsch*! Das Fluid denkt gar nicht daran, bei seinem Fall immer die Weite D_0 zu halten. Der laminar fallende Strahl wird sich vielmehr verjüngen, und es gilt $D = D(x_3)$. Wie sieht diese Funktion genau aus? Für eine Ingenieurabschätzung halten wir zunächst einmal an der Inkompressibilitätsannahme fest und bemerken außerdem, dass auf der freien Oberfläche des Stahls immer der Außendruck $p(0)$ herrschen wird. Der Durchsatz an Flüssigkeit an der Stelle x_3 muss gleich der Einspeisung an der Stelle 0 sein, also*

$$D(x_3)\,v_3 = D_0\,v_0\,, \tag{3.128}$$

und ansonsten gilt die Bernoulligleichung in der Form

$$\frac{v_3^2}{2} + \frac{p(0)}{\rho_0} - g x_3 = \frac{v_0^2}{2} + \frac{p(0)}{\rho_0} \quad \Rightarrow \quad v_3 = \sqrt{v_0^2 + 2g x_3}\,. \tag{3.129}$$

Durch Kombination beider Gleichungen folgt, dass der Durchmesser des Strahls quadratwurzelförmig mit der Tiefe abnimmt:

$$D(x_3) = \frac{D_0}{\sqrt{1 + \frac{2g x_3}{v_0^2}}}\,. \tag{3.130}$$

Offenbar hat uns hier die materielle Sichtweise wesentlich geholfen. Das hätte man bei einem Fluidmechanikproblem, wo die räumliche Beschreibung i. A. bevorzugt verwendet wird, gar nicht erwartet. Könnten wir diese Lösung auch in räumlicher Beschreibung erhalten? Im Prinzip ja, aber dazu müssen wir das transiente Problem numerisch lösen (mit gleichzeitig vorhandener Geschwindigkeitskomponente v_1) und den Fall langer Zeiten behandeln. Ein semiinverser Ansatz für den stationären Zustand hilft hier nicht. Das Problem besteht darin, dass es sich um ein Problem mit unbekannter freier Oberfläche handelt. Die Mathematiker nennen das ein *freies Randwertproblem* und die (numerische) Lösung derselben ist Gegenstand der Forschung.

3.4.6 Die Navier-Stokes'schen partiellen Differentialgleichungen

Um die Feldgleichung für die materielle Geschwindigkeit $\boldsymbol{v}$ einer Navier-Stokes-Flüssigkeit, zu erhalten, setzen wir das Navier-Stokes'sche Materialgesetz aus Gleichung (3.104) in die gene-

* v_3 ist eigentlich eine Funktion von x_1 und am größten bei $x_1 = 0$. Also muss man in den nachstehenden Beziehungen eigentlich Mittelwerte wie in Gleichung (3.12) setzen. Dies vernachlässigen wir und schätzen v_3 durch den Maximalwert bei $x_3 = 0$ ab.

rische Impulsbilanz Gleichung (3.45) oder auch in die Gleichung $(3.46)_1$ ein. Es resultiert in räumlicher Schreibweise:

$$\rho\frac{\partial \boldsymbol{v}}{\partial t}+\rho\boldsymbol{v}\cdot\nabla^{\mathrm{s}}\boldsymbol{v}=-\nabla^{\mathrm{s}}p+(\lambda+\mu)\nabla^{\mathrm{s}}\nabla^{\mathrm{s}}\cdot\boldsymbol{v}+\mu\Delta^{\mathrm{s}}\boldsymbol{v}+\rho\boldsymbol{f}$$

$$\Leftrightarrow\quad \rho\frac{\partial v_i}{\partial t}+\rho v_j\frac{\partial v_i}{\partial x_j^{\mathrm{s}}}=-\frac{\partial p}{\partial x_i^{\mathrm{s}}}+(\lambda+\mu)\frac{\partial^2 v_j}{\partial x_i^{\mathrm{s}}\partial x_j^{\mathrm{s}}}+\mu\frac{\partial^2 v_i}{\partial x_j^{\mathrm{s}}\partial x_j^{\mathrm{s}}}+\rho f_i\,. \tag{3.131}$$

Man beachte gewisse formale Ähnlichkeiten zur Gleichung (3.110) von Lamé-Navier, wo jedoch aufgrund der geometrischen Linearitätsannahme die konvektiven Anteile der Massenträgheit völlig fehlen. Bei der Herleitung wurde angenommen, dass die Viskositätskoeffizienten konstant sind. Die resultierenden partiellen Differentialgleichungen sind in den Komponenten von $\boldsymbol{v}$ gekoppelt und höchstgradig nicht-linear. In Bezug auf den Druckgradienten gilt analog, was im Zusammenhang mit Gleichung (3.119) gesagt wurde, d. h. eigentlich sind diese Gleichungen an das Temperaturfeld gekoppelt. Das macht auch anschaulich Sinn, denn durch Reibung wird sich die Temperatur ja lokal erhöhen. Für den transienten Fall sind in jedem Fall geeignete numerische Verfahren zu ihrer Lösung nötig.

3.4.7 Beispiel zu Navier-Stokes-Gleichungen

Wir betrachten die in Bild 3.5 gezeigte schiefe Ebene (Neigungswinkel α), entlang der sich ein Fluidfilm unter der Wirkung der Schwerkraft stationär abwärts bewegt. Der Film wird als inkompressibles Navier-Stokes-Fluid behandelt. Wie in Abschnitt 3.4.5 handelt es sich um ein Problem mit freier Oberfläche. Es soll angenommen werden, dass der Film sehr dünn ist und sich die Höhe H der Oberfläche nicht ändert. In $\boldsymbol{e}_1$- und $\boldsymbol{e}_3$-Richtung ist die schiefe Ebene unendlich ausgedehnt, ein Druckgradient in $\boldsymbol{e}_1$-Richtung wird nicht angelegt, die laminare Bewegung beruht allein auf der Schwerkraft.

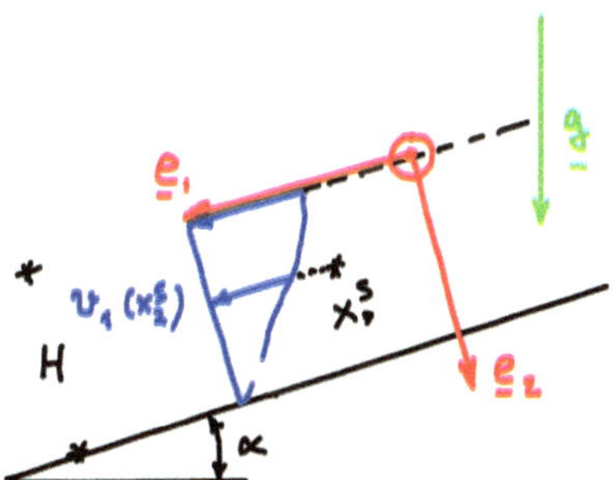

Bild 3.5 Filmströmung unter Gravitation

Zur Lösung der Navier-Stokes'schen Differentialgleichungen (3.131) wählen wir daher den folgenden *semiinversen Ansatz:*

$$v_1=v_1(x_1^{\mathrm{s}},x_2^{\mathrm{s}})\,,\quad v_2=0\,,\quad v_3=0\,. \tag{3.132}$$

v_3 verschwindet, da ein 2D-Problem betrachtet wird und v_2 ist Null, da ansonsten die Höhe nicht konstant bleiben würde. Da Inkompressibilität vorausgesetzt wurde, folgt sofort, dass

$$\frac{\partial v_1}{\partial x_1^{\mathrm{s}}}=0\quad\Rightarrow\quad v_1=v_1(x_2^{\mathrm{s}})\,, \tag{3.133}$$

d. h. das Fluid wird durch die Schwerkraft nicht beschleunigt. Das mag verwundern, da dies im Beispiel 3.4.5 anders war (siehe auch Schlussbemerkung).

Als Randbedingungen haben wir Haften bei $x_2^s = H$ (*Dirichletbedingung*) sowie Druck p_0 und keine Scherkraft bei $x_2^s = 0$ (freie Oberfläche, *Neumann'sche Randbedingungen*):

$$v_1|_{x_2^s=H} = 0\,, \quad \sigma_{22}|_{x_2^s=0} = -p_0\,, \quad \sigma_{12}|_{x_2^s=0} = 0\,. \tag{3.134}$$

Aus Gleichung (3.131) folgt so:

$$\begin{aligned} \frac{\mathrm{d}^2 v_1}{\mathrm{d}(x_2^s)^2} &= -\frac{\rho_0 g \sin\alpha}{\mu} \quad \Rightarrow \quad v_1 = -\frac{\rho_0 g \sin\alpha}{2\mu}(x_2^s)^2 + A x_2^s + B\,, \\ -\frac{\mathrm{d}p}{\mathrm{d}x_2^s} + \rho_0 g \cos\alpha &= 0 \quad \Rightarrow \quad p = \rho_0 g \cos\alpha\, x_2^s + C\,. \end{aligned} \tag{3.135}$$

Dabei wurde angenommen, dass p nicht von x_1^s abhängt, denn in Fließrichtung wurde kein Druckgradient angelegt.

Die Integrationskonstanten A, B und C lassen sich aus den Randbedingungen (3.134) bestimmen, und das Endergebnis lautet:

$$v_1 = \frac{\rho_0 g \sin\alpha H^2}{2\mu}\left[1 - \left(\frac{x_2^s}{H}\right)^2\right]\,, \quad \sigma_{12} = -\rho_0 g \sin\alpha\, x_2^s\,, \; p = p_0 + \rho_0 \cos\alpha\, x_2^s\,, \; x_2^s \in [0, H]\,. \tag{3.136}$$

letzteres aufgrund von Gleichung (3.104).

Eine Bemerkung: Es mutet vielleicht komisch an, dass die Strömung nicht immer schneller wird, je weiter man den Hang hinuntergeht, denn die Geschwindigkeit ist ja unabhängig von x_1^s. Das ist ganz anders als im vorherigen Problem bei Gleichung (3.123). Der Grund hierfür ist die Reibung, die jetzt sozusagen den Zuwachs an kinetischer Energie hangabwärts „auffrisst", denn Reibung gab es im vorherigen Problem ja nicht.

3.5 Materialgleichungen polarer Kontinua

3.5.1 Der lineare isotrope mikropolare Festkörper

Unser Ziel ist zunächst die Übertragung des Hooke'schen Gesetzes (3.101) auf polare Medien mit nicht-symmetrischem Spannungstensor. Außerdem wird ein Materialgesetz für Momentenspannungen hinzukommen. Die technische Anwendungen betreffen Festkörper mit innerer Struktur, die zu von der Makrorotation unabhängiger Mikrorotation fähig sind. Ein Beispiel sind Schwämme. Wir schreiben in Erweiterung des Hooke'schen Gesetzes:

$$\boldsymbol{\sigma} = \lambda\, \mathrm{Sp}\,\boldsymbol{\varepsilon}\,\mathbf{1} + 2\mu\boldsymbol{\varepsilon} + 2\kappa \boldsymbol{H} \times \mathbf{1} \quad \Leftrightarrow \quad \sigma_{ij} = \lambda \varepsilon_{kk}\delta_{ij} + 2\mu\varepsilon_{ij} - 2\kappa\epsilon_{ijk}H_k\,. \tag{3.137}$$

Darin enthält der Vektor $\boldsymbol{H} = \boldsymbol{\theta} - \hat{\boldsymbol{W}}$ den infinitesimalen *Makrorotationsvektor* $\hat{\boldsymbol{W}} = \frac{1}{2}\nabla \times \boldsymbol{u} \equiv -\frac{1}{2}\boldsymbol{W}_\times$, der sich aus dem infinitesimalen Rotationstensor $\boldsymbol{W}$ gemäß

$$\boldsymbol{W} = \frac{1}{2}(\boldsymbol{u} \otimes \nabla - \nabla \otimes \boldsymbol{u}) \quad \Leftrightarrow \quad W_{ij} = \frac{1}{2}\left(\frac{\partial u_i}{\partial x_j} - \frac{\partial u_j}{\partial x_i}\right) \tag{3.138}$$

herleitet. $\boldsymbol{W}$ ist das Festkörperanalogon zum Wirbelstärketensor der Fluide aus Gleichung (3.65). $\boldsymbol{\theta}$ steht für den *Mikrorotationsvektor*. Auch er ist hier auf infinitesimale Mikrodrehungen beschränkt. Im Vorgriff zu Abschnitt 3.6 sei gesagt: Beide Axialgrößen, d. h. $\boldsymbol{\theta}$, als auch $\hat{\boldsymbol{W}}$ sind nicht euklidisch objektiv, aber ihre Differenz ist es, was Gleichung (3.137) zu einer im Sinne der mechanischen Prinzipe rationalen Beziehung macht. κ ist ein neuer elastischer Koeffizient, und der ihn enthaltene Term ist auch schon der nicht-symmetrische Anteil im Spannungstensor. Man könnte $\boldsymbol{H}$ auch als *Exzessdrehung* oder *relative Mikro-Makro-Drehung* bezeichnen. Sind beide darin enthaltene Drehungen gleich, so spricht man von einem *Cosseratpseudokontinuum* oder auch *Festkörper mit gefesselten Rotationsfreiheitsgraden*.

Der Momentenspannungstensor hat eine ähnliche Struktur, wobei Gradienten der Verschiebung $\boldsymbol{v}$ durch Gradienten der Mikrorotationsvektor $\boldsymbol{\theta}$ ersetzt werden:

$$\boldsymbol{\mu} = a\nabla\cdot\boldsymbol{\theta}\mathbf{1} + b\,(\boldsymbol{\theta}\otimes\nabla + \nabla\otimes\boldsymbol{\theta}) - c\,(\boldsymbol{\theta}\otimes\nabla - \nabla\otimes\boldsymbol{\theta})$$
$$\Leftrightarrow \quad \mu_{ij} = a\frac{\partial\theta_k}{\partial x_k}\delta_{ij} + b\left(\frac{\partial\theta_i}{\partial x_j} + \frac{\partial\theta_j}{\partial x_i}\right) - c\left(\frac{\partial\theta_i}{\partial x_j} - \frac{\partial\theta_j}{\partial x_i}\right). \quad (3.139)$$

Es ist auch wichtig zu sagen, dass die Materialgleichungen in dieser Form für Linksdivergenzen geeignet sind: $\nabla\cdot\boldsymbol{\sigma}$ und $\nabla\cdot\boldsymbol{\mu}$.

Übungsaufgabe *Alternativdarstellungen für polare Festkörper*

Die Formulierungen in Gleichung (3.159) und Gleichung (3.160) für Spannungen und Momentenspannungen sind in der Literatur keineswegs einheitlich. [Eri1999], S. 275, schreibt:

$$\sigma_{ij} = \lambda_{\mathrm{E}}\varepsilon_{kk}\delta_{ij} + 2\mu_{\mathrm{E}}\varepsilon_{ij} + \kappa_{\mathrm{E}}\left(\frac{\partial u_j}{\partial x_i} - \epsilon_{ijk}\theta_k\right),$$
$$\mu_{ij} = \alpha_{\mathrm{E}}\frac{\partial\theta_k}{\partial x_k}\delta_{ij} + \beta_{\mathrm{E}}\frac{\partial\theta_i}{\partial x_j} + \gamma_{\mathrm{E}}\frac{\partial\theta_j}{\partial x_i} \quad (3.140)$$

und [Ere2013], S. 54, (Achtung: Im Originaltext Verwendung von Rechtsdivergenzen/-gradienten und eigentümlicher Bezeichnungen wie $\mathrm{div}\,\boldsymbol{\sigma} \equiv \boldsymbol{\sigma}\cdot\nabla$, $\mathrm{div}\,\boldsymbol{\mu} \equiv \boldsymbol{\mu}\cdot\nabla$ sowie $\mathrm{grad}(\cdot) \equiv (\cdot)\nabla$) schreiben:

$$\boldsymbol{\sigma} = \lambda_{\mathrm{E}}\,\mathrm{Sp}\,\boldsymbol{\varepsilon}\,\mathbf{1} + (\mu_{\mathrm{E}} + \kappa_{\mathrm{E}})\,(\boldsymbol{u}\otimes\nabla - \mathbf{1}\times\boldsymbol{\theta})^{\mathsf{T}} + \mu_{\mathrm{E}}\,(\boldsymbol{u}\otimes\nabla - \mathbf{1}\times\boldsymbol{\theta}),$$
$$\boldsymbol{\mu} = \beta_1\nabla\,\mathrm{Sp}\,\boldsymbol{æ}\mathbf{1} + \beta_2\boldsymbol{æ} + \beta_3\boldsymbol{æ}^{\mathsf{T}}, \quad \boldsymbol{æ} = \boldsymbol{\theta}\otimes\nabla. \quad (3.141)$$

Der Tensor **æ** wird auch als *Schiefheit* (*wryness*) bezeichnet. Zeige, dass gilt:

$$\lambda_{\mathrm{E}} = \lambda,\ \mu_{\mathrm{E}} + \tfrac{1}{2}\kappa_{\mathrm{E}} = \mu,\ \tfrac{1}{2}\kappa_{\mathrm{E}} = \kappa,\ \alpha_{\mathrm{E}} = a,\ \beta_{\mathrm{E}} = b - c,\ \gamma_{\mathrm{E}} = b + c,$$
$$\beta_1 = a,\ \beta_2 = b - c,\ \beta_3 = b + c. \quad (3.142)$$

Der Koeffizientenindex E soll auf Eringen bzw. Eremeyev hinweisen.

Übungsaufgabe *Der Scherklotz – neu gesehen*

Erinnere an Aufgabe 4.5.4 in [Mue2015]: Ein auf einer horizontalen Unterlage angeklebter Klotz der Höhe h wird durch Anlegen einer Scherspannung τ horizontal in der Ebene von links nach rechts (vgl. Bild 3.6 zu den Bezeichnungen). Für die Verschiebung $\boldsymbol{u}$ sei das damalige Ergebnis notiert:

$$u_1 = \frac{d}{h} x_2 \,, \ u_2 = 0 \,, \ u_3 = 0 \,. \tag{3.143}$$

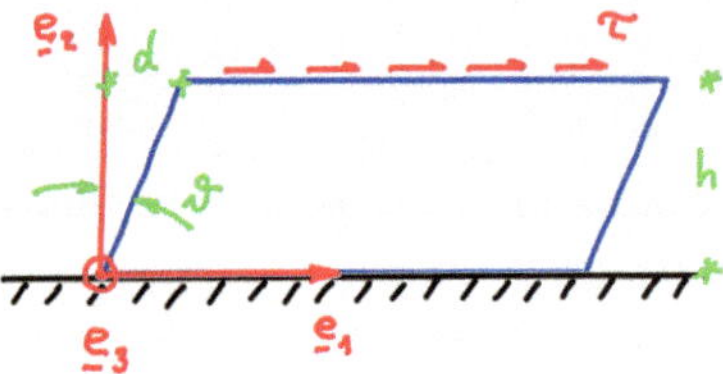

Bild 3.6 Scherklotz

Berechne hiermit den infinitesimalen Drehtensor $\boldsymbol{W}$ sowie den Makrorotationsvektor $\hat{\boldsymbol{W}}$ (Achtung: Verschiebung nach rechts). Wie kann letzterer mit dem Scherwinkel ϑ in Verbindung gebracht werden? Beachte, dass kleine Scherungen vorliegen. Interpretiere das Ergebnis.

3.5.2 Feldgleichungen für mikropolare Festkörper

Wir setzen nun voraus, dass der Kopplungstensor $\boldsymbol{B}$ verschwindet. Analog zu Gleichung (3.109) lässt sich letztlich aufgrund der angenommenen Kleinheit von Verschiebungen $\boldsymbol{u}$ schreiben:

$$\rho \frac{\delta \boldsymbol{p}}{\delta t} \approx \rho_0 \frac{\partial^2 \boldsymbol{u}}{\partial t^2} \quad \Leftrightarrow \quad \rho \frac{\delta p_i}{\delta t} \approx \rho_0 \frac{\partial^2 u_i}{\partial t^2} \,. \tag{3.144}$$

Dann ergibt sich durch Kombination von Gleichung $(3.76)_1$ und Gleichung (3.137) innerhalb der Näherung $\rho \to \rho_0$:

$$\rho \frac{\partial^2 \boldsymbol{u}}{\partial t^2} = (\lambda + \mu - \kappa) \nabla\nabla \cdot \boldsymbol{u} + (\mu + \kappa) \Delta \boldsymbol{u} + 2\kappa \nabla \times \boldsymbol{\theta} + \rho_0 \boldsymbol{f}$$
$$\Leftrightarrow \quad \rho \frac{\partial^2 u_i}{\partial t^2} = (\lambda + \mu - \kappa) \frac{\partial^2 u_k}{\partial x_i \partial x_k} + (\mu + \kappa) \frac{\partial^2 u_i}{\partial x_k \partial x_k} + 2\kappa \epsilon_{ijk} \frac{\partial \theta_k}{\partial x_j} + \rho_0 f_i \,. \tag{3.145}$$

Für ein isotropes Fluid ist es außerdem sinnvoll anzunehmen, dass auch die Mikroträgheit $\boldsymbol{J}$ isotrop ist und es keine Produktion χ_J gibt. Dann ist Gleichung (3.77) identisch erfüllt:

$$\boldsymbol{J} = J_0 \mathbf{1} \quad \Rightarrow \quad \frac{\delta \boldsymbol{J}}{\delta t} = J_0 (\boldsymbol{\omega} \times \mathbf{1} - \mathbf{1} \times \boldsymbol{\omega}) \equiv \mathbf{0} \,. \tag{3.146}$$

Außerdem ist die Mikrorotation $\boldsymbol{\theta}$ klein und analog zu Gleichung (3.144) gilt:

$$\rho J_0 \frac{\delta \boldsymbol{\omega}}{\delta t} \approx \rho_0 J_0 \frac{\partial^2 \boldsymbol{\theta}}{\partial t^2} \quad \Leftrightarrow \quad \rho J_0 \frac{\delta \omega_i}{\delta t} \approx \rho_0 J_0 \frac{\partial^2 \theta_i}{\partial t^2} \,. \tag{3.147}$$

Das beachtend setzen wir Gleichung (3.139) in Gleichung $(3.83)_1$ ein:

$$\rho_0 J_0 \frac{\partial^2 \boldsymbol{\theta}}{\partial t^2} = (a+b-c)\,\nabla\nabla\cdot\boldsymbol{\theta} + (b+c)\,\Delta\boldsymbol{\theta} - 4\kappa\boldsymbol{\theta} + 2\kappa\nabla\times\boldsymbol{u} + \rho_0\boldsymbol{m} \quad \Leftrightarrow$$

$$\rho_0 J_0 \frac{\partial^2 \theta_i}{\partial t^2} = (a+b-c)\,\frac{\partial^2 \theta_k}{\partial x_i \partial x_k} + (b+c)\,\frac{\partial^2 \theta_i}{\partial x_k \partial x_k} - 4\kappa\theta_k + 2\kappa\epsilon_{ijk}\frac{\partial u_k}{\partial x_j} + \rho_0 m_i\,. \tag{3.148}$$

Gleichung (3.145) und Gleichung (3.148) sind zwei miteinander *gekoppelte* partielle Differentialgleichungen, die zur Lösung noch um Anfangs- und Randbedingungen ergänzt werden müssen. Auch die freie Momentendichte $\boldsymbol{m}$ muss vorgegeben werden.

Unter vereinfachenden Annahmen sind analytische Lösungen möglich, wie wir beispielhaft im nächsten Abschnitt zeigen.

3.5.3 Beispiel für den mikropolaren Festkörper

Wir studieren erneut die in Bild 3.3 dargestellte Situation. Diesmal jedoch soll der hängende Klotz aus isotropem mikropolaren Material bestehen. Zusätzlich zur Gravitation soll eine konstante Volumenmomentendichte der Form

$$\boldsymbol{m} = m\boldsymbol{e}_2 \tag{3.149}$$

präsent sein. Für positives m dreht sie also entgegengesetzt zu Gravitation. Der semiinverse Ansatz zur Lösung der Feldgleichungen (3.145) und (3.148) für den stationären Fall lautet:

$$\boldsymbol{u} = u_3(x_1)\boldsymbol{e}_3\,,\ \boldsymbol{\theta} = \theta_2(x_1)\boldsymbol{e}_2\,. \tag{3.150}$$

Die Feldgleichungen vereinfachen sich dann zu:

$$\frac{\mathrm{d}^2 u_3}{\mathrm{d}x_1^2} + \frac{2\kappa}{\mu+\kappa}\frac{\mathrm{d}\theta_2}{\mathrm{d}x_1} + \frac{\rho_0 g}{\mu+\kappa} = 0\,,\quad \frac{\mathrm{d}^2\theta_2}{\mathrm{d}x_1^2} - \frac{4\kappa}{b+c}\left(\theta_2 + \frac{1}{2}\frac{\mathrm{d}u_3}{\mathrm{d}x_1}\right) + \frac{\rho_0 m}{b+c} = 0\,. \tag{3.151}$$

Für die Lösung brauchen wir die vollständige Lösung des homogenen Systems und eine Partikularlösung des inhomogenen. Erstere ist in [Ric2019] hergeleitet, letztere findet mal über einen Potenzansatz in x_1. Das Ergebnis lautet:

$$\overline{u}_3 = -\frac{\rho_0 g h}{2\mu}\overline{x}_1^2 - \frac{\rho_0 m}{2\mu}\overline{x}_1 - \frac{\rho_0 g h}{8\mu N^2 L^2} + c_1 + c_2\overline{x}_1 - c_3\frac{N}{L}\exp\left(2NL\overline{x}_1\right) + c_4\frac{N}{L}\exp\left(-2NL\overline{x}_1\right),$$

$$\theta_2 = \frac{\rho_0 g h}{2\mu}\overline{x}_1 + \frac{\rho_0 m}{4\mu N^2} - \tfrac{1}{2}c_2 + c_3\exp\left(2NL\overline{x}_1\right) + c_4\exp\left(-2NL\overline{x}_1\right), \tag{3.152}$$

wobei N und L zwei dimensionslose Parameter sind:

$$N = \sqrt{\frac{\kappa}{\mu+\kappa}}\,,\quad L = h\sqrt{\frac{\mu}{b+c}}\,. \tag{3.153}$$

Ein Querstrich über einer längenbehafteten Größe sagt aus, dass diese mit h dimensionslos gemacht wurde. Die Integrationskonstanten c_1, c_2, c_3, c_4 werden aus Randbedingungen ermittelt. Diese sind:

- *Feste Einspannung* bei $x_1 = 0$, also verschwindende Verschiebung und verschwindender Drehwinkel:

$$\overline{u}_3(\overline{x}_1 = 0) = 0\,,\ \theta_3(\overline{x}_1 = 0) = 0\,. \tag{3.154}$$

- *Fehlende Belastung* an der freien Oberfläche, also aufgrund der Sprungbedingungen $(3.76)_2$ und $(3.83)_2$ verschwindende Spannungskomponente σ_{13} und verschwindende Momentenspannungskomponente μ_{12} bei $\overline{x}_1 = 1$:

$$\left.\frac{\sigma_{13}}{\mu+\kappa}\right|_{\overline{x}_1=1} = \left.\frac{\mathrm{d}\overline{u}_3}{\mathrm{d}\overline{x}_1}\right|_{\overline{x}_1=1} + 2N^2\theta(\overline{x}_1 = 1) = 0\,,\ \left.\frac{\mu_{12}h}{b+c}\right|_{\overline{x}_1=1} = \left.\frac{\mathrm{d}\theta_2}{\mathrm{d}\overline{x}_1}\right|_{\overline{x}_1=1} = 0\,. \tag{3.155}$$

Das resultierende lineare Gleichungssystem führt auf relativ lange Ausdrücke für die gesuchten Größen u_3 und θ_2. Die Lösung lautet:

$$\begin{aligned}
c_1 &= \frac{\left[1-4N^2\exp(2LN)+4LN^3+\exp(4LN)\left(1-4LN^3\right)\right]\alpha-2\left(1-\exp(4LN)\right)LN\beta}{4L^2N^2\left[1+\exp(4LN)\right]}\,,\\
c_2 &= 2\alpha\,,\\
c_3 &= -\frac{\exp(2LN)\,N\alpha+L\left(-2N^2\alpha+\beta\right)}{2LN^2\left(1+\exp(4LN)\right)}\,,\\
c_4 &= \frac{\exp(2LN)\,N\alpha+\exp(4LN)\,L\left(2N^2\alpha-\beta\right)}{2LN^2\left(1+\exp(4LN)\right)}\,.
\end{aligned} \tag{3.156}$$

Wir untersuchen ihr Verhalten in nachstehender Übung.

Übungsaufgabe *Grenzfälle*

Erläutere zuerst die Beschränkungen für die beiden in Gleichung (3.153) eingeführten Parameter, also $0 \le N \le 1$ sowie $0 \le L < \infty$ und die Bezeichnungen *Koppelzahl* für N und *charakteristische Länge* für L. Tipp: Beachte für Ersteres Gleichung (3.137) und bei Letzterem, dass es einerseits die makroskopische Klotzhöhe h und andererseits innere Längenparameter des Klotzmaterials gibt. In welchen Kenngrößen verstecken sich diese?

Nun soll die Lösung des beschriebenen Randwertproblems für den Fall $L \to \infty$ untersucht werden. Ermittle dazu c_1 bis c_4, etwa mit einem symbolischen Rechenprogramm oder per Hand durch Lösung des aus (3.154) und (3.155) folgenden linearen Gleichungssystem. Führe den Grenzwert durch und zeige, dass:

$$\frac{u_3(x_1)}{h} = \frac{\rho_0 gh}{\mu}\frac{x_1}{h}\left(1-\frac{x_1}{2h}\right) - \frac{\rho_0 m}{2\mu}\frac{x_1}{h}\,,\ \theta(x_1) = \frac{\rho_0 gh}{\mu}\frac{x_1}{h}\,. \tag{3.157}$$

Achtung: Für den Winkel $\theta_2(x_1)$ sind diverse Terme unter Beibehaltung von x_1 erst auf einen Hauptnenner zu bringen, nach L zu entwickeln und danach im Grenzwert auszuwerten, sonst geht die Randbedingung Gleichung $(3.154)_2$ verlustig.

Erkläre die Unterschiede zur Lösung des entsprechenden Problems mit klassischem Hooke'schen Material aus Gleichung (3.117). Diskutiere auch die Bedeutung der Vorzeichen der einzelnen Terme.

3.5.4 Viskose Fluide mit Momentenspannungen

In diesem Abschnitt geht es zuerst um die Verallgemeinerung des Navier-Stokes-Gesetzes für den Spannungstensor (3.107) für den Fall eines polaren Fluids, bei dem der Spannungstensor nicht länger symmetrisch ist. In Bezug auf technische Anwendungen ist an Flüssigkeitsmischungen gedacht: In einer „traditionellen“ Navier-Stokes-Trägerflüssigkeit befindet sich eine „feste“ Partikelkomponente, etwa stäbchenhafte Moleküle. Man mag an Flüssigkristalle denken, aber auch an andere Anwendungen, etwa biologische wie Blut. Insgesamt besteht somit die Notwendigkeit einer erweiterten Theorie für Flüssigkeiten mit inneren rotativen Freiheitsgraden. Das Feld der Winkelgeschwindigkeit $\boldsymbol{\omega}$ und der zugehörige Spin $\boldsymbol{s} = \boldsymbol{J}\cdot\boldsymbol{\omega}$ spielen eine Rolle. Für den Spannungstensor setzen wir deshalb in Erweiterung von Gleichung (3.104) an:

$$\boldsymbol{\sigma} = -p\mathbf{1} + \lambda\,\mathrm{Sp}\,\boldsymbol{d}\mathbf{1} + 2\mu\boldsymbol{d} + 2\tau\boldsymbol{h}\times\mathbf{1} \quad\Leftrightarrow\quad \sigma_{ij} = -p\delta_{ij} + \lambda d_{kk}\delta_{ij} + 2\mu d_{ij} - 2\tau\epsilon_{ijk}h_k. \tag{3.158}$$

Darin steht der Vektor $\boldsymbol{h} = \boldsymbol{\omega} - \hat{\boldsymbol{w}}$ mit dem *Wirbelstärkevektor* $\hat{\boldsymbol{w}} = \frac{1}{2}\nabla\times\boldsymbol{v} \equiv -\frac{1}{2}\boldsymbol{w}_\times$ mit $\boldsymbol{w}$ gemäß Gleichung (3.65) in Verbindung. Wieder im Vorgriff auf Abschnitt 3.6 sei gesagt: Sowohl die axiale Winkelgeschwindigkeit $\boldsymbol{\omega}$ als auch der axiale Wirbelstärkevektor $\hat{\boldsymbol{w}}$ sind beide nicht euklidisch objektiv, aber ihre Differenz ist es, was Gleichung (3.158) zu einer im Sinne der mechanischen Prinzipe rationalen Beziehung macht. τ ist ein neuer Viskositätskoeffizient, und der ihn enthaltene Term ist auch schon der nicht-symmetrische Anteil im Spannungstensor.

Eine additive Aufteilung in sphärischen und Deviatoranteil gemäß $\boldsymbol{\sigma} = \boldsymbol{\sigma}^{\mathrm{s}} + \boldsymbol{\sigma}^{\mathrm{d}}$ ist auch möglich, wobei:

$$\begin{aligned} &\boldsymbol{\sigma}^{\mathrm{s}} = -p\mathbf{1} + \mu_{\mathrm{v}}\,\mathrm{Sp}\,\boldsymbol{d}\mathbf{1}\,,\ \boldsymbol{\sigma}^{\mathrm{d}} = 2\mu\boldsymbol{d}^{\mathrm{d}} + 2\tau\boldsymbol{h}\times\mathbf{1} \\ &\Leftrightarrow\quad \sigma^{\mathrm{s}}_{ij} = -p\delta_{ij} + \mu_{\mathrm{v}}\delta_{ij}\,,\ \sigma^{\mathrm{d}}_{ij} = 2\mu d^{\mathrm{d}}_{ij} - 2\tau\epsilon_{ijk}h_k\,,\ \mu_{\mathrm{v}} = \lambda + \frac{2}{3}\mu. \end{aligned} \tag{3.159}$$

Es sollte darauf hingewiesen werden, dass es sich wie beim ursprünglichen Navier-Stokes-Materialgesetz um eine linearisierte Version des Spannungstensors für polare Fluide handelt. Allerdings ist diese schon komplex genug.

Der Momentenspannungstensor hat eine ähnliche Struktur, wobei Gradienten der materiellen Geschwindigkeit $\boldsymbol{v}$ durch Gradienten der Winkelgeschwindigkeit $\boldsymbol{\omega}$ ersetzt werden:

$$\begin{aligned} &\boldsymbol{\mu} = \alpha\nabla\cdot\boldsymbol{\omega}\mathbf{1} + \beta(\boldsymbol{\omega}\otimes\nabla + \nabla\otimes\boldsymbol{\omega}) - \gamma(\boldsymbol{\omega}\otimes\nabla - \nabla\otimes\boldsymbol{\omega}) \\ &\Leftrightarrow\quad \mu_{ij} = \alpha\frac{\partial\omega_k}{\partial x_k}\delta_{ij} + \beta\left(\frac{\partial\omega_i}{\partial x_j} + \frac{\partial\omega_j}{\partial x_i}\right) - \gamma\left(\frac{\partial\omega_i}{\partial x_j} - \frac{\partial\omega_j}{\partial x_i}\right). \end{aligned} \tag{3.160}$$

Es ist auch wichtig zu sagen, dass die Materialgleichungen in dieser Form für Linksdivergenzen geeignet sind: $\nabla\cdot\boldsymbol{\sigma}$ und $\nabla\cdot\boldsymbol{\mu}$.

Übungsaufgabe *Alternativdarstellungen für polare Fluide*

Die Gleichung (3.159) und Gleichung (3.160) für Spannungen und Momentenspannungen sind der ästhetisch ansprechenden Formulierung in [Cow1974] und [Zhi2012], S. 258ff, nachempfunden. Die Darstellungen in der Literatur sind jedoch keineswegs einheitlich. [Eri2001] schreibt:

$$\begin{aligned} &\sigma_{ij} = -p\delta_{ij} + \lambda_v d_{kk}\delta_{ij} + 2\mu_v d_{ij} + \kappa_v\left(\frac{\partial v_j}{\partial x_i} - \epsilon_{ijk}\omega_k\right), \\ &\mu_{ij} = \alpha_v\frac{\partial\omega_k}{\partial x_k}\delta_{ij} + \beta_v\frac{\partial\omega_i}{\partial x_j} + \gamma_v\frac{\partial\omega_j}{\partial x_i} \end{aligned} \tag{3.161}$$

und [Ere2013], S. 63 (Achtung: inkompressibler Fall und Verwendung von Rechtsdivergenzen/-gradienten und eigentümlicher Bezeichnungen wie div$\boldsymbol{\sigma} \equiv \boldsymbol{\sigma} \cdot \nabla$, div$\boldsymbol{\mu} \equiv \boldsymbol{\mu} \cdot \nabla$ sowie grad$(\cdot) \equiv (\cdot)\nabla$):

$$\begin{aligned} \boldsymbol{\sigma} &= -p\mathbf{1} + \mu_1 (\boldsymbol{v} \otimes \nabla - \boldsymbol{\omega} \times \mathbf{1})^{\mathsf{T}} + \mu_2 (\boldsymbol{v} \otimes \nabla - \boldsymbol{\omega} \times \mathbf{1}) \,, \\ \boldsymbol{\mu} &= \nu_1 \nabla \cdot \boldsymbol{\omega} \mathbf{1} + \nu_2 \nabla \otimes \boldsymbol{\omega} + \nu_3 \boldsymbol{\omega} \otimes \nabla \,. \end{aligned} \tag{3.162}$$

Zeige, dass gilt:

$$\begin{aligned} &\lambda_v = \lambda \,,\ \mu_v + \tfrac{1}{2}\kappa_v = \mu \,,\ \tfrac{1}{2}\kappa_v = \tau \,,\ \alpha_v = \alpha \,,\ \gamma_v + \beta_v = 2\beta \,,\ \gamma_v - \beta_v = 2\gamma \,, \\ &\mu_1 + \mu_2 = 2\mu \,,\ \mu_1 - \mu_2 = 2\tau \,,\ \nu_1 = \alpha \,,\ \nu_2 = \beta + \gamma \,,\ \nu_3 = \beta - \gamma \,. \end{aligned} \tag{3.163}$$

Übungsaufgabe *Das rollende Rad – neu gesehen*

Erinnere an Aufgabe 3.3.8 in [Mue2015]: Ein starres, kreisförmigen Rad rollt gleichförmig mit der Nabengeschwindigkeit $\boldsymbol{v}_0 = v_0 \boldsymbol{e}_1$ horizontal in der Ebene von links nach rechts. Für die Geschwindigkeit eines Punktes an der Position $\boldsymbol{x} = x_1 \boldsymbol{e}_1 + x_2 \boldsymbol{e}_2$ sei das damalige Ergebnis notiert (vgl. Bild 3.7 zu den Bezeichnungen):

$$\boldsymbol{v} = \frac{v_0}{R} (x_2 \boldsymbol{e}_1 - x_1 \boldsymbol{e}_2) \,,\ v_0 = \frac{2\pi R}{T} \,,\ \omega_0 = \frac{2\pi}{T} \,. \tag{3.164}$$

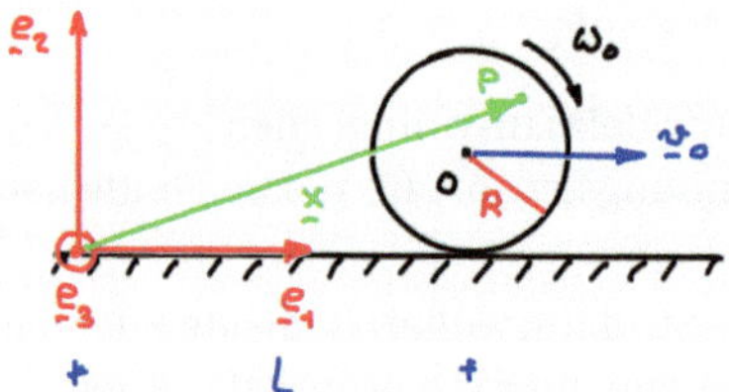

Bild 3.7 Rollendes Rad

Leite in einem ersten Schritt diese Gleichungen her und mache Dich mit den diversen Größen bekannt (was ist T?). Bedenke insbesondere, dass ω_0 die Rotationswinkelgeschwindigkeit des starren Rades ist. Formuliere diese Größe vektoriell. Berechne nun den Wirbelstärketensor sowie den Wirbelstärkevektor und zeige, dass:

$$\boldsymbol{w} = \omega_0 (\boldsymbol{e}_1 \otimes \boldsymbol{e}_2 - \boldsymbol{e}_2 \otimes \boldsymbol{e}_1) \,,\ \hat{\boldsymbol{w}}_\times = -\omega_0 \boldsymbol{e}_3 \,. \tag{3.165}$$

Interpretiere das Ergebnis und diskutiere das Vorzeichen.

3.5.5 Feldgleichungen für polare Fluide

Es wird nachstehend angenommen, dass der Kopplungstensor $\boldsymbol{B}$ verschwindet. Dann ergibt sich durch Kombination von Gleichung (3.76)$_1$ und Gleichung (3.158):

$$\rho\frac{\delta \boldsymbol{v}}{\delta t} = -\nabla p + (\lambda+\mu-\tau)\nabla\nabla\cdot\boldsymbol{v} + (\mu+\tau)\Delta\boldsymbol{v} + 2\tau\nabla\times\boldsymbol{\omega} + \rho\boldsymbol{f} \quad \Leftrightarrow$$

$$\rho\frac{\delta v_i}{\delta t} = -\frac{\partial p}{\partial x_i} + (\lambda+\mu-\tau)\frac{\partial^2 v_k}{\partial x_i \partial x_k} + (\mu+\tau)\frac{\partial^2 v_i}{\partial x_k \partial x_k} + 2\tau\epsilon_{ijk}\frac{\partial \omega_k}{\partial x_j} + \rho f_i\,. \tag{3.166}$$

Auch für ein isotropes Fluid ist es wieder sinnvoll anzunehmen, dass die Mikroträgheit $\boldsymbol{J}$ isotrop ist und es keine Produktion $\boldsymbol{\chi}_J$ gibt, also Gleichung (3.146) gilt. Das beachtend setzen wir Gleichung (3.160) in Gleichung (3.83)$_1$ ein:

$$\rho J_0\frac{\delta \boldsymbol{\omega}}{\delta t} = (\alpha+\beta-\gamma)\nabla\nabla\cdot\boldsymbol{\omega} + (\beta+\gamma)\Delta\boldsymbol{\omega} - 4\tau\boldsymbol{\omega} + 2\tau\nabla\times\boldsymbol{v} + \rho\boldsymbol{m} \quad \Leftrightarrow$$

$$\rho J_0\frac{\delta \omega_i}{\delta t} = (\alpha+\beta-\gamma)\frac{\partial^2 \omega_k}{\partial x_i \partial x_k} + (\beta+\gamma)\frac{\partial^2 \omega_i}{\partial x_k \partial x_k} - 4\tau\omega_k + 2\tau\epsilon_{ijk}\frac{\partial v_k}{\partial x_j} + \rho m_i\,. \tag{3.167}$$

Gleichung (3.166) und Gleichung (3.167) sind zwei miteinander *gekoppelte* partielle Differentialgleichungen, die zur Lösung noch um Anfangs- und Randbedingungen ergänzt werden müssen. Auch die freie Momentendichte $\boldsymbol{m}$ muss vorgegeben werden.

Für den Fall inkompressibler stationärer Strömungen sind analytische Lösungen möglich, wie im nächsten Abschnitt gezeigt wird.

3.5.6 Beispiel für polare Fluide

Wir betrachten die in Bild 3.8 dargestellte Situation: Zwischen zwei planparallelen unendlichen Platten, die durch einen Abstand h befindet sich eine mikropolare Flüssigkeit. Um die Bewegung der Flüssigkeit einzuleiten und letztlich einen stationären Strömungszustand aufrechtzuerhalten, wird die obere Platte mit einer konstanten horizontalen Geschwindigkeit bewegt und dort eine konstante Winkelgeschwindigkeit erzeugt. Die untere Platte ist in Ruhe. Die Geschwindigkeiten am Rand werden durch Reibungseffekte an die Flüssigkeit übertragen. Es handelt sich bei den Randbedingungen offenbar um solche vom Dirichlettyp, da sie direkt die Primärfelder $\boldsymbol{v}$ und $\boldsymbol{\omega}$ betreffen. Wir vernachlässigen den Einfluss der Gravitation $\boldsymbol{f} = \boldsymbol{0}$.

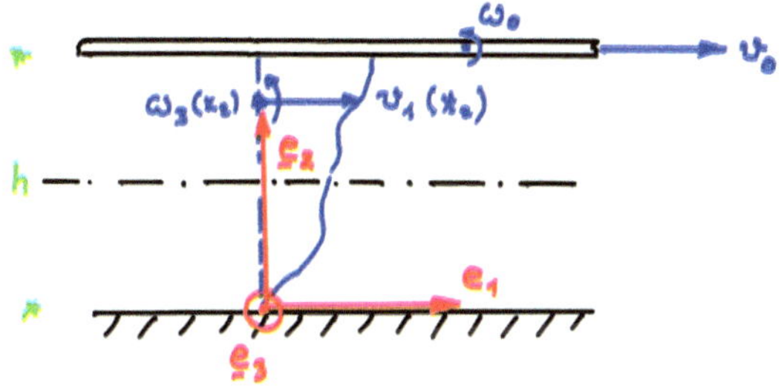

Bild 3.8 Couetteströmung einer mikropolaren Flüssigkeit

Außerdem soll es keine eingeprägten Momente geben: $\boldsymbol{m} = \boldsymbol{0}$. Als semiinversen Ansatz für die Geschwindigkeiten wählen wir:

$$\boldsymbol{v} = v_1(x_2)\boldsymbol{e}_1\,,\quad \boldsymbol{\omega} = \omega_3(x_2)\boldsymbol{e}_3\,, \tag{3.168}$$

was automatisch die Forderung nach Inkompressibilität erfüllt.

Durch Einsetzen in die Feldgleichungen (3.166) und (3.167) erhält man das folgende gekoppelte System gewöhnlicher Differentialgleichungen:

$$(\mu+\tau)\,\frac{\mathrm{d}^2 v_1}{\mathrm{d}x_2^2} + 2\tau\frac{\mathrm{d}\omega_3}{\mathrm{d}x_2} = 0\,,\quad (\beta+\gamma)\,\frac{\mathrm{d}^2\omega_3}{\mathrm{d}x_2^2} - 4\tau\left(\omega_3 + \frac{1}{2}\frac{\mathrm{d}v_1}{\mathrm{d}x_2}\right) = 0\,. \tag{3.169}$$

Man beachte, dass der Druckterm in Gleichung (3.166) keinen Beitrag leistet, da wir keinen Druckgradienten in $\boldsymbol{e}_1$-Richtung aufprägen. Die Randbedingungen lauten formelmäßig:

$$v_1\,(x_2 = 0) = 0\,,\quad v_1\,(x_2 = h) = v_0\,,\quad \omega_3\,(x_2 = 0) = 0\,,\quad \omega_3\,(x_2 = h) = \omega_0\,. \tag{3.170}$$

Dieses System zweiter Ordnung lässt sich lösen, wenn man es in ein System erster Ordnung überführt (siehe [Ric2019]). Dann lauten die Lösungen für die lineare und die Winkelgeschwindigkeit:

$$\begin{aligned} v_1 &= c_1 + c_2 h\bar{x}_2 - c_3\frac{Nh}{L}\exp\left(2NL\bar{x}_2\right) + c_4\frac{Nh}{L}\exp\left(-2NL\bar{x}_2\right)\,,\\ \omega_3 &= -\tfrac{1}{2}c_2 + c_3\exp\left(2NL\bar{x}_2\right) + c_4\exp\left(-2NL\bar{x}_2\right)\,, \end{aligned} \tag{3.171}$$

mit der dimensionslosen Höhe $\bar{x}_2 = \frac{x_2}{h}$ und den dimensionslosen Parametern N und L:

$$N = \sqrt{\frac{\tau}{\mu+\tau}}\,,\quad L = \frac{h}{l}\,,\quad l = \sqrt{\frac{\beta+\gamma}{\mu}}\,. \tag{3.172}$$

Bei Verwendung der Randbedingungen (3.170) lassen sich die Integrationskonstanten c_1 bis c_4 bestimmen:

$$\begin{aligned} c_1 &= -P\,(v_0 + h\omega_0)\,\frac{\mu_{\text{eff}}}{2\mu} + \frac{h\omega_0}{2}\frac{N^2}{PL^2}\,,\quad c_2 = \left(\frac{v_0}{h} + \omega_0 P\right)\frac{\mu_{\text{eff}}}{\mu}\,,\\ c_{3/4} &= \left(\frac{N}{L} \mp P\right)\frac{\mu_{\text{eff}}}{\mu}\left[\pm\left(\frac{1}{P} - 1\right)\omega_0 + \frac{L}{Nh}\,(v_0 + h\omega_0)\right]\,,\\ P &= \frac{N}{L}\tanh(NL),\quad \frac{\mu_{\text{eff}}}{\mu} = \frac{1}{1-P}\,, \end{aligned} \tag{3.173}$$

wobei μ_{eff} eine effektive Scherviskosität bezeichnet. Mit den Beziehungen

$$\begin{aligned} \frac{\sinh\left(NL[2\bar{x}_2 - 1]\right)}{\sinh(NL)} &= \frac{N}{PL}\sinh\left(2NL\bar{x}_2\right) - \cosh\left(2NL\bar{x}_2\right)\,,\\ \frac{\cosh\left(NL\left[2\bar{x}_2 - 1\right]\right)}{\cosh\,(NL)} &= \cosh\left(2NL\bar{x}_2\right) - \frac{PL}{N}\sinh\left(2NL\bar{x}_2\right)\,, \end{aligned} \tag{3.174}$$

und nach einigen Umformungen resultiert die folgende Lösung in geschlossener Form:

$$\begin{aligned}\frac{v_1(\overline{x}_2)}{v_0} = & -\frac{P}{2}\frac{\mu_{\text{eff}}}{\mu}\left(\frac{\sinh(NL[2\overline{x}_2-1])}{\sinh(NL)}+1-\frac{2\overline{x}_2}{P}\right)- \\ & \frac{P\mu_{\text{eff}}}{2\mu}\frac{h\omega_0}{v_0}\left(\frac{\sinh(NL[2\overline{x}_2-1])}{\sinh(NL)}+1-2\overline{x}_2\right)+ \\ & \frac{N^2}{2PL^2}\frac{h\omega_0}{v_0}\left(1-\frac{\cosh(NL[2\overline{x}_2-1])}{\cosh(NL)}\right), \\ \frac{\omega_3(\overline{x}_2)}{v_0/h} = & \frac{1}{2}\frac{h\omega_0}{v_0}\frac{\sinh(NL[2\overline{x}_2-1])}{\sinh(NL)}+\frac{1}{2}\frac{\mu_{\text{eff}}}{\mu}\left(\frac{\cosh(NL[2\overline{x}_2-1])}{\cosh(NL)}-1\right)+ \\ & \frac{h\omega_0}{v_0}\frac{\mu_{\text{eff}}}{2\mu}\left(\frac{\cosh(NL[2\overline{x}_2-1])}{\cosh(NL)}-P\right).\end{aligned} \tag{3.175}$$

Es erscheint naheliegend, die Zahl l, die durch ein Verhältnis der in den Materialgleichungen für den Cauchy- und den Momentenspannungstensor auftretenden Viskositäten gegeben ist, als eine Längenskala zu interpretieren, die für die Teilchen auf der Mesoskala charakteristisch ist. Daher ist er in der Literatur auch als *mikropolarer Längenskalenparameter* bekannt, siehe für mikropolare Flüssigkeiten, z. B. [Cow1974]. Ebenso ist es üblich, die dimensionslose Zahl N, den sogenannten *Kopplungskoeffizienten*, zu verwenden. Ähnliche Größen traten auch bei den mikropolaren Festkörpern auf: Abschnitt 3.5.3.

Offensichtlich haben wir $0 \leq N \leq 1$, wobei die 0 das traditionelle Navier-Stokes-Fluid charakterisiert und Werte nahe 1 für einen starken Einfluss des antisymmetrischen Teils des Spannungstensors stehen. Alternativ können wir sagen, dass, wenn N gegen Null geht, der Einfluss des Cosseratterms im Cauchy-Spannungstensor verschwindet und die Kopplung zwischen linearer und Winkelgeschwindigkeit obsolet wird.

Andererseits ist $0 \leq L < \infty$, wobei L (über l) durch ein Verhältnis der neuen Viskositätskoeffizienten und der Standardscherviskosität definiert ist. Man bedenke, dass die kinetische Theorie von Gasen es ermöglicht, die gewöhnliche Scherviskosität mit der mittleren freien Weglänge von Molekülen in Beziehung zu setzen. Daher kann man mit Recht sagen, dass L-Werte nahe Null auf einen starken Einfluss charakteristischer Längen auf der mesoskopischen Skala hinweisen. Im Grenzfall, in dem L gegen Null tendiert, erhält man:

$$\lim_{L\to 0} v_1(\overline{x}_2) = v_0\overline{x}_2 + \overline{x}_2(1-\overline{x}_2)N^2h\omega_0, \quad \lim_{L\to 0}\omega_3(\overline{x}_2) = \frac{1}{2}(\omega_0+\omega_0[2\overline{x}_2-1]). \tag{3.176}$$

Am interessantesten ist, dass die Lineargeschwindigkeit stark von den Randbedingungen von ω_0, die Winkelgeschwindigkeit jedoch nicht von der Plattengeschwindigkeit v_0 abhängt. Zusammenfassend können wir sagen, dass der Fall der Navier-Stokes-Flüssigkeit resultiert, wenn $N \to 0$, $L \to \infty$ und $P \to 0$ gilt. Offensichtlich hat Eringens Theorie in dieser speziellen Form aus der Sicht des Experimentators einen großen Vorteil: Die verschiedenen neuen Koeffizienten können in lediglich zwei dimensionslosen Größen, N und L, erfasst werden.

Übungsaufgabe *Grenzfälle*

Diskutiere in Analogie (und auch im Vergleich) zu der Aufgabe in Abschnitt 3.5.3 die Fälle $N \to 1$ und $L \to \infty$ (physikalische Bedeutung?). Zeige, dass im letzteren Fall sich tatsächlich das lineare Strömungsprofil der Navier-Stokes-Couetteströmung ergibt, nämlich:

$$v_1(\overline{x}_2) = v_0\overline{x}_2\,,\ 0 \le \overline{x}_2 \le 1 \quad \text{und} \quad \omega_3(x_2) = 0\,,\ 0 \le \overline{x}_2 < 1\,. \tag{3.177}$$

Wie geht man damit um, dass $\lim\limits_{L\to\infty} \omega_3(\overline{x}_2 = 1) = \frac{v_0}{h}$, was von einer einfachen Navier-Stokes-Flüssigkeit abweicht?

3.6 Mechanische Felder und euklidischer Beobachterwechsel

Im Sinne des demokratisch-physikalischen Prinzips, wonach weder Naturgesetze noch Materialgleichungen vom Beobachter abhängig sein sollen, stellen wir uns in diesem Abschnitt zum Ziel, das Verhalten mechanischer Felder unter euklidischem Beobachterwechsel zu untersuchen. Der euklidische Beobachterwechsel ist der allgemeinste der klassischen Physik, er umfasst wie wir im Abschnitt 2.4 gesehen haben, Translation und Rotation, beides zeitabhängig. Das Verhalten der Felder Position, Geschwindigkeit und Beschleunigung wurde dort bereits untersucht. Die Ergebnisse können dazu dienen, die linke Seite der Newton'schen Bewegungsgleichung Gleichung $(3.46)_2$ für materielle Teilchen und in materieller Formulierung zu transformieren, und wir werden sie weiter unten dazu verwenden.* Zuvor aber gilt es, das Transformationsverhalten der Felder auf der rechten Seite zu erfassen. Diesem Problem widmen wir uns zuerst und holen dabei etwas aus.

3.6.1 Der Distanzvektor

In Vorbereitung der folgenden Unterabschnitte diskutieren wir zunächst das Verhalten des Distanzvektors $\boldsymbol{\delta}$ bei Beobachterwechsel. In der Tat kann es sich hierbei um die Vektordistanz zwischen zwei gedachten oder auch zwischen zwei materiellen Punkte A nach B handeln. Diese beiden lösen den Punkt P aus Bild 2.13 ab. Wir schreiben für den Beobachter Σ nach Gleichung $(2.108)_1$:

$$\Sigma: \quad \boldsymbol{\delta} = \boldsymbol{x}^{\mathrm{B}} - \boldsymbol{x}^{\mathrm{A}}\,, \tag{3.178}$$

denn $\boldsymbol{b}$ fällt bei Differenzbildung heraus. Man beachte, dass $\boldsymbol{\delta}$ im Prinzip zeitabhängig ist, denn alle Ortsvektoren können es sein, obwohl es hier nicht explizit angezeigt wurde. Für den Beobachter Σ' gilt:

$$\Sigma': \quad \boldsymbol{\delta}' = \boldsymbol{x}'^{\mathrm{B}} - \boldsymbol{x}'^{\mathrm{A}}\,. \tag{3.179}$$

Mit dem Konzept der Bilder folgt für die beiden Beobachter:

$$\Sigma: \quad \boldsymbol{\delta} = \tilde{\boldsymbol{x}}'^{\mathrm{B}} - \tilde{\boldsymbol{x}}'^{\mathrm{A}}\,,\ \Sigma': \quad \boldsymbol{\delta}' = \tilde{\boldsymbol{x}}^{\mathrm{B}} - \tilde{\boldsymbol{x}}^{\mathrm{A}} \tag{3.180}$$

* Welche zusätzlichen Argumente in räumlicher Formulierung benötigt werden, ist in [Iva2017] beschrieben.

Es folgt $\boldsymbol{\delta}' = \tilde{\boldsymbol{\delta}}$. Schauen wir speziell auf Bild 3.9, so wird klar, dass in der Zeichnung vereinfacht O=A gesetzt wurde, so dass $\boldsymbol{x}^{\mathrm{A}} = \mathbf{0}$ und $\boldsymbol{x}'^{\mathrm{A}} = \mathbf{0}$ gilt. Die Gleichungen sollen auch in Indexschreibweise dargestellt werden. Mit Gleichung $(2.122)_2$ folgt:*

$$\Sigma': \quad \delta'_k \boldsymbol{d}_k = \delta_k \boldsymbol{Q}'^{\mathsf{T}} \cdot \boldsymbol{d}_k \,. \tag{3.181}$$

Skalarmultiplikation mit $\boldsymbol{d}_i$ bringt bei Beachtung von Gleichung $(2.125)_4$ und (2.128):

$$\delta'_i = Q'_{ki} \delta_k = Q_{ik} \delta_k \,. \tag{3.182}$$

Das ist keine Koordinatentransformation, sondern das Verhalten des Distanzvektors bei Beobachterwechsel $\Sigma \rightarrow \Sigma'$, allerdings in Indexnotation. Man spricht aufgrund des dargestellten Transformationsverhaltens auch davon, dass es sich beim Distanzvektor um einen *euklidischen Vektor* oder auch *objektiven Vektor* resp. *Tensor 1. Stufe* handelt.

Übungsaufgabe *Der Distanzvektor bei Beobachterwechsel (Drehungen)*

In Bild 3.9 sind der Beobachter Σ mit seiner Basis $\boldsymbol{e}_i$, $i = 1,2,3$ und der Beobachter Σ' mit seiner Basis $\boldsymbol{d}_i$, $i = 1,2,3$ dargestellt. Beide sind wie in Abschnitt 2.1.2 beschrieben auf die ursprünglichen Zeiger aufgesetzt. Begründe, dass für die jeweiligen Bilder der Basis gilt:

$$\Sigma: \quad \tilde{\boldsymbol{d}}_1 = \boldsymbol{e}_2 \,, \; \tilde{\boldsymbol{d}}_2 = -\boldsymbol{e}_1 \,, \; \tilde{\boldsymbol{d}}_3 = \boldsymbol{e}_3 \,, \; \Sigma': \quad \tilde{\boldsymbol{e}}_1 = -\boldsymbol{d}_2 \,, \; \tilde{\boldsymbol{e}}_2 = \boldsymbol{d}_1 \,, \; \tilde{\boldsymbol{e}}_3 = \boldsymbol{d}_3 \,. \tag{3.183}$$

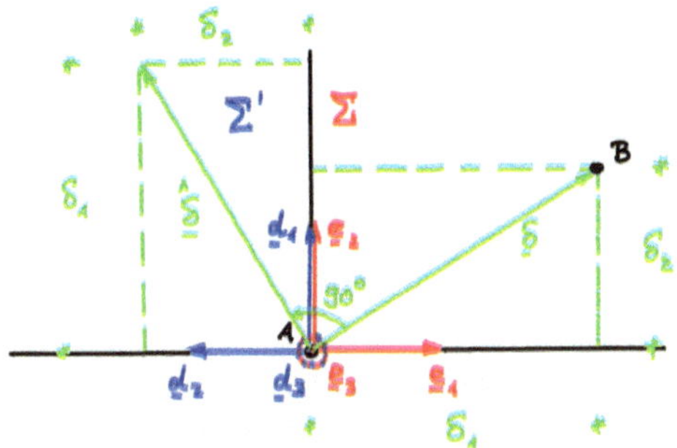

Bild 3.9 Der Distanzvektor bei Beobachterwechsel mit Drehung

Erläutere, dass es sich um eine 90° Drehung entgegen des Uhrzeigersinns handelt. Benutze nun die Gleichungen (2.113), (2.114), (2.124), (2.125) um zu zeigen, dass gilt:

$$\Sigma: \quad Q_{ij} = \tilde{\boldsymbol{d}}_i \cdot \boldsymbol{e}_j = \begin{bmatrix} 0 & 1 & 0 \\ -1 & 0 & 0 \\ 0 & 0 & 1 \end{bmatrix}_{ij} \,, \; \Sigma': \quad Q'_{ij} = \tilde{\boldsymbol{e}}_i \cdot \boldsymbol{d}_j = \begin{bmatrix} 0 & -1 & 0 \\ 1 & 0 & 0 \\ 0 & 0 & 1 \end{bmatrix}_{ij} \,. \tag{3.184}$$

Verifiziere somit im Spezialfall Gleichung (2.128). Werte damit Gleichung (3.182) aus und zeige, dass:

$$\delta'_1 = \delta_2 \,, \; \delta'_2 = -\delta_1 \,, \; \delta'_3 = \delta_3 \quad \Rightarrow \quad \boldsymbol{\delta}' = \delta_2 \boldsymbol{d}_1 - \delta_1 \boldsymbol{d}_2 + \delta_3 \boldsymbol{d}_3 \,. \tag{3.185}$$

* Die explizite Kennzeichnung aller Zeitabhängigkeiten, insbesondere bei $\boldsymbol{Q}(t)$, erfolgt nachfolgend nur bei besonderem Bedarf.

Realisiere, dass $\boldsymbol{\delta}'$ lediglich das Bild des alten Vektors $\boldsymbol{\delta}$ ist (also $\tilde{\boldsymbol{\delta}}$) und nicht etwa $\boldsymbol{\delta}$ aktiv gedreht wurde. Der aktiv gedrehte Vektor wäre nämlich (wie gezeichnet) $\hat{\boldsymbol{\delta}} = \delta_1 \boldsymbol{d}_1 + \delta_2 \boldsymbol{d}_2 + \delta_3 \boldsymbol{d}_3$. Gleichung (3.182) transformiert lediglich die Komponenten des alten Vektors $\boldsymbol{\delta}$, und der wird auch weiterhin dargestellt, nur in der Basis von Σ'.
Es muss die Frage erlaubt sein, warum wir euklidische Vektoren (wie hier $\boldsymbol{\delta}$) nicht aktiv drehen, sondern, wenn man so will, nur die Basen beider Beobachter gegeneinander verdreht werden. Das liegt daran, dass euklidische Tensoren einen physikalischen Zustand in einem Punkt des Raumes (mit oder ohne Materie) zu einer Zeit darstellen. Wir haben kein Recht, diesen zu ändern, wir dürfen ihn lediglich beschreiben und zwar von verschiedenen Beobachtern aus, die in der Wahl ihrer Basen allerdings frei sind.

Um zu verallgemeinern, betrachten wir eine höherwertige physikalische Größe $\boldsymbol{A}$, die ursprünglich im System Σ erklärt ist, und sagen: Wenn sie sich unter euklidischem Beobachterwechsel $\Sigma \to \Sigma'$ wie folgt transformiert

$$A'_{i_1 i_2 \dots i_k} = (\det \boldsymbol{Q})^p \, Q_{i_1 j_1} Q_{i_2 j_2} \dots Q_{i_k j_k} A_{j_1 j_2 \dots j_k} \,. \tag{3.186}$$

dann nennen wir sie *euklidischer Tensor* oder *objektiver Tensor k-ter Stufe* (vgl. [Mue1985], S. 37).

Und weiter: Man nennt den Tensor *polar*, falls $p = 0$ und *axial*, falls $p = 1$. Diese Klassifizierungen sollen auch in absoluter Schreibweise dargestellt werden. Es sei also $\boldsymbol{A}$ das betreffende tensorielle Objekt k-ter Stufe in Bezug auf den Beobachter Σ. Der Beobachter Σ' bildet das Objekt ab wie folgt:

$$\begin{aligned} \Sigma': \quad & \boldsymbol{A}' = A'_{i_1 i_2 \dots i_k} \boldsymbol{d}_{i_1} \otimes \boldsymbol{d}_{i_2} \otimes \dots \boldsymbol{d}_{i_k} \,, \quad \boldsymbol{A}' = \tilde{\boldsymbol{A}} \,, \\ & \tilde{\boldsymbol{A}} = \left(\det \boldsymbol{Q}'\right)^p A_{j_1 j_2 \dots j_k} \boldsymbol{Q}'^{\top} \cdot \boldsymbol{d}_{j_1} \otimes \boldsymbol{Q}'^{\top} \cdot \boldsymbol{d}_{j_2} \otimes \dots \boldsymbol{Q}'^{\top} \cdot \boldsymbol{d}_{j_k} \,. \end{aligned} \tag{3.187}$$

Sukzessive Skalarmultiplikation mit $\boldsymbol{d}_{i_m} \cdot$, $m = 1, \dots, k$ gibt unter Beachtung von Gleichung $(2.125)_4$ und (2.128):

$$A'_{i_1 i_2 \dots i_k} = \left(\det \boldsymbol{Q}'\right)^p Q'_{j_1 i_1} Q'_{j_2 i_2} \dots Q'_{j_k i_k} A_{j_1 j_2 \dots j_k} = (\det \boldsymbol{Q})^p \, Q_{i_1 j_1} Q_{i_2 j_2} \dots Q_{i_k j_k} A_{j_1 j_2 \dots j_k} \,. \tag{3.188}$$

Soweit der Beweis, da nach Gleichung (2.128) $\det \boldsymbol{Q} = \det \boldsymbol{Q}'$ gilt.* Bevor wir im nächsten Abschnitt eine detaillierte Erläuterung der Begriffe *polar* und *axial* für Beobachterwechsel geben, sei darauf hingewiesen, dass die Punkte A und B des (polaren) Distanzvektors $\boldsymbol{\delta}$ auch infinitesimal benachbart sein können. Für diesen differentiellen Distanzvektor $\mathrm{d}\boldsymbol{x}$ gilt:

$$\Sigma': \quad \mathrm{d}\boldsymbol{x}' = \mathrm{d}\tilde{\boldsymbol{x}} \,, \; \mathrm{d}x'_i = Q_{ik} \mathrm{d}x_k \,. \tag{3.189}$$

Auch er ist ein polar euklidisch objektiver Tensor 1. Stufe, resp. Vektor.

Studieren wir abschließend die Länge bzw. das Quadrat der Länge des infinitesimalen Distanzvektors. Aufgrund der Orthogonalitätsbeziehung (2.115) stellen wir fest, dass:

$$\mathrm{d}\boldsymbol{x}' \cdot \mathrm{d}\boldsymbol{x}' = \mathrm{d}x'_i \mathrm{d}x'_i = Q_{ik} \mathrm{d}x_k Q_{il} \mathrm{d}x_l = \mathrm{d}x_k \mathrm{d}x_l \delta_{kl} = \mathrm{d}x_k \mathrm{d}x_k = \mathrm{d}\boldsymbol{x} \cdot \mathrm{d}\boldsymbol{x} \,. \tag{3.190}$$

Die Länge ist also ein euklidischer Skalar, sie bleibt bei Beobachterwechsel invariant. Und darum sprechen wir auch von euklidischen Transformationen, denn dies sind abstands- und damit auch winkelerhaltende Transformation des euklidischen Raumes auf sich.

* Ein ähnlicher Beweis findet sich auch in [Gre2003], S. 33ff, wobei der Unterschied zwischen Beobachterwechsel nicht bis ins Kleinste herausgearbeitet wird.

3.6.2 Nochmals polare und axiale Vektoren und Tensoren

Wir lassen nun ausdrücklich zu, dass $\boldsymbol{Q}(t)$ nicht nur Drehungen, sondern auch Spiegelungen umfasst. Zur Erinnerung: Bei Drehungen galt $\det \boldsymbol{Q} = +1$ und bei Spiegelungen $\det \boldsymbol{Q} = -1$. Die Frage ist, welchen Einfluss Spiegelungen auf das Transformationsverhalten von Vektoren und Tensoren bei *Beobachterwechsel* haben. Mehr noch: Wir werden sehen, dass wie bereits in Abschnitt 1.2.3.3, wo es nur einen Beobachter gab, zwei unterschiedliche Typen von Vektoren, respektive Tensoren zu unterscheiden sind. Man spricht wieder von *polaren* und *axialen* Objekten. Bei der Analyse werden wir uns insbesondere der Formeln (3.186) und (3.186) für euklidische Tensoren beliebiger Stufe bedienen, die den Einfluss des Beobachterwechsels quantifizieren.

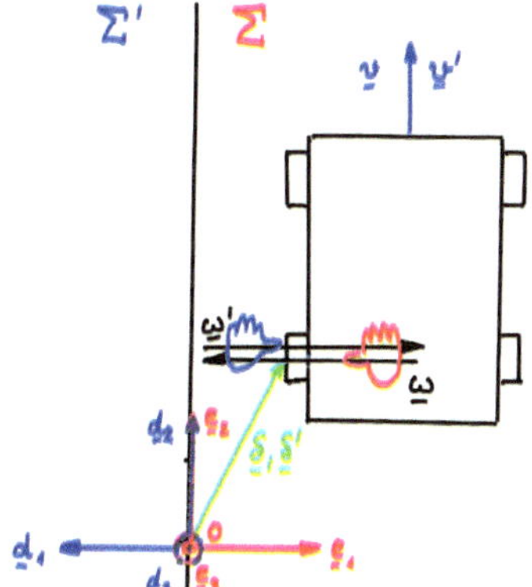

Bild 3.10 Zum Begriff polarer und axialer Tensoren

Um diese Begriff zu erläutern, betrachten wir Bild 3.10. Es geht darum, einen einzigen physikalischen Vorgang zu beschreiben, nämlich die Bewegung eines Autos wie gezeichnet, allerdings durch *zwei* Beobachter, wobei die Wirkung der Determinante in Gleichung (3.186) und Gleichung (3.186) herausgearbeitet werden soll. Wir sehen den Beobachters Σ mit seiner roten Basis $\boldsymbol{e}_i, i = 1,2,3$. Er vertritt den Standpunkt des Rechtshänders: Das Auto wird zunächst vom Punkt O in seine Ausgangsposition geschoben. Das charakterisieren wir durch den Distanzvektor $\boldsymbol{\delta}$, der schon im vorherigen Abschnitt auftrat. Der Einfachheit halber wurde er für einen Punkt auf der Nabe des linken Hinterrades gezeichnet. Nun fährt das Auto „nach oben". Seine Räder drehen, und für das linke Hinterrad haben wir den zugehörigen Winkelgeschwindigkeitsvektor $\boldsymbol{\omega}$ eingezeichnet. In der dargestellten Situation zeigt er nach links. Den Drehsinn (es handelt sich bei der Winkelgeschwindigkeit um einen axialen Vektor) haben wir zusätzlich durch den Daumen und die Finger des Beobachters Σ angedeutet.

Wechseln wir nur zum Beobachter Σ'. Auch er betrachtet das Auto, aber vom Standpunkt des Linkshänders. Seine blaue Basis ist durch das Linkssystem $\boldsymbol{d}_i, i = 1,2,3$ gegeben. Als erstes untersuchen wir die Zusammenhänge zwischen beiden Basen aus Gleichung (2.122) und Gleichung (2.110), d. h. wir bestimmen die Drehtensoren $\boldsymbol{Q}'$ und $\boldsymbol{Q}$, welche im vorliegenden relativ einfachen Fall nicht zeitabhängig sind. Folgende Beziehungen sind unmittelbar ersichtlich:

$$\tilde{\boldsymbol{e}}_1 = -\boldsymbol{d}_1\,,\ \tilde{\boldsymbol{e}}_{2,3} = \boldsymbol{d}_{2/3} \quad \text{und} \quad \tilde{\boldsymbol{d}}_1 = -\boldsymbol{e}_1\,,\ \tilde{\boldsymbol{d}}_{2,3} = \boldsymbol{e}_{2/3}\,. \tag{3.191}$$

Damit prüft man leicht, dass gilt:

$$\begin{aligned} \boldsymbol{Q}' &= \boldsymbol{d}_m \otimes \tilde{\boldsymbol{e}}_m \equiv -\boldsymbol{d}_1 \otimes \boldsymbol{d}_1 + \boldsymbol{d}_2 \otimes \boldsymbol{d}_2 + \boldsymbol{d}_3 \otimes \boldsymbol{d}_3\,, \; Q'_{ij} = \begin{bmatrix} -1 & 0 & 0 \\ 0 & 1 & 0 \\ 0 & 0 & 1 \end{bmatrix}_{ij}, \; \det \boldsymbol{Q}' = -1\,, \\ \boldsymbol{Q} &= \boldsymbol{e}_m \otimes \tilde{\boldsymbol{d}}_m \equiv -\boldsymbol{e}_1 \otimes \boldsymbol{e}_1 + \boldsymbol{e}_2 \otimes \boldsymbol{e}_2 + \boldsymbol{e}_3 \otimes \boldsymbol{e}_3\,, \; Q_{ij} = \begin{bmatrix} -1 & 0 & 0 \\ 0 & 1 & 0 \\ 0 & 0 & 1 \end{bmatrix}_{ij}, \; \det \boldsymbol{Q} = -1\,. \end{aligned} \tag{3.192}$$

Man ist versucht, beide Operatoren als Spiegelungen* zu begreifen, denn wir stellen mit Hilfe von Gleichung (1.167) *formal* fest, dass:

$$\begin{aligned} \boldsymbol{Q}' &= \boldsymbol{d}_m \otimes \boldsymbol{d}_m - 2\boldsymbol{n}' \otimes \boldsymbol{n}' \quad \text{wobei} \quad \boldsymbol{n}' = \boldsymbol{d}_1 \quad \text{und} \\ \boldsymbol{Q} &= \boldsymbol{e}_m \otimes \boldsymbol{e}_m - 2\boldsymbol{n} \otimes \boldsymbol{n} \quad \text{wobei} \quad \boldsymbol{n} = \boldsymbol{e}_1\,. \end{aligned} \tag{3.193}$$

Die Betonung liegt aber auf dem Wort *formal*, denn im Problem kommt gar kein Spiegel vor, sondern lediglich die Begriffe rechts- und linkshändiger Beobachter. Nun verwenden wir Gleichung (3.187), um die drei in Bild 3.10 eingezeichneten Vektoren zu untersuchen und beachten, dass lediglich die Winkelgeschwindigkeit axialen Charakter hat. Zunächst gilt:

$$\boldsymbol{\delta} = \delta_k \boldsymbol{e}_k\,, \; \boldsymbol{v} = v\boldsymbol{e}_2\,, \; \boldsymbol{\omega} = -\omega \boldsymbol{e}_1 \quad \Rightarrow \quad v_2 = v > 0\,, \; v_{1,3} = 0\,, \; \omega_1 = -\omega < 0\,, \; \omega_{2,3} = 0\,. \tag{3.194}$$

Also mit Gleichung (3.187):

$$\begin{aligned} \boldsymbol{\delta}' &\equiv \tilde{\boldsymbol{\delta}} = \left(\det \boldsymbol{Q}'\right)^0 \delta_k \tilde{\boldsymbol{e}}_k = \delta_k \boldsymbol{Q}'^{\mathsf{T}} \cdot \boldsymbol{d}_k = -\delta_1 \boldsymbol{d}_1 + \delta_2 \boldsymbol{d}_2 + \delta_3 \boldsymbol{d}_3\,, \\ \boldsymbol{v}' &\equiv \tilde{\boldsymbol{v}} = \left(\det \boldsymbol{Q}'\right)^0 v \tilde{\boldsymbol{e}}_2 = v\, \boldsymbol{Q}'^{\mathsf{T}} \cdot \boldsymbol{d}_2 = v \boldsymbol{d}_2\,, \\ \boldsymbol{\omega}' &\equiv \tilde{\boldsymbol{\omega}} = \left(\det \boldsymbol{Q}'\right)^1 (-\omega) \tilde{\boldsymbol{e}}_1 = \omega\, \boldsymbol{Q}'^{\mathsf{T}} \cdot \boldsymbol{d}_1 = -\omega \boldsymbol{d}_1\,. \end{aligned} \tag{3.195}$$

Anders ausgedrückt: $\boldsymbol{\delta}'$ und $\boldsymbol{\delta}$ sowie $\boldsymbol{v}'$ und $\boldsymbol{\delta}$ liegen aufeinander, aber $\boldsymbol{\omega}'$ und $\boldsymbol{\omega}$ sind gegeneinander geflippt, ja, man könnte versucht sein zu sagen, *gespiegelt*. Dass das so sein muss, erschließt sich, wenn man bedenkt, dass Σ' zur vollständigen Kennzeichnung des Winkelgeschwindigkeitsvektors den Drehsinn angeben muss und dabei seine *linke* Hand verwendet. Auch das ist in Bild 3.10 eingezeichnet.

Alternativ kann man dieses Ergebnis auch rein indizistisch in Komponenten mit Gleichung (3.186) erhalten. Mit Hilfe von Gleichung $(3.192)_2$ rechnet man nach, dass:

$$\begin{aligned} \delta'_i &= (\det \boldsymbol{Q})^0 Q_{ij} \delta_j \quad \Rightarrow \quad \delta'_1 = -\delta_1\,, \; \delta'_{2,3} = \delta_{2,3}\,, \\ v'_i &= (\det \boldsymbol{Q})^0 Q_{ij} v_j \quad \Rightarrow \quad v'_1 = 0\,, \; v'_2 = v > 0\,, \; v'_3 = 0\,, \\ \omega'_i &= (\det \boldsymbol{Q})^1 Q_{ij} \omega_j \quad \Rightarrow \quad \omega'_1 = -\omega \neq 0\,, \; \omega'_2 = 0\,, \; \omega'_3 = 0\,. \end{aligned} \tag{3.196}$$

Zusammengefasst: Wenn wir also den Gleichungen (3.186) oder (3.187) vertrauen, d. h. rein mathematisch argumentieren und einfach behaupten, dass die Winkelgeschwindigkeit ein

* Übrigens haben wir bei Annahme einer zeitabhängigen Normale $\boldsymbol{n}(t)$ die Möglichkeit, zeitabhängige Spiegelungen $\boldsymbol{Q}(t)$ zu definieren. Das sei extra betont, da die in diesem Abschnitt diskutierten Beispiele allesamt zeitunabhängige Operatoren verwenden.

axialer Vektor ist, dann lernen wir an diesem Beispiel formal, dass vom Standpunkt des Linkshänders Σ' ein polarer Vektor (hier $\boldsymbol{\delta}$ respektive $\boldsymbol{\delta}'$) bestehen bleibt, ein axialer (hier $\boldsymbol{\omega}$ respektive $\boldsymbol{\omega}'$) jedoch flippt, bzw. gespiegelt wird. Warum muss das so sein, was bedeutet das anschaulich, und was hat das mit Spiegelungen zu tun? Wo ist hier überhaupt eine Spiegelung?

Die Antwort ist komplex. Anders als bei Alice hinter den Spiegeln betreten wir durch Einführung des Beobachters Σ' nämlich *nicht* eine neue Welt. Es ist immer noch unser Universum, das Σ' beschreibt. Er ist allerdings Linkshänder und betrachtet nach wie vor das Auto aus Bild 3.10. Daran ist aber nichts gespiegelt! Will man eine Spiegelung sehen, so muss man tricksen. Also betrachten wir Bild 3.11: Σ' hat sich ein neues Auto besorgt, das er auf seiner Seite nach oben laufen lässt. Außerdem besitzt er einen Spiegel, den er wie gezeichnet entlang der durch $\boldsymbol{d}_2$ vorgezeichneten Achse anbringt.

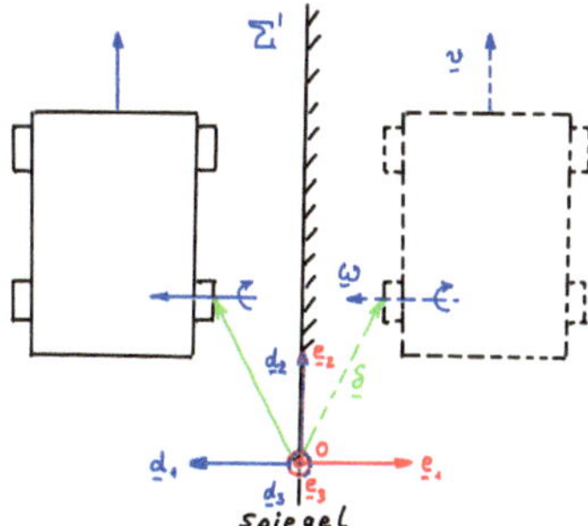

Bild 3.11 Vom linkshändischen Beobachter durchgeführtes Spiegelexperiment

Das von ihm wahrgenommene Spiegelbild des neuen Autos stimmt hinsichtlich seines Laufs mit dem des alten Autos vollständig überein. Er sieht außerdem zweierlei. (a) Der grüne Positionsvektor (ohne Bezeichnung) zum rechten Hinterrad des neuen Autos *flippt*, und sein *Spiegelbild* liegt auf dem von ihm zuvor begutachteten Distanzvektor $\boldsymbol{\delta}$. (b) Das Spiegelbild des blauen Winkelgeschwindigkeitsvektors (ohne Bezeichnung) *flippt nicht* und sein Spiegelbild liegt auf dem Winkelgeschwindigkeitsvektor des linken Hinterrads des ursprünglichen Autos. Der Winkelgeschwindigkeitsvektor benimmt sich in diesem Spiegelexperiment also anders als der Distanzvektor, und erst das erklärt *anschaulich* die Notwendigkeit, zwischen axialen und polaren Größen zu unterscheiden.

Mathematisch gesprochen braucht man aber überhaupt keine Spiegel und neue Autos einzuführen. Hier genügt die Gleichungen (3.186) bzw. (3.187), die alles regeln und (wohlgemerkt!) nur zur Beschreibung einer Feldgröße in der realen Welt dienen, die vorgegeben ist und an der kein Beobachter etwas ändern darf. Allerdings braucht man dann eine Regel, um mathematisch zu entscheiden, wann eine physikalische Größe axial ist und wann nicht. Wie wir in Abschnitt 1.2.3.3 gesehen haben, hat das mit der *Herkunft* dieser Größe aus einem *Kreuzprodukt* zu tun und das werden wir weiter unten nochmals unter dem Gesichtspunkt Beobachterwechsel untersuchen.

Doch zuvor fragen wir uns zur Übung, wie sich die Ergebnisse ändern, wenn das Auto nach rechts fährt:

Übungsaufgabe *Beobachterwechsel und Spiegelungen: ein lehrreiches Beispiel*

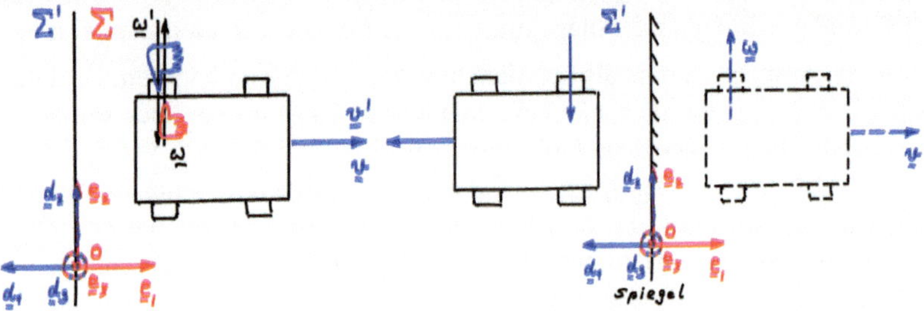

Bild 3.12 Nach rechts fahrendes Auto (links) und das Spiegelexperiment (rechts)

Studiere nun die Situation aus Bild 3.12 (links): Das Auto fährt jetzt nach rechts. Begründe folgende Ergebnisse:

$$\boldsymbol{v} = v\boldsymbol{e}_1\,,\ \boldsymbol{\omega} = \omega\boldsymbol{e}_2 \quad \Rightarrow \quad v_1 = v > 0\,,\ v_{2,3} = 0\,,\ \omega_2 = \omega > 0\,,\ \omega_{1,3} = 0\,. \tag{3.197}$$

und zeige mit Hilfe von Gleichung (3.187) die Gültigkeit von:

$$\begin{aligned} \boldsymbol{v}' &\equiv \tilde{\boldsymbol{v}} = \left(\det \boldsymbol{Q}'\right)^0 v\tilde{\boldsymbol{e}}_1 = v\,\boldsymbol{Q}'^{\mathsf{T}} \cdot \boldsymbol{d}_1 = -v\boldsymbol{d}_1\,, \\ \boldsymbol{\omega}' &\equiv \tilde{\boldsymbol{\omega}} = \left(\det \boldsymbol{Q}'\right)^1 \omega\tilde{\boldsymbol{e}}_2 = -\omega\,\boldsymbol{Q}'^{\mathsf{T}} \cdot \boldsymbol{d}_2 = -\omega\boldsymbol{d}_2\,. \end{aligned} \tag{3.198}$$

Erläutere die in der Bild 3.12 eingezeichneten Hände und Daumenstellungen. Verwende nun Gleichung (3.186) und beweise die Richtigkeit folgender Komponentenbeziehungen:

$$\begin{aligned} v_i' &= (\det \boldsymbol{Q})^0\, Q_{ij} v_j \quad &\Rightarrow \quad v_1' = -v < 0\,,\ v_2' = 0\,,\ v_3' = 0\,, \\ \omega_i' &= (\det \boldsymbol{Q})^1\, Q_{ij}\omega_j \quad &\Rightarrow \quad \omega_1' = 0\,,\ \omega_2' = -\omega < 0\,,\ \omega_3' = 0\,. \end{aligned} \tag{3.199}$$

Erläutere das alternative Experiment des Beobachters Σ', der in Bild 3.12 (rechts) ein neues (reales) Auto nach links fahren lässt. Begründe, dass der blaue Winkelgeschwindigkeitsvektor (ohne Bezeichnung) des linken Hinterrads dieses Autos wie eingezeichnet gerichtet ist. Was kannst Du über das Spiegelbild des neuen Fahrzeugs sagen?

Die Begründung für ein solches Verhalten ist wie bereits in Abschnitt 1.2.3.3 angedeutet in der Herkunft des Vektors zu suchen. Wir erinnern: Der Winkelgeschwindigkeitsvektor resultierte aus einem *Kreuzprodukt*, siehe etwa Gleichung (2.154). Kreuzprodukte tragen *Chiralität*, d. h. einen *Drehsinn* in sich, den wir typischerweise mit der rechten Hand-Daumenregel veranschaulichen. Wie demonstriert wurde, ist diese Vorgehensweise jedoch reine Konvention. Man könnte Kreuzprodukte auch auf Regeln mit der linken Hand aufbauen, wichtig ist nur, dass der Drehsinn ins Spiel kommt: Bild 3.10 und 3.12.

Als weiterer axialer Vektor der Mechanik sei der Momentenvektor $\boldsymbol{M}$ genannt. Bekanntlich resultiert er aus dem Kreuzprodukt Ortsvektor×Kraftvektor= $\boldsymbol{x} \times \boldsymbol{F}$. Er treibt die Räder an, ist also für $\boldsymbol{\omega}$ verantwortlich. Beide bilden eine Einheit von Ursache und Wirkung und haben auch denselben Charakter. Ein weiteres Beispiel für einen axialen Vektor ist die Drehimpulsdichte $\boldsymbol{x} \times \rho \boldsymbol{v}$ aus Abschnitt 3.2.5. Aber Vorsicht! So wie nicht jeder polare Vektor euklidisch objektiv ist, also den Gleichungen (3.186) und (3.187) mit $p = 0$ genügt, so ist es auch nicht jeder axiale Vektor und genügt mit $p = 1$ diesen Gleichungen. Beispielsweise hat die Drehimpulsdichte $\boldsymbol{x} \times \rho \boldsymbol{v}$ wegen des Kreuzproduktes zwischen zwei polaren (aber nicht euklidischen) Vektoren axialen Charakter. Aufgrund des nicht-euklidischen Transformationsverhaltens der Geschwindigkeit nach Gleichung (2.158) ist sie aber sicherlich kein euklidischer Vektor.

Mit der Einführung axialer Größen muss man in der Kontinuumstheorie allerdings vorsichtig umgehen, sonst kommt man schnell auf Abwege und gedankliche Verirrungen. Betrachten wir in diesem Zusammenhang das Volumenelement $\mathrm{d}v$, das man als Spatprodukt dreier nicht in derselben Ebene liegender, infinitesimaler, i. a. schiefstehender Vektoren definieren kann:

$$\mathrm{d}v = \left(\mathrm{d}\boldsymbol{x}^A \times \mathrm{d}\boldsymbol{x}^B\right) \cdot \mathrm{d}\boldsymbol{x}^C . \tag{3.200}$$

Man beachte, die drei Vektoren $\mathrm{d}\boldsymbol{x}^A$, $\mathrm{d}\boldsymbol{x}^B$, $\mathrm{d}\boldsymbol{x}^C$ sind Distanzvektoren, und sie haben polar euklidischen Charakter. Um möglichst einfach rechnen zu können, sowohl vektoriell als auch mit Komponenten (indizistisch), nehmen wir ein kastenförmiges Volumen an, beziehen uns auf Beobachter Σ aus Bild 3.13 und schreiben:

$$\mathrm{d}\boldsymbol{x}^A = \mathrm{d}x^A \boldsymbol{e}_3\,, \;\; \mathrm{d}\boldsymbol{x}^B = \mathrm{d}x^B \boldsymbol{e}_1\,, \;\; \mathrm{d}\boldsymbol{x}^C = \mathrm{d}x^C \boldsymbol{e}_2\,. \tag{3.201}$$

Anwenden der rechten-Hand-Regel für das Kreuzprodukt aus Gleichung (3.200) ergibt $\mathrm{d}\boldsymbol{x}^A \times \mathrm{d}\boldsymbol{x}^B = \mathrm{d}x^A \mathrm{d}x^B \boldsymbol{e}_2$. Das im Skalarprodukt mit $\mathrm{d}\boldsymbol{x}^C$ ergibt die positive Größe $\mathrm{d}v = \mathrm{d}x^A \mathrm{d}x^B \mathrm{d}x^C > 0$, so wie es für ein Volumen sein muss.

Nun kommt der Beobachter Σ'. Er hat für die Bilder der Abstandsvektoren zu schreiben:

$$\mathrm{d}\boldsymbol{x}^{A\,\prime} \equiv \mathrm{d}\tilde{\boldsymbol{x}}^A = \mathrm{d}x^A \boldsymbol{d}_3\,, \;\; \mathrm{d}\boldsymbol{x}^{B\,\prime} \equiv \mathrm{d}\tilde{\boldsymbol{x}}^B = -\,\mathrm{d}x^B \boldsymbol{d}_1\,, \;\; \mathrm{d}\boldsymbol{x}^{C\,\prime} \equiv \mathrm{d}\tilde{\boldsymbol{x}}^C = \mathrm{d}x^C \boldsymbol{d}_2\,. \tag{3.202}$$

Als Linkshänder führt er das Kreuzprodukt mit der *linken* Hand aus, wobei er $\mathrm{d}\tilde{\boldsymbol{x}}^A$ auf $\mathrm{d}\tilde{\boldsymbol{x}}^B$ dreht. Sein Ergebnis lautet $\mathrm{d}\tilde{\boldsymbol{x}}^A \times \mathrm{d}\tilde{\boldsymbol{x}}^B = -\,\mathrm{d}x^A \mathrm{d}x^B \boldsymbol{d}_2$. Also erhält er ein *negatives* Volumen $\mathrm{d}v' \equiv \mathrm{d}\tilde{v} = -\,\mathrm{d}x^A \mathrm{d}x^B \mathrm{d}x^C < 0$. Dieser Vorzeichenwechsel widerspricht jedoch unserer Vorstellung, wonach ein Volumen völlig invariant und stets (auch bei Übergang auf einen linkshändigen Beobachter Σ', respektive auch bei einer Spiegelkoordinatentransformation eines einzelnen Beobachters) positiv bleiben sollte, und deshalb definieren wir:

$$\mathrm{d}v = \left|\left(\mathrm{d}\boldsymbol{x}^1 \times \mathrm{d}\boldsymbol{x}^2\right) \cdot \mathrm{d}\boldsymbol{x}^3\right| \quad \Rightarrow \quad \mathrm{d}v' = \mathrm{d}v\,. \tag{3.203}$$

Diese Forderung wird oft nicht klar benannt bzw. herausgestellt. In [Mue1973], S. 15, und [Mue1985], S. 35/36, findet sie sich zwar, aber ohne Hinweis auf ihre Bedeutung: Das Volumenelement ist mit Betragsstrichen versehen, aber die Brücke zum Beobachterwechsel wird nicht geschlagen. Genauso halbherzig ist [Gre2003] auf S. 40. Alternativ und narrensicher hätte man von vornherein bei beiden Beobachtern ein Volumenelement *nicht* über ein Spatprodukt einführen können, sondern über drei (positive) kartesische Strecken im Sinne von $\mathrm{d}v = \mathrm{d}x_1\,\mathrm{d}x_2\,\mathrm{d}x_3$. Man sieht: Zuviel Bildung und blinder Eifer schadet nur. Die indizistische Analyse des Spatprodukts erfolgt in einer Übung.

Übungsaufgabe *Spatprodukt unter Spiegelungen indizistisch gesehen*
Zunächst einmal sei daran erinnert, dass die Kreuzprodukte in Gleichung (3.200) für beide Beobachter sich mit dem Levi-Civitá-Symbol indizistisch wie folgt schreiben lassen:

$$\Sigma: \quad (\mathrm{d}\boldsymbol{x}^A \times \mathrm{d}\boldsymbol{x}^B)_i = \epsilon_{ijk}\mathrm{d}x_j^A \mathrm{d}x_k^B , \; \Sigma': \quad (\mathrm{d}\boldsymbol{x}^{A\,\prime} \times \mathrm{d}\boldsymbol{x}^{B\,\prime})_i = \epsilon'_{ijk}\mathrm{d}x_j^{A\,\prime}\mathrm{d}x_k^{B\,\prime} . \tag{3.204}$$

Es wurde bereits gesagt, dass die Abstandsvektoren euklidische Vektoren sind, also nach Gleichung (3.186) gilt:

$$\mathrm{d}x_j^{A\,\prime} = Q_{jm}\mathrm{d}x_m^A , \; \mathrm{d}x_k^{B\,\prime} = Q_{km}\mathrm{d}x_n^B , \; \mathrm{d}x_i^{C\,\prime} = Q_{io}\mathrm{d}x_o^C . \tag{3.205}$$

Das Levi-Civitá-Symbol hingegen ist ein axialer euklidischer Tensor 3. Stufe, und wir müssen schreiben:

$$\epsilon'_{ijk} = \det\boldsymbol{Q}\, Q_{ir}Q_{js}Q_{kt}\epsilon_{rst} . \tag{3.206}$$

Zeige mit Hilfe von Gleichung (2.115), dass dann gilt:

$$\mathrm{d}v' = \det\boldsymbol{Q}\,\mathrm{d}v . \tag{3.207}$$

Dieses wäre ein *axialer euklidischer Skalar* mit Vorzeichenwechsel beim Übergang vom Rechtshänder Σ zum Linkshänder Σ', womit wir auch diesmal gezwungen sind, das Volumenelement über Gleichung (3.203) zu definieren.

Beim gerichteten Flächenstück und zugehörigem Normalenvektor gibt es ein ähnliches Problem, das sich aber nicht so elegant durch Durchschlagen des Gordischen Knotens mit Hilfe von Betragsstrichen lösen lässt wie beim Volumenelement in Gleichung (3.203).

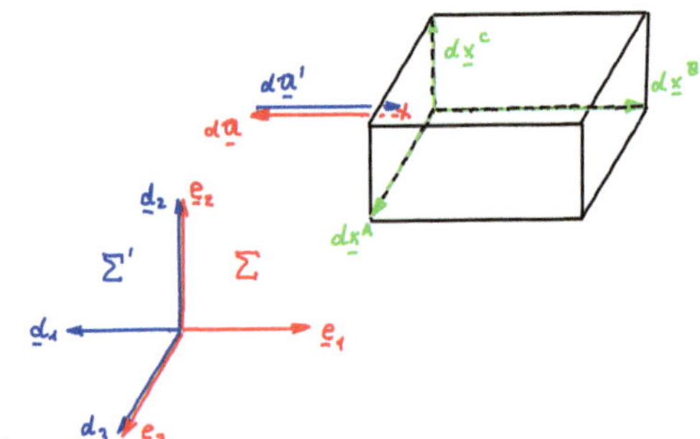

Bild 3.13 Zum gerichteten Flächenelement

Wir betrachten in Bild 3.13 vom Rechtshänder Σ aus gesehen den aus den drei orthogonalen polar euklidischen Distanzvektoren nach Gleichung (3.207) aufgespannten Kasten. Insbesondere fokussieren wir auf die aus $\mathrm{d}\boldsymbol{x}^A$ und $\mathrm{d}\boldsymbol{x}^C$ aufgespannte Fläche. Wenn der Beobachter Σ sie durch einen *gerichteten* Flächenvektor $\mathrm{d}\boldsymbol{a}$ darstellen will, so bildet er das Kreuzprodukt:

$$\mathrm{d}\boldsymbol{a} = \mathrm{d}\boldsymbol{x}^A \times \mathrm{d}\boldsymbol{x}^C = \mathrm{d}a\,\boldsymbol{e}_3 \times \boldsymbol{e}_2 = -\mathrm{d}a\,\boldsymbol{e}_1 , \; \mathrm{d}a = \mathrm{d}x^A\mathrm{d}x^C > 0 . \tag{3.208}$$

Wir halten fest: $\mathrm{d}\boldsymbol{a}$ steht auf der Oberfläche senkrecht und weist aus dem Kastenvolumen hinaus. Nun der Standpunkt des Beobachters Σ' gemäß Gleichung (3.202): Er erzeugt Bilder, wie folgt: $\mathrm{d}\tilde{\boldsymbol{x}}^A$ und $\mathrm{d}\tilde{\boldsymbol{x}}^C$. Nun wird das Kreuzprodukt mit $\boldsymbol{Q}'$ aus Gleichung $(3.192)_1$ gebildet:

$$\mathrm{d}\tilde{\boldsymbol{x}}^A \times \mathrm{d}\tilde{\boldsymbol{x}}^C = \mathrm{d}a\, \tilde{\boldsymbol{e}}_3 \times \tilde{\boldsymbol{e}}_2 = \mathrm{d}a \left(\boldsymbol{Q}' \cdot \boldsymbol{d}_3\right) \times \left(\boldsymbol{Q}' \cdot \boldsymbol{d}_2\right) = \mathrm{d}a\, \boldsymbol{d}_3 \times \boldsymbol{d}_2 = -\,\mathrm{d}a\, \boldsymbol{d}_1 \,. \tag{3.209}$$

Minus deshalb, weil er das Kreuzprodukt in seiner Basis mit der linken Hand ermittelt. Also erhält er einen zwar senkrecht auf der Fläche stehenden aber in den Kasten hineinweisenden Flächenvektor $\mathrm{d}\mathfrak{a}' = -\,\mathrm{d}\mathfrak{a}$.

Wir überprüfen dieses interessante Ergebnis auch indizistisch. Zunächst Σ. Er schreibt:

$$\mathrm{d}\mathfrak{a}_i = \epsilon_{ijk}\,\mathrm{d}x_j^A\,\mathrm{d}x_k^C = \mathrm{d}a\,\epsilon_{i32} \quad \Rightarrow \quad \mathrm{d}\mathfrak{a}_1 = -\,\mathrm{d}a < 0\,,\ \mathrm{d}\mathfrak{a}_2 = 0\,,\ \mathrm{d}\mathfrak{a}_3 = 0\,. \tag{3.210}$$

Das entspricht Gleichung (3.208). Nun der Linkshänder Σ'. Er notiert gemäß Gleichung (3.186):

$$\mathrm{d}x_j^{A\,\prime} = Q_{jm}\,\mathrm{d}x_m^A\,,\ \mathrm{d}x_k^{C\,\prime} = Q_{kn}\,\mathrm{d}x_n^C\,,\ \epsilon'_{ijk} = \det\boldsymbol{Q}\; Q_{ir}Q_{js}Q_{kt}\epsilon_{rst}\,. \tag{3.211}$$

Damit resultiert mit Gleichung (3.192):

$$\mathrm{d}\mathfrak{a}'_i = \epsilon'_{ijk}\,\mathrm{d}x_j^{A\,\prime}\,\mathrm{d}x_j^{C\,\prime} = \cdots = \det\boldsymbol{Q}Q_{ir}\epsilon_{r32}\,\mathrm{d}a \quad \Rightarrow \quad d\mathfrak{a}'_1 = -\,\mathrm{d}a < 0\,,\ \mathrm{d}\mathfrak{a}'_2 = 0\,,\ \mathrm{d}\mathfrak{a}'_3 = 0\,. \tag{3.212}$$

Das entspricht dem Ergebnis (3.209), also $\mathrm{d}\boldsymbol{\mathfrak{a}}' = -\,\mathrm{d}a\,\boldsymbol{d}_1 \equiv -\,\mathrm{d}\boldsymbol{\mathfrak{a}}$.

Übungsaufgabe *Gerichteter Oberflächenvektor geschlossener Oberflächen beim Wechsel von rechtshändigen auf linkshändigen Beobachter*

Man untersuche die verbliebenen fünf Oberflächen des Kastens aus Bild 3.13 und weise nach, dass das soeben erhaltene Resultat auch für sie gilt: Weist der gerichtete Oberflächenvektor für den Rechtshänder Σ aus dem Volumen raus, so zeigt er für den Linkshänder Σ' in das Volumen hinein.

Es sei außerdem vermerkt, dass durch

$$\mathfrak{n} = \frac{\mathrm{d}\mathfrak{a}}{\mathrm{d}a} \tag{3.213}$$

ein gerichteter Normalenvektor für den Rechtshänder Σ definiert werden kann, der aus dem zugehörigen Volumen heraus zeigt. Für den korrespondierenden Normalenvektor des Linkshänders gilt dann $\boldsymbol{\mathfrak{n}}' = -\boldsymbol{\mathfrak{n}}$, und dieser Vektor weist in das Volumen hinein. Wie beim gerichteten Flächenelement ist genau das das Verhalten eines axialen Vektors, der über ein Kreuzprodukt eingeführt wurde.

Wir müssen in diesem Zusammenhang aber festhalten, dass dies *nicht* die Flächennormale $\boldsymbol{n}$ ist, die bisher (z. B. in Gleichung (2.41)) aufgetreten ist. Dieser Normalenvektor hat keinen axialen Charakter, genauso wenig wie das Volumenelement $\mathrm{d}v$. Er darf ihn aus folgendem Grund nicht haben: Nehmen wir einmal an, wir bilanzieren eine polare Größe, etwa den linearen Impuls, so wie in Gleichung (3.44). Die linke Seite hat vollständig polaren Charakter, und da es sich um eine Tensorgleichung handelt, müssen die Größen auf der rechten Seite denselben Charakter haben, also auch polare Tensoren sein. Bei Kräften (hier $\boldsymbol{\sigma}$ und $\boldsymbol{f}$) gibt es keinen physikalischen Grund anzunehmen, dass sie axial sind, und somit bleibt nichts anderes übrig, neben $\mathrm{d}v$ auch $\mathrm{d}\boldsymbol{a}$ respektive $\boldsymbol{n}$ als nicht gerichtete Größen aufzufassen. Bei einem geschlossenen Volumen $\partial v(t)$ zeigt die Normale $\boldsymbol{n}$ per Konvention vom Inneren weg nach außen und ist einfach ein senkrecht auf einer Fläche stehender polar euklidischer Vektor.

Diese Aussagen gelten auch, wenn man axiale Größen über ein Volumen bilanziert, etwa den Drehimpuls, so wie in Gleichung (3.59). Ergibt sich etwas anderes, wenn man zu Flächenbilanzen wechselt und axiale Flussgrößen bilanziert, etwa den magnetischen Fluss $\boldsymbol{B}$ wie in Gleichung (5.9)? Auf der linken Seite steht ein Ausdruck mit axialem Charakter, da $\boldsymbol{B}$ ein axialer Vektor ist (vgl. Gleichung $(5.93)_1$). Auf der rechten Seite steht unter dem Integrand die Lorentzkraftdichte. Sie ist (als Kraft) polar, und in der Tat ist $\boldsymbol{v} \times \boldsymbol{B}$ polar, da die doppelte Axialität dieses Ausdrucks sich aufhebt. Wenden wir nun den Stokes'schen Satz an und verwandeln das Linienintegral durch $\nabla \times$-Anwendung auf den Integranden in ein Oberflächenintegral (mit polarem Normalenvektor $\boldsymbol{n}$), so kommt ein weiteres Kreuzprodukt ins Spiel und die rechte Seite des Induktionsgesetzes ist wie die linke axial.

Abschließend ist interessant zu bemerken, dass in [Mue1973], S. 21, das Volumenelement zwar nochmals ausdrücklich als polarer euklidischer Skalar herausgestellt wird, das Flächenelement jedoch als axialer euklidischer Vektor. Über die Konsequenzen wird nicht berichtet. Auch in [Gre2003], S. 40, ist das so.

3.6.3 Der Gradient oder Nabla-Operator

Mit Hilfe des Nabla-Operators ∇ haben wir in Kapitel 2 Änderungen von Feldern von einem materiellen Teilchen zum Nachbarteilchen untersucht. Man nennt ihn deshalb auch den Gradient und schreibt für den Beobachter Σ:

$$\Sigma: \quad \nabla(\cdot) = \frac{\partial(\cdot)}{\partial x_k}\boldsymbol{e}_k . \tag{3.214}$$

Davon macht sich Σ' ein Bild und schreibt:

$$\Sigma': \quad \nabla'(\cdot) = \frac{\partial(\cdot)}{\partial x'_i}\boldsymbol{d}_i , \; \nabla'(\cdot) \equiv \tilde{\nabla}(\cdot) = \frac{\partial(\cdot)}{\partial x_k}\boldsymbol{Q}'^{\mathrm{T}} \cdot \boldsymbol{d}_k . \tag{3.215}$$

Durch Skalarmultiplikation mit $\boldsymbol{d}_i \cdot$ ergibt sich:

$$\frac{\partial(\cdot)}{\partial x'_i} = Q'_{ki}\frac{\partial(\cdot)}{\partial x_k} = Q_{ik}\frac{\partial(\cdot)}{\partial x_k} . \tag{3.216}$$

Der Nabla-Operator verhält sich also wie ein euklidischer Tensor 1. Stufe. Im Übrigen ist das Ergebnis konsistent mit der Anwendung der Kettenregel, denn nach Gleichung $(2.116)_2$ gilt:

$$Q_{ik} = \frac{\partial x_k}{\partial x'_i} \quad \Rightarrow \quad \frac{\partial(\cdot)}{\partial x'_i} = Q_{ik}\frac{\partial(\cdot)}{\partial x_k} \equiv \frac{\partial x_k}{\partial x'_i}\frac{\partial(\cdot)}{\partial x_k} . \tag{3.217}$$

3.6.4 Der Geschwindigkeitsgradient und seine Varianten

Gradienten der Geschwindigkeit spielen eine wichtige Rolle bei Materialgleichungen (siehe z. B. das Navier-Stokes-Gesetz in Gleichung (3.104)). Damit stellt sich die Frage nach Ihrer Beobachterunabhängigkeit. Wir beginnen beim Beobachter Σ und schreiben in Index mit Gleichung (2.158):

$$\Sigma: \quad \frac{\partial v'_j}{\partial x'_i} = Q_{jl}\frac{\partial x_k}{\partial x'_i}\frac{\partial v_l}{\partial x_k} + \Omega^{\ell}_{jl}\delta_{li} = Q_{ik}Q_{jl}\frac{\partial v_l}{\partial x_k} + \Omega^{\ell}_{ji} . \tag{3.218}$$

Das ist nicht das Transformationsverhaltens eines euklidischen Tensors 2. Stufe. Die Systemgröße Ω^{ℓ}_{ji} tritt auf! Wenn wir jedoch mit dem Ergebnis den symmetrischen Geschwindigkeitsgradienten $\boldsymbol{d}$ aus Gleichung (3.105) berechnen, so stellt sich dieser als euklidisch objektiv heraus, da $\boldsymbol{\Omega}^{\ell}$ antisymmetrisch ist:

$$d'_{ij} = Q_{ik}Q_{jl}d_{kl} \quad \Leftrightarrow \quad \boldsymbol{d}' = \tilde{\boldsymbol{d}} \tag{3.219}$$

Für die in Gleichung (3.65) definierte Wirbelstärke (vorticity), also den antisymmetrischen Teil des Geschwindigkeitsgradienten findet man:

$$w'_{ij} = Q_{ik}Q_{jl}w_{kl} + \Omega^{\ell}_{ij} \quad \Leftrightarrow \quad \boldsymbol{w}' = \tilde{\boldsymbol{w}} + \boldsymbol{\Omega}'^{\mathrm{r}}. \tag{3.220}$$

Er ist offensichtlich nicht euklidisch objektiv. Gemäß Gleichung (3.66) müssen wir dann für den Wirbelstärkevektor schließen, dass er zwar axial aber nicht axial euklidisch ist:

$$\hat{w}'_i = \det\boldsymbol{Q}\, Q_{ik}\hat{w}_k + \det\boldsymbol{Q}\, Q_{is}\omega^{\mathrm{r}}_s \quad \Leftrightarrow \quad \hat{\boldsymbol{w}}' = \tilde{\hat{\boldsymbol{w}}} + \boldsymbol{\omega}'^{\mathrm{r}}. \tag{3.221}$$

Übungsaufgabe *Transformation des Vorticityvektors*

Beachte die Definitionen für die diversen Winkelgeschwindigkeitsvektoren und -tensoren aus Abschnitt 2.4 und zeige die Gültigkeit von Gleichung $(3.220)_2$ und (3.221).

Damit ist der Gradient der vorticity axial euklidisch objektiv:

$$\frac{\partial \hat{w}'_i}{\partial x'_j} = \det\boldsymbol{Q}\, Q_{ik}Q_{jl}\frac{\partial \hat{w}_k}{\partial x_l}, \tag{3.222}$$

denn ω^{ℓ}_i ist rein zeitabhängig.

An dieser Stelle sind mehrere Bemerkungen fällig. Es sei erstens daran erinnert, dass $\hat{\boldsymbol{w}}$ bei Starrkörpern die Bedeutung ihres Winkelgeschwindigkeitsvektors $\boldsymbol{\omega}$ hat. Siehe dazu die Ausführungen nach Gleichung (3.66). Zweitens haben wir diesen Winkelgeschwindigkeitsvektor in Abschnitt 3.6.2 verwendet, um zu erläutern, was der Unterschied zwischen einem axialen und einem polaren Vektor ist. Drittens haben wir dort umfänglich Gebrauch von Gleichung (3.186) gemacht, um die Komponenten des Winkelgeschwindigkeitsvektors eines starren Rades für die Beobachter Σ und Σ' zu berechnen, etwa in (3.196) oder (3.199). Viertens stellen wir jetzt in Gleichung (3.221) fest, dass der Winkelgeschwindigkeitsvektor zwar axial aber nicht euklidisch objektiv ist, also gar nicht der Gleichung (3.186) genügt. Und so sagen wir schließlich, fünftens, dass die Verwendung dieser Gleichung doch möglich war, da wir seinerzeit eine *zeitunabhängige* Beobachtertransformation ausgeführt haben, denn dafür ist $\boldsymbol{\omega}^{\ell} = \boldsymbol{0}$. Also haben wir Glück gehabt und betonen nachträglich, dass das Ganze aus rein didaktischen Gründen geschah.

Wir wollen abschließend den Geschwindigkeitsgradient $\nabla \times \boldsymbol{v}$ des Beobachters Σ auch in absoluter Schreibweise darstellen und starten mit Gleichung (2.138)

$$\Sigma': \quad \nabla' \otimes \boldsymbol{v}'(t) = \nabla' \otimes \left(\tilde{\boldsymbol{v}} - \boldsymbol{\Omega}'^{\mathrm{r}} \cdot \left[\boldsymbol{x}' - \boldsymbol{b}\right] + \boldsymbol{V}\right) = \tilde{\nabla} \otimes \tilde{\boldsymbol{v}} - \boldsymbol{\Omega}'^{\mathrm{r}}. \tag{3.223}$$

$\nabla' \otimes \tilde{\boldsymbol{v}} \equiv \tilde{\nabla} \otimes \tilde{\boldsymbol{v}}$ ist das Bild zu $\nabla \otimes \boldsymbol{v}$ und offensichtlich „stört“ $\boldsymbol{\Omega}'^{\mathrm{r}}$, um perfekte Korrespondenz zu erzielen.

Übungsaufgabe *Geschwindigkeitsgradient in absoluter Schreibweise*

Beweise den letzten Schritt in Gleichung (3.223) und beweise/schreibe auch Gleichung (3.219) und (3.220) absolut.

Übungsaufgabe *Beobachterinvarianz des Navier-Stokes-Gesetzes*

Man begründe mit den Ergebnissen dieses Abschnitts, dass das Navier-Stokes-Materialgesetz in der Form nach Gleichung (3.104) beim Übergang vom Beobachter Σ zu Σ' seine Form behält.

Tipp: Man studiere die Umformungen in [Mue2014], Abschnitt 8.8, sowie Abschnitt 3.6.10 in diesem Buch.

3.6.5 Das Feld der Dichte und die Massenbilanz

Wir erinnern, dass nach Gleichung (3.16) das Feld der Massendichte ρ als Quotient der Masse $\mathrm{d}m$ in einem materiellen Volumenelement $\mathrm{d}v$ definiert ist und zwar ursprünglich in einem Inertialsystem, das für uns jetzt der Beobachter Σ repräsentieren soll. Da in der klassischen Physik die Masse nicht vom Bewegungszustand abhängt, gilt $\mathrm{d}m' = \mathrm{d}m$ und wegen Gleichung (3.203)

$$\rho' = \rho \quad \Rightarrow \quad \breve{\rho}'(\boldsymbol{x}', t) = \breve{\rho}(\boldsymbol{x}, t)\,, \tag{3.224}$$

wobei wir in der letzten Gleichung für beide Beobachter die Darstellung in Euler'schen materiellen Koordinaten gewählt haben.* Die Massendichte ist also ein euklidischer bzw. ein objektiver Skalar.

Um zu untersuchen, wie sich die Massenbilanz in materieller Schreibweise** bei Beobachterwechsel verhält, gibt es mehrere Möglichkeiten. Beginnen wir mit der Indexdarstellung aus Gleichung $(3.6)_4$ und dort mit der partiellen Zeitableitung. Diese auf den Beobachter Σ' umzuschreiben, ist komplexer als man vermuten mag. Wir beachten Gleichung $(3.224)_2$ und identifizieren im Laufe der Rechnung akribisch, welche Variable jeweils konstant zu halten ist:

$$\begin{aligned} \left.\frac{\partial \rho(\boldsymbol{x}, t)}{\partial t}\right|_{\boldsymbol{x}} = \left.\frac{\partial \breve{\rho}(\boldsymbol{x}, t)}{\partial t}\right|_{\boldsymbol{x}} &= \left.\frac{\partial \breve{\rho}'(\boldsymbol{x}', t)}{\partial t}\right|_{\boldsymbol{x}'} + \left.\frac{\partial \breve{\rho}'(\boldsymbol{x}', t)}{\partial x'_k}\right|_t \left.\frac{\partial\big(Q_{kl}(t) x_l + b_k(t)\big)}{\partial t}\right|_{\boldsymbol{x}} \\ &= \frac{\partial \rho'}{\partial t} + \frac{\partial \rho'}{\partial x'_k}\left[\Omega^{\ell}_{km}\left(x'_m - b_m\right) + \dot{b}_k\right], \end{aligned} \tag{3.225}$$

wobei Gleichung $(2.116)_3$, (2.115) und $(2.158)_2$ beachtet wurden. Im letzten Teil der Gleichungskette sind wir dann wieder zu einer vereinfachten, etwas saloppen Schreibweise über-

* Zur Bedeutung des Brevezeichens siehe Abschnitt 2.1.6.

** Die Frage, wie sich die Massenbilanz bzw. alle anderen Bilanzen bei räumlicher Darstellung für offene Systeme unter Beobachterwechsel verhalten, ist berechtigt und ihre Beantwortung eigentlich einer formalen Untersuchung vorbehalten, die wir in diesem Buch aber nicht durchführen. Nur mag man aus dem Bauch heraus feststellen, dass die Art der Beschreibung, also materiell oder räumlich, das Ergebnis nicht beeinflussen darf. Interessierte mögen den Beweis jeweils selber führen, wobei [Iva2017] Hilfestellung leisten kann.

gegangen. Zusammengefasst stellen wir fest, dass

$$\frac{\partial \check{\rho}(\boldsymbol{x},t)}{\partial t} \neq \frac{\partial \check{\rho}'(\boldsymbol{x}',t)}{\partial t}. \tag{3.226}$$

Da man versucht ist, den Fehler der Gleichsetzung schnell zu begehen, wurde die korrekte Gleichung in [Mus2002] extra herausgearbeitet. Die in [Mue1998] vorgestellte Gleichung (1.19), die der unseren entspricht, ist zwar richtig, jedoch ist dortige Verwendung verschiedener Zeitsymbole für die beiden Beobachter schwierig zu verstehen.

Es folgt die Analyse des Divergenzterms in Gleichung $(3.6)_4$:

$$\frac{\partial}{\partial x_i}(\rho v_i) = \frac{\partial}{\partial x_i'}(\rho' v_i') - \frac{\partial}{\partial x_i'}\left(\rho'\left[\Omega^{\ell}_{ik}(x_k' - b_k) + \dot{b}_i\right]\right). \tag{3.227}$$

Fasst man Gleichung (3.225) und (3.227) zusammen, so entsteht aufgrund der Spurfreiheit von $\boldsymbol{\Omega}^{\ell}$:

$$\frac{\partial \rho}{\partial t} + \frac{\partial}{\partial x_i}(\rho v_i) \quad \Rightarrow \quad \frac{\partial \rho'}{\partial t} + \frac{\partial}{\partial x_i'}(\rho' v_i'), \tag{3.228}$$

d. h. wir sind vom Beobachter Σ zum Beobachter Σ' gewechselt und stellen fest, dass die Massenbilanz für letzteren dieselbe Form hat. Es treten keine systemabhängigen Terme hinzu! Die Massenbilanz ist eine *forminvariante Gleichung.*

Übungsaufgabe *Zur Forminvarianz der Massenbilanz*

Beachte die Gleichungen (2.115) und (2.158) um die Gültigkeit von Gleichung (3.228) im Detail nachzuweisen.

Alternativ zum vorherigen Beweis der Forminvarianz der Massenbilanz starten wir nun mit der in absoluter Schreibweise gehaltenen Massenbilanz für ein materielles Teilchen $(3.7)_2$ und widmen uns in einem ersten Schritt der Analyse der materiellen Zeitableitung der Massendichte in materieller Schreibweise, für die wir ganz bewusst $\frac{\delta \rho}{\delta t}$ notieren. Man erinnere sich an Gleichung (2.61), womit wir schreiben dürfen:*

$$\tilde{\rho}(\boldsymbol{X},t) = \tilde{\rho}'(\boldsymbol{X}',t) \quad \Rightarrow \quad \frac{\partial \tilde{\rho}(\boldsymbol{X},t)}{\delta t} = \frac{\partial \tilde{\rho}'(\boldsymbol{X}',t)}{\partial t} \quad \Rightarrow \quad \frac{\delta \rho(\boldsymbol{X},t)}{\delta t} = \frac{\delta \rho'(\boldsymbol{X}',t)}{\delta t}, \tag{3.229}$$

letzteres, da sowohl $\boldsymbol{X}$ als auch $\boldsymbol{X}'$ als Konstanten behandelt werden müssen, die bei Differentiation nach der Zeit wegfallen. Die Notation $\frac{\delta \rho}{\delta t} = \frac{\delta \rho'}{\delta t}$ ist eine alternative Kurzschreibweise für den letzten Ausdruck, um nicht den seltsam anmutenden Term $\frac{\delta' \rho'}{\delta t}$ verwenden zu müssen. Wenn man so will, ist die materielle Zeitableitung eines euklidischen Skalars, hier der Massendichte, wieder ein euklidischer Skalar.

Für die Divergenz der Geschwindigkeit finden wir nach Gleichung (2.138):

$$\Sigma': \quad \nabla' \cdot \boldsymbol{v}' = \nabla' \cdot \left(\tilde{\boldsymbol{v}} - \boldsymbol{\Omega}'^{\mathrm{T}} \cdot [\boldsymbol{x}' - \boldsymbol{b}] + \boldsymbol{V}\right) = \nabla' \cdot \tilde{\boldsymbol{v}} - \boldsymbol{\Omega}'^{\mathrm{T}} \cdot \mathbf{1} \equiv \tilde{\nabla} \cdot \tilde{\boldsymbol{v}}. \tag{3.230}$$

* Die Tilden bedeuten hier nicht ein Bild, sondern weisen auf die Darstellung von Feldern in der Lagrange'schen Referenzdarstellung hin.

Also ist das Bild von $\nabla \cdot \boldsymbol{v}$ gerade $\nabla' \cdot \boldsymbol{v}'$ und wir schließen:

$$\frac{\delta \rho}{\delta t} + \rho \nabla \cdot \boldsymbol{v} = 0 \quad \overset{\text{Bild}}{\Longrightarrow} \quad \frac{\delta \rho'}{\delta t} + \rho' \nabla' \cdot \boldsymbol{v}' = 0 \,. \tag{3.231}$$

Das beschließt den Beweis der Forminvarianz der Massenbilanz in absoluter Schreibweise.

3.6.6 Volumen-, Oberflächenkraft und Spannungstensor

Kräfte und kraftbasierte physikalische Größen (wie die Spannung resp. Spannungstensor) sind polar euklidische Objekte. Für die Volumenkraft gilt:

$$\Sigma: \quad \boldsymbol{f} = f_i \boldsymbol{e}_i \,. \tag{3.232}$$

Davon macht sich Σ' ein Bild und schreibt:

$$\Sigma': \quad \boldsymbol{f}' = f_i' \boldsymbol{d}_i \,, \; \boldsymbol{f}' \equiv \tilde{\boldsymbol{f}} = f_k \boldsymbol{Q}'^{\top} \cdot \boldsymbol{d}_k \,. \tag{3.233}$$

Durch Skalarmultiplikation mit $\boldsymbol{d}_i \cdot$ ergibt sich unter Beachtung von Gleichung (2.125) und (2.128):

$$f_i' = Q_{ik} f_k \,. \tag{3.234}$$

Man beachte, dass für den Spannungsvektor $\boldsymbol{t}$ genau dieselben Beziehungen gelten wie für $\boldsymbol{f}$. Auch er ist ein polarer euklidischer Vektor.

Um das Verhalten des Spannungstensors unter euklidischen Transformationen zu ermitteln, bedenken wir erstens das Cauchy'sche Tetraedertheorem aus Gleichung (3.43) und zweitens unsere Forderung, den Normalenvektor als polaren Vektor einzuführen. Dann müssen wir schließen, dass der Spannungstensor $\boldsymbol{\sigma}$ ein polarer euklidischer Tensor 2. Stufe ist. Wir haben für den Beobachter Σ:

$$\Sigma: \quad \boldsymbol{\sigma} = \sigma_{ij} \boldsymbol{e}_i \otimes \boldsymbol{e}_j \,. \tag{3.235}$$

Der Beobachter Σ' erzeugt ein Bild wie folgt:

$$\Sigma': \quad \boldsymbol{\sigma}' = \sigma'_{ij} \boldsymbol{d}_i \otimes \boldsymbol{d}_j \,, \; \boldsymbol{\sigma}' \equiv \tilde{\boldsymbol{\sigma}} = \sigma_{kl} \boldsymbol{Q}'^{\top} \cdot \boldsymbol{d}_k \otimes \boldsymbol{Q}'^{\top} \cdot \boldsymbol{d}_l \,. \tag{3.236}$$

Sukzessive Skalarmultiplikation mit $\boldsymbol{d}_i$ und $\boldsymbol{d}_j$ und mehrfache Beachtung von Gleichung (2.125) und (2.128) ergibt die indizistische Transformationsgleichung für einen polaren euklidischen Tensor 2. Stufe:

$$\sigma'_{ij} = Q_{ik} Q_{jl} \sigma_{kl} \,. \tag{3.237}$$

Außerdem folgert man:

$$\begin{aligned} \Sigma': &\quad \nabla \cdot \boldsymbol{\sigma} = \frac{\partial \sigma_{ji}}{\partial x_j} \boldsymbol{e}_i \,, \\ \Sigma': &\quad \nabla' \cdot \boldsymbol{\sigma}' \equiv \tilde{\nabla} \cdot \tilde{\boldsymbol{\sigma}} = \frac{\partial \sigma_{mk}}{\partial x_l} \tilde{\boldsymbol{e}}_l \cdot \left(\tilde{\boldsymbol{e}}_m \otimes \boldsymbol{Q}'^{\top} \cdot \boldsymbol{d}_k \right) = \frac{\partial \sigma_{lk}}{\partial x_l} \boldsymbol{Q}'^{\top} \cdot \boldsymbol{d}_k \,. \end{aligned} \tag{3.238}$$

Also bei Skalarmultiplikation mit $\boldsymbol{d}_i$:

$$\frac{\partial \sigma'_{ji}}{\partial x'_j} = Q_{ik} \frac{\partial \sigma_{lk}}{\partial x_l} . \tag{3.239}$$

Die Divergenz des Spannungstensors ist also ein polarer euklidischer Vektor. Man kann das Ergebnis auch voll indizistisch mit Hilfe von Gleichung $(2.116)_2$ und (2.115) per Kettenregel herleiten:

$$\frac{\partial \sigma'_{ji}}{\partial x'_j} = \frac{\partial x_p}{\partial x'_j} \frac{\partial \sigma'_{ji}}{\partial x_p} = Q_{jp} Q_{jk} Q_{il} \frac{\partial \sigma_{kl}}{\partial x_p} = Q_{ik} \frac{\partial \sigma_{lk}}{\partial x_l} . \tag{3.240}$$

3.6.7 Felder der Spinbilanz

Betrachten wir die Spinbilanz aus Gleichung (3.84). Sie ist ein weiteres Paradebeispiel für die Bilanzierung axialer Feldgrößen. Starten wir auf der rechten Seite mit $\boldsymbol{\sigma}_\times$. Der soeben behandelte Spannungstensor selbst war polar. Durch die Bildung der Vektorinvarianten kommt ein Kreuzprodukt ins Spiel und damit ist $\boldsymbol{\sigma}_\times$ axial und außerdem ein euklidischer Vektor. Insbesondere sind weitere axiale euklidische Größen: der Momentenspannungstensor

$$\mu'_{ij} = \det \boldsymbol{Q}\, Q_{ik} Q_{jl} \mu_{kl} \quad \Leftrightarrow \quad \boldsymbol{\mu}' = \det \boldsymbol{Q}' \tilde{\boldsymbol{\mu}} , \tag{3.241}$$

und die freie Momentendichte

$$m'_i = \det \boldsymbol{Q}\, Q_{ik} m_k \quad \Leftrightarrow \quad \boldsymbol{m}' = \det \boldsymbol{Q}' \tilde{\boldsymbol{m}} . \tag{3.242}$$

Ihr euklidischer Charakter ist darin begründet, dass es sich um Kraftgrößen handelt. Die Produktion χ_B und der Koppeltensor $\boldsymbol{B}$ sind ebenfalls axial. Letzteres ist außerdem nötig, da $\boldsymbol{B}$ nach Gleichung (3.64) über die kinetische Energie ins Spiel kommt, und die ist ein polarer Skalar, allerdings kein euklidischer, da schon die translative Geschwindigkeit kein euklidischer Vektor ist.

Noch ein Wort zum Spin $\boldsymbol{s}$. Wir können ihn bei Abwesenheit der Kopplung schreiben als Skalarprodukt zwischen Mikroträgheitstensor und Mikrowinkelgeschwindigkeitsfeldsvektor schreiben: $\boldsymbol{s} = \boldsymbol{J} \cdot \boldsymbol{\omega}$. Es wurde schon gesagt, aber man beachte erneut: Für Letzteren benutzen wir dummerweise dasselbe Symbol wie für den Winkelgeschwindigkeitsvektor der Starrkörperbewegung aus z. B. Bild 3.10. $\boldsymbol{J}$ ist eine Größe, die ursächlich auf Distanzvektoren aufbaut (siehe den klassischen Massenträgheitstensor in Gleichung (3.70)), und diese waren polar euklidisch objektiv. Also ist es vernünftig, auch den Mikroträgheitstensor als polaren euklidischen Tensor 2. Stufe anzusehen:

$$J'_{ij} = Q_{ik} Q_{jl} J_{kl} \quad \Leftrightarrow \quad \boldsymbol{J}' = \tilde{\boldsymbol{J}} . \tag{3.243}$$

Wie schon sein Namensvetter aus der Starrkörpermechanik ist der Mikrowinkelgeschwindigkeitsvektor $\boldsymbol{\omega}$ und damit auch der Spin $\boldsymbol{s}$ zwar ein axialer aber kein axial euklidischer Vektor. Analog zur Gleichung (3.220) haben wir:

$$\omega'_i = \det \boldsymbol{Q}\, Q_{ik} \omega_k + \det \boldsymbol{Q}\, Q_{is} \omega^{\mathrm{r}}_s , \quad s'_i = \det \boldsymbol{Q}\, Q_{ik} s_k + \det \boldsymbol{Q}\, Q_{im} J_{mn} \omega^{\mathrm{r}}_n . \tag{3.244}$$

Wie bei der vorticity ist somit der Gradient der Mikrowinkelgeschwindigkeit axial euklidisch objektiv:

$$\frac{\partial \omega'_i}{\partial x'_j} = \det \boldsymbol{Q}\, Q_{ik} Q_{jl} \frac{\partial \omega_k}{\partial x_l} \,. \tag{3.245}$$

Übungsaufgabe *Beobachterinvarianz der Materialgleichungen für das linearisierte Mikropolarkontinuum*

Man begründe mit den Ergebnissen dieses und anderer Abschnitte, dass die Materialgesetze mikropolarer Materialien in der Form nach Gleichung (3.159) und (3.160) beim Übergang vom Beobachter Σ zu Σ' ihre Form behalten.

Tipp: Man lese Abschnitte 3.6.10 und 3.6.11.

3.6.8 Die Impulsbilanz

Wir haben nun alles zusammen, um zu untersuchen, ob die Impulsbilanz wie die Massenbilanz bei Beobachterwechsel forminvariant ist oder nicht. Wir erinnern, dass die Impulsbilanz für ein materielles Teilchen für einen Inertialbeobachter Σ gemäß Gleichung (3.46) lautet:

$$\Sigma: \quad \rho \boldsymbol{a} = \nabla \cdot \boldsymbol{\sigma} + \rho \boldsymbol{f} \quad \Leftrightarrow \quad \rho a_k = \frac{\partial \sigma_{lk}}{\partial x_l} + \rho f_k \,. \tag{3.246}$$

Davon macht sich der Nichtinertialbeobachter ein Bild:

$$\Sigma': \quad \tilde{\rho} \tilde{\boldsymbol{a}} = \tilde{\nabla} \cdot \tilde{\boldsymbol{\sigma}} + \tilde{\rho} \tilde{\boldsymbol{f}} \,. \tag{3.247}$$

Für fast alle Felder gestaltet sich der Übergang von Σ auf der Nichtinertialbeobachter Σ' problemlos, nämlich für die Dichte nach $(3.224)_1$, die Divergenz des Spannungstensors nach $(3.238)_2$ und die Volumenkraft nach (3.233). Sie sind alle polare euklidische Vektoren und die rechte Seite von (3.247) kann also durch $\nabla' \cdot \boldsymbol{\sigma}' + \rho' \boldsymbol{f}'$ ersetzt werden. Das Bild der Beschleunigung aber ist nicht euklidisch objektiv!

Wie in Gleichung (2.59) gezeigt wurde, fällt in der materiellen Beschreibung die materielle Zeitableitung einer Feldgröße ψ, die in Euler'schen materiellen Koordinaten ausgedrückt wurde, also $\breve{\psi}\left(\boldsymbol{\chi}(\boldsymbol{X}, t), t\right)$, mit der totalen Ableitung zusammen. In Lagrange'schen materiellen Koordinaten, also $\tilde{\psi}(\boldsymbol{X}, t)$, ist es sogar lediglich die partielle Ableitung nach der Zeit. Für die materielle Zeitableitung der Geschwindigkeit eines materiellen Teilchens, also für $\boldsymbol{a} = \frac{\delta \boldsymbol{v}}{\delta t}$, haben wir bei Beobachterwechsel in Lagrange'schen materiellen Koordinaten in Gleichung (2.164) bereits festgestellt, dass für Σ' gilt:

$$\begin{aligned} \tilde{\boldsymbol{a}}(\boldsymbol{X}, t) &= \boldsymbol{a}'(\boldsymbol{X}, t) + \dot{\boldsymbol{\Omega}}^{\mathrm{r}\prime}(t) \cdot \left[\boldsymbol{x}'(\boldsymbol{X}, t) - \boldsymbol{b}(t)\right] + 2\boldsymbol{\Omega}^{\mathrm{r}\prime}(t) \cdot \left[\boldsymbol{v}'(\boldsymbol{X}, t) - \boldsymbol{V}(t)\right] \\ &\quad + \boldsymbol{\Omega}^{\mathrm{r}\prime}(t) \cdot \boldsymbol{\Omega}^{\mathrm{r}\prime}(t) \cdot \left[\boldsymbol{x}'(\boldsymbol{X}, t) - \boldsymbol{b}(t)\right] - \boldsymbol{A}(t) \,. \end{aligned} \tag{3.248}$$

Somit erhält man bei Ersetzen von $\tilde{\boldsymbol{a}}$ in der Impulsbilanz (3.247) für den Nichtinertialsystemsbeobachter Σ':

$$\rho' \boldsymbol{a}' = \nabla' \cdot \boldsymbol{\sigma}' + \rho' \boldsymbol{f}' - \rho' \left(\dot{\boldsymbol{\Omega}}^{\mathrm{r}\prime} \cdot \left[\boldsymbol{x}' - \boldsymbol{b}\right] + 2\boldsymbol{\Omega}^{\mathrm{r}\prime} \cdot \left[\boldsymbol{v}' - \boldsymbol{V}\right] + \boldsymbol{\Omega}^{\mathrm{r}\prime} \cdot \boldsymbol{\Omega}'^{\mathrm{r}} \cdot \left[\boldsymbol{x}' - \boldsymbol{b}\right] - \boldsymbol{A}\right) . \tag{3.249}$$

Anders als die Massenbilanz ist sie offensichtlich nicht forminvariant. Man könnte auf die Idee kommen, *formal* die Volumenkraft $\rho' \boldsymbol{f}$ und alle Trägheitskräfte in einem Volumenkraftsymbol $\rho' \boldsymbol{b}'$ zusammenzufassen. Dann sieht es so aus, als sei Forminvarianz gegeben. Aber das ist eben nur scheinbar.

In Gleichung (2.172) wurde das Problem der Beschleunigungstransformation in indizistischer Schreibweise untersucht. Wir schreiben diese Gleichung etwas um:

$$Q_{ik} a_k(\boldsymbol{X}, t) = a'_i(\boldsymbol{X}, t) - \Big[\dot{\Omega}^{\ell}_{ik}\left[x'_k(\boldsymbol{X}, t) - b_k(t)\right] + 2\Omega^{\ell}_{ik}\left[v'_k(\boldsymbol{X}, t) - V_k(t)\right] - \Omega^{\ell}_{il}\Omega^{\ell}_{lk}\left[x'_k(\boldsymbol{X}, t) - b_k(t)\right] + A_i(t)\Big] . \tag{3.250}$$

Multiplizieren wir also die Gleichung $(3.246)_2$ mit Q_{ik} so lautet die Impulsbilanz für Σ' indizistisch:

$$\rho' a'_i = \frac{\partial \sigma'_{li}}{\partial x_l} + \rho' f'_i + \rho' \left[\dot{\Omega}^{\ell}_{ik}\left[x'_k - b_k\right] + 2\Omega^{\ell}_{ik}\left[v'_k - V_k\right] - \Omega^{\ell}_{il}\Omega^{\ell}_{lk}\left[x'_k - b_k\right] + A_i\right] . \tag{3.251}$$

3.6.9 Hooke'sches Gesetz

Zunächst klären wir, wie sich der lineare Deformationsgradient aus Gleichung (3.96) unter euklidischen Transformationen verhält. Offenbar müssen wir dazu zuerst untersuchen, wie sich der Verschiebungsvektor verhält. Mit Gleichung (2.116) finden wir in Indexschreibweise, dass er nicht euklidisch objektiv ist, denn es gilt mit den Identitäten $X'_i = x'_i(\boldsymbol{X}', t_0)$, $X_i = x_i(\boldsymbol{X}, t_0)$ sowie schließlich $\boldsymbol{X}' = \boldsymbol{X} \;\Rightarrow\; \boldsymbol{b}(t_0) = \boldsymbol{0}$:

$$u'_i = Q_{ij}(t) u_j + \left[Q_{ij}(t) - Q_{ij}(t_0)\right] X_j + b_i(t) . \tag{3.252}$$

Aber bei der Gradientenbildung nach x'_j fallen alle störenden Terme weg und man erhält:

$$\varepsilon'_{ij} = Q_{ik} Q_{jl} \varepsilon_{kl} \quad \Leftrightarrow \quad \boldsymbol{\varepsilon}' = \tilde{\boldsymbol{\varepsilon}} , \tag{3.253}$$

also einen euklidisch objektiven Ausdruck. Dann ist aber auch das Hooke'sche Gesetz in Gleichung (3.101) euklidisch objektiv:

$$\boldsymbol{\sigma}' = \lambda' \operatorname{Sp} \boldsymbol{\varepsilon}' \mathbf{1}' + 2\mu' \boldsymbol{\varepsilon}' \quad \Leftrightarrow \quad \sigma'_{ij} = \lambda' \varepsilon'_{kk} \delta'_{ij} + 2\mu' \varepsilon'_{ij} , \tag{3.254}$$

wenn man Objektivität der Lamé'schen Konstanten fordert, was unkritisch ist.

Trotzdem liest man in der Literatur, dass das lineare Dehnungsmaß und damit auch das Hooke'sche Gesetz nicht objektiv sind (etwa in [Ito2021], S. 108). Was ist falsch gelaufen?

Des Rätsels Lösung liegt darin, dass der lineare Dehnungstensor eigentlich nicht wie in (3.96) definiert wird, sondern vielmehr so (siehe etwa [Liu2002], S. 9):

$$\varepsilon_{ij} = \frac{1}{2}\left(\frac{\partial u_j}{\partial X_i} + \frac{\partial u_i}{\partial X_j}\right) , \tag{3.255}$$

wobei man bereits Produkte von Verschiebungsgradienten weggelassen hat. Das geht in Ordnung, da man nur an kleinen Verzerrungen interessiert ist. Und ebenso ist in diesem Sinne Gleichung (3.96) zu Gleichung (3.255) völlig gleichwertig. Das ist aber genau der Punkt: In der Theorie linearer kleiner Verformungen sind Verschiebungen und ihre Ableitungen klein und, was man oft vergisst zu sagen, auch Rotationen und Rotationsgradienten sind klein. Die euklidische Transformation fordert aber große Verdrehungen $\boldsymbol{Q}(t)$. Somit ist es nicht verwunderlich, dass es zu Missverständnissen kommt, und die Gleichungen (3.253) und (3.254) sind zu schön, um wahr zu sein. Was man aber sagen darf, ist, dass unter kleinen Verschiebungen und kleinen Drehungen Forminvarianz vorliegt.

3.6.10 Navier-Stokes-Materialgleichung

Wir untersuchen Gleichung (3.104). Wir fordern, dass es sich beim Druck und den beiden Viskositäten um euklidisch objektive Skalare handelt:

$$p' = p\,,\ \lambda' = \lambda\,,\ \mu' = \mu\,. \tag{3.256}$$

Die Objektivität des symmetrischen Geschwindigkeitsgradienten haben wir bereits in Gleichung (3.219) festgestellt. Mithin folgt für den Beobachter Σ' die Forminvarianz:

$$\boldsymbol{\sigma}' = -p'\mathbf{1}' + \lambda' \operatorname{Sp} \boldsymbol{d}'\mathbf{1}' + 2\mu'\boldsymbol{d}' \quad \Leftrightarrow \quad \sigma'_{ij} = -p'\delta'_{ij} + \lambda' d'_{kk}\delta'_{ij} + 2\mu' d'_{ij}\,. \tag{3.257}$$

Die Navier-Stokes-Materialgleichung der Mikropolarfluide (3.158) ist ebenfalls objektiv und zeigt Forminvarianz für Σ':

$$\begin{aligned} \boldsymbol{\sigma}' &= -p'\mathbf{1}' + \lambda' \operatorname{Sp} \boldsymbol{d}'\mathbf{1}' + 2\mu'\boldsymbol{d}' + 2\tau'\boldsymbol{h}' \times \mathbf{1}' \\ &\Leftrightarrow \quad \sigma'_{ij} = -p'\delta_{ij} + \lambda' d'_{kk}\delta'_{ij} + 2\mu' d'_{ij} - 2\tau'\epsilon'_{ijk}h'_k\,, \end{aligned} \tag{3.258}$$

denn aufgrund von $\boldsymbol{h} = \boldsymbol{\omega} - \hat{\boldsymbol{w}}$ und mit (3.220), $(3.244)_1$ folgt:

$$\boldsymbol{h}' = \det \boldsymbol{Q}\tilde{\boldsymbol{h}} \quad \Leftrightarrow h'_i = \det \boldsymbol{Q}\, Q_{ij} h_j\,, \tag{3.259}$$

denn in der Differenz zwischen Vorticityvektor und Mikrogeschwindigkeitsvektor hebt sich der nicht-objektive Winkelgeschwindigkeitsterm weg.

3.6.11 Momentenspannungstensor

Auch der Ausdruck für den Momentenspannungstensor ist axial euklidisch forminvariant aufgrund der axialen Objektivität der Gradienten des Mikrowinkelgeschwindigkeitsvektors nach Gleichung (3.245):

$$\begin{aligned} \boldsymbol{\mu}' &= \alpha'\nabla' \cdot \boldsymbol{\omega}'\mathbf{1}' + \beta'\left(\boldsymbol{\omega}' \otimes \nabla' + \nabla' \otimes \boldsymbol{\omega}'\right) - \gamma'\left(\boldsymbol{\omega}' \otimes \nabla' - \nabla' \otimes \boldsymbol{\omega}'\right) \\ &\Leftrightarrow \quad \mu'_{ij} = \alpha' \frac{\partial \omega'_k}{\partial x'_k}\delta'_{ij} + \beta'\left(\frac{\partial \omega'_i}{\partial x'_j} + \frac{\partial \omega'_j}{\partial x'_i}\right) - \gamma'\left(\frac{\partial \omega'_i}{\partial x'_j} - \frac{\partial \omega'_j}{\partial x'_i}\right). \end{aligned} \tag{3.260}$$

Literatur

[Cow1974] S. C. Cowin. *The theory of polar fluids*, Adv. Appl. Mech., 14, S. 279–347, 1974.

[Ere2013] V. A. Eremeyev, L. P. Lebedev, H. Altenbach. *Foundations of micropolar mechanics*. Springer, 2013.

[Eri1976] A. C. Eringen, C. B. Kafadar. *Polar field theories*. In: Continuum Physics IV, Academic Press, London, 1976.

[Eri1999] A. C. Eringen. *Microcontinuum Field Theories: I Foundations and Solids*. Springer Verlag, New York, 1999.

[Eri2001] A. C. Eringen. *Microcontinuum Field Theories: II Fluent Media*. Springer Verlag, New York, 2001.

[Gre2003] R. Greve. *Kontinuumsmechanik – Ein Grundkurs für Ingenieure und Physiker*. Springer, Berlin, Heidelberg, 2003.

[Hau2013] P. Haupt. *Continuum mechanics and theory of materials*. Springer Science & Business Media, 2013.

[Ito2021] H. Itou, V. A. Kovtunenko, K. R. Rajagopal. *On an implicit model linear in both stress and strain to describe the response of porous solids*, Journal of Elasticity, 144(1), S. 107–118, 2021.

[Iva2016] E. A. Ivanova, E. N. Vilchevskaya. *Micropolar continuum in spatial description*, Continuum Mechanics and Thermodynamics, 28(6), S. 1759–1780, 2016.

[Iva2017] E. A. Ivanova, E. Vilchevskaya, W. H. Müller. *A study of objective time derivatives in material and spatial description*. in Mechanics for Materials and Technologies. Springer, S. 195–22, 2017.

[Liu2002] I.-S. Liu. *Continuum mechanics*. Springer, 2002.

[Mue1973] I. Müller, *Thermodynamik: die Grundlagen der Materialtheorie*. Bertelsmann-Universitätsverlag, 1973.

[Mue1985] I. Müller, *Thermodynamics*. Pitman, Boston·London·Melbourne, 1985.

[Mue1998] I. Müller, T. Ruggeri, *Rational extended thermodynamics Second Edition*. Springer Science & Business Media, New York, 1998.

[Mue2014] W. H. Müller, *An expedition to continuum theory*. Springer, 2014.

[Mue2015] W. H. Müller, F. Ferber. *Übungsaufgaben zur Technischen Mechanik, 3., überarbeitete Auflage*. Carl Hanser Verlag GmbH Co. KG, 2015.

[Mue2019] W. H. Müller, F. Ferber. *Technische Mechanik für Ingenieure, 5., überarbeitete Auflage*. Carl Hanser Verlag GmbH Co. KG, 2019.

[Mue2021] W. H. Müller, S. Glane, Sebastian, W. Rickert. *Technische Mechanik für Technomathematik und Physikalische Ingenieurwissenschaft*. Carl Hanser Verlag GmbH Co KG, 2021.

[Mus2002] W. Muschik, L. Restuccia. *Changing the Observer and Moving Materials in Continuum Physics: Objectivity and Frame-Indifference*, Technische Mechanik, 22(2), S. 152–160, 2002.

[Ric2019] W. Rickert, E. N. Vilchevskaya, W. H. Müller. *A note on Couette flow of micropolar fluids according to Eringen's theory*, Mathematics and Mechanics of Complex Systems, 7(1), S. 25–50, 2019.

[Sed1971] L. I. Sedov. *A course in continuum mechanics, Volume 1, Basic equations and analytical techniques.* Wolters-Noordhoff Publishing, 1971.

[Tru1964] C. Truesdell, K. R. Rajagopal. *Zusammenfassender Bericht Die Entwicklung des Drallsatzes.* ZAMM, 44(4–5), S. 149–158, 1964.

[Tru2009] C. Truesdell, K. R. Rajagopal. *An introduction to the mechanics of fluids.* Birkhäuser, 2009.

[TT1960] C. Truesdell, R. Toupin. *The Classical Field Theories.* Springer Heidelberg, 1960.

[Wau2008] J. Wauer. *Kontinuumsschwingungen – Vom einfachen Strukturmodell zum komplexen Mehrfeldsystem.* Vieweg+Teubner Wiesbaden, 2008.

[Zhi2012] P. A. Zhilin. *Rationale Kontinuumsmechanik (in Russ.).* Verlag der Politechnischen Universität, St. Petersburg, 2012.

[Zhi2015] P. A. Zhilin. *Dynamik des starren Körpers (in Russ.).* Verlag der St. Petersburger Polytechnischen Universität, 2015.

4 Thermodynamik

4.1 Energiebilanzen

In Abschnitt 3.2.4 trat das Problem auf, dass die kinetische Energie keine Erhaltungsgröße war. Die dazugehörige Bilanz enthielt einen Produktionsterm Gleichung (3.55), den man als Reibungsterm interpretieren kann und der lokal zu einer Erhöhung der Temperatur führen wird. Über die Ziele der nicht-polaren Kontinuumsmechanik hinaus, nämlich die Bestimmung der Massendichte ρ und des Geschwindigkeitsfeldes $\boldsymbol{v}$, ist es das Ziel der thermodynamischen Kontinuumstheorie zusätzlich das Temperaturfeld $T = \breve{T}(\boldsymbol{x}, t)$ in allen Punkten $\boldsymbol{x}$ zu allen Zeiten t eines Materie enthaltenden Gebietes zu bestimmen. Wir müssen also das im Abschnitt 3.1 formulierte Ziel der Kontinuumsmechanik und die bislang zur Verfügung stehenden Gleichungen, nämlich die Massen- und die Impulsbilanz aus den Abschnitten 3.2.1 und 3.2.3, ergänzen. Die für die Temperatur zuständige Gleichung ist der sog. *1. Hauptsatz der Thermodynamik* oder anders ausgedrückt, die *Bilanz der inneren Energie.* Dieser Problematik wenden wir uns nun zu und studieren dazu zunächst die Gesamtenergie.

4.1.1 Bilanz der Gesamtenergie für klassische Kontinua

Der Begriff der Energie ist zu wichtig, als dass man sich damit bescheiden könnte, sie nicht als Erhaltungsgröße zu sehen. Aus diesem Grunde muss man fragen, wohin der dissipative Energieanteil Gleichung (3.55) fließt. Eine verbale Antwort ist schnell gefunden: Die kinetische Energie verwandelt sich in *Wärmeenergie* und geht damit der kinetischen Energie „verloren". Diesen Begriff müssen wir nun genauer fassen. Dazu muss man sich von der makroskopischen Kontinuumsperspektive zurückziehen und auf die mikroskopische (atomare) Ebene begeben. „Wärme" oder besser gesagt *innere Energie* manifestiert sich dort einerseits in der ungeregelten Bewegung (also mikroskopischer kinetischer Energie) der die Materie konstituierenden Korpuskeln (Atome, Moleküle), die sich nähern oder entfernen, was andererseits mit einer Änderung der mikroskopischen potentiellen Energie einhergeht.

Mithin brauchen wir eine Kontinuumsfeldgröße, die diese mikroskopischen Gegebenheiten berücksichtigt. Das ist die bereits erwähnte (spezifische) innere Energie u in Einheiten J pro kg. Sie ist materialabhängig, da die atomaren Potentiale davon abhängen, welche Art von Partikeln miteinander wechselwirken. Von welchen Variablen sie genau abhängt, werden wir weiter unten klären. Sie wird sicherlich von der Dichte ρ, bzw. deren Kehrwert, dem spezifischen Volumen v und einer die Temperatur repräsentierenden Größe abhängen. Die Punkte in der nachstehenden Gleichung deuten weitere, noch zu diskutierende Abhängigkeiten von Feldgrößen an:

$$u = \overline{u}(v, T, \ldots) \quad \Rightarrow \quad U = \int\limits_{v(t)} \breve{u}(\boldsymbol{x}, t)\,\mathrm{d}v\,. \tag{4.1}$$

U ist die gesamte *innere Energie* des materiellen Körpers in Einheiten von J. Natürlich ist die Materialfunktion $\overline{u}(\ldots)$ indirekt über die Felder der Massendichte und der *Temperatur* etc. eine Funktion des Punktes $\boldsymbol{x}$ und der Zeit t. Dies haben wir bei der Berechnung der gesamten inneren Energie oben deutlich gemacht. Die innere Energie ist über *spezifische Wärmen* messbar. Wie das genau geht, lernt man im Kapitel *Kalorik* in der Thermodynamik.

Bild 4.1 Pioniere (des 1. Hauptsatzes) der Thermodynamik: Julius Robert von Mayer (1814–1878), James Prescott Joule (1818–1889), Josiah Willard Gibbs (1839–1903)

Es sei an dieser Stelle auch vermerkt, dass in den obigen Gleichungen auf ein materielles Volumen $v(t)$ und Euler'sche materielle Koordinaten Bezug genommen wird. Selbstverständlich ist es auch möglich, ein offenes Volumen und eine räumliche Beschreibung zu verwenden. Die Gleichungen ergeben sich analog und für Details sei auf Abschnitt 2.1.3 verwiesen.

Der *Energieerhaltungssatz* (für materielle Volumina $v(t)$) besagt, dass die Summe aus innerer und kinetischer Energie wie folgt bilanzierbar ist:

$$\frac{\mathrm{d}}{\mathrm{d}t}\int\limits_{v(t)} \rho\left(u+\frac{\boldsymbol{v}^2}{2}\right)\mathrm{d}v = -\oint\limits_{\partial v(t)} \boldsymbol{n}\cdot(\boldsymbol{q}-\boldsymbol{\sigma}\cdot\boldsymbol{v})\,\mathrm{d}a + \int\limits_{v(t)} \rho(\boldsymbol{f}\cdot\boldsymbol{v}+r)\,\mathrm{d}v. \tag{4.2}$$

Man beachte:

- Der Energieerhaltungssatz ist nicht mathematisch beweisbar. Er kann nur im Experiment bestätigt oder widerlegt werden. Gegebenenfalls muss man ihn in der gezeigten Form noch ergänzen, z. B. wenn man auch elektromagnetische Phänomen einbeziehen will.
- Auf der rechten Seite der Gleichung stehen lauter kontrollierbare Größen.
- Der erste Term ist die Wärme, die über die Körperoberfläche *nicht-konvektiv* ein- oder abströmt:

$$\dot{Q} = -\oint\limits_{\partial v(t)} \boldsymbol{n}\cdot\boldsymbol{q}\,\mathrm{d}a. \tag{4.3}$$

Sie strömt ein und erhöht damit die Summe aus innerer und kinetischer Energie, wenn das Skalarprodukt zwischen *Wärmeflussvektor* $\boldsymbol{q}$ und Normalenvektor $\boldsymbol{n}$ negativ ist und umgekehrt. Realisiert wird dies durch Kontaktierung des Körpers mit einem *Wärme-* oder *Kältebad*. Wie die innere Energie ist auch der Wärmeflussvektor eine materialabhängige Größe. Das machen wir weiter unten noch explizit, wenn wir über die Fourier'sche Wärmeleitung sprechen. Das Zu- oder Abströmen von Wärme erklärt auch das ominöse Minuszeichen in der Bilanz. Man beachte, dass ein solches bei der Bilanz des Impulses im analogen Traktionsterm aus historischen Gründen nicht gewählt wurde. Man beachte ferner, dass der Punkt über dem Symbol Q lediglich andeuten soll, das es sich einheitenmäßig um eine Energie pro Zeiteinheit handelt. Der Punkt sagt hier nichts über eine mögliche zeitliche Differentiation aus. Man kann $\dot{Q}$ zum Beispiel dadurch kontrollieren/verhindern, dass man die Oberfläche $\partial v(t)$ thermisch isoliert. Man nennt das *adiabatische Abschottung*.

- Man beachte, dass ein- und ausströmende Wärme sowohl die innere als auch die kinetische Energie des Körpers beeinflussen kann. Der Einfluss auf die innere Energie besteht in der Erhöhung oder Absenkung der lokalen Temperatur. Wenn aber zu viel Wärme einfließt, beginnt der Körper zu schmelzen und zu verdampfen. Man kreiert so kinetische Energie.
- Der Term

$$P^{\mathrm{r}} = \int\limits_{\partial v(t)} \rho r \,\mathrm{d}v \tag{4.4}$$

  ist der sogenannte *Strahlungsterm*, der Wärmeenergie beschreibt, die im Volumen absorbiert oder freigesetzt wird. Man mag etwa an radioaktiven Zerfall denken, der auf Kontinuumsebene die materiellen Teilchen erwärmt, da sie die dabei freiwerdende Energie absorbieren. Das Symbol r bezeichnet die spezifische Strahlungsrate in W pro kg. Auch diesen Einfluss kann man abschirmen.
- Alle diskutierten Terme auf der rechten Seite der Gleichung (4.2) sind im Prinzip kontrollierbar. Daher ist im Sinne der Gleichung (2.35) die Gesamtenergie eine *Erhaltungsgröße* genauso wie der Impuls in Gleichung (3.44).

Indem man bei den Oberflächenintegralen den Gauß'schen Satz Gleichung (1.426) anwendet, wird es möglich, die Bilanz für die Gesamtenergie in regulären materiellen Punkten zu gewinnen:

$$\rho \frac{\delta}{\delta t}\left(u + \frac{\boldsymbol{v}^2}{2}\right) + \nabla \cdot (\boldsymbol{q} - \boldsymbol{\sigma} \cdot \boldsymbol{v}) = \rho\,(\boldsymbol{f} \cdot \boldsymbol{v} + r) \tag{4.5}$$

sowie in singulären Punkten gemäß Gleichung (2.49):

$$\left[\!\left[\rho\left(u + \frac{\boldsymbol{v}^2}{2}\right)(\boldsymbol{v} - \boldsymbol{w}^{\mathrm{I}}) + \boldsymbol{q} - \boldsymbol{\sigma} \cdot \boldsymbol{v} \right]\!\right] \cdot \boldsymbol{e} = 0 \tag{4.6}$$

4.1.2 Bilanz der inneren Energie

Wir subtrahieren nun die Bilanz der kinetischen Energie Gleichung (3.52) von der Bilanz für die totale Energie Gleichung (4.2) in globaler Form und erhalten:

$$\frac{\mathrm{d}}{\mathrm{d}t} \int\limits_{v(t)} \rho u \,\mathrm{d}v = - \oint\limits_{\partial v(t)} \boldsymbol{q} \cdot \boldsymbol{n} \,\mathrm{d}a + \int\limits_{v(t)} \rho r \,\mathrm{d}v + \int\limits_{v(t)} \boldsymbol{\sigma} : (\nabla \otimes \boldsymbol{v}) \,\mathrm{d}v \,. \tag{4.7}$$

und lokal in regulären Punkten:

$$\rho \frac{\delta u}{\delta t} = -\nabla \cdot \boldsymbol{q} + \rho r + \boldsymbol{\sigma} : (\nabla \otimes \boldsymbol{v}) \,. \tag{4.8}$$

Wieder taucht der Reibungsterm auf, diesmal jedoch mit positivem Vorzeichen: Die *innere Energie*, speziell hier die Körpertemperatur, erhöht sich durch Reibung. Wie die kinetische Energie ist sie *keine* Erhaltungsgröße. Man nennt die Gleichung (4.7) und Gleichung (4.8) auch die globale und lokale Form des *1. Hauptsatzes der Thermodynamik.*

Ein Zweck der Gleichung (4.8) besteht darin, das Temperaturfeld in einem Körper zu errechnen. Dazu muss man aber zunächst einmal die spezifische innere Energie u in Form spezifischer Wärmen ausdrücken. Das ist eine Aufgabe der Thermodynamik und wir werden es weiter unten diskutieren. Darüber hinaus muss man den Spannungstensor in materialabhängiger Weise in Verbindung zu Geschwindigkeitsgradienten oder zur Dehnung setzen. Erst dann hat man eine *Feldgleichung* für die Temperatur (die sogenannte Wärmeleitungsgleichung), die an die Feldgleichungen für die Massendichte und die Geschwindigkeit ankoppelt.

Ein anderer Zweck des 1. Hauptsatzes besteht aber darin, die mögliche Form von Materialgleichungen und auch der für den Spannungstensor zu reduzieren. Dazu muss er sich jedoch mit dem 2. Hauptsatz verbünden, den wir jetzt studieren werden.

4.1.3 Bilanz der Gesamtenergie für mikropolare Kontinua

Will man mikropolare Medien studieren, muss man den Einfluss des rotativen Freiheitsgrades in Form des Spins $\boldsymbol{s} = \boldsymbol{J} \cdot \boldsymbol{\omega}$ in der Energie berücksichtigen, wie in Gleichung (3.64) gezeigt. Darauf aufbauend lautet die Bilanz für die Gesamtenergie eines verallgemeinerten Kontinuums in globaler Form:

$$\begin{aligned} \frac{\mathrm{d}}{\mathrm{d}t} \int_{v(t)} \rho\left(e_{\text{kin}} + u\right) \mathrm{d}v = & \oint_{\partial v(t)} \boldsymbol{n} \cdot (\boldsymbol{\sigma} \cdot \boldsymbol{v} + \boldsymbol{\mu} \cdot \boldsymbol{\omega} - \boldsymbol{q})\, \mathrm{d}a \\ & + \int_{v(t)} \rho\left(\boldsymbol{f} \cdot \boldsymbol{v} + \boldsymbol{m} \cdot \boldsymbol{\omega} + \boldsymbol{v} \cdot \boldsymbol{\chi}_B \cdot \boldsymbol{\omega} + \tfrac{1}{2} \boldsymbol{\omega} \cdot \boldsymbol{\chi}_J \cdot \boldsymbol{\omega} + r\right) \mathrm{d}v, \end{aligned} \tag{4.9}$$

und in lokaler Form:

$$\begin{aligned} & \rho \frac{\delta}{\delta t}\left(e_{\text{kin}} + u\right) = \nabla \cdot (\boldsymbol{\sigma} \cdot \boldsymbol{v} + \boldsymbol{\mu} \cdot \boldsymbol{\omega} - \boldsymbol{q}) + \rho\left(\boldsymbol{f} \cdot \boldsymbol{v} + \boldsymbol{m} \cdot \boldsymbol{\omega} + \boldsymbol{v} \cdot \boldsymbol{\chi}_B \cdot \boldsymbol{\omega} + \tfrac{1}{2} \boldsymbol{\omega} \cdot \boldsymbol{\chi}_J \cdot \boldsymbol{\omega} + r\right), \\ & \boldsymbol{e} \cdot [\![(\boldsymbol{v} - \boldsymbol{w}) \rho\left(e_{\text{kin}} + u\right) - \boldsymbol{\sigma} \cdot \boldsymbol{v} - \boldsymbol{\mu} \cdot \boldsymbol{\omega} + \boldsymbol{q}]\!] = 0, \end{aligned} \tag{4.10}$$

wobei $\boldsymbol{q}$ der Wärmefluss und r die volumetrische Wärmezufuhr ist. Die Gesamtenergie bleibt erhalten, wenn keine Strukturänderung stattfindet, so dass die Produktionen $\boldsymbol{\chi}_B$ und $\boldsymbol{\chi}_J$ verschwinden. Daher ist die Gesamtenergieerhaltung auch ein *Postulat*, das auf experimenteller Erfahrung beruht.

4.1.4 Bilanz der inneren Energie für mikropolare Kontinua

Bei der thermodynamischen Analyse ist wie bereits gezeigt wurde, das Verhalten der inneren Energie besonders wichtig. Um die sie umfassenden Gleichungen zu erhalten, werden die in Abschnitt 3.2.6.7 vorgestellten Relationen für die kinetische Energie von den entsprechenden Beziehungen im letzten Abschnitt subtrahiert. Man erhält:

$$\frac{\mathrm{d}}{\mathrm{d}t} \int_{v(t)} \rho u \, \mathrm{d}v = \int_{v(t)} \left(\boldsymbol{\sigma} : (\nabla \otimes \boldsymbol{v} + \mathbf{1} \times \boldsymbol{\omega}) + \boldsymbol{\mu} : \nabla \otimes \boldsymbol{\omega}\right) \mathrm{d}v - \oint_{\partial v(t)} \boldsymbol{n} \cdot \boldsymbol{q} \, \mathrm{d}a + \int_{v(t)} \rho r \, \mathrm{d}v, \tag{4.11}$$

und

$$\rho\frac{\delta u}{\delta t} = \boldsymbol{\sigma} : (\nabla \otimes \boldsymbol{v} + \mathbf{1} \times \boldsymbol{\omega}) + \boldsymbol{\mu} : \nabla \otimes \boldsymbol{\omega} - \nabla \cdot \boldsymbol{q} + \rho r\,. \tag{4.12}$$

In singulären Punkten gilt:

$$\boldsymbol{e} \cdot \left[\!\left[\left(\boldsymbol{v} - \boldsymbol{w}^{\mathrm{I}}\right) \rho u + \boldsymbol{q} \right]\!\right] = 0\,. \tag{4.13}$$

Man beachte, dass die innere Energie keine Produktionsterme aufgrund struktureller Veränderungen enthält. Aufgrund der Leistungsterme, die den Spannungstensor und den Momentenspannungstensor betreffen, ist sie jedoch trotzdem nicht erhalten. In unserer Nomenklatur handelt es sich dabei um volumetrische Produktionen und nicht um Zufuhren.

4.2 Entropie

Entropie und der 2. Hauptsatz der Thermodynamik gehören zu den Begriffen der Wissenschaft mit mystischer Qualität. Das mag einerseits daran liegen, dass die Entropie und die entsprechende Entropieproduktion relativ abstrakte Größen sind, für die wir kein Bauchgefühl haben, wie im Falle von Masse, Geschwindigkeit oder auch innerer Energie und vielleicht eines Wärmestroms. Andererseits bezieht sich der Begriff der Entropie auf eine sehr grundlegende, wenn nicht gar erschreckende Eigenschaft unserer physikalischen Welt, nämlich auf ihre Irreversibilität und Sterblichkeit. Dies zieht natürlich sehr schnell die Aufmerksamkeit von Philosophen, Propheten, Esoterikern und anderen Hexenmeistern auf sich.

Natürlich werden wir deren Argumentation nicht folgen. Ganz im Gegenteil: In diesem Abschnitt werden wir zeigen, dass die Entropie ein sehr nützliches Werkzeug für den rational arbeitenden Ingenieur ist, ein Werkzeug, das leicht verstanden und beherrscht werden kann, wenn es in einem angemessenen mathematischen Rahmen dargestellt wird. Die Entropie wird uns erstens helfen, die Anzahl der kalorimetrischen Messungen, die zur Bestimmung der Abhängigkeit der inneren Energie von Zustandsgrößen wie etwa Dichte und einem Temperaturmaß erforderlich sind, erheblich zu reduzieren. Zweitens stellt die Entropie Einschränkungen hinsichtlich der möglichen Form und der Abhängigkeit der konstitutiven Gleichungen, wie des Wärmeflusses und des Spannungstensors, von den Zustandsvariablen bereit. Drittens ermöglicht es die Entropie, den Grad der *Irreversibilität* eines physikalischen Prozesses zu quantifizieren.

Nichtsdestoweniger müssen wir einen geeigneten Weg finden, wie wir die Entropie einführen können, insbesondere in einem Buch über Kontinuumstheorie, das bestimmten mathematischen Formalismen folgt. Wir werden z. B. nicht mit einer Diskussion über thermodynamische Zyklen bei Wärmekraftmaschinen beginnen, insbesondere nicht mit dem Carnot-Prozess, wie es in einem Kurs über technische Thermodynamik üblich ist, wenn die Entropie zum ersten Mal vorgestellt wird. Wir setzen jedoch voraus, dass der Leser zumindest über einige Kenntnisse in diesen Bereichen verfügt und sich diese, falls nicht, im Selbststudium aneignet. Zu diesem Zweck werden später einige Hinweise auf geeignete Literatur gegeben.

Bild 4.2 Pioniere des 2. Hauptsatzes der Thermodynamik: Nicolas Léonard Sadi Carnot (1796–1832), Rudolf Julius Emanuel Clausius (1822–1888), William Thomson, 1. Baron Kelvin (1824–1907), Ludwig Eduard Boltzmann (1844–1906), Max Karl Ernst Ludwig Planck (1858–1947), Pierre Maurice Marie Duhem (1861–1916), Constantin Carathéodory (1873–1950), Carl Henry Eckart (1902–1973)

In diesem Buch werden wir zuerst einem von Carl Eckart [Eck11940], [Eck21940] vorgeschlagenen Weg folgen, der sich auf die wissenschaftlichen Schriften von Constantin Carathéodory stützt [Car1909]. Carathéodory hat nämlich das Konzept des integrierenden Faktors bei der Bilanz der inneren Energie mathematisch zur Vollendung und mit der absoluten Temperatur sowie Entropie in Verbindung gebracht. Dies wurde von Eckart aufgegriffen und in kontinuumstheoretischer Weise in eine Bilanz der Entropie überführt. Diese werden wir danach verallgemeinern und auswerten, indem man die *Positivität der Entropieproduktion* für alle physikalischen Prozesse fordert. Letzteres ist dann der *2. Hauptsatz der Thermodynamik*, der zur Reduktion der Form von Materialgleichungen verwendet wird. Die Eckart' schen Arbeiten motivieren all' dies, für die Auswertung jedoch gibt es verschiedene Varianten, und einige werden wir in diesem Buch vorstellen.

4.2.1 Ein erster Zugang zur Entropie nach Eckart

Wir beginnen mit dem 1. Hauptsatz der Thermodynamik in lokaler, regulärer Form gemäß Gleichung (4.8).* Den Spannungstensor $\boldsymbol{\sigma}$ darin zerlegen in einen isotropen Teil, der den mechanischen Druck p_{me} repräsentiert, und in einen Spannungsdeviator $\mathbf{\Sigma}$:

$$\boldsymbol{\sigma} = -\left(p+\pi\right)\mathbf{1}+\mathbf{\Sigma}\,, \quad p_{\mathrm{me}} = -\tfrac{1}{3}\sigma_{kk} \equiv p+\pi\,. \tag{4.14}$$

* Wir folgen Eckarts Schreibweise und verwenden anstelle von $\frac{\delta}{\delta t}$ das Symbol $\frac{\mathrm{d}}{\mathrm{d}t}$ für die materielle Zeitableitung (siehe auch Abschnitt 2.2.4).

Man beachte, dass der mechanische Druck p_{me} durch die Summe des thermodynamischen Drucks p, sozusagen der *Zustandsvariablen*, und des „dynamischen“ Drucks π gegeben ist, der alle irreversiblen isotropen Spannungsanteile umfasst. Wir stellen fest, dass:

$$\rho \frac{\mathrm{d}u}{\mathrm{d}t} = -\nabla \cdot \boldsymbol{q} - (p+\pi)\nabla \cdot \boldsymbol{v} + \boldsymbol{\Sigma} : (\nabla \otimes \boldsymbol{v}) . \tag{4.15}$$

Beachtet man nun die Massenbilanz in Gleichung $(3.7)_2$, so kann dieses Ergebnis wie folgt umgeschrieben werden:

$$\rho \left(\frac{\mathrm{d}u}{\mathrm{d}t} + p \frac{\mathrm{d}v}{\mathrm{d}t} \right) = -\nabla \cdot \boldsymbol{q} - \pi \nabla \cdot \boldsymbol{v} + \boldsymbol{\Sigma} : (\nabla \otimes \boldsymbol{v}) , \tag{4.16}$$

wobei das Symbol $v = \frac{1}{\rho}$ für das spezifische Volumen verwendet wurde.

Wir definieren nun den *Zustandsraum* für die im Folgenden interessierenden Prozesse und gehen nun davon aus, dass die spezifische innere Energie nur von zwei Variablen abhängt. Wir wählen aus Gründen, die weiter unten klar werden, zwei „mechanische“ Größen als Variablen, nämlich den thermodynamischen Druck p und das spezifische Volumen v:

$$u = u(p, v) \quad \Rightarrow \quad \frac{\mathrm{d}u}{\mathrm{d}t} = \left. \frac{\partial u}{\partial p} \right|_v \frac{\mathrm{d}p}{\mathrm{d}t} + \left. \frac{\partial u}{\partial v} \right|_p \frac{\mathrm{d}v}{\mathrm{d}t} . \tag{4.17}$$

Diese Annahme nennt man auch die *Hypothese des lokalen Gleichgewichts*. Der Ausdruck in Klammern auf der linken Seite von Gleichung (4.16) wird somit zu:

$$\frac{\mathrm{d}u}{\mathrm{d}t} + p \frac{\mathrm{d}v}{\mathrm{d}t} = \left. \frac{\partial u}{\partial p} \right|_v \frac{\mathrm{d}p}{\mathrm{d}t} + \left(\left. \frac{\partial u}{\partial v} \right|_p + p \right) \frac{\mathrm{d}v}{\mathrm{d}t} \tag{4.18}$$

Das Ziel besteht nun darin, diesen Ausdruck als ein einziges Gesamtdifferential zu schreiben. Dies ist dank eines mathematischen Theorems von Euler möglich, das als *Methode des integrierenden Faktors* bekannt ist, immer möglich. Euler ging rein mathematisch vor und betrachtete die folgende Differentialgleichung:

$$f(x, y) + g(x, y) \frac{\mathrm{d}y}{\mathrm{d}x} = 0 \tag{4.19}$$

wobei $f(x, y)$ und $g(x, y)$ beliebige, stetig differenzierbare Funktionen der beiden Variablen x und y sind. Er multiplizierte nun die Gleichung mit einer derzeit unbekannten Funktion $\mu(x, y)$ – dem sogenannten *integrierenden Faktor* –, so dass:

$$\mu(x, y) f(x, y) + \mu(x, y) g(x, y) \frac{\mathrm{d}y}{\mathrm{d}x} = 0 , \tag{4.20}$$

und das erfordert:

$$\frac{\partial \varphi}{\partial x} = \mu(x, y) f(x, y) , \quad \frac{\partial \varphi}{\partial y} = \mu(x, y) g(x, y) . \tag{4.21}$$

Euler nannte die Funktion $\varphi(x, y)$ das Potential. Dies geschah aus guten Gründen, da Gleichung (4.20) dann in die folgende Form umgewandelt werden kann:

$$\frac{\partial \varphi}{\partial x} \mathrm{d}x + \frac{\partial \varphi}{\partial y} \mathrm{d}y \equiv \mathrm{d}\varphi , \tag{4.22}$$

was sofort integrierbar ist. Aus mathematischer Sicht kann es ein gewisses Problem darstellen, den integrierenden Faktor zu finden. Im Prinzip könnte man ihn durch Lösen der folgenden partiellen Differentialgleichung finden:

$$\frac{\partial \mu f}{\partial y} = \frac{\partial \mu g}{\partial x}\,, \tag{4.23}$$

die aus Gleichung (4.21) folgt, wenn der Satz von Schwarz beachtet wird. Es ist jedoch unmöglich, eine allgemeine Lösung für diese partielle Differentialgleichung zu finden. Andererseits brauchen wir aber für eine bestimmte Wahl von f und g nur eine bestimmte Lösung $\mu(x, y)$. Daher werden spezielle Funktionsformen von $\mu(x, y)$ ausprobiert, zum Beispiel:

$$\mu = \mu(x)\,,\quad \mu = \mu(y)\,,\quad \mu = \mu(xy)\,,\quad \mu = \mu\left(\tfrac{x}{y}\right)\,,\ \text{etc.} \tag{4.24}$$

Diese sind nützlich, wenn sie die Beziehung Gleichung (4.23) in eine gewöhnliche Differentialgleichung umwandeln. Offensichtlich ist diese Methode nur dann erfolgreich, wenn die Funktionen $f(x, y)$ und $g(x, y)$ explizit bekannt sind. Dies ist jedoch bei unserem physikalischen Problem Gleichung (4.18) leider nicht der Fall – mit Ausnahme des idealen Gases, versteht sich. Wir beenden nun unseren mathematischen Exkurs und wenden Eulers Technik so weit wie möglich auf die Lösung von Gleichung (4.18) an. Zu diesem Zweck identifizieren wir:

$$x \to p\,,\quad y \to v\,,\quad f \to \left.\frac{\partial u}{\partial p}\right|_v\,,\quad g \to \left.\frac{\partial u}{\partial v}\right|_p + p\,. \tag{4.25}$$

Wir multiplizieren Gleichung (4.18) mit dem integrierenden Faktor $1/T = 1/T(p,v)$ und bezeichnen das entsprechende Potential mit dem Symbol $s = s(p, v)$:

$$T\frac{\mathrm{d}s}{\mathrm{d}t} = \frac{\mathrm{d}u}{\mathrm{d}t} + p\frac{\mathrm{d}v}{\mathrm{d}t} \quad \Rightarrow \quad \frac{\mathrm{d}s}{\mathrm{d}t} = \frac{1}{T}\left[\left.\frac{\partial u}{\partial p}\right|_v \frac{\mathrm{d}p}{\mathrm{d}t} + \left(\left.\frac{\partial u}{\partial v}\right|_p + p\right)\frac{\mathrm{d}v}{\mathrm{d}t}\right]. \tag{4.26}$$

Diese Beziehung heißt auch *Gibbs'sche Gleichung*. Die Wahl der Symbole ist nicht zufällig. In der Tat entspricht T der *absoluten Temperatur* und s ist die *spezifische Entropie*, wie wir nachstehend noch weiter ausführen werden. Wir setzen das Ergebnis in Gleichung (4.16) ein und finden:

$$\rho T\frac{\mathrm{d}s}{\mathrm{d}t} = -\nabla\cdot\boldsymbol{q} - \pi\nabla\cdot\boldsymbol{v} + \boldsymbol{\Sigma} : (\nabla\otimes\boldsymbol{v}) \tag{4.27}$$

oder:

$$\rho\frac{\mathrm{d}s}{\mathrm{d}t} = -\nabla\cdot\frac{\boldsymbol{q}}{T} - \frac{\boldsymbol{q}}{T^2}\cdot\nabla T - \frac{\pi}{T}\nabla\cdot\boldsymbol{v} + \frac{\boldsymbol{\Sigma}}{T} : (\nabla\otimes\boldsymbol{v}) \tag{4.28}$$

In Anbetracht von Gleichung $(2.62)_2$ muss Gleichung (4.28) als lokale Entropiebilanz in regelmäßigen Punkten interpretiert werden. Darauf aufbauend können wir Gleichung (4.28) über ein materielles System integrieren und danach Gleichung (3.24) und den Satz von Gauß-Ostrogradski Gleichung (1.426) beachten. Dies führt zu der folgenden globalen Bilanz:

$$\frac{\mathrm{d}}{\mathrm{d}t}\int\limits_{v(t)} \rho s\,\mathrm{d}v = -\oint\limits_{\partial v(t)} \frac{\boldsymbol{q}}{T}\cdot\boldsymbol{n}\,\mathrm{d}A + \int\limits_{v(t)} \left(-\frac{\boldsymbol{q}}{T^2}\cdot\nabla T - \pi\nabla\cdot\boldsymbol{v} + \boldsymbol{\Sigma} : (\nabla\otimes\boldsymbol{v})\right)\mathrm{d}v\,. \tag{4.29}$$

Wir vergleichen das Ergebnis mit der allgemeinen Form einer Bilanz nach Gleichung (2.35) bzw. für materielle Volumen nach Gleichung (2.40). Dann müssen wir schließen, dass der erste Term nach dem Gleichheitszeichen einen *nicht-konvektiven Fluss von Entropie* über die

Oberfläche des materiellen Volumens darstellt. Der zweite Term ist eine *Produktion an Entropie.* Es ist *keine* Zufuhr von Entropie im Volumen, da wir die Entwicklung des Temperatur- und des Geschwindigkeitsgradienten *innerhalb* des Körpers nicht kontrollieren können (siehe Abschnitt 2.2.1, wo der Unterschied zwischen Produktion und Zufuhr erklärt wurde). Beide Größen entwickeln sich eigenständig innerhalb des Systems, nachdem einmal Anfangs- und Randbedingungen zur Prozessführung festgelegt worden sind.

Es ist üblich, Gleichung (4.28) folgendermaßen zu deuten: Auf der linken Seite steht die zeitliche Änderung der sogenannten *inneren Entropie* des materiellen Volumens. Man nennt sie so ([Pal1998], S. 26), weil dies die Entropie ist, die direkt im Volumen zugeführt/verändert wird. Hingegen stellt der erste Term auf der rechten Seite die Entropie dar, die dem Volumen über die Oberfläche zugeführt wird. Sie wird auch *reduzierte Wärme* genannt, da hier der Wärmefluss durch die Temperatur dividiert wird. Offenbar ist die innere Entropie eine additive Funktion der Masse des materiellen Volumens.

Die „abgeleiteten" Entropiebilanzen Gleichung (4.28) und Gleichung (4.29) resultieren im Wesentlichen aus der Annahme, dass der thermodynamische Prozess durch zwei mechanische Zustandsgrößen, den thermodynamischen Druck p und das (spezifische) Volumen v, bestimmt wird. Zwei Bemerkungen sind nun angebracht. Erstens können wir den integrierenden Faktor $T(p, v)$ als Zustandsvariable verwenden und eine der beiden mechanischen Variablen durch eine andere thermodynamische Größe, nämlich die Temperatur T ersetzen. Folglich sind mögliche Sets dualer Zustandsvariabler (p, T) oder (v, T). Es wird sich sogar zeigen, dass man auch die Entropie s selbst zum Ersetzen verwenden könnte. Alle diese Wahlen haben jeweils Vorteile, die wir bei der rationellen Durchführung von Messungen zur Bestimmung der inneren Energie realer Materialien in der Nähe des thermodynamischen Gleichgewichts noch zu schätzen lernen werden. Um einer solchen Substitution einen physikalischen Sinn zu geben, müssen wir natürlich Messregeln für die Temperatur aufstellen. Im Falle von Druck und Volumen haben wir diese nicht einmal erwähnt, da sie leicht zu definieren sind. Wie man die Temperatur aber auch die innere Energie und die Entropie misst, ist jedoch weder trivial noch unmittelbar einleuchtend.

Zweitens ist es keineswegs offensichtlich, dass die spezifische innere Energie nur von zwei Zustandsgrößen abhängt. Diese Wahl kann ausreichend sein, wenn es sich um Prozesse handelt, die sich in der Nähe des thermodynamischen Gleichgewichts befinden. In der Tat kann der lokale Zustand eines Einkomponentenmaterials im thermodynamischen Gleichgewicht durch nur zwei Variablen, z. B. Volumen und Druck, vollständig beschrieben werden. Aber es gibt kompliziertere Materialien und damit verbundene Prozesse als diese.

In der Tat ist diese einfache Wahl von Variablen für die sogenannte $p\,\mathrm{d}v$-Thermodynamik relevant, die in vielen Fällen vollkommen ausreichend ist, um die Leistung schnell arbeitender technischer Maschinen zu quantifizieren. Es ist erstaunlich, dass es funktioniert, denn bei solchen Prozessen gibt es durchaus Druck-, Geschwindigkeits- oder Temperaturgradienten, die für die Beschreibung eines aktuellen Zustandes und des gesamten Prozesses wichtig sein könnten. Schließlich ist zu beachten, dass diese Prozesse nicht einfach rückgängig gemacht werden können: Sie haben eine bestimmte Richtung in der Zeit, und sie umzukehren, ist ein extremer, manchmal unmöglicher Aufwand. Mit anderen Worten: Sie sind unumkehrbar. In der Tat gibt es aber auch technisch wichtige Prozesse, die nicht im Rahmen der $p\,\mathrm{d}v$-Thermodynamik beschrieben werden können. Probleme der Wärmeleitung sind nur ein Beispiel dafür.

Es liegt auf der Hand, dass die innere Energie im Nichtgleichgewicht von weiteren Variablen als Druck und Volumen (oder Temperatur) abhängen muss. Es stellt sich jedoch die Frage, welche Variablen dies sein sollten, welche Art von Abhängigkeiten relevant sind und schließlich, wie diese Abhängigkeiten experimentell bewertet werden können, insbesondere im Zusammenhang mit nicht-mechanischen, divenhaften Größen wie der Temperatur oder Entropie. Aus mathematischer Sicht wäre es in der Tat ohne größere Probleme möglich, das oben erwähnte Verfahren des integrierenden Faktors zu verallgemeinern und auf mehr als zwei Variablen zu erweitern. Dies könnte jedoch leicht zu einem physikalisch unmotivierten, starren Formalismus ausarten, der für technische Anwendungen völlig unbrauchbar ist.

In der Literatur haben sich mehrere phänomenologische Methoden etabliert, um solche Probleme zu vermeiden. Eine der frühesten ist als *Thermodynamik irreversibler Prozesse* – kurz TIP – bekannt. In der Tat haben wir gerade einige ihrer Argumente im Anschluss an die frühen Arbeiten von Eckart vorgestellt. Eines der wesentlichen Merkmale der TIP ist die sogenannte *Hypothese des lokalen thermodynamischen Gleichgewichts*: Selbst wenn in den betrachteten Prozessen Geschwindigkeits- und Temperaturgradienten, d. h. Nichtgleichgewichtsphänomene, vorhanden sind, genügt es, den Zustand eines materiellen Teilchens und die zu seiner Beschreibung erforderlichen Zustandsfunktionen (z. B. seine spezifische innere Energie) nur durch Druck und spezifisches Volumen (oder alternativ durch Temperatur oder Entropie) zu charakterisieren, zumindest wenn wir ein wärmeleitendes, viskoses Gas oder eine Flüssigkeit* betrachten. Wir werden weiter unten sehen, wie die Entropie-Beziehungen Gleichung (4.28) und Gleichung (4.29) der TIP verwendet werden können, um Einschränkungen hinsichtlich der möglichen mathematischen Form der konstitutiven Größen wie der spezifischen inneren Energie, des Wärmestroms und der Spannung (Deviator) zu finden.

In der TIP wird die Entropie also nicht aus rein akademischem Vergnügen eingeführt. Die Entropie erweist uns vielmehr einen Dienst und trägt dazu bei, den Umfang der zur Bestimmung der konstitutiven Beziehungen erforderlichen Messungen zu verringern. Darüber hinaus ermöglicht sie, wie in [Mue2014], Kapitel 12 detailliert, eine quantitative Interpretation des Zustands der Ordnung bzw. Unordnung eines Systems und gibt an, wie viel es braucht, um einen bestimmten thermodynamischen Prozess umzukehren. Dies ist vor allem bei der Charakterisierung technischer Systeme nützlich, zu deren Optimierung Wortgeschwafel und Händewedeln wenig nutzt.

Gleichung (4.29) führt uns nun zu einer ersten Version des sogenannten *2. Hauptsatz der Thermodynamik* und zwar wie folgt. Man betrachtet zwei Gleichgewichtszustände A und B zu den Zeitpunkten t_A und t_B, die durch einen thermodynamischen Prozess auseinander hervorgehen, etwa das (schnelle) Expandieren eines Gases in einem Zylinder unter Zufuhr von Wärme über seine Oberfläche. Solche technischen Prozesse werden beispielsweise in [Mue2009] in Abschnitt 4.1 modelliert und sollten bei Nichtkenntnis vorab studiert werden. Diese Betrachtungen führen zur Einführung der Systemgröße Entropie S und gipfeln in der sogenannten *Clausius-Planck-Ungleichung* ([Jou2010], S. 23, [Tru1969], S. 11):

$$\Delta S \geq \int_{t_A}^{t_B} \frac{\dot{Q}(t)}{T(t)} \, \mathrm{d}t, \tag{4.30}$$

* Um das Verhalten von Festkörpern zu beschreiben, müssen wir die Dehnung oder ihre Spur einführen. Außerdem kann es ratsam sein, mit anderen als linearen Dehnungsmaßen zu arbeiten. Wir kommen später darauf zurück: Abschnitt 4.3.4.2.

wobei $\dot{Q}(t)$ die zwischenzeitlich über die Wandung des Systems integral fließende Wärme* und $T(t)$ die jeweils zugehörige Temperatur der Umgebung bezeichnet, mit der das System über die Oberfläche in Kontakt ist.

Die Interpretation dieser Gleichung ist wie folgt: Ist der Prozess $A \rightarrow B$ *reversibel*, also nicht mit Dissipation (etwa von Reibungsverlusten durch turbulente Bewegung des im Zylinder befindlichen Gases) begleitet, so gilt die Gleichheit, also $\Delta S \equiv S(t_B) - S(t_A) = 0$ und ansonsten die Ungleichung: Die Entropie des Systems nimmt zu und zwar bei allen *realen* physikalischen Prozesse, die eben i. a. *irreversibler* mit *Dissipation* behaftet sind. Die reversible Prozessführung ist somit eine extreme Idealisierung.

Nun schreiben wir Gleichung (4.30) folgendermaßen um:

$$\Delta S + \int_{t_A}^{t_B} \frac{\oint_{\partial v(t)} \boldsymbol{q} \cdot \boldsymbol{n} \, \mathrm{d}a}{T(t)} \, \mathrm{d}t = \Sigma \geq 0\,, \tag{4.31}$$

da für den Wärmezufluss $\dot{Q}\,\mathrm{d}t = -\oint_{\partial v(t)} \boldsymbol{q} \cdot \boldsymbol{n} \, \mathrm{d}a$ gilt, wenn $v(t)$ das aktuelle Zylindervolumen bezeichnet. Ferner ist Σ eine positive „Zahl".

Diesen Ausdruck müssen wir nun mit der Kontinuumsformulierung Gleichung (4.29) vergleichen, die wir dergestalt schreiben:

$$\frac{\mathrm{d}}{\mathrm{d}t} \int_{v(t)} \rho s \, \mathrm{d}v + \oint_{\partial v(t)} \frac{\boldsymbol{q}}{T} \cdot \boldsymbol{n} \, \mathrm{d}a = \int_{v(t)} \left(-\frac{\boldsymbol{q}}{T^2} \cdot \nabla T - \pi \nabla \cdot \boldsymbol{v} + \boldsymbol{\Sigma} : (\nabla \otimes \boldsymbol{v}) \right) \mathrm{d}v\,. \tag{4.32}$$

Nunmehr halten wir folgendes fest:

- Die Gleichung (4.29) ist eine Vollfeldformulierung, so
- entspricht die Entropie $S \rightarrow \int_{v(t)} \rho s \, \mathrm{d}v$;
- ersetzt das Temperaturfeld im Inneren des Körpers $T(\boldsymbol{x}, t)$ die Temperatur $T(t)$ der umgebenden Wärmereservoire und die reduzierten Wärmen $\frac{\dot{Q}}{T(t)}$ werden durch variable Wärmezufuhren $-\frac{\boldsymbol{q} \cdot \boldsymbol{n}}{T}$ an der Oberfläche verallgemeinert.
- Die positive Größe Σ wird explizit und entspricht (pro Zeiteinheit) dem Ausdruck $\int_{v(t)} \left(-\frac{\boldsymbol{q}}{T^2} \cdot \nabla T - \pi \nabla \cdot \boldsymbol{v} + \boldsymbol{\Sigma} : (\nabla \otimes \boldsymbol{v}) \right) \mathrm{d}v$.
- Für dessen Positivität ist es hinreichend, wenn der Integrand selbst positiv ist, also $-\frac{\boldsymbol{q}}{T^2} \cdot \nabla T - \pi \nabla \cdot \boldsymbol{v} + \boldsymbol{\Sigma} : (\nabla \otimes \boldsymbol{v}) \geq 0$.
- Das wiederum ist hinreichend erfüllt, wenn man setzt:

$$\boldsymbol{q} = -\kappa \nabla T\,, \; \pi = -\mu_v \nabla \cdot \boldsymbol{v}\,, \; \boldsymbol{\Sigma} = \mu \left(\nabla \otimes \boldsymbol{v} + (\nabla \otimes \boldsymbol{v})^{\mathsf{T}} - \tfrac{2}{3} \nabla \cdot \boldsymbol{v} \mathbf{1} \right), \tag{4.33}$$

wobei κ (die *Wärmeleitfähigkeit*), μ_v und μ (*Volumen-* und *Scherviskosität*) positive Koeffizienten sind. Die erste Gleichung ist das sogenannte *Fourier'sche Wärmeleitungsgesetz*, und

* Der Punkt auf dem Symbol Q bedeutet keine materielle Zeitableitung. Er weist lediglich darauf hin, dass es sich um eine Wärme-/Energiezufuhr in der Zeiteinheit handelt, also um etwas, das die Einheit J/s trägt. Zu dem Tohuwabohu bei der Verwendung von Differentialbezeichnungen (insbesondere der Misswirtschaft bei der Berücksichtigung der Zeit und ihrer Differentiale) in der Thermodynamik siehe auch die kritischen Bemerkungen in [Tru1969], S. 3ff.

die beiden anderen verkörpern nach Gleichung (4.14) also

$$\boldsymbol{\sigma} = -\left(p+\pi\right)\mathbf{1}+\boldsymbol{\Sigma} \equiv -p\mathbf{1}+\mu_v\nabla\cdot\boldsymbol{v}\mathbf{1}+\mu\left(\nabla\otimes\boldsymbol{v}+(\nabla\otimes\boldsymbol{v})^{\mathsf{T}}-\tfrac{2}{3}\nabla\cdot\boldsymbol{v}\mathbf{1}\right) \tag{4.34}$$

das *Navier-Stokes-Materialgesetz* für linear viskose Fluide.

Zusammenfassend halten wir fest, dass unsere Untersuchungen zum Thema Entropie auf explizite Materialgleichungen für den Wärmefluss und den Spannungstensor geführt haben. Die hier durchgeführte Auswertung der *Entropieungleichung*, also der Positivität der Größe Σ war dabei zugegebenerweise etwas „hemdsärmelig". Das werden wir nun ändern, indem wir zunächst eine Verallgemeinerung des Entropieprinzips und danach vier Methoden zu seiner Auswertung präsentieren, nämlich (a) die Kraft-Fluss-Methode* der Thermodynamik irreversibler Prozesse, (b) das Verfahren nach Truesdell respektive Coleman-Noll basierend auf der sogenannten *Clausius-Duhem-Ungleichung*, (c) das Verfahren der *Lagrange'schen Multiplikatoren* nach I-Shih Liu und Müller und (d) das Verfahren der *reduzierten Form der Energiegleichung* nach Zhilin.

Entropieprinzip: Straight from the Horse's Mouth

Die Autoren dieses Buches hatten Gelegenheit, einen der Aktivisten und Augenzeugen, der bei der Entwicklung der verschiedenen Entropieprinzipe beteiligt war, während eines Besuchs zu seiner Meinung über deren Zweckmäßigkeit und physikalische Stimmigkeit zu befragen: Professor Ingo Müller. Insbesondere ging es um die Eigenständigkeit des Entropieflusses $\boldsymbol{\phi}$ und der Entropiezufuhr ξ im Vergleich zu den Ausdrücken $\frac{\boldsymbol{q}}{T}$ und $\frac{\rho r}{T}$. Im folgenden ist sein Statement in annotierter Form nachzulesen. Dabei wird das Symbol ε für die spezifische innere Energie u verwendet.

On various methods of exploiting the entropy inequality illustrated by a linearly heat-conducting non-viscous fluid

Basic to all methods is the wish to calculate the fields

$$\rho(x_n,t)\,,\quad v_i(x_n,t)\,,\quad \begin{array}{ll} \vartheta(x_n,t) & \text{with empirical temperature (I), (II)} \\ T(x_n,t) & \text{with absolute temperature (III), (IV)} \end{array}$$

from equations of balance of

$$\begin{array}{lll} \text{mass} & \dot{\rho}+\rho v_{i,i}=0 & \\ \text{momentum} & \rho\dot{v}_j-\sigma_{ij,i}=0 & \\ \text{energy} & \rho\dot{\varepsilon}+q_{i,i}-\sigma_{ij}v_{j,i}= & \begin{array}{ll} 0 & \text{for (I), (II) and (IV)} \\ \rho r & \text{for (III)} \end{array} \end{array} \tag{4.35}$$

with constitutive relations (for linear, heat-conducting, non-viscous fluids)

$$\begin{aligned} \sigma_{ij} &= \hat{\sigma}_{ij}\left(\rho, v_i, \begin{matrix}\vartheta\\ T\end{matrix}, \begin{matrix}\vartheta_{,i}\\ T_{,i}\end{matrix}\right) \\ q_i &= \hat{q}_i\left(\rho, v_i, \begin{matrix}\vartheta\\ T\end{matrix}, \begin{matrix}\vartheta_{,i}\\ T_{,i}\end{matrix}\right) \quad \text{for} \quad \begin{matrix}\text{(I), (II)}\\ \text{(III), (IV)}\end{matrix} \\ \varepsilon &= \hat{\varepsilon}\left(\rho, v_i, \begin{matrix}\vartheta\\ T\end{matrix}, \begin{matrix}\vartheta_{,i}\\ T_{,i}\end{matrix}\right). \end{aligned} \tag{4.36}$$

* Im Grunde war dies bereits die soeben vorgestellte Auswertung, wie wir noch sehen werden.

By the principle of material frame indifference the velocity v_i cannot occur among the variables and – moreover – the constitutive functions $\hat{\sigma}_{ij}$, $\hat{q}_i$, $\hat{\varepsilon}$ must be isotropic functions of their variables. Along with the assumed linearity in $\frac{\vartheta_{,i}}{T_{,i}}$ this means – by representation theorems for isotropic functions –

$$\begin{aligned} \sigma_{ij} &= -p\left(\rho, \frac{\vartheta}{T}\right)\delta_{ij} \\ q_i &= -\kappa\left(\rho, \frac{\vartheta}{T}\right)\frac{\vartheta_{,i}}{T_{,i}} \quad \text{for} \quad \begin{matrix}\text{(I), (II)}\\ \text{(III), (IV)}\end{matrix} \\ \varepsilon &= \hat{\varepsilon}\left(\rho, \frac{\vartheta}{T}\right). \end{aligned} \tag{4.37}$$

(I) [= ein Vorläufer der Methode der Lagrangemultiplikatoren, siehe [Mue1970]] goes furthest in extrapolating $\mathrm{d}S \geq \frac{\delta Q}{T}$. It does not take absolute temperature for granted. But it accepts entropy as an additional constitutive quantity – so that an equation of balance can be formulated for it.

The entropy flux is constitutive to accommodate the fact that the entropy flux is sometimes known to be different from heat flux/absolute temperature. Thus the entropy inequality has the form

$$\rho\dot{s} + \phi_{i,i} \geq 0$$

with

$$s = \hat{s}\left(\rho, v_i, \frac{\vartheta}{T}, \frac{\vartheta_{,i}}{T_{,i}}\right), \quad \phi_i = \hat{\phi}_i\left(\rho, v_i, \frac{\vartheta}{T}, \frac{\vartheta_{,i}}{T_{,i}}\right)$$

or by material frame indifference

$$s = \hat{s}\left(\rho, \frac{\vartheta}{T}\right), \quad \phi_i = \varphi\left(\rho, \frac{\vartheta}{T}\right)\frac{\vartheta_{,i}}{T_{,i}}. \tag{4.38}$$

It is important to realize that it is postulated to be valid for thermodynamic processes.

(II) [= Methode der Lagrangemultiplikatoren] is like (I). Except that the requirements about thermodynamics processes is replaced by the requirement that a larger inequality must be satisfied for all field $\rho(x_n, t)$, $v_i(x_n, t)$, $\vartheta(x_n, t)$. The larger inequality is formed with Lagrange multipliers which may depend on the variables (including v_i which drops out of the constitutive quantities because of material frame indifference.

(III) [= das Coleman-Noll-Verfahren] accepts the notion of absolute temperature and extrapolates $\mathrm{d}S \geq \frac{\delta Q}{T}$ by writing the balance of entropy as

$$\rho\dot{s} + \left(\frac{q_i}{T}\right)_{,i} \geq 0.$$

In addition it recognizes the possibility that heating may occur through emission"/absoroption of radiation. Therefore the entropy inequality is amended to

$$\rho\dot{s} + \left(\frac{q_i}{T}\right)_{,i} - \frac{\rho r}{T} \geq 0.$$

Of course ρr also enters the energy balance in this case. Just as in (I) the entropy inequality is supposed to hold for all thermodynamic processes.

(IV) is the method of TIP, the oldest theory of irreversible thermodynamics. It accepts the absolute temperature *a priori* and the whole body of equilibrium thermodynamics which has culminated in the Gibbs equation written as a differential equation in time

$$\frac{\mathrm{d}s}{\mathrm{d}t}=\frac{1}{T}\left(\frac{\mathrm{d}\varepsilon}{\mathrm{d}t}-\frac{p}{\rho^2}\frac{\mathrm{d}\rho}{\mathrm{d}t}\right).$$

On (I) The entropy inequality reads

$$\rho\dot{s}+\phi_{i,i}\geq 0\,,$$

where (for a linear heat conducting fluid)

$$s=\hat{s}(\rho,\vartheta)\,,\quad \phi_i=\varphi(\rho,\vartheta)\vartheta_{,i}\,.$$

The inequality must hold for all solutions of (4.35) and (4.36).

Also $[\![\phi_i n_i]\!]=0$ for an ideal wall for which $[\![\vartheta]\!]=0$ holds.

For the exploitation of the entropy inequality write

$$\rho\frac{\partial s}{\partial\rho}\dot{\rho}+\rho\frac{\partial s}{\partial\vartheta}\dot{\vartheta}+\frac{\partial\phi_i}{\partial\rho}\frac{\partial\rho}{\partial x_i}+\frac{\partial\phi_i}{\partial\vartheta}\frac{\partial\vartheta}{\partial x_i}+\frac{\partial\phi_i}{\partial\vartheta_{,j}}\vartheta_{,ij}\geq 0$$

and use $(4.35)_1$ and $(4.35)_3$ to eliminate $\dot{\rho}$ and $\dot{\vartheta}$. Make use of (4.36)

$$-\rho^2\frac{\partial s}{\partial\rho}v_{i,i}+\Lambda\left[\left(\rho^2\frac{\partial\varepsilon}{\partial\rho}-p\right)v_{i,i}-\frac{\partial q_i}{\partial\rho}\rho_{,i}-\frac{\partial q_i}{\partial\vartheta}\vartheta_{,i}-\frac{\partial q_i}{\partial\vartheta_{,j}}\vartheta_{,ij}\right]$$
$$+\frac{\partial\phi_i}{\partial\rho}\rho_{,i}+\frac{\partial\phi_i}{\partial\vartheta}\vartheta_{,i}+\frac{\partial\phi_i}{\partial\vartheta_{,j}}\vartheta_{,ij}\geq 0\,,\quad \Lambda\equiv\frac{\partial s/\partial\vartheta}{\partial\varepsilon/\partial\vartheta}\,.$$

Since the left hand side is linear in $v_{i,i}$, $\vartheta_{,ij}$, $\rho_{,i}$ and the inequality must hold for arbitrary values of these, we get

$$\left.\begin{aligned}\frac{\partial s}{\partial\rho}&=\Lambda\left(\frac{\partial\varepsilon}{\partial\rho}-\frac{p}{\rho^2}\right)\\ \frac{\partial s}{\partial\vartheta}&=\Lambda\frac{\partial\varepsilon}{\partial\vartheta}\end{aligned}\right\}\quad \mathrm{d}s=\Lambda\left(\mathrm{d}\varepsilon-\frac{p}{\rho^2}\,\mathrm{d}\rho\right)$$

$$\left.\begin{aligned}\phi_i&=\Lambda q_i\\ \frac{\partial\phi_i}{\partial\rho}&=\Lambda\frac{\partial q_i}{\partial\rho}\end{aligned}\right\}\quad q_i\frac{\partial\Lambda}{\partial\rho}=0\quad\Rightarrow\quad\Lambda=\Lambda(\vartheta)$$

$$-\kappa\frac{\mathrm{d}\Lambda}{\mathrm{d}\vartheta}\vartheta_{,j}\vartheta_{,j}\geq 0$$

Since $[\![\phi_i n_i]\!]=0$ for $[\![\vartheta]\!]=0$ and $[\![q_i n_i]\!]=0$ from energy conservation we have $[\![\Lambda(\vartheta)]\!]=0$, hence $\Lambda(\vartheta)$ is a universal function. The integrability condition for s – implied by the result for $\mathrm{d}s$ – reads

$$\frac{\mathrm{d}\ln\Lambda}{\mathrm{d}\vartheta}=\frac{\frac{\partial p}{\partial\vartheta}}{\rho^2\frac{\partial\varepsilon}{\partial\rho}-p}$$

Since $\Lambda(\vartheta)$ is universal we may exploit the relation for an ideal gas with $p = \rho\frac{R}{M}T$ (or ϑ) and $\varepsilon = \frac{3}{2}\frac{R}{M}T$ (or ϑ). In this way we obtain $\Lambda = \frac{1}{T}$ to within a multiplicative constant which we choose as 1 without loss of generality:

$$\Rightarrow \quad \mathrm{d}s = \frac{1}{T}\left(\mathrm{d}\varepsilon - \frac{p}{\rho^2}\,\mathrm{d}\rho\right) \quad \text{Gibbs equation}$$

$$\phi_i = \frac{1}{T}q_i$$

$$\kappa \geq 0$$

On (II) The entropy inequality reads

$$\rho\dot{s} + \phi_{i,i} \geq 0\,,$$

and with Lagrange multipliers

$$\begin{aligned}\rho\dot{s} + \phi_{i,i} - \Lambda^{\rho}\left(\dot{\rho} + \rho v_{i,i}\right) - &\\ \Lambda^{v_j}\left(\rho\dot{v}_j - \sigma_{ij,i}\right) - &\\ \Lambda^{\varepsilon}\left(\rho\dot{\varepsilon} + q_{i,i} - \sigma_{ij}v_{j,i}\right) \geq 0\,. &\end{aligned}$$

This is supposed to hold for all $\rho(x_n,t)$, $v_i(x_n,t)$, $\vartheta(x_n,t)$ or, locally, for all $v_{i,i}$, $\dot{\rho}$, $\dot{\vartheta}$, $\dot{v}_j$, $\rho_{,i}$, $\vartheta_{,i}$, $\vartheta_{,ij}$ and, since all – except $\vartheta_{,i}$ – occur linearly, their contribution must vanish.

$$\Rightarrow \quad \Lambda^{\rho} = -\Lambda^{\varepsilon}\frac{p}{\rho}$$

$$\left.\begin{aligned}\frac{\partial s}{\partial \rho} &= \Lambda^{\varepsilon}\left(\frac{\partial \varepsilon}{\partial \rho} - \frac{p}{\rho^2}\right)\\ \frac{\partial s}{\partial \vartheta} &= \Lambda^{\varepsilon}\frac{\partial \varepsilon}{\partial \vartheta}\end{aligned}\right\} \quad \mathrm{d}s = \Lambda^{\varepsilon}\left(\mathrm{d}\varepsilon - \frac{p}{\rho^2}\,\mathrm{d}\rho\right)$$

$$\Lambda^{v_j} = 0$$

$$\frac{\partial \phi_i}{\partial \vartheta_{,j}} - \Lambda^{\varepsilon}\frac{\partial q_i}{\partial \vartheta_{,j}} = 0 \quad \Rightarrow \quad \phi_i = \Lambda^{\varepsilon}q_i$$

$$\frac{\partial \phi_i}{\partial \rho} = \Lambda^{\varepsilon}\frac{\partial q_i}{\partial \rho} \quad \Rightarrow \quad \frac{\partial \Lambda^{\varepsilon}}{\partial \rho} = 0 \quad \Rightarrow \quad \Lambda^{\varepsilon} = \Lambda^{\varepsilon}(\vartheta)$$

$$\frac{\partial \Lambda^{\varepsilon}}{\partial \vartheta}q_i\vartheta_{,i} \geq 0\,.$$

These are the same results as in (I), except that Λ is now called Λ^{ε}. → The Lagrange-multiplier method (II) is equivalent to (I) ($\Lambda^{\rho} = -\Lambda^{\varepsilon}\frac{p}{\rho}$ and $\Lambda^{v_j} = 0$ are not interesting; they merely determine the auxiliary quantities Λ^{ρ} and Λ^{v_j}.)

On (III) If the radiation term is eliminated between the entropy inequality and the entropy equation we obtain

$$\rho\left(\dot{s} - \frac{1}{T}\dot{\varepsilon}\right) + q_i\frac{\partial\frac{1}{T}}{\partial x_i} - \frac{p}{T}v_{i,i} \geq 0\,.$$

This must hold for all balance equations and constitutive relations (see (4.35) and (4.36)). Therefore $\dot{\rho}$ must be replaced by $-\rho v_{i,i}$, $\dot{v}_j$ does not occur and $\dot{T}$ can be whatever it may be, because the r in the energy equation adjusts intself and makes the energy equation satisfied.

This is Coleman & Noll's trick. Some people may call r a fudge factor (Kestin, Meixner), others call it a stroke of genius (Serrin).

There are precedents:

i) Isothermal Poiseuille flow of a viscous fluid where the energy equation must be satisfied by an r that carries off the viscous heating;

ii) Isothermal sound propagation where the adiabatic heating requires a complex r-field to satisfy the energy equation;

iii) Tidal effects of the earth/moon system where again viscous heating is carried away by radiation.

Anyway, the results are equal to (I), (II) in this case. Indeed the factors of $v_{i,i}$ and $\dot{T}$ must vanish, hence

$$\left.\begin{aligned} \frac{\partial s}{\partial \rho} &= \frac{1}{T}\left(\frac{\partial \varepsilon}{\partial \rho} - \frac{p}{\rho^2}\right) \\ \frac{\partial s}{\partial T} &= \frac{1}{T}\frac{\partial \varepsilon}{\partial T} \end{aligned}\right\} \quad \mathrm{d}s = \frac{1}{T}\left(\mathrm{d}\varepsilon - \frac{p}{\rho^2}\,\mathrm{d}\rho\right)$$

$$q_i \frac{\partial \frac{1}{T}}{\partial x_i} \geq 0 \quad \Rightarrow \quad \kappa > 0.$$

There is no need to relate ϕ_i to q_i, because the relation was arbitrarily assumed. Also there is no need for the "paso doble" around ϑ and T, because the role of T was *a priori* assumed.

On (IV) The equations of balance of mass and energy are used to eliminate $\frac{\mathrm{d}\rho}{\mathrm{d}t}$ and $\frac{\mathrm{d}T}{\mathrm{d}t}$ from the Gibbs equation. Thus follows:

$$\rho \frac{\mathrm{d}s}{\mathrm{d}t} + \left(\frac{q_i}{T}\right)_{,i} = q_i \frac{\partial \frac{1}{T}}{\partial x_i}.$$

This is interpreted as an entropy balance with $\frac{q_i}{T}$ as entropy flux and $q_i \frac{\partial \frac{1}{T}}{\partial x_i}$ as production. The production is assumed non-negative so that $\kappa \geq 0$ holds, in agreement with the other methods.

Remark: If results and *a priori* assumptions are taken, we thus have seen that all four methods are equivalent. This is so, because of the simplicity of the material chosen; *i.e.* linear, heat-conducting, non-viscous fluids.

For more complex materials (mixtures, dielectrica and magnetizable fluids) ϕ_i is no longer $\frac{q_i}{T}$ and the Gibbs equation has a more complex form. In these cases I believe that methods (I) or (II) must be used.

Remark: For a proper treatment of radiation neither of these methods is appropriate. Indeed in that case $\rho(x_n, t)$, $v_i(x_n, t)$, $\vartheta(x_n, t)$ are not sufficient fields to describe the phenomena. Our knowledge about the "mechanism" of absorption and emission makes it certain that we need the number densities of molecules in their different states of vibration and/or rotation or even the densities of atoms in their different electronic states.

[Ein Nachtrag zum r-Problem in deutscher Sprache:]
Mehr zum r-Problem Gezeitenwirkung als elektromagnetisches Phänomen (eine Analogie)

Natürlich ist das Problem der Gezeitenwirkung zwischen Erde und Mond ein Problem der elektro-magneto Mechanik. Denn die viskose Reibung und die Wärmeleitung setzt Wärme frei und diese wird im Infrarotbereich abgestrahlt.

Dennoch wird das Problem nicht mit der Elektrodynamik behandelt: Man erfüllt stattdessen die Massenbilanz und die Impulsbilanz mit Gravitationskräften und überläßt die Energiebilanz dem „fudge factor" r; der wird es schon richten, bzw. man überläßt die Energiebilanz sich selbst. Die soll mit sich selbst klar kommen, so wie – im Übrigen – alle Gleichungen mit höheren Momenten.

Desungeachtet: Sollte man sich für die Entropie des Erde/Mond Systems interessieren, so spielt der r-Term wohl eine Rolle, denn er führt zu einem Entropiewachstum $\rho r/T$. Aber die Entropie interessiert beim Gezeitenproblem niemanden.

4.2.2 Entropiebilanz und 2. Hauptsatz der Thermodynamik

Für den Mechaniker sind der Wärmefluss und die Strahlung störende Größen. Schön wäre es, sie zu eliminieren. In der Tat gelingt das, wenn man die Entropiebilanz hinzuzieht. Entropie ist ein Maß für den Ordnungszustand eines Systems. Wir werden das hier nicht weiter demonstrieren. Der interessierte Leser sei auf Kapitel 12 in [Mue2014] verwiesen, wo dies an vielen Beispielen erläutert wird. In diesem Buch dient die *Bilanz der Entropie* und der auf ihr beruhende *2. Hauptsatz der Thermodynamik* lediglich dazu, uns in die mechanische Spur zurückzubringen. Daher sei Folgendes gesagt:

- Die den Ordnungszustand eines materiellen Systems kennzeichnende Entropie S ist eine additive Größe. Man kann sie auf die Masseneinheit beziehen und mit der spezifischen Entropie $s(\boldsymbol{x}, t)$ schreiben:

$$S = \int_{V(t)} \rho s \,\mathrm{d}v \,. \tag{4.39}$$

  Die Einheit der Entropie ist $\mathrm{J/K}$, die der spezifischen Entropie $\mathrm{J/(kgK)}$.

- Die Entropie genügt einer Bilanz, d. h. ihre zeitliche Änderung ist gegeben durch einen (kontrollierbaren) nicht-konvektiven Entropiefluss Φ durch die Oberfläche, eine (kontrollierbare) Entropiezufuhr Ξ und eine (nicht-kontrollierbare) Entropieproduktion Σ, beide im Volumen:

$$\frac{\mathrm{d}S}{\mathrm{d}t} = \Phi + \Xi + \Sigma \,. \tag{4.40}$$

- Der Entropiefluss und die Entropiezufuhr können oft über die absolute Temperatur T in Verbindung mit dem Wärmefluss und der Strahlung gebracht werden. Dann schreibt man

$$\Phi = -\oint_{\partial v(t)} \frac{\boldsymbol{q}}{T} \cdot \boldsymbol{n} \,\mathrm{d}a \,, \quad \Xi = \int_{v(t)} \frac{\rho r}{T} \mathrm{d}v \,. \tag{4.41}$$

Macht man diese Annahme nicht, so bleiben beide materialspezifische Größen, die man für jedes Material gesondert bestimmen muss. Dies ist die Auffassung des Entropieprinzips nach Liu und Müller, die anderen zum Schluss von Abschnitt 4.2.1 genannten Auswerteverfahren verwenden Gleichung (4.41).

- Die *Entropieproduktion* ist *für alle thermodynamischen Prozesse positiv bzw. im äußersten Fall gleich Null* (bei reversiblen, nicht dissipativen Prozessen) und kann über eine Volumendichte $\sigma(\boldsymbol{x}, t)$ ausgedrückt werden. Das Symbol σ darf man aber bitte nicht mit Spannungen verwechseln:

$$\Sigma = \int\limits_{v(t)} \sigma \, \mathrm{d}v \,, \; \sigma \geq 0 \,. \tag{4.42}$$

Dieses Faktum wird auch *2. Hauptsatz der Thermodynamik* genannt.

- Im Sinne der generischen Bilanz Gleichung (2.35) ist die Entropie somit *keine* Erhaltungsgröße.
- Global ergibt sich also:

$$\frac{\mathrm{d}}{\mathrm{d}t} \int\limits_{v(t)} \rho s \, \mathrm{d}v + \oint\limits_{\partial v(t)} \boldsymbol{\phi} \cdot \boldsymbol{n} \, \mathrm{d}a - \int\limits_{V(t)} \rho \xi \, \mathrm{d}v = \int\limits_{v(t)} \sigma \, \mathrm{d}v \geq 0 \tag{4.43}$$

mit dem Entropiefluss pro Flächeneinheit $\boldsymbol{\phi}$ und der spezifischen Entropiezufuhr ξ oder auch

$$\frac{\mathrm{d}}{\mathrm{d}t} \int\limits_{v(t)} \rho s \, \mathrm{d}v + \oint\limits_{\partial v(t)} \frac{\boldsymbol{q}}{T} \cdot \boldsymbol{n} \, \mathrm{d}a - \int\limits_{v(t)} \frac{\rho r}{T} \mathrm{d}v = \int\limits_{v(t)} \sigma \, \mathrm{d}v \geq 0 \,. \tag{4.44}$$

- Aus dieser Gleichung gewinnt man sofort die *Entropieungleichung in lokaler Form in regulären Punkten*:

$$\rho \frac{\delta s}{\delta t} + \nabla \cdot \boldsymbol{\phi} - \rho \xi = \sigma \geq 0 \tag{4.45}$$

oder auch

$$\rho \frac{\delta s}{\delta t} + \nabla \cdot \left(\frac{\boldsymbol{q}}{T} \right) - \frac{\rho r}{T} = \sigma \geq 0 \,. \tag{4.46}$$

4.3 Auswertung der Entropieungleichung

4.3.1 Thermodynamik irreversibler Prozesse: die Kraft-Fluss-Methode

4.3.1.1 Vorbemerkungen

Es wurde bereits darauf hingewiesen, dass die Vorgehensweise der *Thermodynamik irreversibler Prozesse* (*TIP*) bei der Auswertung des Entropieprinzips in vereinfachter Form bereits im Abschnitt 4.2.1 erläutert wurde. Wir werden dies nun ein wenig vertiefen und insbesondere auch auf die Überlegungen von Onsager und Casimir eingehen, die Eigentümlichkeiten der zwischen Kräften und Flüssen vermittelnden Koeffizienten betreffen. Auch werden wir die Kritikpunkte vortragen, wie sie von der Schule der sogenannten Rationalen Thermodynamik nach Truesdell eingebracht wurden, und welche die Auswertemethode nach Coleman-Noll als ultima ratio propagiert.

Weiterführende Lehrbücher über TIP wurden von de Groot und Mazur [Gro1983] sowie (im deutschsprachigen Raum) von Haase [Haa1963] verfasst. Hier findet man all' das, was in diesem Lehrbuch nicht behandelt wird.

Bild 4.3 Protagonisten moderner Auswertungen des Entropieprinzips: Lars Onsager (1903–1976), Hendrik Brugt Gerhard Casimir (1909–2000), Sybren Ruurds de Groot (1916–1994), Bernhard D. Coleman (1930), Walter Noll (1925–2017), Ingo Müller (1936), I-Shih Liu (1943)

4.3.1.2 Thermodynamische Kräfte und Flüsse

In der TIP nach [Gro1983], Chapter III, § 1 gibt es keine Volumenzufuhr ξ an Entropie und anstelle von Gleichung (4.45) schreibt man (unter Beachtung von Gleichung (2.59) bei materiellen Volumenelementen) also:

$$\rho\frac{\mathrm{d}s}{\mathrm{d}t} = -\nabla\cdot\boldsymbol{\phi} + \sigma \quad \text{mit} \quad \sigma \geq 0 \,. \tag{4.47}$$

Als Materialien interessieren im folgenden beispielhaft zum einen wärmeleitende Fluide (mit Viskosität), die vornehmlich isotropes aber gegebenenfalls auch anisotropes Verhalten aufweisen und zum anderen wärmeleitende, anisotrope Kristalle (ohne Viskosität).

Wir beginnen mit den Fluiden. Um hierfür den Entropiefluss $\boldsymbol{\phi}$ und die Entropieproduktion σ zu detaillieren, wird wie folgt argumentiert: *Erstens* wird der symmetrisch angenommene Spannungstensor in einen elastisch reversiblen (Index e) und einen reibungsbehafteten irreversiblen Anteil (Index f für friction) additiv zerlegt. Beide Anteile sind ebenfalls symmetrisch. Darüber hinaus ist für ein Fluid der reversible Anteil einfach kugelförmig und der Vorfaktor ist der hydrostatische Druck p:

$$\boldsymbol{\sigma} = \boldsymbol{\sigma}^{\mathrm{e}} + \boldsymbol{\sigma}^{\mathrm{f}} = -p\,\mathbf{1} + \boldsymbol{\sigma}^{\mathrm{f}} \,. \tag{4.48}$$

Nun betrachten wir den Arbeitsterm $\boldsymbol{\sigma} : (\nabla \otimes \boldsymbol{v})$ im 1. Hauptsatz in der Form nach Gleichung (4.8), beachten die Massenbilanz aus Gleichung $(3.7)_2$ für den reversiblen Druckanteil p und erhalten:

$$\rho \frac{\mathrm{d}u}{\mathrm{d}t} = -\nabla \cdot \boldsymbol{q} - \frac{p}{v}\frac{\mathrm{d}v}{\mathrm{d}t} + \boldsymbol{\sigma}^{\mathrm{f}} : \boldsymbol{d}\,, \quad \boldsymbol{d} = \frac{1}{2}(\nabla \otimes \boldsymbol{v} + \boldsymbol{v} \otimes \nabla)\,. \tag{4.49}$$

Dass hier der symmetrisierte Geschwindigkeitsgradient $\boldsymbol{d}$ eingesetzt wurde, wird sich im Nachhinein als günstig erweisen. Dies ist formal erst einmal korrekt, da der Spannungstensor ja als symmetrisch angenommen wurde.

Zweites nimmt man an, dass die spezifische Entropie eine Funktion von zwei Gleichgewichtsvariablen ist, nämlich speziell der spezifischen inneren Energie u und dem spezifischen Volumen* v, so dass eine Gibbs'sche Gleichung dergestalt gilt, dass:

$$T\frac{\mathrm{d}s}{\mathrm{d}t} = \frac{\mathrm{d}u}{\mathrm{d}t} + p\frac{\mathrm{d}v}{\mathrm{d}t}\,. \tag{4.50}$$

Dies ist eine Beziehung im materiellen Punkt und man spricht in diesem Zusammenhang von der *Hypothese des lokalen Gleichgewichts*. Nun werden die Gleichung (4.49) und Gleichung (4.50) miteinander verknüpft und leicht umgeformt. Man erhält eine Gleichung, die der lokalen Entropiebilanz aus Gleichung (4.47) ähnlich sieht:

$$\rho \frac{\mathrm{d}s}{\mathrm{d}t} = -\frac{\nabla \cdot \boldsymbol{q}}{T} + \frac{1}{T}\boldsymbol{\sigma}^{\mathrm{f}} : \boldsymbol{d} \quad \Rightarrow \quad \rho \frac{\mathrm{d}s}{\mathrm{d}t} = -\nabla \cdot \left(\frac{\boldsymbol{q}}{T}\right) - \frac{1}{T^2}\boldsymbol{q} \cdot (\nabla T) + \frac{1}{T}\boldsymbol{\sigma}^{\mathrm{f}} : \boldsymbol{d}\,. \tag{4.51}$$

Im Vergleich mit Gleichung $(4.47)_1$ identifiziert man den Entropiefluss $\boldsymbol{\phi}$ und die Entropieproduktion wie folgt:

$$\boldsymbol{\phi} = \frac{\boldsymbol{q}}{T}\,, \quad \sigma = -\frac{1}{T^2}\boldsymbol{q} \cdot (\nabla T) + \frac{1}{T}\boldsymbol{\sigma}^{\mathrm{f}} : \boldsymbol{d}\,. \tag{4.52}$$

Offenbar ist der Entropiefluss für das vorliegende Problem einfach durch die *reduzierten Wärmen* $\frac{\boldsymbol{q}}{T}$ gegeben. Das muss nicht immer so sein. Schon wenn man die Öffnung des Systems zulässt und Diffusion stattfinden darf, kommt ein Zusatzterm mit den sogenannten chemischen Potentialen hinzu. Da wir aus Platzgründen Diffusion hier nicht behandeln, sei auf [Gro1983], Chapter III, § 2 verwiesen.

Auch ohne Diffusion können wir an diesem relativ einfachen Beispiel die weitere Vorgehensweise der TIP bereits erklären. Man bemerkt nun *drittens*, dass die Entropieproduktion sich immer aus voneinander konzeptionell unabhängigen Produkten zusammensetzt, nämlich wie man sagt aus *Kräften* und *Flüssen*. Die Flüsse sind in diesem Fall der Wärmefluss $\boldsymbol{q}$ (bis auf den positiven Faktor $\frac{1}{T^2}$) und der irreversible Anteil des Spannungstensors $\boldsymbol{\sigma}^{\mathrm{f}}$ (bis auf den positiven Faktor $\frac{1}{T}$). Man denke bei letzterem auch an den Begriff *Spannungsfluss* aus der Technischen Mechanik. Die Kräfte jedoch haben etwas mit Gradienten zu schaffen, also Größen, die in sich einen Antrieb erkennen lassen. Im vorliegenden Fall sind das der Temperaturgradient ∇T und der Geschwindigkeitsgradient in Form von $\boldsymbol{d}$. Man fasst die kartesischen Komponenten der Flüsse und Kräfte nun in Spaltenvektoren wie folgt zusammen:

$$\begin{aligned} J_I &= \left[-\frac{q_1}{T^2}, -\frac{q_2}{T^2}, -\frac{q_3}{T^2}, \frac{\sigma^{\mathrm{f}}_{11}}{T}, \frac{\sigma^{\mathrm{f}}_{22}}{T}, \frac{\sigma^{\mathrm{f}}_{33}}{T}, \frac{\sigma^{\mathrm{f}}_{13}}{T}, \frac{\sigma^{\mathrm{f}}_{23}}{T}, \frac{\sigma^{\mathrm{f}}_{12}}{T}\right]^{\mathrm{T}}_I \\ X_J &= \left[\frac{\partial T}{\partial x_1}, \frac{\partial T}{\partial x_2}, \frac{\partial T}{\partial x_3}, d_{11}, d_{22}, d_{33}, 2d_{13}, 2d_{23}, 2d_{12}\right]^{\mathrm{T}}_J\,. \end{aligned} \tag{4.53}$$

* Das nachstehende $\mathrm{d}v$ darf man nicht mit dem gleichen Symbol $\mathrm{d}v$ bei der Volumenintegration für Bilanzen über materielle Volumina verwechseln.

Die Superindizes (I, J) laufen im vorliegenden Fall von 1 bis 9, denn wir haben drei Komponenten des Temperaturgradienten und sechs für den symmetrischen Geschwindigkeitsgradient, bzw. drei Komponenten vom Wärmefluss und sechs vom symmetrischen irreversiblen Anteil des Spannungstensors.* Somit kommen wir unter Beachtung des 2. Hauptsatzes Gleichung $(4.47)_2$ auf

$$\sigma = \sum_I J_I X_I \geq 0 \,. \tag{4.54}$$

Viertens verlangt man, dass die Flüsse linear von den Kräften abhängen:

$$J_I = \sum_J L_{IJ} X_J \,. \tag{4.55}$$

Die Größen L_{IJ} nennt man *phänomenologische Koeffizienten* und man spricht in der Welt der TIP bei der Gleichung (4.55) auch von den *phänomenologischen Gleichungen.* Wir würden vielleicht eher von linearisierten Materialgleichungen reden. Gleichung (4.55) in Gleichung (4.54) eingesetzt führt auf folgende Bilinearform:

$$\sigma = \sum_{I,J} L_{IJ} X_I X_J \geq 0 \,. \tag{4.56}$$

Ziel der TIP ist es, aus dieser Ungleichung einschränkende Bedingungen an die Koeffizienten L_{IJ} zu gewinnen. Dazu muss man die Matrix L_{IJ} als Ganzes betrachten: Für die Erfüllung der Ungleichung muss man schließen bzw. *fünftens* fordern, dass sie *positiv-semidefinit* ist. Nach den Regeln der linearen Algebra müssen dann alle Hauptminoren bzw. alle Eigenwerte der Matrix positiv sein. Aus physikalischen Gründen ist es außerdem sinnvoll, dass die Hauptminoren bzw. Eigenwerte allesamt reelle Zahlengrößen sind. Und das stellen wir *sechstens* dadurch sicher, dass wir zusätzlich verlangen, dass L_{IJ} eine *symmetrische* Matrix ist. Wir werden diese Forderungen für den vorliegenden Fall weiter unten untersuchen.

Die Frage ist jedoch, ob es außer dem phänomenologischen Entropieprinzip irgendwelche weiteren physikalischen Gründe gibt, warum es sich bei den phänomenologischen Koeffizienten um eine symmetrische positiv-semidefinite Matrix handeln sollte. In der Tat, diese gibt es möglicherweise. Um 1930 wurde diese auch unter dem Namen *Onsager-Casimir'sche Reziprozitätsbeziehungen* bekannte Symmetrie von Lars Onsager und Hendrik Casimir auf der Basis statistisch-atomistischer Überlegungen untermauert. Diesen Überlegungen gehen wir hier jedoch nicht weiter nach, sondern müssen auf die oben zitierte Literatur zur TIP verweisen.

Kommen wir nun auf die Koeffizientenmatrix L_{IJ} im vorliegenden Fall zu sprechen. Die allgemeinsten linearen Verknüpfungen für den Wärmefluss mit dem Temperaturgradienten und für den irreversiblen Anteil des Spannungstensors mit dem symmetrisierten Geschwindigkeitsgradienten lauten:**

$$q_i = -\kappa_{ij} \frac{\partial T}{\partial x_j} \,, \quad \sigma^{\mathrm{f}}_{ij} = \lambda_{ijkl} d_{kl} \,. \tag{4.57}$$

Man nennt κ_{ij} den *Wärmeleitfähigkeitstensor.* Das vorangestellte Minus ist Konvention, um dem negativen Vorzeichen des entsprechenden Terms in der Entropieproduktion Gleichung

* Die Reihenfolge der Scherkomponenten und auch der bei den Kräften zugedachte Faktor 2 ist reine Konvention.

** Angesichts der Tatsache, dass das Fluss-Kraft Konzept mit Superindizes geschrieben wurde, ist es sinnvoll, nachstehend keine absolute Notation sondern kartesische Indizes zu verwenden.

$(4.52)_2$ zu parieren und um die Größen κ_{ij} sozusagen positiv notieren zu können. Die Größe λ_{ijkl} bilden den Viskositätentensor 4. Stufe.

Flüssigkeiten sind isotrope Materialien und aus diesem Grunde müssen sowohl κ_{ij} als auch λ_{ijkl} als Linearkombinationen des Einheitstensors schreibbar sein:*

$$\kappa_{ij} = \kappa\delta_{ij}\,,\quad \lambda_{ijkl} = \lambda\delta_{ij}\delta_{kl} + \mu\left(\delta_{ik}\delta_{jl} + \delta_{il}\delta_{jk}\right)\,. \tag{4.58}$$

Damit ist die zugehörige Matrix der phänomenologischen Koeffizienten gegeben durch:

$$L_{IJ} = \begin{bmatrix} \kappa/T^2 & 0 & 0 & 0 & 0 & 0 & 0 & 0 & 0 \\ 0 & \kappa/T^2 & 0 & 0 & 0 & 0 & 0 & 0 & 0 \\ 0 & 0 & \kappa/T^2 & 0 & 0 & 0 & 0 & 0 & 0 \\ 0 & 0 & 0 & \lambda{+}2\mu/T & \lambda/T & \lambda/T & 0 & 0 & 0 \\ 0 & 0 & 0 & \lambda/T & \lambda{+}2\mu/T & \lambda/T & 0 & 0 & 0 \\ 0 & 0 & 0 & \lambda/T & \lambda/T & \lambda{+}2\mu/T & 0 & 0 & 0 \\ 0 & 0 & 0 & 0 & 0 & 0 & \mu/T & 0 & 0 \\ 0 & 0 & 0 & 0 & 0 & 0 & 0 & \mu/T & 0 \\ 0 & 0 & 0 & 0 & 0 & 0 & 0 & 0 & \mu/T \end{bmatrix}_{IJ}\,. \tag{4.59}$$

Diese Matrix ist offensichtlich bereits symmetrisch und zwar liegt das an unserer Gleichung (4.57). Nach den Regeln der linearen Algebra lassen sich ihre neun reellen Eigenwerte bestimmen zu**

$$\kappa\,(3\times),\ \mu\,(3\times),\ 2\mu\,(2\times),\ 3\lambda + 2\mu\,(1\times)\,. \tag{4.60}$$

und um der Forderung nach Semipositivität zu genügen, müssen wir fordern:

$$\kappa > 0\,,\quad \lambda + \tfrac{2}{3}\mu > 0\,,\quad \mu > 0\,. \tag{4.61}$$

Anschaulich bedeuten diese Gleichungen, dass (a) Wärme von heiß nach kalt, also entgegen dem Temperaturgradienten fließt und (b) dass eine Scherkraft benachbarte Fluidpartikel mitschleppt. Das hätten wir allerdings auch ohne TIP und Casimir-Onsager-Relationen gewusst. Wozu also das Ganze? Der Vorteil besteht darin, dass wir nun ein Werkzeug in der Hand haben, wo auch nicht-mechanische Phänomene mit einbezogen, bzw. sogar an die Mechanik gekoppelt werden können, wie etwa Diffusion oder auch elektromagnetische Phänomene. Da fehlt uns das Bauchgefühl, und die Vorzeichen der die betreffenden Flüsse und Kräfte koppelnden Koeffizienten sind dann nicht mehr unmittelbar offensichtlich. Hierzu findet man mehr z. B. in [Gro1983], Kapitel XI, § 7 oder [Haa1963], § 4.25.

Übungsaufgabe *Positivität der Wärmeleitfähigkeit sowie der Scher- und Volumenviskosität eines Fluids*

Man beweise das in Gleichung (4.61) gezeigte Ergebnis. Zu diesem Zweck gilt es zuvor mit Methoden der linearen Algebra die Eigenwerte der Matrix in Gleichung (4.59) zu bestimmen. Zeige außerdem, dass sich nichts anderes ergibt, wenn man Positivität aller Hauptminoren der Matrix verlangt.

* Im Grunde handelt es sich hier um einen sehr einfachen *Darstellungssatz*. Dieses mathematische Thema der linearen Algebra wird hier nicht vertieft. Weitere Informationen zu diesem Thema findet man z. B. in [Mue1973].

** Die positiven Temperaturfaktoren haben wir dabei bereits nicht mehr hingeschrieben.

Somit erhält man für den Wärmefluss und den irreversiblen Anteil des Spannungstensors zunächst (wieder in absoluter Schreibweise):

$$\boldsymbol{q} = -\kappa \nabla T\,,\ \boldsymbol{\sigma}^{\mathrm{f}} = \left(\lambda + \tfrac{2}{3}\mu\right) \mathrm{Sp}\,\boldsymbol{d}\,\mathbf{1} + 2\mu\left(\boldsymbol{d} - \tfrac{1}{3}\,\mathrm{Sp}\,\boldsymbol{d}\,\mathbf{1}\right). \tag{4.62}$$

Die erste Gleichung ist das *Fourier'sche Wärmeleitungsgesetz* in Flüssigkeiten. Es ist ferner üblich, den irreversiblen Anteil des Spannungstensors in Kugel- und Deviatoranteil aufzuteilen:*

$$\boldsymbol{\sigma}^{\mathrm{f}} = -\pi\,\mathbf{1} + \boldsymbol{\Sigma}\,, \tag{4.63}$$

und wir identifizieren so:

$$\pi = -\mu_v \nabla \boldsymbol{v}\,,\ \mu_v = \left(\lambda + \tfrac{2}{3}\mu\right) > 0\,,\ \boldsymbol{\Sigma} = 2\mu\left(\boldsymbol{d} - \tfrac{1}{3}\,\mathrm{Sp}\,\boldsymbol{d}\,\mathbf{1}\right),\ \mu > 0\,. \tag{4.64}$$

Unter Beachtung von Gleichung (4.48) erhält man so das *Navier-Stokes-Gesetz* linear viskoser Fluide:

$$\boldsymbol{\sigma} = -p\mathbf{1} + \mu_v \nabla \cdot \boldsymbol{v}\,\mathbf{1} + \mu\left(\nabla \otimes \boldsymbol{v} + \boldsymbol{v} \otimes \nabla - \tfrac{2}{3}\nabla \cdot \boldsymbol{v}\,\mathbf{1}\right) \tag{4.65}$$

mit positiven Scher- und Volumenviskositäten μ und μ_v. Der Kreis hat sich geschlossen, das Ergebnis von Eckart aus Gleichung (4.34) ist ausführlich verifiziert worden.

Kommen wir jetzt noch auf den anisotropen Kristall zurück. Hier gibt es kein viskoses Fließen. Im Rahmen unserer hier vorgestellten Modellierung (Wärmeleitung ohne Diffusion) ergibt sich die Entropieproduktion somit zu

$$\sigma = -\frac{1}{T^2}\boldsymbol{q} \cdot (\nabla T)\,. \tag{4.66}$$

Für den Wärmefluss haben wir

$$q_i = -\kappa_{ij}\frac{\partial T}{\partial x_j}\,, \tag{4.67}$$

wobei der Wärmeleitfähigkeitstensor κ_{ij} diesmal nicht durch eine einzige Zahl wie in Gleichung $(4.58)_1$ beschrieben werden kann, denn der Kristall ist ja anisotrop und in unterschiedlichen Richtungen kann die Wärmeleitung unterschiedlich sein. Was wir jedoch im Rahmen der Fluss-Kraft-Lehre sofort sagen können, ist, dass es sich bei der Matrix phänomenologischer Koeffizienten $L_{ij} = \frac{\kappa_{ij}}{T^2}$ um eine *symmetrische* Matrix 3×3-Matrix handeln muss. Und diese kann höchstens drei verschiedene reelle Eigenwerte haben. Der Fall stärkster Anisotropie eines Kristalles lässt sich also in Bezug auf seine Wärmeleitfähigkeit durch drei Wärmeleitfähigkeitskoeffizienten erfassen, und das dazugehörige allgemeine Wärmeleitfähigheitsproblem lässt sich entkoppelt in Richtung der drei zugehörigen Eigenvektorrichtungen beschreiben.

Übungsaufgabe *Wärmeleitung in einem anisotropen Kristall*

Konsultiere das Internet und finde heraus, welche Mineralien und sonstige anisotropen Kunstwerkstoffe (Komposite) wieviel unterschiedliche Koeffizienten zur Beschreibung ihrer Wärmeleitfähigkeit benötigen. Wie heißen die zugehörigen Kristallklassen, und wie kann man sich ihren atomaren bzw. mikroskopischen Aufbau vorstellen?

* Das ist auch nützlich, denn das Doppelskalarprodukt zwischen beiden Anteilen verschwindet! Sie sind unabhängig voneinander und stehen sozusagen senkrecht aufeinander.

4.3.1.3 Kritik der Kraft-Fluss-Methode

Wie bei jeder Theorie gibt es auch zum Vorgehen der TIP viele Kritikpunkte, die wir nachstehend vorbringen und diskutieren. Allerdings sollte man dabei bedenken, dass es hier zum Teil um einen unerbitterlichen Streit zwischen verschiedenen Thermodynamikschulen geht, wobei sich Truesdells rationale Schule besonders hervortut [Tru1969], [Tru1984].* Folgendes gilt es festzuhalten:

- Es ist denkbar, dass es irreversible Prozesse gibt, die nicht durch eine lineare Abhängigkeit wie in Gleichung (4.55) beschrieben werden können. Die im folgenden beschriebenen Auswerteverfahren können ggf. dabei helfen, solche „nicht-linearen Kraft-Fluss-Gesetze“ zu finden, nur spricht man dann sofort von nicht-linearen Materialgleichungen und nicht von Kräften und Flüssen.
- Die Kenntnis einer Gibbs'schen Gleichung ist notwendig, nur liegt diese für komplexere Prozesse und Materialien nicht immer vor. So ist schon bei Einbeziehung elektromechanischer Feldgrößen es durchaus strittig, welche der vier Felder $\boldsymbol{E}, \boldsymbol{B}, \boldsymbol{D}, \boldsymbol{H}$ (siehe Kapitel 5) eine Kraft und welche ein Fluss ist und wie die Gibbsgleichung korrekt lautet (siehe den Beitrag von Ingo Müller in diesem Buch in Abschnitt 4.2.1).
- Zur experimentellen Beweisführung der Symmetrie und Semipositivität der Matrix der phänomenologischen Koeffizienten L_{IJ} nach Onsager schreibt Truesdell in [Tru1969], S. 114 bissig: „Experiments to test the symmetry of $\boldsymbol{K}$ were conceived by SORET, P. CURIE, and VOIGT ... hence I may mention that so far as I know, these experiments have not been checked by repetition, nor have tests been reported on any specimens from the eleven further types of crystals in which $\boldsymbol{K}_-$ need not vanish by symmetry, or in transversely isotropic materials“.** Darüber hinaus sagt er zu Recht auf S. 116, dass es sich beim Viskositätstensor nach Gleichung (4.58) um einen Tensor „of a very special kind“ handelt. Für den mathematischen Beweis der Symmetrie durch Onsager und Casimir aufgrund des sogenannten *Prinzips der mikroskopischen Reversibilität,* den man in [Gro1983] nachlesen kann, hat er nur Verachtung übrig (S. 121): „It would not be tactful for me to admit that I am not convinced by the mathematics of ONSAGER and CASIMIR.“

4.3.1.4 Kraft-Fluss-Methode und Stabilität

Mechanische Stabilitätskriterien inklusive Vorzeichen von beispielsweise elastischen Koeffizienten werden von Mechanikern gemeinhin losgelöst von der Entropie und Entropieprinzipien gesehen und als eigenständig betrachtet. In diesem Abschnitt geben wir zunächst einen kurzen Überblick zur Situation bei elastischen Festkörpern und danach einen Denkanstoß gemäß der Frage aus dem Lied von Peggy Lee „Is that all there is?“

* Maugin sagt in [Mau1999], S. 1 süffisant aber völlig richtig: „Perhaps, after all, the wise man's attitude towards thermodynamics should be to have nothing to do with it. To deal with thermodynamics is to look for trouble. ... Why do we need to get involved in a field of knowledge which, within the last hundred years, has exhibited the largest number of schizophrenics and megalomaniacs, imbalanced scientists, paranoiacs, egocentrists, and probably insomniacs and sleepwalkers? ... In introducing our subject we shall have to deal with hard-headed scientists and uncompromising characters, ...“.

** $\boldsymbol{K}_-$ bezieht sich auf einen möglicherweise vorhandenen antisymmetrischen Anteil der Wärmeleitungsmatrix κ_{ij}.

Betrachten wir zunächst linear-elastische, anisotrope Festkörper mit der Spannungs-Dehnungsrelation:*

$$\sigma^{\mathrm{e}}_{ij} = C_{ijkl}\varepsilon_{kl}\,. \tag{4.68}$$

Es bezeichnen C_{ijkl} die *Steifigkeitstetrade*, ein Tensor vierter Stufe, genauso wie der Viskositätentensor aus Gleichung (4.57). Ferner steht ε_{kl} für den linearen Dehnungstensor, spezifisch lediglich die elastisch-reversiblen Anteile desselben (siehe auch die Bemerkungen im Zusammenhang mit Gleichung (4.110)). In der Tat können wir nun auch Fluss-Kraftvektoren ähnlich wie in Gleichung (4.53) definieren, nämlich:

$$J_I = \left[\sigma^{\mathrm{e}}_{11}, \sigma^{\mathrm{e}}_{22}, \sigma^{\mathrm{e}}_{33}, \sigma^{\mathrm{e}}_{13}, \sigma^{\mathrm{e}}_{23}, \sigma^{\mathrm{e}}_{12}\right]^{\mathrm{T}}_I\,,\quad X_J = \left[\varepsilon_{11}, \varepsilon_{22}, \varepsilon_{33}, 2\varepsilon_{13},\, 2\varepsilon_{23}, 2\varepsilon_{12}\right]^{\mathrm{T}}_J\,. \tag{4.69}$$

Das ist etwas formal, denn die Fluss-Kraft Größen traten ja ursprünglich im Zusammenhang mit der Entropieproduktion σ in Gleichung (4.54) auf, und an der Entropieproduktion beteiligt sich der elastische Anteil der Spannungen $\boldsymbol{\sigma}^{\mathrm{e}}$ ja gar nicht (siehe Gleichung $(4.52)_2$ und auch die Ausführungen um Gleichung (4.111)).

Dann kann man Gleichung (4.68) in Superindexform (I, J von 1 bis 6) wie folgt schreiben

$$J_I = C_{IJ} X_J\,,\quad (I,J) \in \{1 = 11, 2 = 22, 3 = 33, 4 = 13, 5 = 23, 6 = 12\}\,. \tag{4.70}$$

Die Formänderungsenergiedichte w für einen linear-elastischen Hooke'schen Körper ist gegeben durch (siehe z. B. [Mue2021], § 5.7):

$$w = \tfrac{1}{2}\sigma_{ij}\varepsilon_{ij} = \tfrac{1}{2}C_{ijkl}\varepsilon_{ij}\varepsilon_{kl} \quad \text{oder} \quad w = \tfrac{1}{2}J_I X_I = \tfrac{1}{2}C_{IJ}X_I X_J\,. \tag{4.71}$$

Erinnern wir uns an das oben Gesagte, so ist die Versuchung groß, C_{IJ} mit einer Matrix phänomenologischer Koeffizienten L_{IJ} zu identifizieren, die nach den Onsager'schen Reziprozitätsbeziehungen symmetrisch ist. Auch die *Steifigkeitsmatrix* in dieser nach Voigt benannten Notation ist symmetrisch, also $C_{IJ} = C_{JI}$, nur begründet das der Technische Mechaniker aus der Gleichheit von Formänderungsenergiedichte und ihrem Komplement (siehe etwa [Mue2021] § 2.5). Von Onsager'schen Reziprozitätsbeziehungen ist da keine Rede. Der Mechaniker mit thermodynamischer Vorbildung drückt sich gewählter aus. Er startet von einem zu Gleichung (4.15) analogen 1. Hauptsatz für einen linear-elastischen Festkörper, der kleine (elastischen) Verformungen $\boldsymbol{\varepsilon}$ erfährt (siehe auch die Bemerkungen nach Gleichung (4.106)):

$$\rho\frac{\mathrm{d}u}{\mathrm{d}t} = -\nabla\cdot\boldsymbol{q} + \boldsymbol{\sigma}^{\mathrm{e}} : \frac{\mathrm{d}\boldsymbol{\varepsilon}}{\mathrm{d}t} \equiv -\nabla\cdot\boldsymbol{q} + \sigma^{\mathrm{e}}_I\frac{\mathrm{d}\varepsilon_I}{\mathrm{d}t}\,. \tag{4.72}$$

Darin haben wir mit [Nye1985], VIII 3. in Gleichung (4.69) $J_I \to \sigma^{\mathrm{e}}_I$ und $X_I \to \varepsilon^{\mathrm{e}}_I$ gesetzt. Nun wird im Sinne der TIP für das besagte Material in Analogie zu Gleichung (4.51) folgende Entropiebilanz angesetzt

$$\rho\frac{\mathrm{d}s}{\mathrm{d}t} = -\frac{\nabla\cdot\boldsymbol{q}}{T} = -\nabla\cdot\left(\frac{\boldsymbol{q}}{T}\right) - \frac{1}{T^2}\boldsymbol{q}\cdot(\nabla T)\,, \tag{4.73}$$

denn im vorliegenden Fall gibt es keine viskosen Spannungen, $\boldsymbol{\sigma}^{\mathrm{f}} = \mathbf{0}$, und die Entropieproduktion beschränkt sich hier allein auf Wärmeleitung, die es in einem linear-elastische Körper

* Wieder verwenden wir die Indexnotation, um den direkten Anschluss an die indizistische Schreibweise der TIP zu ermöglichen.

natürlich geben darf. Nun sind wir in der Lage, aus den beiden Gleichungen $\nabla \boldsymbol{q}$ zu eliminieren und erhalten in Analogie zu Gleichung (4.50) eine Gibbs'sche Gleichung in folgender Form

$$T\frac{\mathrm{d}s}{\mathrm{d}t} = \frac{\mathrm{d}u}{\mathrm{d}t} - \frac{1}{\rho}\boldsymbol{\sigma}^{\mathrm{e}} : \frac{\mathrm{d}\boldsymbol{\varepsilon}}{\mathrm{d}t} \equiv \frac{\mathrm{d}u}{\mathrm{d}t} - \frac{1}{\rho}\sigma_I^{\mathrm{e}}\frac{\mathrm{d}\varepsilon_I}{\mathrm{d}t}. \tag{4.74}$$

Diese schreiben wir unter Verwendung der spezifischen freien Energie $f = u - Ts$ um:

$$\frac{\mathrm{d}f}{\mathrm{d}t} = -s\frac{\mathrm{d}T}{\mathrm{d}t} + \frac{1}{\rho}\sigma_I^{\mathrm{e}}\frac{\mathrm{d}\varepsilon_I}{\mathrm{d}t}. \tag{4.75}$$

Nun folgen wir wieder [Nye1985], VIII 3. und fordern Isothermie, so dass:

$$\left.\frac{\mathrm{d}f}{\mathrm{d}t}\right|_T = \frac{1}{\rho}\sigma_I^{\mathrm{e}}\frac{\mathrm{d}\varepsilon_I}{\mathrm{d}t}. \tag{4.76}$$

Nun wird noch ein weiteres Mal genähert. Es gilt bei kleinen Deformationen Gleichung (3.96), und wir berücksichtigen nur lineare Terme in $\boldsymbol{\varepsilon}$, so dass wir die aktuelle Dichte durch die Dichte ρ_0 vor elastischer Deformation ersetzen:

$$\rho_0\left.\frac{\mathrm{d}f}{\mathrm{d}t}\right|_T = \sigma_I^{\mathrm{e}}\frac{\mathrm{d}\varepsilon_I}{\mathrm{d}t} \equiv \mathrm{d}w. \tag{4.77}$$

Das ist die Änderung der Formänderungsenergiedichte w, die in Gleichung (4.71) gemeint ist. In der Tat können wir sofort das Hooke'sche Gesetz Gleichung (4.70) einsetzen und erhalten

$$\rho_0\left.\frac{\mathrm{d}f}{\mathrm{d}t}\right|_T = C_{IJ}\varepsilon_J\frac{\mathrm{d}\varepsilon_I}{\mathrm{d}t}, \tag{4.78}$$

und Gleichung (4.71) folgt dann sofort durch Integration. Die C_{IJ} sind also *Elastizitätskoeffizienten bei konstanter Temperatur*. Man kann aber auch von Anfang an in Gleichung (4.75) die spezifische freie Energie als Funktion der Temperatur und der elastischen Dehnung auffassen, also $f(T,\varepsilon_I)$ schreiben und erhält (im Rahmen der Näherung für ρ):

$$\frac{\partial f}{\partial T}\frac{\mathrm{d}T}{\mathrm{d}t} + \frac{\partial f}{\partial \varepsilon_I}\frac{\mathrm{d}\varepsilon_I}{\mathrm{d}t} = -s\frac{\mathrm{d}T}{\mathrm{d}t} + \frac{1}{\rho_0}\sigma_I^{\mathrm{e}}\frac{\mathrm{d}\varepsilon_I}{\mathrm{d}t} \tag{4.79}$$

und nach Vergleich gilt:

$$\frac{\partial f}{\partial T} = -s, \quad \frac{\partial f}{\partial \varepsilon_I} = \frac{1}{\rho_0}C_{IJ}\varepsilon_J. \tag{4.80}$$

Nochmaliges Differenzieren nach ε_J der zweiten Beziehung führt auf:

$$\rho_0\frac{\partial^2 f}{\partial \varepsilon_J \partial \varepsilon_I} = C_{IJ}. \tag{4.81}$$

Die Reihenfolge der partiellen Differentiationen links ist jedoch vertauschbar. Damit muss es sich um einen symmetrischen Ausdruck handeln, und es folgt mit einem thermodynamischen Argument letztendlich die Symmetrie $C_{IJ} = C_{JI}$.

Kommen wir nun wieder zu den Ideen der TIP zurück, so sind wir wie schon gesagt angesichts der soeben bewiesenen Symmetrie und bei Betrachten der Bilinearform nach Gleichung (4.71) versucht, die elastischen Kenngrößen C_{IJ} mit einer Matrix L_{IJ} phänomenologischer Koeffizienten nach Gleichung (4.56) zu identifizieren, und diese war ja positiv-semidefinit. Das impliziert dann sofort $w \geq 0$. Also ergibt sich die Semipositivität von C_{IJ} diesmal *nicht* aus einer

Forderung nach einer positiven Entropieproduktion, denn diese ist bei isothermer Prozessführung ja gar nicht vorhanden. Daher argumentieren die Mechaniker auch anders und sagen, die Formänderungsenergie *muss* positiv sein, da sonst der Kristall ***instabil*** wäre (siehe [Nye1985], VIII § 4.1): Anstelle der rationalen, durch den 2. Hauptsatz der Thermodynamik gestützten Forderung nach einer positiven Entropieproduktion tritt also die durch nichts als den Willen nach mechanischer Stabilität begründete Forderung nach einer positiven Formänderungsenergie, und diese ist beim Hooke'schen Körper durch eine semipositive Matrix C_{IJ} garantiert. Basta!

In jedem Fall führt die Forderung nach Positiv-Definitheit der Matrix C_{IJ} wieder zu Vorzeichenaussagen über Kombinationen der Komponenten der Matrix der phänomenologischen Koeffizienten. Für diverse Kristalle unterschiedlicher elastischer Anisotropie sind diese in [Nye1985], § 4.1 zu finden. Wir greifen nun speziell das isotrope Hooke'sche Material heraus. Also haben wir in Analogie zu Gleichung (4.58) und Gleichung (4.59) für die Steifigkeitstetrade zu schreiben:

$$C_{ijkl} = \lambda\delta_{ij}\delta_{kl} + \mu\left(\delta_{ik}\delta_{jl} + \delta_{il}\delta_{jk}\right)$$

$$\Rightarrow \quad C_{IJ} = \begin{bmatrix} \lambda+2\mu & \lambda & \lambda & 0 & 0 & 0 \\ \lambda & \lambda+2\mu & \lambda & 0 & 0 & 0 \\ \lambda & \lambda & \lambda+2\mu & 0 & 0 & 0 \\ 0 & 0 & 0 & \mu & 0 & 0 \\ 0 & 0 & 0 & 0 & \mu & 0 \\ 0 & 0 & 0 & 0 & 0 & \mu \end{bmatrix}_{IJ} . \tag{4.82}$$

Es bezeichnen λ und μ die beiden *Lamé'schen Elastizitätskonstanten*, für die interessanterweise dieselben Symbole wie bei den Viskositätskoeffizienten aus Gleichung (4.58)verwendet werden. Natürlich sind die Konsequenzen analog zu Gleichung (4.61), also

$$k = \lambda + \tfrac{2}{3}\mu > 0\,, \quad \mu > 0\,. \tag{4.83}$$

k nennt man die elastische *Kompressibilität* und μ auch den *Schubmodul*. Die Gleichung (4.83) bedeutet anschaulich, dass ein allseitiges Drücken auf den isotropen Hooke'schen Festkörper sein Volumen verkleinert und dass bei Aufprägung einer Schubkraft die Scherdeformation dieser folgt.*

Übungsaufgabe *Mechanische Stabilität bei Druck und Scherung*

Betrachte einen in (x, y)-Richtung (unendlich) weit ausgedehnten isotropen, linearelastischen Festkörper, der bei $z = 0$ fest eingespannt ist und in der Höhe $z = H$ in x-Richtung der Belastung τ pro Flächeneinheit ausgesetzt ist sowie, um ihn auf konstanter Höhe H zu halten, dort in (y, z)-Richtungen konstante Zugkräfte $\sigma_{y,z}$ pro Flächeneinheit aufgeprägt bekommt. Löse die Lamé-Navier'schen partiellen Differentialgleichungen Gleichung (3.110) mit dem semi-inversen Ansatz $u_x = u_x(z)$, $u_y = 0$,

* Die Mechaniker nehmen im Zusammenhang mit der Forderung nach einer positiven Formänderungsenergie auch Bezug auf die garantierte Möglichkeit zur Ausbreitung von Scher- und Longitudinalwellen in Hooke'schen Festkörpern. Die zugehörigen Wellengleichungen folgen, wenn man die Impulsbilanz mit dem Hooke'schen Gesetz verknüpft. Die sogenannte *starke Elliptizität* (siehe [Ber2015], S. 246, oder [Lur1990], S. 137) – ausgedrückt durch Gleichung (4.83) – garantiert deren Existenz.

$u_z = 0$ und geeigneten Spannungsrandbedingungen, um zu zeigen, dass

$$u_x = \frac{\tau}{\mu} z\,, \quad \sigma_y = \sigma_z = \frac{\lambda}{\mu}\tau\,. \tag{4.84}$$

Welche Widersprüche würden sich ergeben, wenn der Schubmodul negativ wäre?

Berechne in einem zweiten Schritt den Volumenschrumpf ΔV eines linear-elastischen Körpers (z. B. eines Würfels der Kantenlänge L), der unter dem allseitigen Druck p steht mit Hilfe der Navier-Lamé'schen Gleichung (3.110) und dem semiinversen Ansatz $u_x = u_x(x)$, $u_y = u_y(y)$, $u_z = u_z(z)$. Zeige unter Verwendung geeigneter Randbedingungen, dass gilt:

$$u_x = -\frac{p}{3k} x\,, \quad u_y = -\frac{p}{3k} y\,, \quad u_z = -\frac{p}{3k} z\,, \quad \Delta V = -\frac{p}{k} L^3\,. \tag{4.85}$$

Diskutiere den Fall einer negativen Kompressibilität k.

Bevor wir den Aspekt beleuchten, wie die Positivität gewisser Materialparameter auch mit entropischen Argumenten hergeleitet werden kann, sei bemerkt, dass thermische, mechanische und *elektrische* Effekte in einem anisotropen Kristalle *gleichzeitig miteinander gekoppelt* auftreten können. Wir betreten hier die Welt der *Piezo-* und *Pyroelektrizität* sowie der *Piezokalorik* bei gleichzeitiger *thermischer Ausdehnung*. Neue Materialkoeffizienten treten in Form von Tensoren unterschiedlicher Stufe auf, welche die neuen Kraft- und Flussgrößen in linearer Weise verbinden, wie es schon bei Spannung und Dehnung der Fall war. Zu nennen sind u. a. die Matrix der *thermischen Ausdehnungskoeffizienten* (zweiter Ordnung) und die Matrix der *piezoelektrischen Koeffizienten* (dritter Ordnung). Wir werden dieses Thema hier nicht vertiefen. Es sei jedoch gesagt, dass daraus ähnlich wie in Gleichung (4.59) eine große Matrix phänomenenologischer Koeffizienten mit gewissen Symmetrien entsteht. Weitere Details findet man in [Nye1985], Kapitel X. Hinsichtlich möglicher Vorzeichen von Kombinationen der neuen phänomenologischen Koeffizienten wird nichts berichtet.

4.3.1.5 Thermodynamische Stabilität

Die Ausführungen in Abschnitt 4.3.1.4 ließen den Wunsch offen, anstelle der Forderung nach einer positiven Formänderungsenergiedichte ein entropisches Kriterium zu verwenden, das letztendlich auf die in Gleichung (4.83) gefundenen Ungleichungen führt. In einem Satz: In der Physik gibt es nur eine Ungleichung, und das ist der 2. Hauptsatz der Thermodynamik, den man salopp oft mit dem Slogan „die Entropie nimmt zu“ volkstümlich ausdrückt. Das untersuchen wir jetzt genauer.

Wir betrachten im folgenden makroskopische Systeme, also z. B. die in Bild 4.4 dargestellten Zylindergefäße der Technischen Chemie oder Technischen Thermodynamik (etwa [Cen2015], z. B. S. 11, 16, 72). Im Zylinder wird in der zugehörigen Literatur meist ein Gas bzw. ein Fluid aufbewahrt. Das muss aber nicht so sein. Obwohl es die Lehrbücher oft nicht explizit sagen, darf auch ein Festkörper enthalten sein. Auch sind die Wandungen und Kolben in solchen Systeme in der Realität natürlich massiv. Sie besitzen Masse, können thermische Energie speichern, etc. Bei den folgenden Betrachtungen sehen wir davon jedoch ab. Sie haben lediglich eine gedankliche Funktion, um gewisse Randbedingungen zu etablieren.

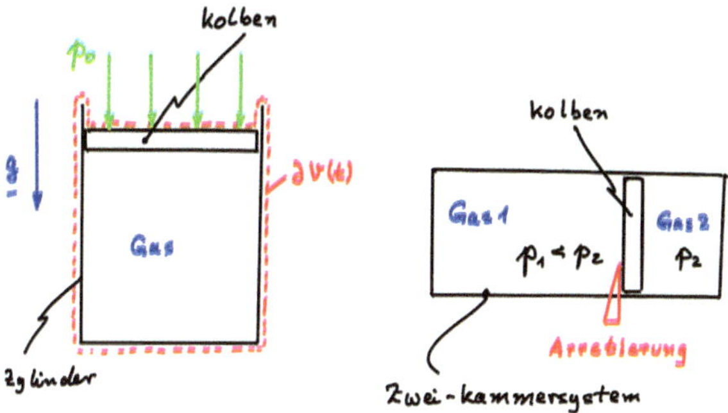

Bild 4.4 Cartoons makroskopischer thermodynamischer Systeme

Diese Gefäße können verschiedenen *Randbedingungen* unterworfen sein. Folgende seien genannt: (a) Die Wandung $\partial v(t)$ wird durch ein externes Wärmebad auf gleicher Temperatur T_0 während des gesamten Prozesses gehalten. (b) Auf der Wandung herrscht während des gesamten Prozesses ein konstanter Druckzustand p_0. (c) Die Wandung ist starr und bewegt sich während des Prozesses nicht, $\boldsymbol{v} = \mathbf{0}$. (d) Die Wandung lässt keine Wärme durch, also $\boldsymbol{q}$ ist dort Null. Mit ein wenig thermodynamischer Vorbildung ist man geneigt, von einem *isothermen, isobaren, isochoren,* bzw. *adiabaten* Zustand zu sprechen. Doch Vorsicht: Diese Attribute treffen wohl auf die Wandung zu, im Inneren des Systems jedoch kann sich während des Prozesses ein komplexer irreversibler Zustand einstellen, der mit solchen Worten nicht beschreibbar ist. Trotzdem gelten jederzeit für das globale System $v(t)$ die Erhaltungssätze für Masse, Impuls, und Energie sowie die Entropiebilanz inklusive Vorzeichenaussage. Die Impulserhaltung klammern wir in den nachfolgenden Untersuchungen aus, denn, wie wir sehen werden, trägt sie zu den nachfolgenden thermodynamischen Stabilitätsuntersuchungen keine Erkenntnisse bei. Einflüsse der Gravitation (Volumenkraft) und der Strahlung lassen wir der Einfachheit halber auch außen vor. Wir schreiben also gemäß Gleichung (3.4), Gleichung (4.2), Gleichung (3.43) und Gleichung (4.44):

$$
\begin{aligned}
&\frac{\mathrm{d}}{\mathrm{d}t}\int\limits_{v(t)} \rho \,\mathrm{d}v = 0, \\
&\frac{\mathrm{d}}{\mathrm{d}t}\int\limits_{v(t)} \rho\left(u + \frac{\boldsymbol{v}^2}{2}\right)\mathrm{d}v + \oint\limits_{\partial v(t)} \boldsymbol{q}\cdot\boldsymbol{n}\,\mathrm{d}a + \oint\limits_{\partial v(t)} \boldsymbol{t}\cdot\boldsymbol{v}\,\mathrm{d}a = 0, \\
&\frac{\mathrm{d}}{\mathrm{d}t}\int\limits_{v(t)} \rho s\,\mathrm{d}v + \oint\limits_{\partial v(t)} \frac{\boldsymbol{q}}{T}\cdot\boldsymbol{n}\,\mathrm{d}a = \int\limits_{v(t)} \sigma\,\mathrm{d}v \geq 0.
\end{aligned}
\tag{4.86}
$$

Als erstes untersuchen wir den Fall des isotherm auf Temperatur T_0 gehaltenen Systems (siehe Bild 4.4). Außerdem soll am Rand der konstante Außendruck $\boldsymbol{t} = -p_0\boldsymbol{n}$ herrschen, also folgt

$$
\oint\limits_{\partial v(t)} \frac{\boldsymbol{q}}{T}\cdot\boldsymbol{n}\,\mathrm{d}a = \frac{1}{T_0}\oint\limits_{\partial v(t)} \boldsymbol{q}\cdot\boldsymbol{n}\,\mathrm{d}a, \quad \oint\limits_{\partial v(t)} \boldsymbol{t}\cdot\boldsymbol{v}\,\mathrm{d}a = -p_0\oint\limits_{\partial v(t)} \boldsymbol{n}\cdot\boldsymbol{v}\,\mathrm{d}a = -p_0\frac{\mathrm{d}v}{\mathrm{d}t}. \tag{4.87}
$$

Letzteres ergibt sich aus Gleichung (2.31) mit der Wahl $\psi = 1$. Nehmen wir beispielsweise an, dass der Stempel eingangs in einer Höhe unter Zwang gehalten wird (Bild 4.4 links), weil der Gasdruck p am Stempel innen und der Außendruck p_0 am Stempel außen verschieden sind. Oder betrachte den ebenfalls wärmedurchlässigen Stempel in Bild 4.4 rechts, der festgehalten werden muss, da die Gase in den beiden Kammern unter unterschiedlichem Druck stehen. Nun lassen wir den Stempel los. Dann gibt es während des Prozesses, der sich in einer Bewegung des Stempels manifestiert, über den Rand natürlich einen Wärmefluss $\boldsymbol{q}$, den wir nicht kennen. Wir befreien uns von dieser störenden Größe, indem wir ihn aus beiden Gleichungen eliminieren:

$$\frac{\mathrm{d}}{\mathrm{d}t}\int_{v(t)} \rho\left(u - T_0 s + \frac{p_0}{\rho} + \frac{\boldsymbol{v}^2}{2}\right)\mathrm{d}v = -\int_{v(t)} T_0 \sigma \,\mathrm{d}v \le 0 . \tag{4.88}$$

Gibbs [Gib1906], S. 50 nennt das Gesamtintegral auf der linken Seite die „available energy" oder kurz *Availability* des Materie. Nun integrieren wir diesen Ausdruck über der Zeit zwischen Anfangs- und Endzustand A bzw. E, die beides Gleichgewichtszustände sein sollen, und finden

$$\int_{v(t_\mathrm{E})} \rho\left(u - T_0 s + \frac{p_0}{\rho}\right)\mathrm{d}v - \int_{v(t_\mathrm{A})} \rho\left(u - T_0 s + \frac{p_0}{\rho}\right)\mathrm{d}v = -\int_{t_\mathrm{A}}^{t_\mathrm{E}}\left(\int_{v(t)} T_0 \sigma \,\mathrm{d}v\right)\mathrm{d}t \le 0 , \tag{4.89}$$

denn sowohl am Anfang als auch am Ende gibt es keine Geschwindigkeiten $\boldsymbol{v}$, da Gleichgewicht herrscht.

In der Thermodynamik bekommen die Kombinationen $h = u + pv$, $f = u - Ts$ und $g = u - Ts + pv$ eigene Namen, denn je nach Prozessführung kommt ihnen eine eigenständige Rolle zu. Man spricht von der spezifischen *Enthalpie* h, der spezifischen *freien Energie* f und der spezifischen *Gibbs'schen freien Energie* g, die im deutschen Sprachraum auch spezifische *freie Enthalpie* heißt. Aber ist die im Integranden von Gleichung (4.89) stehende Größe $u - T_0 s + \frac{p_0}{\rho}$ eine spezifische freie Enthalpie der Gasmaterie? Eigentlich nicht, denn es werden darin ja die Randbedingungsgrößen T_0 und p_0 verwendet. Nun mag man einwenden, dass in den beiden Gleichgewichtszuständen im Gas sicherlich homogene Verhältnisse herrschen und überall in der Gasmaterie gilt $T_\mathrm{A} = T_0$, $T_\mathrm{E} = T_0$ und auch $p_\mathrm{E} = p_0$. Aber $p_\mathrm{A} = p_0$ gilt eben *nicht*. Das stört den Argumentationsfluss, und so setzen wir p_0 auf Null. Dann aber ist festzuhalten, dass Gleichung (4.89) aussagt, dass die freie Energie des Systems ein *Minimum* anstrebt.* Man beachte, das ist zunächst einmal eine Aussage für ein makroskopisches System und beruht auf zwei Gleichgewichtszuständen. Wie es zwischenzeitlich aussieht, geht keinen was an.**

Übungsaufgabe *Globale thermodynamische Stabilität*

Betrachte wieder die Systeme aus Bild 4.4. Nehme diesmal an, dass die äußere Hülle *adiabat* versiegelt ist, so dass kein Wärmefluss darüber ein- oder austreten kann.

* Selbst die rationale Thermodynamik (siehe [Mue1985], S. 24) ist da manchmal ungenau und spricht nonchalant vom Minimum der freien Enthalpie.

** Es ist eigentlich auch problematisch, zwischenzeitlich von kontinuierlichen Feldern zu reden, die in Gleichung (4.86) ja verwendet werden. Es wird sicherlich ein turbulenter Zustand herrschen, und wie man den im Rahmen von Kontinuumskonzepten beschreibt, steht auf einem anderen Blatt (siehe etwa [Hut2004], Kapitel 10).

Argumentiere über Gleichung (4.86), dass dann die Entropie versucht, ein Maximum anzunehmen:*

$$\int_{v(t_E)} \rho s \, \mathrm{d}v - \int_{v(t_A)} \rho s \, \mathrm{d}v = \int_{t_A}^{t_E} \left(\int_{v(t)} \sigma \, \mathrm{d}v \right) \mathrm{d}t \geq 0 . \tag{4.90}$$

Diskutiere im gleichen Zusammenhang das berühmte Statement von Clausius [Cla1887], Abhandlung IX, S. 44: „1) Die Energie der Welt ist constant. 2) Die Entropie der Welt strebt einem Maximum zu.“

Wir werden nun versuchen, mit Hilfe des in Gleichung (4.90) formulierten thermodynamischen Stabilitätskriteriums eine letztendlich auf dem Glauben an den 2. Hauptsatz der Thermodynamik beruhende Alternative zu der Forderung nach positiver Formänderungsenergie und den damit verbundenen Einschränkungen an den Schub- und Kompressionsmodul nach Gleichung (4.83) linear-elastischer Körper aufzuzeigen. Allerdings wird der Beweis nicht direkt für die elastischen Spannungen $\boldsymbol{\sigma}^{\mathrm{e}}$ Hooke'scher Festkörper geführt, sondern für Flüssigkeiten und Gase, also für die Gleichung (4.68) bei Hooke'schen Festkörpern entsprechende Größe, nämlich den thermodynamischen (reversiblen) Druck p aus Gleichung (4.48).

Speziell konzentrieren wir uns auf den in Bild 4.4 rechts gezeichneten Zweikammerzylinder. Er sei außen adiabatisch abgeschlossen, das Gesamtvolumen sei außerdem konstant. In der linken und rechten Kammer 1 und 2 befinden sich Gase/Flüssigkeiten mit jeweils unveränderlicher Masse m^1 und m^2. Über den beweglichen Stempel wird keine Aussage gemacht, außer derjenigen, dass er beide Gase voneinander während des gesamten Prozesses trennt. Den Prozess mag man sich dergestalt vorstellen, dass eingangs der Stempel gehalten werden muss, da in beiden Kammern unterschiedlicher Druck herrscht. Danach wird er losgelassen, (turbulente) Bewegung setzt ein, und durch innere Reibungsprozesse kommt das System schließlich zur Ruhe. Die Ausgangs- und Endzustände A bzw. E sind offensichtlich homogen. Dann ergibt sich aus der Volumenkonstanz

$$m^1 v_{\mathrm{E}}^1 + m^2 v_{\mathrm{E}}^2 = m^1 v_{\mathrm{A}}^1 + m^2 v_{\mathrm{A}}^2 \quad \Rightarrow \quad m^2 \left(v_{\mathrm{A}}^2 - v_{\mathrm{E}}^2 \right) = -m^1 \left(v_{\mathrm{A}}^1 - v_{\mathrm{E}}^1 \right) . \tag{4.91}$$

Die Energieerhaltung (Integration der Gleichung (4.86) zwischen den Zeiten t_{A} und t_{E}) liefert

$$m^1 u_{\mathrm{E}}^1 + m^2 u_{\mathrm{E}}^2 = m^1 u_{\mathrm{A}}^1 + m^2 u_{\mathrm{A}}^2 \quad \Rightarrow \quad m^2 \left(u_{\mathrm{A}}^2 - u_{\mathrm{E}}^2 \right) = -m^1 \left(u_{\mathrm{A}}^1 - u_{\mathrm{E}}^1 \right) . \tag{4.92}$$

Schließlich beachten wir Gleichung (4.90) und finden:

$$m^1 s\left(u_{\mathrm{E}}^1, v_{\mathrm{E}}^1\right) + m^2 s\left(u_{\mathrm{E}}^2, v_{\mathrm{E}}^2\right) \geq m^1 s\left(u_{\mathrm{A}}^1, v_{\mathrm{A}}^1\right) + m^2 s\left(u_{\mathrm{A}}^2, v_{\mathrm{A}}^2\right) . \tag{4.93}$$

Die gewählte Abhängigkeit der spezifischen Entropie von spezifischer innerer Energie u und spezifischem Volumen v, also $s = s(u, v)$ erklärt sich dadurch, dass es sich um Gleichgewichtszustände handelt und somit die Gibbs'sche Gleichung in der Form der Gleichung (4.50) gilt.

Wir nehmen nun an, dass der Ausgangs- und der Endzustand sich nur wenig unterscheiden, so dass eine Taylorentwicklung der rechten Seite möglich ist. Diese müssen wir bis zur zweiten

* Und das nennt der kleine Mann vom Lande normalerweise den 2. Hauptsatz der Thermodynamik.

Ordnung in u und v durchführen, da es sich um ein Extremalprinzip handelt, wobei die ersten Ableitungen in beiden Variablen verschwinden:

$$
\begin{aligned}
& m^1 s(u_A^1, v_A^1) + m^1 s(u_A^2, v_A^2) \\
& \approx m^1 \Bigg[s(u_E^1, v_E^1) + \frac{\partial s}{\partial u}(u_A^1 - u_E^1) + \frac{\partial s}{\partial v}(v_A^1 - v_E^1) \\
& \qquad + \frac{1}{2}\left(\frac{\partial^2 s}{\partial u^2}(u_A^1 - u_E^1)^2 + 2\frac{\partial^2 s}{\partial u \partial v}(u_A^1 - u_E^1)(v_A^1 - v_E^1) + \frac{\partial^2 s}{\partial v^2}(v_A^1 - v_E^1)^2 \right) \Bigg] \\
& + m^2 \Bigg[s(u_E^2, v_E^2) + \frac{\partial s}{\partial u}(u_A^2 - u_E^2) + \frac{\partial s}{\partial v}(v_A^2 - v_E^2) \\
& \qquad + \frac{1}{2}\left(\frac{\partial^2 s}{\partial u^2}(u_A^2 - u_E^2)^2 + 2\frac{\partial^2 s}{\partial u \partial v}(u_A^2 - u_E^2)(v_A^1 - v_E^2) + \frac{\partial^2 s}{\partial v^2}(v_A^2 - v_E^2)^2 \right) \Bigg] .
\end{aligned}
\tag{4.94}
$$

Indem man nun Gleichung (4.91) und Gleichung (4.92) beachtet, wird nach Kürzen des Faktors $\frac{m^1}{2}\left(1 + \frac{m^1}{m^2}\right)$ daraus:

$$
[u_A^1 - u_E^1, v_A^1 - v_E^1] \cdot \begin{bmatrix} \frac{\partial^2 s}{\partial u^2} & \frac{\partial^2 s}{\partial u \partial v} \\ \frac{\partial^2 s}{\partial u \partial v} & \frac{\partial^2 s}{\partial v^2} \end{bmatrix} \cdot \begin{bmatrix} u_A^1 - u_E^1 \\ v_A^1 - v_E^1 \end{bmatrix} \leq 0 . \tag{4.95}
$$

Die Größen $u_A^1 - u_E^1$ und $v_A^1 - v_E^1$ können willkürlich gewählt werden, also ist die Matrix der Entropieableitungen *negativ semidefinit.* Das ist zwar schön aber nicht sehr anschaulich. Wir bringen daher die anschaulichen Größen Temperatur T und den Druck p ins Spiel. Die Gibbs'sche Gleichung (4.50) impliziert sofort:

$$
\frac{\partial s}{\partial u} = \frac{1}{T}, \quad \frac{\partial s}{\partial v} = \frac{p}{T}, \tag{4.96}
$$

und wir ersetzen, nachdem wir zuvor nach T und v nachdifferenziert haben:

$$
\begin{bmatrix} \frac{\partial^2 s}{\partial u^2} & \frac{\partial^2 s}{\partial u \partial v} \\ \frac{\partial^2 s}{\partial u \partial v} & \frac{\partial^2 s}{\partial v^2} \end{bmatrix} = \begin{bmatrix} -\frac{1}{T^2}\left(\frac{\partial T}{\partial u}\right)_v & -\frac{1}{T^2}\left(\frac{\partial T}{\partial v}\right)_u \\ -\frac{1}{T^2}\left(\frac{\partial T}{\partial v}\right)_u & \left(\frac{\partial (p/T)}{\partial v}\right)_u \end{bmatrix} . \tag{4.97}
$$

Um daraus Folgerungen zu ziehen, ist es sinnvoll, von den Variablen u und v zu den anschaulicheren Größen v und T zu wechseln, und darum schreiben wir von nun an auch an die partiellen Ableitungen, was jeweils konstant gehalten wird, so dass man weiß, in welchem Variablensatz man sich gerade befindet. Wir müssen dann allerdings nochmal bei Gleichung (4.95) ansetzen

$$
-\frac{1}{T^2}\left(\frac{\partial T}{\partial u}\right)_v (u_A^1 - u_E^1)^2 - \frac{2}{T^2}\left(\frac{\partial T}{\partial v}\right)_u (u_A^1 - u_E^1)(v_A^1 - v_E^1) + \left(\frac{\partial (p/T)}{\partial v}\right)_u (v_A^1 - v_E^1)^2 \tag{4.98}
$$

und dann die Differenz der inneren Energien umformen. Hierfür gilt:

$$
u_A^1 - u_E^1 = \left(\frac{\partial u}{\partial T}\right)_v (T_A^1 - T_E^1) + \left(\frac{\partial u}{\partial v}\right)_T (v_A^1 - v_E^1) . \tag{4.99}
$$

Außerdem notieren wir noch die aus Gleichung (4.101) folgende Identität:

$$
\left(\frac{\partial T}{\partial v}\right)_u = -\left(\frac{\partial T}{\partial u}\right)_v \left(\frac{\partial u}{\partial v}\right)_T . \tag{4.100}
$$

Übungsaufgabe *Partielles Differenzieren einer Funktion zweier Veränderlicher*

Zeige, dass bei einem Funktionszusammenhang $z = z(x, y)$ gilt:

$$\left(\frac{\partial z}{\partial x}\right)_y \left(\frac{\partial x}{\partial y}\right)_z \left(\frac{\partial y}{\partial z}\right)_x = -1 . \tag{4.101}$$

Die -1 ist bemerkenswert: Beim Kürzen von partiellen Differentialen ist also Vorsicht geboten.

Tipp zum Beweis: Man schreibe zunächst das totale Differential von $z = z(x, y)$ und spezialisiere dann auf den Fall $z = \text{const}$.

Damit fällt der gemischte Term in Gleichung (4.98) raus und man erhält nach einer längeren algebraischen Rechnung:

$$-\frac{1}{T^2}\left(\frac{\partial u}{\partial T}\right)_v \left(T_A^1 - T_E^1\right)^2 + \frac{1}{T}\frac{1}{(\partial u/\partial T)_v}\left(\frac{\partial p}{\partial T}\right)_v \left[\left(\frac{\partial u}{\partial v}\right)_T - \left(\frac{\partial u}{\partial v}\right)_p\right]\left(v_A^1 - v_E^1\right)^2 \leq 0 . \tag{4.102}$$

Die Differenz in der eckigen Klammer lässt sich umformen (vgl. Gleichung (4.105)) und man erhält letztendlich:

$$-\left(\frac{\partial u}{\partial T}\right)_v \left(T_A^1 - T_E^1\right)^2 + T\left(\frac{\partial p}{\partial v}\right)_T \left(v_A^1 - v_E^1\right)^2 \leq 0 . \tag{4.103}$$

Durch die Variablenwahl (T, v) ist die Koppelmatrix sozusagen auf Hauptachsengestalt gebracht worden. Man erhält *thermodynamische Stabiliätsbedingungen*, wonach die *spezifische Wärme bei konstantem Volumen* c_v und die *isotherme Kompressibilität* κ_T positiv sein müssen:

$$c_v = \left(\frac{\partial u}{\partial T}\right)_v \geq 0 , \quad \kappa_T = -\frac{1}{v}\left(\frac{\partial v}{\partial p}\right)_T \geq 0 . \tag{4.104}$$

Anschaulich bedeutet die erste Bedingung, dass eine Temperaturerhöhung zu einer Erhöhung der inneren Energie führt und die zweite, dass eine Druckerhöhung zu einer Verringerung des (spezifischen) Volumens führt. Letzteres entspricht der Gleichung $(4.83)_1$ beim Hooke'schen Festkörper, nur dass man diesmal nicht ein neues Postulat brauchte (Positivität der Formänderungsenergie), sondern einfach auf den 2. Hauptsatz zurückgegriffen hat.

Übungsaufgabe *Thermodynamische Umformungen*

Zeige, dass gilt:

$$\left(\frac{\partial u}{\partial v}\right)_T - \left(\frac{\partial u}{\partial v}\right)_p = \frac{(\partial u/\partial T)_v}{(\partial p/\partial T)_v}\left(\frac{\partial p}{\partial v}\right)_T . \tag{4.105}$$

Tipp: Man schreibe das totale Differential sowohl für $u = u(T, v)$ als auch für $u = u(p, v)$ und kombiniere.

4.3.2 Das Verfahren nach Coleman-Noll

4.3.2.1 Vorbemerkungen

Die Identifizierung des Entropieflusses als $\boldsymbol{\phi} = \frac{\boldsymbol{q}}{T}$ und insbesondere des Strahlungstermes als $\xi = \frac{r}{T}$ sowie seine generelle Rolle im Auswerteverfahren nach Coleman-Noll verdienen einige Vorbemerkungen:

- Folgt man der Argumentation von Eckart in Abschnitt 4.2.1, so scheint die Proportionalität zwischen Entropie- und Wärmefluss über den integrierenden Faktor der absoluten Temperatur naheliegend. Aus diesem Grund wird dies auch in der TIP so angenommen. Strahlungszufuhr tritt in diesem Kontext nicht auf.
- Maugin sagt dazu in [Mau2013], S. 70: „It is true, however, that in many cases this astute but cumbersome manipulation [= die Betrachtung von Entropie- und Wärmefluss als zwei unabhängige Größen] results in very little changes.“, kurz gesagt, er hält Abweichungen von der Proportionalität für irrelevantes Schmuckwerk.
- In der Originalarbeit schreiben Coleman und Noll [Col1963] über das Wesen des Strahlungsterms r (von ihnen *heat supply* genannt): „absorbed by the material and furnished by radiation from the external world“. Die Entropieproduktion ist für sie (S. 173) durch Gleichung (4.44) *definiert*! Gleiches sagt Truesdell in [Tru1969], S. 42.

4.3.2.2 Der Fall des linear-elastischen Festkörpers

In diesem Abschnitt interessieren wir uns besonders für linear-thermoelastische Festkörper bei kleinen Deformationen. Bevor wir genauer definieren, was das ist, werden wir durch Kombination des 1. Hauptsatzes Gleichung (4.8) und der Entropieungleichung in lokaler Form Gleichung (4.45) den Wärmefluss und den Strahlungsterm so gut es geht eliminieren. Wir müssen dazu aber den ersten Hauptsatz auf kleine Deformationen $\boldsymbol{\varepsilon} = \frac{1}{2}(\nabla \otimes \boldsymbol{u} + \boldsymbol{u} \otimes \nabla)$ umschreiben:

$$\rho \frac{\delta u}{\delta t} = -\nabla \cdot \boldsymbol{q} + \rho r + \boldsymbol{\sigma} \cdot\cdot \frac{\delta \boldsymbol{\varepsilon}}{\delta t}. \tag{4.106}$$

Für die (materiellen) Zeitableitungen $\delta(\cdot)/\delta t$ schreiben wir nachstehend immer einen Punkt über der abzuleitenden Größe. Wir führen einige der Differentiationen in Gleichung (4.46) aus und multiplizieren mit T durch:

$$\rho (Ts)^{\cdot} - \rho s \dot{T} - \frac{1}{T} \boldsymbol{q} \cdot \nabla T = -\nabla \cdot \boldsymbol{q} + \rho r + T\sigma. \tag{4.107}$$

Dies wird nun von Gleichung (4.106) abgezogen, besagte Terme fallen dabei heraus:

$$\rho \dot{f} + \rho s \dot{T} + \frac{1}{T} \boldsymbol{q} \cdot \boldsymbol{g} - \boldsymbol{\sigma} \cdot\cdot \dot{\boldsymbol{\varepsilon}} = -T\sigma \leq 0, \tag{4.108}$$

wobei die Symbole $f = u - Ts$ für die spezifische freie Energie und $\boldsymbol{g} = \nabla T$ für den Temperaturgradienten eingeführt wurden. Auf der linken Seite dieser Gleichung treten mehrere materialabhängige Funktionen auf, nämlich die spezifische freie Energie f, die spezifische Entropie s, der Wärmefluss $\boldsymbol{q}$ und der Spannungstensor $\boldsymbol{\sigma}$. Wir müssen festlegen, von welchen Variablen diese Größen abhängen sollen, um die Gleichung weiter auswerten zu können. Anders ausgedrückt, wir müssen unseren *thermodynamischen Zustandsraum* festlegen. Dazu definieren wir den Begriff *thermoelastischer Festkörper unter kleinen Verformungen*. Wir sagen, dass für diesen jede der genannten Materialfunktionen von lokalen Größen, nämlich der Dichte ρ, der Temperatur T, der linearen Dehnung $\boldsymbol{\varepsilon}$ und dem Temperaturgradienten $\boldsymbol{g}$ abhängen darf. Nun ist die Dichte ρ aufgrund von Gleichung (3.16) über die Spur der linearen Dehnung gegeben. Also dürfen wir ρ sofort wieder aus dem Variablensatz entfernen und schreiben:

$$y = y(T, \boldsymbol{\varepsilon}, \boldsymbol{g}), \tag{4.109}$$

wobei y für jede der genannten Materialfunktionen steht. Ein paar Bemerkungen sind angebracht:

- Im Hinblick auf die additive Aufteilung der linearen Dehnung in diverse Terme nach Gleichung (3.98) halten wir fest, dass von nun ab die Betonung auf *thermoelastisch* liegt. Irreversible viskose oder plastische Deformationen sind hier nicht erlaubt. Die thermischen Deformationen $\boldsymbol{\varepsilon}^{\text{th}}$ sind dadurch berücksichtigt, dass wir die Temperatur T explizit als Variable berücksichtigen, so wie das nach Gleichung (3.99) auch nötig ist. Wir dürfen also ohne Beschränkung schreiben:

$$\boldsymbol{\varepsilon} \equiv \boldsymbol{\varepsilon}^{\text{el}}. \tag{4.110}$$

- Die Variablen, von denen die Materialfunktionen abhängen, müssen *objektive Größen* sein, d. h. euklidische Tensoren gemäß der Definition in Gleichung (3.186), um zu garantieren, dass Materialgesetze nicht bereits intrinsisch vom Beobachter abhängen. Das ist bei der Dichte, der Temperatur, der linearen Dehnung und beim Temperaturgradienten der Fall.
- Die Verschiebung selbst kommt in der Variablenwahl nicht vor. Als von der Geschwindigkeit abgeleitete Größe würde sie sich nicht in Bezug auf Beobachterinvarianz als Variable qualifizieren: $\boldsymbol{u}$ stellt eine Translation dar, die nach dem Prinzip der Invarianz gegen überlagerte Starrkörperbewegungen keine Spannungen erzeugt und somit nicht in den Spannungstensor und alle anderen Materialfunktionen eingeht.
- Wenn man so will, werden in der genannten Variablenwahl also der materielle Punkt und seine unmittelbare Nachbarschaft in Form von Gradienten berücksichtigt. Im Prinzip ist es auch bei elastischen, also deformationsweise reversiblen Materialien möglich, darüber hinauszugehen und Gradienten der auftretenden Gradienten zu berücksichtigen etc. Das wären dann allerdings bereits höhere Materialtheorien der Elastizität kleiner Verformungen, mit denen wir uns jetzt nicht beschäftigen.

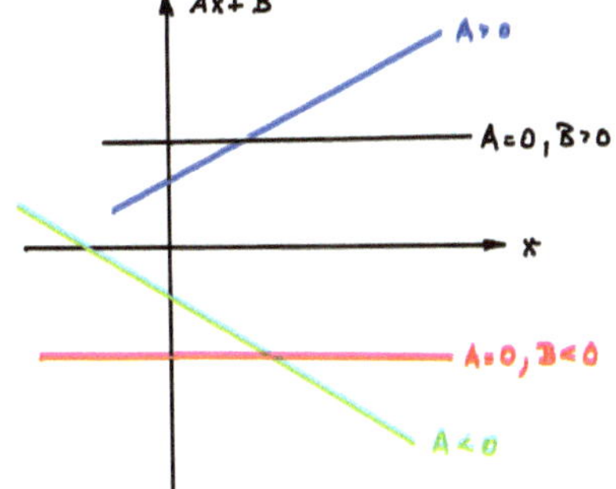

Bild 4.5 Zur Auswertung der Entropieungleichung nach Coleman-Noll

Wir führen nun mit Gleichung (4.109) in Gleichung (4.108) die Zeitdifferentiationen aus und gruppieren zueinandergehörige Terme:

$$\rho\left(\frac{\partial f}{\partial \varepsilon_{ij}} - \frac{1}{\rho}\sigma_{ij}\right)\dot{\varepsilon}_{ij} + \rho\left(\frac{\partial f}{\partial T} + s\right)\dot{T} + \rho\frac{\partial f}{\partial g_i}\dot{g}_i + \frac{1}{T}q_i\frac{\partial T}{\partial x_i} = -T\sigma \leq 0\,. \tag{4.111}$$

Die linke Seite kann man als generalisierte Geradengleichung $Ax + B$ interpretieren, wobei A die in einem Vektor zusammengefassten Terme, die Klammerausdrücke sowie $\partial f/\partial g_i$ umfasst. x korrespondiert dann zu den Raten $\dot{\boldsymbol{\varepsilon}}$, $\dot{T}$ und $\dot{\boldsymbol{g}}$. Ferner entspricht der Faktor B dem Term $1/T\,\boldsymbol{q}\cdot\boldsymbol{g}$.

Wichtig ist, dass für beliebige Wahlen von x die Ungleichung nie verletzt werden darf. Wir diskutieren verschiedene Fälle, die in der Bild 4.5 dargestellt sind. Der erste Fall ist die blaue Gerade mit positivem Anstieg $A > 0$. Das führt zu positiven Werten von $Ax + B$ im ersten Quadranten. Dieser Fall ist also nicht erlaubt. Gleiches gilt für die grüne Gerade mit $A < 0$, was zu positiven Werten im zweiten Quadranten führt. Also bleibt nur zu schließen, dass $A = 0$ gelten muss. Aufgrund der Unabhängigkeit der drei Raten bedeutet das für uns:

$$\rho\frac{\partial f}{\partial \varepsilon_{ij}} = \sigma_{ij}\,, \quad \frac{\partial f}{\partial T} = -s\,, \quad \frac{\partial f}{\partial g_i} = 0\,. \tag{4.112}$$

- Die spezifische freie Energie darf also nicht vom Temperaturgradienten abhängen: $f = f(T, \boldsymbol{\varepsilon})$.
- Alle drei genannten Terme tragen nicht zur Entropieproduktion bei. Sie sind in diesem Sinne *reversible* Beiträge.
- Wenn man sich daran erinnert, dass die Gravitationskraft aus dem Gradienten (Nabla!) eines Potentials hergeleitet werden kann, wird es verständlich, warum man sagt, dass die (spezifische) freie Energie das *Potential der (reversiblen) Spannungen* ist. Hierfür hat die russische Literatur den Namen Cauchy-Green-Relationen geschaffen, siehe Abschnitt 4.3.4.2.
- Man nennt daher die sich aus der zweiten Beziehung in Gleichung (4.112) ergebende spezifische Entropie auch die *Gleichgewichtsentropie.* Ob es eine Entropie im Nichtgleichgewicht gibt und wie sie aussehen könnte, wird hierbei nicht geklärt.
- Die Tatsache, dass die freie Energie nunmehr nur von der Temperatur und den Dehnungen abhängt, manifestiert sich dann auch in folgenden Differentialausdrücken:

$$\mathrm{d}f = \frac{\partial f}{\partial T}\mathrm{d}T + \frac{\partial f}{\partial \varepsilon_{ij}}\mathrm{d}\varepsilon_{ij} = -s\,\mathrm{d}T + \frac{1}{\rho}\sigma_{ij}\,\mathrm{d}\varepsilon_{ij} \quad \Leftrightarrow \quad \mathrm{d}s = \frac{1}{T}\left(\mathrm{d}u - \frac{1}{\rho}\sigma_{ij}\,\mathrm{d}\varepsilon_{ij}\right). \tag{4.113}$$

  Man nennt insbesondere die letztstehende Beziehung auch die *Gibbs'sche Gleichung des linear-elastischen Festkörpers.* Die Temperatur ist hierbei ein *integrierender Faktor,* der die Beziehung in Klammern zu einem totalen Differential (eben $\mathrm{d}s$) werden lässt, so wie das auch bei der Eckart'schen Methode in Gleichung (4.26) der Fall war. Sie ist offenbar eine Gleichgewichtsbeziehung, und bei der Methode nach Coleman-Noll eine Folge der Kombination von 1. mit 2. Hauptsatz.

Will man nun wissen, wie die Spannungen im linear-elastischen Fall von den Dehnungen und von der Temperatur abhängen, braucht man einen Darstellungssatz für die freie Energie, einer skalaren Tensorfunktion. Über Darstellungssätze von euklidischen Skalaren im allgemeinen, nicht-linearen Fall werden wir noch Einiges in Abschnitt 4.3.3.2 lernen. Wir greifen vor und sagen an dieser Stelle, dass bei Beschränkung auf Terme zweiter Ordnung in $\boldsymbol{\varepsilon}$ die Darstellung für die freie Energiedichte eines linear-thermoelastischen Festkörpers lautet:

$$\begin{aligned}\rho f(T,\boldsymbol{\varepsilon}) &= \frac{\lambda}{2}\,\mathrm{Sp}^2\,\boldsymbol{\varepsilon} + \mu\,\mathrm{Sp}(\boldsymbol{\varepsilon}\cdot\boldsymbol{\varepsilon}) - 3k\,\mathrm{Sp}\,\boldsymbol{\varepsilon}\alpha\,(T-T_{\mathrm{r}}) - \rho c\,(T-T_{\mathrm{r}})^2 \\ &\equiv \frac{\lambda}{2}\varepsilon_{kk}\varepsilon_{ll} + \mu\varepsilon_{kl}\varepsilon_{lk} - 3k\varepsilon_{kk}\alpha\,(T-T_{\mathrm{r}}) - \rho c\,(T-T_{\mathrm{r}})^2 \,.\end{aligned} \tag{4.114}$$

Für die Spannungen erhält man nach Gleichung $(4.112)_1$ das *Hooke'sche Gesetz* in Duhamel-Neumann'scher Erweiterung, vgl. Gleichung (3.101):

$$\boldsymbol{\sigma} = \lambda\,\mathrm{Sp}\,\boldsymbol{\varepsilon}\,\mathbf{1} + 2\mu\boldsymbol{\varepsilon} - 3k\alpha\,(T-T_{\mathrm{R}})\,\mathbf{1} \quad\Leftrightarrow\quad \sigma_{ij} = \lambda\varepsilon_{kk}\delta_{ij} + 2\mu\varepsilon_{ij} - 3k\alpha\,(T-T_{\mathrm{R}})\,\delta_{ij}\,. \tag{4.115}$$

Der *Kompressionsmodul* k ist dabei gegeben durch $\lambda + \frac{2}{3}\mu$.

Für die spezifische Entropie des linear-thermoelastischen Festkörpers ergibt sich nach Gleichung $(4.112)_2$:

$$s = \frac{3k\alpha}{\rho}\,\mathrm{Sp}\,\boldsymbol{\varepsilon} + c\,(T-T_{\mathrm{R}})\,. \tag{4.116}$$

Es verbleibt nun noch die sogenannte *Restungleichung*:

$$\frac{1}{T}q_i\frac{\partial T}{\partial x_i} = -T\sigma \le 0\,. \tag{4.117}$$

Damit die Ungleichung nicht verletzt wird, muss das Produkt aus Wärmefluss und Temperaturgradient negativ sein. Man könnte das unter dem Slogan „Wärme fließt von warm nach kalt" zusammenfassen. Hinreichend zur Erfüllung dieser Notwendigkeit ist folgende Proportionalbeziehung, die man auch *Fourier'sches Wärmeleitungsgesetz* nennt:

$$\boldsymbol{q} = -\kappa\nabla T \tag{4.118}$$

mit der positiven Wärmeleitfähigkeit κ, einem Materialkoeffizienten. In der Bild 4.5 entspricht das der roten Parallele zur x-Achse. Die schwarze Parallele zur x-Achse ist ebenfalls nicht erlaubt.

Eine wichtige Bemerkung: Die (linearen, elastischen, d. h. reversiblen) Dehnungen als Teil des Variablensatzes in den Materialfunktionen zu wählen, erscheint auf den ersten Blick logisch, ist aber nicht die einzige Möglichkeit. Man kann invers argumentieren und die (reversiblen) Spannungen zu Variablen deklarieren und die Dehnungen als Antwort auf die Spannungen, also als Materialfunktionen, ansehen. Seien also alle Materialfunktionen von nun an abhängig von T, $\boldsymbol{\sigma}$ und $\boldsymbol{g}$. Dann muss man die Kombination aus 1. Hauptsatz und Entropieprinzip aus Gleichung (4.45) wie folgt schreiben:

$$\rho\dot{g} + \rho s\dot{T} + \frac{1}{T}\boldsymbol{q}\cdot\boldsymbol{g} + \boldsymbol{\varepsilon}\cdot\cdot\,\dot{\boldsymbol{\sigma}} = -T\sigma \le 0\,, \tag{4.119}$$

mit der *spezifischen Gibbs'schen freien Energie*, die auch *freie Enthalpie* genannt wird:

$$g = u - Ts - \boldsymbol{\varepsilon}\cdot\cdot\,\boldsymbol{\sigma}\,. \tag{4.120}$$

Bei einem solchen Variablentausch spricht man allgemein auch von einer *Legendretransformation.*

Analog zu Gleichung (4.111) erhält man nun:

$$\rho\left(\frac{\partial g}{\partial \sigma_{ij}}+\frac{1}{\rho}\varepsilon_{ij}\right)\dot{\varepsilon}_{ij}+\rho\left(\frac{\partial g}{\partial T}+s\right)\dot{T}+\rho\frac{\partial g}{\partial g_i}\dot{g}_i+\frac{1}{T}q_i\frac{\partial T}{\partial x_i}=-T\sigma\leq 0\,. \tag{4.121}$$

Mithin entsteht:

$$\rho\frac{\partial g}{\partial \sigma_{ij}}=-\varepsilon_{ij}\,,\ \frac{\partial g}{\partial T}=-s\,,\ \frac{\partial g}{\partial g_i}=0\,. \tag{4.122}$$

Die Restungleichung und als Konsequenz die Fourier'sche Wärmeleitungsgleichung bleiben unverändert. Die spezifische Gibbs'sche freie Energie ist also das *Potential der (reversiblen elastischen) Dehnungen.*

4.3.2.3 Der Fall der Navier-Stokes-Fourier-Flüssigkeit

Als zweiten, für reibungsbehaftete Flüssigkeiten geeigneten Fall der Anwendung der Auswertemethode nach Coleman-Noll argumentieren wir wie folgt. Zunächst eliminieren wir im 1. Hauptsatz in der Form nach Gleichung (4.8) den Wärmefluss $\boldsymbol{q}$ und die Strahlungsdichte r mit Hilfe von Gleichung (4.107). Man erhält eine zu Gleichung (4.108) ähnliche Beziehung, die man auch die *Clausius-Duhem-Ungleichung** nennt:

$$\rho\dot{f}+\rho s\dot{T}+\frac{1}{T}\boldsymbol{q}\cdot\boldsymbol{g}-\boldsymbol{\sigma}\cdot\cdot\,\boldsymbol{d}=-T\sigma\leq 0\,. \tag{4.123}$$

Hierbei wurde angenommen, dass der Spannungstensor symmetrisch ist, womit wir den Geschwindigkeitsgradienten durch sein symmetrisches Gegenstück

$$\boldsymbol{d}=\frac{1}{2}(\nabla\otimes\boldsymbol{v}+\boldsymbol{v}\otimes\nabla)\quad\Leftrightarrow\quad d_{ij}=\frac{1}{2}\left(\frac{\partial v_i}{\partial x_j}+\frac{\partial v_j}{\partial x_i}\right) \tag{4.124}$$

ersetzen konnten. In Analogie zu Gleichung (4.109) schreiben wir für den Variablensatz aller Materialfunktionen inklusive der spezifischen freien Energie f:

$$y=y(\rho,T,\boldsymbol{d},\boldsymbol{g})\,. \tag{4.125}$$

Anwendung der Kettenregel und Sortieren ergibt analog zu Gleichung (4.111)

$$-\rho\left(\rho\frac{\partial f}{\partial \rho}\delta_{ij}+\frac{1}{\rho}\sigma_{ij}\right)d_{ij}+\rho\left(\frac{\partial f}{\partial T}+s\right)\dot{T}+\rho\frac{\partial f}{\partial d_{ij}}\dot{d}_{ij}+\rho\frac{\partial f}{\partial g_i}\dot{g}_i+\frac{1}{T}q_i\frac{\partial T}{\partial x_i}=-T\sigma\leq 0\,. \tag{4.126}$$

Wir diskutieren nun Term für Term. Der Ausdruck in der ersten Klammer hängt von $\boldsymbol{d}$ ab. Er kann nicht zu Null gesetzt werden. Der Ausdruck in der zweiten Klammer hängt nicht von $\dot{T}$ ab, wir schließen also:

$$\frac{\partial f}{\partial T}=-s \tag{4.127}$$

oder in Worten: Die (spezifische) freie Energie ist ein Potential für die (spezifische) Entropie. Ein analoges Ergebnis haben wir bereits beim linear-elastischen Festkörper erhalten, Gleichung $(4.112)_2$.

* Auch Gleichung (4.108) könnte man so bezeichnen, ist aber unüblich.

Die Vorfaktoren der dritten und vierten Terme hängen nicht von $\dot{\boldsymbol{d}}$ bzw. von $\dot{\boldsymbol{g}}$ ab, somit gilt:

$$\frac{\partial f}{\partial d_{ij}} = 0\,, \quad \frac{\partial f}{\partial g_i} = 0 \quad \Rightarrow \quad f = f(\rho, T)\,. \tag{4.128}$$

Auch diese Ergebnisse sind teilweise analog zum linear-elastischen Festkörper kleiner Deformationen, siehe Gleichung $(4.112)_3$ und die Bemerkung danach. Damit lässt sich der erste Term noch weiter bearbeiten. Wir zerlegen den Spannungstensor in einen (reversiblen) isotropen Druckanteil und einen dissipativen Rest:

$$\boldsymbol{\sigma} = -p(\rho, T)\mathbf{1} + \boldsymbol{\sigma}^{\text{diss}}\,. \tag{4.129}$$

Damit lautet Gleichung (4.126) nun:

$$-\rho\left(\rho\frac{\partial f}{\partial \rho} - \frac{p}{\rho}\sigma_{ij}\right)d_{kk} - \sigma_{ij}^{\text{diss}} d_{ij} + \frac{1}{T} q_i \frac{\partial T}{\partial x_i} = -T\sigma \leq 0\,. \tag{4.130}$$

Der Ausdruck in der ersten Klammer hängt nicht von $\operatorname{Sp}\boldsymbol{d}$ ab. Er muss verschwinden. Mit $\rho = 1/v$ erinnern wir an das spezifische Volumen v und erhalten:

$$\frac{\partial f}{\partial v} = -p\,. \tag{4.131}$$

Somit ist die spezifische freie Energie ein Potential für den Druck, sprich für die thermische Zustandsgleichung der viskosen Flüssigkeit/des viskosen Gases. Analog zu Gleichung (4.117) verbleibt wieder die *Restungleichung*

$$\sigma_{ij}^{\text{diss}} d_{ij} - \frac{1}{T} q_i \frac{\partial T}{\partial x_i} = T\sigma \geq 0\,. \tag{4.132}$$

Darin sind der dissipative Spannungsanteil $\boldsymbol{\sigma}^{\text{diss}}$ und der Wärmefluss $\boldsymbol{q}$ im Prinzip noch Funktionen von der Dichte ρ, der Temperatur T, dem symmetrischen Geschwindigkeitsgradient $\boldsymbol{d}$ und dem Temperaturgradient $\boldsymbol{g} = \nabla T$. Ganz allgemein gesprochen würde das bedeuten, dass für beide nun *Darstellungssätze* herangezogen werden müssten, um die Abhängigkeiten explizit zu machen. Eine mögliche *Isotropie* oder *Anisotropie* der Flüssigkeit/des Gases gälte es dabei in Rechnung zu stellen.

Hier sei nur soviel gesagt: Beschränken wir uns im Ausdruck für die dissipativen Spannungen auf lineare Terme in $\boldsymbol{d}$ dergestalt, dass wir schreiben:

$$\boldsymbol{\sigma}^{\text{diss}} = \lambda \operatorname{Sp}\boldsymbol{d}\mathbf{1} + 2\mu\boldsymbol{d}\,. \tag{4.133}$$

Wenn wir ferner fordern, dass der Wärmefluss entgegen dem Temperaturgradient gerichtet und in dieser Variablen ebenfalls linear ist,

$$\boldsymbol{q} = -\kappa\nabla T\,, \tag{4.134}$$

so ist das *hinreichend*, um zu gewährleisten, dass die Entropieungleichung Gleichung (4.132) erfüllt ist. Die (positiven) Koeffizienten $\lambda + \frac{2}{3}\mu$ und μ nennt man die Volumen- bzw. die Scherviskosität einer(s) isotropen Flüssigkeit/Gases (siehe auch Gleichung (3.107) zur Nomenklatur). κ ist die sogenannte thermische Leitfähigkeit (im isotropen Fall). Alle Koeffizienten dürfen von der Dichte ρ und der Temperatur T abhängen. Man nennt ein Material, das sich so verhält, eine Navier-Stokes-Fourier-Flüssigkeit/Gas, denn Gleichung (4.133) und Gleichung (4.134) sind auch unter dem Namen *Navier-Stokes-Gesetz* sowie *Fourier'sches Wärmeleitungsgesetz* bekannt. Wir kennen es als phänomenologischen Ansatz in der Sprechweise „Wärme fließt nur von heiß nach kalt" und haben es nunmehr auf eine thermodynamisch solidere Grundlage gestellt.

4.3.3 Die Methode der Lagrange'schen Multiplikatoren

4.3.3.1 Vorbemerkungen

Das Verfahren der Lagrangemultiplikatoren nach I-Shih Liu und Müller [Liu1972], [Mue1973], [Mue1985] ist das wohl komplexeste Verfahren zur Auswertung des Entropieprinzips. Es ist sehr rechenintensiv und mit einer großen Anzahl partieller Differentiationen nach Ort und Zeit sowie nach Zustandsvariablen verbunden.* Mithin ist es extrem mathematisiert aber auch flexibel und in einem gewissen Sinne geradeheraus, wenn es darum geht, neue Felder und Bilanzen einzubinden, wie es beispielsweise bei der Einbeziehung elektromagnetischer Phänomene nötig wird (vgl. die erste Bemerkung (Remark) nach Gleichung (4.38)).

Anders ausgedrückt, beim Lagrangemultiplikatorverfahren braucht man nicht zu raten, sondern „nur" rational zu argumentieren. Aber der Preis ist eben, wie wir jetzt sehen werden, die lange Rechnung. Und außerdem darf man nicht glauben, dass es sich bei diesem Verfahren um reines „Kurbeldrehen" handelt. Man muss zielführend denken, wenn man die Gleichungen umformt und die einzelnen Lagrangemultiplikatoren sukzessive identifiziert. Um zu sehen, wie das funktioniert, werden wir wieder viskose Flüssigkeiten behandeln, und, in der Tat, die Ergebnisse, eben die Navier-Stokes-Fouriergesetze in Gleichung (4.62) aus der TIP und in Gleichung (4.133) und Gleichung (4.134) vom Coleman-Noll-Verfahren werden wir erneut herleiten. Nur werden wir jetzt einen noch tieferen Einblick in die Struktur der Materialkonstanten für die Viskosität und die thermische Leitfähigkeit gewinnen.

4.3.3.2 Zustandsraum und Darstellung der Materialfunktionen, Isotropieprinzip

Wir definieren zuerst den Zustandsraum, also die Größen / Variablen, von denen die Materialfunktionen abhängen sollen. Wie argumentieren dabei rein heuristisch und führen die Dichte ρ, die Temperatur ϑ, ihre materielle Zeitableitung $\dot{\vartheta} \equiv \frac{\partial \vartheta}{\partial t} + v_i \frac{\partial \vartheta}{\partial x_i}$, ihren Ortsgradient, also den Temperaturgradient $\frac{\partial \vartheta}{\partial x_i} \equiv \vartheta_{,i} = g_i$ und den symmetrischen Geschwindigkeitsgradient d_{ij} aus Gleichung (4.124), der ja für viskoses Reiben verantwortlich ist, auf. Die „Temperatur" ϑ verdient eine Bemerkung: Es handelt sich bei ihr um die sogenannte *empirische Temperatur* [Mue1970]. Sie gibt an, wie heiß ein materielles Teilchen ist. Wie man sie misst, wird nicht erklärt. Wenn man so will, ist sie eine *primitive Größe*, genau wie die Kraft (siehe auch [Tru1969], S. 7).

Eine Bemerkung hinsichtlich der Variablenwahl ist angebracht. Sie erscheint bei näherem Hinsehen inkonsistent, da sowohl die materielle Zeitableitung als auch der Gradient der Temperatur auftreten, nicht aber die materielle Zeitableitung der Dichte und der Dichtegradient. Dass die materielle Zeitableitung der Dichte nicht auftritt, liegt daran, dass wir diese über die Massenbilanz (siehe etwa Gleichung $(3.7)_2$), durch die Dichte selbst und die Divergenz der Geschwindigkeit ausdrücken können. Hinsichtlich des Dichtegradienten finden wir in [Mue1972], S. 44 folgende interessante Bemerkung: „Das Weglassen von Dichtegradienten als möglicher Variablen bedeutet offenbar eine Abweichung von der systematischen Entwicklung der Materialtheorie und diese Abweichung kann nur durch die Erfahrung gerechtfertigt werden, nach der Spannung, Wärmefluss und innere Energie eines einzelnen Körpers vom Dich-

* Bei diesen vielen Rechenoperationen hat es sich als günstig erwiesen, nicht den abstrakten, sondern den Indexkalkül zu verwenden. Dieser Vorgehensweise schließen wir uns im folgenden an.

tegradienten unabhängig sind." Kurz gesagt, es gibt keinen wirklich überzeugenden Grund hierfür.

Nun sind Flüssigkeiten aber isotrop, und das müssen wir bei den Darstellungen der Materialfunktionen berücksichtigen. Drei Materialfunktionen gilt es zu bestimmen / einzuschränken. Dies sind die innere Energie, der Wärmeflussvektor und der Spannungstensor. Unter Verwendung der von uns soeben identifizierten Variablen müssen wir für diese drei *Materialfunktionen*, die wir mit einem Hut identifizieren, schreiben:

$$u = \hat{u}(\rho, \vartheta, \dot{\vartheta}, g_i, d_{ij}), \quad q_i = \hat{q}_i(\rho, \vartheta, \dot{\vartheta}, g_i, d_{ij}), \quad \sigma_{ij} = \hat{\sigma}_{ij}(\rho, \vartheta, \dot{\vartheta}, g_i, d_{ij}). \tag{4.135}$$

Übungsaufgabe *Objektive Zustandsgrößen*

Man sollte sich fragen, warum es, um eine veritable Zustandsvariable zu sein, für die Zeitableitung der Temperatur nicht genügt, $\frac{\partial \vartheta}{\partial t}$ sondern die materielle Zeitableitung $\dot{\vartheta}$ zu wählen. Schließlich wird der darin vorkommende Temperaturgradient $\frac{\partial \vartheta}{\partial x_i}$ doch *nochmals* explizit berücksichtigt? Nutze als Begründung das Prinzip, wonach nur euklidisch objektive Größen als Zustandsgrößen in Frage kommen dürfen und gebe für alle auftretenden Zustandsgrößen, also ρ, ϑ, $\dot{\vartheta}$, $\frac{\partial \vartheta}{\partial x_i}$ und d_{ij}, die Transformationsgesetze unter euklidischen Transformationen an.

Übungsaufgabe *Alternative Zustandsgrößen*

Im Falle nicht-viskoser Fluide werden in [Mue1971] anstelle der Variablen $\rho, \vartheta, \dot{\vartheta}, \vartheta_{,i}$ die Variablen $F_{ij}, \vartheta, \dot{\vartheta}, \vartheta_{,i}$ bei der Auswertung des Entropieprinzips verwendet. Ist das äquivalent? Beachte bei der Antwort Gleichung (3.15).

Nun sind Flüssigkeiten aber isotrop, d. h. falls eine der Vektor- bzw. Tensorargumente in einem (materiellen) Punkt des Materials in eine andere Richtung zeigt, also etwa der Temperaturgradient $\boldsymbol{g} = g_i \boldsymbol{e}_i$, so darf die Antwort (= Materialgleichung) für ein *isotropes* Material nicht anders ausfallen. $\boldsymbol{e}_i$ ist dabei die vom Inertialbeobachter, der das Material inspiziert, gewählte kartesische Einheitsbasis. In [Mue2021] Abschnitt 3.4.2 wurde im Detail erläutert, wie man einen Vektor in eine andere Richtung dreht. Man benötigt dazu den Drehtensor $\boldsymbol{Q}$ (vgl. Gleichung (1.115)). Für den Geschwindigkeitsgradient (Tensor 1. Stufe) heißt das $\boldsymbol{Q} \cdot \boldsymbol{g}$ und für den symmetrischen Geschwindigkeitsgradient (Tensor 2. Stufe) $\boldsymbol{Q} \cdot \boldsymbol{d} \cdot \boldsymbol{Q}^{\mathsf{T}}$. Für die skalare Materialfunktion der spezifischen inneren Energie $\hat{u}$ bedeutet das:

$$\hat{u}(\rho, \vartheta, \dot{\vartheta}, \boldsymbol{Q} \cdot \boldsymbol{g}, \boldsymbol{Q} \cdot \boldsymbol{d} \cdot \boldsymbol{Q}^{\mathsf{T}}) = \hat{u}(\rho, \vartheta, \dot{\vartheta}, \boldsymbol{g}, \boldsymbol{d}). \tag{4.136}$$

Man nennt diese Forderung auch das *Isotropieprinzip.* Wir haben die Argumente in der Gleichung absolut geschrieben, um nicht über Gebühr unterschiedliche Indizes verwenden zu müssen. Man beachte, dass, um in der Sprache der TIP zu bleiben, die Funktion nach Änderung der Richtung der *thermodynamischen Kräfte* $\boldsymbol{g}$ und $\boldsymbol{d}$ (gegeben durch die linke Seite von Gleichung (4.136)) dieselbe Funktion wie in der nicht-gedrehten Richtung steht (rechte Seite von Gleichung (4.136)). Wie sollte es auch anders sein?* Beim Wärmeflussvektor gestaltet sich

* Es ist erwähnenswert, dass wir bei dieser Operation *nicht* den Beobachter gewechselt haben: Derselbe Beobachter betrachtet thermodynamische Kräfte in unterschiedlichen Richtungen und erhält dieselbe Materialant-

die Analyse etwas aufwendiger. Hier muss auch die Funktion gedreht werden, und beim Spannungstensor sogar zweimal, da es sich um eine Größe zweiter Stufe handelt. Wieder bleiben die Funktionen selbst gleich, so unsere Annahme:

$$\begin{aligned}\hat{\boldsymbol{q}}(\rho,\vartheta,\dot{\vartheta},\boldsymbol{Q}\cdot\boldsymbol{g},\boldsymbol{Q}\cdot\boldsymbol{d}\cdot\boldsymbol{Q}^{\mathsf{T}}) &= \boldsymbol{Q}\cdot\hat{\boldsymbol{q}}(\rho,\vartheta,\dot{\vartheta},\boldsymbol{g},\boldsymbol{d}),\\ \hat{\boldsymbol{\sigma}}(\rho,\vartheta,\dot{\vartheta},\boldsymbol{Q}\cdot\boldsymbol{g},\boldsymbol{Q}\cdot\boldsymbol{d}\cdot\boldsymbol{Q}^{\mathsf{T}}) &= \boldsymbol{Q}\cdot\hat{\boldsymbol{\sigma}}(\rho,\vartheta,\dot{\vartheta},\boldsymbol{g},\boldsymbol{d})\cdot\boldsymbol{Q}^{\mathsf{T}}.\end{aligned} \tag{4.137}$$

Beziehungen wie Gleichung (4.136) und Gleichung (4.137) nennt man *Funktionalgleichungen isotroper Tensorfunktionen.* Sie zu lösen, ist Aufgabe der linearen Algebra, die sich umso komplexer gestaltet, je mehr Vektor- und Tensorvariablen im Spiel sind und je höher die Ordnung der Materialfunktionen ist. Im vorliegenden Fall ist es mit $\boldsymbol{g}$ und $\boldsymbol{d}$ bei den Variablen und mit $\boldsymbol{q}$ und $\boldsymbol{\sigma}$ bei den höherwertigen Materialfunktionen noch relativ kommod.

Die Komponenten eines Vektors müssen bei einer solchen Richtungsänderung mitgedreht werden und verändern sich. Darum können nur Kombinationen von $\vartheta_{,i}$ und d_{ij} auftreten, die bei Drehungen invariant bleiben. Dieses sind nach beim Vektor $\vartheta_{,i}$ seine Länge, und beim Tensor 2. Stufe d_{ij} zunächst einmal seine drei Hauptinvarianten aus Gleichung (1.118). Außerdem gibt es *Koppelgrößen* zwischen dem Vektor und dem Tensor, nämlich $gdg = \vartheta_{,i}d_{ij}\vartheta_{,j}$ und $gd^2g = \vartheta_{,i}d_{ik}d_{kj}\vartheta_{,j}$. Weitere Größen gibt es nicht, aber warum? Das liegt an komplexeren Cayley-Hamilton-Theoremen als dem, welches wir für einen Tensor 2. Stufe in Gleichung (1.115) kennengelernt haben.

Wir führen dies ein wenig weiter aus und betonen nochmals, dass $\boldsymbol{d}$ drei unabhängige Invarianten besitzt, nämlich nach Gleichung (1.118) I_1, I_2, I_3 oder alternativ (da besser merkbar) $d_1 = \operatorname{Sp}\boldsymbol{d} = d_{ii}$, $d_2 = \operatorname{Sp}\boldsymbol{d}^2 = d_{ij}d_{ji}$, $d_3 = \operatorname{Sp}\boldsymbol{d}^3 = d_{ij}d_{jk}d_{ki}$. Der Vektor $\boldsymbol{g}$ selbst hat nur eine Invariante, nämlich seine Länge, bzw. das Quadrat derselben $\boldsymbol{g}\cdot\boldsymbol{g} = \vartheta_{,i}\vartheta_{,i} \equiv g$. Indem wir nun $\boldsymbol{d}$ und $\boldsymbol{g}$ kombinieren, können wir eine Vielzahl neuer Invarianten durch Skalarproduktsbildung erzeugen, etwa:

$$\boldsymbol{g}\cdot\boldsymbol{d}\cdot\boldsymbol{g},\ \boldsymbol{g}\cdot\boldsymbol{d}^2\cdot\boldsymbol{g},\ \boldsymbol{g}\cdot\boldsymbol{d}^3\cdot\boldsymbol{g},\ \ldots,\ \boldsymbol{g}\cdot\boldsymbol{d}^n\cdot\boldsymbol{g}. \tag{4.138}$$

Diese sind aber nicht alle voneinander unabhängig, denn es gilt ja das Cayley-Hamilton-Theorem nach Gleichung (1.115) für $\boldsymbol{d}$

$$\boldsymbol{d}^3 - I_1\boldsymbol{d}^2 + I_2\boldsymbol{d} - I_3\mathbf{1} = \mathbf{0}, \tag{4.139}$$

das wir von links und rechts mit dem Vektor $\boldsymbol{g}$ multiplizieren können:

$$\boldsymbol{g}\cdot\boldsymbol{d}^3\cdot\boldsymbol{g} - I_1\boldsymbol{g}\cdot\boldsymbol{d}^2\cdot\boldsymbol{g} + I_2\boldsymbol{d} - I_3\boldsymbol{g}\cdot\boldsymbol{g} = 0. \tag{4.140}$$

Somit können Ausdrücke der Form $\boldsymbol{g}\cdot\boldsymbol{d}^n\cdot\boldsymbol{g}$ für $n \geq 3$ durch $\boldsymbol{g}\cdot\boldsymbol{d}^2\cdot\boldsymbol{g} \equiv gd^2g$, $\boldsymbol{g}\cdot\boldsymbol{d}\cdot\boldsymbol{g} \equiv gdg$ und $\boldsymbol{g}\cdot\boldsymbol{g} \equiv g$ ausgedrückt werden. Diese können wir aber nicht verwenden, um die drei Invarianten

wort, da das Material isotrop ist. Sinnvollerweise soll es sich dabei um einen Inertialbeobachter handeln. Was passiert, wenn wir den Beobachter wechseln und vielleicht auf einen gegenüber dem Inertialbeoabachter beschleunigten und rotierenden Beobachter übergehen und welche Materialfunktionen dieser dann verwenden muss, ist nicht Gegenstand der jetzigen Untersuchung. Das heißt aber nicht, dass man diese Frage nicht stellen darf. Und Antworten wurden in der Tat von Truesdell und Noll ([Tru2004], Abschnitte 16–19 sowie in Noll's Vorwort zum Buch, S. XI) gegeben, bekannt als das *Prinzip der materiellen Objektivität* oder kurz *PMO.* Danach bleibt die funktionelle Abhängigkeit bei Beobachterwechsel gleich und Trägheitsterme treten nicht auf. Dass dies höchstwahrscheinlich nur näherungsweise für nicht zu große Winkelgeschwindigkeiten und (Winkel-) Beschleunigungen gilt, wurde von Müller gezeigt [Mue1972] und danach sofort als Sakrileg geahndet [Tru1976].

von $\boldsymbol{d}$ zu ersetzen. Daher lautet für eine Abhängigkeit eines Vektors $\boldsymbol{g}$ und eines Tensors $\boldsymbol{d}$ die Gesamtliste der unabhängigen Invarianten

$$d_1\,,\; d_2\,,\; d_3\,,\; g\,,\; gdg\,,\; gd^2g\,. \tag{4.141}$$

Von Smith [Smi1965] wurden Tafeln verfasst, die diesen und wesentlich kompliziertere Fälle inkludieren und es erlauben, ingenieurmäßig die Invarianten einfach abzulesen. In jedem Fall bilden die genannten sechs Größen den *Zustandsraum* für das vorliegende Problem eines viskosen, wärmeleitenden Fluids.

Übungsaufgabe *Darstellungstheorie für Ingenieure I*

Zeige in einem ersten Schritt explizit, dass die Größen d_1, d_2, d_3, gdg und gd^2g unter orthogonalen Drehungen $\boldsymbol{Q}$ nach Abschnitt 1.2.3 invariant sind. Arbeite hier mit Indizes, also unter Verwendung der Identitäten für Drehungen $Q_{ik}Q_{jk} = \delta_{ij} = Q_{ki}Q_{kj}$.

Mache Dich in einem zweiten Schritt mit der gewöhnungsbedürftigen Nomenklatur in [Smi1965] vertraut und bestätige das Ergebnis der Gleichung (4.141).

Beschäftigen wir uns nach der spezifischen inneren Energie (einem Skalar) nun mit der Materialfunktion für den Wärmefluss (ein Vektor) und danach in einer Übung mit der Materialfunktion für den Spannungstensor (eine Größe 2. Ordnung) gemäß Gleichung (4.135). Wir verwandeln dazu den Wärmefluss durch Skalarmultiplikation mit einem beliebigen Vektor $\boldsymbol{c}$ in eine skalare Funktion f:

$$f(\boldsymbol{d},\boldsymbol{g},\boldsymbol{c}) = \boldsymbol{c}\cdot\boldsymbol{q}(\boldsymbol{d},\boldsymbol{g})\,, \tag{4.142}$$

wobei wir bei den Argumenten auf die vektor- und tensorwertigen Größen $\boldsymbol{g}$ und $\boldsymbol{d}$ fokussieren. Diese Funktion ist eine skalar *isotrope* Funktion, wie man an folgender Gleichungskette sieht:

$$\begin{aligned} &f\left(\boldsymbol{Q}\cdot\boldsymbol{d}\cdot\boldsymbol{Q}^{\mathsf{T}},\boldsymbol{Q}\cdot\boldsymbol{g},\boldsymbol{Q}\cdot\boldsymbol{c}\right) = \boldsymbol{Q}\cdot\boldsymbol{c}\cdot\boldsymbol{q}\left(\boldsymbol{Q}\cdot\boldsymbol{d}\cdot\boldsymbol{Q}^{\mathsf{T}},\boldsymbol{Q}\cdot\boldsymbol{g}\right) = \\ &\quad \boldsymbol{Q}\cdot\boldsymbol{c}\cdot\boldsymbol{Q}\cdot\boldsymbol{q}(\boldsymbol{d},\boldsymbol{g}) = \boldsymbol{c}\cdot\boldsymbol{Q}^{\mathsf{T}}\cdot\boldsymbol{Q}\cdot\boldsymbol{q}(\boldsymbol{d},\boldsymbol{g}) = f(\boldsymbol{d},\boldsymbol{q},\boldsymbol{c})\,. \end{aligned} \tag{4.143}$$

Und wie bei der Funktion u schreiben wir sofort alle Invarianten (inklusive Koppelterme) der Variablen $\boldsymbol{d}$, $\boldsymbol{g}$ und $\boldsymbol{c}$ auf:

$$d_1\,,\; d_2\,,\; d_3\,,\; \boldsymbol{g}\cdot\boldsymbol{g}\,,\; \boldsymbol{g}\cdot\boldsymbol{d}\cdot\boldsymbol{g}\,,\; \boldsymbol{g}\cdot\boldsymbol{d}^2\cdot\boldsymbol{g}\,,\; \boldsymbol{c}\cdot\boldsymbol{g}\,,\; \boldsymbol{c}\cdot\boldsymbol{d}\cdot\boldsymbol{g}\,,\; \boldsymbol{c}\cdot\boldsymbol{d}^2\cdot\boldsymbol{g}\,,\; \boldsymbol{c}\cdot\boldsymbol{c}\,,\; \boldsymbol{c}\cdot\boldsymbol{d}\cdot\boldsymbol{c}\,,\; \boldsymbol{c}\cdot\boldsymbol{d}^2\cdot\boldsymbol{c}\,. \tag{4.144}$$

Wäre die Funktion f eine beliebige Funktion von $\boldsymbol{c}$, $\boldsymbol{g}$ und $\boldsymbol{d}$, so könnte sie in willkürlicher Weise durch diese zwölf Invarianten ausgedrückt werden. Sie muss aber linear von $\boldsymbol{c}$ abhängen, und daher kann sie nur so aussehen:

$$f(\boldsymbol{d},\boldsymbol{g},\boldsymbol{c}) = -\kappa\boldsymbol{c}\cdot\boldsymbol{g} + q_1\boldsymbol{c}\cdot\boldsymbol{d}\cdot\boldsymbol{g} + q_2\boldsymbol{c}\cdot\boldsymbol{d}^2\cdot\boldsymbol{g}\,. \tag{4.145}$$

$\boldsymbol{c}$ war aber ein beliebiger Vektor und somit folgt, dass:

$$\boldsymbol{q} = -\kappa\boldsymbol{g} + q_1\boldsymbol{d}\cdot\boldsymbol{g} + q_2\boldsymbol{d}^2\cdot\boldsymbol{g}\,, \tag{4.146}$$

wobei die Koeffizienten κ, q_1, und q_2 Funktionen der sechs nicht von $\boldsymbol{c}$ abhängigen Invarianten d_1, d_2, d_3, $\boldsymbol{g}\cdot\boldsymbol{g}$, $\boldsymbol{g}\cdot\boldsymbol{d}\cdot\boldsymbol{g}$, $\boldsymbol{g}\cdot\boldsymbol{d}^2\cdot\boldsymbol{g}$ sein können.

Den Fall der Darstellung eines Tensors zweiter Stufe untersuchen wir in nachstehender Übung.

Übungsaufgabe *Darstellungstheorie für Ingenieure II*

Ziel dieser Übung ist der Beweis der Darstellung für den Spannungstensor in Gleichung $(4.151)_3$. Konstruiere analog zu Gleichung (4.142) mit Hilfe eines beliebigen (konstanten) $\boldsymbol{a}$ die skalare Funktion

$$f(\boldsymbol{d},\boldsymbol{g},\boldsymbol{a}) = \boldsymbol{a}\cdot\cdot\,\boldsymbol{\sigma}(\boldsymbol{d},\boldsymbol{g})\,. \tag{4.147}$$

Beweise und schließe aus folgender Gleichungskette, dass es sich bei f um eine isotrope Funktion der Variablen $\boldsymbol{d}$, $\boldsymbol{g}$ und $\boldsymbol{a}$ handelt:

$$\begin{aligned} f\left(\boldsymbol{Q}\cdot\boldsymbol{d}\cdot\boldsymbol{Q}^{\mathsf{T}},\boldsymbol{Q}\cdot\boldsymbol{g},\boldsymbol{Q}\cdot\boldsymbol{a}\cdot\boldsymbol{Q}^{\mathsf{T}}\right) &= \left(\boldsymbol{Q}\cdot\boldsymbol{a}\cdot\boldsymbol{Q}^{\mathsf{T}}\right)\cdot\cdot\,\boldsymbol{\sigma}\left(\boldsymbol{Q}\cdot\boldsymbol{d}\cdot\boldsymbol{Q}^{\mathsf{T}},\boldsymbol{Q}\cdot\boldsymbol{g}\right) \\ &= \left(\boldsymbol{Q}\cdot\boldsymbol{a}\cdot\boldsymbol{Q}^{\mathsf{T}}\right)\cdot\cdot\left(\boldsymbol{Q}\cdot\boldsymbol{\sigma}\left(\boldsymbol{d},\boldsymbol{g}\right)\cdot\boldsymbol{Q}^{\mathsf{T}}\right) = \boldsymbol{a}\cdot\cdot\,\boldsymbol{\sigma}(\boldsymbol{d},\boldsymbol{g}) = f(\boldsymbol{d},\boldsymbol{q},\boldsymbol{a})\,. \end{aligned} \tag{4.148}$$

Identifiziere nun alle unabhängigen Invarianten dieser Funktion, die linear in $\boldsymbol{a}$ sind, nämlich

$$\mathrm{Sp}\,\boldsymbol{a}\,,\ \boldsymbol{a}\cdot\cdot\,\boldsymbol{d}\,,\ \boldsymbol{a}\cdot\cdot\,\boldsymbol{d}^2\,,\ \boldsymbol{g}\cdot\boldsymbol{a}\cdot\boldsymbol{g}\,,\ \boldsymbol{g}\cdot\boldsymbol{a}\cdot\boldsymbol{d}\cdot\boldsymbol{g}\,,\ \boldsymbol{g}\cdot\boldsymbol{a}\cdot\boldsymbol{d}^2\cdot\boldsymbol{g}\,. \tag{4.149}$$

Benutze dabei zur Sicherheit die Tabellen in [Smi1965]. Begründe nun, dass gilt:

$$\begin{aligned} f = &-p\,\mathrm{Sp}\,\boldsymbol{a} + 2\mu\,\boldsymbol{a}\cdot\cdot\,\boldsymbol{d} + t_2\boldsymbol{a}\cdot\cdot\,\boldsymbol{d}^2 + \tau\,\boldsymbol{a}\cdot\cdot\left(\boldsymbol{g}\otimes\boldsymbol{g}\right) \\ &+ t_4\boldsymbol{a}\cdot\cdot\left(\boldsymbol{d}\cdot\boldsymbol{g}\otimes\boldsymbol{g}\right) + t_5\boldsymbol{a}\cdot\cdot\left(\boldsymbol{d}^2\cdot\boldsymbol{g}\otimes\boldsymbol{g}\right), \end{aligned} \tag{4.150}$$

wobei die Vorfaktoren p, μ, t_2, τ, t_4, t_5 Funktionen von $\rho, \vartheta, \dot{\vartheta}, d_1, d_2, d_3, g, gdg, gd^2g$ sein dürfen.*

Begründe in einem letzten Schritt nun die Gültigkeit von Gleichung $(4.151)_3$. Achtung: Die Klammern um Indizes in diesem Ausdruck beeinhalten Symmetrisierung gemäß Gleichung (1.28), was sich in Indexform als $\frac{1}{2}\left(A_{ij} + A_{ji}\right) \equiv A_{(ij)}$ schreibt.

Wir fassen alle Darstellungen in Indexform zusammen:

$$\begin{aligned} u &= u(\rho,\vartheta,\dot{\vartheta},d_1,d_2,d_3,g,gdg,gd^2g)\,, \\ q_i &= q_i(\rho,\vartheta,\dot{\vartheta},d_1,d_2,d_3,g,gdg,gd^2g) = -\kappa\vartheta_{,i} + q_1 d_{ij}\vartheta_{,j} + q_2 d_{ik}d_{kj}\vartheta_{,j}\,, \\ \sigma_{ij} &= \sigma_{ij}(\rho,\vartheta,\dot{\vartheta},d_1,d_2,d_3,g,gdg,gd^2g) \\ &= -p\delta_{ij} + 2\mu d_{ij} + t_2 d_{ik}d_{kj} + \tau\vartheta_{,i}\vartheta_{,j} + t_4\vartheta_k d_{k(i}\vartheta_{,j)} + t_5\vartheta_k d_{km}d_{m(i}\vartheta_{,j)}\,. \end{aligned} \tag{4.151}$$

Im Vergleich zwischen den im Rahmen der Coleman-Noll-Auswertung erhaltenen Materialgesetzen für den Wärmefluss Gleichung (4.134) und für den Spannungstensor Gleichung (4.133) und den Darstellungssätzen in Gleichung (4.151) ist folgendes festzuhalten:

- Gleichung (4.134) und Gleichung (4.133) sind *hinreichende* Bedingungen, um die Clausius-Duhem-Ungleichung (4.123) zufriedenzustellen. Das heißt nicht, dass es kompliziertere Relationen geben mag, die sie ebenso befriedigen. Mithin sind das Navier-Stokes- und das Fourier'sche Materialgesetz *nicht im Widerspruch zum 2. Hauptsatz.*

* Die Wahl der Symbole für die Vorfaktoren erklärt sich später aus Bequemlichkeit.

- Offenbar ergeben sich Gleichung (4.134) und Gleichung (4.133) aus Gleichung $(4.151)_{2,3}$, wenn man in Geschwindigkeits- und Dehnungsgradienten *linearisiert*. Dabei muss man aber beachten, dass das Symbol p in Gleichung $(4.151)_3$ nicht deckungsgleich zu demselben Symbol in Gleichung (4.129) ist. Letztere ist, wenn man so will, eine Gleichgewichtsgröße, erstere nicht. Die Symbolwahl in Gleichung $(4.151)_3$ ist daher unglücklich, auch wurde dort nicht sorgsam zwischen Kugel- und Deviatoranteil in d_{ij} unterschieden. Der Grund für die Vorgehensweise liegt lediglich darin, dass in [Mue1972] diese Schreibweise gewählt und damit das Lagrangemultiplikatorenverfahren erläutert wurde. Dem schließen wir uns an, geben aber nachfolgend diverse Zusatzkommentare. Das Navier-Stokes-Fourier-Materialgesetz ist also eine Linearappoximationen der Wirklichkeit, und genau das hatten wir auch schon bei der TIP in Gleichung (4.57) festgestellt.

Übungsaufgabe *Gleichgewichts- und Nichtgleichgewichtsdruck*

Man linearisiere den Ausdruck für den Nichtgleichgewichtsdruck p in Gleichung $(4.151)_3$ in Geschwindigkeitsgradienten, spezialisiere auf das thermodynamische Gleichgewicht E (also $\dot{\vartheta} = 0$, $g = 0$) und verifiziere, dass gilt:

$$p(\rho, \vartheta, \dot{\vartheta}, d_1, d_2, d_3, g, gdg, gd^2g) \approx p(\rho, \vartheta, 0, 0, 0, 0, 0, 0, 0) + \left.\frac{\partial p}{\partial d_1}\right|_{\mathrm{E}} d_{kk}\,, \tag{4.152}$$

wobei $p|_{\mathrm{E}} = p(\rho, \vartheta, 0, 0, 0, 0, 0, 0, 0)$. Setze nun diesen Ausdruck in Gleichung $(4.151)_3$ ein und fokussiere auf *lineare* Terme in $\boldsymbol{d}$. Erkenne, dass

$$\sigma_{ij} = -p|_{\mathrm{E}}\delta_{ij} + \left(-\left.\frac{\partial p}{\partial d_1}\right|_{\mathrm{E}}\right) d_{kk}\delta_{ij} + 2\mu|_{\mathrm{E}}\left(d_{ij} - \tfrac{1}{3}d_{kk}\delta_{ij}\right) \tag{4.153}$$

mit $\mu|_{\mathrm{E}} = \mu(\rho, \vartheta, 0, 0, 0, 0, 0, 0, 0)$. Vergleiche dies nun mit den Ausdrücken in Gleichung (4.14) und Gleichung (4.133). Was entspricht also dem Nichtgleichgewichtsdruck π und den Viskositätskonstanten λ und μ aus diesen Gleichungen?

4.3.3.3 Formulierung des Entropieprinzips und ergänzende Bemerkungen

Bei der Methode der Lagrangemultiplikatoren wird das Entropieprinzip in der lokal-regulären Form nach Gleichung (4.45) verwendet, bzw. sogar in einer Form wie in Gleichung (2.48), bevor die Massenbilanz berücksichtigt ist:

$$\frac{\partial \rho s}{\partial t} + \frac{\partial}{\partial x_i}\left(\rho s v_i - \phi_i\right) - \rho\xi = \sigma \geq 0 \tag{4.154}$$

Für Unstetigkeiten impliziert die globale Bilanz Gleichung (4.43) gemäß Gleichung (2.49) folgende Sprungbedingung:

$$[\![\phi_i + \rho s\left(v_i - w_i^{\mathrm{I}}\right)]\!]\, e_i = 0\,, \tag{4.155}$$

wobei *angenommen* wird, dass $\boldsymbol{\phi}$, ξ und σ auf der singulären Fläche endlich sind, es also weder Zufuhr noch Produktion im Interface gibt, $s^{\mathrm{I}} = 0$, $p^{\mathrm{I}} = 0$ (siehe auch die Bemerkungen zu Gleichung (2.50)).

Folgendes ist festzuhalten:

- s, ξ und σ sind objektive Skalare und $\boldsymbol{\phi}$ ist ein objektiver Vektor.
- s und $\boldsymbol{\phi}$ sind Materialgrößen, die bei einem Fluid dem Isotropieprinzip genügen.
- Die Dichte ξ der Entropiezufuhr verschwindet in einem *zufuhrfreien* Körper, was bedeutet, dass sie Null ist, wenn die spezifische Volumenkraft $\boldsymbol{f}$, und die spezifische Zufuhrdichte r an innerer Energie verschwinden.
- Die Produktion σ ist nicht-negativ für alle thermodynamischen Prozesse.
- Es gibt (ruhende) undurchlässige Wände zwischen zwei Körpern, an denen die empirische Temperatur stetig ist, $[\![\theta]\!] = 0$, und wo die dann aus Gleichung (4.155) folgende Sprungbedingung

  $$[\![\phi_i]\!] e_i = 0 \tag{4.156}$$

  gleichzeitig erfüllt ist.

Im speziell interessierenden Fall einer wärmeleitenden, viskosen Flüssigkeit heißt das:

$$\begin{aligned} s &= s(\rho,\vartheta,\dot{\vartheta},\vartheta_k,d_{kl}) = s(\rho,\vartheta,\dot{\vartheta},d_1,d_2,d_3,g,gdg,gd^2g)\,, \\ \phi_i &= \phi_i(\rho,\vartheta,\dot{\vartheta},\vartheta_k,d_{kl}) = \varphi\vartheta_{,i} + \varphi_1 d_{ij}\vartheta_{,j} + \varphi_2 d_{ik}d_{kj}\vartheta_{,j}\,, \end{aligned} \tag{4.157}$$

wobei alle Koeffizienten von den Variablen $\rho, \vartheta, \dot{\vartheta}, d_1, d_2, d_3, g, gdg, gd^2g$ abhängen können.

Das Problem, wonach sich eine direkte Verwendung der genannten Entropiebilanz verbietet, besteht darin, dass sie *nicht* für alle Felder der Dichte ρ, der Geschwindigkeit v_i und der Temperatur gültig ist, sondern nur für besagte thermodynamische Prozesse, d. h. für Lösungen der Feldgleichungen also der Bilanzen für Masse, Impuls und innere Energie, in die bereits „thermodynamisch richtige" Materialgleichungen eingesetzt wurden. Diese wollen wir aber erst erarbeiten! Daher machen wir die Not zur Tugend und befreien uns von dieser Beschränkung, indem wir die genannten Bilanzen mit Lagrangemultiplikatoren Λ multiplizieren und als Nebenbedingungen einpflegen. Die folgende Beziehung ist dann für alle analytischen Felder der Dichte, Geschwindigkeit und Temperatur erfüllt:

$$\begin{aligned} &\frac{\partial \rho s}{\partial t} + \frac{\partial}{\partial x_i}\left(\rho s v_i - \phi_i\right) - \Lambda^\rho \left[\frac{\partial \rho}{\partial t} + \frac{\partial \rho v_i}{\partial x_i}\right] \\ &- \Lambda^{v_j}\left[\frac{\partial \rho v_j}{\partial t} + \frac{\partial}{\partial x_i}\left(\rho v_i v_j - \sigma_{ij}\right)\right] - \Lambda^u \left[\frac{\partial \rho u}{\partial t} + \frac{\partial}{\partial x_i}\left(\rho u v_i + q_i\right) - \sigma_{ij}\frac{\partial v_i}{\partial x_j}\right] \geq 0\,. \end{aligned} \tag{4.158}$$

Aufgrund des Vektorcharakters der Impulsbilanz verbergen sich hinter Λ^{v_j} natürlich drei Lagrangemultiplikatoren.

Folgende Bemerkungen sind angebracht:

- Die Erweiterung der Entropieungleichung nach Gleichung (4.154) auf beliebige Felder und nicht nur für Lösungen der Feldgleichungen geht auf Arbeiten von I-Shih Liu und I. Müller aus den siebziger Jahren zurück, etwa [Liu1972].
- Die Idee der Berücksichtigung von Nebenbedingungen über Lagrangemultiplikatoren zur Extremierung der Entropie taucht jedoch früher auf und zwar in der statistischen Mechanik bei der Herleitung der sogenannten mikrokanonischen Verteilung, siehe etwa [Tol1938], Abschnitt 29 oder [Rei1987], Abschnitt 6.10. Die Anzahl der Nebenbedingungen ist dabei jedoch auf Teilchenzahl- und Energieerhaltung beschränkt.

4.3.3.4 Die Auswertung des Entropieprinzips

Wir setzen nun in Gleichung (4.158) die Materialgleichungen Gleichung (4.151) für wärmeleitende, reibungsbehaftete Fluide ein, differenzieren gemäß der Kettenregel und ordnen zusammengehörende Terme wie folgt:

$$\begin{aligned}
&\left[\rho\left(\frac{\partial s}{\partial\dot\vartheta}-\Lambda^u\frac{\partial u}{\partial\dot\vartheta}\right)\right]\frac{\partial^2\vartheta}{\partial t^2}+\\
&\left[\rho\left(\frac{\partial s}{\partial\dot\vartheta}-\Lambda^u\frac{\partial u}{\partial\dot\vartheta}\right)\frac{\partial\vartheta}{\partial x_j}-\rho\Lambda^{v_j}\right]\frac{\partial v_j}{\partial t}+\\
&\left[\frac{\partial\rho s}{\partial\rho}-\Lambda^u\frac{\partial\rho u}{\partial\rho}-\Lambda^\rho-v_j\Lambda^{v_j}\right]\frac{\partial\rho}{\partial t}+\\
&\left[\left(\frac{\partial\rho s}{\partial\rho}-\Lambda^u\frac{\partial\rho u}{\partial\rho}\right)v_i-\left(\frac{\partial\phi_i}{\partial\rho}-\Lambda^u\frac{\partial q_i}{\partial\rho}\right)-v_i\Lambda^\rho+\left(\frac{\partial\sigma_{ij}}{\partial\rho}-v_iv_j\right)\Lambda^{v_j}\right]\frac{\partial\rho}{\partial x_i}+\\
&\left[2\rho\left(\frac{\partial s}{\partial\dot\vartheta}-\Lambda^u\frac{\partial u}{\partial\dot\vartheta}\right)v_k+\rho\left(\frac{\partial s}{\partial\vartheta_{,k}}-\Lambda^u\frac{\partial u}{\partial\vartheta_{,k}}\right)+\left(\frac{\partial\phi_k}{\partial\dot\vartheta}-\Lambda^u\frac{\partial q_k}{\partial\dot\vartheta}\right)+\frac{\partial\sigma_{kj}}{\partial\dot\vartheta}\Lambda^{v_j}\right]\frac{\partial\vartheta_{,k}}{\partial t}+\\
&\left[\rho\left(\frac{\partial s}{\partial\dot\vartheta}-\Lambda^u\frac{\partial u}{\partial\dot\vartheta}\right)v_iv_k+\left(\frac{\partial\phi_i}{\partial\dot\vartheta}-\Lambda^u\frac{\partial q_i}{\partial\dot\vartheta}\right)v_k+\rho\left(\frac{\partial s}{\partial\vartheta_{,k}}-\Lambda^u\frac{\partial u}{\partial\vartheta_{,k}}\right)v_i+\right.\\
&\left.\left(\frac{\partial\phi_i}{\partial\vartheta_{,k}}-\Lambda^u\frac{\partial q_i}{\partial\vartheta_{,k}}\right)+\left(\frac{\partial\sigma_{ij}}{\partial\dot\vartheta}v_k+\frac{\partial\sigma_{ij}}{\partial\vartheta_{,k}}\right)\Lambda^{v_j}\right]\frac{\partial^2\vartheta}{\partial x_ix_k}+\\
&\left[\rho\left(s-\Lambda^u u-\Lambda^\rho-v_k\Lambda^{v_k}\right)\delta_{ij}-\rho v_i\Lambda^{v_j}+\Lambda^u\sigma_{ij}+\rho\left(\frac{\partial s}{\partial\dot\vartheta}-\Lambda^u\frac{\partial u}{\partial\dot\vartheta}\right)v_i\frac{\partial\vartheta}{\partial x_j}+\right.\\
&\left.\left(\frac{\partial\phi_i}{\partial\dot\vartheta}-\Lambda^u\frac{\partial q_i}{\partial\dot\vartheta}\right)\frac{\partial\vartheta}{\partial x_j}+\frac{\partial\sigma_{ik}}{\partial\dot\vartheta}\frac{\partial\vartheta}{\partial x_j}\Lambda^{v_k}\right]\frac{\partial v_j}{\partial x_i}+\\
&\left[\rho\left(\frac{\partial s}{\partial d_{kl}}-\Lambda^u\frac{\partial u}{\partial d_{kl}}\right)\right]\frac{\partial d_{kl}}{\partial t}+\\
&\left[\rho\left(\frac{\partial s}{\partial d_{kl}}-\Lambda^u\frac{\partial\rho u}{\partial d_{kl}}\right)v_i+\left(\frac{\partial\phi_i}{\partial d_{kl}}-\Lambda^u\frac{\partial q_i}{\partial d_{kl}}\right)+\Lambda^{v_j}\frac{\partial\sigma_{ij}}{\partial d_{kl}}\right]\frac{\partial d_{kl}}{\partial x_i}+\\
&\rho\left(\frac{\partial s}{\partial\vartheta}-\Lambda^u\frac{\partial u}{\partial\vartheta}\right)\dot\vartheta+\left(\frac{\partial\phi_i}{\partial\vartheta}-\Lambda^u\frac{\partial q_i}{\partial\vartheta}+\frac{\partial\sigma_{ji}}{\partial\vartheta}\Lambda^{v_j}\right)\frac{\partial\vartheta}{\partial x_i}\geq 0\,.
\end{aligned}\tag{4.159}$$

Übungsaufgabe *Expansion der Entropieungleichung*

Rechne das Ergebnis aus Gleichung (4.159) nach.

Tipps: (i) Es ist günstig, zunächst

$$\frac{\partial\rho s}{\partial t}+\frac{\partial\rho s v_i}{\partial x_i}=s\left(\frac{\partial\rho}{\partial t}+\frac{\partial\rho v_i}{\partial x_i}\right)+\rho\left(\frac{\partial s}{\partial t}+v_i\frac{\partial s}{\partial x_i}\right)\tag{4.160}$$

zu schreiben, dann zu differenzieren und danach ggf. wieder geeignet zusammenzufassen. (ii) Für die materielle Zeitableitung der Temperatur gilt ja

$$\dot\vartheta=\frac{\partial\vartheta}{\partial t}+v_i\frac{\partial\vartheta}{\partial x_i}\,,\tag{4.161}$$

und jeden dieser Terme gilt es bei Differentiation nach dem Ort oder nach der Zeit zu erfassen.

Gleichung (4.159) ist bereits so geschrieben, dass die weitere Auswertung relativ einfach möglich wird. Die Argumentation ist dabei ähnlich wie bei der in Bild 4.5 erläuterten Auswertung nach Coleman-Noll: Die Ungleichung (4.159) muss für beliebige Werte der Größen

$$\frac{\partial^2 \vartheta}{\partial t^2},\ \frac{\partial v_j}{\partial t},\ \frac{\partial \rho}{\partial t},\ \frac{\partial \rho}{\partial x_i},\ \frac{\partial \vartheta_{,k}}{\partial t},\ \frac{\partial^2 \vartheta}{\partial x_i x_k},\ \frac{\partial v_j}{\partial x_i},\ \frac{\partial d_{kl}}{\partial t}\ \text{und}\ \frac{\partial d_{kl}}{\partial x_i} \tag{4.162}$$

erfüllt sein, und ihre linke Seite ist explizit als lineare Funktion dieser Größen geschrieben. Wenn also die eckigen Klammern vor diesen Größen nicht von diesen abhängen, so ist es zur Erfüllung der Ungleichung nötig, dass die Ausdrücke in den Klammern selbst verschwinden.

Wir fokussieren auf die eckigen Klammern und erkennen, dass gilt:

$$\begin{aligned}
&\frac{\partial^2 \vartheta}{\partial t^2}: && \frac{\partial s}{\partial \dot\vartheta} - \Lambda^u \frac{\partial u}{\partial \dot\vartheta} = 0\,,\\
&\frac{\partial v_j}{\partial t}: && \Lambda^{v_j} = 0\,,\\
&\frac{\partial \rho}{\partial t}: && \Lambda^\rho = \frac{\partial \rho s}{\partial \rho} - \Lambda^u \frac{\partial \rho u}{\partial \rho} \quad \Leftrightarrow \quad \rho\left(s - \Lambda^u u - \Lambda^\rho\right) = -\rho\left(\frac{\partial s}{\partial \rho} - \Lambda^u \frac{\partial \rho u}{\partial \rho}\right),\\
&\frac{\partial \rho}{\partial x_i}: && \frac{\partial \phi_i}{\partial \rho} - \Lambda^u \frac{\partial q_i}{\partial \rho} = 0\,,\\
&\frac{\partial \vartheta_{,k}}{\partial t}: && \rho\left(\frac{\partial s}{\partial \vartheta_{,k}} - \Lambda^u \frac{\partial u}{\partial \vartheta_{,k}}\right) + \left(\frac{\partial \phi_k}{\partial \dot\vartheta} - \Lambda^u \frac{\partial q_k}{\partial \dot\vartheta}\right) = 0\,,\\
&\frac{\partial^2 \vartheta}{\partial x_i x_k}: && \frac{\partial \phi_{(i}}{\partial \vartheta_{,k)}} - \Lambda^u \frac{\partial q_{(i}}{\partial \vartheta_{,k)}} = 0\,,\\
&\frac{\partial v_j}{\partial x_i}: && \left(\frac{\partial \phi_{[i}}{\partial \dot\vartheta} - \Lambda^u \frac{\partial q_{[i}}{\partial \dot\vartheta}\right)\frac{\partial \vartheta}{\partial x_{j]}} = 0\,,\\
&\frac{\partial d_{kl}}{\partial t}: && \frac{\partial s}{\partial d_{kl}} - \Lambda^u \frac{\partial u}{\partial d_{kl}} = 0\,,\\
&\frac{\partial d_{kl}}{\partial x_i}: && \frac{\partial \phi_i}{\partial d_{kl}} - \Lambda^u \frac{\partial q_i}{\partial d_{kl}} = 0
\end{aligned} \tag{4.163}$$

sowie die *Restungleichung*:

$$\begin{aligned}
&\left[-\rho^2\left(\frac{\partial s}{\partial \rho} - \Lambda^u \frac{\partial u}{\partial \rho}\right)\delta_{ij} + \Lambda^u \sigma_{ij} + \left(\frac{\partial \phi_{(i}}{\partial \dot\vartheta} - \Lambda^u \frac{\partial q_{(i}}{\partial \dot\vartheta}\right)\frac{\partial \vartheta}{\partial x_{j)}}\right] d_{ij}\\
&\qquad + \rho\left(\frac{\partial s}{\partial \vartheta} - \Lambda^u \frac{\partial u}{\partial \vartheta}\right)\dot\vartheta + \left(\frac{\partial \phi_i}{\partial \vartheta} - \Lambda^u \frac{\partial q_i}{\partial \vartheta}\right)\frac{\partial \vartheta}{\partial x_i} \geq 0\,.
\end{aligned} \tag{4.164}$$

Damit ist ein erster Schritt getan aber die Auswertung der Entropieungleichung noch keineswegs zu Ende. Das nächste Ziel ist nun die Identifikation der verbliebenen Lagrangeparameter aus den erhaltenen Gleichungen. Die dabei nötigen Argumente sind komplex genug, wenn wir zunächst auf den Fall einer nicht-viskosen Flüssigkeit spezialisieren. Die Viskosität werden wir danach einbauen. Zunächst stellt man fest, dass dann alle aus Ableitungen von d_{ij} und $\frac{\partial v_j}{\partial x_i}$ resultierenden Beziehungen in Gleichung (4.163) nicht existieren ($(4.163)_{1-6}$ bleiben also bestehen) und der Zustandsraum sich auf $\left(\rho, \vartheta, \dot\vartheta, \vartheta_{,k}\right) = \left(\rho, \vartheta, \dot\vartheta, g\right)$ reduziert. Mithin sind auch alle Lagrangeparameter nurmehr davon abhängig.

Die Restungleichung 4.164) verkümmert zu:

$$\sigma = \rho\left(\frac{\partial s}{\partial \vartheta} - \Lambda^u \frac{\partial u}{\partial \vartheta}\right)\dot\vartheta + \left(\frac{\partial \phi_i}{\partial \vartheta} - \Lambda^u \frac{\partial q_i}{\partial \vartheta}\right)\frac{\partial \vartheta}{\partial x_i} \geq 0\,, \tag{4.165}$$

denn sie stellt jetzt die verbleibende Entropieproduktion σ dar. Außerdem resultiert noch eine weitere Nullbeziehung aus dem ersten Anteil der Restungleichung (4.164), bevor auf Viskosität (vorläufig) verzichtet wurde:

$$-\rho^2\left(\frac{\partial s}{\partial \rho}-\Lambda^u\frac{\partial u}{\partial \rho}\right)\delta_{ij}+\Lambda^u\sigma_{ij}+\left(\frac{\partial \phi_i}{\partial \dot{\vartheta}}-\Lambda^u\frac{\partial q_i}{\partial \dot{\vartheta}}\right)\frac{\partial \vartheta}{\partial x_j}=0\,. \tag{4.166}$$

Die Darstellungssätze in Gleichung (4.151) und Gleichung (4.157) lauten in reduzierter Form:

$$\begin{aligned}
&u=u(\rho,\vartheta,\dot{\vartheta},g)\,,\\
&q_i=q_i(\rho,\vartheta,\dot{\vartheta},g)=-\kappa(\rho,\vartheta,\dot{\vartheta},g)\vartheta_{,i}\,,\\
&\sigma_{ij}=\sigma_{ij}(\rho,\vartheta,\dot{\vartheta},g)=-p(\rho,\vartheta,\dot{\vartheta},g)\delta_{ij}+\tau(\rho,\vartheta,\dot{\vartheta},g)\vartheta_{,i}\vartheta_{,j}\,,\\
&s=s(\rho,\vartheta,\dot{\vartheta},\vartheta_k)=s(\rho,\vartheta,\dot{\vartheta},g)\,,\\
&\phi_i=\phi_i(\rho,\vartheta,\dot{\vartheta},g)=\varphi(\rho,\vartheta,\dot{\vartheta},g)\vartheta_{,i}\,.
\end{aligned} \tag{4.167}$$

Man beachte, dass Gleichung $(4.163))_6$ nur über den symmetrischen Anteil des Ausdrucks eine Aussage trifft, nämlich

$$\left(\varphi+\Lambda^u\kappa\right)\delta_{ij}+2\left(\frac{\partial \varphi}{\partial g}+\Lambda^u\frac{\partial \kappa}{\partial g}\right)\vartheta_{,i}\vartheta_{,j}=0\,. \tag{4.168}$$

Das antisymmetrische Pendant ist dagegen identisch erfüllt. Aber hierfür lieferte das Entropieprinzip ja auch keine Aussage. Die erhaltene Gleichungen muss für beliebige Wahlen von $\vartheta_{,i}$ gelten, und damit gilt:

$$\varphi=-\Lambda^u\kappa\,,\quad \frac{\partial \varphi}{\partial g}=-\Lambda^u\frac{\partial \kappa}{\partial g}\,. \tag{4.169}$$

Beides ineinander eingesetzt liefert für $\kappa\neq 0$ die Gleichungen

$$\frac{\partial \Lambda^u}{\partial g}=0\,,\quad \phi_i=\Lambda^u(\vartheta,\dot{\vartheta})q_i\,. \tag{4.170}$$

Letzteres ist die in anderen Entropieprinzipen als gültig *vorausgesetzte* Proportionalität zwischen Entropiefluss und Wärmestrom, siehe etwa die Bemerkungen zum Coleman-Noll-Verfahren in Abschnitt 4.3.2.1. Sie ist hier ein *Ergebnis* und kein Postulat. Damit gehen wir in die verbliebenen Gleichungen:

$$\begin{aligned}
&(4.163)_1: && \frac{\partial s}{\partial \dot{\vartheta}}-\Lambda^u\frac{\partial u}{\partial \dot{\vartheta}}=0\,,\\
&(4.163)_4: && \frac{\partial \Lambda^\rho}{\partial \rho}=0\,,\\
&(4.163)_5: && \frac{\partial s}{\partial g}=\Lambda^u\frac{\partial u}{\partial g}+\frac{\kappa}{2\rho}\frac{\partial \Lambda^u}{\partial \dot{\vartheta}}\,,\\
&(4.166): && \frac{\partial s}{\partial \rho}=\Lambda^u\left(\frac{\partial u}{\partial \rho}-\frac{p}{\rho^2}\right),\quad \frac{\partial \ln\Lambda^u}{\partial \dot{\vartheta}}=\frac{\tau}{\kappa}\,.
\end{aligned} \tag{4.171}$$

Diese Gleichungen wiederum erlauben es, Integrabilitätsbedingungen für die Entropie s auszuwerten. Man erhält:

$$\begin{aligned}
(4.171)_1 + (4.171)_3: \quad & \frac{\partial \ln \Lambda^u}{\partial \dot{\vartheta}} = -\frac{\frac{1}{\rho^2}\frac{\partial p}{\partial \vartheta}}{\frac{\partial u}{\partial \rho} - \frac{p}{\rho^2}}\,, \\
(4.171)_1 + (4.171)_2 + (4.171)_{4_2}: \quad & \frac{\partial \ln \Lambda^u}{\partial \dot{\vartheta}} = -\frac{\frac{1}{2\rho}\frac{\partial \tau}{\partial \vartheta}}{\frac{\partial u}{\partial g} + \frac{\tau}{2\rho}}\,, \\
(4.171)_2 + (4.171)_3: \quad & \frac{\partial \ln \Lambda^u}{\partial \dot{\vartheta}} = \frac{\frac{1}{\rho^2}\frac{\partial p}{\partial g}}{\frac{\kappa}{2\rho^2} - \frac{1}{2\rho}\frac{\partial \kappa}{\partial \rho}}\,.
\end{aligned} \tag{4.172}$$

Übungsaufgabe *Folgerungen für die Materialfunktionen*

Verifiziere die Ergebnisse aus Gleichung (4.172). Zeige unter Verwendung von Gleichung $(4.171)_{4_2}$ außerdem, dass sich Gleichung $(4.172)_2$ alternativ auch als

$$\frac{\partial}{\partial \dot{\vartheta}}\left(\ln \frac{\partial \Lambda^u}{\partial \dot{\vartheta}}\right) = -\frac{2\rho\frac{\partial u}{\partial g} + \frac{\partial \kappa}{\partial \vartheta}}{\kappa}\,. \tag{4.173}$$

schreiben lässt.

Wir schließen, dass die komplexen rechten Seiten in Gleichung (4.172) und Gleichung $(4.171)4_2$ alle gleich und von ρ und g unabhängig sind (wegen $\Lambda^u = \Lambda^u(\vartheta, \dot{\vartheta})$). Ebenso ist auch die komplexe Seite in Gleichung (4.173) nur von ϑ und $\dot{\vartheta}$ abhängig. Offenbar ist es nötig, den Lagrangeparameter Λ^u genauer zu studieren und am besten in einer Messvorschrift zu erfassen. Wir werfen aber zuvor noch einen Blick auf die Restungleichung (4.165), die sich jetzt so schreiben lässt:

$$\sigma(\rho, \vartheta, \dot{\vartheta}, g) = \rho\left(\frac{\partial s}{\partial \vartheta} - \Lambda^u \frac{\partial u}{\partial \vartheta}\right)\dot{\vartheta} - \frac{\partial \Lambda^u}{\partial \vartheta}\kappa \frac{\partial \vartheta}{\partial x_i}\frac{\partial \vartheta}{\partial x_i} \geq 0\,, \tag{4.174}$$

Die Argumentation ist hier aber viel subtiler als im Gegenstück nach Gleichung (4.130) aus der Coleman-Noll-Auswertung. Wir betrachten zunächst den Fall thermodynamischen Gleichgewichts (E wie Equilibrium), also für $\dot{\vartheta} \equiv 0$ und $g \equiv 0$, wofür die Entropieproduktion verschwinden also ihr Minimum annehmen muss:

$$\sigma|_{\mathrm{E}} = \sigma(\rho, \vartheta, 0, 0) \equiv 0\,. \tag{4.175}$$

Wieder folgen wir den Regeln der Extremalrechnung und fordern konsequent:

$$\left.\frac{\partial \sigma}{\partial \dot{\vartheta}}\right|_{\mathrm{E}} = 0\,, \quad \left.\frac{\partial \sigma}{\partial \vartheta_{,i}}\right|_{\mathrm{E}} = 0\,, \quad \left|\begin{matrix} \frac{\partial^2 \sigma}{\partial \dot{\vartheta}^2} & \frac{\partial^2 \sigma}{\partial \dot{\vartheta}\partial \vartheta_{,i}} \\ \frac{\partial^2 \sigma}{\partial \vartheta_{,k}\partial \dot{\vartheta}} & \frac{\partial^2 \sigma}{\partial \vartheta_{,k}\partial \vartheta_{,i}} \end{matrix}\right|_{\mathrm{E}} \geq 0\,. \tag{4.176}$$

Die Auswertung dieser Gleichungen ergibt:

$$\begin{aligned}
&(4.176)_1: \quad \left.\left(\frac{\partial s}{\partial \vartheta} - \Lambda^u \frac{\partial u}{\partial \vartheta}\right)\right|_{\mathrm{E}} = 0\,,\\
&(4.176)_2: \quad q_i|_{\mathrm{E}} = 0\,,\\
&\left.\frac{\partial^2 \sigma}{\partial \dot{\vartheta}^2}\right|_{\mathrm{E}} \geq 0: \quad \left.\frac{\partial \Lambda^u}{\partial \vartheta}\right|_{\mathrm{E}} \kappa|_{\mathrm{E}} \leq 0\\
&\left.\frac{\partial^2 \sigma}{\partial \vartheta_i \partial \vartheta_k}\right|_{\mathrm{E}} \geq 0 + (4.163)_1: \quad \left.\frac{\partial \Lambda^u}{\partial \vartheta}\right|_{\mathrm{E}} \left.\frac{\partial u}{\partial \dot{\vartheta}}\right|_{\mathrm{E}} \geq \left.\frac{\partial \Lambda^u}{\partial \dot{\vartheta}}\right|_{\mathrm{E}} \left.\frac{\partial u}{\partial \vartheta}\right|_{\mathrm{E}}\,.
\end{aligned} \tag{4.177}$$

Nun kombinieren wir Gleichung $(4.171)_{4_1}$ und Gleichung $(4.177)_1$, um *im Gleichgewicht* für das totale Differential der Entropie zu erhalten:

$$\mathrm{d}s|_{\mathrm{E}} = \Lambda|_{\mathrm{E}} \left[\left.\frac{\partial u}{\partial \vartheta}\right|_{\mathrm{E}} \mathrm{d}\vartheta + \left(\left.\frac{\partial u}{\partial \rho}\right|_{\mathrm{E}} - \frac{p|_{\mathrm{E}}}{\rho^2} \right) \mathrm{d}\rho \right]. \tag{4.178}$$

Das ist die *Gibbs'sche Gleichung* – eine Gleichgewichtsbeziehung, die wir schon in der TIP in Gleichung (4.50) kennengelernt haben. Nur war sie dort ein *Postulat*, hier ist sie eine *Konsequenz*. Außerdem übernimmt hier der Lagrangeparameter Λ^u die Rolle des integrierenden Faktors $\frac{1}{T}$. Also müssen wir jetzt klären, was Λ^u mit der absoluten Temperatur zu schaffen hat.

Es sei dazu vorab bemerkt, dass Gleichung (4.178) die folgende Integrabilitätsbeziehung impliziert:

$$\frac{\partial \ln \Lambda^u|_{\mathrm{E}}}{\partial \vartheta} = \frac{\frac{\partial p|_{\mathrm{E}}}{\partial \vartheta}}{\rho^2 \frac{\partial u|_{\mathrm{E}}}{\partial \rho} - p|_{\mathrm{E}}}\,. \tag{4.179}$$

Übungsaufgabe *Integrabilitätsbedingung der Gibbs'schen Gleichung*

Verifiziere das Ergebnis in Gleichung (4.179) per Kreuzdifferentiation aus Gleichung (4.178).

Untersuchen wir nun mit den bislang gewonnenen Ergebnissen eine ruhende, materieundurchlässige Wand zwischen zwei (ruhenden also nicht-viskosen) Flüssigkeiten und setzen in Verbindung mit Gleichung $(4.170)_2$ die Sprungbilanz Gleichung (4.156) aus dem (erweiterten) Entropieprinzip an. Es resultiert:

$$[\![\Lambda^u(\vartheta, \dot{\vartheta}) q_i]\!] e_i = 0 \quad \Rightarrow \quad [\![\Lambda^u(\vartheta, \dot{\vartheta})]\!] = 0\,, \tag{4.180}$$

letzteres aufgrund der Stetigkeit des Wärmeflusses aus Gleichung (2.49) bei einer ruhenden, materieundurchlässigen, singulären Fläche. Weiterhin war im erweiterten Entropieprinzip gefordert, dass die empirische Temperatur stetig ist. Also folgt wegen $[\![\vartheta]\!] = 0$ die Beziehung $[\![\dot{\vartheta}]\!] = 0$. Dann aber besagt Gleichung $(4.180)_2$, dass die Funktion Λ^u für alle wärmeleitenden, nicht-viskosen Flüssigkeiten gleich sein muss. In diesem einschränkenden Sinne sprechen wir ihr den Titel einer *universellen Funktion* zu. Sie hat in der Literatur den Namen *Kältefunktion* oder *coldness*. Und wie dieser Name sich erklärt, werden wir gleich sehen.

Um den Lagrangeparameter Λ^u zu „eichen", werden wir uns jetzt – anders als in [Mue1972] auf S. 81ff – jetzt auf einen pragmatischen Standpunkt stellen, wonach wir für das Material des idealen Gases im Gleichgewicht – und das ist dann auch ein wärmeleitendes nichtviskoses Material – die thermische und die kalorische Zustandsgleichung genau kennen. Wie in [Mue2021] im Abschnitt 4.4.2 sowie [Mue2009] im Abschnitt 6.5 ausführlichst erläutert wird, gilt für das ideale Gas:

$$u|_{\mathrm{E}} = \zeta \frac{R}{M} T + u_0 \,, \quad p|_{\mathrm{E}} = \rho \frac{R}{M} T \tag{4.181}$$

($\zeta = \frac{3}{2}, \frac{5}{2}, 3$ je nachdem, ob es sich um ein ein- zwei oder multiatomares ideales Gas handelt), womit die absolute Temperatur T und die dazu gehörigen Messvorschriften ins Spiel gebracht werden. Damit identifizieren wir die universelle Funktion Λ^u über Gleichung (4.179) zu:

$$\frac{1}{\Lambda^u|_{\mathrm{E}}} \frac{\mathrm{d}\Lambda^u|_{\mathrm{E}}}{\mathrm{d}\vartheta} = -\frac{1}{T} \frac{\mathrm{d}T}{\mathrm{d}\vartheta} \quad \Rightarrow \quad \Lambda^u|_{\mathrm{E}} = \frac{c}{T} \quad \Rightarrow \quad \Lambda^u|_{\mathrm{E}} = \frac{1}{T} \,. \tag{4.182}$$

Dabei ist c eine Integrationskonstante, die wir o. B. d. A. gleich 1 gesetzt haben. Also ist die Kältefunktion bzw. der Lagrangeparameter Λ^u *im Gleichgewicht* gleich der *inversen* absoluten Temperatur, was den Namen *coldness* erklärt.* Wir gehen jetzt noch einen Schritt weiter: Angesichts der Gleichung $(4.180)_2$ und Gleichung (4.182) kann man im Gleichgewicht die empirische Temperatur mit der absoluten Temperatur der Kelvinskala identifizieren:

$$\vartheta|_{\mathrm{E}} \equiv T \quad \text{mit} \quad T > 0 \,. \tag{4.183}$$

Diese Erkenntnis verwendet wir, um Gleichung $(4.177)_{3,4}$ weiter auszuwerten:

$$\frac{1}{T^2} \frac{\partial u}{\partial \dot{\vartheta}}\bigg|_{\mathrm{E}} \leq -\frac{\partial \Lambda^u}{\partial \dot{\vartheta}}\bigg|_{\mathrm{E}} \frac{\partial u}{\partial \vartheta}\bigg|_{\mathrm{E}} \,, \quad \kappa|_{\mathrm{E}} \geq 0 \,. \tag{4.184}$$

Die erste Beziehung ist nützlich, wenn man eine *hyperbolische* Wärmeleitungsgleichung erzeugen möchte, die endliche Ausbreitungsgeschwindigkeiten von Temperaturstörungen zeigt.** Die zweite Beziehung sagt einfach, dass der Gleichgewichtsanteil des Wärmeleitungskoeffizienten positiv ist. Dieses Ergebnis erscheint ein wenig paradox, denn Wärmeleitung aufgrund von Temperaturgradienten ist ja ein Nichtgleichgewichtsvorgang.

Abschließend zum Thema coldness ein paar kritische Bemerkungen:

- Die materielle Zeitableitung der Temperatur in den Variablensatz nach Gleichung (4.135) aufzunehmen, basierte ursprünglich auf Äquipräsenzprinzip: Wenn man Gradienten der Temperatur im Zustandsraum berücksichtigt, dann sollten auch „Zeitgradienten" der Temperatur dabei sein.
- Außerdem war mit dieser Wahl des Zustandsraums die (berechtigte) Hoffnung verknüpft, eine hyperbolische Differentialgleichung für die Temperatur zu erhalten.
- Allerdings sollten auch kleine Temperaturänderungen erlaubt sein. Wir brechen also eine Taylorreihenentwicklung der Temperatur in der Zeit nach dem ersten Glied ab:

  $$\theta(t) = \theta(t=0) + \tau\dot{\theta}(t=0) \,, \tag{4.185}$$

  wobei den obigen Argumenten folgend, τ ein *universeller, für alle Materialien gültiger* Zeitparameter sein muss. Ein solcher ist in der Physik jedoch nicht bekannt.
- Um solchen Problemen vorzubeugen, empfiehlt es sich daher, von vornherein die Variable $\dot{\theta}$ nicht mit ins Spiel zu bringen.

* Dieser Begriff wird allerdings schon in [Tru1969], S. 29 verwendet.

** Dies ist in [Mue1972], S. 86ff ausgeführt.

Wenden wir uns nun wieder der Frage zu, was sich an den Ergebnissen ändert, wenn die Flüssigkeit zusätzlich viskos ist, basierend auf den Ergebnissen in Gleichung (4.163). Fokussieren wir auf Gleichung $(4.163))_6$, die dafür verantwortlich war, dass sich Gleichung $(4.170)_2$, also die Proportionalität zwischen Entropie- und Wärmefluss ergab. Die Grundlage hierfür war die aus Gleichung $(4.163))_6$ folgende Beziehung (4.168). Aufgrund der höheren Anzahl an Variablen und aufgrund der nunmehr komplexeren Darstellungssätze $(4.151)_2$ und $(4.157)_2$ bleibt diese Gleichung jedoch nicht länger „so einfach“. Stattdessen resultiert eine Beziehung der Form

$$\begin{aligned}&\alpha_0\delta_{ij}+\alpha_1 d_{ij}+\alpha_2 d_{ik}d_{kj}+\alpha_3\vartheta_{,i}\vartheta_{,j}+\alpha_4\vartheta_{,k}d_{k(i}\vartheta_{,j)}+\alpha_5\vartheta_{,k}d_{kl}d_{l(i}\vartheta_{,j)}\\&\quad+\alpha_6\vartheta_{,k}d_{k(i}d_{j)l}\vartheta_{,l}+\alpha_7\vartheta_{,k}d_{km}d_{m(i}d_{j)l}\vartheta_{,l}+\alpha_8\vartheta_{,k}d_{km}d_{m(i}d_{j)n}d_{nl}\vartheta_{,l}=0\,.\end{aligned}\tag{4.186}$$

Dabei ergeben sich die Koeffizienten α_i aus Λ^u, κ, q_1, q_2, φ, φ_1, φ_2 und deren ersten Ableitungen nach den Variablen g, gdg und gd^2g. Auf das Verschwinden der α_i darf man aber nicht schließen. Das verhindern die höheren Tensorausdrücke $\vartheta_{,k}d_{k(i}d_{j)l}\vartheta_{,l}$, $\vartheta_{,k}d_{km}d_{m(i}d_{j)l}\vartheta_{,l}$ und $\vartheta_{,k}d_{km}d_{m(i}d_{j)n}d_{nl}\vartheta_{,l}$. Diese muss man erst mit höheren Cayley-Hamilton-Theoremen eliminieren* und in die übrigen Tensoren umformen, um die linearen Abhängigkeiten zu beseitigen. Danach kommt man auf folgende Form:

$$\beta_0\delta_{ij}+\beta_1 d_{ij}+\beta_2 d_{ik}d_{kj}+\beta_3\vartheta_{,i}\vartheta_{,j}+\beta_4\vartheta_{,k}d_{k(i}\vartheta_{,j)}+\beta_5\vartheta_{,k}d_{kl}d_{l(i}\vartheta_{,j)}=0\,,\tag{4.187}$$

wobei die neuen Koeffizienten β_i dieselben Abhängigkeiten wie die α_i aufweisen und verschwinden müssen, da alle verbliebenen Tensorausdrücke nunmehr linear unabhängig sind. In [Mue1972], S. 91 heißt es: „... und daraus folgen Bedingungen, deren Auswertung sehr langwierig ist.“ Auch wir präsentieren hier keine weiteren Ergebnisse, sondern zitieren lediglich, dass gilt:

$$\varphi=-\Lambda^u\kappa\,,\ \varphi_1=\Lambda^u q_1\,,\ \varphi_2=\Lambda^u q_2\quad\Rightarrow\quad\phi_i=\Lambda^u q_i\,.\tag{4.188}$$

Mit Gleichung $(4.163)_{4,6,9}$ ergibt sich somit wieder die einfache Abhängigkeit $\Lambda^u=\Lambda^u(\vartheta,\dot{\vartheta})$. Außerdem liefert Gleichung $(4.163)_7$

$$q_{[i}\frac{\partial\vartheta}{\partial x_{j]}}=0\,.\tag{4.189}$$

Aber dann ist wegen der Darstellung $(4.151)_2$ der Wärmefluss auch einfach proportional zum Temperaturgradienten, so wie sich dies schon bei der Auswertung nach Coleman-Noll in Gleichung (4.134) ergeben hat:

$$q_i=-\kappa\vartheta_{,i}\,,\tag{4.190}$$

nur dass es diesmal eine *notwendige* Beziehung ist.

Übungsaufgabe *Fourier'sches Wärmeleitungsgesetz*

Verifiziere die Ergebnisse in Gleichung (4.189) und Gleichung (4.190).

* Ein Literaturhinweis ist in [Mue1972], S. 68, zu finden.

Wir halten fest:

- In der Auswertemethode mit Lagrangemultiplikatoren ergibt sich die z. B. bei Coleman-Noll angenommene Proportionalität zwischen Entropie- und Wärmefluss erst nach längerer Rechnung und erscheint im Nachhinein alles andere als trivial.
- Das in Gleichung (4.190) gezeigte Ergebnis ist in der Tat eine enorme, durch das Entropieprinzip zustande gekommene Beschränkung der aus dem Darstellungssatz resultierenden Gleichung $(4.151)_2$ für den Wärmefluss.

Doch die Auswertung ist noch lange nicht zu Ende! Die Beziehungen $(4.163)_{1,8}$ verbleiben, $4.163)_9$ ist identisch erfüllt und $(4.163)_5$ schreibt sich:

$$\frac{\partial s}{\partial g} = \Lambda^u \frac{\partial u}{\partial g} + \frac{\kappa}{2\rho} \frac{\partial \Lambda^u}{\partial \dot{\vartheta}} . \tag{4.191}$$

Diese drei Gleichungen implizieren Integrabilitätsbeziehungen für s und das führt auf die Variablenabhängigkeit ρ, ϑ, $\dot{\vartheta}$ und g für u, s und κ, die wir schon vom nicht-viskosen Fall her kennen, siehe Gleichung (4.167). Mithin gilt wieder Gleichung (4.173).

Übungsaufgabe *Auswertung Entropieungleichung viskoser Fall I*

Verifiziere das Gesagte und kläre insbesondere die Herkunft des Faktors 2 in Gleichung (4.191). Wiederhole dann die Argumente nach Gleichung (4.179) und begründe, dass wir auch im viskosen Fall auf

$$\Lambda^u = \Lambda^u(\vartheta, \dot{\vartheta}) \quad \text{mit} \quad \Lambda^u\big|_{\mathrm{E}} = \frac{1}{T} \tag{4.192}$$

schließen dürfen.

Die Restungleichung (4.164) und mithin die Entropieproduktion σ schreibt sich:

$$\begin{aligned}\sigma(\rho, \vartheta, \dot{\vartheta}, g, d_{kl}) = &\left[-\rho^2\left(\frac{\partial s}{\partial \rho} - \Lambda^u \frac{\partial u}{\partial \rho}\right)\delta_{ij} + \Lambda^u \sigma_{ij} + \frac{\partial \Lambda^u}{\partial \dot{\vartheta}} q_{(i} \frac{\partial \vartheta}{\partial x_{j)}}\right] d_{ij} \\ &+ \rho\left(\frac{\partial s}{\partial \vartheta} - \Lambda^u \frac{\partial u}{\partial \vartheta}\right)\dot{\vartheta} + \frac{\partial \Lambda^u}{\partial \vartheta} q_i \frac{\partial \vartheta}{\partial x_i} \geq 0 .\end{aligned} \tag{4.193}$$

Wir betrachten wieder den Fall thermodynamischen Gleichgewichts (E wie Equilibrium), also diesmal $\dot{\vartheta} \equiv 0$, $g \equiv 0$ und d_{ij}. Hierfür muss die Entropieproduktion verschwinden also ihr Minimum annehmen:

$$\sigma|_{\mathrm{E}} = \sigma(\rho, \vartheta, 0, 0, 0) \equiv 0 . \tag{4.194}$$

Wieder folgen wir den Regeln der Extremalrechnung und finden diesmal:

$$\left.\frac{\partial \sigma}{\partial \dot{\vartheta}}\right|_{\mathrm{E}} = 0 , \quad \left.\frac{\partial \sigma}{\partial \vartheta_{,i}}\right|_{\mathrm{E}} = 0 , \quad \left.\frac{\partial \upsilon}{\partial d_A}\right|_{\mathrm{E}} = 0 , \quad \left|\begin{matrix} \frac{\partial^2 \sigma}{\partial \dot{\vartheta}^2} & \frac{\partial^2 \sigma}{\partial \dot{\vartheta} \partial \vartheta_{,i}} & \frac{\partial^2 \sigma}{\partial \dot{\vartheta} \partial d_A} \\ \frac{\partial^2 \sigma}{\partial \vartheta_{,k} \partial \dot{\vartheta}} & \frac{\partial^2 \sigma}{\partial \vartheta_{,k} \partial \vartheta_{,i}} & \frac{\partial^2 \sigma}{\partial \vartheta_{,k} \partial d_A} \\ \frac{\partial^2 \sigma}{\partial d_B \partial \dot{\vartheta}} & \frac{\partial^2 \sigma}{\partial d_B \partial \vartheta_{,i}} & \frac{\partial^2 \sigma}{\partial d_B \partial d_A} \end{matrix}\right|_{\mathrm{E}} \geq 0 . \tag{4.195}$$

Dabei bezeichnen wir mit d_A in Voigt'scher Notation die sechs unabhängigen Komponenten von d_{ij}.

Kombination von Gleichung $(4.195)_{1,3}$ ergibt wieder die Gibbs'sche Gleichung in der Form Gleichung (4.178), also:

$$\mathrm{d}s|_\mathrm{E} = \frac{1}{T}\left[\left.\frac{\partial u}{\partial \vartheta}\right|_\mathrm{E} \mathrm{d}\vartheta + \left(\left.\frac{\partial u}{\partial \rho}\right|_\mathrm{E} - \frac{p|_\mathrm{E}}{\rho^2}\right)\mathrm{d}\rho\right]. \tag{4.196}$$

Und wieder ist diese Beziehung kein Postulat, sondern eine Konsequenz des Entropieprinzips.

Übungsaufgabe *Auswertung Entropieungleichung viskoser Fall II*

Verwende Gleichung (4.195), um die letzte Aussage sowie Nachstehendes zu beweisen:

$$\begin{aligned}
&\mu|_\mathrm{E} \geq 0\,,\\
&-\left.\frac{\partial p}{\partial d_1}\right|_\mathrm{E} + \tfrac{2}{3}\mu|_\mathrm{E} \geq 0\,,\\
&\kappa|_\mathrm{E} \geq 0\,,\\
&\frac{1}{T^2}\left.\frac{\partial u}{\partial \dot{\vartheta}}\right|_\mathrm{E} \leq -\left.\frac{\partial \Lambda^u}{\partial \dot{\vartheta}}\right|_\mathrm{E}\left.\frac{\partial u}{\partial \vartheta}\right|_\mathrm{E}\,,\\
-\frac{\rho}{T}&\left(-\left.\frac{\partial p}{\partial d_1}\right|_\mathrm{E} + \tfrac{2}{3}\mu|_\mathrm{E}\right)\left[\frac{1}{T^2}\left.\frac{\partial u}{\partial \vartheta}\right|_\mathrm{E} + \left.\frac{\partial \Lambda^u}{\partial \vartheta}\right|_\mathrm{E}\left.\frac{\partial u}{\partial \dot{\vartheta}}\right|_\mathrm{E}\right] - \tfrac{1}{4}\left[\left(\rho^2\left.\frac{\partial u}{\partial \rho}\right|_\mathrm{E} - p|_\mathrm{E}\right)\left.\frac{\partial \Lambda^u}{\partial \dot{\vartheta}}\right|_\mathrm{E} - \frac{1}{T}\left.\frac{\partial p}{\partial \dot{\vartheta}}\right|_\mathrm{E}\right]^2 \geq 0\,.
\end{aligned} \tag{4.197}$$

Vergleiche die ersten drei Beziehungen mit Gleichung (4.61) und interpretiere das Ergebnis.

Es ist interessant zu vermerken, dass aufgrund des Entropieprinzips die Koeffizienten q_1 und q_2 im Darstellungssatz für den Wärmeflussvektor (Gleichung $(4.151)_2$) verschwinden mussten. So ergab sich Gleichung (4.190), die man gemeinhin als *Fourier'sches Wärmeleitungsgesetz* bezeichnet. Über die entsprechenden Koeffizienten t_4 und t_5 in Gleichung $(4.151)_3$ für den Spannungstensor sagt das Entropieprinzip *nichts*, und ebenso nichts über t_2 und τ. Das was man gemeinhin das *Navier-Stokes-Materialgesetz* nennt, folgt erst nach Linearisierung, so wie es in Gleichung (4.153) vorgeführt wurde. In [Mue1985] Abschnitt 1.2.3.1 kommt dieser Aspekt nicht klar heraus. Dort wird sofort darauf abgehoben, dass Gradienten in Temperatur und Geschwindigkeit oft klein sind, was eine Linearisierung nahelegt. Man muss diese Annahme aber nicht machen, sondern kann und sollte das Entropieprinzip mit vollständigen Darstellungssätzen auswerten.

Damit beschließen wir unsere Ausführungen über das Lagrangemultiplikatorenverfahren. Weitere Untersuchungen zu diesem Thema findet man in [Mue1972] und [Mue1985].

4.3.4 Die Methode der reduzierten Energiebilanz nach Zhilin

4.3.4.1 Vorbemerkungen

Das Adjektiv *reduziert* kommt bereits in der Thermodynamikmonographie von Truesdell [Tru1969] auf S. 13 und 38 vor und zwar im Zusammenhang mit den sogenannten *reduzierten Dissipationsungleichungen* in globaler oder lokaler Form. Ausgangspunkt für die globale

Version ist dabei die *Clausius-Planck-Ungleichung* aus Gleichung (4.30) allerdings zeitlich lokal und unter Verwendung einer für die Oberfläche des gesamten Systems maßgeblichen, positiven empirischen Temperatur θ*

$$\theta\frac{\mathrm{d}S}{\mathrm{d}t} \geq \dot{Q}, \tag{4.198}$$

worin mit dem 1. Hauptsatz der Thermodynamik (oder Bilanz der inneren Energie ohne Strahlungsterm

$$\frac{\mathrm{d}U}{\mathrm{d}t} = \dot{Q} + W, \ U = \int\limits_{v(t)} \rho u \,\mathrm{d}v, \ \dot{Q} = \oint\limits_{\partial v(t)} \boldsymbol{q}\cdot\boldsymbol{n}\,\mathrm{d}a, \ W = \int\limits_{v(t)} \boldsymbol{\sigma} : (\nabla \otimes \boldsymbol{v})\,\mathrm{d}v \tag{4.199}$$

die Wärmezufuhr über die Oberfläche $\dot{Q}$ (auch *Heating* genannt) eliminiert wird:

$$\frac{\mathrm{d}F}{\mathrm{d}t} - W + S\frac{\mathrm{d}\theta}{\mathrm{d}t} \leq 0, \ F = U - \theta S. \tag{4.200}$$

Truesdell bezeichnet die Größe F als freie Energie des Systems. Der Produktionsterm W heißt auch das *net working*, was die Symbolwahl erklärt. Das Wort *net*, also *netto*, erklärt sich daraus, dass W nach der „Herleitung" der Bilanz für die innere Energie in Abschnitt 4.1.2 ja gerade die Differenz zwischen der Arbeitsleistung von Kräften an der Oberfläche $P = \oint\limits_{\partial v(t)} \boldsymbol{t}\cdot\boldsymbol{v}\,\mathrm{d}a$ und $\frac{\mathrm{d}E^{\mathrm{kin}}}{\mathrm{d}t}$, also der Leistung der kinetischen Energie $E^{\mathrm{kin}} = \int\limits_{v(t)} \rho\frac{\boldsymbol{v}^2}{2}\,\mathrm{d}v$, repräsentiert.

Das örtlich lokale Äquivalent (in regulären Punkten) zu Gleichung (4.200) lautet:

$$\frac{\delta f}{\delta t} - \frac{w}{\rho} + s\frac{\delta\theta}{\delta t} + \frac{\boldsymbol{q}\cdot\nabla\theta}{\rho\theta} \leq 0, \ f = u - \theta s, \ w = \boldsymbol{\sigma} : (\nabla\otimes\boldsymbol{v}). \tag{4.201}$$

Neben der Bezeichnung *net working per unit volume* für w spricht Truesdell ([Tru1969], S. 27 und 38) auch von der *stress power*.

In beiden Fällen bedeutet *reduziert* also die Elimination von Wärme- und Strahlungsanteil. Das ist jedoch nur ein Aspekt, der in den Arbeiten von Zhilin und Schülern betont wird, wie wir gleich sehen werden.

Übungsaufgabe *Konsequenzen aus der Clausius-Planck-Ungleichung*

Zeige in einem ersten Schritt, dass in der Tat gilt:

$$W = P - \frac{\mathrm{d}E^{\mathrm{kin}}}{\mathrm{d}t}. \tag{4.202}$$

Erläutere durch Studium von [Tru1969], was für Truesdell die Temperatur θ physikalisch bedeutet. Was unterscheidet sie von der absoluten Temperatur T nach Kelvin?

* Wir schreiben θ und nicht ϑ (wie die empirische Temperatur im Lagrangemultiplikatorenverfahren genannt wurde), da bei Truesdell ϑ den Kehrwert der Temperatur – also die *coldness* – bezeichnet. Man beachte später auch, dass Truesdell mit dem Symbol $\boldsymbol{h}$ den negativen Wärmefluss $-\boldsymbol{q}$ bezeichnet, [Zhi2012], [Iva2020a] und [Iva2020b] mit $\boldsymbol{h}$ hingegen $\boldsymbol{q}$. Denke dabei an das 11. Gebot: „Lass Dich nicht verwirren!"

Beweise Gleichung (4.201), indem Du in Gleichung (4.46) T durch θ ersetzt und mit der Gleichung (4.8) für die innere Energie Wärmefluss $\boldsymbol{q}$ und Strahlung r eliminierst. Erläutere im Vergleich mit Gleichung (4.198), warum Truesdell bei der Beziehung

$$\delta \equiv \theta \frac{\delta s}{\delta t} - \frac{1}{\rho}\left[-\nabla \cdot \boldsymbol{q} + \rho r\right] \geq 0 \tag{4.203}$$

von der *Planck'schen Ungleichung* spricht und δ die *innere Dissipation* nennt. Erläutere außerdem, warum in der Literatur bei der Gleichung

$$\boldsymbol{q} \cdot \nabla \theta \leq 0 \tag{4.204}$$

von der *Fourier'schen Ungleichung* gesprochen wird. Zeige schließlich, dass sich das Entropieprinzip in der Form Gleichung (4.46) mit den nun verwendeten Symbolen auch als

$$\rho\delta - \frac{1}{\theta}\boldsymbol{q} \cdot \theta \geq 0 \tag{4.205}$$

schreiben lässt. Welche Ungleichung ist die allgemeinere Gleichung (4.203), Gleichung (4.204) oder Gleichung (4.205)? Schließlich: Die *Kelvin-Planck-Formulierung des 2. Hauptsatzes der Thermodynamik*, welche in der Technischen Thermodynamik hochgeschätzt wird, besagt, dass es unmöglich ist, einen Motor zu konstruieren, dessen einziger Zweck darin besteht, die Umwandlung von Wärme aus einer Quelle/einem Reservoir mit hoher Temperatur in eine gleiche Menge Arbeit zu ermöglichen. Wie lässt sich dies im Rahmen der diversen Ungleichungen verstehen, die wir bisher kennengelernt haben?

Tipp: Studiere in diesem Zusammenhang [Mue2009], Kapitel 4, und informiere Dich über den Begriff *Wirkungsgrad*. Gibt es einen Wirkungsgrad der gleich 1 ist?

4.3.4.2 Materielle Zeitableitungen und integrierender Faktor

Viele der nachstehenden Ideen findet man in [Zhi2012], [Iva2020a] und [Iva2020b]. Die Argumentationen dort sind allerdings recht komplex, und so präsentieren wir hier viele Zusatzinformationen, die dort als selbstverständlich angenommen werden. Zuerst zerlegen wir den Spannungstensor, von dem wir erst einmal annehmen wollen, dass er symmetrisch ist, in Kugeltensor und Deviator und beide danach noch in reversible und irreversible Anteile, ähnlich wie wir es seinerzeit in Gleichung (4.14) gemacht haben. Reversible Anteile werden mit dem Index e (wie elastic) und irreversible mit dem Index f (wie friction) gekennzeichnet:

$$\boldsymbol{\sigma} = \boldsymbol{\sigma}^{\mathrm{e}} + \boldsymbol{\sigma}^{\mathrm{f}}\,,\;\; \boldsymbol{\sigma}^{\mathrm{e/f}} = -p^{\mathrm{e/f}}\mathbf{1} + \boldsymbol{\Sigma}^{\mathrm{e/f}}\,,\;\; p^{\mathrm{e/f}} = -\tfrac{1}{3}\mathbf{Sp}\,\sigma^{\mathrm{e/f}}\,. \tag{4.206}$$

Mithin schreibt sich die Bilanz der inneren Energie (4.8):*

$$\begin{aligned}\rho\frac{\delta u}{\delta t} &= \underline{\boldsymbol{\sigma}^{\mathrm{e}} : (\nabla \boldsymbol{v})^{\mathrm{s}}} + \boldsymbol{\sigma}^{\mathrm{f}} : (\nabla \boldsymbol{v})^{\mathrm{s}} - \nabla \cdot \boldsymbol{q} + \rho r \\ &= \underline{-p^{\mathrm{e}}\nabla \cdot \boldsymbol{v} + \boldsymbol{\Sigma}^{\mathrm{e}} : (\nabla \boldsymbol{v})^{\mathrm{s}}} - \nabla \cdot \boldsymbol{q} + \rho r - p^{\mathrm{f}}\nabla \cdot \boldsymbol{v} + \boldsymbol{\Sigma}^{\mathrm{f}} : (\nabla \boldsymbol{v})^{\mathrm{f}}\,.\end{aligned} \tag{4.207}$$

* Eigentlich müsste man ausführlich $\nabla \otimes \boldsymbol{v}$ anstelle von $\nabla \boldsymbol{v}$ schreiben. Da jedoch die Dyadezeichen nachfolgend Überhand nehmen würden, lassen wir sie so wie in Abschnitt 1.2.1.4 gesagt einfach weg.

Auf der rechten Seite haben wir reversible (unterstrichen) und irreversible (inklusive Wärme-) Anteile bereits getrennt. Links steht eine materielle Ableitung. Ziel ist es nun, auch alle Terme der rechten Seite als Produkte aus einem Vorfaktor und der materiellen Ableitung physikalischer Größen zu schreiben. Die materielle Zeitableitungen auf der rechten Seite kommen (teilweise) aus den Geschwindigkeitsgradienten. Geschwindigkeitsgradienten bedingen Deformation der sich mit der materiellen Geschwindigkeit $\boldsymbol{v}$ bewegenden Materie. Als allgemeines Deformationsmaß haben wir in Gleichung $(2.30)_3$ bereits den Deformationsgradienten $\boldsymbol{F}$ kennengelernt.* Offensichtlich ist dies eine Größe, die in Referenzkonfiguration $\boldsymbol{X}$ formuliert ist. Die materiellen Ableitungen, von denen soeben die Rede war, sollen aber auf Größen der aktuellen Bewegung $\boldsymbol{x}$ wirken. Daher ist es günstiger, mit der Größe $\boldsymbol{g} \equiv \boldsymbol{F}^{-\mathsf{T}}$ zu arbeiten.**

Wir notieren in diesem Zusammenhang einige nützliche Gleichungen in absoluter und in Indexschreibweise:

$$\begin{aligned}
&\boldsymbol{F} = (\nabla_{\boldsymbol{X}}\boldsymbol{x})^{\mathsf{T}} = \boldsymbol{x}\nabla_{\boldsymbol{X}}\,,\ \boldsymbol{F}^{-1} = (\nabla\boldsymbol{X})^{\mathsf{T}} = \boldsymbol{X}\nabla\,,\ \nabla_{\boldsymbol{X}} \equiv \frac{\partial(\cdot)}{\partial\boldsymbol{X}} \quad\Leftrightarrow\quad F_{ij} = \frac{\partial x_i}{\partial X_j}\,,\ F_{ij}^{-1} = \frac{\partial X_i}{\partial x_j}\,,\\
&\boldsymbol{g} \equiv \boldsymbol{F}^{-\mathsf{T}} = \nabla\boldsymbol{X} \equiv \mathbf{1} - \nabla\boldsymbol{u}\,,\ \boldsymbol{u} = \boldsymbol{x} - \boldsymbol{X} \quad\Leftrightarrow\quad g_{ij} = F_{ij}^{-\mathsf{T}} = \frac{\partial X_j}{\partial x_i} \equiv \delta_{ij} - \frac{\partial u_j}{\partial x_i}\,,\ u_i = x_i - X_i\,,\\
&\Rightarrow\quad \boldsymbol{g}^{-1} = \boldsymbol{F}^{\mathsf{T}} = \nabla_{\boldsymbol{X}}\boldsymbol{x} \quad\Leftrightarrow\quad g_{ij}^{-1} = F_{ij}^{\mathsf{T}} = F_{ji} = \frac{\partial x_j}{\partial X_i}\,,\ \boldsymbol{g}^{\mathsf{T}} = \boldsymbol{F}^{-1} \quad\Leftrightarrow\quad g_{ij}^{\mathsf{T}} = g_{ji} = \frac{\partial X_i}{\partial x_j}\,.
\end{aligned} \tag{4.208}$$

Die Zusammenhänge mit der Verschiebung $\boldsymbol{u}$ sind nützlich, wenn es sich um Untersuchungen für Festkörper handelt.

Übungsaufgabe *Verformungsmaße 1*

Verifiziere und diskutiere die diversen Ausdrücke in Gleichung (4.208). Erkläre insbesondere den Unterschied zwischen Links- und Rechtsgradient.

Der Zusammenhang zwischen dem Geschwindigkeitsgradient und dem Deformationsmaß lautet:

$$\nabla\boldsymbol{v} = -\frac{\delta\boldsymbol{F}^{-\mathsf{T}}}{\delta t}\cdot\boldsymbol{F}^{\mathsf{T}} \quad\Rightarrow\quad (\nabla\boldsymbol{v})^{\mathsf{T}} \equiv \boldsymbol{v}\nabla = -\boldsymbol{F}\cdot\frac{\delta\boldsymbol{F}^{-1}}{\delta t}\,. \tag{4.209}$$

Zum Beweis notieren wir:

$$\begin{aligned}
&\nabla\boldsymbol{v} = -\nabla\left(\frac{\delta\boldsymbol{u}}{\delta t}\right) = \nabla\left(\frac{\partial\boldsymbol{u}}{\partial t} + \boldsymbol{v}\cdot\nabla\boldsymbol{u}\right) = \cdots = \frac{\delta\nabla\boldsymbol{u}}{\delta t} + (\nabla\boldsymbol{v})\cdot(\nabla\boldsymbol{u}) \quad\Rightarrow\ldots\ \frac{\delta\nabla\boldsymbol{u}}{\delta t} = \nabla\boldsymbol{v}\cdot\boldsymbol{F}^{-\mathsf{T}}\,,\\
&\nabla\boldsymbol{u} = \mathbf{1} - \boldsymbol{F}^{-\mathsf{T}} \quad\Rightarrow\quad \frac{\delta\nabla\boldsymbol{u}}{\delta t} = -\frac{\delta\boldsymbol{F}^{-\mathsf{T}}}{\delta t}\,.
\end{aligned} \tag{4.210}$$

Durch Kombination beider Beziehungen folgt die Behauptung. Außerdem gilt:

$$\boldsymbol{F}^{-\mathsf{T}}\cdot\boldsymbol{F}^{\mathsf{T}} = \mathbf{1} \quad\Rightarrow\quad \ldots\ \nabla\boldsymbol{v} = \boldsymbol{F}^{-\mathsf{T}}\cdot\frac{\delta\boldsymbol{F}^{\mathsf{T}}}{\delta t} \quad\Rightarrow\quad (\nabla\boldsymbol{v})^{\mathsf{T}} \equiv \boldsymbol{v}\nabla = \frac{\delta\boldsymbol{F}}{\delta t}\cdot\boldsymbol{F}^{-1}\,. \tag{4.211}$$

* In diesem Abschnitt sind alle Felder in materieller Formulierung zu denken. Ob man auch eine räumliche Schreibweise wählen kann, und was sich dann ggf. ändert, wird später besprochen.

** Das Symbol $\boldsymbol{g}$ wird in [Zhi2012], S. 123, [Iva2020a], [Iva2020b] verwendet, wahrscheinlich um $-\mathsf{T}$ und andere verzwickte Exponenten zu vermeiden und sicherlich, um zu betonen, dass in der aktuellen Konfiguration gearbeitet wird. In diesem Abschnitt wird die in westlichen Kontinuumsmechanikerkreisen bekannte Bezeichnung $\boldsymbol{F}$ sowie zugehörige Varianten verwendet.

Übungsaufgabe *Verformungsmaße 2*

Vollziehe die Beweise nach und ergänze die Auslassungszeichen in Gleichung (4.210) und Gleichung (4.211). Erläutere die Ähnlichkeiten und die Unterschiede zwischen Gleichung $(4.211)_3$ und Gleichung (2.22).

Damit kann nun der symmetrisierte Geschwindigkeitsgradient wie folgt ausgedrückt werden:

$$(\nabla \boldsymbol{v})^{\mathrm{s}} = \frac{1}{2}\boldsymbol{F}^{-\mathsf{T}} \cdot \frac{\delta \boldsymbol{C}}{\delta t} \cdot \boldsymbol{F}^{-1} \quad \text{oder} \quad (\nabla \boldsymbol{v})^{\mathrm{s}} = -\frac{1}{2}\boldsymbol{F} \cdot \frac{\delta \boldsymbol{C}^{-1}}{\delta t} \cdot \boldsymbol{F}^{\mathsf{T}} \quad \text{wobei} \quad \boldsymbol{C} = \boldsymbol{F}^{\mathsf{T}} \cdot \boldsymbol{F}. \tag{4.212}$$

Man nennt $\boldsymbol{C}$ auch den *rechten Cauchy-Green-Tensor.* $\boldsymbol{C}^{-1}$ wird von der IUPAC [IUP1998] auch *Finger-Tensor* genannt. Diese Bezeichnung ist bei manchen Kontinuumsmechanikern aber umstritten. Der Vorteil der zweiten Darstellung des symmetrisierten Geschwindigkeitsgradienten besteht darin, dass die materielle Ableitung und der Finger-Tensor selbst vollständig auf die Momentankonfiguration bezogen sind. In der ersten Darstellung wird bei der materiellen Ableitung des rechten Cauchy-Green-Tensors vollständig Bezug auf die Referenzkonfiguration genommen. Auch das hat seine Meriten, wie wir jetzt sehen werden.

Für die Leistung des reversiblen Spannungsanteils können wir also schreiben:

$$\boldsymbol{\sigma}^{\mathrm{e}} : (\nabla \boldsymbol{v})^{\mathrm{s}} = \frac{1}{2}\left(\boldsymbol{F}^{-1} \cdot \boldsymbol{\sigma}^{\mathrm{e}} \cdot \boldsymbol{F}^{-\mathsf{T}}\right) : \frac{\delta \boldsymbol{C}}{\delta t} \quad \text{oder} \quad \boldsymbol{\sigma}^{\mathrm{e}} : (\nabla \boldsymbol{v})^{\mathrm{s}} = -\frac{1}{2}\left(\boldsymbol{F}^{\mathsf{T}} \cdot \boldsymbol{\sigma}^{\mathrm{e}} \cdot \boldsymbol{F}\right) : \frac{\delta \boldsymbol{C}^{-1}}{\delta t}. \tag{4.213}$$

Übungsaufgabe *Leistung des reversiblen Spannungsanteils*

Verwende Gleichung (1.53), um mit Hilfe von Gleichung (4.212) die Richtigkeit von Gleichung (4.213) nachzuweisen. Beweise auch die Beziehungen:

$$C_{ij} = F_{ki} F_{kj}\,, \quad \boldsymbol{C} = \boldsymbol{C}^{\mathsf{T}}\,, \quad \boldsymbol{C}^{-1} = \boldsymbol{C}^{-\mathsf{T}}\,. \tag{4.214}$$

Der rechte Cauchy-Green-Tensor ist also *symmetrisch.*

Wie verfahren wir nun mit dem Anteil der irreversiblen Spannungsleistung $\boldsymbol{\sigma}^{\mathrm{e}} \cdot\cdot (\nabla \boldsymbol{v})^{\mathrm{f}}$ unter Berücksichtigung der Tatsache, dass in Gleichung (4.207) auch noch die Wärmeanteile (Paradebeispiele irreversiblen Verhaltens) stehen? Das Zhilin'sche Verfahren ist hier inspiriert von der Idee des integrierenden Faktors T, den wir ursprünglich Caratheodory [Car1909] verdanken und den wir erstmals bei Eckart kennengelernt haben, siehe Gleichung (4.26). Mithin wird die Gültigkeit folgender Beziehung gefordert:

$$\rho T \frac{\delta s}{\delta t} = -\nabla \cdot \boldsymbol{q} + \rho r + \boldsymbol{\sigma}^{\mathrm{f}} : (\nabla \boldsymbol{v})^{\mathrm{s}}\,. \tag{4.215}$$

Objektiv betrachtet führen wir damit gleich *zwei* neue Größen ein, denen wir beiden primitiven Charakter zuschreiben müssen, nämlich die Entropie s unter einer materiellen (also vollständigen) Zeitableitung *und* den integrierenden Faktor T. Das wirkt wie das Zerschlagen des Gordischen Knotens. Wir kombinieren nun Gleichung (4.207) und Gleichung (4.213) mit Gleichung (4.215) und erhalten die sogenannte *reduzierte Bilanz der inneren Energie* nach Zhilin:

$$\frac{\delta u}{\delta t} = \frac{1}{2\rho}\left(\boldsymbol{F}^{-1} \cdot \boldsymbol{\sigma}^{\mathrm{e}} \cdot \boldsymbol{F}^{-\mathsf{T}}\right) : \frac{\delta \boldsymbol{C}}{\delta t} + T\frac{\delta s}{\delta t} \quad \text{oder} \quad \frac{\delta u}{\delta t} = -\frac{1}{2\rho}\left(\boldsymbol{F}^{\mathsf{T}} \cdot \boldsymbol{\sigma}^{\mathrm{e}} \cdot \boldsymbol{F}\right) : \frac{\delta \boldsymbol{C}^{-1}}{\delta t} + T\frac{\delta s}{\delta t}. \tag{4.216}$$

Nach [Zhi2012], S. 138 ist es bei der reduzierten Bilanz besonders wichtig, dass hier bereits die jeweiligen Deformationsmaße als Zeitableitungen mit eingearbeitet werden. Wenn man so will, definiert das den thermodynamischen Zustandsraum, in dem wir uns gerade befinden, also hier $\boldsymbol{C}$ oder $\boldsymbol{C}^{-1}$ *und* s. Wir schreiben somit:*

$$u = u(\boldsymbol{C}, s) \quad \text{oder} \quad u = u(\boldsymbol{C}^{-1}, s)\,. \tag{4.217}$$

Damit können wir Gleichung (4.216) weiter auswerten und finden heraus, dass die innere Energie das *Potential* für die Temperatur und für die elastische Spannung ist:

$$T = \frac{\partial u}{\partial s}\,, \quad \boldsymbol{\sigma}^{\mathrm{e}} = 2\rho\boldsymbol{F}\cdot\frac{\partial u}{\partial \boldsymbol{C}}\cdot\boldsymbol{F}^{\mathrm{T}} \quad \text{oder} \quad \boldsymbol{\sigma}^{\mathrm{e}} = -2\rho\boldsymbol{F}^{-\mathrm{T}}\cdot\frac{\partial u}{\partial \boldsymbol{C}^{-1}}\cdot\boldsymbol{F}^{-1}\,. \tag{4.218}$$

Bemerkungen:

- Dass die innere Energie als Potential der elastischen Spannung dient, ist sehr vorteilhaft: u ist ein objektiver Skalar und darauf kann man das Isotropieprinzip und Darstellungssätze wie in Gleichung (4.151) ansetzen. Diese Gleichung ist die Grundlage für die sogenannte nicht-lineare Elastizitätstheorie, die z. B. zur Beschreibung des Spannungs-Dehnungsverhaltens von Gummi dient.
- Die Wahl der Entropie s als Zustandsraumvariable wirkt auf Afficionados der Lagrangemultiplikatorenmethode geradezu befremdlich. Sie würden anstelle von s die (empirische) Temperatur ϑ (und ihre Ableitungen) wählen (vgl. Gleichung $(4.135)_1$). Aber wenn man ehrlich ist: Auch ϑ ist eine primitive Variable und letztlich meßtechnisch genauso schwer zu fassen wie die Kraft oder jetzt die Entropie! Temperatur erschließt sich vielleicht „gefühlsmäßig" besser als Entropie.
- Auch in [TT1960], S. 619 wird für u die Entropie als Zustandsvariable gewählt. Im Hinblick auf das Arrangement der materiellen Zeitableitungen in Gleichung (4.216) darf man feststellen, dass s und $\boldsymbol{C}$ die „natürlichen" Zustandsvariablen der inneren Energie sind.
- Schreibt man Gleichung (4.216) in der Form

  $$T\frac{\delta s}{\delta t} = \frac{\delta u}{\delta t} - \frac{1}{2\rho}\left(\boldsymbol{F}^{-1}\cdot\boldsymbol{\sigma}^{\mathrm{e}}\cdot\boldsymbol{F}^{-\mathrm{T}}\right) : \frac{\delta \boldsymbol{C}}{\delta t} \quad \text{oder} \quad T\frac{\delta s}{\delta t} = \frac{\delta u}{\delta t} + \frac{1}{2\rho}\left(\boldsymbol{F}^{\mathrm{T}}\cdot\boldsymbol{\sigma}^{\mathrm{e}}\cdot\boldsymbol{F}\right) : \frac{\delta \boldsymbol{C}^{-1}}{\delta t}\,, \tag{4.219}$$

  so könnte man im Vergleich mit Gleichung (4.26) von einer *Gibbs'schen Gleichung für Festkörper* (wegen $\boldsymbol{C}$) oder sogar von einer *Gibbs'schen Gleichung für das Nichtgleichgewicht* sprechen, da T und s im Doppelpack ja lauter Nichtgleichgewichtsterme ersetzen (siehe Gleichung (4.215)). Man muss feststellen, dass eine solche Vorgehensweise das Missfallen orthodoxer Thermodynamiker finden wird. Man beachte in diesem Zusammenhang, dass auch die mit dem Lagrangemultiplikatorenverfahren in (4.178) gefundene Beziehung ausdrücklich im thermodynamischen Gleichgewicht gilt.
- Die St. Petersburg Schule Zhilins spricht bei Potentialgleichungen der Gestalt von (4.218) auch von *Cauchy-Green-Beziehungen.* Diese nicht-orthodoxe Bezeichnung ehrt Cauchy und (George) Green, insbesondere letzteren, der bei seinen Bemühungen atomistische Energiebetrachtungen auf die Kontinuumsebene zu bringen, nach [Zhi2012], S. 36 auf ein vollständiges Differential einer Energiegröße, n. b. der inneren Energie stieß. Wir schließen

* Auf die Unterscheidung zwischen Funktion und Funktionswert bei der inneren Energie verzichten wir hier schlampigerweise.

uns diesem Vorschlag an und bemerken lediglich, dass diese Bezeichnung in der westlichen Literatur nicht gebräuchlich ist.

Übungsaufgabe *Elastischer Spannungsanteil – alternative Darstellung*

Verwende Gleichung (4.214) um zu zeigen, dass man anstelle von Gleichung $(5.84)_2$ auch schreiben kann:

$$\boldsymbol{\sigma}^{\mathrm{e}} = 2\rho \boldsymbol{F} \cdot \left(\frac{\partial u}{\partial \boldsymbol{F}}\right)^{\mathsf{T}} \quad \Leftrightarrow \quad \sigma^{\mathrm{e}}_{ij} = 2\rho F_{ik} \frac{\partial u}{\partial F_{jk}} . \tag{4.220}$$

Dies ist eine Form der Darstellung, die man oft in Büchern über nicht-lineare Elastizität findet.

Die nächste Frage, die geklärt werden soll, ist folgende: In der Abhängigkeit für die innere Energie von Flüssigkeiten $(4.135)_1$ war doch auch die Massendichte ρ unter den Variablen. Warum ist das in Gleichung (4.217) nicht so, obwohl ρ in Gleichung (4.216) vorkommt, allerdings nicht als materielle Zeitableitung? Das täuscht! Die Massenbilanz Gleichung $(3.7)_2$ sagt, dass gilt

$$\nabla \cdot \boldsymbol{v} = -\frac{1}{\rho} \frac{\delta \rho}{\delta t} . \tag{4.221}$$

Andererseits zeigt man mit Gleichung (4.212), dass

$$\nabla \cdot \boldsymbol{v} = -\frac{1}{2} \boldsymbol{C} : \frac{\delta \boldsymbol{C}^{-1}}{\delta t} = \frac{1}{2} \boldsymbol{C}^{-1} : \frac{\delta \boldsymbol{C}}{\delta t} , \tag{4.222}$$

und das zeigt im Vergleich, dass die Massendichte in der Deformation $\boldsymbol{C}$ bzw. $\boldsymbol{C}^{-1}$ inkludiert ist! Möchte man nun in Beziehungen wie (4.217) die Dichte *explizit* listen, dann darf man allerdings nicht $\boldsymbol{C}$ oder $\boldsymbol{C}^{-1}$ verwenden, sondern muss auf andere, geeignete Verformungsmaße zurückgreifen.

Um diese zu finden, sei zuerst daran erinnert, dass man anstelle der aktuellen Dichte nach Gleichung (3.15) auch die Determinante J als Variable verwenden kann. In diesem Sinne definieren wir die folgenden *unimodularen Deformationsmaße*:

$$\boldsymbol{c} = J^{-2/3} \boldsymbol{C} , \quad \boldsymbol{c}^{-1} = J^{2/3} \boldsymbol{C}^{-1} . \tag{4.223}$$

Unimodular bedeutet, dass die Determinante des unimodularen rechten Cauchy-Green-Tensors $\boldsymbol{c}$ und seiner Inversen gleich 1 ist, was man leicht nachprüft. Damit erhält man alternativ für die reduzierten Bilanzen der inneren Energie (4.216):

$$\begin{gathered} \frac{\delta u}{\delta t} = \frac{p^{\mathrm{e}}}{\rho^2} \frac{\delta \rho}{\delta t} + \frac{J^{2/3}}{2\rho} \left(\boldsymbol{F}^{-1} \cdot \boldsymbol{\sigma}^{\mathrm{e}} \cdot \boldsymbol{F}^{-\mathsf{T}}\right) : \frac{\delta \boldsymbol{c}}{\delta t} + T \frac{\delta s}{\delta t} \quad \text{oder} \\ \frac{\delta u}{\delta t} = \frac{p^{\mathrm{e}}}{\rho^2} \frac{\delta \rho}{\delta t} - \frac{J^{-2/3}}{2\rho} \left(\boldsymbol{F}^{\mathsf{T}} \cdot \boldsymbol{\sigma}^{\mathrm{e}} \cdot \boldsymbol{F}\right) : \frac{\delta \boldsymbol{c}^{-1}}{\delta t} + T \frac{\delta s}{\delta t} , \quad p^{\mathrm{e}} = -\frac{1}{3} \mathrm{Sp}\, \boldsymbol{\sigma}^{\mathrm{e}} , \end{gathered} \tag{4.224}$$

wobei in der ersten Gleichung $u = u(\rho, \boldsymbol{c}, s)$ und in der zweiten $u = u(\rho, \boldsymbol{c}^{-1}, s)$ als Abhängigkeiten gewählt wurden. Somit lauten die Cauchy-Green-Beziehungen jetzt:

$$\begin{gathered} p^{\mathrm{e}} = \rho^2 \frac{\partial u}{\partial \rho} , \quad \boldsymbol{\sigma}^{\mathrm{e}} = 2\rho J^{-2/3} \boldsymbol{F} \cdot \frac{\partial u}{\partial \boldsymbol{c}} \cdot \boldsymbol{F}^{\mathsf{T}} , \quad \frac{\partial u}{\partial s} = T \quad \text{oder} \\ p^{\mathrm{e}} = \rho^2 \frac{\partial u}{\partial \rho} , \quad \boldsymbol{\sigma}^{\mathrm{e}} = -2\rho J^{2/3} \boldsymbol{F}^{-\mathsf{T}} \cdot \frac{\partial u}{\partial \boldsymbol{c}^{-1}} \cdot \boldsymbol{F}^{-1} , \quad \frac{\partial u}{\partial s} = T . \end{gathered} \tag{4.225}$$

Wenn man mag, kann man auch den Spannungsdeviator ins Spiel bringen:

$$\boldsymbol{\Sigma}^{\mathrm{e}} = p^{\mathrm{e}}\mathbf{1} + 2\rho J^{-2/3}\boldsymbol{F}\cdot\frac{\partial u}{\partial \boldsymbol{c}}\cdot\boldsymbol{F}^{\mathsf{T}} \quad \text{oder} \quad \boldsymbol{\Sigma}^{\mathrm{e}} = p^{\mathrm{e}}\mathbf{1} - 2\rho J^{2/3}\boldsymbol{F}^{-\mathsf{T}}\cdot\frac{\partial u}{\partial \boldsymbol{c}^{-1}}\cdot\boldsymbol{F}^{-1}. \tag{4.226}$$

Übungsaufgabe *Cauchy-Green-Beziehungen für Festkörper*

Beweise mit den Definitionen aus Gleichung (4.223) und Gleichung (4.216) zunächst Gleichung (4.224). Weise damit dann die Cauchy-Green-Beziehungen (4.226) nach.

Verwende Gleichung (1.305) um zu zeigen, dass man für den Druck p^{e} auch schreiben kann:

$$p^{\mathrm{e}} = \frac{2}{3}\rho\boldsymbol{c}^{-1} : \frac{\partial u}{\partial \boldsymbol{c}^{-1}} = \frac{2}{3}\rho\boldsymbol{c} : \frac{\partial u}{\partial \boldsymbol{c}}. \tag{4.227}$$

Zeige mit Gleichung (4.26), dass für den Gleichgewichtsdruck in Gasen und Flüssigkeiten analog zu $(4.225)_{1,3}$ gilt:

$$p = \rho^2\frac{\partial u}{\partial \rho}. \tag{4.228}$$

4.3.4.3 Legendretransformationen und die freie Energie

Wir haben in Gleichung (4.216) gesehen, dass $\boldsymbol{C}$ (bzw. $\boldsymbol{C}^{-1}$) und s die „natürlichen" Variablen für die spezifische innere Energie sind. Eine *Legendretransformation* auf die spezifische freie Energie $f = u - Ts$ ergibt die Alternativdarstellung:

$$\frac{\delta f}{\delta t} = \frac{1}{2\rho}\left(\boldsymbol{F}^{-1}\cdot\boldsymbol{\sigma}^{\mathrm{e}}\cdot\boldsymbol{F}^{-\mathsf{T}}\right) : \frac{\delta \boldsymbol{C}}{\delta t} - s\frac{\delta T}{\delta t} \quad \text{oder} \quad \frac{\delta f}{\delta t} = -\frac{1}{2\rho}\left(\boldsymbol{F}^{\mathsf{T}}\cdot\boldsymbol{\sigma}^{\mathrm{e}}\cdot\boldsymbol{F}\right) : \frac{\delta \boldsymbol{C}^{-1}}{\delta t} - s\frac{\delta T}{\delta t}. \tag{4.229}$$

Somit lauten die Cauchy-Green-Beziehungen nun:

$$-s = \frac{\partial f}{\partial T},\ \boldsymbol{\sigma}^{\mathrm{e}} = 2\rho\boldsymbol{F}\cdot\frac{\partial f}{\partial \boldsymbol{C}}\cdot\boldsymbol{F}^{\mathsf{T}} \quad \text{oder} \quad \boldsymbol{\sigma}^{\mathrm{e}} = -2\rho\boldsymbol{F}^{-\mathsf{T}}\cdot\frac{\partial f}{\partial \boldsymbol{C}^{-1}}\cdot\boldsymbol{F}^{-1}, \tag{4.230}$$

je nachdem, ob man $f = f(\boldsymbol{C}, T)$ oder $f = f(\boldsymbol{C}^{-1}, T)$ als Variablensatz nimmt. Bei der freien Energie löst also die intuitiv anschauliche Größe Temperatur die Entropie ab. In der Tat ist es so, dass in der nicht-linearen Elastizitätstheorie f der Größe u als Potential für die elastische Spannung vorgezogen wird, siehe z. B. [Hol2000], Kapitel 6.

Folgende Bemerkungen sind angebracht:

- Die Tatsache, dass $\boldsymbol{C}$ und s die „natürlichen" Variablen der spezifischen inneren Energie u und $\boldsymbol{C}$ und T die „natürlichen" Variablen der spezifischen freien Energie f sind, heißt nicht, dass es verboten ist, z. B. die Funktionsabhängigkeit $u = u(\boldsymbol{C}, T)$ zu untersuchen. In der Tat, wurde das im Zusammenhang mit der Entropieungleichungsanalyse mit Hilfe von Lagrangeparametern in Gleichung $(4.135)_1$ bei Gasen und Flüssigkeiten ja so gemacht.
- Insbesondere bei Gasen und Flüssigkeiten wird neben u und f noch die spezifische *Enthalpie* $h = u + pv$ und die spezifische *freie Enthalpie* (auch spezifische *Gibbs'sche freie Energie*) $g = u - Ts + pv$ verwendet.

- Die zugehörigen „natürlichen Variablen" und die Cauchy-Green-Relationen für Gase und Flüssigkeiten dieser Größen lauten wie folgt:

$$\begin{aligned} u &= u(v,s) \quad \text{mit} \quad \frac{\partial u}{\partial v} = p\,, \quad \frac{\partial u}{\partial s} = T\,, \\ f &= f(v,T) \quad \text{mit} \quad \frac{\partial f}{\partial T} = -p\,, \quad \frac{\partial f}{\partial T} = -s\,, \\ h &= h(p,s) \quad \text{mit} \quad \frac{\partial h}{\partial p} = v\,, \quad \frac{\partial h}{\partial s} = T\,, \\ g &= g(p,T) \quad \text{mit} \quad \frac{\partial g}{\partial p} = v\,, \quad \frac{\partial g}{\partial T} = -s\,. \end{aligned} \tag{4.231}$$

  Ein schönes Lernschema hierfür findet man in [Rei1987], S. 189.

- Die Gibbs'sche freie Energie findet in der Festkörpermechanik eine gewisse Entsprechung im sogenannten *Eshelby tensor*. Dies wird in [Liu1992] weiter erläutert.

Übungsaufgabe *Cauchy-Green-Beziehungen für Gase und Flüssigkeiten*

Beweise mit Gleichung (4.26) die Gleichung (4.231).

4.3.4.4 Der 2. Hauptsatz der Thermodynamik in verschärfter Form

Startpunkt unserer Betrachtungen zum 2. Hauptsatz der Thermodynamik ist Gleichung (4.215), die wir nach den Wärmetermen umstellen:

$$-\nabla \cdot \boldsymbol{q} + \rho r = \rho T \frac{\delta s}{\delta t} - \rho \delta\,, \tag{4.232}$$

wobei die „innere Dissipation" aus Gleichung (4.203) durch die Leistung der dissipativen Kraftanteile explizit gemacht wurde:

$$\rho \delta = \boldsymbol{\sigma}^{\mathrm{f}} : (\nabla \boldsymbol{v})^{\mathrm{s}}\,. \tag{4.233}$$

Außerdem gilt natürlich die reduzierte Energiebilanz (4.216) oder besser noch geschrieben als Gibbs'sche Gleichung (4.219). Dies betrifft den ersten Teil auf der rechten Seite von Gleichung (4.232), welcher sozusagen den elastischen also reversiblen Arbeitsanteil umfasst. Gleichung (4.232) sagt also in Worten aus, dass Wärme teilweise reversibel in wiederverwendbare Arbeit umgesetzt wird aber auch nutzlos dissipiert.

Dies jedoch ist noch nicht der 2. Hauptsatz der Thermodynamik und damit verbundene Ungleichungen. Für Zhilin gibt es *zwei* Ungleichungen, die in ihrer Gesamtheit den 2. Hauptsatz ausmachen und jeweils für sich eine eigene positive Entropieproduktion beanspruchen. Beide sind *erfahrungsbasiert.*

Der erste Teil lässt sich verbal ausdrücken als „Wärme fließt von warm nach kalt" (in Richtung eines negativen Temperaturgradienten ∇T). In Formeln:

$$\boldsymbol{q} \cdot \nabla T \leq 0 \quad \Rightarrow \quad \sigma^{\mathrm{e}} = -\boldsymbol{q} \cdot \frac{\nabla T}{T^2} \geq 0\,. \tag{4.234}$$

Man nennt σ^{e} die *externe Entropieproduktion*, da Wärme von außen über die Körperoberfläche strömt.

Der zweite Teil beinhaltet verbal, dass „Reibung nur positive Arbeit leistet“:

$$\boldsymbol{\sigma}^{\mathrm{f}} : (\nabla \boldsymbol{v})^{\mathrm{s}} \geq 0 \quad \Rightarrow \quad \sigma^{\mathrm{i}} = \frac{1}{T} \boldsymbol{\sigma}^{\mathrm{f}} : (\nabla \boldsymbol{v})^{\mathrm{s}} \geq 0 . \tag{4.235}$$

Man nennt σ^{i} die *interne Entropieproduktion*, da Reibung im Körperinneren stattfindet.

Wir schreiben nun Gleichung (4.232) so um, dass der Bilanzgleichungscharakter für die Entropie klar hervortritt:

$$\rho \frac{\delta s}{\delta t} + \nabla \cdot \left(\frac{\boldsymbol{q}}{T} \right) - \frac{\rho r}{T} = -\boldsymbol{q} \cdot \frac{\nabla T}{T^2} + \frac{\rho \delta}{T} = \sigma^{\mathrm{e}} + \sigma^{\mathrm{i}} \equiv \sigma \geq 0 . \tag{4.236}$$

Dabei ist σ die gesamte Entropieproduktion, so wie wir sie aus dem Entropieprinzip in der Form nach Gleichung (4.46) kennen. Zhilin nennt die linke Seite als Ungleichung verstanden auch *Clausius-Duhem'sche Ungleichung* [Zhi2012], S. 146. Dies ist ein leicht anderer Duktus als bei Gleichung (4.123), wo (a) die free Energie eingeführt wurde und (b) die Wärmeterme mit dem Bilanz der inneren Energie ersetzt wurden. Die westliche Literatur würde das, was Zhilin als Clausius-Duhem-Ungleichung bezeichnet, eher Entropiebilanz unter Einbeziehung des 2. Hauptsatzes der Thermodynamik nennen. Sehr wichtig ist es jedoch auch hier, die schon aus Gleichung (4.132) bekannte *Restungleichung* zu erwähnen. Offensichtlich ist sie in der Zhilin'sche Sichtweise eine Folge der *beiden* Forderungen (4.234) und (4.235), und in diesem Sinne ist sie eine schwächere Formulierung des zweiten Hauptsatzes.

Die folgenden Bemerkungen seien erlaubt:

- Die (linearisierten) Navier-Stokes-Fourier-Materialgesetze nach Gleichung (4.133) und Gleichung (4.134) erfüllen Zhilins Ungleichungen (4.234) und (4.235) natürlich und zwar jede für sich, nur werden solche oder ähnliche Konsequenzen in [Zhi2012] nicht unmittelbar gezogen. In der Tat heißt es in einer Fußnote der Redaktion auf S. 261: „Der zweite Hauptsatz der Thermodynamik wird in Form von Clausius-Duhem-Ungleichungen formuliert, aber im Gegensatz zum traditionellen Ansatz werden diese Ungleichungen nicht zur Ermittlung konstitutiver Gleichungen verwendet.“ Dies verwundert, denn wozu sollten diese Ungleichungen sonst gut sein?
- Folgt man der Philosophie der TIP (vgl. Gleichung (4.57)), so sind die beiden Flüsse $\boldsymbol{q}$ und $\boldsymbol{\sigma}^{\mathrm{f}}$ in Gleichung (4.236) unabhängig und somit würde $\sigma \geq 0$ beide Ungleichungen Zhilins zur Folge haben. Andererseits ist TIP ja eine Linearisierung um das Gleichgewicht, so dass man Zhilins zwei Ungleichungen als verschärfte Forderung betrachten könnte.

4.3.5 Materialgleichungen für mikropolare Medien

In diesem Abschnitt wird das soeben für klassische Kontinua vorgestellte Verfahren der reduzierten Energiebilanz nach Zhilin auf mikropolare Medien erweitert und mit seiner Hilfe Materialgleichungen „hergeleitet“. Diese haben wir in Abschnitt 3.5 bereits verwendet, um Randwertprobleme zu lösen, und sie erfahren jetzt eine Rechtfertigung im Rahmen der Thermodynamik.

4.3.5.1 Reduzierte Form der Bilanz für die innere Energie

Analog zu Gleichung (4.206) spalten wir nun auch die Momentenspannungen $\boldsymbol{\mu}$ in reversible „elastische“ (Index e) und irreversible, ratenabhängige (Index f für „friction“) Anteile auf und zerlegen beim Spannungstensor zusätzlich in Kugeltensoren (Druckanteile p) und Deviatoren ($\boldsymbol{\Sigma}$):

$$\boldsymbol{\sigma} = -\left(p^{\mathrm{e}} + p^{\mathrm{f}}\right)\mathbf{1} + \boldsymbol{\Sigma}^{\mathrm{e}} + \boldsymbol{\Sigma}^{\mathrm{f}}\,,\quad \boldsymbol{\mu} = \boldsymbol{\mu}^{\mathrm{e}} + \boldsymbol{\mu}^{\mathrm{f}}\,. \tag{4.237}$$

Mithin lautet die Bilanz für die innere Energie (4.12) nun:

$$\begin{aligned}\rho\frac{\delta u}{\delta t} = -p^{\mathrm{e}}\nabla\cdot\boldsymbol{v} + \Sigma^{\mathrm{e}} : \left(\nabla\otimes\boldsymbol{v} + \mathbf{1}\times\boldsymbol{\omega}\right) + \boldsymbol{\mu}^{\mathrm{e}} : \nabla\otimes\boldsymbol{\omega} - \nabla\cdot\boldsymbol{q} + \rho r \\ - p^{\mathrm{f}}\nabla\cdot\boldsymbol{v} + \Sigma^{\mathrm{f}} : \left(\nabla\otimes\boldsymbol{v} + \mathbf{1}\times\boldsymbol{\omega}\right) + \boldsymbol{\mu}^{\mathrm{f}} : \nabla\otimes\boldsymbol{\omega}\,.\end{aligned} \tag{4.238}$$

Analog zu Gleichung (4.213) schreiben wir die reversiblen Anteile in Zeitableitungen um:

$$\begin{aligned}\boldsymbol{\Sigma}^{\mathrm{e}} : \left(\nabla\otimes\boldsymbol{v} + \mathbf{1}\times\boldsymbol{\omega}\right) + \boldsymbol{\mu}^{\mathrm{e}} : \nabla\otimes\boldsymbol{\omega} = \left(\boldsymbol{g}^{-1}\cdot\boldsymbol{\Sigma}^{\mathrm{e}} + \boldsymbol{g}^{-1}\cdot\boldsymbol{\Gamma}\cdot\boldsymbol{\mu}^{\mathrm{e}}\right) : \frac{\delta\boldsymbol{g}}{\delta t} \\ + \boldsymbol{\mu}^{\mathrm{e}} : \frac{\delta\boldsymbol{\Gamma}}{\delta t} + \frac{1}{2}\left[\left(\boldsymbol{\mu}^{\mathrm{e}\top}\cdot\boldsymbol{\Gamma} - \boldsymbol{\Sigma}^{\mathrm{e}}\right)_{\times}\times\boldsymbol{Q}\right] : \frac{\delta\boldsymbol{Q}}{\delta t}\,.\end{aligned} \tag{4.239}$$

Hier wurde zum einen das in Gleichung (4.208) bereits eingeführte Deformationsmaß für den Verschiebungsgradienten verwendet, nämlich $\boldsymbol{g} = \nabla\boldsymbol{X} = \mathbf{1} - \nabla\boldsymbol{u} \equiv \boldsymbol{F}^{-\top}$. Da es in diesem Abschnitt nicht darum geht, Brücken zu Bekanntem zu schlagen, nämlich zum Deformationsgradienten $\boldsymbol{F}$, sondern vielmehr die Betonung auf der Formulierung in der gegenwärtigen Konfiguration liegt, haben wir uns entschlossen, ab sofort das Symbol $\boldsymbol{g}$ zu benutzen. Neben dem Gradienten der Verschiebung muss bei mikropolaren Medien zur vollständigen Erfassung der Deformation aber zusätzlich noch der Gradient einer Drehung angegeben werden. Drehungen werden im Drehtensor $\boldsymbol{Q}$ erfasst und so führen wir das Deformationsmaß für Drehungen genannt $\boldsymbol{\Gamma}$ ein:

$$\nabla\otimes\boldsymbol{Q} = \boldsymbol{\Gamma}\times\boldsymbol{Q}\,. \tag{4.240}$$

Übungsaufgabe *Vorbereitungen für die reduzierte Energiebilanz*

Erinnert sei an die folgenden Beziehungen für den (antisymmetrischen) linken Winkelgeschwindigkeitstensor $\boldsymbol{\Omega}^{\ell}$:

$$\boldsymbol{\Omega}^{\ell} = \frac{\delta\boldsymbol{Q}}{\delta t}\cdot\boldsymbol{Q}^{\top}\,,\quad \boldsymbol{\Omega}^{\ell} = \boldsymbol{\omega}^{\ell}\times\mathbf{1} = \mathbf{1}\times\boldsymbol{\omega}^{\ell}\,,\quad \boldsymbol{\omega}^{\ell} = -\frac{1}{2}\boldsymbol{\Omega}^{\ell}_{\times}\,. \tag{4.241}$$

Diese Formeln beruhten auf der Eigenschaft $\boldsymbol{Q}\cdot\boldsymbol{Q}^{\top} = \mathbf{1} = \boldsymbol{Q}^{\top}\cdot\boldsymbol{Q}$ des Drehtensors $\boldsymbol{Q}$: Durch Differentiation dieser Beziehung nach der Zeit gelang es, anstelle des *asymmetrischen* linken Winkelgeschwindigkeitstensors $\boldsymbol{\Omega}^{\ell}$ den anschaulicheren Winkelgeschwindigkeitsvektor $\boldsymbol{\omega}^{\ell}$ einzuführen (vgl. Abschnitt 2.4.3). Für den Mikrowinkelgeschwindigkeitsvektor $\boldsymbol{\omega}$ der Mikropolartheorie gelten analoge Beziehungen.

Leite die genannte Orthogonalitätsbeziehung nun anstelle nach der Zeit nach dem Ort ab und schließe auf $A_{nil} = -A_{lin}$, wobei der Tensor $\boldsymbol{A}$ dritter Stufe durch $A_{nil} = Q_{nm}\frac{\partial Q_{lm}}{\partial x_i}$ definiert ist. Wieviele unabhängige Komponenten hat $\boldsymbol{A}$? Schließe, dass man ihn durch einen Tensor 2. Stufe $\boldsymbol{\Gamma}$ gemäß Gleichung (4.240) ersetzen darf.

Unter Beachtung der Massenbilanz in der Form (3.7)$_2$ lässt sich so die Bilanz der inneren Energie umschreiben in:

$$\rho\frac{\delta u}{\delta t}=\frac{p^{\mathrm{e}}}{\rho}\frac{\delta\rho}{\delta t}-\left(\boldsymbol{g}^{-1}\cdot\boldsymbol{\Sigma}^{\mathrm{e}}+\boldsymbol{g}^{-1}\cdot\boldsymbol{\Gamma}\cdot\boldsymbol{\mu}^{\mathrm{e}}\right):\frac{\delta\boldsymbol{g}}{\delta t}+\boldsymbol{\mu}^{\mathrm{e}}:\frac{\delta\boldsymbol{\Gamma}}{\delta t}+\frac{1}{2}\left[\left(\boldsymbol{\mu}^{\mathrm{e}\mathsf{T}}\cdot\boldsymbol{\Gamma}-\boldsymbol{\Sigma}^{\mathrm{e}}\right)_{\times}\times\boldsymbol{Q}\right]:\frac{\delta\boldsymbol{Q}}{\delta t}$$
$$+\rho r-\nabla\cdot\boldsymbol{q}-p^{\mathrm{f}}\nabla\cdot\boldsymbol{v}+\Sigma^{\mathrm{f}}:\left(\nabla\otimes\boldsymbol{v}+\boldsymbol{1}\times\boldsymbol{\omega}\right)+\boldsymbol{\mu}^{\mathrm{f}}:\nabla\otimes\boldsymbol{\omega}\,. \tag{4.242}$$

Nun wird analog zu Gleichung (4.215) die spezifische Entropie s und die Temperatur T wie folgt eingeführt:

$$\rho T\frac{\delta s}{\delta t}=\rho r-\nabla\cdot\boldsymbol{q}-p^{\mathrm{f}}\nabla\cdot\boldsymbol{v}+\Sigma^{\mathrm{f}}:\left(\nabla\otimes\boldsymbol{v}+\boldsymbol{1}\times\boldsymbol{\omega}\right)+\boldsymbol{\mu}^{\mathrm{f}}:\nabla\otimes\boldsymbol{\omega}\,. \tag{4.243}$$

Und wie in Gleichung (4.224) erhalten wir die *reduzierte Form der Bilanz der inneren Energie*:

$$\rho\frac{\delta u}{\delta t}=\frac{p^{\mathrm{e}}}{\rho}\frac{\delta\rho}{\delta t}-\left(\boldsymbol{g}^{-1}\cdot\boldsymbol{\Sigma}^{\mathrm{e}}+\boldsymbol{g}^{-1}\cdot\boldsymbol{\Gamma}\cdot\boldsymbol{\mu}^{\mathrm{e}}\right):\frac{\delta\boldsymbol{g}}{\delta t}$$
$$+\boldsymbol{\mu}^{\mathrm{e}}:\frac{\delta\boldsymbol{\Gamma}}{\delta t}+\frac{1}{2}\left[\left(\boldsymbol{\mu}^{\mathrm{e}\mathsf{T}}\cdot\boldsymbol{\Gamma}-\boldsymbol{\Sigma}^{\mathrm{e}}\right)_{\times}\times\boldsymbol{Q}\right]:\frac{\delta\boldsymbol{Q}}{\delta t}+\rho T\frac{\delta s}{\delta t}\,. \tag{4.244}$$

4.3.5.2 Cauchy-Green-Beziehungen für mikropolare Medien

Daraus lesen wir sofort ab, von welchen Zustandsvariablen die innere Energie abhängt:

$$u=u\left(\rho,s,\boldsymbol{g},\boldsymbol{\Gamma},\boldsymbol{Q}\right). \tag{4.245}$$

Somit lauten die *Cauchy-Green-Beziehungen für mikropolare Kontinua*:

$$p^{\mathrm{e}}=\rho^{2}\frac{\partial u}{\partial\rho}\,,\ \boldsymbol{\Sigma}^{\mathrm{e}}=-\rho\frac{\partial u}{\partial\boldsymbol{g}}\cdot\boldsymbol{g}^{\mathsf{T}}-\rho\frac{\partial u}{\partial\boldsymbol{\Gamma}}\cdot\boldsymbol{\Gamma}^{\mathsf{T}}\,,\ \boldsymbol{\mu}^{\mathrm{e}}=\rho\frac{\partial u}{\partial\boldsymbol{\Gamma}}\,,\ T=\frac{\partial u}{\partial s}\,. \tag{4.246}$$

Aber Achtung: In Gleichung (4.244) treten $\boldsymbol{\Sigma}^{\mathrm{e}}$ und $\boldsymbol{\mu}^{\mathrm{e}}$ vor zwei Zeitableitungen gekoppelt auf. Bei der Entkopplung sind zwei Nebenbedingungen zu beachten:

$$\frac{\partial u}{\partial\boldsymbol{g}}:\boldsymbol{g}+\frac{\partial u}{\partial\boldsymbol{\Gamma}}:\boldsymbol{\Gamma}=0\,,\ \frac{\partial u}{\partial\boldsymbol{g}}:\left(\boldsymbol{A}\cdot\boldsymbol{g}\right)+\frac{\partial u}{\partial\boldsymbol{Q}}:\left(\boldsymbol{A}\cdot\boldsymbol{Q}\right)+\frac{\partial u}{\partial\boldsymbol{\Gamma}}:\left(\boldsymbol{A}\cdot\boldsymbol{\Gamma}-\boldsymbol{\Gamma}\cdot\boldsymbol{A}\right)=0\,, \tag{4.247}$$

wobei $\boldsymbol{A}$ ein beliebiger antisymmetrischer Tensor ist. Weitere Details der Herleitung findet man in [Zhi2012], Anhang D.

4.3.5.3 Fourier- und Planck-Ungleichungen für mikropolare Medien

Wir orientieren uns an Gleichung (4.234) und Gleichung (4.235) und finden im vorliegenden Fall zuerst die beiden Ungleichungen nach Fourier und Planck und daraus die interne und externe Entropiproduktionen $\sigma^{\mathrm{i/e}}$:

$$\boldsymbol{q}\cdot\nabla T\leq 0\,,\ -p^{\mathrm{f}}\nabla\cdot\boldsymbol{v}+\Sigma^{\mathrm{f}}:\left(\nabla\otimes\boldsymbol{v}+\boldsymbol{1}\times\boldsymbol{\omega}\right)+\boldsymbol{\mu}^{\mathrm{f}}:\nabla\otimes\boldsymbol{\omega}\geq 0$$
$$\Rightarrow\quad\sigma^{\mathrm{e}}=-\boldsymbol{q}\cdot\frac{\nabla T}{T^{2}}\geq 0\,,\ \sigma^{\mathrm{i}}=\frac{1}{T}\left[-p^{\mathrm{f}}\nabla\cdot\boldsymbol{v}+\Sigma^{\mathrm{f}}:\left(\nabla\otimes\boldsymbol{v}+\boldsymbol{1}\times\boldsymbol{\omega}\right)+\boldsymbol{\mu}^{\mathrm{f}}:\nabla\otimes\boldsymbol{\omega}\right]. \tag{4.248}$$

4.4 Thermodynamische Felder und euklidischer Beobachterwechsel

Analog zu Abschnitt 3.6 diskutieren wir nun das Verhalten der in der Thermodynamik hinzugekommenen Felder.

4.4.1 Euklidische Skalare

Folgende polare euklidische Skalare sind zu nennen:

- Die spezifische innere Energie

$$u' = \tilde{u} = u; \tag{4.249}$$

- die spezifische Strahlungsdichte

$$r' = \tilde{r} = r; \tag{4.250}$$

- die Dichten der Entropiezufuhr im Volumen und der Entropieproduktion

$$\xi' = \tilde{\xi} = \xi \quad \text{und} \quad \sigma' = \tilde{\sigma} = \sigma; \tag{4.251}$$

- die Temperatur

$$T' = \tilde{T} = T \quad \text{oder} \quad \vartheta' = \tilde{\vartheta} = \vartheta. \tag{4.252}$$

4.4.2 Euklidische Vektoren

Sowohl der Wärmefluss $\boldsymbol{q}$ als auch der Entropiefluss $\boldsymbol{\phi}$ sind polare euklidische Vektoren:

$$\boldsymbol{q}' = \tilde{\boldsymbol{q}} \quad \Leftrightarrow \quad q_i' = Q_{ij} q_j, \quad \boldsymbol{\phi}' = \tilde{\boldsymbol{\phi}} \quad \Leftrightarrow \quad \phi_i' = Q_{ij} \phi_j. \tag{4.253}$$

4.4.3 Bilanz der inneren Energie

Die Bilanzen der kinetischen Energie (3.85), der Gesamtenergie (4.10), des Gesamtdrehimpulses und des Spins sind aufgrund der Inertialterme der Geschwindigkeit (etwa (2.138)) und der Mikrowinkelgeschwindigkeit (siehe $(3.244)_1$) nicht forminvariant. Hingegen ist die Bilanz der inneren Energie (4.12) überaschenderweise forminvariant, und wir dürfen für den Nichtinertialsystemsbeobachter Σ' schreiben:

$$\rho' \frac{\delta u'}{\delta t} = \boldsymbol{\sigma}' : \left(\nabla' \otimes \boldsymbol{v}' + \mathbf{1}' \times \boldsymbol{\omega}'\right) + \boldsymbol{\mu}' : \nabla' \otimes \boldsymbol{\omega}' - \nabla' \cdot \boldsymbol{q}' + \rho' r'. \tag{4.254}$$

Mit den Transformationen für die Massendichte (3.224), die spezifische innere Energie (4.249), den Nabla-Operator $(3.215)_2$, den Wärmefluss $(4.253)_1$ und die Strahlungsdichte (4.250) wird die Forminvarianz des Terms auf der linken Seite sowie der letzten drei Terme auf der rechten Seite sofort einsichtig. Dass $\boldsymbol{\sigma} : (\nabla \otimes \boldsymbol{v} + \mathbf{1} \times \boldsymbol{\omega})$ ein euklidischer Skalar ist, wird in der nachfolgenden Übung gezeigt. Im wesentlichen heben sich die Inertialterme aus dem ersten Term in der Klammer mit denen des zweiten heraus.

Übungsaufgabe *Forminvarianz der Bilanz der inneren Energie*

Beweise die letzte Aussage und verwende dazu die Transformationsformeln für den polar euklidischen, nicht symmetrischen Spannungstensor (3.237), den Geschwindigkeitsgradienten (3.218), den Mikrowinkelgeschwindigkeitsvektor $(3.244)_1$ sowie die Definition der diversen Winkelgeschwindigkeitsvektoren und -tensoren aus Abschnitt 2.4.3.

Literatur

[Ber2015] A. Bertram, R. Glüge, *Solid Mechanics Theory, Modeling, and Problems.* Springer, 2015.

[Car1909] C. Carathéodory. *Untersuchungen über die Grundlagen der Thermodynamik,* Mathematische Annalen, 67(3), S. 355–386, 1909.

[Cen2015] Y. A. Çengel, M. A. Boles, *Thermodynamics – An Engineering Approach, Eighth Edition.* McGraw-Hill, New York, 2015.

[Cla1887] R. Clausius, *Über die mechanische Wärmetheorie – Zweite Abtheilung.* Friedrich Vieweg und Sohn, Braunschweig, 1867.

[Col1963] B. D. Coleman, W. Noll. *The Thermodynamics of Elastic Materials with Heat Conduction and Viscosity,* Archive for Rational Mechanics and Analysis 13, S. 167–178, 1963.

[Eck11940] C. Eckart. *The Thermodynamics of Irreversible Processes I. The Simple Fluid,* Physical Review, 58, S. 267–269, 1940.

[Eck21940] C. Eckart. *The Thermodynamics of Irreversible Processes II. Fluid Mixtures,* Physical Review, 58, S. 269–275, 1940.

[Gib1906] S. R. de Groot, P. Mazur. *The Scientific Papers of J. Willard Gibbs, PhD., LL.D. in Two Volumes Vol I. Thermodynamics.* Longmans, Green, and Co., London, 1906.

[Gro1983] S. R. de Groot, P. Mazur. *Non-equilibrium Thermodynamics.* Dover Publications, Inc., New York, 1983.

[Haa1963] R. Haase. *Thermodynamik der irreversiblen Prozesse.* Dr. Dietrich Steinkopff Verlag, Darmstadt, 1963.

[Hol2000] G. A. Holzapfel. *Nonlinear Solid Mechanics – A Continuum Approach for Engineering.* John Wiley & Sons, Ltd., Chicester, 2000.

[Hut2004] K. Hutter, K. Jöhnk. *Continuum Methods of Physical Modeling Continuum Mechanics, Dimensional Analysis, Turbulence.* Springer-Verlag, Berlin, 2004.

[IUP1998] A. Kaye, R. F. T. Stepto, W. J. Work, J. V. Alemán, A. Ya. Malkin. *Definition of terms relating to the non-ultimate mechanical properties of polymers (recommendations 1998),* Pure and applied chemistry, 70(3), S. 701–754, 1998.

[Iva2020a] E. A. Ivanova, E. Vilchevskaya, W. H. Müller. *Truesdell's and Zhilin's Approaches: Derivation of Constitutive Equations* in in Encyclopedia of Continuum Mechanics, in Encyclopedia of Continuum Mechanics, S. 2574–2584, 2020.

[Iva2020b] E. A. Ivanova, E. Vilchevskaya, W. H. Müller. *Zhilin's method and its modifications* in Encyclopedia of Continuum Mechanics, S. 2795–2804, 2020.

[Jou2010] D. Jou, J. Casas-Vázquez, G. Lebon, *Extended irreversible thermodynamics, Fourth Edition.* Springer, 2010.

[Liu1972] I. S. Liu. *Method of Lagrange multipliers for exploitation of the entropy principle,* Archive for Rational Mechanics and Analysis, 46, S. 131–148, 1972.

[Liu1992] I. S. Liu. *On interface equilibrium and inclusion problems,* Continuum Mech. Thermodyn. 4, S. 177–186, 1992.

[Lur1990] A. I. Lurie, *Nonlinear Theory of Elasticity.* North-Holland, Amsterdam, 1990.

[Mau1999] G. A. Maugin, *The Thermomechanics of Nonlinear Irreversible Behaviors – An Introduction.* World Scientific Singapore, 1999.

[Mau2013] G. A. Maugin, *Continuum Mechanics Through the Twentieth Century – A Concise Historical Perspective.* Springer, Dordrecht, 2013.

[Mue1970] I. Müller, *A new systematic approach to non-equilibrium thermodynamics,* Pure and Applied Chemistry, 22(3–4), S. 335–342, 1970.

[Mue1971] I. Müller, *The coldness, a universal function in thermoelastic bodies,* Archive for Rational Mechanics and Analysis, 41, S. 319–332, 1971.

[Mue1972] I. Müller, *On the frame dependence of stress and heat flux,* Archive for rational mechanics and analysis, 45, S. 241–250, 1972.

[Mue1973] I. Müller, *Thermodynamik: die Grundlagen d. Materialtheorie.* Bertelsmann-Universitätsverlag, 1973.

[Mue1985] I. Müller, *Thermodynamics.* Pitman, Boston 1985.

[Mue2009] I. Müller, W. H. Müller, *Fundamentals of thermodynamics and applications: with historical annotations and many citations from Avogadro to Zermelo.* Springer Science & Business Media, 2009.

[Mue2014] W. H. Müller, *An expedition to continuum theory.* Springer, 2014.

[Mue2021] W. H. Müller, S. Glane, W. Rickert, *Technische Mechanik für Technomathematik und Physikalische Ingenieurwissenschaft.* Carl Hanser Verlag GmbH Co. KG, 2021.

[Nye1985] J. F. Nye, *Physical Properties of Crystals – Their Representation by Tensors and Matrices.* Clarendon Press, Oxford, 1985.

[Pal1998] V. Palmov, *Vibrations of elasto-plastic bodies.* Springer Science & Business Media, 2009.

[Rei1987] F. Reif, *Statistische Physik und Physik der Wärme, 3. Auflage.* Walter de Gruyter, Berlin, New York 1987.

[Smi1965] G. F. Smith. *On isotropic integrity bases.* Archive for Rational Mechanics and Analysis, 18, S. 282–292, 1965.

[Tol1938] R. C. Tolman, *The Principles of Statistical Mechanics.* At the Clarendon Press, Oxford, 1938.

[Tru1969] C. Truesdell, *Rational thermodynamics.* McGraw-Hill Book Company, New York, 1969.

[Tru1976] C. Truesdell. *Correction of two errors in the kinetic theory of gases which have been used to cast unfounded doubt upon the principle of material frame-indifference.* Meccanica, 11(4), S. 196–199, 1976.

[Tru1984] C. Truesdell, *Rational thermodynamics with an appendix by C.-C. Wang*. 2nd Edition, Springer-Verlag, New York Inc. 1984.

[Tru2004] C. Truesdell, W. Noll *The non-Linear Field Theories of Mechanics*. 3rd Edition, Springer-Verlag, New York 2004.

[TT1960] C. Truesdell, R. Toupin, *The Classical Field Theories*. Springer Heidelberg, 1960.

[Zhi2012] P. A. Zhilin. *Rationale Kontinuumsmechanik (in Russ.)*. Verlag der Politechnischen Universität, St. Petersburg, 2012.

5 Elektrodynamik

Typischerweise werden Studierende der Theoretischen Physik in einer Vorlesung zur Elektrodynamik zum ersten Mal mit dem Begriff der kontinuierlichen Felder vertraut gemacht. Wie wir bereits gesehen haben, begegnen Maschinenbaustudenten Feldern in Vorlesungen der Strömungsmechanik oder allgemeiner der Kontinuumsmechanik. Letztere umfasst alle Aggregatzustände und Materialien. Hier lernen sie zwischen den allgemeinen Erhaltungssätzen der Physik, die sich in Form von Bilanzen bestimmter physikalischer Größen unabhängig vom betrachteten Material ausdrücken, und konstitutiven Zusammenhängen zu unterscheiden, so wie wir es in diesem Buch von Anfang an handhaben. Im Gegensatz zu den Erhaltungssätzen sind Stoffgleichungen nicht universell. Wie wir bereits gesehen haben, sind sie materialspezifisch und ergänzen die Bilanzen. Prinzipien wie die Forminvarianz beim Beobachterwechsel oder der zweite Hauptsatz der Thermodynamik werden verwendet, um die Fülle möglicher Formen der konstitutiven Beziehungen zu verringern. Am Ende gelangt man zu Feldgleichungen, die dann mit verschiedenen Techniken zur Lösung partieller Differentialgleichungen analysiert werden können. Auch dies wurde in den vorherigen Kapiteln bereits erläutert.

Man kann mit Fug und Recht sagen, dass die Elektrodynamik immer noch dabei ist, in die Konzepte und Techniken der modernen Kontinuumsmechanik hineinzuwachsen, obwohl die Grundlagen der rationalen Elektrodynamik vor mehr als sechzig Jahren im klassischen Handbuchtext zur Kontinuumstheorie von Truesdell und Toupin gelegt wurden [TT1960, Kapitel F]. Um die Vorteile des hier bevorzugten Zugang wertschätzen zu können, ist es hilfreich, zu verstehen, wie gemeinhin in der Literatur zur Elektrodynamik vorgegangen wird. Daher wird in diesem Kapitel auf den Literaturvergleich sehr großen Wert gelegt und empfohlen, dass der Leser die zitierten Arbeiten studiert und die Unterschiede im Vorgehen dadurch verinnerlicht.

In der Tat wurden nicht sehr viele Bücher zur Elektrodynamik im rationalen Geist geschrieben. Nennenswerte Ausnahmen sind [Wan2008], [Kov1990], [Kov2000], [Hut2007]. Erst in der letzten Ausgabe des berühmten Lehrbuchs zur Elektrodynamik von Jackson [Jac1999], Section 5.15, wurde eine Fußnote zu allgemeinen Transportsätzen für offene deformierbare Oberflächen im Zusammenhang mit dem Faraday'schen Induktionsgesetz hinzugefügt, was wir weiter unten besprechen werden. Andere berühmte Lehrbücher der klassischen Physik verwenden das Konzept der Bilanzen für Maxwell'sche Gleichungen in sehr rudimentärer Form (z. B. [Str1941, Chapter 4], [BS1973], [LL1987, Kapitel 4]), wobei sich die betrachteten Volumina und offenen Flächen überhaupt nicht verformen bzw. nicht bewegen können. Gleiches gilt für moderne Lehrbücher der Theoretischen Elektrotechnik, z. B. [Rao2009, Chapter 2].

5.1 Das Induktionsgesetz oder der erste Satz der Maxwell'schen Gleichungen

In diesem Abschnitt beschäftigen wir uns mit den beiden Kraftfeldern $\boldsymbol{E}$ und $\boldsymbol{B}$ der Elektrodynamik. $\boldsymbol{E}$ wird auch das *elektrische* und $\boldsymbol{B}$ das *magnetische Feld* oder manchmal auch *magnetische Induktion* genannt.

5.1.1 Experimentelle Beobachtungen

Betrachten wir die in Bild 5.1 auf der linken Seite dargestellte Situation: Durch einen Stabmagneten unter einem Blatt Papier, auf dem Eisenfeilspäne verteilt wurden, wirken Kräfte und Momente auf diese Feilspäne, so dass sie sich entlang von „Kraftlinien" ausrichten. Tatsächlich ist dies der Begriff, der von Faraday und Maxwell in den frühen Werken über elektromagnetische Phänomene eingeführt wurde, [Far1846], S. 295, [Max1873], Sect. 541, S. 175. Heute bezeichnen wir diese Strukturen als *magnetische Feldlinien*, $\boldsymbol{B}$. Wir sind versucht zu sagen, dass sie an einem Ende des Magneten „entstehen" und am anderen Ende „verschwinden".

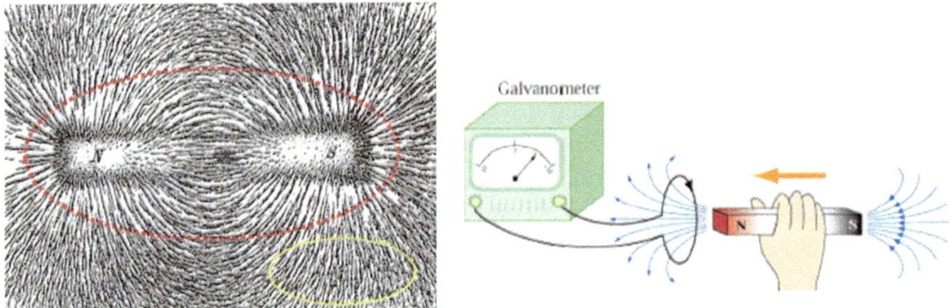

Bild 5.1 Experimente zum Thema Erhaltung des magnetischen Flusses [Wik12022], [Quo2022]

Wenn wir also zunächst ein Kontrollvolumen v^{s} mit einer geschlossenen* Oberfläche $\partial v^{\mathrm{s}}(t)$ außerhalb des Magneten (siehe die gelbe Kontur in Bild 5.1, linker Bildeinsatz), die sich mit der Zeit verformen kann, aber ansonsten ein mathematisches Objekt der Phantasie ist, ist es einfach zu schließen, dass

$$\oint_{\partial v^{\mathrm{s}}(t)} \boldsymbol{B}(\boldsymbol{x}^{\mathrm{s}}, t) \cdot \boldsymbol{n}(\boldsymbol{x}^{\mathrm{s}}, t)\, \mathrm{d}a^{\mathrm{s}} = 0\,, \tag{5.1}$$

wenn $\boldsymbol{n}$ die Außennormale zu dieser geschlossenen Fläche mit dem Flächenelement $\mathrm{d}a^{\mathrm{s}}$ ist. Der Kreis im (Oberflächen-)Integral zeigt an, dass der Rand der Region v^{s} geschlossen ist, was zusätzlich symbolisch durch das Symbol „∂" angezeigt wird, so wie wir es bereits zuvor in der Kontinuumsmechanik, etwa beim globalen Impulssatz Gleichung (3.44), gehandhabt haben. Eine ähnliche Konvention wird für die geschlossene Linienkontur offener Flächen angewendet, vgl. Gleichung (2.43).

* Hier bedeutet „geschlossen", dass es die geometrische Grenze zu einem dreidimensionalen Objekt ist, aber nicht, dass es für Materie undurchlässig ist.

Die funktionale Abhängigkeit der beiden Felder, $\boldsymbol{B}$ und $\boldsymbol{n}$, bedarf einer gewissen Erklärung. Wie in Abschnitt 2.1.4 näher erläutert wird, bezieht sich $\boldsymbol{x}^s$ auf die Position einer Gitterzelle zu einer festen Beobachteruhrzeit t, die alle in Bezug auf den Laborrahmen gewählt wurden. Es wird angenommen, dass sich die Zellen des gewählten Gitters in der Zeit weder bewegen noch verformen.* Dies ist die sogenannte räumliche Betrachtungsweise in der Kontinuumsströmungsmechanik. Aus diesem Grund wurde dem Positionsvektor die Bezeichnung „s" hinzugefügt (vgl. Abschnitt 2.1.3). Sie wurde auch der geschlossenen Oberfläche des Kontrollvolumens, ∂v^{s}, hinzugefügt, weil sie eine Reihe von Beobachtungspunkten umfasst, die alle zu dem gewählten räumlichen Gitter gehören. Natürlich kann sich das Kontrollvolumen (und seine geschlossene Oberfläche) in der Zeit bewegen und verformen, $\partial v^{\mathrm{s}}(t)$. Daher ändert sich die Menge der Punkte, die das Kontrollvolumen umfasst, im Laufe der Zeit. Mathematisch beschreiben wir diese zeitliche Veränderung durch eine bijektive Abbildung $\boldsymbol{\chi}^{\mathrm{s}}$ wie folgt,

$$\boldsymbol{x}^{\mathrm{s}} = \boldsymbol{\chi}^{\mathrm{s}}\left(\boldsymbol{X}^{\mathrm{s}}, t\right), \tag{5.2}$$

die wir in Anlehnung an die Konventionen der Kontinuumsmechanik als die *Bewegung* der zum Kontrollvolumen $v^{\mathrm{s}}(t)$ gehörenden immateriellen Punkte bezeichnen. $\boldsymbol{X}^{\mathrm{s}}$ ist die Position eines immateriellen Beobachtungspunktes zu einem Anfangszeitpunkt $t = 0$, den wir als *Referenzplatzierung* bezeichnen wollen. Dies erlaubt uns natürlich, allen Beobachtungspunkten innerhalb von $v^{\mathrm{s}}(t)$ eine fiktive Geschwindigkeit zuzuordnen, und zwar durch

$$\boldsymbol{v}^{\mathrm{s}} = \left.\frac{\partial \boldsymbol{\chi}^{\mathrm{s}}\left(\boldsymbol{X}^{\mathrm{s}}, t\right)}{\partial t}\right|_{\boldsymbol{X}^{\mathrm{s}}}, \tag{5.3}$$

die wir als *Geschwindigkeit eines Beobachtungspunktes* innerhalb des Kontrollvolumens und insbesondere auf dessen geschlossener Oberfläche bezeichnen wollen.

Wir stellen uns nun vor, dass sich der Stabmagnet innerhalb der Kontrollfläche befindet (siehe die gestrichelte rote Kontur in Bild 5.1, linker Einschub). Dann ist Gleichung (5.1) nicht mehr selbstverständlich. Es wird nun zu einem Axiom, dass diese Gleichung immer noch wahr sein muss. Aus Sicht der empirischen Physik könnte man sagen, dass es keine *magnetischen Monopole* gibt, die als Quellen für das Integral auf der linken Seite fungieren könnten. Letzteres ist auch bekannt als der gesamte *magnetische Fluss*, der die geschlossene Fläche durchquert. Dies ist eine Annahme der klassischen Elektrodynamik, die (bisher) durch fehlende experimentelle Beweise für magnetische Monopole gestützt wird. Tatsächlich können wir nun annehmen, dass sich die $\boldsymbol{B}$-Linien innerhalb des Magneten fortsetzen und eine geschlossene Schleife bilden. Da das $\boldsymbol{B}$-Feld zu einem Drehmoment und einer Ausrichtungskraft auf die Eisenspäne führt, muss es als Kraftfeld betrachtet werden und ist der Grund, warum wir eine gewisse Umorientierung beobachten. Im Sinne der aristotelischen Philosophie von Ursache und Wirkung schreiben wir ihm die Ursache zu und betrachten es als eine primitive Größe, die keiner weiteren Erklärung bedarf. Das Gleiche gilt im Zusammenhang mit dem Newton'schen Bewegungsgesetz: Die Änderung des Impulses eines physischen Körpers (die Wirkung) ist auf die Wirkung der Begriffskraft (die Ursache) zurückzuführen, die wir nicht erklären, sondern als gegeben, d. h. als „primitiv" betrachten, ohne dass sie einer weiteren Erklärung bedarf.

Dies vorausgeschickt und unter der Annahme der Kontinuität des $\boldsymbol{B}$-Feldes, kann der Integralsatz von Gauß angewandt werden, und es ergibt sich die *erste Maxwell-Gleichung in regulären*

* Für den Beobachter wird ein Koordinatensystem gewählt, das sich nicht bewegt. Andernfalls wären die Koordinaten des Positionsvektors der Zellen zeitabhängig.

Punkten,

$$\int_{v^s(t)} \nabla^s \cdot \boldsymbol{B} \, \mathrm{d}v^s = 0 \qquad \Rightarrow \qquad \nabla^s \cdot \boldsymbol{B} = 0 \,, \tag{5.4}$$

wobei wir mit ∇^s den Gradienten des $\boldsymbol{B}$-Feldes über die Gitterzellen meinen.

Offensichtlich gäbe es ohne den Stabmagneten überhaupt kein $\boldsymbol{B}$-Feld, weder außen, wo es durch die Eisenspäne sichtbar wird, noch innen, wo wir es nicht sehen können, aber trotzdem annehmen, dass es da ist. Aber dann klingt die Kontinuitätsannahme von $\boldsymbol{B}$ an der Oberfläche des Magneten seltsam, denn es gibt eindeutig eine Diskontinuität der Massendichte von der Oberfläche des Magneten zur umgebenden Luft oder zum Vakuum. Es gibt keinen intuitiven Grund, warum sich das $\boldsymbol{B}$-Feld anders verhalten sollte, und mit dem Standard-Pillbox-Argument der Kontinuumsmechanik (siehe Abschnitt 5.6 für weitere Einzelheiten) können wir nur aus rein mathematischen Gründen argumentieren, dass man aus Gleichung (5.1) die erste Maxwell'sche Gleichung in singulären Punkten erhält

$$[\![\boldsymbol{B}]\!] \cdot \boldsymbol{n} = 0 \,, \tag{5.5}$$

wenn wir postulieren, dass Gleichung (5.1) unabhängig davon gilt, ob die geschlossene Fläche ∂v^s den Magneten umgibt oder nicht. In der letzten Gleichung ist $\boldsymbol{n}$ die nach außen gerichtete Normale auf der Oberfläche des Magneten und die doppelte Klammer bezeichnet den Sprung von $\boldsymbol{B}$ von außen „+“ nach innen „−“, $[\![\boldsymbol{B}]\!] = \boldsymbol{B}^+ - \boldsymbol{B}^-$.

Man beachte auch, dass die singuläre Grenzfläche oft eine materielle ist, wie im Fall der Oberfläche des Stabmagneten. Sie muss jedoch nicht zwangsläufig eine solche sein, wie im Fall von elektromagnetischen Stoßwellen, die sich durch ein Vakuum bewegen. Außerdem kann die Grenzfläche eine eigene Geschwindigkeit haben, die sich von der in Gleichung (5.3) angegebenen Geschwindigkeit des Kontrollvolumens unterscheiden kann. Diese beiden Geschwindigkeiten gehen jedoch nicht in die Sprungbedingung ein.

All dies führt zu den unvermeidlichen Fragen wie: Sind die $\boldsymbol{B}$-Linien mit der Materie „verbunden“? Was ist, wenn sich die Materie in Bewegung setzt, wie werden sie dann dieser Bewegung „folgen“? Vorerst gibt es keinen Grund, anzunehmen, dass das $\boldsymbol{B}$-Feld fest mit der Materie „verbunden“ ist. Wir lassen es offen und postulieren, dass sich $\boldsymbol{B}$ auf der Grundlage von Gleichungen, die noch entwickelt werden müssen, „bewegt“. Diese Gleichungen werden der vollständige Satz der Maxwell-Gleichungen sein, und Gleichung (5.1), Gleichung (5.4) und Gleichung (5.5) sind nur der erste Satz in globaler und lokaler Form. Wir werden sehen, dass die Entwicklung dieser Gleichungen nicht unproblematisch ist, und letztlich sind sie Postulate oder Axiome, die nur durch Experimente falsifiziert oder in ihrer technischen Anwendung eingeschränkt werden können. An dieser Stelle (und später) sollte uns jedoch die Tatsache stutzig machen, dass das $\boldsymbol{B}$-Feld auch außerhalb des Magneten wirkt, wo keine ponderable Materie vorhanden ist. Das ist eine ganz andere Qualität als die, welche wir aus der (Strömungs-) Mechanik gewohnt sind.

Außerdem könnten wir weiter fragen: Nehmen wir an, dass nun außerhalb des Magneten ein „magnetisierbares“ Medium hinzugefügt wird, das das $\boldsymbol{B}$-Feld erzeugt. Wie wird das Feld Magnetismus in dem neuen Material induzieren und wie schnell wird dies geschehen? Wird das „alte“ $\boldsymbol{B}$-Feld durch die Anwesenheit des neuen Materials verändert werden? Und wie werden sich alle Ergebnisse ändern, wenn das neue Material bewegt wird? Solche Fragen werden wir uns nachstehend immer wieder stellen. Um sie zu beantworten, brauchen wir jedoch Gleichungen, nämlich den vollständigen Satz an Maxwell-Gleichungen. Im Folgenden werden wir einen möglichen Weg aufzeigen, wie wir zu diesen Gleichungen kommen. Wir möchten jedoch noch einmal darauf hinweisen, dass der von uns favorisierte Weg der Herleitung nicht unumstritten ist, ebenso wenig wie die endgültige Form dieser Gleichungen in Materie.

Bild 5.2 Pioniere des Elektromagnetismus I: James Clerk Maxwell (1831–1879), Michael Faraday (1791–1867), Hendrik Antoon Lorentz (1853–1928)

Betrachten wir nun die in Bild 5.1 rechts dargestellte Situation. Es handelt sich um eine Skizze des sogenannten *Faraday'schen Induktionsexperiments*, das die Wirkung der *elektromotorischen Kraft* demonstriert. Eine Schlinge aus Metalldraht ist mit einem Galvanometer verbunden.* Zunächst bewegt die Schlinge sich nicht und ihr Durchmesser ändert sich auch nicht. Aber ein Stabmagnet nähert sich oder entfernt sich, so dass sich der magnetische Fluss durch die von der Schlinge umschlossene Fläche mit der Zeit ändert. Als Konsequenz wird auf dem Messgerät eine Spannung beobachtet. Wir sagen, dass eine Änderung des magnetischen Flusses diese Spannung hervorruft. Außerdem ändert sich die Richtung der Spannung, wenn sich der Magnet umdreht und sich nun mit seinem anderen Pol der Schlinge nähert. Die richtigen Vorzeichen sind in der *Lenz'schen Regel* definiert.

Um dieses Experiment mathematisch zu beschreiben, definieren wir zunächst den magnetischen Fluss $\Phi(t)$ durch eine offene Fläche $a^{\mathrm{s}}(t)$ mit nach außen gerichteter Normalen $\boldsymbol{n}(\boldsymbol{x}^{\mathrm{s}}, t)$ (siehe auch Bild 2.4, rechts), jeweils in räumlicher Beschreibung, wie folgt:

$$\Phi(t) = \int_{a^{\mathrm{s}}(t)} \boldsymbol{B}(\boldsymbol{x}^{\mathrm{s}}, t) \cdot \boldsymbol{n}(\boldsymbol{x}^{\mathrm{s}}, t) \, \mathrm{d}a^{\mathrm{s}} . \tag{5.6}$$

Diese Definition ist sehr allgemein: Die offene Fläche ist zeitabhängig, $a^{\mathrm{s}} = a^{\mathrm{s}}(t)$, das heißt, sie kann sich im Raum bewegen und ihre Form verändern, und sie kann fiktiv oder materiell sein.

* Wir erklären hier nicht das Funktionsprinzip dieser Vorrichtung. Wir sagen einfach, dass es eine „Spannung" anzeigt, und wir erklären an dieser Stelle auch nicht, dass die Spannung als ein Linienintegral des elektrischen Feldes ausgedrückt werden kann. In gewisser Weise sind wir zwischen Baum und Borke, denn alles, was wir sagen wollen, ist, dass die Bewegung des Magneten zu einem Effekt führt, den wir anzeigen und sichtbar machen können. Beachten Sie auch, dass wir den Begriff „elektrischer Strom" vermeiden, den wir dem Prinzip der Erhaltung der elektrischen Ladung in Abschnitt 5.2 vorbehalten. Aber die Verwendung so vieler Worte deutet bereits darauf hin, dass es eine Verbindung zwischen dem Induktionsgesetz oder der Erhaltung des magnetischen Flusses, die wir jetzt diskutieren, und diesem anderen Prinzip geben muss. Wie immer ist es schwierig zu entscheiden, was zuerst da war, die Henne oder das Ei.

In unserem Experiment ist die Oberfläche* jedoch offen, zeitunabhängig und nicht aus Materie, d. h. fiktiv, mit Ausnahme ihres geschlossenen Umfangs, des Drahtes, also bezeichnen wir sie einfach mit a^s ohne Bezug auf die Zeit t. Das Magnetfeld ändert sich aber an einem festen Punkt $\boldsymbol{x}^s$. Es ist explizit zeitabhängig, wie es durch den zweiten Eintrag in seiner funktionalen Abhängigkeit $\boldsymbol{B}(\boldsymbol{x}^s, t)$ deutlich wird. Wiederum muss es nach dem Prinzip von Ursache und Wirkung einen Grund für das Auftreten einer Spannung geben. Dieser Grund ist eine andere „Kraft", die elektrische Kraft, und wir erklären sie durch eine zweite primitive Feldgröße, das elektrische Feld, $\boldsymbol{E}(\boldsymbol{x}^s, t)$. Es wirkt im Draht, d. h. in einer realen, materiellen Berandung ∂a^s, der offenen Oberfläche, a^s, und wir schreiben:

$$\frac{\mathrm{d}}{\mathrm{d}t}\int_{a^s} \boldsymbol{B}(\boldsymbol{x}^s, t)\cdot\boldsymbol{n}(\boldsymbol{x}^s)\,\mathrm{d}a^s = -\oint_{\partial a^s} \boldsymbol{E}(\boldsymbol{x}^s, t)\cdot\boldsymbol{\tau}(\boldsymbol{x}^s)\,\mathrm{d}l. \tag{5.7}$$

Aus dem Experiment geht hervor, dass die Flächennormale $\boldsymbol{n}$ nicht explizit zeitabhängig ist, ebenso wenig wie die Tangente an den Umfang des Drahtes $\boldsymbol{\tau}$.

Nun modifizieren wir das Experiment: Der Magnet bleibt an Ort und Stelle und erzeugt ein zeitunabhängiges, aber räumlich veränderliches Feld, $\boldsymbol{B}(\boldsymbol{x}^s)$. Die Schlinge wird jedoch bewegt und/oder die Fläche, die sie umschließt, kann sich im Laufe der Zeit in ihrer Größe ändern, indem die Schlinge angezogen oder gelockert wird, $a^s(t)$. Wiederum beobachten wir eine Spannung, deren Auftreten wir einer Kraft, $\boldsymbol{v}\times\boldsymbol{B}$, zuschreiben. Wir schreiben:

$$\frac{\mathrm{d}}{\mathrm{d}t}\int_{a^s(t)} \boldsymbol{B}(\boldsymbol{x}^s)\cdot\boldsymbol{n}(\boldsymbol{x}^s, t)\,\mathrm{d}a^s = -\oint_{\partial a^s(t)} \boldsymbol{v}(\boldsymbol{x}^s, t)\times\boldsymbol{B}(\boldsymbol{x}^s)\cdot\boldsymbol{\tau}(\boldsymbol{x}^s, t)\,\mathrm{d}l. \tag{5.8}$$

Die Argumente der Felder in diesen Gleichungen zeigen deutlich, was variiert und was nicht, und für das Verständnis sowie die mathematische Beschreibung ist es wichtig, dass wir eine räumliche Beschreibung verwenden, denn diese Experimente funktionieren auch, wenn wir die umgebende Luft abpumpen, so dass $\boldsymbol{B}$ *in vacuo* wirkt. Man beachte, dass die Geschwindigkeit $\boldsymbol{v}(\boldsymbol{x}^s, t)$ in diesem Experiment nicht diejenige aus Gleichung (5.3) ist, sondern die Geschwindigkeit der Materialpunkte, aus denen die Metallschlinge besteht.

5.1.2 Mathematische Verallgemeinerung

Satz: *Faradays Induktionsgesetz – globale allgemeine Form*

Wir kombinieren nun die Möglichkeiten der beiden Experimente. Daraus ergibt sich die allgemeine Form des *Faraday'schen Induktionsgesetzes*:

$$\frac{\mathrm{d}}{\mathrm{d}t}\int_{a^s(t)} \boldsymbol{B}(\boldsymbol{x}^s, t)\cdot\boldsymbol{n}(\boldsymbol{x}^s, t)\,\mathrm{d}a^s = -\oint_{\partial a^s(t)} \left[\boldsymbol{E}(\boldsymbol{x}^s, t)+\boldsymbol{v}(\boldsymbol{x}^s, t)\times\boldsymbol{B}(\boldsymbol{x}^s, t)\right]\cdot\boldsymbol{\tau}(\boldsymbol{x}^s, t)\,\mathrm{d}l, \tag{5.9}$$

wobei wir aufgrund von Experimenten geneigt sind, die geschlossene Kontur ∂a^s als eine Linie aus Materie zu betrachten, während der Rest der offenen Fläche a^s immateriell sein kann. Man beachte, dass das elektrische und das magnetische Feld auf

* Eine „offene" Oberfläche bedeutet, dass es sich nicht um die Begrenzung eines dreidimensionalen Objekts handelt.

der rechten Seite von Gleichung (5.9) irgendwie „innerhalb" des Drahtes vorhanden sind. Wiederum beantworten wir nicht die Frage, wie sie mit der Materie verbunden sind, aus der der Draht besteht.

Übungsaufgabe *Generator*

Ein elektrischer *Generator* (von lateinisch „generare" = „hervorholen") ist eine Maschine, die eingespeiste mechanische Bewegungsenergie in elektrische Energie umwandelt. Somit ist der Generator das Gegenstück zum *Elektromotor*, wo elektrische Energie in Bewegungsenergie umgewandelt. Er beruht auf dem von Michael Faraday entdeckten Prinzip der elektromagnetischen Induktion und ist eine Anwendung der allgemeinen Induktionsgesetzes aus Gleichung (5.9). Bild 5.3 zeigt eine Prinzipskizze eines solchen Generators: Benötigt wird ein Permanentmagnet, der wie gezeichnet ein räumlich konstantes Magnetfeld der Stärke $\boldsymbol{B}_0 = B_0\boldsymbol{e}_1$ bereitstellt. Hierin wird eine (rechteckige) Drahtschlaufe (Annahme Starrkörper) gelegt, welche die zeitlich konstante Fläche A_0 umschließt und mit der (zunächst zeitabhängig angenommenen) Winkelgeschwindigkeit $\omega(t)$ drehbar ist. Beachte, dass die Drahtschlaufe nicht wirklich geschlossen ist, sondern zwei (als gerade Linien gezeichnete) Stränge genannt E (Ende) und A (Anfang der bevorstehenden Linienintegration) herausführen, an denen das zuvor erwähnte Galvanometer angeschlossen werden kann. Je nach dem Wert $\omega(t)$ verändert sich sein Ausschlag. Diesen Ausschlag nennen wir *elektrische Spannung* $U(t)$. Es soll im Folgenden quantifiziert werden, wovon dieser Messwert abhängt.

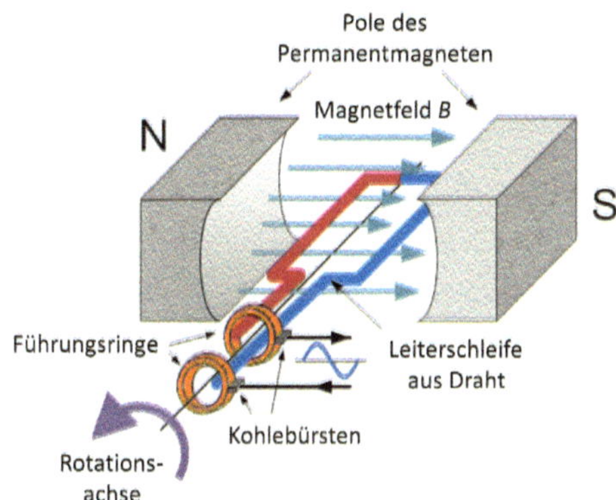

Bild 5.3 Prinzipskizze eines Generators

Beachte dazu in einem ersten Schritt das eingezeichnete räumliche Koordinatensystem und erläutere, warum der Normalenvektor der Fläche gegeben ist durch:

$$\boldsymbol{n}(\boldsymbol{x}^{\mathrm{s}}, t) = -\cos\big(\omega(t)t\big)\boldsymbol{e}_1 + \sin\big(\omega(t)t\big)\boldsymbol{e}_2 . \tag{5.10}$$

Kläre, warum er nicht explizit von den von der Drahtschlaufe umschlossenen räumlichen Punkten abhängt. Ermittle nun nach Gleichung (5.6) und zeige, dass gilt:

$$\Phi(t) = -B_0 A_0 \cos\big(\omega(t)t\big) . \tag{5.11}$$

Werte nun die linke Seite des allgemeinen Induktionsgesetzes Gleichung (5.9) aus. Nehme dabei an, dass die Winkelgeschwindigkeit zeitlich konstant ist und den Wert ω_0 hat:

$$\frac{\mathrm{d}}{\mathrm{d}t} \int\limits_{a^s(t)} \boldsymbol{B}(\boldsymbol{x}^s, t) \cdot \boldsymbol{n}(\boldsymbol{x}^s, t) \, \mathrm{d}a^s = B_0 A_0 \omega_0 \sin(\omega_0 t) \,. \tag{5.12}$$

Betrachte nun die reche Seite des allgemeinen Induktionsgesetzes Gleichung (5.9), und zwar zunächst den $\boldsymbol{E}$-Term. Begründe, warum sich im stationären Fall nach Gleichung (5.124) das elektrische Feld als Gradient eine skalaren Potentials φ schreiben lässt, realisiere, dass $\boldsymbol{\tau}(\boldsymbol{x}^s, t)\, \mathrm{d}l = \mathrm{d}\boldsymbol{x}$ gilt, so dass folgt:

$$\boldsymbol{E} = -\nabla\varphi \quad \Rightarrow \quad - \oint\limits_{\partial a^s(t)} \boldsymbol{E}(\boldsymbol{x}^s, t) \cdot \mathrm{d}\boldsymbol{x} = \oint\limits_{\partial a^s(t)} \nabla\varphi \cdot \mathrm{d}\boldsymbol{x} = \varphi(\boldsymbol{x}^E, t) - \varphi(\boldsymbol{x}^A, t) \equiv -U \,. \tag{5.13}$$

Beachte, dass es sich bei dem Integral um ein *geschlossenes* Linienintegral handelt. Andererseits wird in der Realität der Leiterstrang bei E und A aufgebrochen. Wie kann man Mathematik und Technik in Einklang bringen?
Betrachte schließlich das in der Abbildung gezeigte Starrkörpergeschwindigkeitsfeld über der Leiterschleife und untersuche unter welchen Umständen

$$- \oint\limits_{\partial a^s(t)} \boldsymbol{v}(\boldsymbol{x}^s, t) \times \boldsymbol{B}(\boldsymbol{x}^s, t) \cdot \boldsymbol{\tau}(\boldsymbol{x}^s, t) \, \mathrm{d}l = 0 \tag{5.14}$$

gilt. Diskutiere hier insbesondere das Verhalten des magnetischen Feldes in der Drahtschleife. Beachte in diesem Zusammenhang die Sprungbedingungen Gleichung (5.5) und Gleichung (5.121) und finde heraus, ob auch im Draht das von außen angelegte konstante Feld $\boldsymbol{B}$ herrscht. Schließe nun auf

$$U = B_0 A_0 \omega_0 \sin(\omega_0 t) \,. \tag{5.15}$$

Erläutere, warum man dies eine *Wechselspannung* nennt. Diskutiere die Zusatzterme, die sich ergeben, wenn die Winkelgeschwindigkeit nicht konstant ist. An welcher Stelle der Rechnung wird wichtig, ob man die Schlaufe links- (wie gezeichnet) oder rechtsherum dreht, und was ändert sich im Endergebnis? Kann man mit diesem Aufbau eine Gleichspannung realisieren? (Tipp: Studiere im Internet die Wirkungsweise eines sogenannten *Gleichrichters.*) Was passiert, wenn man eine Glühbirne an E und A anschließt? Flackert diese? Diskutiere schließlich die SI-Einheiten des Ergebnisses, insbesondere im Hinblick auf die Einheitenfragen, wie sie um Gleichung (5.66) herum erläutert werden. Schließe, dass gelten muss: 1V=1 J/C. Dabei ist V(olt) die SI-Einheit der elektrischen Spannung.

Es sind nun einige Bemerkungen angebracht:

- Im Zusammenhang mit dieser Betrachtungsweise muss Gleichung (5.9) als Bilanzgleichung für den in Gleichung (5.6) definierten magnetischen Fluss interpretiert werden. In diesem Sinne ist die Menge in Klammern auf der rechten Seite von Gleichung (5.9) ein Fluss entlang der Peripherie, so wie das Oberflächenintegral über den Wärmestromvektor der (nicht-konvektive) Fluss der inneren Energie über eine geschlossene Oberfläche einer 3D-Region im Raum ist. Er enthält einen nicht-konvektiven und einen konvektiven Teil. Sie ist auch bekannt als die elektromotorische Dichte oder die Lorentz-Kraft-Dichte:

$$\mathfrak{E} = \boldsymbol{E} + \boldsymbol{v} \times \boldsymbol{B}\,. \tag{5.16}$$

Der Ausdruck *elektromotorische Kraft* ist eine Hommage an Werner von Siemens, der diesen Begriff in seinen Werken häufig verwendete. Aufgrund dieser Kraft konnte er seine Dynamos bauen, mit denen er sein Vermögen machte [Sie1891].

Es ist verlockend, diese Kraft als das Mittel zu interpretieren, das die Elektronenwolke im Draht in Bewegung setzt. Doch das ist gefährlich: Erstens befinden sich die freien Metallelektronen in einem anderen Maßstab als das makroskopische Kontinuum. Um den Zusammenhang im Detail zu analysieren, sind ein Mikromodell und eine Homogenisierung erforderlich. Dies geht jedoch über den phänomenologischen Gedankengang hinaus, den wir in dieser Arbeit verfolgen. Zweitens wird die Aussage des Faraday'schen Induktionsgesetzes vernebelt, wenn man in Begriffen elektrischer Ströme denkt, und es könnte sogar mit dem Ampère-Øersted'schen Gesetz verwechselt werden, das in Abschnitt 5.2 diskutiert wird. Der Faradayversuch befasst sich ausschließlich mit der Änderung des magnetischen Flusses, ausgedrückt durch das Magnetfeld $\boldsymbol{B}$. Aus naheliegenden Gründen wird die letztgenannte Größe daher manchmal auch als *magnetische Induktion* bezeichnet.

- In Gleichung (5.9) gibt es im Vergleich mit Gleichung (2.43) keine Zufuhr- und insbesondere keine Produktionsterme. Daher kann man zusammenfassend sagen, dass sie den *Erhaltungssatz des magnetischen Flusses* ausdrückt. Er bildet das *erste Axiom der elektromagnetischen Feldtheorie.*
- Das magnetische und das elektrische Feld, $\boldsymbol{E}$, $\boldsymbol{B}$, sind kraftbezogene Größen, die in der elektromotorischen Kraftdichte $\mathfrak{E}$ in Gleichung (5.16) zusammengeführt werden. In diesem Zusammenhang zitieren wir ausdrücklich Sommerfeld [Som2001], S. 11, auch wenn die beiden anderen elektromagnetischen Felder, $\boldsymbol{D}$ und $\boldsymbol{H}$, die er erwähnt, noch nicht eingeführt wurden: „Wir erwähnen noch eine Einteilung der physikalischen Größen in *Intensitäts-* und *Quantitätsgrößen.* Zu der ersten Klasse gehören $\mathfrak{E}$ und $\mathfrak{B}$, zu der zweiten $\mathfrak{D}$ und $\mathfrak{H}$. Die Größen der ersten Klasse antworten auf die Frage „wie stark", die der zweiten auf die Frage „wie viel". In der Elastizitätstheorie z. B. ist die Spannung eine Intensitäts-, die zugehörige Dehnung eine Quantitätsgröße, in der Gastheorie bilden Druck und Volumen ein entsprechendes Größenpaar. Bei $\mathfrak{D}$ ist der Quantitätscharakter als durchgeflossene Elektrizitätsmenge klar; bei $\mathfrak{H}$ ist der Sachverhalt dadurch etwas verschleiert, daß es keine magnetischen Einzelpole gibt, vgl. § 3. Wir sind im allgemeinen geneigt, die Intensitätsgrößen als Ursache, die zugehörigen Quantitätsgrößen als deren Wirkung anzusehen."

Auf der Grundlage des Induktionsexperiments stimmen wir mit Sommerfeld völlig überein, dass die beiden Felder $\boldsymbol{E}$ und $\boldsymbol{B}$ die Frage „wie stark" beantworten, d. h. sie sind kräftebezogen. Unsere Interpretation von Ursache und Wirkung unterscheidet sich jedoch von seiner. Betrachten wir dazu Gleichung (5.9): Erstens, wenn wir seine Klassifizierung akzeptieren, sind hier nur „ursächliche" Größen beteiligt, nämlich $\boldsymbol{E}$ und $\boldsymbol{B}$, was absurd ist. Zweitens könnten wir argumentieren, dass eine Änderung des magnetischen Flusses durch eine offene Fläche (die Ursache) zu einer Wirkung in ihrem Umfang führt, die vom Galvanometer aufgezeichnet wird. Oder wir sehen die Ursache in der Bewegung $\boldsymbol{v}$ der offenen Fläche, und zwar in ihrem materiellen Umfang, was zu einer Änderung des Flusses durch die Fläche führt (die Wirkung). Hier ist die Situation ähnlich wie bei Newtons Lex II ([Koy1972], S. 52), wenn sie in der Form „Die zeitliche Änderung des Impulses ist gleich der Kraft" ausgedrückt wird: Wir können die Kraft als Ursache für die zeitliche Änderung des Impulses, die Wirkung, betrachten. Oder wir können eine Feder verlängern, die Ursache, und eine Kraft in ihr erzeugen, die Wirkung. Dies zeigt bereits, dass die Möglichkeit einer eindeutigen Unterscheidung zwischen Ursache und Wirkung, wie sie Aristoteles ([Ros1957], S. 284) in seinem Kausalitätsprinzip anstrebte, Wunschdenken ist.

Wir wiederholen, dass bei Vorwegnahme des Begriffs der Ladung (siehe Abschnitt 5.2) die rechte Seite von Gleichung (5.9) als eine Wirkung interpretierbar wird, nämlich dass die Elektronenwolke im metallischen Umfang von den Kraftfeldern $\boldsymbol{E}$ und $\boldsymbol{B}$ mitgerissen wird, um einen Strom zu erzeugen, der auf dem Galvanometer sichtbar gemacht werden kann. In diesem Zusammenhang sollte zunächst erwähnt werden, dass dann Ursache und Wirkung im Vergleich zu Newtons zweitem Gesetz vertauscht erscheinen, wo üblicherweise die *zeitliche Änderung des Impulses* als die Wirkung angesehen wird, während hier die *zeitliche Änderung des magnetischen Flusses* offensichtlich die Ursache ist. Es wurde jedoch bereits erwähnt, dass die Meinung darüber, was Ursache und was Wirkung ist, in Frage gestellt werden kann. Zweitens sind, wie wir in Abschnitt 5.2 sehen werden, elektrische Ladungen und Ströme die Erzeuger der Felder $\boldsymbol{D}$ und $\boldsymbol{H}$. Und da wir glauben, dass Ladungen und Ströme nicht ohne Materie existieren, scheint es vernünftig anzunehmen, dass $\boldsymbol{D}$ und $\boldsymbol{H}$ auch mit der Materie „verbunden" sind und sich entsprechend anpassen, wenn die Materie ihre Position ändert. Andererseits scheint es auf der Grundlage des oben Gesagten auch wahrscheinlich, dass die Felder $\boldsymbol{E}$ und $\boldsymbol{B}$ in irgendeiner Weise mit $\boldsymbol{D}$ und $\boldsymbol{H}$ zusammenhängen, aber erstere wurden in Gleichung (5.9) beide als existierend und funktionierend betrachtet, ohne genau zu spezifizieren, wie sie mit der Materie „verbunden" sind. Kurzum, die Situation ist komplex, und einige zusätzliche Aspekte werden in den Abschnitten 5.4 und 5.7 betrachtet. Außerdem werden wir immer wieder sehen, dass Ursache und Wirkung „relativ" sind, und wir werden auch auf eine Neubewertung der Aussage Sommerfelds zurückkommen, nachdem die beiden Felder $\boldsymbol{D}$ und $\boldsymbol{H}$ eingeführt wurden.

- Wir argumentieren nun rein mathematisch und wenden Gleichung (5.9) auf eine geschlossene Oberfläche eines nicht-materiellen Kontrollvolumens an, so dass $a^{\mathrm{s}}(t) \to \partial v^{\mathrm{s}}(t)$ und $\partial a^{\mathrm{s}}(t) \to 0$. Dann erhalten wir:

$$\frac{\mathrm{d}}{\mathrm{d}t} \oint_{\partial v^{\mathrm{s}}(t)} \boldsymbol{B}(\boldsymbol{x}^{\mathrm{s}}, t) \cdot \boldsymbol{n}(\boldsymbol{x}^{\mathrm{s}}, t) \,\mathrm{d}a^{\mathrm{s}} = 0$$

$$\Rightarrow \oint_{\partial v^{\mathrm{s}}(t)} \boldsymbol{B}(\boldsymbol{x}^{\mathrm{s}}, t) \cdot \boldsymbol{n}(\boldsymbol{x}^{\mathrm{s}}, t) \,\mathrm{d}a^{\mathrm{s}} = \oint_{\partial v^{\mathrm{s}}(0)} \boldsymbol{B}(\boldsymbol{x}^{\mathrm{s}}, 0) \cdot \boldsymbol{n}(\boldsymbol{x}^{\mathrm{s}}, 0) \,\mathrm{d}a^{\mathrm{s}}, \tag{5.17}$$

wo eine Integration in der Zeit durchgeführt wurde.

Satz: *Nichtexistenz magnetischer Monopole – globale und lokale Formulierung*

Einem in der Kontinuumsliteratur häufig vorgebrachten Argument folgend ([Mue1985], S. 305, [Hut2007], S. 11) nehmen wir an, dass die Kontrollfläche zum Zeitpunkt 0 ein verschwindendes $\boldsymbol{B}$-Feld durchlaufen hat, $B(\boldsymbol{x}^{\mathrm{s}}, 0) = \boldsymbol{0}$, oder wenn wir sagen, dass das $\boldsymbol{B}$-Feld zum Zeitpunkt 0 noch nicht „eingeschaltet" war, dann:

$$\oint_{\partial v^{\mathrm{s}}(t)} \boldsymbol{B}(\boldsymbol{x}^{\mathrm{s}}, t) \cdot \boldsymbol{n}(\boldsymbol{x}^{\mathrm{s}}, t) \,\mathrm{d}a^{\mathrm{s}} = 0 \quad \Rightarrow \quad \nabla^{\mathrm{s}} \cdot \boldsymbol{B} = 0 \tag{5.18}$$

zu allen Zeiten t. Beachte, dass in rein materieller Schreibweise die letzte lokale Beziehung lautet:

$$\nabla \cdot \boldsymbol{B} = 0\,, \tag{5.19}$$

wobei der Nabla-Operator den Gradienten zwischen zwei materiellen Teilchen anzeigt.

Dies stimmt formal mit dem Ergebnis des ursprünglichen Versuchs überein, Gleichung (5.1). Daraus könnte man schließen, dass das physikalische Prinzip „Es gibt keine magnetischen Monopole“ bereits in der allgemeinen Form der Gleichung (5.9) enthalten ist und dass ein separates Axiom unnötig ist. Andererseits waren mehrere, recht umständliche Argumente erforderlich, um das endgültige Ergebnis zu erhalten. Diese Argumente können jedoch in der oben genannten Literatur nachgelesen werden. Zusammenfassend meinen wir, dass es einfacher ist, das Axiom zu akzeptieren, dass es keine magnetischen Monopole gibt.

- Man beachte, dass Gleichung (5.18) manchmal als eine volumetrische Bilanz des Typs Gleichung (2.35) interpretiert wird, wenn man in der allgemeinen Beziehung $\boldsymbol{\phi} \to \boldsymbol{B}$ zuordnet. Es gibt aber keine volumetrische Menge, d. h., $\psi = 0$, keine volumetrische Zufuhr, $s = 0$, und keine volumetrische Produktion, $p = 0$. Diese Auffassung ist nicht zielführend, und wir werden darauf zurückkommen, wenn wir am Ende dieses Kapitels die Arbeit von Ivanova [Iva2019] diskutieren.

Wir werden nun ein Transporttheorem für offene Kontrollflächen anwenden. In Abschnitt 2.1.4 wurde eine solche mathematische Regel für einen Fluss $\boldsymbol{\gamma}$ durch eine offene Kontrollfläche $a^{\mathrm{s}}(t)$ vorgestellt, die sich fiktiv mit dem in Gleichung (5.3) dargestellten Geschwindigkeitsfeld $\boldsymbol{v}^{\mathrm{s}}$ bewegt. Übertragen auf den Fall des Magnetfeldes müssen wir schreiben

$$\begin{aligned}\frac{\mathrm{d}}{\mathrm{d}t} \int\limits_{a^{\mathrm{s}}(t)} \boldsymbol{B}(\boldsymbol{x}^{\mathrm{s}},t)\cdot \boldsymbol{n}(\boldsymbol{x}^{\mathrm{s}},t)\,\mathrm{d}a^{\mathrm{s}} &= \int\limits_{a^{\mathrm{s}}(t)} \left(\frac{\partial \boldsymbol{B}(\boldsymbol{x}^{\mathrm{s}},t)}{\partial t} + \boldsymbol{v}^{\mathrm{s}}(\boldsymbol{x}^{\mathrm{s}},t)\nabla^{\mathrm{s}}\cdot \boldsymbol{B}(\boldsymbol{x}^{\mathrm{s}},t)\right)\cdot \boldsymbol{n}(\boldsymbol{x}^{\mathrm{s}},t)\,\mathrm{d}a^{\mathrm{s}} \\ &\quad + \oint\limits_{\partial a^{\mathrm{s}}(t)} \left(\boldsymbol{B}(\boldsymbol{x}^{\mathrm{s}},t)\times \boldsymbol{v}^{\mathrm{s}}(\boldsymbol{x}^{\mathrm{s}},t)\right)\cdot \boldsymbol{\tau}(\boldsymbol{x}^{\mathrm{s}},t)\,\mathrm{d}l\,. \end{aligned}\tag{5.20}$$

Es wurde festgestellt, dass bei dem in Bild 5.1 rechts dargestellten Induktionsexperiment der Umfang aus einem Draht bestehen muss, der sich mit der in Raumkoordinaten ausgedrückten Materialgeschwindigkeit $\boldsymbol{v}(\boldsymbol{x}^{\mathrm{s}},t)$ bewegt. Deshalb bestehen wir nun darauf, im Konturterm dieser Gleichung $\boldsymbol{v}^{\mathrm{s}}(\boldsymbol{x}^{\mathrm{s}},t)$ durch $\boldsymbol{v}(\boldsymbol{x}^{\mathrm{s}},t)$ zu ersetzen* und durch Kombination von Gleichung (5.9) und Gleichung (5.20) und nach Anwendung des Stokes'schen Integralsatzes erhält man:

$$\int\limits_{a^{\mathrm{s}}(t)} \left(\frac{\partial \boldsymbol{B}(\boldsymbol{x}^{\mathrm{s}},t)}{\partial t} + \nabla^{\mathrm{s}}\times \boldsymbol{E}(\boldsymbol{x}^{\mathrm{s}},t)\right)\cdot \boldsymbol{n}(\boldsymbol{x}^{\mathrm{s}},t)\,\mathrm{d}a^{\mathrm{s}} = 0\,. \tag{5.21}$$

* Dies ist möglich, solange das fiktive Geschwindigkeitsfeld $\boldsymbol{v}^{\mathrm{s}}(\boldsymbol{x}^{\mathrm{s}},t)$ innerhalb der Kontur kontinuierlich die Materialgeschwindigkeit $\boldsymbol{v}(\boldsymbol{x}^{\mathrm{s}},t)$ des Drahtes annimmt, welcher die Kontur darstellt.

Satz: *Faradays Induktionsgesetz – lokale Formulierung*

Aufgrund der angenommenen Kontinuität aller Felder erhalten wir die zweite lokale Maxwell-Gleichung, das Induktionsgesetz in regelmäßigen Punkten *in räumlicher Form*:

$$\frac{\partial \boldsymbol{B}(\boldsymbol{x}^{\mathrm{s}}, t)}{\partial t} + \nabla^{\mathrm{s}} \times \boldsymbol{E}(\boldsymbol{x}^{\mathrm{s}}, t) = \boldsymbol{0}. \tag{5.22}$$

Der Fall von (beweglichen) Unstetigkeiten wird in Abschnitt 5.6 behandelt. Man beachte, dass in den letzten beiden Gleichungen eine räumliche Differentiation durchgeführt wurde, ∇^{s}, die sich auf den Gradienten der Eigenschaften zwischen Gitterzellen bezieht. Ist die Materie kontinuierlich über das Gitter verteilt und wird eine *materielle Beschreibung* aller Felder verwendet, kann sie durch die materielle Differenzierung im Raum ∇ ersetzt werden:

$$\frac{\partial \boldsymbol{B}(\boldsymbol{x}, t)}{\partial t} + \nabla \times \boldsymbol{E}(\boldsymbol{x}, t) = \boldsymbol{0}. \tag{5.23}$$

Literaturvergleich

Es sei hervorgehoben, dass im vorangegangenen Abschnitt der Schwerpunkt auf Konzepte gelegt, die aus der Kontinuumsmechanik bekannt sind:

- Alle unsere Felder wurden in räumlicher Beschreibung ausgedrückt. Dies ist hervorzuheben, weil der magnetische Fluss $\boldsymbol{B} \cdot \boldsymbol{n}\, \mathrm{d}a$ in einem Gitterpunkt des Raumes $\boldsymbol{x}^{\mathrm{s}}$ zu einem bestimmten Zeitpunkt t nicht voraussetzt, dass dort ponderable Materie vorhanden ist.
- Das Faraday'sche Induktionsgesetz und das Gesetz der Nichtexistenz magnetischer Monopole sind vom Gleichgewichtstyp.
- Der magnetische Fluss ist eine Erhaltungsgröße.

In Physiklehrbüchern werden in der Regel alle diese Punkte *nicht* deutlich hervorgehoben, siehe z. B. in Abschnitt 17 der Feynman-Vorlesungen über Physik [Fey1964], wo Feynman vom Induktionsgesetz in regelmäßigen Punkten ausgeht und es über eine „mathematical curve fixed in space" integriert, die eine „fixed surface" umschließt. Dann fährt er fort, indem er erklärt „the flux rule applies whether the flux changes because the field changes or because the circuit moves (or both)." Schließlich führt er die elektromotorische Kraft ein und betont, dass bei sich bewegenden Drähten die Kraft aus dem zweiten Term $\boldsymbol{v} \times \boldsymbol{B}$ resultiert. Er betont jedoch einen sehr wichtigen Punkt, der im Gegensatz zu unseren obigen Annahmen steht: „The part of the emf that comes from the $\boldsymbol{E}$-field does not depend on the existence of a physical wire (as does the $\boldsymbol{v} \times \boldsymbol{B}$ part). The $\boldsymbol{E}$-field can exist in free space, and its line integral around any imaginary line fixed in space is the rate of change of the flux of $\boldsymbol{B}$ through that line." Dies ist deshalb bemerkenswert, da wir $\boldsymbol{E}$ in Gleichung (5.9) in Bezug auf eine *materielle* Linie eingeführt haben. Wir sollten also unsere damalige Meinung revidieren und das Faraday'sche Induktionsgesetz wie folgt umschreiben

$$\int\limits_{a^{\mathrm{s}}(t)} \left(\frac{\partial \boldsymbol{B}(\boldsymbol{x}^{\mathrm{s}}, t)}{\partial t} + \boldsymbol{v}^{\mathrm{s}} \nabla^{\mathrm{s}} \cdot \boldsymbol{B}(\boldsymbol{x}^{\mathrm{s}}, t) \right) \cdot \boldsymbol{n}(\boldsymbol{x}^{\mathrm{s}}, t)\, \mathrm{d}a^{\mathrm{s}} = - \oint\limits_{\partial a^{\mathrm{s}}(t)} \boldsymbol{E}(\boldsymbol{x}^{\mathrm{s}}, t) \cdot \boldsymbol{\tau}(\boldsymbol{x}^{\mathrm{s}}, t)\, \mathrm{d}l, \tag{5.24}$$

wobei die Fläche $a^s(t)$ und ihre Peripherie $\partial a^s(t)$ in diesem Ausdruck nun durchaus nur „gedacht" sein können. Man beachte, dass wir $\nabla^s \cdot \boldsymbol{B}(\boldsymbol{x}^s, t) = 0$ noch nicht eingesetzt haben, um zu betonen, dass diese Ableitung im Raum überhaupt nicht materiell ist. Aber, in der Tat, dieser Term verschwindet. Diese Form mit oder ohne $\nabla^s \cdot \boldsymbol{B}(\boldsymbol{x}^s, t)$ erlaubt es jedoch nicht, den Bilanzcharakter des Faraday'schen Induktionsgesetzes klar zu erkennen.

Zusammenfassend lässt sich sagen, dass nach Feynman das elektrische und das magnetische Feld, $\boldsymbol{E}$ und $\boldsymbol{B}$, für ihre Existenz keine Materie benötigen. Sie können sich gegenseitig „anregen". Eine zeitliche Änderung von $\boldsymbol{B}$ führt dazu, dass $\boldsymbol{E}$ mit einer (negativen) Rotation $\nabla\times$ antwortet. Das ist der Grund, warum sich Licht ohne ein unterstützendes Medium durch den Raum ausbreiten kann. Beide Felder sind autark.

Es ist interessant, dass Feynman in Abschnitt 17 seiner Darstellung des Induktionsgesetzes den Fall einer geschlossenen Fläche nicht behandelt. Das Problem eines magnetischen Monopolfeldes wird überhaupt nicht erwähnt, und in seiner Zusammenfassung der Maxwell-Gleichungen auf Seite 18-2 wird kommentarlos festgestellt, dass der Fluss durch eine geschlossene Fläche gleich Null ist.

In Kapitel 4 ihres Feldtheorie-Bandes [LL1987] diskutieren Landau und Lifshitz auf S. 70 die Maxwell-Gleichungen und insbesondere das Induktionsgesetz. Zunächst ist anzumerken, dass sie in Heaviside-Lorentz-Einheiten arbeiten (diese auf den ersten Blick ungewohnte Einheitenwahl werden wir Abschnitt 5.3 erläutern). In einem Lorentz-System wird und muss nicht zwischen den Feldern $\boldsymbol{H}$ und $\boldsymbol{B}$ und den Feldern $\boldsymbol{E}$ und $\boldsymbol{D}$ unterschieden werden. Das wird in Abschnitt 5.4 und Gleichung (5.53) noch erläutern werden. Dieses Wissen wird hier ohne Kommentar vorausgesetzt. Landau und Lifshitz gehen von den lokalen Gleichungen in regelmäßigen Punkten aus und integrieren diese über geschlossene und offene Flächen und Volumina sowie über geschlossene Linien, aber sie sagen nicht, ob diese geometrischen Objekte fiktiv oder materiell sind. Dies ist auch gar kein Thema. Außerdem bezeichnen sie die „circulation of the electric field" allein (ohne den Term $\boldsymbol{v} \times \boldsymbol{B}$) als elektromotorische Kraft.

Auf Seite 210 von Kapitel 5 der 3. Auflage von Jacksons berühmtem Physiklehrbuch über elektromagnetische Theorie [Jac1999] wird in einer Fußnote der Versuch unternommen, das in der Kontinuumstheorie verwendete Transporttheorem für offene Oberflächen Gleichung (5.20) weiterzuverfolgen. Um seine Ideen in einen Zusammenhang mit unseren zu bringen, sei angemerkt, dass wir statt Gleichung (5.20) schreiben können:

$$\begin{aligned}\frac{\mathrm{d}}{\mathrm{d}t}\int\limits_{a^s(t)} \boldsymbol{B}\cdot\boldsymbol{n}\,\mathrm{d}a^s &= \int\limits_{a^s(t)}\left(\frac{\partial \boldsymbol{B}}{\partial t} + \boldsymbol{B}\,\nabla^s\cdot\boldsymbol{v}^s + \boldsymbol{v}^s\cdot\nabla^s\boldsymbol{B} - \boldsymbol{B}\cdot\nabla^s\boldsymbol{v}^s\right)\cdot\boldsymbol{n}\,\mathrm{d}a^s \\ &= \int\limits_{a^s(t)}\left(\frac{\mathrm{d}\boldsymbol{B}}{\mathrm{d}t} + \boldsymbol{B}\,\nabla^s\cdot\boldsymbol{v}^s - \boldsymbol{B}\cdot\nabla^s\boldsymbol{v}^s\right)\cdot\boldsymbol{n}\,\mathrm{d}a^s\,. \qquad (5.25)\end{aligned}$$

Hier ist $\mathrm{d}\boldsymbol{B}/\mathrm{d}t$ die totale Ableitung, die Jackson als konvektive Ableitung bezeichnet, wahrscheinlich weil er die Kontur als „circuit" (Stromkreis) bezeichnet, womit ein Material gemeint ist. Allerdings behauptet er auch, dass die beiden anderen Terme verschwinden, indem er sagt, „$\boldsymbol{v}$ is treated as a fixed vector in the differentiation," was weder für eine materielle noch für eine fiktive Geschwindigkeit Sinn macht.

Magnetische Monopole sind ein umfangreiches Thema in Jacksons Buch, und ein ganzer Abschnitt ist ihrer möglichen Existenz gewidmet, siehe S. 273. Sie werden jedoch in Abschnitt 5.15, der sich mit der globalen Form des Induktionsgesetzes befasst, nicht erwähnt. Auf Seite 16 wird jedoch darauf hingewiesen, dass die integrale Bedingung Gleichung (5.1) ihre Nichtexistenz darstellt. Daher scheint für Jackson das Induktionsgesetz unabhängig von dem Gesetz der nicht vorhandenen magnetischen Monopole zu sein.

In § 3 seines Lehrbuchs [Som2001] gibt Sommerfeld eine Darstellung der Maxwell-Gleichungen in integraler Form. Auf Seite 12 erörtert er das Faraday'sche Induktionsgesetz und weist darauf hin, wie wichtig es ist, die elektromotorische Kraft als abstrakt zu betrachten und nicht nur auf „geschlossene metallische Stromkreise" zu beziehen. Man kann jedoch mit Fug' und Recht behaupten, dass seine mathematische Terminologie der offenen und geschlossenen Flächen und Linien nicht die Stringenz moderner Kontinuumstheorie aufweist. So ist zum Beispiel nicht in jeder Gleichung völlig klar, ob sich Flächen und Linien zeitlich verändern können oder wie die zeitlichen Ableitungen richtig behandelt werden. Andererseits betrachtet Sommerfeld (S. 15) das Gesetz der Nichtexistenz magnetischer Monopole in der Form Gleichung $(5.4)_2$ und Gleichung (5.17). Er sagt dazu, dass es hierbei um ein „zusätzliches Axiom" handelt. Das entspricht dem Vorgehen in unserer Gleichung (5.17).

Natürlich diskutiert auch Becker das Faraday'sche Induktionsgesetz in integraler und lokaler Form in den verschiedenen deutschen und englischen Ausgaben seiner Lehrbücher zur Elektrodynamik ([Bec1957], [BS1973], § 5.3, S. 103, [BS1982], mitverfasst und herausgegeben von Sauter). Die Bedeutung der Relativbewegung auf die beiden Teile in der elektromotorischen Kraft Gleichung (5.16) wird ausführlich diskutiert. Die Frage, ob das Gesetz der magnetischen Monopole unabhängig ist oder nicht, wird nicht beantwortet und die Gleichung (5.4) fällt sozusagen vom Himmel und wird verbal „abgeleitet". Es erübrigt sich zu sagen, dass die verschiedenen Zeitabhängigkeiten und ihre Behandlung nicht den Standards der modernen Kontinuumstheorie entsprechen.

Die Bücher von Becker haben ihren Ursprung in dem sehr frühen Lehrbuch über die Maxwell'sche Theorie von Abraham ([AF1907], mitverfasst von dem Professor für technische Mechanik, August Föppl, der sich für die neue Feldtheorie interessierte). In diesem Buch wird die formale mathematische Verbindung zu den Konzepten der Strömungsmechanik hervorgehoben, und die Zeitableitungen in verschiedenen Bezugssystemen werden ausführlich diskutiert ([AF1907], S. 113) und dann auf die Magnetfelder angewandt, zunächst ohne dies ausdrücklich zu sagen: S. 119. Die zeitliche Ableitung des magnetischen Flusses Gleichung (5.25) wird dann auf erstaunlich moderne Weise diskutiert, s. [AF1907], S. 399,

$$\frac{\mathrm{d}}{\mathrm{d}t}\int \boldsymbol{B}\cdot\boldsymbol{n}\,\mathrm{d}a = \int\left(\frac{\partial \boldsymbol{B}}{\partial t} + \nabla\times(\boldsymbol{B}\times\boldsymbol{v}) + \boldsymbol{v}\nabla\cdot\boldsymbol{B}\right)\cdot\boldsymbol{n}\,\mathrm{d}a, \tag{5.26}$$

was mit Gleichung (5.20) übereinstimmt. Ein Verweis auf die Arbeiten von Heinrich Hertz findet sich auf Seite 413 von [AF1907], wo eine mögliche Abweichung vom Gesetz der magnetischen Monopole diskutiert wird. Die Diskussion gipfelt dann im

Faraday'schen Induktionsgesetz in der Form

$$\int \nabla \times \left(\boldsymbol{E} - \boldsymbol{E}^e\right) \cdot \boldsymbol{n}\, \mathrm{d}a = -\int \left(\frac{\partial \boldsymbol{B}}{\partial t} + \nabla \times (\boldsymbol{B} \times \boldsymbol{v}) + \boldsymbol{v}\nabla \cdot \boldsymbol{B}\right) \cdot \boldsymbol{n}\, \mathrm{d}a. \tag{5.27}$$

Dies stimmt mit Gleichung (5.21) überein, wenn wir die Nichtexistenz magnetischer Monopole annehmen (wie schließlich in [AF1907] in Abweichung von Hertz geschehen) und das, was als „beeinflusste elektromagnetische Kraft" $\boldsymbol{E}^e$ bezeichnet wird, als $-\boldsymbol{v} \times \boldsymbol{B}$ identifizieren. Zusammenfassend lässt sich sagen, dass diese frühen Autoren noch erheblich von ihren Kenntnissen der Hydrodynamik profitierten. Allerdings ist die Terminologie für die elektromagnetische Kraft immer noch unklar. Die Dinge werden noch verwirrender, wenn wir uns die bearbeitete englische Übersetzung dieses Buches von Becker ansehen, [Abr1932]. Auf Seite 142 dieses Buches wird das Faraday'sche Induktionsgesetz in örtlich regulärer Form vorgestellt, wobei ein „body, in which $\boldsymbol{E}$ is to be calculated, is moving with the velocity" $\boldsymbol{v}$:

$$\nabla \times \boldsymbol{E} = -\underline{\dot{\boldsymbol{B}}}\,. \tag{5.28}$$

Die Zeitableitung auf der rechten Seite wird als „special kind of time differentiation" bezeichnet, nämlich

$$\underline{\dot{\boldsymbol{B}}} = \dot{\boldsymbol{B}} + \boldsymbol{v}\,\nabla \cdot \boldsymbol{B} - \nabla \times (\boldsymbol{v} \times \boldsymbol{B})\,. \tag{5.29}$$

Beim Studium weiterer Argumente in diesem Buch (S. 39/136/141) kommt man zu dem Schluss, dass $\dot{\boldsymbol{B}}$ der Ausdruck $\partial \boldsymbol{B}/\partial t - \boldsymbol{v}\nabla \cdot \boldsymbol{B} \equiv \partial \boldsymbol{B}/\partial t$ sein müsste. Wir müssen dann Becker bestätigen, wonach das Feld $\boldsymbol{E}$ in Gleichung (5.28) nicht das $\boldsymbol{E}$-Feld von Gleichung (5.22) sein kann, das sich auf ein Inertialsystem und nicht auf einen bewegten Körper bezieht. Ein solches Sammelsurium von Zeitableitungen in Kombination mit ungenauen Definitionen, welche Felddarstellung in welchem Bezugssystem gewählt wurde, erklärt, dass bis heute verschiedene Formen der lokalen Maxwell-Gleichungen mit seltsamen Zeitableitungen in der Literatur zu finden sind. Wir werden uns mit diesen Fragen in Abschnitt 5.4 über Transformationseigenschaften elektromagnetischer Felder und in Abschnitt 5.7.2, wo es um Zeitableitungen geht, näher beschäftigen. An dieser Stelle sei auch erwähnt, dass Morro [Mor1993] die Darstellung des Faraday'schen Induktionsgesetzes in der Physikliteratur auf S. 234 ausführlich und sehr kritisch diskutiert und zu ähnlichen Schlussfolgerungen kommt wie wir.

Wenden wir uns nun der Sichtweise von Autoren zu, die sich mit der modernen Kontinuumstheorie auskennen. Wir beginnen mit der Besprechung des Kapitels F im Handbook of Physics von Truesdell und Toupin [TT1960], in dem die moderne Kontinuumsterminologie wahrscheinlich zum ersten Mal verwendet wurde und das wohl hauptsächlich von Toupin geschrieben wurde. Dieses Werk bettet die elektromagnetische Theorie von Anfang an in den Rahmen eines 4D-Raum-Zeit-Kontinuums ein. Dies wird uns in Abschnitt 5.4 beschäftigen, wenn wir über die Transformationseigenschaften der vier primären elektromagnetischen Felder sprechen. Außerdem ist der Tensorkalkül, in der das Kapitel verfasst ist, gewöhnungsbedürftig, da der Text ständig zwischen primären Tensorgrößen und ihren Dualen springt. Diese werden sehr allgemein für beliebige Ränge eingeführt, anstatt sich auf die relevanten Objekte des Elektromagnetismus zu konzentrieren. Es wird aber auch eine Brücke zur konventionellen 3D-Theorie geschlagen und insbesondere das Faraday'sche Induktionsgesetz in Form einer globalen Erhaltungsgleichung diskutiert, siehe S. 673:

$$\frac{\mathrm{d}}{\mathrm{d}t}\int_{\mathscr{S}} \boldsymbol{B}\cdot\mathrm{d}\boldsymbol{a}+\oint_{\mathscr{C}} \mathfrak{E}\cdot\mathrm{d}\boldsymbol{x}=0, \tag{5.30}$$

wobei $\mathrm{d}\boldsymbol{a} = \boldsymbol{n}\mathrm{d}a$ und $\mathrm{d}\boldsymbol{x} = \boldsymbol{\tau}\mathrm{d}l$. $\mathfrak{E}$ wird als „electromotoric intensity“ bezeichnet, was gleichbedeutend mit dem Begriff „elektromotorische Kraft“ von Siemens ist. Unter $\mathscr{S}$ hat man eine „2-dimensional surface in space moving with the particles of the motion and $\mathscr{C}$ is its complete boundary“ zu verstehen. Die Oberfläche ist also definitiv *vollständig* materiell. Dies scheint jedoch angesichts der in Bild 5.1 rechts gezeigten Experimente unnötig. Dennoch heißt es auf S. 674, dass Gleichung (5.30) die „traditional form of Faraday's law of induction for moving circuits“ darstellt. Wie bereits erwähnt, ist es hier jedoch nur erforderlich, dass die geschlossene Kontur materiell ist.

Es sollte jedoch darauf hingewiesen werden, dass Toupin auch beide Beziehungen Gleichung (5.1) und Gleichung (5.9) aus einem einzigen abstrakten Prinzip gewinnt, nämlich durch Betrachtung einer geschlossenen Fläche (oder einer geschlossenen 2-dimensionalen „Schleife“ (circuit) in der Raumzeit, wie er es auf S. 674 nennt). Wenn nun der Welttensor des magnetischen Feldes $\boldsymbol{\varphi}$ (siehe Abschnitt 5.4, Gleichung (5.73)) nach der Skalarmultiplikation über die Oberfläche integriert wird, verschwindet das Ergebnis (S. 667). Für ihn sind diese Beziehungen also Folgen der Erhaltung des magnetischen Flusses in der Raumzeit, was uns zu dem Schluss führt, dass ein separates physikalisches Postulat, das auf der Nichtexistenz magnetischer Monopole beruht, unnötig ist. In der Tat wird betont, dass die Weltvektorform des „the law of conservation of magnetic flux“ ein Postulat ist (S. 667). Es ist eines der Axiome des Elektromagnetismus.

Zum Transporttheorem für bewegte offene Flächen des Anhangs und insbesondere zu seiner Anwendung auf den in Gleichung (5.20) gezeigten magnetischen Fluss weisen wir darauf hin, dass Toupin diesem Thema den gesamten Abschnitt 277 widmet, wenn auch auf recht abstrakte Weise. Es wird jedoch deutlich erwähnt, dass geometrische Gebilde, wie Flächen oder Kurven, alle „mit den Teilchen einer Bewegung in Bewegung sind.“ Die Analyse ist also rein materiell. Toupin nennt auf S. 676 den Ausdruck

$$\frac{\mathrm{d}_{\mathrm{C}}\hat{\boldsymbol{F}}}{\mathrm{d}t}=\frac{\partial\hat{\boldsymbol{F}}}{\partial t}+\operatorname{dual}\left(\operatorname{div}\hat{\boldsymbol{F}}\times\boldsymbol{v}\right)+\operatorname{curl}\left(\hat{\boldsymbol{F}}\times\boldsymbol{v}\right) \tag{5.31}$$

„convected time flux“ einer „axialen Dichte“ $\hat{\boldsymbol{F}}$, welche eine sogenannte kontravariante k-Vektordichte darstellt, $\hat{F}^{r_1 r_2 \dots r_p}$, $p+k=3$. In der Tat werden die verschiedenen Differentialoperationen und die Bedeutung seiner abstrakten Tensornotation ein wenig klarer, wenn man sich ganz der Indexnotation zuwendet:

$$\frac{\mathrm{d}_{\mathrm{C}}\hat{F}^{r_1 r_2 \dots r_p}}{\mathrm{d}t}=\frac{\partial\hat{F}^{r_1 r_2 \dots r_p}}{\partial t}+p\frac{\partial\hat{F}^{[r_1 r_2 \dots r_{p-1}|s|}}{\partial x^s}v^{r_p]}+(p+1)\frac{\partial}{\partial x^s}\left(\hat{F}^{[r_1 r_2 \dots r_p}v^{s]}\right). \tag{5.32}$$

Die Klammern um die Multiindizes werden im Text nirgends erklärt, ebenso wenig wie die Bedeutung eines Index in absoluten Vorzeichen. Wir können nur eine intelligente Vermutung anstellen. Die Klammern um Multiindizes weisen auf eine Antisymmetrisierung hin, die wir von Tensoren zweiten Ranges kennen (vgl. Gleichung (1.28) und Gleichung (1.29)):

$$A_{ij} = A_{(ij)} + A_{[ij]}\ ,\ A_{(ij)} = \frac{1}{2}\left(A_{ij} + A_{ji}\right)\ ,\ A_{[ij]} = \frac{1}{2}\left(A_{ij} - A_{ji}\right)\ . \tag{5.33}$$

Bei einer Folge mit p-Indizes müssen der Faktor Zwei durch $p!$ ersetzt werden. Außerdem könnte $|s|$ bedeuten, dass dieser Index nicht am Antisymmetrisierungsprozess teilnimmt. Wir können diese Beziehungen nun auf unseren Fall anwenden, in dem die axiale Dichte ein einfacher axialer Vektor $\boldsymbol{\gamma}$ ist, z. B. das Magnetfeld $\boldsymbol{B}$. Damit ist $p = 1$ und wir erhalten in einfachen kartesischen Koordinaten:

$$\frac{\mathrm{d_c}\gamma_i}{\mathrm{d}t} = \frac{\partial \gamma_i}{\partial t} + \frac{\partial \gamma_s}{\partial x_s} v_i + 2\frac{\partial}{\partial x_s}\left(\gamma_{[i} v_{s]}\right) \tag{5.34}$$

oder

$$\frac{\mathrm{d_c}\boldsymbol{\gamma}}{\mathrm{d}t} = \frac{\partial \boldsymbol{\gamma}}{\partial t} + \boldsymbol{v}\cdot\nabla\boldsymbol{\gamma} + \boldsymbol{\gamma}\nabla\cdot\boldsymbol{v} - \boldsymbol{\gamma}\cdot\nabla\boldsymbol{v} \equiv \frac{\partial \boldsymbol{\gamma}}{\partial t} - \nabla\times\left(\boldsymbol{v}\times\boldsymbol{\gamma}\right) + \boldsymbol{v}\nabla\cdot\boldsymbol{\gamma}\ , \tag{5.35}$$

den sogenannten *convected time-flux* $\boldsymbol{\gamma}$.

Übungsaufgabe *Convected time-flux*

Zeige durch Nachrechnen die Äquivalenz der Gleichung (5.34) und Gleichung (5.35). Tipp: Verwende die Bakzap-Regel aus Gleichung (1.8).

Literaturvergleich

Die Abschnitte über Elektromagnetismus in den Büchern von Müller ([Mue1973], Kapitel V, und [Mue1985], Kapitel 9) sind sehr stark von dem Handbuchartikel inspiriert: Das Faraday'sche Induktionsgesetz wird als Erhaltungssatz für den magnetischen Fluss $\boldsymbol{B}$ betrachtet. Das Gesetz der Nichtexistenz von magnetischen Monopolen ist eine Folge der allgemeinen Flussbilanz für eine offene Materialoberfläche. Auch der Begriff „elektromotorische Intensität" von Toupin für $\mathfrak{E}$ wird verwendet. Außerdem wird die Vier-Vektoren-Schreibweise verwendet. Das gleiche gilt für die Bücher von Kovetz ([Kov1990] und [Kov2000]).

Das Buch von Hutter und Koautoren [Hut2007] ist zwar von dem Handbuchartikel nicht unberührt geblieben, bietet aber einen breiteren Blick auf die Kontinuumselektrodynamik, indem es die Arbeiten anderer Autoren berücksichtigt, die nicht in streng orthodoxer Weise dem „rationalen Standpunkt" folgen. Nichtsdestotrotz wird das Faraday'sche Induktionsgesetz als ein Erhaltungsgesetz betrachtet, das durch eine Bilanz über eine offene Oberfläche ausgedrückt wird (S. 11), und das Gesetz der Nichtexistenz magnetischer Monopole wird ebenfalls als Korollar betrachtet. Seine konvektive Zeitableitung (S. 12), die er mit $\overset{\star}{\boldsymbol{\gamma}}$ bezeichnet, ist für ein materielles Teilchen formuliert und stimmt mit Gleichung (5.35) überein. Dasselbe gilt für den Artikel von Morro [Mor1993], S. 233, wo es mit $\overset{\circ}{\boldsymbol{\gamma}}$ bezeichnet wird.

Schließlich kommen wir zu den Büchern von Eringen und Maugin ([EM12012], [EM12012]). Bevor sie auf die Kontinuumsebene kommen (Kapitel 3), betrachten sie die Maxwell'schen Gleichungen zunächst auf einer diskreten, „mikroskopischen, atomistischen" Ebene und führen dann eine Homogenisierung durch (Kapitel 2). Tatsächlich benötigen sie auf der mikroskopischen Ebene in einem Inertialsystem nur das elektrische und magnetische Feld $\boldsymbol{E}$ und $\boldsymbol{B}$. Die beiden anderen elektrischen und magnetischen Felder $\boldsymbol{D}$ und $\boldsymbol{H}$ erscheinen nur auf der makroskopischen Ebene. Wir werden auf diese Frage weiter unten zurückkommen, wenn wir erstens im Abschnitt 5.2 über die Erhaltung der elektrischen Ladung und zweitens im Abschnitt 5.4 über die Transformationseigenschaften sprechen. Man beachte, dass Jackson [Jac1999] dieser Argumentation auch in seinem Kapitel 4 und Abschnitt 6.6 folgt, wenn er Polarisation und Magnetisierung einführt. Allerdings ist seine Darstellung sicherlich nicht in der Sprache der Kontinuumsmechanik und Mikromechanik geschrieben.

Außerdem kann man erkennen, dass die Wurzeln von Eringen und Maugin in der Kontinuumsmechanik von Festkörpern liegen, da ihre Darstellung vollständig auf der Bewegung eines materiellen Punktes beruht. Zum Beispiel sind alle ihre Transporttheoreme in Form von offenen Materialoberflächen und Materialvolumina formuliert (Abschnitt 1.13). Interessant ist, dass sie zunächst keinen Gebrauch vom Konzept eines globalen Erhaltungssatzes für den magnetischen Fluss (und auch nicht für die Ladung) machen: Abschnitt 3.3. Das liegt daran, dass sie auf der mikroskopischen Ebene beginnen und die Homogenisierung sie direkt zum lokalen Kontinuumspunkt führt. Auch der Begriff und die Verwendung der konvektiven Zeitdifferenzierung im lokalen Induktionsgesetz existiert und stimmt mit Gleichung (5.35) überein (siehe $(1.12.12)_2$ auf S. 18, wo es durch ein „∗" über dem fraglichen Feld gekennzeichnet ist), allerdings erscheint es im Zusammenhang mit dem Galilei'schen Invarianzprinzip (Abschnitt 3.4), das auf die lokalen Felder und Gleichungen angewandt wird, und nicht aus dem Transporttheorem, das auf die zeitliche Änderung des magnetischen Flusses angewandt wird (Gl. (3.4.16) auf S. 54, in Heaviside-Lorentz-Einheiten, was den Faktor $1/c$ erklärt):

$$\nabla \times \boldsymbol{\mathfrak{E}} + \frac{1}{c}\overset{*}{\boldsymbol{B}} = \boldsymbol{0}. \tag{5.36}$$

Die globale Form des Faraday'schen Induktionsgesetzes in der Form Gleichung (5.30) erscheint später in Abschnitt 3.9, Gl. (3.9.6), wo behauptet wird, dass es für „nichtrelativistisch bewegte Materie" gilt.

Maugins Monographie [Mau2013] zur Kontinuumsmechanik elektromagnetischer Festkörper konzentriert sich auf die Kontinuumsbeschreibung von Festkörpern, die elektromagnetischen Feldern ausgesetzt sind. Folglich basiert der allgemeine kinematische Rahmen auf dem materiellen Teilchen. Die Maxwell-Gleichungen erscheinen in Kapitel 3 in lokaler Form für regelmäßige materielle Punkte und werden einfach akzeptiert und nicht weiter diskutiert.

Eine völlig andere Sichtweise des Faraday'schen Induktionsgesetzes wird in Abschnitt 6.6 des Sammelbandes [Zhi2012] vorgestellt, der auf Artikeln von Zhilin beruht. Es wird in lokaler Form auf der Grundlage mechanischer Gleichungen mikropolarer Medien „abgeleitet". Weitere Details zur Herleitung im Rahmen dieser

Theorie und eine Diskussion der Versuche, den Elektromagnetismus mechanisch zu verstehen, finden sich in [Zhi1996], [Zhi1997], [Zhi2013], [Iva2015], [Mue2020], Abschnitt 2.5. Es sei darauf hingewiesen, dass der Ansatz von Zhilin und Schülern über die frühen Versuche hinausgeht, die Maxwell-Gleichungen aus einer hydrodynamischen Analogie heraus zu verstehen, wie sie z. B. von Sommerfeld [Som2001], S. 108 vorgestellt wurde. In der Tat könnte eine mechanische Interpretation im Rahmen der modernen Mechanik der mikropolaren Medien anregend und nützlich sein. Es überrascht nicht, dass die Zhilin-Schule sehr davon überzeugt ist, dass elektrodynamische Phänomene mit der richtigen Mechanik beschrieben, modelliert und letztlich besser verstanden werden können. In diesem Zusammenhang ist für sie die Wiedereinführung des Konzepts des Äthers wichtig. Dies wird in der Fußnote des Herausgebers auf S. 353 deutlich: „Was in der modernen Physik durch die Maxwellschen Gleichungen beschrieben wird, ist nach der im sechsten Kapitel angenommenen Interpretation von P. A. Zhilin eine Störung im Äther (elektromagnetisches Feld). Gleichungen für Störungen, die sich in einem elektromagnetischen Feld ausbreiten, werden in Abschnitt 6.8 hergeleitet (Anm. d. Red.)". Wir werden in Abschnitt 5.7 darauf zurückkommen. Darüber hinaus ist es fair zu sagen, dass Zhilin den Versuchen in der Physik, die Maxwell-Gleichungen auf experimentelle Beweise zu stützen, und der logischen Extrapolation dieser Gleichungen in Form von Erhaltungsgesetzen, wie es in dem Abschnitt über den Grundsatz der Erhaltung des magnetischen Flusses geschieht, nicht viel Anerkennung zollt. Auf S. 353 können wir seine Abneigungen ganz deutlich nachvollziehen: „In der modernen Physik glaubt man, dass die Maxwell'schen Gleichungen so etwas wie eine göttliche Offenbarung sind und deshalb einfach postuliert werden." Wir sind der Meinung, dass die Situation nicht ganz so schlimm ist und werden dies im nächsten Abschnitt 5.2 weiter beweisen.

Schließlich wirft Ivanova in [Iva2019] ein interessantes Problem in Bezug auf das Gesetz der magnetischen Monopole auf: „However, if equation $\nabla \cdot \boldsymbol{B} = 0$ is a balance equation, then it is unclear why it cannot be changed when we turn from statics to dynamics. In dynamics, any balance equation contains at least one term with the time derivative." In diesem Zusammenhang sollte erstens festgehalten werden, dass das Gesetz „es gibt keine magnetischen Monopole" dynamisch ist. Dies wird deutlich, wenn man es so einführt, wie es hier getan wurde: Es ergibt sich aus einer Bilanz für einen vektoriellen Fluss über eine offene Fläche (mit einer expliziten Zeitableitung vor einem Integral), nämlich Gleichung (5.9). Spezialisiert man sich auf den Fall einer geschlossenen Oberfläche, so erhält man die Gleichung (5.17) und die Gleichung (5.18). Zweitens sieht Gleichung $(5.18)_2$, wie in [Iva2019] richtig beobachtet, so aus, als käme sie aus einer Bilanz für eine volumetrische Größe, Gleichung (2.35), mit der Zuordnung $\psi = 0$, $\boldsymbol{\phi} \rightarrow \boldsymbol{B}$, $s = 0$, $p = 0$. Aber dieser Eindruck täuscht, und die Verwirrung entsteht nicht, wenn man zunächst eine Bilanz für einen Fluss betrachtet. In der Tat sind beide Arten von Bilanzen wichtig, aber alles zur rechten Zeit, wie wir im nächsten Abschnitt zeigen werden.

5.2 Ladungserhaltung oder der zweite Satz der Maxwell'schen Gleichungen

5.2.1 Der experimentelle Nachweis

Nach der gängigen wissenschaftlichen Lehrmeinung gibt es keine elektrische Ladung ohne Materie. Und Materie hat eine ponderable Masse. Daher sind Masse und elektrische Ladung eng miteinander verbunden. Tatsächlich kann eine bewegte elektrische Ladung sogar zu ihrer eigenen Trägheit, der so genannten elektromagnetischen Masse, beitragen, wie in Kapitel 28 des Feynman-Physikkurses [Fey1964] dargelegt. In der Kontinuumsphysik unterscheiden wir jedoch strikt zwischen Masse und elektrischer Ladung und definieren eine gesamte volumetrische elektrische Ladungsdichte $q = \overline{q}(\boldsymbol{x}^{\mathrm{s}}, t) = {}^{\mathrm{d}Q}/_{\mathrm{d}\,v^{\mathrm{s}}}$, wobei $\mathrm{d}Q$ die gesamte* Ladungsmenge innerhalb des räumlich zugeordneten Volumenelements $\mathrm{d}\,v^{\mathrm{s}}$ bezeichnet. Somit existieren zwei primitive Volumeneigenschaften der Materie am Beobachtungspunkt $\boldsymbol{x}^{\mathrm{s}}$ *unabhängig* voneinander, die Massendichte ρ und die Gesamtladungsdichte q. Aus diesem Grund führen wir keine spezifische Gesamtladungsdichte pro Masseneinheit ein, wie wir es sonst oft machen, z. B. mit dem spezifischen linearen Impuls $\boldsymbol{v}$ oder der spezifischen Körperkraft $\boldsymbol{f}$, etc.

Es ist bekannt, dass Masse nur konvektiv transportiert werden kann.** Der Massenfluss durch das Oberflächenelement eines Kontrollvolumens ist demnach $\rho(\boldsymbol{v}^{\mathrm{s}} - \boldsymbol{v})$. Auch Ladung kann auf diese Weise transportiert werden, $q(\boldsymbol{v}^{\mathrm{s}} - \boldsymbol{v})$, aber ähnlich wie beim Wärmestrom $\boldsymbol{q}$ gibt es zusätzlich, und nur auf der Kontinuumsskala, eine elektrische Flussdichte $\boldsymbol{j} = \overline{\boldsymbol{j}}(\boldsymbol{x}^{\mathrm{s}}, t)$, die nicht mit dem konvektiven Transport verbunden ist. Wir nennen dies die Dichte des gesamten nicht-konvektiven elektrischen Stroms. Tatsächlich handelt es sich bei beiden um „elektrische Ströme“, und die Adjektive „konvektiv“ und „nicht-konvektiv“ werden sehr oft überhaupt nicht erwähnt. Daher sind weitere Bemerkungen erforderlich, um den Unterschied zu erklären: Betrachten wir eine Autobatterie, die an den Anlasser des Motors angeschlossen ist. Vor dem Laden besteht die Batterie aus (mindestens) zwei Platten aus Blei (Pb), die von Schwefelsäure (H_2SO_4), dem sogenannten Elektrolyten, umgeben sind. Es findet eine chemische Reaktion statt und beide Platten sind zunächst mit $PbSO_4$ beschichtet. Wird die Batterie zum ersten Mal aufgeladen, kehrt eine Platte in den Zustand reinen Bleis, genauer gesagt eines „Bleischaums“, zurück, und die andere ist mit Bleioxid (PbO_2) beschichtet. Mit anderen Worten, es gab einen elektrischen Strom durch den Elektrolyten, der auf einer Ionenwanderung in Verbindung mit einem sichtbaren Massentransport beruhte. Andere, exotischere Beispiele für konvektive elektrische Ströme sind die Strömung des flüssigen, elektrisch geladenen äußeren Eisen-Nickel-Kerns der Erde oder geladene Plasmaeruptionen auf der Sonne. Betrachten wir nun einen Kupferdraht und stecken ihn in eine Steckdose: Der Draht wird sehr heiß (es sei denn, die Sicherung brennt vorher durch), aber es gibt weder einen sichtbaren Massentransport noch eine chemische Reaktion. Auf mikroskopischer Ebene würden wir argumentieren, dass die „Elektronenwolke“, die die Kupferatome umgibt, in Bewegung gesetzt wurde, was zu Reibung und damit zu Wärme führte.

* Die Bedeutung des Adjektivs „gesamt“ wird in Abschnitt 5.5 klarer werden, wo wir die gesamte elektrische Ladungsdichte in freie elektrische Ladung und Polarisationsladung zerlegen werden.

** Dies ist die Überzeugung der klassischen Mechanik. In der Tat können auch radioaktive Stoffe durch Strahlung Masse verlieren. Die Umwandlung und Äquivalenz von Masse und Energie soll hier jedoch nicht untersucht werden.

Satz: *Ladungserhaltung – globale Formulierung*

In diesem Sinne postulieren wir das zweite Grundgesetz der Kontinuumselektrodynamik, das *Gesetz von der Erhaltung der elektrischen Ladung*:

$$\frac{\mathrm{d}}{\mathrm{d}t}\int\limits_{v^{\mathrm{s}}(t)} q\,\mathrm{d}v^{\mathrm{s}} = \oint\limits_{\partial v^{\mathrm{s}}(t)} \left[q\left(\boldsymbol{v}^{\mathrm{s}}-\boldsymbol{v}\right)-\boldsymbol{j}\right]\cdot\boldsymbol{n}^{\mathrm{s}}\,\mathrm{d}a^{\mathrm{s}}\,. \tag{5.37}$$

Das Minuszeichen im Zusammenhang mit der elektrischen Gesamtstromdichte ist Konvention: Wenn $\boldsymbol{j}$ in das Volumen $v^{\mathrm{s}}(t)$ hineinragt, soll die elektrische Ladungsmenge zunehmen. Aus der allgemeinen Volumenbilanz Gleichung (2.35) schließen wir, dass der negative Fluss $-\boldsymbol{\phi}$ durch $q\left(\boldsymbol{v}^{\mathrm{s}}-\boldsymbol{v}\right)-\boldsymbol{j}$ gegeben ist, d. h. er ist teils konvektiver und teils nicht-konvektiver Natur. Es gibt keine volumetrische Zufuhr und Produktion von Ladung, s bzw. p, und wegen letzterer ist die Ladung eine Erhaltungsgröße im Sinne von Abschnitt 2.2.1. Es ist sogar möglich, das Volumen v^{s} vollständig von der Außenwelt abzuschotten und somit aktiv zu kontrollieren, indem man eine Membran $\partial v^{\mathrm{s}}(t)$ verwendet, die für Materie undurchlässig ist und einen elektrischen Isolator darstellt.

Wir können nun das Transporttheorem nach Gleichung (2.11) für volumetrische Größen aus Abschnitt 2.1.4 anwenden, um die lokale Form der Ladungserhaltung in regelmäßigen Punkten in der räumlichen Beschreibung zu finden:

$$\frac{\partial q}{\partial t}+\nabla^{\mathrm{s}}\cdot\left(q\boldsymbol{v}+\boldsymbol{j}\right)=0 \quad\Leftrightarrow\quad \frac{\delta q}{\delta t}+q\nabla^{\mathrm{s}}\cdot\boldsymbol{v}+\nabla^{\mathrm{s}}\cdot\boldsymbol{j}=0\,, \tag{5.38}$$

wobei die Materialableitung in der räumlichen Beschreibung aus Gleichung (2.57) verwendet wurde.

Wenn wir ein materielles Volumen $v(t)$ betrachten und eine Euler'sche Feldbeschreibung verwenden wollen, d. h. $q=\breve{q}(\boldsymbol{x},t)$, $\boldsymbol{j}=\breve{\boldsymbol{j}}(\boldsymbol{x},t)$* müssen wir anstelle von Gleichung (5.37) schreiben:

$$\frac{\mathrm{d}}{\mathrm{d}t}\int\limits_{v(t)} q\,\mathrm{d}v = -\oint\limits_{\partial v(t)} \boldsymbol{j}\cdot\boldsymbol{n}\,\mathrm{d}a\,. \tag{5.39}$$

Satz: *Ladungserhaltung – lokale Formulierung*

Nach Anwendung des Transporttheorems für materielle Volumina, also von Gleichung (2.31), führt dies auf die lokale Form (siehe auch Gleichung (2.59))

$$\frac{\partial q}{\partial t}+\nabla\cdot\left(q\boldsymbol{v}+\boldsymbol{j}\right)=0 \quad\Leftrightarrow\quad \frac{\delta q}{\delta t}+q\nabla\cdot\boldsymbol{v}+\nabla\cdot\boldsymbol{j}=0\,, \tag{5.40}$$

wobei ∇ der Gradient zwischen benachbarten materiellen Punkten und $\delta/\delta t$ die materielle Ableitung eines Feldes in Euler'scher materieller Beschreibung ist. Man beachte, dass Gleichung (5.38) und Gleichung (5.40) ziemlich ähnlich aussehen, dass

* Siehe Abschnitt 2.1.4 für weitere Erklärungen der Nomenklatur.

aber die Bedeutung der Felder in Bezug auf ihre Argumente völlig unterschiedlich ist. Es ist erwähnenswert, dass Gleichung $(5.40)_1$ in der Literatur oft als Kontinuitätsgleichung bezeichnet wird und dass die *Gesamtstromdichte* $q\boldsymbol{v} + \boldsymbol{j}$ manchmal in einem Symbol, $\boldsymbol{J}$, zusammengefasst wird.

Übungsaufgabe *Ladungsbilanz vs. Massenbilanz*

Erläutere zunächst in Worten die Unterschiede zwischen der Massenbilanz aus Gleichung $(3.6)_2$ und der Ladungsbilanz in Gleichung (5.40). Versuche dann die Massenbilanz und die Ladungsbilanz mit der Teilchenzahlbilanz in Verbindung zu bringen. Berücksichtige dabei auch Aspekte der Mischungstheorie, so wie sie in [Dre2018] und [Dre2019] diskutiert werden.

5.2.2 Ladungs- und Strompotential

Wir werden nun eine formale Lösung für die globalen und lokalen Gleichungen für die Erhaltung der elektrischen Ladung vorschlagen, indem wir zwei neue Felder einführen, die wir aus noch zu benennenden Gründen als „Potentiale“, bezeichnen, siehe auch zur Veranschaulichung Bild 5.5.

Satz: *Ladungs- und Strompotentiale – Ampère-Øersted'sches Gesetz global*

Wir beginnen mit der globalen Version, die die Form einer vektoriellen Flussbilanz hat:

$$\frac{\mathrm{d}}{\mathrm{d}t} \int\limits_{a^s(t)} \boldsymbol{D} \cdot \boldsymbol{n} \, \mathrm{d}a^s = \oint\limits_{\partial a^s(t)} \left[\boldsymbol{H} + \boldsymbol{D} \times \boldsymbol{v}^s\right] \cdot \boldsymbol{\tau} \, \mathrm{d}l + \int\limits_{a^s(t)} \left[q\left(\boldsymbol{v}^s - \boldsymbol{v}\right) - \boldsymbol{j}\right] \cdot \boldsymbol{n} \, \mathrm{d}a^s . \tag{5.41}$$

Diese Gleichung ist in der Literatur auch als das *Ampère-Øersted'sche Gesetz* bekannt. $\boldsymbol{D} = \boldsymbol{D}(\boldsymbol{x}^s, t)$ und $\boldsymbol{H} = \boldsymbol{H}(\boldsymbol{x}^s, t)$ werden als die Potentiale für die Gesamtladung bzw. den Gesamtstrom bezeichnet.

Schließt man die Oberfläche, so ergibt mit der Setzung $a^s(t) \to \partial v^s(t)$ in Gleichung (5.41):

$$\frac{\mathrm{d}}{\mathrm{d}t} \oint\limits_{\partial v^s(t)} \boldsymbol{D} \cdot \boldsymbol{n} \, \mathrm{d}a^s = \oint\limits_{\partial v^s(t)} \left[q\left(\boldsymbol{v}^s - \boldsymbol{v}\right) - \boldsymbol{j}\right] \cdot \boldsymbol{n} \, \mathrm{d}a^s . \tag{5.42}$$

Satz: *Gauß'sches Gesetz – globale und lokale Formulierung*

Im Vergleich mit Gleichung (5.37), schließen wir mit

$$\oint\limits_{\partial v^s(t)} \boldsymbol{D} \cdot \boldsymbol{n} \, \mathrm{d}a^s \equiv \int\limits_{v^s(t)} q \, \mathrm{d}v^s , \tag{5.43}$$

dass der globale Erhaltungssatz der Ladung erfüllt werden kann. Unter Annahme der Kontinuität aller Felder kann der Satz von Gauß auf Gleichung (5.43) angewendet werden, und wir erhalten die folgende lokale Form in regulären räumlichen Punkten:

$$\nabla^{s} \cdot \boldsymbol{D} = q\,. \tag{5.44}$$

Diese Gleichung wird oft als *Gauß'sches Gesetz der Elektrostatik* bezeichnet, obwohl sie nicht nur für statische Bedingungen gilt.

Übungsaufgabe *Der Ursprung des Gauß'schen Satzes aus Sicht der Technik*

Im Studium lernt man den Gauß'schen Satz oder auch das Gauß'sche Divergenztheorem gemeinhin für ein (mathematisch abstraktes) Vektorfeld $\boldsymbol{A} =^{3} \boldsymbol{F}$ in der Form aus Gleichung (1.429) kennen. Erläutere im Vergleich mit Gleichung (5.43) wie Gauß in Verbindung mit seiner praktischen Tätigkeit als Telegraphenbauer in Göttingen hierauf gekommen sein mag. Das gilt es natürlich auch durch ein Studium seiner Biographie zu verifizieren oder ad absurdum zu führen.

Bild 5.4 Pioniere des Elektromagnetismus II: Alessandro Volta (1745–1827), André-Marie Ampère (1775–1836), Hans Christian Øersted (1777–1851)

Wir haben dies am Ende des Abschnitts 5.1 für das Gesetz der magnetischen Monopole erklärt: Nun ist auch diese Gleichung das Ergebnis einer Flussbilanz über eine offene Fläche mit einer vollen zeitlichen Ableitung, nämlich gemäß Gleichung (5.41), die dann auf den Fall einer geschlossenen Fläche spezialisiert wurde. Wenn wir zur Perspektive einer Beschreibung für materielle Punkte wechseln, müssen wir schreiben:

$$\nabla \cdot \boldsymbol{D} = q\,, \tag{5.45}$$

wobei alle Felder in Euler'scher Form gegeben sind, z. B. $\boldsymbol{D} = \check{\boldsymbol{D}}(\boldsymbol{x}, t)$. Auf den ersten Blick sollte dies immer möglich sein, denn im Gegensatz zu den magnetischen und elektrischen Feldern wurde das Ladungspotential ursprünglich im Zusammenhang mit elektrisch geladener Materie eingeführt. Wie wir jedoch gleich sehen werden, kann das Ladungspotential in den leeren Raum ausgedehnt werden, was relevant ist, wenn konkrete Anfangsgrenzwertprobleme gelöst werden. Daher ist die Möglichkeit, immer die Perspektive der materiellen Punkte zu verwenden, etwas trügerisch, es sei denn, wir schreiben dem Vakuum eine materielle Qualität zu. Dies ist im Sinne des so genannten Äthers geschehen, der seit seinem ersten Auftauchen immer wieder zu umfangreichen wissenschaftlichen Kontroversen geführt hat.

Außerdem können wir das Transporttheorem Gleichung (2.26) auf Gleichung (5.41) anwenden, Gleichung (5.44) beachten, und nach einigen algebraischen Manipulationen erhalten wir

$$\int_{a^s(t)} \left(\frac{\partial \boldsymbol{D}}{\partial t} + q\boldsymbol{v}\right) \cdot \boldsymbol{n}\, \mathrm{d}a^s = \oint_{\partial a^s(t)} \boldsymbol{H} \cdot \boldsymbol{\tau}\, \mathrm{d}l - \int_{a^s(t)} \boldsymbol{j} \cdot \boldsymbol{n}\, \mathrm{d}a^s \equiv \int_{a^s(t)} \left(\nabla^s \times \boldsymbol{H} - \boldsymbol{j}\right) \cdot \boldsymbol{n}\, \mathrm{d}a^s, \tag{5.46}$$

wenn wir Stetigkeit des gesamten Strompotentials $\boldsymbol{H}$ annehmen und den Satz von Stokes anwenden.

Satz: *Ladungs- und Strompotentiale – Ampère-Øersted'sches Gesetz lokal*

So ergibt sich schließlich die lokale Form in regulären Punkten der offenen Fläche:

$$-\frac{\partial \boldsymbol{D}}{\partial t} + \nabla^s \times \boldsymbol{H} = q\boldsymbol{v} + \boldsymbol{j}, \tag{5.47}$$

wobei alle Felder von den Variablen $\boldsymbol{x}^s$ und t in räumlicher Notation abhängen.

Aus der Perspektive der materiellen Darstellung müssen wir schreiben:

$$-\frac{\partial \boldsymbol{D}}{\partial t} + \nabla \times \boldsymbol{H} = q\boldsymbol{v} + \boldsymbol{j}, \tag{5.48}$$

wobei man davon ausgeht, dass alle Felder in Euler'scher Form geschrieben werden.

Bild 5.5 Experimente zum Nachweis der Erhaltung elektrischer Ladung [Wik22022], [Lei2022]

Es sei darauf hingewiesen, dass Gleichung (5.41) die Form einer Bilanz für den Vektorfluss $\boldsymbol{D}$ durch eine offene nicht-materielle Oberfläche mit nicht-materiellem Umfang gemäß Gleichung (2.43) hat: Der Fluss längs des Umfanges $-\boldsymbol{\varphi}$ ist gegeben durch $\boldsymbol{H} + \boldsymbol{D} \times \boldsymbol{v}^s$, es gibt eine Zufuhr, $\boldsymbol{s} \rightarrow q(\boldsymbol{v}^s - \boldsymbol{v}) - \boldsymbol{j}$, aber keine Produktion, $\boldsymbol{p} = \boldsymbol{0}$. Daher ist $\boldsymbol{D}$ eine Erhaltungsgröße, wie es sein sollte, da es das Potential zur gesamten elektrischen Ladung ist, die erhalten ist. Außerdem sieht Gleichung (5.42) wie eine volumetrische Bilanz vom Typ Gleichung (2.35) aus, wenn wir gemäß $\psi \rightarrow \nabla^s \cdot \boldsymbol{D}$ zuordnen. Dann ist $-\boldsymbol{\phi} \rightarrow q(\boldsymbol{v}^s - \boldsymbol{v}) - \boldsymbol{j}$. Es gibt weder eine Volumenzufuhr noch eine Produktion, $s = 0$, $p = 0$. Wie beim magnetischen Monopolgesetz nach Gleichung (5.1) ist diese Interpretation jedoch sehr gefährlich.

Der erste Term in den letzten beiden Gleichungen (einschließlich des Minus) ist in der Literatur als *Maxwell'scher Verschiebungsstrom* bekannt, und in diesem Zusammenhang sind einige Bemerkungen angebracht, um die letzten beiden Maxwell-Gleichungen (5.44) und (5.47) in den richtigen historischen Kontext zu stellen und sie mit Experimenten zu verknüpfen:

- Das „Gesetz der Elektrostatik" Gleichung (5.44) wurde indirekt in (statischen) Experimenten von Coulomb ([Cou1884], S. 107–115) und Cavendish ([Cav1879], S. 104–113) aufgestellt, die das inverse Quadratgesetz der Abstoßung und Anziehung zwischen elektrisch geladenen Kugeln untersuchten. Diese Beziehung ist mathematisch identisch mit der ausgeschlachteten Form des Newton'schen Gesetzes der Gravitationsanziehung zwischen zwei Massen m und M im Abstand r, $F = {}^{GmM}/_{r^2}$. In der Tat versuchte Cavendish auch, die Gravitationskonstante G auf ähnliche Weise zu messen, wie er das Gesetz der Elektrostatik experimentell untersuchte. Aus diesem Grund wird häufig Lagrange (Sur l'attraction des sphéroïdes elliptiques in [Lag1869], S. 619–649) und Gauß (Theoria attractionis corporum sphaeroidicorum ellipticorum homogeneorum methodo nova tractata, [Gau1877], S. 3–22) das Verdienst zugeschrieben, auch die elektrostatische Anziehung und Abstoßung von Coulomb untersucht zu haben. Das taten sie nicht, oder zumindest interessierten sie sich nicht sehr für die zugrunde liegende Physik! Für sie war es eine rein mathematische Übung, und wenn es überhaupt etwas mit der Realität zu tun hatte, dann hatten sie die Gravitation im Sinn, wie ihre Texte deutlich zeigen. Einer der ersten, der ihre Arbeit in einen Zusammenhang mit dem Elektromagnetismus stellte, war Duhem ([Duh1891], z. B. S. 1–56). Er betont die Analogie zur Gravitation und verwendet die Potentialtheorie zur Lösung von Gleichung (5.44), allerdings nur für die Elektrostatik.
- Gleichung (5.44) wird in Bild 5.5 (links) visualisiert: Eine Person berührt den geladenen Kopf eines Van-de-Graaff-Generators, woraufhin sich die Haare aufstellen. Wir können dies auf zwei Arten interpretieren. Erstens als das Ergebnis des Vorhandenseins des $\boldsymbol{D}$-Feldes, das von elektrischen Ladungen ausgeht. Dies erklärt, warum $\boldsymbol{D}$ auch als *elektrische Anregung* bezeichnet wird. [Gra2019]: Elektrische Ladungen „erregen" den umgebenden Raum, auch wenn dieser ein Vakuum ist. Alternativ könnte man sagen, dass das Vorhandensein von $\boldsymbol{D}$ das Haar „polarisiert" und es dadurch zu einer Abstoßung, d. h. einer Kraftreaktion kommt. Deshalb ist $\boldsymbol{D}$ auch das elektrische Verschiebungsfeld und erklärt auch die Maxwell'sche Terminologie für $-{}^{\partial \boldsymbol{D}}/_{\partial t}$. Andererseits haben wir bereits das elektrische Kraftfeld $\boldsymbol{E}$ eingeführt, und es stellt sich die Frage, warum und wie sich $\boldsymbol{D}$ und $\boldsymbol{E}$ unterscheiden. An dieser Stelle mag es genügen zu sagen, dass $\boldsymbol{D}$ im Zusammenhang mit der elektrischen Ladung als Maß für deren Stärke eingeführt wurde, wie im obigen Sommerfeld-Zitat angegeben.
- Das Ampère-Øersted-Gesetz in Gleichung (5.47) ist die mathematische Abstraktion der Ergebnisse von Experimenten mit stromführenden Drähten von Øersted (Expériences sur l'effet du conflict électrique sur l'aiguille aimant, [Jou1885], S. 1–6) und Ampère (Mémoire sur l'action mutuelle de deux courants électriques, sur celle qui existe entre un courant électrique et un aimant ou le globe terrestre, et celle de deux aimants l'un sur l'autre, [Jou1885], S. 7–55). Sie beobachteten, dass Drähte, die einen elektrischen Strom führen, eine magnetische Reaktion um sich herum erzeugen (siehe Bild 5.5 (rechts)), die durch die Ausrichtung von Eisenspänen sichtbar gemacht wird. Außerdem ziehen sich zwei Drähte gegenseitig an oder stoßen sich ab, je nach der Richtung des elektrischen Stroms in jedem Draht. Daher kann man analog zum Fall von $\boldsymbol{D}$ sagen, dass ein elektrischer Strom den um-

gebenden Raum, der ein Vakuum sein kann, anregt, indem er eine „magnetische Anregung" $\boldsymbol{H}$ erzeugt, wobei letztere ein Maß für die Menge des elektrischen Stroms ist. Andererseits haben wir bereits das Magnetfeld $\boldsymbol{B}$ als Kraftfeld etabliert, und sicherlich sollten $\boldsymbol{H}$ und $\boldsymbol{B}$ in Beziehung zueinander stehen. Wir werden eine mögliche Antwort auf dieses Rätsel später im Abschnitt 5.4 geben.

- Interessant ist, dass die geschlossene Fläche ∂v^{s} in Gleichung (5.37) in Bezug auf $\boldsymbol{D}$ materiell oder immateriell sein kann. Im letzteren Fall könnte die Anwendung des Gauß'schen Satzes problematisch sein, denn bei einem gewissen Radius müssen wir von einem Bereich ohne Materie zu einem Bereich mit Materie übergehen, wo die Ladung q beginnt. Wir werden versuchen, dieses Problem in Abschnitt 5.6 zu klären. Auch muss der Umfang ∂a^{s} in Gleichung (5.41) im Gegensatz zu dem Experiment, das zu Gleichung (5.9) führt, nicht materiell sein. Die Eisenfeilspäne in Bild 5.5 (rechts) sollen nur zeigen, dass $\boldsymbol{H}$ an dieser Stelle vorhanden ist.

Übungsaufgabe *Ladungspotential in und um eine homogen geladene Kugel*

Betrachte eine mit der Ladungsdichte q_0 homogen geladene Kugel vom Radius R. Hierfür soll das elektrische Verschiebungsfeld resp. das Ladungspotential $\boldsymbol{D}$ im Innen- und Außenraum mit Hilfe von Gleichung (5.45) ermittelt werden. Erinnere an die Darstellung der Divergenz in Kugelkoordinaten aus Gleichung (1.418). Begründe, warum ein Ansatz $\boldsymbol{D} = D_r(r)\boldsymbol{e}_r$ sinnvoll ist. Führe die Integration in beiden Bereichen durch. Finde geeignete Randbedingungen für die beiden auftretenden Integrationskonstanten und zeige, dass:

$$D_r = \frac{Q}{4\pi}\frac{r}{R^3} \quad \text{falls} \quad 0 \le r \le R\,, \; D_r = \frac{Q}{4\pi r^2} \quad \text{falls} \quad R \le r \le \infty \tag{5.49}$$

und $Q = \frac{4\pi}{3} q_0 R^3$ die Gesamtladung bezeichnet. Was passiert für eine Punktladung definiert durch $R \to 0$? Beachte abschließend im Endresultat, dass D_r aufgrund der Präsenz von Q die Kugelfläche $A = 4\pi r^2$ sozusagen radial „durchstrahlt".

Übungsaufgabe

Strompotential in und um einen homogen stromdurchflossenen Leiter

Mit Hilfe von Gleichung (5.48) soll das magnetische Erregung resp. das Strompotential für einen idealisiert angenommenen unendlich langen, Leiter mit kreisförmigen Querschnitt vom Radius R berechnet werden, in dem die konstante Stromdichte $\boldsymbol{j} = j_0 \boldsymbol{e}_z$ fließt. Das Problem ist also zeitunabhängig, ferner ideal zylindersymmetrisch. Begründe in einem ersten Schritt, dass der folgende Ansatz ausreichend ist:

$$\boldsymbol{H} = H(r)_{\varphi} \boldsymbol{e}_{\varphi}\,. \tag{5.50}$$

Verwende die Ergebnisse aus Abschnitt 1.4.5.1, um den Rotor eines Vektorfeldes $\boldsymbol{f}$ zu ermitteln:

$$\nabla \times \boldsymbol{f} = \left(\frac{1}{r}\frac{\partial f_z}{\partial \varphi} - \frac{\partial f_\varphi}{\partial z}\right)\boldsymbol{e}_r + \left(\frac{\partial f_r}{\partial z} - \frac{\partial f_z}{\partial r}\right)\boldsymbol{e}_\varphi + \frac{1}{r}\left(\frac{\partial}{\partial r}(r f_\varphi) - \frac{\partial f_r}{\partial \varphi}\right)\boldsymbol{e}_z\,. \tag{5.51}$$

Löse nun im Innen- und im Außenbereich des Leiters die Gleichung (5.48) und finde geeignete Randbedingungen für die beiden auftretenden Integrationskonstanten, um zu zeigen, dass gilt:

$$H_\varphi = \frac{I}{2\pi}\frac{r}{R^2} \quad \text{falls} \quad 0 \le r \le R\,, \; H_\varphi = \frac{I}{2\pi r} \quad \text{falls} \quad R \le r \le \infty \tag{5.52}$$

und $I = j_0 \pi R^2$ den Gesamtstrom bezeichnet. Was passiert im Falle eines Linienstroms für den $R \to 0$ geht? Interpretiere das Ergebnis Gleichung (5.52) als „Durchsatz“ von $\boldsymbol{H}$ durch die Zylinderoberfläche analog zum Fall des Ladungspotentials in Gleichung (5.49).

Literaturvergleich

Wie auch im Abschnitt über das Faradaygesetz beginnen wir unsere Diskussion mit einigen einschlägigen Physiklehrbüchern.

Feynman betrachtet das Prinzip der Erhaltung der elektrischen Ladung in Abschnitt 13-2 von [Fey1964]. Es überrascht nicht, dass es nicht im Sinne der rationalen Kontinuumstheorie dargestellt wird. Vielmehr handelt es sich um eine Mischung aus globalen und lokalen Aussagen, die unserer Gleichung (5.39) und Gleichung (5.40) ähneln. Im Hinblick auf seine Gleichung (13.3) muss auch darauf hingewiesen werden, dass Feynman in diesem Abschnitt seines Buches den Fluss des elektrischen Stroms ausschließlich als konvektiv ansieht, nämlich als $q\boldsymbol{v}$, wobei $\boldsymbol{v}$ eine Art „mean velocity“ von „individual charges, say electrons“ ist. Es wird kein Unterschied zwischen der mikroskopischen und der Kontinuumsskala gemacht, und die Idee der Homogenisierung existiert nicht. Außerdem gibt es keine Verbindung zwischen der Ladungserhaltung und den Gesetzen von Gauß und Ampère-Øersted. Diese erscheinen unabhängig voneinander in den Abschnitten 4-3 und 13-4 in lokaler und globaler Form als Variationen der Gleichung (5.43), Gleichung (5.45), Gleichung (5.41), und Gleichung (5.48). Interessant ist, dass Feynman in ihnen nur das elektrische und das magnetische Feld, $\boldsymbol{E}$ und $\boldsymbol{B}$, verwendet. Wie wir in Abschnitt 5.4 sehen werden, ist dies völlig legitim, wenn sie in einem Inertialsystem basieren. Feynman erwähnt dies jedoch nicht, und $\boldsymbol{D}$ ist für ihn nur ein „new vector“, der definiert werden muss, wenn die Polarisation berücksichtigt werden soll und die Gesamtladungsdichte additiv in einen Teil aus freier und Polarisationsladungsdichte zerlegt wird (siehe seinen Abschnitt 10-4). In ähnlicher Weise erscheint $\boldsymbol{H}$ als „new vector field“ im Zusammenhang mit der Zerlegung des elektrischen Stroms (der nun nicht mehr nur ein konvektiver Transport der elektrischen Ladungsdichte ist) in Abschnitt 36-2, und seine grundlegende Bedeutung wird nicht weiter erörtert. Vielmehr wird sie nur im Zusammenhang mit Dimensionen und Einheiten als problematisch angesehen (siehe seine Diskussion am Ende von Abschnitt 36-2).

Landau und Lifshitz [LL1987] leiten in § 29 Surrogate der Gleichung (5.39) und Gleichung (5.40) ab, und zwar sehr ähnlich wie Feynman. Insbesondere sagen sie ausdrücklich, dass die elektrische Stromdichte $\boldsymbol{J}$ ausschließlich durch den konvektiven Fluss $q\boldsymbol{v}$ gegeben ist. Die lokale Kontinuitätsgleichung wird dann durch Kombination von q und $\boldsymbol{j}$ in einem Weltvektor umgeschrieben (siehe Abschnitt 5.4 für dieses Konzept). In § 30 ist dieser Weltvektor mit dem Gradienten des antisymmetrischen Welttensors verbunden, der aus $\boldsymbol{D}$ und $\boldsymbol{H}$ besteht, oder eher $\boldsymbol{E}$ und $\boldsymbol{H}$, weil ihr 4D-

Formalismus auf Inertialsysteme beschränkt zu sein scheint. Wir werden diese Frage in Abschnitt 5.4 klären. Für den Augenblick mag es genügen, zu sagen, dass der Potentialcharakter von $\boldsymbol{D}$ und $\boldsymbol{H}$ durch diesen Formalismus betont wird.

Auf Seite 3 sieht Jackson [Jac1999] die Kontinuitätsgleichung Gleichung (5.40) als „implicit in the [local] Maxwell equations“ Gleichung (5.45) und Gleichung (5.48), was zeigt, dass er die Maxwell-Gleichungen an die erste und den Grundsatz der Ladungserhaltung an die zweite Stelle setzt. Man beachte, dass zwischen $\boldsymbol{E}$, $\boldsymbol{B}$ und $\boldsymbol{D}$, $\boldsymbol{H}$ unterschieden wird. Anstatt die gesamte Stromdichte $q\boldsymbol{v} + \boldsymbol{j}$ zu zerlegen, wird der elektrische Strom einfach als $\boldsymbol{J}$ bezeichnet, und es wird nie sofort klar, was in diesem Symbol enthalten ist. Zum Beispiel wird er auf Seite 174 als „charges in motion“ bezeichnet, ohne zu erklären, ob sich dies auf die atomare oder die Kontinuumsskala bezieht. Auf Seite 554 taucht die Kontinuitätsgleichung im Zusammenhang mit ihrer Umwandlung in eine Weltvektorgleichung wieder auf. Jetzt wird deutlich erwähnt, dass die mikroskopischen Maxwell-Gleichungen gemeint sind, obwohl dies unnötig ist, wie wir in Abschnitt 5.4 sehen werden. $\boldsymbol{D}$ wird als „electric displacement“ bezeichnet, $\boldsymbol{B}$ heißt „magnetic induction“ und $\boldsymbol{H}$ das „magnetic field“ (S. 13). Der Grund dafür ist höchstwahrscheinlich, dass $\boldsymbol{B}$ das relevante Feld im Induktionsgesetz ist und $\boldsymbol{H}$ einen magnetischen Effekt um stromführende elektrische Drähte in Ørsted's Experimenten erzeugt.

Interessant ist, dass Sommerfeld [Som2001] auf S. 65 seines Buches die Notwendigkeit betont, die beiden Felder $\boldsymbol{E}$ und $\boldsymbol{D}$ „wenigstens durch ein Gedankenexperiment, d. h. eine wenn auch praktisch nicht realisierbare Beobachtung, zu begründen sein sollen.“ Er sagt ferner, dass $\boldsymbol{E}$ ein Kraftfeld ist, während $\boldsymbol{D}$ beschrieben wird als „die Elektrizitätsmenge, welche an der gegebenen Stelle durch eine gegebene Fläche F während der Erregung des Feldes hindurchgetreten ist, geteilt durch die Größe von F.“ Dies ist im Wesentlichen die verbale Form der mathematischen Aussage Gleichung (5.43). Tatsächlich findet sich diese Gleichung auf Seite 15 seines Buches. Es wird jedoch behauptet, dass sie für einen „Nichtleiter“ gilt. Im gleichen Zusammenhang erscheint Gleichung (5.42) (S. 14), allerdings spezialisiert auf eine geschlossene Materialoberfläche und ohne klare Unterscheidung zwischen konvektiven und nicht-konvektiven Strömen. Gleichung (5.39), die die Ladungserhaltung beschreibt, ist auf S. 15 zu finden. Sie ist eindeutig nicht der Ausgangspunkt für die Einführung der Felder $\boldsymbol{D}$ und $\boldsymbol{H}$.

Hinsichtlich der formalen mathematischen Entsprechung der Gleichung der Nichtexistenz magnetischer Monopole Gleichung (5.18) (was bedeutet, dass es keine magnetischen Ladungen gibt) und Gleichung (5.43), die besagt, dass die Quelle des Feldes $\boldsymbol{D}$ die elektrischen Ladungen sind, zitiert er hingegen Hertz und sagt: „Die erste Gleichung (6b) [Gleichung (5.43)] faßt man nach HERTZ in die Worte: *Es gibt es keinen wahren Magnetismus.* Dabei geht man von der früher als selbstverständlich erschienenen Annahme aus, dass $\mathfrak{B}$ das magnetische Analogon von $\mathfrak{D}$ ist. Von unserem Standpunkt ist dieses Analogon aber nicht $\mathfrak{B}$ sondern $\mathfrak{H}$. Wir werden daher die Definition des „Magnetismus“, insbesondere die der Polstärke P, vgl. § 7, nicht an $\mathfrak{B}$, sondern an $\mathfrak{H}$ anzuschließen haben.“ Aus diesen Gründen nennt Sommerfeld $\boldsymbol{H}$ die magnetische Anregung. In der Tat beginnt auf Seite 81 wieder eine Diskussion über den Unterschied zwischen $\boldsymbol{B}$ und $\boldsymbol{H}$. Für ihn ist klar, dass $\boldsymbol{B}$ „aus der dabei ermittelten Kraft auf einen Probekörper" entnommen werden kann. Interessanterweise nimmt er in Bezug auf $\boldsymbol{H}$ die Maxwell-Lorentz-Äther-Beziehungen vorweg (die wir in Abschnitt 5.4 besprechen werden) und sagt, dass sie einfach proportional zu $\boldsymbol{B}$ ist. In Bezug auf den Namen des Feldes $\boldsymbol{D}$ sagt er ganz richtig: „Wir werden ihn am besten *elektrische „Erregung"* nennen, werden aber auch oft, zumal im ersten Teil dieser Vorlesung, an der üblichen Bezeichnung *„dielektrische Verschiebung"* (MAXWELLS „displacement") festhalten." Für Sommerfeld ist es wichtig, diese Unterscheidung zu treffen, denn: „Zu der MAXWELLschen Benennung „dielektrische Verschiebung" bemerken wir noch, dass sie streng genommen nicht auf den Vektor $\mathfrak{D}$ selbst, sondern nur auf denjenigen Bestandteil von $\mathfrak{D}$ paßt, der von der Anwesenheit ponderabler Materie herrührt und später (siehe §ll.C) als Polarisation $\mathfrak{P}$ bezeichnet werden wird."

Schließlich können wir angesichts der Tatsache, dass wir $\boldsymbol{D}$ und $\boldsymbol{H}$ als Potentiale zu Ladungen und Strömen eingeführt haben, nochmals auf das Zitat von Sommerfeld über Ursache und Wirkung im Abschnitt 5.1.2 zurückkommen. Wir können nun definitiv sagen, dass elektrische Ladungen und Ströme die Ursachen und $\boldsymbol{D}$ und $\boldsymbol{H}$ die entsprechenden Wirkungen sind. In diesem Sinne liegt Sommerfeld richtig. Außerdem sind die Ladung und der Strom eindeutig Entitäten von Qualität, und so sind es auch ihre Abkömmlinge, $\boldsymbol{D}$ und $\boldsymbol{H}$, wie Sommerfeld behauptet.

Becker bezieht sich auf die Erhaltung der Ladung in globaler und lokaler Form, wenn er den Begriff des elektrischen Stroms einführt ([Bec1957], S. 102, [BS1973], S. 83, und [BS1982], § 38) Es ist eine Folge der Maxwell-Gleichungen und nicht das primäre Prinzip. $\boldsymbol{D}$ wird als elektrische Verschiebung bezeichnet. Ebenso wie Jackson nennt er $\boldsymbol{H}$ das magnetische Feld und $\boldsymbol{B}$ die magnetische Induktion. Das Gauß'sche Gesetz in globaler und lokaler Form, Gleichung (5.43) bzw. Gleichung (5.45), wird in Begriffen von $\boldsymbol{E}$ und nicht $\boldsymbol{D}$ geschrieben ([Bec1957], S. 50, [BS1973], S. 15, und [BS1982], § 19), was richtig ist, wenn es in einem Inertialsystem angegeben wird, aber diese Tatsache wird nicht klar erklärt.

Als Vorgänger von Beckers Büchern argumentiert Abraham genauso ([AF1907], § 36, S. 129), was das Gauß'sche Gesetz betrifft. $\boldsymbol{D}$ wird als elektrische Verschiebung und $\boldsymbol{H}$ als magnetische Feldstärke bezeichnet (S. 217). Offensichtlich in Anlehnung an Hertz (siehe Sommerfelds obige Bemerkung) sieht Abraham $\boldsymbol{E}$ als das elektrische Analogon zu $\boldsymbol{H}$ und $\boldsymbol{B}$ als das magnetische Analogon zu $\boldsymbol{D}$ und erkennt (viel deutlicher als Becker) die Notwendigkeit von vier Feldern an, indem er auf S. 217: „Dabei wird die elektrische Feldstärke $\mathfrak{E}$ die „magnetische Feldstärke" $\mathfrak{H}$ gegenübergestellt, während die „magnetische Induktion" $\mathfrak{B}$ der mit 4π multiplizierten elektrischen Verschiebung $\mathfrak{D}$ gegenübergestellt wird." Damit steht seine Meinung im Gegensatz zu der von Sommerfeld (siehe Zitat oben) und zu der in diesem Artikel vertretenen. Es ist nicht allzu überraschend, dass dieser Satz in Beckers überwachter englischer Übersetzung von Abrahams Buch [Abr1932] zu Beginn des entsprechenden Kapitels VII überhaupt nicht vorkommt. Ein Erhaltungssatz für die Ladung wird von Abraham gar nicht diskutiert.

Wir werden nun die in Abschnitt 5.2.1 vorgestellte Formulierung mit verschiedenen Monographien über Kontinuumselektrodynamik vergleichen. Für Toupin ist die Ladungserhaltung ein fundamentales Prinzip der Elektrodynamik. Er liegt sowohl in globaler als auch in lokaler Form ([TT1960], S. 673 und 677) für materielle Volumina und Teilchen vor, d. h. Gleichung (5.39) bzw. Gleichung $(5.40)_1$. Die Idee, dass $\boldsymbol{D}$ und $\boldsymbol{H}$ die Potentiale der Ladung und des Stroms sind, wird in Abschnitt 276 ausführlich erläutert. Die verschiedenen Bezeichnungen dieser beiden Felder, die bereits erwähnt wurden, werden in einer Fußnote auf S. 674 diskutiert. Man kann mit Fug und Recht behaupten, dass unsere Formulierung in Abschnitt 5.2.1 von Toupins Handbuchartikel inspiriert wurde. Dies gilt auch für die Bücher von Müller ([Mue1973], Abschnitt 9.2.2, und [Mue1985], Kapitel 9), Kovetz ([Kov1990], S. 1, und [Kov2000], S. 1), und Hutter und Mitautoren ([Hut2007], S. 12), oder die Artikel von Steigmann [Ste2009] und Morro [Mor1993], die sich jedoch alle auf Materialvolumina und Materialpartikel konzentrieren. Im übrigen unterscheiden sie zwischen konvektivem und nicht-konvektivem elektrischem Strom.

In der Arbeit von Eringen und Maugin wird der Grundsatz der Erhaltung der elektrischen Ladung in globaler und lokaler Form auf der Kontinuumsebene ausgedrückt ([EM12012], S. 73 und 74). Er wird jedoch nicht in dem Sinne an die Spitze gestellt, dass Ladungs- und Strompotentiale $\boldsymbol{D}$ und $\boldsymbol{H}$ zu seiner formalen Lösung eingeführt werden. Dies mag darauf zurückzuführen sein, dass sie auf der atomistischen Ebene beginnen und durch Homogenisierung auf die Kontinuumsskala gelangen. Auch $\boldsymbol{D}$ und $\boldsymbol{H}$ werden beide als elektrische Verschiebung bzw. magnetisches Feld bezeichnet (S. 91 und S. 100). Sie ergeben sich aus der Homogenisierung ihrer atomaren Gegenstücke, genannt $\boldsymbol{d}$ und $\boldsymbol{h}$, die formal eingeführt werden, indem man sie mit atomarer elektrischer Polarisation und atomarem elektrischem Feld bzw. atomarer magnetischer Polarisation und atomarem Magnetfeld in Verbindung bringt (S. 39). In der Tat werden manchmal sowohl $\boldsymbol{H}$ als auch $\boldsymbol{B}$ als magnetische Felder bezeichnet. Man beachte, dass es völlig legitim ist, keinen Unterschied zu machen, solange die Gleichungen in einem Inertialsystem betrachtet werden und Heaviside-Lorentz-Einheiten verwendet werden. Dann ist $\boldsymbol{E} = \boldsymbol{D}$ und $\boldsymbol{H} = \boldsymbol{B}$, wie wir in den Abschnitten 5.3 und 5.4 sehen werden. Aus didaktischen und konzeptionellen Gründen ist dieser Weg jedoch nicht zu empfehlen. Es wird aber zwischen konvektivem und nicht-konvektivem elektrischen Strom unterschieden, S. 51.

Abschließend sei noch erwähnt, dass in dem Buch von Zhilin [Zhi2012] das Ampère-Øersted-Gesetz in Abschnitt 6.6 auch in lokaler Form auf der Grundlage der Mikropolartheorie „abgeleitet“ wird. Darüber hinaus stellt Zhilin die Maxwell-Gleichungen (5.45) und (5.48) an die erste Stelle (geschrieben in Form von $\boldsymbol{E}$ und $\boldsymbol{B}$ und ohne konvektive Ströme) und betrachtet den Ladungserhaltungssatz als sekundär und nicht so fundamental wie wir (S. 354). Er sagt: „Die Physiker ziehen es vor, die Gleichung (7.55) als Gesetz der Ladungserhaltung zu bezeichnen und betrachten sie als Naturgesetz. Aus der Sicht der Mechanik gibt es im allgemeinen Fall keine Erhaltungsgesetze, aber Gleichungen für das Gleichgewicht bestimmter Größen“ und „Die Gleichung (7.55) kann also keinesfalls als Naturgesetz interpretiert werden – sie ist genau die notwendige Bedingung für die Lösbarkeit der klassischen Maxwell-Gleichungen.“ Gesprochen wie ein echter Mechaniker und Mathematiker, der über den Wunsch der Physiker nach neuen Naturgesetzen entsetzt ist! Wie wir später erklären werden, gibt es zwei Arten von Gleichgewichten. Bilanzen für konservierte und für nicht konservierte physikalische Größen. Nach Truesdell-Toupin (1960) sind die Maxwell-Gleichungen das Ergebnis des Erhaltungssatzes des magnetischen Flusses und der elektrischen Ladung, die beide in Form einer Bilanz ausgedrückt werden können. Im Zusammenhang mit mechanischen Größen wurde diese Frage kürzlich auch in [Mue2020] behandelt.

5.3 Dimensionen und Einheiten der elektromagnetischen Felder

5.3.1 Die Maxwell-Lorentz-Äther-Beziehungen

Erinnern wir uns an die experimentellen Ergebnisse in den Abschnitten 5.1.1 und 5.2.1:

- Das elektrische Feld $\boldsymbol{E}$ übt eine Kraft auf eine ruhende Ladung in einem Inertialbezugssystem aus. Per Definition wirkt die Kraft in Richtung des Vektors $\boldsymbol{E}$ für positive Ladungen und umgekehrt.
- Ein Magnetfeld $\boldsymbol{B}$ übt eine Kraft auf eine Ladung aus, die sich mit der Geschwindigkeit $\boldsymbol{v}$ in einem Inertialsystem bewegt. Für eine positive Ladung folgt die Kraft der Richtung $\boldsymbol{v} \times \boldsymbol{B}$ und umgekehrt.
- In einem Inertialrahmen ruhende Ladungen regen den umgebenden Raum an, indem sie das elektrische Erregungsfeld (oder Ladungspotential) $\boldsymbol{D}$ erzeugen, das von einer in einem Inertialrahmen ruhenden Testladung, die sich in einem bestimmten Abstand von der anregenden Ladung befindet, als Kraft empfunden wird.
- Elektrische Ströme, die auf der Kontinuumsskala in einen konvektiven und einen nichtkonvektiven Teil zerlegt werden und auf der atomaren Skala einfach als geladene Elementarmaterie interpretiert werden können, die sich in Bezug auf ein Inertialsystem bewegt, regen den umgebenden Raum an, indem sie ein magnetisches Anregungsfeld (oder Strompotential) $\boldsymbol{H}$ erzeugen. Das Vorhandensein dieses Feldes kann in Form einer Kraft durch magnetisierbare Materie (Eisenspäne) oder einen anderen stromführenden Draht, der parallel zum ursprünglichen Draht angeordnet ist, wahrgenommen werden. Die Kraft auf die beiden Drähte ist abstoßend, wenn ihre elektrischen Ströme in entgegengesetzte Richtungen verlaufen und umgekehrt.
- Das oben erwähnte Inertialsystem ist ein primitives Konzept und wird nicht weiter erklärt. Er wird als gegeben und existent angenommen.

Aus diesen Tatsachen muss man schließen, dass die Paare elektrischer und magnetischer Felder $(\boldsymbol{E}, \boldsymbol{D})$ bzw. $(\boldsymbol{B}, \boldsymbol{H})$ zueinander in Beziehung stehen. Die einfachste mögliche Beziehung ist, Proportionalität in einem Inertialsystem zu postulieren, und das werden wir tun. Dieses Postulat ist bekannt als die *Maxwell-Lorentz-Äther-Beziehung*. Es ist ein weiteres Axiom der Elektrodynamik. Dieser merkwürdige Name hat einen historischen Ursprung, als man glaubte, dass es in einem Inertialsystem ein ruhendes Medium gibt, den so genannten Äther, der die elektromagnetischen Felder transportiert. In Anlehnung an Newton, der sagte: *hypotheses non fingo*, werden wir jedoch nicht versuchen zu erklären, wie elektromagnetische Felder entstehen, noch wie sie durch den leeren Raum transportiert werden, und auch nicht, was elektrische

Ladung eigentlich ist. Aber wir werden die Proportionalitätsfaktoren näher untersuchen und sie vorübergehend mit α und β bezeichnen, so dass:

$$\boldsymbol{D} = \alpha \boldsymbol{E}\,, \quad \boldsymbol{B} = \beta \boldsymbol{H}\,. \tag{5.53}$$

Um genauer zu sein, müssen wir nun physikalische Einheiten für die elektrische Ladung definieren. In diesem Zusammenhang ist zu beachten, dass die Eigenschaft „elektrische Ladung“ eine *Dimension* und keine *Einheit* ist, so wie Masse, Länge oder Zeit Dimensionen sind, die unabhängig von einer physikalischen Einheit existieren. Einheiten werden lediglich verwendet, um eine Dimension zu quantifizieren und sie für technische Experimente zugänglich zu machen.

Bevor wir zu den Einheiten der elektrischen Ladung und der elektromagnetischen Felder kommen, müssen wir aus dem oben Gesagten schließen, dass:

$$\begin{aligned} \dim(\boldsymbol{E}) &= \frac{\text{Kraft}}{\text{Ladung}}\,, \quad \dim(\boldsymbol{D}) = \frac{\text{Ladung}}{\text{Länge}^2}\,, \\ \dim(\boldsymbol{B}) &= \frac{\text{Kraft}}{\text{Ladung} \times \text{Länge/Zeit}}\,, \quad \dim(\boldsymbol{H}) = \frac{\text{Ladung/Zeit}}{\text{Länge}}\,. \end{aligned} \tag{5.54}$$

Die Dimensionen der elektromagnetischen Felder sind also sehr unterschiedlich, und das zeigt auch, dass die beiden elektrischen und die beiden magnetischen Felder in ihrer Natur sehr unterschiedlich sind. Daher ist es umso überraschender, dass es möglich ist, die Einheit der elektrischen Ladung so zu wählen, dass alle vier Felder die gleichen Einheiten haben. Leider ist diese Einheit für elektrische Ladung nicht die Wahl des modernen Ingenieurs. Wir fahren fort, diesen Punkt zu diskutieren.

5.3.2 Das Coulomb'sche und das Biot-Savart'sche Gesetz neu betrachtet

Um mögliche Einheiten für die elektrische Ladung und den Strom zu diskutieren, gehen wir von den Maxwell'schen Gleichungen in globaler Form aus. Konkret untersuchen wir Gleichung (5.43) für eine elektrische (Punkt-)Ladung Q in Ruhe und Gleichung (5.41) für den stationären Fall eines konstanten elektrischen Stroms I, der durch einen Draht in $\boldsymbol{e}_z$ Richtung fließt. Das erste Problem hat dann volle sphärische und das zweite volle zylindrische Symmetrie. Wie in der Übung in Gleichung (5.49) und Gleichung (5.52), dass wir in einem radialen Abstand r erhalten:

$$\boldsymbol{D} = D(r)\boldsymbol{e}_r = \frac{Q}{4\pi r^2}\boldsymbol{e}_r\,, \quad \boldsymbol{H} = H(r)\boldsymbol{e}_\varphi = \frac{I}{2\pi r}\boldsymbol{e}_\varphi\,. \tag{5.55}$$

Offensichtlich ist das Ladungspotential $\boldsymbol{D}$ rein radial (in Richtung des Einheitsvektors $\boldsymbol{e}_r$), wobei r der radiale Abstand vom Ort der Ladung ist. Das Strompotential $\boldsymbol{H}$ zeigt in Umfangsrichtung $\boldsymbol{e}_\theta$ einer Kreisfläche mit Radius r, so dass der Draht diese Fläche senkrecht in ihrem Zentrum durchdringt.

Erinnern wir uns auch daran, dass ein elektrisches Feld $\boldsymbol{E}$ eine Kraft $\boldsymbol{F}_\text{e}$ auf eine ruhende Punktladung Q' ausübt. Außerdem bewirkt ein magnetisches Feld $\boldsymbol{B}$ einen Kraftbeitrag $\text{d}\boldsymbol{F}_\text{m}$ auf eine kontinuierliche Ladungsverteilung, die sich mit der Geschwindigkeit $\boldsymbol{v}$ in Richtung eines unendlich langen geraden Drahtes bewegt, der in $\boldsymbol{e}_z$-Richtung ausgerichtet ist. Dies entspricht einem elektrischen Strom $\boldsymbol{I}' = I'\boldsymbol{e}_z$, der einem Ladungsfluss pro Zeiteinheit, $I'\,\text{d}z\,\boldsymbol{e}_z$, entspricht, der die Strecke $\mathrm{d}z$ zurückgelegt hat. Es bezeichnet $\mathrm{d}z$ ein kleines Stück des Drahtes, durch das der Strom fließt. Es ist klar, dass für einen unendlich großen Draht $\boldsymbol{F}_\mathrm{m}$ unendlich werden würde. Deshalb muss im zweiten Fall eine Kraft pro Längeneinheit, $\mathrm{d}\boldsymbol{F}_\mathrm{m}/\mathrm{d}z$, betrachtet werden. Beide Kräfte sind dann gegeben durch

$$\boldsymbol{F}_\mathrm{e} = ae'\boldsymbol{E}\,, \quad \frac{\mathrm{d}\boldsymbol{F}_\mathrm{m}}{\mathrm{d}z} = b\boldsymbol{I}' \times \boldsymbol{B}\,, \tag{5.56}$$

weil die Einheiten der elektrischen Ladung und des elektrischen Stroms noch nicht definiert wurden, so dass sie mit einer Kraft in Beziehung gesetzt werden können, deren Einheit ebenfalls noch nicht festgelegt wurde.

Durch Kombination von Gleichung (5.53) und Gleichung (5.56) erhalten wir:

$$\boldsymbol{F}_\mathrm{e} = \frac{a}{4\pi\alpha}\frac{e\,e'}{r^2}\boldsymbol{e}_r\,, \quad \frac{\mathrm{d}\boldsymbol{F}_\mathrm{m}}{\mathrm{d}z} = -\frac{b\beta}{2\pi}\frac{I\,I'}{r}\boldsymbol{e}_r\,. \tag{5.57}$$

Die erste Beziehung ist das *Coulomb'sche Gesetz*, das im Abschnitt 5.2.1 erwähnt wurde. Jetzt zeigt es sich explizit, dass es die Form des Newton'schen Gravitationsgesetzes in seiner ausgeschlachteten Version hat, d. h. nicht in der Feldformulierung im Sinne der Poissongleichung für die Gravitation. Die zweite Beziehung ist als *Biot-Savart-Gesetz* bekannt, das die Kräfte quantifiziert, die bei magnetischen Experimenten mit Drähten nach Ampère-Øersted auftreten.

Wir sind nun in der Lage, Einheiten der elektrischen Ladung zu definieren. Wir beginnen mit dem so genannten cgs-System, das für Zentimeter, Gramm und Sekunden steht, die alle Einheiten der Mechanik sind. In der Tat war dies alles, was bekannt war, als der Elektromagnetismus in der Physik auftauchte. Daher war es nur natürlich, die neue Qualität der elektrischen Ladung in den Rahmen der Mechanik einzubinden. In der Tat wurde die Einheit der elektrischen Ladung, 1 esu = elektrostatische Einheit, unter Verwendung von Gleichung $(5.57)_1$ als Eckpfeiler definiert: Zwei Punktladungen der Stärke 1 esu in einem Abstand von 1 cm ergeben eine Kraft von 1 dyn=$1\,\mathrm{g}\,\mathrm{cm/s^2}$. Damit ist der Faktor $\frac{a}{4\pi\alpha}$ nicht mehr wirklich notwendig und wir können ihn festlegen, wie wir wollen:* Im „reinen" cgs-System (auch Gauß-System genannt) wurde beschlossen, ihn einfach gleich eins zu setzen. Im Heaviside-Lorentz-System (auch bekannt als rationalisiertes Gauß-System, das von Eringen und Maugin favorisiert wird, [EM12012]) wurde beschlossen, den Faktor 4π beizubehalten, so dass $\frac{a}{\alpha} = 1$. Wir schließen aus der Betrachtung von Gleichung $(5.57)_1$, dass in diesen beiden Einheitssystemen 1 esu in rein mechanischer Form durch $1\,\mathrm{g}^{1/2}\mathrm{cm}^{3/2}\mathrm{s}^{-1}$ ausgedrückt werden kann. Folglich hat die Ladungs-(Volumen-)Dichte q die Einheit $\mathrm{g}^{1/2}\mathrm{cm}^{-3/2}\mathrm{s}^{-1}$.

Es sollte darauf hingewiesen werden, dass dies Auswirkungen auf die Art und Weise hat, wie die Maxwell-Gleichungen geschrieben werden müssen. Es wird notwendig sein, zusätzliche Konstanten aufzunehmen, und der mathematische Faktor 4π ist nur eine davon. Viel kritischer ist das Auftauchen der physikalischen Größe, die als *Lichtgeschwindigkeit* c bekannt ist. Sie taucht immer dann auf, wenn es um eine „geschwindigkeitsverwandte" Größe geht, z. B. die elektrische Stromdichte $\boldsymbol{j}$ oder die konvektive elektrische Stromdichte $q\boldsymbol{v}$. In der Tat müssen wir darauf bestehen, dass die Einheit des elektrischen Stroms seiner Dimension entspricht, die die elektrische Ladung pro Zeit ist. Die Einheit eines elektrischen Stroms muss also $\mathrm{g}^{1/2}\mathrm{cm}^{3/2}\mathrm{s}^{-2}$ sein und die Stromdichten $q\boldsymbol{v}$ oder $\boldsymbol{j}$, die über eine Fläche verteilte elektrische Ströme sind, haben $\mathrm{g}^{1/2}\mathrm{cm}^{-1/2}\mathrm{s}^{-2}$. Dann ist eine einfache Einheitsüberprüfung von Gleichung $(5.57)_2$ zeigt,

* Siehe auch [Car2015] für eine ausführliche Diskussion.

dass die Einheiten des Faktors $b\beta$ $\mathrm{s^2cm^{-2}}$ sein müssen, was die Umkehrung der Einheiten des Quadrats einer Geschwindigkeit ist. Daher wurde im Gauß-System $b\beta = 4\pi/c^2$ und im Heaviside-Lorentz-System $b\beta = 1/c^2$ gewählt. Zusammengefasst lautet Gleichung (5.57) nun:

$$\begin{aligned} \boldsymbol{F}_\mathrm{e} &= \frac{Q\,Q'}{r^2}\boldsymbol{e}_r\,, \quad \frac{\mathrm{d}\boldsymbol{F}_\mathrm{m}}{\mathrm{d}z} = -\frac{2 I/c\; I'/c}{r}\boldsymbol{e}_r \qquad \text{(Gauß – System)} \\ \boldsymbol{F}_\mathrm{e} &= \frac{1}{4\pi}\frac{Q\,Q'}{r^2}\boldsymbol{e}_r\,, \quad \frac{\mathrm{d}\boldsymbol{F}_\mathrm{m}}{\mathrm{d}z} = -\frac{1}{2\pi}\frac{I/c\; I'/c}{r}\boldsymbol{e}_r \qquad \text{(Heaviside – Lorentz – System)}\,. \end{aligned} \tag{5.58}$$

Mit dem Gauß'schen oder dem Heaviside-Lorentz-System sind wir jedoch noch nicht fertig. Wenn wir uns die Dimensionen der einzelnen Felder in Gleichung (5.54) ansehen und die Einheiten berechnen, finden wir:

$$\begin{aligned} &\mathrm{units}(\boldsymbol{E}) = \mathrm{g^{1/2}cm^{-1/2}s^{-1}}\,, \ \mathrm{units}(\boldsymbol{D}) = \mathrm{g^{1/2}cm^{-1/2}s^{-1}}\,, \\ &\mathrm{units}(\boldsymbol{B}) = \mathrm{g^{1/2}cm^{-3/2}}\,, \ \mathrm{units}(\boldsymbol{H}) = \mathrm{g^{1/2}cm^{1/2}s^{-2}}\,. \end{aligned} \tag{5.59}$$

Offensichtlich sind die Einheiten des elektrischen Feldes und des Ladungspotentials gleich, so dass sie einfach addiert und im Gauß- und Heaviside-Lorentz-System miteinander verglichen werden können. Dies ist ein großer Vorteil, wenn man ihre Stärke abschätzen will. Die Einheiten des magnetischen Feldes und des Strompotentials sind jedoch immer noch unterschiedlich. In dieser Form sind sie nicht direkt vergleichbar. Aber das Verhältnis zwischen den Einheiten von $\boldsymbol{H}$ und $\boldsymbol{B}$ ist $\mathrm{cm^2/s^2}$, so dass wir sie leicht umskalieren können, indem wir die Lichtgeschwindigkeit als Skalierungsfaktor verwenden. Und so ergeben sich die folgenden Zuordnungen im Gauß- und im Heaviside-Lorentz-System:

$$\boldsymbol{E} \to \boldsymbol{E}^\mathrm{G},\ \boldsymbol{D} \to \boldsymbol{D}^\mathrm{G},\ \boldsymbol{B} \to c\boldsymbol{B} \equiv \boldsymbol{B}^\mathrm{G},\ \boldsymbol{H} \to \frac{\boldsymbol{H}}{c} \equiv \boldsymbol{H}^\mathrm{G}\,. \tag{5.60}$$

Der Index „G“ erinnert daran, dass es sich um Felder im Gauß-System handelt, und die gleiche Zuordnung gilt für den Heaviside-Lorentz-Fall. Es ist bedauerlich, dass Lehrbücher selten so genaue Bezeichnungen verwenden und die Indizes „G“ oder „HL“ (Heaviside-Lorentz) ganz weglassen, weil „jeder das weiß“. Auf jeden Fall kann nun die Stärke aller vier Felder direkt verglichen werden, was für praktische Zwecke gut ist, aber auch die Wurzel für viele Missverständnisse ist.

Bei der Ladungs- und Stromdichte müssen wir aufpassen, denn je nachdem, ob wir im Gauß- oder im Heaviside-Lorentz-System arbeiten, müssen Faktoren von 4π zugeordnet werden oder nicht, damit die Maxwell-Gleichungen zu Gleichung (5.58) führen:

$$q \to 4\pi q^\mathrm{G},\ \boldsymbol{j} \to 4\pi \boldsymbol{j}^\mathrm{G},\ q \to q^\mathrm{HL},\ \boldsymbol{j} \to \boldsymbol{j}^\mathrm{HL}\,. \tag{5.61}$$

Bisher betraf unsere Wahl der Einheiten jedoch nur die Quotienten oder Produkte a/α und $b\beta$ in Gleichung (5.57), die zu Gleichung (5.58) führen. Aber was ist mit jedem der vier Koeffizienten?

Maxwell-Lorentz-Äther-Relationen in Gauß'schen Einheiten

Um sie eindeutig zu bestimmen, verlangen wir, dass die Maxwell-Lorentz-Beziehungen Gleichung (5.53) einfach sind und sowohl im Gauß- als auch im Heaviside-Lorentz-System wie folgt aussehen:

$$\boldsymbol{D} = \boldsymbol{E}\,,\ \boldsymbol{B} = \boldsymbol{H}\,, \tag{5.62}$$

wobei wir die Indizes bei den Feldsymbolen bereits weggelassen haben.

Folglich ist $\alpha = 1$ und $\beta = 1$. Damit sind aber die beiden magnetischen und die beiden elektrischen Felder in einem Inertialsystem nicht mehr voneinander zu unterscheiden, wenn man das Gauß'sche oder das Heaviside-Lorentz-System verwendet. Außerdem ist $a = 4\pi$ und $b = 4\pi/c^2$ für Gauß'sche Einheiten oder ohne die 4π für Heaviside-Lorentz.

Es wurde bereits betont, kann aber nicht oft genug erwähnt werden: Einerseits bringt all dies einen gewissen Vorteil der Einfachheit mit sich, andererseits eröffnet es Raum für endlose Diskussionen und Verwirrung, was die Unterschiede zwischen den beiden elektrischen Feldern $(\boldsymbol{E}, \boldsymbol{D})$ und den beiden magnetischen Feldern $(\boldsymbol{B}, \boldsymbol{H})$ sind und ob wir wirklich jeweils zwei davon brauchen. Die Antwort ist ein klares „Ja", und zwar aus zwei Gründen: (a) sie unterscheiden sich konzeptionell grundlegend, wie man sieht, wenn man die Dimensionen in Gleichung (5.54) betrachtet; (b) die Maxwell-Lorentz-Äther-Beziehungen behalten nicht die einfache Form Gleichung (5.62) (oder die einfache Proportionalität Gleichung (5.53)), wenn wir zu einem Nicht-Inertialsystem wechseln, wie wir in Abschnitt 5.4 sehen werden.

Nach diesen sorgfältigen Überlegungen sind wir nun in der Lage, die Maxwell-Gleichungen für das Gauß-System in globaler Form und in räumlicher Schreibweise anzugeben, basierend auf Gleichung (5.18), Gleichung (5.9), Gleichung (5.43) und Gleichung (5.41):*

$$\begin{aligned}
&\oint\limits_{\partial v^{\mathrm{s}}(t)} \boldsymbol{B}\cdot\boldsymbol{n}\,\mathrm{d}a^{\mathrm{s}} = 0\,, \quad \frac{\mathrm{d}}{\mathrm{d}ct}\int\limits_{a^{\mathrm{s}}(t)} \boldsymbol{B}\cdot\boldsymbol{n}\,\mathrm{d}a^{\mathrm{s}} = -\oint\limits_{\partial a^{\mathrm{s}}(t)} \left(\boldsymbol{E}+\frac{\boldsymbol{v}}{c}\times\boldsymbol{B}\right)\cdot\boldsymbol{\tau}\,\mathrm{d}l\,,\\
&\oint\limits_{\partial v^{\mathrm{s}}(t)} \boldsymbol{D}\cdot\boldsymbol{n}\,\mathrm{d}a^{\mathrm{s}} \equiv 4\pi\int\limits_{v^{\mathrm{s}}(t)} q\,\mathrm{d}v^{\mathrm{s}}\,,\\
&\frac{\mathrm{d}}{\mathrm{d}ct}\int\limits_{a^{\mathrm{s}}(t)} \boldsymbol{D}\cdot\boldsymbol{n}\,\mathrm{d}a^{\mathrm{s}} = \oint\limits_{\partial a^{\mathrm{s}}(t)} \left(\boldsymbol{H}+\boldsymbol{D}\times\frac{\boldsymbol{v}^{\mathrm{s}}}{c}\right)\cdot\boldsymbol{\tau}\,\mathrm{d}l + \frac{4\pi}{c}\int\limits_{a^{\mathrm{s}}(t)} \left[q\left(\boldsymbol{v}^{\mathrm{s}}-\boldsymbol{v}\right)-\boldsymbol{j}\right]\cdot\boldsymbol{n}\,\mathrm{d}a^{\mathrm{s}}\,.
\end{aligned} \tag{5.63}$$

Maxwell'sche Gleichungen und Lorentz-Kraftdichte in Gauß'schen Einheiten

In lokaler Form lauten sie:**

$$\begin{aligned}
&\nabla^{\mathrm{S}}\cdot\boldsymbol{B} = 0\,, && \frac{1}{c}\frac{\partial\boldsymbol{B}}{\partial t} + \nabla^{\mathrm{S}}\times\boldsymbol{E} = \boldsymbol{0}\,,\\
&\nabla^{\mathrm{S}}\cdot\boldsymbol{D} = 4\pi q\,, && -\frac{1}{c}\frac{\partial\boldsymbol{D}}{\partial t} + \nabla^{\mathrm{S}}\times\boldsymbol{H} = \frac{4\pi}{c}\left(q\boldsymbol{v}+\boldsymbol{j}\right).
\end{aligned} \tag{5.64}$$

Die Gleichungen, die die Ladungserhaltung beschreiben, behalten ihre Form (d. h. Gleichung (5.37) oder Gleichung (5.38)) in beiden Einheitssystemen, während wir für die *Lorentz-Kraftdichte* $\boldsymbol{f}$ auf (bewegte) Ladungsdichten oder elektrische Ströme schreiben müssen (keine Faktoren 4π):

$$\boldsymbol{f} = q\boldsymbol{E} + \frac{1}{c}\left(q\boldsymbol{v}+\boldsymbol{j}\right)\times\boldsymbol{B}\,. \tag{5.65}$$

* Im Heaviside-Lorentz-System muss der Faktor 4π weggelassen werden.

** Wenn eine Beschreibung für materielle Punkte gewünscht ist, muss ∇^{S} einfach durch ∇ ersetzt werden. Man beachte auch, dass, wenn man die Divergenzoperation $\nabla^{\mathrm{S}}\cdot$ auf das Faraday'sche Induktionsgesetz in lokalen regulären Punkten Gleichung $(5.64)_2$ anwendet und das Gesetz der magnetischen Monopole Gleichung $(5.64)_1$ beachtet, man eine Identität erhält. Wendet man diese Operation auf das Ampère-Øersted-Gesetz Gleichung $(5.64)_4$ an und beachtet das Gauß'sche Gesetz Gleichung $(5.64)_3$, so ergibt sich der Erhaltungssatz der Ladung in lokaler regulärer Form Gleichung $(5.38)_1$ (in Gauß'schen Einheiten).

Bei der Betrachtung dieser Gleichungen wird ein weiterer Vorteil des Gauß- oder Heaviside-Lorentz-Systems sichtbar: Geschwindigkeitsverwandte Größen werden auf die Lichtgeschwindigkeit normiert, und das erlaubt uns, sie als „klein" oder „groß" zu identifizieren, je nachdem, ob diese Geschwindigkeiten nahe der Lichtgeschwindigkeit liegen oder nicht. Aus diesem Grund sind das Gauß- und das Heaviside-Lorentz-System beliebt, wenn grundlegende Überlegungen von Interesse sind.

Bild 5.6 Pioniere des Elektromagnetismus III: Jean-Baptiste Biot (1774–1862), Félix Savart (1791–1841), Heinrich Hertz (1857–1894)

In der (Elektro-)Technik, wo sich Materialien keineswegs in der Nähe der Lichtgeschwindigkeit bewegen, werden diese Systeme jedoch nur noch selten verwendet und sind durch das SI-Einheitensystem, auch bekannt als MKSA-System,* ersetzt worden. Hier wird die Eigenschaft Ladung indirekt über den elektrischen Strom eingeführt, der der Dimension nach Ladung pro Zeiteinheit ist. Bis 2019 basierte die Einheit des elektrischen Stroms, 1 A(mpere), auf der Aussage: „Das Ampere ist der konstante Strom, der, wenn er in zwei geraden, parallelen Leitern von unendlicher Länge und vernachlässigbarem kreisförmigen Querschnitt fließt, die im Vakuum einen Meter voneinander entfernt sind, zwischen diesen Leitern eine Kraft erzeugt, die 2×10^{-7} Newton pro Meter Länge entspricht" [Wik32022]. Aus Gleichung $(5.57)_2$ folgt daher, dass $b\beta = 4\pi \times 10^{-7}\frac{\mathrm{N}}{\mathrm{A}^2}$. Diese Kombination wird mit dem Symbol μ_0 bezeichnet und als *magnetische Permeabilität des Vakuums* bekannt. Diese interessante Terminologie wird verständlicher werden, wenn wir uns im Abschnitt 5.5 mit einfachen konstitutiven Gleichungen befassen.

In diesem Sinne werfen wir nun einen zweiten Blick auf Gleichung $(5.57)_1$, das wir für MKSA-Einheiten bereit machen wollen. Da wir hier darauf bestehen, dass Ladungen in Coulomb-Einheiten (= As) gemessen werden, schließen wir, dass die Einheit von $\frac{a}{\alpha}\ \frac{\mathrm{Nm}^2}{\mathrm{A}^2}$ sein muss. Dies sind die Einheiten von μ_0 multipliziert mit dem Quadrat einer Geschwindigkeit, daher wählen wir im MKSA-System $\frac{a}{\alpha} = \mu_0 c^2$. Dieser Faktor wird auch mit $\frac{1}{\epsilon_0}$ bezeichnet, wobei ϵ_0 als die *elektrische Permittivität des Vakuums* bezeichnet wird, ein Begriff, der auch im Abschnitt 5.5 deutlicher werden wird. Folglich lauten die Gesetze von Coulomb und Biot-Savart Gleichung (5.57) in MKSA-Einheiten:

$$\boldsymbol{F}_{\mathrm{e}} = \frac{1}{4\pi\epsilon_0}\frac{Q\,Q'}{r^2}\boldsymbol{e}_r\,,\quad \frac{\mathrm{d}\boldsymbol{F}_{\mathrm{m}}}{\mathrm{d}z} = -\frac{\mu_0}{2\pi}\frac{I\,I'}{r}\boldsymbol{e}_r\,. \tag{5.66}$$

* Système Internationale und Meter, Kilogramm, Sekunde, Ampere.

Man beachte, dass die Maxwell-Gleichungen und die Gleichungen, die die Erhaltung der Ladung beschreiben, die in den Abschnitten 5.1.1 und 5.2.1 dargestellte Form haben. Es müssen keinerlei Faktoren hinzugefügt werden. Außerdem sind die MKSA-Einheiten der verschiedenen Felder entsprechend den in Gleichung (5.54) angegebenen Dimensionen wie folgt: Das elektrische Feld $\boldsymbol{E}$ in $\frac{\mathrm{N}}{\mathrm{As}}$, das Ladungspotential $\boldsymbol{D}$ in $\frac{\mathrm{As}}{\mathrm{m}^2}$, das magnetische Feld $\boldsymbol{B}$ in $\frac{\mathrm{N}}{\mathrm{Am}}$, und das Strompotential $\boldsymbol{H}$ in $\frac{\mathrm{A}}{\mathrm{m}}$. Sie haben alle unterschiedliche Einheiten und können nicht direkt miteinander verglichen werden.

Maxwell-Lorentz-Äther-Relationen in SI-Einheiten

Außerdem muss die Form der Maxwell-Lorentz-Äther-Beziehungen Gleichung (5.53) geklärt werden. In MKSA ist die Wahl $a = 1$, $b = 1$ und aufgrund von $\frac{a}{\alpha} = \frac{1}{\epsilon_0}$ und $b\beta = \mu_0$ finden wir dann:

$$\boldsymbol{D} = \epsilon_0 \boldsymbol{E}\,, \quad \boldsymbol{B} = \mu_0 \boldsymbol{H}\,, \quad \epsilon_0 \mu_0 = \frac{1}{c^2}\,. \tag{5.67}$$

Schließlich finden wir für die *Lorentzkraftdichte* eine elektrische Ladungsdichte q (in Einheiten von $\frac{\mathrm{As}}{\mathrm{m}^3}$) und den elektrischen Strom $\boldsymbol{j}$ (in Einheiten von $\frac{\mathrm{A}}{\mathrm{m}^2}$):

$$\boldsymbol{f} = q\boldsymbol{E} + \left(q\boldsymbol{v} + \boldsymbol{j}\right) \times \boldsymbol{B}\,. \tag{5.68}$$

Regeln zum Umschreiben auf SI-Einheiten

An dieser Stelle steht die folgende **Regel**: Will man die elektromagnetischen Beziehungen vom SI- in das Gauß-System umschreiben, so lauten die notwendigen Substitutionen:

$$\boldsymbol{E}^{\mathrm{SI}} \to c\sqrt{\frac{\mu_0}{4\pi}}\boldsymbol{E}^{\mathrm{G}},\ \boldsymbol{D}^{\mathrm{SI}} \to \frac{1}{c\sqrt{4\pi\mu_0}}\boldsymbol{D}^{\mathrm{G}},\ \boldsymbol{B}^{\mathrm{SI}} \to \sqrt{\frac{\mu_0}{4\pi}}\boldsymbol{B}^{\mathrm{G}},\ \boldsymbol{H}^{\mathrm{SI}} \to \frac{1}{\sqrt{4\pi\mu_0}}\boldsymbol{H}^{\mathrm{G}}\,. \tag{5.69}$$

Für das Heaviside-Lorentz-System muss der Faktor 4π weggelassen werden.

Übungsaufgabe *Coulomb und Biot-Savart-Gesetz in SI-Einheiten*

Nachdem geklärt wurde, wie die vier elektromagnetischen Felder in Inertialsystemen zusammenhängen, ist es das Ziel dieser Übung, das Ergebnis in Gleichung (5.66) noch einmal rational herzuleiten. Baue dazu auf der Lorentzkraftdichte in Gleichung (5.68) auf, wobei es zu beachten gilt, dass wir hierin unter der Ladungsdichte und dem Stromdichtevektor Testladungen und Testströme verstehen wollen, die an der Stelle r der Außenfeldlösungen aus Gleichung (5.49) und Gleichung (5.52) als punkt- bzw. linienförmige Quellen Q' und $I'\,\mathrm{d}z$ eingebracht und wie gezeigt durch einen Strich gekennzeichnet werden. Verwende somit in der Lorentzkraftdichte aus Gleichung (5.68) die Dirac'sche Deltafunktion im Raum (Einheit m^{-3}) gemäß $q \to Q'\delta(\boldsymbol{x})$ bzw. in der in z-Richtung orientierten Fläche (Einheit m^{-2}) gemäß $\boldsymbol{j} \to I'\delta(\boldsymbol{x})\boldsymbol{e}_z$. Beachte außerdem die Ätherbeziehungen in SI-Form in Gleichung (5.67), und integriere geeignet im Raum, um zu zeigen, dass dann für den (ruhenden) Ladungs- und den

Stromanteil der Lorentzkräfte gilt:

$$F = \frac{Q'}{\epsilon_0} D\,, \quad dF = \mu_0 I' dz e_z \times H\,. \tag{5.70}$$

Verbinde dies nun mit den Ergebnissen in Gleichung (5.49) und Gleichung (5.52), um die Gültigkeit von Gleichung (5.66) aufzuzeigen. Ziehen sich hinsichtlich der Stromrichtung gleich orientierte parallele Drähte an oder stoßen sie sich ab? Diskutiere nun noch für den Fall einer gewickelten Kreisspule die Frage, ob die Drahtwicklungen gegeneinander drücken oder voneinander wegstreben. Wie wichtig ist dieser Effekt im Vergleich zu Thermospannungen?

Literaturvergleich

In allen klassischen Physiklehrbüchern wird die Frage der Dimensionen und Einheiten im Elektromagnetismus diskutiert oder zumindest erwähnt:

Feynman [Fey1964] führt bei Bedarf Einheiten für alle elektromagnetischen Größen ein. Der Schwerpunkt liegt auf dem MKSA-System, die Frage des Gauß- oder Heaviside-Lorentz-Systems wird überhaupt nicht behandelt.

Landau und Lifshitz [LL1987] bevorzugen das Gauß'sche Einheitensystem, aber sie erwähnen Heaviside-Lorentz in einer Fußnote (S. 73) und sagen, dass in diesem Fall „the field equations have a more convenient form (4π does not appear)...." Tiefer gehende Fragen werden nicht untersucht, und das MKSA-System kommt überhaupt nicht vor.

Jackson [Jac1999] widmet der Frage der Dimensionen und Einheiten einen langen Anhang. Man kann mit Fug und Recht behaupten, dass er sich der Brisanz dieses Themas sehr wohl bewusst ist. Wie im vorliegenden Artikel konzentriert sich seine Darstellung auf das Coulomb'sche und das Biot-Savart'sche Gesetz. Als Nachteil kann angesehen werden, dass er nicht konsequent zwischen der Notwendigkeit von zwei elektrischen und zwei magnetischen Feldern unterscheidet, die von Natur aus grundverschieden sind. In der Tat werden alle Gleichungen für den Fall eines Inertialsystems dargestellt, in dem die Größen in den beiden Mengen proportional zueinander sind. Da er kein Spezialist auf dem Gebiet der Kontinuumstheorie ist (siehe die Diskussion über die Literatur zur Kontinuumsmechanik in diesem Abschnitt), wird der Aspekt der Maxwell-Lorentz-Äther-Beziehungen ebenfalls nicht behandelt. Die Tatsache, dass $\boldsymbol{E}$ und $\boldsymbol{B}$ im Gauß'schen System die gleichen Einheiten haben, wird zwar erwähnt (S. 780), aber ihre Bedeutung bleibt unerklärt. Es wird jedoch erwähnt (S. 780), dass MKSA auf die technische Praxis ausgerichtet ist, während das Gauß'sche System „more suitable for microscopic problems" ist und für „the relativistic electrodynamics of the latter part of the book, we retain Gaussian units as a matter of convenience." Zusammenfassend lässt sich sagen, dass der Anhang zum einfachen Nachschlagen und Umrechnen verwendet werden kann, aber nicht wirklich die dahinter liegenden Probleme aufzeigt.

Sommerfeld [Som2001] ist sich der Problematik der Dimensionen und Einheiten elektromagnetischer Größen durchaus bewusst und beginnt die Diskussion bereits in seinem Vorwort (S. VI). Seine Aussagen verdichten sich dann in § 7 C/D und in § 8, die sich alle mit diesem Thema befassen. Sehr aufschlussreich für seine profunde Kenntnis der Geschichte und der Unterschiede zwischen dem Gauß'schen und dem Heaviside-Lorentz'schen Standpunkt sind die Sätze auf S. 40/41: „Historisch rührt die Form (8) und (12) [unsere Gleichung $(5.58)_1$] des COULOMBschen Gesetzes daher, daß man sich der üblichen Form des Newtonschen Gesetzes möglichst anpassen wollte. Wir bezeichnen die Unterdrückung des Zahlenfaktors 4π im COULOMBschen Gesetz als konventionell, unsere Beibehaltung desselben as rationell. In der Tat ist klar, daß bei einem Problem von Kugel-Symmetrie, wie dem COULOMBschen, der Faktor 4π am Platze ist" und „HEAVISIDE zieht den folgenden schlagenden Vergleich: Man könnte in der Geometrie beim übergang von der Strecken- zur Flächenmessung als Einheit des Flächenmaßes den Kreis vom Radius 1 festsetzen. Das wäre logisch möglich. Aber es würde zu der seltsamen Konsequenz führen, daß dann das Quadrat von der Seite 1 den Flächeninhalt $1/\pi$ erhielte; jedermann würde dazu sagen, daß sich π dabei am falschen Platze befinde."

Sommerfeld betont in der englischen Ausgabe seines Buches [Som1952] auch die Notwendigkeit, zwischen zwei elektrischen und zwei magnetischen Feldern durch die Verwendung unterschiedlicher Einheiten zu unterscheiden. In diesem Zusammenhang sagt er auf S. 45: „It is to be welcomed, from our point of view, that, by international agreement, separate designations gauss and oersted have been introduced for the two magnetic vectors **B** and **H**. Historically, the name gauss also seems proper for **B**, since Gauss' methods of determining magnetic moment rest on measurements of force and hence refer to **B** and not to **H**. The unhappy term „magnetic field" for **H** should be avoided as far as possible. It seems to us that this term has led into error none less than Maxwell himself, who, in art. 625 of the Treatise puts the force exerted by the field on a magnetic pole m equal to $m\mathbf{H}$." He alludes to the fact that in the Gaussian system all fields have the same units and that this might cause problems (S. 50): „Furthermore the dimensions of the two pairs become the same, since now... ε_0 and μ_0 in (14a), become pure numbers, ... The Gaussian system obscures the dimensional character of the four fundamental vectors **E**, **D**, **B**, **H** completely...."

In der 1957 erschienenen Ausgabe des Buches von Becker [Bec1957] werden die Gauß'schen Einheiten favorisiert. Allerdings betont er schon in seinem Vorwort deren Bedeutung für grundlegende Untersuchungen (im Zusammenhang mit der Relativitätstheorie) und die Nützlichkeit des MKSA-Systems für die Ingenieurpraxis. Letzteres wird dann in der späteren Ausgabe [BS1973] und in der Übersetzung [BS1982] mehr oder weniger ausschließlich verwendet. Heaviside-Lorentz-Einheiten werden zwar auch erwähnt ([Bec1957], S. 51), aber weder in der reinen noch in der angewandten Physik als etabliert angesehen. Beckers Denkweise wird aus dem folgenden Zitat im Vorwort von [BS1982] sehr deutlich: „The transition from the four basic units of the MKSA system–units which at first sight seem to appear naturally–to the three basic units of the Gaussian CGS system, requires that Coulomb's law be not only considered as an experimental law, but that at the same time it be regarded as the defining equation for the unit of charge in the Gaussian system. This is because the resulting constant of proportionality, having the dimensions of force times length squared, divided by charge squared, is arbitrarily assumed to be dimensionless and equal to 1.

This procedure, violently criticized by certain advocates of the MKSA system, corresponds exactly with today's custom in high-energy physics of combining the length and time dimensions with one another through the arbitrary assumption that the velocity of light in a vacuum is dimensionless and equal to 1." Es sollte auch darauf hingewiesen werden, dass die Unterschiede zwischen den beiden elektrischen und den beiden magnetischen Feldern, ihre Proportionalität im Sinne der Maxwell-Lorentz-Äther-Beziehungen sowie die Beschränkung auf ein Inertialsystem nicht kristallklar erklärt werden. Tatsächlich lesen wir auf S. 49 von [BS1973]: „Die Einführung des Verschiebungsvektors $\boldsymbol{D}$ und seines Gegenstückes $\boldsymbol{D}^*$ ist daher im Grunde erst für die Behandlung der Elektrodynamik in der Materie erforderlich." Dies zeigt eine gewisse Nachlässigkeit angesichts der Kritikalität der zugrunde liegenden Fragen. Der grundsätzliche Unterschied zwischen Beckers Sichtweise und der dieser Arbeit wird am besten durch ([BS1982], § 27) ausgedrückt: „It should however be observed that, with respect to the symbol $\mathbf{D}$ (and in contrast to $\mathbf{E}$, $\mathbf{P}$, and ϵ_0), two different amounts of the same physical entity are denoted in the two measure-systems considered."

Das Buch von Abraham und Föppl [AF1907] führt uns in eine Zeit zurück, in der die Definition von Einheiten und das Verständnis von Phänomenen noch in den Kinderschuhen steckte. Dies wird an lustigen Formulierungen deutlich, wie z. B.: „Man hat ganz willkürlich der Elektrizität des mit dem geriebenen Katzenfell berührten Kügelchens das positive Vorzeichen gegeben und infolgedessen der Elektrizität der geriebenen Siegellackstange das negative." Es muss erwähnt werden, dass die englische Übersetzung dieses Buches von 1932 [Abr1932] sich ziemlich vom deutschen Original unterscheidet und die klare Handschrift von Becker zeigt, der unter anderem Zeichnungen und einen Anhang über Gauß'sche Einheiten hinzugefügt hat. Allerdings geht, wie oben bereits angedeutet, die klare Unterscheidung zwischen den beiden elektrischen und den beiden magnetischen Feldern verloren. Bei Abraham ist $\boldsymbol{D}$ die bereits erwähnte Anregung des Vakuums durch die Anwesenheit von Ladung, die er auf S. 145 auf recht barocke Weise durch die Erwähnung des Äthers beschreibt: „Sie legt die Annahme nahe, daß auch der leere Raum elektrische Wirkungen vermittelt, daß er der Sitz eines elektrischen Feldes sein kann. Da man früher dem Raum nur geometrische Eigenschaften beigemessen hat, so hat man für den mit elektromagnetischen Eigenschaften behafteten Raum ein besonderes Wort „Äther" eingeführt." und „Wir verbinden heute mit dem Worte „Äther" keineswegs die Vorstellung einer hypothetischen Substanz; vielmehr gebrauchen wir dieses historisch überlieferte Wort heute als Abkürzung, wenn wir ohne Weitschweifigkeiten von dem Raume als Träger eines elektromagnetischen Feldes sprechen."

Nicht überraschend ist die Formulierung in der Becker-Übersetzung (S. 70) „politisch korrekter": „Instead of the word vacuum we also occasionally use the word "æther", not connecting it in any way with the idea of a hypothetical substance, but merely using the word when we are speaking of space as the carrier of an electromagnetic field." Außerdem werden die Dimensionen und Einheiten des Elektromagnetismus in beiden Büchern diskutiert: In § 67 von Abrahams Buch werden verschiedene Einheitensysteme diskutiert, darunter auch das Gauß'sche System. Es wird betont, dass letzteres die Eigenschaft hat, für alle Felder die gleichen Einheiten zu liefern („... werden in dem Gaußschen Maßsystem elektrische und magnetische Größen paritätisch behandelt.“ und „Die von den neueren Weiterbildungen der Maxwellschen Theorie gemachte Annahme, daß das elektromagnetische Feld eigentlich als Feld im Äther zu betrachten ist, das nur durch die in der Materie enthaltene Elektrizität bzw. durch deren Bewegung modifiziert wird, paßt sich dieses Dimensionssystem am besten an. Denn $\mathfrak{E}$ und $\mathfrak{D}$, $\mathfrak{H}$ und $\mathfrak{B}$ werden hier wesensgleich ...“). Im Gegensatz dazu konzentriert sich die Übersetzung [Abr1932], ausschließlich auf das Gauß'sche System (Kapitel VII, Abschnitt 3).

Diskutieren wir abschließend die kontinuumsbezogene Literatur. Dimensionen und Einheiten sind in Kapitel F des Handbuchartikels [TT1960] von Anfang an ein wichtiges Thema. Leider ist die vorgeschlagene Nomenklatur eher ungewöhnlich und wird zunächst sehr allgemein auf tensorielle Objekte beliebigen Ranges angewandt. Zum besseren Verständnis sei auf Ericksens Anhang über Tensoren in einer Fußnote auf S. 660 in demselben Buch verwiesen. Die Dinge werden klarer, wenn konkrete Objekte angesprochen werden. Alle vier elektromagnetischen Felder werden streng unterschieden und die Zusammenfassung in Abschnitt 281 stimmt vollständig mit Gleichung (5.54) überein. Die Maxwell-Lorentz-Beziehungen werden in Abschnitt 279 in der in Gleichung (5.67) gezeigten Form eingeführt und in Abschnitt 280 auf beliebige Rahmen verallgemeinert. Wir werden in Abschnitt 5.4 darauf zurückkommen. Interessant ist jedoch, dass Toupin seinen Ansatz sehr selbstkritisch betrachtet: „At the same time, we give warning that the aether relations represent an assumption not adopted in every existing theory of electromagnetism..., whereas the conservation laws of charge and magnetic flux are, to our knowledge, common to all.“

Eine weniger kritische Haltung findet sich in den Büchern von Müller [Mue1973], [Mue1985], S. 309, wo die Ätherbeziehungen einfach als Bedarfsartikel akzeptiert werden. Diese Bücher konzentrieren sich auch ausschließlich auf das MKSA-System, während der Handbuchartikel im Prinzip mehr zulässt, aber dann auch nur SI-Einheiten explizit erwähnt, S. 681.

Die Bücher von Kovetz [Kov1990], [Kov2000], Abschnitt 11 sind sich der besonderen Stellung und der Kritikalität der Ätherbeziehungen deutlich bewusst: „The third principle of electromagnetism states: a Euclidean, inertial frame exists in which the relations [Gleichung (5.67)] with ϵ_0 and μ_0 two positive, universal constants, hold everywhere and at all times inside material bodies as well as in empty space.“ Es werden sowohl MKSA als auch Gauß'sche Einheiten erwähnt und verwendet. Im Anhang wird hervorgehoben, dass in Gauß'schen Einheiten alle vier Felder die gleichen Einheiten haben, und es wird die Frage gestellt: „Since the Gaussian fields $\mathbf{D}'$, $\mathbf{H}'$, $\mathbf{E}'$, $\mathbf{B}'$, $\mathbf{P}'$ and $\mathbf{M}'$ all have the same dimensions, would it not be sensible to employ the same unit, for example the gauss, for all of them?“ Die Antwort ist eine salomonische: „It would not be tactful for an author who uses SI units to attempt an answer to this question.“

Hutter und Mitautoren [Hut2007] stellen die Äther-Relationen in MKSA-Notation in Abschnitt 2.5 über materielle Objektivität vor. Dafür führen sie, falls verwendet, die Invarianz der Maxwell-Gleichungen unter Lorentz-Transformationen ein. In einer Fußnote auf S. 56 weisen sie darauf hin, dass „While we apply SI-units, Gaussian units are used in [249], and it is a well-known fact that a c^{-2}-term in one system of units is not necessarily a c^{-2}-term in the other system of units as well.“ Dies ist wichtig zu wissen, wenn man nicht-relativistische Näherungen für elektrodynamische Probleme in der Materialwissenschaft sucht.

Steigmann [Ste2009] weist in eine ähnliche Richtung, wenn er sagt: „It is well known that these relations [d. h. Gleichung (5.67)] are invariant under the Lorentz group of transformations rather than the Galilean transformations that preserve the equations of conventional non-relativistic mechanics. However, these transformations are asymptotically coincident if the material velocity relative to a Galilean frame is much smaller than c and if the diameter of the material body is bounded ... "

Schließlich werden in der Arbeit von Eringen und Maugin [EM12012] die Äther-Relationen überhaupt nicht erwähnt. Die Maxwell-Gleichungen werden zunächst auf der mikroskopischen Ebene in einem Inertialsystem betrachtet, so dass es keinen wirklichen Bedarf für zwei unabhängige elektrische und magnetische Felder gibt: Gl. (2.7.17), S. 38. Dann führt die Homogenisierung zur Kontinuumsskala und vier Felder erscheinen formal: Gleichung (3.3.2), S. 54. Eine rein konstitutivtheoretische Einstellung wird sichtbar, wenn $\boldsymbol{D}$ additiv in $\boldsymbol{E}$ und die Polarisation $\boldsymbol{P}$ zerlegt wird, und ebenso $\boldsymbol{B}$ in $\boldsymbol{H}$ plus die Magnetisierung $\boldsymbol{M}$. Die Heaviside-Lorentz-Einheiten werden in der gesamten Monographie ohne Kommentar verwendet.

5.4 Transformationseigenschaften der elektromagnetischen Felder

5.4.1 Welttensornotation der Maxwell-Gleichungen

In diesem Abschnitt wird untersucht, wie sich die mathematische Form der Maxwell-Gleichungen ändert, wenn man zu einem Nicht-Inertialsystem wechselt. Es sei daran erinnert, dass diese Beziehungen bisher nur für ein Inertialsystem formuliert wurden. Es ist bekannt, dass die Bilanz des linearen Impulses zusätzliche Terme, die so genannten „Scheinkräfte", enthält, wenn der Rahmen des Beobachters nicht-inertial ist (vgl. Abschnitt 3.6.8). Daraus ergeben sich mehrere Fragen: Erstens, gibt es ein analoges Phänomen in der Elektrodynamik, zweitens, wie lautet das Transformationsgesetz zwischen Bezugssystemen, in denen die Maxwell-Gleichungen die Form behalten, die in den Kapiteln 5.1 und 5.2 vorgestellt wurde, drittens, wie sehen die Maxwell-Gleichungen in anderen Bezugssystemen aus und viertens, wie transformieren sich die verschiedenen Felder der Elektrodynamik bei beliebigem Beobachterwechsel?

Wir werden Antworten auf diese Fragen auf der Grundlage des Welttensorformalismus geben, der in Kapitel F des Handbuchartikels von Truesdell und Toupin [TT1960] vorgestellt wird. Allerdings gibt es dort mehrere Unzulänglichkeiten. Erstens wird der Welttensor- (oder Raum-Zeit-) Formalismus vollständig in Indexform dargestellt. Eine Alternative wäre die Verwendung des Exterieur-Tensor-Kalküls, das im Zusammenhang mit den Maxwell-Gleichungen beschrieben wird, z. B. in Kapitel 4 von [Tho1973]. Allerdings wird dort nicht zwischen den vier Feldern unterschieden und die Maxwell-Lorentz-Äther-Beziehungen werden nicht berücksichtigt. Zweitens bleibt unbeantwortet, ob es sich bei diesem Zugang wirklich um einen Beobachterwechsel handelt oder „nur" um eine Koordinatentransformation, auch wenn es sich um eine handelt, die gleichzeitig Raum und Zeit verändert. Der Unterschied zwischen einem Beobachterwechsel und einer reinen Koordinatentransformation wird für die klassische Kontinuumsmechanik zum Beispiel in [Iva2017] erläutert (siehe auch Abschnitt 2.4). Die Ausweitung auf elektromagnetische Phänomene bleibt zukünftigen Arbeiten vorbehalten.

Wir beginnen unsere Diskussion mit der Definition eines gemischten Welttensorobjekts $\boldsymbol{f}$, dessen Transformationsgesetz unter beliebigen Raum-Zeit-Koordinatentransformationen

$$x^{A'} = x^{A'}(x^B) \tag{5.71}$$

ist gegeben durch (bemerke auch die Ähnlichkeit zu Gleichung (3.186))

$$f^{M'N'\dots}_{\dots R'} = \left|\frac{\partial \boldsymbol{x}'}{\partial \boldsymbol{x}}\right|^{-w} \operatorname{sgn}\left(\frac{\partial \boldsymbol{x}'}{\partial \boldsymbol{x}}\right)^p \frac{\partial x^{M'}}{\partial x^M}\frac{\partial x^{N'}}{\partial x^N}\cdots\frac{\partial x^R}{\partial x^{R'}} f^{MN\dots}_{\dots R}\,. \tag{5.72}$$

Es sind einige Bemerkungen angebracht:

- Im Handbuch ist Gleichung (5.71) zunächst eine Koordinatentransformation eines n-dimensionalen Raumes. In Abschnitt 270 wird sie zu einer *4D-Raum-Zeit-Transformation.* Im Gegensatz zum Handbuch weisen wir in x^B der Zeit den Index $B = 0$ zu, d. h. $x^0 = ct$, und die übrigen drei Indizes $b \in (1,2,3)$ dem Raum. Außerdem ist die Wahl des Symbols $\boldsymbol{x}$ oder x^B ein unglücklicher Zufall und darf im Allgemeinen nicht mit kartesischen orthogonalen Koordinaten verwechselt werden. Auch die Darstellung in Gleichung (5.72) ist nicht notwendigerweise kartesisch gemeint, da sonst die Unterscheidung zwischen ko- und kontravarianten Indizes keinen Sinn machen würde. Andererseits werden im Folgenden häufig kartesische Koordinaten verwendet, wenn dies sinnvoll ist.
- Die positive oder negative Zahl w wird als das *Gewicht des Welttensors* bezeichnet. Die Zahl p kann die Werte 0 und 1 annehmen. Bestimmte Kombinationen der beiden Zahlen führen zu unterschiedlichen Bezeichnungen für den Tensor. In diesem Artikel sind die folgenden nützlich zu wissen: $p = 0$ und $w = 0$ nennt man einen absoluten Tensor. Der Fall $p = 0$, $w \neq 0$ wird als relativer Tensor des Gewichts w bezeichnet. Im Fall $p = 1$, $w \neq 0$ wird das Objekt $\boldsymbol{f}$ als *axial* oder *Pseudotensor* mit Gewicht w bezeichnet. Wenn nötig, werden weitere Klassifizierungen vorgenommen.

Im Rahmen der Nomenklatur in [TT1960] werden die elektrischen und magnetischen Felder, $\boldsymbol{E}$ und $\boldsymbol{B}$, in einem absoluten, kovarianten, vollständig antisymmetrischen Tensor vom Rang 2 oder 2-Vektor $\boldsymbol{\varphi}$, dem elektromagnetischen Feld, zusammengefasst, nämlich

$$\varphi_{AB} = \left[\begin{array}{c|c} 0 & -E_b/c \\ \hline E_a/c & \varepsilon_{abc}B^c \end{array}\right], \tag{5.73}$$

der sich folgendermaßen transformiert ($p = 0$, $w = 0$):

$$\varphi_{A'B'} = \frac{\partial x^A}{\partial x^{A'}}\frac{\partial x^B}{\partial x^{B'}}\varphi_{AB}\,. \tag{5.74}$$

Satz: *Viererschreibweise der Maxwell'schen Gleichungen – Kombination des Induktionsgesetzes und der Nichtexistenz magnetischer Ladungen*

Wenn wir den 4D-Levi-Civitá-Tensor wie folgt einführen:

$$\epsilon^{ABCD} = \begin{cases} +1 & \text{if } A,B,C,D = 0,1,2,3 \text{ und gerade Permutationen} \\ -1 & \text{if } A,B,C,D = 1,0,2,3 \text{ und ungerade Permutationen} \\ 0 & \text{sonst} \end{cases}, \tag{5.75}$$

der ein relativer kontravarianter Tensor ($p = 0, w = 1$) vom Rang 4 oder eine kontravariante 4-Vektordichte ist,

$$\varepsilon^{A'B'C'D'} = \left|\frac{\partial \boldsymbol{x}'}{\partial \boldsymbol{x}}\right|^{-1} \frac{\partial x^{A'}}{\partial x^A} \frac{\partial x^{B'}}{\partial x^B} \frac{\partial x^{C'}}{\partial x^C} \frac{\partial x^{D'}}{\partial x^D} \varepsilon^{ABCD}, \tag{5.76}$$

können wir die *Maxwell-Gleichungen für den elektromagnetischen Fluss*, also Gleichung (5.22) und Gleichung (5.4), die in einem Inertialsystem aufgestellt wurden, in folgender Form schreiben:

$$\varepsilon^{ABCD} \frac{\partial \varphi_{CD}}{\partial x^B} = 0. \tag{5.77}$$

Mehrere Kommentare sind fällig:

- Es ist schwierig zu entscheiden, ob die Differentiation bezüglich der Position in Gleichung (5.77) vom räumlichen oder vom materiellen Typ ist, wenn die Raum-Zeit-Notation verwendet wird. Es liegt nahe anzunehmen, dass eine räumliche Beschreibung verwendet werden sollte, da die beiden elektromagnetischen Felder, die in $\boldsymbol{\varphi}$ kombiniert sind, im Vakuum ohne Bezug zur Materie existieren können.
- Wenn Gleichung (5.77) erweitert wird, erscheinen die Maxwell-Gleichungen (5.22) und (5.4) in der Form $2\frac{\partial B^b}{\partial x^b} = 0$ und $-\frac{1}{2c}\left(\frac{\partial B^a}{\partial t} + \varepsilon^{abd}\frac{\partial E_d}{\partial x^b}\right) = 0$, was keine Rolle spielt, da die rechte Seite Null ist. Hinter dem Faktor 2 verbirgt sich ein tieferes Problem, das mit der Verwendung von Tensoren und ihren Dualen zusammenhängt, die z. B. in Truesdell-Toupin 1960, S. 661, eingeführt wurden. Wir werden hier jedoch nicht auf Einzelheiten eingehen.
- Wenn wir den Objekten $\boldsymbol{B}$ und $\boldsymbol{E}$ kontra- und kovariante Indizes zuordnen, folgen wir einem Vorschlag in [Kov2000], S. 34. Formal ist die Unterscheidung zwischen ko- und kontravarianten Lageindizes (bezeichnet durch kleine lateinische Buchstaben, a, b, etc.) letztlich irrelevant, da kartesische Lagekoordinaten gemeint sind. Sie sind jedoch nützlich, wenn sie im Zusammenhang mit Raum-Zeit-Indizes verwendet werden, die durch große lateinische Buchstaben, A, B, etc., gekennzeichnet sind. Außerdem führt diese Schreibweise zu einigen schönen Symmetrieeffekten. Eine ähnliche Bemerkung betrifft die Objekte $\boldsymbol{D}$ und $\boldsymbol{H}$ weiter unten.

Übungsaufgabe *Allgemeine Raum-Zeit-Transformationen und erster Satz der Maxwell-Gleichungen*

Konsultiere im Zusammenhang mit dem zuvor Gesagten Minkowskis berühmtes Buch Raum-Zeit-Materie [Min1920] und erläutere, was ihn veranlasste zu sagen: „Die Ansichten von Raum und Zeit, die ich Ihnen vorlegen möchte, sind dem Boden der Experimentalphysik entsprungen, und darin liegt ihre Stärke. Sie sind radikal. Fortan sind der Raum allein und die Zeit allein dazu verdammt, in bloße Schatten zu verblassen, und nur eine Art Vereinigung der beiden wird eine unabhängige Realität bewahren."

Bestätige durch Nachrechnen und Ausschreiben der Gleichung (5.77), dass sie in der Tat den ersten Satz an Maxwell-Gleichungen beinhaltet, also Gleichung (5.19) und Gleichung (5.23).

Gleichung (5.74), Gleichung (5.76) und Gleichung (5.77) können nun verwendet werden, um zu zeigen, dass die Erhaltung des magnetischen Flusses in allen Systemen gilt und die folgende Forminvarianz aufgestellt werden kann:

$$\varepsilon^{A'B'C'D'} \frac{\partial \varphi_{C'D'}}{\partial x^{B'}} = 0 . \tag{5.78}$$

Es ist wichtig zu beachten, dass in Gleichung (5.77) oder Gleichung (5.78) partielle und nicht kovariante Ableitungen auftreten (vgl. [Tra1962], S. 173, oder [Mue1985], S. 396). Dies ist charakteristisch für ein Erhaltungsgesetz: Der magnetische Fluss $\boldsymbol{\varphi}$ ist eine Erhaltungsgröße.

Wir kombinieren nun die Ladungsdichte q und den elektrischen Gesamtstrom $q\boldsymbol{v}+\boldsymbol{j}$ in einem Weltobjekt. In der Nomenklatur von [TT1960] ist der Ladungs-Strom-Vektor $\boldsymbol{\sigma}$ ein relativer ($p = 0, w \neq 0$) kontravarianter Tensor vom Rang 1 und Gewicht $+1$, auch bekannt als kontravariante 1-Vektordichte, die im Inertialsystem in kartesischen Koordinaten gelesen wird:

$$\sigma^A = \left[cq, qv^a + j^a\right] , \tag{5.79}$$

und die sich gemäß der folgenden Formel transformiert:

$$\sigma^{A'} = \left|\frac{\partial \boldsymbol{x}'}{\partial \boldsymbol{x}}\right|^{-1} \frac{\partial x^{A'}}{\partial x^A} \sigma^A . \tag{5.80}$$

Satz: *Viererschreibweise der Ladungserhaltung*

Somit kann die *Ladungserhaltung* Gleichung (5.38) *in Welttensorform* wie folgt ausgedrückt werden:

$$\frac{\partial \sigma^A}{\partial x^A} = 0 . \tag{5.81}$$

Übungsaufgabe *Allgemeine Raum-Zeit-Transformationen und Ladungsbilanz*

Bestätige durch Nachrechnen und Ausschreiben der Gleichung (5.81), dass sie in der Tat die Ladungsbilanz beinhaltet, also Gleichung (5.38).

Doch mit Hilfe von Gleichung (5.80) und der Identität

$$\frac{\partial}{\partial x^A} \left(\left|\frac{\partial \boldsymbol{x}'}{\partial \boldsymbol{x}}\right| \frac{\partial x^A}{\partial x^{A'}} \right) = 0 \tag{5.82}$$

können wir diese Gleichung sofort in ein beliebiges anderes Weltsystem (oder besser in beliebige andere Weltkoordinaten $x^{A'}$) transformieren:

$$0 = \frac{\partial \sigma^A}{\partial x^A} = \frac{\partial}{\partial x^A} \left(\left|\frac{\partial \boldsymbol{x}'}{\partial \boldsymbol{x}}\right| \frac{\partial x^A}{\partial x^{A'}} \sigma^{A'} \right) = \cdots = \left|\frac{\partial \boldsymbol{x}'}{\partial \boldsymbol{x}}\right| \frac{\partial \sigma^{A'}}{\partial x^{A'}} \quad \Rightarrow \quad \frac{\partial \sigma^{A'}}{\partial x^{A'}} = 0 . \tag{5.83}$$

Dies bestätigt die Forminvarianz des Ladungserhaltungssatzes, wenn er in Raum-Zeit-Notation geschrieben wird. Wir können sagen, dass sie in jedem Rahmen gültig ist und ihre konkrete Form spezifiziert werden kann, wenn die Raum-Zeit-Transformation Gleichung (5.71) zwischen einem Inertialrahmen und einem anderen, völlig willkürlich bewegten Rahmen detailliert ist. Man beachte, dass es wichtig war, dass in Gleichung (5.81) die partielle und nicht die kovariante Differenzierung verwendet wird. Wie bereits erwähnt, ist dies eine inhärente Eigenschaft der Raum-Zeit-Erhaltungssätze.

Satz: *Viererschreibweise und Kombination des Ampère-Øersted-Gesetzes mit dem Gauß'schen Gesetz*

Gleichung (5.81) ist erfüllt, wenn ein *antisymmetrische Ladungsstrompotential* $\boldsymbol{\eta}$ angesetzt wird:

$$\frac{\partial \eta^{AB}}{\partial x^B} = \sigma^A \quad \text{with} \quad \eta^{AB} = -\eta^{BA}. \tag{5.84}$$

In Anbetracht von Gleichung (5.80) und um die Forderung zu erfüllen, dass die tensoriellen Eigenschaften auf beiden Seiten der Tensor-Gleichung (5.84) dieselben sind, ist es erforderlich, dass η^{AB} sich wie ein kontravarianter relativer Tensor des Gewichts $w = +1$ transformiert, d. h. es ist eine kontravariante 2-Vektordichte:

$$\eta^{A'B'} = \left|\frac{\partial \boldsymbol{x}'}{\partial \boldsymbol{x}}\right|^{-1} \frac{\partial x^{A'}}{\partial x^A}\frac{\partial x^{B'}}{\partial x^B}\eta^{AB}. \tag{5.85}$$

Wenn wir nun setzen

$$\eta^{AB} = \left[\begin{array}{c|c} 0 & cD^b \\ \hline -cD^a & \varepsilon^{abc}H_c \end{array}\right], \tag{5.86}$$

ergibt sich der *zweite Satz der Maxwell-Gleichungen* (5.45) und (5.47) *in Welttensorform*. Die Forminvarianz unter beliebigen Transformationen lässt sich leicht zeigen, wenn wir die Gleichung (5.80), Gleichung (5.82) und Gleichung (5.85) beachten:

$$\frac{\partial \eta^{A'B'}}{\partial x^{B'}} = \sigma^{A'}. \tag{5.87}$$

Übungsaufgabe *Allgemeine Raum-Zeit-Transformationen und zweiter Satz der Maxwell-Gleichungen*

Bestätige durch Nachrechnen und Ausschreiben der Gleichung (5.84), dass sie in der Tat den zweiten Satz an Maxwell-Gleichungen beinhaltet, also Gleichung (5.45) und Gleichung (5.48).

5.4.2 Euklidische Transformationen und objektive Tensoren des Elektromagnetismus

Euklidische Transformationen

Sieht man von Transformationen in Bezugssystemen mit nicht rechtwinkligen Achsen und gekrümmten Koordinaten ab, so sind die allgemeinsten Transformationen zwischen zwei Rahmen S und S' in der klassischen Mechanik die *euklidischen Transformationen* in kartesischen Koordinaten, die zeitabhängige Rotationen und Translationen darstellen. Sie sind besonders relevant für die nicht-relativistische Materialtheorie und verdienen daher unsere besondere Aufmerksamkeit:

$$\begin{aligned} x^{0'} &= x^0 & \qquad & & x^0 &= x^{0'} \\ x^{a'} &= Q^{a'}_{.b}x^b + b^{a'} & & \Leftrightarrow & x^b &= Q^{.b}_{a'}\left(x^{a'} - b^{a'}\right). \end{aligned} \tag{5.88}$$

$Q^{a'}_{b}$ ist eine orthogonale Matrix ($Q^{a'}_{.c}Q^{.c}_{b'} = \delta^{a'}_{b'}$, $Q^{c'}_{.a}Q^{.b}_{c'} = \delta^{b}_{a}$, $\det \boldsymbol{Q} = \pm 1$), die die relative Drehung der Systemen darstellen, und $b^{a'}$ ist ein Vektor, der den translatorischen Abstand zwischen ihren Ursprüngen (von S' zu S) darstellt. Beide können zeitabhängig sein (siehe auch Abschnitt 2.4).

Daher

$$\begin{aligned}
\frac{\partial x^{A'}}{\partial x^{B}} &= \left[\begin{array}{c|c} 1 & 0 \\ \hline \dot{Q}^{a'}_{.b}x^{b} + \dot{b}^{a'} & Q^{a'}_{.b} \end{array}\right] = \left[\begin{array}{c|c} 1 & 0 \\ \hline \frac{w^{a'}}{c} & Q^{a'}_{.b} \end{array}\right], \\
\frac{\partial x^{B}}{\partial x^{A'}} &= \left[\begin{array}{c|c} 1 & 0 \\ \hline \dot{Q}^{.b}_{c'}\left(x^{c'} - b^{c'}\right) - Q^{.b}_{c'}\dot{b}^{c'} & Q^{.b}_{a'} \end{array}\right], \\
w^{a'} &= c\left[\Omega^{a'}_{c'}\left(x^{c'} - b^{c'}\right) + \dot{b}^{a'}\right], \quad \Omega^{a'}_{c'} = \dot{Q}^{a'}_{.b}Q^{.b}_{c'}.
\end{aligned} \tag{5.89}$$

Die Punkte beziehen sich auf eine Differentiation in Bezug auf $x^0 = ct$. Somit ist $w^{a'}$ die Relativgeschwindigkeit (Winkel- und Translationsgeschwindigkeit) und $c\Omega^{a'}_{c'}$ ist die antisymmetrische (d. h. $\dot{Q}^{a'}_{.b}Q^{.b}_{c'} = -\dot{Q}^{.b}_{c'}Q^{a'}_{.b}$) Matrix der Winkelgeschwindigkeit zwischen den Rahmen S und S'. Außerdem transformieren sich die Geschwindigkeit $\boldsymbol{v}$ und die Beschleunigung $\boldsymbol{a}$ nach

$$\begin{aligned}
v^{a'} &= Q^{a'}_{.b}v^{b} + w^{a'} \\
a^{a'} &= Q^{a'}_{.b}a^{b} + \underline{2c\Omega^{a'}_{c'}\left(v^{c'} - \dot{b}^{c'}\right) - c^2\Omega^{a'}_{b'}\Omega^{b'}_{c'}\left(x^{c'} - b^{c'}\right) + c^2\dot{\Omega}^{a'}_{c'}\left(x^{c'} - b^{c'}\right) + c^2\ddot{b}^{a'}}\,.
\end{aligned} \tag{5.90}$$

Genauer gesagt ist $-w^{a'}$ die Geschwindigkeit des Rahmens S' relativ zum Rahmen S. Die Terme mit $\boldsymbol{\Omega}$ stellen die Coriolis-, Zentrifugal- und Euler-Beschleunigungen dar. Nehmen wir an, dass S ein Inertialsystem ist. Dann sind die unterstrichenen Terme dafür verantwortlich, dass die Impulsbilanz im Rahmen S' nicht die gleiche Form hat. Diese *Trägheitsbeschleunigungen* führen, multipliziert mit der (negativen) Massendichte, zu „Scheinkräften". Die Impulsbilanz ist also unter euklidischen Transformationen nicht bezugssystemsunabhängig.

Wenn $\boldsymbol{Q}$ unabhängig von der Zeit ist ($\Rightarrow Q^{a'}_{.b}(\not{t})$, $\Omega^{a'}_{c'} = 0$) und $\boldsymbol{b}$ linear in der Zeit ist ($\Rightarrow c\dot{b}^{a'} = -V^{a'} = \text{const.}$), reduziert sich die euklidische auf die galileische Transformation:

$$x^{a'} = Q^{a'}_{.b}x^{b} - V^{a'}t\,, \quad v^{a'} = Q^{a'}_{.b}v^{b} - V^{a'}\,, \quad a^{a'} = Q^{a'}_{.b}a^{b}\,. \tag{5.91}$$

Daher ist die Impulsbilanz systemunabhängig in Bezug auf *Galilei-Transformationen.* Hier treten keine „fiktiven" Kräfte auf, und die Mechanik ist genau dieselbe wie im ursprünglichen Inertialsystem. Aus diesem Grund glaubte man vor dem Aufkommen der Elektrodynamik (der Periode der sogenannten „klassischen Physik"), dass die galileischen Systeme die Gruppe der Inertialsysteme definieren (siehe auch Gleichung (2.2)).

Übungsaufgabe *Galileische vs. euklidische Transformation*

Erläutere im Detail die Unterschiede zwischen Gleichung (5.88) und Gleichung (5.91). Fokussiere dabei auf die Annahmen, die nötig sind, um aus euklidischen Transformationen Galileitransformationen zu gewinnen. Welche in der Natur und Technik vorkommenden Bewegungsvorgänge lassen sich sinnvoll mit den jeweiligen Transformationen beschreiben?

Wir werden nun Gleichung (5.89) verwenden, um herauszufinden, wie die verschiedenen Felder der Elektrodynamik unter euklidischen Transformationen transformiert werden und ob sie auch Inertialterme enthalten.* Wenn letzteres nicht der Fall ist, werden wir der üblichen Nomenklatur der Kontinuumsmechanik folgen und sie als objektive oder euklidische Tensoren unterschiedlichen Ranges bezeichnen (siehe z. B. [Hut2007], S. 21, oder [EM12012], S. 16). Wir beginnen mit den elektromagnetischen Feldern $\boldsymbol{E}$ und $\boldsymbol{B}$. Wenn wir beachten, dass das räumliche 3D-Levi-Civitá-Symbol ein axialer euklidischer Tensor dritten Ranges ist,

$$\varepsilon^{a'b'c'} = \det \boldsymbol{Q}\, Q^{a'}_{.a} Q^{b'}_{.b} Q^{c'}_{.c} \varepsilon^{abc} , \tag{5.92}$$

und wenden die Transformation Gleichung $(5.89)_2$ auf Gleichung (5.74) und Gleichung (5.73) an:

$$\begin{aligned} B^{a'} &= \det \boldsymbol{Q}\, Q^{a'}_{.a} B^a \quad \text{(axial euklidischer Vektor)} , \\ E_{a'} &= Q^{.a}_{a'} \left(E_a - \varepsilon_{abc} Q^{.b}_{d'} w^{d'} B^c \right) \quad \text{(kein euklidischer Vektor)} . \end{aligned} \tag{5.93}$$

Wenn die Transformation der Geschwindigkeiten in Gleichung $(5.90)_1$ beachtet wird, kann die letzte Gleichung in folgende Form umgeschrieben werden:

$$E_{a'} + \varepsilon_{a'b'c'} v^{b'} B^{c'} = Q^{.a}_{a'} \left(E_a + \varepsilon_{abc} v^b B^c \right) \quad \Rightarrow \quad \mathfrak{E}_{a'} = Q^{.a}_{a'} \mathfrak{E}_a \quad \text{(euklidischer Vektor)} . \tag{5.94}$$

Das letzte Ergebnis war zu erwarten, da spezifische Kräfte euklidische Vektoren sein sollten.

Wir wenden uns nun dem Ladungs-Strom-Vektor in Gleichung (5.79) zu und finden durch Betrachtung des Transformationsgesetzes Gleichung (5.80) im Zusammenhang mit der euklidischen Transformation Gleichung $(5.89)_1$:

$$\begin{aligned} q' &= q \quad \text{(euklidischer Skalar)} , \\ q' v^{a'} + j^{a'} &= Q^{a'}_{.a} \left(q v^a + j^a \right) + q w^{a'} \quad \text{(kein euklidischer Vektor)} . \end{aligned} \tag{5.95}$$

Unter Beachtung des Transformationsgesetzes für die Geschwindigkeit in Gleichung $(5.90)_1$ ergibt sich, dass

$$j^{a'} = Q^{a'}_{.a} j^a \quad \text{(euklidischer Vektor)} . \tag{5.96}$$

Schließlich wenden wir uns dem Ladungs-Strom-Potential zu. Durch Kombination von Gleichung (5.85), Gleichung (5.86) mit Gleichung $(5.89)_1$ finden wir:

$$\begin{aligned} D^{a'} &= Q^{a'}_{.a} D^a \quad \text{(euklidischer Vektor)} , \\ H_{a'} &= \det \boldsymbol{Q}\, Q^{.a}_{a'} \left(H_a + \varepsilon_{abc} Q^{.b}_{d'} w^{d'} D^c \right) \quad \text{(kein axial euklidischer Vektor)} . \end{aligned} \tag{5.97}$$

Ähnlich wie bei Gleichung $(5.93)_2$ können wir jedoch das letzte Ergebnis umwandeln in:

$$H_{a'} - \varepsilon_{a'b'c'} v^{b'} D^{c'} = \det \boldsymbol{Q}\, Q^{.a}_{a'} \left(H_a - \varepsilon_{abc} v^b D^c \right) \quad \text{(axial euklidischer Vektor)} . \tag{5.98}$$

Übungsaufgabe

Transformation der elektromagnetischen Felder in ein euklidisches System

Es gilt die in Gleichung (5.93) bis Gleichung (5.98) gezeigten Transformationsformeln zu beweisen. Der beste Weg ist hierbei vom Welttensorformalismus Gebrauch zu ma-

* Intuitive Argumente, welche Felder des Elektromagnetismus polarer oder axialer Natur und euklidisch sein sollten oder nicht, finden sich in Abschnitt 13 von [Mue1985].

chen. Beachte also die Gleichung (5.89) und setze dies in Gleichung (5.74), Gleichung (5.85) in und Gleichung (5.80) ein. Versuche an einem regnerischen Tag auch nur in 3D zu arbeiten, und transformiere aus den lokalen Maxwell-Gleichungen im Inertialsystem mit Hilfe von Gleichung (5.88) und Gleichung (5.92) in das euklidische System hinein. Lerne durch Schmerz beim Rechnen so den Vorteil des Welttensorformalismus schätzen.

5.4.3 The Maxwell-Lorentz-Äther-Beziehungen und die Lorentz-Transformationen

Im Abschnitt 5.4.1 haben wir gelernt, dass die Maxwell-Gleichungen (5.77) und (5.84) forminvariant* unter allen Raum-Zeit-Transformationen einschließlich euklidischer und galileischer Transformationen sind. Dies ist überraschend, da wir oft hören, dass die Maxwell-Gleichungen nur unter *Lorentz-Transformationen* forminvariant sind. Die Lösung dieses Rätsels liegt in der Tatsache verborgen, dass wir bisher streng zwischen zwei Gruppen elektrischer und magnetischer Felder, $(\boldsymbol{E}, \boldsymbol{D})$ und $(\boldsymbol{B}, \boldsymbol{H})$, unterschieden und sie noch nicht miteinander verbunden haben. Die Verbindung wird mit Hilfe der Maxwell-Lorentz-Äther-Beziehungen Gleichung (5.67) erreicht. Es wurde jedoch bereits darauf hingewiesen, dass diese nur in einem Inertialsystem gelten. Betrachtet man die komplizierten Transformationsregeln für das elektrische Feld $\boldsymbol{E}$ und für das Strompotential $\boldsymbol{H}$, die beide unter euklidischer Transformation nicht-objektiv sind, so muss man vermuten, dass die einfache Proportionalität der Felder nach den Maxwell-Lorentz-Äther-Relationen nicht mehr gilt, wenn man zu einem bewegten System wechselt. Dies wollen wir im Detail untersuchen. Zu diesem Zweck schreiben wir die Maxwell-Lorentz-Äther-Relationen Gleichung (5.67) in Raum-Zeit-Notation um. Im Folgenden werden wir uns im Wesentlichen an die Abschnitte 280–282 des Handbuchs [TT1960] halten, mit leichten Abweichungen in der Nomenklatur.

Um die Äther-Beziehungen mit den Welttensoren $\boldsymbol{\eta}$ und $\boldsymbol{\varphi}$ auszudrücken, die in den Gleichungen definiert wurden. Gleichung (5.73) und Gleichung (5.86) definiert wurden, schreiben wir

$$\eta^{AB} = \sqrt{\frac{\epsilon_0}{\mu_0}}\Gamma^{AC}\Gamma^{BD}\varphi_{CD}\,, \tag{5.99}$$

wo die Wahl

$$\Gamma^{AB} = \sqrt{c}\begin{bmatrix} -1/c^2 & 0 \\ 0 & \delta^{ab} \end{bmatrix} \tag{5.100}$$

die Äther-Beziehungen Gleichung (5.67) im anfänglichen Inertialsystem des Labors erfüllt. $\boldsymbol{\Gamma}$ ist ein relativer kontravarianter Welttensor mit dem Gewicht $w = +1/2$ und gehorcht der folgenden Transformationsregel in ein anderes System:

$$\Gamma^{A'B'} = \left|\frac{\partial \boldsymbol{x}'}{\partial \boldsymbol{x}}\right|^{-\frac{1}{2}} \frac{\partial x^{A'}}{\partial x^A}\frac{\partial x^{B'}}{\partial x^B}\Gamma^{AB}\,. \tag{5.101}$$

* Die Begriffe „Forminvarianz“ oder „allgemeine Kovarianz“ ersetzen die aus der rationalen Kontinuumstheorie bekannten Begriffe „frame indifference“ und „Objektivität“. Weitere Einzelheiten zu ihrer Bedeutung finden sich in [Wik22022] und [Sve1999].

Durch diese Wahl haben wir sichergestellt, dass die Beziehung Gleichung (5.99) tatsächlich eine Tensorgleichung ist, da $\boldsymbol{\eta}$ als kontravariante 2-Vektordichte mit dem Gewicht $w = +1$ eingeführt wurde, während $\boldsymbol{\varphi}$ nur ein 2-Vektor war.

Nun wird es möglich, die Transformation $x^{A'} = x^{A'}(x^B)$ zu allen anderen *Inertialrahmen* zu finden, für die per Definition die Maxwell-Lorentz-Äther-Beziehungen die einfache Form aus Gleichung (5.67) behalten:

$$\begin{bmatrix} -1/c^2 & 0 \\ 0 & \delta^{a'b'} \end{bmatrix} = \left|\frac{\partial \boldsymbol{x}'}{\partial \boldsymbol{x}}\right|^{-\frac{1}{2}} \frac{\partial x^{A'}}{\partial x^A}\frac{\partial x^{B'}}{\partial x^B} \begin{bmatrix} -1/c^2 & 0 \\ 0 & \delta^{ab} \end{bmatrix} . \tag{5.102}$$

In [TT1960], S. 682 wird nun argumentiert, dass diese Beziehungen $x^{A'} = \bar{x}^{A'}(x^B)$ zwischen Inertialsystemen linear sein müssen.

Satz: *Lorentztransformationen*

Ihre allgemeine Form lautet:

$$x^{0'} = \gamma\left(x^0 - \frac{V_r}{c}x^r\right), \; x^{a'} = Q^{a'}_{\cdot b}\left[\left(\delta^b_c + (\gamma - 1)\frac{V^b V_c}{\boldsymbol{V}^2}\right)x^c - \gamma\frac{V^b}{c}x^0\right], \tag{5.103}$$

wobei $\gamma = 1/\sqrt{1 - V^2/c^2}$. Wie in Gleichung (5.91) ist $\boldsymbol{V}$ die konstante Geschwindigkeit, um die sich der Ursprung von S' vom Ursprung von S entfernt. Sie wird als *Lorentz-Boost-Geschwindigkeit* bezeichnet. Gleichung (5.103) sind die Lorentz-Transformationen. Sie sorgen dafür, dass die Maxwell-Lorentz-Äther-Beziehungen einfach bleiben.

Dies bedeutet nun, dass, wenn wir $\boldsymbol{D}$ durch $\epsilon_0 \boldsymbol{E}$ und $\boldsymbol{H}$ durch $\boldsymbol{B}/\mu_0$ in Gleichung (5.44) und Gleichung (5.47) ersetzen wollen, so dürfen wir das tun, aber wir müssen einen Preis dafür zahlen: Die resultierenden Maxwell-Gleichungen sind dann nur in Lorentz-Rahmen gültig. Man beachte, dass für $|\boldsymbol{V}| << c$ die Galilei-Transformation aus Gleichung (5.103) resultiert. Wir können abschließend sagen, dass die Klasse der Lorentz-Systeme die Inertialsysteme der „modernen" Physik sind und die Galilei-Transformationen der „klassischen Physik" ersetzen.

Übungsaufgabe *Lorentztransformationen in allgemeiner und spezieller Form*

Zeige durch Einsetzen, dass Gleichung (5.103) die für die Invarianz der Äther-Beziehungen notwendigen Transformationsformeln aus Gleichung (5.102) erfüllen. Beachte dabei die Orthogonalität der Drehmatrizen. Spezialisiere Gleichung (5.102) auf den Fall verschwindender Drehung und Boost in x^1-Richtung, um die einfache Form der Lorentztransformation zu erhalten, wie man sie in Lehrbüchern bei der Einführung in die spezielle Relativitätstheorie findet (siehe etwa [Som2001], S. 209).

Literaturvergleich

Die Physikliteratur ist sehr enthusiastisch, wenn es um den Welttensorformalismus der Elektrodynamik geht, auch wenn die meisten Bücher weniger stringent und präzise sind als das Handbook. In der Tat ist diese Beschreibung für Physiker sehr stark mit der (allgemeinen) Relativitätstheorie und den Lorentz-Transformationen verbunden. Sie erkennen nicht den Aspekt, dass z. B. Welttensoren auch Änderungen zwischen galileischen und euklidischen Bezugssystemen umfassen. Für sie wäre eine solche Assoziation schlichtweg fehlerhaft. In Kapitel 25, S. 25–27 von [Fey1964] stellt Feynman das Ladungsgleichgewicht in „four-vector notation" dar, d. h. im Wesentlichen Gleichung (5.81). Es wird erwähnt, dass diese Kombination „is an invariant scalar, if it is zero in one frame it is zero in all frames." Wir könnten ihm den Vorteil des Zweifels geben, dass er meint, was er sagt, und dass er nicht nur an Lorentz-Rahmen denkt. Ein Blick darauf, wie das Gauß'sche Gesetz Gleichung (5.44) und die Ampère-Øersted-Relation Gleichung (5.47) auf S. 25–29 behandelt werden, zeigt jedoch deutlich, dass er Lorentz-Transformationen im Sinn hat, denn der Faktor ϵ_0 taucht auf. Andererseits wird die polare und axiale Natur von $\boldsymbol{E}$ und $\boldsymbol{B}$ ohne Verwendung von Vierervektoren erklärt, S. 12–13.

Landau und Lifshitz [LL1987] setzen den Vier-Vektoren-Formalismus von Anfang an ein und beziehen sich dabei immer auf Lorentz-Transformationen. Es gibt nur einen elektromagnetischen Feldtensor (S. 65) und die Unterscheidung zwischen η^{AB} und φ_{AB} wird nicht getroffen. In der ko- und in der kontravarianten Form dieses Tensors erscheinen die gleichen Symbole, und ϵ_0, μ_0 oder c erscheinen nicht, weil Gauß'sche Einheiten verwendet werden. Das macht es unmöglich, klar zu verstehen, in welchen Rahmen die 4D-Maxwell-Gesetze wirklich gelten. Offensichtlich in Lorentz-Rahmen, was zutrifft, wenn man die Gültigkeit der einfachen Maxwell-Lorentz-Äther-Beziehungen annimmt. Der Erhaltungssatz des magnetischen Flusses Gleichung (5.77) erscheint auf S. 71, der Erhaltungssatz der Ladung Gleichung (5.81) auf S. 77, und die Potentialbeziehung Gleichung (5.84), wenn sie mit den Maxwell-Lorentz-Äther-Relationen in einem Lorentz-System ausgewertet wird, auf S. 79.

Jackson [Jac1999] erörtert die Welttensornotation in Kapitel 11 mit dem Titel „Special Theory of Relativity". Es überrascht nicht, dass für η^{AB} und φ_{AB} das gleiche Symbol verwendet wird. Genau wie bei Landau und Lifshitz erfolgt die Darstellung in Gauß'schen Einheiten. Die Transformation der elektromagnetischen Felder beschränkt sich auf Lorentz-Transformationen, Abschnitt 10.10.

In der 1957 erschienenen Ausgabe des Buches von Becker [Bec1957] werden in § 81 die elektrodynamischen Feldgleichungen in Welttensorform eingeführt. Eine Vier-Vektoren-Gleichung für die Ladungserhaltung findet sich auf S. 240, interessanterweise nur für den konvektiven Transport von Ladung. Dies könnte darauf zurückzuführen sein, dass man die Lorentz-Transformation für Geschwindigkeit und Zeit verwenden möchte, was auf S. 241 erläutert wird. Außerdem wird die imaginäre Konstante verwendet, um das Konzept des 4D-Metrik-Tensors zu vermeiden. Auf S. 241 finden wir eine Analogie zur Definition des elektromagnetischen Feldtensors $\boldsymbol{\varphi}$ aus Gleichung (5.73). Es wird jedoch deutlich, dass keine Unterscheidung zwischen den beiden elektrischen und den beiden magnetischen Feldern gemacht wird, wenn die beiden Sätze der Maxwell-Gleichungen (5.77) und (5.84) auf S. 242 vorgestellt werden, wo derselbe Welttensor für beide verwendet wird. Es ist zu beachten, dass Gleichung (5.77) in folgender alternativen Form dargestellt wird:

$$\frac{\partial\varphi_{AB}}{\partial x^C}+\frac{\partial\varphi_{CA}}{\partial x^B}+\frac{\partial\varphi_{BC}}{\partial x^A}\,. \tag{5.104}$$

Übungsaufgabe *Alternativform des Faradaygesetzes und der Nichtexistenz magnetischer Monopole*

Beweise durch Nachrechnen die Äquivalenz von Gleichung (5.77) und Gleichung (5.104).

Literaturvergleich

Die Ausgabe von 1972 dieses Buches ist für einige Überraschungen gut: Die Erhaltung des Vier-Vektoren-Stroms wird ohne die imaginäre Einheit auf S. 236 mit einem Strom dargestellt, der den konvektiven und nicht-konvektiven Teil nicht angibt. Auf den Unterschied zwischen diesen beiden Stromarten wird in 11.2 näher eingegangen. Es ist bemerkenswert, dass Becker seine Diskussion im Ruhezustand der Materie beginnt, so dass der konvektive Teil des Stroms verschwindet. Dies ist insofern problematisch, als ein „Ruhezustand" streng genommen nicht unbedingt ein Inertialsystem ist. Ein momentanes lokales Lorentz-Ruhesystem wäre die richtige Bezeichnung. Außerdem werden zwei Welttensoren eingeführt, einer analog zu $\boldsymbol{\varphi}$ Gleichung (5.73) mit $\boldsymbol{E}$ und $\boldsymbol{B}$ auf S. 236 und ein analog zu $\boldsymbol{\eta}$ Gleichung (5.86) mit $\boldsymbol{D}$ und $\boldsymbol{H}$ auf S. 237. Die beiden Sätze der Maxwell-Gleichungen (5.104) und (5.84) folgen korrekt in Weltvektorform auf derselben Seite. Unmittelbar danach heißt es dann: „Sie [die Maxwell-Gleichungen] vereinfachen sich noch weiter für den Fall des Vakuums", gefolgt von den Maxwell-Lorentz-Äther-Beziehungen (im Wesentlichen in Weltvektorform Gleichung (5.99)), ohne sie so zu nennen. Wir wollen dies alles wie folgt interpretieren: Das „Vakuum" ist gleichbedeutend mit dem „Äther", „Vakuum-Bezugsrahmen" gehen aus einander mittels einer Lorentz-Transformation hervor und schließlich ist in einem Lorentz-System der Äther in Ruhe.*

Wie zu erwarten, ist die Elektrodynamik und ihre Invarianz in der Raumzeit ebenfalls ein wichtiges Thema in allen Büchern über die (allgemeine) Relativitätstheorie. Weinberg unterscheidet nicht zwischen dem elektromagnetischen Feld und den Potentialwelttensoren, $\boldsymbol{\varphi}$ bzw. $\boldsymbol{\eta}$ ([Wei1972], Kapitel 7, S. 41 und S. 127). Stattdessen werden die Felder $\boldsymbol{E}$ und $\boldsymbol{B}$ in einem Welttensor zusammengefasst, der verwendet wird, um die Erhaltung des magnetischen Flusses und die Erhaltung der Ladung in Vier-Vektor-Notation zu formulieren, ähnlich wie bei Gleichung (5.77) und Gleichung (5.84). Die Maxwell-Lorentz-Äther-Relationen tauchen indirekt auf S. 42 auf, wo die Lorentz-Metrik (hier nicht eingeführt, aber mit den Äther-Relationen verwendet) verwendet wird, um von ko- zu kontravarianten Indizes zu wechseln, mit anderen Worten, um zwischen φ_{AB} und η^{AB} zu wechseln.

---

* In Anbetracht der Tatsache, dass die Klasse der Lorentz-Systeme die Konstanz der Lichtgeschwindigkeit bewahrt (siehe auch [Mue1985], S. 376ff, wo dieser Ansatz mit der Idee verglichen wird, dass die Invarianz der Äther-Relationen die Klasse der Lorentz-Systeme definiert), weist das folgende Zitat von Sommerfeld [Som2001], S. 235 in die gleiche Richtung: „Die Konstanz der Lichtgeschwindigkeit ist das einzige noch heute berechtigte *Residuum der Äther-Vorstellung.* Wollten wir heutzutage vom Äther sprechen, so müßten wir jedem Bezugssystem seinen besonderen Äther zubilligen, also z. B. von einem gestrichenen und ungestrichenen Äther sprechen."

Misner und Autoren ([Tho1973], S. 80) teilen diese Sichtweise. Es sollte erwähnt werden, dass sie den Elektromagnetismus auch alternativ in Form von *äußeren Differentialformen* darstellen. In der Tat ist die letztere Schreibweise in der modernen relativistischen und Kontinuumsliteratur sehr beliebt. Dieser Kalkül wird im vorliegenden Buch nicht weiter erläutert. Weitere Information findet man in [Thi1978], [Thi1990] (letzteres mit verschiedenen Schreibweisen der Maxwell-Gleichungen zu verschiedenen Zeiten in der Geschichte in der Tabelle auf S. 29), [Von1978], S. 179, [Seg2016]). Die Verwendung dieser Notation ist jedoch nicht reiner Selbstzweck. Sie scheint aus dem wachsenden Bewusstsein zu stammen, dass die Maxwell-Gleichungen und die Äther-Relationen einen unterschiedlichen Status haben und zwei Sätze von Feldern verwendet werden müssen. Zum Beispiel lesen wir in [Heh2000] oder [Heh2005] „In this sense, the Maxwell equations are "more universal" than the Maxwell-Lorentz spacetime relations[= die Äther-Relationen]. The latter ones are notcompletely untouchable. We may consider (6.1) [= die Äther-Relationen] as constitutive relations for spacetime itself.“ Eine ähnliche Haltung wird in [Sch1968], Kapitel IV, § 4, vertreten, wo die beiden Welttensoren $\boldsymbol{\varphi}$ und $\boldsymbol{\eta}$ durch „electromagnetic constitutive equations“ zueinander in Beziehung gesetzt werden und nur „in the vacuum“ gleich sind (S. 390). Diese Gesichtspunkte werden im Abschnitt 5.5 wieder aufgegriffen, wenn wir kurz die Frage der konstitutiven Gleichungen im Elektromagnetismus diskutieren.

Wenden wir uns nun der Literatur zur Kontinuumsmechanik zu. Nach Meinung der Autoren dieses Buches ist Toupins Artikel Kapitel F [TT1960] die maßgebliche Referenz, wenn es um den Weltvektorformalismus der Elektrodynamik geht. Es sollte erwähnt werden, dass die Frage, welche Größen der Elektrodynamik als euklidische oder „objektive“ Tensoren angesehen werden können, auf S. 684* argumentierte, dass sich dieser Teil des *Prinzips der materiellen Objektivität* ([Hut2007], S. 21) zum Zeitpunkt der Abfassung des Artikels noch im Entwicklungsstadium befand.

In dieser Frage gehen die Bücher von Müller weit über die ursprüngliche Referenz hinaus ([Mue1973], S. 118 und [Mue1985], § 9.6) und geben eine vollständige Darstellung aller objektiven und nicht-objektiven Größen von Elektromagnetismus unter euklidischen Transformationen. So weit gehen die Bücher von Kovetz nicht, obwohl sie im Geiste der rationalen Elektrodynamik geschrieben sind. Sie beschränken sich ohne Angabe von Gründen auf Galilei'sche Transformationen, obwohl sie Galilei'sche Transformationen in den Kontext der Raumzeit einbetten ([Kov1990], S. 5, [Kov2000], S. 22).

Hutter und Mitautoren [Hut2007] sind erfrischend ehrlich, wenn sie objektive euklidische elektromagnetische Vektoren auf S. 23 vorstellen und auf S. 24 sagen „Based on the properties (2.5.12) [= Euclidean vectors] we may then request as is done classically, that the material response be invariant under the Euclidian group. This is an approximation, because the Maxwell equations can never be rendered Lorentz invariant this way.“ Das ist sehr richtig, denn in einer konstitutiven Theorie, die auf euklidischen

* „The 3-dimensional form of the law of conservation of charge and the charge and current equations taking into account a surface distribution of charge and current can be obtained from the world invariant equations (283.2) and (283.6) by introducing a Euclidean frame. The resulting equations have an interesting but complicated structure; Since we do not make use of these equations here, we leave to the reader the task of deriving them.“

Tensoren basiert, müssten wir im euklidischen System Äther-Relationen einer komplizierteren Form verwenden:*

$$\boldsymbol{D} = \epsilon_0 (\boldsymbol{E} + \boldsymbol{w} \times \boldsymbol{B}) \,, \quad \boldsymbol{B} = \mu_0 (\boldsymbol{H} - \boldsymbol{w} \times \boldsymbol{D}) \,. \tag{5.105}$$

Interessant ist, dass die rechte Seite aus Ausdrücken besteht, die den objektiven Größen aus Gleichung (5.94) und Gleichung (5.98) ähnlich sind, wenn man dort die Materialgeschwindigkeit $\boldsymbol{v}$ durch die „Rahmengeschwindigkeit" $\boldsymbol{w} = \boldsymbol{\Omega} \cdot (\boldsymbol{x}' - \boldsymbol{b}) + \dot{\boldsymbol{b}}$ ersetzt.

Übungsaufgabe *Maxwell-Lorentz-Äther-Relationen im euklidischen System*

Starte von den Maxwell-Lorentz-Äther-Relationen im Inertialrahmen nach Gleichung (5.67) und transformiere sie unter Beachtung von Gleichung (5.89) in einen euklidischen Rahmen, um die Gültigkeit von Gleichung (5.105) zu beweisen. Arbeite mit dem Welttensorformalismus, d. h. beachte, dass Gleichung (5.99) eine Welttensorbeziehung ist, die in gleicher Form im euklidischen System gilt.

Literaturvergleich

Diese Beziehungen in SI-Einheiten zu schreiben, hat den Nachteil, dass es unklar bleibt, ob die Unterschiede zu Gleichung (5.67) klein oder groß sind. Es zeigt nur, dass es Unterschiede gibt, die, wenn die Beziehungen eingefügt werden, die Beobachterunabhängigkeit des zweiten Satzes der Maxwell-Gleichungen (5.44) und (5.47) zerstören. Diese enthalten dann plötzlich systemabhängige Terme. Eine andere Möglichkeit ist die Verwendung von Gauß- oder Heaviside-Lorentz-Einheiten. Wenn wir Gleichung (5.69) beachten, dann lautet Gleichung (5.105):

$$\boldsymbol{D} = \boldsymbol{E} + \frac{\boldsymbol{w}}{c} \times \boldsymbol{B} \,, \quad \boldsymbol{B} = \boldsymbol{H} - \frac{\boldsymbol{w}}{c} \times \boldsymbol{D} \,, \tag{5.106}$$

was ein besseres Gefühl für die Größe der Korrekturen vermittelt. In diesem Zusammenhang sei auch daran erinnert, dass alle elektromagnetischen Felder in Gauß- oder Heaviside-Lorentz-Einheiten kommensurabel sind.

Betrachten wir nun die Arbeit von Eringen und Maugin, insbesondere den ersten Band [EM12012]. Hier wird der Begriff Maxwell-Lorentz-Relationen überhaupt nicht verwendet. Ähnlich wie bei Kovetz wird in Abschnitt 3.4 die Invarianz der Maxwell-Gleichungen bei Galilei-Transformation untersucht. Die Autoren betonen auf S. 54, dass alle ihre Transformationsgesetze für die elektromagnetischen Felder nicht-relativistisch sind, und dies ist verständlich, da der Vierwektorformalismus im ersten Band überhaupt nicht erwähnt wird. Interessanterweise basiert das auf dem Prinzip der Forminvarianz unter euklidischen Transformationen, wenn später eine phänomenologische konstitutive Theorie entwickelt wird (siehe S. 136). Auf S. 137 lesen wir: „Presently, no proof of contradiction to the applicability of (5.4.7) [= die euklidische Transformation]." Zusammenfassend scheint es nur fair, Hutter und Mitautoren zu folgen [Hut2007], S. 24 und diese Arbeit unter nicht-relativistische Theorien einzuordnen.

* Anders als in Abschnitt 5.4.2 wurde der Drei-Vektor-Begriff verwendet und nicht zwischen ko- und kontravarianten Komponenten unterschieden, um einen einfachen Vergleich mit Gleichung (5.67) zu ermöglichen.

In Kapitel 15 des zweiten Bandes [EM22012] wird der Welttensorformalismus vorgestellt. In Abschnitt 15.4, S. 729 erscheinen die beiden Welttensoren $\boldsymbol{\varphi}$ und $\boldsymbol{\eta}$ scheinbar in Indexformulierung. Die Darstellung der beiden Autoren ist jedoch schwer zu verstehen, da Begriffe wie „Galilean formulation“, „inertial frame (laboratory frame)“, „co-moving frame“ und „Lorentz-transformations“ in schnellem Wechsel verwendet und nicht klar unterschieden werden. Kurzum, es fehlt die Klarheit des Handbuchs, das interessanterweise nur als Verweis auf den Kinematikteil in Abschnitt 15.3 dieses Kapitels erwähnt wird.

Schließlich finden sich in [Zhi1993] und in dem Buch [Zhi2012] von Zhilin einige Kommentare zu den Transformationseigenschaften der elektromagnetischen Felder. Zum Beispiel wird auf S. 351 des Buches ein Axiom bezüglich der Natur des magnetischen und des elektrischen Feldes vorgestellt, das besagt, dass $\boldsymbol{B}$ von axialer und $\boldsymbol{E}$ von polarer Natur ist, was in Übereinstimmung mit Gleichung $(5.93)_1$ und Gleichung (5.94) ist. Zhilin verbindet das Axiom mit dem Namen von Hertz. Man kann sagen, dass in seinem Gesamtwerk, insbesondere in den Abhandlungen zur Elektrodynamik, [Her1894], kein direkter Hinweis auf diese Frage zu finden ist. In der Tat macht Hertz keinen wirklichen Gebrauch vom Konzept der Vektoren, obwohl er in der Einleitung auf die Arbeit von Heaviside verweist, in der das Vektorkonzept des Elektromagnetismus in Perfektion verwendet wird. [Hea1894]

In dem Buch von Abraham [AF1907] finden wir jedoch einige Hinweise darauf, dass Maxwell bereits darüber nachgedacht haben könnte: „... doch hat die Entwicklung der Wissenschaft die Vermutung Maxwells bestätigt, daßdie magnetischen Vektoren axialer, die elektrischen polarer Art sind.“ ([AF1907], S. 24) und „Da der Vektor $\mathfrak{K}$ [= Kraftvektor] polar ist, so sind über die Natur des Skalars e [= elektrische Ladung] und des Vektors $\mathfrak{E}$ [= elektrischer Feldvektor] nur zwei Annahmen möglich. Entweder e ist ein eigentlicher Skalar und $\mathfrak{E}$ ein polarer Vektor, oder e ist ein Pseudoskalar und $\mathfrak{E}$ ein axialer Vektor. Wir wollen uns jetzt schon für die erstere Annahme entscheiden, indem wir die elektrische Ladung als Skalar im eigentlichen Sinne betrachten.“ ([AF1907], S. 128). Tatsächlich steht die letztgenannte Aussage im Widerspruch zum Handbuch [TT1960], wo es auf S. 666 in einer Fußnote heißt: „Our reasons for assuming that the charge transforms as an axial scalar instead of an absolute scalar will be explained in Section 283.“ In diesem Abschnitt kann jedoch keine Erklärung gefunden werden. Andererseits war es uns nicht möglich, Abrahams Aussage direkt mit der veröffentlichten Arbeit von Maxwell zu bestätigen. Wir können nur Folgendes sagen: In Abschnitt 23 von [Max1873] betrachtet Maxwell „Right-handed and left-handed relations in space.“ Unter anderem spricht er über die Vorzeichenumkehr für orientierte Flächen- und Volumenelemente. Nach [Ich2009] sind wir versucht zu folgern: „He [= Maxwell] considered $\boldsymbol{E}$ and $\boldsymbol{H}$ as quantities defined with respect to a line, and $\boldsymbol{D}$ and $\boldsymbol{B}$ as quantities defined with respect to a plane ... This suggests that Maxwell himself thought of $\boldsymbol{E}$ and $\boldsymbol{H}$ as polar vectors and $\boldsymbol{D}$ and $\boldsymbol{B}$ as axial vectors.“*

Dann erwähnen die Herausgeber von Zhilins Buch in einer Fußnote auf S. 351: „Man erinnere sich, dass im sechsten Kapitel ein Modell des elektromagnetischen Feldes

* Maxwells Kampf um die richtigen Gleichungen wurde kürzlich sehr schön in [Lon2015] beschrieben, wo auch der Ursprung des Wortes „curl“ erklärt wird.

vorgeschlagen wurde, nach dem der elektrische Feldvektor als axialer Vektor und der magnetische Feldvektor als polarer Vektor interpretiert werden sollte. (Anm. d. Red.)“ Es wird jedoch nicht erklärt, welche Wahl angemessener ist. Es muss auch darauf hingewiesen werden, dass nach Gleichung (5.94) und Gleichung (5.93) die elektromotorische Kraft $\mathfrak{E}$ und nicht das elektrische Feld $\boldsymbol{E}$ die objektive Größe ist. Dennoch verwendet Zhilin, nachdem er das Axiom vorgeschlagen hat, die Objektivität für $\boldsymbol{E}$ für die Transformation der Maxwell-Gleichungen (S. 349 und S. 352), in denen eine totale Zeitableitung verwendet wird. In der Tat haben wir in Gleichung (5.35) für die konvektive Zeitableitung gesehen, dass es möglich sein könnte, den Rotorterm $\boldsymbol{v} \times \boldsymbol{B}$ zu extrahieren, der in Gleichung (5.94) benötigt wird. In Abschnitt 5.7 wird eine mögliche Lösung für dieses Rätsel vorgeschlagen. Weitere Informationen und Referenzen zu Zhilins Arbeit über die Invarianzeigenschaften der Maxwell-Gleichungen finden sich in [Alt2009].

5.5 Polarisation und Magnetisierung

5.5.1 Additive Zerlegung von Ladungs- und Stromdichten

Eine vollständige Darstellung der konstitutiven Gleichungen des Elektromagnetismus, insbesondere in Verbindung mit der Thermomechanik, würde den Rahmen dieses Buches sprengen. Daher soll es genügen, Polarisation und Magnetisierung auf rationale Weise einzuführen. Wir werden Argumente aus dem Handbuch [TT1960], Abschnitt 283 verwenden. Wir beginnen mit einem wichtigen Zitat: „... charge and current are the fundamental entities while polarization and magnetization are simply auxiliary fields introduced as mathematical devices providing a convenient description of special distributions of charge and current in special types of materials. This may be called the principle of Ampère and Lorentz ...“ In diesem Sinne zerlegen wir die Ladung und den Strom innerhalb eines Materialvolumens $v(t)$ und über einer offenen Materialoberfläche $a(t)$ wie folgt:*

$$\begin{aligned} \int\limits_{v(t)} q \, \mathrm{d}v &= \int\limits_{v(t)} q^{\mathrm{f}} \, \mathrm{d}v - \oint\limits_{\partial v(t)} \boldsymbol{P} \cdot \boldsymbol{n} \, \mathrm{d}a, \\ \int\limits_{a(t)} \boldsymbol{j} \cdot \boldsymbol{n} \, \mathrm{d}a &= \int\limits_{a(t)} \boldsymbol{j}^{\mathrm{f}} \cdot \boldsymbol{n} \, \mathrm{d}a + \frac{\mathrm{d}}{\mathrm{d}t} \int\limits_{a(t)} \boldsymbol{P} \cdot \boldsymbol{n} \, \mathrm{d}a + \oint\limits_{\partial a(t)} \boldsymbol{M} \cdot \boldsymbol{\tau} \, \mathrm{d}l. \end{aligned} \tag{5.107}$$

Wir bezeichnen q^{f} als die Dichte der freien (d. h. realen oder echten) Ladungen. $\boldsymbol{P}$ ist der Polarisationsvektor und durch Anwendung des Gauß'schen Satzes können wir unmittelbar schließen, dass

$$q^{\mathrm{p}} = -\nabla \cdot \boldsymbol{P} \tag{5.108}$$

ist die polarisierte (auch induzierte) Ladungsdichte. Der Name rührt daher, dass durch ein äußeres $\boldsymbol{E}$-Feld, das ein Kraftfeld ist, eine Ladungsverschiebung innerhalb der zuvor elektrisch

* Es ist möglich, alle Argumente auf offene Kontrollvolumina v^{s} und offene Kontrolloberflächen a^{s} zu erweitern. Da es in diesem Abschnitt jedoch um die Reaktion der Materie auf die äußeren Felder $\boldsymbol{E}$ und $\boldsymbol{B}$ geht, erscheint es angemessen, sich auf materielle Volumina und offene materielle Oberflächen zu konzentrieren.

neutralen Moleküle des Materials innerhalb $v(t)$ induziert wird. Nach der Homogenisierung verbleibt eine scheinbare Oberflächenladung auf der Oberfläche $\partial v(t)$. Tatsächlich ist die Dimension des Polarisationsvektors die Ladung pro Oberflächeneinheit. Wenn wir davon ausgehen, dass es innerhalb von $v(t)$ keine Diskontinuitäten gibt, kann $\boldsymbol{P}$ über den gesamten Körper ausgedehnt werden, was zu der Polarisationsladungsdichte q^{p} führt, deren Quelle (man beachte die Divergenz) die Polarisation ist. Das Minuszeichen ist reine Konvention.

Bild 5.7 Pioniere des Elektromagnetismus IV: Hermann Minkowski (1864–1909), Max Abraham (1875–1922), August Föppl (1854–1924)

Gauß'sches Gesetz in Materie

Aus Gleichung (5.43) schließen wir, dass

$$\oint_{\partial v(t)} (\boldsymbol{D}+\boldsymbol{P})\cdot\boldsymbol{n}\,\mathrm{d}a \equiv \int_{v(t)} q^{\mathrm{f}}\,\mathrm{d}v\,. \tag{5.109}$$

Die Größe in Klammern, $\mathfrak{D} = \boldsymbol{D}+\boldsymbol{P}$, ist bekannt als das *Ladungspotential in polarisierbarer Materie*. Daraus schließen wir, dass in regulären Punkten des Materials die folgende lokale Gleichung gilt:

$$\nabla\cdot\mathfrak{D} = q^{\mathrm{f}}\,. \tag{5.110}$$

Ampère-Øersted-Gesetz in Materie

Analog dazu ist $\boldsymbol{j}^{\mathrm{f}}$ aus Gleichung $(5.107)_2$ als die freie elektrische Stromdichte bekannt, und $\boldsymbol{M}$ ist die Magnetisierung. Wenden wir das Transporttheorem Gleichung (2.33) auf den zweiten Term an, so erhalten wir

$$\frac{\mathrm{d}}{\mathrm{d}t}\int_{a(t)} \boldsymbol{P}\cdot\boldsymbol{n}\,\mathrm{d}a = \int_{a(t)} \left(\frac{\partial\boldsymbol{P}}{\partial t} - q^{\mathrm{p}}\boldsymbol{v}\right)\cdot\boldsymbol{n}\,\mathrm{d}a + \oint_{\partial a(t)} (\boldsymbol{P}\times\boldsymbol{v})\cdot\boldsymbol{\tau}\,\mathrm{d}l\,, \tag{5.111}$$

wobei Gleichung (5.108) verwendet wurde.

Wenn man außerdem die materielle Version der Integralform Gleichung (5.46) des Ampère-Øersted-Gesetzes und die Definition des Ladungspotentials in der Materie verwendet, folgt daraus:

$$\int_{a(t)} \left(\frac{\partial \mathfrak{D}}{\partial t} + q^{\mathrm{f}} \boldsymbol{v} \right) \cdot \boldsymbol{n} \, \mathrm{d}a^{\mathrm{s}} = \oint_{\partial a(t)} (\boldsymbol{H} - \boldsymbol{P} \times \boldsymbol{v} - \boldsymbol{M}) \cdot \boldsymbol{\tau} \, \mathrm{d}l - \int_{a(t)} \boldsymbol{j}^{\mathrm{f}} \cdot \boldsymbol{n} \, \mathrm{d}a . \tag{5.112}$$

Die Größe in Klammern unter dem Linienintegral, $\mathfrak{H} = \boldsymbol{H} - \boldsymbol{P} \times \boldsymbol{v} - \boldsymbol{M}$, ist als das *Strompotential in Materie* bekannt. Wenn wir die Kontinuität aller Felder über $a(t)$ hinweg annehmen, erhalten wir eine alternative Version des lokalen Ampère-Øersted-Gesetzes in regelmäßigen Punkten, Gleichung (5.48):

$$-\frac{\partial \mathfrak{D}}{\partial t} + \nabla \times \mathfrak{H} = q^{\mathrm{f}} \boldsymbol{v} + \boldsymbol{j}^{\mathrm{f}} . \tag{5.113}$$

In diesem Zusammenhang lohnt es sich, das Caveat von S. 688 des Handbuchs zu wiederholen: „In most elementary and even advanced texts on electromagnetic theory, a clear distinction is not made between the partial potentials $\mathfrak{D}$ and $\mathfrak{H}$ and the resultant potentials $\boldsymbol{D}$ and $\boldsymbol{H}$ in discussion of polarizable and magnetizable media. However, it is only when one attempts to treat the problem of dielectrics and magnets set in motion that serious difficulties arise from confusing these fields."

5.5.2 Einfachste Materialgleichungen für Polarisation und Magnetisierung

In der Tat ist es nun an der Zeit, über konkrete Formen der konstitutiven Gleichungen für die Polarisation und die Magnetisierung zu sprechen. Dies kann jedoch leicht zu einer extrem langen Geschichte werden. Daher werden wir das Thema nur kurz anreißen. Stellen wir uns vor, dass das dielektrische Material in einem Inertialsystem ruht, $\boldsymbol{v} = \boldsymbol{0}$, und isotrop ist. Äußerlich werden ein elektrisches und ein magnetisches Feld, $\boldsymbol{E}$ und $\boldsymbol{B}$, angelegt. Bei einem nicht magnetisierbaren ($\boldsymbol{M} = \boldsymbol{0}$), dielektrischen Material wirkt dann per Definition nur das elektrische Feld. Aufgrund seines Kraftcharakters neigt es dazu, die Moleküle zu polarisieren. Nimmt man an, dass diese Wirkung linear ist, so ergibt sich Folgendes:

$$\boldsymbol{P} = \epsilon_0 \chi \boldsymbol{E} , \; \boldsymbol{M} = \boldsymbol{0} \quad \Rightarrow \quad \mathfrak{D} = \boldsymbol{D} + \boldsymbol{P} \equiv \epsilon_0 \boldsymbol{E} + \boldsymbol{P} = \epsilon_0 (1 + \chi) \boldsymbol{E} , \; \mathfrak{H} = \boldsymbol{H} \equiv \frac{1}{\mu_0} \boldsymbol{B} . \tag{5.114}$$

Man beachte, dass die Äther-Beziehungen verwendet wurden. Der dimensionslose Faktor χ ist als die *dielektrische Suszeptibilität* bekannt. Wenn sich das Material nun in Bezug auf das Inertialsystem bewegt ($\boldsymbol{v} \neq \boldsymbol{0}$), sieht dieses einfache konstitutive Gesetz sofort komplizierter aus, da das $\boldsymbol{B}$-Feld auch eine Polarisation hervorrufen kann:

$$\boldsymbol{P} = \epsilon_0 \chi \mathfrak{E} \quad \Rightarrow$$

$$\mathfrak{D} = \epsilon_0 \left[(1 + \chi) \boldsymbol{E} + \chi \boldsymbol{v} \times \boldsymbol{B} \right] , \; \mathfrak{H} = \boldsymbol{H} + \boldsymbol{v} \times \boldsymbol{P} = \frac{1}{\mu_0} \left(\boldsymbol{B} + \frac{\chi}{c^2} \boldsymbol{v} \times \mathfrak{E} \right) , \; \mathfrak{E} = \boldsymbol{E} + \boldsymbol{v} \times \boldsymbol{B} . \tag{5.115}$$

Der in diesem Buch vorgestellte rationale Ansatz macht solche Änderungen sofort deutlich, ohne dass man über die Relativitätstheorie sprechen muss. Da er jedoch nicht in der gesamten wissenschaftlichen Welt verwendet wird, kann es zu erheblicher Verwirrung kommen, wenn es darum geht, Experimente wie den rotierenden Wilson-Zylinder zu verstehen (z. B. [Kov2000],

S. 119, [Heu2014]). Man beachte, dass die letzte Gleichung lautet, wenn man in Gauß'schen Einheiten arbeitet:

$$\mathfrak{D} = (1+\chi)\boldsymbol{E} + \chi\frac{\boldsymbol{v}}{c}\times\boldsymbol{B}\,,\quad \mathfrak{H} = \boldsymbol{B} + \chi\frac{\boldsymbol{v}}{c}\times\left(\boldsymbol{E} + \frac{\boldsymbol{v}}{c}\times\boldsymbol{B}\right), \tag{5.116}$$

was es ermöglicht, die Ordnung der zusätzlichen Terme sofort zu erkennen. Wenn man will, kann die Korrektur zweiter Ordnung als „relativistischer Effekt" interpretiert werden.

Literaturvergleich

Physiker betonen die Bedeutung der additiven Zerlegung elektrischer Ladungen und Ströme oft nicht genug. Außerdem wird in der Regel kein Unterschied zwischen den vollen Potentialen $\boldsymbol{D}$ und $\boldsymbol{H}$ und den Potentialen der freien Ladungen und Ströme $\mathfrak{D}$ und $\mathfrak{H}$ gemacht. Daher kann es zu erheblicher Verwirrung darüber kommen, was bestimmte Symbole genau bedeuten.

Feynman [Fey1964] führt den Begriff der Polarisation in Kapitel 10 seiner Vorlesungen ein. Er teilt die elektrischen Ladungen additiv auf. Aber dann taucht das Teilladungspotential $\mathfrak{D}$ verkleidet in Abschnitt 10-4 auf und wird sofort in einem Inertialsystem ausgewertet, d. h. die andere Beziehung für $\boldsymbol{D}$ wird eingefügt. Die Magnetisierung wird in Kapitel 35 begrifflich eingeführt und in Kapitel 36 durch additive Zerlegung der Ströme mit der Magnetisierungsstromdichte in Beziehung gesetzt. Feynman entscheidet sich „to define a new field vector $\boldsymbol{H}$" und setzt ihn in Abschnitt 36-2 mit der Magnetisierung in Beziehung. Man beachte, dass dies nicht ganz das Strompotential $\mathfrak{H}$ ist. Vielmehr würde diese Größe in unserer Nomenklatur mit $\mathfrak{H} = \boldsymbol{B}/\mu_0$ in Beziehung gesetzt werden, was bedeutet, dass sie eher die Bedeutung eines Magnetfeldes in Materie trägt. Der Beitrag der Polarisation wird nicht erwähnt.*

Weil es um Materie geht, untersuchen Landau und Lifshitz Polarisation und Magnetisierung zu Recht nicht in Band 2, sondern in Band 8 ihres Kurses über theoretische Physik [LL1984]. Kapitel II ist der Elektrostatik von Dielektrika gewidmet. Wie bei Feynman wird die Definitionsgleichung für $\mathfrak{D}$ sofort in einem Inertialsystem, § 6, in Gauß'schen Einheiten ausgewertet, wobei $\boldsymbol{P}$ mit 4π multipliziert wird. Freie Ladungen werden als „fremde Ladungen" bezeichnet (S. 35).** Die Magnetisierung wird in Kapitel IV, § 29 eingeführt, wo sie auch 4π trägt, wenn sie mit $\mathfrak{H}$ und $\boldsymbol{H}$ in Beziehung steht. Tatsächlich wird $\mathfrak{H}$ durch $\boldsymbol{B}$, die sogenannte „magnetische Induktion", ersetzt, die eindeutig der Magnetfeldvektor ist. Der Ursprung dieser problematischen Assoziation ist leicht nachzuvollziehen, denn im Gauß'schen System haben alle elektromagnetischen Felder, einschließlich $\boldsymbol{P}$ und $\boldsymbol{M}$, die gleichen Einheiten.

* Man beachte, dass die Kombination $\boldsymbol{M} - \boldsymbol{v}\times\boldsymbol{B}$ manchmal auch als *Minkowski-Magnetisierung* bezeichnet wird ([Kov2000], S. 76) und unter einem Symbol „$\boldsymbol{M}$" subsumiert wird, was zusätzliche Verwirrung stiftet. Feynman kümmert sich nicht darum, denn er untersucht die Elektrostatik von Dielektrika, ohne dies explizit zu sagen.

** Die Bedeutung dieser seltsamen Übersetzung wird durch den verwendeten russischen Begriff etwas klarer, nämlich „storonnie" = „von dritter Seite", was dem Kontext nach zu urteilen darauf hindeuten soll, dass dieser Ladung nicht erst in das Material eingebracht werden muss. Wir bezeichnen sie als die unmittelbar verfügbare „freie Ladung".

Sommerfeld [Som2001] verwendet SI-Einheiten. In den Abschnitten § 11C. und § 48 werden Polarisation und Magnetisierung eingeführt und mit den verschiedenen elektromagnetischen Feldern unserer Nomenklatur durch $\boldsymbol{D} \rightarrow \boldsymbol{\mathfrak{D}}$, $\epsilon_0 \boldsymbol{E} \rightarrow \boldsymbol{D}$, $\boldsymbol{H} \rightarrow \boldsymbol{\mathfrak{H}}$, und $\frac{\boldsymbol{B}}{\mu_0} \rightarrow \boldsymbol{H}$ in Beziehung gesetzt. Eine Übereinstimmung wird also erreicht, wenn die Äther-Beziehungen Gleichung (5.67) eingehalten werden.

Die Bücher von Becker zeigen ein ähnliches Muster. In der frühen Ausgabe [Bec1957] wird die Polarisation in § 26/27 empirisch in Gauß'schen Einheiten eingeführt. Es wird zwischen Gesamt- und Polarisationsladungen unterschieden, das Teilladungspotential $\boldsymbol{\mathfrak{D}}$ wird mit $\boldsymbol{D}$ als (verwirrenderweise) „elektrische Verschiebung" bezeichnet und mit $\boldsymbol{P}$ unter Verwendung der Äther-Beziehungen in Beziehung gesetzt, d. h. das Gesamtladungspotential wird wegen der Verwendung von Gauß'schen Einheiten mit $\boldsymbol{E}$ gleichgesetzt. In Abschnitt § 48 wird die Magnetisierung eingeführt und mit „magnetischen Feldern", S. 132, in Beziehung gesetzt, so dass die partielle Stromdichte $\boldsymbol{\mathfrak{H}}$ mit dem Buchstaben $\boldsymbol{H}$ bezeichnet wird, während für das Gesamtstrompotenzial der Buchstabe $\boldsymbol{B}$ verwendet wird, was bedeutet, dass die Äther-Relation in Gauß'schen Einheiten Gleichung $(5.62)_2$ angewendet wurde. Dadurch wird eine Übereinstimmung mit unserer Nomenklatur erreicht. In der neueren Ausgabe [BS1973] werden stattdessen SI-Einheiten verwendet. Die englische Ausgabe [BS1982] folgt der älteren deutschen Ausgabe und verwendet Gauß'sche Einheiten.

Abraham [AF1907] unterscheidet in § 43 zwischen „wahrer" und „freier" Elektrizität und führt die Polarisation wie in der älteren Ausgabe von Becker in § 47 ein. Die Magnetisierung folgt analog in § 63, S. 233.

Im Gegensatz zu den anderen Physiklehrbüchern erklärt Jackson [Jac1999] Polarisation und Magnetisierung auf der Grundlage atomistischer Modelle, einschließlich eines Homogenisierungsverfahrens, um von der mikroskopischen zur Kontinuumsskala in den Kapiteln 4 und 5 zu gelangen. Seine Multipolausdehnungen zeigen, dass es Terme höherer Ordnung gibt, wie z. B. Quadrupole (S. 146), die im Handbuchansatz zur Polarisation nicht erwähnt werden. Auf Seite 152 dieses Buches wird angedeutet, dass der Dipolbeitrag der dominante Modus ist, aber nach so viel mathematischem Aufwand auf der mikroskopischen Ebene werden die Korrekturen auf der Kontinuumsskala überraschenderweise nicht detailliert beschrieben.* Die Einführung von $\boldsymbol{P}$ und $\boldsymbol{M}$ und ihre Beziehung zu den elektromagnetischen Feldern ist genauso unkritisch wie in den anderen Büchern, d. h. es werden immer die anderen Beziehungen angenommen, wenn man sie mit den anderen elektromagnetischen Feldern verbindet.

Zur kontinuumsorientierten Literatur kann Folgendes gesagt werden:

Der Handbuchartikel [TT1960] diskutiert zusätzlich zu dem, was wir vorgestellt haben, auch die Transformationseigenschaften von Magnetisierung und Polarisation und deren Einbettung in einen Welttensorformalismus (S. 686). Die Umschreibung der Maxwell-Gleichungen (5.110) und (5.113) in Welttensorform wird jedoch nicht diskutiert.

---

* Ivanova und Kolpakov berücksichtigen die Auswirkung von Quadrupolen auf der Kontinuumsebene in einer kürzlich erschienenen Arbeit [Iva2016].

Es überrascht nicht, dass die Bücher von Müller [Mue1973], [Mue1985] dem Handbuch folgen, soweit es die Einführung von Polarisation und Magnetisierung betrifft. Allerdings wird eine intuitive, atomistische Interpretation von $\boldsymbol{P}$ in Form von Dipolen, die an der Oberfläche eines materiellen polarisierbaren Körpers herausragen, und elementaren Ampère'schen Strömen, die um die Peripherie einer materiellen offenen Oberfläche kreisen, gegeben, [Mue1985], § 9.4.1/2. Man kann jedoch mit Fug' und Recht behaupten, dass das vorgestellte Homogenisierungsverfahren und der Übergang vom mikroskopischen zum Kontinuumszustand alles andere als streng sind. Schließlich sei noch auf die objektive Natur von Polarisation und Magnetisierung hingewiesen (S. 323):

$$\begin{aligned} P_{a'} &= Q^{\cdot a}_{a'} P_a \quad \text{(euklischer Vektor)}\,, \\ M_{a'} &= \det \boldsymbol{Q}\, Q^{\cdot a}_{a'} M_a \quad \text{(axial euklischer Vektor)}\,. \end{aligned} \tag{5.117}$$

Kovetz unterscheidet in seinen Büchern zwischen der Minkowski- und der Lorentz-Magnetisierung: [Kov1990], S. 79, [Kov2000], Kapitel 7. Mit anderen Worten, der Term $\boldsymbol{v} \times \boldsymbol{B}$ wird zu einem Thema. Anwendungen dieses Terms werden in den Abschnitten 22 (Lichtverschleppung durch ein Dielektrikum) und 34 (Wilsons Experiment) gezeigt. Die Modelle der Minkowski- und Lorentz-Wechselwirkung werden von Hutter und Mitautoren ausführlicher behandelt [Hut2007]. Wir werden dies hier nicht weiter diskutieren.

Eringen und Maugin [EM12012] führen Polarisation und Magnetisierung zunächst auf atomarer Ebene ein (Abschnitte 2.3/4). Dann folgt ein Homogenisierungsverfahren und die entsprechenden Kontinua werden vorgestellt (Abschnitt 3.3). Die Äther-Beziehungen zur Verbindung dieser Felder mit den vier elektromagnetischen Feldern werden implizit vorausgesetzt, S. 51, aber nie explizit erwähnt. Eine Unterscheidung zwischen vollen und partiellen Ladungs- und Strompotentialen wird nicht getroffen.

5.6 Unstetigkeiten bei elektromagnetischen Feldern

5.6.1 Bilanzen für Volumen und offene Flächen, die von singulären Flächen und singulären Linien durchquert werden

In der Elektrodynamik gibt es mehrere Beispiele für lokale Beziehungen in regulären Punkten in der Form von Gleichung (2.47): Erstens die Nichtexistenz magnetischer Monopole Gleichung (5.4), wobei man sich an die Kritik in [Iva2019] und an das zugehörige *caveat* erinnern sollte: Diese Bilanz ist sozusagen „extrem verstümmelt“, da es keine volumetrische Größe, keine Versorgung und keine Produktion gibt, sondern nur einen nicht-konvektiven Fluss, das Magnetfeld $\boldsymbol{B}$. Zweitens das Gauß'sche Gesetz Gleichung (5.44) mit einem nicht-konvektiven Fluss, dem Ladungspotential $\boldsymbol{D}$, und einem Vorrat, der Ladungsdichte q. Es gelten die Bemerkungen nach Gleichung (5.44), wobei es auch nur so aussieht, als käme sie aus einer volumetrischen Bilanz. Drittens die Ladungserhaltung Gleichung (5.38), bei der es eine zu bilanzierende volumetrische Größe, die Ladungsdichte q, konvektive und nicht-konvektive Ströme, $q\boldsymbol{v}$ bzw. die elektrische Stromdichte $\boldsymbol{j}$ gibt. Es ist interessant zu sehen, dass physikalische Größen ihre Rolle in diesen Gleichungen ändern können. Zum Beispiel ist q manchmal die zu bilanzierende Volumengröße und manchmal eine Zufuhr. Außerdem ist zu beachten, dass es keine Produktionen gibt, alle Größen bleiben erhalten.

Ein Beispiel für Bilanzen in singulären Punkten in der Form von Gleichung (2.49) ist durch Gleichung (5.5) gegeben: In Anbetracht des globalen Gesetzes für die Nichtexistenz magnetischer Monopole Gleichung (5.18) setzen wir $\psi \to 0$, $\boldsymbol{\phi} \to \boldsymbol{B}$, $s^{\mathrm{I}} = 0$ und $p^{\mathrm{I}} = 0$, letzteres, weil wir glauben, dass der magnetische Fluss eine Erhaltungsgröße ohne Quelle ist, auch auf singulären Flächen. Betrachtet man außerdem das Gauß'sche Gesetz in globaler Form Gleichung (5.43) für den regulären Fall – ein Erhaltungssatz – so kommt man zu dem Schluss, dass es keine Grenzflächendichte $\psi^{\mathrm{I}} = 0$ und keine Produktion $p^{\mathrm{I}} = 0$ gibt. Die singuläre Oberfläche könnte jedoch eine Oberflächenladungsdichte tragen, $s^{\mathrm{I}} \to q^{\mathrm{I}}$.

Daraus folgt das *Gauß'sche Gesetz für singuläre Punkte* oder auch die *Sprungbilanz für das totale Ladungspotential* $\boldsymbol{D}$:

$$[\![\boldsymbol{D}]\!] \cdot \boldsymbol{e} = q^{\mathrm{I}} . \tag{5.118}$$

Übungsaufgabe *Sprungbedingung zum Gauß'schen Gesetz in Materie*

Begründe im Analogschluss zu Gleichung (5.118), dass mit Gleichung (5.109) und Gleichung (5.110) gelten muss:

$$[\![\mathfrak{D}]\!] \cdot \boldsymbol{e} = q_{\mathrm{f}}^{\mathrm{I}} , \tag{5.119}$$

wobei $q_{\mathrm{f}}^{\mathrm{I}}$ lediglich freie Ladungsdichten auf der singulären Fläche beinhaltet.

Schließlich werfen wir einen Blick auf die globale Gleichung der Ladung in regelmäßigen Punkten. Wir weisen $\boldsymbol{\psi} \to q$ und $\boldsymbol{\phi} \to \boldsymbol{j}$ und erhalten für den *Ladungsfluss durch eine singuläre Fläche*:

$$[\![\boldsymbol{j} + q\left(\boldsymbol{v} - \boldsymbol{w}^{\mathrm{I}}\right)]\!] \cdot \boldsymbol{e} = 0 . \tag{5.120}$$

Man beachte, dass diese Beziehung erweitert werden muss, wenn die Zeitabhängigkeit und die Bewegung der Oberflächenladungen q^{I} und der Ströme $\boldsymbol{\varphi} \to \boldsymbol{j}^{\mathrm{I}}$, die durch die geschlossene Schleife $\partial I(t)$* wurden berücksichtigt. Sie werden hier vernachlässigt.

Die folgenden Beispiele für die in Gleichung (2.53) gezeigte Art von Beziehung können angeführt werden: Erstens das Faraday'sche Induktionsgesetz Gleichung (5.22), bei dem wir $\boldsymbol{\gamma} \to \boldsymbol{B}$, $\boldsymbol{\phi} \to \mathfrak{E} \equiv \boldsymbol{E} + \boldsymbol{v} \times \boldsymbol{B}$, $\boldsymbol{s} \to \boldsymbol{0}$ und $\boldsymbol{p} \to \boldsymbol{0}$ zuordnen. Außerdem muss die Nichtexistenz von magnetischen Monopolen Gleichung (5.4) beobachtet werden. Zweitens setzen wir im Fall des Ampère-Øersted-Gesetzes Gleichung (5.47) $\boldsymbol{\gamma} \to -\boldsymbol{D}$, $\boldsymbol{\phi} \to \boldsymbol{H} + \boldsymbol{D} \times \boldsymbol{v}$, $\boldsymbol{s} \to \boldsymbol{j}$, $\boldsymbol{p} \to \boldsymbol{0}$, und beachten das Gauß'sche Gesetz Gleichung (5.44).

Das Induktionsgesetz Gleichung (5.9) führt zu den folgenden Zuordnungen in der Sprungbilanz Gleichung (2.55): $\boldsymbol{\phi} \to \boldsymbol{E}$, $\boldsymbol{\gamma} \to \boldsymbol{B}$, $\boldsymbol{s}^{\mathrm{I}} = \boldsymbol{0}$, $\boldsymbol{p}^{\mathrm{I}} = \boldsymbol{0}$. Berücksichtigt man das Gesetz der Nicht-

* Hier bedeutet das Adjektiv „geschlossen“, das mathematisch durch ∂ angegeben wird, dass es sich um die Grenze zu einem zweidimensionalen Objekt handelt. Sie kann jedoch für Materie durchlässig sein.

existenz von magnetischen Monopolen in der Form Gleichung (5.5), so erhält man die *Sprungbilanz für das Induktionsgesetz*:

$$\boldsymbol{n} \times [\![\boldsymbol{E}]\!] - \boldsymbol{n} \cdot \boldsymbol{w}^{\mathrm{I}} [\![\boldsymbol{B}]\!] = \boldsymbol{0} . \tag{5.121}$$

Im Falle des *Ampère-Øersted-Gesetzes* erhält man die zugehörige *Sprungbilanz*, indem man wie folgt zuordnet: $\boldsymbol{\phi} \to \boldsymbol{H}, \boldsymbol{\gamma} \to -\boldsymbol{D}, \boldsymbol{s}^{\mathrm{I}} \to \boldsymbol{j}^{\mathrm{I}}, \boldsymbol{p}^{\mathrm{I}} = \boldsymbol{0}$ zu und beachten Gleichung (5.118):

$$\boldsymbol{n} \times [\![\boldsymbol{H}]\!] + \boldsymbol{n} \cdot \boldsymbol{w}^{\mathrm{I}} [\![\boldsymbol{D}]\!] = \boldsymbol{j}^{\mathrm{I}} + q^{\mathrm{I}} \boldsymbol{w}^{\mathrm{I}} . \tag{5.122}$$

Übungsaufgabe *Sprungbedingung zum Gauß'schen Gesetz in Materie*

Begründe im Analogschluss zu Gleichung (5.122), dass mit Gleichung (5.112) und Gleichung (5.113) gelten muss:

$$\boldsymbol{n} \times [\![\mathfrak{H}]\!] + \boldsymbol{n} \cdot \boldsymbol{w}^{\mathrm{I}} [\![\mathfrak{D}]\!] = \boldsymbol{j}_{\mathrm{f}}^{\mathrm{I}} + q_{\mathrm{f}}^{\mathrm{I}} \boldsymbol{w}^{\mathrm{I}} . \tag{5.123}$$

wobei $\boldsymbol{j}_{\mathrm{f}}^{\mathrm{I}}$ lediglich freie Stromdichten auf der singulären Fläche beinhaltet.

5.6.2 Sprungbilanzen der elektromagnetischen Felder in der Physik

Literaturvergleich

Man kann mit Fug und Recht behaupten, dass in der Physikliteratur Sprungbedingungen für elektromagnetische Felder nicht systematisch eingeführt werden: Feynman [Fey1964] betrachtet Sprungbedingungen sporadisch, eben nur, wenn es nötig ist. In Abschnitt 33.3 leitet er Gleichung (5.5) und Spezialfälle von Gleichung (5.121) und Gleichung (5.122) ab, um die Transmission und Reflexion elektromagnetischer Wellen zu untersuchen. In Landau und Lifshitz [LL1984], Kapitel II, § 6/15 Kapitel III, § 29 werden einige (spezielle) Sprungbedingungen einfach angewandt, ohne sie aus ersten Prinzipien abzuleiten. Es wurde bereits angedeutet, dass Jackson [Jac1999] in 1.5/6 mehr Gewicht auf die Ableitung und Anwendung von Sprungbedingungen für elektromagnetische Felder legt. Sein Ansatz ist jedoch weit entfernt von der allgemeinen Behandlung in dieser Arbeit. In den Büchern von Becker werden Sprungbedingungen ebenfalls nur „bei Bedarf" erwähnt. Sie sind nicht konsequent abgeleitet und weit von der Allgemeinheit entfernt: [Bec1957], § 27, § 30, § 47, § 59, [BS1973], 2.3, 2.4, 5.5, 8.4 [BS1982], § 25, § 27, § 28, § 47, § 59. Die Vorgängerbücher von Abraham erlauben es nicht, den Sprung zwischen den Feldkomponenten klar zu verstehen, weil die Summe und nicht die Differenz der Felder auf beiden Seiten der diskontinuierlichen Fläche betrachtet wird, z. B. [Abr1932], S. 56. Dies wird verbal und mit einem Verweis auf ein verwirrendes Bild erklärt: „Each normal component is taken in the direction *from* the field to the surface, as in fig. 7. p. 29." Das Argument der Stokes'schen Schleife erscheint auf S. 191 und führt zu speziellen Versionen von Gleichung (5.121) und Gleichung (5.122), die zur Erklärung des Reflexionsvermögens von Metallen verwendet werden. All dies lässt sich auf das deutsche Original von Abraham [AF1907], S. 73, 149, 231, zurückführen, wo alles in einer extrem archaischen Form geschrieben ist.

Die auf der Kontinuumstheorie basierende Literatur unterscheidet sich stark davon. Hutter und Jöhnk [Hut2004] widmen ein ganzes Kapitel dem Konzept der Sprungbedingungen und ihrer Nützlichkeit in der Kontinuumsphysik. Ihre Darstellung basiert auf einer Materialbeschreibung und es wird sowohl die Euler'sche als auch die Lagrange'sche Formulierungsweise gezeigt. Im Handbuch [TT1960] sind die Sprungbeziehungen Gleichung (5.5), Gleichung (5.121) für das elektrische und für das magnetische Feld $\boldsymbol{E}$ und $\boldsymbol{B}$ in Abschnitt 278 zusammen mit dem Sprung für die elektrische Ladung Gleichung (5.120) zusammengefasst. Da die letztere Beziehung ausreichend dargestellt wird, hat Toupin wohl beschlossen, die Sprungbeziehungen für die Ladungs- und Strompotentiale, $\boldsymbol{D}$- bzw. $\boldsymbol{H}$-Felder, nicht zu zeigen, obwohl die entsprechenden Beziehungen in regulären Punkten Gleichung (5.47) und Gleichung (5.44) aufgeführt sind. Aus dem Zusammenhang ist zu schließen, dass es sich bei der Darstellung um eine materielle Beschreibung handelt. Natürlich ist die Form dieser Sprungbedingungen dieselbe, als ob sie in räumlicher Notation gemeint wären.

Obwohl das Buch von Müller [Mue1985] ein Abkömmling des Handbuchartikels ist, sollte darauf hingewiesen werden, dass viel Mühe darauf verwendet wird, zunächst die Sprungbeziehungen aus allgemeinen Prinzipien zu erklären, Abschnitte 3.1.1.6 und 3.1.2.5. Diese werden später für die elektromagnetischen Felder in den Abschnitten 9.2.1.2 und 9.2.2.2 ausgenutzt, alles in Materialbeschreibung. Kovetz [Kov1990] hebt auch Sprungbedingungen hervor, in 3.7 für die Ladungs- und Strompotentiale und in 4.10 für die elektrischen und magnetischen Felder. Die Sprungbedingung für die Ladung Gleichung (5.120) findet sich in 3.5 für den Spezialfall, dass die Materie in Ruhe ist, $\boldsymbol{v} = \boldsymbol{0}$. Hutter und Mitautoren [Hut2007] stellen die Sprungbedingung für die elektromagnetischen Felder in Abschnitt 2.8 vor. Sie schreiben: „The jump conditions obtained thereby will depend on whether one is dealing with the material or the spatial description", was auf den ersten Blick der in diesem Buch vorgestellten Meinung widerspricht. Wenn sie jedoch das Wort „räumlich" verwenden, meinen sie eigentlich die Euler'sche Art der Darstellung einer materiellen Beschreibung, und „materiell" bezieht sich auf die Lagrange'sche Formulierung, wenn alle Gleichungen vollständig auf die Referenzkonfiguration abgebildet werden.

Eringen und Maugin [EM12012] stellen immer alle möglichen Sätze der Maxwell-Gleichungen dar, insbesondere auch die an diskontinuierlichen Oberflächen relevanten (in materieller Beschreibung und in Heaviside-Lorentz-Einheiten), zum Beispiel in den Abschnitten 3.9 oder 3.14. Die Transporttheoreme, die Lokalisierung einschließlich der Pillbox- und Stokes'schen Schleifenargumente und die allgemeinen Bilanzen für Volumen- und Flussgrößen werden in den vorbereitenden Abschnitten 1.13 und 3.8 sehr ausführlich dargestellt.

5.7 Der Äther, verschiedene Arten der Zeitdifferentiation und andere kuriose Dinge aus der Elektrodynamik

5.7.1 Der Äther

In der deutschen Physikliteratur werden häufig die Begriffe „Fernwirkung“ und „Nahwirkung“ verwendet. Ins Englische lassen sie sich nur unzureichend mit „action at a distance“ oder „close-range interaction“ übersetzen. *Fernwirkung* bedeutet, dass materielle Substanzen, die über weite Entfernungen durch ein Vakuum (das ist ein Raum frei von ponderabler Materie) getrennt sind, dennoch miteinander in Wechselwirkung treten können, nicht unbedingt augenblicklich, aber ohne die Hilfe eines zwischengeschalteten „Wirkstoffs“. Mathematisch gesehen würden wir erwarten, daß Gleichungen, die eine Wechselwirkung auf kurze Distanz beschreiben, einige „Materialparameter“ enthalten, die für den Wirkstoff charakteristisch sind.

In diesem Sinne ist das Newton'sche Gravitationsgesetz eine Theorie des *Fernwirkungs*-Typs: Im leeren Raum gibt es kein sichtbares Agens zur Übertragung der Kraft zwischen zwei gravitierenden Himmelskörpern. Außerdem ist die Wechselwirkung augenblicklich in dem Sinne, dass die entsprechenden Gleichungen keine charakteristische Geschwindigkeit der Wechselwirkung enthalten. Dies wird in der Poisson-Version des *Newton'schen Gravitationsgesetzes* deutlich: $\Delta\varphi = -4\pi G\rho$, wobei φ das *Gravitationspotential* ist, so dass die Gravitationskraft auf ein Massenelement durch $\boldsymbol{f} = -\nabla\varphi$ gegeben ist, ρ die Massendichte ist (die explizit zeitabhängig in Form von räumlichen Variablen sein kann) und G die *universelle Gravitationskonstante* ist.

Wir drücken nun das elektrische und das magnetische Feld als *Skalar*- bzw. *Vektorpotential* φ bzw. $\boldsymbol{A}$ aus:*

$$\boldsymbol{E} = -\nabla\varphi - \frac{\partial \boldsymbol{A}}{\partial t}, \quad \boldsymbol{B} = \nabla \times \boldsymbol{A}, \tag{5.124}$$

Übungsaufgabe *Maxwell-Gleichungen und ihre Lösung mit Potentialen*

Man zeige, dass der erste Satz an Maxwell-Gleichungen, Gleichung (5.4) und Gleichung (5.23), durch diesen Ansatz identisch erfüllt werden.

Nun setzen wir den Ansatz in den zweiten Satz von Maxwell-Gleichungen ein, Gleichung (5.45) und Gleichung (5.48), verwenden die Äther-Relationen und die sogenannte *Lorenz-Eichbedingung*:**

$$\frac{1}{c^2}\frac{\partial\varphi}{\partial t} + \nabla\cdot\boldsymbol{A} = 0. \tag{5.125}$$

* Der Einfachheit halber verwenden wir hier die materielle Notation. Weitere Einzelheiten finden sich z. B. in [Mue1985], Abschnitt 9.3.

** Alternativ könnte auch die Coulomb-Eichung verwendet werden. Allerdings geht dann der hyperbolische Charakter der resultierenden Gleichungen verloren. Fragen wie diese werden zum Beispiel in [Bri1967] erörtert.

Wir erhalten *Wellengleichungen* für beide Potentiale in einem Lorentz-System:

$$\frac{1}{c^2}\frac{\partial^2\varphi}{\partial t^2} - \Delta\varphi = \frac{1}{\epsilon_0}q\,, \quad \frac{1}{c^2}\frac{\partial^2 \boldsymbol{A}}{\partial t^2} - \Delta\boldsymbol{A} = \mu_0\left(q\boldsymbol{v} + \boldsymbol{j}\right). \tag{5.126}$$

Übungsaufgabe *Lorenz- vs. Coulomb-Eichung*

Zeige durch Nachrechnen die Gültigkeit von Gleichung (5.126). Verwende nun die sogenannte *Coulomb-Eichung*:

$$\nabla\cdot\boldsymbol{A} = 0 \tag{5.127}$$

und verifiziere folgendes zu Gleichung (5.126) alternatives Ergebnis:

$$\Delta\varphi = -\frac{1}{\epsilon_0}q\,, \quad \frac{1}{c^2}\frac{\partial^2 \boldsymbol{A}}{\partial t^2} - \Delta\boldsymbol{A} = \mu_0\left(q\boldsymbol{v} + \boldsymbol{j}\right) - \frac{1}{c^2}\frac{\partial}{\partial t}(\nabla\varphi). \tag{5.128}$$

Worin siehst Du die hauptsächlichen Unterschiede und physikalische Konsequenzen bei beiden Eichergebnissen? Welches scheint Dir „physikalischer" und warum? Warum sind die Eichungen überhaupt erlaubt? Zur Beantwortung der letzten Frage studiere die Abschnitte § 15.9 und § 19 in [Som2001].

Übungsaufgabe *Kugelkondensator ohne Dielektrikum*

Als eine technische Anwendung der Gleichung $(5.126)_1$ oder Gleichung $(5.128)_1$ betrachten wir zwei konzentrische Metallkugeln mit Innenradius r_i und Außenradius r_a. Im Innenbereich herrsche Vakuum. Indem wir die Kugeln an eine externe, hinreichend starke Batterie oder einen Van-de-Graaff-Generator hängen, belegen wir im Vakuumfall die innere Kugel mit der positiven freien Ladung Q_0^v und die äußere mit der negativen freien Ladung $-Q_0^\text{v}$ und warten, bis sich eine konstante Flächenladungsdichte an freien Ladungsträgern $q_\text{i}^\text{v} \equiv q_\text{f}^\text{I}(r_\text{i}) = Q_0^\text{v}/4\pi r_\text{i}^2$ bzw. $q_\text{a}^\text{v} \equiv q_\text{f}^\text{I}(r_\text{a}) = -Q_0^\text{v}/4\pi r_\text{a}^2$ eingestellt hat. Das ist der *Kugelkondensator*, den man in der Schule aus mathematischen Gründen meist nicht durchrechnet, mit dem man sich jedoch im Gegensatz zum Plattenkondensator keinerlei Randeffekte einhandelt. Es sei nochmals betont, dass die Aufladung technisch über eine kräftige Batterie (Akku) erfolgt, also ein stabiles Ladungsreservoir, dessen Leistung (Spannung) während des Ladevorganges (zumindest theoretisch) nicht in die Knie geht, sondern konstant bleibt.

Schätze mit Hilfe der Gleichung $(5.126)_1$ ab (lediglich verbale Begründung gefordert), wie lange es wohl dauert, bis sich das Gleichgewicht eingestellt hat. Gibt es bis zum Erreichen des Gleichgewichts elektrische *und* magnetische Felder im Vakuumbereich?

Spezialisiere nun für den Gleichgewichtsfall die Gleichung $(5.126)_1$. Wie hältst Du es mit dem Magnetfeld resp. dem magnetischen Potential? Begründe, dass q und $\boldsymbol{j}$ verschwinden müssen. Erläutere, warum es Sinn macht, bei allen verbleibenden relevanten Feldern lediglich eine radiale Abhängigkeit in r anzunehmen und verwende den Laplaceoperator in Kugelkoordinaten aus Gleichung (1.417), um zu zeigen, dass gilt:

$$\varphi = -\frac{A}{r} + B\,, \quad \boldsymbol{E} = -\frac{A}{r^2}\boldsymbol{e}_r\,. \tag{5.129}$$

Unterscheide nun drei Bereiche, $0 \leq r \leq r_\mathrm{i}$, $r_\mathrm{i} \leq r \leq r_\mathrm{a}$ und $r_\mathrm{a} \leq r < \infty$. Mithin gilt es sechs Integrationskonstanten zu bestimmen, einen Satz A und B für jeden Bereich. Erdenke und begründe sinnvolle Randbedingungen zur Bestimmung dieser sechs Integrationskonstanten. Beachte dabei insbesondere die Sprungbedingung Gleichung (5.118) und erinnere, dass die Analyse in einem Inertialsystem erfolgt. Leite folgendes Endergebnis her:

$$\begin{aligned}
&\varphi(r) = \frac{Q_0^\mathrm{v}}{4\pi\epsilon_0}\left(\frac{1}{r_\mathrm{i}} - \frac{1}{r_\mathrm{a}}\right), \; \boldsymbol{E}(r) = \boldsymbol{0}, \; 0 \leq r \leq r_\mathrm{i}, \\
&\varphi(r) = \frac{Q_0^\mathrm{v}}{4\pi\epsilon_0}\left(\frac{1}{r} - \frac{1}{r_\mathrm{a}}\right), \; \boldsymbol{E}(r) = \frac{Q_0^\mathrm{v}}{4\pi\epsilon_0 r^2}\boldsymbol{e}_r, \; r_\mathrm{i} \leq r \leq r_\mathrm{a}, \\
&\varphi(r) = 0, \; \boldsymbol{E}(r) = \boldsymbol{0}, \; r_\mathrm{a} \leq r < \infty.
\end{aligned} \tag{5.130}$$

Man beachte, dass das elektrische Feld im Vakuumbereich radial von der positiven zur negativen Kugel zeigt und in den angrenzenden Bereichen, wo wir natürlich ebenfalls Vakuum annehmen, ohne es gesagt zu haben, verschwindet das elektrische Feld. Studiere in diesem Zusammenhang im Internet das Wiki zum Thema *Faraday'scher Käfig* und erläutere, wo und warum in diesem Problem sich feldfreie „Käfige" befinden. Definiere nun die Kondensatorspannung U_ai^v als die Potentialdifferenz zwischen dem Potential außen minus dem Potential innen und zeige, dass:

$$U_\mathrm{ai}^\mathrm{v} = \varphi(r_\mathrm{a}) - \varphi(r_\mathrm{i}) = \frac{Q_0^\mathrm{v}}{4\pi\epsilon_0}\left(\frac{1}{r_\mathrm{a}} - \frac{1}{r_\mathrm{i}}\right) < 0. \tag{5.131}$$

Studiere des weiteren im Internet das Wiki *Voltmeter* und überlege, wann ein solches Gerät bei Anschluss an den Kugelkondensator eine negative und wann eine positive Spannung anzeigt.

Ist es möglich, den Kugelkondensator nur mit der Innenkugel zu betreiben? Formuliere ggf. dafür eine Gleichung für die Spannung. Definiere nun die *Kapazität C* eines Kondensators als Quotient zwischen aufgebrachter Plattenladung und (betragsmäßiger) resultierender Spannung. Zeige, dass:

$$C^\mathrm{v} = 4\pi\epsilon_0 \frac{r_\mathrm{i} r_\mathrm{a}}{r_\mathrm{a} - r_\mathrm{i}}. \tag{5.132}$$

Wie erklären sich die Namen Kondensator und Kapazität?

Übungsaufgabe *Kugelkondensator mit Dielektrikum*

Nun wird zuerst der Vakuumbereich des Kugelkondensators aus der vorherigen Aufgabe mit Dielektrikum der Suszeptibilität χ gefüllt und danach die Kugeloberflächen mit $\pm Q_0^\mathrm{D}$ aufgeladen, so dass $q_\mathrm{i}^\mathrm{D} \equiv q_\mathrm{f}^\mathrm{I}(r_\mathrm{i}) = Q_0^\mathrm{D}/4\pi r_\mathrm{i}^2$ bzw. $q_\mathrm{a}^\mathrm{D} \equiv q_\mathrm{f}^\mathrm{I}(r_\mathrm{a}) = -Q_0^\mathrm{D}/4\pi r_\mathrm{a}^2$. Man beachte: Die Ladungsdichte q in der Gleichung $(5.126)_1$ ist für den mit Dielektrikum gefüllten Bereich nicht länger Null, sondern ggf. gleich einer Polarisationsladungsdichte q^p. Zeige mit Hilfe der Gleichung (5.108) sowie dem linearen Materialansatz Gleichung $(5.114)_1$, dass die in Gleichung (5.129) gezeigte Lösung Dielektrikumsbereich aber weiterhin gilt. Unterscheide wieder drei Bereiche, beachte die Sprungbedingung Gleichung (5.119) und zeige, dass sich die Ergebnisse aus Gleichung (5.130),

Gleichung (5.131) und Gleichung (5.132) nun wie folgt ändern:

$$\begin{aligned}
&\varphi(r) = \frac{Q_0^{\mathrm{D}}}{4\pi\epsilon_0\epsilon_r}\left(\frac{1}{r_\mathrm{i}} - \frac{1}{r_\mathrm{a}}\right), \ \boldsymbol{E}(r) = \boldsymbol{0}, \ 0 \le r \le r_\mathrm{i}, \\
&\varphi(r) = \frac{Q_0^{\mathrm{D}}}{4\pi\epsilon_0\epsilon_r}\left(\frac{1}{r} - \frac{1}{r_\mathrm{a}}\right), \ \boldsymbol{E}(r) = \frac{Q_0^{\mathrm{D}}}{4\pi\epsilon_0\epsilon_r r^2}\boldsymbol{e}_r, \ r_\mathrm{i} \le r \le r_\mathrm{a}, \\
&\varphi(r) = 0, \ \boldsymbol{E}(r) = \boldsymbol{0}, \ r_\mathrm{a} \le r < \infty. \qquad (5.133) \\
&U_\mathrm{ai}^{\mathrm{D}} = \varphi(r_\mathrm{a}) - \varphi(r_\mathrm{i}) = \frac{Q_0^{\mathrm{D}}}{4\pi\epsilon_0\epsilon_r}\left(\frac{1}{r_\mathrm{a}} - \frac{1}{r_\mathrm{i}}\right) < 0, \\
&C^{\mathrm{D}} = 4\pi\epsilon_0\epsilon_r\frac{r_\mathrm{i}r_\mathrm{a}}{r_\mathrm{a} - r_\mathrm{i}}, \ \epsilon_r = 1 + \chi,
\end{aligned}$$

ϵ_r heißt *relative Permeabilitätszahl.* Sie ist größer als Eins, da χ für dielektrische Materie größer als Null ist. Somit haben sich offenbar das elektrische Feld und die Spannung verringert und die Kapazität erhöht. Erkläre das mit einer Skizze durch den Aufbau von Dipolen, welche die Wirkung der aufgebrachten Ladung $\pm Q_0^{\mathrm{D}}$ an den positiven bzw. negativen Kugeloberflächen in Form von Scheinladungen mit gegenteiligem Vorzeichen verringern, so dass „auf die Platten mehr nachfließen kann". Zeige, dass gilt $Q_0^{\mathrm{D}} = (1+\chi)Q_0^{\mathrm{V}}$. Berechne die Polarisation $\boldsymbol{P}$ im Dielektrikum unter Verwendung von Gleichung $(1.418)_1$ und zeige, dass diese nicht homogen aber quellfrei ist. Begründe so, dass für die Polarisationsladungsdichte gilt $q^{\mathrm{p}} = 0$. Zeige, dass im Vakuumfall $\chi = 0$ die Polarisation verschwindet, so wie es sich gehört!

Wie ändern sich die Ergebnisse, wenn man zunächst bei Vakuum zwischen den Kugelschalen die Ladungen $\pm Q_0^{\mathrm{V}}$ aufprägt, den Akku danach abklemmt und dann erst das Dielektrikum einbringt? Ändert sich dabei die Kapazität des Kondensators? Wie groß sind in diesem Fall die Polarisation und die Polarisationsladungsdichte im Dielektrikum?

Übungsaufgabe: *Plattenkondensator*

Nun kommen wir zum *Plattenkondensator* der Schule. Um dieses so einfach erscheinende Objekt in mathematisch geschlossener Form zu erfassen, sind mehrere fette Kröten zu schlucken: Erstens müssen sich zwei „unendlich große" Metallplatten im Abstand d gegenüberstehen. Anderenfalls gibt es störende Randeffekte. Wenn man dies aber annimmt, wird das Problem kartesisch eindimensional, und wir benötigen nur die Koordinate x, die senkrecht von der linken zur rechten Platte zeigt. Zwischen den Platten soll sich eingangs wieder Vakuum befinden. Mit dem in den vorherigen Aufgaben erwähnten Akku laden wir auf die konstanten freien Flächenladungsdichten $\pm q_0^{\mathrm{V}}$ auf. Man beachte nun zweitens, dass es keinen Sinn macht, von einer Gesamtladung der Platten zu reden, denn die wäre unendlich groß. Entsprechend ist auch der zu verwendende Akku idealisiert. Aber akzeptieren wir das, indem wir sagen, die Plattendimensionen sind lediglich „sehr groß" im Vergleich zum Abstand d. Wir dürfen darüber hinaus sagen, dass eine Teilfläche A der Platten die Ladung $Q_0^{\mathrm{V}} = q_0^{\mathrm{V}} A$ trägt.

Spezialisiere nun die Gleichung (5.126) auf den eindimensionalen kartesischen Fall. Verwende den Laplaceoperator in kartesischen Koordinaten, um zu zeigen, dass gilt:

$$\varphi = Ax + B\,,\quad \boldsymbol{E} = -A\boldsymbol{e}_x\,. \tag{5.134}$$

Unterscheide nun drei Gebiete $-\infty < x \leq 0$, $0 \leq x \leq d$ und $d \leq x < \infty$. Erdenke und begründe sinnvolle Rand- und Übergangsbedingungen zur Bestimmung der sechs resultierenden Integrationskonstanten, d. h. in jedem Bereich ein neues A und ein neues B. Denke dabei u. a. an die Äther-Beziehungen in Kombination mit dem Sprung in Gleichung (5.118). Leite folgendes Endergebnis her:

$$\begin{aligned}
&\varphi(x) = 0\,,\quad \boldsymbol{E}(x) = \boldsymbol{0}\,,\quad -\infty < x \leq 0\,,\\
&\varphi(x) = -\frac{q_0^{\mathrm{V}}}{\epsilon_0}x\,,\quad \boldsymbol{E}(x) = \frac{q_0^{\mathrm{V}}}{\epsilon_0}\boldsymbol{e}_x\,,\quad 0 \leq x \leq d\,,\\
&\varphi(x) = -\frac{q_0^{\mathrm{V}}}{\epsilon_0}d\,,\quad \boldsymbol{E}(x) = \boldsymbol{0}\,,\quad d \leq x < \infty\,.
\end{aligned} \tag{5.135}$$

Man beachte, dass das elektrische Feld horizontal von der positiven zur negativen Platte zeigt. Definiere die *Plattenkondensatorspannung* U_{ae} als die Potentialdifferenz zwischen dem Potential rechte Platte minus dem Potential linke Platte und zeige, dass:

$$U_{\mathrm{ae}} = \varphi(x = d) - \varphi(x = 0) = -\frac{q_0^{\mathrm{V}}}{\epsilon_0}d < 0\,. \tag{5.136}$$

Definiere die *Kapazität* C des Plattenkondensators als Quotient auf der Unterfläche A aufgebrachten Ladung und der resultierenden (betragsmäßigen) Spannung und zeige, dass:

$$C = \epsilon_0\frac{A}{d}\,. \tag{5.137}$$

Wiederhole die zuvor gemachten Überlegungen, wenn man den Zwischenraum des Plattenkondensators mit einem Dielektrikum füllt und danach die Flächenladungen $\pm q_0^{\mathrm{D}}$ aufprägt, und zeige und diskutiere, dass gilt:

$$\begin{aligned}
&\varphi(x) = -\frac{q_0^{\mathrm{D}}}{\epsilon_0\epsilon_r}x\,,\quad \boldsymbol{E}(x) = \frac{q_0^{\mathrm{D}}}{\epsilon_0\epsilon_r}\boldsymbol{e}_x\,,\quad 0 \leq x \leq d\,,\\
&U_{\mathrm{ae}} = \varphi(x = d) - \varphi(x = 0) = -\frac{q_0^{\mathrm{D}}}{\epsilon_0\epsilon_r}d < 0\,,\\
&C = \epsilon_0\epsilon_r\frac{A}{d}\,.
\end{aligned} \tag{5.138}$$

Schließlich: Wie groß sind $\boldsymbol{P}$ und q^{P} diesmal?

Man könnte die Dinge aber auch anders sehen und sagen: Die Gravitationskonstante G, die Lichtgeschwindigkeit c und die Vakuumkonstanten ϵ_0 und μ_0 sind „materielle Eigenschaften" eines Agens, nämlich des in einem Lorentzrahmen „ruhenden" Äthers.

Tatsächlich werden derartige Meinungen sogar in der neueren Literatur vertreten, wo darauf bestanden wird, dass das *Fernwirkungs*-Konzept durch eine *Nahwirkungs*-Theorie ersetzt werden sollte, in der der Äther existiert und die Übertragung durch das Vakuum erklärt. In der Tat ist dies ein Versuch, die völlig legitime Frage zu beantworten, wie es dem Licht gelingt, sich durch den leeren Raum zu bewegen. Darüber hinaus wird es durch Maxwells Versuche gefördert, die Ausbreitung von Elektrizität durch das Vakuum mit dem Konzept der rollenden Wirbel zu beschreiben (siehe [Max1861], [Niv2003], S. 311). Die Antwort der orthodoxen Physik hierauf ist Schweigen oder missbilligendes Kopfschütteln. In privaten Gesprächen zwischen Wissenschaftlern hören wir manchmal: „Nun ja, es gibt den Teilchen-Wellen-Dualismus des Lichts, und hier ist das Licht ein Phonon, das wie eine Kugel ist, die durch den leeren Raum fliegt, und eine Kugel braucht kein Medium, um sich fortzubewegen.“ *

In [Iva2019a], S. 115 lesen wir: „We are convinced that the ether exists and it is some kind of substance consisting of particles that move and interact with each other.“ Wenige Zeilen später heißt es jedoch: „Is the ether a material medium, which is similar to ponderable matter and differs from it only by the material parameters, as scientists of the past believed? Certainly, it is not.“ In der Tat eine sehr wahre Aussage!

Nicht-ponderable Materie benötigt eine komplexe konstitutive Theorie. Eine Idee ist die Verwendung eines mikropolaren Mediums zur Charakterisierung des Materials Äther. Diese Mikropolartheorie betont die rotatorischen Freiheitsgrade in der Materie und wurde in vielen realen Anwendungen, wie der Blutströmung oder der Flüssigkristalltheorie, erfolgreich eingesetzt. Tatsächlich lassen sich mit diesem Ansatz Gleichungen ableiten, die den Maxwell'schen Gleichungen in regelmäßigen Punkten ähneln. Dies wird mit großer Sorgfalt in der Arbeit von Ivanova ([Iva2015], [Iva2019], [Iva2019a], [Iva2021]) veranschaulicht, wo wir auch viele interessante Informationen und sorgfältig gesammelte Details über die Geschichte des Äthers finden können. In die gleiche Richtung weist der Übersichtsartikel von Aifantis [Aif2020], S. 3. Andere konstitutive Ansätze zum Äther finden sich in [Lar1998], [Unz2000], [Dmi2003], [Dic2004], [Chr2007], [Wan2008], [Chr2009], [Bar2014] (mit Anmerkungen zu magnetischen Monopolen), [Kri2022]. Versuche zur Vereinbarkeit des Äther-Modells mit der Beschreibung von „wellenartigen Teilchen“ durch die Schrödinger-Gleichung finden sich in [Dmi1993], [Dmi2001], [Dmi2008], [Chr2009a].**

Der Wunsch, elektrodynamische Phänomene, wie z. B. Licht, mit mechanischen Begriffen zu verstehen, sowie die Vorwegnahme der Vergeblichkeit, dies zu tun, wird aus dem folgenden Zitat von Lord Kelvin (handschriftlicher Nachtrag zu [Kel1904], siehe [TOD2022]) besonders deutlich: „I can never satisfy myself until I can make a mechanical model of a thing. If I can make a mechanical model I can understand it. As long as I cannot make a mechanical model all the way through I cannot understand, and that is why I cannot get the electromagnetic theory. I firmly believe in an electromagnetic theory of light, and that when we understand electricity and magnetism and light we shall see them ail together as parts of the whole. But I want to understand light as well as I can, without introducing things that we understand even less of. That is why I take plain dynamics. I can get a model in plain dynamics; I cannot in electromagnetics. But so soon as we have rotators to take the part of magnets, and something imponderable to take the part of magnetism, and realise by experiment Maxwell's beautiful ideas of electric displacements and so on, then we shall see electricity, magnetism, and light closely united and grounded in the same system.“

* Der Aspekt der Feld-Teilchen-Wechselwirkung wird auch in dem philosophischen Artikel von Pietsch [Pie2012] analysiert.

** Beachte auch die Bemerkungen in Feynman [Fey1964], Abschnitt 28-5, oder Landau-Lifshitz [LL1987] § 75, die auf Modifikationen der Maxwell'schen Theorie anspielen, die auf der Ebene der Elementarteilchen erforderlich sind.

Sommerfeld [Som2001], S. 99, sagt über die mechanischen Modelle des Äthers und die Versuche, die Maxwell'schen Gleichungen aus den Gleichungen der Strömungsmechanik abzuleiten, folgendes: „Es liegt uns fern, diesem „Äthermodell" irgendeine physikalische Realität beizulegen. Man hat sich schon um die Jahrhundertwende überzeugt, daß alle Bemühungen um eine mechanische Erklärung der MAXWELLschen Gleichungen zur Fruchtlosigkeit verurteilt sind. Es kann sich nicht um mechanische Erklärungen, sondern bestenfalls um mechanische Analogien handeln." Und auf Seite 101 sagt er noch schärfer: „Jedenfalls werden wir in Bd. III keinen Grund haben, auf das hier besprochene „Äthermodell" zurückzugreifen. Vielmehr werden wir dort die elektrische Ladung und die gesamten Zusammenhänge des elektromagnetischen Feldes als eine jenseits der Mechanik liegende Gegebenheit ansehen."

Sollen wir angesichts dieser Worte einer solchen Autorität der Physik alle genannten neueren Autoren als verbohrte, starrköpfige Spinner diffamieren? In diesem Buch wird die Meinung vertreten, dass sie in der Tat etwas zu sagen haben und wir ihre Arbeiten kritisch lesen und kommentieren sollten. Ein objektiver Vergleich zwischen Sommerfelds Ansatz einer mechanischen Interpretation der Maxwell-Gleichungen und der modernen Alternative, die auf mikropolaren Kontinua beruht, wurde bereits in [Mue2020] vorgestellt. Wir wenden uns daher direkt einem anderen kuriosen Aspekt der Maxwell-Gleichungen zu.

5.7.2 Verschiedene Arten der Zeitableitung

Es wird manchmal behauptet, dass bereits Maxwell in seinen Gleichungen totale oder substantielle Zeitableitungen verwendet hat. In der Tat sieht es auf den ersten Blick so aus, wenn wir ein d/dt in seinen Gleichungen (A) und (H*) für das Ampère-Øersted-Gesetz auf S. 233 in [Max1873] sehen. Aber dann müssen wir auch erkennen, dass $\nabla \times \boldsymbol{H}$ in seiner Gleichung (A) in „gesamten" Differentialen von Raumkoordinaten ausgedrückt ist, z. B. d/dy. Was in beiden Fällen wirklich gemeint ist, sind partielle Ableitungen nach Raum und Zeit. Wir fahren fort, dies zu beweisen. Zunächst ist zu beachten, dass in der berühmten Abhandlung über Naturphilosophie von Thomson und Tait [Tho1912] in ihrer Diskussion der materiellen Zeitableitung auf Seite 147 ein schwacher Versuch zu sehen ist, partielle Ableitungen in Raum und Zeit durch einen zusätzlichen Index bei den normalen d's, z. B. mit d_t/dt, zu charakterisieren. Dann kommentieren sie es durch: „Omitting again the suffixes, according to the usual imperfect notation for partial differential co-efficients, which on our new understanding can cause no embarrassment ..." No embaressment, in der Tat! Wir sind nicht die einzigen, die in diese Falle getappt sind. Zweitens, in [Tor1996], S. xii, finden wir: „He [= a Dr. A.D. Gilbert] also draws attention to the fact that while for functions of position and time modern notation uses, for example, the partial derivative notation $\frac{\partial}{\partial t}$, Clerk Maxwell uses the total derivative notation $\frac{d}{dt}$ throughout. To be accurate by today's standards, it would be necessary to use partials at all appropriate places, ..." Drittens ist es in diesem Zusammenhang auch interessant, einen Blick in Boltzmanns Buch über die Maxwell'sche Theorie zu werfen [Bol1891], der beide Schreibweisen verwendet. Zum Beispiel erklärt er auf Seite 81 die Divergenz im Gesetz der nicht vorhandenen Monopole in Form von partiellen Ableitungen nach kartesischen Koordinaten, während er in seiner Zusammenfassung der Maxwell'schen Gleichungen auf S. 84 in derselben Gleichung „totale" Ableitungen verwendet.

Darüber hinaus werden die Lehrbücher über Experimentalphysik von Pohl [Poh1967], [Bre2018] oft herangezogen, um zu bestätigen, dass die Wissenschaftler schon früh erkannt hatten, dass die Maxwell-Gleichungen eine materielle Zeitableitung enthalten müssen. Es wird behauptet, dass in diesem Buch ein Punkt für die materielle Zeitableitung in den lokalen Formen des Faraday'schen und des Ampère-Øersted'schen Gesetzes auf S. 72 bzw. 78 verwendet wurde. In der Tat wird ein solcher Punkt in Lehrbüchern der Kontinuumsmechanik manchmal schlampig für die materielle Ableitung verwendet, z. B. [Hut2004], S. 150). Im Falle von Pohls Buch ist dies aber vielleicht nicht gemeint: Auf S. 68 und 77 des deutschen Originals [Poh1967] stellt Pohl klar, dass der Punkt eine partielle Ableitung für die von ihm so genannten Felder $\boldsymbol{B}$ und $\boldsymbol{D}$ bedeutet. Aber in der neueren englischen Übersetzung [Bre2018], die unter der Schirmherrschaft seines Sohnes herausgegeben wurde, sehen wir dann gerade d's auf der dort entsprechenden S. 124. Ein salomonischer Ausweg aus diesem Dilemma ist die Behauptung, dass der Fluss der Felder durch die in diesen Lehrbüchern der Experimentalphysik betrachteten Oberflächen homogen ist, wie z. B. die Bild 6.1/2 auf S. 113/114 und die vorgestellten Experimente nahelegen. Dann gibt es keinen Unterschied zwischen den verschiedenen Zeitableitungen.

Christov stellt in [Chr2011] ganz apodiktisch fest, dass „Hertz (1900) [= [Her1962]] realized that the cause of non-invariance was the use of partial time derivatives." und in [Chr2009] „Quite ironically, ten years prior to the advent of RP [= Relativity Principle], the sacred equations had already been changed in the correct direction by Hertz [14] [= [Her1962]], who proposed to use the convective derivatives in the terms where Maxwell had merely partial time derivative (see, also the survey in [15] [= [Pin2006]])." Pinheiro [Pin2006] weist auf die ungefähre Stelle in Hertz' Buch hin, wo dies angeblich geschehen ist, nämlich auf S. 244. Um jedoch sicherzugehen, dass wir wissen, was Hertz wirklich gesagt hat, konsultieren wir nun das deutsche Original [Her1894].

Zunächst ist die Annahme berechtigt, dass Hertz mit bewegten Körpern mit Materie gefüllte Körper meint. Tatsächlich sagt er gleich zu Beginn seines Artikels über die grundlegenden Gleichungen der Elektrodynamik bewegter Körper (S. 256): „Wir beachten zunächst, dass, wenn von bewegten Körpern schlechthin die Rede ist, wir stets nur an die Bewegung der ponderabelen Materie denken." Auf S. 259 können wir dann folgendes lesen: „Wir behaupten nun, es sei der Einfluss der Bewegung derart, dass, wenn er allein wirksam wäre, er die magnetischen Kraftlinien mit der Materie fortfahren würde." Zugegeben, diese etwas nebulöse Formulierung könnte auf die Idee eines materiellen Transports hindeuten. Etwas weiter unten im Text beginnt Hertz in mathematischen Begriffen zu klären, was er meint („Um zunächst unsere Behauptung in Zeichen zu kleiden ..." und untersucht den Transport von magnetischen Kraftlinien, die ein kleines Oberflächenelement mit der Bewegung dieses Elements durchdringen, was er allerdings nicht als materiell bezeichnet. In der Tat erinnert Hertz' Diskussion ein wenig an Maxwells angebliche Überzeugung, dass der $\boldsymbol{B}$-Vektor axialer Natur ist (siehe das Ende des Abschnitts 5.4.3). Schließlich erscheint auf Seite 261 ein Satz von Gleichungen („... das folgende System der Grundgleichungen für bewegte Körper ...", der dem, den wir jetzt ableiten werden, sehr ähnelt und der, wie wir noch erörtern werden, auf ziemlich komplexe Weise die Aussagen von Christov und Pinheiro bestätigt.

Zu diesem Zweck erinnern wir uns an die konvektive Zeitableitung von Toupin in der Form Gleichung (5.35) und wenden sie auf das Magnetfeld $\boldsymbol{B}$ und das Gesamtladungspotential $\boldsymbol{D}$ an:

$$\begin{aligned} \frac{\mathrm{d_c}\boldsymbol{B}}{\mathrm{d}t} &= \frac{\partial \boldsymbol{B}}{\partial t} - \nabla\times(\boldsymbol{v}\times\boldsymbol{B}) + \boldsymbol{v}\nabla\cdot\boldsymbol{B} \equiv \frac{\partial \boldsymbol{B}}{\partial t} - \nabla\times(\boldsymbol{v}\times\boldsymbol{B})\,, \\ \frac{\mathrm{d_c}\boldsymbol{D}}{\mathrm{d}t} &= \frac{\partial \boldsymbol{D}}{\partial t} - \nabla\times(\boldsymbol{v}\times\boldsymbol{D}) + \boldsymbol{v}\nabla\cdot\boldsymbol{D} \equiv \frac{\partial \boldsymbol{D}}{\partial t} - \nabla\times(\boldsymbol{v}\times\boldsymbol{D}) + q\boldsymbol{v}\,, \end{aligned} \tag{5.139}$$

wobei die Nichtexistenz magnetischer Monopole und das Gauß'sche Gesetz, Gleichung (5.4) bzw. Gleichung (5.45) verwendet wurden. Eine ähnliche Begründung findet sich in [Chr2006], [Chr2011], wo diese Zeitableitung als „Oldroyd upper-convected derivative" bezeichnet wird, und in [Pin2006]. In diesen Arbeiten werden ähnliche Schlussfolgerungen wie die folgenden gezogen:

Diese Ergebnisse werden nun in das Induktions- und das Ampère-Øersted-Gesetz eingefügt, Gleichung (5.23) bzw. Gleichung (5.48). Wir finden:

$$\frac{\mathrm{d}_c \boldsymbol{B}}{\mathrm{d}t} + \nabla \times (\boldsymbol{E} + \boldsymbol{v} \times \boldsymbol{B}) = \boldsymbol{0}\,, \quad -\frac{\mathrm{d}_c \boldsymbol{D}}{\mathrm{d}t} + \nabla \times (\boldsymbol{H} + \boldsymbol{D} \times \boldsymbol{v}) = \boldsymbol{j}\,. \tag{5.140}$$

Übungsaufgabe *Maxwell'sche Gleichungen mit konvektiven Zeitableitungen*

Zeige durch Nachrechnen die Gültigkeit von Gleichung (5.140).

Man beachte, dass im Vergleich zu den Ergebnissen aus Abschnitt 5.4.2 nur (axiale) objektive Größen erscheinen* zu verwenden. Es ist fast ein Wunder, dass der konvektive Teil $q\boldsymbol{v}$ des elektrischen Stroms nicht mehr erscheint. In dieser Form hat das Faraday'sche Gesetz axialen und das Ampère-Øersted'sche Gesetz polaren euklidischen Charakter, wie erwartet.

In der Tat sieht Gleichung (5.140) wie die Hertz'schen Grundgleichungen bewegter Körper auf S. 261 von [Her1894] aus, wenn (a) wir das Symbol $\frac{d}{dt}$ in ihnen mit $\frac{\mathrm{d}_c}{\mathrm{d}t}$ identifizieren, obwohl $\frac{d}{dt}$ eindeutig eine partielle Ableitung in seiner Version der Faraday- und Ampère-Øersted-Gesetze für ruhende Körper auf S. 225; und (b) wenn wir das Gesetz der magnetischen Monopole anwenden und den Term $\boldsymbol{v}\nabla \cdot \boldsymbol{B}$ in diesen Gleichungen gleich Null setzen. Hertz tut dies nicht. Tatsächlich kommentiert Abraham diese Tatsache und sagt auf S. 413 von [AF1907]: „Hertz operiert dort mit der Annahme von wahrem Magnetismus. Wir wollen, der hier vertretenen Auffassung getreu, solchen ausschließen und daher div$\mathfrak{B}$ durchweg gleich Null setzen." Es bleibt unklar, was „wahrer Magnetismus" im Sinne der Physik wirklich bedeutet. Dann muss (c) im Zusammenhang mit Hertz' Begriff $\boldsymbol{v}\, \nabla \cdot \boldsymbol{D}$ in den Gleichungen auf S. 261 geklärt werden, ob das, was er auf S. 224 „elektrische Strömung"** nennt, nun konvektive Ströme $q\boldsymbol{v}$ enthält oder nicht. Das ist unklar, weil die Definition auf S. 224 in seinem Artikel über die Grundgleichungen des Elektromagnetismus in ruhenden Körpern gegeben wurde. Nicht nur aus wissenschaftsgeschichtlichen Gründen, sondern auch im Hinblick auf die laufenden Debatten verdient jede Gleichung der beiden Artikel von Hertz eine detaillierte Untersuchung im Hinblick auf eine moderne Kontinuumstheorie der Elektrodynamik. Wir überlassen dies zukünftigen Untersuchungen. Zusammenfassend lässt sich sagen, dass es nicht verwunderlich ist, dass bis heute Unbehagen herrscht, wenn man gefragt wird, wie sich die Gleichungen für die „Elektrodynamik bewegter Körper" richtig lauten.

An dieser Stelle möchten wir auch das Ergebnis Gleichung (5.140) mit der Literatur anhand des folgenden Zitats aus Zhilins Buch [Zhi2012], S. 348 vergleichen:

„Im Folgenden werden die Maxwell'schen Gleichungen im Vakuum betrachtet, da die Einbeziehung von Strömen die Diskussion von Fragen erfordert, die nicht direkt mit dem hier be-

* Eine gute Methode, um zu zeigen, dass die konvektive Zeitableitung polarer oder axialer euklidischer Flussvektoren objektiv ist, besteht darin, mit Gleichung (5.34) zu beginnen und dann die euklidische Transformation in Indexschreibweise und Gleichung (5.88) bzw. Gleichung $(5.90)_1$.

** „elektrischer Fluss [nicht Strom, wohlgemerkt!]"

handelten Thema zusammenhängen. In der neuzeitlichen Physik werden die Maxwell'schen Gleichungen im Vakuum wie folgt geschrieben

$$\nabla \times \boldsymbol{E} = -\frac{\partial \boldsymbol{B}}{\partial t}, \quad \nabla \cdot \boldsymbol{E} = 0, \quad \nabla \times \boldsymbol{B} = \frac{1}{c^2}\frac{\partial \boldsymbol{E}}{\partial t}, \quad \nabla \cdot \boldsymbol{B} = 0. \tag{7.45}$$

In der Mechanik würden diese Gleichungen etwas anders geschrieben werden

$$\nabla \times \boldsymbol{E} = -\frac{\mathrm{d}\boldsymbol{B}}{\mathrm{d}t}, \quad \nabla \cdot \boldsymbol{E} = 0, \quad \nabla \times \boldsymbol{B} = \frac{1}{c^2}\frac{\mathrm{d}\boldsymbol{E}}{\mathrm{d}t}, \quad \nabla \cdot \boldsymbol{B} = 0. \tag{7.46}$$

Genau wie bei den Wellengleichungen liegt der Unterschied darin, dass (7.45) partielle Zeitableitungen und (7.46) totale Zeitableitungen enthält."

In diesen Worten steckt viel Wahrheit, aber auch ein mögliches Missverständnis. In der Tat kann man, wenn man will, etwas Ähnliches wie die totalen Ableitungen verwenden, nämlich die konvektive Zeitableitung einer flussähnlichen Größe, wie es in Gleichung (5.140) gezeigt wurde. Allerdings treten dann in den Rotoren zusätzliche Terme auf, da $\boldsymbol{E}$ und $\boldsymbol{H}$ nicht objektiv sind. Der entscheidende Punkt ist, dass Zhilin die Äther-Relationen unausgesprochen eingefügt hat und sie nur in Inertialsystemen und nicht in euklidischen Systemen gelten. Man beachte jedoch, dass Zhilin nur innere rotatorische, aber keine translatorischen Freiheitsgrade annimmt, so dass $\boldsymbol{v} = \boldsymbol{0}$ und eine Übereinstimmung erzielt wird. Wenn wir darüber hinaus die konvektive Zeitableitung in einem System verwenden, das sich mit der Materie mitbewegt, dann ist $\boldsymbol{v} = \boldsymbol{0}$ und wir haben ebenfalls eine perfekte Übereinstimmung mit den von Zhilin vorgeschlagenen Gleichungen, wenn zusätzlich die Äther-Beziehungen für euklidische Systeme beachtet werden, Gleichung (5.105), die auch (formal) zu den einfachen Äther-Beziehungen des Inertialsystems vereinfacht werden können. Dazu muss die Ko-Bewegung so beschaffen sein, dass $\boldsymbol{w} = \boldsymbol{0}$ zu jeder Zeit ist, d. h. es ist notwendig, das mitbewegte Bezugssystem ständig zu wechseln. All dies ist möglich, aber unnötig einschränkend und kann vermieden werden, wenn man die Weltvektorformulierung verwendet.

Literatur

[Abr1932] M. Abraham. *The classical theory of electricity and magnetism.* Blackie & Son Limited, 1932.

[Aif2020] E. C. Aifantis. *On the contributions of Pavel Andreevich Zhilin to mechanics.* Frontiers in Physics, 7, S. 239, 2020.

[AF1907] M. Abraham, A. Föppl. *Theorie der Elektrizität, Erster Band: Einführung in die Maxwellsche Theorie der Elektrizität, mit einem einleitenden Abschnitte über das Rechnen mit Vektorgrössen in der Physik.* BG Teubner, 1907.

[Alt2009] H. Altenbach, V. Eremeyev, D. Indeitsev, E. Ivanova, A. Krivtsov. *On the contributions of Pavel Andreevich Zhilin to mechanics.* Technische Mechanik, 29(2), S. 115–134, 2009.

[Bar2014] C. Barceló, R. Carballo-Rubio, L. J. Garay, G. Jannes. *Causality in the Coulomb gauge.* New Journal of Physics, 16(12), 123028, 2014.

[Bec1957] R. Becker. *Theorie der Elektrizität, Erster Band, Einführung in die Maxwellsche Theorie · Elektronentheorie · Relativitätstheorie.* BG Teubner, Stuttgart, 1957.

[Bol1891] L. Boltzmann. *Vorlesungen über Maxwells Theorie der Elektricität und des Lichtes, I. Theil.* Johann Ambrosius Barth, Leipzig, 1891.

[Bre2018] W. D. Brewer, K. Lüders, R. O. Pohl. *Pohl's Introduction to Physics: Volume 2: Electrodynamics and Optics.* Springer, 2018.

[Bri1967] O. L. Brill, B. Goodman. *Causality in the Coulomb gauge.* American Journal of Physics, 35(9), S. 832–837, 1967.

[BS1973] R. Becker, F. Sauter. *Theorie der Elektrizität.* BG Teubner, Stuttgart, 1973.

[BS1982] R. Becker, F. Sauter. *Electromagnetic fields and interactions.* Dover Publications, Inc., Mineola, New York, 1982.

[Car2015] N. Carron. *The Evolution of Units Systems in Classical Electromagnetism.* arXiv preprint arXiv:1506.01951, 2015.

[Cav1879] H. Cavendish. *The Electrical Researches Of the honorable Henry Cavendish, F.R.S. written between 1771 and 1781.* Cambridge at the University Press, 1879.

[Chr2006] C. I. Christov. *Hidden in plain view: the material invariance of Maxwell-Hertz-Lorentz electrodynamics.* Apeiron, 13(2), S. 129ff, 2006.

[Chr2007] C. I. Christov. *Maxwell–Lorentz electrodynamics as a manifestation of the dynamics of a viscoelastic metacontinuum.* Mathematics and Computers in Simulation, 74(2–3), S. 93–104, 2007.

[Chr2009] C. I. Christov. *On the nonlinear continuum mechanics of space and the notion of luminiferous medium.* Nonlinear Analysis: Theory, Methods & Applications, 71(12), S. e2028–e2044, 2009.

[Chr2009a] C. I. Christov. *The concept of a quasi-particle and the non-probabilistic interpretation of wave mechanics.* Mathematics and Computers in Simulation, 80(1), S. 91–101, 2009.

[Chr2011] C. I. Christov. *Frame indifferent formulation of Maxwell's elastic-fluid model and the rational continuum mechanics of the electromagnetic field.* Mechanics Research Communications, 38(4), S. 334–339, 2011.

[Cou1884] C. A. Coulomb. *Collections de Mémoires Relatifs á la Physique, Tome I. Mémoires de Coulomb.* Gauthier-Villars, Paris, 1884.

[Dic2004] A. DiCarlo. *G. Lamé vs. JC Maxwell: How to Reconcile Them?.* Scientific Computing in Electrical Engineering, S. 1–13, 2004.

[Dmi1993] V. P. Dmitriyev. *Particles and charges in the vortex sponge.* Zeitschrift für Naturforschung A, 48(8–9), S. 935–942, 1993.

[Dmi2001] V. P. Dmitriyev. *Mechanical analogy for the wave-particle: Helix on a vortex filament.* Apeiron, 8(2), S. 1, 2001.

[Dmi2003] V. P. Dmitriyev. *Electrodynamics and elasticity.* American Journal of Physics, 9, S. 952–953, 2003.

[Dmi2008] V. P. Dmitriyev. *Mechanical model of the Lorentz force and Coulomb interaction.* Open Physics, 6(3), S. 711–716, 2008.

[Dre2018] W. Dreyer, C. Guhlke, R. Müller. *Bulk-surface electrothermodynamics and applications to electrochemistry.* Entropy, 20(12), S. 939ff, 2018.

[Dre2019] W. Dreyer, C. Guhlke, R. Müller. *The impact of solvation and dissociation on the transport parameters of liquid electrolytes: Continuum modeling and numerical study.* The European Physical Journal Special Topics, 227(18), S. 2515–2538, 2019.

[Duh1891] P. M. M. Duhem. *Leçons sur l'électricité et le magnétisme.* Gauthier-Villars et Fils, 1891.

[EM12012] A. C. Eringen, G. A. Maugin. *Electrodynamics of continua I: Foundations and solid media.* Springer Science & Business Media, 2012.

[EM22012] A. C. Eringen, G. A. Maugin. *Electrodynamics of continua II: fluids and complex media.* Springer Science & Business Media, 2012.

[Far1846] M. Faraday. *XLIX. Experimental researches in electricity. Nineteenth series.* XLIX. The London, Edinburgh, and Dublin Philosophical Magazine and Journal of Science, 28(187), S. 294–317, 1846.

[Fey1964] R. P. Feynman, R. B. Leigthon, M. Sands. *Lectures on Physics Vol. II, Mainly Electromagnetism and Matter.* Addison Wesley, Reading, 1964.

[Gau1877] C. F. Gauß. *Carl Friedrich Gauss Werke: Fünfter Band.* Springer-Verlag, 1877.

[Gra2019] J. Gratus, P. Kinsler, M. W. McCall. *Maxwell's (D, H) excitation fields: lessons from permanent magnets.* European Journal of Physics, 40(2), S. 025203ff, 2019.

[Hea1894] O. Heaviside. *Electromagnetic Theory, Volume I.* „The Electrician" Printing and Publishing Company Limited, London, 1894.

[Heh2000] F. W. Hehl, Y. N. Obukhov. *A gentle introduction to the foundations of classical electrodynamics: The meaning of the excitations (D, H) and the field strengths (E, B).* arXiv preprint physics/0005084, 2000.

[Heh2005] F. W. Hehl, Y. N. Obukhov. *Dimensions and units in electrodynamics.* General Relativity and Gravitation, 37(4), S. 733–749, 2005.

[Her1894] H. Hertz. *Gesammelte Werke von Heinrich Hertz Band II Untersuchungen über die Ausbreitung der elektrischen Kraft.* Barth, Leipzig, 1894.

[Her1962] H. Hertz. *Electric waves, translated by D.E. Jones.* Dover, New York, 1962.

[Heu2014] H. Heumann, S. Kurz. *Modeling and Finite-Element Simulation of the Wilson–Wilson Experiment.* IEEE transactions on magnetics, 50(2), S. 65–68, 2014.

[Hut2004] K. Hutter, K. Jöhnk. *Continuum Methods of Physical Modeling. Continuum Mechanics, Dimensional Analysis, Turbulence.* Springer-Verlag Berlin Heidelberg, 2004.

[Hut2007] K. Hutter, A. A. F. Ven, A. Ursescu. *Electromagnetic field matter interactions in thermoelastic solids and viscous fluids.* Springer, 2007.

[Ich2009] T. Ichiguchi. *Dimensions and units in electrodynamics.* Science & Technology Trends, Quarterly Review, 33, S. 25–40, 2009.

[Iva2015] E. A. Ivanova. *A new model of a micropolar continuum and some electromagnetic analogies.* Acta Mechanica, 226(3), S. 697–721, 2015.

[Iva2016] E. A. Ivanova, Y. E. Kolpakov. *A description of piezoelectric effect in non-polar materials taking into account the quadrupole moments,* ZAMM, 96(9), S. 1033–1048, 2016.

[Iva2017] E. A. Ivanova, E. Vilchevskaya, W. H. Müller. *A study of objective time derivatives in material and spatial description* in Mechanics for Materials and Technologies. Springer, S. 195–229, 2017.

[Iva2019] E. A. Ivanova. *On a micropolar continuum approach to some problems of thermo-and electrodynamics.* Acta Mechanica, 230(5), S. 1685–1715, 2019.

[Iva2019a] E. A. Ivanova. *Towards micropolar continuum theory describing some problems of thermo- and electrodynamics* in Contributions to Advanced Dynamics and Continuum Mechanics, S. 111–129, 2019.

[Iva2021] E. A. Ivanova. *Modeling of electrodynamic processes by means of mechanical analogies.* ZAMM, 101(54), e202000076, 2021.

[Jac1999] J. D. Jackson. *Classical electrodynamics 3rd edn.* John Wiley & Sons, New York, 1999.

[Jou1885] J. Joubert. *Collection de mémoires relatifs à la physique: Mémoires sur l'électrodynamique, vol. 2.* Gauthier-Villars, 1885.

[Kel1904] Lord Kelvin (W. Thomson). *Baltimore lectures on molecular dynamics and the wave theory of light.* CUP Archive, 1904.

[Kov1990] A. Kovetz. *Principles of electromagnetic theory.* Cambridge University Press, 1990.

[Kov2000] A. Kovetz. *Electromagnetic theory.* Oxford University Press, Oxford, 2000.

[Koy1972] A. Koyré, I. B. Cohen. *Sir Isaac Newton's Philosophiae Naturalis Principia Mathematica, (1726), original Latin text with English commentary.* Cambridge University Press, Cambridge, UK, 1972.

[Kri2022] A. M. Krivtsov. *Dynamics of matter and energy.* ZAMM, 102(4), S. 1–32, 2022.

[Lag1869] J. L. Lagrange. *Œuvres de Lagrange.* Gauthier-Villars, 1869.

[Lar1998] D. J. Larson. *A Derivation of Maxwell's Equations from a Simple Two-Component Solid-Mechanical Aether.* Physics Essays, 11(4), S. 524–530, 1998.

[Lei2022] LEIFI, *Magnetfeld eines geraden Leiters.* Internetquelle *https://www.leifiphysik.de/elektrizitaetslehre/magnetisches-feld-spule/grundwissen/magnetfeld-eines-geraden-leiters,* März 2022.

[LL1984] L. D. Landau, E. M. Lifshitz. *Electrodynamics of Continuous Media, Second Edition, Volume 8 of Course of Theoretical Physics.* Butterworth-Heinemann, 1984.

[LL1987] L. D. Landau, E. M. Lifshitz. *The Classical Theory of Fields, Fourth Revised English Edition, Volume 2 of Course of Theoretical Physics.* Butterworth-Heinemann, 1987.

[Lon2015] M. Longair. ... *a paper... I hold to be great guns': a commentary on Maxwell (1865)'A dynamical theory of the electromagnetic field.* Philosophical Transactions of the Royal Society A: Mathematical, Physical and Engineering Sciences, 373, 20140473, 2015.

[Mau2013] G. A. Maugin, *Continuum mechanics of electromagnetic solids.* Elsevier, 2013.

[Max1861] J. C. Maxwell, *LI. On physical lines of force.* The London, Edinburgh, and Dublin Philosophical Magazine and Journal of Science. 21(141), S. 338–348, 1861.

[Max1873] J. C. Maxwell, *A treatise on electricity and magnetism.* Clarendon press, 1873.

[Min1920] H. Minkowski, *Raum Zeit Materie, Vorlesungen über allgemeine Relativitätstheorie.* 3. umgearbeitete Auflage, Springer Verlag, Berlin Heidelberg, 1920.

[Mor1993] A. Morro. *Remarks on balance laws in electromagnetism.* Atti della Accademia Nazionale dei Lincei. Classe di Scienze Fisiche, Matematiche e Naturali. Rendiconti Lincei, 4(3), S. 231–236, 1993.

[Mue1973] I. Müller, *Thermodynamik: die Grundlagen d. Materialtheorie.* Bertelsmann-Universitätsverlag, 1973.

[Mue1985] I. Müller, *Thermodynamics.* Pitman, Boston·London·Melbourne, 1985.

[Mue1985] W. H. Müller, *An Expedition to Continuum Theory.* Springer, Berlin, 2014.

[Mue2020] W. H. Müller, W. Rickert, E. N. Vilchevskaya. *Thence the moment of momentum.* ZAMM-Journal of Applied Mathematics and Mechanics/Zeitschrift für Angewandte Mathematik und Mechanik, 100(5), e202000117, 2020.

[Niv2003] W. D. Niven, *The Scientific Papers of James Clerk Maxwell, Volume Two.* Dover Publications. Reprint of Cambridge University Press edition of 1890, New York, 2003.

[Pie2012] W. Pietsch. *Hidden underdetermination: a case study in classical electrodynamics.* International Studies in the Philosophy of Science, 26(2), S. 125–151, 2012.

[Pin2006] M. J. Pinheiro. *Do Maxwell's equations need revision?–A methodological note.* arXiv preprint physics/0511103, 2006.

[Poh1967] R. W. Pohl, *Elektrizitätslehre, 20. Auflage.* Springer, Berlin Heidelberg New York, 1967.

[Quo2022] Quora, *What is an induced current?.* Internetquelle *https://www.quora.com/What-is-an-induced-current*, März 2022.

[Rao2009] N. N. Rao, *Fundamentals of Electromagnetics for Electrical and Computer Engineering.* Pearson Upper Saddle River, New Jersey, 2009.

[Ros1957] W. D. Ross, *Aristotle's Prior and Posterior Analytics. A revised text with introd. and comm.* Oxford, 1957.

[Sch1968] E. Schmutzer, *Relativistische Physik: Klassische Theorie.* Akademische Verlagsgesellschaft Geest & Portig K.-G., 1968.

[Seg2016] R. Segev. *Continuum mechanics, stresses, currents and electrodynamics.* Philosophical Transactions of the Royal Society A: Mathematical, Physical and Engineering Sciences, 374, 20150174, 2016.

[Sie1891] W. Siemens, *Die dynamo-elektrische Maschine.* Wissenschaftliche und Technische Arbeiten, S. 443–445, Springer, 1891.

[Som1952] A. Sommerfeld, *Lectures on Theoretical Physics, Vol. III, Electrodynamics.* Academic Press Inc., Publishers, New York, 1952.

[Som2001] A. Sommerfeld, *Vorlesungen über theoretische Physik, Band III, Elektrodynamik.* Verlag Harri Deutsch, Frankfurt am Main, 2001.

[Ste2009] D. J. Steigmann. *On the formulation of balance laws for electromagnetic continua.* Mathematics and Mechanics of Solids, 14(4), S. 390–402, 2009.

[Str1941] J. A. Stratton, *Electromagnetic theory.* McGraw-Hill Book Company, Inc., 1941.

[Sve1999] D. J. Steigmann. *On frame-indifference and form-invariance in constitutive theory.* Acta Mechanica, 132(1), S. 195–207, 1999.

[Thi1978] W. Thirring, R. Wallner. *The use of exterior forms in field theory* in Differential Geometrical Methods in Mathematical Physics II. Springer, S. 171–178, 1978.

[Thi1990] W. Thirring. *Lehrbuch der Mathematischen Physik: Band 2: Klassische Feldtheorie.* Springer-Verlag, 1990.

[Tho1912] W. Thomson, P. G. Tait. *Treatise on natural philosophy, Part I.* Cambridge at the University Press, 1912.

[Tho1973] K. S. Thorne, C. W. Misner, J. A. Wheeler. *Gravitation.* Freeman San Francisco, 1973.

[TOD2022] TODAYINSCI, *William Thomson Kelvin "Make a mechanical model".* Internetquelle *https://todayinsci.com/K/Kelvin_Lord/KelvinLord-ModelQuote500px.htm*, Juli 2022.

[Tor1996] T. F. Torrance, *Preface* in A Dynamical Theory of the Electromagnetic Field. Wipf and Stock Publishers, Eugene, Oregon, S. ix-xiii, 1996.

[Tra1962] A. Trautman, *Conservation laws in general relativity* in Gravitation: An introduction to current research. Wiley, New York, S. 169–198, 1960.

[TT1960] C. Truesdell, R. Toupin, *The Classical Field Theories.* Springer Heidelberg, 1960.

[Unz2000] A. Unzicker. *What can Physics learn from Continuum Mechanics?.* arXiv preprint gr-qc/0011064, 2000.

[Von1978] C. Westenholz. *Differential forms in mathematical physics.* North-Holland Publishing Company Amsterdam New York Oxford, 1978.

[Wan2008] X.-S. Wang. *Derivation of Maxwell's equations based on a continuum mechanical model of vacuum and a singularity model of electric charges.* Progress in Physics, 2, S. 111–120, 2008.

[Wei1972] S. Weinberg. *Gravitation and Cosmology: Principles and Applications of the General Theory of Relativity.* Wiley, 1972.

[Wik12022] Wikipedia. *File:Magnet0873.png.* Internetquelle *https://commons.wikimedia.org/wiki/File:Magnet0873.png*, März 2022.

[Wik22022] Wikipedia. *General covariance.* Internetquelle *https://en.wikipedia.org/wiki/General_covariance*, Juli 2022.

[Wik32022] Wikipedia. *Ampere.* Internetquelle *https://en.wikipedia.org/wiki/Ampere*, März 2022.

[Zhi1993] P. A. Zhilin. *Galileis Relativitätsprinzip und Maxwellsche Gleichungen (in Russ.).* Veröffentlichungen der SPBSTU, St. Petersburg, 448, S. 7–39, 1993.

[Zhi1996] P. A. Zhilin. *Realität und Mechanik (in Russ.).* Proc. of XXIII Summer School – Seminar "Nonlinear Oscillations in Mechanical Systems", St. Petersburg, 2, S. 54–90, 1996.

[Zhi1997] P. A. Zhilin. *Classical and modified electrodynamics.* Proc. of the IV International Conference dedicated to the 350th anniversary of Leibniz, St. Petersburg, 2, S. 32–42, 1996.

[Zhi2012] P. A. Zhilin. *Rational Continuum Mechanics (in Russ.).* Verlag der Politechnischen Universität, St. Petersburg, 2012.

[Zhi2013] P. A. Zhilin. *Aufbau eines Modells eines elektromagnetischen Feldes vom Standpunkt der rationalen Mechanik (in Russ.).* Radioelektronika. Nanosystemi. Informationnoie technologii, 5(1), S. 77–97, 2013.

Abbildungsverzeichnis

Index

E

F

I

K

M

N

Q

R

S

T

Z